Roloff/Matek Maschinenelemente
Aufgabensammlung

Christian Spura • Herbert Wittel • Dieter Jannasch

Roloff/Matek Maschinenelemente Aufgabensammlung

Lösungshinweise, Ergebnisse und ausführliche Lösungen

22. Auflage

Christian Spura
Technologie-Campus Steinfurt
FH Münster
Steinfurt, Deutschland

Dieter Jannasch
Wertingen, Deutschland

Herbert Wittel
Reutlingen, Deutschland

ISBN 978-3-658-47398-3
https://doi.org/10.1007/978-3-658-47399-0

ISBN 978-3-658-47399-0 (eBook)

Die Deutsche Nationalbibliothek verzeichnet diese Publikation in der Deutschen Nationalbibliografie; detaillierte bibliografische Daten sind im Internet über http://dnb.d-nb.de abrufbar.

© Der/die Herausgeber bzw. der/die Autor(en), exklusiv lizenziert an Springer Fachmedien Wiesbaden GmbH, ein Teil von Springer Nature 1994, 2000, 2003, 2005, 2007, 2010, 2012, 2014, 2016, 2019, 2021, 2023, 2025

Das Werk einschließlich aller seiner Teile ist urheberrechtlich geschützt. Jede Verwertung, die nicht ausdrücklich vom Urheberrechtsgesetz zugelassen ist, bedarf der vorherigen Zustimmung des Verlags. Das gilt insbesondere für Vervielfältigungen, Bearbeitungen, Übersetzungen, Mikroverfilmungen und die Einspeicherung und Verarbeitung in elektronischen Systemen.
Die Wiedergabe von allgemein beschreibenden Bezeichnungen, Marken, Unternehmensnamen etc. in diesem Werk bedeutet nicht, dass diese frei durch jede Person benutzt werden dürfen. Die Berechtigung zur Benutzung unterliegt, auch ohne gesonderten Hinweis hierzu, den Regeln des Markenrechts. Die Rechte des/der jeweiligen Zeicheninhaber*in sind zu beachten.
Der Verlag, die Autor*innen und die Herausgeber*innen gehen davon aus, dass die Angaben und Informationen in diesem Werk zum Zeitpunkt der Veröffentlichung vollständig und korrekt sind. Weder der Verlag noch die Autor*innen oder die Herausgeber*innen übernehmen, ausdrücklich oder implizit, Gewähr für den Inhalt des Werkes, etwaige Fehler oder Äußerungen. Der Verlag bleibt im Hinblick auf geografische Zuordnungen und Gebietsbezeichnungen in veröffentlichten Karten und Institutionsadressen neutral.

Planung/Lektorat: Eric Blaschke
Springer Vieweg ist ein Imprint der eingetragenen Gesellschaft Springer Fachmedien Wiesbaden GmbH und ist ein Teil von Springer Nature.
Die Anschrift der Gesellschaft ist: Abraham-Lincoln-Str. 46, 65189 Wiesbaden, Germany

Wenn Sie dieses Produkt entsorgen, geben Sie das Papier bitte zum Recycling.

Vorwort zur Aufgabensammlung

Im Lehrsystem *Roloff/Matek* Maschinenelemente dient die Aufgabensammlung als weiterführende Ergänzung zum Lehrbuch, um den umfangreichen Stoff zu vertiefen. Mit der Aufgabensammlung werden umfangreiche und teilweise auch anspruchsvolle Berechnungen von Maschinenelementen praxisnah aufgearbeitet. Zudem dient die Aufgabensammlung im Studium als gezielte Prüfungsvorbereitung im Fach Maschinenelemente.

Die Aufgabensammlung selbst ist in drei Teile gegliedert: den Aufgabenstellungen, den Lösungshinweisen und den Lösungen. Für verschiedene ausgewählte Aufgaben gibt es ausführliche und kleinschrittige Lösungen, damit auch ohne fremde Hilfe der vollständige Lösungsweg verständlich und nachvollziehbar ist. Die Aufgaben mit den ausführlichen Lösungen sind im Aufgabenteil mit ⓘ gekennzeichnet. Aufgrund der vollständigen und ausführlichen Lösung sind bei diesen Aufgaben keine Lösungshinweise enthalten. Für alle anderen Aufgaben wird die Bearbeitung durch Lösungshinweise unterstützt. Die jeweiligen Lösungen enthalten die gesuchten Ergebnisse sowie wichtige Zwischenergebnisse.

Der Schwierigkeitsgrad der Aufgaben innerhalb der jeweiligen Kapitel beginnt bei den ersten Aufgaben vielfach als Grundlagen ohne Bindung an einen bestimmten Anwendungsfall. Diese Aufgaben dienen zum Aufzeigen der Zusammenhänge verschiedener Einflussgrößen. Bei den weiteren Aufgaben der praktischen Anwendungsfälle sind zudem durchaus mehrere Lösungen möglich. So können die Ergebnisse durch die in Eigenverantwortung getroffenen, unterschiedlichen Annahmen für z. B. Konstruktions- und Korrekturfaktoren, Kerbwirkungszahlen oder Reibungskoeffizienten bzw. durch geringfügige Differenzen beim Ablesen von Diagrammwerten und dem Runden von Zwischenwerten von der Musterlösung abweichen. Daher können die Ergebniswerte durchaus etwas abweichen.

Die Mehrzahl der Aufgaben enthält Vorgaben für wählbare Parameter, um die Ergebnismöglichkeiten zu begrenzen und ein eigenständiges Lösen der Aufgaben zu erleichtern. Der Schwierigkeitsgrad der Aufgabenstellungen ist in leicht (•), mittel (••) und schwierig/umfangreich (•••) unterteilt. Zudem soll die am Ende der Aufgabensammlung ausführlich beschriebene Projektaufgabe die Vorgehensweise bei zu bearbeitenden, komplexen Problemstellungen verdeutlichen.

Die vorliegende 22. Auflage wurde komplett bei allen Lösungswerten überarbeitet. Berechnungs- und Rundungsfehler wurden ausgebessert und die Angabe von Zwischenergebnissen wurde teilweise ausführlicher gestaltet.

Da die eigenständige Formelsammlung sehr gern als Unterstützung für die Lösung der Aufgaben verwendet wird, wurden jetzt bei allen Lösungshinweisen und Lösungen die entsprechenden Gleichungsnummern aus der Formelsammlung neben die Gleichungsnummern des Lehrbuches neu hinzugefügt. Dies führt zu einer effektiveren Nutzung der Formelsammlung beim Lösen der Aufgaben. Ein Beispiel zur Erklärung:

Die Angabe (8.9/8-10) weist auf die Gl. (8.9) im Lehrbuch und auf die Formel Nr. 10 im Kapitel 8 der Formelsammlung hin.

Im YouTube-Kanal Roloff-Matek werden weitere Aufgaben mit Lösungshinweisen vorgerechnet und auf der zugehörigen Internetseite roloff-matek.de finden sich zusätzliche Informationen sowie Excelarbeitsblätter.

Bedanken möchten sich die Autoren ebenso bei den Lesern für die vielen konstruktiven Zuschriften, die Veränderungen in nachfolgenden Auflagen bewirkten. Natürlich hoffen wir, dass sie weiterhin durch konstruktive Kritik zur Verbesserung des Buches beitragen werden. Ebenso möchten sich die Autoren insbesondere bei Frau Ellen Klabunde und Herrn Eric Blaschke beim Lektorat Maschinenbau des Springer Vieweg Verlages ganz herzlich bedanken, ohne deren Mithilfe die Umsetzung aller Vorhaben nicht möglich gewesen wäre.

Münster
im Juni 2025

Christian Spura

Roloff/Matek Maschinenelemente
kostenfreie Lernvideos

roloff-matek.de

Interessenkonflikt Die Autoren haben keine für den Inhalt dieses Manuskripts relevanten Interessenkonflikte.

Inhaltsverzeichnis

		Aufgaben	Lösungs-hinweise	Ergebnisse
1	Konstruktive Grundlagen, Normzahlen	3	233	343
2	Toleranzen, Passungen, Oberflächenbeschaffenheit	7	235	349
3	Festigkeitsberechnung	15	239	355
4	Tribologie	21	243	363
5	Kleb- und Lötverbindungen	23	245	365
6	Schweißverbindungen	33	247	371
7	Nietverbindungen	53	259	403
8	Schraubenverbindungen	61	263	413
9	Bolzen-, Stiftverbindungen und Sicherungselemente	79	273	463
10	Elastische Federn	91	277	473
11	Achsen, Wellen und Zapfen	107	283	487
12	Elemente zum Verbinden von Wellen und Naben	123	287	521
13	Kupplungen und Bremsen	135	291	539
14	Wälzlager	149	297	563
15	Gleitlager	163	303	573
16	Riemengetriebe	173	307	585
17	Kettengetriebe	183	311	601
18	Elemente zur Führung von Fluiden (Rohrleitungen)	189	313	609
20	Zahnräder und Zahnradgetriebe (Grundlagen)	193	317	615
21	Stirnräder mit Evolvenverzahnung	195	319	617
22	Kegelräder und Kegelradgetriebe	215	331	637
23	Schraubrad- und Schneckengetriebe	221	335	645
24	Umlaufgetriebe	227	339	653
	Projektaufgabe			661

Übersicht der Aufgaben mit vollständigen Lösungen

1	Konstruktive Grundlagen, Normzahlen	1.9, 1.10
2	Toleranzen, Passungen, Oberflächenbeschaffenheit	–
3	Festigkeitsberechnung	3.7, 3.12
4	Tribologie	–
5	Kleb- und Lötverbindungen	5.4, 5.6, 5.9, 5.13, 5.16
6	Schweißverbindungen	6.3, 6.12, 6.13, 6.18, 6.19, 6.20, 6.29, 6.30, 6.34, 6.37
7	Nietverbindungen	7.3, 7.4, 7.5, 7.9
8	Schraubenverbindungen	8.7, 8.8, 8.9, 8.10, 8.11, 8.12, 8.13, 8.14, 8.16, 8.17, 8.19, 8.20, 8.21, 8.27, 8.28, 8.29
9	Bolzen-, Stiftverbindungen und Sicherungselemente	9.2, 9.12, 9.16
10	Elastische Federn	10.4, 10.7, 10.9, 10.17, 10.27, 10.31, 10.32
11	Achsen, Wellen und Zapfen	11.8, 11.9, 11.10, 11.11, 11.12, 11.13, 11.15, 11.16, 11.17, 11.18, 11.19, 11.20, 11.21, 11.22
12	Elemente zum Verbinden von Wellen und Naben	12.1, 12.5, 12.6, 12.8, 12.9, 12.10
13	Kupplungen und Bremsen	13.7, 13.8, 13.9, 13.10, 13.11, 13.12, 13.13, 13.14, 13.15, 13.16, 13.17, 13.18, 13.19
14	Wälzlager	14.1, 14.6, 14.15, 14.18, 14.20, 14.21, 14.23
15	Gleitlager	15.5, 15.10, 15.13
16	Riemengetriebe	16.7, 16.11, 16.12, 16.16, 16.17, 16.19
17	Kettengetriebe	17.8, 17.9
18	Elemente zur Führung von Fluiden (Rohrleitungen)	18.7, 18.12, 18.14

20	Zahnräder und Zahnradgetriebe (Grundlagen)	–
21	Stirnräder mit Evolvenverzahnung	21.41, 21.42
22	Kegelräder und Kegelradgetriebe	22.8
23	Schraubrad- und Schneckengetriebe	23.9
24	Umlaufgetriebe	24.1, 24.2
	Projektaufgabe	

Aufgaben

1 Konstruktive Grundlagen, Normzahlen

1.1 •

Von folgenden begrenzten abgeleiteten Reihen sind die Normzahlfolgen und die Stufensprünge zu bestimmen:

a) R20/3(140 …) mit 8 Größen (Gliedern)
b) R10/2(200 … 2 000)
c) R5/4(0,16 …) mit 5 Größen
d) R40/3(11,8 …) mit 6 Größen
e) R20/-2(1 600 …) mit 6 Größen
f) R10/-3(400 …) mit 4 Größen

1.2 •

Das Kurzzeichen der folgenden Normzahlreihen ist mit Angabe der unteren bzw. der oberen Grenze und des jeweiligen Stufensprungs anzugeben:

a) 5 8 12,5 20 31,5
b) 0,0053 0,0071 0,0095 0,0125
c) 6,3 40 250 1 600
d) 200 140 100 71 50
e) 18 25 36 50 70
f) 560 450 360 280 220 180

1.3 •

Sechs Wellendurchmesser d sollen nach der abgeleiteten NZ-Reihe R20/3 gestuft werden. Der kleinste Durchmesser ist 20 mm. Die zugehörigen Querschnitte A in cm^2 sind nach Ermittlung des kleinsten Querschnittes normzahlgestuft anzugeben und die Stufensprünge zu bestimmen.

1.4 ••

Die Inhalte V in ℓ von 4 zylindrischen Behältern, deren kleinster 2 ℓ fasst, sollen nach Normzahlen so gestuft werden, dass sich ihr Inhalt jeweils verdoppelt. Bei allen Behältern soll dem Größenempfinden entsprechend das Verhältnis Höhe h zum Durchmesser d gleich dem Stufensprung der NZ-Grundreihe für die Inhalte gewählt werden.

Nach Nennung des Kurzzeichens der jeweiligen Reihe sind für die Inhalte in ℓ die zugehörigen Maße d und h in mm anzugeben. Eine Proberechnung, z. B. für den 3. Behälter, ist durchzuführen.

1.5 ••

Es sollen 4 NZ-gestufte zylindrische Behälter gefertigt werden, deren Inhalte angenähert $V = 3\ 6\ 12\ 24\ \ell$ betragen.

a) Das Kurzzeichen der NZ-Reihe für V ist anzugeben.
b) Welches Kurzzeichen der genannten NZ-Reihe von V muss für den Durchmesser d und für die Höhe h gewählt werden?
c) d und h in mm sind für die entsprechenden V tabellarisch zu nennen, wenn das Verhältnis h/d jeweils gleich dem Quadrat des Stufensprunges der Grundreihe für V beträgt.

1.6 ••

Eine Maschine soll in 5 steigenden Größen hergestellt werden, wobei die Leistungen zweckmäßig nach der abgeleiteten Rundwertreihe $R''20/4$ gestuft sind. Die Hauptgrößen der kleinsten Maschine sind:

Leistung $P_1 = 5$ kW, Drehzahl $n_1 = 560$ min^{-1}, Schwungraddurchmesser $D_1 = 900$ mm. Nach Nennung der Reihenkurzzeichen sind die Hauptgrößen der abgeleiteten Maschinen zu den entsprechenden Leistungen tabellarisch anzugeben, wenn berücksichtigt wird, dass D in mm und n in min^{-1} bei nahezu gleicher Umfangsgeschwindigkeit des Schwungrades v in m/s nach abgeleiteten Grundreihen gestuft werden sollen. Durch Proberechnung ist z. B. für die 1. und 4. Maschinengröße nachzuweisen, dass $v_1 \approx v_4$.

1.7 ••

Ein gusseiserner Lagerbalken wurde für die Biegebeanspruchung bei der Belastung $F = 2$ kN mit folgenden Abständen und max. Querschnittabmessungen nach Normzahlen festgelegt: $l_1 = 1\ 400$ mm, $l_2 = 900$ mm, $b_1 = 125$ mm, $h_1 = 200$ mm, $b_2 = 100$ mm, $h_2 = 140$ mm.

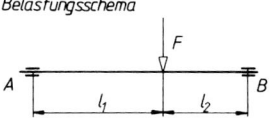

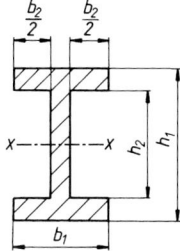

Belastungsschema

Querschnittsform
(Rundungen vernachlässigt)

Zwecks Typung und Aufnahme in die Werksnorm sollen für insgesamt 4 Belastungen $F = 2\ 2{,}5\ 3{,}2\ 4\,\text{kN}$ bei nahezu gleicher Biegebeanspruchung die Abstände und die Querschnittsabmessungen zu den entsprechenden Belastungen sowie die zugehörigen Biegewiderstandsmomente W_x in cm^3 nach abgeleiteten Grundreihen gestuft tabellarisch zusammengestellt werden.

1.8 ••

Die Ergebnisse der Aufgabe 1.7 sind in einem NZ-Datenblatt, ausgehend von den Werten der kleinsten Größe, darzustellen; die Achsen sind zur Ablesung aller Größen exakt zu beschriften.

ⓘ **1.9** ••

Um die Knicklast eines Druckstabes aus Baustahl ($E_1 = 2{,}1 \cdot 10^5\,\text{N/mm}^2$) zu bestimmen, wird an einem zehnfach verkleinerten, geometrisch ähnlichen Modell aus einer Al-Legierung ($E_0 = 0{,}7 \cdot 10^5\,\text{N/mm}^2$) ein Belastungsversuch durchgeführt. Dabei ergibt sich eine Knicklast $F_{K0} = 280\,\text{N}$ am Modell.

Zu berechnen ist die kritische Knicklast bei der wirklichen Ausführung

a) mit Hilfe der statischen Ähnlichkeit und
b) mit Hilfe der Knickformel
$F_K = \pi^2 \cdot E \cdot I / l^2$.

ⓘ **1.10** •••

Eine Baureihe für Außenzahnradpumpen soll mit sechs Baugrößen einen Fördervolumenbereich von 5 bis 160 cm^3/U abdecken. Es soll mit einem maximalen Betriebsdruck von 160 bar und einer konstanten Antriebsdrehzahl von 1 400 min^{-1} gearbeitet werden. Für die kleinste Baugröße liegen die Abmessungen fest: Fördervolumen $V = 5\,\text{cm}^3/\text{U}$, Teilkreisdurchmesser der Zahnräder $d = 32\,\text{mm}$, Modul $m = 2\,\text{mm}$, Zahnbreite $b = 12\,\text{mm}$, der Durchmesser des Wellenendes $d_\text{W} = 20\,\text{mm}$ und die Pumpenleistung $P = 1{,}8\,\text{kW}$.

a) Die Fördervolumina der sechs NZ-gestuften Größenreihen sind zu berechnen und das Kurzzeichen der NZ-Reihe anzugeben.
b) Der Teilkreisdurchmesser der Zahnräder, die Zahnbreite und die Pumpenleistung sind NZ-gestuft als vorläufige theoretische Werte für den ersten Entwurf zu ermitteln.
c) Die für die sechs Baugrößen festgelegten Daten sind in einem NZ-Diagramm (Datenblatt) darzustellen.

2 Toleranzen, Passungen, Oberflächenbeschaffenheit

2.1 •
Für folgende Zusammenbaubeispiele ist je eine geeignete ISO-Passung zwischen Außen- und Innenteil (Bohrung und Welle) für das System *Einheitsbohrung* (*EB*) zu wählen:

a) eine Lagerbuchse soll ohne nachträgliche Sicherung gegen Verdrehen in eine Gehäusebohrung eingepresst werden;
b) ein Zahnrad ist auf eine größere Getriebewelle aufzusetzen, eine Sicherung gegen Verdrehen durch eine Passfeder ist vorgesehen;
c) eine Kupplungsnabe soll auf einem Wellenende möglichst fest sitzen, eine zusätzliche Sicherung gegen Verdrehen ist vorgesehen;
d) der Zentrieransatz eines Lagerdeckels zur Fixierung des Deckels in einem Gehäuse.

2.2 ••
Für die nachfolgend aufgeführten Toleranzklassen sind für das Nennmaß $N = 110$ mm die Grenzabmaße ES und EI bzw. es und ei zu ermitteln und die Toleranzfelder maßstabsgerecht darzustellen:

a) H7, H8, H9, H11;
b) K5, K6, K7, K8;
c) f5, f6, f7, f8;
d) m5, m6, m7, m8.

2.3 ••
Zur Befestigung einer Keilriemenscheibe auf dem Wellenzapfen mit dem Nenndurchmesser $d = 50$ mm wurde die Passung H7/k6 und zur Verdrehsicherung eine Passfeder nach DIN 6885 vorgesehen.

Zu ermitteln bzw. darzustellen sind:

a) die Grenzabmaße ei und es für die Welle (Außenmaß), EI und ES für die Bohrung (Innenmaß),
b) die Grenzmaße G_{uW} und G_{oW} für die Welle, G_{uB} und G_{oB} für die Bohrung,
c) die Grenzpassungen P_o und P_u sowie die Passtoleranz P_T,
d) die Lagen der Toleranzfelder T_W für die Welle und T_B für die Bohrung.

2.4 ••

Für das Nennmaß $N = 30$ mm sind für die Bohrung mit der Toleranzklasse H7 die Toleranzfelder bildlich darzustellen für die nach DIN 7154 empfohlenen Toleranzklassen der Welle s6, r6, n6, k6, j6, h6, g6, f7 sowie anzugeben, um welche Passungsart (Spiel-, Übergangs- oder Übermaßpassung) es sich jeweils handelt.

2.5 ••

Für die Befestigung eines Zahnrades aus Einsatzstahl auf der Getriebewelle aus Baustahl mit $d = 55$ mm ist konstruktiv ein Pressverband vorgesehen. Zur sicheren Übertragung der Zahnkräfte wurde rechnerisch die Grenzpassung $P_o = -93\,\mu\text{m}$ (entspricht dem Mindestübermaß $Ü_u$) und aufgrund der zulässigen Fugenpressung zwischen Zahnrad/Welle die Grenzpassung $P_u = -142\,\mu\text{m}$ (entspricht dem Höchstübermaß $Ü_o$) errechnet.

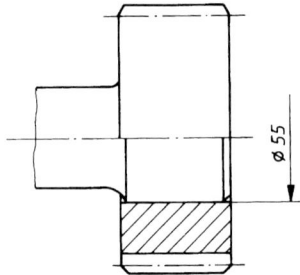

Zu ermitteln sind:

a) die Passtoleranz P_T,
b) die Bohrungstoleranz T_B und die Wellentoleranz T_W unter der Annahme, dass $T_B \approx 0{,}6 \cdot P_T$ ist,
c) für das ISO-Passsystem EB eine geeignete Toleranzklasse für die Bohrung,
d) die Grenzabmaße für die Welle,
e) eine geeignete Toleranzklasse für die Welle.

2.6 ••

Der Schaft einer Passschraube soll zur Lagerung einer Seilrolle verwendet werden. Der Schraubenschaft hat einen Durchmesser $d = 25\text{k}6$.

2 Toleranzen, Passungen, Oberflächenbeschaffenheit

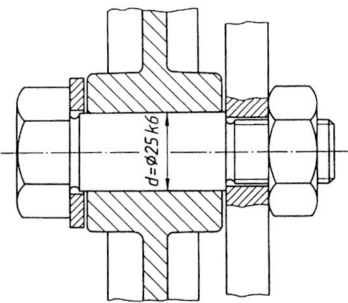

Welche ISO-Toleranz ist für die Nabenbohrung vorzusehen, wenn die Passung zwischen Schaft und Nabenbohrung etwa der Spielpassung H8/e8 entsprechen soll?

2.7 ••
Für den Einbau eines Ritzels sind zu ermitteln:

a) eine geeignete ISO-Passung zwischen Welle und Buchsenbohrung mit geringem Spiel,
b) die auf das Nennmaß 30 mm bezogene Maßtoleranz T_l für die Nabenlänge l, so dass ein seitliches Mindestspiel $S_u = 0{,}2$ mm und ein Höchstspiel $S_o = 0{,}4$ mm eingehalten wird; die normgerechte Maßeintragung ist anzugeben.

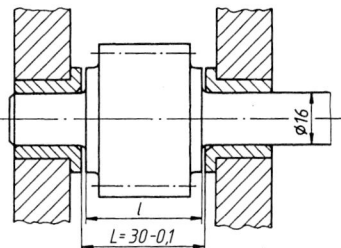

2.8 ••
Für die Lagerung einer Schaltrolle in einem Kontakthebel sind zu ermitteln:

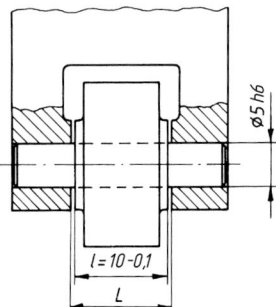

a) geeignete ISO-Toleranzen für die Hebelbohrungen und die Rollenbohrung, wenn die Achse aus geschliffenem Rundstahl Ø 5h6 in der Rolle festsitzen und in den Hebelbohrungen sich drehen soll; die Passtoleranz ist bildlich darzustellen,

b) die auf das Nennmaß $N = 10$ mm bezogene Maßtoleranz T_L für die Gabelweite L, wenn ein seitliches Mindestspiel von $S_u = 0{,}2$ mm und ein Höchstspiel von $S_o = 0{,}4$ mm eingehalten werden soll; die normgerechte Maßeintragung ist anzugeben.

2.9 ••

Die auf dem Achszapfen gelagerte Steuerrolle soll durch eine Sicherungsscheibe nach DIN 6799 axial festgelegt werden.

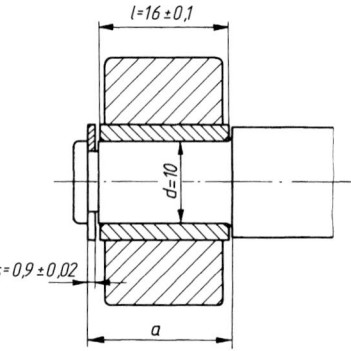

Zu ermitteln sind:

a) eine geeignete Spielpassung zwischen Laufrollenbuchse und Zapfen,

b) das Nennmaß N (ganze Zahl) und die erforderliche Maßtoleranz T_a für den Abstand a von der Achsschulter bis zur äußeren Nutkante, wenn das seitliche Spiel S der Buchse 0,2 ... 0,5 mm betragen darf; die normgerechte Maßeintragung ist anzugeben,

c) die vorzusehende Oberflächenrautiefe für den Wellenzapfen; die normgerechte Zeichnungseintragung ist anzugeben.

2.10 ••

Ein Rillenkugellager 6310 soll auf dem Lagerzapfen mit $d = 50$k6 durch einen Sicherungsring axial festgelegt werden. Nach DIN 616 hat der Lagerinnenring die Breite $b = 27 - 0{,}1$ mm, der Sicherungsring die Dicke $s = 2 - 0{,}07$ mm.

2 Toleranzen, Passungen, Oberflächenbeschaffenheit 11

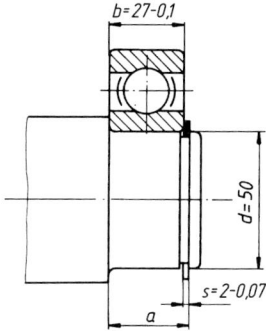

Zu ermitteln sind:

a) für den Abstand a von der Wellenschulter bis zum äußeren Nutrand das Nennmaß N und die Maßtoleranz T_a, bei der ein seitliches Lagerspiel S von 0 bis höchstens 0,2 mm zugelassen ist; die normgerechte Maßeintragung ist anzugeben.
b) welche Maßtoleranz würde sich ergeben für den Fall, dass das seitliche Lagerspiel 0 bis höchstens 0,1 mm betragen darf?
c) die für den Wellenzapfen vorzusehende Oberflächenrautiefe; die normgerechte Zeichnungseintragung ist anzugeben.

2.11 •
Für die Hebellagerung sind das Nennmaß N und die Maßtoleranz T_1 für die Schaftlänge l des Bolzens zu ermitteln, wodurch für die Hebelnabe ein seitliches Mindestspiel $S_u = 0{,}2$ mm und ein Höchstspiel $S_o = 0{,}6$ mm gewährleistet sind; die normgerechte Maßeintragung ist anzugeben.

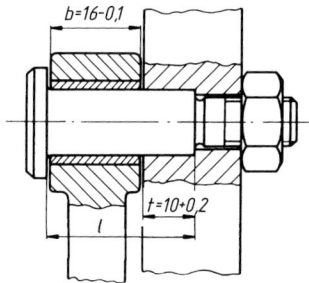

2.12 ••

Eine Passschraube mit der Schaftlänge $L = 50 + 0{,}1/0$ mm soll zur Lagerung einer Seilrolle verwendet werden.

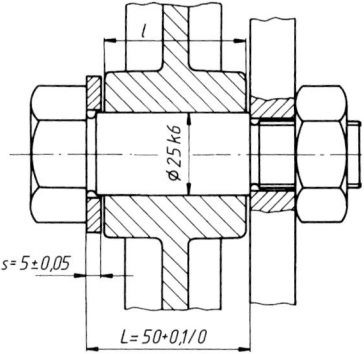

Für die Nabenlänge l sind das Nennmaß N und die Maßtoleranz T_1 zu ermitteln für ein seitliches Spiel S von $0{,}2 \ldots 0{,}6$ mm; die normgerechte Maßeintragung ist anzugeben.

2.13 ••

Ein ölgeschmiertes Lager ist durch eine Dichtungsscheibe zwischen Lagerdeckel und Gehäuse abzudichten. Der Dichtring mit der (Nenn-)Dicke $s = 2{,}4$ mm kann bis auf $s' = 1{,}9$ mm zusammengepresst werden.

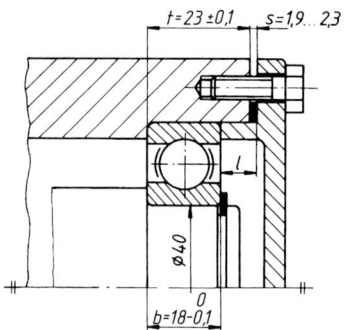

Für die Länge l des Zentrieransatzes des Deckels sind das Nennmaß N und die Maßtoleranz T_1 zu ermitteln, so dass eine „gepresste" Ringdicke zwischen 1,9 mm und 2,3 mm eingehalten wird; die normgerechte Maßeintragung ist anzugeben.

2.14 ••

Die radiale Pressung eines Dichtringes mit dem Profildurchmesser $d_1 = 7 \pm 0{,}25$ mm soll, um ausreichend abzudichten, wenigstens 10 %, zur Vermeidung übermäßiger Beanspruchung aber höchstens 20 % des Profildurchmessers betragen.

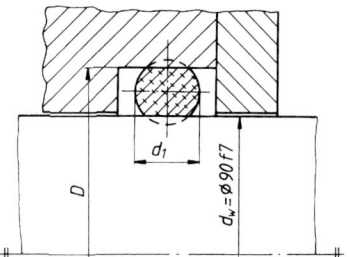

Zu berechnen sind das Nennmaß N der Eindrehung D und die Maßtoleranz T_D, bei der die Mindestpressung δ_{min} nicht unter-, die Höchstpressung δ_{max} nicht überschritten wird.

2.15 ••

Ein Winkelhebel führt um eine Achse Pendelbewegungen aus und soll durch Nadeln gelagert werden. Die Hebelbohrung wird mit $D = 50$H7 ausgeführt. Die vorgesehenen Nadeln haben einen Durchmesser von $d = 5 - 0{,}01$ mm.

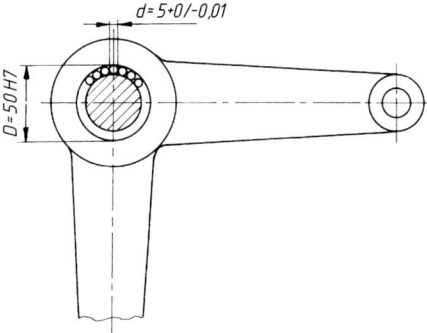

Für ein günstiges Radialspiel S der Nadeln zwischen Welle und Bohrung von $0{,}05 \ldots 0{,}12$ mm sind das Nennmaß N und die etwa entsprechende ISO-Toleranzklasse für die Welle zu ermitteln.

2.16 ••

Das Höchst- und Mindestmaß der Bohrung d_1 in der Lasche A sind zu ermitteln, damit diese mit einem Spiel von $S_u = 0$ (Mindestspiel) bis $S_o = 0{,}08$ mm (Höchstspiel) auf die Platte B mit den Zylinderstiften $d = 10\text{m}6$ gesetzt werden kann.

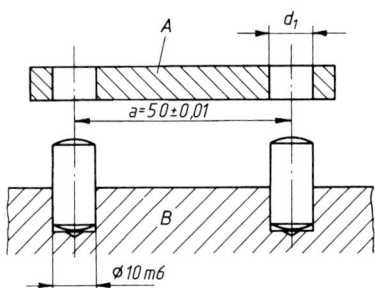

Es ist festzustellen, ob diese Bedingung mit einer ISO-Toleranzklasse erfüllt werden kann.

3 Festigkeitsberechnung

3.1 ••
Für ungekerbte, polierte Rundstäbe aus den Baustählen S235, S275 und E335 sind folgende Festigkeitswerte für die Bauteildicken $d = 32$ mm und $d = 150$ mm anzugeben:

a) die Zugfestigkeit R_m,
b) die Streckgrenze R_e,
c) das Verhältnis R_e/R_m,
d) die Biegefließgrenze σ_{bF},
e) die Torsionsfließgrenze τ_{tF},
f) die Biegegestaltwechselfestigkeit σ_{bGW},
g) die Torsionsgestaltwechselfestigkeit τ_{tGW}.

3.2 ••
Für runde Hohlprofile (ungekerbt und poliert) mit $d_a = 60$ mm und $d_i = 40$ mm aus den Baustählen S275, E335, den Vergütungsstählen C45E und 30CrNiMo8 (jeweils im vergütetem Zustand) und Gusseisen EN-GJL-250, EN-GJS-400-18 sind folgende Festigkeitswerte anzugeben:

a) die Zugfestigkeit R_m,
b) die Zugschwellfestigkeit σ_{zSch},
c) die Biegewechselfestigkeit σ_{bW},
d) die Torsionswechselfestigkeit τ_{tW}.

3.3 •
Für einen Stab aus der Aluminium-Knetlegierung ENAW-AlCu4PbMgMn-T3 ist die zulässige Zugspannung bei vorwiegend ruhender Belastung und einer mittleren Sicherheit festzulegen.

3.4 •

Ein Bauteil aus GS240+N, Rohteildurchmesser 60 mm, wird vorwiegend ruhend auf Verdrehung beansprucht. Es sind die für den einfachen statischen Nachweis erforderliche Bauteilfestigkeit und die Mindestsicherheit anzugeben.

3.5 •

In einem Dauerfestigkeitsversuch ergab sich für ein Bauteil die Schwellfestigkeit $\sigma_{Sch} = 360\,\text{N/mm}^2$. Wie hoch ist die Ausschlagfestigkeit σ_A? Das Spannungs-Zeit-Diagramm ist zu skizzieren.

3.6 •

Für einen Probestab wird ein Dauerbiegeversuch mit einer Ausschlagspannung von $\pm 150\,\text{N/mm}^2$ bei einer konstanten Mittelspannung von $70\,\text{N/mm}^2$ durchgeführt. Anhand eines Spannungs-Zeit-Diagramms sind zu ermitteln:

a) die Oberspannung σ_o und die Unterspannung σ_u,
b) das Grenzspannungsverhältnis κ.

ⓘ 3.7 ••

Ein glatter, kerbfreier Probestab mit Normabmessung aus Vergütungsstahl 25CrMo4 (vergütet) wird dynamisch mit $\sigma_{ba} = 250\,\text{N/mm}^2$ um eine Mittelspannung $\sigma_{bm} = 400\,\text{N/mm}^2$ auf Biegung beansprucht. Zu ermitteln sind:

a) die maximale Ausschlagspannung σ_{ba} für $\sigma_m = $ konst. und $S_D = 1$,
b) die ertragbare Oberspannung σ_o und Unterspannung σ_u für $\sigma_m = $ konst.,
c) das Grenzspannungsverhältnis κ für die maximale Ausschlagspannung bei $\sigma_m = $ konst.,
d) die maximale Ausschlagspannung σ_{ba} für $\kappa = $ konst. (σ_{bm} erhöht sich mit σ_{ba}).

3.8 •

Für eine mit einer Passfedernut Form N1 versehene Getriebewelle aus Vergütungsstahl 50CrMo4 ist die Gestaltausschlagfestigkeit bei Biegewechselbelastung zu ermitteln. Die Welle mit dem Rohteildurchmesser $d = 60\,\text{mm}$ soll mit $Rz \approx 10\,\mu\text{m}$ auf $d = 55\,\text{mm}$ abgedreht werden.

3.9 ••

Für eine mit einer Sicherungsring-Nut versehenen und mit $Rz \approx 16\,\mu\text{m}$ auf 50 mm Durchmesser abgedrehte Welle aus Baustahl E295 (Rohteildurchmesser $d = 70\,\text{mm}$) sind die plastische Stützzahl und dynamischen Konstruktionsfaktoren für Biegung und Torsion zu berechnen.

3.10 ••
In DIN 5418 sind die Anschlussmaße für Wälzlager festgelegt.

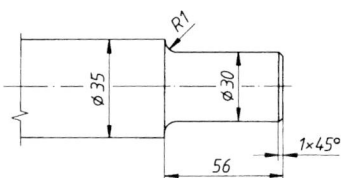

Für den aus Rundstahl mit dem Durchmesser $d = 40$ mm gedrehten Lagerzapfen sind für eine angenommene Biegebeanspruchung die Kerbwirkungszahlen β_k für folgende Werkstoffe zu berechnen

a) S235
b) C60E
c) 50CrMo4

Welche Schlussfolgerung kann aus den Ergebnissen gezogen werden?

3.11 ••
Für eine angenommene Biegebeanspruchung sind für die Übergangsstelle der Welle aus C60E (Rohteildurchmesser $d = 40$ mm) die Kerbwirkungszahlen β_k über die Formzahl α_k zu errechnen für

a) Rundungsradius R1
b) Rundungsradius R1,6
c) Rundungsradius R2,5
d) einen Freistich DIN 509 – F0,8 × 0,3

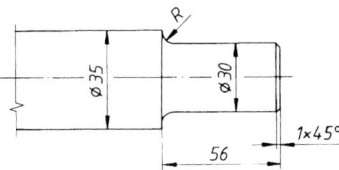

Welche Schlussfolgerung kann aus den Ergebnissen gezogen werden?

ⓘ **3.12** •••
Eine Welle aus Vergütungsstahl C22E, $d = 30\,\text{mm}$, mit aufgeschrumpfter festsitzender Nabe, wird durch ein Nenndrehmoment $T_{\text{nenn}} = 100\,\text{N\,m}$ in einer Drehrichtung beansprucht. Die Betriebsverhältnisse sind durch einen Anwendungsfaktor $K_A = 1{,}5$ zu berücksichtigen. Größere Spitzenmomente sind nicht zu erwarten. Die auftretende, rein wechselnde Biegenennspannung beträgt $\sigma_{\text{bnenn}} = 46{,}7\,\text{N/mm}^2$. Welche Sicherheit gegen Dauerbruch ergibt sich für den Überlastungsfall 2, wenn

a) eine hohe Schalthäufigkeit ($> 10^3$ An- und Abschaltungen) vorliegt,
b) die Momentenübertragung selten unterbrochen wird (quasistatische Belastung) und ein Anwendungsfaktor $K_A = 1$ angenommen wird.

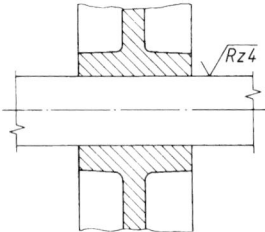

3.13 ••
Zur rechnerischen Überprüfung des konstruktiv festgelegten Zapfendurchmessers einer aus Vergütungsstahl C35E (vergütet) mit einem Rohteildurchmesser von 60 mm gedrehten Welle ist die für die gefährdeten Querschnitte maßgebende Gestaltausschlagfestigkeit zu ermitteln. Zur Aufnahme der Kupplung wurde die Passung H7/g6 vorgesehen. Das Moment wird über die Kupplung bei sehr häufigen An- und Abschaltungen und Drehrichtungsänderungen auf die Welle übertragen, wobei das äquivalente Moment in beiden Richtungen etwa gleich groß sein soll. Die Rauheit im Nutgrund beträgt $Rz \approx 20\,\mu\text{m}$. Die Ergebnisse sind zu beurteilen.

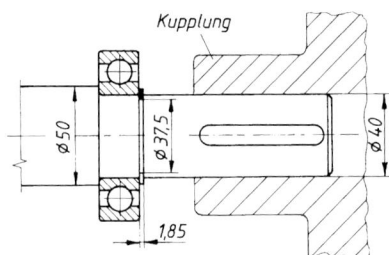

3 Festigkeitsberechnung

3.14 •
Für die nebenstehend skizzierten zugbeanspruchten Flachstähle mit jeweils gleicher Dicke s sind schematisch darzustellen bzw. anzugeben

a) der Verlauf der über den Querschnitt vorhandenen Zugspannung
b) Möglichkeiten zur Verminderung der Spannungsspitzen bei den Ausführungen b) und c)

Es ist davon auszugehen, dass die Zugkraft F jeweils gleichmäßig über den Querschnitt eingeleitet wird.

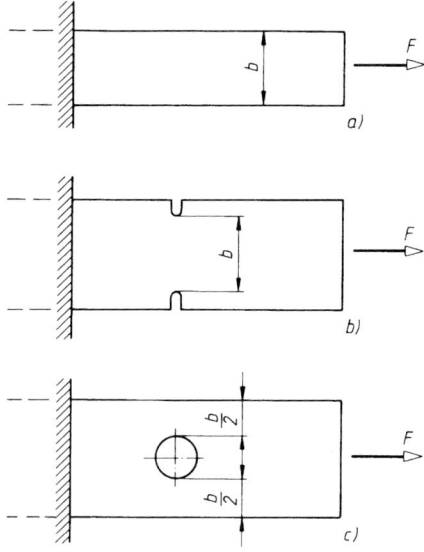

3.15 •
Zur Aufnahme eines fast scharfkantigen Bauteiles (keine Fase) ist eine rechtwinklige Anlage für die Wellenschulter erforderlich. Es sind Lösungsmöglichkeiten anzugeben, die keine allzu großen Spannungsspitzen erwarten lassen.

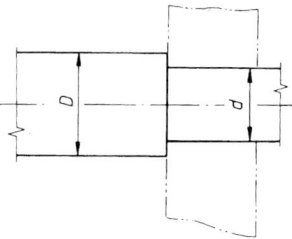

Hinweis: In Kap. 11 sind weitere Aufgaben zum Festigkeitsnachweis enthalten.

4 Tribologie

4.1 •
Für einen Kontakt zweier Walzen wurden folgende Betriebsparameter durch Messung bzw. Berechnung bestimmt: Minimale Schmierfilmdicke im Kontakt $h_{min} = 2,5\,\mu m$, Rauheiten der beiden Walzen $Ra_1 = 1,2\,\mu m$, $Ra_2 = 2,3\,\mu m$. Bewerten Sie den vorliegenden Reibungszustand (Schmierungszustand).

4.2 •
Für ein Mineralöl sind folgende kinematische Viskositäten bekannt: $v_{30} = 6\,mm^2/s$ (bei 30 °C), $v_{100} = 2\,mm^2/s$ (bei 100 °C). Bestimmen Sie die kinematische Viskosität v_{-20} bei $-20\,°C$.

4.3 •
Für verschiedene Schmieröle soll die Bezeichnung der Öle entsprechend Viskositätsklassifikation angegeben werden. Bekannt sind folgende Angaben:

a) Industrieschmieröl, $v_{40} = 32\,mm^2/s$
b) Industrieschmieröl, $v_{40} = 460\,mm^2/s$
c) Kfz-Getriebeöl, $v_{100} = 8\,mm^2/s$
d) Kfz-Getriebeöl, $v_{100} = 32\,mm^2/s$
e) Kfz-Motorenöl, $v_{100} = 8\,mm^2/s$
f) Kfz-Motorenöl, $v_{100} = 19\,mm^2/s$

4.4 •
Für einen Kontakt zweier Walzen aus Stahl sind folgende Angaben bekannt: Kontaktnormalkraft $F_N = 500\,N$, Walzendurchmesser $d_1 = 40\,mm$, $d_2 = 30\,mm$, Kontaktlänge (= Walzenbreite) = 20 mm. Bestimmen Sie die Hertzsche Pressung im Kontakt beider Walzen.

4.5 •

Für ein Mineralöl sind folgende Daten für eine Betriebstemperatur von 90 °C bekannt: Dynamische Viskosität $\eta_{90} = 5{,}3$ mPas, Dichte $\varrho_{90} = 825$ kg/m^3. Bestimmen Sie die kinematische Viskosität ν_{90} des Öls für 90 °C.

4.6 •

Für ein Schmieröl sind folgende Daten für eine Betriebstemperatur von 60 °C bekannt: Dynamische Viskosität (bei Atmosphärendruck) $\eta_0 = 135$ mPas, Druckviskositätskoeffizient $\alpha_{60} = 1{,}9 \cdot 10^{-8}$ m^2/N. Bestimmen Sie die dynamische Viskosität η_p des Öls im Bauteilkontakt bei einem Druck von 2 000 bar.

4.7 •

Für ein Schmieröl der Viskositätsklasse ISO VG 68 DIN ISO 3448 entsprechend VI50 und einer mittleren Dichte $\varrho = 900$ kg/m^3 sollen ν_{20}, ν_{40} in mm^2/s und η_{50}, η_{100} in mPa s durch Ablesung bzw. genauere Berechnung (auf eine Kommastelle) ermittelt werden.

4.8 •

Nach Angabe des Lieferanten hat Schmieröl DIN 51501–L–AN68 eine Dichte $\varrho_{20} = 900$ kg/m^3. Rechnerisch sind als ganze Zahl zu ermitteln:

a) die Dichte ϱ_{40} in kg/m^3,
b) die kinematische Viskosität in mm^2/s und die dynamische Viskosität η_{40} in mPa s.

4.9 •

In der Kontaktfläche zwischen Wälzkörper ($d_1 = 9$ mm, $l = 12$ mm, $v_1 = 12$ m/s) und Innenring ($d_2 = 55$ mm, $v_2 = 2{,}5$ m/s) eines Zylinderrollenlagers ($E = 210\,000$ N/mm^2, $\nu = 0{,}3$) sollen die Schmierfilmdicken h_0 und $h_{\min}$ bei elastohydrodynamischer Schmierung berechnet werden. Verwendet wird ein paraffinbasisches Mineralöl ($\alpha_{25°C} = 2{,}0 \cdot 10^{-8}$ m^2/N), welches im Betrieb eine dyn. Viskosität von $\eta_M = 90$ mPa s aufweist. In der Scheitelposition wird der Wälzkörper mit der max. Normalkraft $F_{N\max} = 3{,}5$ kN belastet.

5 Kleb- und Lötverbindungen

Klebverbindungen

5.1 •

Bei einem Zugversuch am Prüfstab ergab sich eine Bruchlast $F_\mathrm{m} = 5\,200\,\mathrm{N}$. Wie groß ist die Bindefestigkeit τ_{KB} des verwendeten Reaktionsklebstoffes?

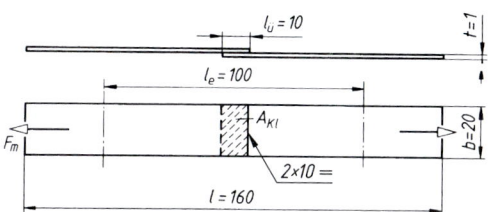

5.2 •

Zur Feststellung der Bindezugfestigkeit wurde der Prüfkörper zügig bis zur Bruchlast (Zerreißkraft) $F_\mathrm{m} = 36{,}8\,\mathrm{kN}$ auf Zug beansprucht. Welche Bindezugfestigkeit σ_{KB} der Klebverbindung ergab sich aus diesem Versuch?

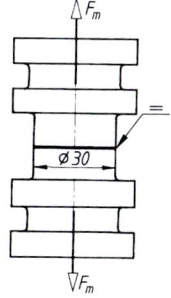

5.3 •

In einem Laborversuch soll die Verdreh-Bindefestigkeit τ_{KBt} eines für die Produktion vorgesehenen Klebstoffes ermittelt werden. Der zügig auf Verdrehen beanspruchte Prüfkörper zerbrach in der Klebfuge bei einem Drehmoment $T_B = 185\,\text{N m}$.

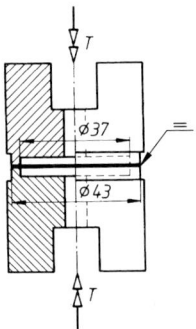

Die Verdreh-Bindefestigkeit ist zu berechnen.

ⓘ 5.4 ••

An einem Flachstab ▭ 70 × 10 − 500 (blanker scharfkantiger Flachstab) sollen an einem Ende zwei Flachstäbe ▭ 50 × 6 − 400 ($R_m = 440\,\text{N/mm}^2$) 60 mm überlappt geklebt werden. Verwendet wird ein Klebstoff, für den nach Herstellerangabe eine Bindefestigkeit $\tau_{KB} = 40\,\text{N/mm}^2$ am Prüfkörper (vgl. Bild zur Aufgabe 5.1) bestimmt wurde, die jedoch nach jeweils 10 mm größerer Überlappung um durchschnittlich 8 % absinkt. Die Verbindung soll mit $F = 15\,\text{kN}$ statisch auf Zug belastet werden.

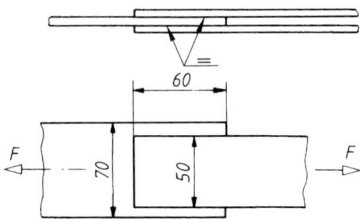

Zu ermitteln sind:

a) die Sicherheit S_1 gegen Bruch der überlappt geklebten Flachstäbe,
b) die Sicherheit S_2 der Klebverbindung mit $\tau_{KB(60)}$ bei $l_{\text{ü}} = 60\,\text{mm}$.

5.5 ••

Das Ende eines Wasserrohres aus Polyvinylchlorid (PVC) von $d_a = 63\,\text{mm}$ Außendurchmesser und $t = 3\,\text{mm}$ Wanddicke wird mit einer geklebten Kappe verschlossen. Es ist zu prüfen, ob die Klebverbindung bei einem höchsten Wasserdruck $p = 4\,\text{bar}$ sicher hält, wenn die Bindefestigkeit des Klebers bei 20 mm Überlappungslänge $\tau_{KB} = 8\,\text{N/mm}^2$ beträgt.

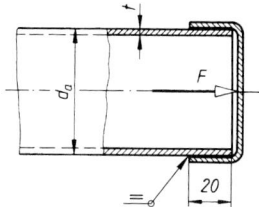

ⓘ **5.6** ••

Eine Rohrleitung 50 × 2 aus ENAW-AlMg3-H14 wird durch einen geklebten Flansch abgeschlossen. Der Kleber weist eine Bindefestigkeit $\tau_{KB} = 20\,\text{N/mm}^2$ auf. Rohr und Klebverbindung müssen eine 2-fache Sicherheit gegen Bruch aufweisen.

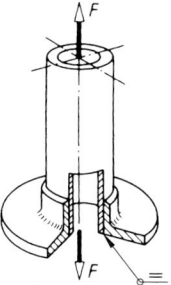

Wie groß ist die zulässige statische Zugkraft F für das Rohr und welche Überlappungslänge $l_\text{ü}$ muss für die Steckverbindung ausgeführt werden?

5.7 ••

Der Bremstrommel-Innendurchmesser eines Lastkraftwagens beträgt $D_i = 280\,\text{mm}$. Die auf die Bremsbacken aufgeklebten Beläge haben 60 mm Breite und 300 mm Länge. Im ungünstigsten Fall kann damit gerechnet werden, dass ein einziger Belagstreifen durch eingedrungenes Wasser an der Trommel anfriert und das größte Rad-Drehmoment $T \approx 3{,}5 \cdot 10^6\,\text{N\,mm}$ von der Klebverbindung zu übertragen ist.

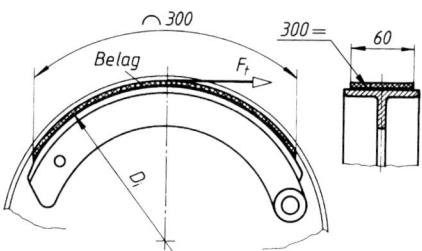

Es ist zu prüfen, ob für die Klebverbindung Bruchgefahr besteht, wenn für den vorgesehenen Kleber die Bindefestigkeit $\tau_{KB} = 15\,\text{N/mm}^2$ beträgt.

5.8 •

Ein Schaltritzel mit Modul $m = 3\,\text{mm}$ und einer Zähnezahl $z = 20$ hat die größte Leistung $P = 0{,}12\,\text{kW}$ bei einer Drehzahl $n = 160\,\text{min}^{-1}$ zu übertragen. Da die Drehrichtung ständig umkehrt und das Ritzel möglichst geräuscharm und elastisch arbeiten soll, ist der Zahnkranz aus Polyamid mit einer Nabe aus Stahl verklebt. Wie groß ist die gegen Dauerbruch vorhandene Sicherheit S der Klebverbindung, wenn nach Angaben des Herstellers für den Klebstoff mit der *statischen* Bindefestigkeit $\tau_{KB} \approx 12\,\text{N/mm}^2$ die *dynamische* Bindefestigkeit sich ergibt aus $\tau_{KW} \approx 0{,}3 \cdot \tau_{KB}$? Auftretende Stöße sind durch $K_A = 1{,}5$ zu berücksichtigen.

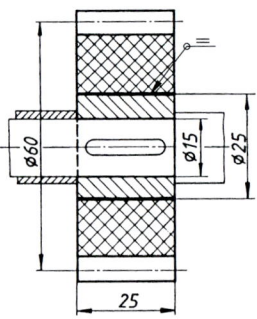

ⓘ **5.9** ••

Für die Klebverbindung eines Zahnrades aus Polyamid mit einem Wellenzapfen aus Stahl wurde ein Kaltkleber verwendet, der bei diesen Werkstoffen eine statische Bindefestigkeit $\tau_{KB} \approx 15\,\text{N/mm}^2$ hat.

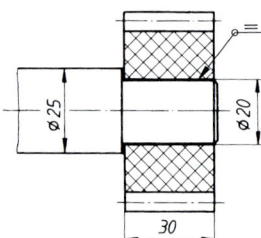

Welche Leistung in kW kann von der Verbindung bei einer Drehzahl $n = 125\,\text{min}^{-1}$ übertragen werden, wenn eine 2-fache Sicherheit gegenüber der dynamischen Bindefestigkeit τ_{KSch} verlangt wird und ungünstige Betriebsverhältnisse durch den Betriebsfaktor $K_A \approx 1{,}5$ zu berücksichtigen sind?

Lötverbindungen

5.10 ••

Bei dem in Klebkonstruktion ausgeführten Absperrschieber mit 80 mm Nennweite für einen überwiegend statischen Betriebsdruck $p = 10$ bar ist die Klebverbindung zwischen Gehäuse und Gehäusedeckel zu prüfen. Der Prüfdruck beträgt $p_{Prüf} = 16$ bar. Die Bindefestigkeit des Klebers ist für die zu erwartenden höheren Betriebstemperaturen mit $\tau_{KB} \approx 10\,\text{N/mm}^2$ angegeben. Die Betriebsverhältnisse sind mit dem Betriebsfaktor $K_A = 1{,}5$ zu berücksichtigen. Wie groß ist die Sicherheit S bzw. $S_{Prüf}$ gegen Bruch?

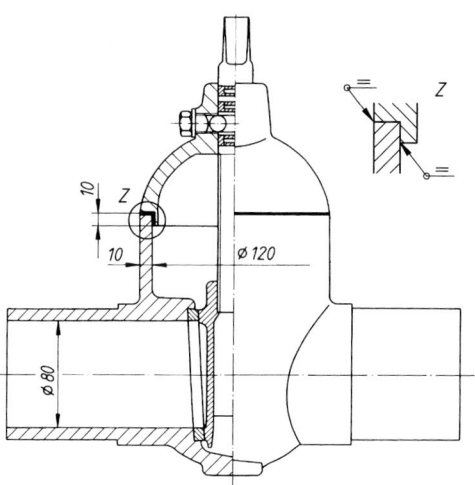

Lötverbindungen

5.11 ••

Weil ein Überlappstoß konstruktiv nicht möglich ist, sollen 2,5 mm dicke Bauteile aus S235JR und CuZn37 stumpf gestoßen werden.

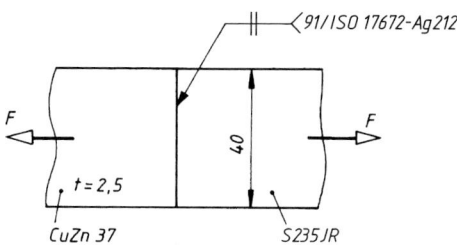

Welche ruhend wirkende Längskraft F kann übertragen werden, wenn eine 3-fache Sicherheit gegen Bruch der Lötnaht gefordert wird?

5.12 ••

Eine Kaltwasserleitung aus Kupferrohr 54 × 2 wird nach Skizze mit einer weich aufgelöteten Kappe verschlossen.

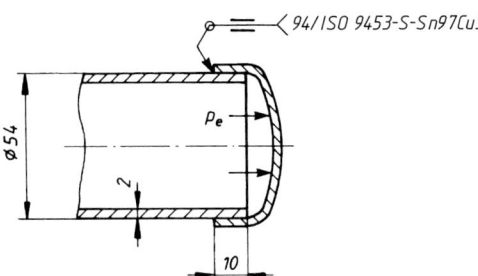

Es ist zu prüfen, ob die Spaltlötverbindung für einen höchsten Wasserdruck von 8 bar sicher ausgelegt ist.

ⓘ 5.13 •••

Die nahtlosen Mäntel eines kleinen Druckbehälters ⌀ 315 mm aus Cu-DHP-R200 sollen nach Skizze durch eine weichgelötete Rundnaht verbunden werden. Der Berechnungsdruck beträgt 6 bar, die Berechnungstemperatur 50 °C.

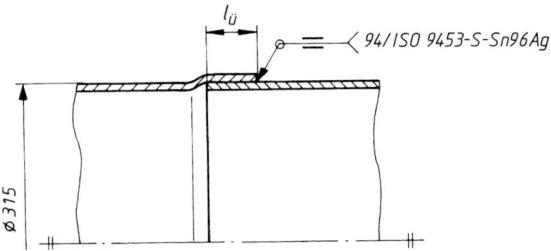

Zu berechnen bzw. zu prüfen sind:

a) Die erforderliche Wanddicke des Behältermantels (gerundet auf ganze oder halbe mm), wenn mit einer Wanddickenunterschreitung von 0,3 mm zu rechnen ist,
b) die mindestens erforderliche Überlappungslänge $l_{ü}$,
c) ob die Ausführung den Festlegungen des AD2000-Merkblattes B0 entspricht,
d) die beim Berechnungsdruck in der Lötnaht auftretende Scherspannung.

5.14 ••

Ein kleiner Druckbehälter aus Cu-DHP-R200 wird bei einem Außendurchmesser von 400 mm mit der erlaubten Mindestwanddicke von 2 mm ausgeführt. Der Behältermantel erhält eine Rundnaht mit weich aufgelöteter Lasche.

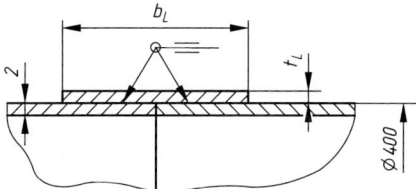

Zu bestimmen sind:

a) Die Laschenbreite b_L und die Laschendicke t_L nach den Festlegungen der AD2000-Merkblätter,
b) die beim zulässigen Betriebsüberdruck von 1,6 bar in der Lötnaht auftretende Scherspannung.

5.15 ••

Ein Schalthebel soll nach Skizze auf den Zapfen einer Schaltwelle hart aufgelötet werden. Für die Bauteile ist der Werkstoff S235JR vorgesehen. Bei einer stoßhaft und wechselnd auftretenden Schaltkraft ($K_A = 1,5$) ist von der Lötverbindung ein Drehmoment $T_{nenn} = 8\,\text{N m}$ zu übertragen. Der Lötzapfen wird dauerfest mit ∅ 10 mm ausgeführt.

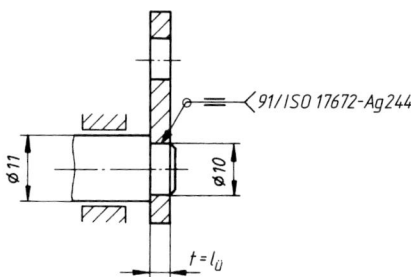

Mit welcher Dicke t (= Überlappungslänge $l_ü$) muss der Schalthebel mindestens ausgeführt werden, wenn für die Lötverbindung eine fünffache Sicherheit gefordert wird?

ⓘ **5.16 ••**

Auf die Welle eines Kleinmotors soll ein Ritzel nach Skizze hart aufgelötet werden. Die Verbindung hat ein bei mittleren Stößen ($K_A = 1{,}3$) auftretendes Drehmoment $T_{nenn} = 7\,\text{N\,m}$ zu übertragen. Als Werkstoff für Ritzel und Welle ist E335 vorgesehen.

a) Welche Bruchsicherheit weist die Lötnaht auf?
b) Wie lang müsste die Lötnaht theoretisch ausgeführt werden, wenn sie etwa die gleiche Bruchtragfähigkeit wie die Welle haben soll?

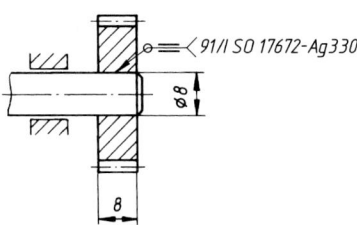

5.17 ••

Ein Tragzapfen (E295) soll durch Hartlöten stumpf mit der Seitenwand (S355J2) einer umlaufenden Trommel verbunden werden. Die Lagerkraft tritt stoßhaft ($K_A = 1{,}3$) auf, $F_{nenn} = 1{,}12\,\text{kN}$.

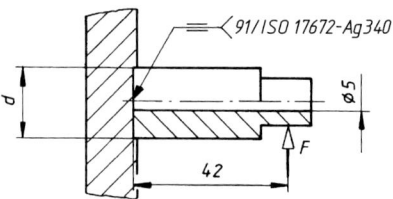

Mit welchem Durchmesser d ist der Zapfen auszuführen, wenn eine 2-fache Sicherheit gegen Dauerbruch der Lötverbindung verlangt wird?

5.18 ••

In einer Löt-Steckverbindung (Skizze) wird der Bolzen ⌀ 12 mm mit einer Längskraft $F_{nenn} = 4{,}5\,\text{kN}$ und einem Torsionsmoment $T_{nenn} = 22\,\text{N m}$ vorwiegend ruhend belastet. Die Bauteile sind aus S235JR.

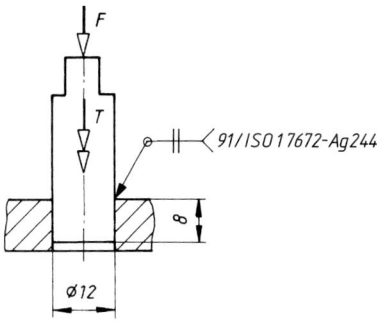

Welche Sicherheit gegen Bruch weist die Lötnaht auf?

5.19 ••

Ein biegebeanspruchter Lagerzapfen ⌀ 18 mm wird nach Skizze als Löt-Steckverbindung ausgeführt. Die Lagerkraft beträgt $F = 1{,}6\,\text{kN}$, die Betriebsverhältnisse sind durch einen Anwendungsfaktor $K_A = 1{,}3$ zu berücksichtigen. Die Bauteile bestehen aus E295. Es ist zu prüfen, ob die Lötnaht ausreichend sicher bemessen ist.

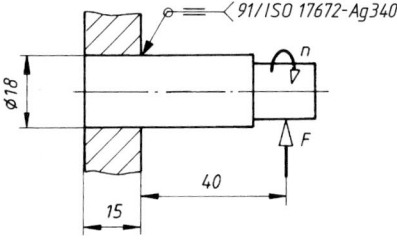

6 Schweißverbindungen

Schweißverbindungen im Stahlbau

6.1 •
Zwei warmgewalzte Flachstäbe EN 10058–80 × 8 aus S235 sollen durch eine durchgeschweißte Stumpfnaht verbunden werden. Die Naht wird über die ganze Länge vollwertig ausgeführt. Für den zentrisch mit $N_{Ed} = 125$ kN belasteten Zugstab ist die Tragfähigkeit nachzuweisen.

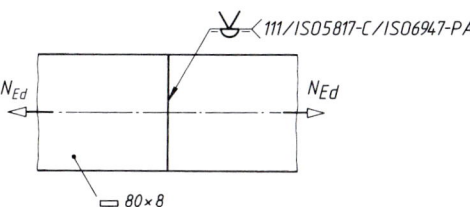

6.2 •
Ein Flachstab EN 10058–100 × 15 soll an ein 20 mm dickes Knotenblech stumpf angeschlossen werden. Die Bauteile werden in S235 ausgeführt. Die K-Naht ist auf der ganzen Länge vollwertig ausgeführt. Der Bemessungswert der einwirkenden Zugkraft beträgt $N_{Ed} = 315$ kN.

Die Tragsicherheit der Stumpfnaht ist nachzuweisen.

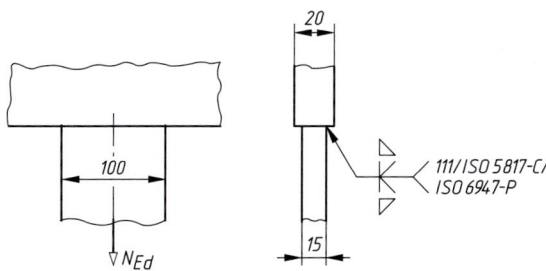

© Der/die Autor(en), exklusiv lizenziert an Springer Fachmedien Wiesbaden GmbH, ein Teil von Springer Nature 2025
C. Spura, H. Wittel, D. Jannasch, *Roloff/Matek Maschinenelemente Aufgabensammlung*,
https://doi.org/10.1007/978-3-658-47399-0_6

(i) 6.3 ••

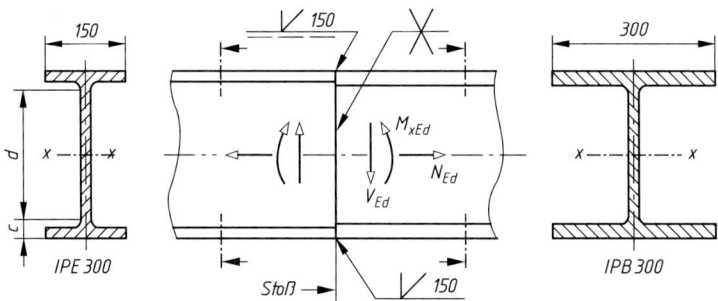

Die Formstähle IPE300 und IPB300 sollen mittels durchgeschweißter Stumpfnähte zu einem I-Träger verbunden werden. Der Bauteilwerkstoff ist S235JR. Die Bemessungswerte der zu übertragenden Schnittgrößen betragen: Normalkraft $N_{Ed} = 315\,\text{kN}$, Biegemoment $M_{x\,Ed} = 45,9\,\text{kN m}$ und Querkraft $V_{Ed} = 155\,\text{kN}$.
Die Tragfähigkeit des Stumpfstoßes ist nachzuweisen.

6.4 •••

Ein aus zwei Profilstählen DIN 1026-U200 gebildeter Zugstab soll an ein 14 mm dickes Knotenblech durch Flankenkehlnähte voll angeschlossen werden. Die Tragfähigkeit von Stab und Schweißanschluss sollen also gleich groß sein. Bauteilwerkstoff ist S235JR.

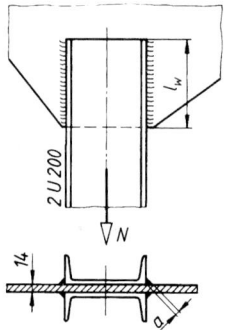

Zu ermitteln bzw. zu prüfen sind:

a) die maximale Tragfähigkeit N_{max} des Zugstabes aus zwei U200,
b) die größte zulässige Dicke a_{max} der Flankenkehlnähte,
c) die zur Aufnahme der unter a) errechneten Grenzzugkraft N_{max} erforderliche Überlappungslänge (Nahtlänge) l_w nach dem vereinfachten Verfahren, wenn die Bauteilecken nicht umschweißt sind,
d) die Tragfähigkeit des Knotenbleches bei N_{max}.

Schweißverbindungen im Stahlbau

6.5 •••

Eine Lasche ☐ 160 × 12 kann aus konstruktiven Gründen nur durch eine einseitige Kehlnaht $a = 6$ mm mit einem Profil verbunden werden. Dadurch wird die Nahtwurzel auf Zug beansprucht. Als Bauteilwerkstoff ist S355 vorgesehen.

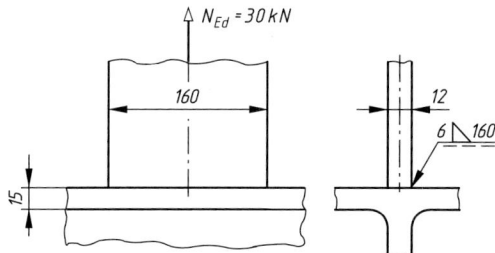

Für die gefährdete Schweißnahtwurzel ist mit der einwirkenden Zugkraft $N_{Ed} = 30$ kN der Tragsicherheitsnachweis mit dem richtungsbezogenen Verfahren zu führen.

6.6 ••

Ein geschweißter I-förmiger Zugstab aus S235JR soll mit einer Stumpfnaht und vier Doppelkehlnähten an ein Knotenblech angeschlossen werden. Der Stab hat eine Zugkraft $N_{Ed} = 330$ kN zu übertragen.

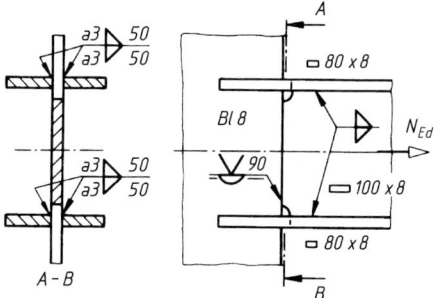

Es soll der Tragfähigkeitsnachweis geführt werden für

a) den maßgebenden Stabquerschnitt (A–B),
b) den Schweißanschluss nach dem vereinfachten Verfahren, wobei die Kehlnähte um die Ecken der Flansche herumgeführt werden.

6.7 •••

In einem Fachwerk soll der Diagonalstab aus T-Profil EN 10055–S235JR–T60 durch Stumpf- und Kehlnähte zentrisch an den Steg des Gurtstabes aus 1/2 I-Profil DIN 1025–S235JR–IPE300 angeschlossen werden. Der Stab hat eine Zugkraft $N_{Ed} = 150$ kN zu übertragen.

Es soll ein Tragfähigkeitsnachweis geführt werden für

a) den maßgebenden Stabquerschnitt,
b) den Schweißanschluss nach dem vereinfachten Verfahren, wobei die Kehlnähte um die Enden des Flansches herumgeführt werden.

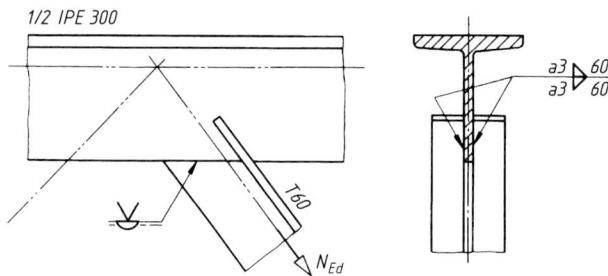

6.8 ••

Ein Zugstab aus einem flach liegenden Profil DIN 1026–U80 ist über Flankenkehlnähte an ein 10 mm dickes Knotenblech angeschlossen. Er hat eine Zugkraft $N_{Ed} = 90$ kN zu übertragen.

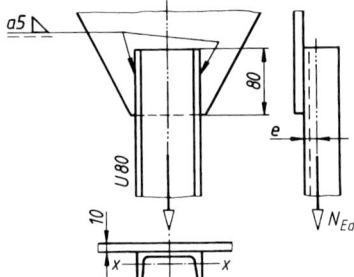

Für U-Profil und Knotenblech ist der Werkstoff S235JR vorgesehen.

a) Für den Zugstab ist der Tragsicherheitsnachweis zu führen.
b) Die Tragsicherheit der Flankenkehlnähte ist nach dem vereinfachten Verfahren nachzuweisen. Die Profilenden werden umschweißt.

6.9 ••

Ein Winkel EN 10056-1–60 × 60 × 6 soll an ein 8 mm dickes Knotenblech angeschlossen werden. Er hat eine Zugkraft $N_{Ed} = 112$ kN zu übertragen. Für Winkel und Knotenblech ist der Werkstoff S235JR vorgesehen.

a) Für den Zugstab ist der Tragsicherheitsnachweis zu führen.
b) Die Flankenkehlnähte sind gleich dick und gleich lang auszuführen.
   Dabei werden die Stabenden nicht umschweißt. Die Tragsicherheit der Flankenkehlnähte ist nach dem vereinfachten Verfahren nachzuweisen.

Schweißverbindungen im Stahlbau

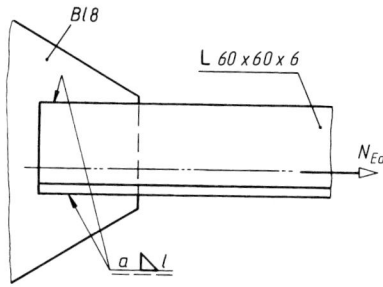

6.10 ••

Ein Winkel EN 10056-1–75 × 50 × 6 soll durch eine 3 mm dicke ringsumlaufende Kehlnaht mit dem kurzen Schenkel an ein 8 mm dickes Knotenblech angeschlossen werden. Der Stab aus S235JR, dessen Achse im Anschlussbereich rechtwinklig zum Knotenblechrand verläuft, hat eine Zugkraft $N_{Ed} = 125$ kN zu übertragen.

a) Für den mit dem kürzeren Schenkel angeschlossenen Zugstab ist der Tragfähigkeitsnachweis zu führen.
b) Die Tragsicherheit des mit Flanken- und Stirnkehlnähten anzuschließenden Winkels ist nach dem vereinfachten Verfahren nachzuweisen.
c) Die Tragsicherheit des Knotenbleches ist unter Annahme eines keilförmigen Krafteinleitungsbereiches überschlägig nachzuweisen.

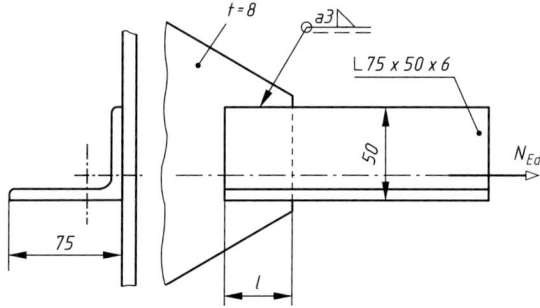

6.11 ••

Ein Zugstab aus einem Winkel EN 10056-1–60 × 60 × 6 soll mit 3 mm dicken Flanken- und Stirnkehlnähten an den Steg eines 1/2 IPE 240 angeschlossen werden. Der Bauteilwerkstoff ist S235JR. Die Stabachse des Winkels verläuft im Anschlussbereich unter $\alpha = 55°$ zum Stegrand des Trägers. Der Kehlnahtanschluss ist für eine Stabkraft $N_{Ed} = 120$ kN nach dem vereinfachten Verfahren nachzuweisen.

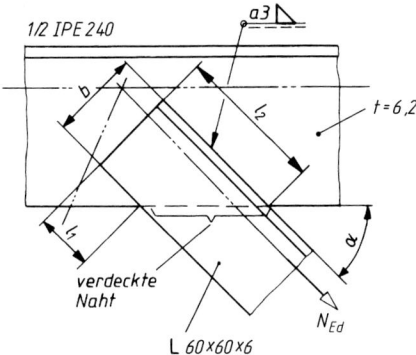

ⓘ **6.12** •••

Die 4 m hohe Innenstütze einer Halle soll als Pendelstütze ausgeführt werden. Sie ist an beiden Enden gelenkig gelagert. Der Bemessungswert der einwirkenden Druckkraft beträgt $N_{Ed} = 200$ kN. Als Stahlsorte ist S235 vorgesehen.

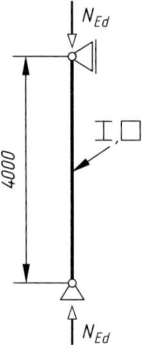

Ein Biegeknicknachweis ist zu führen

a) für ein entwurfsmäßig festgelegtes I-Profil DIN 1025–IPB 120 und alternativ
b) für ein zunächst überschlägig ausgewähltes warmgewalztes Hohlprofil mit quadratischem Querschnitt (DIN EN 10210-2).

ⓘ **6.13** •••

Ein Fachwerkstab aus zwei übereck gestellten gleichschenkligen Winkelprofilen soll mit der Druckkraft $N_{Ed} = 100$ kN belastet werden. Die Netzlänge des Stabes aus S235 beträgt $l = 3\,402$ mm. Der Schwerpunktabstand der Schweißanschlüsse wird nach der Zeichnung auf $l_S \approx 3\,200$ mm geschätzt.

a) Die gesuchte Profilgröße ist grob vorzuwählen.
b) Für das gewählte Profil ist der Nachweis gegen Biegeknicken zu führen.
c) Der Schweißanschluss des Druckstabes an den Gurtstab 1/2 IPB 320 mit gleich langen Flankenkehlnähten ist nach dem vereinfachten Verfahren nachzuweisen. Die Stabenden sind nicht umschweißt.

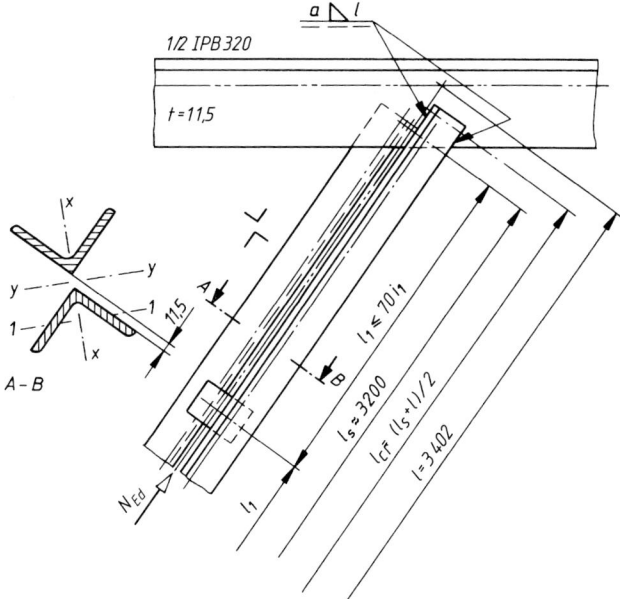

6.14 •••
Ein mit der zentrischen Druckkraft $N_{Ed} = 112\,\text{kN}$ belasteter Fachwerkstab soll aus zwei parallel gestellten Winkeln L EN 10056–70 × 70 × 6 hergestellt werden. Diese werden durch eingeschweißte Bindebleche zu einem Rahmenstab verbunden. Der Bauteilwerkstoff ist S235. Die Systemlänge des Stabes beträgt $l = 2\,592\,\text{mm}$. Der Schwerpunktabstand der Schweißanschlüsse an den Stabenden wird nach Zeichnung auf $l_S = 2\,420\,\text{mm}$ geschätzt.

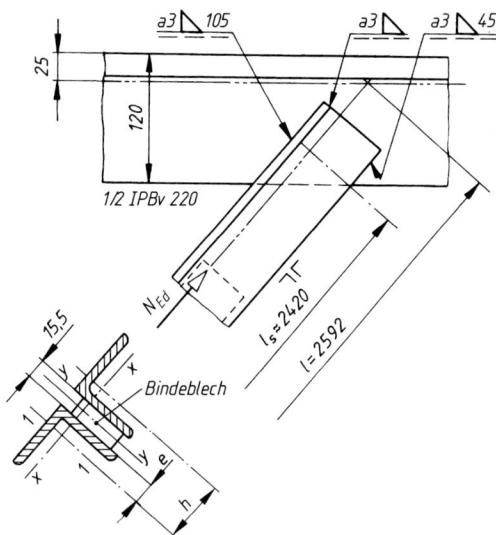

Nachzuweisen sind

a) die Biegeknickbeanspruchbarkeit des zweiteiligen Rahmenstabes und die Zahl der erforderlichen Bindebleche,
b) der Schweißanschluss an den Gurtstab 1/2 IPBv 220 durch Flanken- und Stirnkehlnähte nach dem vereinfachten Verfahren.

6.15 •••
Die Traglasche eines Abspannseiles wird durch eine unter dem Winkel $\alpha = 35°$ angreifende Bemessungskraft $F = 160\,\text{kN}$ belastet. Das Laschenblech ist mit einer ringsum verlaufenden Kehlnaht an das Tragwerk angeschlossen. Der Bauteilwerkstoff ist S235JR.

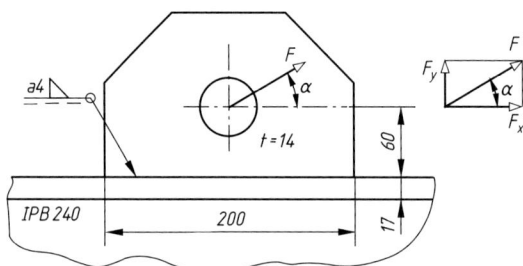

Für den Schweißnahtanschluss ist mit dem richtungsbezogenen Verfahren der Tragsicherheitsnachweis zu führen.

6.16 ••
Zur Lagerung eines Behälters wird ein 12 mm dickes Konsolblech aus S235JR mit einer ringsum verlaufenden Kehlnaht $a = 4\,\text{mm}$ an eine Stütze aus IPB160 geschweißt. Die

Auflagerkraft beträgt $F_k = 100$ kN.

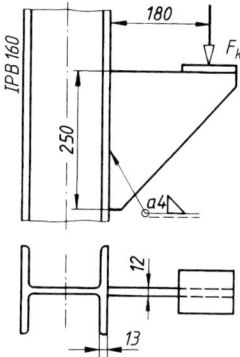

Es soll ein Tragfähigkeitsnachweis geführt werden für

a) den Anschlussquerschnitt des Konsolbleches neben der Naht,
b) den Schweißanschluss nach dem richtungsbezogenen Verfahren und alternativ
c) den Schweißanschluss nach dem vereinfachten Verfahren.

6.17 •••

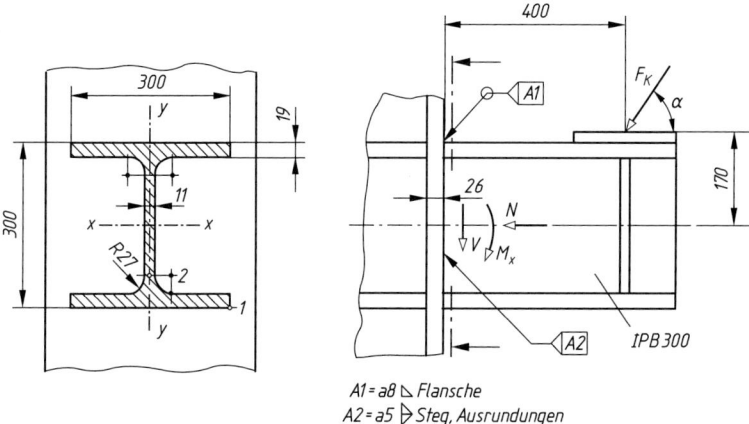

A1 = a8 ⊾ Flansche
A2 = a5 ▷ Steg, Ausrundungen

Eine aus dem I-Profil IPB300 nach Skizze ausgeführte Konsole soll die unter einem Winkel $\alpha = 55°$ mittig angreifende ständige Last $F_k = 630$ kN übertragen. Der Bauteilwerkstoff ist S355.

Es soll ein Tragfähigkeitsnachweis geführt werden für

a) den Trägerquerschnitt,
b) den Kehlnahtanschluss nach dem richtungsbezogenen Verfahren.

ⓘ 6.18 •••

Der biegesteife Anschluss eines geschweißten doppeltsymmetrischen I-Trägers an eine Hallenstütze ist für folgende Bemessungswerte auszulegen: Biegemoment $M_{Ed} = 140\,\text{kN m}$, Normalkraft $N_{Ed} = 250\,\text{kN}$ und Querkraft $V_{Ed} = 200\,\text{kN}$. Der Bauteilwerkstoff ist 235JR. Die Flanschkehlnaht soll mit $a_F = 6\,\text{mm}$ und die Stegkehlnaht mit $a_S = 4\,\text{mm}$ ausgeführt werden.

Es ist der Tragfähigkeitsnachweis mit dem richtungsbezogenen Verfahren zu führen.

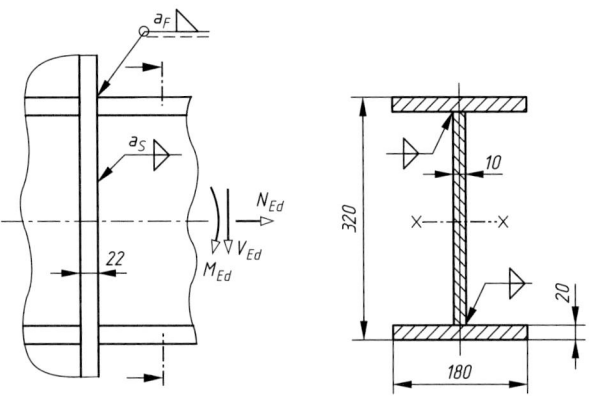

ⓘ 6.19 •••

Ein Kragträger mit geschlossenem Querschnitt wird mit einer außermittigen Kraft $F_k = 90\,\text{kN}$ belastet. Der Bauteilwerkstoff ist S235JRH. Das warmgefertigte Hohlprofil DIN EN 10210–250 × 150 × 6,3 ist mit ringsumlaufenden Kehlnähten mit einem Flansch und einem Schott verschweißt.

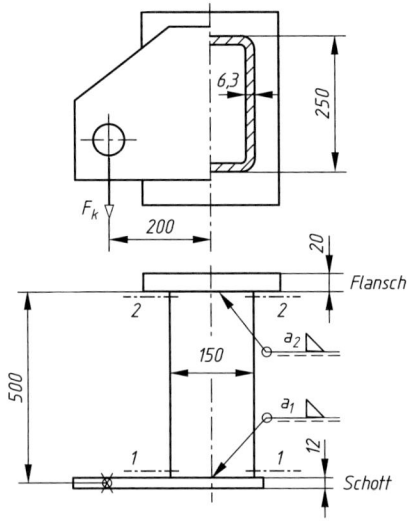

Schweißverbindungen im Stahlbau 43

Nach der Wahl einer günstigen Nahtdicke sind die Schweißanschlüsse (1-1) und (2-2) nach dem richtungsbezogenen Verfahren nachzuweisen.

ⓘ **6.20** ••

Ein nach Skizze ausgeführtes, zweiwandiges Konsol aus S235JR wird durch eine mittig zwischen den Stegen wirkende Bemessungskraft $F_{Ed} = 72$ kN belastet.

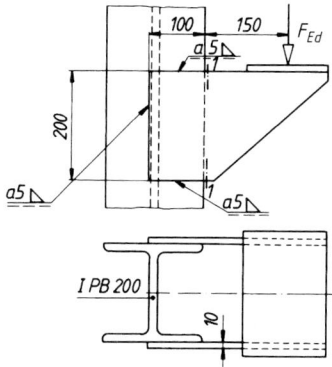

Es ist der Tragfähigkeitsnachweis zu führen

a) für den Bauteilquerschnitt 1-1 und
b) den U-förmigen Kehlnahtanschluss näherungsweise mit plastischer und elastischer Verteilung der Nahtkräfte.

6.21 ••

Zum Anschluss eines Abspannseiles soll ein Flachstab EN 10058–120 × 12–220 aus Stahl EN 10025–S235JR mit einer ringsumlaufenden Kehlnaht überlappt an ein 20 mm dickes Gurtblech angeschweißt werden.

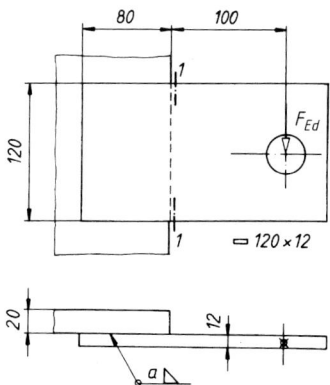

Für eine Bemessungskraft $F_{Ed} = 42\,\text{kN}$ ist

a) der Bauteil-Anschlussquerschnitt (1-1) nachzuweisen,
b) die Dicke a der ringsumlaufenden Kehlnaht näherungsweise mit plastischer Verteilung der Nahtkräfte zu bestimmen.

Schweißverbindungen im Maschinenbau

6.22 ••

Ein geschmiedetes Stangenauge soll nach Skizze mit einer Zugstange ▢ 90×12, beide aus S355J2, durch eine auf der ganzen Länge vollwertig ausgeführten Stumpfnaht verbunden werden. Der Stab wird durch eine ruhend wirkende Mittellast $F_m = +80\,\text{kN}$ und durch eine mit mittelstarken Stößen ($K_A \approx 1{,}4$) auftretende Wechsellast $F_a = \pm 50\,\text{kN}$ in Längsrichtung belastet. Es ist zu prüfen, ob die Stumpfnaht dauerfest ist, wenn sie kerbfrei bearbeitet, zu 100 % durchstrahlt und in Bewertungsgruppe B ausgeführt wird.

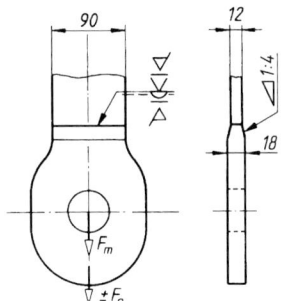

6.23 ••

Ein mit der Wechsellast $F_a = \pm 48\,\text{kN}$ belastetes Bauteil aus Rohr 70×5 soll durch eine HV-Stumpfnaht mit einer 16 mm dicken Kopfplatte verbunden werden. Zum Einhängen einer Feder wird an die Rohrwand ein nahezu unbelastetes Auge aus Flachstahl geschweißt. Die Last tritt mit mittleren Stößen, entsprechend $K_A = 1{,}3$, auf.

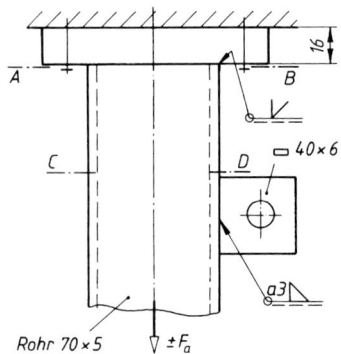

Schweißverbindungen im Maschinenbau 45

Für unbearbeitete Nähte der Bewertungsgruppe C und den Werkstoff S235JR ist die Dauerhaltbarkeit zu prüfen für

a) den T-Stoß Querschnitt A–B und
b) den Querschnitt C–D.

6.24 ••

Zur Fertigung von Gelenkwellen in Rohrausführung soll das Gabelstück (1) aus GE240 + N mit dem nahtlosen Präzisionsstahlrohr (2) aus E235 + N durch die Stumpfnaht (3) verschweißt werden. Die Gelenkwelle hat bei wechselnder Drehrichtung ein Drehmoment $T = 315\,\text{N\,m}$ bei starken Stößen (entsprechend $K_A = 2$) zu übertragen.

Welche Wanddicke muss für ein Rohr mit 50 mm Außendurchmesser gewählt werden?

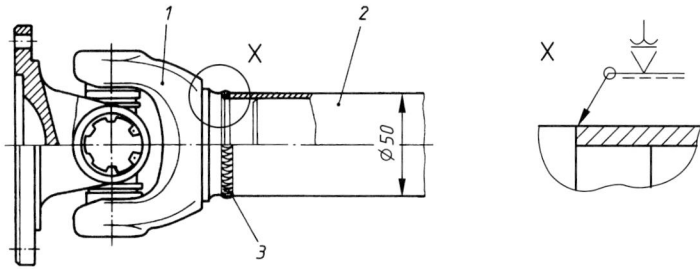

6.25 ••

Ein Hebel soll mit einer 5 mm dicken Doppelkehlnaht auf eine Welle Ø 60 mm geschweißt werden. Die Umfangskraft am Hebel tritt wechselnd zwischen $F = +6{,}3\,\text{kN}$ und $F = -2{,}0\,\text{kN}$ mit starken Stößen ($K_A = 1{,}6$) auf. Für den Bauteilwerkstoff S235JR ist zu prüfen, ob die Rundnaht dauerfest ist.

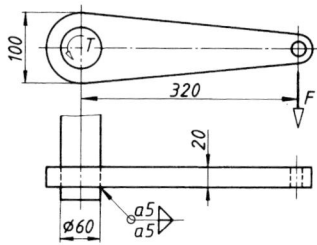

6.26 ••

Der Kehlnahtanschluss einer Umlenkrollen-Gabel ist für eine schwellend auftretende Seilkraft $F = 5\,\text{kN}$ auf Dauerfestigkeit zu prüfen. Auftretende mittlere Stöße sind durch einen Anwendungsfaktor (entsprechend $K_A = 1{,}35$) zu berücksichtigen. Die Bauteile sind aus S235JR.

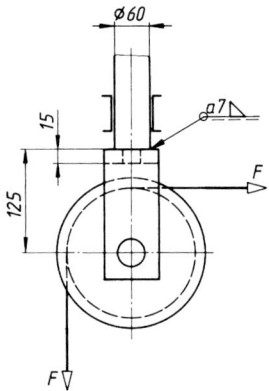

6.27 ••

Die in Bewertungsgruppe C ausgeführten Kehlnähte A und B eines Führungskonsols aus S235JR sind für eine mit leichten Stößen (entsprechend $K_A = 1{,}1$) auftretende Wechselkraft $F = \pm 5{,}6\,\text{kN}$ auf Dauerfestigkeit zu prüfen.

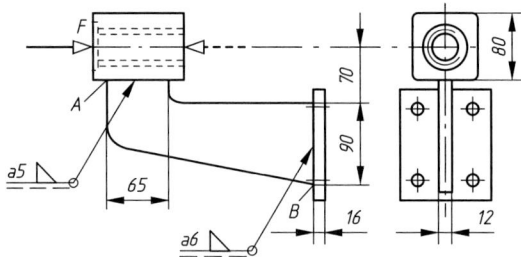

6.28 ••

Die Kehlnähte A, B und C eines geschweißten Winkelhebels aus S235JR sind für eine mit mittleren Stößen (entsprechend $K_A = 1{,}35$) schwellend auftretende Stangenkraft $F_1 = 2{,}5\,\text{kN}$ auf Dauerfestigkeit zu prüfen. Sie sind nicht bearbeitet und werden auf Risse geprüft.

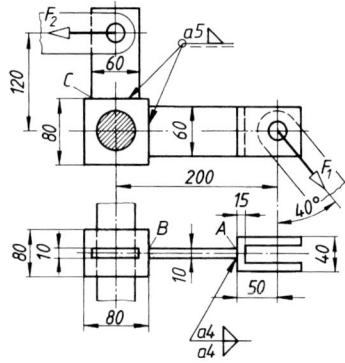

Schweißverbindungen im Maschinenbau

ⓘ 6.29 •••

Bei einem geschweißten Stehlager soll der Blechsteg mit der Grundplatte verschweißt werden. Als Werkstoff wird einheitlich S235 gewählt. Die Belastung erfolgt durch eine ruhende vertikale Kraft $F_v = 16\,\text{kN}$ und eine horizontale Wechselkraft $F_h = \pm 18\,\text{kN}$. Auftretende Stöße sind durch den Anwendungsfaktor $K_A = 1{,}3$ zu berücksichtigen.

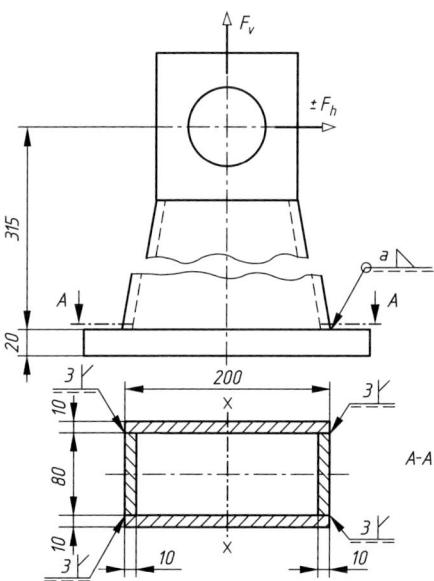

Ein Dauerfestigkeitsnachweis ist zu führen

a) für den als Hohlkasten ausgeführten Stegquerschnitt (A-A),
b) die HY-Nähte des Steges und
c) für den Schweißanschluss Grundplatte-Steg durch eine ringsumlaufende unbearbeitete Kehlnaht mit ausreichender Nahtdicke.

ⓘ 6.30 •••

Ein Fahrzeugrahmen aus S235 wird aus geschweißten Blechträgern hergestellt. Die maximale Belastung im U-förmigen Querschnitt 1-1 beträgt $M_b = 5\,850\,\text{N\,m}$ und $F_q = 32\,\text{kN}$. Auftretende Stoßbelastungen sollen durch einen Anwendungsfaktor $K_A = 1{,}2$ berücksichtigt werden. Die Schweißnähte werden nicht bearbeitet.

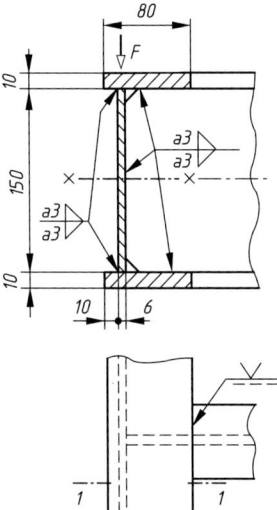

Der dynamisch belastete Eckstoß ist für das Spannungsverhältnis $\kappa = +0{,}24$ auf Dauerfestigkeit zu prüfen.

Geschweißte Druckbehälter

6.31 ••

Für den Sammler einer Heißwasseranlage sind die Böden auszulegen. Der zulässige Betriebsdruck beträgt 25 bar und die zulässige Betriebstemperatur 200 °C. Als Werkstoff ist S235JR+N mit Abnahmeprüfzeugnis 3.1 vorgesehen.

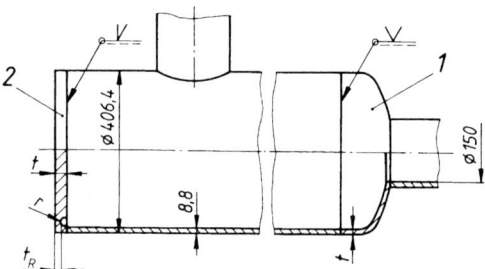

Zu berechnen sind:

a) die erforderliche Wanddicke des einteiligen Klöpperbodens (1) mit Stutzen, wenn nach der Bodennorm das untere Abmaß der Wanddicke $-0{,}3$ mm beträgt,

b) die erforderliche Wanddicke des ebenen Bodens mit Entlastungsnut (2), wenn bei Wanddicken über 25 mm der Zuschlag c_1 entfällt, sonst $c_1 = 0{,}8$ mm,

c) für die Entlastungsnut der Platte (2) den Nutenhalbmesser r und die Restwanddicke t_R.

6.32 •••

Ein geschweißter Druckbehälter (Skizze), für 8 000 *l* Inhalt bei 16 bar Betriebsüberdruck, soll festigkeitsmäßig ausgelegt werden. Die höchste Temperatur des Beschickungsmittels beträgt 360 °C. Die Behälterwand ist unbeheizt. Als Werkstoff ist der warmfeste Druckbehälterstahl P295GH (mit Abnahmeprüfzeugnis 3.1 B) vorgesehen.

Zu berechnen bzw. zu prüfen sind:

a) die erforderliche Wanddicke des Behältermantels (1) bei 100%iger Ausnutzung der Berechnungsspannung in der Schweißnaht ($v = 1,0$) und Verwendung von warmgewalztem Stahlblech nach DIN EN 10029 der Klasse B mit unterem Abmaß der Wanddicke von $-0,3$ mm,

b) die erforderliche Wanddicke der gewölbten Böden (2) in Korbbogenform, wenn nach der Bodennorm das untere Abmaß der Wanddicke $-0,5$ mm beträgt,

c) die Ausschnittverstärkung des Behältermantels durch das Stutzenrohr (3), wenn das untere Abmaß der Wanddicke $-0,6$ mm beträgt.

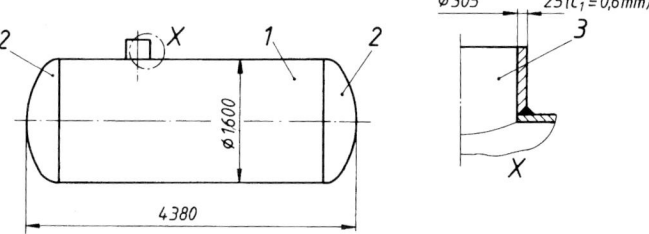

6.33 •••

Der geschweißte Druckluftbehälter nach Skizze, mit einem Inhalt von 4 000 *l*, soll bei einem Betriebsdruck von höchstens 12 bar betrieben werden. Die Berechnungstemperatur beträgt 50 °C. Für alle druckbeanspruchten Teile ist der Baustahl S235JR+N (mit Abnahmeprüfzeugnis 3.1) vorgesehen.

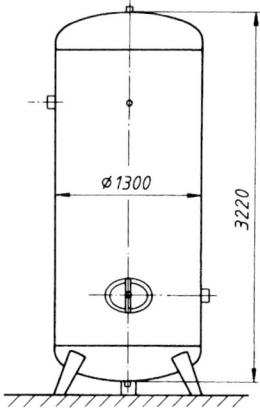

Zu berechnen bzw. zu prüfen sind:

a) die Werkstoffwahl,
b) die erforderliche Wanddicke des Behältermantels aus warmgewalztem Stahlblech nach DIN EN 10029 der Klasse A (Abmaße im zu erwartenden Dickenbereich $-0{,}5/+0{,}9$ mm) und bei verringertem Prüfaufwand für die Schweißnähte,
c) die erforderliche Wanddicke der einteiligen Böden in Klöpperform, wenn nach der Bodennorm das untere Abmaß der Wanddicke $-0{,}3$ mm beträgt,
d) die Sicherheit des Behältermantels bei der Druckprüfung, wenn ein Prüfdruck $p' = 1{,}43 \cdot p_e$ gefordert wird.

ⓘ **6.34** •••

Ein zu projektierender zylindrischer Druckbehälter soll für ein Nennvolumen von 6,3 m³ und einem Nenndurchmesser von 1 800 mm mit einer Gesamtlänge von 3 200 mm ausgeführt werden. Sowohl für den geschweißten Mantel als auch die gewölbten Böden wird rostfreier Stahl nach DIN EN 10028-7–X5CrNiMo17-12-2 gefordert. Die Herstellung erfolgt aus warmgewalztem Stahlblech nach DIN EN 10029.

Für einen maximal zulässigen Betriebsdruck $p_e = 12$ bar und eine zulässige Betriebstemperatur $\vartheta = 250\,°C$ ist die erforderliche Wanddicke zu berechnen für

a) den geschweißten Druckbehältermantel bei einer Ausnutzung der zulässigen Berechnungsspannung von 100 % ($v = 1{,}0$) und
b) die einteiligen Klöpperböden.

Punktschweißverbindungen

6.35 ••

Für einen festen Bremsbandanschluss ist die 1,5 mm dicke Schlaufe mit dem 2 mm dicken und 70 mm breiten Bremsband durch 4 widerstandsgeschweißte Punktnähte mit $d = 6$ mm Durchmesser verbunden. Das Band und die Schlaufe sind aus S235. Die stoßartig auftretende Höchstkraft beträgt unter Berücksichtigung des Anwendungsfaktors $F_{max} = 6$ kN. Der Anschluss ist nachzuprüfen; im Interesse einer hohen Betriebssicherheit sind dabei die Beanspruchbarkeiten des Stahlbaus auf die Hälfte herabzusetzen.

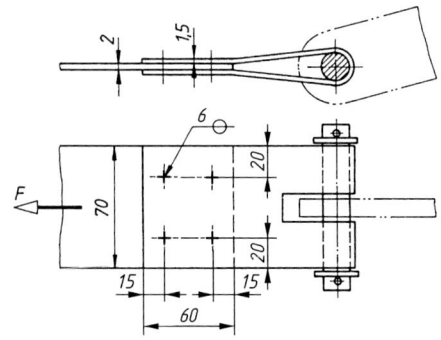

6.36 ••

Ein Gabelkopf aus S235 wird mit drei widerstandsgeschweißten Punktnähten von $d = 8$ mm ausgeführt.

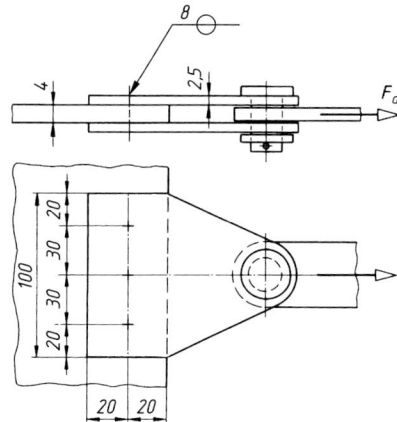

Für eine vorwiegend ruhend wirkende Bemessungskraft $F_d = 30$ kN ist die Tragfähigkeit der Punktschweißverbindung nachzuweisen.

ⓘ 6.37 ••

Ein Zugband ⌷ 100×2 aus S420N soll durch Schmelzpunktschweißung überlappt gestoßen werden. Für die einschnittige Laschenverbindung mit der Längskraft $F_d = 50$ kN ist der Tragsicherheitsnachweis zu führen.

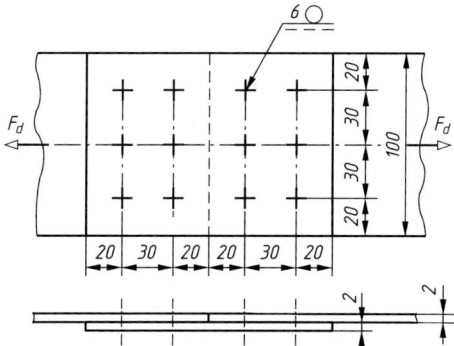

7 Nietverbindungen

Stahlbau

7.1 ••

Ein Zugstab ☐ 90 × 14 aus S235 wird durch eine Doppellaschennietung gestoßen. Für die skizzierte Nietverbindung sind zu berechnen bzw. anzugeben:

a) der günstige Nenndurchmesser und die Nietschaftlänge bei einem Halbrundniet als Schließkopf (Maschinennietung), wobei eine genormte Nietlänge festzulegen ist,
b) die normgerechte Bezeichnung der Niete bei Bestellung,
c) die Abschertragfähigkeit F_v der zweischnittigen Verbindung bei Ausführung mit dem gewählten Nietdurchmesser,
d) die maximale Lochleibungstragfähigkeit F_b durch entsprechende Wahl der Rand- und Lochabstände e_1 und p_1,
e) die Zugbeanspruchbarkeit $N_{t\,Rd}$ des gelochten Flachstabes ☐ 90 × 14 und die Tragfähigkeit des genieteten Gesamtstabes.

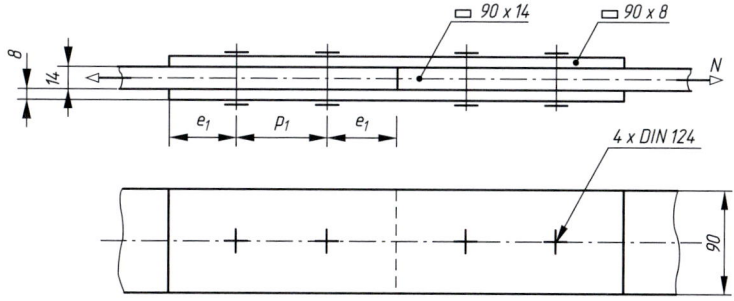

7.2 •••

Für den Nietanschluss des zweiteiligen Zugstabes ┐┌ 90 × 90 × 8 EN 10056-1 aus S235 an ein 12 mm dickes Knotenblech sind zu ermitteln bzw. auszuarbeiten:

a) Der größte ausführbare Niet-Nenndurchmesser d_1,
b) die maximale Zugtragfähigkeit N_u der gelochten Winkel bei Anschluss durch 3 oder mehr Nieten mit Abstand $p_1 \approx 3{,}75 \cdot d_0$,
c) die zur Übertragung der maximalen Stabkraft N_u erforderlichen Nietzahl n, bei Wahl der für die volle Grenzlochleibungskraft erforderlichen Rand- und Lochabstände,
d) die Nietschaftlänge l für beidseitigen Halbrundkopf (Maschinennietung) und die normgerechte Bezeichnung der Niete,
e) zum Vergleich die größte zulässige Normalkraft N_{max} und die Anschlusslänge einer alternativen Schweißausführung mit Flankenkehlnähten und einer stirnseitigen Kehlnaht mit einheitlicher Dicke $a = 4$ mm, bei Nachweis nach dem vereinfachten Verfahren.

Hinweis: Die eingezeichnete Nietzahl braucht nicht mit der berechneten übereinzustimmen.

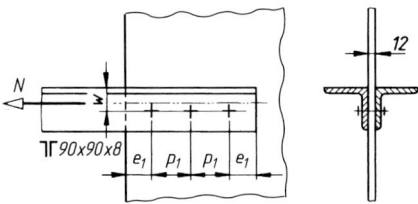

(i) **7.3** •••
Ein Zugstab aus Breitflachstahl 180×20 soll durch Doppellaschennietung mit Halbrundnieten DIN 124 – 24×75 gestoßen werden. Der Bauteilwerkstoff ist S235. Die einwirkende Normalkraft beträgt $N_{Ed} = 560$ kN.
Für die skizzierte Verbindung ist die Tragsicherheit nachzuweisen.

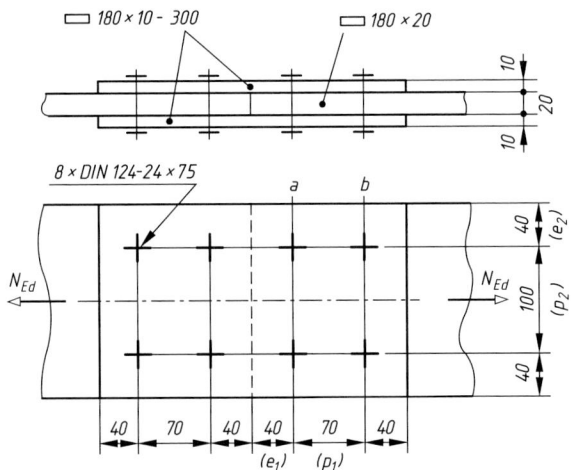

Stahlbau

ⓘ 7.4 ••

Für das an den breiten Schenkel eines L200 × 100 × 10 anzuschließende und mit $F = 35\,\text{kN}$ belastete 8 mm dicke Konsolblech aus S235 stehen die beiden den Bildern a und b entsprechenden Nietanordnungen zur Auswahl.

a) Für jede Anordnung sind die am höchsten beanspruchten Niete zu ermitteln und für den Nietdurchmesser $d_1 = 20\,\text{mm}$ nachzuweisen.
b) Die beanspruchungsmäßig günstigere Nietanordnung ist anzugeben.

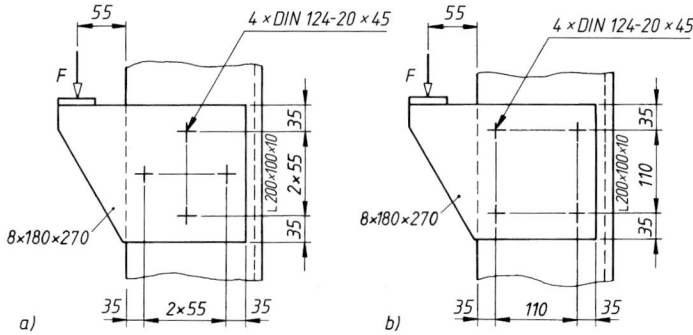

ⓘ 7.5 •••

Die mit der Bemessungskraft $F = 100\,\text{kN}$ belastete Konsole einer Hallenstütze aus S235JR wird über zwei Konsolbleche an die Stege der aus U200 gebildeten Stützen angeschlossen.

Zu ermitteln bzw. nachzuweisen sind

a) die für die Bemessung maßgebende größte Nietkraft $F_{v\,Ed}$,
b) die Tragfähigkeit der zweireihigen Nietverbindung,
c) die Tragfähigkeit des gelochten Konsolquerschnitts.

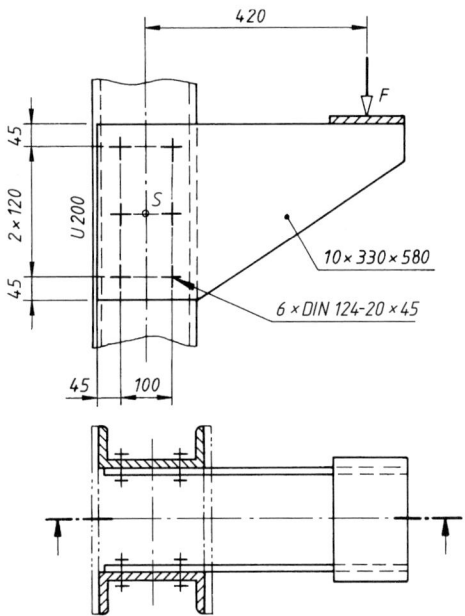

Maschinen- und Gerätebau

7.6 ••

Für einen Bremsbandanschluss soll die 1,5 mm dicke Schlaufe mit dem 2 mm dicken und 70 mm breiten Bremsband durch Halbrundniete nach DIN 660 dauerfest verbunden werden. Die Bänder sind aus S235. Die ständig mit der Höchstlast auftretende Bandzugkraft beträgt unter Berücksichtigung der Betriebsverhältnisse $F_{max} = 6$ kN. Mit Rücksicht auf die Bedeutung des Bremsbandes für die Betriebssicherheit der Bandbremse wird eine dreifache Sicherheit gegen Dauerbruch gefordert.

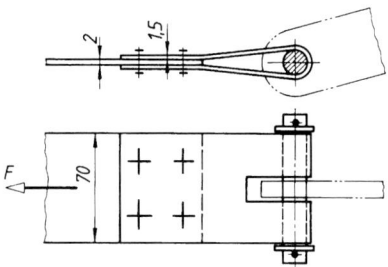

Der Nietanschluss ist für eine regelmäßige Benutzung bei unterbrochenem Betrieb zu bemessen und im Maßstab 1 : 2 zu entwerfen.

Hinweis: Die Anzahl der eingezeichneten Niete braucht nicht mit der berechneten übereinzustimmen.

Maschinen- und Gerätebau

7.7 ••

Eine Kettenradscheibe (2) aus E295 mit 70 Zähnen, passend für eine Rollenkette mit 8 mm Teilung, soll durch 6 am Umfang angeordnete Halbrundniete DIN 660–6 × 16–St mit einer Anbaunabe (1) aus S235 verbunden werden. Das Kettenrad hat bei gleich bleibender Drehrichtung eine Leistung $P = 0{,}25\,\text{kW}$ bei einer Drehzahl $n = 18\,\text{min}^{-1}$ zu übertragen. Im Betrieb muss mit einer mittleren Häufigkeit der Höchstlast und starken Stößen, entsprechend $K_A = 1{,}8$, gerechnet werden.

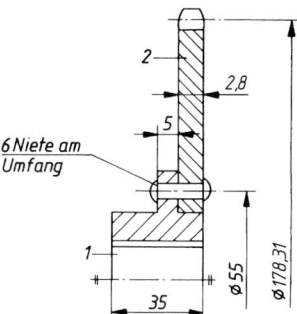

Die Nietverbindung ist für eine regelmäßige Benutzung im Dauerbetrieb festigkeitsmäßig nachzuprüfen.

7.8 •

Welche Beanspruchung erfahren die Niete der skizzierten Kupplungsscheibe eines Nutzfahrzeugs bei einem zu übertragenden Drehmoment von 600 N m?

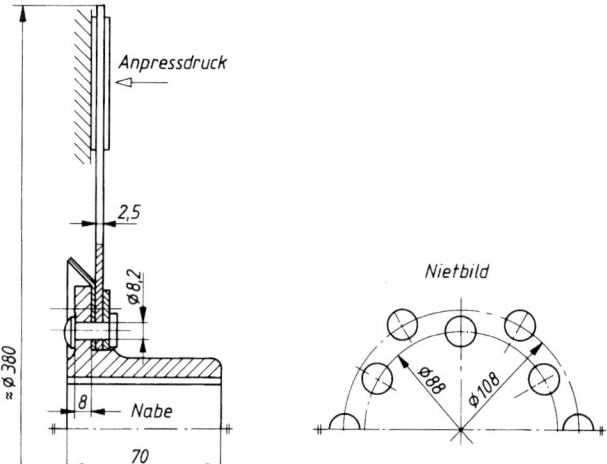

Anmerkung: Die Ermittlung der in Kfz-Kupplungen wirklich auftretenden Nietbeanspruchung ist problematisch. Die Umfangskraft kann zwar aus dem maximalen Motormoment errechnet werden, es sind jedoch Momentüberhöhungen durch den Ungleichförmigkeitsgrad des Motors und die Art des Einkuppelns zu berücksichtigen. So kann bei schlagartigem Einkuppeln ein gegenüber dem Motormoment zwei- bis dreifach höheres Moment auftreten. Dieser Umstand wird bei der Auslegung der Nietverbindung durch einen Zuschlag berücksichtigt. Stets müssen jedoch Versuche die Dauerhaltbarkeit der Nietverbindung bestätigen.

ⓘ **7.9** •••
Für eine ganz in nichtrostendem Stahl X5CrNi18-10 ausgeführte Baueinheit im Apparatebau soll ein Flachstab 60×4 mit einer 4 mm dicken Gestellwand durch geschlossene Blindnieten verbunden werden. Die unter einem Winkel $\alpha = 35°$ angreifende Kraft wirkt überwiegend ruhend und erreicht maximal 4 kN. Der skizzierte Entwurf sieht für das Nietfeld sechs Blindniete ISO 16585 – 6,4 × 16 – A2/SSt vor.

Festigkeitsmäßig nachzuprüfen sind

a) die vorhandene Sicherheit der Nietverbindung gegen die in der Norm genannte Scherkraft,
b) die Sicherheit des Hebelquerschnitts 1-1 gegenüber der Streckgrenze des Flachstabs.

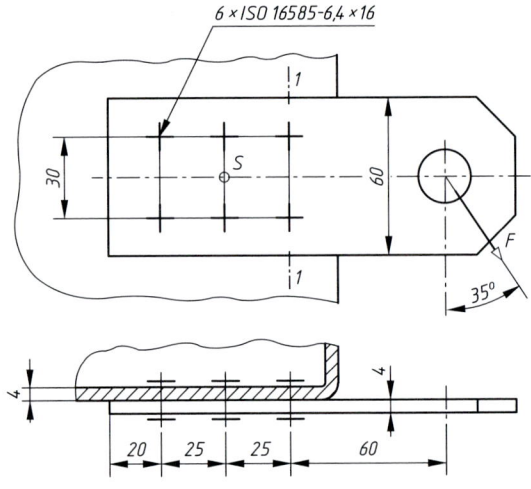

7.10 •
Bei einer Konstruktion aus Polyamid (PA 66) werden Gehäuse (1) und Lagerschild (2) durch Spritzgießen getrennt hergestellt. Das Lager mit vier angegossenen Nietschäften soll dann mit dem Gehäuse durch Ultraschallnieten verbunden werden.

Maschinen- und Gerätebau

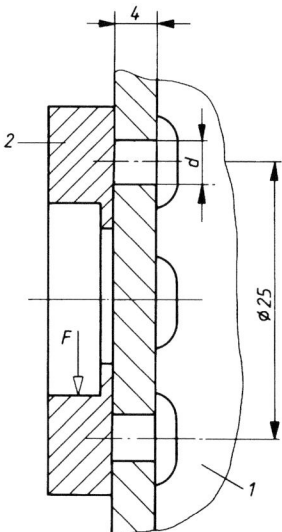

Welcher Nietdurchmesser d ist erforderlich, wenn unter Berücksichtigung der ungünstigsten Betriebsbedingungen die radiale Lagerkraft $F = 300\,\text{N}$ beträgt?

7.11 ••

Für einen Apparat der chemischen Industrie soll an eine verschiebbare Nabe ein Hebel durch Nieten mit Ultraschall befestigt werden. Hebel und Nabe sind Spritzgussteile aus POM. Die Nietschäfte sind Teil der Nabe. Zur Zentrierung des Hebels erhält die Nabe einen Bund. Das Bauteil wird durch eine überwiegend ruhend auftretende Kraft $F = 280\,\text{N}$ unter $30°$ zur Senkrechten belastet.

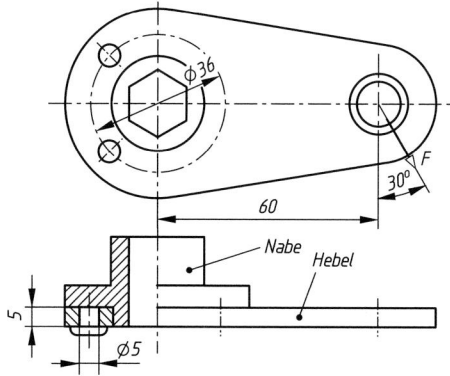

Die Anzahl der auszuführenden Nietschäfte $\varnothing\,5\,\text{mm}$ sind überschlägig zu ermitteln.

8 Schraubenverbindungen

Schraubenverbindungen im Maschinenbau – nicht vorgespannt

8.1 •

Eine Augenschraube nach DIN 444 soll bei Montagearbeiten eine ruhende Last $F = 28\,\text{kN}$ tragen.

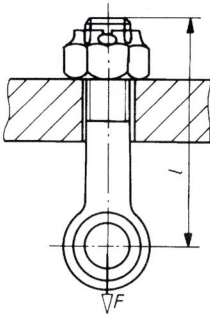

Vorrätig sind folgende Schraubengrößen der Festigkeitsklasse 5.6:
M8, M12, M16, M20 und M24.
Welche Schraube ist aufgrund der Gewindetragfähigkeit mindestens zu wählen?

8.2 •

Aus Spannschlossmutter und Anschweißenden bestehende Spannschlösser nach DIN 1480 werden z. B. zum Spannen von Zugstangen und Nachstellen von Bremsbändern verwendet.

Zu bestimmen ist die Spannschlossgröße (Gewindedurchmesser d, genormt: Regelgewinde Reihe 1, M6 bis M56) für Spannschlösser aus Stahl S235JR und eine Zugkraft $F = 10\,\text{kN}$ bei

a) ruhender Belastung im Maschinenbau,
b) schwellender Belastung im Maschinenbau (Ausschlagfestigkeit bei M14 bis M20: $\sigma_A \approx \pm 35\,\text{N/mm}^2$),
c) ruhendender Belastung im Stahlbau.

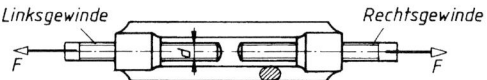

8.3 •
Ein Lasthaken für Hebezeuge, mit Gewindeschaft M42 (1), ist über die mit dem Spannstift (4) gesicherte Lasthakenmutter (2) in der Traverse (3) drehbar gelagert. Nach DIN 15400 beträgt für die Lasthaken-Festigkeitsklasse M (Werkstoff StE 285: $R_{eH} = 235\,\text{N/mm}^2$) in der Triebwerkgruppe 1 A_m seine Tragfähigkeit $m = 4\,000\,\text{kg}$.

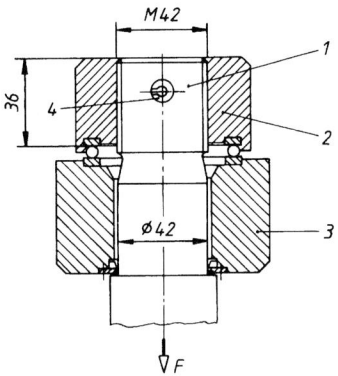

a) Es ist zu prüfen, ob der Gewindeschaft dauerfest ist, wenn die ertragbare Spannungsamplitude $\sigma_A \approx \pm 32\,\text{N/mm}^2$ beträgt.
b) Die Scherbeanspruchung im Bolzengewinde ist überschlägig unter der Annahme nachzuweisen, dass bereits der erste Gewindegang die halbe Nennlast aufnimmt und dabei $\tau_{zul} = 0{,}7 \cdot R_e$ nicht überschritten wird.
c) Durch welche Maßnahmen kann die Dauerhaltbarkeit des Gewindes verbessert werden?

Schraubenverbindungen im Maschinenbau – vorgespannt

8.4 •
Für die Verschraubungen a) bis c) sind überschlägig Schraubengröße (Regelgewinde) bzw. Festigkeitsklasse bei Anziehen mit messenden Drehmomentschlüsseln zu bestimmen.

Schraubenverbindungen im Maschinenbau – vorgespannt

	a	b		c	
Verschraubung	Schraubenbolzen	Scheibenkupplung		Druckbehälterdeckel	
Belastungsart	dynamisch axial	quer		statisch axial exzentrisch[a]	
Betriebskraft je Schraube in kN	58	2,5		14	
Schraubengröße	?	?	M10	?	M14
Festigkeitsklasse	10,9	5,6	?	4,6	?

[a] Zusätzliche Biegung für Deckel und Schrauben, da verspannter Deckelrand nicht aufliegt

8.5 •
Für eine querbeanspruchte, reibschlüssige Schraubenverbindung wurde (unter Berücksichtigung des Vorspannkraftverlustes) eine Mindest-Vorspannkraft (= Normalkraft F_n) $F_{V\,min} = 16\,\text{kN}$ je Schraube ermittelt.

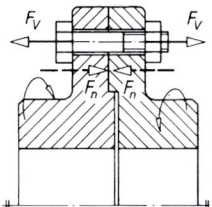

Vorgesehen sind geschwärzte und leicht geölte Sechskantschrauben ISO 4014 – 8.8 mit Sechskantmuttern ISO 4032 – 8.

Zu bestimmen ist die jeweils erforderliche Schraubengröße für folgende Anziehverfahren:

a) drehwinkelgesteuertes Anziehen,
b) drehmomentgesteuertes Anziehen mit messendem Drehmomentschlüssel,
c) drehmomentgesteuertes Anziehen mit ausknickendem Drehmomentschlüssel,
d) impulsgesteuertes Anziehen mit dem Schlagschrauber ohne Einstellkontrollen,
e) impulsgesteuertes Anziehen mit dem Schlagschrauber, große Anzahl von Einstellversuchen,
f) Anziehen von Hand ohne Drehmomentmessung.

8.6 •

Für eine phosphatierte, mit MoS_2 geschmierte Sechskantschraube ISO 4014 – M16 × 60 – 5.6 sind zu bestimmen:

a) die Spannkraft F_{sp} = maximale Vorspannkraft $F_{V\,max}$,
b) das Spannmoment M_{sp},
c) die minimale Vorspannkraft $F_{V\,min}$, wenn die Schraube mit einem Schlagschrauber ohne Einstellkontrollen angezogen wird.

ⓘ 8.7 •

Durch eine Sechskantschraube ISO 4014 – M12 × 55 – 8.8 mit Sechskantmutter ISO 4032 – M12 – 8 sollen Platten aus E295 verspannt werden. Die Klemmlänge beträgt $l_k = 40$ mm.

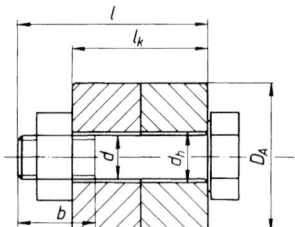

Zu ermitteln sind:

a) die elastische Nachgiebigkeit δ_S der Schraube,
b) die elastische Nachgiebigkeit δ_T der verspannten Platten bei $D_A = 40$ mm und Durchgangsloch nach DIN EN 20273 mittel,
c) das vereinfachte Kraftverhältnis Φ_k,
d) die Verlängerung f_S der Schraube und die Verkürzung f_T der verspannten Platten unter der Spannkraft F_{sp} im Montagezustand, bei geschwärzter, leicht geölter Schraube.

ⓘ 8.8 •

Eine phosphatierte, leicht geölte Dehnschraube der Festigkeitsklasse 10.9 mit Sechskantmutter ISO 4032 – M12 – 10 wird mit einem Drehmomentschlüssel angezogen. Zu ermitteln sind:

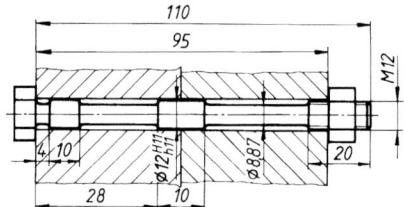

a) die größte Montagevorspannkraft F_{VM} = Spannkraft F_{sp} und das Spannmoment M_{sp},
b) die elastische Nachgiebigkeit δ_S der Dehnschraube,
c) die elastische Nachgiebigkeit δ_T der verspannten Bauteile aus C45E bei einem Außendurchmesser $D_A = 80$ mm,
d) das vereinfachte Kraftverhältnis Φ_k,
e) der zu erwartende Vorspannkraftverlust F_Z unter axialer Betriebskraft bei gefrästen Oberflächen ($Rz \approx 25$ μm).

(i) **8.9** ••

Zwei Bauteile aus EN-GJL-250 sollen durch eine zentrale Sechskantschraube ISO 4014 – M16 × 70 – 8.8 mit Sechskantmutter ISO 4032 – M16 – 8 verbunden werden. Die Schraube ist geschwärzt und leicht geölt. Das Anziehen erfolgt von Hand mit messendem Drehmomentschlüssel.

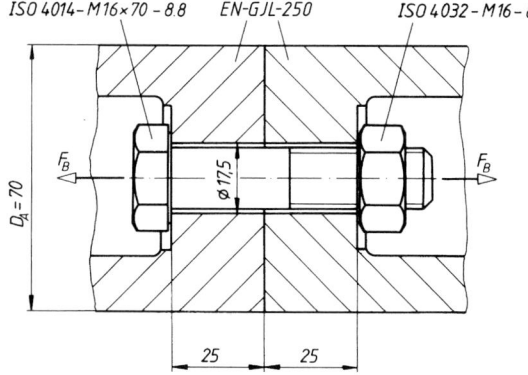

Zu ermitteln sind:

a) die elastische Nachgiebigkeit δ_S der Schraube und δ_T der Bauteile ($E_T \approx 115$ kN/mm²) und das vereinfachte Kraftverhältnis Φ_k,
b) die größte Montagevorspannkraft $F_{V\,max}$ = Spannkraft F_{sp} und die kleinste Montagevorspannkraft $F_{V\,min}$,
c) der Vorspannkraftverlust durch Setzen F_Z, Bauteiloberfläche $Rz = 25$ μm,
d) die größte zulässige schwellend wirkende Betriebskraft F_B, wenn die Restklemmkraft in der Trennfuge noch $F_{K1} = 5$ kN betragen soll und der Krafteinleitungsfaktor mit $n \approx 0{,}7$ geschätzt wird,
e) die Verlängerung der Schraube f_S und die Verkürzung der Bauteile f_T infolge der Vorspannkraft nach dem Setzen,
f) die Kontrolle der Flächenpressung unter Kopf- und Mutterauflage,
g) die Schraubenkräfte sowie das vollständige Verspannungsschaubild der Schraubenverbindung (Kräftemaßstab: 1 kN $\triangleq$ 1 mm, Längenmaßstab: 1 000 : 1).

ⓘ 8.10 ••

Für eine Schraubenverbindung mit Dehnschaft sind zu ermitteln:

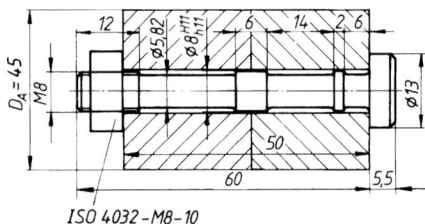

ISO 4032 - M8 - 10

a) die elastische Nachgiebigkeit δ_S der Schraube und δ_T der Bauteile aus E295 bei $D_A = 45$ mm, sowie das vereinfachte Kraftverhältnis Φ_k,
b) die größte Montagevorspannkraft $F_{V\,max}$ = Spannkraft F_{sp} bei verkadmeter Schraube der Festigkeitsklasse 10.9,
c) die kleinste Montagevorspannkraft $F_{V\,min}$, wenn die Schraube mit einem Drehmomentschlüssel angezogen und das Anziehmoment durch wenige Einstell- und Kontrollversuche an der Verbindung ermittelt wird,
d) die Dauerhaltbarkeit der schlussvergüteten Schraube und die Restklemmkraft F_{K1} in der Trennfuge für eine schwellend wirkende Betriebskraft $F_B = 7$ kN bei einem geschätzten Krafteinleitungsfaktor $n \approx 0{,}5$ und einer Bauteiloberfläche $Rz = 25$ µm,
e) die Verlängerung der Schraube f_S und die Verkürzung der Bauteile f_T infolge der Vorspannkraft nach dem Setzen,
f) die Schraubenkräfte sowie das vollständige Verspannungsschaubild der Schraubenverbindung (Kräftemaßstab: 1 kN $\widehat{=}$ 5 mm, Längenmaßstab: 1 000 : 1).

ⓘ 8.11 •••

Ein gefrästes Maschinenteil (Oberfläche $Rz = 16$ µm) aus EN-GJL-250 ($E_T \approx 115$ kN/mm²) soll mit einer geschwärzten und leicht geölten Zylinderschraube ISO 4762 – 8.8 befestigt werden. Das Anziehen soll dabei mit signalgebendem Drehmomentschlüssel bis auf M_{sp} erfolgen. Die Schraubenverbindung ist für eine zwischen $F_{Bu} = 8$ kN und $F_{Bo} = 28$ kN schwankenden Betriebskraft bei einer geschätzten Kraftangriffshöhe von $n \approx 0{,}7$ auszulegen. Die Mindest-Klemmkraft sollte 10 % der Betriebskraft betragen, um ein Abheben der Trennfuge zu vermeiden.

Schraubenverbindungen im Maschinenbau – vorgespannt

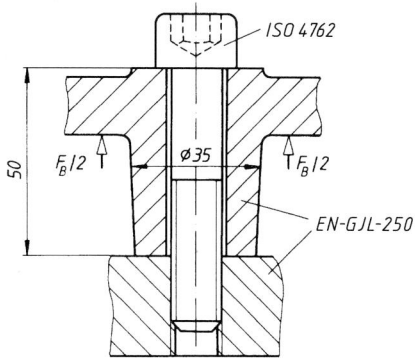

a) Die Größe der Schraube ist zu bestimmen, die Normbezeichnung anzugeben und die Verbindung nachzuprüfen für Durchgangsloch DIN EN 20273 mittel.
b) Zusätzlich ist die statische und dynamische Sicherheit zu ermitteln.

ⓘ **8.12** •
Um Rechenaufwand zu sparen, soll die Aufgabe 8.11 mit dem aus der VDI-Richtlinie 2230 abgeleiteten vereinfachten Verfahren gelöst werden. Die Ergebnisse sind zu vergleichen.

ⓘ **8.13** ••
Die Verbindung zweier gefräster Platten (Oberflächenrauheit $Rz = 25\,\mu m$) aus C45E mit einer Durchsteckschraube soll wahlweise als Schaft-(Starr-) oder Dehnschraube ausgelegt werden. Es ist mit einer zwischen $F_{Bu} = 4\,kN$ und $F_{Bo} = 16\,kN$ schwankenden Betriebskraft bei einer geschätzten Kraftangriffshöhe von $n \approx 0{,}5$ zu rechnen. Die Restklemmkraft muss mindestens $F_{K1} = 3\,kN$ betragen. Die geschwärzte, leicht geölte Schraube soll mit einem messenden Drehmomentschlüssel bis auf M_{sp} angezogen werden.

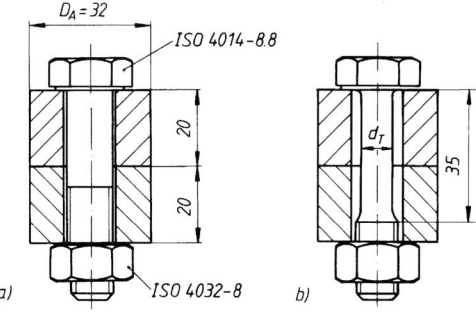

a) Für die als Schaftschraube zu verwendende Sechskantschraube ISO 4014 – 8.8 (Bild a) ist die Größe zu bestimmen, die Normbezeichnung anzugeben und die Verbindung nachzuprüfen für Durchgangsloch DIN EN 20273 mittel.

b) Die Ausführung als schlussvergütete Dehnschraube mit Schaftdurchmesser $d_T \approx 0{,}9 \cdot d_3$ ist zu berechnen (Bild b), wobei der unter a) ermittelte Gewindedurchmesser beibehalten werden soll.

ⓘ 8.14 •

Um Rechenaufwand zu sparen, soll die Aufgabe 8.13 mit dem aus der VDI-Richtlinie 2230 abgeleiteten vereinfachten Verfahren gelöst werden. Die Ergebnisse sind zu vergleichen.

8.15 ••

Der Verschlussdeckel (bearbeitete Oberfläche $Rz = 25\,\mu m$) eines unter Druck stehenden Gehäuses, beide aus EN-GJL-250 ($E_T \approx 115\,kN/mm^2$), soll mit phosphatierten, leicht geölten Stiftschrauben DIN 939 – 5.6 befestigt werden. Auf jede Schraube entfällt dabei eine vorwiegend ruhend wirkende Betriebskraft $F_B = 14\,kN$ bei einer geschätzten Kraftangriffshöhe von $n \approx 0{,}3$, wobei die Restklemmkraft noch mindestens $F_{K1} = 4\,kN$ betragen soll. Das Anziehen erfolgt mit einem messenden Drehmomentschlüssel bis auf M_{sp}.

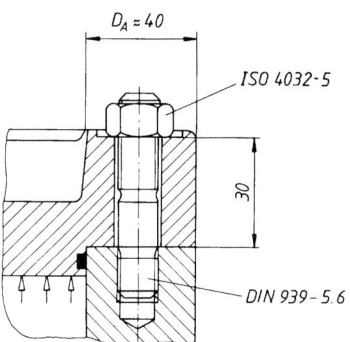

Die Deckelverschraubung mit Durchgangslöchern nach DIN EN 20273 mittel ist zu entwerfen und nachzuprüfen, wobei wegen der großen Steifigkeit des Deckels der Einfluss der exzentrischen Belastung vernachlässigt werden soll.

Hinweis: Die hier erforderlichen Abmessungen der Stiftschrauben DIN 939 entsprechen den Abmessungen der Schaftschrauben ISO 4014. Für unter die Druckbehälterverordnung fallende Anlagen ist die Verschraubung nach dem AD-Merkblatt B7 zu bemessen.

ⓘ 8.16 ••

Deckel (1) und Gehäuse (2) einer Zahnradpumpe sollen durch 6 Zylinderschrauben ISO 4762 – M6 × 35 mit der Grundplatte (3) öldicht verbunden werden, Durchgangslöcher nach DIN EN 20273 mittel. Die Pumpenteile werden aus öldichtem und verschleißfestem Sondergusseisen gefertigt ($E_T \approx 120\,000\,\text{N/mm}^2$, $p_G \approx 700\,\text{N/mm}^2$), die Trennfugen-Oberflächen geschliffen ($Rz = 4\,\mu\text{m}$).

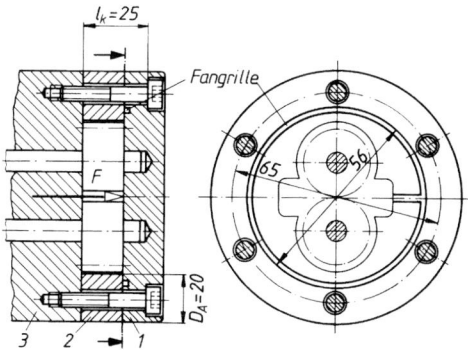

a) Die auf den Deckel wirkende Druckkraft F ist zu berechnen, wenn der Innendruck $p_e = 0$ bis $p_{e\,\text{max}} = 25$ bar pulsiert und bis zur Fangrille wirkt.

b) Die erforderliche Festigkeitsklasse der geschwärzten und leicht geölten Schrauben ist zu ermitteln und die Verbindung nachzuprüfen, wenn die Schrauben mit Schlagschraubern ohne Einstellversuche bis zu M_{sp} angezogen werden, die Kraftangriffshöhe mit $n \approx 0{,}5$ geschätzt wird und beim Betriebsdruck noch eine Restklemmkraft $F_{K1} = 1{,}5\,\text{kN}$ je Schraube wirken soll. Wegen der großen Steifigkeit des Deckels darf der Einfluss der exzentrischen Verspannung und Belastung vernachlässigt werden.

c) Zusätzlich ist die statische und dynamische Sicherheit zu ermitteln.

ⓘ 8.17 ••

Eine Welle aus E295 soll über eine Kegelverbindung (Kegelpressverband) ein Drehmoment $T = 640\,\text{N m}$ auf eine Riemenschcibe übertragen. Die erforderliche axiale Aufpresskraft $F_a \approx 44\,\text{kN}$ soll über den Gewindezapfen der Welle mittels einer Sechskantmutter ISO 8675 – M30 × 2 – 05 mit Scheibe ISO 7089 ($d_h = 31\,\text{mm}$) aufgebracht werden. Gewinde unbehandelt und leicht geölt.

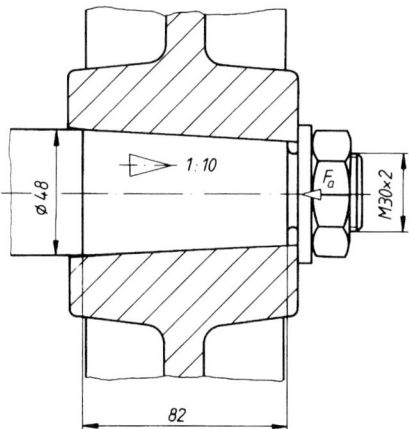

Zu ermitteln bzw. zu prüfen sind:

a) das Anziehdrehmoment der Mutter bei Anziehen mit Signal gebendem Drehmomentschlüssel ohne Berücksichtigung des Vorspannkraftverlustes (unter der ersten Drehmomentbelastung gleiten die Kegelflächen schraubenförmig auf, so dass die Mutter nachgezogen werden muss),
b) die statische Sicherheit des Gewindezapfens.

8.18 •
Eine als Blechziehteil hergestellte Ölwanne (1) soll mit dem Gussgehäuse (2) durch 12 Sechskantschrauben ISO 4017–8.8 öldicht verschraubt werden. Für die vorgesehene Weichstoff-Flachdichtung (3) beträgt nach Angabe des Herstellers die Mindestpressung (kritische Vorpressung) $p_{min} = 14 \text{ N/mm}^2$ und die maximal zulässige Pressung $p_{max} = 70 \text{ N/mm}^2$. Die Dichtfläche wird mit $A = 9\,500 \text{ mm}^2$ ausgeführt.
Zu ermitteln bzw. zu prüfen sind:

a) der Gewindedurchmesser der geschwärzten und geölten Schrauben, wenn diese mit Präzisionsdrehschraubern angezogen werden und das Setzen der Dichtung einen Vorspannkraftverlust $F_Z \approx 4 \text{ kN}$ je Schraube erwarten lässt,
b) die Normbezeichnung der Schrauben bei einer Klemmlänge von ca. 3 mm,
c) die größte Pressung der Dichtung beim Vorspannen der Schrauben auf F_{sp}.

Schraubenverbindungen im Maschinenbau – vorgespannt 71

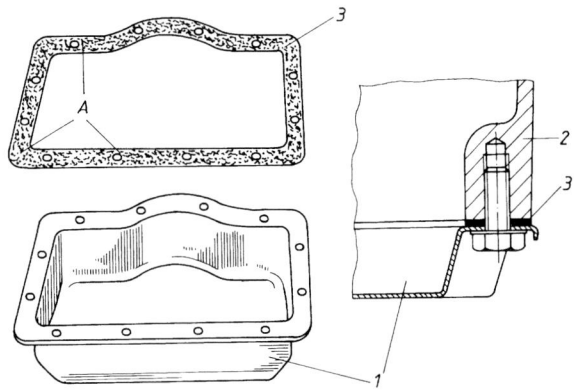

ⓘ **8.19** ••
Zwei Hohlwellen aus C45E mit angeschmiedeten Kupplungsflanschen sollen durch 12 auf dem Lochkreisdurchmesser 130 mm angeordnete Sechskantschrauben ISO 4017 – 10.9 gleitsicher verbunden werden, Durchgangslöcher nach DIN EN 20273 mittel. Die Schrauben werden gegen Losdrehen durch Verkleben der Gewinde gesichert ($\mu_{ges} \approx 0{,}14$). Das Anziehen erfolgt mittels messendem Drehmomentschlüssel bis M_{sp}. Die Oberfläche der Trennfuge ist $Rz < 10\,\mu m$.

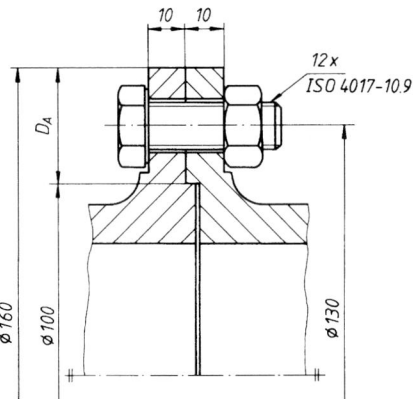

Die Flanschverschraubung ist für ein wechselnd wirkendes Drehmoment $T = 2\,240\,\mathrm{N\,m}$ zu bemessen, wobei sicherheitshalber der kleinere Wert für Haftreibung trocken angenommen wird.

ⓘ **8.20** ••

Die Verschraubung eines Schneckenrad-Zahnkranzes aus CuSn10-C mit dem Radkörper aus EN-GJL-250 ($E_T \approx 115\,000\,\text{N/mm}^2$) soll ein schwellend wirkendes Drehmoment $T = 550\,\text{N m}$ gleitsicher übertragen, wobei sicherheitshalber angenommen wird, dass die Reibflächen (gedreht, $Rz = 16\,\mu\text{m}$) nicht entfettet sind.

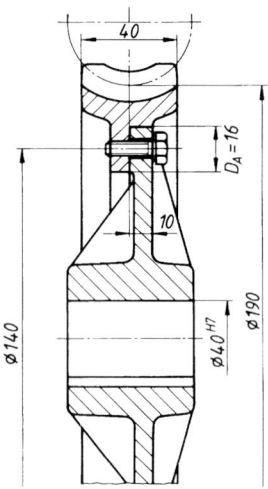

Es ist zu prüfen, ob die Verbindung mit lagerhaltigen Sechskantschrauben ISO 4017 – M8 × 25 – 8.8 ausgeführt werden kann, wenn die Schrauben mit einem Signal gebenden Drehmomentschlüssel angezogen werden, wobei Erfahrungswerte aus einigen Einstellversuchen verfügbar sind. Die Sicherung der Schrauben soll mittels mikroverkapseltem Klebstoff erfolgen.

ⓘ **8.21** •••

Die Befestigung des Seilrollenbockes aus GE 300 + N an einer Maschinenwand aus S355 soll durch 2 galvanisch verzinkte Sechskantschrauben ISO 4017 – M16 × 35 erfolgen. Auf die Seilrolle wirkt eine zwischen $F_{\max} = 5\,\text{kN}$ und $F_{\min} = 2\,\text{kN}$ schwankende Kraft. Die Kraftangriffshöhe wird mit $n \approx 0{,}5$, der Außendurchmesser der verspannten Teile mit $D_A \approx 35\,\text{mm}$ geschätzt. Das Anziehen soll durch messende Drehmomentschlüssel erfolgen. Die Oberflächen sind gefräst ($Rz = 25\,\mu\text{m}$), der Reibungskoeffizient in der Trennfuge ist $\mu \approx 0{,}15$, die Bohrungsreihe mittel.

Nach Wahl der Festigkeitsklasse sind die Schrauben statisch und dynamisch nachzurechnen.

Schraubenverbindungen im Stahlbau

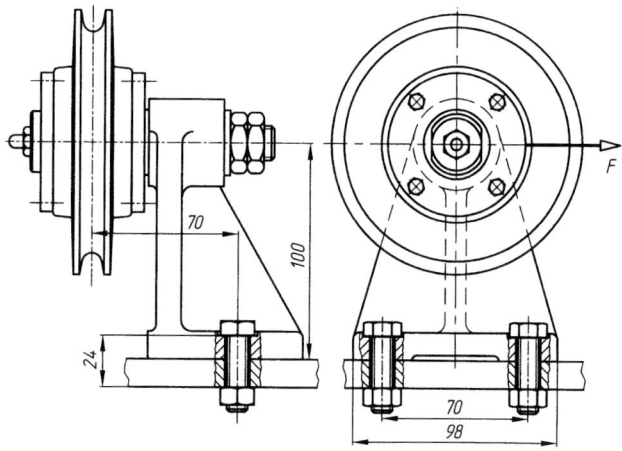

Schraubenverbindungen im Stahlbau

8.22 •••

Der Zugstab ⌐ EN 10056-1–150 × 100 × 12 eines Fachwerkes (Stahlhochbau) soll mit Schrauben einreihig an ein 20 mm dickes Knotenblech angeschlossen werden (siehe Skizze; Schraubenanzahl kann abweichen). Aus den auftretenden Einwirkungen von ständiger Last, Verkehrslast und Windlast ergibt sich eine maßgebende Zugkraft von $F = 796{,}5$ kN.

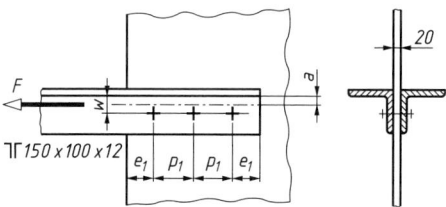

Als Bauteilwerkstoff wird S235 festgelegt. Die Schraubenverbindung soll in folgenden Ausführungsformen entworfen werden:

a) Scher-Lochleibungsverbindung (Kategorie A) mit rohen Schrauben nach DIN 7790 (4.6),
b) Scher-Lochleibungs-Passverbindung (Kategorie A) mit Sechskant-Passschrauben nach DIN 7968 (5.6),
c) Verbindung mit vorgespannten hochfesten Schrauben (Kategorie B) nach DIN EN 14399 (10.9).

8.23 ••

Ein aus 2 warm gewalzten Flachstäben EN 10058–110 × 10 aus S235JR gebildeter Zugstab wird durch 3 Sechskantschrauben DIN 7990 – M20 × 65 – Mu – 4.6 (mit Scheiben DIN 7989-20-A-HV 100 und Muttern ISO 4034 – M20 – 5) an ein 14 mm dickes Knotenblech aus S235JR angeschlossen.

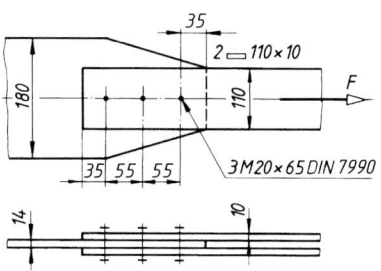

Es ist zu prüfen, welche rechnerische Stabkraft F diese SL-Verbindung im Stahlbau übertragen kann.

8.24 •••

Der mit der Zugkraft $F = 85$ kN belastete einteilige Vertikalstab eines Fachwerkes (Stahlbau) aus S235 kann aufgrund einer überschlägigen Vorbemessung nach der Lagerliste mit folgenden Profilen ausgeführt werden:

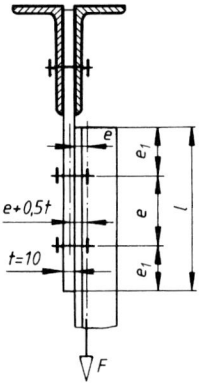

a) L EN 10056-1–80 × 40 × 8
b) U-Profil DIN 1026 – U100

Nach der Bemessung der mit Sechskantschrauben nach DIN 7990 (rohe Schrauben, 4.6) auszuführenden Stabanschlüsse (Größe, Anzahl und Lage der Schrauben) ist der Anschluss festigkeitsmäßig nachzuprüfen.

8.25 ••

Eine aus einem I-Profil DIN 1025 – S235JR – IPE360 geschnittene (kupierte) Konsole soll am Flansch einer Stütze aus I-Profil DIN 1025 – S235JR – IPB240 mit 8 Sechskantschrauben nach DIN 7990 – 4.6 befestigt werden, deren Abstände gefühlsmäßig festgelegt wurden.

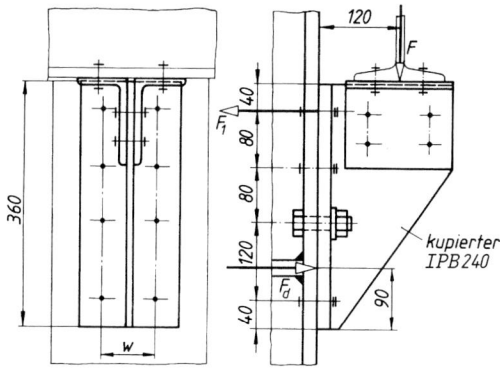

Die Schraubenverbindung (Stahlbau) ist für eine Auflagerkraft $F = 140\,\text{kN}$ mit allen für die Konstruktion erforderlichen Angaben auszulegen.

8.26 ••

Zur Lagerung eines Trägers I220 ist ein Stützwinkel L EN 10056-1–100 × 50 × 8 vorgesehen, welcher mit 2 Sechskantschrauben DIN 7990 – M16 × 50 – Mu – 4.6 (stets mit Scheiben nach DIN 7989) an den Flansch eines I-Profils DIN 1025 – S235JR – IPB240 angeschlossen werden soll. Die Auflagerkraft beträgt $F = 7\,\text{kN}$ (Stahlbau).

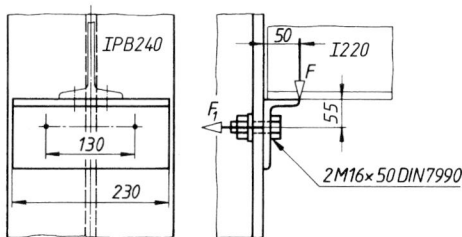

Festigkeitsmäßig nachzuprüfen sind:

a) der Stützwinkel,
b) die Schraubenverbindung.

Für die Berechnung ist der Abstand des Druckpunktes D zum Druckrand mit $x = h/4$ anzunehmen.

Bewegungsschrauben

ⓘ **8.27** ••
Für eine mechanische Abziehvorrichtung, zum Ausbau kleiner Wälzlager, sollen die Gewindespindel (E295, größte freie Länge $l \approx 200$ mm) und die beiden Halteschrauben (5.6) für überwiegend ruhende Belastung ausgelegt werden.

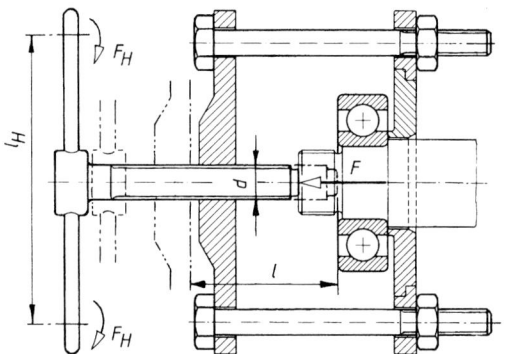

Die zum Abziehen der Wälzlager erforderliche Kraft ist meist sehr groß, weil sich die Ringe im Laufe der Zeit festsetzen. Dies gilt auch für lose gepasste Ringe, wenn sich während der Betriebszeit Passungsrost gebildet hat.

Um eine Überbeanspruchung der Bauteile beim gewaltsamen Lösen der Ringe zu verhindern, sollen für die Bemessung die bei größter Anstrengung erreichbaren Handkräfte $F_H \approx 400$ N am wirksamen Hebelarm $l_H \approx 350$ mm zugrunde gelegt werden.

Das Reibungsmoment an der Stirnflächenauflage der Spindel wird auf 25 % des Gewindereibungsmomentes geschätzt. Bei der Traverse aus EN-GJMB-350-10 ist zu prüfen, ob das Muttergewinde direkt eingeschnitten werden kann.

ⓘ **8.28** ••
Eine Reibspindelpresse für Zieharbeiten soll über eine Gewindespindel Tr48 × 24P8 eine größere Betriebskraft $F = 50$ kN aufbringen.

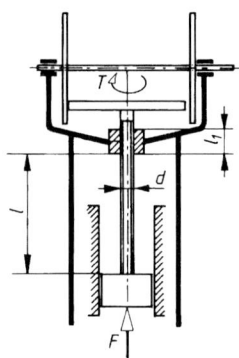

Zu prüfen sind:

a) die geschmierte Spindel aus E335 mit einer größten Länge $l = 1\,500$ mm bei einer weitgehend reibungsfreien Lagerung der Spindel im Stößel,
b) die Mutter aus CuSn12-C-GZ mit der Länge $l_1 = 100$ mm bei Dauerbetrieb,
c) die Möglichkeit der Selbsthemmung des Gewindes.

ⓘ **8.29** ••
Zu einer Handspindelpresse für einfache Werkstattarbeiten sind Spindel, Mutter und Hebel für eine größte Betriebskraft $F = 31,5$ kN auszulegen, wobei von sehr häufiger Nutzung ausgegangen wird (dynamische Belastung).

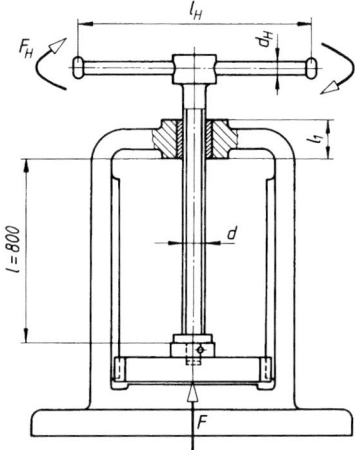

Der Entwurf sieht vor:
Spindel aus E295, größte Länge $l = 800$ mm, Spindelanschluss am Stößel wälzgelagert, Mutter aus CuSn-Legierung;
zweiarmigen Hebel aus Rundstahl S235,
rechnerische Handkraft $F_H \approx 200$ N an beiden Hebelenden.

8.30 ••

Für eine einfache Schraubenwinde mit 5 t Tragkraft sind alle für die Konstruktion erforderlichen Angaben zu ermitteln.

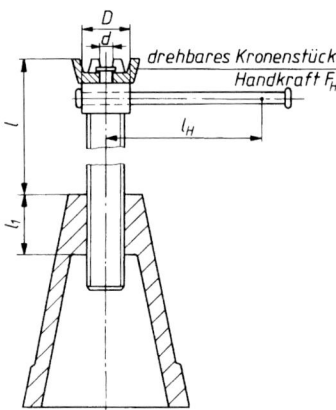

Entwurfsmäßig festgelegt sind:

1. Spindel aus E295 mit größter freier Länge $l = 600$ mm.
2. Hebelarm der Handkraft $l_H \approx 710$ mm.
3. Außendurchmesser $D = 60$ mm und Innendurchmesser $d = 16$ mm des als Spurplatte dienenden Kronenstücks.
4. Ständer aus EN-GJL-250 mit eingeschnittenem Muttergewinde.

Es kann mit vorwiegend ruhender Belastung gerechnet werden.
   Der Wirkungsgrad ist mit zu ermitteln.

9 Bolzen-, Stiftverbindungen und Sicherungselemente

Bolzenverbindungen im Maschinenbau

9.1 •••
In einer Spannvorrichtung werden die Werkstücke (1) mit einem Druckverteilungsstück (2), das im Winkelhebel (3) drehbar gelagert ist, durch die Augenschraube DIN 444–BM12 × 150–4.6 (4) gespannt. Als Gelenkstifte dienen Zylinderstifte ISO 2338–12h8 × 32–St bzw. ISO 2338–16h8 × 35–St (5 bzw. 6). Der Gelenkstift (5) hat im Schraubenauge Spiel (H9/h8) und sitzt fest im Winkelhebel (N7/h8). Der Gelenkstift (6) dagegen hat im Winkelhebel Spiel (E8/h8) und sitzt fest im Lagerauge (N7/h8). Winkelhebel (3) und Lagerauge (7) sind aus S235JR.

a) Welche Spannkraft F_A darf hinsichtlich der Beanspruchung des Gelenkes A in der Augenschraube höchstens erzeugt werden, wenn häufige Betätigung und stoßfreies Spannen anzunehmen sind?
b) Ist das Gelenk B für die unter a) ermittelte Spannkraft ausreichend bemessen?

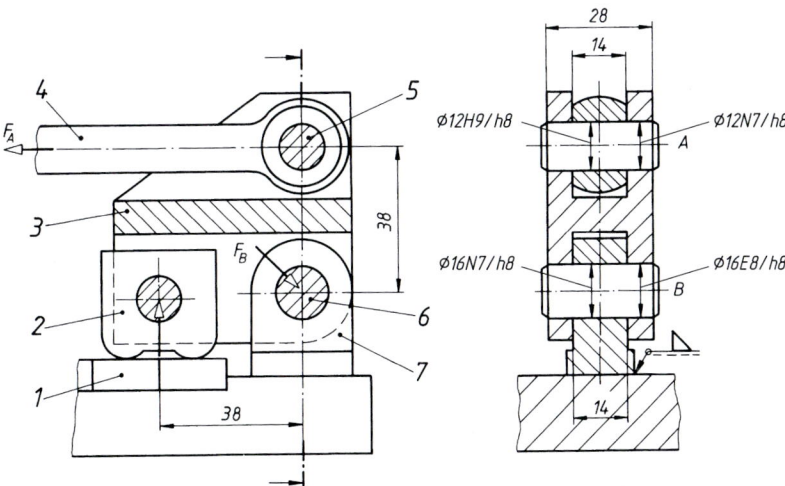

ⓘ **9.2 •••**

Eine Zugstange aus S235JR, mit der Stangenkopfdicke 24 mm, hat eine mit mittleren Stößen schwellend auftretende Kraft $F = 16\,\text{kN}$ zu übertragen. Die Stange soll mit der oberen Gabel durch einen Bolzen DIN EN 22340 (1) und mit der unteren Gabel durch einen Bolzen DIN EN 22341 (2) verbunden werden. Der Bolzen (1) sitzt in der Stange mit einer engen Übergangspassung und in der Gabel mit reichlichem Spiel, der Bolzen (2) sitzt in Gabel und Stange mit reichlichem Spiel. Das seitliche Spiel ist $\leq 0{,}5\,\text{mm}$.

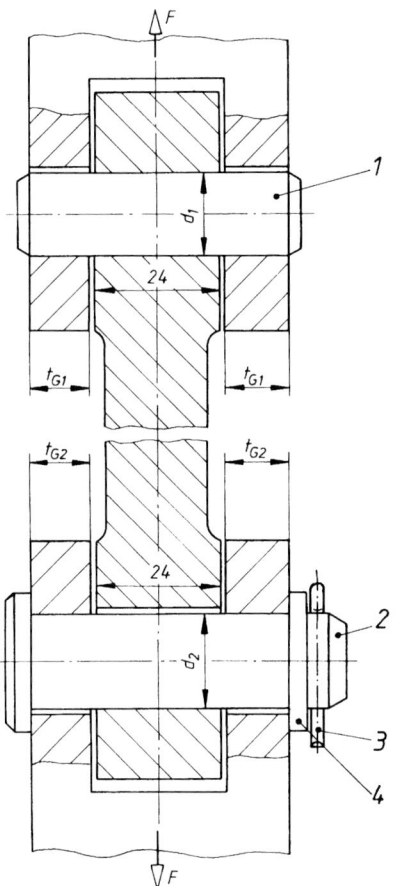

Zu bestimmen sind:

a) die Bolzendurchmesser d und die Gabeldicken t_G bei nicht gleitenden Flächen, wenn die Gabeln aus EN-GJS-400-18 bestehen,
b) geeignete Passungen für die Bolzensitze (1) und (2) im System Einheitswelle,
c) die Normbezeichnung der Verbindungselemente (1) bis (4).

9.3 ••

Zur Übertragung einer mit mittleren Stößen ($K_A = 1{,}4$) wechselnd wirkenden Kraft $F = 11{,}2\,\text{kN}$ ist ein ruhendes Bolzengelenk zu entwerfen. Vorgesehen ist ein mit merklichem Spiel sitzender genormter Bolzen mit Kopf, der durch einen Sicherungsring axial gesichert werden soll. Für Gabel und Stange ist der Werkstoff S235JR vorgesehen.

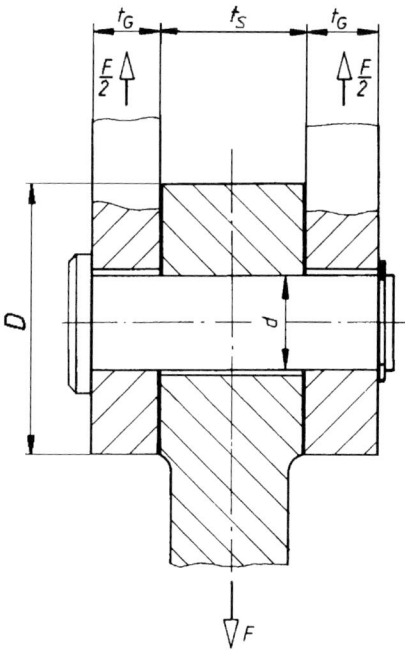

Zu bestimmen sind:

a) die Hauptabmessungen (d, t_S, t_G und D) des Gelenkes,
b) eine geeignete Spielpassung zwischen Bolzen und Stangen- bzw. Gabelbohrung im System Einheitsbohrung.
c) die Normbezeichnung des Bolzens und des Sicherungsringes.

9.4 ••

Für die geschmierte Lagerung einer Drehmomentstütze sind der Bolzendurchmesser d und die Dicke t_S der Stangennabe, sowie die Passungen für den mit Spiel sitzenden Bolzen zu bestimmen. Am Gelenk tritt eine mit mittleren Stößen (entsprechend dem Anwendungsfaktor $K_A = 1{,}5$) wechselnd wirkende Kraft $F = \pm 70\,\text{kN}$ auf. Die mit Buchsen aus

CuSn7Zn4Pb7–C versehene Stangennabe führt Schwenkbewegungen von ±4° aus. Um kleine Gelenkabmessungen zu bekommen, soll ein einsatzgehärteter Bolzen (16MnCr5) eingebaut werden. Als Gabelwerkstoff ist S235JR vorgesehen.

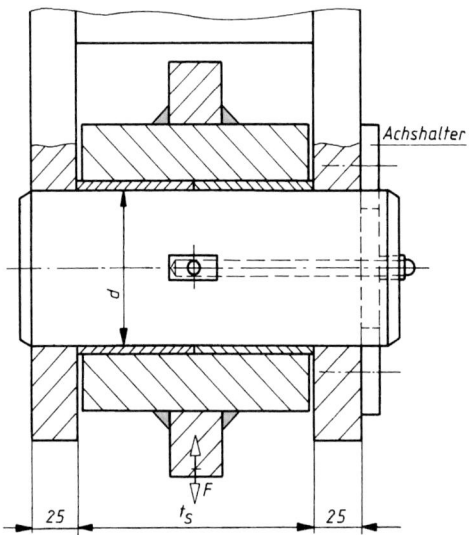

9.5 ••
Der im Pleuelauge und in der Kolbennabe mit Spiel (schwimmend) gelagerte Kolbenbolzen DIN 73126–22 × 14 × 60–1 ist für die unter Berücksichtigung der ungünstigsten Betriebsbedingungen größte Kraft $F = 22\,\text{kN}$ festigkeitsmäßig nachzuprüfen.

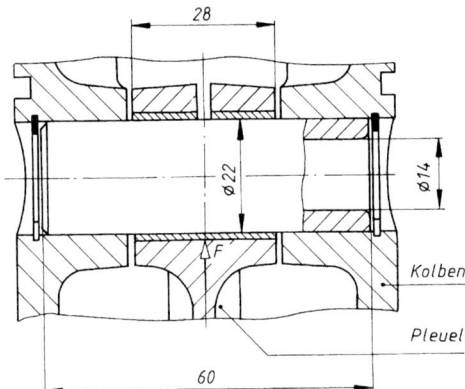

Bedingt durch die Betriebsverhältnisse und Werkstoffe, 16MnCr5 für den Bolzen und CuSn5Pb20–C für die Kolbenbolzenbuchse, gelten dabei folgende zulässige Spannungen: $\sigma_{b\,zul} = 200\,\text{N/mm}^2$, $\tau_{a\,zul} = 140\,\text{N/mm}^2$ und für gleitende Flächen $p_{zul} = 40\,\text{N/mm}^2$.

9.6 ••

Der Spannexzenter (1) ist über einen gehärteten Bolzen Ø 16 mm (2) in der Gabel (3) drehbar gelagert. Beim Spannen des Werkstückes (4) durch die Handkraft F_H wird eine größte Normalkraft $F_N = 5$ kN erzeugt. Dabei beträgt der Schwenkwinkel ca. 30°. Spannexzenter (mit Größeneinfluss, $K_t = 0{,}9$) und Bolzen sind aus einsatzgehärtetem C15E, die Gabel aus S235JR.

Zu prüfen bzw. zu bestimmen sind:

a) die Festigkeit der Gelenkverbindung,
b) eine Passung mit merklichem Spiel zwischen Bolzen und Exzenter und eine Übermaß- bzw. Übergangspassung zwischen Bolzen und Gabel.

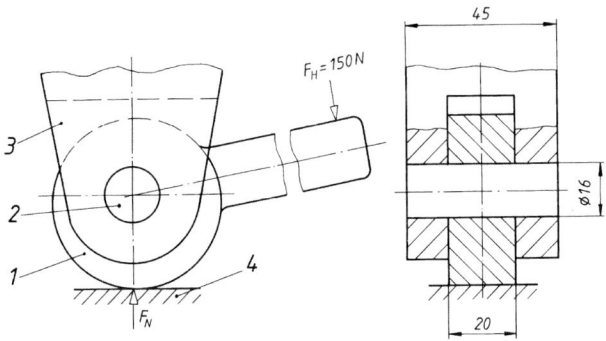

9.7 ••

Ein doppelt wirkender Hydraulikzylinder soll der Abbildung entsprechend befestigt werden. Dazu erhält das Kolbenstangenende eine aufgeschraubte Gabel (1). Das Gegenlager (Schwenklager 2) wird mit einer Laufbuchse (4) aus Sinterbronze mit Festschmierstoff ausgeführt. Als Werkstoffe für die Befestigungsteile sind vorgesehen: E335+N für die Gabel (1), E295 für das Schwenkauge (2) und 16MnCr5 für den einsatzgehärteten Bolzen (3). Während eines Arbeitshubes führt der Zylinder geringe Schwenkbewegungen aus und belastet die Gelenkverbindung stoßfrei zwischen den Grenzkräften $F_d = 72$ kN und $F_z = 50$ kN.

Festigkeitsmäßig zu prüfen sind:

a) die Gelenkverbindung,
b) die Wangenquerschnitte von Gabel (1) und Schwenklager (2).

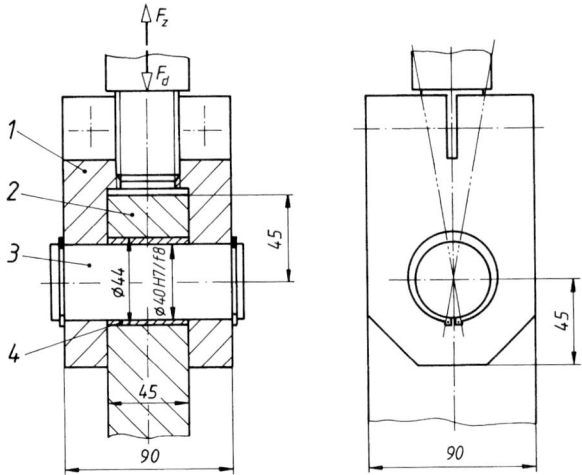

9.8 •

Die in eine Zahnkupplung eingebaute Brechbolzen-Sicherheitskupplung soll das übertragbare Drehmoment auf $T_{max} = 1\,800\,\text{N m}$ begrenzen, um bei Überlast oder Blockieren der Arbeitsmaschine die dazwischengeschalteten Maschinenteile zu schützen.

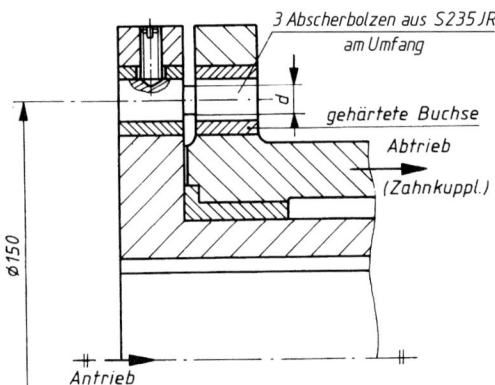

a) Welchen Durchmesser d muss die Sollbruchstelle der drei Abscherbolzen aus S235JR bekommen?
b) Welche Nachteile haben Brechbolzenkupplungen?

Bolzenverbindungen im Stahlbau

9.9 ••

Für die Montage großer Behälter sollen Traglaschen für eine zulässige Kraft $F = 100\,\text{kN}$ bemessen werden. Die Schweißverbindung mit der Behälterwand bzw. dem Behälterboden soll hier nicht untersucht werden. Die Beanspruchung darf nur in der Traglaschenebene erfolgen. Dazu sind Schäkel[1] zu benutzen.

Zu berechnen sind:

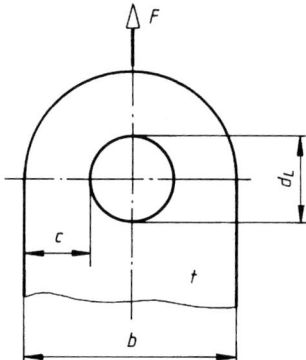

a) Der Bolzendurchmesser des Schäkels nach der aus Versuchen gewonnenen Zahlenwertgleichung $d = 4{,}7 \cdot \sqrt{F}$ (d in mm, F in kN). Zu wählen ist ein genormter Schäkelbolzen-Durchmesser: ... 30 36 39 45 48 52 60 68 ...;

b) die Abmessungen der Lasche (im Bereich des Auges) aus S235JR, wenn die Richtwerte des Maschinenbaus (bei statischer Belastung) zugrunde gelegt werden.

Bolzenverbindungen im Stahlbau

ⓘ **9.10 •••**

Um zu verhindern, dass sich Biegemomente auf anschließende Konstruktionsteile übertragen, werden die Stabenden als Bolzenverbindungen mit Augenstäben ausgeführt. Der Bemessungswert der Stabkraft beträgt $F_{\text{Ed}} = 212\,\text{kN}$. Als Stabwerkstoff sind S355 und als Bolzenwerkstoff S460N vorgesehen. Das Laschenspiel soll $s = 1\,\text{mm}$ betragen. Der Bolzen ohne Kopf soll durch Sicherungsringe nach DIN 471 gehalten werden.

---

[1] Schäkel sind U-förmige, mit einem Bolzen verschließbare Bügel zum Anbringen der Anschlagmittel. Bolzenwerkstoff meist Vergütungsstahl, C22E oder C35E.

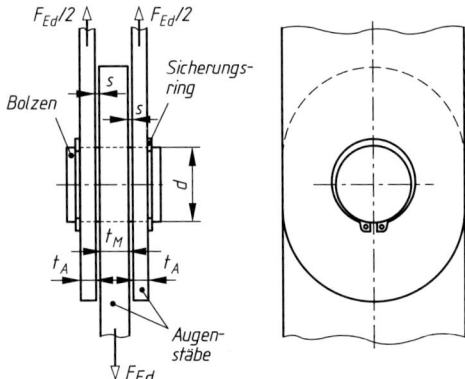

a) Die Hauptabmessungen der Augenstäbe (Laschen) soll nach der Stahlbaunorm (DIN EN 1993-1-8) entsprechend Möglichkeit B nachgewiesen und in einer Maßskizze dargestellt werden.
b) Für die Bolzenverbindung ist der Tragfähigkeitsnachweis zu führen.
c) Es ist zu prüfen, ob die Bolzenverbindung auch den zusätzlichen Anforderungen für austauschbare Bolzen genügt, d. h. unter Gebrauchslasten im elastischen Bereich bleibt.

9.11 ••
Für das Zugband einer Stahlkonstruktion ist die Gelenklaschenverbindung zu entwerfen. Der Bemessungswert der Stabkraft beträgt $F_{Ed} = 245$ kN. Als Werkstoff der Bauteile wird S235 und für die Bolzen S355 festgelegt. Vorgesehen sind die Laschendicken $t_M = 20$ mm, $t_A = 10$ mm und der Bolzendurchmesser $d = 45$ mm. Das Laschenspiel soll 1 mm betragen.

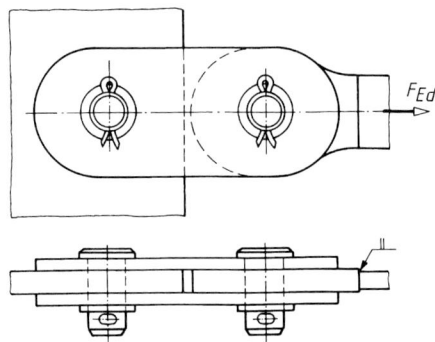

a) Die Hauptabmessungen der Augenstäbe (Laschen) sollen entsprechend der Möglichkeit A nachgewiesen und in einer Fertigungsskizze festgehalten werden.
b) Für die Bolzenverbindung ist der Tragfähigkeitsnachweis zu führen.
c) Die Normbezeichnung der Bolzen mit Kopf, Splint und Scheibe ist anzugeben.

Stiftverbindungen

Querstiftverbindungen

9.12 •
Zur Verbindung eines Wellengelenkes DIN 808–E40 × 63–G (Einfach-Wellengelenk mit Bohrungsdurchmesser 40 mm und Außendurchmesser 63 mm aus Stahl mit $R_\text{m} \geq 600\,\text{N/mm}^2$, mit Gleitlager) mit den Wellenzapfen aus E295 sind nach DIN 808 Kegelstifte mit 14 mm Durchmesser vorgesehen.

Reicht der empfohlene Stiftdurchmesser aus, wenn das Gelenk ein schwellend wirkendes Drehmoment von 200 N m bei mittleren Drehmomentstößen zu übertragen hat?

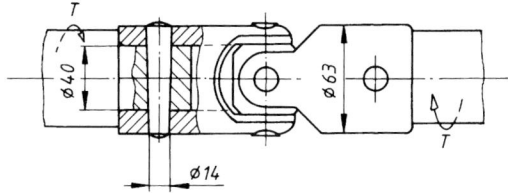

9.13 •
Zur Befestigung eines Kugelgelenkes (aus Stahl mit $R_\text{m} \geq 600\,\text{N/mm}^2$) im Vorschubantrieb einer Werkzeugmaschine sind Kegelstifte vorgesehen. Die zu verbindenden Wellen bestehen aus E295.

Welcher Stiftdurchmesser d ist zu wählen, wenn das Gelenk ein mit leichten Stößen schwellend wirkendes Drehmoment $T = 95\,\text{N m}$ zu übertragen hat?

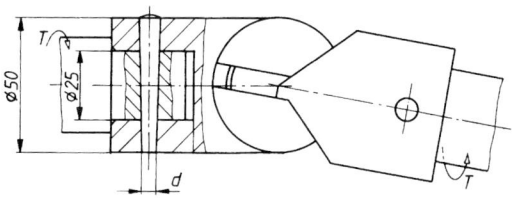

ⓘ 9.14 •
Zwei Wellen aus E295 sollen mit einer Muffe aus EN-GJL-200 durch Zylinderkerbstifte mit Fase DIN EN ISO 8740 verbunden werden.

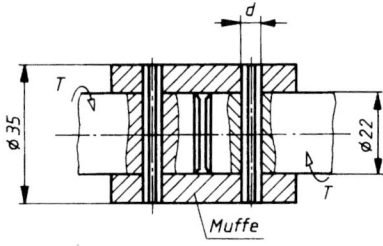

Welcher Stiftdurchmesser d ergibt sich, wenn die Stiftkupplung ein schwellend auftretendes, stoßfreies Drehmoment $T = 45\,\text{N\,m}$ zu übertragen hat?

Steckstiftverbindungen

9.15 •

Ein Nockenhebel aus S235JR im Zustellgetriebe einer Rundschleifmaschine soll über einen Kerbstift DIN 1469–C10 × 40–St durch eine Feder betätigt werden.

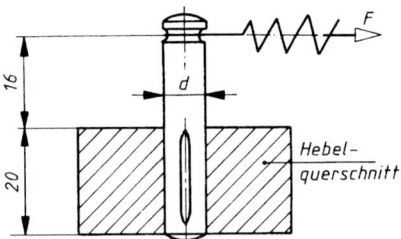

Es ist zu prüfen, ob der Stift für eine schwellend ohne Stöße wirkende Federkraft $F = 850\,\text{N}$ ausreichend bemessen ist. Gegebenenfalls ist der Stiftdurchmesser zu korrigieren!

9.16 ••

Bei einer Scheibenkupplung aus EN-GJL-200 ist die elastische Zwischenscheibe über jeweils 3 Passkerbstifte mit den Kupplungshälften verbunden. Welcher Stiftdurchmesser d ergibt sich unter der Annahme, dass bei der Übertragung eines mit mittleren Stößen wechselnd wirkenden Drehmomentes $T = 20\,\text{N\,m}$ nur jeweils 2 Stifte tragen?

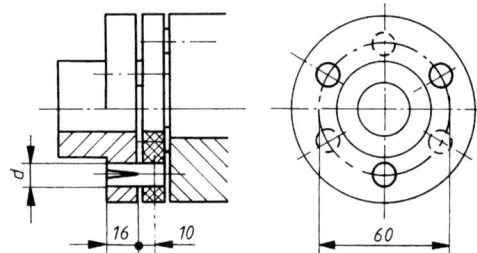

Stiftverbindungen

9.17 •
Die zur Lagerung der 60 kg schweren Tür einer Gusskonstruktion (EN-GJL-150) erforderlichen Passkerbstifte sind zu bestimmen.

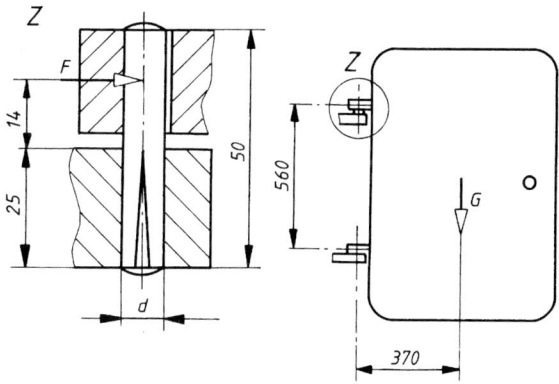

Längsstiftverbindungen

9.18 •
Der Betätigungshebel (1) aus S235JR, einer Drosselklappe, soll über kegelige Längsstifte (2) ein mit leichten Stößen wechselnd wirkendes Drehmoment $T = 7100\,\text{Nm}$ auf den Drosselklappenzapfen (3) aus E295 übertragen.

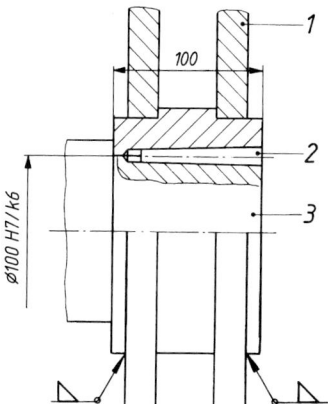

a) Was spricht bei einer derartigen Verbindung für den Einsatz von Rundkeilen?
b) Welche Kegelstiftausführung ist geeignet?
c) Anzahl und Abmessungen der Kegelstifte sind zu ermitteln.

9.19 •

Eine Handkurbel aus EN-GJMW-350-4 soll mit einem Kerbstift ISO 8740–5 × 30 – St als Längsstift auf einer Welle aus S235JR befestigt werden.

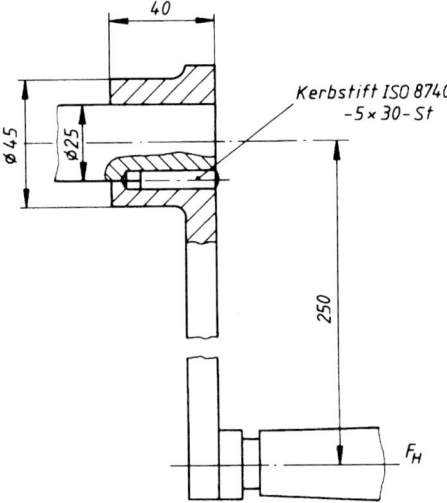

Welche schwellend wirkende Handkraft F_H kann von der Verbindung sicher übertragen werden?

10 Elastische Federn

Ringfeder

10.1 •
Eine als Pufferfeder dienende Ringfedersäule aus 31 Ringen mit halben Endringen hat unbelastet eine Länge von 512 mm bei einem Außendurchmesser von 165 mm, einen Innendurchmesser von 135 mm und eine Ringbreite von 32 mm.

a) Wie groß darf bei Höchstbelastung die Länge L_1 der Federsäule werden?
b) Welcher Federweg s der Säule ist zu erwarten?

Blattfedern

10.2 •
Eine einarmige Rechteckblattfeder aus 51CrV4 nach DIN EN 10089 mit der Federlänge $l = 500$ mm, der Breite $b = 56$ mm und der Dicke $h = 5{,}6$ mm wird am freien Ende mit $F = 250$ N statisch belastet und dabei um $s_h \approx 60$ mm verformt.
Es ist zu prüfen bzw. zu ermitteln:

a) die Zulässigkeit der auftretenden Spannung,
b) die Zulässigkeit der gewählten Federblattdicke h, wenn für den gewählten Werkstoff die Zugfestigkeit $R_m \approx 1\,400$ N/mm² angenommen wird,
c) die Federraten R_{soll} und R_{ist}.

10.3 •
Statt der Rechteckblattfeder nach Aufgabe 10.2 soll für dieselbe Einspannlänge l, Belastung F und Dicke h eine Trapezfeder mit $b = 56$ mm und $b'/b \approx 0{,}3$ verwendet werden.

a) Welche Breite b' ist als nahe liegende Normzahl nach DIN 323 zu wählen?
b) Die Zulässigkeit der Spannung ist zu kontrollieren, wenn als Federwerkstoff 51CrV4 nach DIN EN 10089 mit der Zugfestigkeit $R_m = 1\,400\,\text{N/mm}^2$ verwendet wird.
c) Die ausgeführte Trapezfeder ist hinsichtlich des Federvolumens V (in %) mit der Rechteckfeder der Aufgabe 10.2 zu vergleichen.

ⓘ 10.4 •

Eine einarmige Rechteckblattfeder mit der federnden Länge $l = 100$ mm soll bei einer größten Federkraft $F_{max} = 45$ N höchstens einen Federweg $s_{max} = 45$ mm erreichen. Zur Verfügung stehen kaltgewalzte vergütete Stahlbänder aus 102Cr6 nach DIN EN 10 132 mit der Zugfestigkeit $R_m = 2\,000\,\text{N/mm}^2$, für die folgende Abmessungen lieferbar sind:

Dicken: $h = 0{,}2\ \ 0{,}25\ \ 0{,}3\ \ 0{,}4\ \ 0{,}5\ \ 0{,}6\ \ 0{,}8\ \ 1{,}0\ \ 1{,}2\ \ 1{,}5$ und 2 mm mit jeweils den
Breiten: $b = 6\ \ 8\ \ 10\ \ 12\ \ 15\ \ 20\ \ 25\ \ 30\ \ 40$ und 50 mm

a) Welche Dicke h und Breite b der Feder sind zu wählen?
b) Für die gewählten Abmessungen ist unter Ausnutzung der zulässigen Spannung $\sigma_{b\,zul}$ die sich tatsächlich ergebende Durchbiegung s_{max} zu ermitteln.
c) Die Federrate R_{soll} ist der Federrate R_{ist} gegenüberzustellen.

10.5 •

Für eine Vorrichtung ist eine Rechteckblattfeder als Rastfeder zu ermitteln, die bei einer Rastlage in den Nuten einer Teilscheibe eine Anlagekraft $F_1 = 15$ N haben soll.

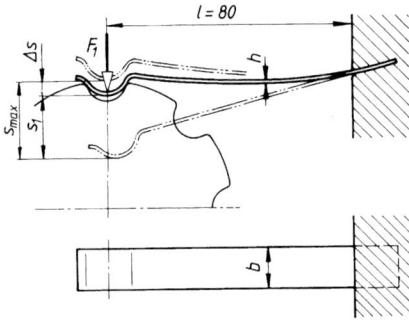

Nach den konstruktiven Gegebenheiten ergibt sich eine federnde Länge $l = 80$ mm mit der Federbreite $b = 20$ mm. Verwendet werden soll ein vergütetes Stahlband (DIN EN 10 132-4) aus 56Si7+QT bei mittlerer Zugfestigkeit.

a) Welche Dicke h der Blattfeder ist zu wählen, wenn Federstahlband mit Dicken $h = 0{,}2$ 0,3 0,4 0,5 0,6 0,7 0,8 1,0 1,25 und 1,5 mm verfügbar ist?
b) Da beim Weiterschalten der zusätzliche Hub $\Delta s = 5$ mm beträgt, ist beim Ausrastern der Feder für die größte Federkraft F_{max} bei s_{max} (siehe Bild) die Biegespannung σ_b an der Einspannstelle mit den gewählten Abmessungen auf Zulässigkeit zu prüfen.

Drehfedern

10.6 ••

Eine ruhend beanspruchte Drehfeder aus Draht DIN EN 10270-1-SL mit einem Innendurchmesser $D_i = 20$ mm hat bei einem Verdrehwinkel $\varphi = 40°$ ein ruhendes Moment $M_{max} = 5\,000$ N mm aufzunehmen. Der Abstand zwischen den einzelnen Windungen soll $a = 1$ mm betragen.

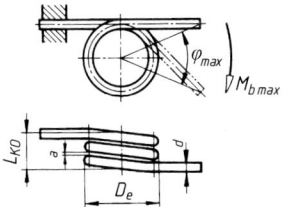

Ohne Berücksichtigung der Schenkeldurchbiegungen sind zu ermitteln:

a) der Drahtdurchmesser d, der nach DIN 323 R20 festzulegende mittlere Windungsdurchmesser D,
b) die Windungszahl n, wenn die Federenden (Schenkel) wie dargestellt angeordnet sein müssen,
c) die Länge des unbelasteten Federkörpers L_{K0} (auf ganze Zahl gerundet),
d) Spannungsnachweis mit den festgelegten Federdaten.

ⓘ 10.7 •

Eine Drehfeder mit anliegenden Windungen und einem inneren Windungsdurchmesser $D_i \approx 24$ mm soll bei einem Drehwinkel $\varphi = 180°$ ein Federmoment $M = 4$ N m aufnehmen. Vorgesehen ist Federstahldraht nach DIN EN 10270-1. Unter Vernachlässigung der Schenkeldurchbiegung sind für statische Beanspruchung zu ermitteln:

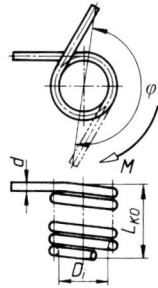

a) die noch fehlenden Federabmessungen d, D, n, L_{K0},
b) die Drahtsorte nach DIN EN 10270-1, die entsprechend der Biegespannung am besten ausgenutzt wird.

10.8 ••
Eine ruhend beanspruchte Drehfeder mit (lose) anliegenden Windungen aus Federstahldraht SL nach DIN EN 10270-1 soll als Rückholfeder einen Hebel bewegen.

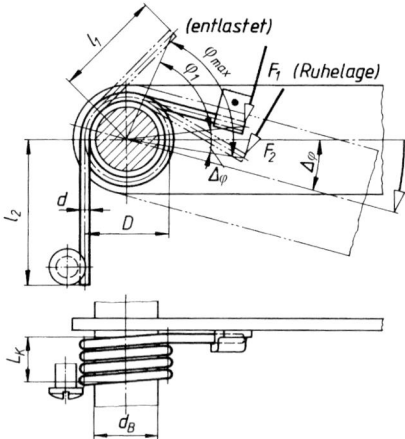

In der Ruhelage soll sie eine Kraft $F_1 \approx 1{,}5\,\text{N}$ und nach einem Hubwinkel $\Delta\varphi \approx 16°$ eine Rückholkraft $F_2 \approx 2{,}5\,\text{N}$ ausüben. Aus der Konstruktion ergaben sich für den Führungsbolzen ein Durchmesser $d_B = 6\,\text{mm}$, für die Feder die Schenkellängen $l_1 = 10\,\text{mm}$ und $l_2 = 15\,\text{mm}$.

Zu ermitteln und zu prüfen sind:

a) der Drahtdurchmesser d aus überschlägiger Vorwahl und der mittlere Windungsdurchmesser D als Normzahl nach DIN 323 R'20, wenn der innere Windungsdurchmesser D_i etwa 25 % größer als d_B angenommen wird,
b) der größte Drehwinkel φ_{max} und der Vorspann-Drehwinkel φ_1, wenn Verhältnisgleichheit zwischen Drehwinkeln und Federkräften bzw. Federmomenten besteht,
c) die Länge L_{K0} des unbelasteten Federkörpers für die zur ganzen Zahl gerundete Anzahl der federnden Windungen,
d) die mit den festgelegten Federdaten sich tatsächlich ergebenden Drehwinkel φ_{max} und φ_1 und die Zulässigkeit der Biegespannung für die vorgesehene Drahtsorte.

Spiralfeder

ⓘ **10.9 ••**
Für eine drehelastische Konstruktion ist eine Spiralfeder mit Rechteckquerschnitt, Breite $b = 20\,\text{mm}$, Dicke $h = 10\,\text{mm}$ und Windungsabstand $a = 5\,\text{mm}$, aus 51CrV4+QT DIN EN 10132-4 vorgesehen, deren inneres Ende an einem Hebelarm $r_i = 30\,\text{mm}$ und deren äußeres Ende in einem noch zu bestimmenden Abstand r_e fest eingespannt werden (vgl.

Lehrbuch Bild 10.14). Sie soll ein Moment $M = 150\,\text{N}\,\text{m}$ aufnehmen, wobei sie sich um einen Drehwinkel $\varphi = 19°$ elastisch verformen soll.

Zu prüfen bzw. zu ermitteln sind:

a) die Zulässigkeit der Biegespannung σ_i bei Verwendung des unteren Wertes von R_m,
b) die gestreckte Länge l und die voraussichtlich ruhend wirksame Federkraft F (gerundet),
c) die erforderliche Windungsanzahl n.

Tellerfedern

10.10 •

In eine Vorrichtung wird eine Tellerfedersäule aus 12 wechselsinnig aneinander gereihten Paketen zu je 3 Tellerfedern DIN EN 16983–A28 eingebaut (sinnbildliche Darstellung nach DIN ISO 2162 siehe Bild). Ohne Berücksichtigung der Reibung sind zu ermitteln:

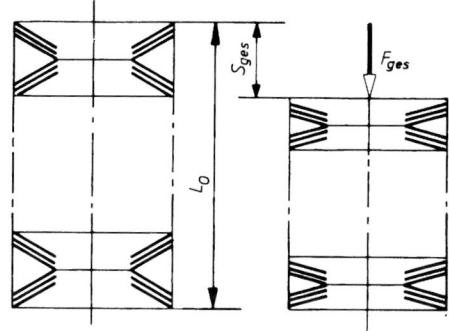

a) der Gesamtfederweg s_{ges} und die Gesamtfederkraft F_{ges} bei größtmöglicher Ausnutzung der Tellerfedern,
b) die Längen L_0 und L in mm für die unbelastete und die belastete Federsäule.

10.11 •

Für eine Federsäule aus 4 wechselsinnig aneinander gereihten Paketen zu je 2 Tellerfedern DIN EN 16983–B100 sind zu ermitteln:

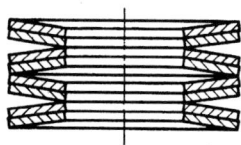

a) die Länge der unbelasteten Federsäule L_0 (s. Darstellung im Schnitt nach DIN ISO 2162 im Bild),
b) die Länge der belasteten Federsäule L bei 2,8 mm Federweg.

10.12 •

Eine Federsäule besteht aus 18 wechselsinnig aneinander gereihten Paketen zu je 2 Tellerfedern DIN EN 16983–C50. Ohne Berücksichtigung der Reibung sind zu ermitteln:

a) die Gesamtfederkraft F_{ges} und der Gesamtfederweg s_{ges} bei größtmöglicher Ausnutzung der Tellerfedern,
b) die Längen L'_0 der unbelasteten Teilsäulen gegenüber L_0, wenn aus Platzmangel in Richtung des Federweges die Federsäule in 2 Teilsäulen (jeweils $i = 18$, $n = 1$) aufgelöst wird.

10.13 ••

Der für eine Tragfähigkeit von $m_L = 5\,t$ ausgelegte Kranhaken soll durch zwei Tellerfedersäulen gegen Stöße abgefedert werden. Auf die Federsäulen wirkt zusätzlich das Eigengewicht des Kranhakens einschließlich Lagerung, Tragplatte usw. von $m_G = 40\,kg$. Die Führungsbolzen der Federsäulen sollen einen Durchmesser von $d = 40\ldots 50\,mm$ aufweisen.

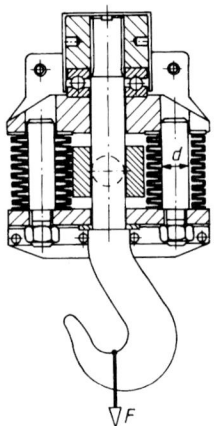

a) Wie groß ist die von jeder Säule aufzunehmende Maximalbelastung F_{max}?
b) Welche Tellerfedern nach DIN EN 16983 sind geeignet, wenn die Einzelteller wechselsinnig aneinandergereiht werden und eine möglichst große Ausnutzung des maximal zulässigen Federwegs des Einzeltellers durch F_{max} erreicht werden soll?
c) Welche Anzahl Einzelteller i sind je Säule zu verwenden, wenn der konstruktiv begrenzte Federweg $s_{max} = 24\,mm$ möglichst ausgenutzt werden soll?
d) Welcher Aufbau der Tellerfedersäule ist erforderlich, wenn Tellerfedern der Reihe B verwendet werden sollen?

Tellerfedern

10.14 ••
Welche Federkräfte F (auf volle 10 N gerundet) müssten ohne Berücksichtigung der Reibung aufgebracht werden, wenn folgende Einzelteller mit rund 70 % des maximal zulässigen Federweges vorgespannt eingebaut werden sollen:

a) Tellerfedern DIN EN 16983–B80,
b) Tellerfedern DIN EN 16983–C80?

10.15 ••
Für die Tellerfeder DIN EN 16983–B45 sind bei einer statischen Federkraft $F \approx 3\,\text{kN}$ ohne Berücksichtigung der Reibung zu ermitteln:

a) der angenäherte Federweg s,
b) die rechnerischen Spannungen σ an den Stellen I, II und III für s.

10.16 •••
Für die Tellerfeder DIN EN 16983–B63 sind sowohl ohne als auch mit Berücksichtigung der Reibung (Schmierung: Fett) zu ermitteln:

a) die erforderliche Kraft für einen Federweg $s = 1$ mm,
b) die aufzubringende Kraft, um die Feder bis zur Planlage zu verformen,
c) die zur Verfügung stehende gespeicherte Federungsarbeit bei einem Federweg $s = 1$ mm.

ⓘ 10.17 •••
Eine Tellerfedersäule aus 8 wechselsinnig aneinander gereihten Tellerfedern DIN EN 16983–B56 soll mit einer Vorspannkraft $F_1 = 1\,800$ N eingebaut und bis zu einer Betriebskraft $F_2 = 3\,400$ N schwingend beansprucht werden. Ohne Berücksichtigung der Reibung sind zu bestimmen bzw. zu prüfen:

a) die zu F_1 und F_2 gehörigen Federwege je Einzelteller s_1 und s_2 sowie die vorhandenen maximalen Zugspannungen σ_1 und σ_2.
b) ob die Einzelteller der Säule genügend vorgespannt sind und für $2 \cdot 10^6$ Lastspiele, d. h. mit praktisch unbegrenzter Lebensdauer im dauerfesten Bereich arbeiten!
c) die Längen L_1 und L_2 der belasteten Federsäule bei F_1 und F_2.

10.18 ••
In ein Stanzwerkzeug soll für den Auswerfer eine Federsäule aus 10 wechselsinnig aneinander gereihten Federpaketen zu je 2 Tellerfedern DIN EN 16983–B63 mit einem Vorspannfederweg je Paket $s_1 = 0{,}2 \cdot h_0$ eingebaut werden. Die vorgespannte Federsäule wird mit $F_{2\text{ges}} = 10$ kN schwingend beansprucht. Bei Vernachlässigung der Reibung sind zu prüfen bzw. zu ermitteln:

a) ob die notwendige Vorspannung σ_I je Einzelteller vorliegt,
b) der Hubfederweg Δs_{ges} der Säule,
c) ob die Dauerhubfestigkeit $\sigma_H > \sigma_h$ für eine praktisch unbegrenzte Lebensdauer ($N = 2 \cdot 10^6$ Lastspiele) vorliegt.

10.19 •••

In einem Schneidwerkzeug sollen für den Abstreifer der zu schneidenden Stahlbleche 4 Federsäulen mit möglichst kleiner Bauhöhe aus wechselsinnig aneinander gereihten Tellerfedern DIN EN 16983–A25 vorgespannt angeordnet werden. Das Werkzeug ist für eine größte Blechdicke $h_{max} = 1{,}5$ mm aus E295 auszulegen. Der Arbeitshub der Federsäulen ist mit $\Delta s_{ges} \approx 2{,}2$ mm vorgesehen. Aus Vorüberlegungen ergeben sich für jede Federsäule eine maximale Federkraft $F_2 = 2\,500$ N. Die Federsäule soll so eingebaut werden, dass die einzelne Feder auf $F_1 = 1\,000$ N vorgespannt wird.

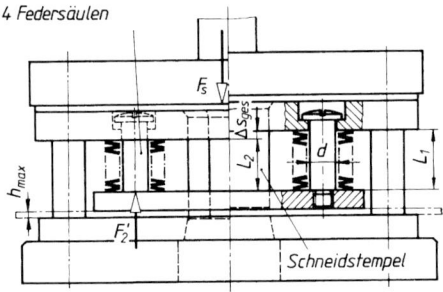

Unter Vernachlässigung der Reibung sind zu ermitteln:

a) die Anzahl Federteller n je Paket;
b) die Federwege s_1 und s_2 der Feder bzw. des Federpaketes;
c) die Paketzahl i je Säule;
d) die Federwege s_{1ges}, s_{2ges} sowie die Längen L_1 und L_2 der belasteten Säulen,
e) die mögliche Zahl N der Lastspiele bei begrenzter Lebensdauer für schwingende Beanspruchung mit σ_1 bei s_1 und σ_2 bei s_2.

Drehstabfeder

10.20 •

In eine Drehstabfeder aus 51CrV4 mit dem Schaftdurchmesser $d = 15$ mm, Länge $L = 750$ mm und kerbverzahnten Köpfen DIN 5481–26 × 30, ($z = 35$, $d_a = 30$ mm, $l_k = d_f \mathrel{\hat=} d_4 = 26{,}4$ mm, federnde Länge $l_f = 677$ mm, Hohlkehlenradius $r = 45$ mm) soll ein Drehmoment $T = 210$ N m eingeleitet werden.

Zu prüfen bzw. zu ermitteln sind:

a) der vorhandene Verdrehwinkel $\varphi°$ (gerundet),
b) die Zulässigkeit der Schubspannung für den *nicht vorgesetzten* Stab,
c) die Zulässigkeit der Flächenpressung.

Schraubenfedern

10.21 ●●

Eine überwiegend mit $F_{max} \approx 130$ N statisch belastete zylindrische Schrauben-Druckfeder aus Federstahldraht SL nach DIN EN 10270-1 mit dem Außendurchmesser $D_e = 16$ mm weist bei Belastung den Federweg $s_{max} = 12$ mm auf.

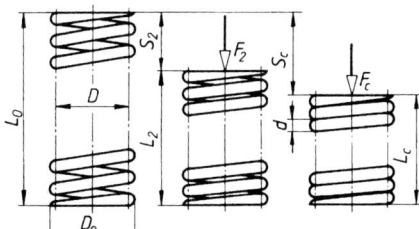

Zu ermitteln und festzulegen sind:

a) die Federrate R,
b) der Drahtdurchmesser d nach DIN EN 10270-1 und die Windungszahl n,
c) die Länge L_0 der unbelasteten Feder, wenn diese mit angelegten und geschliffenen Federenden ausgeführt werden soll.

10.22 ●●●

Gesucht wird eine statisch belastete zylindrische Schrauben-Druckfeder, die bei einer Belastung $F = 130$ N einen Federweg $s \approx 20$ mm aufweist. Da die Feder in einer Hülse von 20 mm Innendurchmesser geführt werden soll, darf der Federaußendurchmesser den Wert $D_e = 19{,}5$ mm nicht überschreiten.

Welche Federabmessungen ergeben sich und welcher Federdraht ist vorzusehen, wenn eine ausreichende Werkstoffausnutzung für die zu wählende Drahtsorte gefordert wird?

10.23 ●●●

In eine Vorrichtung sollen 4 Schrauben-Druckfedern parallel geschaltet eingebaut werden, die zusammen eine statische Gesamtbelastung von rund 7 400 N bei einem Federweg von jeweils $s = 90$ mm aufnehmen können. Aus konstruktiven Gründen können die Federn höchstens mit einem Außendurchmesser $D_e = 70$ mm ausgeführt werden.

a) Die günstigsten Federabmessungen sind für einen geeigneten Federstahldraht nach DIN EN 10270-1 festzulegen;
b) die Knicksicherheit ist zu prüfen.

10.24 ••

Eine überwiegend statisch belastete Schrauben-Druckfeder aus Federstahl SM nach DIN EN 10270-1 soll eine Federkraft $F_2 = 2\,400$ N bei einem Federweg $s_2 = 60$ mm ausüben. Da die Feder über eine Welle mit 75 mm Durchmesser passen muss, darf der Federinnendurchmesser $D_i = 78$ mm nicht unterschreiten.

Welcher Drahtdurchmesser d nach DIN EN 10270-1 und welche ungespannte Länge L_0 ergeben sich für die Feder?

Die Eignung der Drahtsorte ist mit den gewählten Abmessungen zu prüfen.

10.25 •••

Eine Sicherheits-Lamellenkupplung hat insgesamt $n = 17$ Lamellen (Innen- und Außenlamellen). Die geschliffenen Lamellen aus GJL-300 mit einem Außendurchmesser $d_a = 255$ mm und einem Innendurchmesser $d_i = 185$ mm sollen im leicht gefetteten Zustand bei einem Reibungskoeffizient $\mu \approx 0{,}08$ ein Drehmoment $T = 1\,550$ N m übertragen, wenn auf die Druckscheibe (Innenlamelle 1) 10 gleichmäßig auf den Umfang verteilte zylindrische Schrauben-Druckfedern wirken.

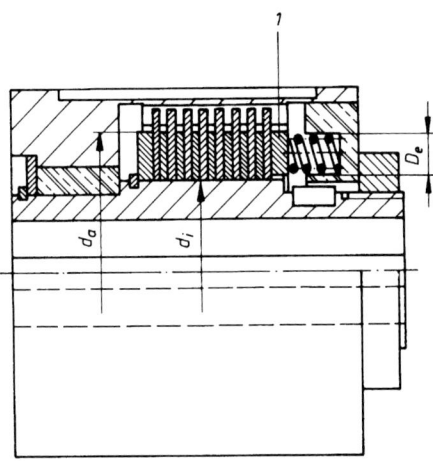

Aus konstruktiven Gründen können Federn mit höchstens $D_e \approx 25$ mm eingebaut werden, deren Federweg bei gelüfteter und eingeschalteter Kupplung $s_2 = 6$ mm beträgt.

a) Nach Berechnung der erforderlichen Anpresskraft F aus der wirksamen Umfangskraft F_t für das geforderte Drehmoment bei einem mittleren Reibflächendurchmesser d_R ist zunächst die auf die Druckscheibe ausgeübte Kraft F_d (für $n - 1$ Lamellen) und damit die maximale Kraft je Feder F_{max} zu bestimmen.

b) Alle erforderlichen Abmessungen der überwiegend statisch belasteten Federn sind für einen geeigneten Federstahldraht nach DIN EN 10270-1 festzulegen.

Schraubenfedern

10.26 •••

Ein federbelastetes Sicherheitsventil mit einem Innendurchmesser des Ventilsitzes $d_1 = 20$ mm soll bei einem Luftdruck öffnen, der rund 10 % über dem Betriebsdruck $p_e = 16$ bar liegt.

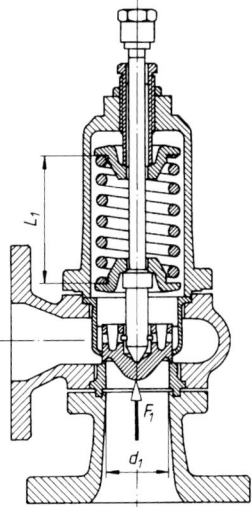

Die in der geschlossenen Haube sitzende zylindrische Schrauben-Druckfeder kann höchstens mit einem Außendurchmesser $D_e = 35$ mm ausgeführt werden.

Die Öffnungskraft F_1 soll bei einem Vorspannweg $s_1 \approx 20$ mm mit der Länge L_1, die Federkraft F_2 bei voll geöffnetem Ventil nach einem Hub $\Delta s = d_1/4$ erreicht werden.

a) Nach Ermittlung der Federkräfte F_1 und F_2 sind die Federabmessungen für einen geeigneten Federstahldraht nach DIN EN 10270-1 bei ausreichender Werkstoffausnutzung festzulegen.

b) Die Feder mit den festgelegten Federabmessungen ist auf Knicksicherheit nachzuprüfen.

ⓘ 10.27 •••

Eine zylindrische Schrauben-Druckfeder soll als Ventilfeder zwischen einer Vorbelastung $F_1 = 300$ N und der Höchstbelastung $F_2 = 640$ N bei einem Hub $\Delta s \approx 14$ mm mit hoher Lastspielzahl arbeiten. Aus konstruktiven Gründen kann die Feder mit einem Außendurchmesser $D_e \leq 37$ mm eingebaut werden.

a) Nach angenäherter Ermittlung von d, D sowie Nachprüfung von Δs und τ_{max} ist die Länge L_0 der unbelasteten Feder für ölvergüteten Ventilfederdraht (VDCrV nach DIN EN 10270-2) kugelgestrahlt zu bestimmen; die Normbezeichnung des Drahtes ist anzugeben.

b) Die Festigkeitsnachweise für statische und dynamische Beanspruchung ($N = 10^7$) sind zu führen und die Knicksicherheit bei veränderlichen Auflagebedingungen zu prüfen.

10.28 •••

Für das Tellerventil einer Pumpe soll eine zylindrische Schrauben-Druckfeder mit praktisch unbegrenzter Lebensdauer ermittelt werden.

Bei geschlossenem Ventil soll die Feder mit $F_1 = 400\,\text{N}$ vorbelastet werden und bei geöffnetem Ventil nach einem Hub $\Delta s = 13\,\text{mm}$ die größte Federkraft $F_2 = 660\,\text{N}$ erreichen. Für die schwingende Belastung soll Federstahldraht DH nach DIN EN 10270-1 (kugelgestrahlt) verwendet werden. Der konstruktiv festgelegte Einbauraum lässt einen Federaußendurchmesser von höchstens $D_e = 30\,\text{mm}$ und bei geöffnetem Ventil eine Länge $L_2 \geq 50\,\text{mm}$ zu.

Zu ermitteln bzw. festzulegen sind:

a) der Drahtdurchmesser d nach DIN EN 10270-1 und der mittlere Windungsdurchmesser D nach DIN 323 R20; die zu den Kräften F_1 und F_2 gehörigen Federwege s_1 und s_2 sowie die Anzahl der federnden Windungen n und die Gesamtwindungszahl n_t, ebenso die Federlängen L_0, L_1 und L_2. Die Zulässigkeit der Schubspannung τ_{max} und τ_c ist nachzuweisen;
b) die Dauerfestigkeit der Feder ist zu prüfen;
c) die Knicksicherheit der Feder ist nachzuweisen;
d) die niedrigste Eigenfrequenz der Feder ist zu errechnen und zu erläutern.

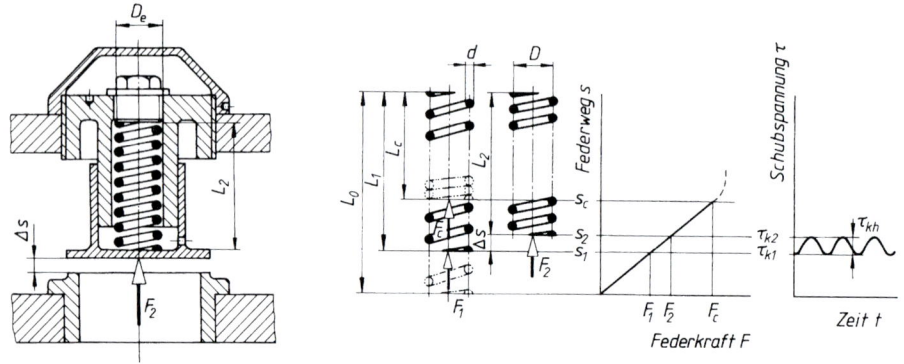

10.29 ••

Eine überwiegend statisch belastete und ohne innere Vorspannung hergestellte zylindrische Schrauben-Zugfeder aus Draht DIN EN 10270-1-SL mit ganzer Deutscher Öse ($L_H \approx 0{,}8 \cdot D_i$) hat eine Belastung $F_{max} = 250\,\text{N}$ bei einem Federhub von $s_h = 12\,\text{mm}$ aufzunehmen. Aus konstruktiven Gründen darf der Außendurchmesser nicht größer als 20 mm betragen.

Zu ermitteln und zu prüfen sind:

a) die Durchmesser d (nach DIN EN 10270), D (nach DIN 323 R20), D_e und D_i;
b) die erforderliche Anzahl der Windungen $n = n_t$, auf ..., 0 bzw. auf ..., 5 endend und die Federrate R;
c) die Längen L_K, L_0 für eine Ösenlänge $L_H \approx 0{,}8 \cdot D_i$;
d) die Zulässigkeit der Drahtklasse SL.

10.30 ••

Eine mit innerer Vorspannung hergestellte zylindrische Schrauben-Zugfeder aus Draht DIN EN 10270-1-SL-4,50 mit ganzer Deutscher Öse hat folgende Abmessungen: Außendurchmesser $D_e = 36{,}5$ mm, unbelastete Länge $L_0 = 150$ mm und $n_t = 22{,}5$ Gesamtwindungen. Bei einer Belastung $F_1 = 250$ N wurde eine Länge $L_1 = 180$ mm und bei einer Belastung $F_2 = 550$ N eine Länge $L_2 = 233$ mm gemessen.

Es ist zu prüfen, ob die aus der inneren Vorspannkraft F_0 sich ergebende innere Vorspannung τ_0 für die auf der Wickelbank kaltgeformte Feder zulässig ist und ob die Zugkraft F_2 von der Feder ohne Schaden aufgenommen werden kann.

ⓘ 10.31 ••

Es soll eine mit innerer Vorspannung ($F_0 \approx 30$ N) gewickelte zylindrische Schrauben-Zugfeder aus Federstahldraht nach DIN EN 10270-1-SL mit parallel angeordneten ganzen deutschen Ösen mit $L_H \approx 0{,}8 \cdot D_i$ ermittelt werden, die für die überwiegend statische Höchstbelastung $F_{max} \approx 150$ N bei einem Federweg $s_{max} = 60$ mm eine gespannte Länge $L_2 \approx 140$ mm erreicht. Aus konstruktiven Gründen kann nur eine Feder mit einem maximalen Außendurchmesser $D_e = 25$ mm eingebaut werden.

a) Die erforderlichen Federabmessungen sind zu ermitteln (D nach DIN 323 R20).
b) Es ist zu prüfen, ob die Feder hinsichtlich der inneren Schubspannung und für die der größten Belastung zugeordneten Schubspannung ausreichend bemessen ist.

Gummifedern

ⓘ 10.32 ••

Zur Dämpfung von Schwingungen soll eine Werkzeugmaschine mit einem Gewicht $m = 2200$ kg auf 4 Gummi-Druckfederelemente gesetzt werden, wobei sich das Gewicht annähernd gleichmäßig auf die Federn verteilt. Der Gummi hat nach Angaben des Herstellers eine Shore-Härte von rund 60.

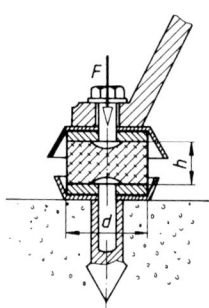

Nach Katalog haben die Federn des schätzungsweise in Frage kommenden Bereichs folgende Abmessungen:

$d = 30\ 40\ 50\ 70\ 75\ 100$ mm und zugehörig

$h = 27\ 27\ 41\ 41\ 49\ 51$ mm

Wegen der Abweichung vom Verhältnis $d/h \approx 1$ ist der abgelesene E-Modul für runde Gummifeder um etwa 25 % zu erhöhen.

a) Welche Druckfeder-Abmessungen kommen in Frage, wenn zunächst mit einem mittleren zulässigen Spannungswert gerechnet wird?

b) Nach Feststellung der Zulässigkeit der tatsächlichen Druckspannung σ_d in der gewählten Feder ist auch zu prüfen, ob die Voraussetzung für die Berechnung des Federweges s gegeben ist; andernfalls sind Federabmessungen zu wählen, die diese Voraussetzungen erfüllen!

10.33 •

Das Gerüst eines Interferenz-Messgerätes muss besonders sorgfältig gegen Bodenerschütterungen u. dgl. isoliert werden, da selbst geringste Schwingungen des im Gerüst untergebrachten Spiegelsystems die Lichtinterferenzen stören können.

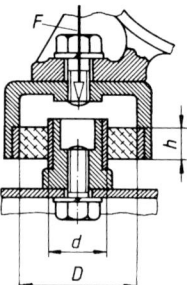

Das Gerät mit einem Gewicht $m = 600$ kg soll darum auf gut dämpfende Gummi-Ringelemente gesetzt werden. Nach Katalog werden Federelemente mit den Abmessungen $D = 60$ mm, $d = 30$ mm, $h = 16$ mm bei einer spezifischen Schub-Federzahl $c_S = \tau/s = G/h = 0{,}04$ N/mm³ gewählt.

a) Die Zulässigkeit der auftretenden Schubspannung τ ist zu prüfen, wenn ein Federweg $s = 10\,\text{mm}$ zugelassen wird.
b) Die erforderliche Zahl z der Federelemente zum Tragen des Gerätes ist zu bestimmen!
c) Welche Shore-Härte des Gummis ist aufgrund der vorliegenden Daten notwendig?

11 Achsen, Wellen und Zapfen

Grundaufgaben

11.1 •
Auf einer in den Lagern A und B drehbar gelagerten Achse aus E295 ist die Umlenkrolle eines Gurtförderers befestigt. Durch die Trumkräfte des Gurtes ergibt sich eine maximale Wellenbelastung F_W, die von der Achse und von den Lagern aufgenommen werden muss.

Anhand einer schematischen Darstellung ist die Beanspruchung der Achse über der Länge l bildlich darzustellen und für den gefährdeten Querschnitt das innere Kräftesystem zu ermitteln. Ferner ist anzugeben, welcher Lastfall vorliegt und wie dieser bei der Festigkeitsberechnung berücksichtigt wird.

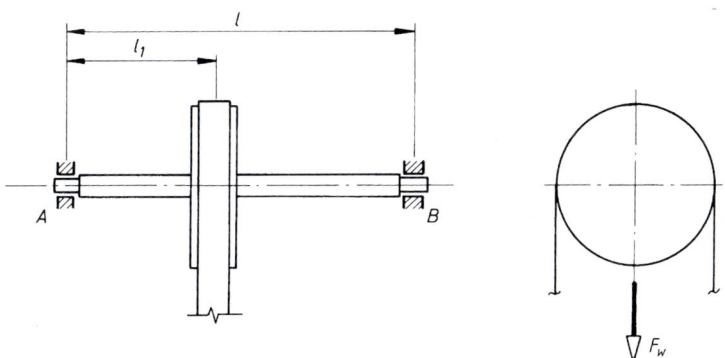

11.2 •
Die Achse aus S275JR eines Transportwagens wird durch das Wagengewicht und die Zuladung unter Berücksichtigung der ungünstigen Betriebsverhältnisse mit der Gewichtskraft $F = 15\,\text{kN}$ belastet.

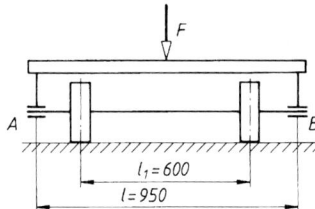

Anhand einer schematischen Darstellung ist die Beanspruchung der Achse bildlich darzustellen und für die gefährdeten Querschnitte das innere Kräftesystem zu ermitteln. Welcher Lastfall liegt vor und wie wird dieser bei der Festigkeitsberechnung berücksichtigt?

11.3 •

Die Antriebswelle einer Förderanlage ist in den Lagern A und B drehbar gelagert. Das für den Betrieb erforderliche Drehmoment T wird über eine elastische Kupplung in die Welle eingeleitet. Durch die Umfangs- (Riemenzugkraft im Lasttrum) und die Vorspannkraft des Flachriemens ergibt sich eine maximale Wellenbelastung F_W, die von den Lagern A und B als Radialkraft aufzunehmen ist.

Anhand einer schematischen Darstellung ist die Beanspruchung der Welle für die Querschnitte ①-①, ②-② und ③-③ aufzuzeigen und anzugeben, welcher Lastfall für die jeweilige Beanspruchung vorliegt.

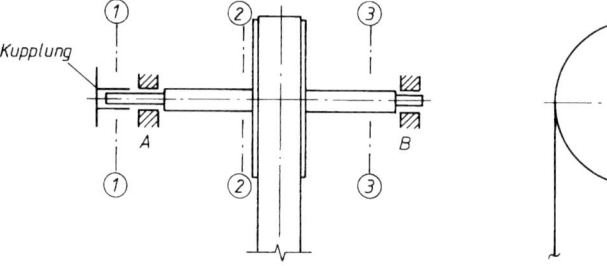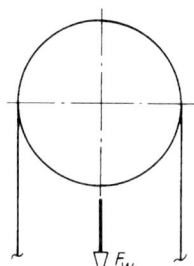

11.4 •

Für die Abtriebswelle eines dreistufigen Getriebes mit den Einzelübersetzungen $i_1 = 4{,}2$, $i_2 = 3{,}6$ und $i_3 = 2{,}8$ ist das Nenndrehmoment zu ermitteln. Das Getriebe hat eine Leistung $P = 25\,\text{kW}$ bei der Antriebsdrehzahl $n_1 = 950\,\text{min}^{-1}$ zu übertragen.

11.5 •

Mit den Getriebe- und Leistungsdaten der Aufgabe 11.4 ist das für die Durchmesserberechnung der Abtriebswelle maßgebende Drehmoment zu ermitteln, wenn aufgrund der ungünstigen Betriebsverhältnisse mit einem Anwendungsfaktor $K_A = 1{,}3$ und mit einem Gesamtwirkungsgrad des Getriebes von ca. 82 % zu rechnen ist.

11.6 •

Für die Antriebswelle eines einstufigen Gerad-Stirnradgetriebes ist das für die Ermittlung des Vergleichsmomentes maßgebende maximale Biegemoment zu berechnen. An der Zahneingriffstelle wirken die Tangentialkraft $F_t = 1{,}5\,\text{kN}$ und die Radialkraft $F_r = 0{,}55\,\text{kN}$.

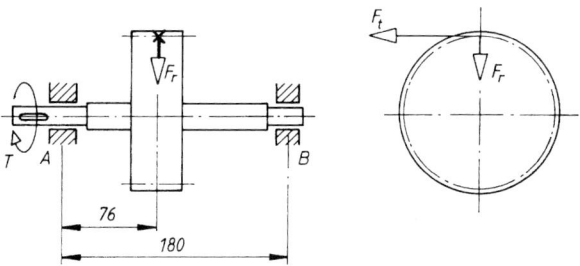

11.7 •

Die skizzierte Getriebe-Zwischenwelle aus 41Cr4 hat ein Drehmoment $T = 2\,500\,\text{N\,m}$ zu übertragen, das durch das Geradstirnrad (z_2) ein- und durch das Geradstirnrad (z_3) weitergeleitet wird. Für die Zahnräder ergaben sich folgende Zahnkräfte: $F_{t2} = 10\,\text{kN}$, $F_{r2} = 3{,}67\,\text{kN}$, $F_{t3} = 26{,}33\,\text{kN}$, $F_{r3} = 9{,}58\,\text{kN}$.

Die Abstände $l = 260\,\text{mm}$, $l_1 = 80\,\text{mm}$ und $l_2 = 90\,\text{mm}$ wurden dem 1. Entwurf als Richtwerte entnommen.

Zu errechnen ist das für die Ermittlung des Wellendurchmessers maßgebende maximale Biegemoment M.

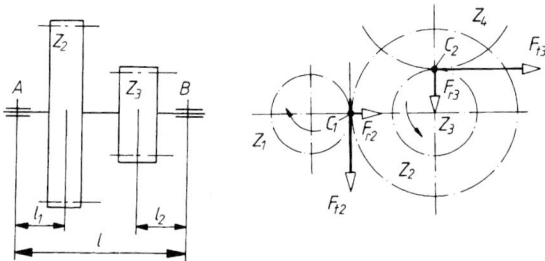

ⓘ 11.8 ••

Das für die Durchmesserermittlung der Zwischenwelle eines mehrstufigen Getriebes maßgebende maximale Biegemoment (zur Berechnung des Vergleichsmomentes) ist zu bestimmen. Die Zwischenwelle hat ein schrägverzahntes Stirnrad mit dem Teilkreisdurchmesser $d = 171{,}1\,\text{mm}$ und der Breite $b = 50\,\text{mm}$ aufzunehmen. Der Schrägungswinkel beträgt $\beta = 15°$. Aus den Leistungsdaten des Getriebes ergaben sich für das Zahnrad an der Zahneingriffsstelle die Zahnkräfte: Tangentialkraft $F_t = 1{,}12\,\text{kN}$, Radialkraft $F_r = 0{,}42\,\text{kN}$, Axialkraft $F_a = 0{,}3\,\text{kN}$. Die Lagerabstände wurden dem ersten Entwurf mit $l_1 = 60\,\text{mm}$ und $l_2 = 100\,\text{mm}$ entnommen.

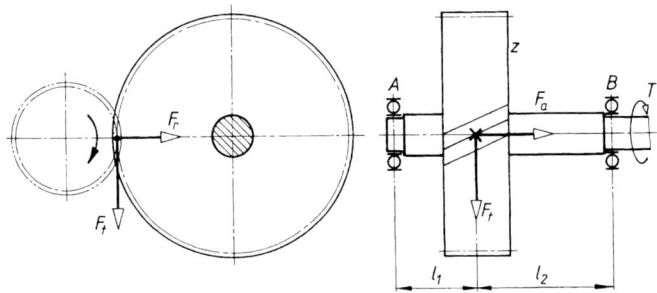

11.9 •

Für die skizzierte umlaufende Achse aus E295 ist für den ersten Entwurf der Richtdurchmesser d zu ermitteln und konstruktiv festzulegen.

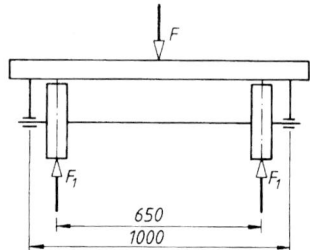

Unter Berücksichtigung der zu erwartenden Betriebsbedingungen ist durch das Wagengewicht und die Zuladung mit einer Belastung $F = 20\,\text{kN}$ zu rechnen. Bei einer Spurweite $l = 650\,\text{mm}$ beträgt der Lagerabstand bei vergleichbaren Konstruktionen $l_1 = 1\,000\,\text{mm}$.

11.10 •

Für den Entwurf der Getriebeantriebswelle aus S275JR ist der zur Aufnahme der elastischen Kupplung erforderliche Richtdurchmesser zum Erstellen des ersten Entwurfes zu ermitteln und nach DIN 748 vorläufig festzulegen. Von der Kupplung wird eine Leistung von $P = 10\,\text{kW}$ bei einer Drehzahl $n = 720\,\text{min}^{-1}$ schwellend auf die Welle übertragen. Die realen Beanspruchungsverhältnisse werden durch den Anwendungsfaktor $K_A = 1,2$ berücksichtigt.

Grundaufgaben

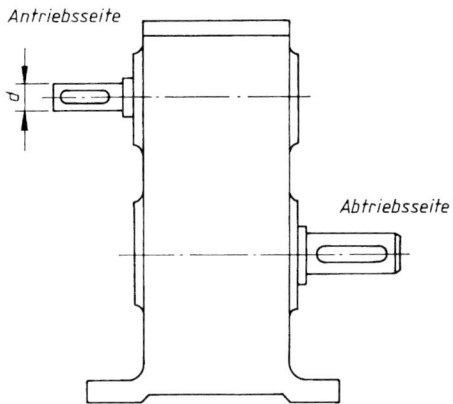

11.11 •

Für das 3-Wellengetriebe mit $i_{ges} = 8$ und $i_1 = 3,5$ sind zum Erstellen des 1. Entwurfs die Durchmesser der drei „Wellen" aus C45E (vergütet) als Richtdurchmesser zu ermitteln. Das Getriebe ist zur Übertragung einer Leistung $P_1 = 60\,\text{kW}$ bei einer Eingangsdrehzahl $n_1 = 1\,200\,\text{min}^{-1}$ vorgesehen. Aufgrund der zu erwartenden Betriebsbedingungen ist mit einem Anwendungsfaktor $K_A = 1,3$ zu rechnen, der Wirkungsgrad der einzelnen Getriebestufen ist für die Überschlagsrechnung mit 1 anzunehmen.

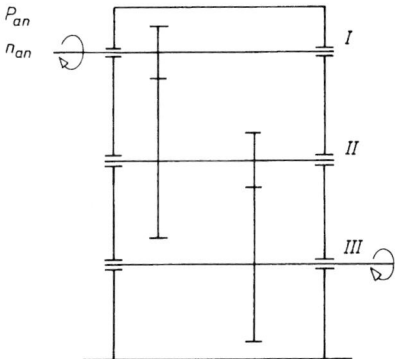

11.12 •

a) Der Durchmesser d_1 der Achse aus blankgezogenem Rundstahl E295GC + C nach DIN 10277 (s. TB 1-6) für das Umlenk-Kettenrad in der Spannstation eines Ketten-Trogförderers ist zunächst überschlägig und anschließend „genauer" zu berechnen. Durch Kettenvorspannung und Reibungswiderstände, insbesondere am oberen Trum (durch Kettenführung, Schanzen des Fördergutes) ist die Dimensionierung mit einer Wellenkraft $F = 10\,\text{kN}$ durchzuführen. Die in nebenstehender Zeichnung angegebenen Abmessungen sind durch ein vorgegebenes Baukastensystem bereits festgelegt.

b) Die Nabenabmessungen (Durchmesser und Länge) des Kettenrades aus GS-45 sind festzulegen.

c) Für die Paarung Kettenrad/Achse ist eine der Verwendung entsprechende Passung anzugeben.

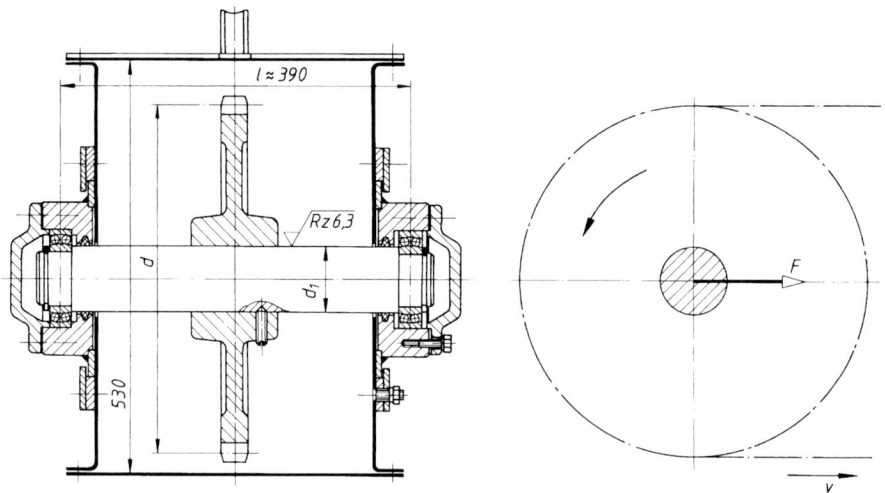

11.13 •

Für die Antriebswelle aus E295GC + C einer Förderanlage ist der Durchmesser d überschlägig zu ermitteln. Unter Berücksichtigung der vorliegenden Betriebsverhältnisse ist von der Welle ein schwellend wirkendes Drehmoment $T \approx 880 \,\text{N m}$ zu übertragen. Durch die von der Gurtscheibe mit dem Durchmesser $D = 800 \,\text{mm}$ zu übertragende Umfangskraft sowie durch die Spannkräfte des Gurtes ist eine Wellenkraft von $F_\text{w} \approx 3{,}5 \cdot F_\text{t}$ aufzunehmen.

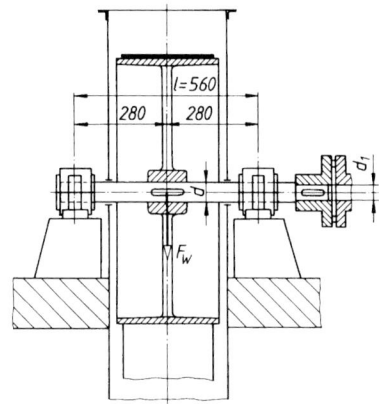

11.14 •

Für einen Laufkran von 75 kN Tragkraft, 80 m/min Fahrgeschwindigkeit und 500 mm Laufraddurchmesser ergibt sich für die hinsichtlich der Belastung ungünstigste Stellung der Laufkatze eine größte Radkraft $F \approx 70$ kN. Der Abstand der U-Träger wurde konstruktiv mit $l = 240$ mm festgelegt. Welcher Durchmesser d der Laufradachse, für die Rundstahl aus E295 nach DIN 10025 vorgesehen wird, ist überschlägig zu wählen, wenn der Lagerabstand $l_1 = 100$ mm beträgt, die verstärkende Wirkung der auf der Achse sitzenden Buchse und dafür die Schwächung des Querschnitts durch die Schmierbohrung für die Berechnung unberücksichtigt bleibt?

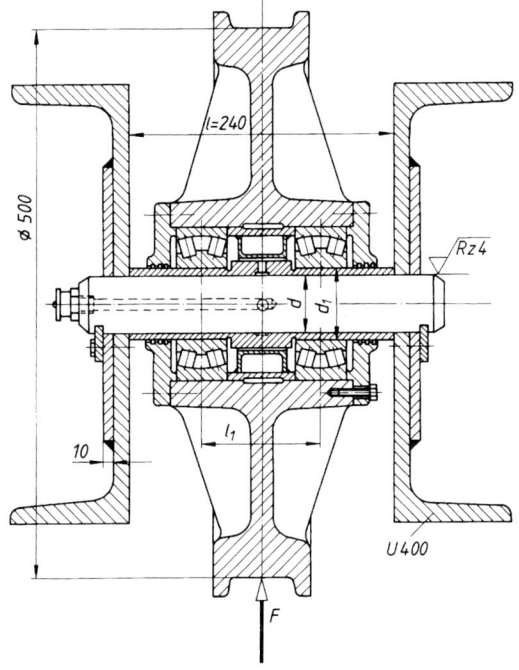

11.15 ••

Für den dargestellten Lagerzapfen einer Laufradachse aus E295 mit dem vorgewählten Durchmesser $d_1 = 120$ mm sind die Sicherheiten gegen Fließen S_F und Dauerbruch S_D zu bestimmen. Die Nennbelastung der Lager beträgt $F \approx 60$ kN. Die Betriebsverhältnisse werden durch $K_A = 1{,}2$ berücksichtigt, einzelne hohe Stöße führen zu: $F_{max} = 2 \cdot F$. Die Rauheit ist $Rz = 6{,}3$ µm, der Herstellwellenrohling hatte einen Durchmesser $D = 160$ mm. Die Innenringe der Zylinderrollenlager sind warm auf den Zapfen mit der Toleranzklasse $m6$ aufgezogen, so dass am Lagerende mit einer Kerbwirkungszahl von $\beta_{kb} \approx 1{,}8$ gerechnet werden kann.

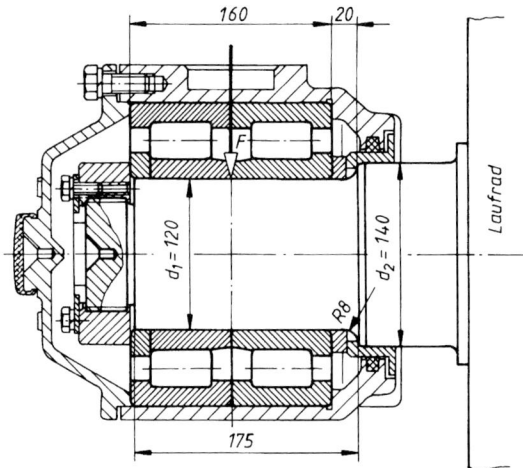

ⓘ 11.16 ••

Die Achse aus S275JR eines Transportwagens wird durch Wagengewicht und Zuladung mit einer Gewichtskraft $F = 12\,\text{kN}$ belastet. Die Betriebsverhältnisse werden durch $K_A = 1{,}25$ berücksichtigt. Einzelne Sonderereignisse können zu einer starken Erhöhung der Belastung führen, d. h. $F_{\max} = 2{,}5 \cdot F$. Konstruktiv wurde ein Durchmesser $d_1 = 60\,\text{mm}$ mit der für Wälzlager empfohlenen Toleranzklasse k6, ein Durchmesser d mit 70 mm, ein Übergangsradius $R = 1{,}5\,\text{mm}$ und eine Oberflächenrauheit $Rz = 10\,\mu\text{m}$ festgelegt. Ist die Achse ausreichend bemessen?

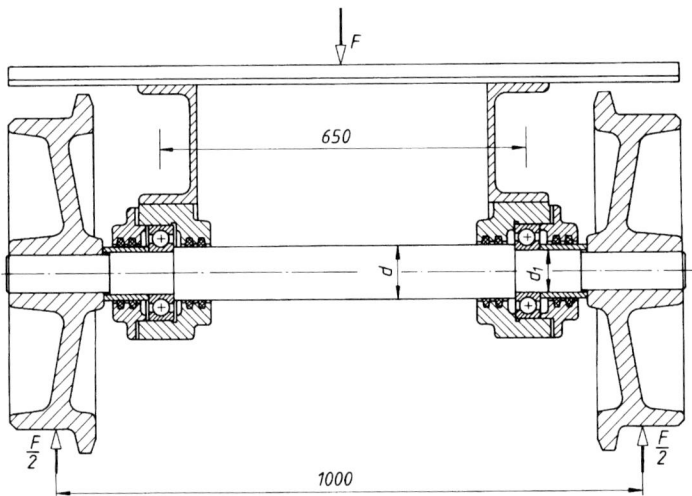

11.17 ••

Die dargestellte Skizze zeigt die Lagerung der oberen Bandrolle einer Bandsäge mit $D = 400\,\text{mm}$ Durchmesser. Bei einer Antriebsleistung der Säge von $P = 3\,\text{kW}$ bei

$n = 750\,\text{min}^{-1}$ ist aufgrund der erforderlichen Vorspannung des Sägebandes und unter Berücksichtigung der vorliegenden Betriebsverhältnisse mit einer Rollenkraft $F \approx 1\,\text{kN}$ zu rechnen.

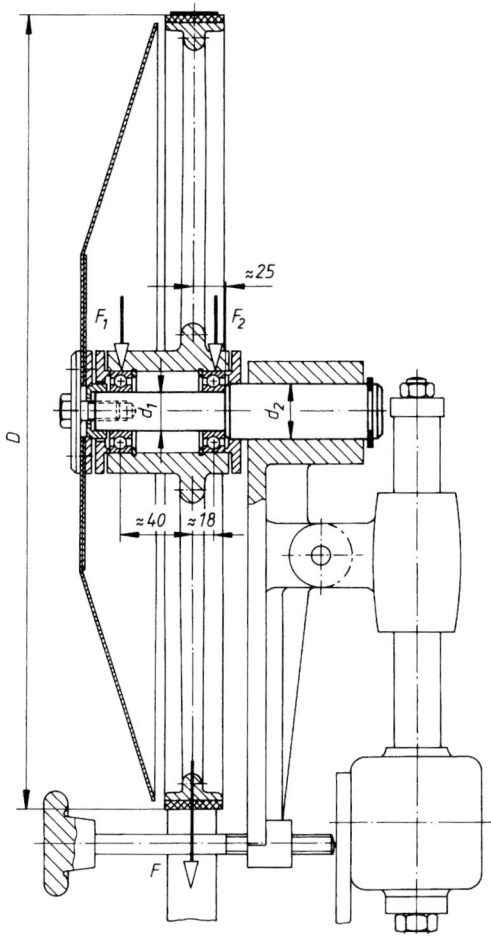

a) Der Durchmesser d_1 der Achse aus S235JR ist überschlägig zu ermitteln. Für die verschiebbaren Innenringe der Wälzlager (Rillenkugellager DIN 625) ist für die Achse die Toleranzklasse j5 vorzusehen.
b) Für den auf volle 5 mm gerundeten Achsdurchmesser d_1 sind die erforderlichen Sicherheiten gegen Fließen S_F und Dauerbruch S_D nachzuweisen (Übergangsradius $r = 0{,}6\,\text{mm}$, $d_2 = d_1 + 5\,\text{mm}$, Oberflächenrauheit $Rz = 6{,}3\,\mu\text{m}$).
c) wie b) nur mit genauerem Nachweis mit Überlastungsfall 2 nach Kapitel 3.
d) Die geeigneten ISO-Toleranzen für den festsitzenden Achsenteil mit $d_2 = d_1 + 5\,\text{mm}$ Durchmesser sind festzulegen.

11.18 •

Der Exzenterzapfen zur Aufnahme der Koppelstange einer Kniehebelschere ist an der Kerbstelle A–A nachzurechnen. Die größte Lagerkraft beträgt unter Berücksichtigung der vorliegenden Betriebsverhältnisse $F \approx 15\,\text{kN}$ bei einer Drehzahl $n = 50\,\text{min}^{-1}$. Als Werkstoff wurde für die Exzenterwelle C45E, für die Lagerbuchse Guss-Zinnbronze G-CuSn12Pb gewählt. Aufgrund der zulässigen mittleren Flächenpressung dieses Buchsenwerkstoffes wurde der Durchmesser des Zapfens mit $d = 40\,\text{mm}$ festgelegt. Zu bestimmen ist die Sicherheit des Exzenterzapfens im gefährdeten Querschnitt A–A gegen Dauerbruch mit vereinfachtem Nachweis und zusätzlich mit genauerem Nachweis nach Kapitel 3. Der technologische Größenfaktor ist mit $K_t \approx 0{,}92$, die Kerbwirkung mit $\beta_{kb} = 2{,}5$, die Rauheit mit $Rz = 6{,}3\,\mu\text{m}$ anzusetzen.

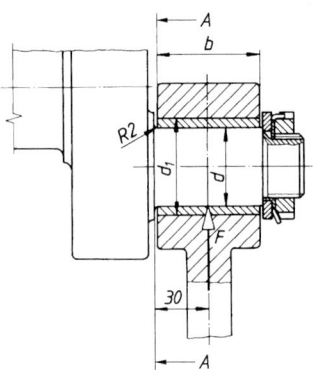

11.19 ••

Der Zapfendurchmesser d_1 der Antriebswelle aus E295GC + C einer Förderanlage (siehe Bild zur Aufgabe 11.13) ist überschlägig zu ermitteln und anschließend die ausreichende Sicherheit gegen Dauerbruch vereinfacht und zusätzlich genauer nach Kapitel 3 nachzuprüfen (der Rohlingsdurchmesser ist $d = 60\,\text{mm}$, s. Lösung Aufgabe 11.13). Der Antrieb (gleichbleibende Drehrichtung, häufige ($> 10^3$) An- und Abschaltungen) erfolgt durch einen Drehstrom-Motor mit $P = 7{,}5\,\text{kW}$ bei einer Synchrondrehzahl $n = 1\,500\,\text{min}^{-1}$ über ein Getriebe mit $i_{\text{ges}} = 18$ und einem Getriebewirkungsgrad von ca. 85 % sowie einer elastischen Kupplung. Die vorliegenden ungünstigen Betriebsverhältnisse sind durch einen Anwendungsfaktor $K_A \approx 1{,}2$ zu berücksichtigen. Die kritische Kerbstelle ist der Übergangsradius von d_1 auf d, mit $\beta_{kt} \approx 1{,}4$ und Rauheit $Rz = 6{,}3\,\mu\text{m}$. Eine entsprechende Passung für Zapfendurchmesser/Nabenbohrung ist anzugeben.

ⓘ **11.20** •••

Über eine Getriebewelle aus E360 mit dem Durchmesser $d = 60\,\text{mm}$ wird ein Drehmoment $T = 1\,500\,\text{N m}$ übertragen. Für die durch einen Pressverband mit der Welle verbundenen Zahnräder sind folgende Verzahnungskräfte (Nennbelastungen) bekannt: $F_{t2} = 6\,\text{kN}$, $F_{r2} = 2{,}2\,\text{kN}$, $F_{t3} = 15{,}8\,\text{kN}$, $F_{r3} = 5{,}75\,\text{kN}$.

Bestimmen Sie:

a) die Lagerkräfte F_A und F_B, und die vorhandenen Biegemomente an den Stellen l_1 und l_2,
b) die Beanspruchungen für einen statischen und dynamischen Festigkeitsnachweis für einen Anwendungsfaktor $K_A = 1{,}25$ und einzelne Maximalspannungen $= 2 \cdot$ Nennspannungen an den Stellen l_1 und l_2 (Betriebsverhältnisse siehe unter d),
c) die Bauteilfließfestigkeiten σ_{bF}, τ_{tF} und die Bauteilgestaltwechselfestigkeiten σ_{bGW}, τ_{tGW} an der Kerbstelle A–A.
d) ob die Sicherheiten gegen Fließen und Dauerbruch an der Kerbstelle A–A ($\beta_{kb} = 2{,}0$; $\beta_{kt} = 1{,}2$) ausreichend sind (Betriebsverhältnisse: gleichbleibende Drehrichtung, häufige ($> 10^4$) An- und Abschaltungen; Schadensfolgen gering, keine regelmäßigen Inspektionen). Es ist vereinfachend mit der unter b) ermittelten Biegespannung an der Stelle l_2 zu rechnen.
e) wie d) nur mit genauerem Nachweis nach Kapitel 3.

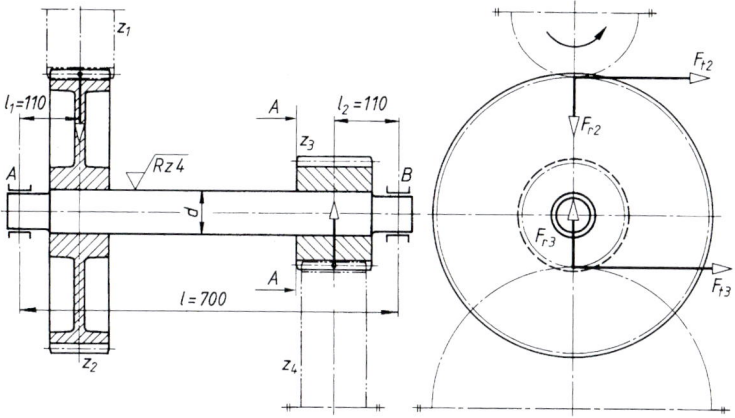

11.21 •••

Für die Antriebswelle eines einstufigen Kegelradgetriebes für eine Leistung $P = 7{,}5\,\text{kW}$ bei einer Abtriebsdrehzahl $n_2 = 300\,\text{min}^{-1}$ wurde überschlägig ein Richtdurchmesser $d'_2 \approx 40\,\text{mm}$ festgelegt. Den mit diesem Durchmesser angefertigten Entwurf zeigt die dargestellte Skizze. Für das schrägverzahnte Kegelrad mit dem mittleren Teilkreisdurchmesser $d_m = 309{,}2\,\text{mm}$ wurden folgende Zahnkräfte berechnet: Umfangskraft $F_t \approx 1{,}54\,\text{kN}$, Radialkraft $F_r \approx 0{,}71\,\text{kN}$ und Axialkraft $F_a \approx 0{,}58\,\text{kN}$. Der Abtrieb erfolgt über eine elastische Kupplung.

Zu ermitteln sind:

a) die statische und dynamische Sicherheit der Welle aus S275JR unter folgenden Bedingungen: Anwendungsfaktor $K_A = 1{,}2$; einzelne Belastungsspitzen mit Maximalbelastung $= 1{,}8 \cdot$ Normalbelastung ($F_{max} = 1{,}8 \cdot F$); häufige ($> 10^6$) An- und Abschaltungen, gleichbleibende Drehrichtung; Auslegung für Schadensfolge groß, keine regelmäßige Inspektion; Wahrscheinlichkeit des Auftretens der größten Spannung ist gering; die Rauheit der Welle bzw. Passfedernut ist $Rz = 25\,\mu m$, der Rohteildurchmesser $d = 50\,mm$.
Hinweis: Da die kritischen Kerbstellen durch die Passfedernut entstehen, ist vereinfachend unter dem Tellerrad bei einem Abstand 80 mm vom Lager der Festigkeitsnachweis zu führen.
b) die statische und dynamische Sicherheit des Wellenzapfens mit dem Durchmesser $d_3 = 30\,mm$ zur Aufnahme der Kupplung (Angaben s. auch unter a).
c) zusätzlich die dynamischen Sicherheiten nach Kapitel 3.

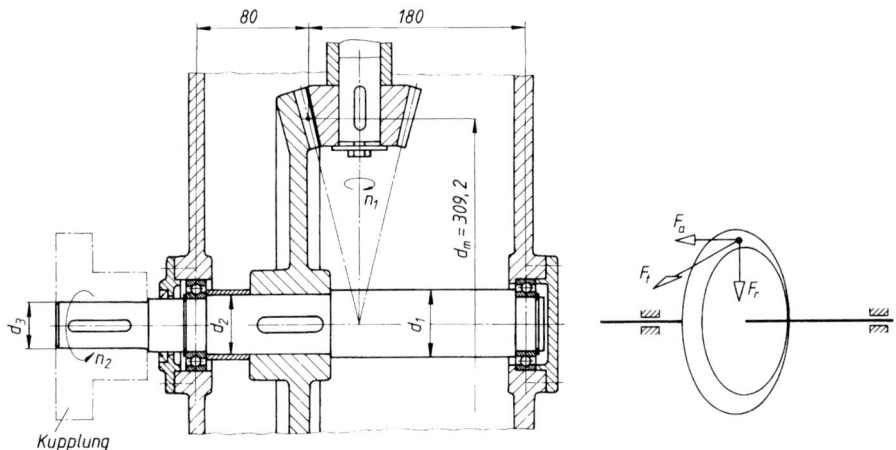

11.22 •••
Die Antriebselemente für einen Ketten-Trogförderer sind zu berechnen. Der Antrieb erfolgt durch einen Drehstrom-Motor mit $P_1 = 7{,}5\,kW$ Leistung und einer Drehzahl $n_1 = 960\,min^{-1}$ über ein Kegel-Stirnradgetriebe und über elastische Kupplungen. Das Kettenrad hat einen Teilkreisdurchmesser $d = 415{,}25\,mm$; die Fördergeschwindigkeit soll $v \approx 0{,}6\,m/s$ betragen; es treten An- und Abschaltungen auf. Nach den Werknormen des Herstellers stehen Getriebe mit folgenden Übersetzungen zur Verfügung: $i = 25\ 28\ 31{,}5\ 35{,}5\ 40$ und 45. Der Lagerabstand beträgt $L_a \approx 350\,mm$. Ein eventueller Anlauf mit gefüllten Trögen ist mit einem Anlaufmoment $T_A \approx 2 \cdot T_{nenn}$ anzunehmen.

Verformung, Kritische Drehzahlen

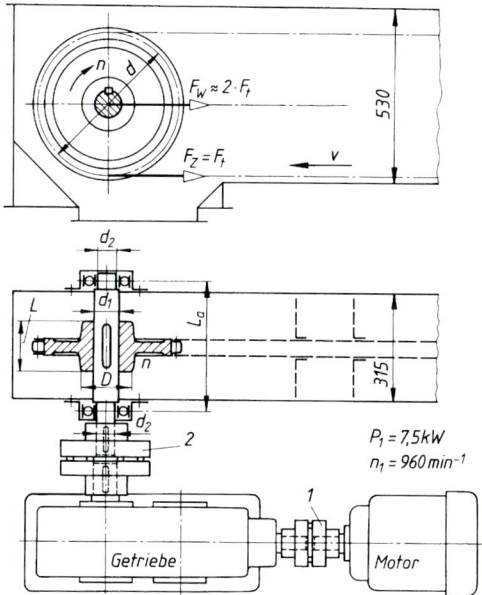

Zu berechnen bzw. festzulegen sind:

a) der Durchmesser d_1 der Antriebswelle aus E295 (überschlägig, mit anschließendem Festigkeitsnachweis, Passfedernutfläche: $Rz = 16\,\mu m$),
b) die Wellenenden sind zur Aufnahme der Lager auf $d_2 \approx d_1 - 10\,mm$ abzusetzen und die Festigkeit des Antriebszapfens ist nachzuprüfen ($Rz \approx 12{,}5\,\mu m$, Radius Wellenabsatz $R = 2\,mm$),
c) der Nabendurchmesser D und die Nabenlänge L des durch Passfeder mit der Welle verbundenen Kettenrades aus GS-45,
d) die Abmessungen der Passfeder für das Kettenrad und die normgerechte Bezeichnung ist anzugeben,
e) zusätzlich die Sicherheiten nach Kapitel 3.

Verformung, Kritische Drehzahlen

11.23 •

Für die Getriebe-Zwischenwelle aus 41Cr4 mit $d = 80\,mm$ ist der bei Belastung sich einstellende Verdrehwinkel in ° zu ermitteln. Das von der Welle zu übertragende Nenndrehmoment $T = 3\,000\,N\,m$ wird über das aufgeschrumpfte geradverzahnte Stirnrad 2 schwellend ein- und über das ebenfalls geradverzahnte Stirnrad 3 ausgeleitet.

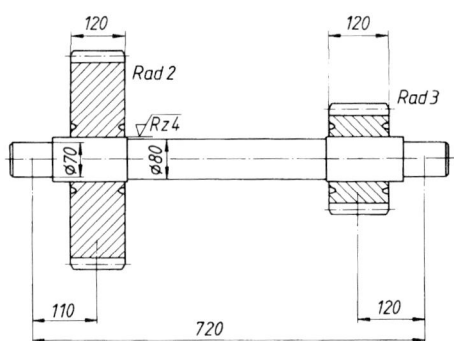

11.24 •

Eine glatte, beidseitig frei gelagerte Stahlwelle hat einen Durchmesser von $d = 30\,\text{mm}$ und eine Länge $l = 300\,\text{mm}$.

Wie groß ist ihre biegekritische Drehzahl?

11.25 •

Die skizzierte Welle eines Hebezeug-Motors hat bei $n \approx 1\,500\,\text{min}^{-1}$ eine Leistung von $P \approx 20\,\text{kW}$ zu übertragen. Die Gewichtskraft des Läuferblechpaketes beträgt $F_G = 480\,\text{N}$. Der Läufer ist dynamisch ausgewuchtet.

Unter Vernachlässigung der Eigengewichte von Welle und Kupplungshälfte ist die biegekritische Drehzahl rechnerisch zu ermitteln.

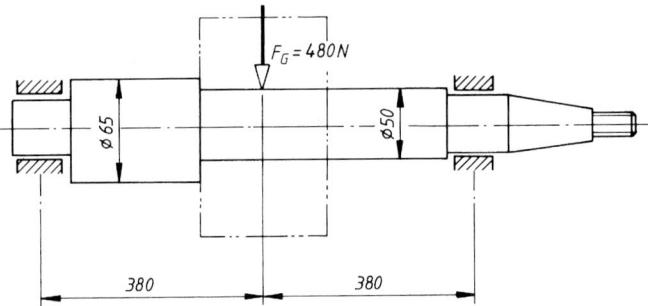

11.26 ••

Für eine beidseitig gelagerte Getriebewelle mit 3 Einzelmassen (Scheiben, Zahnräder) soll unter Berücksichtigung des Eigengewichts der Welle die biegekritische Drehzahl ermittelt werden. Die Welle hat einen annähernd konstanten Querschnitt ($d = 40\,\text{mm}$). Die Gewichtskräfte der Massen betragen $F_{G1} = 120\,\text{N}$, $F_{G2} = 320\,\text{N}$, $F_{G3} = 210\,\text{N}$.

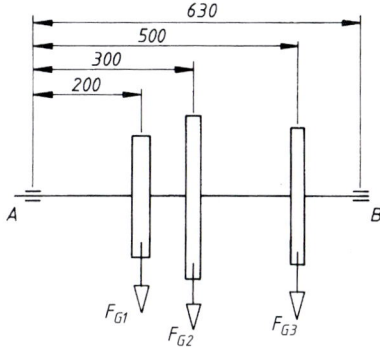

11.27 •

Nebenstehende Skizze zeigt die Welle eines 3-Zylinder-Viertakt-Dieselmotors ($P = 220$ kW bei $n = 150$ min^{-1}) dessen Schwungradmasse mit dem Trägheitsmoment $J_2 = 2{,}1 \cdot 10^4$ kg m^2, direkt mit dem Generator gekuppelt ist, für dessen Ankerschwungmasse ein Trägheitsmoment $J_1 = 2{,}3 \cdot 10^4$ kg m^2 errechnet wurde. Da schon nach kurzer Betriebszeit die Welle brach, soll das schwingungsfähige System Schwungrad-Anker dahingehend geprüft werden, ob u. U. die Betriebsdrehzahl im kritischen Bereich liegt.

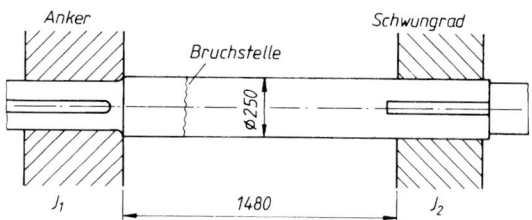

11.28 ••

Für die skizzierte Getriebewelle aus Vergütungsstahl sind unter Vernachlässigung des Eigengewichts von Welle und Zahnrad die Durchbiegung in Kraftrichtung sowie die Neigungen α und β in den Lagern A und B infolge der Zahnkraft F zu ermitteln. Können zur Lagerung der Welle Zylinderrollenlager vorgesehen werden, wenn nach Angaben des Herstellers die Winkeleinstellbarkeit (Schiefstellung) höchstens 7 Winkelminuten betragen darf?

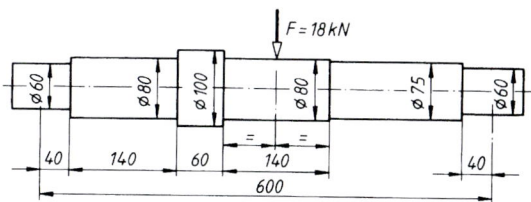

12 Elemente zum Verbinden von Wellen und Naben

Passfederverbindungen

ⓘ **12.1** •

Zur Befestigung des Sägeblattes auf dem Wellenzapfen (Werkstoff E295, Rohteildicke $d = 45$ mm) einer Universal-Kreissäge mit Nennleistung $P = 4$ kW bei $n = 2\,850$ min^{-1} ist eine Passfederverbindung mit Übergangspassung H7/k6 vorgesehen. Die Nabenteile sind aus EN-GJL-200 (Rohteildicke $t_{max} \approx 35$ mm), die Passfeder DIN 6885-A10x8x32 aus C45+C gefertigt. Es ist zu prüfen, ob die gewählte Passfederverbindung festigkeitsmäßig ausreicht, wenn ein Anwendungsfaktor von $K_A \approx 1{,}5$ und eine stoßartige Belastung mit max. Lastspitzen bis $2{,}5 \cdot$ Nennbelastung sowie eine Häufigkeit der Lastspitzen (hier gleich Häufigkeit des Anfahrens) von $N_L = 10^5$ anzunehmen sind.

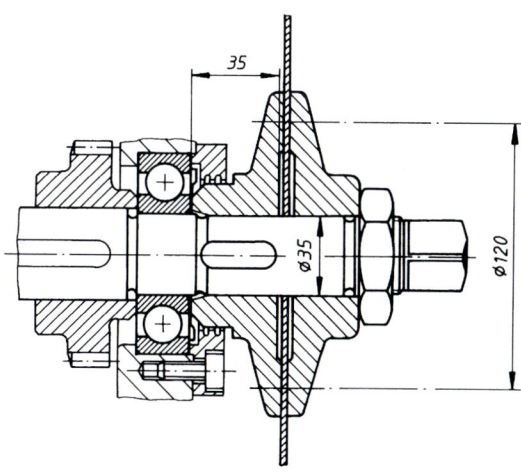

Die Berechnung ist

a) mit Methode C überschlägig,
b) mit Methode B genauer vorzunehmen.

Zusätzliche Angabe für Methode B: Keine Fasen an den Passfedernuten ($s_1 = s_2 = 0$).

12.2 •
Zur Übertragung eines einseitig wirkenden Nenndrehmomentes $T \approx 450\,\text{N m}$ auf eine Scheibenkupplung DIN 116-A60 aus GE240+N soll eine Passfeder nach DIN 6885, Ausführung A, aus E295GC+C eingesetzt werden. Die Scheibenkupplung hat eine Rohteildicke $t < 100\,\text{mm}$ und eine Nabenlänge $l \approx l_1 = 85\,\text{mm}$, die Welle aus E295 eine Rohteildicke $d = 70\,\text{mm}$. Es ist zu prüfen, ob die Verbindung bei stoßartiger Belastung (max. Belastung $= 3 \cdot$ Nennlast, Anwendungsfaktor $K_A \approx 1{,}5$, Häufigkeit der Lastspitzen $N_L > 10^8$) das Moment sicher übertragen kann, wenn die Passfeder kürzer als die Nabenlänge sein soll

a) mit Methode C überschlägig,
b) mit Methode B (keine Fasen an den Passfedernuten, d. h. $s_1 = s_2 = 0$),
c) wenn auch wechselnde Drehrichtung mit 10^4 Lastrichtungswechsel zulässig sein soll und die Häufigkeit der Lastspitzen $N_L = 10^6$ ist.
d) Für die Passfederverbindung ist eine geeignete Übergangspassung anzugeben.

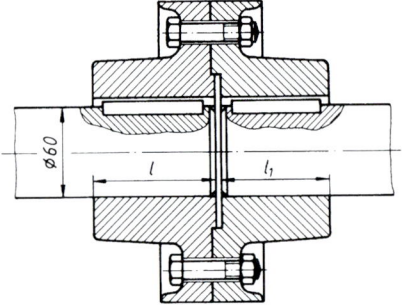

Keilwelle

12.3 •
In einem Ausgleichsgetriebe ist zur Befestigung eines Kegelrades aus GE 240+N mit der Hauptwelle aus E295 ein Keilwellenprofil DIN ISO 14–6 × 26 × 30 vorgesehen. Die Verbindung hat eine Leistung von $P = 12\,\text{kW}$ bei $n = 1\,600\,\text{min}^{-1}$ zu übertragen. Die stoßartige wechselseitige Belastung wird durch den Anwendungsfaktor $K_A \approx 2$ berücksichtigt. Das Kegelrad hat eine Rohteildicke $t < 100\,\text{mm}$, der Wellenrohdurchmesser ist $d = 40\,\text{mm}$.

Zylindrische Pressverbände

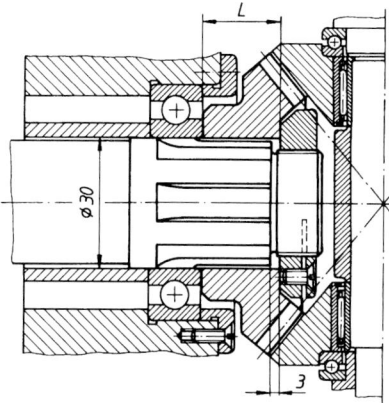

Zu ermitteln ist die erforderliche Mindestlänge L der Kegelradnabe, wobei der Kleinstwert der zulässigen Flächenpressung nicht überschritten werden soll.

Zylindrische Pressverbände

12.4 •

Der auf das Wellenende (E295) mit Öl aufgepresste Anlaufbund aus E295 hat unter Berücksichtigung ungünstiger Betriebsbedingungen eine maximale Längskraft $F_l \approx 8\,\text{kN}$ aufzunehmen.

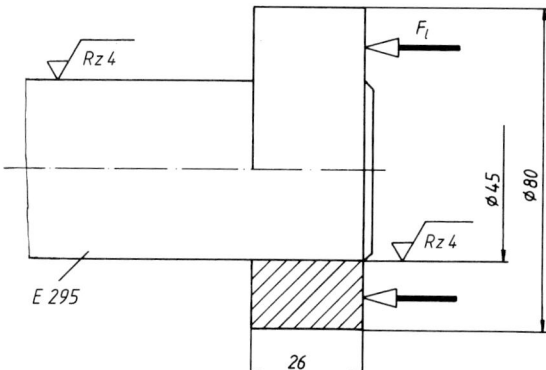

Welches Übermaß muss zur sicheren Übertragung der Längskraft mindestens vorhanden sein, wenn für die Haftsicherheit sowie für den Haftbeiwert mittlere Werte angenommen werden?

ⓘ **12.5** ••

Das Ritzel eines Schrägstirnradgetriebes aus 16MnCr5 soll auf die Welle aus E335 mit $d = 50\,\text{mm}$ Durchmesser trocken aufgeschrumpft werden. Bei einer zu übertragenden Leistung $P = 20\,\text{kW}$ bei $n = 560\,\text{min}^{-1}$ ergeben sich am Ritzel mit $d_1 = 91{,}4\,\text{mm}$ Teilkreisdurchmesser und einem Fußkreisdurchmesser $d_\text{f} = 84{,}65\,\text{mm}$ eine Umfangskraft $F_\text{t} \approx 7{,}5\,\text{kN}$, eine Axialkraft $F_\text{a} \approx 1{,}3\,\text{kN}$ und eine Radialkraft $F_\text{r} \approx 2{,}7\,\text{kN}$. Die Betriebsverhältnisse sind mit einem Anwendungsfaktor $K_\text{A} = 1{,}75$ zu berücksichtigen. Die Fügeflächen von Welle und Bohrung sind mit $Rz = 6{,}3\,\upmu\text{m}$ feingedreht.

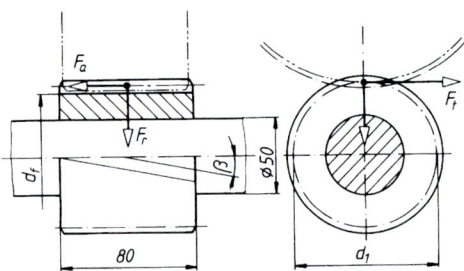

Die Radbohrung ist an beiden Seiten auf jeweils $l_\text{e} \approx 2\,\text{mm}$ angefast. Das Ritzel soll als Schmiedeteil mit $t_\text{max} \approx 45\,\text{mm}$, die Welle aus Rundstahl $d = 60\,\text{mm}$ gefertigt werden.

a) Für das System Einheitsbohrung ist eine geeignete ISO-Übermaßpassung zu ermitteln unter Annahme mittlerer Beiwerte.
b) Auf welche Temperatur sind das Ritzel und die Welle für das Fügen der Teile zu bringen, wenn die Raumtemperatur mit 20 °C angenommen wird?

ⓘ **12.6** ••

Um Werkstoff- und Fertigungskosten gering zu halten, soll der Anlaufbund aus S235 mit Öl auf die Hohlwelle aus E335 aufgepresst werden. Die zu übertragende Längskraft beträgt $F_\text{l} = 5\,\text{kN}$. Die ungünstigen Betriebsverhältnisse (stoßartige Belastung) sind durch einen Anwendungsfaktor $K_\text{A} \approx 2$ zu berücksichtigen. Für Haftsicherheit und Haftbeiwert sind mittlere Werte, für $S_\text{F} = 1{,}1$ anzunehmen. Die Hohlwelle soll aus Rundstahl $d = 105\,\text{mm}$, der Anlaufbund aus Rohr – 168,3 × ID 96,3 gefertigt werden.

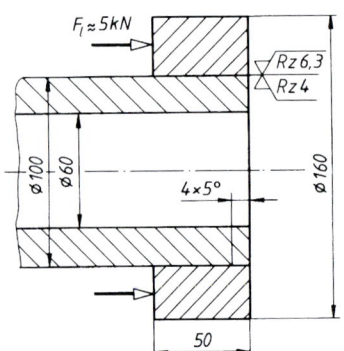

Für das System Einheitsbohrung ist eine geeignete ISO-Passung zu ermitteln.

12.7 ••

Die Gelenkkupplung aus GE 300 + N (Rohteildicke $t_{max} \approx 105$ mm) der Walze eines Warmwalzwerkes für Flachstähle soll durch einen Pressverband mit dem Wellenzapfen aus 46Cr2 (Rohteildicke $d = 260$ mm) bei entfetteten Fügeflächen verbunden werden. Das von der Kupplung zu übertragende stoßartige Moment beträgt unter Berücksichtigung des Anwendungsfaktors maximal $T \approx 120$ kN m.

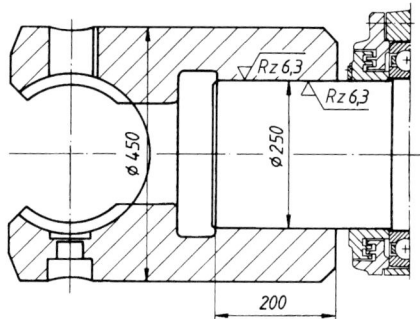

a) Für Welle und Bohrung sind geeignete ISO-Toleranzklassen festzulegen bei Annahme des größten Haftsicherheitswertes und des kleinsten Haftbeiwertes sowie einer Sicherheit $S_{FA} = 1{,}0$ und $S_{FI} = 1{,}1$.
b) Die zur Erwärmung der Kupplungsnabe erforderliche Temperatur zum Fügen der Teile ist für eine angenommene Raumtemperatur von 20 °C zu ermitteln.

ⓘ **12.8 ••**

In die Bohrung des geschweißten Lagerbockes aus S235 soll eine Lagerbuchse aus CuSn12-C-GS ($E = 95 \cdot 10^3$ N/mm^2) eingepresst werden.

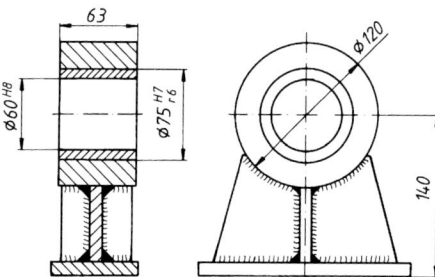

a) Die erforderliche Einpresskraft ist zu berechnen. Die Rautiefen der Fügeflächen von Buchse und Bohrung sind entsprechend der Grundtoleranzen unter zugrunde Legung hoher Anforderungen an die Funktionsflächen festzulegen.

b) Es ist zu prüfen, ob die gewählte Übermaßpassung H7/r6 bei einer Sicherheit gegen Fließen von $S_{FA} = S_{FI} = 1{,}1$ zulässig ist.

ⓘ 12.9 ••

Der Zahnkranz aus CuSn12-C-GS ($E = 95 \cdot 10^3 \, \text{N/mm}^2$) eines Schneckenrades ist auf dem Radkörper aus EN-GJL-200 (Rohteildicke $t_{max} \approx 18$ mm) aufgeschrumpft. Als Übermaßpassung ist von dem Konstrukteur H7/r6, für die Fugenoberfläche $Rz_{Ia} = 4$ µm und $Rz_{Ai} = 6{,}3$ µm vorgesehen. Unter Berücksichtigung der Betriebsverhältnisse ergeben sich für die konstante Drehrichtung am Zahneingriffspunkt die Zahnkräfte $F_t \approx 5\,200$ N, $F_r \approx 1\,970$ N und $F_a \approx 1\,620$ N.

Die vorgegebene Passung ist zu überprüfen und gegebenenfalls eine geeignete neue ISO-Übermaßpassung zu ermitteln, wenn mittlere Werte für E-Modul, Querkontraktionszahl, Haftbeiwert und die Sicherheiten angenommen werden und vereinfacht

a) der Radkörper als Vollkörper angesehen wird ($D_{Ii} = 30$ mm),
b) die unterstützende Wirkung der Radscheibe vernachlässigt wird ($D_{Ii} = 140$ mm).

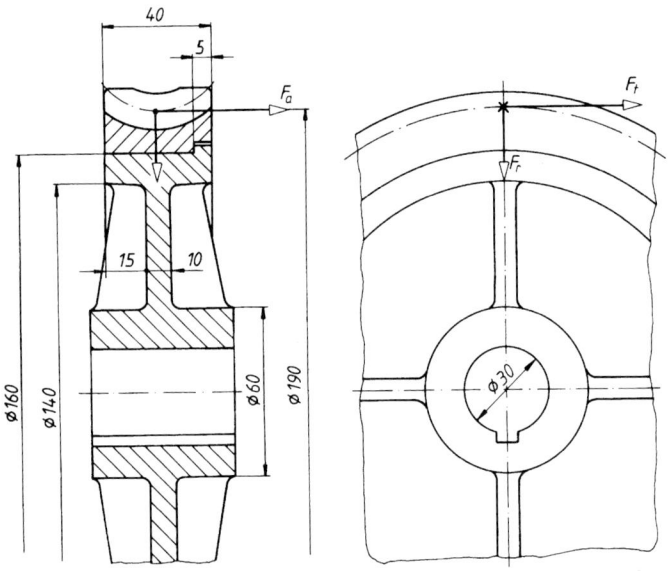

Kegelpressverbände

ⓘ 12.10 ••

Für die zum Antrieb eines Kolbenverdichters vorgesehene Keilriemenscheibe aus EN-GJL-200 mit einer Rohteildicke $t_{max} \approx 32$ mm und dem Nabendurchmesser $D_N = D_{Aa} = 125$ mm ist für die Verbindung mit der Antriebswelle aus C35+C eine Kegelverbindung vorgesehen. Zum leichteren Abnehmen der Scheibe wurde für die Kegelverbindung das

Kegelverhältnis $C = 1 : 5$ gewählt. Nach der Festigkeitsberechnung der Welle ergaben sich die im Bild angegebene konstruktive Gestaltung sowie die Hauptabmessungen für das Wellenende bei einem Rohteildurchmesser $d = 90$ mm. Unter Berücksichtigung der Betriebsverhältnisse hat die Kegelverbindung ein äquivalentes Moment von $T_{eq} \approx 1\,100$ N m zu übertragen.

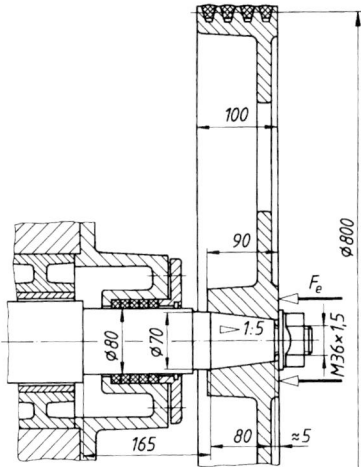

Zu ermitteln sind:

a) die Aufpresskraft zur sicheren Übertragung des Drehmoments, wenn mit einer Haftsicherheit von $S_H \approx 1{,}2$ und bei entfettetem Sitz mit mittleren Haftbeiwerten zu rechnen ist;

b) der für die Montage der Verbindung messbare Mindestaufschub a_{min} und der maximal zulässige Aufschub a_{max}, wenn mit $S_{BA} = 2$ und ansonsten mittleren Beiwerten sowie einer Rautiefe an den Fugenflächen von $Rz = 10\,\mu$m für Wellen und Nabe gerechnet wird.

12.11 ••
Für die Befestigung des Tellers aus EN-GJL-300 (Rohteildicke $t_{max} \approx 30$ mm, Nabenaußendurchmesser $D_{Aa} \approx 100$ mm) zur Aufnahme der Schleifscheibe ist zur Erzielung eines festen und genau zentrischen Sitzes auf der Motorwelle aus E295 eine Kegelverbindung vorgesehen. Konstruktiv festgelegt sind der Wellenrohteildurchmesser $d = 90$ mm, der große Durchmesser des Wellenendes $d_1 = 50$ mm und die Fugenlänge $l = 60$ mm bei einem Kegelverhältnis $C = 1 : 10$. Unter Berücksichtigung der vorliegenden Betriebsverhältnisse ist von der Kegelverbindung ein äquivalentes Moment $T_{eq} \approx 75$ N m zu übertragen.

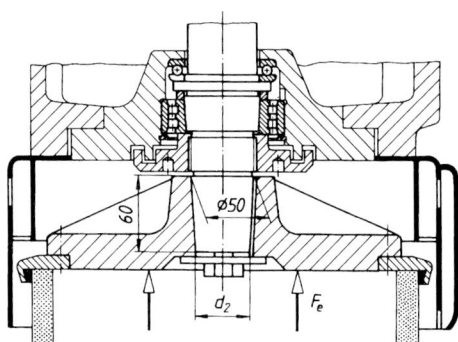

a) Mit welcher Kraft ist die Scheibe auf den entfetteten Kegelzapfen mindestens aufzupressen, wenn mit einer Haftsicherheit 1,2 und mittlerem Haftbeiwert zu rechnen ist?

b) Zwischen welchen Grenzwerten muss der Verschiebeweg zum Aufschieben der Scheibe liegen, um die erforderliche Fugenpressung zu erhalten, wenn mit mittleren Beiwerten und einer Oberflächenrautiefe von $Rz = 6,3\,\mu m$ für Welle und Nabe gerechnet wird?

Spannelement-Verbindungen

12.12 •

Eine Keilriemenscheibe aus EN-GJS-400-18 (Rohteildicke $t_{max} \approx 30\,mm$) soll mit dem Wellenende einer Werkzeugmaschinenspindel aus E295 ($d_{max} = 120\,mm$) durch Spannelemente kraftschlüssig verbunden werden. Die zu übertragende Leistung beträgt unter Berücksichtigung der ungünstigen Betriebsbedingungen $P = 12\,kW$ bei einer kleinsten Drehzahl $n = 100\,min^{-1}$.

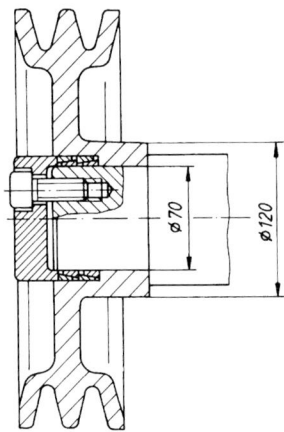

Die Spannelemente sollen wellenseitig durch Zylinderschrauben mit Innensechskant nach DIN EN ISO 4762 verspannt werden.

Zu berechnen sind:

a) die erforderliche Anzahl n der Spannelemente unter Berücksichtigung der zulässigen Fugenpressung und einer Sicherheit $S_F = 1{,}1$,

b) die über die Spannschrauben aufzubringende Spannkraft.

12.13 •

Das Zahnrad (geradverzahnt) aus EN-GJS-600-3 (Rohteildicke $t_{max} \approx 40$ mm) soll mittels eines Spannsatzes DOBIKON 1012-090-130 auf eine Vollwelle aus 42CrMo4 befestigt werden. Das vom Zahnrad auf die Welle zu übertragende Drehmoment beträgt $T_{max} = 2 \cdot T_{nenn} = 2 \cdot 8\,000$ N m.

Es ist zu prüfen, ob der gewählte Spannsatz das Drehmoment übertragen kann und der Zahnradaußendurchmesser ausreichend groß ist, damit nur elastische Verformungen auftreten.

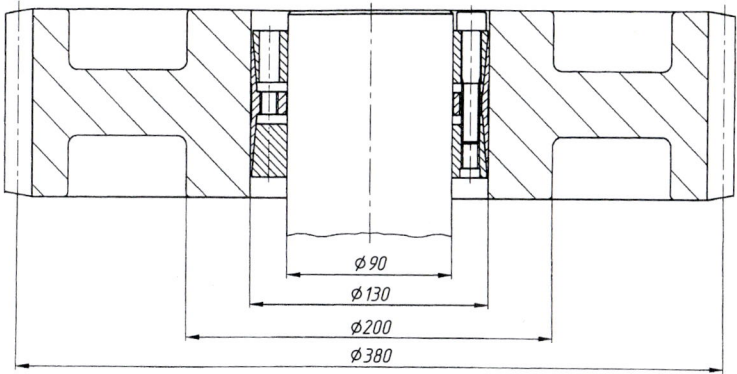

12.14 •

Das Kettenrad aus 17CrNi6-6 (Rohteildicke $t_{max} \approx 70$ mm) soll mit einem Kegel-Spannelement der Reihe RLK 250 mit der Welle aus E335 mit dem Rohteildurchmesser $d = 50$ mm verbunden werden. Im ungünstigen Fall ist von der Verbindung ein Moment von $T_{eq} \approx 300$ N m zu übertragen. Ist die Verbindung ausreichend bemessen, wenn eine Sicherheit $S_F = 1{,}2$ angenommen wird und welches Spannmoment ist für die Nutmutter erforderlich?

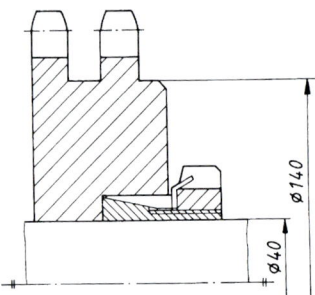

Klemmverbindungen

12.15 •

Eine geteilte Riemenscheibe aus EN-GJL-200 mit einer Rohteildicke $t_{max} \approx 28$ mm, dem Bohrungsdurchmesser $d = 50$ H7, dem Nabenaußendurchmesser $D_{Aa} \approx 2{,}1 \cdot d$ und der Nabenlänge $L = 80$ mm soll auf einer Welle aus E295 (Rohteildurchmesser = 55 mm) mit der Toleranzklasse r6 mittels $n = 4$ Sechskantschrauben DIN EN ISO 4014 befestigt werden. Von der Scheibe ist unter Berücksichtigung der Betriebsverhältnisse und bei Annahme einer cosinusförmigen Flächenpressung ein äquivalentes Drehmoment $T_{eq} = 350$ N m zu übertragen.

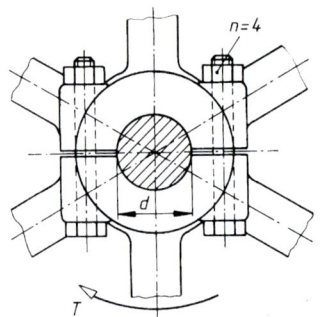

a) Welche Fugenpressung ist zur sicheren Übertragung des Drehmomentes mindestens erforderlich und welche maximal zulässig, wenn mit mittleren Sicherheiten und entfetteten Fügeflächen gerechnet wird?
b) Welche Klemmkraft ist von den vorgesehenen Schrauben insgesamt mindestens aufzubringen?

12.16 •

Der Schalthebel aus EN-GJL-200 (Rohteildicke $t_{max} \approx 15$ mm) ist auf die Welle aus Blankstahl S235JRG2C + C mit $d = 30$h8 aufgeklemmt worden. Die größte Hebelkraft beträgt $F \approx 600$ N. Ungünstige Bedingungen sind durch den Anwendungsfaktor $K_A \approx 1{,}5$ zu berücksichtigen.

Klemmverbindungen

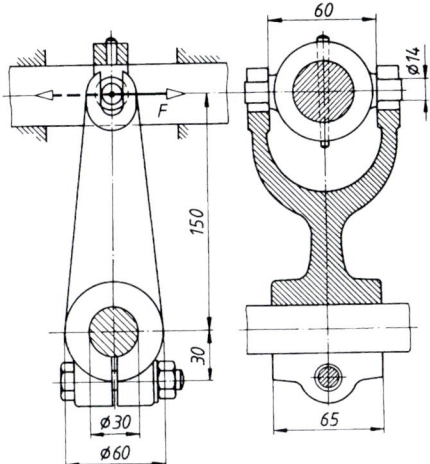

Welche Klemmkraft muss von der Klemmschraube mindestens aufgebracht werden und wie groß darf die maximale Klemmkraft sein, wenn für S_H und S_{BA} die jeweilige Mindestsicherheit und für $S_{FI} = 1{,}1$ verwendet wird?

12.17 •

Auf eine Welle aus Blankstahl S235JRG2C + C mit $d = 40\text{h}8$ soll ein geschweißter Hebel aus S235JR mit dem Durchmesser $d_1 = 40\text{J}7$ aufgeklemmt werden, so dass eine wechselnde größte Hebelkraft $F = K_A \cdot F' \approx 250\,\text{N}$ kraftschlüssig übertragen werden kann.

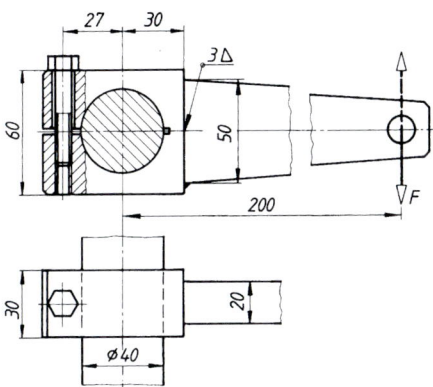

Wie groß ist die Mindestfugenpressung sowie die maximal zulässige Fugenpressung, wenn mit mittleren Sicherheiten und Haftbeiwerten bei entfetteter Fuge gerechnet wird? Welche Klemmkraft ist von der Schraube hierfür aufzubringen?

13 Kupplungen und Bremsen

Massenträgheitsmomente

13.1 •
Wie groß ist das Trägheitsmoment der Baugruppe „Schleifspindel mit Schleifkörper und Keilriemenscheibe", wenn für den Schleifkörper (Scheibe und Aufspannung) $J \approx 4{,}7\,\mathrm{kg\,m^2}$ und für die Keilriemenscheibe $J \approx 0{,}07\,\mathrm{kg\,m^2}$ ermittelt wurden?

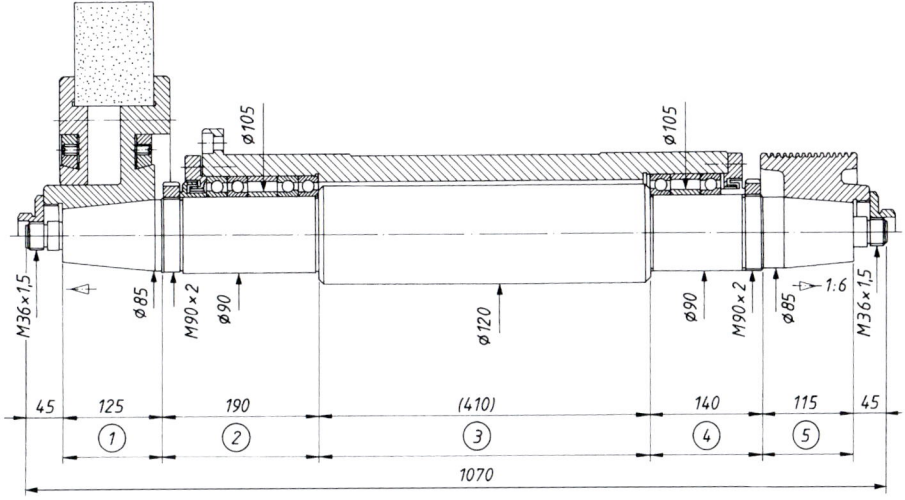

13.2 ••
Der Schnitt zeigt ein aus Nabe (1), Scheibe (2), Rippen (3) und Kranz (4) durch Schweißen gefügtes Zahnrad in vereinfachter Darstellung.

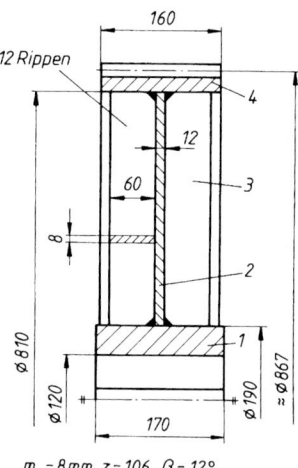

$m_n = 8\,mm,\ z = 106,\ \beta = 12°$

Für das Großrad aus Baustahl soll das Trägheitsmoment berechnet werden, wobei die Passfedernut und die Schweißnähte vernachlässigt werden dürfen und der Kranz als Hohlzylinder mit Außendurchmesser gleich Teilkreisdurchmesser gesetzt werden darf.

Außerdem soll der Anteil des Zahnkranzes am gesamten Trägheitsmoment in % angegeben werden.

13.3 •

Ein Elektromotor mit der Nenndrehzahl $n = 1\,440\,\text{min}^{-1}$ treibt über die Schaltkupplung K und über ein zweistufiges Getriebe mit den Einzelübersetzungen $i_1 = 3{,}15$ und $i_2 = 2{,}5$ eine Gewindespindel an, durch die ein 560 kg schwerer Maschinentisch mit der Geschwindigkeit $v = 2{,}5\,\text{m/s}$ bewegt wird.

Die Trägheitsmomente der Antriebselemente betragen: $J_0 = 0{,}007\,\text{kg\,m}^2$, $J_1 = 0{,}02\,\text{kg\,m}^2$ und $J_2 = 0{,}028\,\text{kg\,m}^2$.

Zu berechnen ist das auf die Kupplungswelle reduzierte Trägheitsmoment J_red des Tischantriebes.

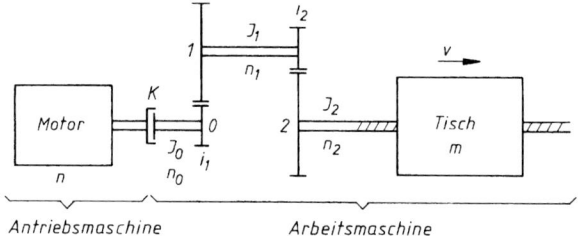

Nicht schaltbare Kupplungen

13.4 •
Für den Antrieb einer Sondermaschine durch einen Drehstrommotor DIN EN 50347–IM B3 112M-4-1500 (Bauform IM B3, Baugröße 112M, Leistung 4 kW bei etwa 1 500 min^{-1}) ist eine gummielastische Kupplung vorgesehen. Weitere Betriebsdaten sind nicht bekannt und auch nicht ohne weiteres zu ermitteln.

a) Es ist eine für normale Betriebsbedingungen ausreichende Kupplung (Bauart und -größe) zu wählen.
b) Die Befestigungsmöglichkeit der Kupplungsnabe auf dem Wellenende des Motors ist zu prüfen.

13.5 •
Für den direkten Antrieb einer Schraubenpumpe (arbeitet mit in Eingriff befindlichen Schneckenspindeln prinzipiell wie eine Zahnradpumpe mit schrägverzahnten Förderrädern) durch einen Einzylinder-Dieselmotor mit 6 kW Leistung bei 1 500 min^{-1} ist überschlägig eine geeignete Kupplung (Bauart und -größe) zu bestimmen. Das Aggregat läuft täglich ununterbrochen 8 Stunden mit stoßfreier Volllast.

13.6 •
Ein Schneckenförderer schiebt 32 t Getreide in der Stunde über eine Förderlänge von 6 m. Er wird durch einen Getriebemotor mit 2,2 kW Leistung angetrieben. Die Drehzahl der Getriebewelle (= Schneckendrehzahl) beträgt 76 min^{-1}. Nach Herstellerangaben hat das Wellenende des Getriebes einen Durchmesser von 38 mm und der Zapfen der Schnecken-Rohrwelle einen solchen von 50 mm.

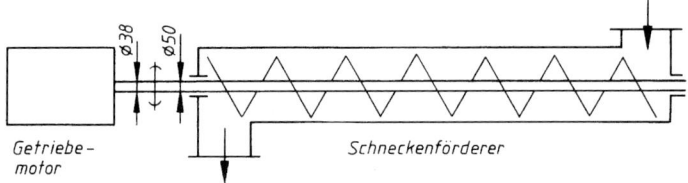

Zu ermitteln sind:

a) für die Kupplung zwischen Getriebemotor und Schneckenwelle eine geeignete Bauart, wenn mit geringen radialen, axialen und winkligen Wellenverlagerungen, sowie mit kleinen Drehmomentschwankungen zu rechnen ist,
b) die Kupplungsgröße bei einer täglichen Laufzeit von 12 Stunden.

ⓘ **13.7** •••

Ein Drehstrommotor DIN EN 50347–IM B3 132M-7,5-1500 (Bauform IM B3, Baugröße 132M, Leistung 7,5 kW bei etwa 1 445 min^{-1}) soll über eine Ausgleichskupplung einen Zweizylinder-Kolbenverdichter antreiben. Zur Auswahl stehen zwei elastische Kupplungen, die einfach in Abhängigkeit der Motorgröße aus den Herstellerkatalogen ausgewählt wurden (vgl. TB 16-21):

a) Hadeflex-Kupplungen, Bauform XW1, Baugröße 38 (elastische Klauenkupplung),
b) Radaflex-Kupplungen, Bauform 300, Baugröße 10 (hochelastische Wulstkupplung).

Beide Kupplungen sind auf ihre Eignung für folgende Betriebsverhältnisse zu prüfen:

- Nenndrehmoment des Verdichters $T_{LN} = 43$ N m
- erregendes Wechseldrehmoment des Verdichters $T_{L2} = \pm 33$ N m
- Trägheitsmoment des Verdichters $J_V = 0,4$ kg m^2
- Umgebungstemperatur höchstens +50 °C, Temperaturfaktor $S_t = 1,4$ für Vulkollan nach Angabe des Herstellers
- höchstens 30 Anläufe je Stunde.

ⓘ **13.8** ••

Ein Drehstrommotor DIN EN 50347–IM B3 160M-11-1500 (1) (Bauform IM B3, Baugröße 160M, Leistung 11 kW bei etwa 1 450 min^{-1}) soll über eine Ausgleichskupplung (2) direkt eine Kreiselpumpe (3) antreiben. Um den Ausbau des Pumpenläufers ohne Demontage des Pumpengehäuses und des Motors zu ermöglichen, muss eine Kupplung mit Zwischenhülse (4) verwendet werden (Prozessbauweise).

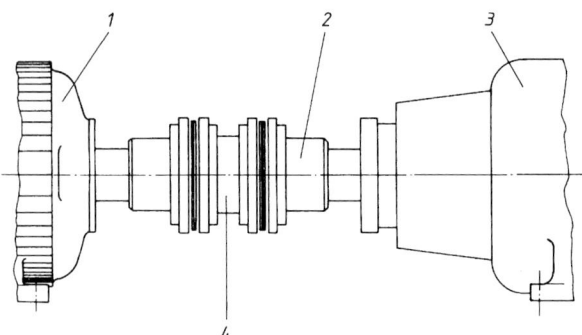

Zu ermitteln sind:

a) eine geeignete Kupplungs-Bauart,
b) die erforderliche Kupplungsgröße für folgende Betriebsdaten:
 - Nenndrehzahl des Motors und der Pumpe $n_N = 1 450$ min^{-1}
 - Nennleistung der Pumpe nach Kennlinie ca. 9,5 kW

- Trägheitsmoment des Pumpenläufers $J = 0{,}125\,\mathrm{kg\,m^2}$
- Umgebungstemperatur max. $+60\,°\mathrm{C}$
- höchstens 10 Anläufe je Stunde

c) die zulässige radiale Verlagerung der Wellen und die dadurch hervorgerufene radiale Rückstellkraft.

ⓘ 13.9 ••

Für den direkten Antrieb einer Kreiselpumpe durch einen Drehstrom-Käfigläufermotor mit direkter Einschaltung, Baugröße 180M (22 kW bei 2 930 min^{-1}), soll nach unten stehenden Betriebsdaten eine elastische Klauenkupplung größenmäßig ermittelt werden.

Betriebsverhältnisse:

- Trägheitsmoment des Pumpenläufers ca. $0{,}15\,\mathrm{kg\,m^2}$
- Umgebungstemperatur maximal $+60\,°\mathrm{C}$
- 8 Anläufe je Stunde

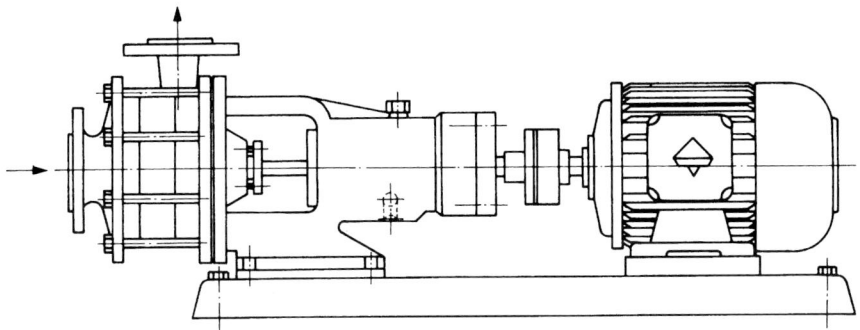

ⓘ 13.10 ••

Ein Drehstrommotor mit Schleifringläufer und angebauter Scheibenbremse, der 4 kW bei 900 min^{-1} leistet, treibt über eine hochelastische Wulstkupplung K (Periflex-Wellenkupplung mit Reifen aus NR, Größe 10) das Fahrwerk einer mit 20 m/min fahrenden Laufkatze an. Die Nutzlast der Katze beträgt 50 t, ihre Eigenmasse 11 t. Nach Herstellerangaben betragen die Trägheitsmomente für den Motorläufer, die Kupplung und das Getriebe mit den Triebwerksteilen (bezogen auf die Kupplungswelle): $J_M = 0{,}051\,\mathrm{kg\,m^2}$, $J_K = 0{,}0142\,\mathrm{kg\,m^2}$ und $J_G = 0{,}040\,\mathrm{kg\,m^2}$. Für die Periflex-Kupplung gilt ein übertragbares Nenndrehmoment $T_{KN} = 100\,\mathrm{N\,m}$ und ein übertragbares Maximaldrehmoment von $T_{Kmax} = 300\,\mathrm{N\,m}$.

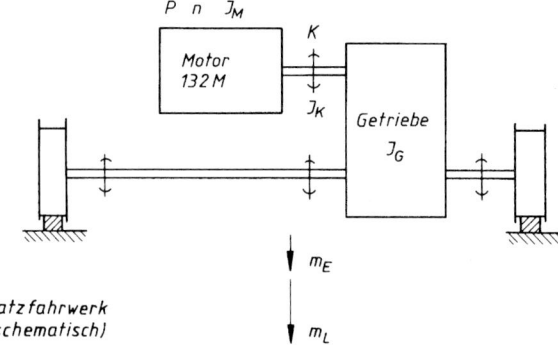

Katzfahrwerk
(schematisch)

Für die voll belastete Laufkatze ist zu ermitteln:

a) ob die vorgesehene Kupplungsgröße ausreicht, wenn mit 40 Anläufen in der Stunde zu rechnen ist, die Umgebungstemperatur ca. 50 °C beträgt und das Kippdrehmoment des Motors mit $T_{ki} \approx 2{,}8 \cdot T_N$ angesetzt werden kann,
b) die Beschleunigungszeit (Anfahrzeit) für den Katzfahrantrieb, wenn während des Anlaufs das mittlere Motordrehmoment ca. $2{,}3 \cdot T_N$ beträgt und das durch den Fahrwiderstand verursachte Lastdrehmoment mit ca. 25 N m bestimmt wurde,
c) der Anfahrweg bis zum Erreichen der Beharrungsgeschwindigkeit.

(i) **13.11** •••

Im Reversierbetrieb (wechselnde Drehrichtung) ist der Zahnkranz aus Elastomere einer elastischen Klauenkupplung durch die Klauen der Kupplungshälften bleibend deformiert worden, so dass ein Drehspiel $\varphi_s = 2°$ entstand. Die Kupplung sitzt unmittelbar auf dem Wellenende eines Drehstrommotors mit Käfigläufer, Baugröße 132S (5,5 kW bei 1 445 min^{-1}). Sie treibt eine Arbeitsmaschine an, deren auf die Kupplungswelle bezogenes Trägheitsmoment ca. 0,09 kg m^2 beträgt. Das mittlere Beschleunigungsdrehmoment ist $T_{am} \approx 3 \cdot T_N$.

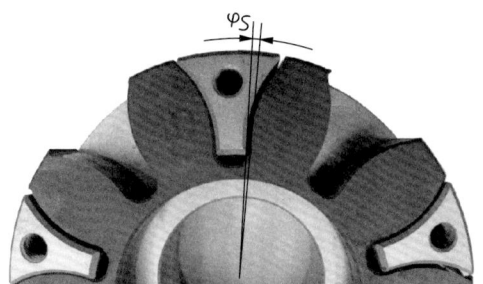

a) Auf welche Winkelgeschwindigkeit bzw. Drehzahl wird der Motorläufer innerhalb des freien Weges von $\varphi_s = 2°$ beschleunigt, bis die treibende Kupplungshälfte auf die noch stillstehende der Lastseite trifft?
b) Wie groß ist die Belastung durch den Geschwindigkeitsstoß, wenn die Drehfedersteife der Kupplung 12 600 N m/rad beträgt?

(i) **13.12** ••

Ein Einzylinder-Viertakt-Dieselmotor mit dem Nenndrehmoment $T_N = 55$ N m bei der Nenndrehzahl $n_N = 1\,500\,\text{min}^{-1}$ treibt über eine nichtschaltbare Kupplung einen Generator an. Nach Herstellerunterlagen beträgt das größte Motormoment $T_{\max} \approx T_{AS} = 1{,}9 \cdot T_N$, das erregende Wechseldrehmoment des Dieselmotors $T_{A0,5} = \pm 180$ N m, sein Trägheitsmoment ca. $4{,}5\,\text{kg m}^2$ und das Trägheitsmoment des Generators ca. $0{,}5\,\text{kg m}^2$. Der Maschinensatz läuft in der Stunde höchstens 12-mal an. Die Umgebungstemperatur der Kupplung beträgt max. $+45\,°C$.

a) Eine geeignete Kupplungs-Bauart ist zu wählen;
b) die Kupplung ist den Betriebsverhältnissen entsprechend auszulegen.

(i) **13.13** ••

Ein Vierzylinder-Viertakt-Dieselmotor mit $P = 28$ kW bei $n = 1\,500\,\text{min}^{-1}$, dem größten Motormoment $T_{\max} \approx T_{AS} = 4{,}7 \cdot T_N$, dem periodischen Wechseldrehmoment $T_{A2} = \pm 530$ N m und dem Trägheitsmoment $J = 2{,}3\,\text{kg m}^2$ soll über eine nachgiebige Kupplung direkt eine Arbeitsmaschine antreiben, deren mittleres Lastdrehmoment $T_{LN} = 150$ N m und deren Trägheitsmoment $J = 0{,}9\,\text{kg m}^2$ beträgt. Die Anlage läuft bis zu 50-mal in der Stunde an. Die Umgebungstemperatur liegt bei $+35\,°C$.

Die Kupplung ist auszulegen (Bauart und Baugröße).

Schaltbare Kupplungen

(i) **13.14** ••

Ein Drehstrom-Asynchronmotor, Baugröße 160M, treibt über eine elektromagnetisch betätigte Lamellenkupplung der Bauform 100 eine Werkzeugmaschine an. Der Motor läuft bei ausgeschalteter Kupplung an und bleibt dann dauernd eingeschaltet. Er leistet 11 kW bei $1\,450\,\text{min}^{-1}$. Mit der auf der Motorwelle sitzenden, nasslaufenden Kupplung sollen 120 Schaltungen in der Stunde ausgeführt werden. Dabei ist jedes Mal das (auf die Kupplungswelle reduzierte) Trägheitsmoment der Arbeitsmaschine von $0{,}32\,\text{kg m}^2$ innerhalb von höchstens 0,8 s aus dem Stillstand auf die Motordrehzahl zu beschleunigen. Während der Anlaufzeit beträgt das (auf die Kupplungswelle bezogene) Lastdrehmoment der Arbeitsmaschine 30 N m, nach dem Schalten erhöht es sich auf 80 N m. Die Kupplungsgröße ist zu bestimmen.

ⓘ **13.15** •

Eine Elektromagnet-Einscheibenkupplung mit Federdruckbremse (Kupplungsbremskombination) für den Antrieb einer 30 t-Exzenterpresse hat nach Katalog ein schaltbares Drehmoment $T_{KNs} = 2500$ N m, ein übertragbares Drehmoment $T_{KN\ddot{u}} = 2750$ N m und eine zulässige stündliche Schaltarbeit $W_{hzul} = 7 \cdot 10^6$ N m/h. Die auf die Kupplungswelle reduzierten Trägheitsmomente betragen für die Lastseite (Presse) $J_{L1} = 0,6$ kg m². Das Eigenträgheitsmoment des lastseitigen Kupplungsteiles (Ankerscheibe) wird mit $J_{L2} = 1,25$ kg m² angegeben. Es ist zu prüfen, ob die Kupplung den gestellten Anforderungen genügt, wenn eine stündliche Schaltzahl $z_h = 720$ bei einem größten Lastdrehmoment $T_L = 2000$ N m gefordert wird und die Kupplungswelle mit $n = 450$ min⁻¹ läuft.

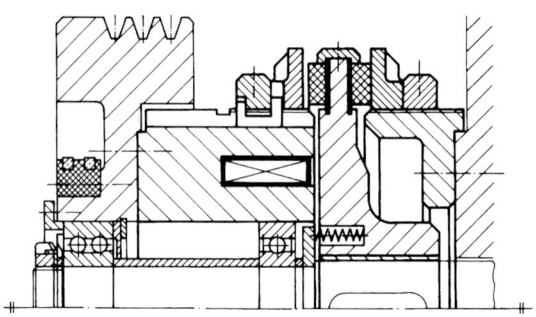

ⓘ **13.16** ••

Der auf Schienen laufende Wagen (1) einer Beschickungsanlage wird über eine Kette (2) bewegt. Die Vorlaufgeschwindigkeit des 15 t schweren Wagens beträgt $v_v = 60$ m/min, die Rücklaufgeschwindigkeit des noch 3 t schweren leeren Wagens $v_r = 90$ m/min. In der Stunde erfolgen 120 Spiele. Das Kettenrad (3) mit einem Durchmesser von 250 mm wird dabei durch einen Drehstrommotor (5) mit $n = 700$ min⁻¹ über ein Getriebe (4) mit den Übersetzungen $i_1 = 2,5$, $i_2 = 1,7$ und $i_3 = 3,55$ angetrieben. Für Vor- und Rücklauf sind je eine nasslaufende elektromagnetisch betätigte Kupplung vorgesehen. Zum Abbremsen des Wagens dient die Bremse (6).

Zu ermitteln ist die Baugröße der Kupplungen K_v (Vorlauf) und K_r (Rücklauf), wenn der Fahrwiderstand des Wagens beim Vorlauf 1,5 kN und beim Rücklauf 0,3 kN beträgt und die Beschleunigungszeit unter 2 s bleiben soll. Aus baulichen Gründen soll für die Vor- und Rücklaufkupplung die gleiche Baugröße gewählt werden.

Schaltbare Kupplungen

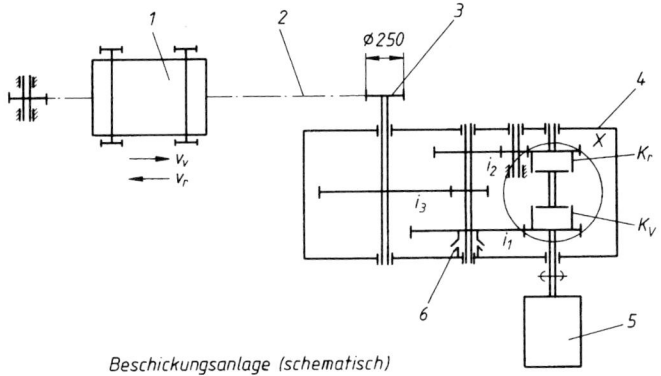

Beschickungsanlage (schematisch)

X

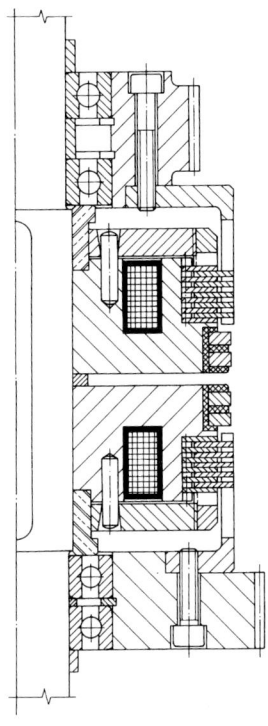

ⓘ 13.17 •

Ein Dieselmotor, der 30 kW bei 1 500 min^{-1} leistet, treibt über eine Anlaufkupplung (Fliehkraftkupplung) direkt das Laufrad eines Radialverdichters an, dessen mittleres Lastdrehmoment während des Anlaufes bei 40 % des Nenndrehmomentes liegt ($T_L \approx 0{,}4 \cdot T_N$). Das Trägheitsmoment beträgt für das Laufrad 16,6 kg m^2 und für die Kupplungsseite ca. 0,1 kg m^2.

a) Warum werden Anlaufkupplungen häufig in Verbindung mit Verbrennungsmotoren eingesetzt?
b) Welche Vorteile ergeben sich allgemein durch die Verwendung von Anlaufkupplungen?

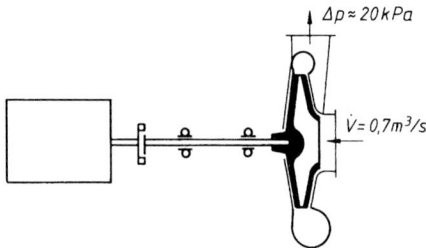

c) Wie groß ist die Anfahrzeit (= Rutschzeit der Anlaufkupplung), wenn das schaltbare Drehmoment der Kupplung dem Nenndrehmoment des Motors entspricht?
d) Ist die bei einmaliger Schaltung anfallende Wärmebelastung der Kupplung zulässig, wenn die zulässige Schaltarbeit 0,44 · 10^6 N m beträgt?

ⓘ 13.18 ••

Ein Drehstrommotor mit Käfigläufer (1), Baugröße 200 L mit 22 kW Leistung bei der Nenndrehzahl 975 min^{-1}, treibt über eine Centrex-Fliehkraftkupplung (2) und einen Keilriementrieb (3) mit der Übersetzung $i = 0{,}8$ eine Zentrifuge² (4) an. Ihre Trommel weist ein Trägheitsmoment von 62 kg m^2, die Füllung von 24 kg m^2 auf.

Zu ermitteln bzw. zu prüfen sind:

a) die Anfahrzeit (Rutschzeit) der Zentrifuge, wenn die Kupplung auf ein schaltbares Drehmoment von 230 N m bei der Motornenndrehzahl eingestellt wird,
b) die Wärmebelastung der Fliehkraftkupplung bei 4 Anläufen pro Stunde, wenn die zulässige Schaltarbeit bei einmaliger Schaltung 0,698 · 10^6 N m und die stündlich zulässige Schaltarbeit 2,77 · 10^6 N m beträgt,

---

² Mechanische Trenngeräte, deren wesentliches Element ein rotierender Behälter ist, in dem sich das zu trennende Gemisch befindet und durch Sedimentation (Absetzen) oder Filtration getrennt wird.

Schaltbare Kupplungen

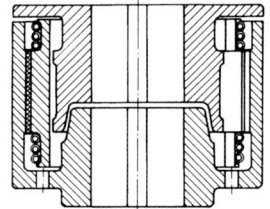

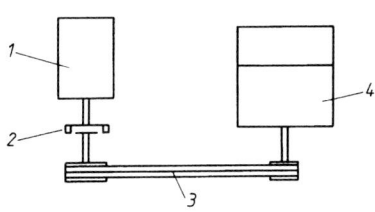

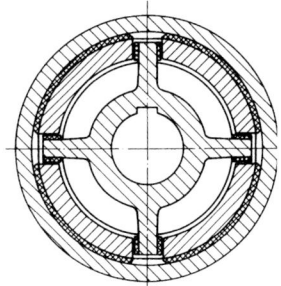

a) Schema   Antrieb einer Zentrifuge   b) Centrex-Fliehkraftkupplung (2)

c) welche Motornennleistung für einen Antrieb ohne Anlaufkupplung notwendig wäre, wenn die Anlaufzeit mit Rücksicht auf die Erwärmung des Motors höchstens 10 s dauern darf und das mittlere Beschleunigungsdrehmoment etwa dem 2,2-fachen Motornennmoment entspricht.

ⓘ **13.19** •

Eine als Anlaufkupplung eingesetzte Elektromagnet-Einscheibenkupplung im Antrieb eines Radialverdichters arbeitet unter folgenden Betriebsbedingungen:

- schaltbares Nenndrehmoment der Kupplung $T_{KNs} = 4\,000\,\text{N}\,\text{m}$,
- Antrieb durch Drehstrommotor Baugröße 335 T, mit $P_N = 160\,\text{kW}$ bei $n_N = 590\,\text{min}^{-1}$ (Verdichternennleistung = Motornennleistung),
- Radialverdichter mit mittlerem Lastdrehmoment $T_L \approx 0{,}4 \cdot T_N$ und einem Trägheitsmoment des Läufers $J_L = 280\,\text{kg}\,\text{m}^2$.

Zu berechnen sind:

a) die Rutschzeit,
b) die bei einer einmaligen Schaltung anfallende Schaltarbeit.

Kreuzgelenke

13.20 •

In eine Sondermaschine ist zur Erzeugung einer ungleichförmigen Drehbewegung ein einzelnes Kreuzgelenk eingebaut. Für die unter dem Ablenkungswinkel $\alpha = 32°$ zur gleichförmig umlaufenden Welle (1) geneigte Welle (3) ist zu berechnen:

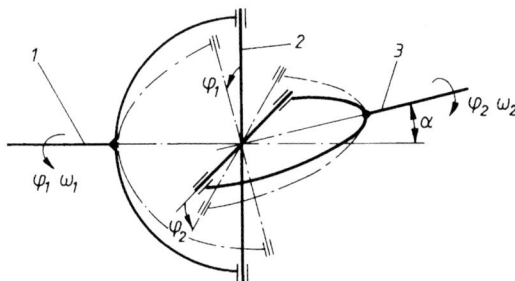

a) der Differenzwinkel $\Delta\varphi = \varphi_2 - \varphi_1$ für den Drehwinkel $\varphi_1 = 40°$ der Welle (1),
b) die größte und die kleinste Drehzahl (Winkelgeschwindigkeit) der ungleichförmig umlaufenden Welle (3), wenn die Welle (1) gleichförmig mit $n_1 = 100\,\text{min}^{-1}$ umläuft,
c) die größte Schwankung des Drehmomentes der Welle (3), wenn die Welle (1) gleichförmig mit $T_1 = 100\,\text{N m}$ angetrieben wird.

13.21 •

Im Antrieb einer Baumaschine sind zwei unter dem Ablenkungswinkel $\alpha = 23°$ verlagerte Wellen (1) und (3) durch eine Kreuzgelenkwelle (2) mit Längenausgleich verbunden. Der Antrieb hat 20 kW bei $560\,\text{min}^{-1}$ zu übertragen.

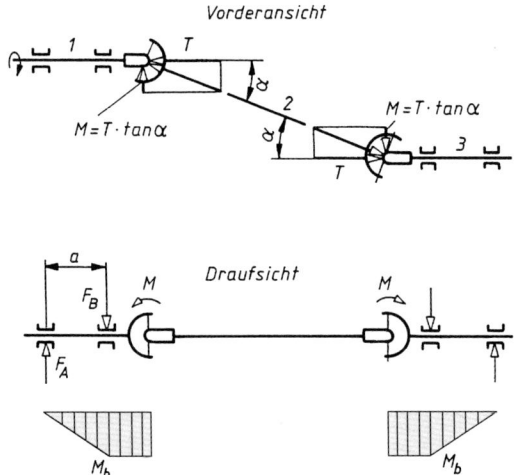

Zu berechnen sind:

a) die größte und die kleinste Drehzahl der Zwischenwelle,
b) die Schwankung des Drehmomentes in der Zwischenwelle,
c) das leistungslose Biegemoment,
d) die Auflagerkräfte F_A und F_B infolge des leistungslosen Biegemomentes, wenn der Lagerabstand $a = 250$ mm beträgt.

14 Wälzlager

Lagergröße bestimmen

ⓘ 14.1 ••

Für die Lagerung der Welle eines Universalgetriebes, die mit einer Drehzahl $n = 1\,000\,\text{min}^{-1}$ umläuft, ist ein Rillenkugellager DIN 625 der Reihe 63 vorgesehen, das eine radiale Lagerkraft $F_r = 4\,\text{kN}$ und eine Axialkraft $F_a = 2{,}2\,\text{kN}$ aufnehmen soll.

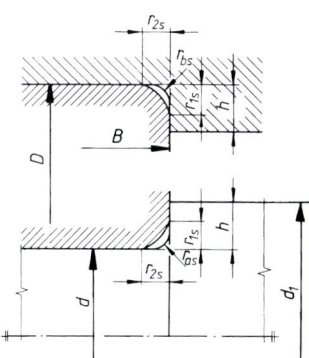

a) Welche Lagergröße (d, D, B) ist geeignet, wenn für das Getriebelager die Lebensdauer $L_{10h} \approx 10\,000$ Betriebsstunden erreicht werden soll?
b) Welche Abmessungen der angrenzenden Teile (Rundungen, Schulterhöhen) sind nach DIN 5418 einzuhalten, um unbedingt einwandfreien Einbau zu gewährleisten?

14.2 •

Welche Hauptabmessungen (Lagerbohrung gleich Wellendurchmesser, Außendurchmesser gleich Gehäusebohrung, Breite) ergeben sich bei einer radialen Lagerkraft $F_r = 10\,\text{kN}$, wenn eine nominelle Lebensdauer $L_{10} = 60 \cdot 10^6$ Umdrehungen gefordert wird:

a) für Rillenkugellager DIN 625 der Reihe 60, 62, 63, 64;
b) für Zylinderrollenlager DIN 5412 der Reihe NU10, NU2, NU3?
   Vergleiche die Hauptabmessungen.

14.3 •

Für die Lagerung einer Welle von 50 mm Durchmesser könnte aufgrund der betrieblichen Anforderung ein Rillenkugellager DIN 625, ein Zylinderrollenlager DIN 5412 der Bauart NU oder ein Pendelkugellager DIN 630 gewählt werden. Die radiale Lagerkraft beträgt $F_r = 4,6$ kN, die Drehzahl $n = 500$ min^{-1}. Es soll eine Lebensdauer von mindestens $L_{10h} = 8\,000$ h erreicht werden.

Für den vorliegenden Fall sind geeignete Wälzlager zu ermitteln!

Mit den Hauptabmessungen ist jeweils festzustellen, welche Lagerbauform den geringsten Einbauraum benötigt.

14.4 ••

Das Bild zeigt die Antriebswelle mit Lagerung eines Becherwerkes (Elevator, vgl. Lehrbuch 11.4, Beispiel 11.2, Bild 11.24).

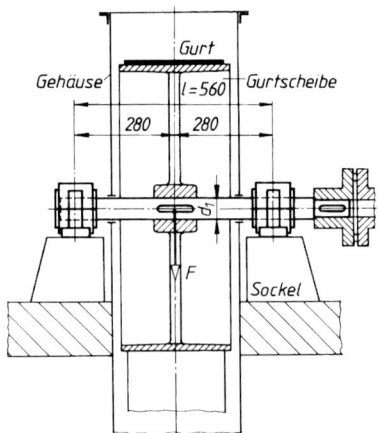

Entsprechend der Fördermenge ergab sich bei einer Drehzahl $n = 80$ min^{-1} eine auf die Welle $d_1 = 70$ mm aus Eigengewichten und Gewicht des Fördergutes radial wirksame äquivalente Kraft $F = 11$ kN.

Zu ermitteln sind:

Die geeignete Lagerbauform, wenn die Lager auf Sockel gesetzt werden, und die erforderliche Lagergröße, wenn eine für allgemeine Förderbandrollen anzustrebende Lebensdauer L_{10h} berücksichtigt werden soll.

14.5 ••
Ein Pendelrollenlager DIN 635 der Reihe 223 E soll eine radiale Lagerkraft $F_r = 50\,\text{kN}$ und eine axiale Lagerkraft $F_a = 10\,\text{kN}$ aufnehmen und eine nominelle Lebensdauer von mindestens 40 000 Betriebsstunden erreichen.

a) Welcher Bohrungsdurchmesser gleich Wellendurchmesser ist erforderlich, wenn die Welle mit einer Drehzahl $n = 400\,\text{min}^{-1}$ umläuft?
b) Die wirkliche nominelle Lebensdauer L_{10h} in Betriebsstunden für das gewählte Lager ist zu ermitteln.

Lebensdauer für bekannte Lager

ⓘ 14.6 •
Ein Rillenkugellager DIN 625–6306 hat bei einer Drehzahl $n = 630\,\text{min}^{-1}$ eine radiale Lagerkraft $F_r = 4\,\text{kN}$ und eine axiale Kraft $F_a = 1{,}2\,\text{kN}$ aufzunehmen.

Für die äquivalente Lagerbeanspruchung sind die zu erwartende Lebensdauer L_{10h} in Betriebsstunden und die Hauptabmessungen zu ermitteln.

14.7 •
Für das Rillenkugellager DIN 625–6208 sind zu bestimmen:

a) die nominelle Lebensdauer L_{10} in 10^6 (Millionen) Umdrehungen bei einer radialen Lagerkraft $F_r = 10\,\text{kN}$,
b) die zulässige radiale Lagerkraft F_{rzul} in kN, wenn die halbe unter a) ermittelte Lebensdauer in 10^6 Umdrehungen erreicht werden soll.
Die Höhe der Lagerkraft ist hinsichtlich der Abnahme der Lebensdauer zu vergleichen und zu kommentieren.

14.8 •
Für das Rillenkugellager DIN 625–6310 sind rechnerisch zu ermitteln:

a) die nominelle Lebensdauer L_{10h} in Betriebsstunden (Ermüdungslaufzeit), bei einer Lagerkraft $F_r = 10\,\text{kN}$ und einer Drehzahl $n = 1\,000\,\text{min}^{-1}$,
b) die zulässige Lagerkraft F_{rzul} in kN, wenn die doppelte unter a) ermittelte Lebensdauer L_{10h} gefordert wird,
c) die Drehzahl in min^{-1} (auf volle 10 gerundet), wenn bei doppelter Lebensdauer L_{10h} die gleiche Lagerkraft F_r wie unter a) erreicht werden soll.

14.9 •

Statt des Rillenkugellagers DIN 625–6310 in Aufgabe 14.8 soll ein Zylinderrollenlager DIN 5412 der Bauart NU mit gleicher Bohrungskennziffer gewählt werden.

a) Welche nominelle Lebensdauer L_{10h} in Betriebsstunden errechnet sich für das Zylinderrollenlager, dessen dynamische Tragzahl der des Rillenkugellagers am nächsten liegt?
b) Welche nominelle Lebensdauer L_{10h} in Betriebsstunden ergibt sich, wenn ein Zylinderrollenlager der gleichen Maßreihe wie das Rillenkugellager gewählt wird?

Die Lagerabmessungen für a) und b) sind zu vergleichen.

14.10 •

Als Festlager der Welle eines Universalgetriebes soll ein Rillenkugellager DIN 625–6308 bei einer Drehzahl $n = 750\,\text{min}^{-1}$ eine radiale Lagerkraft $F_r = 3\,000\,\text{N}$ und eine axiale Lagerkraft $F_a = 1\,500\,\text{N}$ aufnehmen.

Es ist zu prüfen, ob die nominelle Lebensdauer L_{10h} in Betriebsstunden für die Lagerung ausreicht.

14.11 •

Bei einem Drehstrommotor mit einer Leistung $P = 37\,\text{kW}$ und einer Drehzahl $n = 1\,500\,\text{min}^{-1}$ hat die Läuferwelle an den Lagerstellen einen Durchmesser $d = 60\,\text{mm}$. Durch ein auf das Wellenende aufgesetztes Schrägstirnrad sind für das antriebsseitige Lager eine Radialkraft $F_r = 4\,\text{kN}$ und eine Axialkraft $F_a \approx 1{,}8\,\text{kN}$ im ungünstigsten Fall zu erwarten.

Es ist zu prüfen, ob ein für diese Lagerstelle gewähltes zweireihiges Schrägkugellager DIN 628 der Reihe 32 hinsichtlich der üblichen Lebensdauer für Serienelektromotoren ausreicht.

14.12 •

Für die gefederte Lagerung der umlaufenden Achse aus E295 eines Abraumwagens sind Pendelrollenlager DIN 635–22314E1-K mit Abziehhülse DIN 5416–AHX 2314 bei einem Achszapfendurchmesser $d_1 = 65\,\text{mm}$ vorgesehen. Die auftretende höchste radiale Lagerkraft beträgt $F_r \approx 30\,\text{kN}$. Die durch Schlingern und bei Kurvenfahrt zusätzlich auftretende Axialkraft F_a kann bei der verhältnismäßig geringen Fahrgeschwindigkeit $v \approx 40\,\text{km/h}$ mit rund 10 % der Radialkraft (geschätzt) angenommen werden.

Es ist zu prüfen, ob das Lager die für Achslager von Abraumwagen übliche Lebensdauer erreicht.

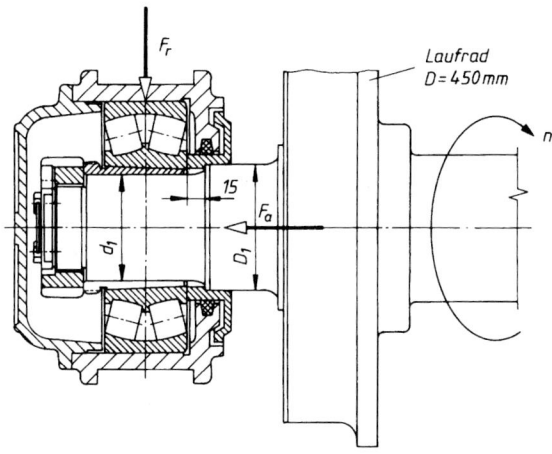

14.13 •
Die maximale Belastung am Kurbelzapfen eines Sägegatters wurde im unteren Totpunkt mit $F \approx 80\,\text{kN}$ bei einer Drehzahl $n = 280\,\text{min}^{-1}$ ermittelt und für den Kurbelzapfen ein Durchmesser $d_1 = 80\,\text{mm}$ errechnet. Wegen der hohen Belastung und möglicher Fluchtfehler soll ein Pendelrollenlager DIN 635 der Reihe 223 mit Abziehhülse AH23 nach DIN 5416 gewählt werden.

a) Für das gewählte Lager ist die vollständige Bezeichnung mit dynamischer Tragzahl und der kleine Durchmesser d der kegeligen Bohrung (1 : 12) sowie D und B anzugeben.
b) Es ist zu prüfen, ob die bei Pleuellagern von Sägegattern anzustrebende Lebensdauer L_{10h} erreicht wird.

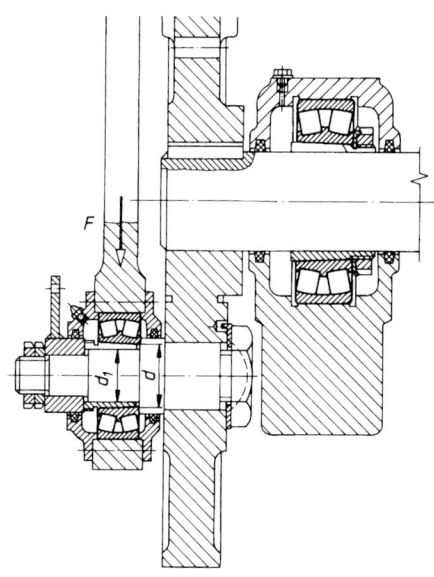

14.14 ••

Die Antriebswelle mit $d = 45\,\text{mm}$ eines Kegelradgetriebes hat eine Drehzahl $n = 1\,440\,\text{min}^{-1}$. Für den belastungsmäßig ungünstigsten Fall bei einer auf das Wellenende aufgesetzten Riemenscheibe ergeben sich am Kegelrad eine Axialkraft $F_a = 2{,}5\,\text{kN}$, für das Lager A eine resultierende radiale Lagerkraft $F_{Ar} = 4{,}5\,\text{kN}$ und für das Lager B eine resultierende radiale Lagerkraft $F_{Br} = 3{,}5\,\text{kN}$. Aus konstruktiven Gründen muss das Lager A trotz höherer Radialbelastung als Festlager ausgebildet werden und damit die Axialkraft aufnehmen.

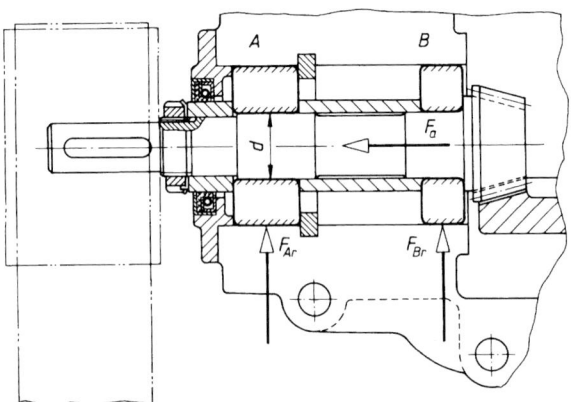

Für das Universalgetriebe sind die Lager mit einer Lebensdauer von mindestens 18 000 Betriebsstunden auszulegen.

a) Es ist zunächst zu prüfen, ob ein Rillenkugellager DIN 625 der schwersten Reihe für die Lagerstelle A ausreicht! Reicht das Lager nicht aus, sind geeignete Kugellager anderer Bauform zu wählen und die Lebensdauer zu prüfen.
b) Für die Lagerstelle B ist ein Rillenkugellager der gleichen Durchmesserreihe des gewählten Lagers an der Lagerstelle A zu verwenden, um eine durchgehende Gehäusebohrung für den gleichen Wellendurchmesser ausführen zu können. Welche Lebensdauer ist zu erwarten?
c) Für die Sitzstellen der Welle und der Gehäusebohrungen sind geeignete ISO-Toleranzen, die Hauptabmessungen der gewählten Lager und die Anschlussmaße nach DIN 5418 anzugeben.

ⓘ **14.15** ••

Für die Antriebswelle eines Kegelradgetriebes (siehe Bild zu Aufgabe 14.14) mit der Drehzahl $n = 1\,500\,\text{min}^{-1}$ sollen an der Lagerstelle A als Festlager zwei Kegelrollenlager DIN 720–30 310A in O-Anordnung eingebaut werden, die eine radiale Lagerkraft $F_{Ar} = 11\,\text{kN}$ und eine axiale Lagerkraft $F_a = 4\,\text{kN}$ aufzunehmen haben.

Die nominelle Lebensdauer L_{10h} in Betriebsstunden für das Universalgetriebe ist zu prüfen.

Lebensdauer für bekannte Lager

14.16 •

Für die Fest-Los-Lagerung einer Werkzeugmaschinengetriebewelle sollen auf der abgebildeten Festlagerseite 2 Schrägkugellager DIN 628–7212 B in O-Anordnung gepaart eingebaut werden, die radial $F_r = 8\,\text{kN}$ und axial $F_a = 6\,\text{kN}$ bei einer Drehzahl $n = 500\,\text{min}^{-1}$ aufzunehmen haben.

a) Die Abmessungen d, D, B für das Lagerpaar sind anzugeben.
b) Die nominelle Lebensdauer in Betriebsstunden ist zu überprüfen.
c) Es ist zu prüfen, ob ein zweireihiges Schrägkugellager DIN 628 der gleichen Durchmesserreihe (DR) für die Lagerung ausreicht.

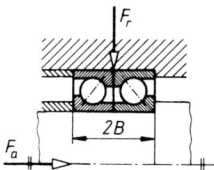

14.17 ••

Ein mittelgroßer Frischluftventilator läuft mit einer Drehzahl $n = 3\,000\,\text{min}^{-1}$. Das fliegend gelagerte Ventilatorrad mit der Gewichtskraft $F_V = 3\,\text{kN}$ erzeugt einen Achsschub $F_a = 6\,\text{kN}$. Außerdem betragen die Gewichtskräfte der Welle $F_W = 0,45\,\text{kN}$ und der Kupplung $F_K = 0,15\,\text{kN}$. Der Wellendurchmesser $d_{sh} = 65\,\text{mm}$ ist konstruktiv festgelegt. Für das Ventilatorrad wird die Unwuchtkraft $F_U = 0,5 \cdot F_V$ berücksichtigt.

Aus Gründen gut fluchtender Gehäusebohrungen werden in einem Stahllagergehäuse in Form einer Rohrkonstruktion auf der Ventilatorseite als Loslager ein Zylinderrollenlager DIN 5412 der Reihe NU2E, auf der Antriebsseite als Festlager ein in X-Anordnung eingebautes Schrägkugellagerpaar DIN 628 der Reihe 72 B vorgesehen.

a) Die radialen Lagerkräfte F_{r1}, F_{r2} in kN sind zu berechnen.
b) Die nominelle Lebensdauer L_{10h1} für Lager 1 und L_{10h2} für Lager 2 sind zu prüfen.

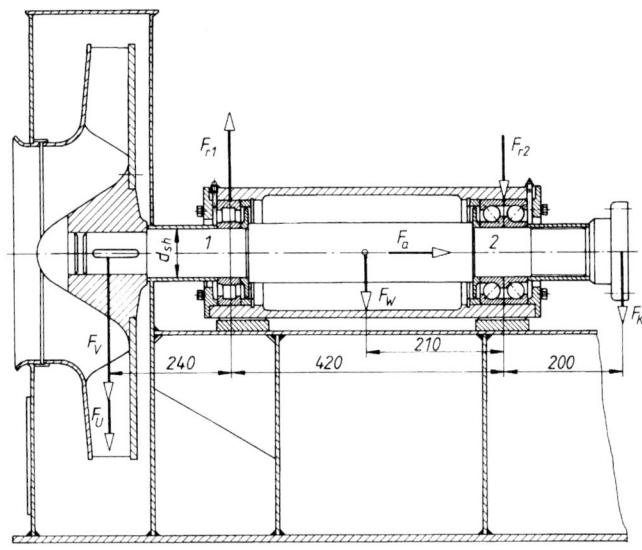

Lebensdauer für angestellte Lager

(i) **14.18** ••

Die dargestellte Welle läuft mit einer maximalen Drehzahl $n = 1\,500\,\text{min}^{-1}$.

Lager 1 ist ein Kegelrollenlager DIN 720–30308A, das radial mit $F_{r1} = 8{,}5\,\text{kN}$ belastet wird. Für das Lager 2 ist ein Kegelrollenlager DIN 720–30306A zur Aufnahme der Radiallast $F_{r2} = 6{,}2\,\text{kN}$ vorgesehen. Die Lagerung in O-Anordnung hat zusätzlich eine Axialkraft $F_a = 2{,}0\,\text{kN}$ aufzunehmen.

Welche nominelle Lebensdauer in Betriebsstunden ist von den Lagern 1 und 2 zu erwarten?

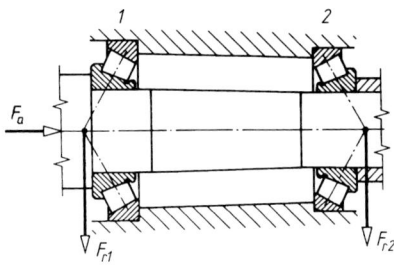

14.19 ••

Auf die Lager 1 und 2 der Welle mit $n_{\max} = 1\,500\,\text{min}^{-1}$ nach Bild der Aufgabe 14.18 wirken nur die Radialkräfte $F_{r1} = 8{,}5\,\text{kN}$ und $F_{r2} = 2{,}5\,\text{kN}$.

Welche nominelle Lebensdauer in Betriebsstunden kann für die gewählten Kegelrollenlager DIN 720-30308A und 30306A erwartet werden?

Lebensdauer bei veränderlichen Größen n und P

(i) **14.20** ••

Die Hauptwelle einer Werkzeugmaschine mit $d = 40$ mm soll mit einem Zylinderrollenlager DIN 5412 der Bauart NU gelagert werden. Die radialen Lagerkräfte F_{rn} sind auf Grund von Messungen an einer ähnlichen Maschine bei den Drehzahlen n_n und einer Wirkungszeit t_n für eine nominelle Lebensdauer $L_{10h} = 20\,000$ Betriebsstunden und einer täglichen Gesamtlaufzeit $t = 8$ Betriebsstunden bestimmt:

$F_{r1} = 1,5$ kN bei $n_1 = 320$ min^{-1} während $t_1 = 1,3$ Betriebsstunden,
$F_{r2} = 3,0$ kN bei $n_2 = 400$ min^{-1} während $t_2 = 2,4$ Betriebsstunden,
$F_{r3} = 1,2$ kN bei $n_3 = 120$ min^{-1} während $t_3 = 0,8$ Betriebsstunden,
$F_{r4} = 0$ kN bei $n_4 = 800$ min^{-1} während $t_4 = 0,2$ Betriebsstunden,
$F_{r5} = 4,2$ kN bei $n_5 = 630$ min^{-1} während $t_5 = 1,3$ Betriebsstunden,
$F_{r6} = 1,3$ kN bei $n_6 = 72$ min^{-1} während $t_6 = 2,0$ Betriebsstunden.

Für das geeignete Zylinderrollenlager sind die Hauptabmessungen und die wirkliche nominelle Lebensdauer L_{10h} bei mittlerer Drehzahl n_m anzugeben.

14.21 ••

Ein Schiffspropeller-Drucklager soll als Festlager mit einem Pendelrollenlager DIN 635 – 223 24ES ausgeführt werden.

Die Motorleistung ist 200 kW bei Normallast mit der Drehzahl $n_1 = 360$ min^{-1} für einen Fahrzeitanteil $q_1 = 75\,\%$, bei Volllast 300 kW mit $n_2 = 500$ min^{-1} für einen Fahrzeitanteil $q_2 = 25\,\%$.

Die Propellerschubkraft wird axial mit $F_a \approx 0,2$ kN/kW angenommen. Wegen des anteilig geringen Wellengewichts kann die radiale Beanspruchung F_r vernachlässigt werden. Zu ermitteln sind:

a) die Schubkräfte bei Normal- und Volllast F_{a1}, F_{a2},
b) die äquivalente Lagerbeanspruchung P_i in kN bei mittlerer Drehzahl n_m in min^{-1},
c) die nominelle Lebensdauer L_{10h} in Betriebsstunden.

Modifizierte Lebensdauer

(i) **14.22** •••

Eine Kreiselpumpe fördert $24 \cdot 10^3$ l Wasser/min bei der Antriebsleistung 45 kW und einer Drehzahl $n = 1\,450$ min^{-1}. Auf der Kupplungsseite der Pumpenwelle mit $d = 70$ mm (s. Bild) sind paarweise zwei Schrägkugellager DIN 628 der Reihe 72 B in X-Anordnung als Festlager eingebaut, die eine radiale Kraft $F_r = 5,8$ kN und einen Axialschub $F_a = 7,5$ kN aufzunehmen haben. Nahe dem Pumpenrad ist als Loslager ein Zylinderrollenlager DIN 5412 der Reihe NU2E eingebaut, das eine radiale Kraft von ca. 11 kN aufzunehmen hat.

Die Schmierung der Lager erfolgt mittels Tauchschmierung mit Mineralöl ohne Additive. Der Erfahrungswert der Betriebsviskosität von anderen Kreiselpumpen liegt bei $v \approx 25\,\text{mm}^2/\text{s}$. Es ist von typisch verunreinigtem Schmierstoff ($e_c = 0{,}2$) auszugehen.

Wie groß ist die erweiterte modifizierte Lebensdauer in Betriebsstunden für eine Erlebenswahrscheinlichkeit von 90 %?

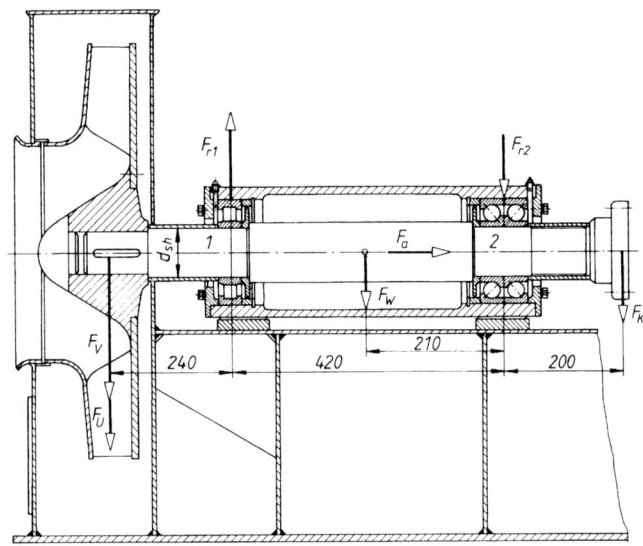

14.23 ••

Ein Rillenkugellager DIN 625–6320 aus Standard-Wälzlagerstahl soll bei einer Drehzahl $n = 1\,000\,\text{min}^{-1}$ eine konstante radiale Lagerkraft $F_r = 25\,\text{kN}$ aufnehmen. Das Lager soll mit Öl geschmiert werden, das bei Betriebstemperatur eine Viskosität $v = 25\,\text{mm}^2/\text{s}$ hat. Es tritt typische Verunreinigung des Schmierstoffs auf. Wie groß ist die erweiterte modifizierte Lebensdauer in Betriebsstunden, wenn eine Erlebenswahrscheinlichkeit von 95 % zugrunde gelegt wird?

14.24 •••

Das Bild zeigt die Antriebswelle eines Motorgetriebes mit einer Leistung $P = 5{,}5\,\text{kW}$ bei einer Drehzahl $n = 125\,\text{min}^{-1}$ und deren Lagerung.

Für die Welle wurde ein Durchmesser $d_1 = 50\,\text{mm}$ berechnet, der an der Lagerstelle B auf $d_2 = 45\,\text{mm}$ abgesetzt ist.

Aus der Getriebeberechnung ergaben sich für das Schrägstirnrad mit dem Teilkreisdurchmesser $d = 227{,}8\,\text{mm}$ eine Umfangskraft $F_t = 4{,}4\,\text{kN}$, eine Radialkraft $F_r = 1{,}65\,\text{kN}$ und eine Axialkraft $F_a = 1{,}2\,\text{kN}$. Bei einem belastungsmäßig ungünstigen Abtrieb durch Flachriemen ist am Zapfen mit einer Achskraft $F_A = F'_A = 8\,\text{kN}$ zu rechnen. Aus konstruktiven Gründen wird das Lager A als Festlager ausgebildet. Die Lager- und Radabstände l_1, l_2, l_3 ergaben sich aus dem Entwurf.

Modifizierte Lebensdauer

a) Welche Wälzlagerbauformen würden sich zweckmäßig für die Lagerstellen A der Durchmesserreihe 3 und B der Durchmesserreihe 2 eignen? (ggf. zwei Vorschläge)

b) Die resultierenden Lagerkräfte F_{Ar} und F_{Br} für die in der gleichen Ebene wie F_t wirkende Achskraft F_A sowie F'_{Ar} und F'_{Br} für die Achskraft F'_A entgegen F_t sind aus den Lagerkräften in der Horizontalebene F_{Ax}, F_{Bx} bzw. F'_{Ax}, F'_{Bx} sowie in der Vertikalebene F_{Ay}, F_{By} nach Skizze zu ermitteln.

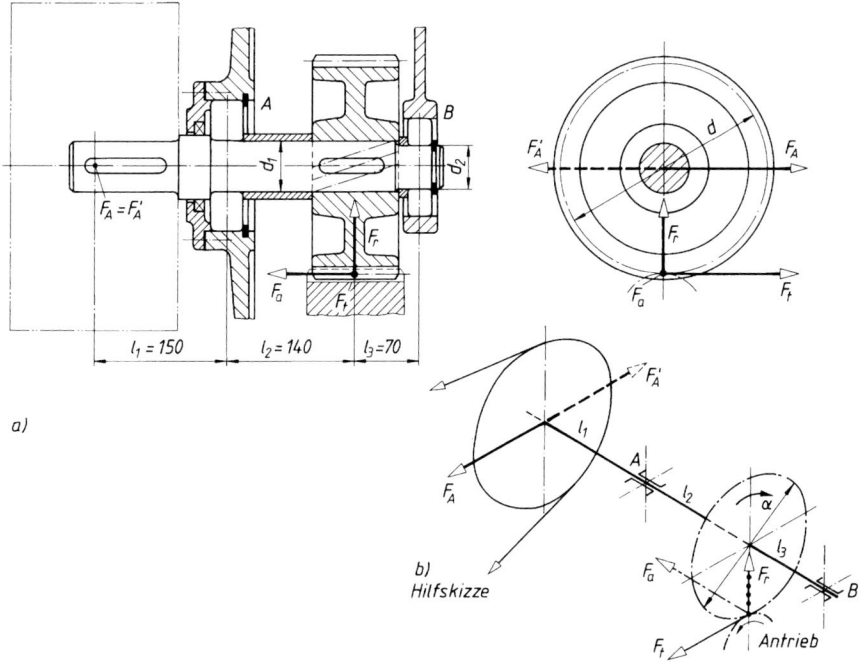

c) Die Lebensdauer für die gewählten Lager ist an den Lagerstellen A und B mit den größten wirkenden Lagerkräften zu bestimmen. Sie soll über den Erfahrungswerten von Universalgetrieben liegen.

d) Die zu erwartende modifizierte Lebensdauer der gewählten Lager bei einer Betriebsviskosität $v = 50\,\text{mm}^2/\text{s}$ und normaler Sauberkeit (kleinerer e_c-Wert) und wenn eine Ausfallwahrscheinlichkeit von 5 % gefordert wird ist festzustellen.

e) Die Hauptabmessungen mit Anschlussmaßen nach DIN 5418 sind dazu anzugeben und geeignete ISO-Toleranzen an den Lagerstellen für Welle und Gehäuse zu empfehlen.

Statische Tragfähigkeit

14.25 •
Die Achse eines Brennofenwagens wird durch Wagengewicht und Zuladung mit $m = 1{,}5\,\text{t}$ belastet. Beim Befahren des Ofens, Fahrgeschwindigkeit 0,5 m/h, ist mit einer Betriebstemperatur für die Lager von $t \approx 300\,°\text{C}$ zu rechnen.

Aus der Festigkeitsberechnung ergaben sich die Durchmesser der Lagerzapfen $d_1 = 35\,\text{mm}$. Für die Achsenlagerung sind geeignete Rillenkugellager DIN 625 bei normalem Betrieb und normalen Anforderungen an die Laufruhe zu bestimmen.

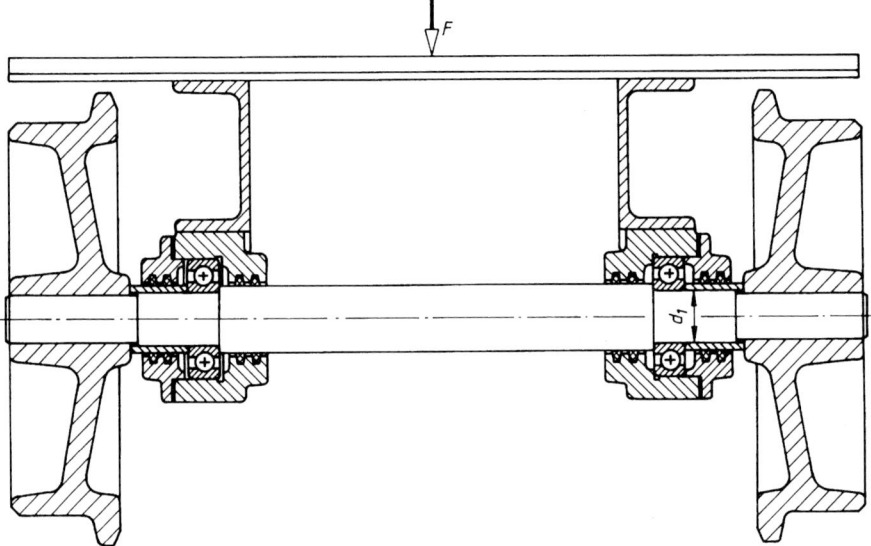

14.26 ••
Die Lagerung des Gabelbolzens einer schwenkbaren Laufrolle ist mit zwei Rillenkugellagern DIN 625 der Reihe 62 ausgebildet. Der Durchmesser des Gabelbolzens wurde mit 25 mm festgelegt.

Aus dem Entwurf ergaben sich die im Bild eingetragenen Abmessungen. Die größte Radkraft beträgt $F = 2{,}5\,\text{kN}$. Für leicht stoßbelasteten Betrieb ist die Tragfähigkeit beider Lager aufgrund der Lagerkräfte F_{Ar}, F_{Br} zu prüfen, wobei zunächst festzustellen ist, welches der beiden Lager die Axialkraft aufnimmt.

Statische Tragfähigkeit

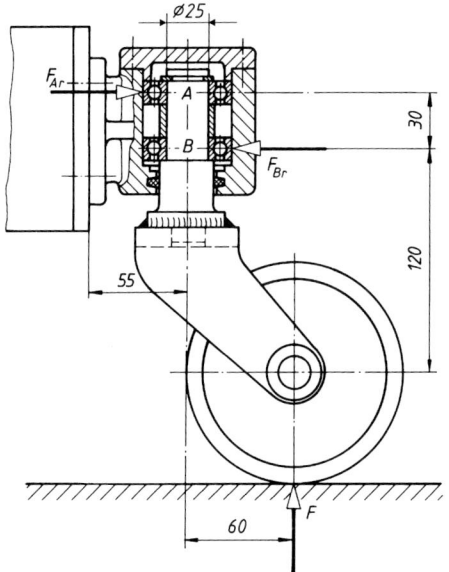

15 Gleitlager

Grundaufgaben

15.1 •

Das vollumschließende Gleitlager einer Speisepumpe mit dem Innendurchmesser $d_L = 100$ mm, Breite $b = 125$ mm, Lagerwerkstoff Sn-Legierung, wird bei natürlicher Kühlung im stationären Betrieb mit der Lagerkraft $F = 5{,}5$ kN bei einer Drehzahl $n_W = 5\,500$ min^{-1} belastet. Bei mittlerem Betriebslagerspiel $s = 0{,}2$ mm wird Schmieröl DIN 51517–CL46 vorgesehen.

Es ist aufgrund der kleinsten Schmierspalthöhe h_0 und der Sommerfeldzahl So bzw. relativen Exzentrizität ε zu prüfen und zu beurteilen, ob bei einer angenommenen Lagertemperatur $\vartheta_L = \vartheta_{\text{eff}} = 70\,°C$ unter diesen Verhältnissen das 360°-Lager hydrodynamisch einwandfrei betrieben werden kann.

15.2 ••

Das vollumschließende Radial-Gleitlager einer umlaufenden Welle ($Rz_W \leq 2$ µm) mit dem Innendurchmesser $d_L = 240$ mm ($Rz_L \leq 1$ µm) und einer Breite $b = 360$ mm, Lagerwerkstoff Pb-Legierung, wird im stationären Betrieb mit einer Lagerkraft $F = 300$ kN bei einer Drehzahl $n_W = 300$ min^{-1} belastet.

a) Die Verschleißgefährdung ist nachzuprüfen, wenn das ermittelte mittlere Betriebslagerspiel $s = 0{,}21$ mm beträgt und Schmieröl DIN 51517–CL220 bei einer mittleren Lagertemperatur $\vartheta_m = 70\,°C$ verwendet wird.
b) Die Übergangsdrehzahl $n'_{\ddot{u}}$ beim Auslauf ist angenähert zu prüfen.

Die Ergebnisse sind zu beurteilen.

15.3 ••

Die Welle eines Stirnradgetriebes aus E295 soll als Loslager ein dickwandiges Verbundgleitlager DIN 7474, Form A (s. Lehrbuch Bild 15.23a), zunächst Bauform lang, Lagermetallausguss PbSb 15Sn10 nach DIN ISO 4381 erhalten. Im stationären Betrieb ist die radiale Lagerkraft $F = 10\,\text{kN}$ bei einer Wellendrehzahl $n_\text{W} = 750\,\text{min}^{-1}$ aufzunehmen.

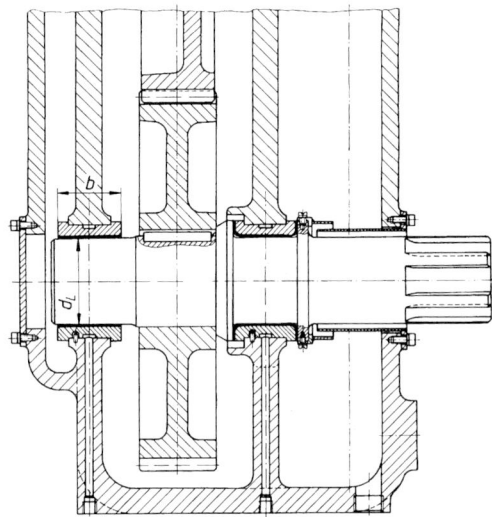

a) Entsprechend DIN 7474 sind der erforderliche Lagerdurchmesser $d_\text{L} \hat{=} d_1$ und die Breite $b \hat{=} b_1$ zunächst aufgrund der zulässigen spezifischen Lagerbelastung $p_\text{L zul}$ für das Lagermetall zu wählen. Danach ist zu prüfen, ob die vorhandene spezifische Lagerbelastung p_L im zulässigen Bereich liegt, wenn für das Lager die Bauform kurz gewählt wird. Die Normbezeichnung des Lagers mit 2 Schmiertaschen Form K ist anzugeben (vgl. Bild).

b) Die zulässigen gemittelten Rautiefen Rz_W für die Welle und Rz_L für die Lagerbohrung sind entsprechend der gewählten Spielpassung H7/f7 für eine hochwertige Funktion der Gleitflächen festzulegen.

c) Das mittlere relative Betriebslagerspiel ψ_B in ‰ aufgrund der Spielpassung (auf 2 Dezimalstellen genau) ist für eine angenommene Lagertemperatur $\vartheta_\text{L} \hat{=} \vartheta_\text{eff} = 60\,°\text{C}$ bei Berücksichtigung der Spieländerung zu bestimmen.

15.4 ••

Das Deckellager DIN 505–L100 mit der Lagerschale M100 ($d_\text{L} = 100\,\text{mm}$) aus einer Cu–Sn-Legierung (Längenausdehnungskoeffizient $\alpha_\text{L} \approx 18 \cdot 10^{-6}\,1/°\text{C}$) soll bei der Drehzahl $n_\text{W} = 800\,\text{min}^{-1}$ bis zum üblichen Erfahrungswert für die zulässige spezifische Lagerbelastung $p_\text{L zul} \hat{=} p_\text{L}$ ausgelastet werden (vgl. Lehrbuch Bild 15.24d). Für den Einbau wird eine Spielpassung G7/d6 festgelegt. Zu ermitteln sind

a) das mittlere relative Einbau-Lagerspiel ψ_E in ‰,
b) das mittlere relative Betriebslagerspiel $\psi_B = \psi_E + \Delta\psi$ in ‰ bei einer effektiven Schmieröltemperatur $\vartheta_{eff} = 40\,°C$ und das minimale und maximale Betriebslagerspiel $s_{B\,min}$ und $s_{B\,max}$ in mm,
c) die relative Exzentrizität ε, wenn für das zu verwendende Schmieröl die kleinste Schmierspalthöhe h_0 ca. 30 % größer als h_{0zul} sein soll,
d) die dynamische Viskosität η_{eff} in mPa s bei ϑ_{eff} und das dafür geeignete Schmieröl nach DIN 51517 mit Normbezeichnung.

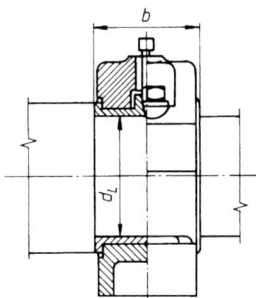

Hydrodynamische Lager

ⓘ **15.5** •••

In ein Gehäusegleitlager DIN 31 690–100 × 3 wie im Lehrbuch, Bild 15.25c, wird die passende Lagerschale DIN 31 690–100, Breite $b = 80$ mm für einen mittig angeordneten festen Schmierring, der sich mit der Welle dreht, eingebaut. Das Lager wird somit durch eine Ringnut (360°-Nut) von der Breite $b_{Nut} = 5$ mm geteilt, so dass wegen der getrennten Gleitflächen zweckmäßig mit Ersatzabmessungen d'_L und b' (auf 2 Dezimalstellen genau) gerechnet wird (s. Lehrbuch 15.4.1-4 „Hinweis"). Infolge der stärkeren Schleuderwirkung des festen Schmierringes wird auch die unbelastete obere Schalenhälfte mit dem gewählten Schmieröl DIN 51 517–CL46 gefüllt sein, so dass ein 360°-Lager (vollumschließendes Lager) angenommen werden kann.

Für den Wellenzapfen und die Lagerschale sind die gemittelten Rautiefen $Rz_W = 4\,\mu m$ bzw. $Rz_L = 1\,\mu m$ vorgesehen. Die Lagerung mit dem konstanten mittleren relativen Betriebslagerspiel $\psi_B = 1{,}49$ ‰ wird bei Umgebungstemperatur $\vartheta_U = 40\,°C$ bei einer Wellendrehzahl $n_W = 1\,500\,min^{-1}$ mit der Lagerkraft $F = 16$ kN belastet.

a) Aufgrund der spezifischen Lagerbelastung p_L ist eine Lagerwerkstoff-Gruppe erfahrungsgemäß zu wählen.
b) Unter der Annahme der wärmeabgebenden verrippten Oberfläche des Lagers $A_G = 0{,}5\,m^2$ ist mit der Wärmeübergangszahl $\alpha = 20\,W/(m^2\,°C)$ die Lagertemperatur ϑ_L für Luftkühlung iterativ zu ermitteln und für die Lagerwerkstoff-Gruppe zu prüfen, wenn

als Richttemperatur $\vartheta_0 = \vartheta_U + 20\,°C$ zunächst gewählt und die Reibungskennzahl μ/ψ_B rechnerisch ermittelt wird.
c) Der erforderliche Schmierstoffdurchsatz in $l/\min$ ist zu errechnen.
d) Die Verschleißgefährdung ist nachzuprüfen.

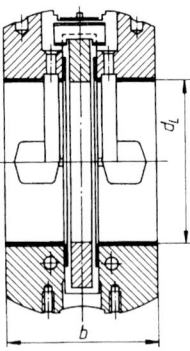

15.6 ••

Das Gehäusegleitlager DIN 31 690–100 × 3 × 5 × 7 × 9 (s. Lehrbuch zu Bild 15.25c) mit der Lagerschale DIN 31 690–5 × 100–2K mit $b = 80$ mm, Schmierringschlitzbreite $b_{Nut} = 22$ mm (für Schmierring DIN 31 690–7 × 210, d. h. Durchmesser 210 mm, Breite 20 mm) hat ein mittleres relatives Betriebslagerspiel $\psi_B = 1,49\,‰$.

Bei einer Lagerkraft $F = 16$ kN und einer Wellendrehzahl $n_W = 2\,000\,\min^{-1}$ im stationären Betrieb soll Schmieröl DIN 51 517–CL22 verwendet werden. Zu ermitteln bzw. zu prüfen sind für Luftkühlung

a) die Zulässigkeit der spezifischen Lagerbelastung, wenn für den Lagermetallausguss der Schale Sn- bzw. Pb-Legierungen vorgesehen werden.
b) die effektive dynamische Viskosität η_{eff} in $N\,s/mm^2$ des Schmieröls, wenn als Richttemperatur $\vartheta_{eff} \triangleq \vartheta_0 = \vartheta_U + 20\,°C = 60\,°C$ angenommen wird,
c) die Sommerfeldzahl So,
d) die relative Exzentrizität $\varepsilon = f(b/d_L, So)$ und das Verhalten des Lagers,
e) die Zulässigkeit der kleinsten Schmierspalthöhe h_0 in (vollen) µm, wenn $Rz_W \leq 2$ µm und $Rz_L \leq 1$ µm angenommen wird, und den geschätzten Verlagerungswinkel $\beta°$, wenn wegen des Schmierringschlitzes sowie der Schmiertaschen für den losen Schmierring die Lagerung eher einem 180°-Lager (halbumschließendes Radiallager) entspricht, da eine Ölfüllung in der entlasteten Lagerhälfte kaum erreicht wird.

15.7 ••

Für eine radiale Lagerkraft $F = 22,5$ kN bei der Wellendrehzahl $n_W = 900\,\min^{-1}$ soll ein Gleitlager DIN 7473–C80 × 60 mit einem Lagermetall auf Pb-Basis eingebaut werden, das mit Schmieröl DIN 51 517–CL100 über eine Bohrung entgegengesetzt zur Lastrichtung versorgt wird.

Das mittlere relative Betriebslagerspiel ψ_B in ‰ soll zunächst abhängig von der Gleitgeschwindigkeit u_W festgelegt werden.

a) Das mittlere Betriebslagerspiel s_B in 1/100 mm ist zu bestimmen.
b) Es ist zu untersuchen, ob das Lager für eine geschätzte Richttemperatur $\vartheta_0 = 70\,°C$ bei einer Umgebungstemperatur $\vartheta_U = 20\,°C$ mit der wärmeabgebenden Oberfläche $A_G = 0{,}2\,m^2$ bei einer effektiven Wärmeübergangszahl $\alpha = 20\,W/(m^2\,°C)$ hydrodynamisch mit natürlicher Kühlung betrieben werden kann, wenn $\vartheta_{L\,zul} = 90\,°C$ nicht überschritten werden soll.
c) Die Zulässigkeit der kleinsten Schmierspalthöhe h_0 ist für $R_{zW} \leq 2\,\mu m$ und $R_{zL} \leq 1\,\mu m$ zu prüfen.
d) Der Schmierstoffdurchsatz infolge Eigendruckentwicklung $\dot{V}_D$ ist zu ermitteln.

15.8 •••

Das Gleitlager DIN 7474–A60 × 45–2K (s. Lehrbuch Bild 15.23a) des Stirnradgetriebes entsprechend der Aufgabe 15.3 (s. Bild) soll im stationären Betrieb eine radiale Lagerkraft $F = 7\,kN$ bei einer Wellendrehzahl $n_W = 750\,min^{-1}$ aufnehmen, wobei dem Loslager Schmieröl DIN 51517–CL220 bei der Umgebungstemperatur $\vartheta_U = 30\,°C$ zugeführt wird.

Bei der angenommenen Richttemperatur $\vartheta_0 \,\hat{=}\, \vartheta_{eff} = 60\,°C$ beträgt das relative Lagerspiel $\psi_B = 1{,}52\,‰$, wenn das relative Einbau-Lagerspiel $\psi_E = 1\,‰$ ermittelt wurde. Für die (geschätzte) wärmeabgebende Fläche $A_G \approx 0{,}1\,m^2$ ist mit einer Wärmeübergangszahl $\alpha = 20\,W/(m^2\,°C)$ zu rechnen.

Die Lagertemperatur $\vartheta_L \,\hat{=}\, \vartheta_m$ ist für natürliche Kühlung bei Berücksichtigung der Spieländerung durch Iteration zu ermitteln, wenn nach Herstellerangabe die zulässige Lagertemperatur $\vartheta_{L\,zul} = 70\,°C$ nicht überschritten werden soll.

15.9 •••

Das Gleitlager DIN 7474–A60 × 45–2K des Stirnradgetriebes, Lagermetall PbSb15Sn10 entsprechend der Aufgabe 15.3 (s. Bild) wird mit der radialen Lagerkraft $F = 7\,kN$ bei einer Wellendrehzahl $n_W = 750\,min^{-1}$ im stationären Bereich belastet. Es soll mittels Druckumlaufschmierung bei einem konstant gewählten gesamten Schmierstoffdurchsatz $\dot{V} \approx 0{,}5\,dm^3/min$ mit Schmieröl DIN 51517–CL220 versorgt werden. Bei einer Schmierstoffeintrittstemperatur $\vartheta_e = 30\,°C$ soll nach Herstellerangabe die zulässige Lagertemperatur $\vartheta_{L\,zul} = 70\,°C$ nicht überschritten werden.

Zu ermitteln bzw. zu prüfen sind

a) die Lagertemperatur $\vartheta_L \,\hat{=}\, \vartheta_a$ durch Iteration, wenn das mittlere relative Einbau-Lagerspiel $\psi_E = 1\,‰$ beträgt,
b) die Verschleißgefährdung, wenn für die Welle $R_{zW} = 4\,\mu m$ und die Gleitfläche $R_{zL} = 1\,\mu m$ entsprechend der gewählten Passung beträgt.
c) Das Betriebsverhalten des Lagers ist zu beurteilen.

ⓘ **15.10** •••
Ein Getriebe-Gleitlager mit einem Nenndurchmesser $d_L = 70$ mm $\hat{=} d_W$, Breite $b = 70$ mm, wird bei einer Wellendrehzahl $n_W = 1\,200$ min^{-1} mit der Lagerkraft $F = 9{,}5$ kN beansprucht. Dem Lager soll Schmieröl DIN 51517–C68 bei der Eintrittstemperatur $\vartheta_e = 50\,°C$ mit einem Zuführdruck $p_Z = 2$ bar über eine Schmiertasche $b_T/b = 0{,}6$ zugeführt werden, die entgegengesetzt zur Lastrichtung angeordnet wird.

a) Die Zulässigkeit der spezifischen Lagerbelastung p_L in N/mm^2 ist für die vorgesehene Cu-Pb-Legierung G–CuPb10Sn10 nach DIN ISO 4382-1 zu prüfen.

b) Da keine Erfahrungen vorliegen, soll zunächst das mittlere relative Einbaulagerspiel ψ_E in ‰ für die Gleitgeschwindigkeit u_W vorgewählt und danach das relative Betriebslagerspiel ψ_B in ‰ bei $\vartheta_{\text{eff}} = 0{,}5\,(\vartheta_e + \vartheta_{a0})$ bestimmt werden.

c) Die Schmierstoffaustrittstemperatur $\vartheta_a \hat{=} \vartheta_L$ ist durch Iteration zu ermitteln, wenn die zulässige Lagertemperatur $\vartheta_{L\,\text{zul}} = 100\,°C$ nicht überschritten werden soll. Der Startwert ist $\eta_{\text{eff}} = 24 \cdot 10^{-9}$ N s/mm^2 für $\vartheta_{\text{eff}} = 60\,°C$. Die Verschleißgefährdung ist für $R_{zW} \leq 2$ µm, $R_{zL} \leq 1$ µm zu prüfen.

15.11 •••
Für das Gehäusegleitlager DIN 31690–100 × 2 wird eine Lagerschale DIN 31690–4 × 100, Breite $b = 80$ mm (Bezeichnungen Nr. 2 bzw. Nr. 4 s. Lehrbuch zu Bild 15.25c) gewählt. Als Lagermetallausguss ist eine Sn-Legierung vorgesehen. Die Lagerung mit konstantem mittleren relativen Betriebslagerspiel $\psi_B = 1{,}49\,‰$ wird bei einer Wellendrehzahl $n_W = 3\,000$ min^{-1} mit der Lagerkraft $F = 16$ kN im stationären Bereich belastet. Schmieröl DIN 51517–CL22 soll über eine Schmiertasche $b_T/b = 0{,}5$ um 90° gedreht zur Lastrichtung angeordnet mit einem Zuführdruck $p_Z = 3$ bar bei einer Eintrittstemperatur $\vartheta_e = 40\,°C$ zugeführt werden. Nachzuprüfen sind:

a) die mechanische Beanspruchung,

b) die thermische Beanspruchung bei Ölkühlung für das 360°-Lager,

c) die Verschleißgefährdung, wenn $R_{zW} = 2$ µm und $R_{zL} = 1$ µm betragen.

15.12 •••
Ein vollumschließendes Radialgleitlager mit den Nennabmessungen $d_L = 120$ mm, $b = 60$ mm soll als Verbundlager mit Lagermetallausguss G–CuPb10Sn10 nach ISO 4382-1 bei einem mittleren Einbau-Lagerspiel $s = 0{,}12$ mm im stationären Betrieb bei einer Wellendrehzahl $n_W = 2\,000$ min^{-1} unter einer Belastung $F = 36$ kN betrieben werden.

Die gemittelten Rautiefen sind für den Wellenzapfen $R_{zW} \leq 2$ µm, für die Lagerschale $R_{zL} \leq 1$ µm bei einer Umgebungstemperatur $\vartheta_U = 40\,°C$. Über eine Bohrung $d_0 = 8$ mm in der Oberschale entgegengesetzt zur Lastrichtung soll den Gleitflächen Schmieröl DIN 51517–CL100 zugeführt werden.

a) Es ist zunächst zu untersuchen, ob das Lager mit einer wärmeabgebenden Oberfläche $A_G \approx 0{,}3\,\mathrm{m}^2$, Wärmeübergangszahl $\alpha = 20\,\mathrm{W/(m^2\,°C)}$ bei natürlicher Kühlung betrieben werden kann, wenn die Temperaturerhöhung $\Delta\vartheta = 20\,°\mathrm{C}$ betragen und die zulässige Lagertemperatur $\vartheta_{L\,zul} = 90\,°\mathrm{C}$ nicht überschritten werden soll.
b) Die Lagertemperatur $\vartheta_L \,\hat{=}\, \vartheta_a$ ist bei Druckumlaufschmierung zu ermitteln, wenn das Schmieröl mit einem Druck $p_Z = 5 \cdot 10^5\,\mathrm{Pa}$ bei einer Eintrittstemperatur zugeführt wird, die $10\,°\mathrm{C}$ höher als ϑ_U sein soll.
c) Die Verschleißgefährdung ist zu prüfen.

Hydrostatische Lager

ⓘ **15.13** ●●

Das Stützlager einer großen Zentrifuge einer Kläranlage soll als Ring-Spurlager (s. Bild) mit $d_a = 300\,\mathrm{mm}$, $d_i = 240\,\mathrm{mm}$ eine Achskraft $F = 80\,\mathrm{kN}$ bei einer Wellendrehzahl $n_W = 430\,\mathrm{min}^{-1}$ aufnehmen. Bei einer Betriebstemperatur des Lagers $\vartheta_{eff} \approx 41\,°\mathrm{C}$ wird Öl der Viskositätsklasse ISO VG 68 DIN ISO 3448 verwendet.

a) Welche zweckmäßige Schmierspalthöhe h_0 in μm ergibt sich, wenn zur Erzeugung des hydrostatischen Schmierfilms mit dem 5-fachen Wert der zulässigen Spalthöhe $h_{0\,zul}$ nach Drescher gerechnet wird (größten Wert in ganzen μm nehmen)?
b) Für den notwendigen Schmierstoff-Zuführdruck $p_Z \approx p_T$ in bar (Rundwert) ist der erforderliche Schmierstoffvolumenstrom $\dot{V}$ in l/min zu bestimmen.
c) Die Schmierstofferwärmung $\Delta\vartheta$ in $°\mathrm{C}$ ist zu ermitteln, wenn die raumspezifische Wärme $\varrho \cdot c$ wie bei Radiallagern für Ölkühlung üblich verwendet und ein Pumpenwirkungsgrad $\eta_P = 0{,}75$ zugrunde gelegt wird.
d) Der Reibungskoeffizient μ ist zu errechnen.

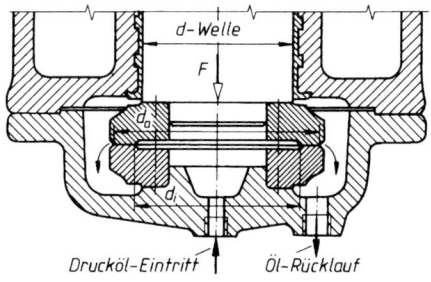

15.14 ••

Ein hydrostatisch arbeitendes ebenes Spurlager (vgl. Bild 15.40 im Lehrbuch) soll eine zentrisch wirkende axiale Lagerkraft $F = 40$ kN bei einer Wellendrehzahl $n_W = 200$ min^{-1} aufnehmen. Konstruktiv passen ein Durchmesser des Wellenspurkranzes $d_a = 200$ mm und ein Innendurchmesser der Spurplatte $d_i = 160$ mm.

Als Schmierstoff soll Öl der Viskositätsklasse ISO VG 46 DIN ISO 3448 bei einer mittleren Betriebstemperatur des Lagers $\vartheta_{eff} = 60\,°C$ mit der Dichte $\varrho_{60} \approx 890$ kg/m^3 verwendet werden.

Zu ermitteln sind:

a) aufgrund der Lagerabmessung für die Lagerkraft der erforderliche Schmiertaschendruck p_T in bar;
b) der Schmierstoffvolumenstrom in dm^3/min, wenn die erforderliche Schmierspalthöhe $h_0 \approx 2h_{0\,zul}$ für einen mittleren Faktor (nach Drescher) beträgt;
c) die Schmierstofferwärmung $\Delta\vartheta$ in °C gerundet, wenn für die Pumpenleistung der gerundete Wert $p_T \approx p_Z$ und ein Pumpenwirkungsgrad $\eta_P = 0{,}8$ angenommen werden.

Einscheiben- und Segmentspurlager

15.15 ••

Zur Aufnahme der axialen Lagerkraft $F = 133$ kN bei einer Wellendrehzahl $n_W = 430$ min^{-1} einer Schiffschraubenwelle soll ein Axiallager kombiniert mit einem MF-Radiallager eingebaut werden, s. Bild. Die Axialkraft F soll vom Wellenbund aus Stahl je nach Richtung nicht mit Druckringen sondern mit $z = 12$ einzelnen kippbeweglichen Segmenten aus Stahl mit Sn/Pb-Lauffläche mit $d_a = 378$ mm, $d_i = 252$ mm übertragen werden.

Für die neue Konstruktion Segmente mit Kippkante und Tragringe aus C10 soll bei Druckumlaufschmierung durch Pumpe Öl der Viskositätsklasse ISO VG 100 DIN ISO 3448 bei Betriebstemperatur $\vartheta_{eff} = 65\,°C$, Dichte $\varrho = 860$ kg/m^3 verwendet werden.

a) Für die Segmentlänge l in mm aus der Segmentteilung l_t ist die mittlere Flächenpressung p_L in N/m^2 zu prüfen und die Dicke h_{seg} in mm zu ermitteln.
b) Die Zulässigkeit der kleinsten Schmierspalthöhe h_0 in μm ist zu prüfen, wenn $l/b \approx 1$ bei $h_0/t \approx 1$ sowie beste Herstellung und sorgfältigste Montage angenommen werden.
c) Für die Reibungskennzahl k_2 ist die Reibungsverlustleistung P_R in N m/s zu errechnen.
d) Die Erwärmung des Schmierstoffs $\Delta\vartheta < 20\,°C$ ist zu prüfen, wenn wegen Erreichens eines möglichst geringen Wertes der errechnete Schmierstoffvolumenstrom $\dot{V}_{ges}$ verdoppelt wird.

Einscheiben- und Segmentspurlager

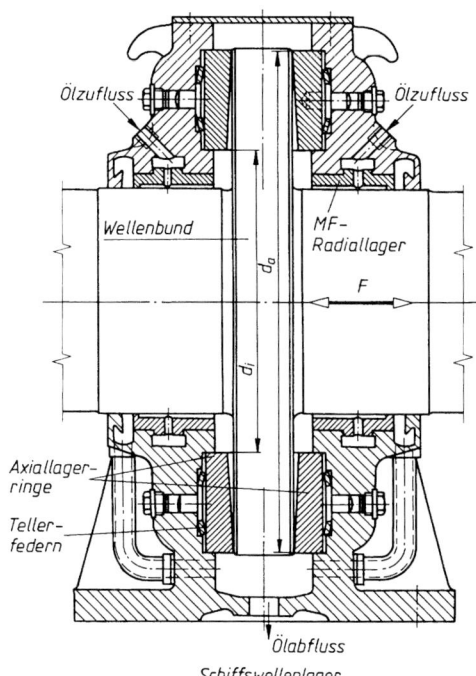

Schiffswellenlager

16 Riemengetriebe

Grundaufgaben

16.1 •
Für ein offenes Riemengetriebe mit dem Wellenabstand e sind für die Scheibendurchmesser $d_1 = d_2$ und $d_1 < d_2$ Gleichungen aufzustellen zur rechnerischen Ermittlung

a) des Umschlingungswinkels β_1 an der kleinen Scheibe,
b) der stumpfen Innenlänge L des Riemens.

16.2 •
Für ein offenes Riemengetriebe mit der Übersetzung $i = 5$, dem Wellenabstand $e = 1\,600$ mm und dem Durchmesser der Antriebsscheibe $d_1 = 160$ mm ist der Umschlingungswinkel β_1 an der Antriebsscheibe zu ermitteln.

16.3 •
Eine Arbeitsmaschine wird durch einen Drehstrom-Norm-Motor, Baugröße 160 M mit der Nenndrehzahl $n \approx 1\,480$ min^{-1} über einen Textilriemen aus Baumwollgewebe angetrieben. Die Durchmesser der Riemenscheiben nach DIN 111 betragen $d_1 = 250$ mm, $d_2 = 400$ mm bei einem Wellenabstand $e = 1\,200$ mm.

Mit den Nenngrößen sind zu ermitteln:

a) die Trumkräfte F_1 und F_2 im Last- und Leertrum;
b) die Wellenbelastung F_W im Betriebszustand.

16.4 •
Für einen Mehrschicht-Flachriemen aus Polyamidbändern (Laufschicht Gummi) mit $b = 80$ mm Riemenbreite und $t = 1{,}7$ mm -dicke ist für eine zulässige Spannung $\sigma_{zul} \approx 10$ N/mm^2 und der Dichte $\varrho \approx 1{,}2$ kg/dm^3 die übertragbare Leistung in Abhängigkeit von

der Riemengeschwindigkeit bildlich darzustellen und die optimale Riemengeschwindigkeit rechnerisch zu ermitteln. Aufgrund der Getriebeanordnung wurden die Durchmesser mit $d_1 = 200$ mm und $d_2 = 355$ mm bei einem Wellenabstand $e = 800$ mm festgelegt.

16.5 ••
Der Antrieb einer Schleifmaschinenspindel, Spindeldrehzahl $n_2 \approx 3\,000$ min^{-1}, soll über einen 200 mm breiten und 3 mm dicken Textilriemen aus imprägnierter Kunstseide erfolgen. Als Antriebsmotor ist der Drehstrom-Norm-Motor 180 L mit der Antriebsdrehzahl $n_1 \approx 1\,470$ min^{-1} vorgesehen. Ungünstige Betriebsbedingungen sind nicht zu erwarten. Aufgrund der konstruktiven Gegebenheiten ist der Wellenabstand $e' \approx 1\,200$ mm vorzusehen.

Zu ermitteln bzw. festzulegen sind:

a) Die Durchmesser d_k und d_g der Riemenscheiben unter Zugrundelegung des für den gewählten Motortyp empfohlenen Scheibendurchmessers $d_{min} = 280$ mm;
b) die theoretische Riemenlänge L' und die (nach DIN 323–R20) festzulegende Riemenlänge L;
c) der sich mit der festgelegten Riemenlänge ergebende Wellenabstand e;
d) die Biegefrequenz f_B.

Mehrschichtriemen

16.6 ••
Für den Antrieb eines Lüfters, Drehzahl des Lüfterrades $n_2 \approx 750$ min^{-1}, ist ein Flachriemengetriebe mit einem Extremultus-Mehrschichtriemen auszulegen. Als Antriebsmotor ist ein Drehstrom-Norm-Motor der Baugröße 180 L mit der Nenndrehzahl $n_1 \approx 1\,475$ min^{-1} vorzusehen. Der Durchmesser der Scheibe auf der Lüfterradwelle kann aus baulichen Gründen maximal $d_2 = 400$ mm bei einem Wellenabstand $e' \approx 750$ mm betragen. Die zu erwartenden Betriebsbedingungen sind durch den Anwendungsfaktor $K_A \approx 1,1$ zu berücksichtigen. Starker Einfluss von Öl und Fett ist bei dem vorgesehenen Einsatzfall nicht auszuschließen.

Im Einzelnen sind zu berechnen bzw. festzulegen:

a) die Riemenausführung des Extremultusriemens,
b) die Scheibendurchmesser d_k und d_g nach den Angaben des Herstellers,
c) die Riemenlänge L,
d) der Riementyp und die Riemenbreite b,
e) die Wellenbelastung F_{w0} im Ruhezustand und die Biegefrequenz f_B,
f) der Verstellweg x zur Vergrößerung des Wellenabstandes zum Spannen des Riemens.

16.7 ••

Ein Kegel-Stirnradgetriebe mit $i_2 \approx 4{,}3$, $\eta \approx 0{,}85$ und der Abtriebsdrehzahl $n_{ab} \approx 90\,\text{min}^{-1}$ wird über einen Mehrschicht-Flachriemen der Bauart Extremultus 80 LT durch einen Drehstrom-Norm-Motor mit der Synchrondrehzahl $n_s = 1\,000\,\text{min}^{-1}$ angetrieben. Das Drehmoment an der Abtriebswelle des Getriebes beträgt $T_{ab} \approx 2\,000\,\text{N m}$, welches durch die Nennbelastung und die zusätzlich vorhandenen ungünstigen Betriebsbedingungen (Anwendungsfaktor $K_A \approx 1{,}5$) entsteht.

Zu ermitteln sind:

a) die geeignete Baugröße des Motors (n_s ist um 2,5 % abzumindern, nach Herstellerangaben: Scheibendurchmesser $d_{kmin} = 280\,\text{mm}$) sowie der für den gewählten Motor empfohlene Durchmesser d_k und der Durchmesser d_g nach DIN 111;
b) der empfehlenswerte Wellenabstand e' und die Riemenlänge L (Innenlänge) nach DIN 323–R20, wenn für den Wellenabstand der mittlere Wert zugrunde gelegt wird;
c) die erforderliche Riemenbreite b und die zugehörige Kranzbreite B;
d) die etwa zu erwartende Wellenbelastung F_{w0} im Ruhezustand und die Biegefrequenz f_B;
e) der erforderliche Verstellweg x.

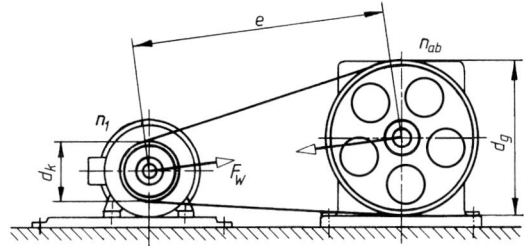

16.8 ••

Ein Kolbenkompressor soll durch einen Elektromotor mit $P = 110\,\text{kW}$ Leistung bei einer Drehzahl $n_1 = 1\,490\,\text{min}^{-1}$ über einen Mehrschichtriemen angetrieben werden. Die Drehzahl der Kompressorwelle soll $n_2 \approx 550\,\text{min}^{-1}$, der Wellenabstand $e' \approx 1\,400\,\text{mm}$ betragen, die Betriebsverhältnisse sind durch den Anwendungsfaktor $K_A = 1{,}5$ zu berücksichtigen.

Zu ermitteln sind:

a) die Durchmesser d_k und d_g der Riemenscheiben aus GJL, wenn die Umfangsgeschwindigkeit $v \approx 26\ldots 28\,\text{m/s}$ nicht überschritten werden soll und die zu den berechneten Durchmessern nächstliegenden genormten Durchmesser nach DIN 111 zu wählen sind;
b) der für den Antrieb in Frage kommende Riementyp (Sieglingriemen), wenn der Einfluss von Öl und Fett gering, aber mit Staub und Feuchtigkeit zu rechnen ist;
c) die festzulegende Riemenlänge L nach DIN 323–R20;
d) die Riemenbreite b und die zugehörige Scheibenkranzbreite B;

e) die Wellenbelastung im Ruhezustand und die Biegefrequenz f_B;
f) der erforderliche Verstellweg x.

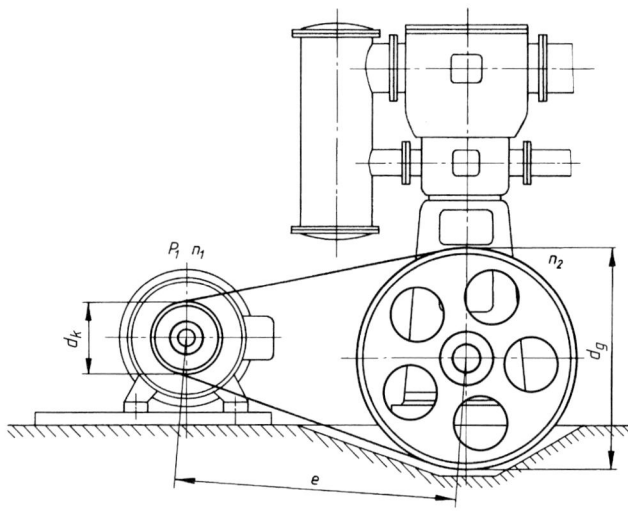

16.9 ••

Die Messerwelle einer Abrichthobelmaschine soll eine Drehzahl $n_2 \approx 6\,000\,\text{min}^{-1}$ haben und durch einen Drehstrom-Norm-Motor mit möglichst hoher Drehzahl über einen Mehrschichtriemen angetrieben werden. Die Antriebsleistung beträgt $P_1 \approx 5\,\text{kW}$. Aufgrund der baulichen Abmessungen ist der Wellenabstand mit $e = 600\,\text{mm}$ als fester Wert vorgegeben. Der Einfluss von Öl und Fett ist gering, aber mit Staub und Feuchtigkeit ist zu rechnen. Zu ermitteln sind:

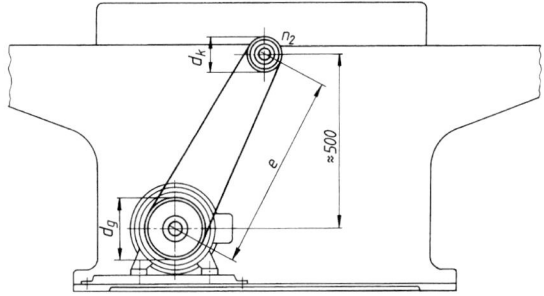

a) der geeignete Drehstrom-Norm-Motor und die Durchmesser d_g und d_k der Motor- und der Gegenscheibe sowie die tatsächliche Drehzahl n_2 der Maschinenwelle, wenn die für den Motor übliche Scheibengröße zu wählen ist und seine Nenndrehzahl n_1 um ca. 4 % kleiner als die Synchrondrehzahl anzunehmen ist;

b) der geeignete Riementyp (Sieglingriemen), die Riemenbreite b und die Kranzbreite B der Scheiben, wenn mit leichtem Anlauf, Volllast bei mäßigen Stößen und etwa 5 h täglicher Laufzeit zu rechnen ist;

c) die erforderliche „stumpfe" Riemenlänge L (Bestelllänge), wenn die Vorspannung hauptsächlich durch Verkürzung des Riemens erreicht werden soll.

Keilriemen

16.10 ••

Der Antrieb einer Kolbenpumpe erfolgt durch einen Drehstrom-Norm-Motor, Baugröße 160 L, mit der Nenndrehzahl $n_1 \approx 1\,465\,\text{min}^{-1}$ über 5 Schmalkeilriemen DIN 7753–SPZ × 4 000.

Zu berechnen bzw. festzustellen sind:

a) der Durchmesser d_{dg} der Pumpenscheibe, wenn die Drehzahl der Pumpenwelle $n_2 \approx 300\,\text{min}^{-1}$ betragen soll und die für den Motor übliche Scheibengröße $d_{dk} = 140\,\text{mm}$ gewählt wird;

b) der sich ergebende maximale Wellenabstand e_{max} und der Verstellweg y zum Auflegen der Keilriemen;

c) ob die vorgesehenen 5 Keilriemen die Motorleistung übertragen können, wenn für die vorliegenden Betriebsverhältnisse der Anwendungsfaktor $K_A \approx 1,4$ anzunehmen ist.

ⓘ **16.11** ••

Eine Leistung von $P = 37\,\text{kW}$ ist bei einer Antriebsdrehzahl $n_1 = 750\,\text{min}^{-1}$ mittels eines Schmalkeilriemengetriebes zu übertragen. Es liegen günstige Betriebsbedingungen vor, deshalb kann ein Anwendungsfaktor $K_A = 1,2$ zugrunde gelegt werden. Die Übersetzung des Riemengetriebes soll $i \approx 3,5$ betragen.

a) Es ist das Riemenprofil zu bestimmen und der Riemenscheibendurchmesser d_{dg} festzulegen, wenn $d_{dk} = 250\,\text{mm}$ zu berücksichtigen ist.

b) Es ist ein mittlerer Wellenabstand festzulegen, die Riemenlänge L_d (DIN 323, R40) und der Wellenabstand bei maximaler Riemenspannung zu bestimmen.

c) Die erforderliche Riemenanzahl ist zu bestimmen.

ⓘ **16.12** ••

Der Antrieb eines Ketten-Trogförderers erfolgt durch einen Drehstrom-Norm-Motor 100L mit einer Leistung $P = 2,2\,\text{kW}$ bei einer Synchrondrehzahl $n_s = 1\,500\,\text{min}^{-1}$ über ein Keilriemengetriebe als erste Getriebestufe. Die Drehzahl der Antriebswelle des Förderers muss $n_2 \approx 320\,\text{min}^{-1}$, aus baulichen Gründen der Wellenabstand $e' \approx 700\,\text{mm}$ betragen. Als Scheibendurchmesser auf der Motorwelle ist der für den Motor empfohlene Durchmesser $d_{dk} = 90\,\text{mm}$ vorzusehen.

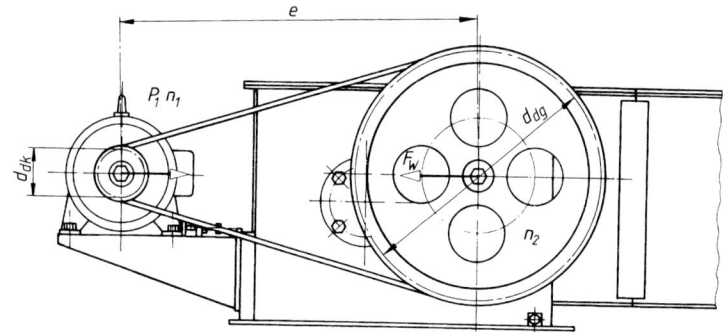

Es sind folgende Betriebsbedingungen anzunehmen: mittlerer Anlauf, Volllast, stoßfrei, 8 h tägliche Einsatzdauer. Alle Daten des Riemengetriebes mit Schmalkeilriemen nach DIN 7753 sind zu ermitteln.

Keilrippenriemen

16.13 ••

Der Antrieb des Trogförderers nach Aufgabe 16.12 soll für eine geforderte Drehzahl $n_2 \approx 330 \text{ min}^{-1}$ durch ein Riemengetriebe mit Keilrippenriemen nach DIN 7867 erfolgen. Es sind alle Getriebedaten zu ermitteln und die Kontrolle der Belastung des Motorwellenendes ist durchzuführen.

Zahnriemen

16.14 ••

Für ein offenes Zweischeiben-Riemengetriebe mit dem Synchroflex-Zahnriemen T5/630 (Riementyp T5, Riemenlänge 630 mm), der Übersetzung $i = 5$ und der Zähnezahl $z_k = 14$ sind zu ermitteln:

a) die Zähnezahl z_g der Gegenscheibe und z_R des Zahnriemens;
b) die Wirkdurchmesser d_{dk} und d_{dg} der Zahnriemenscheiben;
c) der Wellenabstand e;
d) der Umschlingungswinkel β_1 an der kleinen Scheibe;
e) die Anzahl der sich im Eingriff befindlichen Zähne z_e an der kleinen Scheibe (auf ganze Zähnezahl abgerundet).

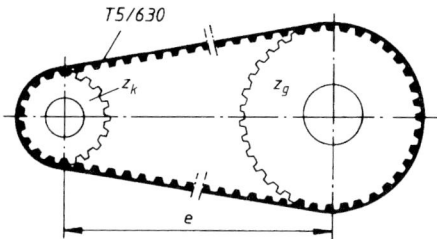

16.15 ••

Es ist zu prüfen, ob von dem Synchroflex-Zahnriemen 50-T20/2600 eine Leistung von $P = 12\,\text{kW}$ bei $n_1 = 630\,\text{min}^{-1}$ übertragen werden kann, wenn aufgrund der zu erwartenden Betriebsbedingungen der Anwendungsfaktor mit $K_A \approx 1{,}4$ anzunehmen und, bedingt durch die Anordnung der Spannrolle, mit Gegenbiegung des Riemens zu rechnen ist. Die Zähnezahlen der Riemenscheiben wurden mit $z_k = 24$, $z_g = 70$ vorgewählt.

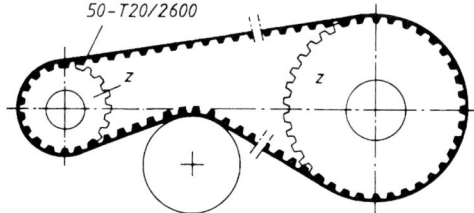

ⓘ 16.16 ••

Für den Antrieb einer Arbeitsmaschine mit $P_2 \approx 2{,}2\,\text{kW}$ und $n_2 \approx 630\,\text{min}^{-1}$ soll ein offenes Synchronriemen-Getriebe vorgesehen werden. Als Antriebsmotor wurde der Drehstrom-Norm-Motor 100L mit der Betriebsdrehzahl $n_1 = 1475\,\text{min}^{-1}$ gewählt. Aus dem ersten Entwurf ergab sich der Wellenmittenabstand mit $e' \approx 400\,\text{mm}$.

Zu ermitteln bzw. festzulegen sind:

a) der geeignete Riementyp, wenn aufgrund der zu erwartenden Betriebsbedingungen mit einem Anwendungsfaktor $K_A \approx 1{,}2$ zu rechnen ist,
b) die Zähnezahl z_g und die Wirkdurchmesser d_{dk} und d_{dg} der Synchronriemenscheiben, wenn $z_k = 20$ frei vorgewählt wird,
c) die Synchronriemenrichtlänge L_d,
d) der sich mit der gewählten Richtlänge L_d ergebende Wellenabstand e und der erforderliche Mindest-Verstellweg x,
e) die erforderliche Synchronriemenbreite b als Standardmaß,
f) die Zulässigkeit der bei vorliegenden Betriebsbedingungen vorhandenen Biegefrequenz f_B, Riemengeschwindigkeit v und der Umfangskraft $F_{t\,\text{max}}$,
g) die Wellenbelastung F_{w0}.

(i) 16.17 ••

Zur Einhaltung des konstanten Übersetzungsverhältnisses $i = 2$ ist bei einer Werkzeugmaschine ein Synchronriemen-Getriebe in offener Ausführung vorgesehen. Bei einem Wellenabstand von $e' \approx 220\,\text{mm}$ ist von dem Getriebe eine Leistung von $P = 2{,}5\,\text{kW}$ bei der Antriebsdrehzahl $n_1 = n_k = 1\,250\,\text{min}^{-1}$ zu übertragen, der Anwendungsfaktor ist mit $K_A = 1{,}25$ anzunehmen.

Die Daten des Riemengetriebes sind mit $z_k \approx 2 \cdot z_{\min}$ zu ermitteln, wie in Aufgabe 16.16 unter a) bis g) angegeben.

16.18 ••

Für den Antrieb einer Arbeitsmaschine mit $n_2 \approx 2\,000\,\text{min}^{-1}$ ist ein Elektromotor 200L mit $P = 30\,\text{kW}$ bei $n_1 \approx 1\,450\,\text{min}^{-1}$ vorgesehen. Der Antrieb erfolgt über ein offenes Synchronriemen-Getriebe, wobei aus konstruktiven Gründen der Wirkdurchmesser der großen Scheibe 155 mm nicht überschreiten darf. Aus dem Entwurf der Anlage ergibt sich für den Riementrieb ein Wellenabstand $e' \approx 400\,\text{mm}$. Bei der Festlegung des Anwendungsfaktors ist von mittleren Anlaufverhältnissen und Vollast bei mäßigen Stößen auszugehen, die tägliche Betriebsdauer ist mit 16 Stunden anzunehmen.

Für das Riemengetriebe sind alle Betriebsdaten zu ermitteln und die Bestellbezeichnung für den Synchroflex-Zahnriemen anzugeben.

Vergleichsberechnungen

(i) 16.19 •••

Als Vorgelege für ein Aufsteckgetriebe ($i_{\text{Getr}} = 20$) zum Antrieb eines Betonmischers ist ein Riemengetriebe vorgesehen. Der Antriebsmotor hat eine Leistung $P_1 = 4\,\text{kW}$ bei einer Nenndrehzahl $n_1 \approx 1\,440\,\text{min}^{-1}$, die Abtriebsdrehzahl des Aufsteckgetriebes soll $n_3 \approx 55\ldots60\,\text{min}^{-1}$ betragen. Der Wellenabstand ergibt sich aus baulichen Gründen mit $e' \approx 600\ldots650\,\text{mm}$. Es ist mit einer täglichen Laufzeit von 8 h bei mittleren Anlaufverhältnissen und Vollast bei mäßigen Stößen zu rechnen.

Zur Entscheidungsfindung, ob das Getriebe mit einem Extremultus-Mehrschichtriemen oder mit Schmalkeilriemen nach DIN 7753 ausgerüstet werden soll, sind für beide Riemenarten alle erforderlichen Daten zu ermitteln:

a) Riemenausführung, Scheibendurchmesser (unter Zugrundelegung des vom Motoren-Hersteller empfohlenen kleinsten Scheibendurchmessers $d_1 = 160\,\text{mm}$), Riemenlänge nach DIN 323, Wellenabstand, Spannweg zum Erreichen der erforderlichen Vorspannung, Riementyp, Riemenbreite b und Scheibenbreite B, Kontrolle der Belastung des Motorwellenendes sowie die Bestellbezeichnung für die Ausführung des Getriebes mit einem Extremultus-Mehrschichtflachriemen,

b) Riemenprofil, Richtdurchmesser der Riemenscheiben (unter Zugrundelegung des für das gewählte Profil kleinsten Scheibendurchmessers $d_{d\,\min}$), Riemenlänge, Wellenabstand, Spann- und Verstellweg, Riemenanzahl z, Scheibenbreite B, Kontrolle der Be-

Vergleichsberechnungen 181

lastung des Motorwellenendes sowie die Bestellbezeichnung für die Ausführung des Getriebes mit Schmalkeilriemen nach DIN 7753.

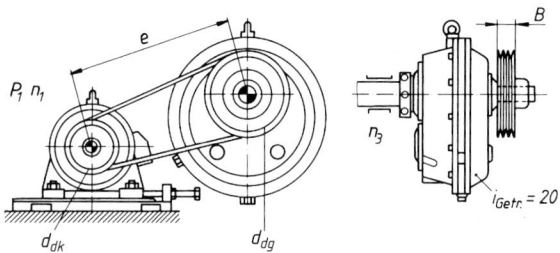

16.20 •••
Eine Vielspindelbohrmaschine soll durch ein Riemengetriebe angetrieben werden. Als erforderliche Antriebsleistung wurde $P_1 \approx 5\ldots 6\,\text{kW}$ bei einer Drehzahl $n_1 = 1\,440\,\text{min}^{-1}$ und einer Übersetzung $i = 2$ ermittelt. Der durch die bauliche Anordnung gegebene Wellenabstand beträgt $e' \approx 450\,\text{mm}$.

Unter Berücksichtigung folgender Betriebsbedingungen: leichter Anlauf, stoßfreie Volllast und 8 h tägliche Einsatzdauer, unbedeutend geringer Einfluss von Öl und Fett sind für den vorliegenden Fall im Einzelnen zu ermitteln:

a) die Baugröße des Norm-Motors,
b) alle erforderlichen Getriebedaten bei der Ausführung des Getriebes mit einem Extremultus-Mehrschichtflachriemen: Scheibendurchmesser (unter Zugrundelegung des vom Motoren-Hersteller empfohlenen kleinsten Scheibendurchmessers $d_1 = 180\,\text{mm}$), Riemenausführung, Riemenlänge nach DIN 323, Wellenabstand, Riementyp, Riemenbreite und Scheibenbreite sowie die Bestellbezeichnung des Riemens, Kontrolle der Motorwellenkraft;
c) alle erforderlichen Getriebedaten bei Ausführung des Getriebes mit einem Synchroflex-Zahnriemen unter Zugrundelegung der Zähnezahl $z_1 \approx 2 \cdot z_{\min}$, Kontrolle der Motorwellenkraft;
d) alle erforderlichen Getriebedaten bei Ausführung des Getriebes mit Schmalkeilriemen nach DIN 7753, Kontrolle der Motorwellenkraft. Die Ergebnisse von b), c) und d) sind gegenüberzustellen und zu erläutern.

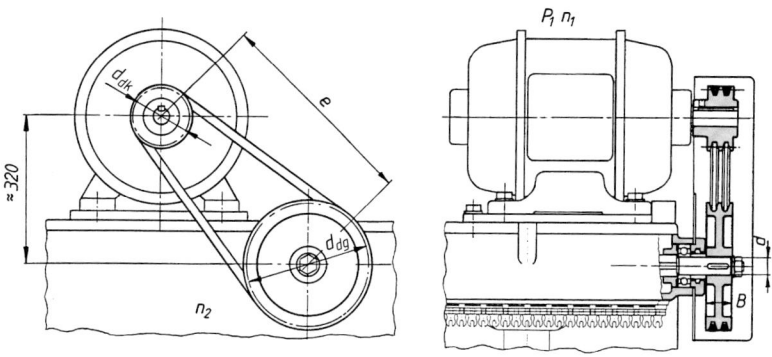

17 Kettengetriebe

17.1 ••
Das Kettenrad aus EN-GJL-250 mit einseitiger Nabe (Maßbild) und einer Zähnezahl $z = 38$ ist für ein Kettengetriebe mit einer Rollenkette DIN ISO 606 – 24B – 1 × 120 auszulegen.

Das Kettenrad wird mit einem Wellenzapfen nach DIN 748 mit dem Durchmesser $d_1 = 55$ m6 und der Länge $l = 110$ mm durch eine Passfeder DIN 6885 Form A verbunden.

Für das Kettenrad sind im Einzelnen zu bestimmen:

a) Die Verzahnungsmaße: Teilung, Teilungswinkel, Teilkreis-, Fußkreis- und Kopfkreisdurchmesser, Durchmesser der Freidrehung unter dem Fußkreis und die Zahnbreite B_1,
b) die Nabenabmessungen des Kettenrades, wenn die axiale Befestigung auf dem Wellenende mit einer Spannscheibe vorgesehen ist,
c) die Abmessungen und die Normbezeichnung der Passfeder sowie die Nabennutmaße t_2 und b.

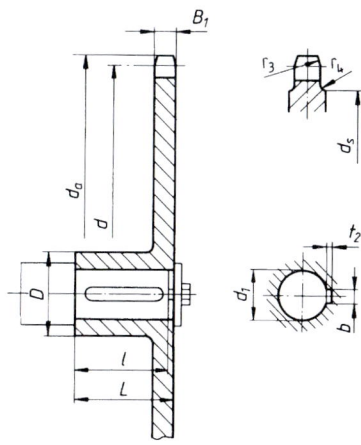

17.2 ••

Für den Antrieb einer Wasserpumpe ist eine Rollenkette DIN ISO 606 – 16B – 1 eingesetzt. Für das Antriebskettenrad ist eine Zähnezahl $z_1 = 19$, für das Pumpenrad $z_2 = 95$ gewählt. Aus baulichen Gründen ist der Achsabstand $a_0 \approx 600$ mm vorgegeben. Das Kettengetriebe ist waagerecht angeordnet.

Zu berechnen bzw. festzustellen sind:

a) Die Anzahl der Kettenglieder und der sich damit ergebende Achsabstand a,
b) der vorzusehende Einstellweg,
c) der Durchhang f, wenn ein normaler relativer Durchhang von $f_{rel} \approx 2\,\%$ gefordert wird.

17.3 •••

Eine Rollenkette DIN ISO 606 – 32B – 1 überträgt bei den vorliegenden Betriebsbedingungen ein maximales Drehmoment $T_1 = 3\,600$ N m ($K_A = 1$). Für die Kettenräder wurden $z_1 = 15$ und $z_2 = 57$ vorgesehen. Der Achsabstand beträgt $a_0 \approx 1\,800$ mm, der relative Durchhang des Leertrums $f_{rel} \approx 2\,\%$. Das Kettenrad z_1 läuft mit $n = 45$ min^{-1} um, der Neigungswinkel δ beträgt 45°.

Zu ermitteln sind:

a) Die statische Kettenzugkraft $F_t = F_u$,
b) der Fliehzug F_z,
c) die Trumlänge l_T,
d) der Stützzug F_s bei annähernd waagerechter Lage des Leertrums,
e) der Stützzug am oberen und am unteren Kettenrad F_{so} und F_{su} für den angegebenen Neigungswinkel,
f) die Wellenkräfte F_{wo} und F_{wu} der oberen und unteren Welle.

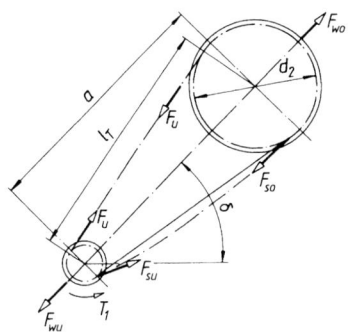

17.4 ••

Ein Förderband für Stückgut soll durch einen Getriebemotor mit $P_1 = 2{,}2$ kW und einer Abtriebsdrehzahl $n_1 = 90$ min^{-1} über eine Einfach-Rollenkette nach DIN ISO 606 angetrieben werden. Die Drehzahl der Bandrolle beträgt $n_2 = 30$ min^{-1}.

Für eine angenommene tägliche Laufzeit von ca. 8 h ist für mittlere Anlaufverhältnisse bei Volllast mit mäßigen Stößen eine geeignete Einfach-Rollenkette für eine Lebensdauer $L_h \approx 25\,000$ h vorzuwählen und für einen günstigen Achsabstand die normgerechte Bezeichnung der Kette anzugeben. Eine ausreichende Schmierung des Kettengetriebes bei staubfreiem Betrieb ist sichergestellt.

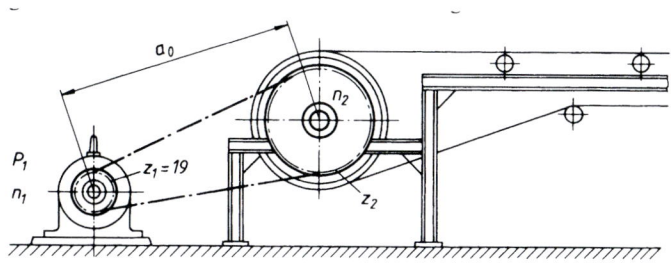

17.5 ••

Der Antrieb einer Winde soll durch einen Elektromotor mit der Leistung $P_1 = 3$ kW und der Nenndrehzahl $n_1 = 947\,\text{min}^{-1}$ über ein Kettengetriebe mit annähernd waagerechter Lage des Leertrums erfolgen. Die Übersetzung beträgt $i = 5$; für das auf der Motorwelle sitzende Kettenrad ist die Zähnezahl $z_1 = 19$ gewählt. Aus baulichen Gründen soll der Achsabstand $a_0 \approx 600$ mm betragen. Für das Kettengetriebe ist eine geeignete Rollenkette nach DIN ISO 606 für eine Lebensdauer $L_h \approx 10\,000$ h zu ermitteln. Es ist mit mittleren Anlaufverhältnissen, Volllast bei starken Stößen und einer täglichen Laufzeit von 6 h zu rechnen. Eine ausreichende Schmierung bei staubfreiem Betrieb ist gewährleistet.

Die normgerechte Bezeichnung der Kette sowie die geeignete Schmierungsart ist anzugeben.

17.6 ••

Eine Rohrtrommel wird durch einen Getriebemotor mit einer Abtriebsdrehzahl $n_1 = 25\,\text{min}^{-1}$ über eine Rollenkette DIN ISO 606 – 16B angetrieben. Der Antriebsmotor hat eine Leistung von $P_M = 0{,}37$ kW. Die Zähnezahlen der Kettenräder wurden mit $z_1 = 17$ und $z_2 = 57$ vorgewählt, der Achsabstand soll $a_0 \approx 1\,250$ mm betragen.

a) Es ist zu prüfen, ob die vorgewählte Rollenkette für eine Lebensdauer $L_h \approx 15\,000$ h ausreichend bemessen ist, wenn aufgrund der vorliegenden Betriebsverhältnisse der Anwendungsfaktor mit $K_A \approx 1{,}7$ anzunehmen ist, und mit einer ausreichenden Schmierung in nicht staubfreier Umgebung gerechnet werden kann,
b) die Bestellbezeichnung der Rollenkette und der genaue Achsabstand a sind anzugeben,
c) die Viskositätsklasse des Schmieröles und die vorzusehende Schmierungsart ist festzulegen für eine zu erwartende Umgebungstemperatur $t \approx 22\,°\text{C}$.

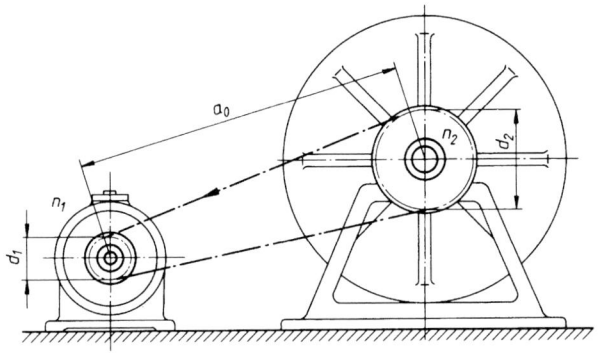

17.7 •••

Für ein schweres Förderband muss ein Zweitrommelantrieb vorgesehen werden. Die Trommel 1 wird durch einen Elektromotor über ein Planetengetriebe direkt angetrieben, während die Trommel 2 über eine Kette angetrieben wird, um einen schlupffreien Lauf zu gewährleisten. Die Antriebsleistung des Kettengetriebes beträgt $P_1 = 15\,\text{kW}$ bei einer Fördergeschwindigkeit $v = 1{,}5\,\text{m/s}$. Die Durchmesser der Antriebstrommeln betragen $D = 400\,\text{mm}$; der Achsabstand ist nach den baulichen Erfordernissen mit $a_0 \approx 1\,000\,\text{mm}$ vorzusehen.

Zu ermitteln bzw. festzulegen sind:

a) Eine Rollenkette nach DIN ISO 606 für eine Lebensdauer $L_h \approx 12\,000\,\text{h}$, wenn für die Kettenräder die Zähnezahlen $z_1 = z_2 = 19$ gewählt werden, mittlere Anlaufverhältnisse, Vollast bei mäßigen Stößen und 8 h tägliche Laufzeit angenommen wird und mit mangelhafter Schmierung und staubigen Betriebsverhältnissen gerechnet werden muss; dabei ist zu entscheiden, ob zweckmäßig eine Einfach-, Zweifach- oder Dreifachkette eingesetzt wird. Die Bestellbezeichnung der Kette ist anzugeben,

b) der sich mit der gewählten Kette ergebende Achsabstand a,

c) die von den Wellen aufzunehmenden Wellenkräfte F_W.

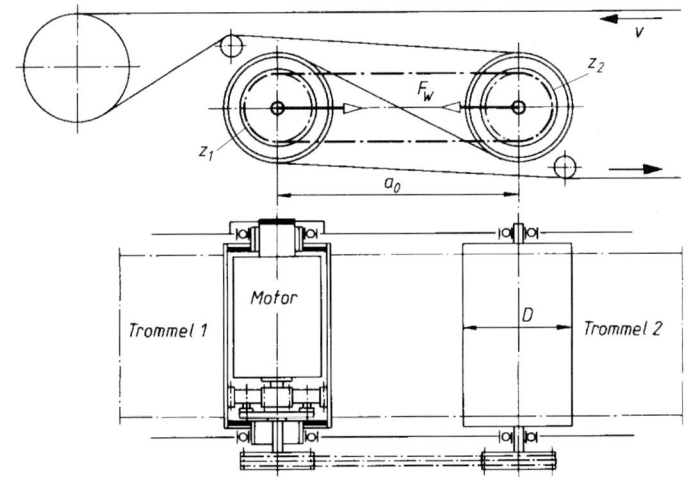

17 Kettengetriebe

ⓘ **17.8** •••

Ein Gliederbandförderer für grobes Schüttgut wird durch einen Drehstrommotor, Baugröße 250 M mit $P_1 = 55$ kW, über ein Zahnradgetriebe und ein Kettengetriebe angetrieben. Die Abtriebsdrehzahl des Getriebes beträgt $n_1 \approx 160$ min^{-1}, die Welle des Förderers soll eine Drehzahl von $n_2 \approx 40$ min^{-1} haben. Der Entwurf des Antriebs ergab für die Wellenmitten der Kettenräder eine Neigung von etwa 25° zur Waagerechten bei einem gewünschten Achsabstand $a_0 \approx 1\,800$ mm.

Es ist mit mittleren Anlaufverhältnissen, Volllast mit starken Stößen, einer täglichen Laufzeit von 8 Stunden, staubfreier Umgebung und bester Schmierung zu rechnen.

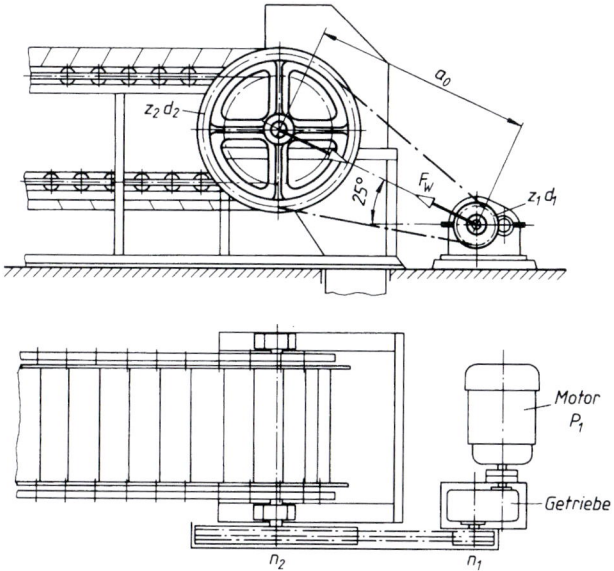

Zu berechnen bzw. festzulegen sind:

a) Die Zähnezahlen der Kettenräder,
b) die erforderliche Größe der Rollenkette (Ketten-Nummer) nach DIN ISO 606, wenn kompakte Bauweise und ruhiger Lauf gefordert werden,
c) die wichtigsten Verzahnungsmaße der Kettenräder (d, d_a, B, e),
d) die Zahl der Kettenglieder und der genaue Achsabstand,
e) die Kettenzugkraft, der Flieh- und Stützzug und die resultierende Betriebskraft,
f) die Wellenbelastung,
g) Art der Kettenspannung und -schmierung.

ⓘ **17.9** •••

Für die Auslegung des Kettengetriebes einer Fördermaschine wurde folgendes Pflichtenheft erarbeitet:

Kettenart:	Einfach-Rollenkette DIN ISO 606
Zu übertragende Leistung:	$P = 5,5\,\text{kW}$
Antriebsdrehzahl:	$n_1 = 500\,\text{min}^{-1}$
Abtriebsdrehzahl:	$n_2 = 200\,\text{min}^{-1}$
Gewünschter Achsabstand:	$a_0 \approx 800\,\text{mm}$
Betriebsfaktor:	$K_A = 1,2$
Schräge Anordnung:	$\delta = 40°$
Schmierungsart/Umweltbedingungen:	Mangelschmierung, nicht staubfrei (Tropfschmierung)
Lebensdauer:	$L_h \approx 10\,000\,\text{h}$

Es ist die erforderliche Kette zu bestimmen und ihre Normbezeichnung anzugeben. Die für die Konstruktion erforderlichen Berechnungsgrößen, wie Verzahnungsmaße, Kettenkräfte, Wellenbelastung und -abstand, sind zu ermitteln.

18 Elemente zur Führung von Fluiden (Rohrleitungen)

18.1 •

Ein zwischen zwei Festpunkten starr eingespanntes Rohr-139,7 × 4–EN 10216-1–P235TR1 wird bei 20 °C Umgebungstemperatur eingebaut. Im Betrieb wird die Rohrwand bis auf 80 °C erwärmt.

Zu berechnen sind:

a) Die auf die Festpunkte wirkende Rohrkraft,
b) die Wandtemperatur, bei der die Längsspannung im Rohr die Streckgrenze des Rohrwerkstoffes erreicht.

18.2 •

Die dargestellte Kupferleitung mit den Schenkellängen $l_1 = 8\,000$ mm und $l_2 = 3\,000$ mm erwärmt sich im Betrieb durch den Stoffstrom von 20 °C auf 60 °C.

a) In welcher Richtung dehnt sich das freie Ende B der Leitung, wenn das andere Ende A als fest eingespannt betrachtet wird?
b) Wie groß ist die Wärmeausdehnung des Rohrsystems?

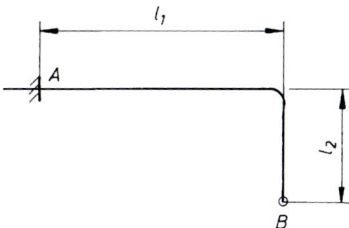

18.3 •

Eine aus verschweißten Stahlrohren 114,3 × 2,6 gebildete Rohrleitung mit Wasserfüllung und Dämmung läuft über mehrere Stützen.

Zu bestimmen ist die zulässige Stützweite L der Rohrleitung (ohne elastische Einbauten) bei der üblichen Grenzdurchbiegung

a) für ein äußeres Feld (gelenkig gelagerter Einfeldträger),
b) für ein Mittelfeld (Durchlaufträger).

18.4 ••

Durch eine waagerecht verlaufende Leitung aus geschweißten Stahlrohren ($k = 0{,}1$ mm) sollen 300 t/h mexikanisches Erdöl bei im Mittel 35 °C ($\varrho = 932$ kg/m³, $\nu = 7{,}2 \cdot 10^{-4}$ m²/s) über eine Strecke von 2 500 m gepumpt werden.

Mit welcher Nennweite muss die Rohrleitung ausgeführt werden, wenn der Druckverlust der Pumpen wegen nicht mehr als 5 bar betragen darf?

18.5 ••

Über eine 480 m lange Stahlrohrleitung (schon mehrere Jahre in Betrieb) sollen 180 m³/h Kühlwasser von 40 °C gefördert werden. Dabei fällt die Leitung um 6 m ab. Eingebaut sind zwei DIN-Durchgangsventile und vier Kreiskrümmer 60° (rau) mit $R/d = 4$.

Zu ermitteln ist die Nennweite der Rohrleitung, wenn der Druckverlust nicht mehr als 0,5 bar betragen darf.

18.6 ••

In einer horizontal verlaufenden geraden Rohrleitung fließt Wasser von 10 °C mit einem Volumenstrom $\dot{V} = 300$ m³/h. Der Rohrdurchmesser beträgt $d_i = 250$ mm, die Rohrlänge $l = 800$ m.

Zu bestimmen ist der Druckverlust zwischen Rohranfang und -ende $p_1 - p_2 = \Delta p$

a) durch Rohrreibung bei einer hydraulisch glatten Rohrwand,
b) durch Rohrreibung bei einer Wandrauigkeit $k = 0{,}4$ mm,
c) durch folgende Rohrleitungselemente: Rohrein- und -austritt (je $\xi = 1$), 2 Schieber ($\xi = 0{,}5$) und 2 Kniestücke $\beta = 45°$ ($\xi = 0{,}4$).

ⓘ 18.7 •••

Durch eine 1 600 m lange Stahlrohrleitung DN 250 (273 × 8) werden 200 m³/h Heizöl gefördert. Die Leitung steigt um 30 m an. Die Rohrinnenwand weist eine Rauigkeitshöhe von 0,1 mm auf. Einzelwiderstände durch Rohrleitungselemente sind zu vernachlässigen. Das zu fördernde Heizöl weist die in der Tabelle genannten Eigenschaften auf.

Fördertemperatur ϑ	°C	20	40	60
Dichte ϱ	kg/m³	956	942	928
Kinematische Viskosität ν	10^{-6} m²/s	408	130	45

18 Elemente zur Führung von Fluiden (Rohrleitungen)

Für die Projektierung der Anlage sind für die Öltemperaturen 20 °C, 40 °C und 60 °C die auftretenden Druckverluste und die erforderlichen theoretischen Pumpenleistungen zu ermitteln und vergleichend darzustellen.

18.8 ●●
Für ein nahtloses Stahlrohr nach DIN EN 10216-2 aus 16Mo3 soll für DN 300 und einem statischen inneren Überdruck von $p_e = 100$ bar bei der Berechnungstemperatur $\vartheta = 450$ °C die Bestellwanddicke berechnet werden.

18.9 ●●
Ein neues Stahlrohr 323,9 × 20–EN 10216-2–16Mo3 soll einer Wasserdruckprüfung bei Raumtemperatur unterzogen werden (Rohr der Aufgabe 18.8). Zu bestimmen ist der zulässige Prüfdruck.

18.10 ●●●
Eine Wasserleitung für $\dot{V} = 800$ m³/h und PN 25 soll projektiert werden. Vorgesehen sind geschweißte Stahlrohre nach DIN EN 10217-1 aus P235TR2 ($c_1' = 10\%$ bzw. $c_1 = \pm 0{,}3$ mm).

Die Rohre werden mit Zementmörtel ausgekleidet und erhalten eine Kunststoffumhüllung. Die Berechnungstemperatur beträgt 20 °C.

Zu berechnen bzw. festzulegen sind:

a) Die erforderliche Nennweite DN,
b) der nächstliegende Rohraußendurchmesser nach DIN EN 10 220 (Reihe 1),
c) die mindestens auszuführende Wanddicke infolge des Innendruckes und die Bestellwanddicke.

18.11 ●●●
In einer ölhydraulischen Hochdruckanlage wird die Steuerleitung aus nahtlosem Rohr 33,7 × 3,2–EN 10216-1–P235TR2 mit einem Betriebsdruck von 200 bar bei Raumtemperatur belastet. Durch die Betätigung des Steuerventils entstehen regelmäßig Druckstöße $\Delta p = \pm 50$ bar. Die Leitung trägt einseitig geschweißte Rundnähte gleich der Rohrwanddicke (Schweißnahtklasse K2).

Zu berechnen ist die zulässige Lastspielzahl nach der vereinfachten Auslegung bei dynamischer Beanspruchung entsprechend DIN EN 13 480-3.

ⓘ 18.12 ●●●
Für eine hydraulische Anlage soll eine schwellend beanspruchte Rohrleitung aus nahtlosem, warm umgeformtem Stahlrohr DN 100 nach DIN EN 10216-1, Durchmesserreihe 1, aus P265TR2 für Raumtemperatur ausgelegt werden. Durch Betätigen des Steuerventils

verändert sich der Druck bei jedem Arbeitshub von Null bis zum zulässigen Anlagendruck von 125 bar. Unter Berücksichtigung unvermeidbarer Druckstöße von 40 bar beträgt die Druckschwankungsbreite $p_{max} - p_{min} = p_e = 165$ bar.

Nach der vereinfachten Auslegung von DIN EN 13480-3 soll bei Berücksichtigung von Rundschweißnähten mit gleichen Wanddicken die für die Dauerfestigkeit erforderliche Bestellwanddicke ermittelt werden.

18.13 ••

In einer Kaltwasserleitung aus Stahlrohr DN 32 (42,4 × 3,2) liegt ein Teilstück mit der Länge $l = 12$ m zwischen einem Speicherbehälter und einem Ventil. Bei geöffnetem Ventil beträgt die Strömungsgeschwindigkeit $v = 2$ m/s.

Zu ermitteln sind:

a) Die Größe des Druckstoßes, wenn das Ventil sehr schnell vollständig schließt ($t_s = 0,1$ s),
b) der Mindestabstand zwischen Ventil und Speicherbehälter bei dem der maximale Druckstoß entsteht.

ⓘ 18.14 ••

Eine Turbinenanlage muss wegen eines plötzlichen Netzausfalls schnell entlastet werden. In der 1,2 km langen Zuleitung beträgt die Geschwindigkeit des Wassers 6 m/s.

a) Wie groß wird der maximale Druckstoß bei schlagartigem Schließen ($t_s = 0,2$ s) des Ventils?
b) Wie groß ist der Druckstoß, wenn die Schließzeit auf das Zehnfache der Reflexionszeit festgelegt wird?
c) Durch welche Maßnahmen können Druckstöße in Rohrleitungen vermindert werden?

20 Zahnräder und Zahnradgetriebe (Grundlagen)

20.1 •

Ein Elektromotor mit der Nennleistung $P = 4\,\text{kW}$ bei $n_1 = 910\,\text{min}^{-1}$ treibt ein zweistufiges Null-Getriebe mit Geradstirnradpaaren ($i_1 = 3{,}5$, $i_2 = 3{,}1$) an.

1. Wie groß ist die Gesamtübersetzung i (auf zwei Kommastellen genau).
2. Wie groß ist die Abtriebsdrehzahl n_3 in min^{-1} (auf eine Kommastelle gerundet)?
3. Welches Nenndrehmoment T_3 in N m (auf Ganze gerundet) wird am Abtrieb wirksam, wenn der Gesamtwirkungsgrad $\eta_{\text{ges}} \approx 0{,}92$ beträgt?

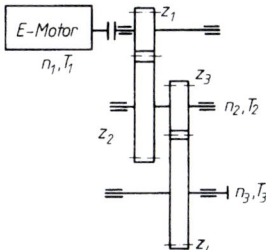

20.2 •

Ein Elektromotor mit einer Nenndrehzahl von $n = 970\,\text{min}^{-1}$ treibt über ein zweistufiges Geradstirnradgetriebe eine Seiltrommel an, deren Drehzahl $50\,\text{min}^{-1}$ nicht überschreiten soll.

Zu ermitteln sind:

a) die Mindest-Gesamtübersetzung $i_{\min}$,
b) die Zähnezahl z_4 des Stirnrades auf der Seiltrommel und damit die vorhandene Gesamtübersetzung des Getriebes i_{ges}, wenn für Übersetzungen ins Langsame allgemein $i = z_{\text{Großrad}}/z_{\text{Kleinrad}}$ und $i_{\text{ges}} = i_1 \cdot i_2 \ldots i_n$ gilt,

c) die erforderliche Leistung des Elektromotors P_{an}, wenn an der Seiltrommel ein Drehmoment $T_3 = 800\,\text{N m}$ wirksam und der Gesamtwirkungsgrad des Getriebes mit $\eta_{ges} \approx 0{,}82$ angenommen wird.

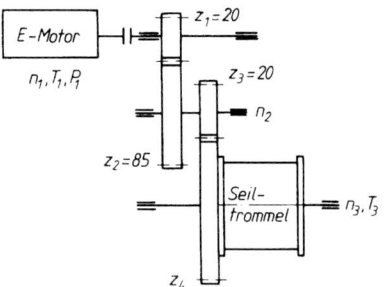

20.3 •

Für ein dreistufiges *Gerad-Stirnradgetriebe* mit wälzgelagerten Wellen ist die mathematische Beziehung der zu erwartenden Abtriebsleistung allgemein anzugeben. Welcher Betrag ergibt sich für P_{ab} bei einer Antriebsleistung $P_{an} = 25\,\text{kW}$, wenn die Zahnflanken gehärtet und geschliffen sind und für die Verzahnung insgesamt eine relativ gute Verzahnungsqualität vorgesehen wurde?

21 Außenverzahnte Stirnräder

Geradverzahnte Stirnräder (Verzahnungsgeometrie)

21.1 •
Ein geradverzahntes Stirnrad hat als Nullrad 30 Zähne. Für das Werkzeug-Bezugsprofil DIN 3972–II × 5 ($m = 5$ mm) sind zu berechnen:

a) die Teil-, Grund-, Kopf- und Fußkreisdurchmesser,
b) die Zahnkopf-, Zahnfuß- und Zahnhöhe,
c) die Teilkreis-, Grundkreis- bzw. Eingriffsteilung sowie das Nennmaß der Zahndicke und der Zahnlücke.

21.2 •
Ein geradverzahntes Stirnrad-Ritzel (Nullrad) ist so stark beschädigt, dass nur noch ein Fußkreisdurchmesser $d_f \approx 65$ mm gemessen und eine Zähnezahl $z = 19$ festgestellt werden kann.

Für die Fertigung eines Ersatzrades sind zu ermitteln

a) der Modul m nach DIN 780,
b) der Teilkreis-, Kopf- und Fußkreisdurchmesser,
c) die Zahnkopf-, Zahnfuß- und Zahnhöhe bzw. Frästiefe.

21.3 ••
Ein geradverzahntes Stirnradpaar mit $z_1 = 41$, $z_2 = 58$, $m = 4$ mm soll bei gleichem Null-Achsabstand und möglichst gleichem Zähnezahlverhältnis durch ein Nullradpaar mit $m' = 3$ mm ersetzt werden. Für die neue Radpaarung sind zu bestimmen

a) die Zähnezahlen z_1' und z_2',
b) die Abmessungen d, d_a, d_f für Ritzel und Rad,

c) der Achsabstand,
d) das Zähnezahlverhältnis u' und die Abweichung in % gegenüber dem ehemaligen Wert.

21.4 •

Für ein Null-Getriebe mit Geradstirnrädern wurde für das Ritzel mit der Zähnezahl $z_1 = 20$ der Modul $m = 6\,\text{mm}$ vorgesehen. Bei einer Antriebsdrehzahl $n_1 = 710\,\text{min}^{-1}$ soll eine Übersetzung $i \approx 4{,}25$ eingehalten werden.

Zu ermitteln sind

a) die Abtriebsdrehzahl n_2 und die Zähnezahl z_2,
b) die Verzahnungsmaße $d_{1,2}$, $d_{a1,2}$, $d_{f1,2}$, $h_{1,2}$,
c) der Null-Achsabstand a_d,
d) das Kopfspiel c.

21.5 ••

Für ein Geradstirnradpaar (Ritzel und Rad als Nullräder ausgeführt) mit der Übersetzung $i \approx 2$ und dem Modul $m = 4\,\text{mm}$ soll ein Null-Achsabstand von $a_d = 162\,\text{mm}$ genau eingehalten werden.

Zu ermitteln bzw. festzulegen sind

a) die Zähnezahlen $z_{1,2}$ für Ritzel und Rad,
b) die Teil- und Grundkreisdurchmesser für Ritzel und Rad,
c) die Profilüberdeckung für das Radpaar (angenähert durch Ablesung und genauer durch Berechnung).

21.6 ••

Ein Geradstirnradgetriebe für eine Antriebsleistung $P_1 = 5{,}5\,\text{kW}$, $n_1 = 720\,\text{min}^{-1}$ muss für die Abtriebsdrehzahl $n_4 = 16\,\text{min}^{-1}$ als dreistufiges Nullgetriebe ausgebildet werden. Um günstige Bauverhältnisse zu erreichen, sind für die erste Stufe mit der Übersetzung $i_1 = 4{,}5$ ein Radpaar mit einem Ritzel $z_1 = 18$, Modul $m_1 = 3{,}5\,\text{mm}$ und für die 2. Stufe mit der Übersetzung $i_2 = 3{,}6$ ein Radpaar mit einem Ritzel $z_3 = 20$, Modul $m_2 = 4\,\text{mm}$ vorgesehen. Für die 3. Stufe wird ein Modul $m_3 = 4{,}5\,\text{mm}$ festgelegt, wobei aus baulichen Gründen zu berücksichtigen ist, dass der Teilkreisdurchmesser des letzten Rades z_6 möglichst gleich dem des 4. Rades sein soll.

a) Welche Zähnezahlen und Achsabstände ergeben sich für die einzubauenden Null-Radpaare?
b) Die Drehzahlen n_2 und n_3 der Zwischenwellen sind zu ermitteln.
c) Durch maßstäblichen Entwurf ist entsprechend dem Bild zu prüfen, ob die Ausführung des Getriebes möglich ist, wenn als Wellendurchmesser $d_1 = 35\,\text{mm}$, $d_2 = 45\,\text{mm}$, $d_3 = 60\,\text{mm}$ und $d_4 = 75\,\text{mm}$ berechnet wurden und für die Radbreiten der 1. Stufe etwa 50 mm, der 2. Stufe etwa 60 mm und der 3. Stufe etwa 75 mm angenommen werden.

Geradverzahnte Stirnräder (Verzahnungsgeometrie)

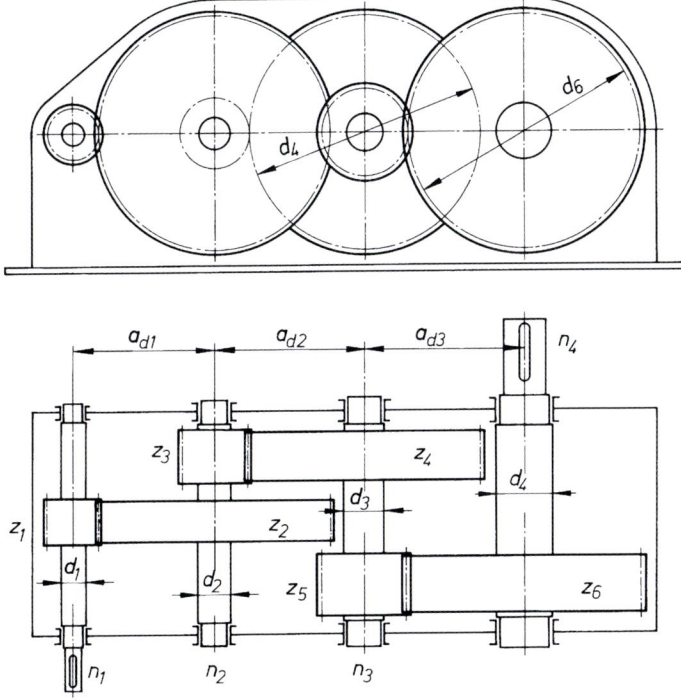

21.7 •

Für ein geradverzahntes Innenradpaar mit $z_1 = 18$, $m = 4$ mm, $u = -2,5$ sind zu ermitteln

a) die Zähnezahl des Hohlrades,
b) die Teilkreis-, Kopf- und Fußkreisdurchmesser $d_{1,2}$, $d_{a1,2}$, $d_{f1,2}$ beider Räder für $h_a = m$ und $h_f = 1,25 \cdot m$
c) der Achsabstand a_d.

21.8 •••

Ein geradverzahntes Stirnradpaar mit der Ritzelzähnezahl $z_1 = 19$, der Übersetzung $i = 2,85$, und dem Modul $m = 5$ mm soll so korrigiert werden, dass ein Achsabstand $a = 185$ mm erreicht wird.

Die Hauptabmessungen der Räder d, d_a, d_f, d_b, d_w, h, s_n sowie die Profilüberdeckung ε_α sind zu ermitteln, so dass ein Kopfspiel $c = 0,25 \cdot m$ eingehalten wird.

21.9 ••

Ein Geradstirnpaar mit den Zähnezahlen $z_1 = 10$, $z_2 = 32$, Werkzeug-Bezugsprofil DIN 3972–II × 3 ($m = 3$ mm) soll zur Verbesserung der Ritzel-Tragfähigkeit als *V-Null-Getriebe* gefertigt werden.

Festzustellen bzw. zu berechnen sind:

a) ist eine Ausführung als *V-Null-Getriebe* möglich?
b) die praktischen Mindest-Profilverschiebungsfaktoren und die Größen der Profilverschiebungen $V_{1,2}$,
c) die Teil-, Grund- und Kopfkreisdurchmesser (ohne Kopfkürzung) beider Räder sowie der Achsabstand,
d) die Profilüberdeckung ε_α.

21.10 •••

In einem Gehäuse soll ein einstufiges Geradstirnpaar mit Modul $m = 3$ mm für eine Übersetzung $i = 3$ und einen Achsabstand von 66 mm untergebracht werden. Für $\alpha = \alpha_w = 20°$ (Ausführung als *V-Null-Getriebe*) soll das Kopfspiel $c = 0{,}25 \cdot m$ betragen.

Zu berechnen bzw. zu ermitteln sind:

1. die Zähnezahlen z_1 und z_2, wobei wegen des geforderten Achsabstandes eventueller Unterschnitt durch entsprechende Profilverschiebung des Ritzels unbedingt zu vermeiden ist,
2. die Verzahnungsmaße d, d_b, d_a, d_f für Ritzel und Rad,
3. die Profilüberdeckung ε_α.

21.11 ••

Für ein einstufiges Geradstirnrad-V-Null-Getriebe mit $z_1 = 21$ und $z_2 = 31$, Modul $m = 3$ sind bei einem Kopfspiel $c = 0{,}25 \cdot m$ zu bestimmen:

a) die Profilverschiebungen $V_{1,2}$ in mm,
b) der Achsabstand a des Getriebes und die Radabmessungen $d_{1,2}$, $d_{a1,2}$ und $d_{f1,2}$,
c) das Nennmaß der Zahndicke am Kopfkreis des Ritzels $s_{a1} \geq 0{,}2 \cdot m$.

21.12 ••

Für ein Geradstirnpaar mit $z_1 = 67$, $z_2 = 84$, Modul $m = 3$ mm soll eine ausgeglichene V-Verzahnung mit $\sum x = x_1 + x_2 = +0{,}4$ gewählt werden.

a) Die Profilverschiebungsfaktoren sind sinnvoll auf Ritzel und Rad festzulegen.
b) Die Radabmessungen $d_{1,2}$, $d_{b1,2}$, $d_{a1,2}$, $d_{f1,2}$ und $h_{1,2}$ sind zu errechnen, wenn das Kopfspiel $c = 0{,}25 \cdot m$ betragen soll (evtl. Kopfhöhenänderung vornehmen).
c) Der Überdeckungsgrad ε_α ist zu berechnen.

21.13 ••

Bei einem hochbelasteten Geradstirnradpaar mit Modul $m = 5$ mm, den Zähnezahlen $z_1 = 21$ und $z_2 = 49$ soll zur Erzielung einer hohen Tragfähigkeit an beiden Rädern eine positive Profilverschiebung vorgenommen werden. Entsprechend der Empfehlung nach DIN 3992

(TB 21-4) wird die Summe der Profilverschiebungsfaktoren $\sum x = x_1 + x_2 = +0{,}8$ gewählt.

a) Wie sind die Profilverschiebungsfaktoren x_1 und x_2 für Ritzel und Rad entsprechend DIN 3992 (TB 21-6) aufzuteilen?
b) Der Achsabstand a des korrigierten Radpaares ist zu berechnen.
c) Es ist zu kontrollieren, ob das Kopfspiel mit $c = 0{,}25 \cdot m$ eingehalten wird.

21.14 •••
Ein ins Langsame übersetzendes Geradstirnradpaar mit $z_1 = 24$, $z_2 = 36$, Modul $m = 3$ mm soll als 1. Stufe eines Regelgetriebes zum Erreichen eines genauen und möglichst spielfreien Laufes eine hohe Profilüberdeckung erhalten. Nach DIN 3992 (TB 21-4) wurde für das *V-Radpaar* darum eine negative Profilverschiebungssumme $\sum x = x_1 + x_2 = -0{,}3$ gewählt.

a) Die Abmessungen einschließlich des Achsabstandes sowie das vorhandene Kopfspiel (unter Berücksichtigung von $c = 0{,}25 \cdot m$) für das Radpaar sind zu ermitteln.
b) Die Profilüberdeckung des Radpaares ist rechnerisch zu bestimmen und mit der Profilüberdeckung bei Ausführung als *Nullgetriebe* zu vergleichen, wobei die prozentuale Erhöhung gegenüber der des Nullgetriebes angegeben werden soll.

21.15 ••
Für ein Schaltgetriebe wurde für eine ins Langsame übersetzende Stufe ein Geradstirnradpaar mit $z_1 = 19$, $z_2 = 52$, Modul $m = 4$ mm gewählt. Aus baulichen Gründen muss ein Achsabstand von 145 mm eingehalten werden.

Es ist zunächst zu prüfen, ob das Radpaar mit *Null-Verzahnung* ausgeführt werden kann. Bei Ausbildung als *V-Radpaar* sind die Profilverschiebungen $V_{1,2}$ für Ritzel und Rad zu ermitteln, wobei bei Aufteilung der rechnerisch bestimmten Summe der Profilverschiebungsfaktoren eine möglichst gleiche Tragfähigkeit (*ausgeglichene Verzahnung*) anzustreben ist.

21.16 ••
Für ein Geradstirnradpaar mit $z_1 = 17$, $z_2 = 44$, Modul $m = 4$ mm muss aus konstruktiven Gründen ein Achsabstand von 125 mm erreicht werden.

a) Um dieser Forderung nachzukommen, sollen zunächst die Profilverschiebungen V_1 für das Ritzel und V_2 für das Rad ermittelt und danach geprüft werden, ob für das profilverschobene Ritzel die Gefahr zur Spitzenbildung besteht.
b) Die Abmessungen für das Ritzel und das Rad sind zu berechnen, wenn das Kopfspiel $c = 0{,}25 \cdot m$ eingehalten werden soll.

21.17 ••

Für ein Geradstirnradpaar mit dem Modul $m = 4\,\text{mm}$, der Übersetzung $i = 4{,}8$ und der Ritzelzähnezahl $z_1 = 20$ soll eine hohe Tragfähigkeit durch Profilverschiebung erreicht werden.

1. Nach Wahl der Summe der Profilverschiebungsfaktoren entsprechend der Forderung aus dem (oberen) mittleren Bereich der Tabelle TB 21-4 sollen die Profilverschiebungsfaktoren $x_{1,2}$ für Ritzel und Rad zweckmäßig aufgeteilt und die Profilverschiebungen $V_{1,2}$ bestimmt werden.
2. Die Abmessungen beider Räder und der Achsabstand sowie das vorhandene Kopfspiel sind zu errechnen.

21.18 •••

Von dem skizzierten Getriebe mit der Antriebsdrehzahl $n_1 = 630\,\text{min}^{-1}$ und mit zwei Abtrieben sind die Zähnezahlen $z_1 = 32$, $z_2 = 36$, $z_3 = 35$ sowie der Modul $m = 4\,\text{mm}$ bekannt. Die Hauptabmessungen der Zahnräder sind zu berechnen unter der Voraussetzung, dass ein Achsabstand durch das *Null-Getriebe* der Stufe $z_{1,2}$ vorgegeben wird. Die Differenz der Abtriebsdrehzahlen der Stufen $z_{1,2}$ und $z_{1,3}$ ist anzugeben.

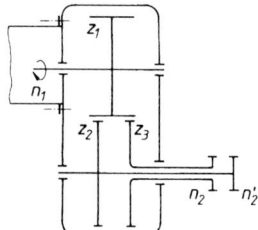

21.19 ••

In einem Schieberäder-Getriebe für den Spindelantrieb einer Fräsmaschine ergaben sich zum genauen Einhalten der geforderten Übersetzung für eine Zwischenstufe Geradstirnräder mit den Zähnezahlen $z_1 = 18$, $z_2 = 50$, $z_3 = 29$, $z_4 = 42$, Modul $m = 3\,\text{mm}$, siehe Bild.

Um zu erreichen, dass der durch das Null-Radpaar $z_{3,4}$ gegebene Achsabstand $a_{d2} = a_{d1} = a$ wird, soll am Radpaar $z_{1,2}$ die erforderliche Profilverschiebung V_1 zunächst nur am Ritzel z_1 vorgenommen werden.

a) Die Profilverschiebung V_1 ist zu ermitteln und danach zu prüfen, ob die Gefahr der Spitzenbildung am Ritzel ($s_a = 0$) besteht; ist dies der Fall, soll die Aufteilung der Profilverschiebungsfaktoren so vorgenommen werden, dass die Zahndicke am Kopfkreis des Ritzels $s_{a1} \approx 0{,}3 \cdot m$ wird.
b) Die Abmessungen der V- und *Null-Räder* sowie der vorhandenen Kopfspiele sind für das Werkzeug-Bezugsprofil II nach DIN 3972 zu berechnen.

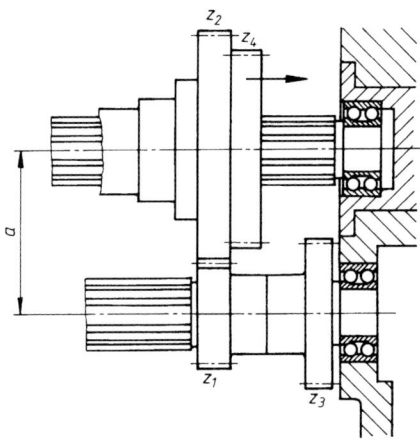

Schrägverzahnte Stirnräder (Verzahnungsgeometrie)

21.20 •

Ein schrägverzahntes *Null-Rad* mit 81 Zähnen soll mit einem Schrägungswinkel $\beta = 11°$, Flankenrichtung links, gefertigt werden. Zur Herstellung wird ein Wälzfräser DIN 8002 mit Bezugsprofil DIN 3972–II × 4,5 ($m_n = 4,5$ mm) verwendet.

Zu berechnen sind die Nennmaße

a) der Normal- und Stirnteilung, der Stirn- und Normaleingriffsteilung sowie der Normal- und Stirnzahndicke auf dem Teilkreis,

b) des Teilkreis-, Kopf- und Fußkreisdurchmessers sowie der Zahnhöhe (Frästiefe), des Grundkreisdurchmessers und des Grundschrägungswinkels β_b.

21.21 •

Für eine Säulenbohrmaschine ist als Eingangsstufe ein Schrägstirnradpaar vorgesehen. Aufgrund der Belastungsdaten sind hierfür festgelegt: Ritzelzähnezahl $z_1 = 26$, Radzähnezahl $z_2 = 86$, Schrägungswinkel $\beta = 15°$, Zahnbreiten $b_1 = b_2 = 50$ mm.

Zu berechnen sind

a) die Nennabmessungen d, d_a, d_b, d_f der beiden Nullräder für das Werkzeug-Bezugsprofil DIN 3972–II × 4 (Modul $m_n = 4$ mm) und der Null-Achsabstand a_d auf 1/100 mm genau,

b) die Gesamtüberdeckung.

21.22 ••

Für ein *Null-Getriebe* mit Schrägstirnrädern $z_1 = 19$, $z_2 = 78$, $m_n = 2$ mm und den Zahnbreiten $b_1 = b_2 = 30$ mm soll ein Null-Achsabstand $a_d = 100$ mm eingehalten werden.

Zu berechnen sind:

a) der erforderliche Schrägungswinkel β,
b) die Nennmaße d, d_a, d_f, d_b beider Räder,
c) die Gesamtüberdeckung.

21.23 •

Nach Zeichnungsangabe entsprechend DIN 3966 soll ein Schrägstirnrad mit $z = 28$ Zähnen, Profilverschiebungsfaktor $x = +0,205$ und einem Schrägungswinkel $β = 17,4576°$ nach DIN 3978, Reihe 1) linkssteigend für das Werkzeug-Bezugsprofil DIN 3972–I × 3 ($m_n = 3$ mm) mit Verzahnungsqualität und Toleranzfeld 8e26 ausgeführt werden.

Zu ermitteln sind

a) der Teilkreis- und Kopfkreisdurchmesser (ohne Kopfkürzung) sowie die Zahnhöhe, und der Grundkreisdurchmesser,
b) das Nennmaß der Normalzahndicke.

21.24 •••

Ein *Schrägstirnrad-V-Getriebe* mit der Ritzelzähnezahl $z_1 = 34$, Profilverschiebungsfaktor $x_1 = +1$ und der Radzähnezahl $z_2 = 85$, Profilverschiebungsfaktor $x_2 = +1$, Zahnbreiten $b_1 = b_2 = 40$ mm soll mit einem Schrägungswinkel $β = 20°$ (Werkzeugbezugsprofil DIN 3972–II × 2,5) ausgeführt werden.

Zu berechnen sind:

a) die Profilverschiebung an beiden Rädern,
b) der Betriebseingriffswinkel $α_{wt}$,
c) die Teilkreis- und Grundkreisdurchmesser, die Kopf- und Fußkreisdurchmesser der Räder, wenn keine Kopfkürzung vorgenommen wird; der Achsabstand a,
d) das vorhandene Kopfspiel c. Entspricht es nicht dem des verwendeten Werkzeug-Bezugsprofils, wird Kopfhöhenänderung für den errechneten Achsabstand erforderlich. Die Kopfkreisdurchmesser d_{a1}, d_{a2} sind danach anzugeben,
e) die Gesamtüberdeckung $ε_γ$.

21.25 •

Ein Schrägstirnradpaar mit $z_1 = 11$, $z_2 = 45$, $m_n = 4,5$ mm soll als *V-Null-Getriebe* mit einem Schrägungswinkel $β = 10°$ ausgeführt werden.

Zu ermitteln sind

1. die praktischen Mindest-Profilverschiebungsfaktoren x_1, x_2,
2. die Teilkreis- und Kopfkreisdurchmesser des Radpaares einschließlich Achsabstand,
3. die Nennmaße der Zahndicken auf dem Teilkreis im Normal- und Stirnschnitt.

21.26 •

Für ein einstufiges Stirnradgetriebe sind für eine Übersetzung $|i| = 3{,}15$ die Hauptabmessungen zu ermitteln. Das Getriebe hat ein Drehmoment $T_1 = 50\,\text{N}\,\text{m}$ zu übertragen. Erschwerte Betriebsbedingungen sind nicht zu erwarten. Für das Ritzel ist der Einsatzstahl 16MnCr5 mit $\sigma_{H\,\text{lim}} \approx 1\,400\,\text{N/mm}^2$, für das Hohlrad nitriertes Gusseisen mit Kugelgraphit EN-GJS 900 mit $\sigma_{H\,\text{lim}} \approx 680\,\text{N/mm}^2$ vorgesehen. Aus einer vorhergehenden Berechnung wurde der Durchmesser zur Aufnahme des Ritzels mit $d = 28\,\text{mm}$ festgelegt. Der Schrägungswinkel ist mit $\beta = 15°$ anzunehmen.

Zu ermitteln sind:

a) die Zähnezahlen z_1 und z_2 unter Beachtung der vorgegebenen Übersetzung;
b) der Modul m_n,
c) die Teilkreis-, Kopfkreis- und Fußkreisdurchmesser $d_{1,2}$, $d_{a1,2}$, $d_{f1,2}$ sowie die Breiten b_1 und $b_2 = b_1 + 2\,\text{mm}$;
d) der Achsabstand a für das Innenradgetriebe

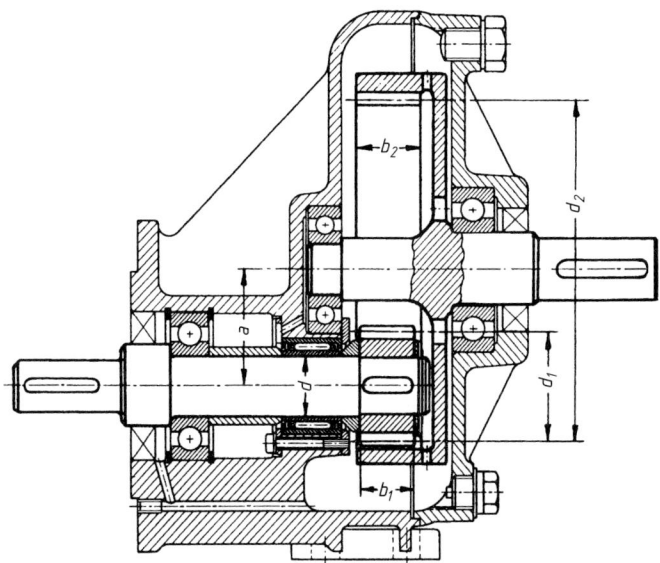

21.27 ••

Ein schrägverzahntes Stirnradgetriebe mit einem Achsabstand $a = 115\,\text{mm}$ und den Zähnezahlen $z_1 = 14$, $z_2 = 33$, dem Schrägungswinkel $\beta = 18°$ soll für hohe Tragfähigkeit ausgelegt werden. Für die Herstellung der Räder wird das Werkzeug-Bezugsprofil DIN 3972–II × 4,5 verwendet.

Zu ermitteln sind:

a) die erforderliche Summe der Profilverschiebungsfaktoren $\sum x$, deren Aufteilung in x_1 und x_2 sowie die Profilverschiebungen V_1, V_2 in mm,
b) rechnerisch die Profilüberdeckung ε_α.

21.28 ••

Für das Zweigang-Verteilergetriebe zum Allradantrieb eines Kipper-Lastkraftwagens sind Schrägstirnräder mit dem Schrägungswinkel $\beta = 16°$ vorgesehen. Die Tragfähigkeitsberechnung ergab für beide Radpaare den Normalmodul $m_n = 4$ mm. Für den Straßengang sind eine Übersetzung $i_1 \approx 1{,}95$ und eine Ritzelzähnezahl $z_1 = 19$, für den Geländegang eine Übersetzung $i_2 \approx 2{,}56$ und eine Ritzelzähnezahl $z_3 = 16$ gewählt. Zur Erhöhung der Tragfähigkeit sollen die Räder mit Profilverschiebung ausgeführt werden. Für das Radpaar z_1 und z_2 wird daher eine Verschiebung mit der Profilverschiebungssumme $\sum x = x_1 + x_2 = +1$ vorgenommen.

a) Nach zweckmäßiger Aufteilung der Verschiebungssumme auf die Räder z_1, z_2 sind die Verschiebungen V_1, V_2 und der Achsabstand a zu bestimmen.
b) Um für das Radpaar z_3, z_4 den gleichen Achsabstand a zu erhalten, ist nach Ermittlung der Verschiebungssumme die Aufteilung vorzunehmen und die Größe der Verschiebungen V_3, V_4 anzugeben.

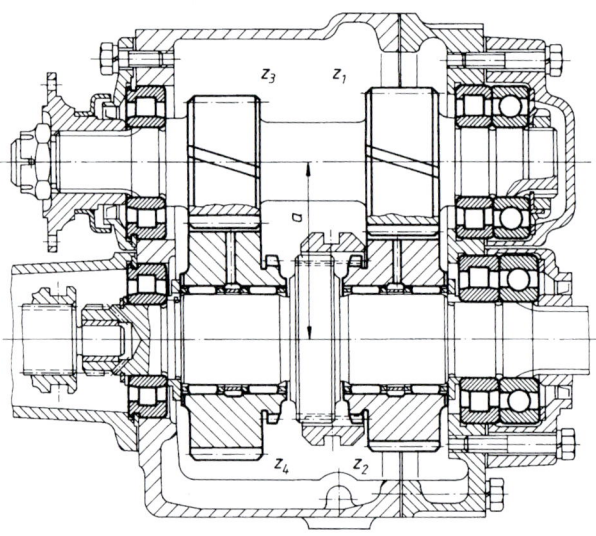

21.29 ••

Für die Eingangsstufe zum Spindelantrieb einer Fräsmaschine mit der Antriebsdrehzahl $n_1 = 500 \text{ min}^{-1}$ ist ein schrägverzahntes Nullradpaar mit $z_1 = 18$, $z_2 = 57$, Modul $m_n = 5$ mm, Schrägungswinkel $\beta = 15°$ vorgesehen.

Mit den Geradstirnrädern z_3, z_4 des Schaltgetriebes, Modul $m = m_n$, soll eine Drehzahl $n_3 = 63\,\text{min}^{-1}$ erreicht werden. Für die Herstellung der Räder ist nach DIN 3972 das Werkzeug-Bezugsprofil II vorgesehen.

a) Unter der Voraussetzung, dass aus konstruktiven Gründen der Null-Achsabstand $a_{d1} = a_2$ ist und die Übersetzung $i_2 = u_2$ aus der Gesamtübersetzung $i = i_1 \cdot i_2$ mit $i_1 = u_1$ möglichst genau eingehalten werden soll, sind die Zähnezahlen z_3, z_4 und damit der Null-Achsabstand a_{d2} der Geradstirnräder zu ermitteln.

b) Nach Errechnung der Summe der Profilverschiebungsfaktoren $x_3 + x_4$ und deren Aufteilung sind die Abmessungen der Räder z_3, z_4 für den geforderten Achsabstand a_2 zu bestimmen und das Kopfspiel c zu prüfen.

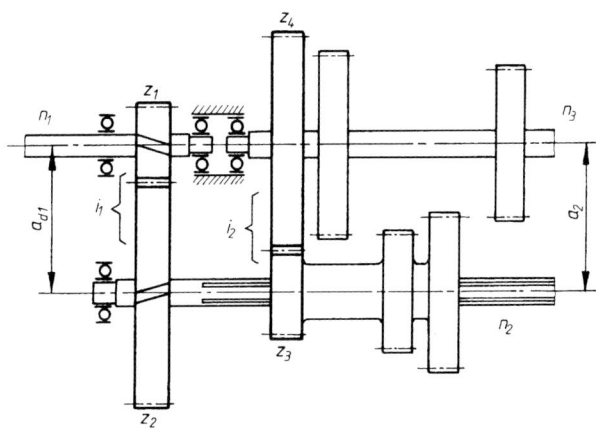

Verzahnungsqualität, Toleranzen

21.30 ••
Für ein geradverzahntes Stirnradpaar mit Modul $m = 2\,\text{mm}$, $d_1 = 30\,\text{mm}$, $d_2 = 96\,\text{mm}$ und dem Achsabstand $a = 63\,\text{mm}$ ist das theoretische Drehflankenspiel $j_{t\,\text{min}}$ und $j_{t\,\text{max}}$ nach DIN 3967 zu bestimmen, wenn es erfahrungsgemäß mit Verzahnungsqualität und Toleranzfeld 8cd26 (*Verzahnungsqualität* 8, *Abmaßreihe* cd, *Toleranzreihe* 26) gefertigt sowie für den Achsabstand a die Achslage-Genauigkeitsklasse js8 eingehalten werden soll, ferner ist für Ritzel und Rad die Messzähnezahl sowie das jeweilige untere und obere Prüfmaß anzugeben.

21.31 ••
Laut Zeichnungsangabe soll ein Geradstirnrad $z = 17$, Profilverschiebungsfaktor $x = +0{,}5$ für das Bezugsprofil DIN 867 mit dem Werkzeug-Bezugsprofil DIN 3972–II × 3,5 ohne Kopfhöhenänderung sowie der Verzahnungsqualität und dem Toleranzfeld 6e26 hergestellt werden.

Das Nennmaß der Zahndicke auf dem Teilkreis mit Abmaßen nach DIN 3967 und das Nennmaß der Lückenweite auf dem Teilkreis sind zu ermitteln.

21.32 ••
Das einstufige Geradstirnradgetriebe einer Schneckenpresse soll als *V-Null-Getriebe* mit einer Übersetzung $i = 4,9$ für einen Modul $m = 10$ mm ausgebildet werden. Konstruktiv günstige Abmessungen werden für das Ritzel mit einem Teilkreisdurchmesser $d_1 = 110$ mm erreicht.

Das theoretische Flankenspiel $j_{t\,min}$ und $j_{t\,max}$ ist zu bestimmen, wenn nach DIN 3967 die Verzahnungsqualität und Toleranz 7c26 sowie nach DIN 3964 die Achsabstandsmaße mit der Genauigkeitsklasse js7 vorgesehen sind (s. auch Hinweise zu Aufgabe 21.30).

21.33 ••
Ein Schrägstirnradpaar mit $z_1 = 11$, $z_2 = 45$, $m_n = 4,5$ mm soll als *V-Null-Getriebe* mit einem Schrägungswinkel $\beta = 10°$ ausgeführt werden.

Zu ermitteln sind

a) die praktischen Mindest-Profilverschiebungsfaktoren x_1, x_2,
b) die Teilkreis- und Kopfkreisdurchmesser des Radpaares einschließlich Achsabstand,
c) die Normalzahndicken auf dem Teilkreis mit Abmaßen in mm, wenn für die Räder nach DIN 3967 die Verzahnungsqualität und Toleranz 7b26 verlangt wird,
d) das theoretische Flankenspiel $j_{t\,min}$ und $j_{t\,max}$, wenn nach DIN 3964 die Achsabstandsabmaße für die Toleranzklasse js7 vereinbart ist.

Zahnradkräfte, Drehmomente

21.34 ••
Der Zwischenwelle A–B mit den geradverzahnten Nullrädern $z_2 = 81$, Modul $m_1 = 3,5$ mm und $z_3 = 20$, Modul $m_2 = 4$ mm wird eine maximale Leistung $P_2 = 5$ kW bei $n_2 = 160$ min^{-1} über ein Ritzel z_1 zugeführt. Das Ritzel z_1 soll

1. im Uhrzeigersinn, und
2. entgegen dem Uhrzeigersinn laufen (siehe Getriebeskizze).
a) Für die Zahnräder z_2 und z_3 sind nach der Getriebeskizze die Zahnkraftkomponenten F_{t2}, F_{r2} und F_{t3}, F_{r3} entsprechend ihrer Richtung für 1. und 2. einzutragen und rechnerisch zu ermitteln.
b) Die Belastungs- und Stützkräfte der Welle A–B sind für die horizontale (x-) und vertikale (y-) Wirkebene zu 1. und 2. zu skizzieren und die rechnerische Beziehung für $F_{A\,res}$ und $F_{B\,res}$ ist anzugeben.

Zahnradkräfte, Drehmomente

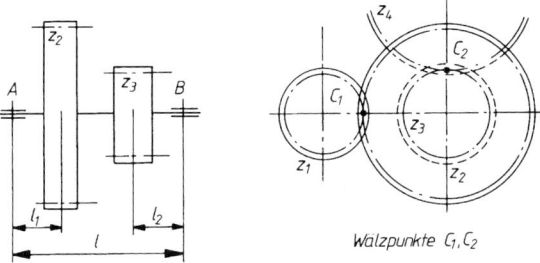

Walzpunkte C_1, C_2

21.35 ••

Das Schrägstirnrad $z_2 = 83$, Modul $m_n = 2$ mm, Schrägungswinkel $\beta = 15°$ rechtssteigend ist auf der Welle A–B befestigt und hat eine Leistung $P = 6{,}25$ kW bei $n_2 = 630$ min^{-1} zu übertragen. Es wird von einem Ritzel z_1 angetrieben, das sich im Uhrzeigersinn dreht.

a) Die Richtungen der Zahnkraftkomponenten F_{t2}, F_{r2}, F_{a2} für das Rad z_2 sind in eine Getriebeskizze (nach Bild) einzuzeichnen.
b) Die Nenngrößen der Zahnkraftkomponenten in N (ganzzahlig gerundet) sind zu berechnen.
c) Die Wellenbelastung durch die Zahnkraftkomponenten ist in der horizontalen (x-) und vertikalen (y-)Wirkebene zu skizzieren und die Größe der resultierenden Lagerkräfte $F_{A\,res}$, $F_{B\,res}$ mit den Komponenten F_{Ax}, F_{Ay} bzw. F_{Bx}, F_{By} (ganzzahlig gerundet) zu berechnen.
d) Der Verlauf der Schnittgrößen M'_x, M_x, M_y in den senkrecht aufeinanderstehenden Wirkebenen (x, y) sind zu skizzieren und die resultierenden Biegemomente M', M für die Radmitte zu ermitteln.

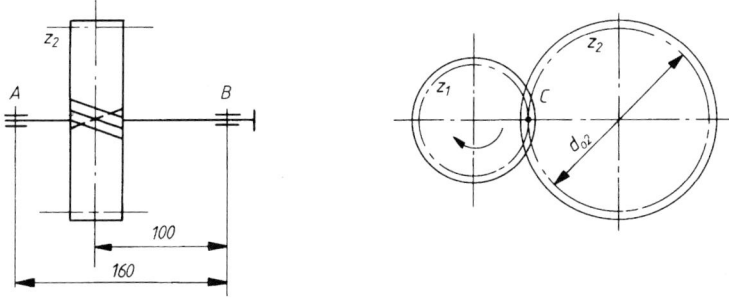

21.36 ••

Die Zwischenwelle A–B eines *Null-Getriebes* (siehe Bild a) überträgt eine Leistung $P = 8{,}8$ kW bei einer Drehzahl $n = 800$ min^{-1} mit zwei Schrägstirnrädern $z_2 = 39$, $m_n = 2{,}5$ mm, $\beta = 15°$ Flankenrichtung links und $z_3 = 20$, $m_n = 4$ mm, $\beta = 10°$ Flankenrichtung links. Der Antrieb erfolgt durch das im Uhrzeigersinn drehende Zahnrad z_1, das, wie in der Seitenansicht der Getriebeskizze dargestellt, entweder in der waagerechten Ebene (Bild b) oder in der senkrechten Ebene (Bild c) angeordnet werden kann.

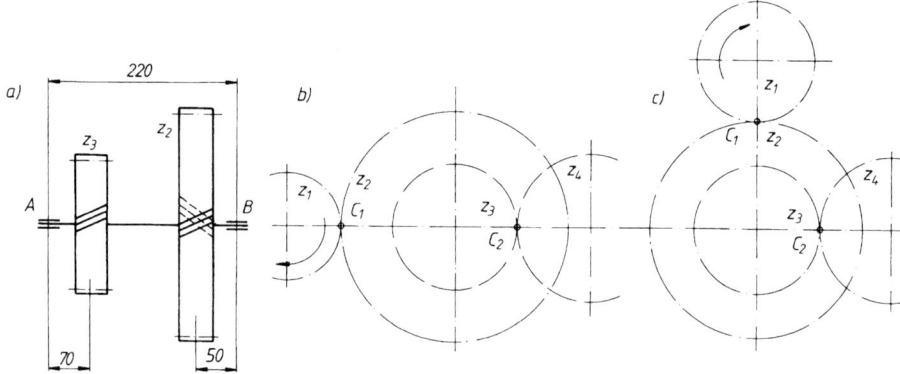

a) Die Richtungen der Zahnkraft-Komponenten F_{t2}, F_{t3}, F_{r2}, F_{r3} und F_{a2}, F_{a3} für die Räder z_2, z_3 sind in die Getriebeskizze nach Anordnung Bild a) und b) in den Wälzpunkten C_1, C_2 einzuzeichnen.

b) Die Nenngrößen der Zahnkraft-Komponenten in N sind ganzzahlig gerundet zu berechnen.

c) Die Wellenbelastung durch die Zahnkraftkomponenten und der Verlauf des Biegemoments (Schnittgröße) sind in der horizontalen (x-) und vertikalen (y-) Wirkebene für die Anordnung a) und b) zu skizzieren.

d) Entsprechend der Richtung der Zahnkraftkomponenten gleicher Größe sind die Wellenbelastung und der Verlauf des Biegemoments (Schnittgröße) für die Anordnung Bild a) und c) in der horizontalen (x-) und vertikalen (y-)Wirkebene zu skizzieren.

Tragfähigkeitsnachweis (geradverzahnte Stirnräder)

21.37 •••

Die Übersetzungsstufe eines Stirnradgetriebes mit den mittig zwischen den Lagern angeordneten geradverzahnten Nullrädern $z_1 = 44$, $z_2 = 110$, (Bezugsprofil DIN 867, Werkzeug-Bezugsprofil 3972-II × 2,5) Zahnbreiten $b_1 = 45$ mm, $b_2 = 40$ mm, soll eine Nennleistung $P = 15$ kW bei der Ritzeldrehzahl $n_1 = 750$ min^{-1} übertragen. Der Antrieb erfolgt über einen Elektromotor, die getriebene Maschine arbeitet mit mäßigen Stößen ($K_A \approx 1{,}25$; $(K_A \cdot K_V) \approx 1{,}8$).

Das Ritzel ist aus 42CrMo4, induktionsgehärtet auf 55HRC mit $\sigma_{F\,lim} = 360$ N/mm^2, Zahnflanken (einschließlich Fußausrundung) geschliffen mit $Rz \approx 5$ μm. Das Industriegetriebe mit Qualität 8 soll eine Mindestlebensdauer $t = 20\,000$ Stunden erreichen. Aus Vergleichsberechnungen kann der Breitenfaktor mit $K_{F\beta} \approx 2{,}1$ angenommen werden.

Aus vorhergehenden Berechnungen sind bekannt: $a_d = a = 192{,}5$ mm, $\varepsilon_\alpha \approx 1{,}8$,
Ritzel: $d_1 = 110$ mm, $d_{a1} = 115$ mm, $d_{f1} = 103{,}75$ mm
Rad: $d_2 = 275$ mm, $d_{a2} = 280$ mm, $d_{f2} = 268{,}75$ mm

Ist das Ritzel hinsichtlich der Zahnfußtragsicherheit ausreichend dimensioniert, wenn als Mindestwert $S_F = 1{,}5$ gefordert wird?

21.38 •••

Die 2. Übersetzungsstufe des dreistufigen Getriebes eines Kranhubwerkes soll als Geradstirnradpaar mit einem Achsabstand $a = 119\,\text{mm}$ ausgeführt werden. Für den Wellendurchmesser $d_{sh} = 34\,\text{mm}$ des Ritzels betragen die Abstände $s \approx 10\,\text{mm}$ und $l = 120\,\text{mm}$. Die Geradstirnräder aus Einsatzstahl mit $\sigma_{F\,\text{lim}} \approx 500\,\text{N/mm}^2$ und $\sigma_{H\,\text{lim}} \approx 1\,500\,\text{N/mm}^2$ bei 60HRC mit geschliffenen Flanken (einschließlich Fußausrundung) $Rz = 6\,\mu\text{m}$ haben die Zähnezahlen $z_1 = 13$, $z_2 = 64$, Zahnbreiten $b_1 = b_2 = 50\,\text{mm}$, zu deren Herstellung entsprechend dem Bezugsprofil nach DIN 867 das Werkzeug-Bezugsprofil DIN 3972–II × 3 (Modul 3 mm) verwendet wird.

Das Rad z_2 ist hinsichtlich der Flankentragfähigkeit zu überprüfen unter Annahme eines Belastungsfaktors $K_{H\,\text{ges}} \approx 1{,}4$. Die Zahnradstufe hat eine maximale Leistung $P = 6{,}9\,\text{kW}$ bei $n_1 = 305\,\text{min}^{-1}$ zu übertragen. Gefordert wird eine für Hebemaschinen übliche Lebensdauer von $t = 8\,000$ Stunden bei guter Verzahnungsqualität. Vorgesehen ist für das Getriebeöl eine Nennviskosität $v_{50} = 100\,\text{mm}^2/\text{s}$.

Ist das Rad hinsichtlich der Flankentragfähigkeit ausreichend dimensioniert, wenn $S_{H\,\text{min}} = 1{,}1$ gefordert wird?

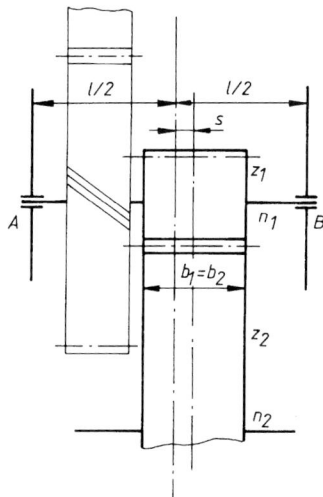

21.39 •••

Eine Stab- und Formstahlschere wird durch einen Elektromotor mit einer Leistung $P = 4\,\text{kW}$ bei der Drehzahl $n_1 = 960\,\text{min}^{-1}$ angetrieben und soll mit $n_3 = 50$ Hüben/min laufen.

Als erste Stufe ist ein Keilriemengetriebe mit den Scheibendurchmessern $d_{w1} = 140\,\text{mm}$ und $d_{w2} = 560\,\text{mm}$ vorgesehen. Die zweite Stufe bildet ein Geradstirnradpaar mit Nullverzahnung, dessen fliegend angeordnetes Ritzel mit $z_1 = 20$ auf dem mit $Rz = 6\,\mu\text{m}$ gedrehten Wellenende für $d_\text{sh} = 50\,\text{mm}$ der Zwischenwelle aus E295 mittels Nasenkeil nach DIN 6887 befestigt werden soll.

Als Zahnradwerkstoff wird für das Ritzel Vergütungsstahl (flammengehärtet) mit $\sigma_\text{F lim} = 370\,\text{N/mm}^2$, $\sigma_\text{H lim} = 1\,200\,\text{N/mm}^2$ bei 55HRC und für das Rad legierter Stahlguss mit $\sigma_\text{F lim} = 280\,\text{N/mm}^2$, $\sigma_\text{H lim} = 780\,\text{N/mm}^2$ bei 300HV10 vorgesehen; der Anwendungsfaktor ist mit $K_\text{A} \approx 2$ anzunehmen.

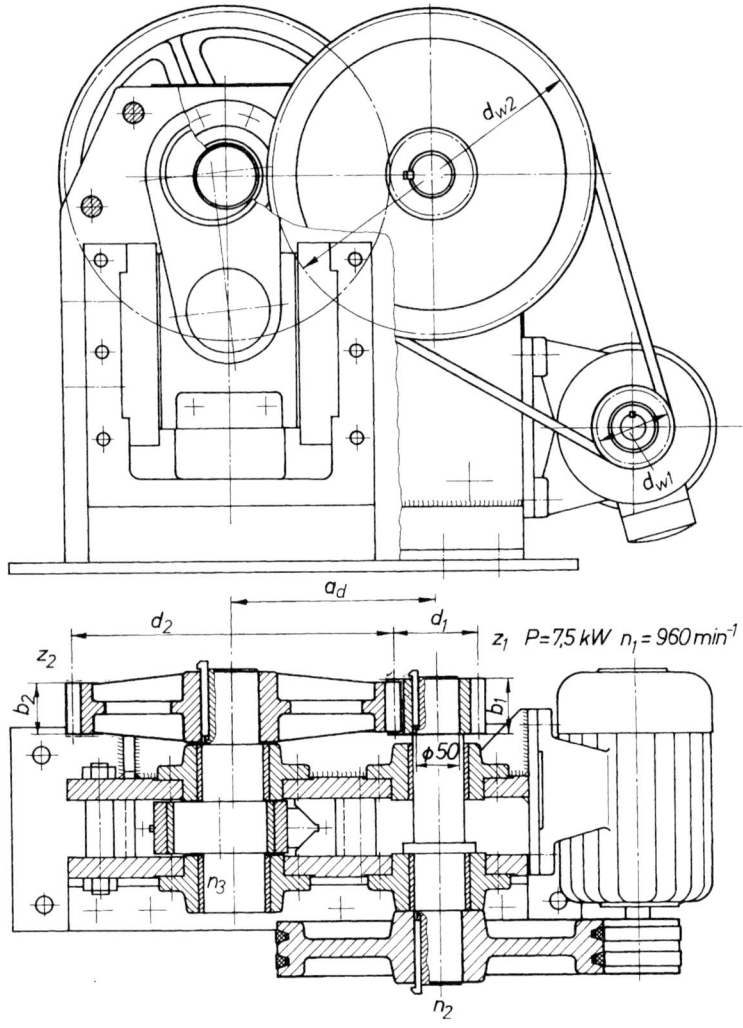

a) Ohne Berücksichtigung des Wirkungsgrades sind nach der Ermittlung der Übersetzung $i_2 = u$ der Stirnradstufe aus der Gesamtübersetzung i für das auf die Welle zu setzende Ritzel der Modul m nach DIN 780 zu wählen, die Rad-Zähnezahl z_2,

Hauptabmessungen der Räder einschließlich Nullachsabstand zu berechnen und überschlägig die Profilüberdeckung sowie aufgrund der Räderanordnung die Zahnbreiten b_1, $b_2 = b_1 - 5\,\text{mm}$ und die zugehörige möglichst beste Verzahnungsqualität festzulegen.

b) Sind die vorgesehenen Werkstoffe hinsichtlich der Zahnfußtragfähigkeit ausreichend, wenn die üblichen Mindestsicherheitswerte gefordert werden und für den Belastungseinflussfaktor $K_{F\,\text{ges}} \approx 3{,}2$ aus vorhergehenden Berechnungen ermittelt wurde?

c) Sind unter gleichen Bedingungen die vorgesehenen Werkstoffe hinsichtlich der Zahnflankentragfähigkeit für $K_{H\,\text{ges}} \approx 2$ ausreichend?

21.40 •••

Für den Antrieb eines Trogkettenförderers mit einer Förderleistung $Q = 25\,\text{t/h}$ Schwergetreide bei einer Förderlänge $L = 50\,\text{m}$ und einer Fördergeschwindigkeit $v_k = 0{,}6\,\text{m/s}$ (Kettengeschwindigkeit) ist ein Antriebsmotor $P = 5{,}5\,\text{kW}$ bei $n_1 = 1\,435\,\text{min}^{-1}$ ermittelt. Das Kettenrad hat einen Teilkreisdurchmesser $d = 276{,}83\,\text{mm}$. Konstruktiv wurde der Lagerabstand $l = 140\,\text{mm}$ festgelegt bei einem Mittenabstand des Ritzels $s = 10\,\text{mm}$.

Als 1. Stufe des Antriebs wird ein Keilriemengetriebe mit der Übersetzung $i_1 = 4{,}75$ verwendet. Für die 2. Stufe soll ein Geradstirnradgetriebe als Anbaugetriebe vorgesehen werden, für das eine Ritzelwelle mit $z_1 = 17$ Zähnen nach überschlägiger Berechnung des Durchmessers $d_{\text{sh}} = 38\,\text{mm}$ ausgeführt wird. Aus Einbaugründen wird der Teilkreisradius $r_2 = d_2/2$ etwa 10 mm kleiner als die Achshöhe $h = 200\,\text{mm}$ angestrebt. Der Wirkungsgrad des Getriebes soll unberücksichtigt bleiben. Als Zahnradwerkstoff ist für die Ritzelwelle und für die Bandage des Rades z_2 (Radkörper aus GJL) Vergütungsstahl mit $\sigma_{F\,\text{lim}} = 350\,\text{N/mm}^2$ (55HRC) und $\sigma_{H\,\text{lim}} = 1\,250\,\text{N/mm}^2$ (induktionsgehärtet) vorgesehen.

a) Nach Ermittlung der Ritzelwellendrehzahl n_2 und der Drehzahl n_3 der Kettenradwelle aus v_k sind mit der Übersetzung $i_2 \,\hat{=}\, u$ des Nullradpaares die Zähnezahlen des Rades z_2 und mit der Bedingung der Achshöhe der Modul m für das Zahnradpaar zu bestimmen, womit die Abmessungen der Räder einschließlich Zahnhöhe, Null-Achsabstand zu berechnen und die Profilüberdeckung zu ermitteln sind und festzustellen ist, ob die Ausführung als Ritzelwelle für d_{sh} und z_1 möglich ist.

b) Die Zahnbreiten des Radpaares b_1, b_2 sind für die Wellenlagerung in guter, handelsüblicher Ausführung im Getriebegehäuse und die zugehörige möglichst beste Verzahnungsqualität festzulegen.

c) Die rechnerische Sicherheit S_{F1} für die Zahnfußbeanspruchung ist zu errechnen unter Annahme von $K_{F\,\text{ges}} \approx 2{,}65$.

d) Die Zulässigkeit der rechnerischen Sicherheitsfaktoren $S_{H1,2}$ für die Grübchentragfähigkeit ist für eine Lastwechselzahl $N_L > 10^6$ nachzuweisen unter Annahme von $K_{H\,\text{ges}} \approx 1{,}7$, wenn die Zahnflanken mit $Rz \approx 5\,\mu\text{m}$ geschliffen werden.

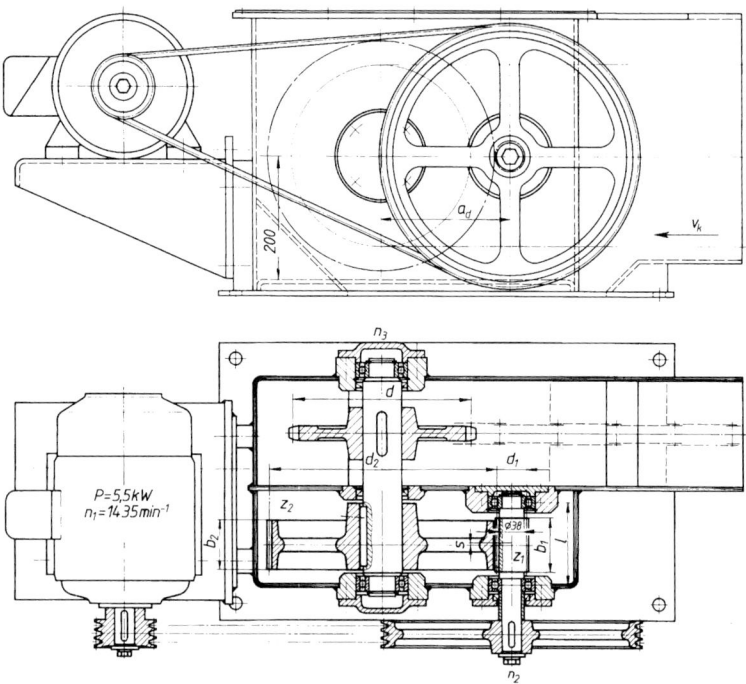

Tragfähigkeitsnachweis (schrägverzahnte Stirnräder)

ⓘ 21.41 •••

Ein mittig zwischen den Lagern angeordnetes Schrägstirnradpaar mit den Nullrädern $z_1 = 30$, $z_2 = 94$, Normalmodul $m_n = 3$ mm, Schrägungswinkel $\beta = 10{,}8069°$ (nach DIN 3978, Reihe 1), Zahnbreiten $b_1 = b_2 = 50$ mm, DIN-Verzahnungsqualität 6 soll von einem Elektromotor die Leistung $P = 45$ kW bei $n_1 = 1\,420$ min^{-1} übertragen. Mit mäßigen Stößen ist zu rechnen. Für beide Räder ist Einsatzstahl 15CrNi6, oberflächengehärtet mit $\sigma_{F\,lim} \approx 315\,\text{N/mm}^2$, $\sigma_{H\,lim} \approx 1\,300\,\text{N/mm}^2$ bei 58HRC und geschliffenen Zähnen $Rz \approx 5\,\mu\text{m}$ vorgesehen.

a) Die Teil-, Grund-, Kopf- und Fußkreisdurchmesser der Räder einschließlich Zahnhöhe und Null-Achsabstand sowie die Profilüberdeckung ε_α, die Sprungüberdeckung ε_β und die Gesamtüberdeckung ε_γ sind zu berechnen.
b) Nach Bestimmung der Nenn-Umfangskraft F_{t1} für das Ritzel in N (ganzzahlig) sind der Gesamtbelastungseinfluss sowohl für die Zahnfußtragfähigkeit $K_{F\,ges}$ als auch für die Grübchentragfähigkeit $K_{H\,ges}$ weitgehend rechnerisch zu ermitteln.

ⓘ 21.42 •••

Das im Bild gezeigte Industriegetriebe mit den Schrägstirnrädern $z_1 = 20$, $z_2 = 59$, $m_n = 6$ mm, Schrägungswinkel $\beta = 15°$, Zahnbreiten $b_1 = 100$ mm, $b_2 = 98$ mm soll mit einer Verzahnungsqualität 6 für eine Antriebsleistung bei gleichmäßigem Betrieb $P = 500$ kW bei einer Nenndrehzahl $n_1 = 1\,500$ min^{-1} ausgelegt werden. Bei einem Ritzelwellendurchmesser $d_{sh} = 95$ mm ist ein Achsabstand $a = 250$ mm einzuhalten. Als Zahnradwerkstoff ist Einsatzstahl 17CrNiMo6 mit $\sigma_{F\,lim} = 500$ N/mm^2 und $\sigma_{H\,lim} = 1\,500$ N/mm^2 bei 62HRC mit geschliffenen Zahnflanken $Rz \approx 5$ μm für $N_L > 5 \cdot 10^7$ Lastspiele vorgesehen.

a) Es ist zunächst zu entscheiden, ob *Null-* oder *V-Räder* eingebaut werden können. Die Radabmessung Teilkreis-, Grundkreis-, Wälzkreis-, Fußkreis- und Kopfkreisdurchmesser sind zu ermitteln unter Berücksichtigung eines Kopfspiels $c = 0{,}25 \cdot m$.
b) Die rechnerische Sicherheit $S_{F1,2}$ für die Zahnfuß-Tragfähigkeit ist zu prüfen unter der Annahme des Belastungseinflussfaktors $K_{F\,ges} \approx 1{,}37$.
c) Die Zulässigkeit der rechnerischen Sicherheit $S_{H1,2}$ für die Grübchen-Tragfähigkeit ist mit einem Belastungseinflussfaktors $K_{H\,ges} \approx 1{,}2$ nachzuweisen, wenn $S_H \geq 1$ betragen soll.

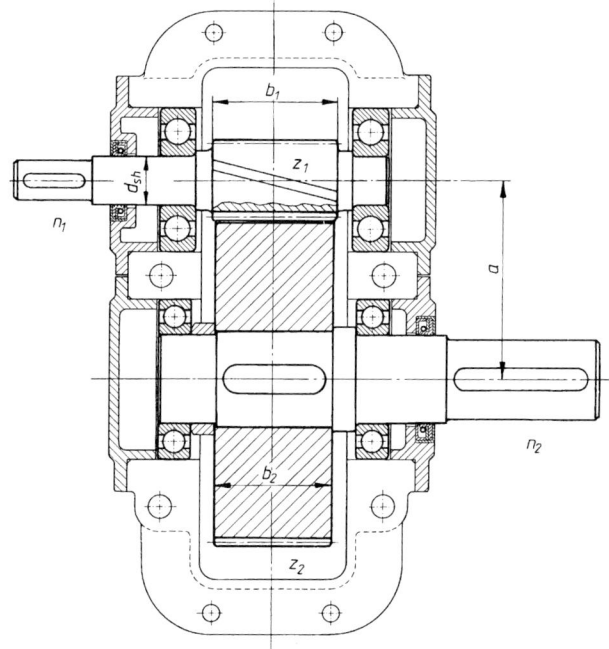

21.43 •••

Die Endstufe eines Rührwerkgetriebes soll als Schrägstirnradpaar mit einem Schrägungswinkel $\beta = 15°$, Modul $m_n = 14$, $z_1 = 14$, $z_2 = 61$, Zahnbreiten $b_1 = b_2 = 170$ mm ausgeführt werden (siehe Getriebeschema). Zum Erreichen des geforderten Achsabstandes $a = 560$ mm ist eine Profilverschiebung mit $\sum x = +1{,}292$ vorzunehmen.

Die Verzahnung des Ritzels (Ausführung als Ritzelwelle) aus Einsatzstahl 17CrNiMo6 und des Rades aus Einsatzstahl 18CrNiMo7-6 wird entsprechend dem Bezugsprofil nach DIN 867 mit dem Werkzeug-Bezugsprofil DIN 3972–II × 14 hergestellt und an den Flanken mit $Rz \approx 5$ µm, am Zahnfuß mit $Rz \approx 20$ µm geschliffen.

Gefordert wird eine Verzahnungsqualität 6 und erfahrungsgemäß bei einer täglichen Einschaltdauer von 2 Stunden eine Lebensdauer von 1 000 Stunden. Für die Ritzelwelle mit dem Schaftdurchmesser $d_{sh} = 150$ mm betragen die Abstände $s = 63$ mm und $l = 383$ mm. Bei der Wellendrehzahl $n_1 = 15$ min^{-1} wird eine Leistung $P = 29{,}5$ kW übertragen.

a) Nach Aufteilung von $\sum x$ in x_1 und x_2 und nach Ermittlung der Teilkreisdurchmesser $d_{1,2}$ sind der Achsabstand a und damit der Kopfkreisdurchmesser $d_{a1,2}$ und die Fußkreisdurchmesser $d_{f1,2}$ einschließlich Grundkreisdurchmesser $d_{b1,2}$ und die Zahnhöhe, sowie die Profil- und Sprungüberdeckung zu berechnen.

b) Für gleichmäßigen Antrieb und bei mäßigen Stößen des Getriebes sind die Kraftfaktoren weitgehend rechnerisch für den Tragfähigkeitsnachweis c) zu berechnen.

c) Die Zulässigkeit der Zahnfußspannung und Flankenpressung ist nachzuprüfen, wenn bei 60HRC die Zahnfuß-Biegenenndauerfestigkeit $\sigma_{F\,lim} = 500$ N/mm^2 für das Ritzel und $\sigma_{F\,lim} = 450$ N/mm^2 für das Rad, sowie der Dauerfestigkeitswert $\sigma_{H\,lim} = 1\,500$ N/mm^2 für das Ritzel und $\sigma_{H\,lim} = 1\,400$ N/mm^2 für das Rad beträgt.

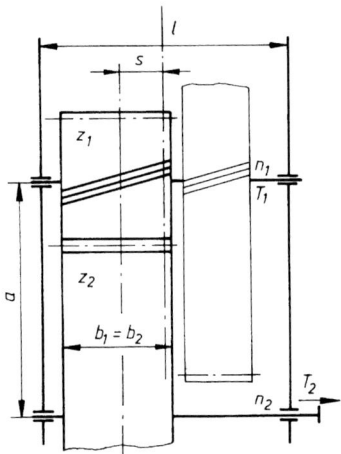

22 Kegelräder und Kegelradgetriebe

22.1 •

Für ein geradverzahntes *Kegelrad-Null-Getriebe* mit dem Achsenwinkel $\Sigma = 75°$, der Ritzelzähnezahl $z_1 = 22$, der Übersetzung $i = 1{,}5$ und dem (äußeren) Modul $m_e = m = 3{,}5$ mm sind für Ritzel und Rad zu ermitteln

a) die Teilkegelwinkel $\delta_{1,2}$,
b) die Teilkreisdurchmesser $d_{e1,2}$ und Kopfkreisdurchmesser $d_{ae1,2}$,
c) die mittlere und äußere Teilkegellänge R_m und R_e für eine Radbreite $b = 20$ mm,
d) die Kopf- und Fußkegelwinkel $\delta_{a1,2}$ und $\delta_{f1,2}$.

22.2 •

Für den Antrieb eines Transportbandes wurde aufgrund der konstruktiven Gegebenheiten ein geradverzahntes Kegelradpaar mit $\Sigma = 90°$ bei einem Übersetzungsverhältnis $i = 1{,}25$ vorgesehen. Eine überschlägige Berechnung ergab für die zu übertragende Leistung den Modul $m_e = m = 6$ mm. Günstige Bauabmessungen würden sich mit einer Ritzelzähnezahl $z_1 = 12$ und einer Zahnbreite $b = 15$ mm ergeben.

a) Es ist zu prüfen, ob eine Ausführung als *Null-Getriebe* möglich ist,
b) die für die Herstellung der Verzahnung erforderlichen Hauptabmessungen z_2, $\delta_{1,2}$, R_e, h_{ae}, h_{fe}, $d_{e1,2}$, $d_{ae1,2}$, $\delta_{a1,2}$, $\delta_{f1,2}$ sind zu ermitteln.

22.3 ••

Für das einstufige Kegelradgetriebe mit schrägverzahnten Kegelrädern, dem Achsenwinkel $\Sigma = 90°$ und der Übersetzung $i = 4{,}5$ sind die für die Herstellung der Kegelräder erforderlichen Verzahnungsdaten z_2, b, $\delta_{1,2}$, $d_{m1,2}$, $d_{e1,2}$, R_m, R_e, $d_{am1,2}$, $d_{ae1,2}$, $d_{fm1,2}$, $d_{fe1,2}$, zu ermitteln. Aus einer überschlägigen Berechnung bzw. durch Vorwahl sind bekannt: Ritzelzähnezahl $z_1 = 14$, mittlerer Modul im Normalschnitt $m_{mn} = 7$ mm, Schrägungswinkel $\beta_m = 20°$.

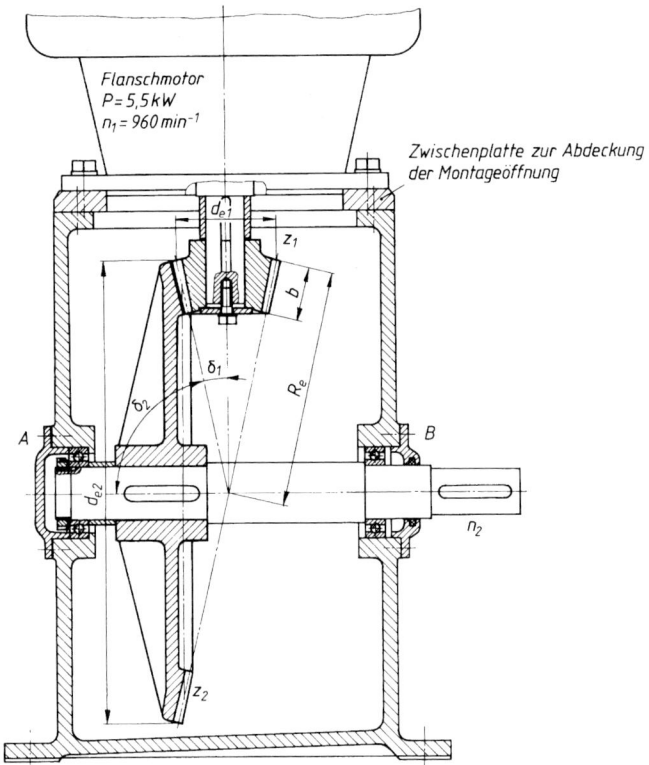

22.4 ••

Für das Kegelradgetriebe einer Kettensäge mit der Antriebsleistung $P_1 = 1{,}5$ kW bei der Antriebsdrehzahl $n_1 = 2\,820 \text{ min}^{-1}$ und einer Schnittgeschwindigkeit $v = 400$ m/min sind die Verzahnungsabmessungen zu berechnen. Der Kettenrollendurchmesser beträgt $D = 80$ mm, der Durchmesser des Motorwellenendes $d_{sh} = 24$ mm. Wegen der hohen Drehzahlen sind schrägverzahnte Kegelräder mit $\beta_m = 30°$ vorzusehen.

22 Kegelräder und Kegelradgetriebe

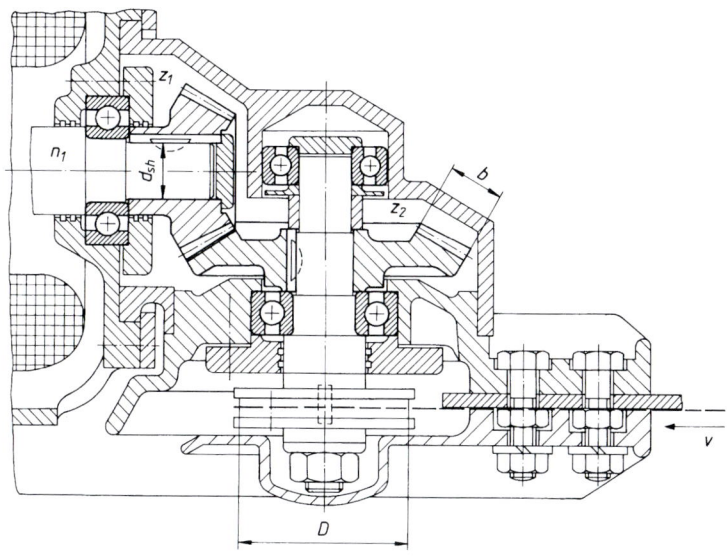

Zu ermitteln sind:

a) das Übersetzungsverhältnis (überschlägige Berechnung aus Motordrehzahl und Schnittgeschwindigkeit),
b) die Zähnezahlen z_1, z_2 und damit das vorhandene Übersetzungsverhältnis,
c) der Normalmodul m_{mn} sowie die mittlere Zahnkopf- und Zahnfußhöhe,
d) die Verzahnungsdaten für Ritzel und Rad b, $d_{1,2}$, $d_{m1,2}$, $d_{e1,2}$, R_m, R_e, $d_{am1,2}$, $d_{ae1,2}$, $d_{fm1,2}$, $d_{fe1,2}$.

22.5 ••

Als letzte Stufe des Schaltgetriebes für den Spindelantrieb einer Senkrecht-Fräsmaschine ist ein Kegelradpaar vorgesehen. Die von den Rädern zu übertragende Leistung beträgt $P = 3{,}3$ kW, die Spindeldrehzahlen $n_2 = 51 \ldots 1200 \, \text{min}^{-1}$. Nach dem Getriebeplan ergibt sich für das zu berechnende Radpaar eine Übersetzung $i = 2{,}05$. Der Durchmesser der Getriebewelle an der Sitzstelle des Ritzels wurde nach den konstruktiven Gegebenheiten mit $d_{sh} = 40$ mm festgelegt. Um einen möglichst geräuscharmen Lauf zu erzielen sind schrägverzahnte Kegelräder mit $\beta_m = 25°$ vorzusehen.

Für die Kegelräder sind zu ermitteln bzw. festzulegen:

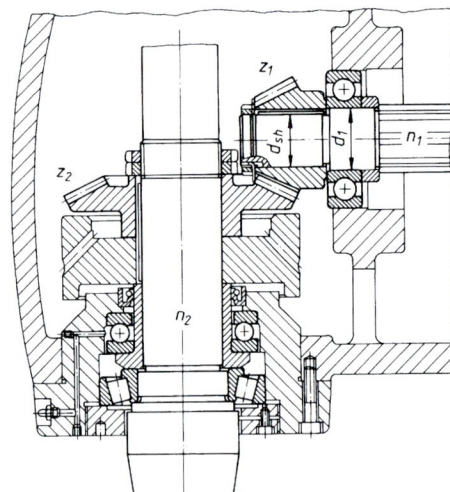

a) die Zähnezahlen $z_{1,2}$, wobei das Übersetzungsverhältnis möglichst eingehalten wird,
b) der Normalmodul m_{mn} sowie die mittlere Zahnkopf- und Zahnfußhöhe h_{am}, h_{fm},
c) die Verzahnungsdaten für Ritzel und Rad b, $\delta_{1,2}$, $d_{m1,2}$, $d_{e1,2}$, R_m, R_e, $d_{am1,2}$, $d_{ae1,2}$, $d_{fm1,2}$, $d_{fe1,2}$.

Tragfähigkeitsnachweis

22.6 •••

Ein geradverzahntes *Kegelrad-Null-Getriebe* zum Antrieb eines Rührwerkes hat bei einer Antriebsdrehzahl $n_1 = 90 \text{ min}^{-1}$ unter Berücksichtigung der ungünstigen Betriebsverhältnisse eine maximale Leistung von $P \approx 3 \text{ kW}$ zu übertragen. Die Übersetzung beträgt $i = 1{,}5$ und der Achsenwinkel $\Sigma = 75°$, die Zahnbreite $b = 42 \text{ mm}$. Der Wellenzapfen zum Aufsetzen des Ritzels ergab sich mit $d_{sh} = 50 \text{ mm}$.

Für das Ritzel z_1 (Vergütungsstahl mit $\sigma_{F\lim} = 250 \text{ N/mm}^2$, $\sigma_{H\lim} = 1\,100 \text{ N/mm}^2$) ist der Tragfähigkeitsnachweis zu führen. Für die Verzahnung wird die 11. Qualität vorgesehen; der Dynamikfaktor K_v ist mit 1,0 und die Oberflächenrauheit in der Fußrundung $R_z = 10 \text{ μm}$ anzunehmen. Aus einer vorhergehenden Berechnung wurden bereits ermittelt bzw. festgelegt:

$m_{mn} = 7 \text{ mm}$, $z_1 = 20$, $z_2 = 30$, $b = 42 \text{ mm}$, $R_m = 145{,}42 \text{ mm}$, $R_e = 166{,}42 \text{ mm}$, $h_{ae} = 8{,}01 \text{ mm}$, $h_{fe} = 10{,}01 \text{ mm}$, $d_{m1} = 140{,}00 \text{ mm}$, $d_{e1} = 160{,}22 \text{ mm}$, $d_{ae1} = 174{,}26 \text{ mm}$, $\delta_1 = 28{,}78°$, $\delta_{a1} = 31{,}53°$, $\delta_{f1} = 25{,}33°$.

Tragfähigkeitsnachweis

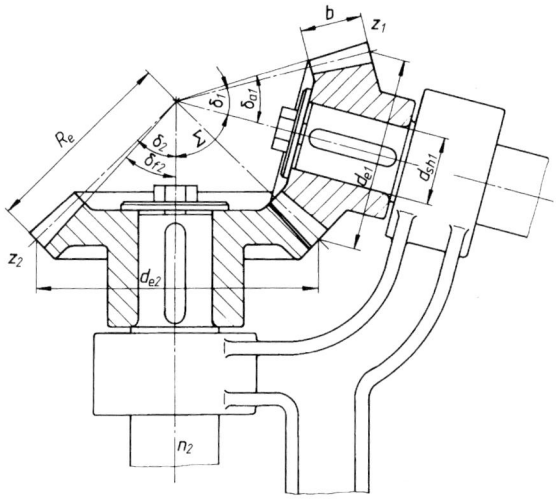

22.7 •••

Das skizzierte geradverzahnte Kegelrad-Nullgetriebe mit dem Bezugsprofil nach DIN 867, den Zähnezahlen $z_1 = 19$, $z_2 = 42$, dem Achsenwinkel $\Sigma = 90°$, dem Modul $m_m = 3$ mm, der Breite $b = 20$ mm soll eine maximale Leistung $P = 12$ kW bei $n_1 = 800$ min^{-1} übertragen.

Zur Dimensionierung der Welle 2 sowie der Anschlussteile sind die durch die Zahnkraft hervorgerufenen Auflagerkräfte F_A und F_B sowie das maßgebende größte Biegemoment sowohl für den Rechts- als auch Linkslauf des treibenden Rades z_1 rechnerisch zu bestimmen.

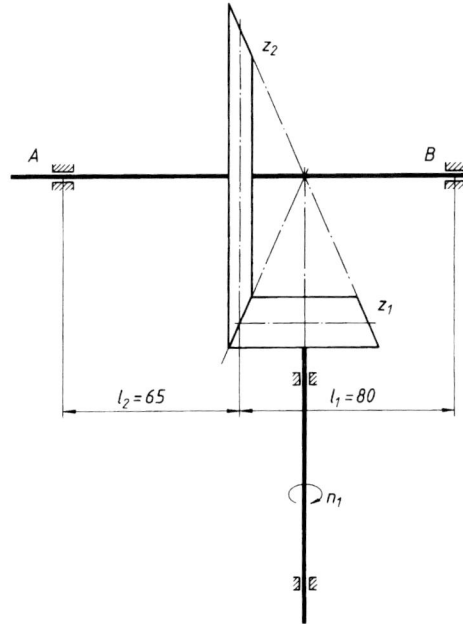

ⓘ 22.8 •••

Für das Kegelradgetriebe einer Kettensäge (Darstellung s. Aufgabe 22.4) mit der Antriebsleistung $P = 3\,\text{kW}$ bei der Antriebsdrehzahl $n_1 = 2\,820\,\text{min}^{-1}$ und einer Abtriebszahl $n_2 = 1\,560\,\text{min}^{-1}$ ist der Tragfähigkeitsnachweis zu führen. Weiterhin bekannt sind: Anwendungsfaktor $K_A = 1{,}25$, Schrägungswinkel $\beta_m = 30°$, Zahnflanken- und Zahnfußfestigkeiten für Ritzel und Rad (umlaufgehärteter Vergütungsstahl) $\sigma_{F\,\text{lim}} = 140\,\text{N/mm}^2$, $\sigma_{H\,\text{lim}} = 1\,100\,\text{N/mm}^2$, Qualität 7, Durchmesser $d_{sh} = 20\,\text{mm}$, Ölviskosität $\nu_{50} = 100\,\text{m}^2/\text{s}$, Rauheiten für Ritzel und Rad $Rz = 5\,\mu\text{m}$ (Zahnflanke), $Rz = 10\,\mu\text{m}$ (Zahnfuß).

23 Schraubrad- und Schneckengetriebe

Schraubradgetriebe

23.1 •

Für ein Schraubradgetriebe mit der Übersetzung $i = 2$, dem Achsenwinkel $\Sigma = 90°$, dem Modul $m_n = 5$ mm, der Zähnezahl $z_1 = 16$ und dem Schrägungswinkel $\beta_1 = 50°$ sind zu berechnen und festzulegen:

a) die Zähnezahl z_2,
b) die Teilkreis- und Kopfkreisdurchmesser $d_{1,2}$ und $d_{a1,2}$ sowie die Radbreite $b_1 = b_2$,
c) der Achsabstand a.

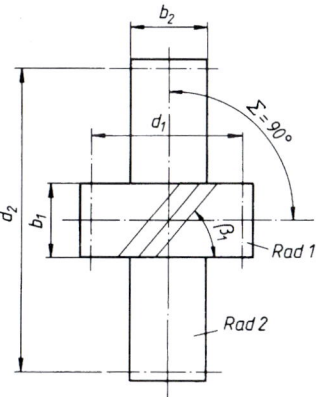

23.2 •

Zur Erzielung eines möglichst hohen Wirkungsgrades η_z sind für das Schraubradgetriebe mit dem Achsenwinkel $\Sigma = 90°$ und dem angenommenen Keilreibungswinkel $\varrho' \approx 3°$ die Schrägungswinkel β_1 und β_2 durch grafische Darstellung der Funktion $\eta_z = f(\beta_1)$ zu ermitteln.

23.3 ••

Für ein Schraubradgetriebe mit der Übersetzung $i = 3$, dem Achsenwinkel $\Sigma = 40°$ dem Schrägungswinkel $\beta_1 = 23°$ und dem Modul $m_n = 2{,}5\,\text{mm}$ sind zu ermitteln bzw. festzulegen:

a) der Schrägungswinkel β_2 (auf ganze Zahl gerundet) für einen möglichst hohen Wirkungsgrad bei einem angenommenen Keilreibungswinkel $\varrho' \approx 5°$,
b) die Zähnezahlen z_1 und z_2, wenn für z_1 der untere der Empfehlungswerte gewählt wird; die Teilkreis- und Kopfkreisdurchmesser der Räder 1 und 2 sowie der sich damit ergebende Achsabstand,
c) der Wirkungsgrad η_z der Verzahnung,
d) die Gleitgeschwindigkeit v_g der Flanken, wenn die Drehzahl des treibenden Rades $n_1 = 475\,\text{min}^{-1}$ beträgt.

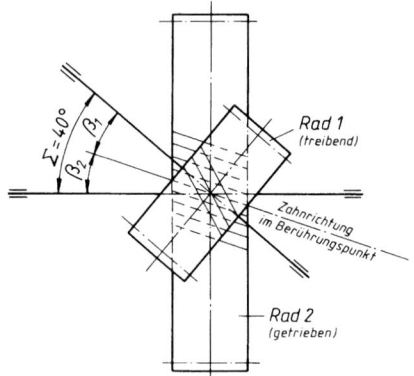

23.4 ••

Ein Schraubradgetriebe mit dem Achsenwinkel $\Sigma = 90°$ soll unter Berücksichtigung der Betriebsverhältnisse eine maximale Leistung $P_1 = 3\,\text{kW}$ übertragen bei der Drehzahl $n_1 = 900\,\text{min}^{-1}$, der Übersetzung $i = 2{,}5$ und der Ritzelzähnezahl $z_1 = 14$. Konstruktiv wurde für das treibende Rad 1 der Werkstoff E335 (ungehärtet) und für das Rad 2 GJL-250 vorgesehen. Der Keilreibungswinkel kann mit $\varrho' \approx 5°$ angenommen werden.

Für den 1. Entwurf des Getriebes sind zu ermitteln und festzulegen

a) die Zähnezahl z_2, die Schrägungswinkel $\beta_{1,2}$, der Modul m_n (auf ganze Zahl gerundet), die Teilkreisdurchmesser $d_{1,2}$, die Kopfkreisdurchmesser $d_{a1,2}$, die Radbreiten $b_1 = b_2$ und der Achsabstand a,
b) für die überschlägige Dimensionierung der Wälzlager zur Lagerung der Ritzel- und Radwelle sind die Zahnkräfte F_r, F_a, F_t für Ritzel und Rad zu ermitteln,
c) zur Bewertung des Getriebes der zu erwartende Verzahnungswirkungsgrad η_z.

Schneckengetriebe

23.5 •••

Im Vorschubgetriebe für den Aufspanntisch einer Horizontal-Fräsmaschine ist für den Eilgang ein Schraubenräderpaar vorgesehen. Für die Eingangsstufe ist ein Geradstirnradpaar mit $z_1 = 18$ und $z_2 = 65$ Zähnen festgelegt. Nach Getriebeplan soll die Drehzahl der Welle II $n_3 \approx 380 \, \text{min}^{-1}$ betragen. Die ungünstigen Betriebsbedingungen sind durch einen Anwendungsfaktor $K_A = 1{,}1$ zu berücksichtigen.

Für das Getriebe sind im Einzelnen zu ermitteln

a) die Hauptabmessungen $z_{3,4}$, $\beta_{1,2}$, m_n, $d_{3,4}$, $b_3 = b_4$, a der zweiten Getriebestufe, wenn für die Räder 3 und 4 als Werkstoff jeweils C15 (gehärtet) vorgesehen wird,

b) die von der Welle II zu übertragende Leistung P_2, wenn alle Wellen mit Wälzlagern gelagert und keine Dichtungen an den Wellen vorhanden sind.

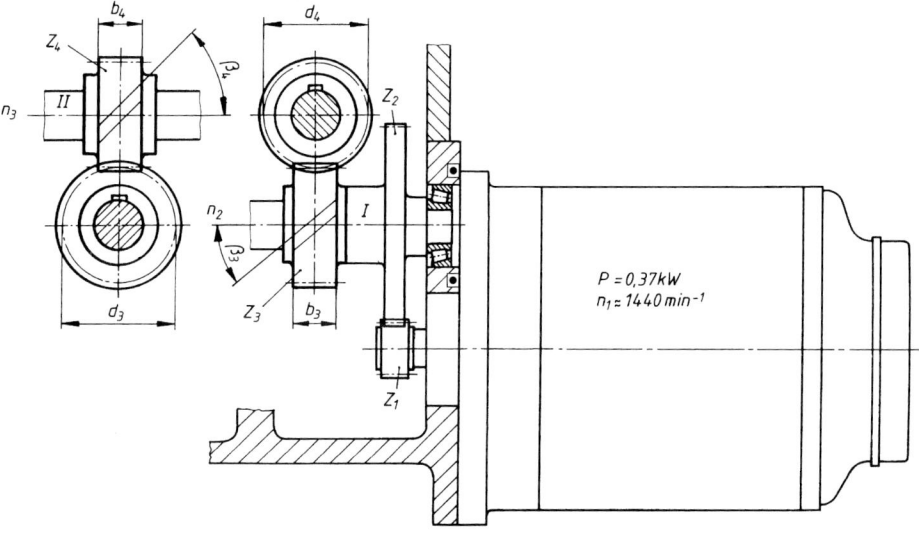

Schneckengetriebe

23.6 •

Für den 1. Entwurf eines Verstell-Getriebes sind für Schnecke (St) und Schneckenrad (Al-Legierung) die Hauptabmessungen rechnerisch zu ermitteln und festzulegen. Für das Schneckengetriebe mit der Übersetzung $i \approx 12$ und dem Achsenwinkel $\Sigma = 90°$ ist der Achsabstand mit $a \approx 70$ mm konstruktiv vorgegeben.

a) Zähnezahlen $z_{1,2}$ und die sich damit ergebende Übersetzung,
b) der Modul m,
c) die Abmessungen für die Schnecke: d_{m1}, γ_m, d_{a1}, d_{f1}, b_1,
d) die Abmessungen für das Schneckenrad: d_2, β, d_{a2}, d_{f2}, b_2, d_{e2},
e) der genaue Achsabstand a.

23.7 ••

Ein Schneckengetriebe ($\Sigma = 90°$) mit ZK-Schnecke und Globoidschneckenrad mit einer Übersetzung $i = 15$ soll zur Übertragung eines maximalen Drehmoments $T_2 = 600\,\text{N m}$ ($K_A = 1$) ausgelegt werden. Die Schnecke wird aus Stahl, das Schneckenrad aus Kupfer-Zinn-Legierung (CuSn) hergestellt (maßgebende Flankenfestigkeit $\sigma_{H\lim} \approx 400\,\text{N/mm}^2$). Die Schnecke läuft mit $n_1 = 1\,200\,\text{min}^{-1}$ um. Nach Feststellung des Achsabstandes a sind für die Schnecke zu ermitteln:

die Zähnezahl z_1, der Mittenkreisdurchmesser d_{m1}, der Kopfkreisdurchmesser d_{a1}, der Fußkreisdurchmesser d_{f1}, die Zahnbreite b_1, der Mittensteigungswinkel γ_m, die Steigungshöhe p_{z1}.

23.8 •••

Für ein Schneckengetriebe mit unten liegender Schnecke sind die Zahnkräfte für Schnecke und Schneckenrad sowie zur Dimensionierung der Wälzlager die von den Lagern A und B der Schneckenwelle aufzunehmenden resultierenden Lagerkräfte für die angegebene Drehrichtung zu ermitteln (Schnecke treibt).

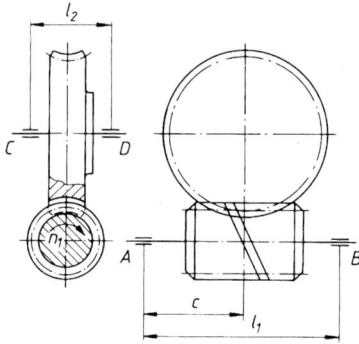

Für den konstruktiv vorgegebenen Achsabstand $a = 200\,\text{mm}$ und der Übersetzung $i = 63$ wurde für den Entwurf des Getriebes die Schnecke DIN 3976–ZN 5 × 85 R1 (Zylinderschnecke Z mit Flankenform N, Modul $m = 5\,\text{mm}$, Mittenkreisdurchmesser $d_{m1} = 85\,\text{mm}$, rechtssteigend R, Zähnezahl $z_1 = 1$) vorgesehen. Das Getriebe hat eine Leistung von $P_1 = 1{,}5\,\text{kW}$ bei $n_1 = 1\,470\,\text{min}^{-1}$ zu übertragen, die jeweils über eine Kupplung ein- und ausgeleitet wird. Die zu erwartenden ungünstigen Betriebsbedingungen sind durch den Anwendungsfaktor $K_A = 1{,}2$ zu berücksichtigen. Der Entwurfszeichnung wurden die Lagerabstände $l_1 = 300\,\text{mm}$, $l_2 = 200\,\text{mm}$, $c = 160\,\text{mm}$ entnommen. Die Schnecke ist gehärtet und geschliffen.

Zu ermitteln sind:

a) das von der Schnecke zu übertragende äquivalente Drehmoment T_eq,
b) die Zahnkräfte F_{t1}, F_{a1}, F_{r1}, sowie F_{t2}, F_{a2}, F_{r2} unter Berücksichtigung eines Wirkungsgrades von $\eta = 0{,}7$,
c) die resultierenden radialen Lagerkräfte $F_{A\,\text{res}}$, $F_{B\,\text{res}}$, $F_{C\,\text{res}}$, $F_{D\,\text{res}}$.

Schneckengetriebe

ⓘ 23.9 •••

Ein Zylinder-Schneckengetriebe hat bei einer geforderten Übersetzung $i = 40$ eine Leistung am Schneckenrad $P_2 = 2\,\text{kW}$ bei der Antriebsdrehzahl der Schneckenwelle $n_1 = 750\,\text{min}^{-1}$ zu übertragen.

Der Schneckenradsatz nach DIN 3796 und die Lagerung weisen folgende Bestimmungsgrößen auf:

Erzeugungswinkel	$\alpha_0 = 20°$
Achsabstand	$a = 200\,\text{mm}$
Zähnezahl der Schneckenwelle	$z_1 = 1$
Zähnezahl des Schneckenrades	$z_2 = 40$
Axialmodul der Schnecke	$m_x = 8\,\text{mm}$
mittlerer Schneckendurchmesser	$d_{m1} = 80\,\text{mm}$
Profilverschiebungsfaktor	$x = 0$
Abstand der Schneckenwellenlager (symmetrische Lagerung)	$l_1 = 320\,\text{mm}$
Zahnkranzdicke	$s_K = 20\,\text{mm}$
Zahndickenabnahme	$\Delta s = 0{,}2 \cdot m_x$
Schnecke	16MnCr5, einsatzgehärtet
Schneckenrad	CuSn12Ni2-C-GZ
Tauchschmierung ohne Lüfter	Polyglykol mit $v_{40} = 220\,\text{mm}^2/\text{s}$
geforderte Lebensdauer	$L_h = 25\,000\,\text{h}$
Lastspielzahl am Schneckenrad	$N_L \geq 3 \cdot 10^7$
Umgebungstemperatur	$\vartheta_0 \leq 40\,°\text{C}$
Betriebsfaktor	$K_A = 1{,}2$

Für das Schneckengetriebe ist der Tragfähigkeitsnachweis zu führen. Im Einzelnen sind dabei zu ermitteln:

a) die Grübchentragfähigkeit,
b) die Zahnfußtragfähigkeit,
c) die Durchbiegesicherheit der Schneckenwelle und
d) die Temperatursicherheit bei Tauchschmierung,
e) die Verschleißsicherheit bei einer dyn. Viskosität von $\eta_{0M} = 0{,}15\,\text{N}\,\text{s}/\text{m}^2$.

24 Umlaufgetriebe

24.1 •

Das Umlaufgetriebe einer Windenergieanlage besitzt die folgenden Zähnezahlen $z_1 = 35$, $z_2 = -91$, $z_3 = 27$, $z_4 = -93$. Die Antriebsdrehzahl beträgt $n_A = 20\,\text{min}^{-1}$ bei einem Antriebsdrehmoment vom $T_A = 50\,\text{kN m}$. Für beide Teilgetriebe beträgt der Standwirkungsgrad $\eta_0 = 0{,}97$.

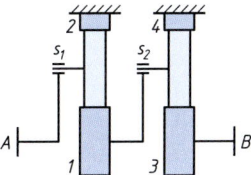

Zu ermitteln sind:

a) die Standübersetzungen der beiden Teilgetriebe,
b) die Drehzahlen aller Wellen,
c) die Drehmomente aller Wellen,
d) alle Gleitwälz- und Kupplungsleistungen, alle Gesamtleistungen und das Leistungsflussdiagramm,
e) die Gesamtübersetzung und der Gesamtwirkungsgrad.

24.2 •

Das Umlaufgetriebe einer Seilwinde besitzt die folgenden Zähnezahlen $z_1 = 22$, $z_2 = -77$, $z_3 = 42$, $z_4 = 29$, $z_{p1} = 19$, $z_{p2} = 21$. Die Antriebsdrehzahl beträgt $n_A = 1300\,\text{min}^{-1}$ bei einem Antriebsdrehmoment vom $T_A = 750\,\text{N m}$. Für das erste Teilgetriebe beträgt der Standwirkungsgrad $\eta_{0\text{I}} = 0{,}97$, für das zweite Teilgetriebe $\eta_{0\text{II}} = 0{,}98$.

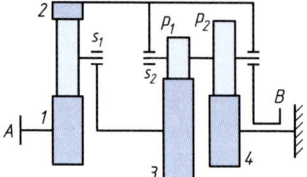

Zu ermitteln sind:

a) die Standübersetzungen der beiden Teilgetriebe,
b) die Drehzahlen aller Wellen,
c) die Drehmomente aller Wellen,
d) alle Gleitwälz- und Kupplungsleistungen, alle Gesamtleistungen und das Leistungsflussdiagramm,
e) die Gesamtübersetzung und der Gesamtwirkungsgrad.

24.3 ••

Ein dreistufiges Umlaufgetriebe einer Windenergieanlage besitzt folgende Zähnezahlen $z_1 = 30$, $z_2 = -135$, $z_3 = 48$, $z_4 = -141$, $z_5 = 60$, $z_6 = -176$. Die Antriebsdrehzahl beträgt $n_A = 20\,\text{min}^{-1}$ bei einem Antriebsdrehmoment vom $T_A = 1300\,\text{kN m}$. Für alle Teilgetriebe beträgt der Standwirkungsgrad $\eta_0 = 0{,}98$.

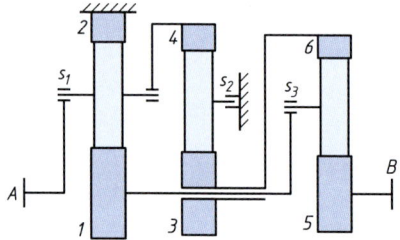

Zu ermitteln sind:

a) die Standübersetzungen der beiden Teilgetriebe,
b) die Drehzahlen aller Wellen,
c) die Drehmomente aller Wellen,
d) alle Gleitwälz- und Kupplungsleistungen, alle Gesamtleistungen und das Leistungsflussdiagramm,
e) die Gesamtübersetzung und der Gesamtwirkungsgrad.

24.4 •

Bei einem Umlaufgetriebe mit Stufenplanet sind die Zähnezahlen $z_1 = 121$, $z_2 = 22$, $z_3 = 33$, $z_4 = 36$ bekannt. Angetrieben wird das Umlaufgetriebe über den Steg mit der Drehzahl $n_A = 1200\,\text{min}^{-1}$ und dem Drehmoment $T_A = 600\,\text{N\,m}$. Der Standwirkungsgrad beträgt $\eta_0 = 0{,}97$.

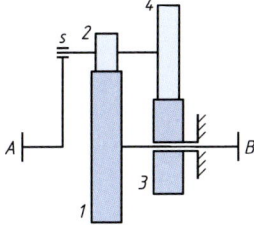

Zu Bestimmen sind:

a) die Stand- und Umlaufübersetzung sowie die Drehzahl vom Steg,
b) die Drehmomente von Sonne und Steg,
c) die Gleitwälz- und Kupplungsleistungen,
d) der Umlaufwirkungsgrad,
e) das Leistungsflussdiagramm.

24.5 •

Bei einem Umlaufgetriebe sind die folgenden Zähnezahlen $z_1 = 25$, $z_2 = -85$, $z_3 = 19$, $z_4 = -76$ festgelegt. Die Antriebsdrehzahl beträgt $n_A = 1100\,\text{min}^{-1}$ bei einem Antriebsdrehmoment vom $T_A = 65\,\text{N\,m}$. Für beide Teilgetriebe beträgt der Standwirkungsgrad $\eta_0 = 0{,}97$.

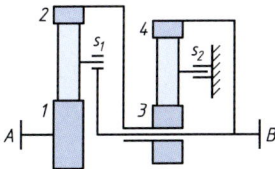

Zu ermitteln sind:

a) die Standübersetzungen der beiden Teilgetriebe,
b) die Drehzahlen aller Wellen,
c) die Drehmomente aller Wellen,
d) alle Gleitwälz- und Kupplungsleistungen, alle Gesamtleistungen und das Leistungsflussdiagramm,
e) die Gesamtübersetzung und der Gesamtwirkungsgrad.

Lösungshinweise

1 Konstruktive Grundlagen, Normzahlen

1.1
Siehe Lehrbuch 1.3.2 abgeleitete Reihe Rr/p mit jedem p-ten Glied nach TB 1-16; der Stufensprung ergibt sich rechnerisch $q_{r/p} = q_r^p$ für die Grundreihe Rr bzw. wenn das Verhältnis einer beliebigen NZ der Reihe zu ihrer vorhergehenden NZ gebildet wird ($q_{r/p}$ stets NZ).

1.2
Kurzzeichen der begrenzten abgeleiteten Reihen siehe Lehrbuch 1.3.2 mit TB 1-16; beachte auch Angaben zur Aufgabe 1.1.

1.3
Lösungshinweis siehe Lehrbuch 1.3.2 und 1.3.3 mit TB 1-15 und TB 1-16; vergleiche Ergebnisse zur Aufgabe 1.1.

1.4
Siehe Lösungshinweis zu Aufgabe 1.5.

1.5
a) Inhalt (Volumen): Rr/3p mit $q_{r/3p}$ nach Lehrbuch TB 1-15;
b) Länge: Rr/p nach Lehrbuch TB 1-15;
c) Stufensprung für V aus TB 1-16. Aus $V_1 = (d_1^2 \cdot \pi/4) \cdot h_1 = 3\,\text{dm}^3$ wird durch Einsetzen von h_1 (aus dem Verhältnis h/d) d_1 und damit h_1 als NZ errechnet; abgeleitete NZ aus Lehrbuch TB 1-16.

1.6
Lösungshinweis siehe Lehrbuch 1.3.2 und 1.3.3; Stufensprünge und Reihen für die Typung der Länge (Durchmesser D), Leistung P und Drehzahl n nach TB 1-15; $\upsilon = D \cdot \pi \cdot n$.

Angabe der P-Werte nach der Rundwertreihe, D- und n-Werte nach entsprechenden Grundreihen.

1.7
Siehe Lösungshinweise zur Aufgabe 1.6. Nach TB 1-15 für die Kraft F, die Längenabmessungen l, b, h und für das Biegewiderstandsmoment W die zugehörigen Stufensprünge und Reihen für die Typung festlegen. Für die gegebenen Kräfte F nach TB 1-16 die passende Rundwertreihe R festlegen.
$W_{x1} = (b_1 \cdot h_1^3 - b_2 \cdot h_2^3)/(6 \cdot h_1)$ mit den gegebenen Werten errechnen.

1.8
Siehe Lehrbuch 1.3.4, Berechnungsbeispiel 1.2.

2 Toleranzen, Passungen, Oberflächenbeschaffenheit

2.1
Passungsauswahl nach Lehrbuch 2.2.3 mit Bild 2.10. Aufgrund der beschriebenen Anforderungen erfolgt die Auswahl einer geeigneten Passung am besten nach Lehrbuch TB 2-9: Anwendungsbeispiele für Passungen.

2.2
Die Grenzabmaße (*ES*, *EI* bzw. *es*, *ei*) können entweder TB 2-4 bzw. TB 2-5 entnommen oder rechnerisch ermittelt werden mit den Werten von TB 2-2 und TB 2-3 (beachte die Fußnoten der jeweiligen Tafel):

Das der Nulllinie nächstliegende Grenzabmaß (oberes oder unteres Grenzabmaß) wird TB 2-2 bzw. TB 2-3 entnommen; entsprechend des Toleranzgrades kann mit den Zahlenwerten der Grundtoleranzen *IT* nach TB 2-1 das fehlende Grenzabmaß mit den Angaben zu TB 2-2 und TB 2-3 (siehe Fußnoten) errechnet werden.

2.3
a) Die Grenzabmaße (E, e) werden nach Lehrbuch TB 2-4 durch Ablesen bzw. rechnerisch mit den Werten aus TB 2-2 und TB 2-3 (Fußnoten beachten) ermittelt, siehe auch Lösungshinweise zur Aufgabe 2.2;
b) die Grenzmaße (G_o, G_u) allgemein aus Gln. (2.1/2-1, 2-2) und (2.2/2-3, 2-4);
c) die Grenzpassungen (P_o, P_u) nach Lehrbuch, Gl. (2.5/2-11, 2-12) und die Passtoleranz nach Gl. (2.6/2-13, 2-14).

2.4
Siehe Lösungshinweise zur Aufgabe 2.3; hinsichtlich der Passungsarten siehe Lehrbuch 2.2.1, Bild 2.8 und Bild 2.10.

2.5
a) Siehe Lehrbuch Gl. (2.6/2-13, 2-14);
b) $T'_B \approx 0{,}6 \cdot P_T$ (siehe Aufgabe); $T'_W = P_T - T'_B$

c) Für das System EB wird die Lage des Toleranzfeldes H und damit $EI = 0$ und $ES = T_B$. Nach Lehrbuch TB 2-1 entsprechenden Toleranzgrad festlegen;
d) Anhand einer Skizze mit dem Toleranzfeld T_B und der Passtoleranz P_T nach Gl. (2.6/2-13, 2-14) können die gesuchten Grenzabmaße es und ei für die Welle ermittelt werden;
e) Nach TB 2-2 das untere Grenzabmaß ei der Welle festlegen und nach TB 2-1 den Toleranzgrad bestimmen.

2.6
Zunächst werden die Grenzabmaße nach TB 2-4 oder nach TB 2-2 bzw. TB 2-3 zusammen mit TB 2-1 und die sich hieraus ergebenden Grenzpassungen P_o und P_u der Passung 25H8/e8 nach Gl. (2.5/2-11, 2-12) ermittelt. Diese Grenzpassungen sollen in etwa auch mit der angegebenen Toleranzklasse k6 erreicht werden. Eine bildliche Darstellung der Toleranzfeldlage k6 in Bezug zur Nulllinie und der gewünschten Grenzpassungen erlauben das „Ablesen" der Grenzabmaße ES' und EI' für die Nabenbohrung. Nach TB 2-3 kann das Grundabmaß und zusammen mit TB 2-1 der Toleranzgrad bestimmt werden.

2.7
a) siehe Lehrbuch 2.2.3 mit Bild 2.10 sowie TB 2-9,
b) allgemein ergibt sich $l = L$-Spiel; für den Fall 1 (locker): $l_u = L_o - S_o$, für den Fall 2 (fest): $l_o = L_u - S_u$.

2.8
a) Mit der gegebenen Toleranzklasse der Achse kann nach Lehrbuch 2.2.3 aus TB 2-9 für die angegebene Funktion Spiel(Hebel/Achse) bzw. Übermaß/Spiel(Rolle/Achse) die Passtoleranzfeldlage im System Einheitswelle aus den Anwendungsbeispielen sinnvoll gewählt werden. Diese wenigen Passungen (Passungsauswahl DIN 7157) reichen für die meisten Anwendungsfälle aus.
b) Allgemein: $L = l +$ Spiel; Fall 1 (locker): $L_o = l_u + S_o$, Fall 2 (fest): $L_u = l_o + P_u$.

2.9
a) Lösungshinweis siehe Lehrbuch 2.2.3 mit Bild 2.10 sowie TB 2-9,
b) allgemein: $a = l + s +$ Spiel; Fall 1 (locker): $a_o = l_u + s_u + S_o$, Fall 2 (fest): $a_u = l_o + s_o + S_u$,
c) Lösungshinweis siehe Lehrbuch TB 2-11; mittlere Anforderungen an die Funktionsfläche.

2.10
a) allgemein: $a = b + s +$ Spiel; Fall 1 (locker): $a_o = b_u + s_u + S_o$, Fall 2 (fest): $a_u = b_o + s_o + S_u$;
b) wie unter a) angegeben jedoch mit anderem Grenzwert für das seitliche Lagerspiel S_o;
c) Lösungshinweis siehe Lehrbuch TB 2-11; mittlere Anforderungen an die Funktionsfläche.

2.11
Allgemein: $l = b + t +$ Spiel; für den Fall 1 (locker): $l_o = b_u + t_u + S_o$, für den Fall 2 (fest): $l_u = b_o + t_o + S_u$.

2.12
Allgemein: $l = L - s -$ Spiel; für den Fall 1 (locker): $l_u = L_u - s_u - S_o$, für den Fall 2 (fest): $l_o = L_o - s_o - S_u$.

2.13
Allgemein: $l = t + s - b$;
Fall 1 (locker): $l_o = t_u + s_o - b_o$ (der Dichtungsring wird minimal zusammengepresst),
Fall 2 (fest): $l_u = t_o + s_u - b_u$ (der Dichtungsring wird auf $s = 1{,}9$ mm maximal zusammengepresst).

2.14
Bei der Lösung dieser Aufgabe kann von der Extrembetrachtung locker/fest ausgegangen werden. Ganz allgemein ergibt sich der Durchmesser der Eindrehung aus $D = d_w + 2 \cdot (d_1 - \delta)$.

Fall 1 (locker): $D_o = d_{Wu} + 2 \cdot (d_{1u} - \delta_{min})$, wobei δ_{min} die kleinstmögliche Pressung darstellt; Fall 2 (fest): $D_u = D_{Wo} + 2 \cdot (d_{1o} - \delta_{max})$, wobei δ_{max} die größtmögliche Pressung darstellt.

2.15
Allgemein: Das Höchstspiel S_o ergibt sich hier, wenn vom Höchstmaß der Nabenbohrung D_o das Mindestmaß der Welle d_{Wu} und das Mindestmaß der Nadeln $2 \cdot d_{Nu}$ subtrahiert werden: $S_o = D_o - d_{Wu} - 2 \cdot d_{Nu}$. Aus dieser Beziehung ergibt sich das gesuchte Mindestmaß der Welle $d_{Wu} = D_o - S_o - 2 \cdot d_{Nu}$.

2.16
Fall 1 (locker): entsteht, wenn der Bohrungsabstand a in den Teilen A und B absolut gleich ist (kein Versatz), für den Stiftdurchmesser d das Mindestmaß, für die Bohrung d_1 das Höchstmaß und das Höchstspiel S_o vorliegt; Höchstmaß der Bohrung d_1 ergibt sich aus der Lösungsskizze $d_{1o} = 2 \cdot r_{1o}$;

Fall 2 (fest): entsteht, wenn die Bohrungsabstände in den Teilen A und B entgegengesetzte Grenzwerte (Höchst- und Mindestmaße) einnehmen (größter Versatz), für den Stiftdurchmesser d das Höchstmaß, für die Bohrung d_1 das Mindestmaß und das Mindestspiel S_u vorliegt. Mindestmaß der Bohrung $d_{1u} = 2 \cdot r_{1u}$.

3 Festigkeitsberechnung

3.1
Die Normwerte sind aus TB 1-1 zu entnehmen und mit Gl. (3.39, 3.40/3-25, 3-26) auf die Bauteilgröße umzurechnen. Die Fließgrenzen σ_{bF} und τ_{tF} werden nach Legende zu TB 3-1 berechnet. Hierbei ist zu beachten, dass σ_{bF} und τ_{tF} ertragbare Zug- bzw. Druckspannungen am Bauteilrand sind, die nur infolge der Stützwirkung über R_e bzw. τ_{tF} liegen (am Rand werden plastische Verformungen zugelassen). Mit zunehmendem Bauteildurchmesser nimmt die Stützwirkung ab (kleineres Spannungsgefälle), damit nähern sich die Fließgrenzen von Biegung und Torsion denen von Zug bzw. Schub, d. h. die berechneten Werte für $d = 150$ mm sind etwas zu groß (genauere Berechnung über die Stützwirkung).

Die Gestaltwechselfestigkeiten σ_{bW} und τ_{tW} sind mit Gl. (3.43, 3.44/3-28, 3-30) und Gl. (3.53, 3.54/3-43, 3-44) zu bestimmen. Der Konstruktionsfaktor K_D nach Bild 3.23/A 3-3 reduziert sich zu $K_D = 1/K_g$ nach TB 3-10d.

3.2
Die Norm-Festigkeitswerte sind TB 1-1 und TB 1-2 zu entnehmen. Die Umrechnung erfolgt mit Gl. (3.39, 3.40/3-25, 3-26) bzw. (3.43, 3.44/3-28, 3-30) auf die Bauteilgröße, wobei K_t für das Hohlprofil mit $d = 2 \cdot t = d_a - d_i$ für Gusseisen und vergüteten Vergütungsstahl sowie $d = t$ für Baustahl entsprechend TB 3-10c zu bestimmen ist. Bei Gusseisen sind nur R_m und σ_{bW} in TB 1-2 angegeben. Die fehlenden Werte können mit den Gl. (3.63/3-53), (3.59/3-49) und (3.41/3-27) berechnet werden.

Zugschwellfestigkeit: $\sigma_{zSch} = 2 \cdot \sigma_{zA} = \dfrac{2 \cdot \sigma_{zW}}{1 + \psi_\sigma \cdot \sigma_{mv}/\sigma_a} = \dfrac{2 \cdot f_{W\sigma} \cdot R_m}{1 + \psi_\sigma}$ mit $\sigma_{mv} = \sigma_a$

Torsionswechselfestigkeit: $\tau_{tW} = f_{W\tau} \cdot \sigma_{bW}$

Werte für $\psi_\sigma = a_M \cdot R_m + b_M$ aus TB 3-15, für $f_{W\sigma}$ und $f_{W\tau}$ aus TB 3-2, für K_t aus TB 3-10a/b.

3.3
Siehe Lehrbuch 3.7.1; $R_{p0,2}$ s. TB 1-3.

3.4
Siehe Lehrbuch 3.5. Die Torsionsfließgrenze kann nach Legende zu TB 3-1 berechnet werden; $S_{F\,min}$ aus TB 3-16a für Gusswerkstoffe, nicht zerstörungsfrei geprüft.

3.5
Lösung zweckmäßig anhand eines Spannungs-Zeit-Diagramms. Allgemein $\sigma_A = \dfrac{\sigma_o - \sigma_u}{2}$.

3.6
Siehe Lehrbuch Bild 3.8:

a) $\sigma_o = \sigma_m + \sigma_a$, $\sigma_u = \sigma_m - \sigma_a$

b) $\kappa = \dfrac{\sigma_o}{\sigma_u}$.

3.8
Siehe Lehrbuch 3.5 und Bild 3.27/A 3-4. Da rein wechselnde Belastung vorliegt, ist $\sigma_{GA} = \sigma_{GW}$. Die Umrechnung der am Probestab ermittelten Kerbwerte auf das zu berechnende Bauteil kann bei nicht zu großen Bauteildurchmessern und β_k-Werten entfallen (Fehler im Beispiel ca. 1,0 %).

3.9
Die plastische Stützzahl n_{pl} ist nach Lehrbuch 3.4.2 und die Konstruktionsfaktoren K_{Db} und K_{Dt} sind nach Lehrbuch 3.4 bzw. Bild 3.23/A 3-3 zu ermitteln. Nutabmessungen s. TB 9-7, Nutradius $r \leq 0{,}1 \cdot s$, gerechnet wird mit $r = 0{,}1 \cdot s$, β_k s. TB 3-9c.

3.10
Siehe Lehrbuch Bild 3.23/A 3-3 sowie Lehrbuch Beispiel 3.2. Bestimmung der Kerbformzahl α nach TB 3-6, Stützzahl n nach TB 3-7 und Kerbwirkungszahl β nach Gl. (3.30/3-34).

3.11
Siehe Gl. (3.30/3-34); Freistich nach TB 3-6f und TB 11-4 berechnen.

3.13
Da nicht ohne weiteres zu erkennen ist, welcher der beiden Querschnitte (Passfedernut-/Ringnutquerschnitt) der kritische Querschnitt ist, muss für beide Querschnitte die Gestaltausschlagfestigkeit ermittelt werden. Für beide Querschnitte liegt rein wechselnde Torsionsbeanspruchung vor. Damit ist $\tau_{mv} = 0$ und $\tau_{tGA} = \tau_{tGW}$. Ringnut s. Hinweis zu Aufgabe 3.9.

3.14
Skizziere den jeweiligen Spannungsverlauf in Anlehnung an Lehrbuch 3.4.3.

3.15
Zu überlegen ist, wie der Wellenansatz auszuführen wäre, wenn das aufzunehmende Bauteil an eine optimal gestaltete Welle, siehe Lehrbuch 3.4.3 und 11.2.1, angepasst werden könnte. Anschließend ist der Wellenabsatz analog auszuführen.

4 Tribologie

4.1
Siehe Lehrbuch 4.3 und Gl. (4.8/4-19) einschließlich der zugehörigen Hinweise.

4.2
Siehe Lehrbuch 4.5, Bild 4.10b. Mit zwei bekannten Viskositäten kann eine Gerade in Bild 4.10b eingezeichnet und danach die gesuchte Viskosität abgelesen werden.

4.3
Siehe Lehrbuch 4.5.1, Bild 4.11.

4.4
Siehe Lehrbuch 4.4, Gl. (4.9/4-3).

4.5
Siehe Lehrbuch 4.5, Gl. (4.11).

4.6
Siehe Lehrbuch 4.5, Gl. (4.12/4-15).

4.7
Siehe TB 15-9; beachte $1\,\text{N}\,\text{s}/\text{m}^2 = 1\,\text{Pa}\,\text{s}$ und $1\,\text{mPa}\,\text{s} = 10^{-3}\,\text{Pa}\,\text{s}$; vgl. Lehrbuch 4.5.1, Schmierstoffeinflüsse, $\eta = \varrho \cdot \nu$ mit η nach Gl. (4.12-15).

4.8
a) Siehe Gl. (15.1),
b) Siehe Lehrbuch 4.5.1, η nach Gl. (4.12/4-15), $\eta = \varrho \cdot \nu$, mit SI-Einheiten $\text{Pa}\,\text{s}$ ($\text{N}\,\text{s}/\text{m}^2$) der dyn. Viskosität, kg/m^3 der Dichte und m^2/s der kinematischen Viskosität. Praktische Zahlenwertgleichung: $\eta = \varrho \cdot \nu$ wobei η in $\text{mPa}\,\text{s}$ und ν in mm^2/s.

4.9
Zuerst die Hertz'sche Pressung im Kontakt nach LB 4.4 mit Gl. (4.9/4-3) bestimmen. Danach die Schmierfilmdicken nach LB 4.3 mit Gl. (4.3/4-20) bis (4.7/4-24) berechnen.

5 Kleb- und Lötverbindungen

5.1
Unter Bindefestigkeit ist das Verhältnis der Bruchlast zur Klebfugenfläche bei zügiger Belastung (Zug-Scherbeanspruchung) zu verstehen (s. Lehrbuch 5.1.3-1, Symbol nach Bild 5.17e), Gl. (5.4/5-5).

5.2
Die Bindezugfestigkeit kann nach Gl. (5.2/5-5) bestimmt werden.

5.3
Die Bindefestigkeit errechnet sich aus $\tau_{KBt} = T_B/W_t$, wobei zur Ermittlung von W_t die Klebfuge als Kreisringfläche zu betrachten ist.
  Formel für das Torsionswiderstandsmoment der Kreisringfläche s. TB 11-3.

5.5
Es ist nachzuweisen, dass $S_{vorh} \geq S_{(üblich)} \approx 1{,}5 \ldots 2{,}5$. Für die Ermittlung der auf den Deckel wirkenden Betriebskraft ist sicherheitshalber mit dem Außendurchmesser des Rohres zu rechnen. Die Berechnung des Überlappstoßes erfolgt nach Gl. (5.4/5-5).

5.7
Bruchgefahr für die Klebverbindung besteht, wenn $\tau_{K\,vorh} > \tau_{KB}/S$ ist. Die vorhandene Schubspannung kann aus $\tau_{K\,vorh} = F_t/A_K$ ermittelt werden, wobei sich die Tangentialkraft (Umfangskraft) F_t ergibt aus $T = F_t \cdot D_i/2$.

5.8
Die Sicherheit ergibt sich durch Umstellung von Gl. (5.5/5-6) mit $T_{eq} = 9550 \cdot K_A \cdot P/n$ nach Gl. (11.11/11-5).

5.10
Ein Teil der Klebfuge wird auf Zug, der andere auf Abscheren beansprucht. Rechnerisch werden beide zusammen als auf Abscheren beansprucht behandelt, da hierfür die Bindefestigkeit am geringsten ist und so eine zusätzliche Sicherheit entsteht. Aus $\tau_K = \frac{F}{A_K} \leq \tau_{K\,zul} = \frac{\tau_{KB}}{S}$ wird $S = \frac{\tau_{KB}}{\tau_K}$ bzw. $S_{Pr} = \frac{\tau_{KB}}{\tau_{KPr}}$ mit $F = A \cdot p$ und $A_K = d \cdot \pi \cdot l_{ü} + d_m \cdot \pi \cdot b$.

5.11
Berechnung der vom Stumpfstoß übertragbaren Kraft durch Umformen der Gl. (5.6/5-8). Nach Lehrbuch 5.2.4 liegen die Festigkeitswerte an Werkstoffpaarungen zwischen den Werten, die sich aus Lötungen an gleichartigen Grundwerkstoffen ergeben. Zug- und Scherfestigkeit von Hartlötverbindungen s. TB 5-7.

5.12
Der auf die Kappe wirkende Wasserdruck p_e beansprucht die Lötnaht mit der Kraft $F = p_e \cdot A_{Kappe}$ auf Schub.

Damit kann nach Gl. (5.7/5-10) die Scherspannung berechnet werden. Der Betriebsfaktor kann $K_A = 1{,}0$ gesetzt werden. Wegen der für Weichlötverbindungen sehr niedrigen Zeitstandfestigkeit soll der in LB 5.2.4 genannte Richtwert für $\tau_{l\,zul}$ eingehalten werden.

5.14
a) Nach AD2000-Merkblatt B0 ist eine Laschenbreite $\geq 12 \cdot t_e$ zu beiden Seiten des Stoßes erforderlich, siehe LB 5.2.4. Laschendicke zweckmäßigerweise wie Manteldicke.
b) Die Längskraft aus innerem Überdruck im Behältermantel ist gleich dem Produkt aus Druck p_e und Projektionsfläche $A = \pi \cdot D_i^2/4$, s. Lehrbuch 6.3.3-1.

5.15
Ermittlung der Überlappungslänge $l_ü$ = Bauteildicke t mittels umgeformter Gl. (5.9/5-11). τ_{lB} nach TB 5-7.

Die Wellenschulter dient der Fertigungserleichterung (Lagesicherung während des Lötens). Ihre mittragende Wirkung (kreisringförmige Lötfläche) wird vernachlässigt.

5.17
Die Lötnaht wird auf Schub aus der Längskraft und aus dem Torsionsmoment beansprucht. Die getrennt errechneten Scherspannungen können geometrisch addiert werden. Berechnung der Einzelspannungen nach Lehrbuch 5.2.4, Gln. (5.7/5-10) und (5.9/5-11), mit $K_A = 1{,}0$. τ_{lB} nach TB 5-7.

5.18
Berechnung als Steckverbindung entsprechend Lehrbuch 9.3.2. Max. Pressung in der Lötnaht näherungsweise nach Gl. (9.19/9-26), siehe Lehrbuch 9.3.2-2. $p_{zul} \approx \sigma_{lB}/S$, mit σ_{lB} nach TB 5-7 und $S = 2 \ldots 3$.

6 Schweißverbindungen

6.1
Die Tragfähigkeit durchgeschweißter Stumpfnähte ist der Tragfähigkeit des schwächeren der zu verbindenden Bauteile gleichzusetzen. Dabei ist jedoch die Anforderung an die Schweißnahtqualität und an den damit verbundenen Prüfumfang zu berücksichtigen. Mit der Streckgrenze nach TB 6-5 als Beanspruchbarkeitsgrenze gilt nach Gl. (6.2/6-1):

$$\frac{N_{Ed}}{A} \leq \frac{R_e}{\gamma_{M0}}.$$

6.2
Siehe Lösungshinweis zu Aufgabe 6.1.

6.4
a) Der zweiteilige Stab ist mittig angeschlossen und wird deshalb nur auf Zug beansprucht. Größte Stabkraft (Tragfähigkeit) nach Lehrbuch 6.3.1-1.2 mit Gl. (6.2/6-1)

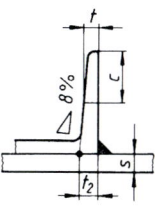

b) Die größte Kehlnahtdicke ist nach Gl. (6.17a/6-23) das 0,7fache der zum Verschweißen kommenden kleinsten Profil- bzw. Blechdicke (t_2, s).
Für die Stab- und Formstähle gilt als kleinste Profildicke das theoretische Maß der Flanschen- bzw. Schenkelenden. Für das U-Profil ist die Dicke t_2 des Flansches zu ermitteln und mit der Knotenblechdicke s zu vergleichen, s. Lehrbuch 6.3.1-2.1 mit Bild 6.40g.

c) Die vier Flankenkehlnähte werden auf Schub in Nahtrichtung beansprucht (Schubspannungen $\tau_{\parallel}$). Die erforderliche Nahtlänge l_w kann aus $\tau_{\parallel} = \dfrac{N_{max}}{A_w} = \dfrac{N_{max}}{4 \cdot a \cdot l_w}$ mit dem Bemessungswert der Scherfestigkeit der Schweißnaht aus Gl. (6.21/6-32) $\tau_w = \dfrac{R_m}{\sqrt{3} \cdot \beta_w \cdot \gamma_{M2}}$ berechnet werden. Liegen nur Schweißnahtspannungen $\tau_{\parallel}$ vor, so ist der Nachweis für beide Verfahren identisch. Da keine Umschweißung der Bauteilenden vorliegt, gilt für die Nahtlänge $l_{eff} = l_w - 2a$.

d) Für einen überschlägigen Spannungsnachweis darf angenommen werden, dass sich die Stabkraft vom Nahtanfang aus nach beiden Seiten unter 30° ausbreitet. Am Nahtende wird dann ein Blechstreifen der mittragenden Breite b und der Dicke t_K gleichmäßig auf Zug beansprucht. Siehe Lehrbuch 6.3.1-1.4 mit Gl. (6.12/6-17)

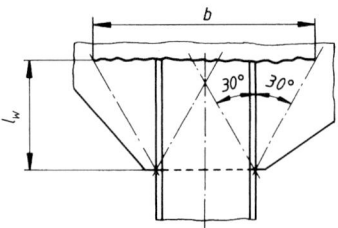

6.5

Exzentrisch belastete einseitige Kehlnähte (bzw. einseitige nicht durchgeschweißte Stumpfnähte) sind zu vermeiden. Durch die lokale Exzentrizität e entsteht ein Biegemoment um die Längsachse der Kehlnaht. In der Kehlschnittfläche wirken die Spannungen $\tau_{\perp} = \sigma_{\perp} = \dfrac{\sqrt{2}}{2} \cdot \dfrac{N_{Ed}}{A_W}$ infolge der Zugkraft N_{Ed} und $\sigma_{\perp} = \dfrac{M}{W_w}$ infolge des Biegemomentes $M = N_{Ed} \cdot e$ mit $W_w = \dfrac{a^2 \cdot l_{eff}}{6}$ und $e = \dfrac{t}{2} + \dfrac{a}{2 \cdot \sqrt{2}}$.

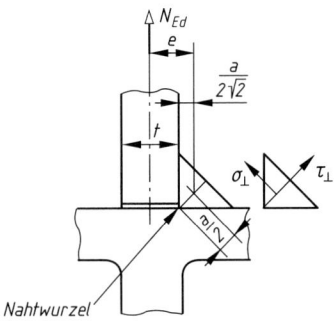

Die Tragfähigkeit ist ausreichend, wenn die Bedingungen nach den Gln. (6.19/6-30) und (6.20/6-31) erfüllt sind. Lokale Exzentrizitäten an einer Schweißnaht brauchen nicht berücksichtigt werden, wenn diese Teil einer Schweißgruppe um den Umfang eines Hohlprofiles sind.

6.6

a) Der Tragfähigkeitsnachweis für den Zugstab muss mit dem durch Schlitzen der Flansche und Ausnehmen der Stegblechecken geschwächten Querschnitt (Schnitt A–B) erfolgen, s. Lehrbuch 6.3.1–1.2 mit Gl. (6.2/6-1).

b) Bei der Berechnung von Anschlüssen muss eine wirklichkeitsnahe Verteilung der Schnittgrößen angenommen werden. Jedes Element des Anschlusses muss die ihm zugewiesenen Kräfte und Momente übertragen können. Die anteiligen Flanschkräfte betragen $N_F = N_{Ed} \cdot A_F/(A_F + A_S)$.

Der Nachweis der Kehlnähte mit dem vereinfachten Verfahren erfolgt mit Gl. (6.21/6-32) und der Scherspannung $\tau_\| = N/\sum a \cdot l$. Da die Bauteilenden umschweißt sind, ist bei der Nahtlänge kein Endkraterabzug erforderlich. In der Regel sollten auch die Schubspannungen im Trägerflansch neben den Kehlnähten entsprechend Gl. (6.15/6-15) geprüft werden:

$$\tau = \frac{N_F}{4 \cdot t_F \cdot l_{eff}} \leq \frac{R_e}{\sqrt{3} \cdot \gamma_{M0}}$$

Für die Stegnaht ist kein besonderer Nachweis erforderlich, da es sich um eine *durchgeschweißte Stumpfnaht* handelt, deren Tragfähigkeit dem schwächeren der verbundenen Bauteile gleichzusetzen ist. Stets sollten auch die Grenzwerte der Nahtabmessungen geprüft werden, s. Lehrbuch 6.3.1-2.1.

6.7
Siehe auch Lösungshinweise zu Aufgabe 6.6.

a) Die Schwerlinie des Stabes deckt sich mit der Systemlinie des Fachwerks, also mittige Kraftübertragung ohne Biegung, vgl. Lehrbuch 6.3.1-1.2. Für den Anschluss wird der Steg des T60 abgetrennt und der Flansch geschlitzt. Alternativ wäre auch ein Schlitzen des Steges des 1/2 IPE300 möglich. Die Querschnittsschwächung muss bei dem Tragfähigkeitsnachweis berücksichtigt werden, s. Lehrbuch 6.3.1-1.2 mit Gl. (6.2/6-1).

b) Für die Stegnaht als *durchgeschweißte Stumpfnaht* (V-Naht) gilt die Tragfähigkeit des Bauteils. Der Nachweis der Kehlnähte mit dem vereinfachten Verfahren erfolgt mit Gl. (6.21/6-32) mit der anteiligen Flanschkraft $N_F = N_{Ed} \cdot A_F/A$. In der Regel sollten die Schubspannungen im Trägerflansch neben den Kehlnähten entsprechend Gl. (6.15/6-15) geprüft werden:

$$\tau = \frac{N_F}{2 \cdot t_F \cdot l_{eff}} \leq \frac{R_e}{\sqrt{3} \cdot \gamma_{M0}}$$

6.8
Zuerst Beanspruchungsart feststellen:

a) Der Stab wird durch die Zugkraft N_{Ed} auf Zug und durch das Moment $M_x = N_{Ed} \cdot (e + t/2)$ auf Biegung beansprucht; also Berechnung als außermittig angeschlossener Zugstab nach Lehrbuch 6.3.1-1.2, Gl. (6.4/6-3).

b) Die parallel zur Kraftrichtung liegenden Flankenkehlnähte werden auf Schub beansprucht; sie können nach Lehrbuch 6.3.1-2.2 berechnet werden, wobei $\tau_\parallel = N_{Ed}/A_w$. Der vereinfachte Nachweis erfolgt nach Gl. (6.21/6-32).

Die Biegebeanspruchung der Flankenkehlnähte braucht nicht nachgewiesen zu werden. Ihre Biegesteifigkeit reicht aus, wenn die Bedingung $l_{eff} \geq 6 \cdot a$ bzw. 30 mm eingehalten wird, vgl. Lehrbuch 6.3.1-2.1.

6.9

a) Bei einschenkligen Anschlüssen von Winkelprofilen darf die Exzentrizität der überlappten Anschlüsse vernachlässigt und das Bauteil wie unter zentrisch angreifender Kraft bemessen werden, wenn eine wirksame Querschnittsfläche verwendet wird. Bei gleichschenkligen Winkeln oder ungleichschenkligen Winkeln, die am größeren Schenkel angeschlossen sind, darf die wirksame Querschnittsfläche gleich der Bruttoquerschnittsfläche angesetzt werden (Lehrbuch 6.3.1-1.2). Der Tragsicherheitsnachweis kann wie für einen mittig angeschlossenen Zugstab mit Gl. (6.2/6-1) geführt werden.

b) An den gerundeten Schenkelenden kann die Nahtdicke nicht größer als die halbe Schenkeldicke ausgeführt werden, s. Lehrbuch Bild 6.40g. Damit liegt die Kehlnahtdicke fest ($a = t/2$).
Die Kehlnahtdicke l_{eff} kann nach dem vereinfachten Verfahren mit Hilfe der Gl. (6.21/6-32) bestimmt werden: $\tau_w = N_{Ed}/(\sum l \cdot a) \leq R_m/(\sqrt{3} \cdot \beta_w \cdot \gamma_{M2})$; oder mit der Nahtscherfestigkeit $\tau_{wd} = R_m/(\sqrt{3} \cdot \beta_w \cdot \gamma_{M2})$ und $A_{w\,erf} = N_{Ed}/\tau_{wd}$.
Da die Stabenden nicht mit 2a umschweißt sind, muss mit Endkratern gerechnet werden. Für die Überlappungslänge gilt dann: $l_w = l_{eff} + 2 \cdot a$.

6.10

a) Bei ungleichschenkligen Winkeln, die an den kleineren Schenkeln angeschlossen sind, ist als wirksame Querschnittsfläche die Bruttoquerschnittsfläche eines gleichschenkligen Winkels mit der Schenkellänge gleich dem kleineren Schenkel anzusetzen (LB 6.3.1-1.2). Der Tragsicherheitsnachweis kann wie für einen mittig angeschlossenen Zugstab mit Gl. (6.2/6-1) geführt werden.

b) *Die erforderliche Nahtfläche $A_w = \sum l \cdot a$ kann mit dem vereinfachten Verfahren mit Gl. (6.21/6-32) bestimmt werden:*

$$\tau_w = \frac{N_{Ed}}{A_w} \leq \frac{R_m}{\sqrt{3} \cdot \beta_w \cdot \gamma_{M2}} \rightarrow A_w = \frac{N_{Ed} \cdot \sqrt{3} \cdot \beta_w \cdot \gamma_{M2}}{R_m}$$

Aus $A_w = 2 \cdot a \cdot (l + b)$ folgt dann die Länge der beiden Flankenkehlnähte (Überlapplänge). Bei umlaufenden Nähten ist kein Endkraterabzug erforderlich.

c) Der näherungsweise Nachweis des Knotenbleches erfolgt nach Lehrbuch 6.3.1-1.4, Gl. (6.12/6-17).

6.11

Siehe auch Lösungshinweise zu Aufgabe 6.10b.

Bei diesem Anschluss eines Winkels an einen Trägersteg ist die Schwerachse des Anschlussprofils näher zur längeren Naht angeordnet, s. Lehrbuch Bild 6.40e. Nach DIN EN 1993-1-8 spielt die Nahtanordnung keine Rolle mehr für die Tragfähigkeit. Für die schräg zum Stab verlaufende (verdeckte) Stirnkehlnaht wird zur Vereinfachung als Nahtlänge nur deren Projektion auf die Stabbreite (also b) in die Rechnung eingesetzt. Für die rechnerische Nahtlänge gilt:

$\sum l_{eff} = l_1 + l_2 + 2 \cdot b$. Mit $l_2 - l_1 = b/\tan \alpha$ ergibt sich $\sum l_{eff} = 2 \cdot l_1 + b/\tan \alpha + 2 \cdot b$.

Konstruktiv kann mit den bekannten Nahtlängen l_1 (30 mm als l_{min}) und b eine vorhandene Nahtlänge berechnet werden.

Nach Gl. (6.21/6-32) für das vereinfachte Verfahren, also $\tau_w = N_{Ed}/\sum l \cdot a \leq R_m/(\sqrt{3} \cdot \beta_w \cdot \gamma_{M2}) = \tau_{wd}$, mit vorhandener Nahtschubspannung τ_w und Nahtscherfestigkeit (Bemessungswert) τ_{wd}, kann der Nachweis erfolgen.

6.14

Siehe Aufgabe 6.13 mit ausführlicher Lösung

6.15

Die Komponenten der Seilkraft F_x parallel und F_y senkrecht zur Schweißnahtanschlussfläche beanspruchen den Anschluss auf Zug, Biegung und Schub. Bei der Bestimmung der wirksamen Nahtfläche und des wirksamen Flächenmomentes 2. Grades werden die der Blechdicke entsprechenden kurzen Nahtstücke meist vernachlässigt. Ein Endkraterabzug ist nicht erforderlich. Die Beanspruchungen σ_w können in Anlehnung an LB Bild 6.46 mit den Gln. der Zeilen 1, 3 und 4, bezogen auf die Anschlussebene, bestimmt werden. Es gilt dann $\sigma_\perp = \tau_\perp = \sigma_w/\sqrt{2}$. Für den vorliegenden Anschluss kann auch Gl. (6.22/6-33) direkt benutzt werden.

Beim richtungsbezogenen Verfahren wird der Tragsicherheitsnachweis dann nach Gln. (6.19/6-30) und (6.20/6-31) geführt.

6.16

Zuerst Beanspruchung feststellen: Der Anschlussquerschnitt des Konsolbleches und der Nahtquerschnitt werden durch $F_k = V_{Ed}$ auf Schub und infolge $F_k \cdot l$ auf Biegung beansprucht.

a) Der Nachweis erfolgt mit Biegespannungen nach Gl. (6.13/6-12), mit mittleren Schubspannungen nach Gl. (6.15/6-15) und durch deren gleichzeitige Wirkung mit Vergleichsspannungen nach Gl. (6.16/6-16).
b) Die in der Wurzellinie konzentrierten, ringsum geschweißten Kehlnähte ergeben ein rahmenförmiges Nahtbild. Die kurzen, der Blechdicke entsprechenden Nahtstücke ($l_w = 3 \cdot a < 6 \cdot a$) werden bei der Ermittlung der wirksamen Nahtfläche und des wirksamen Flächenmomentes 2. Grades nicht berücksichtigt. Durch Umschweißen der Ecken kein Endkraterabzug.
Beim Tragfähigkeitsnachweis nach dem richtungsbezogenen Verfahren ist ein zusammengesetzter Nachweis nach Gl. (6.19/6-30) und ein Nachweis für die Spannungskomponente $\sigma_\perp$ nach Gl. (6.20/6-31) gefordert. Die auf die Anschlussebene (Kathetenfläche) bezogene Spannung σ_w kann in die im schrägen Schnitt (Kehlschnittfläche) liegende Spannung $\sigma_\perp = \tau_\perp = \sigma_w/\sqrt{2}$ zerlegt werden.
c) Bei dem vereinfachten Verfahren wird die Resultierende aller auf die wirksame Kehlnahtfläche einwirkenden Kräfte je Längeneinheit gebildet. Dieser Nachweis kann auch in gewohnter Weise mit Schweißnahtspannungen in der Anschlussebene geführt werden, s. Lehrbuch 6.3.1-2.2, Gl. (6.21/6-32).
Liegen beim Nachweis nur Nahtspannungen σ_w vor, so ist das richtungsbezogene Verfahren um ca. 20 % günstiger. Liegen nur Nahtspannungen $\tau_\parallel$ vor, ist der Nachweis gleich.

6.17

a) Der Anschlussquerschnitt des I-Profils und der Schweißanschluss werden infolge der schräg angreifenden Kraft F_k durch die Normalkraft N auf Druck, die Querkraft V auf Schub und das Biegemoment M_x auf Biegung beansprucht. Der Tragfähigkeitsnachweis erfolgt mit Gl. (6.13/6-12) für den Biegedruckrand (Punkt 1) und für den Steg mit Gl. (6.15/6-15) auf Schub. Neben der Ausrundung (Punkt 2) muss mit Gl. (6.16/6-16) die Vergleichsspannung nachgewiesen werden. Auch ist stets der – hier eingehaltene – Nachweis des c/t-Verhältnisses zu führen, s. Gl. (6.1/6-18).
b) Die Schweißnaht-Anschlussfläche ist so auszuführen, dass ihr Schwerpunkt mit der Schwerlinie des anzuschließenden Bauteils zusammenfällt. Zur Berechnung der Flächenmomente 2. Grades von Kehlnähten werden die Schweißnahtflächen-Schwerachsen in den theoretischen Wurzelpunkten angesetzt. Die Nahtfläche wird gedanklich im theoretischen Wurzelpunkt konzentriert. Die Eigenträgheitsmomente der Flanschnähte werden wegen Geringfügigkeit vernachlässigt. Bei dem voll umschweißten Profil werden die Nähte im Bereich der Ausrundung nicht berücksichtigt. Beim richtungsbezogenen Verfahren werden Randspannung (Punkt 1) und Stegspannung (Punkt 2) mit Hilfe der Gln. (6.19/6-30) und (6.20/6-31) nachgewiesen. Die Querkraft wird praktisch alleine von den Stegnähten übertragen. Die Schubspannungen im Steg sind gleichmäßig verteilt über die Steghöhe (ohne Ausrundungen) angenommen.

6.21

a) Der auf Biegung und Schub beanspruchte Anschlussquerschnitt ist mit den Gln. (6.13/6-3), (6.15/6-15) und (6.16/6-16) nachzuweisen.

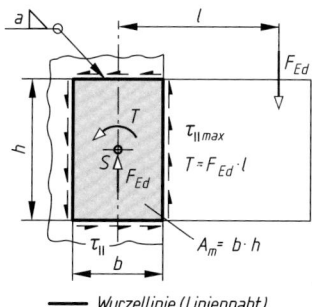

b) Die in die Anschlussebene geklappten Kehlnähte bilden einen kastenförmigen, dünnwandigen Hohlquerschnitt, dessen Wanddicke = Nahtdicke durch die Last F_{Ed} auf Querkraftschub und durch das Torsionsmoment $T = F_{Ed} \cdot l$ auf Torsion beansprucht wird. Das Torsionswiderstandsmoment des kastenförmigen Schweißanschlusses kann nach der Bredtschen Formel (Lehrbuch, TB 1-14) bestimmt werden: $W_t = 2 \cdot A_m \cdot a$, mit A_m als von der Naht-Wurzellinie eingeschlossenen Fläche und a als Nahtdicke = Wanddicke an der zu berechnenden Stelle.
Unter der Annahme plastischer Schnittgrößenverteilung, d. h. dass die Querkraft allein von den senkrechten Nähten, und das Torsionsmoment durch gleichmäßigen Schubfluss vom Schweißanschluss aufgenommen wird, ergibt sich in der vorderen senkrechten Stirnkehlnaht die resultierende Schubspannung:

$$\tau_\| = \frac{F_{Ed}}{2 \cdot h \cdot a} + \frac{F_{Ed} \cdot l}{2 \cdot A_m \cdot a} \approx \frac{F_{Ed}}{2 \cdot a \cdot h} \cdot \left(1 + \frac{l}{b}\right).$$

Vgl. auch Lehrbuch Bild 6.46, überlappter Kehlnahtanschluss, Zeilen 18 und 19. Die zu bestimmende Nahtdicke a kann durch Umformen der obigen Gleichung mit der Grenzschweißnahtspannung $\tau_{wvd} = R_m/(\sqrt{3} \cdot \beta_w \cdot \gamma_{M2})$ nach Gl. (6.21/6-32) gefunden werden.

6.22

Zuerst werden Art und Größe der Nahtbeanspruchung ermittelt. Dazu werden unter Berücksichtigung des Anwendungsfaktors K_A für den Lastausschlag $\pm F_a$ die Grenzwerte der rechnerischen Belastung bestimmt: $F_{eq\,max} = F_m + K_A \cdot F_a$ bzw. $F_{eq\,min} = F_m - K_A \cdot F_a$. Beachte bei der Spannungsermittlung, dass bei vollwertig ausgeführten (endkraterfreien) Nähten die nutzbare Nahtlänge l gleich der ausgeführten Nahtlänge L ist. Das für die Art der Beanspruchung und somit auch für die Höhe der zulässigen Spannungen maßgebende Spannungsverhältnis kann nun aus $\kappa = \sigma_{min}/\sigma_{max} = F_{min}/F_{max}$ gebildet werden

(Lehrbuch 6.3.2-1). Zur Bestimmung der zulässigen Spannung wird mithilfe der Beispiele ausgeführter Schweißverbindungen (Bauformenkatalog) die zutreffende Kerbfalllinie festgelegt (TB 6-11) und dann die zulässige Spannung in Abhängigkeit vom Spannungsverhältnis an der entsprechenden Kerbfalllinie abgelesen (TB 6-12b) oder nach TB 6-12a berechnet. Bei Wanddicken über 10 mm ist die zulässige Spannung mit dem für t_{max} geltenden Dickenbeiwert b abzumindern (TB 6-13). Abschließend sind die vorhandene und die zulässige Spannung zu vergleichen; das Schweißteil ist dann dauerfest ausgelegt, wenn z. B. $\sigma_w(\sigma) \leq \sigma_{w\,zul}(\sigma_{zul})$.

6.23
a) Die durchgeschweißte Stumpfnaht hat im Schnitt A–B die Querschnittsfläche des Rohres und wird senkrecht zur Nahtachse durch die Längskraft F_a mit Normalspannungen $\sigma_\perp$ wechselnd beansprucht. Für das Erkennen der maßgebenden Kerbfalllinie nach TB 6-11 sind Anordnung, Beanspruchung, Nahtart, Prüfung und Bewertung der Verbindung von Einfluss. Die Bestimmung der zulässigen Spannung $\sigma_{w\,zul}$ kann durch Ablesen aus den MKJ-Diagrammen oder rechnerisch erfolgen (TB 6-12).

b) Die im Querschnitt C–D endende unbearbeitete Kehlnaht bildet – obwohl die Naht unbelastet ist – eine meist der Linie F entsprechende sehr starke Kerbe für die dynamisch belastete Rohrwand. Zur Verbesserung der Dauerfestigkeit sollten Nahtanfang bzw. -ende bearbeitet und auf Risse geprüft werden.

6.24
Da Rohrwanddicke gleich Nahtdicke ist, kann mit der zulässigen Spannung für die festigkeitsmäßig schwächere Naht unter Berücksichtigung des Anwendungsfaktors die erforderliche Wanddicke aus dem Torsionswiderstandsmoment bestimmt werden, s. Lehrbuch 6.3.2-2. Maßgebend ist die Wechselfestigkeit für Stumpfverbindungen mit Schubbeanspruchung und Werkstoffpaarung E235/GE240 entsprechend S235, s. Lehrbuch, TB 6-11 und TB 6-12. Maße von Präzisionsstahlrohren s. TB 1-13b.

6.25
Wird die Dicke der Kehlnähte in die Ebene des Hebels umgeklappt, entsteht ein kreisringförmiger Nahtquerschnitt. Die Wurzellinie entspricht dem Wellendurchmesser, die Ringdicke der Nahtdicke a (Lehrbuch Bild 6.47c und d). Die durch die Querkraft $F_q = F$ hervorgerufenen Spannungen dürfen vernachlässigt werden.

Berechnung der Schubspannungen:

1. Nach der im Lehrbuch Bild 6.46, Zeile 17, angegebenen Gleichung für den Linienquerschnitt $\tau_{\parallel t} = T/(2 \cdot a \cdot \pi \cdot r^2)$
2. Das Drehmoment wird in eine am Hebelarm $d/2$ wirkende Umfangskraft umgerechnet, aus der die Schubspannungen bestimmt werden:

$$F_u = \frac{2 \cdot K_A \cdot T}{d}, A_w \approx a \cdot \pi \cdot d$$

Siehe auch Berechnungsbeispiel 6.3 im Lehrbuch. Die zulässige Schub-(Verdreh-) Spannung wird nach der Kerbfalllinie H mit dem Spannungsverhältnis $\kappa = \tau_{min}/\tau_{max} = T_{min}/T_{max}$ unter Beachtung der Vorzeichen (hier $\kappa = -T_{min}/+T_{max}$) ermittelt, s. Lehrbuch 6.3.2-1 mit TB 6-11 und TB 6-12. Dickenbeiwert b für $d_{max} = 60$ mm nach TB 6-13.

Für Bauteildicken $t > 30$ mm sollte $a \geq 5$ mm gewählt werden.

6.26

Durch das Freimachen von Rolle und Gabel wird deutlich, dass die Rundnaht (Ringnaht) auf Zug, Biegung und Schub beansprucht wird. Die Schubbeanspruchung ist bei derartigen Verbindungen ohne Einfluss und darf vernachlässigt werden.

Für die Berechnung der Nennspannungen gilt nach Lehrbuch Bild 6.46, Zeile 12 und 13 und für Bestimmung der zulässigen Dauerfestigkeitswerte der Bauformenkatalog TB 6-11 und die MKJ-Diagramme TB 6-12.

6.27

Naht A: Die umlaufende, rahmenförmige Naht (entsprechend Bild 6.47b im Lehrbuch) ist auf Biegung und Schub beansprucht (zusammengesetzte Beanspruchung nach Lehrbuch 6.3.2-3). Für die Berechnung der Schubspannung dürfen nur diejenigen Anschlussnähte herangezogen werden, die infolge ihrer Lage vorzugsweise Schubspannungen übertragen können, hier also die Stegnähte. Der Einfachheit halber wird die Vergleichsspannung aus der Biegerandspannung und der mittleren Schubspannung $\tau_{\parallel} = F/A_w$ gebildet. Genaue Verteilung der Schubspannungen s. Lehrbuch 6.3.1-1.5.

Naht B: Die umlaufende, rahmenförmige Naht wird auf Biegung und Zug bzw. Druck beansprucht. Die Berechnung erfolgt als zusammengesetzte Beanspruchung nach Lehrbuch 6.3.2-3, Gl. (6.29/6-59).

Der Regelung im Stahlbau folgend, sollen die kurzen, der Blechdicke t entsprechenden Nahtteile, nicht als tragend berücksichtigt werden. Die Stegnahtlänge bleibt dadurch ohne Endkraterabzug. Die Berechnung der Kehlnaht-Nennspannungen kann nach Lehrbuch Bild 6.46, Zeilen 1, 2 und 4 erfolgen. Die zulässigen Dauerfestigkeitswerte werden mit den Kerbfällen nach TB 6-11 und den MKJ-Diagrammen TB 6-12 ermittelt. Der Nahtübergangs-(Blech-)Querschnitt braucht nicht geprüft zu werden, da die höchste Spannung im Nahtquerschnitt auftritt.

6.28

Naht A: Endliche Naht, sicherheitshalber mit Endkraterabzug, beansprucht auf Biegung, Zug und Schub.

Naht B: Umlaufende Naht, beansprucht auf Biegung, Zug und Schub.

Naht C: Umlaufende Naht, beansprucht auf Biegung und Schub.

Zunächst Zerlegung von F_1 in ihre waagerechte und senkrechte Komponente und Bestimmung von F_2. Nahtberechnung für zusammengesetzte Beanspruchung nach Lehrbuch 6.3.2-3.

Die zulässigen Dauerfestigkeitswerte können nach Lehrbuch 6.3.2-4 mit den Kerbfällen nach TB 6-11 aus den MKJ-Diagrammen nach TB 6-12 ermittelt werden.

6.31

a) Die Wanddicke eines gewölbten Bodens mit ausreichend verstärktem Ausschnitt (Stutzen) im Scheitelbereich $0{,}6 \cdot D_a$ wird mit dem Berechnungsbeiwert β bestimmt, s. Lehrbuch 6.3.3-2, Gl. (6.31/6-64). Die so ermittelte Wanddicke ist eigentlich nur im Bereich der hochbeanspruchten Krempe erforderlich und dürfte im Kalottenteil unterschritten werden. Zur Bestimmung des von der Wanddicke abhängigen Berechnungsbeiwertes muss zunächst eine Wanddicke angenommen und mit dem so gefundenen Beiwert unter Berücksichtigung der Zuschläge die rechnerische Wanddicke bestimmt werden. Die Rechnung muss so lange wiederholt werden, bis angenommene und berechnete Wanddicke übereinstimmen. Abschließend muss noch geprüft werden, ob der Ausschnitt im Scheitelbereich des Bodens durch den eingeschweißten Rohrstutzen ausreichend verstärkt ist, s. Lehrbuch 6.3.3-4.

b) Die Berechnung der ebenen Böden beruht auf den Kirchhoffschen Gleichungen für die Platte unter näherungsweiser Berücksichtigung der Einspannbedingungen, s. Lehrbuch 6.3.3-3, Gl. (6.32/6-65). Ebene Vorschweißböden werden zur Entlastung der Naht und wegen der besseren Schweißmöglichkeit mit einer gerundeten Ringnut versehen. Mit tiefer werdender Entlastungsnut ergibt sich eine immer kleinere Randeinspannung der Platte, so dass sich ihre Beanspruchung der lose aufliegenden Kreisplatte nähert. Der verbleibende Querschnitt im Nutgrund muss ausreichen, um die Scherkraft (Querkraft) zu übertragen. Nach AD2000-Merkblatt B5 müssen die Bleche in der Umgebung des Anschlusses an den Mantel mit Ultraschall auf Dopplungsfreiheit geprüft sein, auch dürfen nur beruhigt vergossene Stähle verwendet werden.

c) Siehe AD2000-Merkblatt B5 bzw. Lehrbuch, TB 6-17:
$r \geq 0{,}2 \cdot t$ und $t_R \geq p_e(0{,}5D - r) \cdot 1{,}3 \cdot S/K$, beidesmal jedoch mindestens 5 mm.

6.32

a) Für den geschweißten Behältermantel kann die Wanddicke nach Lehrbuch 6.3.3-1 mit Gl. (6.30a/6-62) bestimmt werden. Für unbeheizte Behälterwandungen gilt als Berechnungstemperatur die höchste Temperatur des Beschickungsgutes (Lehrbuch, TB 6-15). Für diese Temperatur ist der Festigkeitskennwert des warmfesten Druckbehälterstahles zu bestimmen, s. auch Berechnungsbeispiel 6.4 im Lehrbuch.

b) Gewölbte Vollböden werden mit dem Berechnungsbeiwert β nach Lehrbuch 6.3.3-2 berechnet, s. Gl (6.31/6-64). Da der Berechnungsbeiwert bereits von der Wanddicke abhängt, kann diese nur iterativ ermittelt werden, d. h. die Berechnung ist mit angenommenen Wanddicken so lange zu wiederholen, bis die Annahme zutrifft, s. auch Beispiel 6.4c im Lehrbuch.

c) Die Berücksichtigung der Verschwächung erfolgt meist durch Verschwächungsbeiwerte, sie kann aber auch mithilfe der Festigkeitsbedingung $\sigma_v = p_e \cdot (A_p/A_\sigma + \frac{1}{2}) \leq K/S$ durchgeführt werden, die auf einer Gleichgewichtsbetrachtung zwischen der druckbelasteten Fläche und der tragenden Querschnittsfläche beruht (Lehrbuch 6.3.3-4).

6.33
Siehe Berechnungsbeispiel 6.4 im Lehrbuch. Alle am Behälter vorhandenen Ausschnitte seien ausreichend verstärkt.

6.35
Die auf Scherzug beanspruchte zweischnittige Punktschweißverbindung kann Versagen durch Abscheren des Schweißpunktes, Lochleibung (Aufweiten des Nahtbereichs), Ausreißen des Blechrandes oder Fließen im Nettoquerschnitt des Bleches. Die Beanspruchbarkeit F_{Rd} eines Schweißpunktes bzw. Blechquerschnitts wird über Grenzkräfte bestimmt, Lehrbuch Gln. (6.25 a bis e/6-41 bis -45). Die Tragfähigkeit der Verbindung ist dann gegeben, wenn die Beanspruchung F_{Ed} eines Schweißpunktes bzw. des Bleches kleiner ist als die Beanspruchbarkeit F_{Rd}, Lehrbuch Gln. (6.26 a und b/6-46 und -47) oder allgemein $F_{Ed}/F_{Rd} \leq 1$.

Die Randabstände e_1 und e_2, sowie die Zwischenabstände p_1 und p_2 sind einzuhalten, s. TB 6-4.

Bei der Berechnung der Punktschweißung hilft die Vereinfachung weiter, sich den Schweißpunkt als in den Blechen steckenden Bolzen gleichen Durchmessers vorzustellen. Schnittigkeit und maßgebende Blechdicke sind so besser erkennbar.

6.36
Siehe Hinweis zu Aufgabe 6.35.

7 Nietverbindungen

7.1

a) Bei Blechen wird der Nietschaftdurchmesser d_1 in Abhängigkeit der kleinsten zu verbindenden Blechdicke nach der Gebrauchsformel (7.4/7-10) gewählt, LB 7.5.3-1. Die Nietschaftlänge ergibt sich bei bekannter Klemmlänge $\sum t$ und der Schließkopfform nach Gl. (7.5/7-11), LB 7.5.3-2 oder direkt nach DIN 124 aus TB 7-4.

b) Siehe Lehrbuch 7.2.3.

c) Die Berechnung der Abschertragfähigkeit der zweireihigen ($n = 2$) und zweischnittigen ($m = 2$) Nietverbindung erfolgt nach LB 7.5.3-3 mit Gl. (7.6/7-12) oder direktes Ablesen der Grenzabscherkraft je Niet aus TB 7-4.

d) Die Grenzlochleibungskraft hängt nicht nur von der Blechdicke, dem Schaftdurchmesser und der Stahlsorte, sondern auch von der Lage des Nietes in der Nietverbindung ab. Die größtmögliche Lochleibungskraft ergibt sich bei Einhaltung der Abstände $e_1 \geq 3 \cdot d_0$ und $p_1 \geq 3{,}75 \cdot d_0$ nach TB 7-2.
Sie kann nach LB 7.5.3-3, Gl. (7.7/7-13) berechnet oder aus TB 7-4 als $F'_{b\,Rd}$ abgelesen werden.

e) Für den gelochten Zugstab kann nach LB 7.5.2 mit den Gln. (7.2/7-5) und (7.3/7-6) die Zugbeanspruchbarkeit ermittelt werden. Für die Tragfähigkeit des genieteten Stabes gilt: $N \leq \min(F_v; F_b; N_{t\,Rd})$.

7.2

a) Niet-Nenndurchmesser d_1 ergibt sich aus dem größtmöglichen Schenkelloch-Durchmesser d_{max} für die Schenkellänge $a = 90$ mm nach LB, TB 1-8.

b) Nachweis der maximalen Zugtragfähigkeit der mit einer Nietreihe angeschlossenen Winkel nach LB 7.5.2, Gl. (7.1c/7-9).

c) Für die ermittelte Stabkraft N_u ist es nun als Entwurfsberechnung möglich, die erforderliche Nietzahl n aufgrund der Abscher- und der Lochleibungstragfähigkeit nach LB 7.5.3-4, Gln. (7.9a/7-15) und (7.9.b/7-16), zu berechnen.

Für das Erreichen der vollen Lochleibungskraft sind die Rand- und Lochabstände nach TB 7-2 entsprechend zu wählen: $e_1 \geq 3{,}0 \cdot d_0$ und $p_1 \geq 3{,}75 \cdot d_0$.

d) Die Nietschaftlänge ergibt sich bei bekannter Klemmlänge $\sum t$ und der Schließkopfform nach Gl. (7.5/7-11), LB 7.5.3-2, oder direkt nach DIN 124 aus TB 7-4. Die normgerechte Bezeichnung der Niete erfolgt entsprechend LB 7.2.3.

e) Bei geschweißten einschenkligen Anschlüssen von Winkelprofilen darf die Exzentrizität vernachlässigt werden, wenn eine wirksame Querschnittsfläche verwendet wird. Die Tragfähigkeit kann wie für einen mittig angeschlossenen Zugstab nach LB 6.3.1-1.2, Gl. (6.2/6-1), ermittelt werden. Die Kehlnahtlänge $\sum l$ wird nach dem vereinfachten Verfahren mit Hilfe der Gl. (6.21/6-32) bestimmt: $\tau_w = N / \sum a \cdot l \leq R_m/(\sqrt{3} \cdot \beta_w \cdot \gamma_{M2})$ und nach Umformung $\sum l = \sqrt{3} \cdot \beta_w \cdot \gamma_{M2} \cdot N/(R_m \cdot a)$. Schweißanschlüsse ermöglichen eine höhere Stabkraft (kein Lochabzug) und sind kürzer.

7.6
Die Nietverbindung ist dynamisch (schwellend) belastet. Maßgebend ist deshalb der Betriebsfestigkeitsnachweis nach LB 7.6.3 Die zulässigen Spannungen nach TB 7-6 entsprechen bei einer Sicherheit $S_D = \frac{4}{3}$ den ertragbaren Spannungen bei 90 % Überlebenswahrscheinlichkeit. Für das gelochte Bremsband gelten bei $S_D = 3$ und schwellender Beanspruchung die $1{,}\overline{6} \cdot \frac{4}{3} \cdot \frac{1}{3}$ fachen Tabellenwerte. Daraus können dann die zulässigen Scher- und Leibungsspannungen ermittelt werden. Mit dem gewählten Nietdurchmesser kann nun nach LB 7.6.3 durch Umformen der Gln. (7.10/7-17) und (7.11/7-18) die erforderliche Nietzahl n_a (Abschertragfähigkeit) und n_l (Lochleibungstragfähigkeit) bestimmt werden. Für die Gestaltung der Nietverbindung gelten die Richtwerte nach LB 7.5.4. Der kleinen Blechdicken wegen können diese Werte allerdings nur teilweise eingehalten werden.

7.7
Die Nietverbindung ist dynamisch (schwellend) belastet. Maßgebend ist deshalb der Betriebsfestigkeitsnachweis nach LB 7.6.3 mit deren Gln. (7.10/7-17) und (7.11/7-18). Nach Ermittlung der Umfangskraft können unter Vernachlässigung der Wellenbelastung (Kettenzug) die im Niet auftretenden Spannungen bestimmt und mit den zulässigen Werten nach TB 7-6 verglichen werden. Maßgebend ist der Werkstoff S235.

Im Übrigen s. Berechnungsbeispiel 7.2 im Lehrbuch.

7.8
Unter der Voraussetzung, dass die Umfangskräfte – analog den Torsionsspannungen beim Rundstab – von der Mitte aus linear zunehmen, folgt

$$T = F_{ua} \cdot \frac{d_a}{2} + F_{ui} \cdot \frac{d_i}{2}, \quad \text{wobei} \quad \frac{F_{ua}}{F_{ui}} = \frac{d_a}{d_i}.$$

7 Nietverbindungen

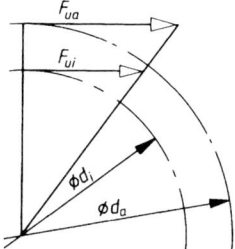

Daraus ergibt sich die größte Umfangskraft

$$F_{ua} = \frac{T}{0{,}5 \cdot d_a \left[1 + \left(\dfrac{d_i}{d_a}\right)^2\right]}.$$

Berechnung der auftretenden Spannungen im Niet nach LB 7.6.3, Gln. (7.10/7-17) und (7.11/7-18).

Die elastische Berechnung der Nietkräfte kann auch über das polare Trägheitsmoment I_p erfolgen. Bezogen auf den Schwerpunkt des Nietfeldes gilt: $F_i = M \cdot r_i / I_{ps}$, mit $I_{ps} = \sum r_i^2 = \sum (x_i^2 + y_i^2)$. Siehe auch LB 8.5.4.

7.10
Berechnung im Prinzip wie Metallnietung nach LB 7.6.3. Durch Umformen der Gln. (7.10/7-17) und (7.11/7-18) im Lehrbuch kann der erforderliche Nietschaftdurchmesser unmittelbar bestimmt werden.

7.11
Berechnung als Nietverbindung aus thermoplastischem Kunststoff nach LB 7.6.3. Die am Hebel angreifende Kraft F belastet das Nietfeld mit dem Drehmoment $M = \cos\alpha \cdot F \cdot l$ und die Niete mit der Umfangskraft $F_u = \cos\alpha \cdot F \cdot l / (0{,}5 \cdot d_L)$. Der Zentrierbund nimmt die radialen Kräfte auf. Die erforderliche Nietzahl kann durch Umformen der Gln. (7.10/7-17) und (7.11/7-18) nach n ermittelt werden.

8 Schraubenverbindungen

8.1
Die nicht vorgespannte, ruhend belastete Schraube, wird mit der Sicherheit $S = 1,25$ gegen die Streckgrenze R_{eL} mit Gl. (8.38/8-46) bemessen.

8.2
Die axiale Belastbarkeit richtet sich nach der Festigkeit der Anschweißenden. Über die Tragfähigkeit der Spannschlossmutter aus Stahl enthält die Norm keine Angaben.

a) Berechnung als nicht vorgespannte, ruhend belastete Verbindung, die unter Last angezogen wird ($S = 1,5$), s. Gl. (8.38/8-46).
b) Berechnung als dynamisch-schwellend beanspruchte Schraube mit der Ausschlagkraft $F_a = F/2$ auf Dauerhaltbarkeit nach Gl. (8.20a/8-47).
c) Berechnung als zugbeanspruchte Schraubenverbindung im Stahlbau entsprechend Gl. (8.43/8-51) (Gleichung nach A_s umstellen).

8.3
a) Im Prinzip handelt es sich um eine nicht vorgespannte Schraube mit dynamisch-schwellender Belastung (s. Lehrbuch 3.2.7 und 8.3.3), verursacht durch das betriebsmäßige Be- und Entlasten des Hakens.

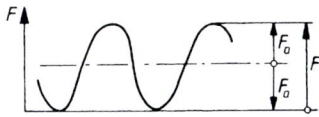

Die durch die Ausschlagkraft $F_a = F/2$ hervorgerufene Ausschlagspannung σ_a darf die zulässige Ausschlagfestigkeit σ_A des Gewindes nicht überschreiten. Die Ausschlagfestigkeit des Hakenwerkstoffes StE 285 entspricht den für die Festigkeitsklasse 4.6 angegebenen Werten. Im Übrigen Berechnung nach Gl. (8.20a/8-47).

b) Mit der Scherfläche eines Gewindeganges $A_a \approx \pi \cdot d_3 \cdot 0{,}5 \cdot P$, wobei die Höhe der Scherfläche mit der halben Gewindesteigung angenommen wurde, beträgt die Scherspannung im ersten Gewindegang

$$\tau \approx \frac{0{,}5 \cdot F}{\pi \cdot d_3 \cdot 0{,}5 \cdot P} = \frac{F}{\pi \cdot d_3 \cdot P}.$$

c) Anzustreben sind gleichmäßige Kraftverteilung im Gewinde und geringe Kerbwirkung, s. auch Lehrbuch 8.2.1 und 8.2.2 und DIN 15413, Lasthakenmuttern.

8.4

Richtwerte für die Durchmesser-Festigkeits-Kombinationen s. Lehrbuch, TB 8-13. Dehnschrauben bzw. exzentrisch angreifende Betriebskraft führen bei a) und c) zu höheren Laststufen; messende Drehmomentschlüssel ergeben nach TB 8-11 mittlere Anziehfaktoren ($k_A = 1{,}6$ bis $2{,}1$, je nach Steifigkeit der Verbindung) und damit keine Änderung der Richtwerte.

8.5

Um trotz der Ungenauigkeit des Anziehverfahrens, gekennzeichnet durch den Anziehfaktor k_A nach TB 8-11, $F_{V\,min}$ mit Sicherheit zu erreichen, muss die Schraube nach der Montagevorspannkraft $F_{VM} = F_{V\,max} = k_A \cdot F_{V\,min} \leq F_{sp}$ ausgelegt werden (vgl. Lehrbuch 8.3.5). Bei der Wahl des Anziehfaktors ist bei drehmomentgesteuertem Anziehen zu beachten, dass neben dem Anziehwerkzeug bzw. vorhandener Einstellversuchswerte insbesondere die Steifigkeit der Verbindung Einfluss auf die Höhe von k_A hat. Relativ nachgiebige Verbindungen ergeben sich bei größeren Verhältnissen von l_k/d und kleineren Verhältnissen von D_A/l_k. Die Bestimmung der Schraubengröße erfolgt über F_{sp} aus TB 8-14 mit der gegebenen Festigkeitsklasse und dem maßgebenden niedrigsten Gesamtreibungskoeffizient aus TB 8-12a. Die Schraubenverbindung muss also je nach Anziehverfahren mehr oder weniger stark überdimensioniert werden!

8.6

a) und b) Für Schrauben der Festigkeitsklassen unter 8.8 werden die im Lehrbuch, TB 8-14 (beachte Fußnote), angegebenen Spannkräfte und Spannmomente mit dem Streckgrenzenverhältnis multipliziert. Mit den Streck- bzw. 0,2%-Dehngrenzen nach TB 8-4 beträgt z. B. für eine Schraube der Festigkeitsklasse 5.6 die Spannkraft

$$F_{sp(5.6)} = F_{sp(8.8)} \frac{R_{eL(5.6)}}{R_{p0{,}2(8.8)}}.$$

Reibungskoeffizient s. TB 8-12a.

c) Nach Gl. (8.29/8-33) gilt für die kleinste Vorspannkraft, die sich bei einer nach $F_{V\,max} \leq F_{VM90} = F_{sp}$ ausgelegten Schraube infolge der Ungenauigkeit des Anziehverfahrens einstellen kann: $F_{V\,min} = F_{V\,max}/k_A$, mit k_A nach TB 8-11.

8.15

Berechnungsgang nach LB 8.3.9-2 bzw. FS A 8-1 bis A 8-5, analog Aufgabe 8.11. Der Nachweis mit Gl. (8.34/8-39) ist ausreichend. Weitere Hinweise:

Nach TB 8-11 ist $k_A = 1,6$ bis $2,0$, gewählt $k_A = 1,7$ (kleinere Werte $k_A = 1,6\ldots1,8$ für messende Drehmomentschlüssel, davon mittlerer Wert für nachgiebige Verbindung).

Bei nicht hochfesten Schrauben ist die Überprüfung der Flächenpressung nicht erforderlich. Umrechnung der Spannkräfte bei Festigkeitsklassen kleiner 8.8 s. Lösungshinweis zu Aufgabe 8.6. Ermittlung der Stift- und Gewindelänge aus TB 8-8. Bei der Bestimmung der Schraubennachgiebigkeit und des Setzbetrages ist das eingeschraubte Gewinde zweimal zu berücksichtigen.

8.16

a) Druckkraft = Druck × beaufschlagte Fläche.

b) Berechnungsgang nach LB 8.3.9-2 bzw. FS A 8-1 bis A 8-5, analog Aufgabe 8.11. Zweckmäßigerweise zuerst Berechnung der erforderlichen Montagevorspannkraft und danach durch Bedingung $F_{sp} \geq F_{VM}$ Wahl der Festigkeitsklasse nach TB 8-14. Für k_A den größten Wert wählen (kleinere Werte mit entsprechenden Einstellversuchen möglich).

Bei der Überprüfung der Flächenpressung beachten, dass beim motorischen Anziehen (Schlagschrauber) die Grenzflächenpressung bis zu 25 % kleiner sein kann, s. TB 8-10. Um eine gleichmäßige und sichere Abdichtung zu erreichen, sind die Schrauben möglichst eng zu setzen. So dürfen nach AD-Merkblatt B8-Flansche, die Schraubenabstände nicht größer als $5 \cdot d_h$ sein. Bei Mehrschraubenverbindungen wird angenommen, dass die Druckübertragungszone der verspannten Teile näherungsweise die Form eines Kegels hat und sich diese Druckkegel in der Trennfuge mindestens berühren müssen. Unter der Annahme eines halben Öffnungswinkels von etwa 27° ergibt sich daraus: Schraubenabstand = Außendurchmesser der Kopfauflage + Bauteildicke (vgl. Lehrbuch Bild 8.6, Zeile 9).

c) Die Sicherheiten mit den Gl. (8.20b) und (8.35a) bzw. FS A 8-3 und A 8-5 berechnen.

8.18

a) Von den Schrauben ist eine alleinige Dichtungskraft in Längsrichtung aufzunehmen, daher Berechnungsgang mit $F_B = 0$ nach LB 8.3.9-2 bzw. FS A 8-1 bis A 8-5, analog Aufgabe 8.11. Über die erforderliche Mindestvorspannkraft je Schraube $F_{V\,min} = F_{Kl} + F_Z = p_{min} \cdot A/12 + F_Z$ kann die Montagevorspannkraft und damit die Schraubengröße ermittelt werden.

Der Anziehfaktor ergibt sich aus TB 8-11; kleinster Wert für Präzisionsdrehschrauber und relativ steife Verbindung.

Hinweis: Unter „kritischer Vorpressung" wird die Mindestpressung verstanden, die erforderlich ist, um die Dichtung an die Dichtflächen anzupassen (zu verformen) und so ein einwandfreies Abdichten zu gewährleisten; sie ist abhängig von der Oberflächengüte der Dichtflächen, vom Medium sowie vom Werkstoff und von den Abmessungen

der Dichtung, jedoch nicht vom Innendruck, z. B. dem einer Dampfleitung. Die tatsächliche Pressung muss sicherheitshalber stets höher liegen, darf aber die maximal zulässige nicht überschreiten, um eine Zerstörung der Dichtung zu vermeiden (s. LB 19.2.2).
b) Ermittlung der Schraubenlänge mit TB 8-15 (erforderliche Einschraublänge $l_e = 1{,}0 \cdot d$) und TB 8-8, Normbezeichnung s. Lehrbuch 8.1.3-4
c) $p_{max} = (F_{sp} \cdot 12)/A \leq p_{zul}$.

8.20

Mit der vorgegebenen Schraubengröße und Festigkeitsklasse kann $F_{sp} = F_{VM}$ und danach die Anzahl der Schrauben durch Einsetzen von Gl. (8.18/8-21) in Gl. (8.30/8-34) und Umstellung nach z ermittelt werden:

$$z_{min} = \frac{F_{Q\,ges}}{\mu_T \cdot \left(\dfrac{F_{sp}}{k_A} - F_Z\right)}.$$

Danach prüfen, ob der zum Anziehen erforderliche Mindestabstand der Schrauben ($\approx 3 \cdot d$) auf dem Lochkreisdurchmesser ausreicht.

Ansonsten Berechnungsgang nach LB 8.3.9-2 bzw. FS A 8-1 bis A 8-5 analog Aufgabe 8.11.

Reibwert μ_T aus TB 4-1a, Setzbetrag aus TB 8-10a für Gewinde und je eine Kopf- und Ersatzmutterauflage, Grenzflächenpressung für die Fläche unter dem Schraubenkopf (die Druckfläche am Zahnkranz ist wesentlich größer) aus TB 8-10b entnehmen.

Der Anziehfaktor ergibt sich aus TB 8-11; größere Werte ($k_A = 1{,}5 \ldots 1{,}6$) für kleinere Anzahl von Einstell- und Kontrollversuchen, davon kleinerer Wert für relativ steife Verbindung. Beachte, dass die Schraube in CuSn10 eingeschraubt und damit $E_M \approx 96 \cdot 10^3$ N/mm^2 ist (mittlerer Wert aus TB 1-3a).

8.21

Zuerst Berechnung der in der Schraube wirkenden Betriebskräfte (Längskräfte). Hierzu kann vereinfacht der Seilrollenbock um die untere Schraube kippend angenommen werden (linke Skizze). Querkraftberechnung s. rechte Skizze.

Die erforderliche Festigkeitsklasse der Schrauben wird zweckmäßig nach TB 8-13 ermittelt (für die größere Querkraft). Danach Berechnungsgang analog Aufgabe 8.11 unter Verwendung von Gl. (8.29/8-33) zur Berechnung der Montage-Vorspannkraft F_{VM} anwenden.

Der Anziehfaktor ergibt sich aus TB 8-11; kleinster Wert für messende Drehmomentschlüssel und relativ steife Verbindung.

Der statische Nachweis kann mit Gl. (8.34) bzw. FS A 8-4 erfolgen. Die zulässige Flächenpressung für GE 300 + N muss abgeschätzt werden. Da es sich um einen unlegierten Stahl mit einer Zugfestigkeit größer als bei S355 handelt, wird p_G von S355 für den Nachweis verwendet.

Hinweis: Eine genauere Berechnung der Betriebskräfte ist nach LB 8.5.5 mit Gl. (8.51) bzw. FS Gl. (8-66) möglich. Es ergeben sich etwas größere Betriebskräfte, die aber nur zu einer geringfügigen Erhöhung von F_VM führen.

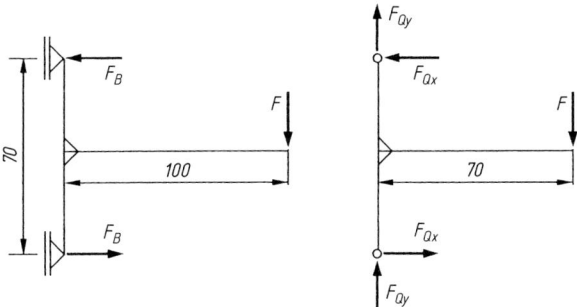

8.22

Für den Entwurf der Stabanschlüsse zuerst die Schraubengröße mit Gl. (7.4/7-10) und die Anzahl der erforderlichen Schrauben ermitteln, wobei der größte Lochdurchmesser nach TB 1-9 ($d_1 \mathrel{\hat=} d_0$) einzuhalten ist. Danach die Rand- und Lochabstände nach TB 7-2 und TB 1-9 festlegen.

Die Berechnung der Stabanschlüsse erfolgt nach Lehrbuch 8.5.3 bzw. FS Gln. (8-48) bis (8-58). Bei Winkelanschlüssen liegt in der Regel ein exzentrischer Kraftangriff vor, siehe Bild. Das hierdurch entstehende Moment $M = N \cdot a$ muss im Anschluss oder im Stab berücksichtigt werden. Bei langen Stäben und steifen Knotenblechen ist das Versatzmoment ausschließlich im Schraubenanschluss wirksam. Der biegeweiche Stab bleibt nahezu momentenfrei.

Im vorliegenden Fall soll das Anschlussmoment über ein Kräftepaar über die äußeren Schrauben aufgenommen werden. Diese erhalten zusätzlich eine senkrecht zur Stabachse stehende Komponente F_v = Stabkraft · Exzentrizität/Schraubenabstand. Die Tragfähigkeit des Anschlusses ist nachzuweisen für

- die Schrauben auf Abscheren und Lochleibung mit den Gln. (8.41/8-48) und (8.42/8-49)
- die anzuschließenden Bauteile: Stab nach Gln. (8.47a/8-58) und (8.47b/8-57) sowie Knotenblech nach Gl. (6.12/8-61).

Die kleinste Tragfähigkeit ist für die Bemessung maßgebend. Bei vorgespannten Schrauben (Kategorie B) ist zusätzlich die Gebrauchstauglichkeit mit Gl. (8.45a/8-53) nachzuweisen.

8.23

Berechnung als zweischnittige Scher-Lochleibungsverbindung (SL-Verbindung) der Kategorie A. Die Tragfähigkeit der Verbindung wird bestimmt durch die Tragfähigkeit der Schrauben auf Abscheren nach Gl. (8.41/8-48) oder auf Lochleibungsdruck nach Gl. (8.42/8-49) bzw. durch die Tragfähigkeit der anzuschließenden Bauteile nach Gln. (8.47a/8-58) und (8.47b/8-57). Die Grenzlochleibungskräfte der Schrauben einer Verbindung dürfen innerhalb eines Anschlusses addiert werden, wenn die einzelnen Schraubenkräfte beim Nachweis auf Abscheren berücksichtigt werden. Mit der Annahme einer gleichmäßigen Aufteilung der Schraubenkräfte befindet sich die Berechnung jedoch immer auf der sicheren Seite. Erforderlicher Lochdurchmesser siehe Lehrbuch 8.5.2 bzw. FS Hinweis zu Gl. (8-57).

8.24

Zum Entwurf siehe Lösungshinweis zu Aufgabe 8.22. Weil die Schwerachsen der Profile erheblich aus der Anschlussebene (= Knotenblechmitte) herausfallen, sind sie als außermittig angeschlossene Zugstäbe auf Biegung und Längskraft zu berechnen.

Bei a) siehe 7.5.2 (einseitig angeschlossene Winkel), bei b) siehe 6.3.1-1.2 (außermittig angeschlossene Zugstäbe). Profilwerte (A, I_x, e_z) können TB 1-9 bzw. TB 1-10 entnommen werden.

8.25

Zuerst Berechnung der maximalen Zugkraft in einer Schraube nach Gl. (8.51/8-66) (Konsolanschlüsse). Danach Schraubengröße und Abstände ermitteln. Das Wurzelmaß w ergibt sich aus DIN 997 (siehe TB 1-11), die Rand- und Lochabstände nach TB 7-2. Die Tragfähigkeit der max. belasteten Schraube ist auf Abscheren, Lochleibung und Zug mit den Gln. (8.41/8-48), (8.42/8-49) und (8.43/8-8-51) zu überprüfen. Ein Interaktionsnachweis ist nach Gl. (8.44/8-52) zu führen, da Scher- und Zugkräfte auftreten.

8.26

Die Berechnung dieses konsolartigen Anschlusses erfolgt nach Lehrbuch 8.5.5. Sicherheitshalber wird davon ausgegangen, dass sich der aufgelagerte Träger durchbiegt und deshalb an der Vorderkante des Winkels aufliegt.

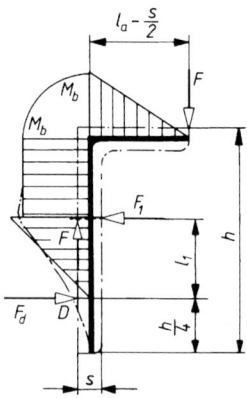

a) Der Winkel wird durch das Biegemoment $M_b \approx F \cdot (l_a - s/2)$ und die Normalkraft F beansprucht. Die rechnerisch mittragende Breite beträgt überschlägig: $b = b_{1220} + 2 \cdot \tan 30° \cdot (l_a - s/2)$. Nachweis der Spannung nach Lehrbuch 6.3.1-1 mit Gl. (6.4/6-3).
b) Die größte Zugkraft F_{max} in einer Schraube ergibt sich aus der Gleichgewichtsbedingung

$$F \cdot l_a = F_1 \cdot l_1 \quad (F_1 = -F_d, F_{max} = F_1/2).$$

8.29
Berechnung als Bewegungsschraube nach LB 8.6 bzw. FS A 8-6 und A 8-7. Vorwahl des Kerndurchmessers mit Gl. (8.53/8-68) für lange, druckbeanspruchte Schrauben mit mittlerer Sicherheit S_{dim} und Knickfall 3 nach Euler, s. LB 6.3.1-3, Bild 6.34 oder TB 10-20.

Da bei derartigen Pressen mit unregelmäßiger Schmierung zu rechnen ist, werden Spindel und Hebel sicherheitshalber für den ungünstigsten Fall der trockenen Gewindereibung berechnet. Eine reichliche Bemessung der Bauteile ist auch deshalb zu empfehlen, weil durch unkontrollierbare Maßnahmen (Betätigung durch zwei Mann, Vergrößerung des Hebelarmes durch Aufstecken eines Rohres) die rechnerische Kraftwirkung überschritten werden kann.

Für die Wahl des Gewindes sind folgende Gesichtspunkte maßgebend:

1. Selbsthemmung zweckmäßig, damit die unbelastete Spindel auf jeder Höhe stehen bleibt, d. h. Steigungswinkel $\varphi <$ Reibungswinkel ϱ'.
2. Trotz Forderung 1 möglichst große Gewindesteigung, um eine mühelose Höhenverstellung zu erreichen.

Mit $\tan \varphi = P_h/(d_2 \cdot \pi) < \tan \varrho' = 10°$ (ϱ' aus Legende zu Gl. (8.57/8-72)) kann die erforderliche Steigung für Selbsthemmung des gewählten Gewindes überprüft werden. Hierbei Reibwert für geschmierte Mutter verwenden, Gewindeabmessungen siehe TB 8-3. Nachprüfung der Spindel auf Festigkeit entsprechend Beanspruchungsfall 1 und auf Knickung, s. auch Lösung zu Aufgabe 8.27.

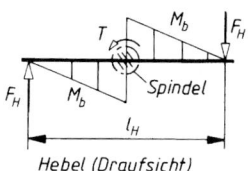

Hebel (Draufsicht)

Die erforderliche Länge der Mutter kann durch Umstellung der Gl. (8.63/8-80) ermittelt werden, wobei der kleinere Wert für Muttern aus CuSn-Legierungen nach TB 8-18 wegen möglicher Überlastung (s. o.) verwendet wird.

Für die Bestimmung der Abmessungen des Hebels kann der Hebel aufgefasst werden

1. als mittig eingespannter und durch ein Kräftepaar F_H belasteter Träger,
2. als 2 Kragträger der Länge $l_H/2$, belastet durch F_H.

Es gilt:
$$F_H = \frac{T}{l_H}, \quad M_b = \frac{T}{2} = F_H \cdot \frac{l_H}{2}.$$

Der Hebeldurchmesser kann durch Umstellung der Gleichung $\sigma_b = M_b/W \leq \sigma_{zul}$ mit $\sigma_{b\,zul} = \sigma_{b\,Schl}/2$ ermittelt werden, s. Gl. (8.52/8-67).

8.30
Lösungsweg:

1. Vorwahl des Spindelgewindes: Es liegt der „Knickfall 1" vor. (Ein Spindelende eingespannt, das andere frei beweglich, $l_k = 2 \cdot l$, s. TB 10-20 mit $l_k = \nu \cdot l$). Es wird vorausgesetzt, dass die Kraft zentrisch angreift. Ein exzentrischer Kraftangriff setzt die Knickspannung herab! Der Entwurfsdurchmesser wird für knickgefährdete Schrauben mit Gl. (8.53/8-68) und mittlerem Wert für S_{dim} berechnet.
2. Es liegt Beanspruchungsfall 2 vor, daher erfolgt der Festigkeitsnachweis mit Gl. (8.56/8-71). Hierin kann für $\sigma_{d\,zul}/(\varphi \cdot \tau_{t\,zul}) \approx 1$ und für $\sigma_{d\,zul} = R_e/1{,}5 \approx R_{eN}/1{,}5$ gesetzt werden. Das erforderliche Hebelmoment für die Verdrehspannung in der Spindel ergibt sich aus

$$T = F_H \cdot l_H = \text{Gewindemoment } M_G + \text{Lagerreibungsmoment } M_{RL}.$$

Das Lagerreibungsmoment M_{RL} zwischen drehbarem Kronenstück und Spindel kann analog dem Auflagereibungsmoment unter dem Schraubenkopf, s. Gl. (8.24/8-28), näherungsweise berechnet werden zu

$$M_{RL} = F \cdot \mu \cdot \frac{D+d}{4}$$

mit $\mu \approx 0{,}1$.
Damit ist

$$\text{Heben:} \quad T = F_H \cdot l_H = F \cdot \frac{d_2}{2} \cdot \tan(\varphi + \varrho') + F \cdot \mu \cdot \frac{D+d}{4},$$
$$\text{Senken:} \quad T = F_H \cdot l_H = F \cdot \frac{d_2}{2} \cdot \tan(\varphi - \varrho') - F \cdot \mu \cdot \frac{D+d}{4}.$$

3. Überprüfung der Spindel auf Knickung nach LB 8.6.3 bzw. FS A 8-7 (ggf. bei zu großer Sicherheit Wahl eines kleineren Gewindes) und des eingeschnittenen Muttergewindes auf Flächenpressung nach Gl. (8.63/8-80) mit mittleren Wert für p_{zul} nach TB 8-18 und Einhaltung von $l_1 \leq 2{,}5 \cdot d$.

8 Schraubenverbindungen

4. Bei einer Spindelumdrehung beträgt die nutzbare Arbeit $W_n = F \cdot P$ und die aufgewendete Arbeit

$$W_e = F \cdot \tan(\varphi + \varrho') \cdot d_2 \cdot \pi + F \cdot \mu \cdot 2 \cdot \frac{D+d}{4} \cdot \pi.$$

Daraus ergibt sich der Gesamtwirkungsgrad

$$\eta = \frac{W_n}{W_e} = \frac{F \cdot P}{F \cdot \tan(\varphi + \varrho') \cdot d_2 \cdot \pi + F \cdot \mu \cdot 2 \cdot \dfrac{D+d}{4} \cdot \pi}$$

$$= \frac{1}{\dfrac{\tan(\varphi + \varrho')}{\tan \varphi} + \dfrac{1{,}57 \cdot \mu \cdot (D+d)}{P}}$$

9 Bolzen-, Stiftverbindungen und Sicherungselemente

9.1

a) Berechnung als Bolzenverbindung mit nicht gleitenden Flächen nach Lehrbuch 9.2.2. Da bei den üblichen Abmessungen meist die Biegebeanspruchung maßgebend ist, wird die zulässige Spannkraft F_A zweckmäßigerweise durch Umformen der Gl. (9.2/9-5) ermittelt: $F_A = 0{,}1 \cdot 8 \cdot \sigma_{b\,zul} \cdot d^3/(K_A \cdot t_S)$. Die Gelenkverbindung muss mit der so ermittelten Spannkraft (Stangenkraft) noch auf Flächenpressung und Schub geprüft werden.

Für das Biegemoment ist der Einbaufall 2 nach Lehrbuch 9.2.2-1 maßgebend. Wegen der häufigen Betätigung der Vorrichtung muss für die zulässigen Spannungen der festigkeitsmindernde Einfluss der Schwellbelastung berücksichtigt werden.

Bei stoßfreiem Spannen (z. B. Anziehen mittels Sternmutter) kann der Anwendungsfaktor $K_A = 1$ gesetzt werden.

b) Unter Vernachlässigung der Reibung und bei gleichen Hebelarmen ergibt sich für das Gelenk B eine größte resultierende Kraft $F_{res} = F_B = \sqrt{2} \cdot F_A$.

Die Gelenkverbindung muss nach Lehrbuch 9.2.3 auf Biegung (Einbaufall 3), Schub und Flächenpressung geprüft werden.

9.3

Siehe Berechnungsbeispiel 9.1 im Lehrbuch.

9.5

Ermittlung der Hauptabmessungen durch Entwurfsberechnung nach Lehrbuch 9.2.2-2. Anschließend nachprüfen der Verbindung auf Flächenpressung, sie ist bei gleitenden Flächen erfahrungsgemäß maßgebend, und auf Schub. Da der Bolzen mit Spiel in der Gabel liegt, aber durch den Achshalter an der Drehbewegung gehindert wird, ist die zul. Flächenpressung infolge schwellender Belastung des Gabelwerkstoffes zu ermitteln. Wird die Schmierloch-Querbohrung in die Biegeschwerachse ($\sigma_b = 0$!) gelegt, so ist sie als

Kerbe unwirksam. Der Einfluss der Schmierlöcher auf das Widerstandsmoment darf bei größeren Bolzen vernachlässigt werden.

9.6
Nachprüfung der Bolzenverbindung nach Lehrbuch 9.2.3 unter Beachtung des dortigen Hinweises für *Hohlbolzen*. Da der Bolzen im betriebswarmem Zustand in der Kolbennabe schwimmend gelagert ist (keine einseitige Abnutzung!), kann das Biegemoment entsprechend Einbaufall 1 bestimmt werden (Lehrbuch 9.2.2-1).

Beachte bei der Spannungsberechnung, dass bei der angegebenen Kraft die Betriebsverhältnisse bereits berücksichtigt sind, sie also $K_A \cdot F$ umfasst!

9.7
a) Nachprüfung der schwellend beanspruchten Bolzenverbindung nach Lehrbuch 9.2.3 auf Biegung, Schub und Flächenpressung. Bei Handbetätigung kann als Anwendungsfaktor $K_A = 1$ gesetzt werden. Richtwerte für die zulässige mittlere Flächenpressung bei niedrigen Gleitgeschwindigkeiten (Schwenkbewegung) nach Lehrbuch, TB 9-1.
b) Passungsauswahl nach Lehrbuch 2.2.3 mit TB 2-9 und TB 2-5 bzw. TB 2-3.

9.8
a) Nachprüfung der Bolzenverbindung nach Lehrbuch 9.2.3 auf Biegung, Schub und Flächenpressung.
b) Überschlägige Festigkeitskontrolle der für den Augenstab maßgebenden Wangenquerschnitte nach Lehrbuch 9.2.3 mit Gl. (9.5/9-8).
Bei der Gabel wird davon ausgegangen, dass beide Wangen gleichmäßig tragen.

9.9
a) Die Bolzen sind so zu bemessen, dass sie bei der dem höchstzulässigen Drehmoment entsprechenden Umfangskraft zu Bruch gehen. Ist die Schubfestigkeit τ_B des Bolzenwerkstoffes nicht bekannt, so kann $\tau_B \approx 0,8 \cdot R_m$ gesetzt werden. Dabei ist zu beachten, dass die Festigkeit einer Stahlsorte sehr vom jeweiligen Behandlungszustand abhängt und selbst innerhalb dieses beträchtlich schwankt.
Festigkeitswerte für S235 s. TB 1-1 und Normblatt DIN EN 10025-2.
b) Vgl. Lehrbuch 13.4.2.

9.10
b) Die erforderliche Laschendicke kann aufgrund der zul. Flächenpressung nach Lehrbuch 9.2.3 mithilfe der Gl. (9.4/9-7) ermittelt werden. Die Verbindung wird mit einem Lochspiel von 1 bis 2 mm ausgeführt. Ermittlung der Wangenbreite nach Gl. (9.5/9-8) und damit der Laschenbreite $b = d_L + 2c$.

Da die Traglaschen sehr selten beansprucht werden (Montage), wären auch höhere zul. Spannungen zu rechtfertigen, z. B. nach den Stahlbauvorschriften.

9 Bolzen-, Stiftverbindungen und Sicherungselemente

9.12
a) Ermittlung der Grenzabmessungen der Augenstäbe für Scheitelhöhe a und Wangenbreite c nach Lehrbuch 9.2.4 mit Hilfe der Gln. (9.6a/9-9) und (9.6b/9-10).
b) Festigkeitsnachweis der Bolzen auf Abscheren, Biegung, Interaktion Abscheren und Biegung und Lochleibung nach Lehrbuch 9.2.5-1.
c) Auswahl von Bolzen mit zugehörigen Splinten und Scheiben nach Lehrbuch TB 9-2.

9.13
Die Querstift-Verbindung wird nach Lehrbuch 9.3.2-1 auf Abscheren und Flächenpressung nachgeprüft. Bei Kegelstiften ist der rechnerische Durchmesser = Nenndurchmesser = kleiner Stiftdurchmesser.

9.14
Entweder Wahl des Stiftdurchmessers nach Erfahrungswerten, z. B. $d = (0,2 \ldots 0,3) \cdot d_W$ bei normaler Beanspruchung, und Nachprüfung der Verbindung auf Flächenpressung und Abscheren nach Lehrbuch 9.3.2-1, oder direkte Bestimmung des Stiftdurchmessers mit den zulässigen Beanspruchungen durch Umformen der Gln. (9.15/9-22) bis (9.17/9-24) nach d. Der größte so ermittelte Stiftdurchmesser ist dann maßgebend und auf den nächstgrößeren Normdurchmesser zu runden.

9.16
Berechnung als Steckstift-Verbindung nach Lehrbuch 9.3.2-2. Siehe auch Berechnungsbeispiel 9.3 im Lehrbuch. Passkerbstifte mit Hals und gerundeter Nut nach DIN 1469: 2011-02 sind nicht international genormt.

9.17
Die Tangentialkraft F_t beansprucht die Stifte auf Biegung. Berechnung als Steckstift-Verbindung nach Lehrbuch 9.3.2-2. Berücksichtigung der stoßartigen Belastung durch Anwendungsfaktor nach Lehrbuch (TB 3-4) und wegen fehlender weiterer Angaben den Anwendungsfaktor als Mittelwert heranziehen. Beachte auch Berechnungsbeispiel 9.3 im Lehrbuch.

9.18
Das horizontale Kräftepaar $F = G \cdot a/b$ beansprucht die Stifte auf Biegung. Berechnung als Steckstift-Verbindung nach Lehrbuch 9.3.2-2. Es kann mit ruhender, stoßfreier Belastung (Eigengewicht) gerechnet werden. Beachte auch Berechnungsbeispiel 9.3 im Lehrbuch.

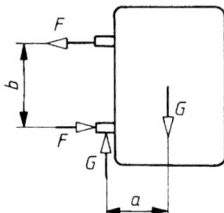

9.19

a) Vergleiche Herstellungsaufwand und Art der Kraftübertragung (Kraftfluss) bei Rundkeilverbindungen mit anderen lösbaren Welle-Nabe-Verbindungen.
b) Beachte Lösbarkeit der Verbindung. Geeignete Stiftformen s. Lehrbuch 9.3.1-1.
c) Berechnung als Rundkeilverbindung nach Lehrbuch 9.3.2-3. Bei großen Drehmomenten ist die Anordnung mehrerer Stifte am Umfang zweckmäßig.

9.20

Berechnung als Längsstiftverbindung nach Lehrbuch 9.3.2-3. Unmittelbare Bestimmung der zulässigen Handkraft durch Umformen der Gl. (9.20/9-27) nach T. Der festigkeitsmäßig schwächere Werkstoff ist für p_{zul} maßgebend. Wegen Handbetätigung kann mit $K_A = 1{,}0$ gerechnet werden.

10 Elastische Federn

10.1
a) Siehe Lehrbuch Bild 10.8b.
b) Nach Bild 10.8 ist $s = L_0 - L_1$.

10.2
a) Überprüfung mit Gl. (10.7/10-10); $\sigma_{b\,zul}$ nach TB 10-1.
b) Federweg mit Gl. (10.8/10-12) und zul. Federblattdicke mit Gl. (10.9/10-14) ermitteln.
c) Federrate mit $R = F/s$ ermitteln.

10.3
a) $b' = 0{,}3 \cdot b$; b nach TB 1-16 (Normreihe R20) wählen.
b) Überprüfung mit Gl. (10.7/10-10); $\sigma_{b\,zul}$ nach TB 10-1.
c) Federvolumen V siehe zu Gl. (10.10/10-15).

10.5
a) Durch Umstellung von Gl. (10.7/10-11) nach h und einsetzen von $F_1 \leq F_{zul}$ anstelle von F_{zul} kann h berechnet und danach eine Dicke festgelegt werden. $\sigma_{b\,zul}$ nach TB 10-1, R_m nach TB 10-4.
b) Biegespannung mit Gl. (10.7/10-10) bei F_{max} überprüfen. Für F_{max} gilt: $F_{max}/s_{max} = F_1/s_1$ (lineare Federkennlinie), $s_{max} = s_1 + \Delta s$. Mit Gl. (10.8/10-12) kann s_1 ermittelt werden. Danach Umstellung nach F und Berechnung von F_{max} mit s_{max}.

10.6
a) Drahtdurchmesser d überschlägig nach Gl. (10.11/10-16) berechnen und nach TB 10-2a festlegen. D nach TB 1-16 wählen.
b) Windungszahl überschlägig nach Gl. (10.12/10-17) berechnen, danach $n = \ldots,0$ festlegen.
c) L_{K0} (ohne Federschenkel) nach Gl. (10.13/10-19).
d) σ_q aus Gl. (10.15a/10-22) mit $w = D/d$ für q aus TB 10-7 und $\sigma_{b\,zul}$ aus TB 10-1, R_m s. TB 10-3a.

10.8

a) Vorwahl von d bei gegebenem D_i nach Gl. (10.11/10-16). Wahl des Nennmaßes für d nach TB 10-2a; $D_i \approx 1{,}25 \cdot d_B$.

b) Aus $\varphi_{max}/\Delta\varphi = F_2/(F_2 - F_1)$ und $\varphi_1 = \varphi_{max} - \Delta\varphi$ die Werte φ_{max} und φ_1 ermitteln.

c) Windungszahl n mit Gl. (10.12/10-17) über φ_1 mit F_1 oder φ_{max} mit F_2 errechnen und runden; L_{K0} für anliegende Windungen mit Gl. (10.13/10-18) bestimmen.

d) Spannungsnachweis mit Gl. (10.15a/10-22) führen; $\sigma_{b\,zul}$ aus TB 10-1, R_m aus TB 10-3a.

10.10

a) Die größtmögliche Ausnutzung der Tellerfedern liegt bei $F_{0{,}75}$ bzw. $s_{0{,}75}$. Werte s. TB 10-9a. s_{ges} und F_{ges} berechnen mit Gl. (10.24/10-31) bzw. (10.22/10-30).

b) L_0 und L für die Federsäule nach Gl. (10.24/10-32).

10.11

L_0 und L für die Federsäule nach Gl. (10.24/10-32). Werte für h_0 und t s. TB 10-9a.

10.12

a) Siehe Lösungshinweise zu Aufgabe 10.10a.

b) L_0 und L_0' nach Gl. (10.24/10-32), s. auch LB Bild 10.15 bzw. FS Bild zu Gl. (10-30).

10.13

a) Es ist davon auszugehen, dass jede Säule die Hälfte der Gesamtbelastung aufnimmt. *Hinweis:* $F_L \approx 10\,\text{m/s}^2 \cdot m_L$ und $F_G \approx 10\,\text{m/s}^2 \cdot m_G$ sowie $F_{max} = (F_L + F_G)/2$

b) Federauswahl aus TB 10-9, für Einzelteller ergibt sich die Einschränkung auf Reihe A aufgrund der Größe von $F_{max} \leq F_{0{,}75}$; notwendiges Spiel am Bolzen nach TB 10-10

c) Da keine lineare Federkennlinie vorliegt erfolgt die Bestimmung des Federwegs der Einzelteller mit TB 10-11c. Hierzu die Federkraft bei Planlage F_c mit Gl. (10.26/10-35) und danach das Verhältnis F/F_c bestimmen und hierfür s/h_0 ablesen. Benötigte Abmessungen und Faktoren s. TB 10-9a und TB 10-11a. Berechnung von i mit Gl. (10.24/10-31).

d) Angaben zu Tellerfedern der Reihe B siehe TB 10-9b; Anzahl der Federn pro Paket aus $n = F_{max}/F_{0{,}75}$; Berechnung sonst wie bei c).

10.14

a) Zuerst s mit $s = 0{,}7 \cdot s_{0{,}75}$ berechnen und danach F mit Gl. (10.25/10-34).

Alternativ kann auch mit s/h_0 aus TB 10-11c F/F_c abgelesen und nach Berechnung von F_c mit Gl. (10.26/10-35) F bestimmt werden.

10.15

a) Mit dem Verhältnis F/F_c wird aus TB 10-11c das Verhältnis s/h_0 abgelesen und daraus s errechnet; vergleiche ausführliche Lösung von Aufgabe 10.17.

10 Elastische Federn

b) Berechnung der Spannungen mit Gl. (10.30) bzw. (10-38) bis (10-40); K_1 nach TB 10-11a und K_2 bis K_3 nach TB 10-11b, $K_4 = 1$ (Feder ohne Auflagefläche und damit dort ohne Reibung).

10.16

a) Federkraft F (ohne Berücksichtigung der Reibung) mit Gl. (10.25/10-34), F_R (mit Berücksichtigung der Reibung) mit Gl. (10.32/10-43) berechnen: $F_R = F/(1 \mp w_R)$ bei $n = 1$ und – für Belastung. Mittlerer Wert für w_R nach TB 10-13; $K_4 = 1$.
b) Federkraft F_c mit Gl. (10.26/10-35), F_{cR} mit Gl. (10.32/10-43) berechnen indem F durch F_c ersetzt wird: $F_{cR} = F_c/(1 - w_R)$.
c) Die zur Verfügung stehende Federungsarbeit mit Reibung ergibt sich für die Einzelfeder zu $W_R = W/(1 + w_R)$; hierbei W mit Gl. (10.28/10-42) berechnen.

10.18

a) Es ist nachzuweisen, dass für s_1 je Teller die Druckspannung $\sigma_I \geq |-600\,\text{N/mm}^2|$ ist. Für $s_1 = 0{,}2 \cdot h_0$ mit Gl. (10.30a/10-38) σ_I an der Stelle I errechnen.
b) Federkraft F_c nach Gl. (10.26/10-35) bestimmen. Beachte, dass je Teller $F_2 = F_{2\text{ges}}/n$ ist. Mit F_2/F_c wird durch Ablesen s_2/h_0 aus TB 10-11c der Federweg s_2 bestimmt und der Hubweg $\Delta s = s_2 - s_1$ bzw. Δs_{ges} ermittelt.
c) σ_1 mit s_1 und σ_2 mit s_2 mittels Gl. (10.30b/10-40) für die Stelle III errechnen (entsprechend Hinweis unter TB 10-9c ist hier die größte Zugspannung) und mit Gl. (10.31/10-46) die Dauerhubfestigkeit nachweisen. σ_O aus TB 10-12c, s. auch LB Bild 10.22.

10.19

a) n festlegen mit $n = F_2/F_{0{,}75}$ nach Gl. (10.22/10-30); $F_{0{,}75}$ aus TB 10-9a.
b) Federwege s_1 und s_2 wie bei Lösung von Aufgabe 10.17a bestimmen.
c) $i = \Delta s_{\text{ges}}/\Delta s$ nach Gl. (10.24/10-31).
d) s mit Gl. (10.24/10-31), die Längen mit Gl. (10.24/10-33) und (10.24/10-32) bestimmen.
e) σ_1 mit s_1 und σ_2 mit s_2 mittels Gl. (10.30a/10-39) für die Stelle II errechnen (entsprechend Hinweis unter TB 10-9c ist hier die größte Zugspannung). σ_O aus TB 10-12a bis c mit σ_1 ablesen. Der größte Wert, der die Bedingung $\sigma_O > \sigma_2$ erfüllt, bestimmt die zul. Lastspielzahl N. Zwischenwert auch mit TB 10-12d ermittelbar.

10.20

a) Siehe LB 10.4.1. Verdrehwinkel φ mit Gl. (10.34/10-49) berechnen; G nach TB 10-1.
b) Schubspannung mit Gl. (10.33/10-48) überprüfen; $\tau_{t\,\text{zul}}$ nach TB 10-1.
c) Flächenpressung mit Gl. (10.36/10-51) überprüfen; $p_{\text{zul}} = R_{p0{,}2}/S_F$, $R_{p0{,}2}$ nach TB 10-5, S_F nach TB 12-1b (Mittelwert).

10.21

a) R mit Gl. (10.1/10-1) berechnen für lineare Federkennlinie.

b) d mit Gl. (10.43/10-54), n mit Gl. (10.46/10-56) bestimmen. S. auch Hinweise zu Aufgabe 10.22, 1. und 2. Bei der Wahl $d = 2{,}0$ (statt $d = 1{,}9$) ist $R_{soll} = R_{ist}$; evtl. Überprüfung der Maximalspannung mit Gl. (10.44/10-76); τ_{zul} nach TB 10-1 mit R_m nach TB 10-3; $F_{max} = F_n$.

c) Berechnung mit Gln. (10.38/10-60) bis (10.39/10-66) und (10.41/10-70); $s_{max} = s_n$.

10.22

1. Drahtdurchmesser d überschlägig ermitteln mit Gl. (10.43/10-54); d nach TB 10-2a und danach D nach TB 1-16, Reihe R20, zunächst festlegen und anschließend mit Gl. (10.44/10-76) auf Zulässigkeit prüfen ($\tau_{max} = \tau_{2,1}$); Federdrahtsorte nach TB 10-2c und 10-3 wählen (evtl. Neufestlegung von d und der Drahtsorte).

2. Windungszahl n überschlägig ermitteln mit Gl. (10.46/10-56); n_t auf ...,5 festlegen, (siehe Hinweise zu Gl. (10.37/10-58)). Evtl. s auf Abweichung zur Vorgabe überprüfen.

3. Abmessungen des Federkörpers mit Gln. (10.38/10-60) bis (10.41/10-70) ermitteln. Konstruktive Festlegung: Federenden angelegt und geschliffen.

4. Nachprüfung der Blockspannung $\tau_c \leq \tau_{c\,zul}$ mit $F_c = R_{ist} \cdot s_c = R_{ist} \cdot (s + S_a)$ nach Gl. (10.44/10-77) für den größten Federweg $s = s_{max}$.

5. Überprüfung der Knicksicherheit (möglichst auch erbringen, wenn die Feder in einer Hülse geführt wird). Maßgebend ist der größte Federweg. Mit dem Wert s/L_0 kann aus TB 10-20 der Grenzwert $\nu \cdot L_0/D$ abgelesen und daraus der ν-Wert berechnet und damit die zulässigen Knickfälle bestimmt werden (s. auch Lösung zu Aufgabe 10.27).

10.23

s. Hinweise zu Aufgabe 10.22. Bei Parallelschaltung ist $F = F_{ges}/z$, wenn z die Zahl der parallel geschalteten Federn ist.

10.24

s. Hinweise zu Aufgabe 10.22. Darauf achten, dass $D_i \geq 78$ mm sein muss.

10.25

a) Aus $T = F_t \cdot d_R/2$ mit $d_R = (d_a + d_i)/2$ wird die erforderliche Anpresskraft $F = F_t/\mu$ und damit die Kraft auf die Druckscheibe $F_d = F/(n-1)$ gerundet ermittelt. Die Betriebskraft je Feder wird bei z Federn $F_2 = F_d/z$.

b) s. Hinweise zu Aufgabe 10.22.

10.26

Beachte 1 bar ≈ 10 N/cm^2; es gilt $F_1 = 1{,}1 \cdot p_e \cdot \pi \cdot d_1^2/4$ und $F_2 = R_{soll} \cdot s_2$ mit $s_2 = s_1 + \Delta s$. Weiterer Berechnungsgang s. Hinweise zu Aufgabe 10.22.

10.28

a) bis c) s. ausführliche Lösung zu Aufgabe 10.27. Es gilt $R_{\text{soll}} = F_2 - F_1/\Delta s$ und $s_{1,2} = F_{1,2}/R_{\text{ist}}$ mit R_{ist} aus Gl. (10.47/10-72).

d) Die niedrigste Eigenfrequenz nach Gl. (10.51/10-80) ermitteln.

10.29

a) Bestimmung von d überschlägig mit Gl. (10.43/10-82) und Festlegung nach TB 10-2a.
b) Überschlägig n' nach Gl. (10.55/10-84) ermitteln mit $s_h = s$ und $F_0 = 0$ für Zugfedern ohne innere Vorspannung; $n = n_t$ sinnvoll festlegen.
c) Federlängen L_K mit Gl. (10.42/10-86), L_0 nach Gl. (10.42/10-87) berechnen.
d) Festigkeitsnachweis nach Gl. (10.44/10-76) mit τ_{zul} nach TB 10-1 und 10-3a.

10.30

Bestimmung von F_0 mit Gl. (10.53/10-90) mit $s_1 = L_1 - L_0$. Nachweis, dass $\tau_{\text{max}} = \tau_2 < \tau_{\text{zul}}$ mit Gl. (10.44/10-76) und $\tau_0 < \tau_{0\,\text{zul}}$ mit Gl. (10.54/10-93).

10.33

a) Ermittle τ aus C_S und τ_{zul} (statisch bzw. dynamisch), τ_{zul} s. TB 10-1.
b) Beachte: $F_G \approx 10 \cdot m$; Zahl der Federelemente $z = F_G/F$ mit F für Schub-Hülsenfeder nach Gl. (10.59/10-97).
c) G aus Gleichung für Schub-Hülsenfeder ermitteln und danach aus Lehrbuch Bild 10.33 die Shore-Härte ablesen (Wert gilt eigentlich für $d/h \approx 1$).

11 Achsen, Wellen und Zapfen

11.1
Siehe Abschnitt 11.2.2-2 „Darstellung der M_b- und der F_q-Fläche". Wo ist der gefährdete Querschnitt und welche Beanspruchung tritt hier auf? Bei Vernachlässigung der Schubbeanspruchung wird die Achse nur auf Biegung beansprucht. Der für die Festigkeitsberechnung maßgebende Lastfall ist somit der Lastfall der Biegung.

11.2
Siehe Lösungshinweise zur Aufgabe 11.1.

11.3
Siehe Lösungshinweise zur Aufgabe 11.1, zusätzlich ist die Torsion mit dem entsprechenden Lastfall zu berücksichtigen.

11.4
Das Drehmoment T nach Lehrbuch Gl. (11.10/11-5) bzw. Gl. (11.11/11-6) mit der Abtriebsdrehzahl $n_{ab} = n_{an}/i_{ges}$; $i_{ges} = i_1 \cdot i_2 \cdot i_3$.

11.5
Gegenüber dem ermittelten Drehmoment der Aufgabe 11.4 wird sich das für die Berechnung maßgebende Drehmoment für die Abtriebswelle um den Anwendungsfaktor erhöhen und um den Gesamtwirkungsgrad des Getriebes vermindern.

11.6
Es ist möglich, entweder beide Zahnkräfte einzeln zu betrachten, das jeweilige Biegemoment separat zu ermitteln (Träger auf zwei Stützen mit einer Punktlast) und damit das resultierende maximale Moment zu bestimmen, oder beide Zahnkräfte zu einer resultierenden Zahnkraft F_b zusammenzufassen und mit dieser Kraft das maximale Biegemoment zu berechnen, s. auch Lehrbuch, Abschnitt 11.2.2-2.

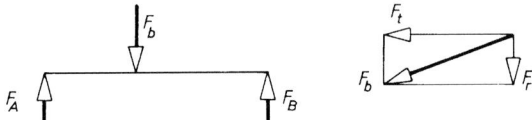

11.7
Siehe Lehrbuch Abschnitt 11.2.2-2 mit Bild 11.13. Im Gegensatz zur Aufgabe 11.6 werden die Radial- und Tangentialkräfte nicht zu resultierenden Kräften zusammengefasst (resultierende Kräfte liegen nicht in einer Ebene), sondern die zwei senkrechten Ebenen einzeln betrachtet. In einer Ebene wirken dabei die Kräfte F_{t2} und F_{r3}, in der dazu senkrechten Ebene die Kräfte F_{r2} und F_{t3}.

11.11
Alle drei Wellen werden sowohl auf Verdrehen als auch auf Biegung und Schub (vernachlässigbar) beansprucht. Da die Biegemomente aufgrund fehlender Angaben noch nicht bestimmt werden können, sind die Richtdurchmesser z. B. nach Lehrbuch Gln. (11.14a/11-16) bzw. (11.15a/11-18) zu ermitteln. Aufgrund der konstruktiven Gestaltung des Getriebes erfolgt dann die Wahl des Durchmessers für einen mittleren Lagerabstand (M_V zwischen $1,17 \cdot T$ und $2,1 \cdot T$). Für die Welle 2 ist $n_2 = n_1/i_1$ bzw. für die Welle 3 $n_3 = n_1/i_{ges}$ maßgebend. Da die Biegebeanspruchung wechselnd wirkt, ist die Wechselfestigkeit nach TB 1-1 zu verwenden.

11.12
a) Da die Abmessungen konstruktiv bereits vorgegeben sind, kann das Biegemoment bestimmt und der Durchmesser entweder überschlägig nach Lehrbuch Gl. (11.16/11-1) oder nach Gl. (11.1) ermittelt werden. Da die Biegebeanspruchung wechselnd wirkt, ist die Wechselfestigkeit nach TB 1-1 zu verwenden. Die höheren Festigkeitswerte der kaltgezogenen Halbzeuge gelten nur bei unbeschädigten Oberflächen. Im vorliegenden Fall wird der günstige Einfluss des Kaltziehens im Bereich der maximalen Biegebeanspruchung durch den Eindruck der Befestigungsschraube zunichte gemacht, gerechnet wird deshalb für E295 nach DIN 10025.
b) Nabenabmessungen nach Lehrbuch TB 12-1a.
c) Es ist zu berücksichtigen, dass das Ausgangshalbzeug kaltgezogen ist (siehe hierzu Abschnitt 11.2.2-1 des Lehrbuches).

11.14
Die Radkraft F wird über die Wälzlager und die Hülsen auf die Achse übertragen. Wenn auch die Hülse eine versteifende Wirkung hat, kann sie der Einfachheit halber bei der Berechnung unberücksichtigt bleiben. Somit kann für die Achse der Belastungsfall „Träger auf zwei Stützen mit zwei gleichgroßen Kräften" im Abstand l_1 angenommen werden. Der Kraftangriff an den Stützen wird in der Mitte von Blech und U-Träger (s. TB 1-10) angesetzt.

Vereinfachend wird von einer schwellenden Biegebeanspruchung ausgegangen, Biegeschwellfestigkeit s. TB 1-1.

Die Querbohrung wird konstruktiv in die biegeneutrale Zone gelegt. Die Querschnittsminderung durch die Längsbohrung kann erfahrungsgemäß vernachlässigt werden.

11.17

Siehe Hinweise zur Aufgabe 11.1 und Lehrbuch Abschnitt 11.2.2-3 und 11.3.1.

Die festsitzende Achse wird schwellend auf Biegung und Schub (Einfluss vernachlässigbar) beansprucht. Die Kraft F wird über die Lager (Lagerkräfte $F_1 + F_2 = F$) auf die Achse übertragen. Ermittlung des Biegemoments aus $M = F_1 \cdot l_1 + F_2 \cdot l_2$ oder einfacher $M = F \cdot l$ mit $l \approx 25$ mm. Die Lager sind auf der Achse verschiebbar, so dass keine zusätzliche Kerbwirkung durch den festsitzenden Innenring zu erwarten ist. Bei der konstruktiven Festlegung des Achsdurchmessers ist auf die genormten Innendurchmesser der Wälzlager zu achten. Für die Festlegung der ISO-Toleranzen siehe Lehrbuch TB 2-9.

Kontrolle der Sicherheit und übliche Sicherheiten wie bei 11.16, s. auch Bild 11.17/A 11-3. Genauerer Nachweis nach Bild 3.27/A 3-4 mit Überlastungsfall 2 ($\kappa =$ konstant).

Die unter b) benötigte Kerbwirkungszahl β_{kb} wird über die Kerbformzahl α nach TB 3-6 und die Stützzahl n nach TB 3-7 nach Gl. (3.30/3-34) ermittelt. Siehe dazu auch Lehrbuch Bild 3.23/A 3-3 sowie Lehrbuch Beispiel 3.2.

11.19

Der Zapfen wird nur auf Torsion beansprucht. Die häufigen An- und Abschaltungen führen zu einer dynamischen Torsionsbeanspruchung, welche durch die einseitige Drehrichtung schwellend wirkt. Bei der Ermittlung des von der Welle zu übertragenden Drehmoments ist die Getriebeübersetzung und der Wirkungsgrad des Getriebes zu berücksichtigen. Der Zapfen-Richtdurchmesser kann nach Bild 11.15/A 11-2, Gl. (11.13a/11-8), Lehrbuch, berechnet werden. Die anschließende Nachprüfung des gefährdeten Querschnitts (Übergangsquerschnitt von d_1 auf d_2) kann nach Bild 11.17/A 11-3, Lehrbuch, durchgeführt werden, bei genauerem Nachweis nach Bild 3.27/A 3-4 mit Überlastungsfall 2.

Die höheren Festigkeitswerte der kaltgezogenen Halbzeuge gelten nur bei „unbeschädigten" Oberflächen. Im vorliegenden Fall wurde der günstige Einfluss des Kaltziehens durch das Abdrehen der Welle auf d_1 zunichte gemacht. Die Wahl der Passung erfolgt mit TB 12-2b.

11.21

Siehe ausführliche Lösung zur Aufgabe 11.20. Angenommen wird, das durch entsprechende Wahl des Übergangsradius R von d_2 auf d_1 (bzw. d_3) die Kerbwirkung durch die Passfedernut größer ist (Nachrechnung für diese Stelle). Vereinfachend wird bei Abstand 80 mm gerechnet (größtes Biegemoment, Kerbwirkungszahlen nach TB 3-9b). Zu beachten ist das an der nachzurechnenden Stelle wirkende Kippmoment (bedingt durch die Axialkraft). Dieses führt, je nachdem, von welcher Lagerseite aus das Biegemoment berechnet wird, zu einer sprunghaften Erhöhung bzw. Abminderung des Biegemomentes.

11.23
Siehe Lehrbuch, Abschnitt 11.3.3. Vereinfacht kann der Abstand zwischen den beiden aufgeschrumpften Zahnrädern als der auf Verdrehen beanspruchte Bereich angenommen werden.

11.24
Lösung nach Lehrbuch, Gl. (11.29), mit Durchbiegung f nach TB 11-6 (Fall Nr. 4). Belastung $F' = F_G/l$ entsteht durch Eigengewicht ($F_G = m \cdot g = \varrho \cdot V \cdot g$).

11.25
Rechnerische Ermittlung der Durchbiegung nach Lehrbuch 11.3.3-2, Gl. (11.29/11-43), mit der Durchbiegung f nach Lehrbuch TB 11-6 mit einem idealisierten Wellendurchmesser $d \approx 60$ mm.

11.26
Lösung nach Lehrbuch Gl. (11.31) mit $\omega = \pi \cdot n/30$, wobei n die jeweilige biegekritische Drehzahl der masselos gedachten Welle mit der zugehörigen Einzelmasse bzw. der Welle allein (s. hierzu Hinweise zu 11.24) ist.

11.27
Siehe Lehrbuch, Abschnitt 11.3.3-3. Es liegt ein Drehschwingungssystem „Welle mit zwei Massen" vor, so dass Gl. (11.34/11-47) maßgebend ist mit $c = G \cdot I_p/l$. Die Ordnungszahlen der Erregerfrequenzen bzw. der Erregerdrehzahlen hängen von der Anzahl der Zündungen pro Umdrehung ab, im vorliegenden Fall $3/2 = 1{,}5$ Zündungen/Umdrehung. Damit ergibt sich die Haupterregerordnung $1{,}5$–3–$4{,}5$–6–$7{,}5$–$\ldots$ und somit die kritischen Drehzahlen $n'_k = 1{,}5$, $3 \cdot n$, $4{,}5 \cdot n$ usw.

11.28
Siehe Lehrbuch 11.3.2-2, Rechnung mit Gln. (11.23/11-32) ... (11.27b/11-38), Abmessungen nach Bild 11.19b,c.

12 Elemente zum Verbinden von Wellen und Naben

12.2
Passfederlänge l aus TB 12-2a so wählen, dass Passfeder nicht übersteht (Verletzungsgefahr) und $l_{tr} \leq 1{,}3 \cdot d$ ist. Weiterer Berechnungsablauf s. Beispiel 12.1

a) Die auftretende Flächenpressung nach Gl. (12.1/12-1) statisch mit T_{max} und dynamisch mit $K_A \cdot T_{nenn}$ berechnen und dem kleinsten zulässigen Wert von Nabe, Welle bzw. Passfeder gegenüberstellen. Bei der Werkstoff-Streckgrenze den Größeneinflussfaktor K_t berücksichtigen. Passfedern werden aus Blankstahl hergestellt, daher R_{eN} hier aus TB 1-1h.

b) Die auftretende Flächenpressung nach Gl. (12.2a/12-3) statisch und Gl. (12.2b/12-6) dynamisch für Nabe und Welle berechnen und den zulässigen Werten von Nabe, Welle und Passfeder gegenüberstellen. Den Lastverteilungsfaktor K_λ nach TB 12-2c für Naben der Form c, den Stützfaktor f_S und den Härteeinflussfaktor f_H nach TB 12-2b bestimmen. Der Lastspitzenhäufigkeitsfaktor ist $f_L = 1$ nach TB 12-2d (da $N_L > 10^8$ Lastspitzen), der Lastrichtungswechselfaktor $f_W = 1$ nach TB 12-2e, da keine wechselnde Drehrichtung vorliegt. Sicherheit $S_F = 1{,}0$ gewählt.

c) Lösung nach Methode C ist nicht zulässig, da wechselnde Drehrichtung. Bei Methode B ändert sich gegenüber Lösung bei c) nur der Lastspitzenhäufigkeitsfaktor und der Lastrichtungswechselfaktor. Es liegt der Fall wechselseitige Passfederbelastung bei wechselnder Belastungsrichtung vor.

12.3
Die Länge L kann durch Umstellung von Gl. (12.3/12-8), mit dem kleineren Wert von p_{zul} für Nabe bzw. Welle berechnet werden. Der Größeneinflussfaktor ist bei den Werkstoff-Streckgrenzen zu berücksichtigen ($R_e = R_{eN} \cdot K_t \cdot K_{an}$), wobei der gleichwertige Durchmesser d nach TB 3-10c zu ermitteln ist. Bei der Keilwellenverbindung bedeuten: 6 Anzahl der „Keile", 26 und 30 Innen- und Außendurchmesser des Profils; s. TB 12-3.

12.4
Maßgebend ist das Mindestübermaß $Ü_u$; Berechnung nach Gln. (12.9/12-23)... (12.16/12-32) bzw. LB Bild 12.17 oder FS A 12-1. Bei der Fugenlänge $l_F \approx 25$ mm wird eine leichte Fase von beidseitig 0,5 mm berücksichtigt.

12.7
a) Lösungsweg wie zu Aufgabe 12.6. Aufgrund der wechselnd wirkenden Belastung auf die Kupplung (ungünstigste Belastung) wird für die Haftsicherheit der größte und für den Haftbeiwert der kleinste Wert angenommen. Für die Sicherheit gegen plastische Verformung der Nabe kann $S_{FA} = 1,0$ angenommen werden, da eine elastisch-plastische Verformung bei Pressverbänden zulässig ist. Das gilt nicht für Vollwellen und spröde Werkstoffe! Aufgrund der viel größeren Festigkeitswerte des Wellenwerkstoffes gegenüber der Nabe muss nur die Nabe auf zulässige Fugenpressung geprüft werden.
b) Berechnung der Fügetemperatur nach Gl. (12.23/12-42) mit $α_A$ für Stahl aus TB 12-6b. Kontrolle der zulässigen Fügetemperatur nach TB 12-6c.

12.11
Siehe Lösung zu Aufgabe 12.10.

a) Berechnung der mindestens erforderlichen Einpresskraft mit Gl. (12.30/12-52) mit mittleren Haftbeiwert für Längspressverband Gusseisen trocken nach TB 12-6a.
b) Berechnung des Mindestaufschubweges a_{min} zur Erzeugung des erforderlichen Fugendruckes und des maximal zulässigen Aufschubes a_{max} mit Gl. (12.28/12-48 bis 12-49) und (12.29/12-50 bis 12-51) sowie des kleinsten erforderlichen und größten zulässigen Fugendruckes mit Gl. (12.10/12-27) und (12.17/12-33) bzw. (12-35). Für p_{Fg} ist der kleinere Wert von Nabe bzw. Welle zu verwenden. Bei den Werkstoff-Streckgrenzen ist der Größeneinflussfaktor zu berücksichtigen ($R_e = R_{eN} \cdot K_t \cdot K_{an}$ bzw. $R_m = R_{mN} \cdot K_t \cdot K_{an}$), wobei der gleichwertige Durchmesser d nach TB 3-10c zu ermitteln ist. Für die Sicherheiten, E-Module und andere Beiwerte sind die mittleren Tabellenwerte den Lösungen zugrunde gelegt.

12.12
a) Siehe Lehrbuch Beispiel 12.4. Gl. (12.34/12-55) nach f_n auflösen und danach n entsprechend Angaben zur Gleichung festlegen. Mit Gl. (12.36/12-60) ist zu prüfen, ob die zum Erreichen von T_{Tab} erforderliche Fugenpressung nicht die zulässigen Werte von Nabe bzw. Welle überschreitet. Für die Nabe gilt: $f_n \geq T_{eq}/T_{Tab} \cdot p_N/p_{Fg}$ mit p_N aus TB 12-9 und p_{Fg} nach Gl. (12.17/12-33). Die unterstützende Wirkung der Stegscheibe kann ggf. mit einbezogen werden. Bei der Welle wird der Querschnitt durch die Spannschrauben geschwächt. Bei überschlägig 4 Schrauben M10-10.9 zum Verspannen kann die Schwächung mit $D_{Ii} \approx 20$ mm berücksichtigt werden.
b) Spannkraft F'_S nach Gl. (12.36/12-60): $F'_S \leq p_{Fg}/p_N \cdot F_S$.

12.13
Entsprechend Gl. (12.34/12-55) muss T_Tab aus TB 12-9 größer als T sein ($f_\text{n} = 1$ bei einem Spannsatz). Mit Gl. (12.37/12-58) wird der erforderliche Nabendurchmesser ermittelt.

Hierbei ist $C \approx 1$, $d = 0$, p_N aus TB 12-9. Analog kann auch mit Gl. (12.17/12-33) p_Fg überprüft werden. Auf Grund der hohen Festigkeitswerte ist eine Überprüfung der Welle nicht erforderlich.

12.14
Das in TB 12-9 bzw. Firmenkatalog enthaltene übertragbare Moment muss größer sein als das zu übertragende Moment. Mit Gl. (12.36/12-60) ist zu prüfen, ob die zum Erreichen von T_Tab erforderliche Fugenpressung p_W bzw. p_N aus TB 12-9 nicht die zulässigen Werte von Nabe bzw. Welle überschreitet. Berechnung der zulässigen Fugenpressung mit Gl. (12.17/12-33).

12.15
Berechnung der erforderlichen Fugenpressung nach Gl. (12.38/12-61) und maximal zulässigen Pressung nach Gl. (12.17/12-33). Bei den Werkstoff-Streckengrenzen ist der Größeneinflussfaktor zu berücksichtigen ($R_\text{e} = R_\text{eN} \cdot K_\text{t} \cdot K_\text{an}$ bzw. $R_\text{m} = R_\text{mN} \cdot K_\text{t} \cdot K_\text{an}$), mit dem gleichwertigen Durchmesser d nach TB 3-10c.

12.16
Berechnung der mindestens erforderlichen Klemmkraft nach Gl. (12.42/12-65). Die maximal zulässige Klemmkraft verhält sich zur erforderlichen Klemmkraft wie die Grenzwerte der Fugenpressung: $F_\text{Kl max}/F_\text{Kl} = p_\text{Fg}/p_\text{Fk}$. Mit Gl. (12.43/12-66) und $F_\text{VM} = F_\text{Kl}$ ergibt sich die kleinste erforderliche Fugenpressung, mit Gl. (12.17/12-33) die maximal zulässige Fugenpressung. Siehe auch Lösungshinweis zur Aufgabe 12.15.

12.17
Siehe Lösungshinweise zu Aufgabe 12.16.

13 Kupplungen und Bremsen

13.1

Für aus einfachen Teilkörpern zusammengesetzte Werkstücke, wie diese mehrfach abgesetzte Spindel, ergibt sich das Trägheitsmoment J des ganzen Körpers als Summe der auf dieselbe Achse bezogenen Trägheitsmomente J_1, J_2 usw. der Teilkörper,

$$J = J_1 + J_2 + J_3 + J_4 + J_5.$$

Da die Welle gegenüber dem Schleifkörper ein kleines Trägheitsmoment hat ($J \sim d^2$), wäre eine aufwändige „genaue" Berechnung desselben ohne praktischen Wert. Es können deshalb folgende Vereinfachungen getroffen werden:

1. Die mit der Welle umlaufenden Wälzlagerinnenringe, Zwischenringe, Labyrinthringe und Nutmuttern werden bei der Berechnung der Teilkörper 2 und 4 durch Annahme eines größeren Außendurchmessers $\hat{=}$ Ringdurchmesser berücksichtigt.
2. Die Gewindezapfen und Muttern an den Spindelenden werden bei den kegelstumpfförmigen Teilkörpern 1 und 5 berücksichtigt, indem diese als Zylinder mit dem großen Durchmesser berechnet werden.

Das Trägheitsmoment der Baugruppe ergibt sich durch Addition der Einzelträgheitsmomente von Spindel, Schleifkörper und Keilriemenscheibe.

Teilkörper gleichen Durchmessers werden zusammenfasst (z. B. Teilkörper 1 und 5 zu Ø 85 × 240) und für die Berechnung der Massen Tabellen („Metergewichte") benutzt. Für alle Stahlarten gilt $\varrho = 7\,850 \text{ kg/m}^3$.

Siehe auch Lehrbuch 13.2.2.

13.2

Das Zahnrad besteht aus 4 einfachen Teilkörpern. Für die Hohlzylinder (Nabe, Scheibe und Kranz) gilt mit $m = \varrho \cdot \pi \cdot (r_a^2 - r_i^2) \cdot b$ für das Trägheitsmoment $J =$

$0{,}5\,m \cdot (r_a^2 + r_i^2) = m \cdot (d_a^2 + d_i^2)/8$ und für die im Schwerpunktsabstand e von der Drehachse sitzenden Rippen (Quader) wird mit $m = \varrho \cdot b \cdot t \cdot l$ nach dem Verschiebesatz (Satz von Steiner) $J = m \cdot (l^2 + t^2)/12 + m \cdot e^2$.

Die auf die Radachse bezogenen Einzelträgheitsmomente können nun zum Gesamtträgheitsmoment zusammengefasst werden. Siehe auch Lehrbuch 13.2.2 und Lösungshinweis zur Aufgabe 13.1.

13.3

Das auf die Kupplungswelle (Motorwelle) reduzierte Trägheitsmoment der Arbeitsmaschine (Tischantrieb) wird nach Gl. (13.4/13-4)

$$J_{\text{red}} = J_0 + J_1\left(\frac{\omega_1}{\omega_0}\right)^2 + J_2\left(\frac{\omega_2}{\omega_0}\right)^2 + m\left(\frac{v}{\omega_0}\right)^2$$

und, da z. B. $J_{\text{red}\,1} = J_1\left(\dfrac{\omega_1}{\omega_0}\right)^2 = J_1\left(\dfrac{n_1}{n_0}\right)^2 = \dfrac{J_1}{i_{01}^2}$ hier zweckmäßigerweise

$$J_{\text{red}} = J_0 + \frac{J_1}{i_{01}^2} + \frac{J_2}{i_{02}^2} + m\left(\frac{v}{\omega_0}\right)^2, \quad \text{mit } i_{02} = i_1 \cdot i_2.$$

13.4

a) Die Auslegung der Kupplung erfolgt hinreichend genau nach der Baugröße des Drehstrommotors, Zuordnung s. Kupplungskataloge oder Lehrbuch 13.2.5-1 und TB 16-21.
b) Beachte Abmessungen und Verbindungsmöglichkeiten von Wellenende und Nabe. Hauptmaße und Auslegungsdaten der Kupplungen s. TB 13-3 und TB 13-4.

13.5

Um die Schwingungen des Dieselmotors zu dämpfen und um montagebedingte Wellenverlagerungen auszugleichen, sollte eine nachgiebige Kupplung (Ausgleichskupplung) gewählt werden. Die systematische Auswahl erfolgt nach Lehrbuch Bild 13.3 bzw. Bild 13.58. Die Kupplungsgröße wird mithilfe des Anwendungsfaktors nach Gl. (13.11/13-14) und TB 3-4b bestimmt. In derartigen Antrieben mit periodischer Drehmomentschwankung kann die Anlage zu Drehschwingungen angeregt werden, welche zur Zerstörung der Antriebselemente führen können. Der überschlägigen Auslegung muss noch eine Schwingungsberechnung folgen, vgl. Lehrbuch 13.2.4-4 und 13.2.5-3.3

13.6

a) Zum Ausgleich der unvermeidbaren Wellenverlagerungen ist eine Ausgleichskupplung zu wählen. Die systematische Auswahl erfolgt nach Lehrbuch Bild 13.3a. Nach den Anhaltswerten zur Kupplungsauswahl (Lehrbuch Bild 13.58) kann nun eine marktgängige Bauart festgelegt werden. Hauptmaße und Auslegungsdaten s. Lehrbuch TB 13-2 bis TB 13-5 bzw. Kupplungskataloge.

13 Kupplungen und Bremsen

b) Da keine genauen Betriebsdaten (z. B. Lastdrehmoment, Trägheitsmomente) bekannt sind, muss die Kupplungsgröße mithilfe von Anwendungsfaktoren nach Gl. (13.11/13-14) und TB 3-4b bestimmt werden.
Abschließend ist zu prüfen, ob die Nabenbohrungen der gewählten Kupplung zu den Wellenzapfen passen.

Im Übrigen sei auf Berechnungsbeispiel 13.1 im Lehrbuch verwiesen.

13.8
a) Systematische Auswahl nach Lehrbuch Bild 13.3 und Bild 13.58. Da es sich um einen gleichförmigen Antrieb ohne Schwingungserregung handelt und eine Bauweise mit Zwischenhülse vorgeschrieben ist, wird zweckmäßigerweise eine biegenachgiebige Ganzmetallkupplung (TB 13-2) gewählt. Sie ist wartungsfrei und ermöglicht kleinste Bauabmessungen.

b) Die Baugröße wird nach der ungünstigsten Lastart (DIN 740-2) über das Nenndrehmoment der Lastseite nach Gl. (13.12/13-15) bestimmt. Der Temperaturfaktor ist $S_t = 1$, da keine gummielastischen Teile. Danach ist zu prüfen, ob die Nabe der ermittelten Kupplungsgröße auch auf das Wellenende des Drehstrommotors passt. Falls nein Kupplungsgröße nach erforderlicher Nabengröße ($d_{1\,max} \geq d_{Welle}$) wählen. Die Daten des Drehstrommotors sind aus TB 16-21 oder aus Motorkatalogen, die der Kupplung aus TB 13-2 zu entnehmen. Die gewählte Baugröße ist auf Belastung durch antriebsseitige Drehmomentstöße nach Gl. (13.13a/13-17) zu prüfen, die durch das Kippdrehmoment des Drehstrommotor ($T_{AS} = T_{ki}$) verursacht werden. Lastseitige Stöße und Wechseldrehmomente treten nicht auf. Bei der Berechnung der Trägheitsmomente ist jeweils das halbe Kupplungsmoment der Antriebs- und Lastseite zuzurechnen. Der Stoßfaktor wird mit $S_A = 1{,}8$ angenommen, S_z aus TB 13-8b ermittelt.

c) Die Nachprüfung auf zulässige Verlagerung ist nach Gl. (13.16/13-24), die Ermittlung der Rückstellkraft nach Gl. (13.17b/13-27) vorzunehmen mit S_f aus TB 13-8c für $\omega = 2 \cdot \pi \cdot n_N$.

13.9
Für gleichförmige Antriebe mit antriebsseitigem Drehmomentstoß durch das Kippdrehmoment des Drehstrommotors eignen sich gummielastische Kupplungen mittlerer Elastizität, z. B. Hadeflex-Kupplung XW1 (s. Lehrbuch 13.3.2-2.2, Kupplungsdaten s. TB 13-4).
Auswahl der Baugröße und Nachrechnung s. Lösungshinweise zur Aufgabe 13.8. Näherungsweise wird hier das Nenndrehmoment der Lastseite T_{LN} gleich dem Nenndrehmoment des Drehstrommotors gesetzt. Temperaturfaktor für Vulkollan s. Anmerkung zu TB 13-8b.

13.10
a) Da bei Antrieben mit Drehstrommotoren antriebsseitige Drehmomentstöße auftreten, sollte eine genaue Nachprüfung der Kupplungsbeanspruchung nach der ungünstigsten Lastart (DIN 740-2) mit Gl. (13.13a/13-16) erfolgen.

Die Laufkatze mit angehängter Last ist als mit der Fahrgeschwindigkeit geradlinig bewegte Masse zu betrachten und durch ein gleichwertiges Trägheitsmoment an der Kupplungswelle zu berücksichtigen.

b) Bei gleichmäßig beschleunigter Drehbewegung aus dem Stillstand gilt nach Gl. (13.3/13-2) für die Anfahrzeit: $t_a = J \cdot \omega / T_a$ mit $\omega = \omega_0$, $J = J_A + J_L$ und $T_a = T_{an} - T_L$.
Die Wirkung des Auspendelns der freihängenden Last bleibt unberücksichtigt.

c) Für die gleichmäßig beschleunigte, geradlinige Bewegung aus dem Stillstand gilt einfach: $s = v \cdot t / 2$.

13.11

a) Aus Gl. (13.3/13-2) ergibt sich die Winkelbeschleunigung für Anfahren ohne Last ($T_L = 0$) zu $\alpha = T_a / J \approx T_{am} / J_A$, s. Lehrbuch Bild 13.6.
Mit dem Drehspiel $\varphi_s = \omega \cdot t_a / 2$ in rad und $\alpha = \omega / t_a$ bei gleichmäßiger Beschleunigung folgt die Winkelgeschwindigkeit am Ende des freien Weges zu $\omega = \sqrt{2 \cdot \alpha \cdot \varphi_s}$.
Das Eigenträgheitsmoment der Kupplung ist sehr gering und wird deshalb vernachlässigt.

b) Ein Geschwindigkeitsstoß entsteht, wenn die Winkelgeschwindigkeit der zu kuppelnden Wellen unterschiedlich groß ist, vgl. Lehrbuch 13.2.4-3.
Mit der Differenz der Winkelgeschwindigkeiten der beiden Wellen $\Delta\omega$, den Trägheitsmomenten der Antriebs- und der Lastseite J_A und J_L und der Drehfedersteife $C_{T\,dyn}$ erfahren elastische Kupplungen beim Geschwindigkeitsstoß eine Belastung von:

$$T_{KS} = \Delta\omega \sqrt{C_{T\,dyn} \cdot \frac{J_A \cdot J_L}{J_A + J_L}}.$$

Das Stoßmoment ist umso geringer, je kleiner die Drehfedersteife ist. Kupplungen mit kleiner Drehfedersteife, also hochelastische Kupplungen, dämpfen Geschwindigkeitsstöße deshalb sehr wirksam!

13.13

Es handelt sich um die Auslegung einer nachgiebigen Kupplung bei periodischem Wechseldrehmoment. Eine zutreffende Berechnung ist nur nach der ungünstigsten Lastart möglich (DIN 740-2), s. LB 13.2.5-3 bzw. FS ab Gl. (13-15). Das Trägheitsmoment der Kupplung wird berücksichtigt, indem es je zur Hälfte zu J_A und J_L addiert wird.

13.15

Beim Schalten der Kupplung zieht die Spule des dauernd umlaufenden Spulenkörpers die stillstehende (bisher gebremste) Ankerscheibe an. Über Reibring und Reibbelag beginnt die Antriebsseite die Lastseite mit der Differenz zwischen dem schaltbaren Drehmoment der Kupplung und dem Lastdrehmoment zu beschleunigen: $T_a = T_{KNs} - T_L$. Während der Rutschzeit gleiten die aufeinander gepressten Reibungsflächen mit der Differenz der

13 Kupplungen und Bremsen

Winkelgeschwindigkeiten $\omega_A - \omega_L$ aufeinander und erwärmen sich, s. Lehrbuch 13.2.6-1, Anlaufvorgang.

Bei schwerem Schaltbetrieb (Dauerschaltung) müssen die Kupplungen nach der Schaltarbeit (Erwärmung) ausgelegt werden: Über die auftretende Rutschzeit t_R nach Gl. (13.19/13-30) lässt sich die anfallende Schaltarbeit mit Gl. (13.20/13-31) und Gl. (13.21/13-32) bestimmen, welche mit der zulässigen Schaltarbeit zu vergleichen ist, s. Lehrbuch 13.2.6-3.

13.16
Für die Bestimmung der Kupplungsgröße sind hier die geforderte Beschleunigungszeit (Rutschzeit unter Vernachlässigung des Ansprechverzugs) und wegen der hohen Schaltzahl (Dauerschaltung) auch die zulässige Erwärmung maßgebend, s. Lehrbuch 13.2.6-3. Um das erforderliche schaltbare Drehmoment mit Gl. (13.18/13-29) und damit die Kupplungsgröße aus TB 13-7 bestimmen zu können, müssen zuerst das Trägheitsmoment der Lastseite und das Lastdrehmoment, beide bezogen auf die Kupplungswelle, berechnet werden. Für das Trägheitsmoment der Lastseite braucht hier nur die geradlinig bewegte Wagenmasse berücksichtigt zu werden (s. Lehrbuch 13.2.2), die Trägheitsmomente der Kupplung und des Getriebes sind dagegen verschwindend klein. Das Lastdrehmoment an der Kupplungswelle kann, unter Vernachlässigung des Wirkungsgrades, aus dem Fahrwiderstand des Wagens (Kettenzugkraft), dem halben Durchmesser des Kettenrades und der Übersetzung des Getriebes bestimmt werden: $T_L = F_w \cdot d_K / (2 \cdot i)$.

Nach der Wahl der Kupplungsgröße kann die bei einmaliger Schaltung (Gl. (13.20/13-31)) und die pro Stunde anfallende Schaltarbeit (Gl. (13.21/13-32)) bestimmt und mit den zulässigen Werten verglichen werden. Die Berechnung wird zweckmäßigerweise für Vor- und Rücklauf getrennt vorgenommen.

13.17
a) und b) Vergleiche die Drehmoment-Drehzahl-Kennlinien von Antriebsmaschinen und Anlaufkupplungen (Lehrbuch 13.4.3). Beachte, dass Verbrennungsmotoren erst oberhalb ihrer Leerlaufdrehzahl ein Drehmoment abgeben können, also lastfrei anlaufen müssen, um nicht abgewürgt zu werden.

c) und d) Die üblichen Fliehkörperkupplungen mit Rückholfedern (s. Lehrbuch 13.4.3) übertragen erst dann ein Drehmoment, wenn die Einschaltdrehzahl überschritten wird. Durch Verändern der Anzahl und Vorspannung der Federn können Einschaltdrehzahl und schaltbares Drehmoment meist stufenweise eingestellt werden.
Das schaltbare Drehmoment der Kupplung wächst oberhalb der Einschaltdrehzahl mit dem Quadrat der Drehzahl an und erreicht bei der Nenndrehzahl das Nenndrehmoment. Während des Anlaufvorgangs beschleunigt die bereits mit der Nenndrehzahl laufende Antriebsmaschine die Lastseite aus dem Stillstand mit dem Beschleunigungsdrehmoment $T_a = T_{Ks} - T_L$, s. Lehrbuch 13.2.6-1.
Die Fliehkraftkupplung kann also als schaltbare Reibkupplung mit der Rutschzeit nach Gl. (13.19/13-30) und der Schaltarbeit nach Gl. (13.20/13-31) berechnet werden.

13.18
a) und b) Siehe Lösungshinweis zur Aufgabe 13.17c) und d) und Lösung zu Aufgabe 13.14. Die im Verhältnis zu den umlaufenden Massen der Zentrifuge verschwindend kleinen Eigenträgheitsmomente des lastseitigen Kupplungsteiles und des Riementriebs dürfen ebenso vernachlässigt werden wie das Lastdrehmoment der Zentrifuge. Wegen der eingebauten Riemenübersetzung ins Schnelle muss das Trägheitsmoment der Zentrifuge J_z auf die Kupplungs-(Motor-)Welle reduziert werden: $J_{red} = J_z \left(\dfrac{\omega_z}{\omega_0}\right)^2 = J_z/i^2$ (s. Gl. (13.4/13-4)). Die angegebene zulässige Schaltarbeit gilt bei freiliegendem Kupplungsmantel (Wärmeabfuhr!). Wenn die Riemen unmittelbar auf dem Kupplungsmantel laufen, gelten nur die halben Werte.

c) Bei fehlendem Lastdrehmoment und Beschleunigung der Arbeitsmaschine aus dem Stillstand ($\omega_{L0} = 0$) wird das notwendige Beschleunigungsdrehmoment nach Gl. (13.18/13-29) $T_a = 2{,}2 \cdot T_N = J_L \cdot \omega_A/t_R$. Aus $P_N = T_N \cdot \omega_A$ lässt sich dann die Nennleistung des Motors bestimmen. Während des Anlaufs nimmt der Motor dabei den 7-fachen Nennstrom auf. Vergleiche anhand einer Preisliste die Kosten der mit und ohne Anlaufkupplung erforderlichen Drehstrommotoren!

13.19
Berechnung als schaltbare Reibkupplung mit der Rutschzeit nach Gl. (13.19/13-30) und der Schaltarbeit nach Gl. (13.20/13-31).

13.20
a) Werden zwei unter dem Ablenkungswinkel α zueinander geneigte Wellen (1) und (3) durch ein Kreuzgelenk (2) verbunden, so wird der Drehwinkel φ_2 der getriebenen Welle mit jeder Viertelumdrehung abwechselnd größer oder kleiner als der Drehwinkel φ_1 der treibenden Welle (Kardanfehler). Es gilt: $\tan \varphi_2 = \tan \varphi_1 / \cos \alpha$.

b) Die Drehzahl (Winkelgeschwindigkeit) der Abtriebswelle verläuft sinusförmig. Sie ist abhängig vom Ablenkungswinkel α und bewegt sich zwischen den Grenzwerten $n_{2\,max} = n_1/\cos \alpha$ bzw. $n_{2\,min} = n_1 \cdot \cos \alpha$.

c) Das Drehmoment der Antriebswelle (3) schwankt zwischen den Grenzwerten $T_{2\,max} = T_1/\cos \alpha$ bzw. $T_{2\,min} = T_1 \cdot \cos \alpha$, s. auch Lehrbuch 13.3.2-1 „Gelenke und Gelenkwellen".

13.21
a) und b) Siehe Lösungshinweis zur Aufgabe 13.20.

c) Durch die Umlenkung des Drehmomentes T entstehen in den Gelenken Momentenkomponenten, welche die Wellen (1) und (3) auf Wechselbiegung beanspruchen und Lagerkräfte hervorrufen. Diese leistungslosen Biegemomente M ändern sich periodisch und erreichen den Größtwert $M = T \cdot \tan \alpha$.

d) Die Auflagerkräfte betragen $F_A = F_B = M/a$, s. auch Lehrbuch 13.3.2-1 „Gelenke und Gelenkwellen".

14 Wälzlager

14.2
C_{erf} mit Gl. (14.5a/14-6) durch Umstellung nach C berechnen und hierin $P = F_r$ setzen, mit $X = 1$ nach TB 14-3a. Aus TB 14-2 bzw. Katalog Lager mit $C \geq C_{erf}$ auswählen, Hauptabmessungen aus TB 14-1 entnehmen (Maßreihen s. Lehrbuch 14.1.4-5).

14.3
Siehe Lösungshinweise zu Aufgabe 14.2. C_{erf} mit Gl. (14.1/14-2) berechnen.

14.4
Zur Lagerung der Welle eignen sich Stehlagergehäuse (s. Lehrbuch 14.5-1, Bild 14.45) mit Pendelkugel- oder Pendelrollenlagern (aufgrund der großen Durchbiegung) auf Spannhülsen (zur axialen Befestigung).

Zur Auswahl der Lagergröße zunächst C_{erf} (für Pendelkugellager) mit Gl. (14.1/14-2) bestimmen. Hierzu aus TB 14-7 $L_{10h} = 7\,800 \ldots 21\,000\,h$ für Förderbandrollen, allgemein wählen und $P = F_r = F/2$ nach Bild einsetzen. Aus TB 14-2 oder Katalog Lager mit $C > C_{erf}$ auswählen.

Beachte, dass bei Lagern mit Spannhülsen der Lagerdurchmesser d durch die Spannhülse festgelegt ist. Spannhülsen s. DIN 736 oder Lagerkataloge.

14.5
a) Für die Berechnung von P nach Gl. (14.6/14-13) ist zuerst X und Y aus TB 14-3a zu bestimmen. Mit $F_a/F_r = 0{,}2 < e = 0{,}33 \ldots 0{,}36$ (Werte von e und Y_1 aus TB 14-2) ist $X = 1$ und $Y_1 = 1{,}86 \ldots 2{,}07$. Zunächst wird $Y = Y_1 = 2{,}0$ geschätzt und hiermit P und C_{erf} nach Gl. (14.1/14-2) berechnet. Mit C_{erf} kann die geeignete Lagergröße und damit d aus TB 14-2 bzw. Katalog bestimmt werden.
b) Die wirkliche Lebensdauer L_{10h} mit Gl. (14.5/14-7) berechnen, hierbei für P den Wert Y aus TB 14-2 entnehmen.

14.7
a) Berechnung von L_{10} nach Gl. (14.5 a/14-6). Für nur radial beanspruchte Lager ($F_a = 0$) ist $P = F_r$ ($X = 1$ nach TB 14-3a). C aus TB 14-2 bzw. Katalog entnehmen.
b) Gl. (14.5a/14-6) nach P umstellen und $P = F_{r\,zul}$ setzen.

14.8
Siehe Lösungshinweise zu Aufgabe 14.7. Bei c) Gl. (14.5a) nach n umstellen.

14.9
a) Siehe Lösungshinweis zu Aufgabe 14.7. Hierzu das Zylinderrollenlager mit Bohrungskennzahl 10 und annähernd der dynamischen Tragzahl des Kugellagers aus den Maßreihen 10, 02, 03, 22 bzw. 23 auswählen.
b) C für Zylinderrollenlager NU, Bohrungskennzahl 10 und Maßreihe 03 verwenden. Lagerabmessungen aus TB 14-1a bzw. Katalog entnehmen.

14.10
Siehe Lösung zu Aufgabe 14.6. Festlager s. Lehrbuch 14.2.1. Es ist zu prüfen, ob die errechnete Lebensdauer im Bereich der Tabellenwerte von TB 14-7 liegt.

14.11
Für Lager aus TB 14-2 bzw. Katalog Tragzahl C entnehmen und danach P entsprechend Gl. (14.6/14-13) mit X und Y aus TB 14-3a bestimmen. L_{10h} mit Gl. (14.5a/14-7) berechnen und prüfen, ob der Wert im Bereich der Tabellenwerte von TB 14-7 liegt. Beachte Anmerkung 1) zu TB 14-2: Lager der Reihe 32 haben bis Kennzahl 16 den Zusatzbuchstaben B.

14.12
L_{10h} mit Gl. (14.5a/14-7) berechnen. Hierbei für P die Werte X und Y aus TB 14-3a mit $F_a/F_r = 0{,}1 < e = 0{,}34$ (e und Y für gegebenes Lager aus TB 14-2) und n aus $v = \pi \cdot d \cdot n$ bestimmen. L_{10h} mit den Richtwerten aus TB 14-7, Nr. 13 vergleichen.

14.13
a) Bezeichnung und Abmessungen aus TB 14-2 und TB 14-1 bzw. Katalog.
b) L_{10h} nach Gl. (14.5a/14-7) berechnen mit $P = F_r = F$ und C aus TB 14-2 bzw. Katalog. Vergleich mit Richtwert aus TB 14-7, Nr. 19.

14.14
a) Berechnung der Lebensdauer für Rillenkugellager s. Lösung zu Aufgabe 14.6. Da die geforderte Lebensdauer nicht erreicht wird andere Kugellager in TB 14-2 auswählen, die möglichst größere dynamische Tragzahl C haben. In Frage kommen zweireihige Schrägkugellager DIN 628, paarweise Schrägkugellager DIN 628 in X- bzw. O-Anordnung (vgl. Lehrbuch Bild 14.23) oder Vierpunktlager; letztere nur bedingt, da bei $F_a < 1{,}2 \cdot F_r$ die Reibung im Lager zu hoch ansteigen kann.

b) Rillenkugellager bzw. Schrägkugellager, zweireihig, aus TB 14-2 auswählen mit gleicher Durchmesserreihe (gleichem Außendurchmesser) wie bei Lager A.
c) Zunächst ist zu prüfen, welcher Lagerring Punkt- und Umfangslast hat, s. Lehrbuch 14.2.3-1, danach Wahl der Toleranzklasse nach TB 14-8 bzw. Katalog.
Abmessungen nach TB 14-1a und TB 14-9a.

14.16
a) Für Maßreihe MR02 bzw. Durchmesserreihe DR2 Abmessungen aus TB 14-1a entnehmen; Paarungsbreite 2 × B.
b) Lebensdauer nach Gl. (14.5a/14-7) berechnen. Hierbei für P die Werte X und Y aus TB 14-3a bestimmen und $C = 1{,}625 \cdot C_{\text{Einzel}}$ für Lagerpaar entsprechend Fußnote zu TB 14-2 setzen. C_{Einzel} aus TB 14-2 bzw. Katalog. Vergleich mit Richtwert aus TB 14-7, Nr. 7.
c) DR2 ergibt Reihe 32B, s. TB 14-2 Fußnote, Lebensdauer wie bei b) prüfen.

14.17
a) Es gilt: $F_{\text{r1}} \cdot 420 + F_{\text{K}} \cdot 200 - F_{\text{W}} \cdot 210 - (F_{\text{V}} + F_{\text{U}}) \cdot 660 = 0$ bzw.

$$F_{\text{r2}} \cdot 420 + F_{\text{K}} \cdot 620 + F_{\text{W}} \cdot 210 - (F_{\text{V}} + F_{\text{U}}) \cdot 240 = 0$$

b) Berechnung von P_1 und P_2 mit Gl. (14.6/14-13) und TB 14-3a, der Lebensdauer $L_{10\text{h}1}$ und $L_{10\text{h}2}$ mit Gl. (14.5a/14-7). Hierbei C_1 für das Zylinderrollenlager und C_{Einzel} mit $C_2 = 1{,}625 \cdot C_{\text{Einzel}}$ für das Schrägkugellagerpaar aus TB 14-2 bzw. Katalog nehmen. Vergleich mit Richtwerten aus TB 14-7, Nr. 20.

14.19
Siehe Lösung zur Aufgabe 14.18. Da $F_{\text{a}} = 0$ kann jedes Lager als Lager I gewählt werden. Hier wird Lager 1 zu Lager I gewählt. Für die Axialkraft ergibt sich Fall 3: $F_{\text{aII}} = 0{,}5 F_{\text{rI}}/Y_{\text{I}}$.

14.22
a) F_{a1}, F_{a2} aus 0,2 kN/kW.
b) P wie bei Aufgabe 14.20 ermitteln, wobei $P_1 = X \cdot F_{\text{r1}} + Y \cdot F_{\text{a1}}$ und $P_2 = X \cdot F_{\text{r2}} + Y \cdot F_{\text{a2}}$ nach Gl. (14.6/14-13) sind mit $F_{\text{r1}} = F_{\text{r2}} \approx 0$; Y aus TB 14-2 (s. Fußnote) bzw. Katalog für $F_{\text{a}}/F_{\text{r}} > e$, da F_{r} sehr klein.
c) $L_{10\text{h}}$ mit Gl. (14.5a/14-7) ermitteln für n_{m} nach Gl. (14.8/14-16) und C aus TB 14-2.

14.24
Berechnung der modifizierten Lebensdauer L_{nmh} nach Gl. (14.11/14-12). Zunächst Verunreinigungsbeiwert e_{c} (für typische Verunreinigungen durch Abrieb von anderen Maschinenelementen) aus TB 14-11 (Mittelwert gewählt) und Viskositätsverhältnis κ aus TB 14-10 sowie C_{u} aus TB 14-2 für das entsprechende Lager bestimmen. Danach Lebensdauerbeiwert a_{ISO} aus TB 14-12 ablesen und Faktor a_1 aus Tabelle unter Gl. (14.11/14-10) entnehmen. Vgl. auch Lösung zu Aufgabe 14.22.

14.25

a) Siehe Lehrbuch 14.2.1 Festlager, Loslager und Verwendung der Lager in Lehrbuch 14.1.4-3 und 14.2.2.

b) Siehe Lehrbuch 11.2.2-2 zu Bild 11-14; Ermittlung der Lagerkräfte zweckmäßig in senkrecht aufeinanderstehenden Ebenen (Horizontalebene x, Vertikalebene y). Wirksame Kräfte (schematisch) ergeben resultierende Lagerkräfte $F_{Ar} = \sqrt{F_{Ax}^2 + F_{Ay}^2}$ bzw. $F'_{Ar} = \sqrt{F'^2_{Ax} + F_{Ay}^2}$ und $F_{Br} = \sqrt{F_{Bx}^2 + F_{By}^2}$ bzw. $F'_{Br} = \sqrt{F'^2_{Bx} + F_{By}^2}$; maßgebend größte Lagerkräfte $F_{Ar} \cong F_r$ mit F_a und $F'_{Br} \cong F_r$ für Lagerstelle A und B, s. Skizze.

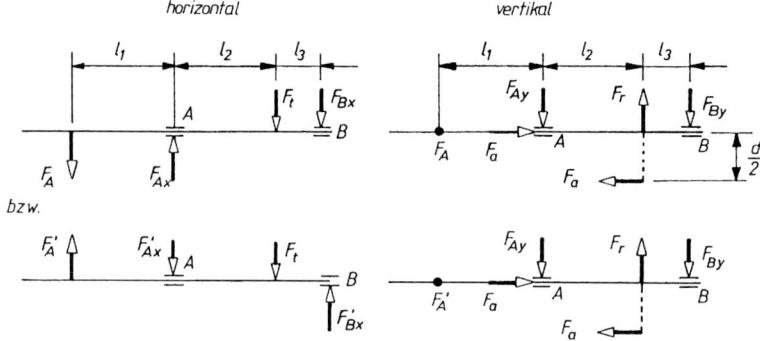

c) Zunächst Berechnung von P mit Gl. (14.6/14-13) und TB 14-3a, Werte aus TB 14-2. Danach Berechnung von L_{10h} mit Gl. (14.5a/14-7), Richtwert für L_{10h} aus TB 14-7.

d) Berechnung der erreichbaren (modifizierten) Lebensdauer mit Gl. (14.11/14-10). Vorgehensweise s. Lösung zu Aufgabe 14.22 und Lösungshinweise zu Aufgabe 14.23. Beiwert $e_c = 0{,}5$ wählen.

e) Hauptabmessungen TB 14-1a, Anschlussmaße s. Lehrbuch 14.2.3-2 und TB 14-9. Für Toleranzen zunächst prüfen, welcher Lagerring Punkt- und Umfangslast hat, s. TB 14-8b, danach Wahl der Toleranzklasse nach TB 14-8 bzw. Katalog.

14.26

Die Wagen dienen zum Beschicken von Tunnelöfen, z. B. beim Glühen von Teilen; ihre Fahrgeschwindigkeit und damit die Achsendrehzahl ist gering (0,1...1 m/h im Ofen, außerhalb bis Schrittgeschwindigkeit), d. h. maßgebend ist die statische Tragfähigkeit, s. Lehrbuch 14.3.1. Zuerst C_0 bestimmen mit Gl. (14.2/14-3). Bei Berücksichtigung eines Temperaturfaktors f_T (s. Lehrbuch 14.3.3 bzw. FS Gl. (14-18)) wird $C_{0\,erf} \geq P_0 \cdot S_0 / f_T$ mit $P_0 = F_{r0} = F/2$ je Lager und $F = 9{,}81 \cdot m$; $S_0 = 1$ für normale Betriebsweise und normale Anforderungen an die Laufruhe bei diesen Radlagern.

14.27
Für die Lagerkräfte gilt: $F_{Ar} \cdot 30 = F \cdot 60$ und $F_{Ar} = F_{Br} = F_{r0}$; $F_a = F = F_{a0}$ wird an Lagerstelle A aufgenommen. Berechnung von S_0 nach Gl. (14.3/14-4) mit P_0 nach Gl. (14.4/14-5) und TB 14-3b, C_0 aus TB 14-2, $S_0 = 1$ für gering stoßbelasteten Betrieb bei nicht umlaufenden Kugellagern, s. Tabelle bei Gl. (14.2/14-3).

15 Gleitlager

15.1
Ermittle mit $p_L \leq p_{L\,zul}$ nach Gl. (15.2/15-2), η_{eff} bei ϑ_{eff} für ISO VG 46 aus TB 4-2, ω_{eff} bzw. u_W und $\psi_B = s/d_L \cdot 10^{-3}$ die Sommerfeldzahl So nach Gl. (15.7/15-10), womit $\varepsilon = f(So, b/d_L)$, aus TB 15-11b angenähert bestimmt ist. Danach ist $h_0 \geq h_{0\,zul}$ nach Gl. (15.6/15-3) zu errechnen und mit dem Wert aus TB 15-14 zu vergleichen. Die Beurteilung erfolgt nach Lehrbuch 15.4.1-1c bzw. TB 15-11b.

15.2
a) s. Lösungshinweise zu Aufgabe 15.3
b) Siehe Lehrbuch 15.3.2 unter „Hinweis" zur Übergangsdrehzahl $n'_ü$ mit TB 4-2 für η_{eff} in mPa s.

15.3
a) Nach TB 15-3 ist bei Bauform lang $b_1/d_1 \cong b/d_L = 1$. Aus nach $d_L = \sqrt{F/p_{L\,zul}}$ umgestellter Gl. (15.2/15-2) mit $p_{L\,zul} = 5\,\text{N/mm}^2$ (s. TB 15-7) d_L berechnen und nach TB 15-3 so wählen, dass $p = F/(b \cdot d_2) \leq p_{zul}$ für Bauform kurz erfüllt ist. Normbezeichnung s. Beispiel in TB 15-3.
b) Siehe TB 2-11;
c) Siehe Lehrbuch 15.4.1-1a, relatives Lagerspiel nach Kleindruck „Hinweis", Abmaße für Passung aus TB 2-4; α_W aus TB 12-6b, α_L aus TB 15-6; desgl. gilt für relatives Einbau-Lagerspiel $\psi_E = (s_{E\,max} + s_{E\,min})/(2 \cdot d_L)$ und relative Spieländerung $\Delta \psi = (\alpha_L - \alpha_W) \cdot (\vartheta_{eff} - 20\,°C)$, so dass das mittlere relative Betriebslagerspiel $\psi_B = \psi_E + \Delta \psi$ wird. Siehe auch FS Gl. (15-7).

15.4

a) Siehe Lehrbuch 15.4.1-1a, unter „Hinweis": $\psi_E = (s_{E\,max} + s_{E\,min})/(2 \cdot d_L)$ Abmaße für Passung aus TB 2-1 bis 2-3,

b) Siehe a); Betriebsspiel aus $\psi_B = \psi_E + \Delta\psi$ mit $\Delta\psi = (\alpha_L - \alpha_W) \cdot (\vartheta_{eff} - 20°)$ bzw. $\psi_B = (s_{B\,max} + s_{B\,min})/(2 \cdot d_L)$; α_W aus TB 12-6b, α_L laut Text,

c) ε durch Umstellung aus Gl. (15.6/15-3) mit $h_0 \approx 1{,}3 \cdot h_{0\,zul}$; $h_{0\,zul}$ aus TB 15-14 abhängig von $u_W = \pi \cdot d_W \cdot n_W$,

d) η_{eff} durch Umstellung aus Gl. (15.7/15-10) mit $p_L = p_{L\,zul}$ aus TB 15-7, So aus TB 15-11 für $b/d_L = b_1/d_L$ aus TB 15-1d (Bild 15.24d, Lehrbuch); Schmieröl für η_{eff} aus TB 4-7 und TB 4-2 wählen.

15.6

a) Siehe Gl. (15.2/15-2) mit TB 15-7; $d_L = 100\,\text{mm}$;

b) s. TB 4-7 und TB 4-2 bei $\vartheta_{eff} = 60\,°C$;

c) s. Gl. (15.7/15-10);

d) s. TB 15-11a, b [vgl. Lehrbuch nach Gl. (15.7) über „Hinweis" kursiv, darunter Verhalten des Lagers];

e) s. Gl. (15.6/15-3) mit TB 15-14. Für $\beta°$ halb umschließendes Lager nach TB 15-13b verwenden. Erklärung hierzu s. Lehrbuch 15.4.1-1c unter Hinweis.

15.7

a) Nach Lehrbuch 15.3.4-1 (Bild 15.23c) ist für das ungeteilte Loslager ohne Schmiertaschen mit Ölbohrung ψ_B nach Gl. (15.4/15-6) festzulegen. Damit wird entsprechend Gl. (15.3/15-5) s_B bestimmt. Maße s. TB 15-3.

b) Zunächst ist mit Gl. (15.2/15-2) $p_L < p_{L\,zul}$ nach TB 15-7 zu prüfen; danach mit $\vartheta_0 = \vartheta_{eff}$ und für ISO VG 100 (s. TB 4-7) zu η_{eff} aus TB 4-2 abzulesen; für ω_{eff} wird So nach Gl. (15.7/15-10) errechnet und damit entsprechend b/d_L aus TB 15-11a angenähert ε abgelesen, so dass der Verlagerungswinkel $\beta°$ aus TB 15-13a schätzbar wird. Aus Gl. (15.8/15-14) ist für das 360°-Lager μ/ψ_B errechenbar, womit $\mu = \psi_B \cdot \mu/\psi_B$ und nach Gl. (15.9/15-13) P_R bestimmbar sind.

Nach Gl. (15.13/15-18) ist die Lagertemperatur $\vartheta_L \triangleq \vartheta_m$ ermittelbar bis iterativ $|\vartheta_m - \vartheta_0| \leq 2\,°C$ und $\vartheta_L < \vartheta_{L\,zul}$, s. Berechnungsschema LB Bild 15.38 bzw. FS A 15-1.

c) Mit Gl. (15.6/15-3) nachweisen, dass $h_0 > h_{0\,zul}$ ist ($h_{0\,zul}$ aus TB 15-14).

d) Mit Gl. (15.15/15-20) $\dot{V}_D$ errechnen. Hierbei $\dot{V}_{D\,rel}$ aus Gl. (15.15 Legende/15-21) ermitteln.

15.8

Für die vorhandene p_L (d_L und b s. TB 15-3) nach Gl. (15.2/15-2), ω_{eff}, η_{eff} bei $\vartheta_0 \triangleq \vartheta_{eff}$ abgelesen für ISO VG 220 (s. TB 4-7) und ψ_B wird So nach Gl. (15.7/15-10) errechnet und damit entsprechend b/d_L aus TB 15-11a angenähert ε abgelesen, so dass der Verlagerungswinkel β aus TB 15-13a schätzbar ist.

Nach Gl. (15.8/15-14) ist für das 360°-Lager μ/ψ_B errechenbar, womit nach Gl. (15.9/15-13) P_R mit $\mu = \psi_B \cdot \mu/\psi_B$ bestimmbar wird.

Nach Gl. (15.13/15-18) ist die Lagertemperatur $\vartheta_L \cong \vartheta_m$ ermittelbar. Ist $\vartheta_L > \vartheta_0$, muss mit jeweils $\vartheta_{0\,neu} = 0{,}5\,(\vartheta_{0\,alt} + \vartheta_m)$ solange gerechnet werden, bis $|\vartheta_m - \vartheta_0| \leq 2\,°C$ und $\vartheta_L < \vartheta_{L\,zul}$ ist. Dabei muss auch für die Berechnung von So jeweils $\psi_B = \psi_E + \Delta\psi$ ermittelt werden (vgl. Aufgabe 15.6), mit ψ_E aus Angabe und Spieländerung aus $\Delta\psi = (\alpha_L - \alpha_W)(\vartheta_{eff} - 20\,°C)$.

15.9

a) Entsprechend zum Hinweis im LB unter Gl. (15.14) wird für $\vartheta_0 \cong \vartheta_{a0}$ festgelegt und damit $\vartheta_{eff} = 0{,}5\,(\vartheta_e + \vartheta_{a0})$ ermittelt und danach η_{eff} aus TB 4-2 für ISO VG 220 abgelesen. Mit $\psi_B = \psi_E + \Delta\psi$ bei ϑ_{eff} (vgl. Lösungshinweis zu Aufgabe 15.5c), p_L und ω_{eff} wird So nach Gl. (15.7/15-10) errechnet und $\varepsilon = f(b/d_L, So)$ aus TB 15-11a abgelesen; $\beta°$ aus TB 15-13a geschätzt ergibt rechnerisch μ/ψ_B, so dass P_R nach Gl. (15.9/15-13) errechenbar ist. Die Lagertemperatur $\vartheta_L \cong \vartheta_a$ wird jeweils mit Gl. (15.13/15-18) ermittelt. Die Iteration wird eingestellt, wenn der absolute Wert $|\vartheta_{a0} - \vartheta_a| \leq 2\,°C$ und $\vartheta_L \leq \vartheta_{L\,zul}$ ist. Bei geringer Abweichung von $2\,°C$ kann sich eine weitere Iteration erübrigen, da die übrigen Betriebsgrößen sich kaum verändern (vgl. Lösung, Rechenschritt 2). Lagermaße und -bezeichnung s. TB 15-3.
b) Für ε ist $h_0 \geq h_{0\,zul}$ zu ermitteln.
c) Beurteilung nach Lehrbuch 15.4.1-1c unter Hinweis kursiv bzw. TB 15-11b.

15.11

a) Stehlagergehäuse ohne Kühlrippen ($d_L = 100\,mm$), Lagerschale ohne Schmierringschlitz; nach Gl. (15.2/15-2) $p_L < p_{L\,zul}$ nach TB 15-7.
b) Mit $\vartheta_{a0} = \vartheta_e + \Delta\vartheta$ wird $\vartheta_{eff} = 0{,}5\,(\vartheta_e + \vartheta_{a0})$ und η_{eff} aus TB 4-2 abgelesen; $\psi_B =$ konst., So mit Gl. (15.7/15-10) und $\varepsilon = f(b/d_L, So)$ aus TB 15-11a, $\beta°$ aus TB 15-13a geschätzt; μ/ψ_B rechnerisch nach Gl. (15.8/15-14) bzw. angenäherte Ablesung aus TB 15-12, damit P_R mit Gl. (15.9/15-13); Lagertemperatur $\vartheta_L \cong \vartheta_a$ nach Gl. (15.14/15-19), wenn $\dot{V}$ nach Gl. (15.17/15-23) mit $\dot{V}_D$ nach Gl. (15.15/15-20) und $\dot{V}_{pZ}$ nach Gl. (15.16/15-22) ermittelt werden. Iteration mit $\vartheta_{a0\,neu} = 0{,}5\,(\vartheta_{a0\,alt} + \vartheta_a)$ und $\eta_{eff} = 0{,}5\,(\vartheta_e + \vartheta_{a0\,neu})$ usw. bis $|\vartheta_{a0} - \vartheta_a| \leq 2\,°C$ und $\vartheta_L \leq \vartheta_{L\,zul}$ aus TB 15-15 für u_W.
c) Siehe Gl. (15.6/15-3).

15.12

a) Beachte: ψ_E nach Gl. (15.3/15-5) und $\psi_B = \psi_E + \Delta\psi$ mit $\Delta\psi = (\alpha_L - \alpha_W)\cdot 10^{-6}\cdot(\vartheta_{eff} - 20\,°C)$, wobei $\vartheta_{eff} = \vartheta_0 = \vartheta_U + \Delta\vartheta$ ist: $p_L < p_{L\,zul}$, Rechengang s. Lösungshinweis Aufgabe 15.7b bzw. 15.8.
b) Siehe Lösungshinweis Aufgabe 15.13b bzw. Lösung zu 15.12
c) s. Gl. (15.6/15-3).

15.14

a) Durch Umstellung p_T aus Gl. (15.21/15-36); beachte: $1\,bar = 10\,N/cm^2$.
b) Mit Gl. (15.20/15-38) aus TB 4-2 η_{eff} in $N\,s/cm^2$ bei ϑ_{eff}, h_0 mit Gl. (15.19/15-34).
c) Beachte Gln. (15.22/15-39) und (15.23/15-40) mit TB 4-4; ϱ_{15} nach Gl. (4.14/4-18).

15.15
Allgemein siehe Lehrbuch 15.4.2-2 Einscheiben- und Segment-Spurlager und 15.5 (Beispiel 15.4)

a) s. Angaben zu Gl. (15.25/15-27) und unter Gl. (15.27/15-29); p_L mit Gl. (15.29/15-26); d_m nach Gl. (15.28/15-25); Dicke h_{seg} siehe unter Gl. (15.33).
b) Nach Gl. (15.30/15-30) und aus TB 4-2 mit η_{eff} bei ϑ_{eff}, beachte Belastungskennzahl k_1 aus TB 15-17 nach Angaben $l/b, h_0/t$.
c) Beachte TB 15-17 für k_2 mit Gl. (15.31/15-31) für $u_m = d_m \cdot \pi \cdot n_W$ in m/s.
d) Beachte für ϱ bei ϑ_{eff} spezifische Wärmekapazität c in N m/(kg°C) aus TB 4-4 mit $2 \cdot \dot{V}_{ges}$ nach Gl. (15.33/15-33) mit Gl. (15.32/15-32) berechnen (mit k_1 und k_2 wird $2 \cdot 0{,}7 = 1{,}4$ in Gl. eingesetzt).

16 Riemengetriebe

16.1
Lösung der Aufgabe erfolgt anhand einer Arbeitsskizze (s. u. Ergebnisse 16.1).

a) Der Umschlingungswinkel ergibt sich aus $\beta_1(=\beta_k) = 180° - 2\alpha$; der Winkel α in dem Dreieck $M_1 M_2 C$ aus $\alpha = \arccos(d_2 - d_1)/(2e)$, wobei $\sin(90° - \beta_1/2) = \cos(\beta_1/2)$ ist.

b) Die Riemenlänge L wird zweckmäßig aufgeteilt in die Teillängen $L_1 \ldots L_8$. Bei gleichen Scheibendurchmessern wird $L = 2e + (d_2 + d_1) \cdot \pi/2$. Im vorliegenden Fall werden die Teillängen: $L_1 = \overline{P_1 P_2} = L_2 = \overline{P_3 P_4} = e \cdot \sin(\beta_1/2)$; $L_3 = P_1 P_5 = L_4 = P_3 P_6 = d_1 \cdot \pi \cdot \alpha°/360°$, $L_5 = L_6 = P_4 P_7 = P_2 P_8 = d_2 \cdot \pi \cdot \alpha°/360°$, $L_7 = d_1 \cdot \pi/2$, $L_8 = d_2 \cdot \pi/2$.

16.2
Siehe Lösungshinweise zur Aufgabe 16.1.

Die Zusammenhänge zwischen Wellenabstand e, der Differenz der Scheibendurchmesser $(d_2 - d_1)$ und dem Umschlingungswinkel $\beta_1(=\beta_k)$ an der kleinen Scheibe anhand einer Arbeitsskizze herstellen. Nach Gl. (16.24/16-32) wird $\beta_1 = 2 \cdot \arccos[(d_2 - d_1)/(2e)]$.

16.3
a) Siehe LB 16.3.1-1. Ermittlung des Umschlingungswinkels $\beta_1(=\beta_k)$ an der kleinen Scheibe nach Gl. (16.24/16-31) κ und m s. TB 16-4, μ s. TB 16-1, F_t nach Gl. (16.27/16-41).

b) Die Wellenbelastung F_W nach Gl. (16.6/16-7).

16.4
Siehe Lehrbuch 16.3.1-4. Die übertragbare Leistung ergibt sich allgemein aus $P = F \cdot \upsilon = \sigma_N \cdot S \cdot \upsilon$ mit der Nutzspannung σ_N nach Gl. (16.16/16-16) und dem Riemenquerschnitt

$S = b \cdot t$. Die in σ_N enthaltene Fliehkraftspannung steigt mit zunehmender Riemengeschwindigkeit und wird die Nutzspannung im Grenzfall vollständig aufheben, so dass keine Leistung mehr übertragen werden kann.

Nach Gl. (16.17/16-17) ist die Leistung $P = f(\upsilon)$ zu ermitteln und in einem Diagramm in Abhängigkeit von der Geschwindigkeit aufzutragen. Die optimale Riemengeschwindigkeit υ_{opt} nach Lehrbuch, Gl. (16.18/16-18).

16.5
Bei Getrieben ins Schnelle ($i < 1$) gilt anstatt der Gl. (16.19/16-19) $i = n_{an}/n_{ab} \approx d_{ab}/d_{an} = d_k/d_g$. Ferner ist zu beachten, dass die Riemenhersteller in ihren Katalogen die übertragbaren Leistungswerte für eine Übersetzung $i = 1$ angeben. Bei $i < 1$ verringern sich die Werte, so dass der Trieb mehr nach der sicheren Seite auszulegen ist. In Zweifelsfällen beim Hersteller anfragen.

a) Nach Herstellerangaben gegeben: $d_{1\,min} = 280\,mm$ für den Motor 180 L bei $n_s = 1\,500\,min^{-1}$.

b) c), d) Theoretische Riemenlänge: L' nach Gl. (16.23/16-28) für Flachriemen, Wellenmittenabstand e nach Gl. (16.22/16-30) und Kontrolle der Biegefrequenz nach Gl. (16.37/16-52).

16.6
Die Berechnung des Antriebs erfolgt nach Lehrbuch 16.3.2 und dem im Bild 16.18 dargestellten Ablaufplan unter Zugrundelegung der Herstellerangaben für den Extremultusriemen. S. auch LB Beispiel 16.1.

Hinweis: Durch die spezielle Forderung für d_g wird $d_{1\,min}$ nach Herstellerangaben ($d_{k\,min} = 280\,mm$) unterschritten. In diesem Falle ist speziell die Motorwellenbelastung zu überprüfen bzw. Rücksprache mit dem Motorenhersteller zu nehmen.

16.8
Siehe vollständige Lösung zu Aufgabe 16.7. Herstellerangabe für $f_{B\,zul} = 12\,s^{-1}$.

16.9
Siehe Lösungshinweise zu Aufgabe 16.5.

a) Motorwahl nach TB 16-21. Beachten, dass die kleine Scheibe auf der Maschinenwelle sitzt, somit anschließende Kontrolle, ob nach Herstellerangaben (TB 16-7) der kleine Durchmesser nicht unterschritten wird.
Hinweis: $d_{g\,min} = 224\,mm$ für Motor 132 S

b) Bei der Wahl der Riemenbauart die entsprechenden Umwelteinflüsse beachten. Im vorliegenden Fall ist mit Staubentwicklung zu rechnen. Die nach DIN 111 angegebene kleinste Scheibenbreite wählen; K_A nach TB 3-4b abschätzen;

16 Riemengetriebe

c) Aufgrund der baulichen Gegebenheiten wird es sinnvoll sein, die erforderliche Vorspannung des Riemens durch entsprechende Riemenkürzung zu erhalten. Eine zusätzliche Möglichkeit der Vergrößerung des Wellenabstandes durch die Motorspannschienen kann dennoch gegeben sein.

16.10
a) Siehe Lehrbuch 16.3.2 und TB 16-21;
b) Der Wellenabstand nach Gl. (16.22/16-30). Der maximale Wellenabstand e_{max} ergibt sich aus $e_{max} = e + x$.
c) Zweckmäßig wird für die vorliegenden Verhältnisse die erforderliche Mindestanzahl der Keilriemen nach Gl. (16.29/16-43) ermittelt und diese der vorgesehenen Keilriemenanzahl gegenübergestellt.
a)... c) Siehe auch Lehrbuch Beispiel 16.2.

16.13
Siehe Lösungshinweise zur Aufgabe 16.12 ($d_{dk} = 90$ mm).

16.14
Siehe Lehrbuch 16.3.2 und Gln. (16.19/16-21), (16.20/16-24), (16.22/16-27), (16.24/16-34), (16.30/16-45).

16.15
In der Größenangabe 50-T20/2600 bedeutet 50 die Riemenbreite b in mm, 2600 die Richtlänge L_d in mm und T20 der Riementyp mit der Teilung $p = 20$ mm. Siehe Lösungshinweise zu Aufgabe 16.14 und Gl. (16.31/16-44); F_t nach Gl. (16.27/16-41).

16.17
Lösung nach Lehrbuch Abschnitt 16.3.2, Bild 16.18 bzw. Beispiel 16.4.

Die Zähnezahl der Synchronriemenscheiben ist in den nach TB 16-19b) angegebenen Grenzen z_{min} und z_{max} frei wählbar, wobei kleine Zähnezahlen eine stärkere Krümmung des Riemens und somit höhere Biegespannungen bewirken.

Die Ermittlung der Riemenbreite b erfolgt mit der übertragbaren spezifischen Nennleistung P_{spez}.

16.18
Siehe Lösung zu Aufgabe 16.16, K_A nach TB 3-4b. Beachte, dass $i = \dfrac{d_k}{d_g}$ bzw. $\dfrac{z_k}{z_g} < 1$ (Übersetzung ins Schnelle), $\beta_2 = \beta_g = 360° - \beta_1$.

16.20
Siehe Lösung zu Aufgabe 16.16 und Lösungshinweise zu 16.19.

17 Kettengetriebe

17.1
a) Die Profilabmessungen der Kettenräder für Rollenketten nach DIN ISO 606 sind genormt nach DIN 8196-1, s. LB 17.2.1, Gl. (17.1/17-1) bis (17.6/17-9).
b) Für die Nabenabmessungen sind die Erfahrungswerte nach TB 12-1a zugrunde zu legen unter Berücksichtigung der nach DIN 748 vorgegebenen Wellenzapfenlänge. Für die vorgesehene Befestigungsart muss die Nabenlänge $L > l$ (l Zapfenlänge) ausgeführt werden. Toleranzklasse für die Nabenbohrung nach TB 12-2b1 festlegen.
c) Passfederabmessungen nach DIN 6885; s. TB 12-2a; Toleranzklasse für die Nutbreite s. TB 12-2b2.

17.2
a) Ermittlung der Kettengliederzahl nach LB Gl. (17.9/17-12). Mit der festgelegten Gliederzahl den Achsabstand nach Lehrbuch Gl. (17.10/17-13) errechnen.
b) Zum Einstellen des Kettengetriebes ist es vorteilhaft, für das Kettenrad einen Verschiebeweg von $s \approx 1{,}5 \cdot p$ bzw. bei schräger Anordnung entsprechend $s = 1{,}5 p / \cos \delta$ vorzusehen (s. Hinweis im LB 17.2.5).
c) Da sich beim Lauf der Kette infolge der Vieleckwirkung der Kettenräder auch die Trumlängen periodisch ändern, ist ein Durchhang des Leertrums der Kette erforderlich, s. LB 17.2.7. Nach Gl. (17.13/17-18) f mit l_T aus Bild 17.18 ermitteln.

17.3
Siehe LB 17.3 mit den Gleichungen für a) Kettenzugkraft Gl. (17.14/17-16), b) Fliehzug Gl. (17.15/17-17), d) Stützzug Gl. (17.16/17-18), e) Stützzug oben Gl. (17.17/17-19), Stützzug unten Gl. (17.18/17-20), f) Wellenkräfte Gl. (17.19/17-23).

17.4
Die Kettenwahl ist nach dem Leistungsdiagramm DIN ISO 10823 (s. TB 17-3) zu treffen. Da die hier aufgeführten Leistungskennwerte nur unter ganz bestimmten Voraussetzungen gelten (s. LB 17.2.4), ist zunächst die Diagrammleistung P_D nach Gl. (17.7/17-10) überschlägig zu ermitteln. Nach Vorliegen aller Kettendaten ist unter Berücksichtigung der Abweichungen gegenüber der dem Diagramm zugrundeliegenden Einsatzbedingungen die vorgewählte Kette zu kontrollieren.

Bei der Ermittlung der Gliederzahl ist zunächst von dem günstigen Achsabstand $a \approx (30 \dots 50) \cdot p$ auszugehen. Keine ungerade Gliederzahl wählen, um gekröpfte Glieder zu vermeiden. Mit der festgelegten Gliederzahl den Achsabstand nach Lehrbuch Gl. (17.10/17-13) ermitteln.

17.5
Siehe Lösungshinweise zur Aufgabe 17.4. Die geeignete Schmierungsart für die Kette ist abhängig von der Kettengröße und der Kettengeschwindigkeit, s. TB 17-8. Mehrfach-Rollenketten ermöglichen die Übertragung hoher Drehmomente bei großen Drehzahlen und platzsparender Bauweise, LB 17.2.4. Sie laufen leiser und ruhiger.

17.6
a) Da alle Betriebsdaten bekannt sind, kann die Frage mithilfe der Gl. (17.7/17-10) beantwortet werden. Hinsichtlich des Korrekturfaktors f_3 wird davon ausgegangen, dass eine gerade Kettengliederzahl vorliegt.
b) Aufgrund des vorläufigen Wellenmittenabstandes, der vorgegebenen Teilung und der Zähnezahlen ergibt sich die Kettengliederzahl nach Gl. (17.9/17-12). Bei der Festlegung der Gliederzahl auf eine gerade Anzahl achten!
c) Siehe hierzu LB 17.2.9. Schmierbereiche nach TB 17-8.

17.7
Siehe Lösungshinweise zur Aufgabe 17.4. Hinsichtlich der Entscheidung für eine Einfach-, Zweifach- oder Dreifach-Rollenkette siehe LB unter 17.2.4.

18 Elemente zur Führung von Fluiden (Rohrleitungen)

18.1
a) Berechnung der Rohrlängskraft nach LB 18.3.3, Gl. (18.1/18-28).
b) Wandtemperatur aus Einbautemperatur + $\Delta\vartheta$, mit $\Delta\vartheta$ aus der Beziehung $\sigma_\vartheta = E \cdot \alpha \cdot \Delta\vartheta = R_e$, nach LB 18.3.3, Gl. (18.1/18-28).

18.2
a) Da die thermische Ausdehnung proportional den Schenkellängen ist, bewegt sich das freie Ende B auf der Verbindungslinie $\overline{AB}$.
b) Thermische Längenausdehnung $\Delta l = \alpha \cdot l \cdot \Delta\vartheta$ nach FS Gl. (18-29). Dabei ist die Wärmedehnung identisch der Dehnung der Verbindungslinie $\overline{AB}$.

18.3
Die zulässige Stützweite für Stahlrohre kann bei Begrenzung der Durchbiegung in Abhängigkeit von d_a, t und der Massenkräfte (Füllung, Dämmung, Rohr) aus TB 18-12 entnommen werden. Für die mittleren Felder einer ohne Einbauten durchlaufenden Rohrleitung kann mit einer größeren Stützweite gerechnet werden. Überschlägig nach LB 18.3.4, Gl. (18.2/18-30).

18.4
Da die Reynolds-Zahl und damit der Rohrreibungskoeffizient von der gesuchten Größe abhängt, ist eine geschlossene Lösung durch Umformen der Gl. (18.5/18-8) nicht möglich. Praktisch wird so verfahren, dass mit der wirtschaftlichen Strömungsgeschwindigkeit (s. TB 18-5) nach Gl. (18.4/18-4) ein Rohrinnendurchmesser ermittelt und damit eine genormte Nennweite (TB 18-4) festgelegt wird. Nach Gl. (18.8/18-5) kann dann die Reynolds-Zahl, nach TB 18-8 der Rohrreibungskoeffizient und somit nach Gl. (18.7/18-7) der zu erwartende Druckverlust ermittelt werden. Deckt sich dieser nicht mit dem geforderten Grenzwert, so wird die Rechnung mit einer anderen Nennweite wiederholt. Dabei ist die starke Abhängigkeit des Druckverlustes vom Leitungsdurchmesser zu beachten.

Die theoretische Pumpenleistung in W beträgt mit p in Pa und $\dot{V}$ in m³/s: $P = p \cdot \dot{V}$.

18.5
Siehe Lösungshinweis zu Aufgabe 18.4.

18.6
Nachweis des Druckverlustes durch Rohrreibung mit Gl. (18.5/18-8) und Gl. (18.8/18-5) mit hydraulisch glatter und rauer Rohrwand, Ermittlung des Rohrreibungskoeffizienten λ mit Hilfe des Diagramms TB 18-8 mit Linie „hydraulisch glatt" ($k = 0$) Druckverlust durch Einbauten kann nach Gl. (18 6/18-9) bestimmt werden.

18.8
Berechnung als Rohrleitung mit vorwiegend ruhender Beanspruchung durch Innendruck nach LB 18.4.2-1. Die erforderliche Wanddicke kann für dünnwandige Rohre ($d_a/d_i \leq$ 1,7) nach Gl. (18.13/18-20) bestimmt werden. Für die angegebene Nennweite DN ist ein genormter Rohraußendurchmesser d_a nach DIN EN 10216 bzw. DIN EN 10220 (Reihe 1) zu wählen, s. TB 1-13c und d.

Grenzabmaße für die Wanddicke (c'_1) aus TB 1-13d. Da bei der vorliegenden Berechnungstemperatur sowohl Warmstreckgrenze $R_{p0,2/\vartheta}$ als auch Zeitstandfestigkeit $R_{m/t/\vartheta}$ relevant sind, ist aus beiden die jeweils zulässige Spannung zu berechnen und der kleinere Wert zu verwenden.

18.9
Der maximale zulässige Prüfdruck wird mit der umgeformten Gl. (18.13/18-20) ermittelt:
$p_{e,zul} = 2 \cdot \sigma_{\text{prüf, zul}} \cdot t_v / (d_a - t_v)$. Festigkeitskennwerte s. TB 18-10. Für die zulässige Spannung bei der Druckprüfung gilt Gl. (18.17/18-25).

18.10
a) Mit der gewählten Strömungsgeschwindigkeit (TB 18-5) Berechnung des erforderlichen Rohrinnendurchmessers mit Gl. (18.4/18-3). Danach Wahl der nächstliegenden DN nach TB 18-4.

b) Wahl eines der gewählten Nennweite nächstliegenden Rohraußendurchmessers nach TB 1-13c.

c) Berechnung der Wanddicke gegen Innendruck nach LB 18.4.2-1 für Rohrleitungen bei vorwiegend ruhender Beanspruchung mit der maßgebenden Gl. (18.13/18-20). Vorzugsmaße für d_a und t nahtloser und geschweißter Stahlrohre nach DIN EN 10220, TB 1-13c.
Festigkeitskennwerte nach TB 18-10. $\upsilon_N = 1$ für genormte geschweißte Stahlrohre für Druckbeanspruchung nach DIN EN 10217-1.

18.11
Wenn die dynamische Beanspruchung auf Druckschwankungen beruht, ist nach DIN EN 13 480-3 eine vereinfachte Auslegung auf Wechselbeanspruchung zulässig. Dazu werden

die Auslegungskriterien für statische Beanspruchung verwendet und nach Gl. (18.15/18-22) eine fiktive pseudoelastische Spannungsschwingbreite berechnet mit der dann nach Gl. (18.16/18-24) die zulässige Lastspielzahl bestimmt werden kann. Der Ersatzdruck p_r wird als zulässiger Druck bei voller Ausnutzung der Auslegungsspannung $\sigma_{zul,20}$ aus den Gleichungen zur Berechnung der Abmessungen (18.13/18-20) bzw. (18.14/18-21) ermittelt, die nach p aufgelöst werden.

18.13

a) Die für den Weg vom Ventil zum Speicherbehälter (Reflexionspunkt) benötigte Reflexionszeit kann mit Gl. (18.20/18-17) bestimmt werden. Bei kurzen Leitungslängen $l < a \cdot t_S/2$ kann mit einer Abminderung des Druckstoßes nach Gl. (18.22/18-16) gerechnet werden.

b) Mit $t_R = t_S$ lässt sich der Reflexionsweg der Druckwelle nach Gl. (18.20/18-17) berechnen.

20 Zahnräder und Zahnradgetriebe (Grundlagen)

20.1
a) Die Gesamtübersetzung allgemein $i_{ges} = i_1 \cdot i_2 \cdot \ldots i_n$
b) die Abtriebsdrehzahl aus $n_{ab} = n_{an}/i_{ges}$ mit $i_{ges} = i_1 \cdot i_2$
c) das am Abtrieb zu erwartende Drehmoment wird gegenüber dem Antriebsmoment entsprechend der Übersetzung größer sein. Geringe Verluste werden durch den Wirkungsgrad η berücksichtigt. Allgemein errechnet sich das Drehmoment T aus der Grundgleichung $P = T \cdot 2 \cdot \pi \cdot n$ und das Abtriebsmoment aus $T_{ab} = T_{an} \cdot i_{ges} \cdot \eta$.

20.2
a) Die Abtriebsdrehzahl ist vorgegeben; die Gesamtübersetzung errechnet sich aus $i_{ges} = n_{an}/n_{ab}$
b) bei einem zweistufigen Getriebe wird die Gesamtübersetzung $i_{ges} = i_1 \cdot i_2$ bzw. $i_{ges} = (z_2/z_1) \cdot (z_4/z_3)$. Mit den aus der Abbildung bekannten Zähnezahlen lässt sich die Zähnezahl z_4 des Rades der zweiten Getriebestufe ermitteln aus $z_4 = i_{ges} \cdot z_3/(z_2/z_1)$. Der errechnete Wert ist sinnvoll zu runden.
c) aus $P_{ab} = P_{an} \cdot \eta_{ges}$; $T_{ab} = T_{an} \cdot i_{ges} \cdot \eta$; $T = P/(2 \cdot \pi \cdot n)$ kann die Leistung ermittelt werden.

20.3
Allgemein errechnet sich der Gesamtwirkungsgrad aus Gl. (20.4/20-3) bzw. aus Gl. (20.5/20-4). Zu beachten sind die 3 Verzahnungsstufen, 4 Wellenlagerungen und 2 Wellendichtungen (Angaben hierzu siehe zu Gl. (20.5/20-4)).

21 Außenverzahnte Stirnräder

Geradverzahnte Stirnräder (Verzahnungsgeometrie)

21.1
a) Teilkreisdurchmesser aus Gl. (21.1/21-4) $d = z \cdot m$, Grundkreisdurchmesser aus Gl. (21.2/21-5), Kopfkreisdurchmesser aus Gl. (21.6/21-9), Fußkreisdurchmesser aus Gl. (21.7/21-11); Zahnhöhe $h = 0{,}5 \cdot (d_a - d_f)$.
b) Zahnkopfhöhe $h_a = m$ Zahnfußhöhe $h_f = 1{,}25 \cdot m$ (durch das Bezugsprofil festgelegt).
c) Teilkreisteilung aus Gl. (21.1/21-6), die Grundkreisteilung aus Gl. (21.3/21-7), das Nennmaß der Zahndicke = Nennmaß der Zahnlücke auf dem Teilkreis gemessen gleich Nennmaß der Zahnlücke aus $s = e = p/2$ (siehe zu Gl. (21.1/21-6)).

21.2
a) Aus der Beziehung für den Fußkreisdurchmesser nach Gl. (21.7/21-11) lässt sich der Modul m bestimmen und damit auch alle anderen gesuchten Größen.
b) und c) siehe Lösungshinweise zur Aufgabe 21.1

21.3
a) Aus der Gl. (21.8/21-12) ergibt sich nach Umstellung für beide Achsabstände die Zähnezahlsumme der gesuchten Radpaarung aus $(z_1' + z_2') = (m/m') \cdot (z_1 + z_2)$. Da das Übersetzungsverhältnis gleich bleiben soll, können aus dieser Bedingung die Zähnezahlen für Ritzel und Rad bestimmt werden. Aus der Zähnezahlsumme und dem Zähnezahlverhältnis lassen sich die Zähnezahlen ermitteln.
b) Teilkreisdurchmesser aus Gl. (21.1/21-4), und Kopfkreisdurchmesser aus Gl. (21.6/21-9), Fußkreisdurchmesser aus Gl. (21.7/21-11),
c) aus Gl. (21.8/21-12) kann der Achsabstand mit z' anstelle z ermittelt werden,
d) das vorhandene Zähnezahlverhältnis aus der Gl. (21.10/21-3) $u = z_{\text{Großrad}}/z_{\text{Kleinrad}}$ mit z' anstelle z. Die prozentuale Abweichung aus $\Delta u = 100\% \cdot (u - u')/u$

21.4

a) Die Abtriebsdrehzahl aus Gl. (21.9/21-1), anschließend die Zähnezahl z_2 aus Gl. (21.9/21-1),
b) Mit dem Modul m und den Zähnezahlen $z_{1,2}$ sind der Teilkreisdurchmesser aus Gl. (21.1/21-4), der Kopfkreisdurchmesser aus Gl. (21.6/21-9), der Fußkreisdurchmesser aus Gl. (21.7/21-11) und die Zahnhöhe $h = 0,5 \cdot (d_a - d_f)$ zu bestimmen,
c) der Null-Achsabstand aus Gl. (21.8/21-12),
d) das Kopfspiel aus Gl. (21-10) $c = a_d - (d_{a1} + d_{f2})/2$.

21.5

a) Zunächst die Zähnezahlsumme $\sum z$ aus Gl. (21.8/21-12), dann aus $z_1 = \sum z/(1 + i)$ die Ritzelzähnezahl z_1 bestimmen; $z_2 = i \cdot z_1$.
b) die Teilkreisdurchmesser aus Gl. (21.1/21-4); die Grundkreisdurchmesser aus Gl. (21.2/21-5).
c) die Profilüberdeckung näherungsweise aus TB 21-2a; rechnerisch aus Gl. (21.13/21-14) mit den Kopfkreisdurchmessern nach Gl. (21.6/21-9) und den Grundkreisdurchmessern aus Gl. (21.2/21-5).

21.6

a) siehe Lehrbuch Gln. (21.9/21-1) und (21.8/21-12). Für die Ermittlung der Zähnezahlen z_5 und z_6 der letzten Getriebestufe ist die Bedingung einzuhalten, dass der Teilkreisdurchmesser des letzten Rades z_6 möglichst gleich dem des 4. Rades ist. Somit ist für die 3. Stufe zunächst $d_4 \approx d_6$ sowie a_{d2} der zweiten Getriebestufe zu bestimmen. Mit dem Modul m_3 wird die Zähnezahl des Rades 6 bestimmt aus $z_6 = d_6/m_3$ und mit $i_3 = i_{ges}/(i_1 \cdot i_2) = (n_{an}/n_{ab})/(i_1 \cdot i_2)$ die Ritzelzähnezahl z_5 aus $z_5 = z_6/i_3$.
b) Siehe Lehrbuch Gl. (21.9/21-1), $i = n_1/n_2$; $i_{ges} = n_{an}/n_{ab}$
c) Anordnung siehe Bild.

21.7

Für Innenräder sind die Zähnezahl, die Durchmesser und der Achsabstand negativ! In den Fertigungszeichnungen sind die Absolutwerte angegeben.

a) z_2 aus Gl. (21.10/21-3). Kontrolle durchführen nach Gl. (21-2), ob $|z_2| - z_1 \geq 10$.
b) $d_{1,2}$ aus Gl. (21.1/21-4), $d_{a1,2}$ aus Gl. (21.6/21-9), $d_{f1,2}$ aus Gl. (21.7/21-11).
c) a_d aus Gl. (21.8/21-12).

21.8

Zähnezahl des Rades aus $z_2 = z_1 \cdot i$, damit Achsabstand a_d errechnen; Profilverschiebungsfaktoren $\sum x$ nach Gl. (21.32/21-38) mit $\alpha = 20°$ und α_w aus Gl. (21.21/21-37); die Aufteilung der $\sum x$ nach Gl. (21.33/31-39); Werte sinnvoll festlegen. Zur Einhaltung des Kopfspiels c wird bei V-Getrieben eine Kopfkürzung k nach Gl. (21.23, zu 21-21) zu berücksichtigen sein. Der Kopfkreisdurchmesser ist nach Gl. (21.24/21-21) zu ermitteln.

Bei der Ermittlung des Fußkreisdurchmessers nach Gl. (21.25/21-23) ist das Kopfspiel c (siehe Aufgabenstellung) zu berücksichtigen.

Der Betriebswälzkreis wird nach Gl. (21.22a/21-27) bestimmt. Die Zahnhöhe h ergibt sich aus $h = (d_a - d_f)/2$; Die Profilüberdeckung ε_α ist nach Gl. (21.26/21-29) mit den Grundkreisdurchmessern nach Gl. (21.2/21-5) zu berechnen.

21.9

a) Ausführung als *V-Null-Getriebe* ist möglich, da $(z_1 + z_2) > 2 \cdot z_\text{grenz}$, s. Lehrbuch 21.1.4-4 unter *V-Null-Getriebe*,
b) der Mindestwert (Grenzwert) für den Profilverschiebungsfaktor x_1 aus Gln. (21.16/21-18),
c) während die Teil- und Grundkreisdurchmesser unverändert bleiben, ist beim Kopfkreisdurchmesser die Verzahnungskorrektur zu berücksichtigen (eine Kopfkürzung zur Einhaltung des üblichen Kopfspiels c ist lt. Aufgabenstellung nicht vorgesehen). Die Teilkreisdurchmesser aus Gl. (21.1/21-4), die Grundkreisdurchmesser aus Gl. (21.2/21-5), die Kopfkreisdurchmesser aus Gl. (21.24/21-21),
d) Profilüberdeckung aus Gl. (21.26/21-29) mit $\alpha_w = \alpha = 20°$ und $a = a_d$, da *V-Null-Getriebe*.

21.10

a) Da sowohl der Achsabstand, der Modul und die Übersetzung vorgegeben ist, lassen sich die Zähnezahlen mit den Gln. (21.8/21-12) und (21.9/21-1) ermitteln. Wenn dabei $z_1 < 14$, dann die Mindestprofilverschiebung $x_{1\min}$ mit Gl. (21.16/21-18) errechnen und zur Verbesserung der Betriebseigenschaften des Getriebes zweckmäßig Aufteilung der Profilverschiebungsfaktoren $\sum x = 0$ (*V-Null-Getriebe*) entsprechend Lehrbuch 21.1.4-5 nach TB 21-6 bzw. nach Gl. (21.33/21-39),
b) die Teilkreisdurchmesser aus Gl. (21.1/21-4); die Grundkreisdurchmesser aus Gl. (21.2/21-5), die Kopfkreisdurchmesser aus Gl. (21.24/21-21) mit $k = 0$ da $\sum x = 0$, die Fußkreisdurchmesser aus Gl. (21.25/21-23),
c) die Profilüberdeckung rechnerisch nach Gl. (21.26/21-29) mit $\alpha_w = \alpha = 20°$ und $a = a_d$ für $\sum x = 0$.

21.11

a) Beide Räder können ohne Unterschnitt hergestellt werden; dennoch empfiehlt es sich aus Gründen einer besseren Tragfähigkeit das Ritzel positiv zu korrigieren. Dabei kann die Verschiebung in weiten Grenzen gewählt werden. Nach Gl. (21.33/21-39) mit $x_1 + x_2 = 0$ und $z = z_n$ wird ein praktischer Wert für x_1 empfohlen, der entsprechend sinnvoll zu runden ist.
b) der Achsabstand wird nach Gl. (21.8/21-12) ermittelt, da $a = a_d$ und $\alpha_w = \alpha$ (*V-Null-Getriebe*);
c) die Zahndicke am Kopfkreis kann aus Gl. (21.28/21-33) ermittelt werden mit s aus Gl. (21.17/21-24) und α_a aus $\cos \alpha_a = d \cdot \cos \alpha / d_a$.

21.12

a) die Aufteilung $\sum x$ nach TB 21-6 oder nach Gl. (21.33/21-39); die Profilverschiebung $V = x \cdot m$.
b) die Teilkreisdurchmesser aus Gl. (21.1/21-4), die Grundkreisdurchmesser aus Gl. (21.2/21-5), die Kopfkreisdurchmesser aus Gl. (21.24/21-21), die Fußkreisdurchmesser aus Gl. (21.25/21-23).
c) Profilüberdeckung aus Gl. (21.26/21-29) mit α_w aus Gl. (21.21/21-37).

21.13

a) Die Aufteilung kann nach der Empfehlung DIN 3992 (TB 21-6) für z_m und x_m oder mithilfe der Gl. (21.33/21-39) vorgenommen werden,
b) der Achsabstand für das korrigierte Radpaar nach Gl. (21.21/21-37) mit dem Null-Achsabstand a_d aus Gl. (21.8/21-12),
c) das vorhandene Kopfspiel nach Angaben zur Gl. (21.22b, 21-22) und (21.23, zu 21-21) ermitteln. Um das Kopfspiel $c \approx 0{,}25 \cdot m$ einzuhalten, ist für die korrigierten Räder eine Kopfkürzung nach Gl. (21.23, zu 21-21) vorzusehen; die Kopfkreisdurchmesser unter Berücksichtigung der Profilverschiebung V und der Kopfkürzung k nach Gl. (21.24/21-21), die Fußkreisdurchmesser nach Gl. (21.25/21-23).

21.14

a) Die Aufteilung kann nach der Empfehlung DIN 3992 (TB 21-6) für z_m und x_m oder mithilfe der Gl. (21.33/21-39) vorgenommen werden; das Kopfspiel nach Angaben zur Gl. (21.21b/21-22) mit dem Kopfkreisdurchmesser aus Gl. (21.24/21-20), wenn die Kopfkürzung unberücksichtigt bleibt, anderenfalls unter Berücksichtigung der Kopfkürzung mit k nach Gl. (21.23, zu 21-21),
b) Die Profilüberdeckung des Radpaares aus Gl. (21.26/21-29) mit $d_{a1,2}$ nach Gl. (21.24/21-9) (vergl. mit der überschlägigen Ermittlung von ε_α nach TB 21-2a und TB 21-2b für Null- und V-Getriebe). Die prozentuale Erhöhung des Überdeckungsgrades aus $x = 100\,\% \cdot (\varepsilon_2 - \varepsilon_1)/\varepsilon_1$.

21.15

Den Null-Achsabstand aus Gl. (21.8/21-12) errechnen. Eine *Null-Verzahnung* kann ausgeführt werden, wenn $a_d = a$; anderenfalls ist eine Korrektur erforderlich. Die Summe der Profilverschiebungsfaktoren $\sum x$ nach Gl. (21.32/21-38) mit dem Betriebswinkel α_w aus Gl. (21.21/21-37). Die Aufteilung $\sum x$ erfolgt nach TB 21-6 oder zweckmäßig x_1 aus Gl. (21.33/21-39).

21.16

a) Den Null-Achsabstand aus Gl. (21.8/21-12) errechnen. Die Summe der Profilverschiebungsfaktoren $\sum x$ nach Gl. (21.32/21-38) mit dem Betriebseingriffswinkel α_w aus Gl. (21.21/21-37). Die Aufteilung $\sum x$ erfolgt nach TB 21-6 oder x_1 aus Gl. (21.33/21-39). Die maximal mögliche Korrektur des Ritzels aus $V_{max} = x_{max} \cdot m$ mit aus TB 21-3 (x_{max} gibt den Grenzwert bei Spitzenbildung $s_{an} = 0{,}2 \cdot m_n$ an).

b) Um das Kopfspiel $c = 0{,}25 \cdot m$ einzuhalten, ist für die Räder eine Kopfkürzung nach Gl. (21.23, zu 21-21) erforderlich. Die Teilkreisdurchmesser aus Gl. (21.1/21-4), die Kopfkreisdurchmesser aus Gl. (21.24/21-21).

21.17

a) $\sum x$ aus TB 21-4 gemäß den Angaben der Aufgabenstellung wählen; anschließend Aufteilung von $\sum x$ in x_1 und x_2 nach TB 21-6 bzw. nach Gl. (21.33/21-39). Kontrolle der Spitzbildung nach TB 21-3.

b) Um das Kopfspiel $c = 0{,}25 \cdot m$ einzuhalten, ist für die Räder eine Kopfkürzung zu Gl. (21-21) mit $k = a - a_d - m \cdot (x_1 + x_2)$ erforderlich. Die Teilkreisdurchmesser aus Gl. (21.1/21-4), Kopfkreisdurchmesser aus Gl. (21.24/21-21), die Fußkreisdurchmesser aus Gl. (21.15/21-23), den Achsabstand aus Gl. (21.19/21-26) mit α_w aus Gl. (21.31/21-36) und (21-31).

21.18

Die 1. Stufe soll als *Null-Getriebe* ausgeführt werden. Somit wird für beide Stufen der Achsabstand $a_{1,3} = a_{d1,2}$; die 2. Getriebestufe $z_{1,3}$ muss korrigiert werden ($x_1 = 0$, da hier das Ritzel der 1. Stufe mit $x_1 = 0$ und $k = 0$ unverändert bleibt und damit maßgebend ist!).

1. Getriebestufe: Achsabstand aus Gl. (21.8/21-12); die Teilkreisdurchmesser aus Gl. (21.1/21-4), die Kopfkreisdurchmesser aus Gl. (21.6/21-9), die Fußkreisdurchmesser aus Gl. (21.7/21-11), Abtriebsdrehzahl aus Gl. (21.9/21-1).

2. Getriebestufe: Betriebseingriffswinkel aus Gl. (21.21/21-37) mit $a = a_{d1,2}$ der 1. Stufe. Da das Ritzel nicht korrigiert wird, muss die ganze Korrektur vom Rad z_3 aufgenommen werden. $\sum x_{1,3}$ aus Gl. (21.32/21-38) mit $x_1 = 0$ und $z_2 \stackrel{\wedge}{=} z_3$. Da eine Kopfkürzung für das Ritzel z_1 nicht vorgesehen ist (Stufe $z_{1,2}$ wird als *Null-Getriebe* ausgeführt); wird das Kopfspiel der Stufe $z_{1,3}$ kleiner sein als das der Stufe $z_{1,2}$. Die Kopfkürzung für das Rad z_3 aus Gl. (21.23, zu 21-21) mit $a \stackrel{\wedge}{=} a_{d1,2}$, $x_2 \stackrel{\wedge}{=} x_3$. Die Teilkreisdurchmesser aus Gl. (21.1/21-4), die Grundkreisdurchmesser aus Gl. (21.2/21-5), die Kopfkreisdurchmesser aus Gl. (21.6/21-9), die Fußkreisdurchmesser aus Gl. (21.7/21-11).

21.19

a) Für beide Radpaarungen ist der Achsabstand gleich. Vorgegeben ist der Achsabstand $a = a_{d2}$. Das Radpaar $z_{1,2}$ muss korrigiert werden. $\sum x$ aus Gl. (21.32/21-38) mit dem Betriebseingriffswinkel aus Gl. (21.21/21-37). Hierin ist $a_d = a_{d1}$ und $a = a_{d2}$ zu setzen. Kontrolle der Spitzbildung und Festlegung von x_1 für $s_{a1} \approx 0{,}2 \cdot m$ nach TB 21-3.

b) Die Teilkreisdurchmesser $d_{1,2,3,4}$ aus Gl. (21.1/21-4), die Kopfkreisdurchmesser $d_{a1,2}$ aus Gl. (21.24/21-21) mit $V = x \cdot m$ und $k = a - a_d - m \cdot (x_1 + x_2)$, für $d_{a3,4}$ wird $V = 0$ und $k = 0$; die Fußkreisdurchmesser $d_{f1,2}$ aus Gl. (21.25/21-23), für $d_{f3,4}$ wird $V = 0$; das Kopfspiel c nach Angaben zur Gl. (21.22b, 21-22) aus $c = a - 0{,}5 \cdot (d_{a1} + d_{f2})$ bzw. aus $c = a - 0{,}5 \cdot (d_{a3} + d_{f4})$.

Schrägverzahnte Stirnräder (Verzahnungsgeometrie)

21.20
a) Mit dieser Aufgabe sollen die Zusammenhänge von Normal- und Stirnansicht näher gebracht werden. Die Normal- und Stirnteilung aus Gl. (21.34/21-40). Die Normaleingriffs- und Stirneingriffsteilung kann aus Gl. (21.37/21-45, 21-46) mit α_t aus Gl. (21.35/21-41) ermittelt werden. Die Normal- und Stirnzahndicke auf dem Teilkreis aus $s_n = p_n/2$ bzw. $s_t = p_t/2$.
b) Die Teilkreisdurchmesser aus Gl. (21.38/21-47), die Kopfkreisdurchmesser aus Gl. (21.40/21-49), die Fußkreisdurchmesser aus Gl. (21.41/21-50), der Achsabstand aus Gl. (21.42/21-51), die Grundkreisdurchmesser aus Gl. (21.39/21-48), die Zahnhöhe aus $h = (d_a - d_f)/2$. Den Grundschrägungswinkel aus Gl. (21.36/21-42 bis 21-44).

21.21
a) Die Teilkreisdurchmesser aus Gl. (21.38/21-47), die Kopfkreisdurchmesser aus Gl. (21.40/21-49), die Fußkreisdurchmesser aus Gl. (21.41/21-50), die Grundkreisdurchmesser aus Gl. (21.39/21-48).
b) Die Gesamtüberdeckung aus Gl. (21.46/21-54) mit der Profilüberdeckung aus Gl. (21.45/21-52) und der Sprungüberdeckung aus Gl. (21.44/21-53). α_t aus Gl. (21.35/21-41), den Modul im Stirnschnitt aus Gl. (21.34/21-40).

21.22
a) Beim Null-Getriebe sind beide Räder nicht profilverschoben. Ein vorgegebener Achsabstand kann in vielen Fällen auch erreicht werden durch einen entsprechenden Schrägungswinkel β, der aus Gl. (21.42/21-51) zu ermitteln ist, wenn $a_d = a$ gesetzt wird.
b) Die Teilkreisdurchmesser aus Gl. (21.38/21-47), die Kopfkreisdurchmesser aus Gl. (21.40/21-49), die Fußkreisdurchmesser aus Gl. (21.41/21-50), die Grundkreisdurchmesser aus Gl. (21.39/21-48).
c) Die Gesamtüberdeckung aus Gl. (21.46/21-54) mit der Profilüberdeckung aus Gl. (21.45/21-52) und der Sprungüberdeckung aus Gl. (21.44/21-53). α_t aus Gl. (21.35/21-41), den Modul im Stirnschnitt aus Gl. (21.34/21-40).

21.23
DIN 3966 beinhaltet „Angaben für Verzahnungen in Zeichnungen"; die Angabe „Verzahnungsqualität und Toleranzfeld 8e26" ist eine fertigungstechnisch relevante Angabe und hat auf die vorliegende Berechnung keinen Einfluss.

a) Der Teilkreisdurchmesser aus Gl. (21.38/21-47); der Kopfkreisdurchmesser aus Gl. (21.24/21-59) mit $m = m_n$, $V = x \cdot m_n$ und $k = 0$; die Zahnhöhe aus Gl. (21.5) mit $c = 0{,}25 \cdot m_n$ und der Grundkreisdurchmesser aus Gl. (21.39/21-48) mit dem Stirneingriffswinkel aus Gl. (21.35/21-41).
b) Das Nennmaß der Normalzahndicke aus Gl. (21.52/21-64).

21.24

a) Die Profilverschiebung aus Gl. (21.49/21-57);
b) Der Betriebseingriffswinkel aus Gl. (21.55/21-30 und 21-31) mit dem Stirneingriffswinkel aus Gl. (21.35/21-41);
c) Die Teilkreisdurchmesser aus Gl. (21.38/21-47), die Grundkreisdurchmesser aus Gl. (21.39/21-48), die Kopfkreisdurchmesser aus Gl. (21.24/21-59) mit $m = m_n$, $V = x \cdot m_n$, die Kopfkürzung $k = 0$ (*ohne* Kopfkürzung), die Fußkreisdurchmesser aus Gl. (21.25/21-62) mit $m = m_n$ und $c = 0,25 \cdot m$
d) das vorhandene Kopfspiel aus Gl. (21-61); für $c = 0,25 \cdot m$ (DIN 3972-II) wird Kopfkürzung um k aus Gl. (21.23, zu 21-60) erforderlich sein mit a aus Gl. (21.54/21-66);
e) Gesamtüberdeckung aus $\varepsilon_\gamma = \varepsilon_\alpha + \varepsilon_\beta$, mit der Profilüberdeckung aus Gl. (21.57/21-72) und der Sprungüberdeckung aus Gl. (21.46/21-53).

21.25

Das Ritzel mit $z < z_{min}$ muss zur Vermeidung von Zahnunterschnitt *positiv* profilverschoben werden; bei Ausführung des Radpaares als *V-Null-Getriebe* muss das Rad entsprechend um den gleichen Betrag *negativ* korrigiert werden.

a) Der Mindest-Profilverschiebungsfaktor für das Ritzel aus Gl. (21.50/21-58) mit der Zähnezahl des virtuellen Ersatzrades aus Gl. (21.47/21-55);
b) die Teilkreisdurchmesser aus Gl. (21.38/21-47), die Kopfkreisdurchmesser aus Gl. (21.24/21-59) mit $k = 0$, da $(x_1 + x_2) = 0$ und $a = a_d$; der Achsabstand aus Gl. (21.54/21-66) mit $\alpha_t = \alpha_{wt}$ (*V-Null-Getriebe*);
c) das Nennmaß der Zahndicken im Normalschnitt aus Gl. (21.52/21-64), das Nennmaß der Zahndicken im Stirnschnitt aus Gl. (21.51/21-63) mit $m_t = m_n/\cos\beta$.

21.26

a) Es muss sichergestellt sein, dass die Übersetzung genau eingehalten und die Bedingung $|z_2| - z_1 \geq 10$ nach Gl. (21-2) eingehalten wird, siehe Lehrbuch unter 20.1.3-3.
b) Modulbestimmung nach Lehrbuch, Bild 21.21/A 21-1. Da sowohl der Wellendurchmesser zur Aufnahme des Ritzels als auch die Werkstoffe beider Räder bekannt sind, kann der Modul zunächst überschlägig aus Gln. (21.63/21-82), (21.65/21-86) ermittelt werden; der größere Wert wird nach DIN 780 festgelegt. Die endgültige Festlegung des Moduls kann erst bei der Tragfähigkeitsberechnung erfolgen.
c) Teilkreisdurchmesser nach Gl. (21.38/21-47), Kopfkreisdurchmesser nach Gl. (21.40/21-49), Fußkreisdurchmesser nach Gl. (21.41/21-50). Die Breiten b_1 mit den Erfahrungswerten ψ_d aus TB 21-13a.
d) Achsabstand für das schrägverzahnte *Null-Getriebe* aus Gl. (21.42/21-51).

21.27

Bei Vorgabe des Achsabstandes und des Schrägungswinkels ist eine Profilverschiebung erforderlich, wenn $a_d \neq a$.

a) Die Summe der Profilverschiebungsfaktoren aus Gl. (21.56/21-71) mit α_{wt} aus Gl. (21.54/21-69) und Null-Achsabstand aus Gl. (21.42/21-51). Die Aufteilung von $(x_1 + x_2)$ erfolgt nach Gl. (21.33/21-39) mit $z = z_n$ nach Gl. (21.47/21-55);
b) rechnerische Profilüberdeckung aus Gl. (21.57/21-72) mit α_t aus Gl. (21.35/21-40), dem Kopfkreisdurchmesser d_a aus Gl. (21.24/21-49) und dem Grundkreisdurchmesser d_b aus Gl. (21.39/21-48).

21.28

a) Zähnezahl der Räder $z_{2,4}$ aus Gl. (21.9/21-1). Festlegen der Profilverschiebungsfaktoren x_1 und x_2 nach Gl. (21.33/21-39); die Profilverschiebung $V_{1,2}$ nach Gl. (21.49/21-57). Den Achsabstand aus Gl. (21.54/21-66) mit dem Stirneingriffswinkel α_t aus Gl. (21.35/21-40), dem Nullachsabstand aus Gl. (21.42/21-51) und dem Betriebseingriffswinkel α_{wt} aus Gl. (21.55/21-70 und 21-31).
b) Die Summe der Profilverschiebungsfaktoren $\sum x$ aus Gl. (21.56/21-71) mit α_{wt} aus Gl. (21.54/21-69) und $a = a_{1,2}$; die Aufteilung von $\sum x$ erfolgt nach Gl. (21.33/21-39) mit $z = z_n$.

21.29

a) Die 1. Getriebestufe wird als Null-Getriebe ausgeführt. Null-Achsabstand der 1. Stufe aus Gl. (21.42/21-51), die Gesamtübersetzung aus Gl. (21.9/21-1) und mit den Zähnezahlen z_1 und z_2 kann i_2 ermittelt werden. Für die 2. Getriebestufe wird $(z_3 + z_4) = 2 \cdot a_{d3,4} \cdot (\cos \beta / m_n)$ und mit $z_4 = i_2 \cdot z_3$ und $a_{d3,4} \approx a_{d1,2}$ wird $z_3' \approx \dfrac{2 \cdot a_{d1} \cdot \cos \beta}{m_n \cdot (1 + i_2)}$.

b) Mit dem Stirneingriffswinkel aus Gl. (21.35/21-40) und dem Betriebseingriffswinkel im Stirnschnitt aus Gl. (21.54/21-69) wird die Summe der Profilverschiebungsfaktoren aus Gl. (21.56/21-71). Mit den Zähnezahlen der Ersatzräder z_{n3} und z_{n4} aus Gl. (21.47/21-55) kann der Faktor x_3 aus Gl. (21.33/21-39)

$$x_3 \approx \frac{x_3 + x_4}{2} + \left(0,5 - \frac{x_3 + x_4}{2}\right) \cdot \frac{\lg(z_{n4}/z_{n3})}{\lg(z_{n3} \cdot z_{n4}/100)}$$

ermittelt werden.

Das Kopfspiel c wird für die 2. Stufe nur mit der Kopfhöhenänderung der Räder $z_{3,4}$ nach Gl. (21.23, zu 21-60) den üblichen Wert $c = 0,25 \cdot m_n$ betragen; die 1. Stufe ist als Nullgetriebe ausgeführt. Die Kopfkreisdurchmesser aus Gl. (21.24/21-60) mit $m = m_n$ und den Teilkreisdurchmessern aus Gl. (21.38/21-47).

Verzahnungsqualität, Toleranzen

21.30

Für stirnverzahnte Räder ergibt sich aus den Zahndickenabmaßen A_{sne}, A_{sni} (Normalschnitt), bzw. A_{ste}, A_{sti} (Stirnschnitt) und den Achsabstandsabmaßen A_a der Radpaarung das *maximale* bzw. *minimale theoretische Drehflankenspiel* aus Gl. (21.58/21-76, 21-77) und mit dem Zahndickenabmaß A_{sne} aus TB 21-8a. Die *unteren Zahndickenabmaße* aus $A_{sni} = T_{sn} - A_{sne}$ mit der Zahndickentoleranz T_{sn} aus TB 21-8b. Die *Spieländerung durch die Achsabstandstoleranz* aus Gl. (21.59/21-79). Die *Messzähnezahl* aus Gl. (21.61/21-81) mit der Zähnezahl aus Gl. (21.1/21-4); das Nennmaß für die *Zahnweite* aus Gl. (21.60/21-80) mit $\alpha_t = \alpha_n = 20°$ und $x = 0$ (keine Verzahnungskorrektur vorgesehen). Zur Erzielung des Flankenspiels wird W_k um das untere bzw. das obere *Zahnweitenabmaß* $A_{wi} = A_{sni} \cdot \cos\alpha_n$ bzw. $A_{we} = A_{sne} \cdot \cos\alpha_n$ verringert (Prüfmaße W_{ki} bzw. W_{ke})

21.31
Das Nennmaß der Zahndicke für das geradverzahnte Ritzel aus Gl. (21.17/21-24). Festlegung des oberen Zahndickenabmaßes A_{sne} nach TB 21-8 mit Teilkreisdurchmesser aus Gl. (21.1/21-4). Die maximale Zahndicke aus $s_{max} = s + A_{ne}$. Mit dem unteren Zahndickenabmaß aus $A_{sni} = A_{sne} - T_{sn}$ wird die minimale Zahndicke $s_{min} = s + A_{ni}$ mit T_{sn} aus TB 21-8b. Das Nennmaß der Lückenweite e auf dem Teilkreis aus Gl. (21.18/21-25).

21.32
Da die Zähnezahl des Ritzels < 14 beträgt, muss eine positive Korrektur vorgenommen werden (V-Getriebe). Da die Achsabstandsabmaße A_a sich auf den Achsabstand a beziehen, ist bei korrigierten Getrieben dieser vorerst aus Gl. (21.54/21-26) mit α_{wt} aus Gl. (21.55/21-36) zu ermitteln.

Für stirnverzahnte Räder ergibt sich aus den Zahndickenabmaßen A_{sne}, A_{sni} (Normalschnitt), bzw. A_{ste}, A_{sti} (Stirnschnitt) und den Achsabstandsabmaßen A_a der Radpaarung das *maximale* bzw. *minimale theoretische Drehflankenspiel* j_t aus Gl. (21.58/21-76, 21-77) mit dem Zahndickenabmaß A_{sne} aus TB 21-8a entsprechend der Abmaßreihe c und des Teilkreisdurchmessers. Die unteren Zahndickenabmaße aus $A_{sni} = T_{sn} - A_{sne}$ mit der Zahndickentoleranz T_{sn} entsprechend der Toleranzreihe 26 und des Teilkreisdurchmessers aus TB 21-8b.

21.33
a) Ritzel muss positiv korrigiert werden, da $z_1 < 14$. Der Betrag der Mindest-Profilverschiebung aus Gl. (21.15/21-15) mit dem Profilverschiebungsfaktor aus Gl. (21.50/21-58) mit der Zähnezahl des Ersatzrades aus Gl. (21.47/21-55). Da Ausführung als *V-Null-Getriebe*, wird $x_2 = -x_1$ ausgeführt.
b) Kopfkreisdurchmesser aus Gl. (21.24/21-60) mit $k = 0$ (*V-Null-Getriebe*); Achsabstand aus Gl. (21.54/21-66) mit $d_w = d$.
c) Normalzahndicke aus Gl. (21.52/21-64).

Zahnradkräfte, Drehmomente

21.34
a) Die Zahnkraftkomponenten aus Gl. (21.67/21-88) bzw. Gl. (21.69/21-90) mit $\alpha_w = \alpha = 20°$ und $d_w = d$. Die Lösung ist zweckmäßig anhand einer Skizze vorzunehmen.
b) Die Stützkräfte ergeben sich als Resultierende aus den jeweiligen x- und y-Kräften an den Lagerstellen A bzw. B (Belastungsskizzen siehe Ergebnisteil).

21.35
a) siehe Lehrbuch 21.5.2-2 mit Bild 21.25 bzw. Gl. (21-88).
b) die einzelnen Kraftkomponenten aus den Gln. (21.70/21-91) bis (21.72/21-93). Da keine Verzahnungskorrektur vorliegt, ist $d_w = d$ zu setzen.
c) und d) siehe Lehrbuch Kapitel 11; die Wirkebenen x und y sind nebeneinander zu skizzieren, wobei zu beachten ist, dass F_{r2} und F_{a2} im Abstand $d_2/2$ stets in der gleichen Wirkebene liegen; Belastungsskizzen siehe Ergebnisteil. Kippmoment durch F_a beachten!
e) durch Kippmoment $F_a \cdot l_1$ ergeben sich an der Stelle des Ritzels zwei Biegemomente (links- und rechtsseitig) aus $M_1 = F_{Ares} \cdot l_1$ bzw. $M_2 = F_{Bres} \cdot l_2$. Das größere Moment ist für die Auslegung der Welle maßgebend.

21.36
a) bis d) siehe Lösungshinweise zur Aufgabe 21.35.

Tragfähigkeitsnachweis (geradverzahnte Stirnräder)

21.37
Die Berechnung ist zweckmäßig in nachfolgender Reihenfolge durchzuführen:

a) Nennbelastung aus Gl. (21.67/21-88) mit dem Nenndrehmoment T aus Gl. (21.66/21-87),
b) Stirnfaktor vereinfacht aus TB 21-18 für $K_A \cdot F_t/b > 100\,\text{N/mm}$;
c) Gesamtbelastungseinfluss für die Zahnfußtragfähigkeit nach Gl. (21.81/21-109),
d) die örtliche Zahnfußspannung aus Gl. (21.82/21-111) mit den Korrekturfaktoren aus TB 21-19 und nach Gl. (21.83/21-114, 21-115) die Zahnfußspannung unter Berücksichtigung der Belastungseinflussfaktoren.
e) den Grenzwert für den Ritzelwerkstoff aus Gl. (21.84a/21-116) errechnen unter Berücksichtigung diverser Faktoren nach TB 21-20,
f) die Tragsicherheit aus dem Verhältnis Zahnfußgrenzfestigkeit und Zahnfußspannung aus Gl. (21.85/21-118) ermitteln.

21.38
Im Einzelnen sind zu ermitteln bzw. festzulegen:

a) die vom Rad weiterzuleitende Nenn-Umfangskraft F_{t2} aus Gl. (21.67/21-88) mit dem Nenndrehmoment aus Gl. (21.66/21-87),
b) den Nennwert der Flankenpressung im Wälzpunkt C aus Gl. (21.88/21-119) mit dem Zonenfaktor Z_H nach TB 21-21a,
c) die Flankenpressung am Wälzkreis aus Gl. (21.89/21-120) unter Berücksichtigung des Balastungsfaktors (s. Aufgabenstellung),
d) die Flankengrenzfestigkeit aus Gl. (21.90/21-121) mit den Einflussfaktoren aus TB 21-22a, b, c, d, e und TB 21-20d,
e) die Grübchentragsicherheit aus Gl. (21.91/21-122).

21.39
a) Die Modulwahl wird nach Gl. (21.63/21-82) und (21.65/21-85) vorgenommen, da einerseits die Leistungsdaten und die Zahnradwerkstoffe, andererseits der Schaftdurchmesser zur Aufnahme des Ritzels bekannt sind. Der größere Wert ist zur Festlegung der Modulgröße nach TB 21-1 zu Grunde zu legen. Das Durchmesser/Breitenverhältnis nach TB 21-14 festlegen (fliegendes Ritzel, flammgehärtet). Für die Geometriedaten siehe Lösungshinweise zu den Aufgaben 21.1 ff.
b) und c) siehe Lösungshinweise zu den Aufgaben 21.37 und 21.38.

21.40
a) Aus der Fördergeschwindigkeit und dem Kettenraddurchmesser die Drehzahl n_3 und damit i_{ges} und $i_{1,2}$ bestimmen. Mit z_1 und $i_{1,2}$ Zähnezahl z_2 ermitteln. Modul aus r_2 und der Achshöhe errechnen und nach TB 21-1 sinnvoll festlegen. Für die Ausführung als Ritzelwelle ist nach Gl. (21.63/21-83) der Mindestmodul zu bestimmen und dem gewählten Modul gegenüber zu stellen,
b) Zahnbreiten zweckmäßig mit ψ_d und ψ_m nach TB 21-14 festlegen; die Verzahnungsqualität nach TB 21-7.
c) und d) siehe Lösungshinweise zu den Aufgaben 21.37 und 21.38. Umfangskraft unter Berücksichtigung des Riementriebes ermitteln; da für beide Räder der gleiche Werkstoff vorgesehen ist, wird nur das Ritzel auf ausreichende Tragfähigkeit untersucht.

Tragfähigkeitsnachweis (schrägverzahnte Stirnräder)

21.43
a) Aufteilung $(x_1 + x_2)$ nach Gl. (21.33/21-39) mit z_n anstelle z; Rad- und Getriebeabmessungen siehe Lösungshinweise zur Aufgabe 21.37 ff. Den Betriebseingriffswinkel aus Gl. (21.55/21-70, 21-31) bestimmen.
b) siehe ausführliche Lösung zur Aufgabe 21.41
c) siehe ausführliche Lösung zur Aufgabe 21.42.

22 Kegelräder und Kegelradgetriebe

22.1
a) Teilkegelwinkel δ nach Lehrbuch 22.2.1, Gl. (22.4/22-3)
b) Teilkreisdurchmesser nach Gl. (22.6/22-5) $d_e = z \cdot m_e$, Kopfkreisdurchmesser nach Gl. (22.13/22-16),
c) siehe Lehrbuch 22.2.1, Gl. (22.8/22-7), die Zahnradbreite entsprechend den Empfehlungen Gl. (22.11/22-10 bis 22-12) kontrollieren, R_m nach Gl. (22.9/22-8)
d) Die Kopfkegelwinkel nach Lehrbuch Gl. (22.14/22-17) mit *Kopfwinkel* ϑ_a aus tan $\vartheta_a = m_e/R_e$, und Fußkegelwinkel nach Gl. (22.15/22-18) mit *Fußwinkel* gleich Winkel zwischen Mantellinie des Teil- und des Fußkegels aus tan $\vartheta_f \approx 1{,}25 \cdot m_e/R_e$ (Kopfwinkel und Kopfkegelwinkel sowie Fußwinkel und Fußkegelwinkel sind zu unterscheiden).

22.2
a) Ausführung als Nullgetriebe ist möglich, wenn die Bedingung $z_1 \geq z'_{gK1}$ erfüllt ist, s. Angaben zu Gl. (22.17/22-20).
b) Zähnezahl z_1 aus Gl. (22.2/22-1), Teilkegelwinkel aus Gl. (22.4/22-3) bzw. aus Gl. (22.1); äußere Teilkegellänge aus Gl. (22.8/22-7) mit d_e aus Gl. (22.6/22-5); mittlere Teilkegellänge aus Gl. (22.9/22-8); für die festgelegte Zahnbreite Angaben zu Gl. (22.11/22-10 bis 22-12) beachten; h_{ae} und h_{fe} aus Gl. (22.12/22-13 und 22-14), $d_{ae1,2}$ aus Gl. (22.13/22-16), $\delta_{a1,2}$ aus Gl. (22.14/22-17), $\delta_{f1,2}$ aus Gl. (22.15/22-18).

22.3
Für die Berechnung der Radabmessungen wird im Gegensatz zu den geradverzahnten Kegelrädern bei schrägverzahnten Kegelrädern vielfach der mittlere Modul im Normalschnitt m_{mn} (bei geradverzahnten Kegelrädern $m_e = m$) als Nenngröße zugrunde gelegt, siehe auch zu den Gln. (22.7/22-6) und (22.21/22-29).

Zähnezahl des Rades aus Gl. (22.2/22-1) $i = z_2/z_1$; die Radbreite mit dem Breitenverhältnis ψ_d nach TB 22-1 ermitteln und sinnvoll festlegen; Teilkegelwinkel aus Gl.

(22.4/22-3); mittlerer Teilkreisdurchmesser aus Gl. (22.21/22-29); Teilkegellänge R_m aus Gl. (22.9/22-8), R_e aus Gl. (22.8/22-7); mittlerer Kopfkreisdurchmesser aus Gl. (22.24/22-36) mit $h_{am} = m_{nm}$, äußerer Kopfkreisdurchmesser aus Gl. (22.25/22-37), mittlerer Fußkreisdurchmesser aus Gl. (22.26/22-38) mit $h_{fm} = 1{,}25 \cdot m_{nm}$, äußerer Fußkreisdurchmesser aus Gl. (22.27/22-39).

22.4

a) Das Übersetzungsverhältnis $i' = n_{an}/n_{ab}$ mit der Kettengeschwindigkeit v und dem Rollendurchmesser D aus $n_{ab} = n_2 = v/(D \cdot \pi)$, s. Hinweis zu Gl. (17-17),

b) die Ritzelzähnezahl z_1 nach TB 22-1 für das Übersetzungsverhältnis festlegen, die Zähnezahl z_2 für das Rad aus Gl. (22.2/22-1); die Übersetzung i_{vorh} aus Gl. (22.2/22-1),

c) den Modul m_{mn} mit Gl. (22.32/22-50) überschlägig ermitteln und nach TB 21-1 festlegen (Ritzel und Welle sind getrennt); die Zahnkopf- und Zahnfußhöhe nach Gl. (22.23/22-33 und 22-34),

d) die Radbreite mit dem Breitenverhältnis ψ_d nach TB 22-1 ermitteln und sinnvoll festlegen; Teilkegelwinkel $\delta_{1,2}$ aus Gl. (22.4/22-3); mittlerer Teilkreisdurchmesser aus Gl. (22.21/22-29); Teilkegellänge R_m aus Gl. (22.9/22-8), R_e aus Gl. (22.8/22-7); mittlerer Kopfkreisdurchmesser $d_{am1,2}$ aus Gl. (22.24/22-3), äußerer Kopfkreisdurchmesser $d_{ae1,2}$ aus Gl. (22.25/22-37), mittlerer Fußkreisdurchmesser $d_{fe1,2}$ aus Gl. (22.27/22-39).

22.5

a) Nach Lehrbuch TB 22-1 wird für $i = 2{,}05$ der Bereich $z_1 \approx 15\ldots30$ empfohlen; die Ritzelzähnezahl so festlegen, das die geforderte Übersetzung möglichst genau eingehalten wird.

b) den Modul m_{mn} mit Gl. (22.32/22-50) überschlägig ermitteln und nach TB 21-1 festlegen; die Zahnkopf- und Zahnfußhöhe nach Gl. (22.23/22-33 und 22-34),

c) die Radbreite mit dem Breitenverhältnis ψ_d nach TB 22-1 ermitteln und sinnvoll festlegen; Teilkreiswinkel $\delta_{1,2}$ aus Gl. (22.4/22-3); mittlerer Teilkreisdurchmesser aus Gl. (22.21/22-29); Teilkegellänge R_m aus Gl. (22.9/22-8), R_e aus Gl. (22.8/22-7); mittlerer Kopfkreisdurchmesser $d_{am1,2}$ aus Gl. (22.24/22-3), äußerer Kopfkreisdurchmesser $d_{ae1,2}$ aus Gl. (22.25/22-37), mittlerer Fußkreisdurchmesser $d_{fm1,2}$ aus Gl. (22.26/22-38), äußerer Fußkreisdurchmesser $d_{fe1,2}$ aus Gl. (22.27/22-39).

Tragfähigkeitsnachweis

22.6

$K_A = 1$ da maximale Leistung angegeben ist. Für den Tragfähigkeitsnachweis sind die Werte des virtuellen Ersatz-Stirnrades mit z_v nach Gl. (22.16/22-19) maßgebend. Die Profilüberdeckung $\varepsilon_{v\alpha}$ überschlägig nach TB 21-2a, den Überdeckungsfaktor Y_ε aus TB 22-3;

Tragfähigkeitsnachweis

Einflussfaktor (Stirnfaktor) $K_{F\alpha}$ und $K_{H\alpha}$ nach TB 22-19 für die gewählte Qualität mit $Z_\varepsilon = \sqrt{(4-\varepsilon_\alpha)/3}$ nach Text zu Gl. (21.88); $K_{F\beta}$ nach Angaben zur Gl. (22.42/22-68). Nach Festlegung aller Einflussfaktoren, siehe zu den Gl. (22.42/22-68) bis (22.47/22-72), die jeweils vorhandene Sicherheit aus Gl. (22.44/22-72) $S_{F\,vorh} = \sigma_{FG}/\sigma_F$ und aus Gl. (22.47/22-77) $S_{H\,vor} = \sigma_{HG}/\sigma_H$. Erläuterungen zu den einzelnen Einflussfaktoren siehe Kapitel 21 unter 21.5.3 und 21.5.4.

22.7
Mit den gegebenen Zahnraddaten die Kegelradabmessungen d_{m1} und d_{m2} ermitteln. Anwendungsfaktor $K_A = 1$, da $P = 12\,\text{kW}$ als „Maximalleistung" gegeben. Zur Ermittlung der Auflagerkräfte siehe Lehrbuch 22.5 (Berechnungsbeispiel 22.3). Die Auflagerkräfte F_A und F_B sind für den Rechts- und Linkslauf zwar gleich groß, ihre Richtungen dagegen ändern sich.

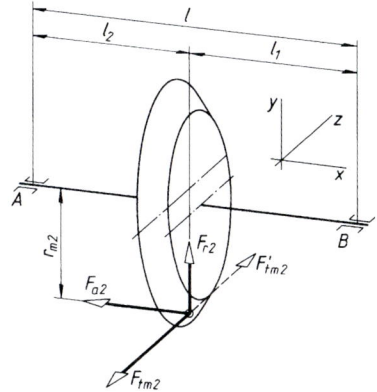

23 Schraubrad- und Schneckengetriebe

Schraubradgetriebe

23.1
Die Radabmessungen der Schraubräder werden teilweise wie die der Schrägstirnräder bestimmt.

a) Zähnezahl aus Gl. (23.1/23-1),
b) die Teilkreisdurchmesser d aus Gl. (21.38/21-47) und $\beta_2 = \Sigma - \beta_1$, die Kopfkreisdurchmesser d_a aus Gl. (21.40/21-49); bei der Festlegung der Radbreiten kann allgemein $b_1 = 10 \cdot m_n$ gesetzt werden (Lehrbuch 23.1.5 – Fall 1),
c) der (Null)-Achsabstand aus Gl. (23.4/23-16) mit $\beta_s \approx \beta$.

23.2
Die Aufteilung des Achsenwinkels Σ in β_1 und β_2 wird von der Verzahnungsgeometrie nicht zwingend vorgeschrieben und kann somit frei erfolgen. Da jedoch der Wirkungsgrad der Verzahnung η_z, der Achsabstand a und andere Verzahnungsdaten von der Größe der Schrägungswinkel β_1 und β_2 beeinflusst werden, sind für β_1 und somit auch für β_2 nur ganz bestimmte Bereiche als sinnvoll anzunehmen. Durch Auftragen des Wirkungsgrades η_z (nach Lehrbuch Gl. (20.6/23-26)) über dem Schrägungswinkel β_1 kann der günstige Bereich für β_1 abgelesen werden.

23.3
a) Günstige Wirkungsgrade ergeben sich, wenn $\beta_1 - \beta_2 = \varrho'$ gewählt wird, s. Lehrbuch 20.4.
b) Zähnezahl des treibenden Rades wird in Abhängigkeit von der Übersetzung i festgelegt, s. Lehrbuch TB 23-1; z_2 nach Gl. (23.1/23-1), $b_1 = b_2 \approx 10 \times m_n$, die Teilkreisdurchmesser aus Gl. (21.38/21-47), die Kopfkreisdurchmesser aus Gl. (21.40/21-49), der Achsabstand aus Gl. (23.4/23-16) mit $\beta_s \approx \beta$.

c) Der Wirkungsgrad ist abhängig von den Schrägungswinkeln und dem Keilreibungswinkel, s. Lehrbuch 20.4, Gl. (20.6/23-25) für $\Sigma < 90°$.
d) Die Gleitgeschwindigkeit der Flanken zueinander aus Gl. (23.3/23-24) mit $\beta_s \approx \beta$ und $v = d \cdot \pi \cdot n$.

23.4
a) Siehe Lehrbuch 23.1.5 – *Fall 1*. Die Zähnezahl des Rades aus Gl. (23.1/23-1); mit den Hinweisen zu Gl. (23.11/23-27) können die Schrägungswinkel β für Ritzel und Rad ermittelt werden. Der Modul kann mit $m'_n = d_1 \cdot \cos\beta_1 / z_1$ und d'_1 nach Gl. (23.11/23-27) ermittelt werden, der Anwendungsfaktor ist mit $K_A = 1$ anzusetzen, da P_{max} bekannt ist; der Modul ist nach TB 21-1 sinnvoll festzulegen. Die Teilkreisdurchmesser aus Gl. (21.38/21-47), die Kopfkreisdurchmesser aus Gl. (21.40/21-49), die Radbreiten nach Angaben zu Gl. (23.11/23-27); der Achsabstand aus Gl. (23.4/23-16) mit $\beta_s \approx \beta$.
b) Die Zahnkräfte aus den Gln. (23.5/23-18) ... (23.10/23-23).
c) S. Lehrbuch 20.4. „Getriebewirkungsgrad", η_z aus Gl. (20.6/23-26) für den Achsenwinkel $\Sigma = 90°$.

23.5
a) Da $\Sigma = 90°$ (siehe Bild), $i = i_{ges}/i_1$ und P_1 bekannt sind, kann die Ermittlung der Abmessungen der Schraubräder nach Lehrbuch 23.1.5 – *Fall 1* erfolgen. Die Hauptabmessungen mit den Gln. (21.38/21-47) ff. ermitteln.
b) $P_2 = \eta_{ges} \cdot P$, wobei sich η_{ges} zusammensetzt aus den Einzelwirkungsgraden der Stirnradverzahnung, der Lagerung der Welle I, Dichtung einschließlich Schmierung der Welle I, Stirnrad-Schraubgetriebe, s. Lehrbuch 20.4 zu Gl. (20.5/20-4).

23.6
Da es sich im vorliegenden Fall um kein Leistungsgetriebe handelt, wird aus wirtschaftlichen Gründen nach Lehrbuch 23.2.1 ein Zylinderschnecken-Getriebe mit einer ZK-Schnecke und einem Globoidschneckenrad vorgesehen.

a) Da der Achsabstand vorgegeben ist, wird die Zähnezahl der Schnecke zweckmäßig aus Gl. (23.37/23-53) errechnet und sinnvoll gerundet. Die Zähnezahl des Schneckenrades sollte möglichst (wegen des gleichmäßigeren Verschleißes) eine ungerade Zahl sein, s. Lehrbuch 23.2.1.
b) Bei der Ermittlung der Abmessungen für Schnecke und Schneckenrad ist nach Lehrbuch 23.2.5, *Fall 1* vorzugehen. Es ist zu beachten, dass der Mittenkreisdurchmesser der Schnecke d_{m1} zwar frei gewählt werden kann; aber zweckmäßig ist eine zunächst überschlägige Größenbestimmung mit Gl. (23.38/23-54). Der vorläufige Teilkreisdurchmesser des Schneckenrades d_2 aus Gl. (23.39/23-55) und damit der Modul $m = d_2/z_2$ [siehe Text zu Gl. (23.39)]; anschließend mit dem nach DIN 780-2 (Lehrbuch TB 23-4) sinnvoll festgelegten Modul die weiteren Abmessungen ermitteln.
c) d_2 aus Gl. (23.23/23-39), d_{m1} aus Gl. (23.39/23-46), γ_m aus Gl. (23.40/23-34), d_{a1} aus Gl. (23.18/23-36), d_{f1} aus Gl. (23.19/23-37), b_1 aus Gl. (23.20/23-38),

Schraubradgetriebe

d) $\beta = \gamma_m$ aus Gl. (23.40/23-56), d_{a2} aus Gl. (23.24/23-40), d_{f2} aus Gl. (23.25/23-41), b_2 aus Gl. (23.27/23-45), d_{e2} aus Gl. (23.26/23-43),
e) der Achsabstand a aus Gl. (23.28/23-46).

23.7
Da das zu übertragende Drehmoment bekannt ist und ein bestimmter Achsabstand nicht vorgegeben ist, kann die Berechnung nach Lehrbuch 23.2.5 – *Fall 2*, erfolgen, s. auch die Lösungshinweise zur Aufgabe 23.6. Der ungefähre Achsabstand a aus Gl. (23.41/23-57) überschlägig ermitteln und nach DIN 323 sinnvoll festlegen, die Zähnezahl z_1 aus Gl. (23.37/23-53), Mittenkreisdurchmesser d_{m1} der Schnecke ungefähr aus Gl. (23.38/23-54) und sinnvoll aufrunden. Teilkreisdurchmesser aus Gl. (23.39/23-55), Modul aus $m = d_2/z_2$, Kopfkreisdurchmesser d_{a1} aus Gl. (23.18/23-36), Fußkreisdurchmesser d_{f1} aus Gl. (23.19/23-37), Zahnbreite = Schneckenlänge b_1 aus Gl. (23.20/23-38); der Wert ist sinnvoll aufzurunden. Der Mittensteigungswinkel γ_m aus Gl. (23.40/23-56).

23.8
a) Das äquivalente Drehmoment aus $T_{eq} = T_{nenn} \cdot K_A$,
b) für die Ermittlung der Lagerkräfte A und B sind die Zahnkräfte der Schnecke F_{t1}, F_{a1}, F_{r1}, für C und D die Zahnkräfte des Schneckenrades F_{t2}, F_{a2}, F_{r2}, maßgebend. Diese lassen sich ermitteln aus den Gln. (23.31/23-47) bis (23.33/23-49) mit dem Mittensteigungswinkel γ_m aus Gl. (23.40/23-56).
c) Mit den Zahnkräften F_{t1}, F_{a1}, F_{r1} aus der Bedingung $\sum F_{(A)} = 0$ die Teil-Kräfte des Lagers B berechnen; ebenso $\sum F_{(B)} = 0$ für die Teilkräfte des Lagers A. Die Kräfte in x- und in y-Richtung zusammenfassen und geometrisch addieren; dsgl. für die Lagerkräfte C und D mit den Zahnkräften F_{t2}, F_{a2}, F_{r2}.

24 Umlaufgetriebe

24.3

Allgemeiner Berechnungsgang nach Ablaufplan Bild 24.16/A 24-1, analog Aufgabe 24.1.

24.4

Allgemeiner Berechnungsgang nach Ablaufplan Bild 24.16/A 24-1, analog Aufgabe 24.1.

24.5

Allgemeiner Berechnungsgang nach Ablaufplan Bild 24.16/A 24-1, analog Aufgabe 24.1.

Ergebnisse und ausführliche Lösungswege

1 Konstruktive Grundlagen, Normzahlen

1.1
a) 140 200 280 400 560 800 1 120 1 600; $q_{20/3} = 1{,}12^3 \approx 1{,}4$
b) 200 315 500 800 1 250 2 000; $q_{10/2} = 1{,}25^2 \approx 1{,}6$
c) 0,16 1,0 6,3 40 250; $q_{5/4} = 1{,}6^4 \approx 6{,}3$
d) 11,8 14 17 20 23,6 28; $q_{40/3} = 1{,}06^3 \approx 1{,}18$
e) 1 600 1 250 1 000 800 630 500; $q_{20/-2} = 1/1{,}12^2 = 1/1{,}25 = 0{,}8$
f) 400 200 100 > 50; $q_{10/-3} = 1/1{,}25^3 = 0{,}5$

1.2
a) R10/2(5 …) mit 5 Größen (bzw. R20/4 bzw. ausnahmsweise R40/8); $q_{10/2} = 1{,}6$ (bzw. $q_{20/4}$ bzw. $q_{40/8}$).
b) R40/5(0,053 …) mit 4 Gliedern; $q_{40/5} = 1{,}32$.
c) R5/4(6,3 …) mit 4 Größen (bzw. R10/8 bzw. R20/16); $q_{5/4} = 6{,}3$ (bzw. $q_{10/8}$ bzw. $q_{20/16}$).
d) R20/−3(200 …) mit 5 Gliedern (bzw. ausnahmsweise R40/−6); $q_{20/-3} = 1/1{,}4$ (bzw. $q_{40/-6}$).
e) R′20/3(18 …) mit 5 Größen (bzw. ausnahmsweise R′40/6); $q_{20/3} = 1{,}4$.
f) R′20/−2(560 …) mit 6 Gliedern (bzw. ausnahmsweise R′40/−4); $q_{20/-2} = 1/1{,}25$.

1.3
$d = 20\ 28\ 40\ 56\ 80\ 112$ mm nach R20/3 mit $q_{20/3} = 1{,}4$;
$A = 3{,}15\ 6{,}3\ 12{,}5\ 25\ 50\ 100$ cm² nach R20/6 mit $q_A = q_L^2 = q_{20/6} = 1{,}4^2 = 2$.

1.4
$V = 2\ 4\ 8\ 10\ \ell$ nach Volumen Rr/3p = R10/3 ($p = 1$); $q_{10/3} = 2$
$d = 125\ 160\ 200\ 250$ mm nach Länge Rr/p = R10 ($p = 1$); $q_{10} = 1{,}25$

$h = 160\ 200\ 250\ 315$ (bzw. 320) mm nach Länge Rr/p = R10 (bzw. R'10).

$$(V = \pi \cdot d^2 \cdot h/4, h/d = q_{10}, d = \sqrt[3]{(4 \cdot V)/(q_{10} \cdot \pi)},$$

$$d_1 = \sqrt[3]{(4 \cdot 2\,\text{dm}^3)/(1{,}25 \cdot \pi)} = 1{,}26\,\text{dm} \approx 125\,\text{mm},$$

$$h_1 = q_{10} \cdot d_1 = 1{,}25 \cdot 125\,\text{mm} \approx 160\,\text{mm})$$

Proberechnung: $V_3 = (2\,\text{dm})^2 \cdot (\pi/4) \cdot 2{,}5\,\text{dm} \approx 8\,\text{dm}^3$.

1.5

a) R'40/12 ($p = 4$); $q_{40/12} = 2$
b) R'40/4
c) $h/d = 1{,}12$ ($q_{40} = 1{,}06$; $q_{40}^2 = 1{,}12$)

V in ℓ	3	6	12	24
d in mm	150	190	240	300
h in mm	170	210	260	340

1.6

Leistung P nach R''20/4 = Rr/2p ($p = 2$); $P = 5\ 8\ 12\ 20\ 30$ kW
Länge (Durchmesser D) nach Rr/p = R20/2; $D = 900\ \ 1120\ \ 1400\ \ 1800\ \ 2240$ mm
Drehzahl n nach Rr/−p = R20/−2 (fallend); $n = 560\ 450\ 355\ 280\ 224\ \text{min}^{-1}$
Proberechnung mit D_1 und n_1 bzw. D_4 und n_4 ergibt $v_1 = 0{,}9\,\text{m} \cdot \pi \cdot 560/60\,\text{s} = 26{,}4\,\text{m/s}$
bzw.
$v_4 = 1{,}8\,\text{m} \cdot \pi \cdot 280/60\,\text{s} = 26{,}4\,\text{m/s}$, also $v_1 = v_4$.

1.7

Kräfte F nach Rr/2p, Biegewiderstandsmomente W_x nach Rr/3p, somit Abmessungen l, b, h nach Rr/p. Da $W_{x1} \approx 600\,\text{cm}^3$ (errechnet) und $F_1 = 2$ kN (gegeben), wird die Rundwertreihe R'40 festgelegt. Damit werden F nach R'40/4 ($p=2$), W_x nach R40/6, Abmessungen l, b, h nach R'40/2 gestuft.

F in kN	2	2,5	3,2	4
W_x in cm³	600	850	1 180	1 700
l_1 in mm	1 400	1 600	1 800	2 000
l_2 in mm	900	1 000	1 100	1 250
b_1 in mm	125	140	160	180
h_1 in mm	200	220	250	280
b_2 in mm	100	110	125	140
h_2 in mm	140	160	180	200

1.8

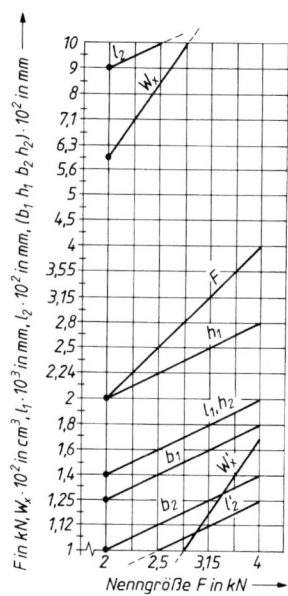

ⓘ 1.9

a) Lösung über statische Ähnlichkeit

Die entstehenden Knicklinien sind ähnlich im Sinne des Längenmaßstabes $q_L = 10$, s. Lehrbuch 1.3.3 und TB 1-15.

Längenänderung des Stabes allgemein: $\Delta l = \dfrac{\sigma}{E} l = \dfrac{\Delta F}{\Delta A} \cdot \dfrac{l}{E}$

Großausführung: $\Delta l_1 = \dfrac{\sigma_1}{E_1} l_1 = \dfrac{\Delta F_1}{\Delta A_1} \cdot \dfrac{l_1}{E_1}$

Modell: $\Delta l_0 = \dfrac{\sigma_0}{E_0} l_0 = \dfrac{\Delta F_0}{\Delta A_0} \dfrac{l_0}{E_0}$

$$\dfrac{\Delta l_1}{\Delta l_0} = \dfrac{l_1}{l_0} = q_L = \dfrac{\Delta F_1}{\Delta F_0} \cdot \dfrac{l_1}{l_0} \cdot \dfrac{\Delta A_0}{\Delta A_1} \dfrac{E_0}{E_1} = \dfrac{F_{K1}}{F_{K0}} \cdot q_L \cdot \dfrac{1}{q_L^2} \cdot \dfrac{E_0}{E_1} \rightarrow$$

$$F_{K1} = \dfrac{q_L \cdot F_{K0} \cdot q_L^2 \cdot E_1}{q_L \cdot E_0} = F_{K0} \cdot q_L^2 \cdot \dfrac{E_1}{E_0}$$

$$F_{K1} = 280\,\text{N} \cdot 10^2 \cdot \dfrac{2{,}1 \cdot 10^5\,\text{N/mm}^2}{0{,}7 \cdot 10^5\,\text{N/mm}^2} = 84\,\text{kN}$$

b) Lösung mit Knickformel $F_K = \pi^2 \cdot E \cdot I / l^2$

$$\frac{F_{K1}}{F_{K0}} = \frac{\pi^2 \cdot E_1 \cdot I_1 \cdot l_0^2}{l_1^2 \cdot \pi^2 \cdot E_0 \cdot I_0} = \frac{E_1}{E_0} \frac{I_1}{I_0} \frac{l_0^2}{l_1^2} = \frac{E_1}{E_0} \cdot q_L^4 \cdot \frac{1}{q_L^2};$$

$$\text{mit } q_I = \frac{I_1}{I_0} = q_L^4, \frac{l_0}{l_1} = \frac{1}{q_L}, q_L = 10$$

$$F_{K1} = F_{K0} \cdot \frac{E_1}{E_0} \cdot q_L^2 = 280\,\text{N} \cdot \frac{2{,}1 \cdot 10^5\,\text{N/mm}^2}{0{,}7 \cdot 10^5\,\text{N/mm}^2} \cdot 10^2 = 84\,\text{kN}$$

(i) **1.10**

a) Mit $n = 5\,(z-1)$ Größenstufen und der Bereichszahl $B = \frac{160\,\text{cm}^3/\text{U}}{5\,\text{cm}^3/\text{U}} = 32$ ergibt sich der Stufensprung $q = \sqrt[n]{B} = \sqrt[5]{32} \approx 2$, was der abgeleiteten Reihe $R_{10/3}$ mit $q_{10/3} = 1{,}25^3$ entspricht.

Nach TB 1-16 betragen die Fördervoluminas in cm³/U der sechs Baugrößen nach der abgeleiteten Reihe $R_{10/3}$ (5 ...): 5 10 20 40 80 160.

In der in der Hydraulik für $\dot{V}$ üblichen Einheit l/min sind das für die sechs Baureihen bei $n = 1\,400\,\text{min}^{-1}$ nach R20/6(7,1 ...): 7,1 14 28 56 112 224. ($\dot{V} = \dot{V}_u \cdot n/1\,000$ in l/min, mit $\dot{V}_u$ in cm³/U und n in min^{-1})

Die Fördervolumina in cm³/U sollen zur Bezeichnung der Baugrößen benutzt werden, also z. B. P5.

b) Das sich aus der Zahngeometrie ergebende Fördervolumen beträgt näherungsweise $\dot{V} \approx 2 \cdot \pi \cdot d \cdot m \cdot b$.

Von Baugröße zu Baugröße wächst das Fördervolumen $q_V = q_d \cdot q_m \cdot q_b = q_L^3 = 2 = 1{,}25^3$ · Teilkreisdurchmesser, Modul und Breite der Zahnräder werden also nach R10 mit $q_{10} = 1{,}25$ gestuft.

Teilkreisdurchmesser d in mm nach R'10 (32 ...): 32 40 50 63 80 100

Moduln m in mm nach R10 (2 ...): 2 2,5 3,15 4 5 6,3

Zahnradbreiten b in mm nach R10 (12,5 ...): 12,5 16 20 25 31,5 40

Die Pumpenleistung $P = \Delta p \cdot \dot{V}$ ergibt sich mit dem Stufensprung $q_P = q_{\Delta p} \cdot (q_v/q_t)$, mit $q_{\Delta P} = 1$, $q_V = q_L^3$ und $q_t = q_L$ nach TB 1-15 zu $q_P = q_L^3 = 1{,}25^3 = 2$.

Pumpenleistung P in kW nach R20/6 (1,8 ...): 1,8 3,55 7,1 14 28 56

1 Konstruktive Grundlagen, Normzahlen

c)

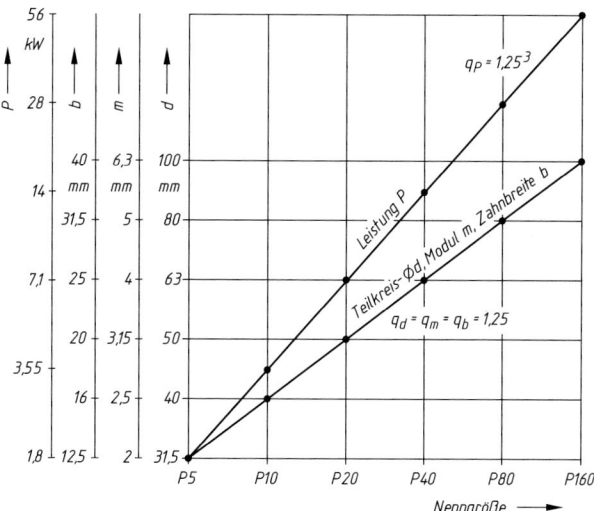

Datenblatt einer Baureihe von Zahnradpumpen (Benennung nach dem Fördervolumen in cm³/U)

2 Toleranzen, Passungen, Oberflächenbeschaffenheit

2.1
a) H7/r6,
b) H7/k6,
c) H7/n6,
d) H7/h6

2.2
Toleranzfeldlage H: $EI = 0$;
Toleranzfeldlage K: $ES = -3 + \delta$ ($\delta = 5, 7, 13, 19\,\mu m$ je nach Toleranzgrad, siehe TB 2-3);
Toleranzfeldlage f: $es = -36\,\mu m$ (TB 2-2);
Toleranzfeldlage m: $ei = 13\,\mu m$ (TB 2-2)

Toleranzgrad IT ...	5	6	7	8	9	11
Grundtoleranz IT in μm	15	22	35	54	87	220

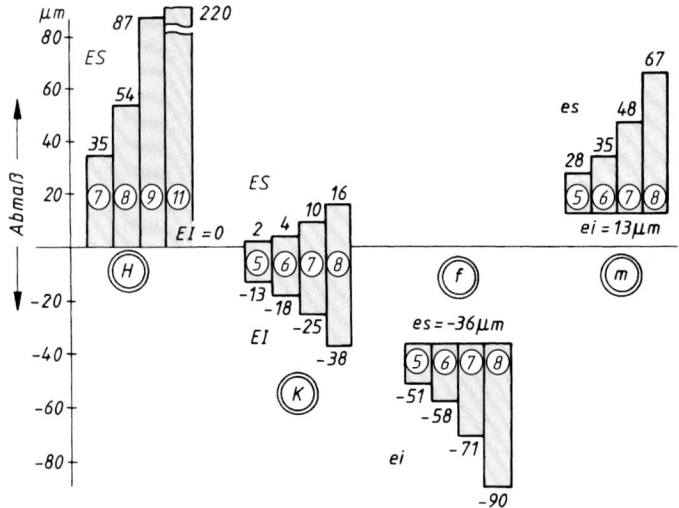

2.3

a) Welle Ø 50 k6: $es = 18\,\mu m$, $ei = 2\,\mu m$;
   Bohrung Ø 50 H7: $ES = 25\,\mu m$, $EI = 0$;

b) $G_{oW} = 50{,}018\,\text{mm}$, $G_{uW} = 50{,}002\,\text{mm}$;
   $G_{oB} = 50{,}025\,\text{mm}$, $G_{uB} = 50{,}000\,\text{mm}$;

c) $P_o = 23\,\mu m$, $P_u = -18\,\mu m$, $P_T = 41\,\mu m$ (Übergangspassung, da $P_o > 0$ und $P_u < 0$; es ist sowohl Spiel als auch Übermaß möglich)

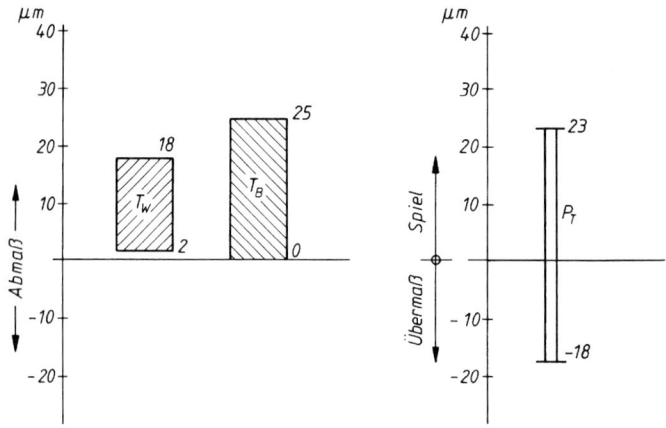

2.4
Ø 30 H7: $ES = 21\,\mu m$, $EI = 0$.

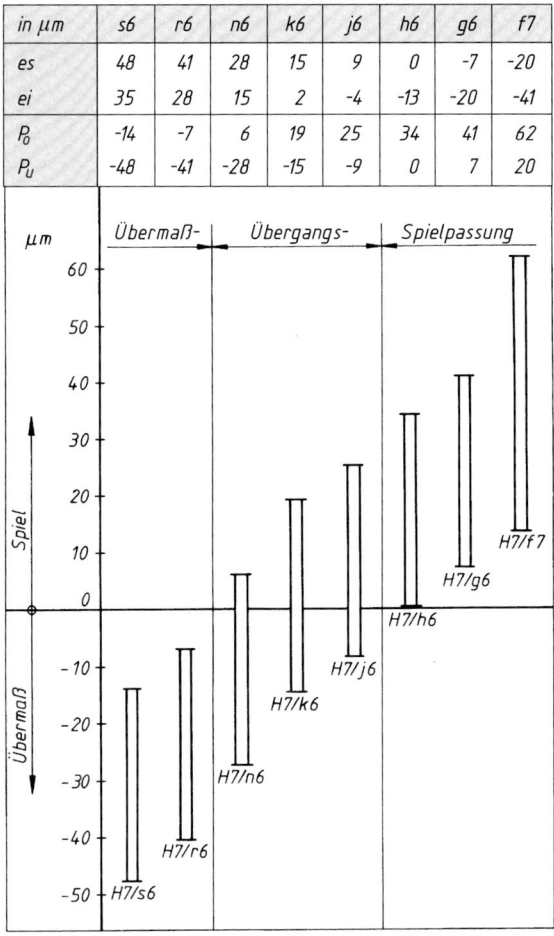

2.5
a) $P_T = 49\,\mu m$;
b) $T'_B \approx 30\,\mu m$; $T'_W \approx 19\,\mu m$;
c) H7 (Toleranzklasse mit dem Toleranzgrad 7) mit $EI = 0$, $ES = 30\,\mu m$, $T_B = 30\,\mu m$;
d) $ei' = 123\,\mu m$, $es' = 142\,\mu m$;
e) x6 mit $ei = 122\,\mu m$, $es = 141\,\mu m$ und damit $T_W = 19\,\mu m$.

2.6
Für die Passung 25 H8/e8 sind die Grenzpassungen $P_u = 40\,\mu\text{m}$ und $P_o = 106\,\mu\text{m}$ (Sollwerte).
Für die Passung 25 D9/k6 sind die Grenzpassungen $P_u = 50\,\mu\text{m}$ und $P_o = 115\,\mu\text{m}$ (Istwerte). D9 mit $ES = 117\,\mu\text{m}$, $EI = 65\,\mu\text{m}$.

2.7
a) H7/f7;
b) $N = 30\,\text{mm}$, $T_1 = 0{,}2\,\text{mm}$ ($l_o = 29{,}7\,\text{mm}$, $l_u = 29{,}6\,\text{mm}$)

$$30^{-0,3}_{-0,4}$$

2.8
a) Hebelbohrung: F7, Rollenbohrung: M7(N7)
b) $N = 10\,\text{mm}$; $T_L = 0{,}1\,\text{mm}$ ($L_o = 10{,}3\,\text{mm}$, $L_u = 10{,}2\,\text{mm}$).

$$10^{+0,3}_{+0,2}$$

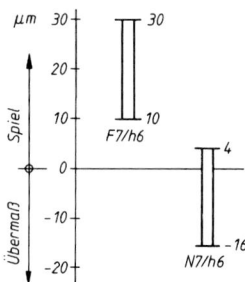

2.9
a) H7/f7; $P_o = 43\,\mu\text{m}$, $P_u = 13\,\mu\text{m}$ ($ES = 15\,\mu\text{m}$, $EI = 0$; $es = -13\,\mu\text{m}$, $ei = -28\,\mu\text{m}$);
b) $N = 10\,\text{mm}$, $T_a = 0{,}06\,\text{mm}$ ($a_o = 17{,}28\,\text{mm}$, $a_u = 17{,}22\,\text{mm}$); die sinnvolle Maßeintragung wäre damit

$$17^{+0,3}_{+0,2} \quad \text{oder} \quad 17+0{,}3/+0{,}2$$

c) $Rz = 6{,}3\,\mu\text{m}$ (Toleranzgrad 7, Nennmaß $N = 10\,\text{mm}$, mittelwertige Funktionsfläche)

$$\sqrt{Rz\,6{,}3}$$

2 Toleranzen, Passungen, Oberflächenbeschaffenheit

2.10
a) $N = 29\,\text{mm}$, $T_a = 0{,}03\,\text{mm}$ ($a_o = 29{,}03\,\text{mm}$, $a_u = 29\,\text{mm}$).

$$29\,{}^{+0,03}_{0}$$

b) die Bedingung des seitlichen Lagerspiels von 0 bis höchstens 0,1 mm ist nicht zu erfüllen!

c) $Rz = 6{,}3\,\mu\text{m}$ (Toleranzgrad 6, Nennmaß $N = 50\,\text{mm}$, mittelwertige Funktionsfläche)

$$\sqrt{Rz\,6{,}3}$$

2.11
$N = 26\,\text{mm}$, $T_l = 0{,}1\,\text{mm}$ ($l_o = 26{,}5\,\text{mm}$, $l_u = 26{,}4\,\text{mm}$).

$$26\,{}^{+0,5}_{+0,4}$$

2.12
$N = 45\,\text{mm}$, $T_l = 0{,}2\,\text{mm}$ ($l_o = 44{,}75\,\text{mm}$, $l_u = 44{,}55\,\text{mm}$).

$$45\,{}^{-0,25}_{-0,45}$$

2.13
$N = 7\,\text{mm}$, $T_l = 0{,}1\,\text{mm}$ ($l_o = 7{,}2\,\text{mm}$, $l_u = 7{,}1\,\text{mm}$).

$$7\,{}^{+0,2}_{+0,1}$$

2.14
$N = 102\,\text{mm}$, $T_D = 0{,}515\,\text{mm}$ ($D_o = 102{,}079\,\text{mm}$, $D_u = 101{,}564\,\text{mm}$).

$$\varnothing\,102\,{}^{+0,08}_{-0,44}$$

2.15
$N = 40\,\text{mm}$, $d_{wo} = 39{,}95\,\text{mm}$, $d_{wu} = 39{,}925\,\text{mm}$, $es' = -0{,}05\,\text{mm}$, $ei' = -0{,}075\,\text{mm}$; e8 ($es = -0{,}05\,\text{mm}$, $ei = -0{,}089\,\text{mm}$).

2.16
$N = 10\,\text{mm}$, $d_{1o} = 10{,}086\,\text{mm}$, $d_{1u} = 10{,}035\,\text{mm}$; festgelegt D9 ($ES = 76\,\mu\text{m}$, $EI = 40\,\mu\text{m}$)

3 Festigkeitsberechnung

3.1
Spannungswerte in N/mm²

	$d = 32$ mm				$d = 150$ mm			
	K_t	S235	S275	E335	K_t	S235	S275	E335
a) $R_m = K_t \cdot R_{mN}$	1,0	360	410	570	0,954	344	391	544
b) $R_e = K_t \cdot R_{eN}$	1,0	235	275	335	0,826	194	227	277
c) R_e/R_m	–	0,65	0,67	0,59	–	0,56	0,58	0,51
d) $\sigma_{bF} = 1{,}2 \cdot R_e$	1,0	282	330	402	0,826	233	272	332
e) $\tau_{tF} = 1{,}2 \cdot R_e/\sqrt{3}$	1,0	163	191	232	0,826	134	157	192
f) $\sigma_{bGW} = K_t \cdot \sigma_{bWN}/K_{Db}^{1)}$	1,0	171	204	272	0,954	141	167	223
g) $\tau_{tGW} = K_t \cdot \tau_{tWN}/K_{Dt}^{1)}$	1,0	100	118	169	0,954	82	97	139

[1] $K_g = 0{,}9$ ($d = 32$ mm), $K_g = 0{,}8$ ($d = 150$ mm)

Hinweis: Da der Anisotropiefaktor $K_{an} = 1{,}0$ beträgt, wurde dieser in den aufgeführten Gleichungen einfachheitshalber vernachlässigt.

3.2
Spannungswerte in N/mm²

	$d = 10$ mm			$d = 20$ mm			$d = 20$ mm		
	K_t	S275	E335	K_t	C45E	30CrNiMo8	K_t	EN-GJL-250	EN-GJS-400-18
a) $R_m = K_t \cdot R_{mN}$	1,0	410	570	0,975	683	1 219	1,0	250	400
b) $\sigma_{zSch} = K_t \cdot \sigma_{zSchN}$	1,0	275	335	0,975	478	731	1,0	100	223
c) $\sigma_{bW} = K_t \cdot \sigma_{bWN}$	1,0	215	290	0,975	341	609	1,0	120	195
d) $\tau_{tW} = K_t \cdot \tau_{tWN}$	1,0	125	180	0,975	205	366	1,0	102	127

Hinweis: Da der Anisotropiefaktor $K_{an} = 1{,}0$ beträgt, wurde dieser in den aufgeführten Gleichungen einfachheitshalber vernachlässigt.

3.3
$\sigma_{zul} = 160\,\text{N/mm}^2$ ($R_{p0,2} = 240\,\text{N/mm}^2$, $S_{F\min} \approx 1{,}5$)

3.4
$\tau_{tF} = 153\,\text{N/mm}^2$ ($R_{p0,2N} = 240\,\text{N/mm}^2$, $K_t = 1{,}0$, $f_\tau = 0{,}58$, gewählter Vorfaktor: 1,1), $S_{F\min} = 2{,}1$

3.5
$$\sigma_A = \frac{\sigma_{Sch}}{2} = \frac{360\,\text{N/mm}^2}{2} = 180\,\text{N/mm}^2$$

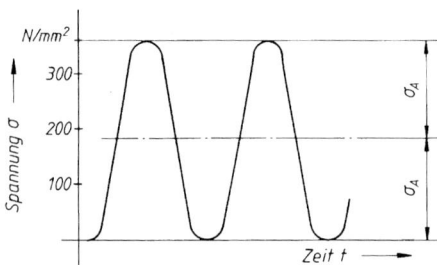

3.6
a) $\sigma_o = 220\,\text{N/mm}^2$,
   $\sigma_u = -80\,\text{N/mm}^2$
b) $\kappa = -0{,}36$

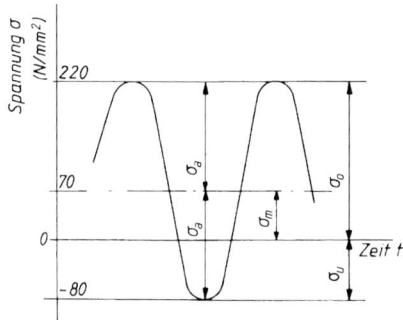

(i) 3.7

a) Bestimmung der Ausschlagfestigkeit σ_{bGA} für $\sigma_m =$ konst.

$$\sigma_{bGA} = \sigma_{bGW} - \psi_\sigma \cdot \sigma_{mv} (= \sigma_{bm}) \qquad (3.61/3\text{-}51)$$
$$= 450\,\text{N/mm}^2 - 0{,}215 \cdot 400\,\text{N/mm}^2 = \mathbf{364\,N/mm^2}$$

mit $\psi_\sigma = a_M \cdot R_m + b_M \qquad (3.59/3\text{-}49)$

$$= 0{,}00035 \cdot \frac{\text{mm}^2}{\text{N}} \cdot 900\,\text{N/mm}^2 - 0{,}1 = \mathbf{0{,}215}$$

mit $R_m = R_{mN}$ und $\sigma_{bGW} = \sigma_{bW}$ (Normabmessung; glatter und polierter Stab, $K_t = 1{,}0$, $K_{an} = 1{,}0$) nach TB 1-1, a_M und b_M nach TB 3-12

Bestimmung der maximalen Ausschlagspannung σ_{ba}

$$S_D = \frac{\sigma_{bGA}}{\sigma_{ba}} = 1 \Rightarrow \sigma_{ba} = \sigma_{bGA} = \mathbf{364\,N/mm^2}$$

b) Bestimmung der ertragbaren Oberspannung σ_o bzw. Unterspannung σ_u

$$\sigma_o(=\sigma_{bGo}) = \sigma_{bm} + \sigma_{bGA} = 400\,\frac{\text{N}}{\text{mm}^2} + 364\,\frac{\text{N}}{\text{mm}^2} = \mathbf{764\,\frac{N}{mm^2}}$$

(Überprüfung: $\sigma_o \leq \sigma_{bF} = (1\ldots 1{,}3) \cdot R_{p0,2} = (1\ldots 1{,}3) \cdot 700\,\frac{\text{N}}{\text{mm}^2}$

$= 700\ldots 910\,\frac{\text{N}}{\text{mm}^2}$, d. h. $\sigma_o = 764\,\text{N/mm}^2$)

$$\sigma_u(=\sigma_{bGu}) = \sigma_{bm} - \sigma_{bGA} = 400\,\frac{\text{N}}{\text{mm}^2} - 364\,\frac{\text{N}}{\text{mm}^2} = \mathbf{36\,\frac{N}{mm^2}}$$

c) Bestimmung des Grenzspannungsverhältnis κ für $\sigma_m =$ konst.

$$\kappa = \frac{\sigma_{bu}(=\sigma_u)}{\sigma_{bo}(=\sigma_o)} = \frac{36}{764} = \mathbf{0{,}047}$$

d) Bestimmung der Ausschlagspannung σ_{ba} für $\kappa =$ konst.

$$\sigma_{bGA} = \frac{\sigma_{bGW}}{1 + \psi_\sigma \cdot \sigma_{mv}/\sigma_{ba}} = \frac{450\,\text{N/mm}^2}{1 + 0{,}215 \cdot 400\,\text{N/mm}^2/(250\,\text{N/mm}^2)} = \mathbf{335\,\frac{N}{mm^2}}$$
$$(3.63/3\text{-}53)$$

$\sigma_{ba} = \sigma_{bGA} = 335\,\text{N/mm}^2$ (s. Hinweise unter a))

Hinweis: Die Lösungen können auch graphisch mit TB 3-14b ermittelt werden

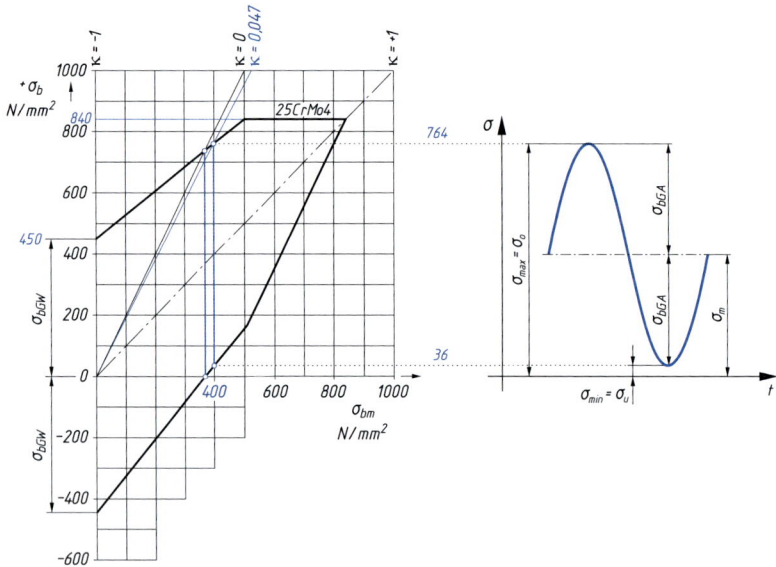

3.8

$\sigma_{bGA} = 130{,}6\,\text{N/mm}^2$ ($\sigma_{bGW} = 130{,}6\,\text{N/mm}^2$; $\sigma_{bW} = 467\,\text{N/mm}^2$; $K_t = 0{,}851$; $\sigma_{bWN} = 550\,\text{N/mm}^2$; $K_{Db} = 3{,}58$; $\beta_{kb} = 2{,}956$; $\beta_{k\sigma} = 2{,}925$; $K_\alpha = 0{,}938$ ($d = 55\,\text{mm}$); $K_{\alpha\,\text{Probe}} = 0{,}948$ ($d_{\text{Probe}} = 40\,\text{mm}$); $R_m = 936\,\text{N/mm}^2$; $R_{mN} = 1100\,\text{N/mm}^2$; $K_g = 0{,}867$; $K_{O\sigma} = 0{,}853$; $K_V = 1$).

3.9

$n_{pl,b} = 2{,}07$, $n_{pl,t} = 1{,}829$ ($R_{mN} = 470\,\text{N/mm}^2$, $K_t = 1{,}0$, $R_m = 470\,\text{N/mm}^2$, $R_{p0,2N} = 295\,\text{N/mm}^2$, $K_t = 0{,}91$, $R_{p0,2} = 268\,\text{N/mm}^2$, $R_{p\,\text{max}} = 1150\,\text{N/mm}^2$, $n_{pl} = 2{,}07$, $f_R = 1{,}375$, $\alpha_{pl,b} = 1{,}70$, $\alpha_{pl,t} = 1{,}33$).

$K_{Db} = 3{,}11$, $K_{Dt} = 2{,}60$ ($\varrho^* = 0{,}12\,\text{mm}$, $s = 2\,\text{mm}$, $r = 0{,}2\,\text{mm}$, $r_{f,b} = 0{,}547\,\text{mm}$, $r_{f,t} = 0{,}32\,\text{mm}$, $D = 50\,\text{mm}$, $d = 47\,\text{mm}$, $t = 1{,}5\,\text{mm}$, $m = 2{,}15\,\text{mm}$, $\beta_{kb} = 2{,}64$, $\beta_{kt} = 2{,}23$, $K_g = 0{,}877$, $K_{O\sigma} = 0{,}902$, $K_{O\tau} = 0{,}943$, $K_V = 1$).

3.10

	K_t	R_m	t	α_k	φ	G'	n	β_k
	1	N/mm^2	mm	1	1	mm^{-1}	1	1
S235	1,0	360	2,5	2,196	0,12	2,576	1,295	1,696
C60E	0,865	762,1	2,5	2,196	0,12	2,576	1,209	1,816
50CrMo4	0,865	986,2	2,5	2,196	0,12	2,576	1,173	1,873

Mit zunehmender Zugfestigkeit des Werkstoffes wird β_k größer.

3 Festigkeitsberechnung

3.11

	d	D	R	t	α_k	φ	G'	n	β_k
	mm	mm	mm	mm	1	1	mm^{-1}	1	1
C60E	30	35	1	2,5	2,196	0,12	2,58	1,209	1,816
			1,6		1,913	0,14	1,64	1,187	1,612
			2,5		1,689	0,17	1,07	1,168	1,446
	29,4	35	0,8	2,8	2,371	0,105	3,18	1,220	1,943

$R_m = K_t \cdot K_{an} \cdot R_{mN} = 0{,}90 \cdot 1{,}0 \cdot 850\,\text{N/mm}^2 \approx 762\,\text{N/mm}^2;$

$R_{p0,2} = K_t \cdot K_{an} \cdot R_{p0,2N} = 0{,}90 \cdot 1{,}0 \cdot 580\,\text{N/mm}^2 \approx 502\,\text{N/mm}^2;$

Bei Freistich: $D_1 = 30\,\text{mm}$.

Je kleiner der Rundungsradius, desto größer wird die Kerbwirkung; durch den Freistich wird zusätzlich der Durchmesser geschwächt, was über den β_k-Wert berücksichtigt wird.

(i) 3.12

a) **Bestimmung der vorhandenen Spannungen σ_{ba}, τ_{ta}, σ_{bm}, τ_{tm} (s. auch Bild 3.27/ A 3-4)**

$\sigma_{ba} = K_A \cdot \sigma_{b\,\text{nenn}} = 1{,}5 \cdot 46{,}7\,\text{N/mm}^2 = \mathbf{70\,\text{N/mm}^2}$

$\sigma_{bm} = 0$ (rein wechselnde Beanspruchung)

$$\tau_{ta} = \frac{1}{2} \cdot K_A \cdot \frac{T_{\text{nenn}}}{W_t} = \frac{1}{2} \cdot K_A \cdot \frac{T_{\text{nenn}}}{\pi/16 \cdot d^3}$$
$$= \frac{1}{2} \cdot 1{,}5 \cdot \frac{100 \cdot 10^3\,\text{N mm}}{\pi/16 \cdot 30\,\text{mm}^2} = \mathbf{14{,}1\,\text{N/mm}^2}$$

(Schalthäufigkeit > 10^3, d.h. Torsionsbeanspruchung ist dynamisch und schwellend wirkend)

$\tau_{tm} = \tau_{ta} = \mathbf{14{,}1\,\text{N/mm}^2}$

Bestimmung der Bauteil-Wechselfestigkeit σ_{bW}, τ_{tW}

$\sigma_{bW} = K_t \cdot K_{an} \cdot \sigma_{bWN} = 0{,}93 \cdot 1{,}0 \cdot 250\,\text{N/mm}^2 = \mathbf{232\,\text{N/mm}^2}$

$\tau_{tW} = K_t \cdot K_{an} \cdot \tau_{tWN} = 0{,}93 \cdot 1{,}0 \cdot 150\,\text{N/mm}^2 = \mathbf{139\,\text{N/mm}^2}$

mit σ_{bWN}, τ_{tWN} nach TB 1-1, K_t nach TB 3-10a für $d = 30\,\text{mm}$, $K_{an} = 1{,}0$ nach TB 3-13.

Bestimmung der Konstruktionsfaktoren K_{Db}, K_{Dt}

$$K_{Db} = \left(\frac{\beta_{kb}}{K_g} + \frac{1}{K_{O\sigma}} - 1\right)\frac{1}{K_V} = \left(\frac{1{,}941}{0{,}907} + \frac{1}{0{,}952} - 1\right) = \mathbf{2{,}19} \qquad (3.46/3\text{-}37)$$

mit $\beta_{kb} \approx \beta_{kb\,\text{Probe}}$ nach TB 3-9a (Bild oben links) mit

$R_m = K_t \cdot K_{an} \cdot R_{mN} = 0{,}93 \cdot 1{,}0 \cdot 500 \, \text{N/mm}^2 = 465 \, \text{N/mm}^2$, K_g nach TB 3-10d für $d = 30$ mm, $K_{O\sigma}$ nach TB 3-11a für $Rz = 4 \, \mu\text{m}$ und $K_V = 1$ (keine Oberflächenverfestigung)

$$K_{Dt} = \left(\frac{\beta_{kt}}{K_g} + \frac{1}{K_{O\tau}} - 1\right)\frac{1}{K_V} = \left(\frac{1{,}262}{0{,}907} + \frac{1}{0{,}972} - 1\right) = \mathbf{1{,}42} \quad (3.48/3\text{-}38)$$

mit $K_{O\tau} = 0{,}575 \cdot K_{O\sigma} + 0{,}425$ (TB 3-11a), ansonsten s. Hinweise zu K_{Db}.

Bestimmung der Bauteil-Gestaltwechselfestigkeit σ_{bGW}, τ_{tGW}

$$\sigma_{bGW} = K_t \cdot K_{an} \cdot \frac{\sigma_{bWN}}{K_{Db}} = \frac{\sigma_{bW}}{K_{Db}} = \frac{232 \, \text{N/mm}^2}{2{,}19} = \mathbf{105{,}9 \, \text{N/mm}^2}$$
(Bild 3.27, 3.53/3-43)

$$\tau_{tGW} = K_t \cdot K_{an} \cdot \frac{\tau_{tWN}}{K_{Dt}} = \frac{\tau_{tW}}{K_{Dt}} = \frac{139 \, \text{N/mm}^2}{1{,}42} = \mathbf{97{,}9 \, \text{N/mm}^2}$$
(Bild 3.27, 3.54/3-44)

Bestimmung der Ausschlagfestigkeiten σ_{bGA}, τ_{tGA} (Überlastungsfall 2)

$$\sigma_{bGA} = \frac{\sigma_{bGW}}{1 + \psi_\sigma \cdot \sigma_{mv}/\sigma_{ba}} = \frac{105{,}9 \, \text{N/mm}^2}{1 + 0{,}063 \cdot 24{,}4 \, \text{N/mm}^2/(70 \, \text{N/mm}^2)} = \mathbf{103{,}7 \, \frac{N}{mm^2}} \quad (3.63/3\text{-}53)$$

$$\text{mit } \sigma_{mv} = \sqrt{\sigma_{bm}^2 + 3 \cdot \tau_{tm}^2} = \sqrt{0 + 3 \cdot (14{,}1 \, \text{N/mm}^2)^2} = \mathbf{24{,}4 \, \frac{N}{mm^2}} \quad (3.55/3\text{-}45)$$

$$\text{und } \psi_\sigma = a_M \cdot R_m + b_M = 0{,}00035 \, \frac{mm^2}{N} \cdot 465 \, \frac{N}{mm^2} - 0{,}1 = \mathbf{0{,}063} \quad (3.59/3\text{-}49)$$

a_M und b_M nach TB 3-15.

$$\tau_{tGA} = \frac{\tau_{tGW}}{1 + \psi_\tau \cdot \tau_{mv}/\tau_{ta}} = \frac{97{,}9 \, \text{N/mm}^2}{1 + 0{,}036 \cdot 14{,}2 \, \text{N/mm}^2/(14{,}2 \, \text{N/mm}^2)} = \mathbf{94{,}4 \, \text{N/mm}^2} \quad (3.64/3\text{-}54)$$

$$\text{mit } \tau_{mv} = f_\tau \cdot \sigma_{mv} = 0{,}58 \cdot 24{,}4 \, \frac{N}{mm^2} = \mathbf{14{,}2 \, \text{N/mm}^2} \quad (3.56/3\text{-}46)$$

und $\psi_\tau = f_\tau \cdot \psi_\sigma = 0{,}58 \cdot 0{,}063 = \mathbf{0{,}037}$

f_τ nach TB 3-2.

Dynamische Sicherheit S_D für Einzelbeanspruchungen

$$S_{D,b} = \frac{\sigma_{bGA}}{\sigma_{ba}} = \frac{103{,}7 \, \text{N/mm}^2}{70 \, \text{N/mm}^2} = \mathbf{1{,}48} \quad (3.86/3\text{-}71)$$

$$S_{D,t} = \frac{\tau_{tGA}}{\tau_{ta}} = \frac{94{,}4 \, \text{N/mm}^2}{14{,}1 \, \text{N/mm}^2} = \mathbf{6{,}7} \quad (3.88/3\text{-}72)$$

3 Festigkeitsberechnung

Dynamische Sicherheit S_D für zusammengesetzte Beanspruchungen

$$S_D = \sqrt{\frac{1}{\left(\dfrac{\sigma_{ba}}{\sigma_{bGA}}\right)^2 + \left(\dfrac{\tau_{ta}}{\tau_{tGA}}\right)^2}} = \sqrt{\frac{1}{\left(\dfrac{70\,\text{N/mm}^2}{104\,\text{N/mm}^2}\right)^2 + \left(\dfrac{14{,}1\,\text{N/mm}^2}{94{,}4\,\text{N/mm}^2}\right)^2}} = \mathbf{1{,}45}$$

(3.90/3-73)

b) **Bestimmung der vorhandenen Spannungen $\sigma_{ba}, \tau_{ta}, \sigma_{bm}, \tau_{tm}$**

$\sigma_{ba} = K_A \cdot \sigma_{b\,\text{nenn}} = 1 \cdot 46{,}7\,\text{N/mm}^2 = \mathbf{46{,}7\,\text{N/mm}^2}$

$\sigma_{bm} = 0$ (rein wechselnde Beanspruchung)

$\tau_{ta} = 0$ (quasistatische Belastung)

$$\tau_{tm} = \frac{T_{\text{nenn}}}{W_t} = \frac{T_{\text{nenn}}}{\pi/16 \cdot d^3} = \frac{100 \cdot 10^3\,\text{N mm}}{\pi/16 \cdot 30^3\,\text{mm}^3} = \mathbf{18{,}9\,\text{N/mm}^2}$$

Dynamische Sicherheit S_D gegen Biegung

$$\sigma_{bGA} = \frac{\sigma_{bGW}}{1 + \psi_\sigma \cdot \sigma_{mv}/\sigma_{ba}} = \frac{105{,}9\,\text{N/mm}^2}{1 + 0{,}063 \cdot 32{,}7\,\text{N/mm}^2/(46{,}7\,\text{N/mm}^2)} = \mathbf{101{,}5\,\frac{\text{N}}{\text{mm}^2}}$$

(3.63/3-53)

$$\text{mit } \sigma_{mv} = \sqrt{\sigma_{bm}^2 + 3 \cdot \tau_{tm}^2} = \sqrt{0 + 3 \cdot (18{,}9\,\text{N/mm}^2)^2} = \mathbf{32{,}7\,\frac{\text{N}}{\text{mm}^2}}$$

(3.55/3-45)

$\sigma_{bGW}, \psi_\sigma$ s. unter a).

$$S_{D,b} = \sqrt{\frac{1}{\left(\dfrac{\sigma_{ba}}{\sigma_{bGA}}\right)^2}} = \frac{\sigma_{bGA}}{\sigma_{ba}} = \frac{101{,}5\,\text{N/mm}^2}{46{,}7\,\text{N/mm}^2} = \mathbf{2{,}17} \qquad (3.86/3\text{-}71)$$

3.13

Passfedernut: $\tau_{tGA} = 96{,}2\,\text{N/mm}^2$ ($\tau_{tGW} = 96{,}2\,\text{N/mm}^2$; $\tau_{tW} = 161{,}6\,\text{N/mm}^2$; $K_t = 0{,}851$; $\tau_{tWN} = 190\,\text{N/mm}^2$; $K_{Dt} = 1{,}68$; $\beta_{kt} = \beta_{kt\,\text{Probe}} = 1{,}426$; $R_m = 536\,\text{N/mm}^2$; $R_{mN} = 630\,\text{N/mm}^2$; $K_g = 0{,}888$; $K_{O\tau} = 0{,}93$ für $R_z = 20\,\mu\text{m}$; $K_V = 1$).

Sg-Ring-Nu: $\tau_{tGA} = 57{,}2\,\text{N/mm}^2$ ($\tau_{tW}, R_m, K_{O\tau}, K_V$ wie oben, $K_g = 0{,}893$, $K_{Dt} = 2{,}827$; $\beta_{kt} = 2{,}455$, $R_{p0,2N} = 430\,\text{N/mm}^2$, $K_{t,Rp} = 0{,}805$, $R_{p0,2} = 346{,}1\,\text{N/mm}^2$, $r = 0{,}175\,\text{mm}$, $\varrho^* = 0{,}091\,\text{mm}$, $r_f = 0{,}266\,\text{mm}$, $m = 1{,}85\,\text{mm}$, $t = 1{,}25\,\text{mm}$).

Bei der Ringnut ist die Gestaltausschlagfestigkeit aufgrund der sehr hohen Kerbwirkung wesentlich kleiner. Außerdem ist bei der Ringnut der Kerndurchmesser, bei der Passfeder der Wellendurchmesser, für die Spannungsberechnung zu verwenden (s. TB 3-9b und c). Die Ringnut ist somit für die Festigkeitsberechnung maßgebend.

Erkenntnis: Sicherungsringe in den beanspruchten Bereichen vermeiden!

3.14

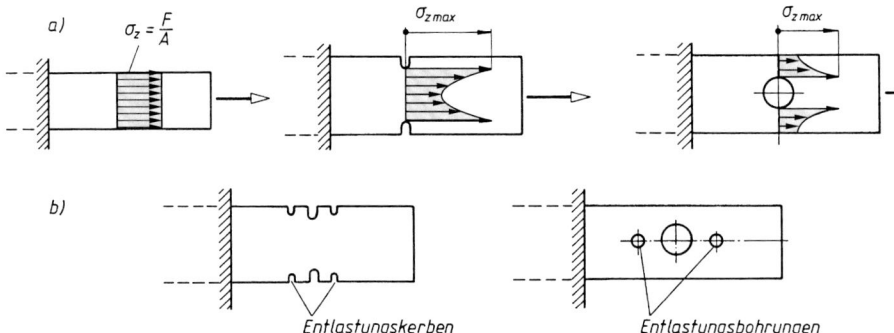

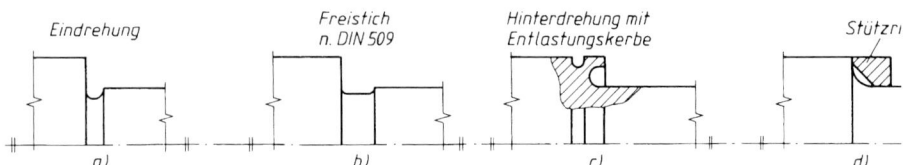

3.15

4 Tribologie

4.1
$\lambda = 1{,}4$ ($R_a = 1{,}75\,\mu\text{m}$), d. h. im Kontakt liegt der Zustand der Mischreibung vor (beide Bauteile werden nicht vollständig durch den Schmierfilm getrennt, in Teilbereichen berühren sich die Oberflächenrauheiten).

4.2
$\nu_{-20} = 30\,\text{mm}^2/\text{s}$.

4.3
a) ISO VG 32
b) ISO VG 460
c) SAE 80W
d) SAE 140
e) SAE 20
f) SAE 50

4.4
$p_H = 327{,}3\,\text{N}/\text{mm}^2$ ($E = 230\,769{,}2\,\text{N}/\text{mm}^2$ mit $E_1 = E_2 = 210\,000\,\text{N}/\text{mm}^2$ und $\nu_1 = \nu_2 = 0{,}3$, $D = 17{,}1\,\text{mm}$).

4.5
$\nu_{90} = 6{,}42\,\text{mm}^2/\text{s}$.

4.6
$\eta_p = 6\,034\,\text{mPa}\,\text{s}$.

4.7
$v_{20} \approx 225 \text{ mm}^2/\text{s}$ ($\eta_{20} \approx 203 \text{ mPa s}$), $v_{40} \approx 68 \text{ mm}^2/\text{s}$ ($\eta_{40} \approx 61 \text{ mPa s}$), $\eta_{50} \approx 38 \text{ mPa s}$ ($v_{50} \approx 42 \text{ mm}^2/\text{s}$), $\eta_{100} \approx 7{,}3 \text{ mPa s}$ ($v_{100} \approx 8{,}2 \text{ mm}^2/\text{s}$).

4.8
a) $\varrho_{40} \approx 888 \text{ kg/m}^3$ ($\varrho_{15} = 903 \text{ kg/m}^3$)
b) $\eta_{40} \approx 60 \text{ mPa s}$ ($v_{40} = 68 \text{ mm}^2/\text{s}$)

4.9
$h_0 = 1{,}57 \text{ μm}$, $h_{\min} = 1{,}11 \text{ μm}$ ($E = 230\,769{,}23 \text{ N/mm}^2$, $D = 7{,}734 \text{ mm}$, $p_\text{H} = 1\,664{,}35 \text{ N/mm}^2$, $G = 4\,615{,}38$, $U = 7{,}312 \cdot 10^{-10}$, $W = 3{,}268 \cdot 10^{-4}$)

5 Kleb- und Lötverbindungen

5.1
$\tau_{KB} = 26\,\text{N/mm}^2$ ($\tau_{KB} = F_m/(l_ü \cdot b)$ mit $b = 20\,\text{mm}$, $l_ü = 10\,\text{mm}$, $F_m = 5\,200\,\text{N}$).

5.2
$\sigma_{KB} = 52\,\text{N/mm}^2$ ($A_K \approx 707\,\text{mm}^2$, $F_m = 36{,}8\,\text{kN}$).

5.3
$\tau_{KBt} = 26\,\text{N/mm}^2$ ($T_B = 185 \cdot 10^3\,\text{N\,mm}$, $W_t = 7\,053\,\text{mm}^3$).

ⓘ **5.4**
a) **Bestimmung der Bruchsicherheit der Flachstäbe**

$$\sigma_z = \frac{F_z}{A} \leq \sigma_{zul} = \frac{R_m}{S} \rightarrow S_1 = \frac{A \cdot R_m}{F_z}$$

$$S_1 = \frac{600\,\text{mm}^2 \cdot 440\,\text{N/mm}^2}{15\,000\,\text{N}} = \mathbf{17{,}6}$$

mit $R_m = 440\,\text{N/mm}^2$, $F_z = 15\,\text{kN}$, $A \triangleq A_{min} = 2 \cdot 50\,\text{mm} \cdot 6\,\text{mm} = 600\,\text{mm}^2$

b) **Bestimmung der Bruchsicherheit der Klebnaht des Überlappstoßes**

$$\tau_K = \frac{F}{b \cdot l_ü} \leq \frac{\tau_{KB}}{S} \rightarrow S_2 = \frac{b \cdot l_ü \cdot \tau_{KB(60)}}{F} \quad (5.4/5\text{-}5)$$

$$S_2 = \frac{2 \cdot 50\,\text{mm} \cdot 60\,\text{mm} \cdot 26\,\text{N/mm}^2}{15\,000\,\text{N}} \approx \mathbf{10{,}4}$$

mit $b \approx 50\,\text{mm}$, $l_{\text{ü}} = 60\,\text{mm}$, $F = 15\,\text{kN}$, $\tau_{\text{KB}(10)} = 40\,\text{N/mm}^2$, 2 Klebflächen,

$$\tau_{\text{KB}(60)} \approx \tau_{\text{KB}(10)} \cdot \left(\frac{100-8}{100}\right)^5 \approx 26\,\text{N/mm}^2$$

$$\left(\tau_{\text{KB}(20)} = 40 \cdot \frac{100-8}{100} = 36{,}8\,\text{N/mm}^2,\right.$$

$$\left.\tau_{\text{KB}(30)} = 36{,}8 \cdot \frac{100-8}{100} = 33{,}9\,\text{N/mm}^2 \text{ usw.}\right)$$

5.5
$S \approx 25$ ($F_{\text{vorh}} = F_{\text{max}} = 1{,}25\,\text{kN}$, $A_{\text{D}} = 3\,117\,\text{mm}^2$; $F_{\text{Grenz}} = 31{,}6\,\text{kN}$, $A_{\text{K}} = 3\,958\,\text{mm}^2$).

(i) **5.6**
Bestimmung der zulässigen Zugkraft für das Rohr

$$\sigma_z = \frac{F}{A} \leq \sigma_{\text{zul}} \rightarrow F = A \cdot \sigma_{\text{zul}} = A \cdot \frac{R_{\text{m}}}{S}$$

$$F = 302\,\text{mm}^2 \cdot \frac{240\,\text{N/mm}^2}{2} = \mathbf{36{,}2\,\text{kN}}$$

mit $A = \frac{\pi}{4} \cdot (50^2 - 46^2)\,\text{mm}^2 = 302\,\text{mm}^2$, $R_{\text{m}} = 240\,\text{N/mm}^2$ (TB 1-3b), $S = 2$

Bestimmung der Überlappungslänge

$$\tau_{\text{K}} = \frac{F}{A_{\text{K}}} = \frac{F}{\pi \cdot d \cdot l_{\text{ü}}} \leq \frac{\tau_{\text{KB}}}{S} \qquad \text{(aber Rundklebung)} \qquad (5.4/5\text{-}5)$$

$$\rightarrow l_{\text{ü}} = \frac{F \cdot S}{\pi \cdot d \cdot \tau_{\text{KB}}} = \frac{36\,200\,\text{N} \cdot 2}{\pi \cdot 50\,\text{mm} \cdot 20\,\text{N/mm}^2} = \mathbf{23\,\text{mm}}$$

mit $F = 36{,}2\,\text{kN}$, $\tau_{\text{KB}} = 20\,\text{N/mm}^2$, $S = 2$, $d = 50\,\text{mm}$

5.7
Bruchgefahr besteht nicht, da $\tau_{\text{K vorh}} \approx 1{,}4\,\text{N/mm}^2 \ll \tau_{\text{KB}}/S \approx 7{,}5\,\text{N/mm}^2$ ($F_{\text{t}} = 25 \cdot 10^3\,\text{N}$, $A_{\text{K}} = 18 \cdot 10^3\,\text{mm}^2$, $S = 2$, mit Gl. (5.4/5-5).

5.8
$S = 8{,}2$ ($T_{\text{eq}} = 10{,}74\,\text{N\,m}$, $\tau_{\text{KW}} = 0{,}3 \cdot 12\,\text{N/mm}^2 = 3{,}6\,\text{N/mm}^2$, $d = 25\,\text{mm}$, $b = 25\,\text{mm}$, $K_{\text{A}} = 1{,}5$)

5 Kleb- und Lötverbindungen

ⓘ 5.9
Bestimmung des in Umfangsrichtung übertragbaren Drehmomentes

$$\tau_K = \frac{2 \cdot T}{\pi \cdot d^2 \cdot b} \leq \frac{\tau_{K\,Sch}}{S} \rightarrow \qquad \text{Gl. (5.9/5-6)}$$

$$T = \frac{\pi \cdot b \cdot d^2 \cdot \tau_{K\,Sch}}{2 \cdot K_A \cdot S} = \frac{\pi \cdot 30\,\text{mm} \cdot 20^2\,\text{mm}^2 \cdot 12\,\text{N/mm}^2}{2 \cdot 1{,}5 \cdot 2} = 75\,398\,\text{N mm}$$

$$\approx 75{,}4\,\text{N m}$$

mit

$$b = 30\,\text{mm}, d = 20\,\text{mm}, K_A = 1{,}5, S = 2, \tau_{K\,Sch} = 0{,}8 \cdot 15\,\text{N/mm}^2 = 12\,\text{N/mm}^2$$

Gl. (5.1/5-3)

Bestimmung der übertragbaren Leistung bei $n = 125\,\text{min}^{-1}$

$$T = \frac{P}{2 \cdot \pi \cdot n} \rightarrow P = 2 \cdot \pi \cdot n \cdot T \qquad \text{Gl. (11.10/11-5)}$$

$$P = 2 \cdot \pi \cdot \frac{125}{60}\,\text{s}^{-1} \cdot 75{,}4\,\text{N m} = 987\,\text{W} \approx \mathbf{1\,kW}$$

mit $n = 125/60\,\text{s}^{-1}$, $T \approx 75{,}4\,\text{N m}$

5.10
$S = 6{,}94$; $S_{Pr} = 4{,}34$ ($F \approx 11{,}3 \cdot 10^3\,\text{N}$, $F_{Pr} \approx 18{,}1 \cdot 10^3\,\text{N}$, $A_K \approx 7850\,\text{mm}^2$, $\tau_K \approx 1{,}44\,\text{N/mm}^2$, $\tau_{K\,Pr} \approx 2{,}3\,\text{N/mm}^2$ mit Gln. (5.3/5-4), (5.4/5-5)).

5.11
$F = 9{,}67\,\text{kN}$ (S235JR: $\sigma_{lB} = 370\,\text{N/mm}^2$, CuZn37: $\sigma_{lB} = 210\,\text{N/mm}^2$, S235JR/CuZn37: $\sigma_{lB} \approx 290\,\text{N/mm}^2$, $S = 3$, $\sigma_{l\,zul} \approx 96\,\text{N/mm}^2$, $A_l = 100\,\text{mm}^2$, $K_A = 1{,}0$).

5.12
$\tau_l \approx 0{,}8\,\text{N/mm}^2 < \tau_{l\,zul} \approx 2\,\text{N/mm}^2$ ($F = 1357\,\text{N}$, $A_l = 1696\,\text{mm}^2$).

ⓘ 5.13
a) Bestimmung der Wanddicke des Behältermantels

$$t = \frac{D_a \cdot p_e}{2\frac{K}{S}v + p_e} + c_1 + c_2 = \frac{315\,\text{mm} \cdot 0{,}6\,\text{N/mm}^2}{2\frac{200\,\text{N/mm}^2}{4}0{,}8 + 0{,}6\,\text{N/mm}^2} + 0{,}3\,\text{mm} = 2{,}64\,\text{mm}$$

(6.30a/6-62)

mit $K = R_m = 200\,\text{N/mm}^2$ (TB 6-14b), $S = 4$ (TB 6-16), $c_1 = 0{,}3\,\text{mm}$, $c_2 = 0$ (NE-Metall), $D_a = 315\,\text{mm}$, $p_e = 0{,}6\,\text{N/mm}^2$
ausgeführt: $t_e = \mathbf{3\,mm}$

b) Überlappungslänge $l_ü = \mathbf{30\,mm}$ (Lehrbuch 5.2.4: $l_ü \geq 10 \cdot t_e$)

c) Alle drei Bedingungen für überlappte weichgelötete Rundnähte an Kupfer sind erfüllt (Lehrbuch 5.2.4): 1. $l_{ü} = 30\,\text{mm} \geq 10 t_{e}$, 2. $t_{e} = 3\,\text{mm} \leq 6\,\text{mm}$, 3. $D_{a} \cdot p_{e} = 315\,\text{mm} \cdot 6\,\text{bar} = 1\,890\,\text{mm} \cdot \text{bar} \leq 2\,500\,\text{mm} \cdot \text{bar}$

d) **Bestimmung der Längs-Scherspannung in der Rundnaht**

$$\tau_{l} = \frac{F}{A_{l}} = \frac{(\pi \cdot D_{i}^{2}/4) \cdot p_{e}}{\pi \cdot D_{a} \cdot l_{ü}} \approx \frac{D_{i} \cdot p_{e}}{4 \cdot l_{ü}} = \frac{309\,\text{mm} \cdot 0{,}6\,\text{N/mm}^{2}}{4 \cdot 30\,\text{mm}} = \mathbf{1{,}5\,\text{N/mm}^{2}}$$

mit $D_{i} = 309\,\text{mm}$, $p_{e} = 0{,}6\,\text{N/mm}^{2}$, $l_{ü} = 30\,\text{mm}$

5.14

a) Laschenbreite $\geq 2 \cdot 12 \cdot 2\,\text{mm} = 48\,\text{mm}$, Laschendicke $2\,\text{mm}$,
b) $\tau_{l} = 0{,}67\,\text{N/mm}^{2}$ ($F = 20{,}1\,\text{kN}$, $A_{l} = 30\,159\,\text{mm}^{2}$, $p_{e} = 0{,}16\,\text{N/mm}^{2}$).

5.15

$l_{ü} \geq 1{,}9\,\text{mm}$ ($\tau_{lB} = 205\,\text{N/mm}^{2}$, $d = 10\,\text{mm}$, $S = 5$, $T_{\text{nenn}} = 8\,000\,\text{N}\,\text{mm}$, $K_{A} = 1{,}5$). Tatsächlich ausgeführte Hebeldicke nach konstruktiven Erfordernissen.

(i) 5.16

a) **Bestimmung der Bruchsicherheit der Lötnaht**

$$\tau_{l} = \frac{2 \cdot K_{A} \cdot T_{\text{nenn}}}{\pi \cdot d^{2} \cdot l_{ü}} \leq \frac{\tau_{lB}}{S} \rightarrow S = \frac{\pi \cdot d^{2} \cdot l_{ü} \cdot \tau_{lB}}{2 \cdot K_{A} \cdot T_{\text{nenn}}} \quad (5.9/5\text{-}11)$$

$$S = \frac{\pi \cdot 8^{2}\,\text{mm}^{2} \cdot 8\,\text{mm} \cdot 240\,\text{N/mm}^{2}}{2 \cdot 1{,}3 \cdot 7\,000\,\text{N}\,\text{mm}} \approx \mathbf{21{,}2}$$

mit $d = 8\,\text{mm}$, $l_{ü} = 8\,\text{mm}$, $K_{A} = 1{,}3$, $T_{\text{nenn}} = 7\,\text{N}\,\text{m}$, $\tau_{lB} = 240\,\text{N/mm}^{2}$ für E 335/Ag 330 (TB 5-7)

b) **Bestimmung der bei gleicher Tragfähigkeit von Welle und Lötnaht erforderlichen Nahtlänge**

Bruchdrehmoment

$$- \text{Welle:}\ T_{B} = \tau_{tB} \cdot W_{t} = \frac{\pi \cdot d^{3} \cdot \tau_{tB}}{16} \qquad \text{z. B. aus } \tau_{t} = T/W_{t}$$

$$- \text{Lötnaht:}\ T_{B} = \frac{\pi \cdot l_{ü} \cdot d^{2} \cdot \tau_{lB}}{2} \qquad \text{aus Gl. (5.9/5-11)}$$

$$\text{Gleichsetzen:}\ \frac{\pi \cdot d^{3} \cdot \tau_{tB}}{16} = \frac{\pi \cdot l_{ü} \cdot d^{2} \cdot \tau_{lB}}{2}$$

$$\rightarrow l_{ü} = \frac{d \cdot \tau_{tB}}{8 \cdot \tau_{lB}} = \frac{8\,\text{mm} \cdot 330\,\text{N/mm}^{2}}{8 \cdot 240\,\text{N/mm}^{2}} \approx \mathbf{1{,}4\,\text{mm}}$$

mit $d = 8$ mm, $\tau_{tB} = 0{,}58 \cdot 570\,\text{N/mm}^2 = 330\,\text{N/mm}^2$ für E 335 mit
$R_m = K_t \cdot R_{mN} = 570\,\text{N/mm}^2$ (TB 1-1 mit $K_t = 1$) und $f_\tau = 0{,}58$ (TB 3-2), $\tau_{lB} = 240\,\text{N/mm}^2$ (TB 5-7)
Die Nahtlänge wird nach konstruktiven Erfordernissen ausgeführt.

5.17
$d = 20$ mm ($M_b = 61\,152$ N mm, $K_A = 1{,}3$, $\sigma_{bw\,zul} = 80\,\text{N/mm}^2$, $S = 2$).

5.18
$S_B \approx 11$ ($\tau_{lres} = \sqrt{(15\,\text{N/mm}^2)^2 + (12\,\text{N/mm}^2)^2} = 19\,\text{N/mm}^2$, aus F_{nenn}: $\tau_l = 15\,\text{N/mm}^2$, aus T_{nenn}: $\tau_l = 12\,\text{N/mm}^2$, $A_l = 302\,\text{mm}^2$, $\tau_{lB} = 205\,\text{N/mm}^2$, $K_A = 1{,}0$, mit Gln. (5.7/5-9) und (5.9/5-11).

5.19
$p_{max} \approx 154\,\text{N/mm}^2 < p_{zul} \approx 180\,\text{N/mm}^2$ ($F = 1\,600$ N, $l = 40$ mm, $s = 15$ mm, $d = 18$ mm, $K_A = 1{,}3$, $\sigma_{lB} = 540\,\text{N/mm}^2$, $S \approx 3$, mit Gl. (9.19/9-26)).

6 Schweißverbindungen

6.1
Nachweis erfüllt ($125\,000\,\text{N}/640\,\text{mm}^2 = 195\,\text{N/mm}^2 < 235\,\text{N/mm}^2/1{,}0 = 235\,\text{N/mm}^2$; $N_{Ed} = 125\,\text{kN}$, $A = 80\,\text{mm} \cdot 8\,\text{mm} = 640\,\text{mm}^2$, $R_e = 235\,\text{N/mm}^2$ für S235 nach TB 6-5, $\gamma_{M0} = 1{,}0$)

6.2
Nachweis erfüllt ($315\,000\,\text{N}/1\,500\,\text{mm}^2 = 210\,\text{N/mm}^2 < 235\,\text{N/mm}^2/1{,}0 = 235\,\text{N/mm}^2$; $N_{Ed} = 315\,\text{kN}$, $A = 100\,\text{mm} \cdot 15\,\text{mm} = 1\,500\,\text{mm}^2$, $R_e = 235\,\text{N/mm}^2$ für S235 nach TB 6-5, $\gamma_{M0} = 1{,}0$)

ⓘ **6.3**
Die Tragfähigkeit durchgeschweißter Stumpfnähte ist gleich der Tragfähigkeit des schwächeren angeschlossenen Bauteils (Lehrbuch 6.3.1-2.2).
Querschnittswerte Profil IPE300 (schwächeres Profil) nach TB 1-11: $h = 300\,\text{mm}$, $b = 150\,\text{mm}$, $t_F = 10{,}7\,\text{mm}$, $t_S = 7{,}1\,\text{mm}$, $r = 15\,\text{mm}$, $c = 10{,}7\,\text{mm} + 15\,\text{mm} = 25{,}7\,\text{mm}$, $A = 5\,380\,\text{mm}^2$, $I_x = 83{,}6 \cdot 10^6\,\text{mm}^4$, $W_x = 5{,}57 \cdot 10^5\,\text{mm}^3$, $d = 249\,\text{mm}$.

Nachweis der maximalen Normalspannung (Rand)

$$\sigma_{x\,Ed} = \frac{N_{Ed}}{A} + \frac{M_{x\,Ed}}{I_x} \cdot y \leq \frac{R_e}{\gamma_{M0}} \qquad (6.13/6\text{-}3)$$

mit $R_e = 235\,\text{N/mm}^2$ nach TB 6-5 und $\gamma_{M0} = 1{,}0$

$$\begin{aligned}\sigma_{x\,Ed} &= \frac{3{,}15 \cdot 10^5\,\text{N}}{5{,}38 \cdot 10^3\,\text{mm}^2} + \frac{45{,}9 \cdot 10^6\,\text{N\,mm}}{83{,}6 \cdot 10^6\,\text{mm}^4} \cdot 150\,\text{mm} = 141\,\text{N/mm}^2 \\ &\leq \frac{235\,\text{N/mm}^2}{1{,}0} = 235\,\text{N/mm}^2\end{aligned}$$

Nachweis der Schubspannungen im Trägersteg

1. vereinfacht:
$$\tau_{Ed} = \frac{V_{Ed}}{A_S} \leq \frac{R_e}{\sqrt{3} \cdot \gamma_{M0}} \qquad (6.15/6\text{-}15)$$

mit $A_S \approx (h - 2 \cdot t_F) \cdot t_S = (300\,\text{mm} - 2 \cdot 10{,}7\,\text{mm}) \cdot 7{,}1\,\text{mm} \approx 1\,980\,\text{mm}^2$

$$\tau_{Ed} = \frac{1{,}55 \cdot 10^5\,\text{N}}{1{,}98 \cdot 10^3\,\text{mm}^2} = 78\,\text{N/mm}^2 \leq \frac{235\,\text{N/mm}^2}{\sqrt{3} \cdot 1{,}0} = 136\,\text{N/mm}^2$$

2. maximale Schubspannung in der Schwerachse:
$$\tau_{Ed} = \frac{V_{Ed} \cdot S}{I \cdot t} \leq \frac{R_e}{\sqrt{3} \cdot \gamma_{M0}} \qquad (6.14/6\text{-}14)$$

Flächenmoment 1. Grades, bezogen auf die Schwerachse:

$S = 3{,}14 \cdot 10^5\,\text{mm}^3 \quad (S = 150 \cdot 10{,}7 \cdot 144{,}65\,\text{mm} + 139{,}3\,\text{mm} \cdot 7{,}1\,\text{mm} \cdot 69{,}65\,\text{mm}$
$+ 2 \cdot \left(1 - \frac{\pi}{4}\right) \cdot 15^2\,\text{mm}^2 \cdot \left(150\,\text{mm} - 10{,}7\,\text{mm} - 15\,\text{mm} + \frac{2}{3} \cdot \frac{15\,\text{mm}}{4 - \pi}\right)$
$= 314\,180\,\text{mm}^3$

mit Berücksichtigung der Ausrundungen, $I_x = 83{,}6 \cdot 10^6\,\text{mm}^4$, $t_S = 7{,}1\,\text{mm}$

$$\tau_{Ed} = \frac{1{,}55 \cdot 10^5\,\text{N} \cdot 3{,}14 \cdot 10^5\,\text{mm}^3}{83{,}6 \cdot 10^6\,\text{mm}^4 \cdot 7{,}1\,\text{mm}} = 82\,\text{N/mm}^2 \leq 136\,\text{N/mm}^2$$

Nachweis der Vergleichsspannung

Steg am Ende der Ausrundung, $y = d/2 = 124\,\text{mm}$

$$\sigma_{x\,Ed} = \frac{N_{Ed}}{A} + \frac{M_{x\,Ed}}{I_x} \cdot y \qquad (6.13/6\text{-}12)$$

$$\sigma_{x\,Ed} = \frac{3{,}15 \cdot 10^5\,\text{N}}{5{,}38 \cdot 10^3\,\text{mm}^2} + \frac{45{,}9 \cdot 10^6\,\text{N mm}}{83{,}6 \cdot 10^6\,\text{mm}^4} \cdot 124\,\text{mm} = 127\,\text{N/mm}^2$$

$\tau_{Ed} = 78\,\text{N/mm}^2 \quad$ (τ-Verlauf im Steg annähernd konstant)

$$\sigma_v = \sqrt{\sigma_{x\,Ed}^2 + 3 \cdot \tau_{Ed}^2} \leq \frac{R_e}{\gamma_{M0}} \qquad (6.16/6\text{-}16)$$

$$\sigma_v = \sqrt{(127\,\text{N/mm}^2)^2 + 3 \cdot (78\,\text{N/mm}^2)^2} = 185\,\text{N/mm}^2 < \frac{235\,\text{N/mm}^2}{1{,}0}$$
$$= 235\,\text{N/mm}^2$$

6 Schweißverbindungen

6.4

a) $N_{max} = 1\,513{,}4$ kN ($N_{max} = R_e \cdot A/\gamma_{M0}$, $R_e = 235$ N/mm² für S235JR, $A = 32{,}2$ cm² $= 3\,220$ mm² für U200 (TB 1-10), Doppelstab $2 \cdot A$, $\gamma_{M0} = 1{,}0$).

b) $a_{max} = 9$ mm ($t_2 = t + 0{,}08 \cdot 0{,}5 \cdot b = 11{,}5$ mm $+ 0{,}08 \cdot 0{,}5 \cdot 75$ mm $= 14{,}5$ mm, maßgebend $t_{min} = s = 14$ mm, $a_{max} \leq 0{,}7 \cdot t_{min} = 0{,}7 \cdot 14$ mm $= 9{,}8$ mm, U200: $b = 75$ mm, $t = 11{,}5$ mm, Flanschneigung 8 %)

c) $l_w = 220$ mm (Überlappungslänge = Nahtlänge) (vereinfachtes Verfahren, Gl. (6.21/6-32)):
$\tau_w = R_m/(\sqrt{3} \cdot \beta_w \cdot \gamma_{M2}) = 360$ N/mm²$/(\sqrt{3} \cdot 0{,}8 \cdot 1{,}25) = 208$ N/mm², $l_{eff} = F/(\tau_w \cdot 4 \cdot a) = 1{,}513 \cdot 10^6$ N$/(208$ N/mm²$\cdot 4 \cdot 9$ mm$) = 202$ mm, Endkraterabzug $2 \cdot a$: $l_w = l_{eff} + 2 \cdot a = 202$ mm $+ 2 \cdot 9$ mm $= 220$ mm, $R_m = 360$ N/mm² für S235JR, $\beta_w = 0{,}8$, $\gamma_{M2} = 1{,}25$, $a = 9$ mm, $l_w = 220$ mm $= 24 \cdot a > \max(30$ mm, $6 \cdot a)$ und $< 150 \cdot a$.

d) $\sigma = 1\,513\,400$ N$/(433$ mm $\cdot 14$ mm$) = 250$ N/mm² > 235 N/mm²$/1{,}0 = 235$ mm²
Blechdicke auf $t_k \geq 15$ mm verstärken.
($b = 2 \cdot \tan 30° \cdot 202$ mm $+ 200$ mm $- 433$ mm, $t_K = 14$ mm, $l_{eff} = 202$ mm, $R_e = 235$ N/mm², $\gamma_{M0} = 1{,}0$)

6.5

Tragsicherheitsnachweis erfüllt

$(\sigma_{wv\,Ed} = \sqrt{(298\,\text{N/mm}^2)^2 + 3 \cdot (24\,\text{N/mm}^2)^2} = 301$ N/mm²

$< \dfrac{510\,\text{N/mm}^2}{0{,}9 \cdot 1{,}25} = 453$ N/mm² (Gl. (6.19/6-30)), $\sigma_\perp = 24$ N/mm² $+ 274$ N/mm²

$= 298$ N/mm²

$< 0{,}9 \cdot 510$ N/mm²$/1{,}25 = 367$ N/mm² (Gl. (6.20/6-31));

aus Zug: $\sigma_\perp = \tau_\perp = \dfrac{\sqrt{2}}{2} \cdot \dfrac{30\,000\,\text{N}}{888\,\text{mm}^2}$

$= 24$ N/mm²,

aus Biegung: $\sigma_{\perp b} = \dfrac{243\,600\,\text{N mm}}{2\,664\,\text{mm}^4} \cdot \dfrac{6\,\text{mm}}{2} = 274$ N/mm²;

Nahtenden nicht umschweißt: $l_{eff} = 160$ mm $- 2 \cdot 6$ mm $= 148$ mm,
$A_w = 6$ mm $\cdot 148$ mm $= 888$ mm²,
$I_w = 148$ mm $\cdot 6^3$ mm³$/12 = 2\,664$ mm⁴, $M = 8{,}12$ mm $\cdot 30\,000$ N $= 243\,600$ N mm,
Versatz $e = 0{,}5 \cdot 12$ mm $+ \dfrac{6\,\text{mm}}{2 \cdot \sqrt{2}} = 8{,}12$ mm, $R_m = 510$ N/mm² (TB 6-5 für S355),
$\beta_w = 0{,}9$ (TB 6-7 für S355), $\gamma_{M2} = 1{,}25$, $a = 6$mm $> \sqrt{15} - 0{,}5 = 3{,}4$mm bzw. $< 0{,}7 \cdot 12$ mm $= 8{,}4$ mm

6.6
a)
$$\frac{3{,}3 \cdot 10^5 \,\text{N}}{1\,872 \,\text{mm}^2} = 176 \,\text{N/mm}^2 < \frac{235 \,\text{N/mm}^2}{1{,}0} = 235 \,\text{N/mm}^2$$

($A_{\text{net}} = A_S + 2 \cdot A_F = 8\,\text{mm} \cdot 90\,\text{mm} + 2 \cdot 8\,\text{mm} \cdot (80\,\text{mm} - 8\,\text{mm}) = 1\,872\,\text{mm}^2$, $R_e = 235\,\text{N/mm}^2$ nach TB 6-5, $\gamma_{M0} = 1{,}0$)

b)
$$\text{Kehlnähte: } \tau_w = \frac{2{,}031 \cdot 10^5 \,\text{N}}{2 \cdot 4 \cdot 3 \,\text{mm} \cdot 50 \,\text{mm}} = 169 \,\text{N/mm}^2 < \frac{360 \,\text{N/mm}^2}{\sqrt{3} \cdot 0{,}8 \cdot 1{,}25} = 208 \,\text{N/mm}^2$$

Stumpfnaht (Steg): Die Tragfähigkeit der *durchgeschweißten Stumpfnaht* (V-Naht mit Gegennaht) ist der Tragfähigkeit des schwächeren der verbundenen Bauteile gleichzusetzen. (Schubspannungen im Trägerflansch neben der Kehlnaht:

$$\tau = \frac{2{,}031 \cdot 10^5 \,\text{N}}{4 \cdot 8 \cdot 50 \,\text{mm}} = 127 \,\text{N/mm}^2 < \frac{235 \,\text{N/mm}^2}{\sqrt{3} \cdot 1{,}0} = 136 \,\text{N/mm}^2;$$

anteilige Flanschkräfte: $N_F = 330 \,\text{kN} \cdot \dfrac{2 \cdot 8\,\text{mm} \cdot 80\,\text{mm}}{8\,\text{mm} \cdot (2 \cdot 80\,\text{mm} + 100\,\text{mm})} = 203{,}1 \,\text{kN};$

$l_{\text{eff}} = 50\,\text{mm}$, $R_m = 360\,\text{N/mm}^2$ nach TB 6-5, $\beta_w = 0{,}8$ nach TB 6-7, $\gamma_{M2} = 1{,}25$; Grenzwerte der Nahtabmessungen: $3\,\text{mm} \leq a = 3\,\text{mm} \leq 0{,}7 \cdot t_{\min} = 0{,}7 \cdot 8\,\text{mm} = 5{,}6\,\text{mm}$, $a = 3\,\text{mm} \geq \sqrt{t_{\max}} - 0{,}5 = \sqrt{8} - 0{,}5 = 2{,}3\,\text{mm}$, $l_{\min} = \max(6 \cdot 3\,\text{mm} = 18\,\text{mm};\ 30\,\text{mm}) = 30\,\text{mm} < l_{\text{vorh}} = 50\,\text{mm}$, $l_{\max} = 150 \cdot a = 150 \cdot 3\,\text{mm} = 450\,\text{mm} > l_{\text{vorh}} = 50\,\text{mm}$)

6.7
a)
$$\frac{1{,}5 \cdot 10^5 \,\text{N}}{744 \,\text{mm}^2} = 202 \,\text{N/mm}^2 < \frac{235 \,\text{N/mm}^2}{1{,}0} = 235 \,\text{N/mm}^2$$

(T60: $b = a = 60\,\text{mm}$, $t_S = t_F = r_1 = 7\,\text{mm}$, $A = 794\,\text{mm}^2$; IPE300: $t_S = 7{,}1\,\text{mm}$; $A_{\text{net}} = 794\,\text{mm}^2 - 7\,\text{mm} \cdot 7{,}1\,\text{mm} = 744\,\text{mm}^2$, $R_e = 235\,\text{N/mm}^2$ nach TB 6-5 $\gamma_{M0} = 1{,}0$)

b)
$$\text{Kehlnähte: } \tau_w = \frac{7{,}93 \cdot 10^4 \,\text{N}}{4 \cdot 3 \,\text{mm} \cdot 60 \,\text{mm}} = 110 \,\text{N/mm}^2 < \frac{360 \,\text{N/mm}^2}{\sqrt{3} \cdot 0{,}8 \cdot 1{,}25} = 208 \,\text{N/mm}^2;$$

Stumpfnaht (Steg): Die nachgewiesene Tragfähigkeit der Bauteile entspricht der Tragfähigkeit der durchgeschweißten Stumpfnaht.
(anteilige Flanschkraft: $N_F = N_{Ed} \cdot A_F / A = 150\,\text{kN} \cdot 420\,\text{mm}^2 / 794\,\text{mm}^2 = 79{,}3\,\text{kN}$, mit $A_F \approx 7\,\text{mm} \cdot 60\,\text{mm} = 420\,\text{mm}^2$; $R_m = 360\,\text{N/mm}^2$ nach TB 6-5, $\beta_w = 0{,}8$ nach TB 6-7, $\gamma_{M2} = 1{,}25$; Schubspannung im Trägerflansch neben der Kehnaht (entspr. Gl.

(6.15/6-15):

$$\frac{7{,}93 \cdot 10^4 \, \text{N}}{2 \cdot 7 \, \text{mm} \cdot 60 \, \text{mm}} = 94 \, \text{N/mm}^2 < \frac{235 \, \text{N/mm}^2}{\sqrt{3} \cdot 1{,}0} = 136 \, \text{N/mm}^2;$$

Grenzwerte der Nahtabmessungen: $3 \, \text{mm} \leq a = 3 \, \text{mm} \leq 0{,}7 \cdot t_{\min} = 0{,}7 \cdot 7 \, \text{mm} = 4{,}9 \, \text{mm}$, $a = 3 \, \text{mm} \geq \sqrt{t_{\max}} - 0{,}5 = \sqrt{7{,}1} - 0{,}5 = 2{,}2 \, \text{mm}$, $l_{\min} = \max(6 \cdot 3 \, \text{mm} = 18 \, \text{mm}$; $30 \, \text{mm}) = 30 \, \text{mm} < l_{\text{vorh}} = 60 \, \text{mm}$, $l_{\max} = 150 \cdot a = 450 \, \text{mm} > l_{\text{vorh}} = 60 \, \text{mm})$

6.8
a)

$$\sigma_{x\,Ed} = \frac{90 \cdot 10^3 \, \text{N}}{1{,}1 \cdot 10^3 \, \text{mm}^2} + \frac{1{,}755 \cdot 10^6 \, \text{N\,mm}}{1{,}94 \cdot 10^5 \, \text{mm}^4} \cdot 14{,}5 \, \text{mm} = 82 \, \text{N/mm}^2 + 131 \, \text{N/mm}^2$$
$$= 213 \, \text{N/mm}^2 < \frac{235 \, \text{N/mm}^2}{1{,}0} = 235 \, \text{N/mm}^2$$

(Querschnittswerte U80: $h = 80 \, \text{mm}$, $b = 45 \, \text{mm}$, $t_F = 8 \, \text{mm}$, $t_S = 6 \, \text{mm}$, $A = 1100 \, \text{mm}^2$, $I_x = 1{,}94 \cdot 10^5 \, \text{mm}^4$, $e = 14{,}5 \, \text{mm}$; $M_x = 90 \cdot 10^3 \, \text{N} \cdot (14{,}5 \, \text{mm} + 10 \, \text{mm}/2) = 1{,}755 \cdot 10^6 \, \text{N\,mm}$, $R_e = 235 \, \text{N/mm}^2$ nach TB 6-5, $\gamma_{M0} = 1{,}0$)

b)

$$\tau_w = \frac{90 \cdot 10^3 \, \text{N}}{800 \, \text{mm}^2} = 113 \, \text{N/mm}^2 < \frac{360 \, \text{N/mm}^2}{\sqrt{3} \cdot 0{,}8 \cdot 1{,}25} = 208 \, \text{N/mm}^2$$

($A_w = \sum a \cdot l_{\text{eff}} = 2 \cdot 5 \, \text{mm} \cdot 80 \, \text{mm} = 800 \, \text{mm}^2$; $l_{\text{eff}} = 80 \, \text{mm}$, da kein Endkraterabzug; $R_m = 360 \, \text{N/mm}^2$ nach TB 6-5, $\beta_w = 0{,}8$ nach TB 6-7, $\gamma_{M2} = 1{,}25$; Nahtgrenzwerte:

$3 \, \text{mm} \leq a = 5 \, \text{mm} \leq 0{,}7 \cdot 8 \, \text{mm} = 5{,}6 \, \text{mm}$, $a = 5 \, \text{mm} \geq \sqrt{10} - 0{,}5 = 2{,}7 \, \text{mm}$,
$l_{w\,\min} = \max(6 \cdot 5 \, \text{mm}; \, 30 \, \text{mm}) = 30 \, \text{mm} < l_{w\,\text{vorh}} = 80 \, \text{mm}$,
$l_{w\,\max} = 150 \cdot a = 150 \cdot 5 \, \text{mm} = 750 \, \text{mm} > l_{w\,\text{vorh}} = 80 \, \text{mm}$)

6.9
a) $N_{\text{Ed}}/A = 112\,000 \, \text{N}/691 \, \text{mm}^2 = 162 \, \text{N/mm}^2 \leq R_e/\gamma_{M0} = 235 \, \text{N/mm}^2/1{,}0 = 235 \, \text{N/mm}^2$
($A = 691 \, \text{mm}^2$, $R_e = 235 \, \text{N/mm}^2$, $\gamma_{M0} = 1{,}0$)
b) $a = 3 \, \text{mm}$, $l_{\text{eff}} = 90 \, \text{mm}$ (Endkraterabzug ist $2 \cdot a = 6 \, \text{mm}$, Überlappungslänge, gerundet $100 \, \text{mm}$; $a = 3 \, \text{mm} \leq 0{,}7 \cdot 6 \, \text{mm} = 4{,}2 \, \text{mm}$, $a = 3 \, \text{mm} \geq \sqrt{8} - 0{,}5 = 2{,}3 \, \text{mm}$,
$l_{\text{eff}} = 90 \, \text{mm} \leq 150a = 150 \cdot 3 \, \text{mm} = 450 \, \text{mm}$, $l_{\text{eff}} = 90 \, \text{mm} \geq 6a = 6 \cdot 3 \, \text{mm} = 18 \, \text{mm}$
bzw. $\geq 30 \, \text{mm}$; $\sum l_{\text{eff}} = 112\,000 \, \text{N} \cdot \sqrt{3} \cdot 0{,}8 \cdot 1{,}25/(3 \, \text{mm} \cdot 360 \, \text{N/mm}^2) = 180 \, \text{mm}$
mit $\beta_w = 0{,}8$, $\gamma_{M2} = 1{,}25$, $R_m = 360 \, \text{N/mm}^2$, s. Gl. (6.21/6-32))

6.10
a) $N_{\text{Ed}}/A = 125\,000 \, \text{N}/569 \, \text{mm}^2 = 220 \, \text{N/mm}^2 \leq R_e/\gamma_{M0} = 235 \, \text{N/mm}^2/1{,}0 = 235 \, \text{N/mm}^2$
(Ersatzprofil $L50 \times 50 \times 6$, mit wirksamer Fläche $A = 569 \, \text{mm}^2$ nach TB 1-8, $R_e = 235 \, \text{N/mm}^2$ nach TB 6-5, $\gamma_{M0} = 1{,}0$)

b) Länge der Flankenkehlnähte $l_w = 50$ mm (aus Gl. (6.21/6-32) folgt
$A_w = N_{Ed} \cdot \sqrt{3} \cdot \beta_w \cdot \gamma_{M2}/R_m = 125\,000$ N $\cdot \sqrt{3} \cdot 0{,}8 \cdot 1{,}25/360$ N/mm$^2 = 601$ mm^2 und daraus die Länge der Flankenkehlnähte $l_w = A_w/(2 \cdot a) - b = 601$ mm$^2/(2 \cdot 3$ mm$) - 50$ mm $= 50$ mm; $\beta_w = 0{,}8$ nach TB 6-7, $R_m = 360$ N/mm^2 nach TB 6-5, Schenkelbreite $b = 50$ mm; $a = 3$ mm $\leq 0{,}7 \cdot 6$ mm $= 4{,}2$ mm, $a = 3$ mm $\geq \sqrt{8} - 0{,}5 = 2{,}3$ mm, $l_{eff} = 50$ mm $\leq 150 \cdot a = 150 \cdot 3$ mm $= 450$ mm, $l_{eff} = 50$ mm $> 6 \cdot a = 6 \cdot 3$ mm $= 18$ mm bzw. ≥ 30 mm)

c) $\sigma = 125\,000$ N$/(108$ mm $\cdot 8$ mm$) = 145$ N/mm$^2 < 235$ N/mm$^2/1{,}0 = 235$ N/mm ($F = N_{Ed} = 125$ kN, mittragende Breite $b \approx 50$ mm $+ 2 \cdot \tan 30° \cdot 50$ mm $= 108$ mm, $R_e = 235$ N/mm^2, $\gamma_{M0} = 1{,}0$, $t_K = 8$ mm, $l_w = 50$ mm, Schenkelbreite $b = 50$ mm)

6.11

$l_1 = 30$ mm, $l_2 = 72$ mm, $\tau_w = 120\,000$ N$/(222$ mm $\cdot 3$ mm$) = 180$ N/mm$^2 < \tau_{wd} = 208$ N/mm^2 (konstruktiv mit $l_1 = l_{min} = 30$ mm: $\sum l_{ett} = 2 \cdot 30$ mm $+ 60$ mm$/\tan 55° + 2 \cdot 60$ mm $= 222$ mm, $l_2 = 30$ mm $+ 60$ mm$/\tan 55° = 72$ mm, Nahtscherfestigkeit $\tau_{wd} = 360$ N/mm$^2/(\sqrt{3} \cdot 0{,}8 \cdot 1{,}25) = 208$ N/mm^2, $\sum l_{erf} = N_{Ed}/(\tau_{wd} \cdot a) = 120\,000$ N$/(208$ N/mm$^2 \cdot 3$ mm$) = 192$ mm $< \sum l_{vorh} = 222$ mm; $R_m = 360$ N/mm^2 nach TB 6-5, $\beta_w = 0{,}8$ nach TB 6-7, $\gamma_{M2} = 1{,}25$; $a = 3$ mm $\geq \sqrt{t_{max}} - 0{,}5 = \sqrt{6{,}2} - 0{,}5 = 2{,}0$ mm; $l_2 = 72$ mm $< 150 \cdot a = 150 \cdot 3$ mm $= 450$ mm, $l_1 = 30$ mm $\geq \max(6 \cdot 3$ mm; 30 mm$) = 30$ mm)

ⓘ **6.12**

a) **Biegeknicknachweis für I-Profil (Lehrbuch 6.3.1-1.3)**
Querschnittswerte
IPB120 (TB 1-11): $A = 3\,400$ mm^2, $i_x = 50{,}4$ mm, $i_y = 30{,}6$ mm, $t_F = 11$ mm, $t_S = 6{,}5$ mm, $R_1 = 12$ mm, $I_x = 8{,}64 \cdot 10^6$ mm^4, $I_y = 3{,}18 \cdot 10^6$ mm^4, Steg: $c = 120$ mm $- 2 \cdot (11$ mm $+ 12$ mm$) = 74$ mm, Flansch: $c = 0{,}5 \cdot (120$ mm $- 6{,}5$ mm$) - 12$ mm $= 44{,}8$ mm, $h = b = 120$ mm

Maximales c/t-Verhältnis druckbeanspruchter Querschnittsteile (Lehrbuch 6.3.1-1.1, TB 6-8)

$$(c/t)_{vorh} \leq (c/t)_{max} \qquad (6.1/6\text{-}18)$$

Flansch: $(c/t)_{vorh} = (44{,}8$ mm$/11$ mm$) = 4{,}1 < (c/t)_{max} = 14$
(einseitig gelagerter Plattenstreifen mit $\psi = +1$)
Steg: $(c/t)_{vorh} = (74$ mm$/6{,}5$ mm$) = 11{,}4 < (c/t)_{max} = 42$
(beidseitig gelagerter Plattenstreifen mit $\psi = +1$)

Bestimmung des Schlankheitsgrades

Das Biegeknicken um die schwache Achse liefert die kleinste Verzweigungslast N_{cr} und ist daher maßgebend. Bei gleicher Knicklänge um beide Achsen gilt $L_{cry} = L_{crx} = 4\,000$ mm (Eulerfall 2, $\beta = 1$).

$$\overline{\lambda}_y = \frac{L_{cr}}{i_y} \cdot \frac{1}{\lambda_1} = \frac{4\,000 \text{ mm}}{30{,}6 \text{ mm} \cdot 93{,}9} = 1{,}39 \qquad (6.6/6\text{-}7)$$

Maßgebend ist die schwache Achse y ($i_y < i_x$), Schlankheit $\lambda_1 = 93{,}9 \cdot \varepsilon = 93{,}9 \cdot 1{,}0 = 93{,}9$ mit $\varepsilon = \sqrt{235/235} = 1{,}0$ für Stahlsorte S235, $i_y = 30{,}6$ mm

Berechnung des Bemessungswertes für das Biegeknicken

Knicklinie c und damit $\alpha = 0{,}49$ für IPB120 mit $h/b = 120$ mm$/120$ mm $= 1{,}0 < 1{,}2$, $t_F = 11$ mm < 100 mm und Ausweichen senkrecht zur Achse y–y, Stahlsorte S235
Bestimmung des Abminderungsfaktors durch
1. ablesen aus TB 6-10: $\chi_y \approx 0{,}35$ (für Linie c und $\overline{\lambda}_y = 1{,}39$) oder alternativ
2. berechnen mit Hilfsfunktion ϕ

$$\phi = 0{,}5 \cdot \left[1 + \alpha \cdot \left(\overline{\lambda}_y - 0{,}2\right) + \overline{\lambda}^2\right] \qquad (6.7/6\text{-}9)$$

$$\phi = 0{,}5[1 + 0{,}49 \cdot (1{,}39 - 0{,}2) + 1{,}39^2] = 1{,}76$$

Für $\overline{\lambda} > 0{,}2$ gilt dabei

$$\chi_y = \frac{1}{\phi + \sqrt{\phi^2 - \overline{\lambda}^2}} \text{ aber } \chi \leq 1 \qquad (6.9/6\text{-}9)$$

$$\chi_y = \frac{1}{1{,}76 + \sqrt{1{,}76^2 - 1{,}39^2}} = 0{,}352 \leq 1{,}0$$

$$N_{b\,Rd} = \frac{\chi_y \cdot A \cdot R_e}{\gamma_{M1}} = \frac{0{,}352 \cdot 3\,400 \text{ mm}^2 \cdot 235 \text{ N/mm}^2}{1{,}1} = 255{,}7 \text{ kN} \qquad (6.10/6\text{-}10)$$

Nachweis gegen Biegeknicken

$$\frac{N_{Ed}}{N_{b\,Rd}} = \frac{200 \text{ kN}}{255{,}7 \text{ kN}} = 0{,}78 < 1{,}0 \qquad (6.11/6\text{-}11)$$

b) **Grobe Vorbemessung des Druckstabes**

$$A_{erf} = \frac{N_{Ed}}{15} = \frac{200}{15} = 13{,}3 \text{ cm}^2 = 1\,330 \text{ mm}^2 \qquad (6.5/6\text{-}5)$$

Gewählt nach TB 1-13: quadratisches warmgefertigtes Hohlprofil

EN 10210-2–100 × 100 × 4-S235JRH, $A = 1\,520\,\text{mm}^2$, $i_x = i_y = 39{,}1\,\text{mm}$, $r = 1{,}5t$ (äußeres Rundungsprofil), $t = 4\,\text{mm}$, $b = 100\,\text{mm}$

maximales c/t-Verhältnis

$$\text{Flansch und Steg: } (c/t)_{\text{vorh}} \leq (c/t)_{\text{max}} \tag{6.1/6-18}$$

$(c/t)_{\text{vorh}} = (b - 2 \cdot 1{,}5 \cdot t)/t = (100\,\text{mm} - 2 \cdot 1{,}5 \cdot 4\,\text{mm})/4\,\text{mm} = 22$
$< (c/t)_{\text{max}} = 42$, nach TB 6-8 bei beidseitig gelagertem Plattenstreifen und $\psi = +1$

Bestimmung des Schlankheitsgrades

$$\overline{\lambda} = \frac{L_{\text{cr}}}{i} \cdot \frac{1}{\lambda_1} = \frac{4\,000\,\text{mm}}{39{,}1\,\text{mm} \cdot 93{,}9} = 1{,}09 \tag{6.6/6-7}$$

mit $\lambda_1 = 93{,}9$, $L_{\text{cr}} = 4\,000\,\text{mm}$, $R_{\text{e}} = 235\,\text{N/mm}^2$

Berechnung des Bemessungswertes für das Biegeknicken
Knicklinie a und damit $\alpha = 0{,}21$ für warmgefertigtes Hohlprofil und Stahlsorte S235 nach TB 6-9.
Bestimmung des Abminderungsfaktors durch
1. ablesen aus TB 6-10: $\chi \approx 0{,}61$ (für Linie a und $\overline{\lambda} = 1{,}09$) oder alternativ
2. berechnen mit Hilfsfunktion ϕ:

$$\phi = 0{,}5 \cdot \left[1 + \alpha \cdot \left(\overline{\lambda} - 0{,}2\right) + \overline{\lambda}^2\right] \tag{6.7/6-9}$$
$$\phi = 0{,}5 \cdot [1 + 0{,}21 \cdot (1{,}09 - 0{,}2) + 1{,}09^2] = 1{,}19$$

Für $\overline{\lambda} > 0{,}2$ gilt dabei

$$\chi = \frac{1}{\phi + \sqrt{\phi^2 - \overline{\lambda}^2}} \leq 1{,}0 \tag{6.9/6-9}$$

$$\chi = \frac{1}{1{,}19 + \sqrt{1{,}19^2 - 1{,}09^2}} = 0{,}60 \leq 1{,}0$$

Bemessungswert der Beanspruchbarkeit gegen Biegeknicken

$$N_{\text{b Rd}} = \frac{\chi \cdot A \cdot R_{\text{e}}}{\gamma_{\text{M1}}} = \frac{0{,}60 \cdot 1\,520\,\text{mm}^2 \cdot 235\,\text{N/mm}^2}{1{,}1} = 194{,}8\,\text{kN} \tag{6.10/6-10}$$

Nachweis gegen Biegeknicken

$$\frac{N_{\text{Ed}}}{N_{\text{b Rd}}} = \frac{200\,\text{kN}}{194{,}8\,\text{kN}} = 1{,}02 > 1{,}0! \tag{6.11/6-11}$$

Nachweis nicht erfüllt!
Ausgeführt wird die Stütze mit dem Hohlprofil 100 × 100 × 5 (dann $N_{Ed}/N_{b\,Rd}$ = 200 kN/239,7 kN = 0,83 < 1,0)

ⓘ 6.13

a) **Grobe Vorbemessung des mehrteiligen Rahmenstabes (Lehrbuch 6.3.1-1.3)**

$$A_{erf} \approx \frac{N_{Ed}}{15} = \frac{100}{15} = 6,7 \,\text{cm}^2 = 670 \,\text{mm}^2 \quad (6.5/6\text{-}5)$$

Danach zunächst gewählt 2 Winkel 50 × 50 × 6, mit $A = 2 \cdot 569\,\text{mm}^2$ nach TB 1-8. Für diese Profilgröße konnte der Nachweis nicht erbracht werden ($N_{Ed}/N_{b\,Rd} = 1,7 > 1,0$!).
Profil korrigiert auf Winkel 60 × 60 × 6.

b) **Biegeknicknachweis für Winkel 60 × 60 × 6**
Querschnittswerte nach TB 1-8: $A = 2 \cdot 691\,\text{mm}^2$, $i_x = i_u = 22,9\,\text{mm}$.
Schlankheitsgrad

$$\bar{\lambda}_x = \frac{L_{cr}}{i_x} \cdot \frac{1}{\lambda_1} = \frac{3\,301\,\text{mm}}{22,9\,\text{mm} \cdot 93,9} = 1,535 \quad (6.6/6\text{-}7)$$

mit $L_{cr} = 0,5 \cdot (l_S + l) = 0,5 \cdot (3\,200\,\text{mm} + 3\,402\,\text{mm}) = 3\,301\,\text{mm}$, $\lambda_1 = 93,9$
Knickspannungslinie nach TB 6-9 für Winkelquerschnitte: Knicklinie *b* mit Imperfektionsbeiwert $\alpha = 0,34$
Abminderungsfaktor
- abgelesen aus TB 6-10: $\chi \approx 0,33$ (für $\bar{\lambda}_x = 1,535$ und Linie *b*)
- berechnet mit Hilfsfunktion

$$\Phi = 0,5 \cdot \left[1 + \alpha \cdot \left(\bar{\lambda}_x - 0,2\right) + \bar{\lambda}^2\right] \quad (6.7/6\text{-}9)$$
$$\Phi = 0,5 \cdot [1 + 0,34(1,53 - 0,2) + 1,53^2] = 1,90$$

Für $\bar{\lambda} > 0,2$ gilt:

$$\chi = \frac{1}{\Phi + \sqrt{\Phi^2 - \bar{\lambda}^2}} = \frac{1}{1,90 + \sqrt{1,90^2 - 1,53^2}} = 0,33 \quad (6.9/6\text{-}9)$$

Biegeknickbeanspruchbarkeit

$$N_{b\,Rd} = \frac{\chi \cdot A \cdot R_e}{\gamma_{M1}} = \frac{0,33 \cdot 2 \cdot 691\,\text{mm}^2 \cdot 235\,\text{N/mm}^2}{1,1} = 97,4\,\text{kN} \quad (6.10/6\text{-}10)$$

Nachweis gegen Biegeknicken

$$\frac{N_{Ed}}{N_{b\,Rd}} = \frac{100\,\text{kN}}{97{,}4\,\text{kN}} = 1{,}03 > 1{,}0! \qquad (6.11/6\text{-}11)$$

Nachweis grenzwertig!
Nach erneuter Überprüfung gegebenenfalls Winkel 70 × 70 × 6 wählen.

c) **Nachweis der Anschlussnähte**
Nahtdicke wegen gerundeter Winkelschenkel (LB, Bild 6.40g) ausgeführt mit $a \approx 0{,}5 \cdot t = 0{,}5 \cdot 6\,\text{mm} = 3\,\text{mm}$.
Bestimmung der erforderlichen Nahtfläche $A_w = \sum a \cdot l_{eff}$

$$\tau_w = \frac{N_{Ed}}{A_w} \leq \frac{R_m}{\sqrt{3} \cdot \beta_w \cdot \gamma_{M2}} \rightarrow \qquad (6.21/6\text{-}32)$$

$$A_{w\,erf} = \frac{N_{Ed} \cdot \sqrt{3} \cdot \beta_w \cdot \gamma_{M2}}{R_m} = \frac{10^5\,\text{N} \cdot \sqrt{3} \cdot 0{,}8 \cdot 1{,}25}{360\,\text{N/mm}^2} = 481\,\text{mm}^2$$

wobei $\beta_w = 0{,}8$ für S235 nach TB 6-7, $R_m = 360\,\text{N/mm}^2$ für S235 nach TB 6-5, $\gamma_{M2} = 1{,}25$

$$\text{Erforderliche Einzelnahtlänge: } l_{eff} = \frac{A_w}{4 \cdot a} = \frac{481\,\text{mm}^2}{4 \cdot 3\,\text{mm}} = 40\,\text{mm}$$

Da die Stabenden nicht umschweißt sind, werden ausgeführt 4 Flankenkehlnähte mit $a = 3\,\text{mm}$ und $l_w = 50\,\text{mm}$ ($l_{eff} = 50\,\text{mm} - 2 \cdot 3\,\text{mm} = 44\,\text{mm}$)
Grenzabmessungen der Kehlnähte

$$3\,\text{mm} \leq a = 3\,\text{mm} \leq 0{,}7 \cdot t_{min} = 0{,}7 \cdot 6\,\text{mm} = 4{,}2\,\text{mm} \qquad (6.17a/6\text{-}23)$$

$$a = 3\,\text{mm} \geq \sqrt{t_{max}} - 0{,}5 = \sqrt{11{,}5} - 0{,}5 = 2{,}9\,\text{mm} \qquad (6.17b/6\text{-}22)$$

$$l_{min} = \max(6 \cdot a = 6 \cdot 3\,\text{mm};\ 30\,\text{mm}) = 30\,\text{mm} < l_{vorh} = 44\,\text{mm}$$

$$l_{max} = 150 \cdot a = 150 \cdot 3\,\text{mm} = 450\,\text{mm} > l_{vorh} = 44\,\text{mm}$$

6.14
a) 11 Bindebleche im Abstand $l_1 = 200\,\text{mm}$ (12 Felder);

$$N_{Ed}/N_{bRd} = 112\,\text{kN}/165\,\text{kN} = 0{,}68 < 1{,}0$$

(Bindebleche: Abstand $l_1 \leq 15 \cdot i_{min} = 205\,\text{mm}$, Anzahl der Felder $n \geq 2\,420\,\text{mm}/205\,\text{mm} = 11{,}8$, mit $l_S = 2\,420\,\text{mm}$, $i_{min} = i_v = 13{,}7\,\text{mm}$ (TB 1-8), Bemessung der Bindebleche nach EN 1993-1-1, 6.4.3; Knicken in der Fachwerkebene, Knicklänge $L_{cr\,x} = 2\,420\,\text{mm}$,

Bezugsschlankheit $\lambda_1 = 93{,}9$ für S235, Schlankheitsgrad $\overline{\lambda}_x = 2\,420\,\text{mm}/(21{,}3\,\text{mm} \cdot 93{,}9) = 1{,}21$ mit $i_x = 21{,}3\,\text{mm}$, Knickspannungslinie „b" nach TB 6-9, Abminderungsbeiwert: 1. $\chi_x \approx 0{,}48$ (abgelesen aus TB 6-10), 2. berechnet mit Hilfsfunktion ϕ und $\alpha = 0{,}34$:

$\phi = 0{,}5 \cdot \left[1 + 0{,}34 \cdot (1{,}21 - 0{,}2) + 1{,}21^2\right] = 1{,}40$, $\chi_x = 1/(1{,}4 + \sqrt{1{,}4^2 - 1{,}21^2}) = 0{,}475$,

$N_{bRd} = 0{,}475 \cdot 2 \cdot 813\,\text{mm}^2 \cdot 235\,\text{N/mm}^2/1{,}1 = 165\,\text{kN}$ mit $A = 2 \cdot 813\,\text{mm}^2$ für L $70 \times 70 \times 6$, $R_e = 235\,\text{N/mm}^2$ für S235, $\gamma_{M1} = 1{,}1$)

b) $N_{Ed}/A_w = 112\,000\,\text{N}/1\,284\,\text{mm}^2 = 87\,\text{N/mm}^2 < R_m/(\sqrt{3} \cdot \beta_w \cdot \gamma_{M2}) = 360\,\text{N/mm}^2/(\sqrt{3} \cdot 0{,}8 \cdot 1{,}25) = 208\,\text{N/mm}^2$
($A_w = \sum l \cdot a = 2 \cdot 3\,\text{mm} \cdot (102 + 70 + 42)\,\text{mm} = 1\,284\,\text{mm}^2$ mit Endkraterabzug, $R_m = 360\,\text{N/mm}^2$ für S235, $\beta_w = 0{,}8$ nach TB 6-7;

Grenzwerte der Nahtabmessungen:
$3\,\text{mm} \leq a = 3\,\text{mm} \leq 0{,}7 \cdot t_{min} = 0{,}7 \cdot 6\,\text{mm} = 4{,}2\,\text{mm}$, $a = 3\,\text{mm} \geq \sqrt{t_{max}} - 0{,}5 = \sqrt{15{,}5} - 0{,}5 = 3{,}4\,\text{mm}$, nicht erfüllt, a wird, wenn maßgebend, auf 3,5 mm korrigiert;
$l_{max} = 150 \cdot a = 150 \cdot 3\,\text{mm} = 450\,\text{mm} > l_{vorh} = 102\,\text{mm}$,
$l_{min} = \max(6 \cdot 3\,\text{mm};\ 30\,\text{mm}) = 30\,\text{mm} < l_{vorh} = 42\,\text{mm}$.)

6.15

Zusammengesetzter Nachweis:

$$\sigma_{wvEd} = \sqrt{(145\,\text{N/mm}^2)^2 + 3 \cdot (145\,\text{N/mm}^2)^2 + 3 \cdot (82\,\text{N/mm}^2)^2}$$
$$= 323\,\text{N/mm}^2 < \frac{360\,\text{N/mm}^2}{0{,}8 \cdot 1{,}25} = 360\,\text{N/mm}^2;$$

Nachweis der Spannungskomponente:

$$\sigma_\perp = 145\,\text{N/mm}^2 < 0{,}9 \cdot 360\,\text{N/mm}^2/1{,}25 = 259\,\text{N/mm}^2$$

($a = 4\,\text{mm}$, $\sum l_{eff} = 2 \cdot 200\,\text{mm} = 400\,\text{mm}$, $A_w = a \cdot l_{eff} = 4\,\text{mm} \cdot 400\,\text{mm} = 1\,600\,\text{mm}^2$, $I_w = 2 \cdot a \cdot l_w^3/12 = 2 \cdot 4\,\text{mm} \cdot 200^3/12 = 5{,}\overline{3} \cdot 10^6\,\text{mm}^4$, $y = 100\,\text{mm}$;
$F_y = F \cdot \sin\alpha = 160\,\text{kN} \cdot \sin 35° = 91{,}77\,\text{kN}$, $F_x = F \cdot \cos\alpha = 160\,\text{kN} \cdot \cos 35° = 131{,}06\,\text{kN}$,
$M = F_x \cdot e = 13{,}106 \cdot 10^4\,\text{N} \cdot 60\,\text{mm} = 7{,}864 \cdot 10^6\,\text{N\,mm}$,

$\sigma_\perp = \tau_\perp = [(M/I_w) \cdot y + F_y/A_w]/\sqrt{2}$
$= [(7{,}864 \cdot 10^6\,\text{N\,mm}/5{,}\overline{3} \cdot 10^6\,\text{mm}^4) \cdot 100\,\text{mm} + 9{,}177 \cdot 10^4\,\text{N}/1\,600\,\text{mm}^2]/\sqrt{2}$
$= 145\,\text{N/mm}^2$; $\tau_\parallel = F_x/A_w = 131{,}06\,\text{kN}/1\,600\,\text{mm}^2 = 82\,\text{N/mm}^2$;
$R_m = 360\,\text{N/mm}^2$ nach TB 6-5, $\beta_w = 0{,}8$ nach TB 6-7, $\gamma_{M2} = 1{,}25$;

Grenzwerte der Nahtabmessungen: $3\,\text{mm} \leq a = 4\,\text{mm} \leq 0{,}7 \cdot t_{min} = 0{,}7 \cdot 14\,\text{mm} = 9{,}8\,\text{mm}$,
$a = 4\,\text{mm} \geq \sqrt{t_{max}} - 0{,}5 = \sqrt{17} - 0{,}5 = 3{,}6\,\text{mm}$, $l_{min} = \max(6 \cdot 4\,\text{mm} = 24\,\text{mm};\ 30\,\text{mm}) = 30\,\text{mm} < l_{vorh} = 200\,\text{mm}$, $l_{max} = 150 \cdot a = 150 \cdot 4\,\text{mm} = 600\,\text{mm} > l_{vorh} = 200\,\text{mm}$)

6.16

a) Randspannung:

$$\sigma_{x\,Ed} = \frac{18 \cdot 10^6\,\text{N\,mm}}{15{,}63 \cdot 10^6\,\text{mm}^4} \cdot 125\,\text{mm} = 144\,\text{N/mm}^2 < \frac{235\,\text{N/mm}^2}{1{,}0} = 235\,\text{N/mm}^2;$$

$$\tau_{Ed} = \frac{10^5\,\text{N}}{3 \cdot 10^3\,\text{mm}^2} = 33\,\text{N/mm}^2 < \frac{235\,\text{N/mm}^2}{\sqrt{3} \cdot 1{,}0} = 136\,\text{N/mm}^2;$$

$$\sigma_v = \sqrt{(144\,\text{N/mm}^2)^2 + 3 \cdot (33\,\text{N/mm}^2)^2} = 155\,\text{N/mm}^2 < 235\,\text{N/mm}^2/1{,}0$$
$$= 235\,\text{N/mm}^2$$

($M_{x\,Ed} = V_{Ed} \cdot l = 10^5\,\text{N} \cdot 180\,\text{mm} = 18 \cdot 10^6\,\text{N\,mm}$, $I_x = t \cdot h^3/12$
$= 12\,\text{mm} \cdot 250^3\,\text{mm}^3/12 = 15{,}63 \cdot 10^6\,\text{mm}^4$,
$y = 125\,\text{mm}$, $R_e = 235\,\text{N/mm}^2$ nach TB 6-5, $\gamma_{M0} = 1{,}0$,
$A_S = 12\,\text{mm} \cdot 250\,\text{mm} = 300\,\text{mm}^2$)

b) Zusammengesetzter Nachweis:

$$\sigma_{x\,Ed} = \sqrt{(153\,\text{N/mm}^2)^2 + 3 \cdot (153\,\text{N/mm}^2)^2 + 3 \cdot (50\,\text{N/mm}^2)^2}$$
$$= 318\,\text{N/mm}^2 < \frac{360\,\text{N/mm}^2}{0{,}8 \cdot 1{,}25} = 360\,\text{N/mm}^2;$$

Nachweis der Spannungskomponente:

$$\sigma_\perp = 153\,\text{N/mm}^2 < 0{,}9 \cdot 360\,\text{N/mm}^2/1{,}25 = 259\,\text{N/mm}^2$$

($\sigma_\perp = \tau_\perp = [(M_{Ed}/I_{wx}) \cdot y]/\sqrt{2} = [(18 \cdot 10^6\,\text{N\,mm}/10{,}42 \cdot 10^6\,\text{mm}^4) \cdot 125\,\text{mm}]/\sqrt{2} = 153\,\text{N/mm}^2$, $I_{wx} = 2 \cdot a \cdot l_w^3/12 = 2 \cdot 4\,\text{mm} \cdot 250^3\,\text{mm}^3/12 = 10{,}42 \cdot 10^6\,\text{mm}^4$, $\tau_\| = 10^5\,\text{N}/2 \cdot 10^3\,\text{mm}^2 = 50\,\text{N/mm}^2$, $A_w = 2 \cdot 4\,\text{mm} \cdot 250\,\text{mm} = 2\,000\,\text{mm}^2$, $R_m = 360\,\text{N/mm}^2$ nach TB 6-5, $\beta_w = 0{,}8$ nach TB 6-7, $\gamma_{M2} = 1{,}25$;
Grenzwerte der Nahtabmessungen: $3\,\text{mm} \leq a = 4\,\text{mm} \leq 0{,}7 \cdot t_{min} = 0{,}7 \cdot 12\,\text{mm} = 8{,}4\,\text{mm}$, $a = 4\,\text{mm} \geq \sqrt{t_{max}} - 0{,}5 = \sqrt{13} - 0{,}5 = 3{,}1\,\text{mm}$, $l_{min} = \max(6 \cdot 4\,\text{mm} = 24\,\text{mm};\,30\,\text{mm}) = 30\,\text{mm} < l_{vor} = 250\,\text{mm}$, $l_{max} = 150 \cdot a = 150 \cdot 4\,\text{mm} = 600\,\text{mm} > l_{vorh} = 250\,\text{mm}$)

c) Nachweis nicht erfüllt: $\sigma_{wv} = \sqrt{(216\,\text{N/mm}^2)^2 + (50\,\text{N/mm}^2)^2} = 222\,\text{N/mm}^2 > 360\,\text{N/mm}^2/(\sqrt{3} \cdot 0{,}8 \cdot 1{,}25) = 208\,\text{N/mm}^2$ ($\sigma_w = (18 \cdot 10^6\,\text{N\,mm}/10{,}42 \cdot 10^6\,\text{mm}^4) \cdot 125\,\text{mm} = 216\,\text{N/mm}^2 = \sigma_\perp \cdot \sqrt{2}$, $\tau_w = \tau_\| = 50\,\text{N/mm}^2$)

6.17

a) Randspannung (Punkt 1):

$$\sigma_{x\,Ed} = -\frac{3{,}614 \cdot 10^5\,\text{N}}{1{,}49 \cdot 10^4\,\text{mm}^2} - \frac{1{,}45 \cdot 10^8\,\text{N\,mm}}{25{,}17 \cdot 10^7\,\text{mm}^4} \cdot 150\,\text{mm}$$
$$= -111\,\text{N/mm}^2 < 355\,\text{N/mm}^2/1{,}0 = 355\,\text{N/mm}^2 \quad (\text{Druck}(-))$$

6 Schweißverbindungen

(Querschnittswerte IPB300: $h = 300$ mm, $b = 300$ mm, $t_F = 19$ mm, $t_S = 11$ mm, $r = 27$ mm, $d = 208$ mm, $A = 14\,900$ mm^2, $I_x = 25{,}17 \cdot 10^7$ mm^4; $N = \cos 55° \cdot 630$ kN $= -361{,}4$ kN, $V_y = \sin 55° \cdot 630$ kN $= 516{,}1$ kN, $M_x = 5{,}161 \cdot 10^5$ N $\cdot 400$ mm $- 3{,}614 \cdot 10^5$ N $\cdot 170$ mm $= 1{,}45 \cdot 10^8$ N mm, $y = 150$ mm, $R_e = 355$ N/mm^2 nach TB 6-5, $\gamma_{M0} = 1{,}0$)

Trägersteg:

$$\tau_{Ed} = \frac{5{,}161 \cdot 10^5 \text{N}}{2\,882 \text{ mm}^2} = 179 \text{ N/mm}^2 < \frac{355 \text{ N/mm}^2}{\sqrt{3} \cdot 1{,}0} = 205 \text{ N/mm}^2$$

($A_S \approx (h - 2 \cdot t_F) \cdot t_S = (300 \text{ mm} - 2 \cdot 19 \text{ mm}) \cdot 11 \text{ mm} = 2\,882 \text{ mm}^2$)

Trägersteg, Punkt 2:

$$\sigma_v = \sqrt{(84 \text{ N/mm}^2)^2 + 3 \cdot (179 \text{ N/mm}^2)^2} = 321 \text{ N/mm}^2$$
$$< 355 \text{ N/mm}^2/1{,}0 = 355 \text{ N/mm}^2$$

$$(\sigma_{x\,Ed} = -\frac{3{,}614 \cdot 10^5 \text{ N}}{1{,}49 \cdot 10^4 \text{ mm}^2} - \frac{1{,}45 \cdot 10^8 \text{ N mm}}{25{,}17 \cdot 10^7 \text{ mm}^4} \cdot 104 \text{ mm} = -84 \text{ N/mm}^2,$$

$$\tau_{Ed} = 179 \text{ N/mm}^2,$$

$$y = d/2 = 104 \text{ mm})$$

b) Flanschnaht (Punkt 1)

Nachweis der Spannungskomponente:

$$\sigma_\perp = \tau_\perp = \left(\frac{3{,}614 \cdot 10^5 \text{N}}{1{,}125 \cdot 10^4 \text{ mm}^2} + \frac{1{,}45 \cdot 10^8 \text{ N mm}}{1{,}92 \cdot 10^8 \text{ mm}^4} \cdot 150 \text{ mm}\right)/\sqrt{2} = 103 \text{ N/mm}^2$$
$$< \frac{0{,}9 \cdot 510 \text{ N/mm}^2}{1{,}25} = 367 \text{ N/mm}^2$$

Zusammengesetzter Nachweis:

$$\sqrt{\sigma_\perp^2 + 3 \cdot \tau_\perp^2} = \sqrt{(103 \text{ N/mm}^2)^2 + 3 \cdot (103 \text{ N/mm}^2)^2}$$
$$= 206 \text{ N/mm}^2 < \frac{510 \text{ N/mm}^2}{0{,}9 \cdot 1{,}25} = 453 \text{ N/mm}^2$$

($A_{wF} = \sum a \cdot l_{eff} = 8$ mm $\cdot (2 \cdot 300$ mm $+ 2 \cdot 19$ mm $- 11$ mm $- 2 \cdot 27$ mm$) = 4\,584$ mm^2, $A_{wS} = 2 \cdot 5$ mm $\cdot (300$ mm $- 2 \cdot 19$ mm $- 2 \cdot 27$ mm$) = 2\,080$ mm^2, $A_w = 2 \cdot 4\,584$ mm^2 $+ 2\,080$ mm^2 $= 11\,248$ mm^2, $I_x \approx a_S \cdot l_{wS}^3/12 + \sum A_{wFi} \cdot y_i^2$, $I_{wx} = 2 \cdot 5$ mm $\cdot 208^3$ mm$^3/12 + 2 \cdot 300$ mm $\cdot 8$ mm $\cdot 150^2$ mm^2 $+ 4 \cdot 19$ mm $\cdot 8$ mm $\cdot 140{,}5^2$ mm^2 $+ 4 \cdot 117{,}5$ mm $\cdot 8$ mm $\cdot 131^2$ mm^2 $= 1{,}92 \cdot 10^8$ mm^4; $y = 150$ mm, $R_m = 510$ N/mm^2 nach TB 6-5, $\gamma_{M2} = 1{,}25$, $\beta_w = 0{,}9$ für S355 nach TB 6-7; Grenzwerte der Nahtabmessungen (Flansch): 3 mm $\leq a = 8$ mm $\leq 0{,}7 \cdot t_{min} = 0{,}7 \cdot 19$ mm $= 13{,}3$ mm, $a = 8$ mm $\geq \sqrt{t_{max}} - 0{,}5 = \sqrt{26} - 0{,}5 = 4{,}6$ mm)

Stegnaht, Punkt 2
Nachweis der Spannungskomponente:

$$\sigma_\perp = \tau_\perp = \left(\frac{3{,}614 \cdot 10^5\,\text{N}}{1{,}125 \cdot 10^4\,\text{mm}^2} + \frac{1{,}45 \cdot 10^8\,\text{N mm}}{1{,}92 \cdot 10^8\,\text{mm}^4} \cdot 104\,\text{mm} \right) / \sqrt{2} = 78\,\text{N/mm}^2$$

$$< \frac{0{,}9 \cdot 510\,\text{N/mm}^2}{1{,}25} = 367\,\text{N/mm}^2$$

Zusammengesetzter Nachweis:

$$\sqrt{\sigma_\perp^2 + 3 \cdot \tau_\perp^2 + 3 \cdot \tau_\parallel^2} = \sqrt{(78\,\text{N/mm}^2)^2 + 3 \cdot (78\,\text{N/mm}^2)^2 + 3 \cdot (248\,\text{N/mm}^2)^2}$$

$$= 457\,\text{N/mm}^2 \approx \frac{510\,\text{N/mm}^2}{0{,}9 \cdot 1{,}25} = 453\,\text{N/mm}^2$$

Nachweis grenzwertig!
($\tau_\parallel = 5{,}161 \cdot 10^5\,\text{N}/2\,080\,\text{mm}^2 = 248\,\text{N/mm}^2$, $\beta_w = 0{,}9$ für S355 nach TB 6-7;
Grenzwerte der Nahtabmessungen: $3\,\text{mm} \leq a = 5\,\text{mm} \leq 0{,}7 \cdot t_{min} = 0{,}7 \cdot 11\,\text{mm} = 7{,}7\,\text{mm}$, $a = 5\,\text{mm} \geq \sqrt{t_{max}} - 0{,}5 = \sqrt{26} - 0{,}5 = 4{,}6\,\text{mm}$)

(i) **6.18**

Grenzwerte der Nahtabmessungen

Stegnaht: $\quad 3\,\text{mm} \leq a_S \leq 0{,}7 \cdot t_{min} = 3\,\text{mm} \leq 4\,\text{mm} \leq 0{,}7 \cdot 10\,\text{mm} = 7\,\text{mm}$
$\hfill$ (6.17a/6-23)

$$a_S \geq \sqrt{t_{max}} - 0{,}5 = \sqrt{22} - 0{,}5 = 4{,}2 \approx 4\,\text{mm}! \quad (6.17\text{b}/6\text{-}22)$$

Flanschnaht: $\quad 3\,\text{mm} \leq a_F \leq 0{,}7 \cdot t_{min} = 3\,\text{mm} \leq 6\,\text{mm} \leq 0{,}7 \cdot 20\,\text{mm} = 14\,\text{mm}$
$\hfill$ (6.17a/6-23)

$$a_F \geq \sqrt{t_{max}} - 0{,}5 = \sqrt{22} - 0{,}5 = 4{,}2\,\text{mm} < 6\,\text{mm} \quad (6.17\text{b}/6\text{-}22)$$

Querschnittswerte der Schweißnaht
Gesamte Nahtfläche:

$$A_w = \sum a \cdot l_{\text{eff}} = 6\,\text{mm} \cdot 2 \cdot (180\,\text{mm} + 170\,\text{mm}) + 2 \cdot 4\,\text{mm} \cdot 280\,\text{mm} = 6\,440\,\text{m}^2$$

Stegnahtfläche: $A_{wS} = 2 \cdot 4\,\text{mm} \cdot 280\,\text{mm} = 2\,240\,\text{mm}^2$
Die vier 20 mm langen Nahtstücke (Flanschstücke) werden nicht berücksichtigt, da ihre wirksame Länge weniger als 30 mm beträgt. Vernachlässigt werden auch die Eigenträgheitsmomente aller Gurtnähte wegen Geringfügigkeit.
Flächenmoment 2. Grades der Schweißnaht:

$$I_{wx} = a_S \cdot l_S^3/12 + \sum A_F \cdot y^2$$
$$I_{wx} = 2 \cdot 4\,\text{mm} \cdot 280^3\,\text{mm}^3/12 + 2 \cdot 180\,\text{mm} \cdot 6\,\text{mm} \cdot 160^2\,\text{mm}^2$$
$$+ 4 \cdot 6\,\text{mm} \cdot 85\,\text{mm} \cdot 140^2\,\text{mm}^2 = 109{,}91 \cdot 10^6\,\text{mm}^4$$

Nachweis mit dem richtungsbezogenen Verfahren
(beachte bei Kehlnähten: $\sigma_\perp = \tau_\perp = \sigma_w/\sqrt{2}$)

$$\text{Rand: } \sigma_\perp = \tau_\perp = \left(\frac{M_{Ed}}{I_{wx}} \cdot y + \frac{N_{Ed}}{A_w}\right)\bigg/\sqrt{2}$$

$$\sigma_\perp = \tau_\perp = \left(\frac{140 \cdot 10^6 \,\text{N mm}}{109{,}91 \cdot 10^6 \,\text{mm}^4} \cdot 160\,\text{mm} + \frac{250 \cdot 10^3\,\text{N}}{6{,}44 \cdot 10^3\,\text{mm}^2}\right)\bigg/\sqrt{2}$$

$$= 172\,\text{N/mm}^2$$

$$\sigma_{wvEd} = \sqrt{\sigma_\perp^2 + 3 \cdot \tau_\perp^2} \leq \frac{R_m}{\beta_w \cdot \gamma_{M2}} \qquad (6.19/6\text{-}30)$$

mit $\sigma_\perp = \tau_\perp = 172\,\text{N/mm}^2$, $R_m = 360/\text{mm}^2$, $\beta_w = 0{,}8$ nach TB 6-7 für S235, $\gamma_{M2} = 1{,}25$

$$\sigma_{wvEd} = \sqrt{(172\,\text{N/mm}^2)^2 + 3 \cdot (172\,\text{N/mm}^2)^2} = 344\,\text{N/mm}^2 < \frac{360\,\text{N/mm}^2}{0{,}8 \cdot 1{,}25}$$

$$= 360\,\text{N/mm}^2$$

$$\sigma_\perp \leq 0{,}9 \cdot R_m/\gamma_{M2} \qquad (6.20/6\text{-}31)$$

$$\sigma_\perp = 172\,\text{N/mm}^2 < 0{,}9 \cdot 360\,\text{N/mm}^2/1{,}25 = 259\,\text{N/mm}^2$$

Beide Bedingungen sind erfüllt!

Zusammengesetzter Spannungsnachweis am Stegende (bei $y = 140\,\text{mm}$).
Vereinfacht wird angenommen, dass die Querkraft nur von der Stegnaht übertragen wird

$$\tau_\parallel = \frac{V_{Ed}}{A_{wS}} = \frac{2 \cdot 10^5\,\text{N}}{2{,}24 \cdot 10^3\,\text{mm}^2} = 89\,\text{N/mm}^2 \qquad (6.24/6\text{-}38)$$

$$\sigma_\perp = \tau_\perp = \left(\frac{140 \cdot 10^6\,\text{N mm}}{109{,}91 \cdot 10^6\,\text{mm}^4} \cdot 140\,\text{mm} + \frac{250 \cdot 10^3\,\text{N}}{6{,}44 \cdot 10^3\,\text{mm}^2}\right)\bigg/\sqrt{2} = 154\,\text{N/mm}^2$$

$$\sigma_{wvEd} = \sqrt{(154\,\text{N/mm}^2)^2 + 3 \cdot (154\,\text{N/mm}^2)^2 + 3 \cdot (89\,\text{N/mm}^2)^2} = 344\,\text{N/mm}^2$$

$$\qquad (6.19/6\text{-}30)$$

$$< \frac{360\,\text{N/mm}^2}{0{,}8 \cdot 1{,}25} = 360\,\text{N/mm}^2$$

$$\sigma_\perp \leq 0{,}9 \cdot R_m/\gamma_{M2} \qquad (6.20/6\text{-}31)$$

$$\sigma_\perp = 154\,\text{N/mm}^2 \leq 0{,}9 \cdot 360\,\text{N/mm}^2/1{,}25 = 259\,\text{N/mm}^2$$

Nachweis erfüllt!

ⓘ **6.19**

Querschnittswerte

Wurzellinien-Querschnitt für biegesteifen Schweißanschluss des Rechteckhohlprofils $250 \times 150 \times 6{,}3$

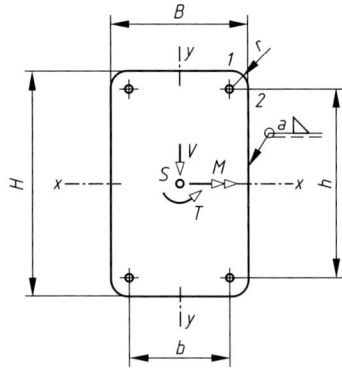

Nachweis des Schottanschlusses (1-1)
Hauptmaße
$H = 250\,\text{mm}$, $B = 150\,\text{mm}$, $r = 10\,\text{mm}$,
$h = 230\,\text{mm}$, $b = 130\,\text{mm}$
Bestimmung der Kehlnahtdicke

$$a_1 \leq 0{,}7 t_{\min} = 0{,}7 \cdot 6{,}3\,\text{mm} = 4{,}4\,\text{mm} \quad (6.17\text{a}/6\text{-}23)$$

$$a_1 \geq \sqrt{t_{\max}} - 0{,}5 = \sqrt{12} - 0{,}5 = 3{,}0\,\text{mm} \quad (6.17\text{b}/6\text{-}22)$$

ausgeführt: $a_1 = 3\,\text{mm}$, $A_{\text{wS}} = 2 \cdot a \cdot h = 2 \cdot 3\,\text{mm} \cdot 230\,\text{mm} = 1\,380\,\text{mm}^2$, $W_t = 2 \cdot A_m \cdot a \approx 2 \cdot B \cdot H \cdot a = 2 \cdot 150\,\text{mm} \cdot 250\,\text{mm} \cdot 3\,\text{mm} = 2{,}25 \cdot 10^5\,\text{mm}^3$.
Schnittgrößen: $V_y = 90\,\text{kN}$, $T = F_k \cdot e = 90\,\text{kN} \cdot 200\,\text{mm} = 18 \cdot 10^6\,\text{N}\,\text{mm}$
Rahmenförmiger Schweißanschluss, nur beansprucht auf Schub aus Querkraft und auf Torsion.
Schub aus Torsion: $\tau_{\text{wt}} = T/W_t = 18 \cdot 10^6\,\text{N}\,\text{mm}/2{,}25 \cdot 10^5\,\text{mm}^3 = 80\,\text{N/mm}^2$
Querkraftschub: $\tau_{\text{wS}} = V_y/A_{\text{wS}} = 9{,}0 \cdot 10^4\,\text{N}/1\,380\,\text{mm}^2 = 65\,\text{N/mm}^2$
Stegnaht gesamt: $\tau_w = \tau_\| = 80\,\text{N/mm}^2 + 65\,\text{N/mm}^2 = 145\,\text{N/mm}^2$

$$\sigma_{\text{wvEd}} = \sqrt{3 \cdot \tau_\|^2} = \sqrt{3 \cdot (145\,\text{N/mm}^2)^2} = 251\,\text{N/mm}^2 < R_m/(\beta_w \cdot \gamma_{M2}) \quad (6.19/6\text{-}30)$$
$$= 360\,\text{N/mm}^2/(0{,}8 \cdot 1{,}25) = 360\,\text{N/mm}^2 \quad (\sigma_\perp = 0, \tau_\perp = 0)$$

mit $R_m = 360\,\text{N/mm}^2$ nach TB 6-5, $\beta_w = 0{,}8$, $\gamma_{M2} = 1{,}25$

Nachweis des Flanschanschlusses (2-2)
Bestimmung der Kehlnahtdicke

$$a_2 \leq 0{,}7 \cdot t_{\min} = 0{,}7 \cdot 6{,}3\,\text{mm} = 4{,}4\,\text{mm} \tag{6.17a/6-23}$$

$$a_2 \geq \sqrt{t_{\max}} - 0{,}5 = \sqrt{20} - 0{,}5 = 4{,}0\,\text{mm} \tag{6.17b/6-22}$$

ausgeführt: $a_2 = 4\,\text{mm}$
Rahmenförmiger Schweißnahtanschluss, beansprucht auf einachsige Biegung, Schub aus Querkraft und aus Torsion.
Die Nähte im Bereich der Ausrundungen werden nicht angesetzt.

Querschnittswerte des Schweißanschlusses
$a = 4\,\text{mm}$, $A_{\text{wS}} = 2 \cdot a \cdot h = 2 \cdot 4\,\text{mm} \cdot 230\,\text{mm} = 1\,840\,\text{mm}^2$, $I_{\text{wx}} \approx 2 \cdot a \cdot h^3/12 + 2 \cdot a \cdot b \cdot (H/2)^2 = 2 \cdot 4\,\text{mm} \cdot 230^3\,\text{mm}^3/12 + 2 \cdot 4\,\text{mm} \cdot 130\,\text{mm} \cdot 125^2\,\text{mm}^2 = 24{,}36 \cdot 10^6\,\text{mm}^4$, $W_{\text{wx}} = 24{,}36 \cdot 10^6\,\text{mm}^4/125\,\text{mm} = 1{,}949 \cdot 10^5\,\text{mm}^3$, $W_{\text{wt}} = 2 \cdot A_m \cdot a = 2 \cdot H \cdot B \cdot a = 2 \cdot 250\,\text{mm} \cdot 150\,\text{mm} \cdot 4\,\text{mm} = 3 \cdot 10^5\,\text{mm}^3$
Schnittgrößen: $V_y = 90\,\text{kN}$, $T = 18 \cdot 10^6\,\text{N}\,\text{mm}$, $M_x = 90\,\text{kN} \cdot 500\,\text{mm} = 45 \cdot 10^6\,\text{N}\,\text{mm}$
Tragfähigkeitsnachweis mit dem richtungsbezogenen Verfahren.

Randspannung (Stelle 1) Flanschnaht
aus Biegemoment:

$$\sigma_\perp = \tau_\perp = \left(\frac{M_x}{I_{\text{wx}}} \cdot y\right)\Big/\sqrt{2} = \left(\frac{45 \cdot 10^6\,\text{N}\,\text{mm}}{24{,}36 \cdot 10^6\,\text{mm}^4} \cdot 125\,\text{mm}\right)\Big/\sqrt{2} = 163\,\text{N}/\text{mm}^2$$

Schub aus Torsion: $\tau_{\text{wt}} = \dfrac{T}{W_{\text{wt}}} = \dfrac{18 \cdot 10^6\,\text{N}\,\text{mm}}{3 \cdot 10^5\,\text{mm}^3} = 60\,\text{N}/\text{mm}^2$

zusammengesetzter Nachweis:

$$\sigma_{\text{wvEd}} = \sqrt{\sigma_\perp^2 + 3 \cdot \tau_\perp^2 + 3 \cdot \tau_\parallel^2} \tag{6.19/6-30}$$

$$= \sqrt{(163\,\text{N}/\text{mm}^2)^2 + 3 \cdot (163\,\text{N}/\text{mm}^2)^2 + 3 \cdot (60\,\text{N}/\text{mm}^2)^2}$$

$$= 342\,\text{N}/\text{mm}^2 < \frac{R_m}{\beta_w \cdot \gamma_{M2}} = \frac{360\,\text{N}/\text{mm}^2}{0{,}8 \cdot 1{,}25} = 360\,\text{N}/\text{mm}^2$$

Nachweis der Spannungskomponente:

$$\sigma_\perp = 163\,\text{N}/\text{mm}^2 \leq 0{,}9 \cdot R_m/\gamma_{M2} = 0{,}9 \cdot 360\,\text{N}/\text{mm}^2/1{,}25 = 259\,\text{N}/\text{mm}^2 \tag{6.20/6-31}$$

Stegnaht neben Ausrundung (Stelle 2)
aus Biegemoment:

$$\sigma_\perp = \tau_\perp = \left(\frac{M_x}{I_{\text{wx}}} \cdot y\right)\Big/\sqrt{2} = \left(\frac{45 \cdot 10^6\,\text{N}\,\text{mm}}{24{,}36 \cdot 10^6\,\text{mm}^4} \cdot 115\,\text{mm}\right)\Big/\sqrt{2} = 150\,\text{N}/\text{mm}^2$$

aus Querkraft:
$$\tau_{ws} = \frac{V_y}{A_{ws}} = \frac{9{,}0 \cdot 10^4 \text{N}}{1{,}84 \cdot 10^3 \text{ mm}^2} = 49 \text{ N/mm}^2$$

maximale Schubspannung: $\tau_\| = \tau_{wt} + \tau_{ws} = 60 \text{ N/mm}^2 + 49 \text{ N/mm}^2 = 109 \text{ N/mm}^2$

zusammengesetzter Nachweis:

$$\sigma_{wvEd} = \sqrt{(150 \text{ N/mm}^2)^2 + 3 \cdot (150 \text{ N/mm}^2)^2 + 3 \cdot (109 \text{ N/mm}^2)^2} \quad (6.19/6\text{-}30)$$
$$= 354 \text{ N/mm}^2$$
$$< \frac{360 \text{ N/mm}^2}{0{,}8 \cdot 1{,}25} = 360 \text{ N/mm}^2$$

Nachweis der Spannungskomponente:

$$\sigma_\perp = 150 \text{ N/mm}^2 \leq 0{,}9 \cdot 360 \text{ N/mm}^2 / 1{,}25 = 259 \text{ N/mm}^2 \quad (6.20/6\text{-}31)$$

ⓘ 6.20

a) Nachweis des Bauteilquerschnitts 1-1

Beanspruchung auf Biegung und Querkraftschub für einen Steg

$$\sigma_{x\,Ed} = \frac{M_{x\,Ed}}{I_x} \cdot y \leq \frac{R_e}{\gamma_{M0}} \quad (6.13/6\text{-}3)$$

mit $M_{xEd} = 0{,}5 \cdot F_{Ed} \cdot l = 0{,}5 \cdot 72 \text{ kN} \cdot 150 \text{ mm} = 5{,}4 \cdot 10^6 \text{ N mm}$, $I_x = b \cdot h^3/12 = 10 \text{ mm} \cdot 200^3 \text{ mm}^3/12 = 6{,}\overline{6} \cdot 10^6 \text{ mm}^4$ (TB 1-14), $y = 100 \text{ mm}$ (Rand), $R_e = 235 \text{ N/mm}^2$ (TB 6-5), $\gamma_{M0} = 1{,}0$

$$\sigma_{x\,Ed} = \frac{5{,}4 \cdot 10^6 \text{ N mm}}{6{,}\overline{6} \cdot 10^6 \text{ mm}^4} \cdot 100 \text{ mm} = 81 \text{ N/mm}^2 < \frac{235 \text{ N/mm}^2}{1{,}0} = 235 \text{ N/mm}^2$$
$$(6.15/6\text{-}15)$$

$$\tau_{Ed} = \frac{V_{Ed}}{A_S} \leq \frac{R_e}{\sqrt{3} \cdot \gamma_{M0}} \quad (6.15/6\text{-}15)$$

mit $V_{Ed} = 0{,}5 \cdot 72 \text{ kN} = 36 \text{ kN}$, $A_s = h_s \cdot t_s = 200 \text{ mm} \cdot 10 \text{ mm} = 2\,000 \text{ mm}^2$

$$\tau_{Ed} = \frac{36\,000 \text{ N}}{2\,000 \text{ mm}^2} = 18 \text{ N/mm}^2 < \frac{235 \text{ N/mm}^2}{\sqrt{3} \cdot 1{,}0} = 136 \text{ N/mm}^2$$

Vergleichsspannungsnachweis

$$\sigma_v = \sqrt{\sigma^2 + 3 \cdot \tau^2} \leq \frac{R_e}{\gamma_{M0}} \quad (6.16/6\text{-}16)$$

$$\sigma_v = \sqrt{(81 \text{ N/mm}^2)^2 + 3 \cdot (18 \text{ N/mm}^2)^2} = 87 \text{ N/mm}^2 < \frac{235 \text{ N/mm}^2}{1{,}0}$$
$$= 235 \text{ N/mm}^2$$

b) Die Bemessung von Kehlnahtanschlüssen mit einem in der Ebene des Anschlusses angreifenden Moment ist im Stahlbau nicht ausdrücklich geregelt.

1. Näherungsweise Berechnung der Kehlnähte mit plastischer Verteilung der Nahtkräfte

Für den U-förmigen Schweißanschluss ergeben sich unter der Annahme, dass die Querkraft F_{Ed} allein von der senkrechten Naht und das Biegemoment $M_b = F_{Ed} \cdot l$ allein durch das waagerechte Kräftepaar $F_{Ed} \cdot l/h$ aufgenommen wird, näherungsweise folgende Nahtspannungen

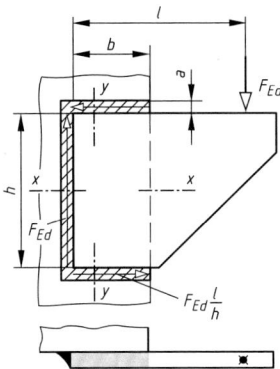

- senkrechte Schweißnaht: $\tau_{\|y} \approx \dfrac{F_{Ed}}{A_w} = \dfrac{F_{Ed}}{a \cdot h}$

- waagerechte Schweißnaht: $\tau_{\|x} \approx \dfrac{F_{Ed} \cdot \ell}{a \cdot b \cdot h}$

Mit $F_{Ed} = 72\,\text{kN}$, $l = 100\,\text{mm} + 150\,\text{mm} = 250\,\text{mm}$, $h = 200\,\text{mm}$, $a = 5\,\text{mm}$, $R_m = 360\,\text{N/mm}^2$ nach TB 6-5, $\beta_w = 0{,}8$ nach TB 6-7 und $\gamma_{M2} = 1{,}25$ lautet der Nachweis nach dem vereinfachten Verfahren für eine Wand

$$\tau_{\|y} = \dfrac{F_{Ed}}{a \cdot h} \leq \dfrac{R_m}{\sqrt{3} \cdot \beta_w \cdot \gamma_{M2}} \quad (\text{mit } \sigma_w = \tau_{w\perp} = 0) \qquad (6.21/6\text{-}32)$$

$$\tau_{\|y} = \dfrac{0{,}5 \cdot 72\,000\,\text{N}}{5\,\text{mm} \cdot 200\,\text{mm}} = 36\,\text{N/mm}^2 \leq \dfrac{360\,\text{N/mm}^2}{\sqrt{3} \cdot 0{,}8 \cdot 1{,}25} = 208\,\text{N/mm}^2$$

und entsprechend

$$\tau_{\|x} = \dfrac{0{,}5 \cdot 72\,000\,\text{N} \cdot 250\,\text{mm}}{5\,\text{mm} \cdot 100\,\text{mm} \cdot 200\,\text{mm}} = 90\,\text{N/mm}^2 < 208\,\text{N/mm}^2$$

Grenzwerte der Nahtabmessungen

$$3\,\text{mm} \leq a = 5\,\text{mm} \leq 0{,}7 \cdot t_{min} = 0{,}7 \cdot 10\,\text{mm} = 7\,\text{mm} \qquad (6.17a/6\text{-}23)$$

$$a = 5\,\text{mm} \geq \sqrt{t_{max}} - 0{,}5 = \sqrt{15} - 0{,}5 = 3{,}4\,\text{mm} \qquad (6.17b/6\text{-}22)$$

mit $t_{max} = 15\,\text{mm}$ für Flanschdicke IPB200 (TB 1-11)

$l_{\min} = \max(6 \cdot a = 6 \cdot 5\,\text{mm}; 30\,\text{mm}) = 30\,\text{mm} < l_{\text{vorh}} = 100\,\text{mm}$
$l_{\max} = 150 \cdot a = 150 \cdot 5\,\text{mm} = 750\,\text{mm} > l_{\text{vorh}} = 200\,\text{mm}$

2. Spannungsverteilung nach der Elastizitätstheorie
Dabei werden die Torsionsspannungen mit dem polaren Flächenmoment 2. Grades $I_{\text{wp}} = I_{\text{wx}} + I_{\text{wy}}$ ermittelt und die Querkraft F_{Ed} als Schubspannungen gleichmäßig auf die gesamte Kehlnahtfläche verteilt.

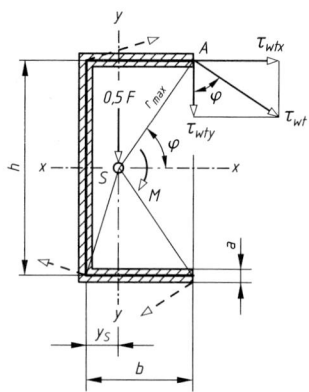

Geometrische Kennwerte des Nahtanschlusses für eine Wand
$h = 200\,\text{mm}$, $b = 100\,\text{mm}$, $a = 5\,\text{mm}$, $A_{\text{w}} = a \cdot (h + 2b) = 5\,\text{mm} \cdot (200\,\text{mm} + 2 \cdot 100\,\text{mm}) = 2\,000\,\text{mm}^2$ (ohne Endkraterabzug).

$$y_{\text{s}} = \frac{\sum A_{\text{wi}} \cdot y_i}{\sum A_{\text{wi}}} = \frac{2 \cdot 100\,\text{mm} \cdot 5\,\text{mm} \cdot 50\,\text{mm}}{2\,000\,\text{mm}^2} = 25\,\text{mm}$$

$$I_{\text{wx}} = \frac{h^3 \cdot a}{12} + 2 \cdot a \cdot b \cdot \left(\frac{h}{2}\right)^2 = \frac{200^3\,\text{mm}^3 \cdot 5\,\text{mm}}{12} + 2 \cdot 5\,\text{mm} \cdot 100\,\text{mm} \cdot 100^2\,\text{mm}^2$$
$$= 3,\overline{3} \cdot 10^6\,\text{mm}^4 + 10 \cdot 10^6\,\text{mm}^4 = 13,\overline{3} \cdot 10^6\,\text{mm}^4$$

$$I_{\text{wy}} = 2 \cdot \frac{a \cdot b^3}{12} + 2 \cdot a \cdot b \cdot \left(\frac{b}{2} - y_{\text{s}}\right)^2 + a \cdot h \cdot y_{\text{s}}^2$$
$$= 2 \cdot \frac{5\,\text{mm} \cdot 100^3\,\text{mm}^3}{12} + 2 \cdot 5\,\text{mm} \cdot 100\,\text{mm} \cdot (50\,\text{mm} - 25\,\text{mm})^2$$
$$+ 5\,\text{mm} \cdot 200\,\text{mm} \cdot 25^2\,\text{mm}^2 = 2,08 \cdot 10^6\,\text{mm}^4$$

$$I_{\text{wp}} = I_{\text{wx}} + I_{\text{wy}} = 13,\overline{3} \cdot 10^6\,\text{mm}^4 + 2,08 \cdot 10^6\,\text{mm}^4 = 15,4 \cdot 10^6\,\text{mm}^4$$

Bemessungsschnittgrößen für eine Wand
$F_y = F_{\text{Ed}} = 36\,\text{kN}$, $M = 36\,\text{kN} \cdot (150\,\text{mm} + 75\,\text{mm}) = 8,1 \cdot 10^6\,\text{N mm}$
Ermittlung der Schweißnahtspannungen für maßgebenden Punkt A

$$r_{\max} = r_A = \sqrt{(0,5h)^2 + (b - y_{\text{S}})^2} = \sqrt{100^2\,\text{mm}^2 + 75^2\,\text{mm}^2} = 125\,\text{mm}$$

- infolge Drehmoment: $\tau_{wt} = \dfrac{M}{I_{wp}} \cdot r_A = \dfrac{8{,}1 \cdot 10^6\,\text{N\,mm}}{15{,}4 \cdot 10^6\,\text{mm}^4} \cdot 125\,\text{mm} = 66\,\text{N/mm}^2$

  mit $\varphi = \arctan \dfrac{100}{75} = 53{,}13°$

  $\tau_{wtx} = \tau_{wt} \cdot \sin \varphi = 66\,\text{N/mm}^2 \cdot \sin 53{,}13° = 53\,\text{N/mm}^2$

  $\tau_{wty} = \tau_{wt} \cdot \cos \varphi = 66\,\text{N/mm}^2 \cdot \cos 53{,}13° = 40\,\text{N/mm}^2$

- infolge Querkraft F_{Ed}: $\tau_{wys} = \dfrac{F_{Ed}}{A_w} = \dfrac{36\,000\,\text{N}}{2\,000\,\text{mm}^2} = 18\,\text{N/mm}^2$

Nachweis der Tragfähigkeit nach dem vereinfachten Verfahren

$$\sigma_{wv} = \sqrt{\tau_{wtx}^2 + \left(\tau_{wty} + \tau_{wsy}\right)^2} \leq \dfrac{R_m}{\sqrt{3} \cdot \beta_w \cdot \gamma_{M2}} \qquad (6.21/6\text{-}32)$$

$$\sigma_{wv} = \sqrt{(53\,\text{N/mm}^2)^2 + (40\,\text{N/mm}^2 + 18\,\text{N/mm}^2)^2}$$

$$= 79\,\text{N/mm}^2 < \dfrac{360\,\text{N/mm}^2}{\sqrt{3} \cdot 0{,}8 \cdot 1{,}25} = 208\,\text{N/mm}^2$$

6.21

a) $\sigma_{x\,Ed} = 146\,\text{N/mm}^2 < 235\,\text{N/mm}^2$, $\tau_{Ed} = 29\,\text{N/mm}^2 < 136\,\text{N/mm}^2$, $\sigma_v = 154\,\text{N/mm}^2 < 235\,\text{N/mm}^2$

($M_{xEd} = 4{,}2 \cdot 10^6\,\text{N\,mm}$, $I_x = 12\,\text{mm} \cdot 120^3\,\text{mm}^3/12 = 1{,}728 \cdot 10^6\,\text{mm}^4$, $y = 60\,\text{mm}$ (Rand), $R_e = 235\,\text{N/mm}^2$ nach TB 6-5, $\gamma_{M0} = 1{,}0$; $V_{Ed} = F_{Ed} = 42\,\text{kN}$, $A_S = 120\,\text{mm} \cdot 12\,\text{mm} = 1\,440\,\text{mm}^2$)

b)
$$a = 4\,\text{mm} \left(\tau_\parallel \approx \dfrac{F_{Ed}}{2 \cdot a \cdot h} \cdot \left(1 + \dfrac{l}{b}\right) \rightarrow a_{erf} = \dfrac{F_{Ed}}{\tau_{wvd} \cdot 2 \cdot h} \cdot \left(1 + \dfrac{l}{b}\right) \right)$$

mit $F_{Ed} = 42\,\text{kN}$, $h = 120\,\text{mm}$, $l = 140\,\text{mm}$, $b = 80\,\text{mm}$, $\tau_{wvd} = 360\,\text{N/mm}^2/(\sqrt{3} \cdot 0{,}8 \cdot 1{,}25) = 208\,\text{N/mm}^2$, wobei $R_m = 360\,\text{N/mm}^2$ (TB 6-5), $\beta_w = 0{,}8$ (TB 6-7), $\gamma_{M2} = 1{,}25$; $a_{erf} = 2{,}3\,\text{mm}$, wegen $a \geq \sqrt{20} - 0{,}5 = 4\,\text{mm}$, gewählt $a = 4\,\text{mm}$; Grenzwerte der Nahtabmessungen: $a = 4\,\text{mm} \geq \sqrt{t_{max}} - 0{,}5 = \sqrt{20} - 0{,}5 = 4{,}0\,\text{mm}$, $3\,\text{mm} \leq a = 4\,\text{mm} \leq 0{,}7 \cdot t_{min} = 0{,}7 \cdot 12\,\text{mm} = 8{,}4\,\text{mm}$, $l_{min} = \max(6 \cdot 4\,\text{mm}; 30\,\text{mm}) = 30\,\text{mm} < l_{vorh} = 80\,\text{mm}$, $l_{max} = 150 \cdot a = 150 \cdot 4\,\text{mm} = 600\,\text{mm} > l_{vorh} = 120\,\text{mm}$)

6.22

Stumpfnaht dauerfest, da $\sigma_\perp = 139\,\text{N/mm}^2 < \sigma_{w\,zul} = 174\,\text{N/mm}^2$ (Auslastung 80 %) ($F_{max} = +80\,\text{kN} + 1{,}4 \cdot 50\,\text{kN} = +150\,\text{kN}$, $F_{min} = +80\,\text{kN} - 1{,}4 \cdot 50\,\text{kN} = +10\,\text{kN}$; $\sigma_\perp = 150\,000\,\text{N}/1\,080\,\text{mm}^2 = 139\,\text{N/mm}^2$, mit $A_w = 90\,\text{mm} \cdot 12\,\text{mm} = 1\,080\,\text{mm}^2$; vorliegender Kerbfall nach TB 6-11: Bauform Nr. 45 (Stumpfstoßverbindung von unterschiedlich dicken Teilen mit Beanspruchung quer zur Naht, Neigung 1:4, einseitig durchgeschweißt, V-Naht mit Gegenlage, Naht bearbeitet, 100 % zfP, Bewertungsgruppe B): Kerbfalllinie B –; $\kappa = \sigma_{min}/\sigma_{max} = F_{min}/F_{max} = (+10\,\text{kN})/(+150\,\text{kN}) = +0{,}0\overline{6}$, TB 6-12a: $\sigma_{zul} = 150\,\text{N/mm}^2 \cdot 1{,}04^{-6} \cdot [2 \cdot (1 - 0{,}3 \cdot 0{,}0\overline{6})]/[1{,}3 \cdot (1 - 0{,}0\overline{6})] = 192\,\text{N/mm}^2$ für S355, $\kappa = +0{,}0\overline{6}$

und Linie B, $\sigma_{zul} = 192\,\text{N/mm}^2/1{,}04 = 185\,\text{N/mm}^2$ für Linie B –, für $t_{max} = 18\,\text{mm}$: $\sigma_{w\,zul} = 185\,\text{N/mm}^2 \cdot (10\,\text{mm}/18\,\text{mm})^{0,1} = 174\,\text{N/mm}^2$)

6.23

a) Der T-Stoß ist nicht dauerfest, da $\sigma_\perp = 61\,\text{N/mm}^2 > \sigma_{w\,zul} = 53\,\text{N/mm}^2$ ($\sigma_\perp = 1{,}3 \cdot 48\,000\,\text{N}/1\,021\,\text{mm}^2 = \pm 61\,\text{N/mm}^2$, mit $s(a) = t = 5\,\text{mm}$, $A_w = (\pi/4) \cdot (70^2\,\text{mm}^2 - 60^2\,\text{mm}^2) = 1\,021\,\text{mm}^2$; vorliegender Kerbfall nach TB 6-11: Bauform Nr. 43 (querbeanspruchte T-Stoßverbindung, Rohr längs beansprucht, HV-Naht, Naht nicht bearbeitet, Sichtprüfung, Bewertungsgruppe C): Kerbfalllinie E6 –; TB 6-12a: $\sigma_{zul} = 150\,\text{N/mm}^2 \cdot 1{,}04^{-24} \cdot [2 \cdot (1 - 0{,}3 \cdot (-1))]/[1{,}3 \cdot (1 - (-1))] = 58{,}5\,\text{N/mm}^2$ für S235, $\kappa = -1$ und Linie E6, $\sigma_{zul} = 58{,}5\,\text{N/mm}^2/1{,}04 = 56\,\text{N/mm}^2$ für Linie E6 –, für $t_{max} = 16\,\text{mm}$: $\sigma_{w\,zul} = 56\,\text{N/mm}^2 \cdot (10\,\text{mm}/16\,\text{mm})^{0,1} = 53\,\text{N/mm}^2$)

b) Das Rohr ist im Querschnitt C–D (Nahtanfang) nicht dauerfest, da $\sigma = 61\,\text{N/mm}^2 > \sigma_{zul} = 52\,\text{N/mm}^2$ ($\sigma = 1{,}3 \cdot 48\,000\,\text{N}/1\,021\,\text{mm}^2 = \pm 61\,\text{N/mm}^2$; Kerbfall nach TB 6-11: Bauform Nr. 71 (mit unbearbeiteten Kehlnähten aufgeschweißtes unbelastetes Blech, Nähte nur sichtgeprüft, Bewertungsgruppe C): Kerbfalllinie F1; TB 6-12a: $\sigma_{zul} = 150\,\text{N/mm}^2 \cdot 1{,}04^{-27} \cdot [2 \cdot (1 - 0{,}3 \cdot (-1))]/[1{,}3 \cdot (1 - (-1))] = 52\,\text{N/mm}^2$ für S235, $\kappa = -1$ und Linie F1; $t_{max} = 6\,\text{mm} < 10\,\text{mm}$: $b = 1$).

6.24

$t \geq 2{,}7\,\text{mm}$, z. B. Rohr–50 × d44–EN 10305-1–E235 + N (vorliegender Kerbfall nach TB 6-11: Bauform 89 (schubbeanspruchte Stumpfverbindung, durchgeschweißt): Kerbfalllinie G; TB 6-12a: $\tau_{zul} = 82\,\text{N/mm}^2 \cdot 2 \cdot [1 - 0{,}17 \cdot (-1)]/[1{,}17 \cdot (1 - (-1))] = 82\,\text{N/mm}^2$ für S235 und $\kappa = -1$; $\tau_{w\,zul} = 82\,\text{N/mm}^2 \cdot (10\,\text{mm}/50\,\text{mm})^{0,1} = 70\,\text{N/mm}^2$ für Bauteildicke $t_{max} = 50\,\text{mm}$; für den Kreisringquerschnitt ergibt sich $t = (d_a - d_i)/2$

$$\text{mit } d_i = \sqrt[4]{d_a^4 - \frac{16 \cdot d_a \cdot W_t}{\pi}} = \sqrt[4]{(50\,\text{mm})^4 - \frac{16 \cdot 50\,\text{mm} \cdot 9\,000\,\text{mm}^3}{\pi}} = 44{,}6\,\text{mm},$$

wobei $W_{t\,erf} = \dfrac{K_A \cdot T}{\tau_{zul}} = \dfrac{2 \cdot 315\,000\,\text{N mm}}{70\,\text{N/mm}^2} = 9\,000\,\text{mm}^3$

und $t \geq (50\,\text{mm} - 44{,}6\,\text{mm})/2 = 2{,}7\,\text{mm}$, Präzisionsstahlrohr nach TB 1-13b).

6.25

Die T-Stoßverbindung ist dauerfest, da $\tau_{\|t} = 57\,\text{N/mm}^2 < \tau_{w\,zul} = 67\,\text{N/mm}^2$

1. $\tau_{\|t} = T/(2 \cdot a \cdot \pi \cdot r^2) = 1{,}6 \cdot 2{,}016 \cdot 10^6\,\text{N mm}/(2 \cdot 2 \cdot 5\,\text{mm} \cdot \pi \cdot 30^2\,\text{mm}^2) = 57\,\text{N/mm}^2$, mit $T = 6\,300\,\text{N} \cdot 320\,\text{mm} = 2{,}016 \cdot 10^6\,\text{N mm}$, $r = 30\,\text{mm}$, $a = 2 \cdot 5\,\text{mm}$, $K_A = 1{,}6$; *über das Torsionswiderstandsmoment*;
2. $\tau_{\|t} = F_u/A_w = 107\,520\,\text{N}/1\,885\,\text{mm}^2 = 57\,\text{N/mm}^2$, mit $F_u = 1{,}6 \cdot 6\,300\,\text{N} \cdot 320\,\text{mm}/30\,\text{mm} = 107{,}52\,\text{kN}$, $A_w = 2 \cdot a \cdot \pi \cdot d = 2 \cdot 5\,\text{mm} \cdot \pi \cdot 60\,\text{mm} = 1\,885\,\text{mm}^2$, *über die Umfangskraft*;

6 Schweißverbindungen   393

vorliegender Kerbfall nach TB 6-11: Bauform Nr. 92 (schubbeanspruchte T-Stoßverbindung, beidseitig nicht durchgeschweißt, Doppelkehlnaht): Kerbfalllinie H; TB 6-12a:

$\tau_{zul} = 2 \cdot [1 - 0{,}17 \cdot (-0{,}32)] \cdot 59\,\text{N/mm}^2 / [1{,}17 \cdot (1 - (-0{,}32))] = 80\,\text{N/mm}^2$ für S235,
$\kappa = F_{min}/F_{max} = -2\,\text{kN}/+6{,}3\,\text{kN} = -0{,}32$; für $t_{max} = 60\,\text{mm}$: $\tau_{w\,zul} = 80\,\text{N/mm}^2 \cdot (10\,\text{mm}/60\,\text{mm})^{0,1} = 67\,\text{N/mm}^2$.

6.26
Der Kehlnahtanschluss ist nicht dauerfest, da $\sigma_\perp = 48\,\text{N/mm}^2 > \sigma_{w\,zul} = 38\,\text{N/mm}^2$ ($\sigma_\perp = 5\,\text{N/mm}^2 + 43\,\text{N/mm}^2 = 48\,\text{N/mm}^2$; $\sigma_{\perp z} = 1{,}35 \cdot 5000\,\text{N}/(7\,\text{mm} \cdot \pi \cdot 60\,\text{mm}) = 5\,\text{N/mm}^2$, mit $K_A = 1{,}35$, $F_z = 5000\,\text{N}$, $a = 7\,\text{mm}$ und $d = 60\,\text{mm}$; $\sigma_{\perp b} = 1{,}35 \cdot 6{,}25 \cdot 10^5\,\text{Nmm}/(7\,\text{mm} \cdot \pi \cdot 30^2\,\text{mm}^2) = 43\,\text{N/mm}^2$, mit $M_b = 5000\,\text{N} \cdot 125\,\text{mm} = 6{,}25 \cdot 10^5\,\text{Nmm}$ und $r = 30\,\text{mm}$; vorliegender Kerbfall nach TB 6-11: Bauform Nr. 77 (mit ringförmiger Kehlnaht an Platte geschweißtes zylindrisches Bauteil, Naht nicht bearbeitet, nur Sichtprüfung, Bewertungsgruppe C): Kerbfalllinie F2; TB 6-12a: $\sigma_{zul} = 150\,\text{N/mm}^2 \cdot 1{,}04^{-41} \cdot 2 \cdot 1/1{,}3 \cdot 1 = 46\,\text{N/mm}^2$ für S235, $\kappa = 0$ und Linie F2; $\sigma_{w\,zul} = 46\,\text{N/mm}^2 \cdot (10\,\text{mm}/60\,\text{mm})^{0,1} = 38\,\text{N/mm}^2$ für $t_{max} = 60\,\text{mm}$).

6.27
Naht A ist dauerfest:

$$\left(\frac{22{,}5\,\text{N/mm}^2}{42\,\text{N/mm}^2}\right)^2 + \left(\frac{9{,}5\,\text{N/mm}^2}{48\,\text{N/mm}^2}\right)^2 = 0{,}32 \leq 1$$

(Kontrolle der Nahtdicke: $a \geq \sqrt{t_{max}} - 0{,}5$; $5\,\text{mm} < \sqrt{80} - 0{,}5 = 8{,}4\,\text{mm}$!, $a = 5\,\text{mm}$ bei sorgfältiger Herstellung vertretbar; LB Bild 6.46, Zeile 7: $\sigma_{\perp b} = 2{,}464 \cdot 10^5\,\text{Nmm} \cdot 32{,}5\,\text{mm}/(2 \cdot 5\,\text{mm} \cdot 65^2\,\text{mm}^2 \cdot (65\,\text{mm}/12 + 12\,\text{mm}/4)) = 22{,}5\,\text{N/mm}^2$, mit $M_b = 1{,}1 \cdot 5{,}6 \cdot 10^3\,\text{N} \cdot 40\,\text{mm} = 2{,}464 \cdot 10^5\,\text{Nmm}$, $a = 5\,\text{mm}$, $l_w = 65\,\text{mm}$, $y = h/2 = 65\,\text{mm}/2 = 32{,}5\,\text{mm}$; Bild 6.46, Zeile 9: $\tau_\parallel = 6160\,\text{N}/(2 \cdot 5\,\text{mm} \cdot 65\,\text{mm}) = 9{,}5\,\text{N/mm}^2$, mit $F_q = 1{,}1 \cdot 5{,}6\,\text{kN} = 6{,}16\,\text{kN}$; vorliegender Kerbfall für Normalspannungen nach TB 6-11: ähnlich Bauform Nr. 44 (quer beanspruchte T-Stoßverbindung, angeschlossener Steg beansprucht, beidseitig nicht durchgeschweißt, Naht nicht bearbeitet, Sichtprüfung, Bewertungsgruppe C): Kerbfalllinie F1 (stärkste Kerbwirkung angenommen) TB 6-12a: $\sigma_{zul} = 150\,\text{N/mm}^2 \cdot 1{,}04^{-27} \cdot [2 \cdot (1 - 0{,}3 \cdot (-1)]/[1{,}3 \cdot (1 - (-1)] = 52\,\text{N/mm}^2$ für S235, $\kappa = -1$ und Linie F1, $\sigma_{w\,zul} = 52\,\text{N/mm}^2 \cdot (10\,\text{mm}/80\,\text{mm})^{0,1} = 42\,\text{N/mm}^2$ bei $t_{max} = 80\,\text{mm}$; vorliegender Kerbfall für Schubspannungen nach TB 6-11: Bauform 92 (T-Stoßverbindung, beidseitig nicht durchgeschweißt, Doppelkehlnaht): Kerbfalllinie H; TB 6-12a: $\tau_{zul} = 2 \cdot [1 - 0{,}17 \cdot (-1)] \cdot 59\,\text{N/mm}^2/[1{,}17 \cdot (1 - (-1))] = 59\,\text{N/mm}^2$, $\tau_{w\,zul} = 59\,\text{N/mm}^2 \cdot (10\,\text{mm}/80\,\text{mm})^{0,1} = 48\,\text{N/mm}^2$ bei $t_{max} = 80\,\text{mm}$).

Naht B ist dauerfest: $\sigma_\perp = 5{,}1\,\text{N/mm}^2 + 31{,}2\,\text{N/mm}^2 = 36{,}3\,\text{N/mm}^2 \leq \sigma_{w\,zul} = 50\,\text{N/mm}^2$ (Lehrbuch Bild 6.46, Zeile 6: $\sigma_{\perp zd} = 6160\,\text{N}/(2 \cdot 6\,\text{mm} \cdot (12\,\text{mm} + 90\,\text{mm})) = 5{,}1\,\text{N/mm}^2$, mit $F = 1{,}1 \cdot 5600\,\text{N} = 6160\,\text{N}$, $a = 6\,\text{mm}$, $l_w = h = 90\,\text{mm}$; Bild 6.46, Zeile

7: $\sigma_{\perp b} = 7{,}084 \cdot 10^5\,\text{N\,mm} \cdot 45\,\text{mm}/(2 \cdot 6\,\text{mm} \cdot 90^2\,\text{mm}^2 \cdot (90\,\text{mm}/12 + 12\,\text{mm}/4)) = 31{,}2\,\text{N/mm}^2$, mit $M_b = 1{,}1 \cdot 5600\,\text{N} \cdot (70\,\text{mm} + 0{,}5 \cdot 90\,\text{mm}) = 7{,}084 \cdot 10^5\,\text{N\,mm}$, $y = 90\,\text{mm}/2 = 45\,\text{mm}$; $\sigma_{zul} = 52\,\text{N/mm}^2$ für Kerbfalllinie F1, wie unter a, $\sigma_{wzul} = 52\,\text{N/mm}^2 \cdot (10\,\text{mm}/16\,\text{mm})^{0{,}1} = 50\,\text{N/mm}^2$ bei $t_{max} = 16\,\text{mm}$).

6.28

$F_{1x} = \sin 40° \cdot 2500\,\text{N} = 1607\,\text{N}$, $F_{1y} = \cos 40° \cdot 2500\,\text{N} = 1915\,\text{N}$, $F_2 = 1915\,\text{N} \cdot 200\,\text{mm}/120\,\text{mm} = 3192\,\text{N}$

Naht A ist dauerfest, da

$$\left(\frac{41\,\text{N/mm}^2}{77\,\text{N/mm}^2}\right)^2 + \left(\frac{6\,\text{N/mm}^2}{94\,\text{N/mm}^2}\right)^2 = 0{,}29 < 1$$

(Lehrbuch Bild 6.46, Zeile 1: $\sigma_{\perp z} = 1{,}35 \cdot 1607\,\text{N}/(2 \cdot 4\,\text{mm} \cdot 52\,\text{mm}) \approx 5\,\text{N/mm}^2$, mit $l_{eff} = 60\,\text{mm} - 2 \cdot 4\,\text{mm} = 52\,\text{mm}$;
Bild 6.46, Zeile 2: $\sigma_{\perp b} = 1{,}293 \cdot 10^5\,\text{N\,mm} \cdot 26\,\text{mm}/(4\,\text{mm} \cdot 52^3\,\text{mm}^3/6) = 36\,\text{N/mm}^2$, mit $M_b = 1{,}35 \cdot 1915\,\text{N} \cdot 50\,\text{mm} = 1{,}293 \cdot 10^5\,\text{N\,mm}$, $h = 52\,\text{mm}$, $y = 26\,\text{mm}$ und $a = 4\,\text{mm}$; $\sigma_{\perp ges} = 5\,\text{N/mm}^2 + 36\,\text{N/mm}^2 = 41\,\text{N/mm}^2$;
Bild 6.46, Zeile 4: $\tau_{\parallel} = 2585\,\text{N}/(2 \cdot 4\,\text{mm} \cdot 52\,\text{mm}) = 6\,\text{N/mm}^2$, mit $F_q = 1{,}35 \cdot 1915\,\text{N} = 2585\,\text{N}$, $l_{eff} = 52\,\text{mm}$; vorliegender Kerbfall für Normalspannungen nach TB 6-11: ähnlich Bauform Nr. 44 (quer beanspruchte T-Stoßverbindung, angeschlossener Steg beansprucht, beidseitig nicht durchgeschweißt, Naht nicht bearbeitet, Sichtprüfung, Bewertungsgruppe C): Kerbfalllinie F1;
TB 6-12a: $\sigma_{zul} = 150\,\text{N/mm}^2 \cdot 1{,}04^{-27} \cdot [2 \cdot (1-0{,}3 \cdot 0)/[1{,}3 \cdot (1-0)] = 80\,\text{N/mm}^2$ für S235, $\kappa = 0$ und Linie F1, $\sigma_{w\,zul} = 80\,\text{N/mm}^2 \cdot (10\,\text{mm}/15\,\text{mm})^{0{,}1} = 77\,\text{N/mm}^2$; vorliegender Kerbfall für Schubspannungen nach TB 6-11: Bauform Nr. 92 (T-Stoßverbindungen, beidseitig nicht durchgeschweißt, Doppelkehlnaht): Kerbfalllinie H: TB 6-12a: $\tau_{zul} = 2 \cdot (1-0{,}17 \cdot 0) \cdot 59\,\text{N/mm}^2/[1{,}17 \cdot (1-0)] = 101\,\text{N/mm}^2$, für S235 und $\kappa = 0$, Begrenzung im MKJ-Diagramm auf $\tau_{zul} = 98\,\text{N/mm}^2$, $\tau_{w\,zul} = 98\,\text{N/mm}^2 \cdot (10\,\text{mm}/15\,\text{mm})^{0{,}1} = 94\,\text{N/mm}$ bei $t_{max} = 15\,\text{mm}$)

Naht B ist dauerfest, da

$$\left(\frac{49{,}1\,\text{N/mm}^2}{65\,\text{N/mm}^2}\right)^2 + \left(\frac{4{,}3\,\text{N/mm}^2}{80\,\text{N/mm}^2}\right)^2 = 0{,}57 < 1$$

(LB Bild 6.46, Zeile 6: $\sigma_{\perp z} = 2170\,\text{N}/(2 \cdot 5\,\text{mm} \cdot (10\,\text{mm} + 60\,\text{mm})) \approx 3{,}1\,\text{N/mm}^2$, mit $F_z = 1{,}35 \cdot 1607\,\text{N} = 2170\,\text{N}$, $a = 5\,\text{mm}$;
Bild 6.46, Zeile 7: $\sigma_{\perp b} = 4{,}136 \cdot 10^5\,\text{N\,mm} \cdot 30\,\text{mm}/(2 \cdot 5\,\text{mm} \cdot 60^2\,\text{mm}^2 \cdot (60\,\text{mm}/12 + 10\,\text{mm}/4)) = 46\,\text{N/mm}^2$, mit $M_b = 1{,}35 \cdot 1915\,\text{N} \cdot 160\,\text{mm} = 4{,}136 \cdot 10^5\,\text{N\,mm}$, $y = 30\,\text{mm}$;
Bild 6.46, Zeile 9: $\tau_{\parallel} = 2585\,\text{N}/(2 \cdot 5\,\text{mm} \cdot 60\,\text{mm}) \approx 4{,}3\,\text{N/mm}^2$, mit $F_q = 1{,}35 \cdot 1915\,\text{N} = 2585\,\text{N}$, $l_{eff} = 60\,\text{mm}$; $\sigma_{\perp ges} = 3{,}1\,\text{N/mm}^2 + 46\,\text{N/mm}^2 = 49{,}1\,\text{N/mm}^2$; für die beidsei-

6 Schweißverbindungen

tig nicht durchgeschweißte querbeanspruchte T-Stoßverbindung gilt wie unter a die Kerbfalllinie F1 mit $\sigma_{zul} = 80\,\text{N/mm}^2$, $\sigma_{w\,zul} = 80\,\text{N/mm}^2 \cdot (10\,\text{mm}/80\,\text{mm})^{0,1} = 65\,\text{N/mm}^2$ bei $t_{max} = 80\,\text{mm}$ und für Schubbeanspruchung die Kerbfalllinie H mit $\tau_{zul} = 98\,\text{N/mm}^2$, $\tau_{w\,zul} = 98\,\text{N/mm}^2 \cdot (10\,\text{mm}/80\,\text{mm})^{0,1} = 80\,\text{N/mm}^2$ bei $t_{max} = 80\,\text{mm}$)

Naht C ist dauerfest, da

$$\left(\frac{38,3\,\text{N/mm}^2}{65\,\text{N/mm}^2}\right)^2 + \left(\frac{7,2\,\text{N/mm}^2}{80\,\text{N/mm}^2}\right)^2 = 0,36 < 1$$

(LB Bild 6.46, Zeile 7: $\sigma_{\perp b} = 3,447 \cdot 10^5\,\text{N mm} \cdot 30\,\text{mm}/(2 \cdot 5\,\text{mm} \cdot 60^2\,\text{mm}^2 \cdot (60\,\text{mm}/12 + 10\,\text{mm}/4)) = 38,3\,\text{N/mm}^2$, mit $M_b = 1,35 \cdot 3192\,\text{N} \cdot 80\,\text{mm} = 3,447 \cdot 10^5\,\text{N mm}$, $a = 5\,\text{mm}$;
Bild 6.46, Zeile 9: $\tau_\| = 4309\,\text{N}/(2 \cdot 5\,\text{mm} \cdot 60\,\text{mm}) = 7,2\,\text{N/mm}^2$, mit $F_q = 1,35 \cdot 3192\,\text{N} = 4309\,\text{N}$; für die beidseitig nicht durchgeschweißte querbeanspruchte T-Stoßverbindung gilt wie für Naht B die Kerbfalllinie F1 mit $\sigma_{w\,zul} = 65\,\text{N/mm}^2$ und die Kerbfalllinie H mit $\tau_{w\,zul} = 80\,\text{N/mm}^2$)

Kontrolle der Nahtdicke für die Nähte B und C (Gl. 6.17b/6-22): $a \geq \sqrt{t_{max}} - 0,5$, $5\,\text{mm} < \sqrt{80} - 0,5 = 8,4\,\text{mm}!$, $a = 5\,\text{mm}$ bei sorgfältiger Herstellung aber vertretbar.

ⓘ **6.29**

a) **Bestimmung der maximalen Randspannung im Übergangsquerschnitt des Steges**

$\sigma_z = F_v/A = 16\,000\,\text{N}/5\,600\,\text{mm}^2 \approx +3\,\text{N/mm}^2$ mit $A = 200\,\text{mm} \cdot 100\,\text{mm} - 180\,\text{mm} \cdot 80\,\text{mm} = 5\,600\,\text{mm}^2$

$$\sigma_b = \frac{M_b}{I_x} \cdot y = \frac{7,371 \cdot 10^6\,\text{N mm}}{27,78 \cdot 10^6\,\text{mm}^4} \cdot 100\,\text{mm} = \pm 27\,\text{N/mm}^2$$

mit $I_x = 2 \cdot 200^3\,\text{mm}^3 \cdot 10\,\text{mm}/12 + 2 \cdot 80\,\text{mm} \cdot 10\,\text{mm} \cdot 95^2\,\text{mm}^2 = 27,78 \cdot 10^6\,\text{mm}^4$,
$M_b = 1,3 \cdot 18\,000\,\text{N} \cdot 315\,\text{mm} = \pm 7,37 \cdot 10^6\,\text{N mm}$, $y = 100\,\text{mm}$
$\sigma_{max} = +3\,\text{N/mm}^2 + 27\,\text{N/mm}^2 = +30\,\text{N/mm}^2$,
$\sigma_{min} = +3\,\text{N/mm}^2 - 27\,\text{N/mm}^2 = -24\,\text{N/mm}^2$
Schubspannungen werden vernachlässigt.

$$\text{Spannungsverhältnis } \kappa = \frac{\sigma_{min}}{\sigma_{max}} = \frac{-24\,\text{N/mm}^2}{+30\,\text{N/mm}^2} = -0,8$$

Bestimmung der zulässigen Dauerfestigkeitswerte für Naht und Übergangsquerschnitt

TB 6-11: Quer beanspruchte T-Stoßverbindung, angeschlossener Steg beansprucht, beidseitig nicht durchgeschweißt, einseitige Kehlnaht, Naht nicht bearbeitet, ähnlich Bauform Nr. 44: **Kerbfalllinie F1**.
Rechnerische Bestimmung der Dauerfestigkeit nach TB 6-12a:

$$\sigma_{zul} = 150\,\text{N/mm}^2 \cdot 1,04^{-27} \cdot \frac{2 \cdot (1 - 0,3 \cdot (-0,8))}{1,3 \cdot (1 - (0,8))} = 55\,\text{N/mm}^2$$

$\sigma_{zul} = 0{,}93 \cdot 55\,\text{N/mm}^2 = 51\,\text{N/mm}^2$ für $t_{max} = 20\,\text{mm}$ und $b = 0{,}93$ nach TB 6-13
$\sigma_{max} = 30\,\text{N/mm}^2 < \boldsymbol{\sigma_{zul} = 51\,\text{N/mm}^2}$
Der Stegquerschnitt A–A ist dauerfest.

b) Bestimmung der Nahtschubspannung (Steg-Halsnaht)

$$\tau_\| = \frac{F_q \cdot H}{I_x \cdot 2a} = \frac{1{,}3 \cdot 18\,000\,\text{N} \cdot 76\,000\,\text{mm}^3}{27{,}78 \cdot 10^6\,\text{mm}^4 \cdot 2 \cdot 3\,\text{mm}}$$
$$= 11\,\text{N/mm}^2 \quad \text{(LB 6.3.1–2.2 unter Gl. (6.24))}$$

Mit $H = A_F \cdot y_F = 80\,\text{mm} \cdot 10\,\text{mm} \cdot 95\,\text{mm} = 76\,000\,\text{mm}^3$

Bestimmung der Vergleichsspannung

$$\sigma_{wv} = 0{,}5 \cdot \left(\sigma_\| + \sqrt{\sigma_\|^2 + 4\tau_\|^2}\right)$$
$$= 0{,}5 \cdot \left(30\,\text{N/mm}^2 + \sqrt{(30\,\text{N/mm}^2)^2 + 4 \cdot (11\,\text{N/mm}^2)^2}\right)$$
$$= 34\,\text{N/mm}^2 \quad \text{(6.28a/6-58) mit } \sigma_{max} = \sigma_\| = 30\,\text{N/mm}^2$$

TB 6-11: Längsbeanspruchte T-Stoßverbindung mit HY-Naht, einseitig nicht durchgeschweißt, Naht unbearbeitet, Sichtprüfung, **Kerbfalllinie E5**.

Rechnerische Bestimmung der Dauerfestigkeitswerte nach TB 6-12a:

$$\sigma_{w\,zul} = 150\,\text{N/mm}^2 \cdot 1{,}04^{-21} \cdot \frac{2 \cdot (1 - 0{,}3 \cdot (-0{,}8))}{1{,}3 \cdot (1 - (0{,}8))} \approx 69\,\text{N/mm}^2$$

(Dickenbeiwert $b = 1$)

$\sigma_{wv} = 34\,\text{N/mm}^2 < \sigma_{w\,zul} \approx 69\,\text{N/mm}^2$

Die HY-Halsnähte des Steges sind dauerfest.

c) Bestimmung der geeigneten Schweißnahtdicke

$$a \leq 0{,}7 \cdot t_{min} = 0{,}7 \cdot 10\,\text{mm} = 7\,\text{mm} \quad (6.17a/6\text{-}23)$$
$$a \geq \sqrt{t_{max}} - 0{,}5 = \sqrt{20} - 0{,}5 = 4\,\text{mm} \quad (6.17b/6\text{-}22)$$

ausgeführt: $a = \mathbf{7\,mm}$

Bestimmung der Kehlnaht-Nennspannungen nach Lehrbuch Bild 6.46:
Zeile 6:

$$\sigma_{\perp z} = \frac{F_v}{A_w} = \frac{16\,000\,\text{N}}{4\,200\,\text{mm}^2} = +4\,\text{N/mm}^2$$

mit $F_v = 16\,\text{kN}$, $A_w = 2 \cdot 7\,\text{mm} \cdot (200\,\text{mm} + 100\,\text{mm}) = 4\,200\,\text{mm}^2$

Zeile 7:
$$\sigma_\perp = \frac{M_b}{2 \cdot a \cdot h^2 \cdot (h/12 + b/4)} \cdot y$$
$$= \frac{7{,}37 \cdot 10^6 \,\text{N mm}}{2 \cdot 7\,\text{mm} \cdot 200^2\,\text{mm} \cdot (200\,\text{mm}/12 + 100\,\text{mm}/4)} \cdot 100\,\text{mm}$$
$$= \pm 32\,\text{N/mm}^2$$

mit $M_b = 1{,}3 \cdot 18\,000\,\text{N} \cdot 315\,\text{mm} = 7{,}37 \cdot 10^6\,\text{N mm}$,
$a = 7\,\text{mm}$, $h = 200\,\text{mm}$, $b = 100\,\text{mm}$, $y = 100\,\text{mm}$
$\sigma_{\perp\max} = +4\,\text{N/mm}^2 + 32\,\text{N/mm}^2 = +36\,\text{N/mm}^2$
$\sigma_{\perp\min} = +4\,\text{N/mm}^2 - 32\,\text{N/mm}^2 = -28\,\text{N/mm}^2$

Zeile 9:
$$\tau_\| = \frac{F_q}{2 \cdot a \cdot h} = \frac{23\,400\,\text{N}}{2 \cdot 7\,\text{mm} \cdot 200\,\text{mm}} = 8\,\text{N/mm}^2$$

mit $F_q = 1{,}3 \cdot 18\,\text{kN} = 23{,}4\,\text{kN}$, $a = 7\,\text{mm}$, $h = 200\,\text{mm}$

Bestimmung der Vergleichsspannung

$$\sigma_{wv} = 0{,}5 \cdot \left(\sigma_\perp + \sqrt{\sigma_\perp^2 + 4 \cdot \tau_\|^2}\right) \leq \sigma_{w\,zul} \qquad (6.28a/6\text{-}58)$$

$$\sigma_{wv} = 0{,}5 \cdot \left(36\,\text{N/mm}^2 + \sqrt{(36\,\text{N/mm}^2)^2 + 4 \cdot (8\,\text{N/mm}^2)^2}\right)$$
$$= 38\,\text{N/mm}^2 < \sigma_{w\,zul} = 51\,\text{N/mm}^2$$

Der Schweißanschluss Grundplatte – Steg ist dauerfest.

ⓘ **6.30**

Bestimmung der statischen Werte

$$I_x = \frac{t \cdot h^3}{12} + 2 \cdot A_G \cdot e_y^2 = \frac{6\,\text{mm} \cdot 150^3\,\text{mm}^3}{12} + 2 \cdot 80\,\text{mm} \cdot 10\,\text{mm} \cdot 80^2\,\text{mm}^2$$
$$= 11{,}93 \cdot 10^6\,\text{mm}^4$$
$$H = A_F \cdot y_F = 80\,\text{mm} \cdot 10\,\text{mm} \cdot 80\,\text{mm} = 64 \cdot 10^3\,\text{mm}^3$$

Randfaser:

$$\sigma = \frac{M_x}{I_x} \cdot y = \frac{1{,}2 \cdot 5{,}85 \cdot 10^6\,\text{N mm}}{11{,}93 \cdot 10^6\,\text{mm}^4} \cdot 85\,\text{mm} = 50\,\text{N/mm}^2 < \sigma_{zul} = 56\,\text{N/mm}^2$$

vorliegender Kerbfall für Normalspannungen nach TB 6-11: Bauform Nr. 87 (Naht längs (quer) zur Kraftrichtung an Kreuzungsstellen von Gurtblechen, gleiche Blechdicken, unbearbeitete V-Naht, Sichtprüfung, Bewertungsgruppe C): Kerbfalllinie F2

TB 6-12a: $\sigma_{zul} = 150\,\text{N/mm}^2 \cdot 1{,}04^{-41} \cdot \dfrac{2 \cdot (1 - 0{,}3 \cdot 0{,}24)}{1{,}3 \cdot (1 - 0{,}24)} = 56\,\text{N/mm}^2$ für S235, $\kappa = +0{,}24$, und Linie F2.

Halsnaht:

$$\sigma_\| = \dfrac{M_x}{I_x} \cdot y = \dfrac{1{,}2 \cdot 5{,}85 \cdot 10^6\,\text{N mm}}{11{,}93 \cdot 10^6\,\text{mm}^4} \cdot 75\,\text{mm} = 44\,\text{N/mm}^2$$

$$\tau_\| = \dfrac{F_q \cdot H}{I_x \cdot 2a} = \dfrac{1{,}2 \cdot 32 \cdot 10^3\,\text{N} \cdot 64 \cdot 10^3\,\text{mm}^3}{11{,}93 \cdot 10^6\,\text{mm}^4 \cdot 2 \cdot 3\,\text{mm}} = 34\,\text{N/mm}^2 \quad (6.14/6\text{-}40)$$

vorliegender Kerbfall für Schubspannungen nach TB 6-11: Bauform Nr. 92 (T-Stoßverbindung, beidseitig nicht durchgeschweißt, Doppelkehlnaht): Kerbfalllinie H; $\tau_{w\,zul} = 98\,\text{N/mm}^2$, abgelesen aus TB 6-12b für S235, $\kappa = +0{,}24$, $b = 1{,}0$

Bestimmung der Vergleichsspannung der Halsnähte

$$\sigma_{wv} = 0{,}5 \cdot \left(\sigma_\| + \sqrt{\sigma_\|^2 + 4 \cdot \tau_\|^2}\right) \leq \sigma_{w\,zul} \quad (6.28a/6\text{-}58)$$

$$\sigma_{wv} = 0{,}5 \cdot \left(44\,\text{N/mm}^2 + \sqrt{(44\,\text{N/mm}^2)^2 + 4 \cdot (34\,\text{N/mm}^2)^2}\right)$$

$$= 62\,\text{N/mm}^2 < \sigma_{w\,zul} = 160\,\text{N/mm}^2$$

vorliegender Kerbfall für Normalspannungen nach TB 6-11: Bauform Nr. 25 (längsbeanspruchte T-Stoßverbindung, Doppelkehlnähte, nicht bearbeitet, Sichtprüfung): Kerbfalllinie C –; $\sigma_{zul} = 160\,\text{N/mm}^2$, abgelesen aus TB 6-12b mit $\kappa = +0{,}24$, S235, $b = 1{,}0$
Die geschweißte Rahmenecke ist dauerfest.

6.31
a) $t_e = 8\,\text{mm}$ ($\beta = 2{,}47$, $y = 0{,}0165$, $D_a = 406{,}4\,\text{mm}$, $p_e = 2{,}5\,\text{N/mm}^2$, $K = 161\,\text{N/mm}^2$, $S = 1{,}5$, $v = 1{,}0$, $c_1 = 0{,}3\,\text{mm}$, $c_2 = 1{,}0\,\text{mm}$). Der Ausschnitt (Stutzen) muss noch auf ausreichende Verstärkung überprüft werden.
b) $t = 26\,\text{mm}$ ($C = 0{,}4$, $D = 388{,}8\,\text{mm}$, $p_e = 2{,}5\,\text{N/mm}^2$, $K = 161\,\text{N/mm}^2$, $S = 1{,}5$, $c_1 = 0{,}8\,\text{mm}$, $c_2 = 1{,}0\,\text{mm}$).
c) Ausgeführt: $r = 6\,\text{mm}$, $t_R = 6\,\text{mm}$ ($r \geq 0{,}2 \cdot 26\,\text{mm} = 5{,}2\,\text{mm}$, $t_R \geq 2{,}5(0{,}5 \cdot 388{,}8 - 6) \cdot 1{,}3 \cdot 1{,}5/161 = 5{,}7\,\text{mm}$).

6.32
a) $t_e = 13\,\text{mm}$ ($D_a = 1\,600\,\text{mm}$, $p_e = 1{,}6\,\text{N/mm}^2$, $K = 176\,\text{N/mm}^2$ bei $360\,°\text{C}$, $S = 1{,}5$, $v = 1{,}0$, $c_1 = 0{,}3\,\text{mm}$, $c_2 = 1{,}0\,\text{mm}$);
b) $t_e = 13\,\text{mm}$ ($\beta = 2{,}1$, $y = 0{,}00719$, $c_1 = 0{,}5\,\text{mm}$, sonst wie unter a);
c) $\sigma_v = 96\,\text{N/mm}^2 < 117\,\text{N/mm}^2$ ($A_p \approx 264\,120\,\text{mm}^2$, $A_\sigma \approx 4434\,\text{mm}^2$, $t_A - c_1 - c_2 = 11{,}7\,\text{mm}$, $t_S - c_1 - c_2 = 23{,}4\,\text{mm}$, $b = 136\,\text{mm}$, $l_S = 109{,}6\,\text{mm}$, $D_i = 1574\,\text{mm}$, $d_i = 305\,\text{mm}$, $K = 176\,\text{N/mm}^2$, $S = 1{,}5$, $p_e = 1{,}6\,\text{N/mm}^2$).
Der Ausschnitt ist ausreichend verstärkt.

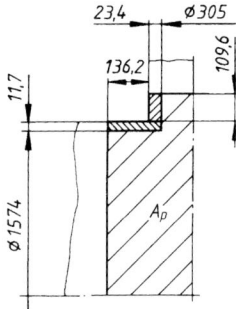

6.33
a) Mit $D_i \approx 1\,280$ mm (vorläufig angenommen) und $p_e = 12$ bar wird $D_i \cdot p_e = 15\,360 <$ 20 000, die Baustahlsorte S235 JR + N ist also zulässig;
b) $t_e = 8$ mm ($D_a = 1\,300$ mm, $p_e = 1{,}2$ N/mm^2, $K = 235$ N/mm^2 für S235 JR + N bis 50 °C, $S = 1{,}5$, $v = 0{,}85$, $c_1 = 0{,}5$ mm, $c_2 = 1{,}0$ mm);
c) $t_e = 9$ mm ($\beta = 3{,}08$, $y = 0{,}00592$, $v = 1{,}0$, $c_1 = 0{,}3$ mm, übrige Werte wie unter a);
d) $S' = 1{,}17 > S'_{\text{erf}} = 1{,}05$ ($p' = 1{,}43 \cdot p_e = 1{,}716$ N/mm^2, übrige Werte wie unter a).

(i) **6.34**
a) **Bestimmung der erforderlichen Wanddicke des Druckbehältermantels**

$$t = \frac{D_a \cdot p_e}{2 \cdot \frac{K}{S} \cdot \upsilon + p_e} + c_1 + c_2 = \frac{1\,800\,\text{mm} \cdot 1{,}2\,\text{N/mm}^2}{2 \cdot \frac{167\,\text{N/mm}^2}{1{,}5} \cdot 1{,}0 + 1{,}2\,\text{N/mm}^2} + 0 + 0 = 9{,}65\,\text{mm}$$

(6.30a/6-62)

mit $D_a = 1\,800$ mm, $p_e = 12$ bar $= 1{,}2$ N/mm^2, $K = R_{p1,0} = 167$ N/mm^2 aus TB 6-14b für X5CrNiMo17-12-2 bei $\vartheta = 250$ °C, $S = 1{,}5$ nach TB 6-16 für Walzstähle, $v = 1{,}0$, $c_1 = c_2 = 0$ für austenitische Stähle
ausgeführt: $t_e = \mathbf{10\,mm}$

b) **Bestimmung der erforderlichen Wanddicke der Klöpperböden**

$$t = \frac{D_a \cdot p_e \cdot \beta}{4 \cdot \frac{K}{S} \cdot \upsilon} + c_1 + c_2 \qquad (6.31/6\text{-}64)$$

Berechnungsbeiwert für Klöpperböden

$$\beta = 1{,}9 + \frac{0{,}0325}{y^{0{,}7}}, \text{ wobei } y = (t_e - c_1 - c_2)/D_a$$

β ist von der Wanddicke abhängig, also iterative Ermittlung der Wanddicke erforderlich.

1. Annahme: $t = 12\,\text{mm}$, mit $y = 12\,\text{mm}/1\,800\,\text{mm} = 0{,}00\overline{6}$ $(0{,}001 \leq y \leq 0{,}1)$

$$\beta = 1{,}9 + \frac{0{,}0325}{0{,}006^{-0{,}7}} = 2{,}99$$

$$t = \frac{1\,800\,\text{mm} \cdot 1{,}2\,\text{N/mm}^2 \cdot 2{,}99}{4 \cdot \frac{167\,\text{N/mm}^2}{1{,}5} \cdot 1{,}0} = 14{,}5\,\text{mm} \neq 12\,\text{mm}$$

2. Annahme: $t = 14\,\text{mm}$, mit $y = 14\,\text{mm}/1\,800\,\text{mm} = 0{,}00\overline{7}$

$$\beta = 1{,}9 + \frac{0{,}0325}{0{,}007^{-0{,}7}} = 2{,}87$$

$$t = \frac{1\,800\,\text{mm} \cdot 1{,}2\,\text{N/mm}^2 \cdot 2{,}87}{4 \cdot \frac{167\,\text{N/mm}^2}{1{,}5} \cdot 1{,}0} = 13{,}92\,\text{mm} \approx 14\,\text{mm}$$

ausgeführt: $t_\text{e} = \mathbf{14\,mm}$

6.35

Auslastung von nur 50 % erfüllt: $(6\,\text{kN}/4)/[\min(6{,}6\,\text{kN};\,16{,}29\,\text{kN};\,12{,}1\,\text{kN})] = 0{,}23 < 0{,}5$ (Schweißverbindung), $6\,\text{kN}/33{,}41\,\text{kN} = 0{,}18 < 0{,}5$ (Bremsband)
(Abstände der Schweißpunkte: $12\,\text{mm} \leq e_1 = 15\,\text{mm} \leq 36\,\text{mm}$, $e_2 = 20\,\text{mm} \leq 24\,\text{mm}$, $18\,\text{mm} \leq p_1 = 30\,\text{mm} \leq 48\,\text{mm}$, $18\,\text{mm} \leq p_2 = 30\,\text{mm} \leq 36\,\text{mm}$; $d = 5 \cdot \sqrt{1{,}5} = 6{,}1\,\text{mm}$, ausgeführt $d = 6\,\text{mm}$ (Widerstandsschweißung); Lochleibung: $t = 1{,}5\,\text{mm} \leq t_1 = 2\,\text{mm} \leq 2{,}5 \cdot t = 3{,}75\,\text{mm}$:
$F_{\text{b\,Rd}} = 2{,}7 \cdot \sqrt{2} \cdot 6\,\text{mm} \cdot 360\,\text{N/mm}^2/1{,}25 = 6{,}60\,\text{kN}$, mit $t = 2\,\text{mm} < 2 \cdot 1{,}5\,\text{mm}$, $d = 6\,\text{mm}$, $R_\text{m} = 360\,\text{N/mm}^2$ für S235, $\gamma_{\text{M2}} = 1{,}25$;
Randversagen: $F_{\text{e\,Rd}} = 1{,}4 \cdot 2\,\text{mm} \cdot 15\,\text{mm} \cdot 360\,\text{N/mm}^2/1{,}25 = 12{,}10\,\text{kN}$, mit $t = 2\,\text{mm} < 2 \cdot 1{,}5\,\text{mm}$, $e_1 = 15\,\text{mm}$; Nettoquerschnitt des Bauteils: $F_{\text{n\,Rd}} = 116\,\text{mm}^2 \cdot 360\,\text{N/mm}^2/1{,}25 = 33{,}41\,\text{kN}$, mit $A_\text{net} = 2\,\text{mm} \cdot (70\,\text{mm} - 2 \cdot 6\,\text{mm}) = 116\,\text{mm}^2$, $b = 70\,\text{mm}$, $t = 2\,\text{mm}$, $n = 2$; Grenzscherkraft: $F_{\text{v\,Rd}} = 2 \cdot (\pi/4) \cdot 6^2\,\text{mm}^2 \cdot 360\,\text{N/mm}^2/1{,}25 = 16{,}29\,\text{kN}$ für zweischnittige Verbindung ($m = 2$); Anzahl der Schweißpunkte: $n_\text{w} = 4$)

6.36

Nachweis erfüllt: $(30\,\text{kN}/3)/[\min(12{,}44\,\text{kN};\,36{,}19\,\text{kN};\,32{,}26\,\text{kN})] = 0{,}8 \leq 1$ (Schweißverbindung), $30\,\text{kN}/109{,}44\,\text{kN} = 0{,}27 < 1$ (Bauteil)
(Abstände der Schweißpunkte: $16\,\text{mm} \leq e_1 = 20\,\text{mm} \leq 48\,\text{mm}$, $e_2 = 20\,\text{mm} \leq 32\,\text{mm}$, $24\,\text{mm} \leq p_2 = 30\,\text{mm} \leq 48\,\text{mm}$; $d = 5 \cdot \sqrt{2{,}5} = 7{,}9\,\text{mm}$, ausgeführt $d = 8\,\text{mm}$ (Widerstandsschweißung); Lochleibung: $t = 2{,}5\,\text{mm} \leq t_1 = 4\,\text{mm} \leq 2{,}5 \cdot t = 6{,}25\,\text{mm}$:
$F_{\text{b\,Rd}} = 2{,}7 \cdot \sqrt{4} \cdot 8\,\text{mm} \cdot 360\,\text{N/mm}^2/1{,}25 = 12{,}44\,\text{kN}$, mit $t = 4\,\text{mm} \leq 2 \cdot 2{,}5\,\text{mm}$, $d = 8\,\text{mm}$, $R_\text{m} = 360\,\text{N/mm}^2$ für S235, $\gamma_{\text{M2}} = 1{,}25$;
Randversagen: $F_{\text{e\,Rd}} = 1{,}4 \cdot 4\,\text{mm} \cdot 20\,\text{mm} \cdot 360\,\text{N/mm}^2/1{,}25 = 32{,}26\,\text{kN}$, mit $t = 4\,\text{mm} \leq 2 \cdot 2{,}5\,\text{mm}$, $e_1 = 20\,\text{mm}$; Nettoquerschnitt des Bauteils: $F_{\text{n\,Rd}} = 380\,\text{mm}^2 \cdot 360\,\text{N/mm}^2/1{,}25 = 109{,}44\,\text{kN}$, mit $A_\text{net} = 2 \cdot 2{,}5\,\text{mm} \cdot (100\,\text{mm} - 3 \cdot 8\,\text{mm}) = 380\,\text{mm}^2$, $b = 100\,\text{mm}$, $t = $

2,5 mm, $n = 3$; Grenzscherkraft: $F_{\text{v Rd}} = 2 \cdot (\pi/4) \cdot 8^2 \text{ mm}^2 \cdot 360 \text{ N/mm}^2 / 1{,}25 = 36{,}19 \text{ kN}$ für zweischnittige Verbindung ($m = 2$); Anzahl der Schweißpunkte: $n_\text{w} = 3$).

6.37
Die Verbindung besteht aus 6 einschnittigen Schweißpunkten. Bei der Belastung des dünnen Zugbandes entsteht Zusatzbiegung und eine Mischbeanspruchung aus Scherung und Kopfzug für die Schweißpunkte. Ihr Anteil ist unerheblich und wird bei statischer Beanspruchung vernachlässigt.
Schweißlinsendurchmesser bei Schmelzpunktschweißung:

$$d = 0{,}5 \cdot t + 5 \text{ mm} = 0{,}5 \cdot 2 \text{ mm} + 5 \text{ mm} = 6 \text{ mm}.$$

Rand- und Zwischenabstände:
12 mm $\leq e_1 = 20$ mm ≤ 36 mm, $e_2 = 20$ mm ≤ 24 mm, 18 mm $\leq p_1 = 30$ mm ≤ 48 mm, 18 mm $\leq p_2 = 30$ mm ≤ 36 mm

Beanspruchbarkeit auf Lochleibung

$$F_{\text{b Rd}} = 2{,}7 \cdot \sqrt{t} \cdot d \cdot R_\text{m}/\gamma_{M2} \qquad (6.25\text{a}/6\text{-}41)$$

mit $t = t_1 = 2$ mm, $d = 6$ mm, $R_\text{m} = 520 \text{ N/mm}^2$ für S420N nach TB 6-5 und $\gamma_{M2} = 1{,}25$

$$F_{\text{b Rd}} = 2{,}7 \cdot \sqrt{2} \text{ mm} \cdot 6 \text{ mm} \cdot 520 \text{ N/mm}^2 / 1{,}25 = \mathbf{9{,}53 \text{ kN}}$$

Grenzscherkraft bei Randversagen

$$F_{\text{e Rd}} = 1{,}4 \cdot t \cdot e_1 \cdot R_\text{m}/\gamma_{M2} \qquad (6.25\text{c}/6\text{-}43)$$

mit $t = 2$ mm, $e_1 = 20$ mm, $R_\text{m} = 520 \text{ N/mm}^2$ und $\gamma_{M2} = 1{,}25$

$$F_{\text{e Rd}} = 1{,}4 \cdot 2 \text{ mm} \cdot 20 \text{ mm} \cdot 520 \text{ N/mm}^2 / 1{,}25 = \mathbf{23{,}30 \text{ kN}}$$

Grenzzugkraft im **Nettoquerschnitt des Bauteils**

$$F_{\text{n Rd}} = A_\text{net} \cdot R_\text{m}/\gamma_{M2} \qquad (6.25\text{d}/6\text{-}44)$$

mit $A_\text{net} = 2 \text{ mm} \cdot (100 \text{ mm} - 3 \cdot 6 \text{ mm}) = 164 \text{ mm}^2$, $R_\text{m} = 520 \text{ N/mm}^2$ und $\gamma_{M2} = 1{,}25$

$$F_{\text{n Rd}} = 164 \text{ mm}^2 \cdot 520 \text{ N/mm}^2 / 1{,}25 = \mathbf{68{,}22 \text{ kN}}$$

Grenzscherkraft (einschnittig)

$$F_{\text{v Rd}} = (\pi/4) \cdot d^2 \cdot R_\text{m}/\gamma_{M2} = (\pi/4) \cdot 6^2 \text{ mm}^2 \cdot 520 \text{ N/mm}^2 / 1{,}25 = \mathbf{11{,}76 \text{ kN}}$$
$$(6.25\text{e}/6\text{-}45)$$

Tragfähigkeitsnachweis

– Punktschweißung:
$$\frac{F_\mathrm{d}/n_\mathrm{w}}{\min[F_{\mathrm{b\,Rd}};\ F_{\mathrm{v\,Rd}};\ F_{\mathrm{e\,Rd}}]} \leq 1 \qquad (6.26\mathrm{a}/6\text{-}46)$$

$$\frac{50\,\mathrm{kN}/6}{\min[9{,}53\,\mathrm{kN};\ 11{,}76\,\mathrm{kN};\ 23{,}30\,\mathrm{kN}]} = 0{,}87 \leq 1$$

– Bauteil:
$$\frac{F_\mathrm{d}}{F_\mathrm{nd}} = \frac{50\,\mathrm{kN}}{68{,}22\,\mathrm{kN}} = 0{,}73 \leq 1 \qquad (6.26\mathrm{b}/6\text{-}47)$$

Nachweis erfüllt!

7 Nietverbindungen

7.1

a) $d_1 = 24$ mm, $l = 65(62)$ mm ($d_1 \approx \sqrt{50 \cdot 14} - 2 = 24{,}4$ mm, $t_{min} = 14$ mm; $\sum t = 2 \cdot 8$ mm $+ 14$ mm $= 30$ mm, $l_ü \approx (4/3) \cdot 24$ mm $= 32$ mm, $l = 30$ mm $+ 32$ mm $= 62$ mm; TB 7-4: $l = 65$ mm für $d_1 = 24$ mm, Kopfform A und $\sum t_{max} = 31$ mm)

b) Halbrundniet DIN 124-24 × 65-St

c) $F_v = 2 \cdot 2 \cdot 94{,}3$ kN $= 377{,}2$ kN ($F_{vRd} = 0{,}6 \cdot 400$ N/mm² $\cdot 491$ mm²/1,25 $= 94{,}3$ kN/Scherfuge; $n = 2$, $m = 2$, $R_{m\,Niet} = 400$ N/mm², $A = 491$ mm², $d_0 = 25$ mm, $\gamma_{M2} = 1{,}25$)

d) $e_1 \geq 3{,}0 \cdot 25$ mm $= 75$ mm, $p_1 \geq 3{,}75 \cdot 25$ mm $= 94$ mm, $F_b = 2 \cdot 252$ kN $= 504$ kN ($F_{bRd} = 2{,}5 \cdot 1{,}0 \cdot 25$ mm $\cdot 14$ mm $\cdot 360$ N/mm²/1,25 $= 252$ kN; $k_1 = 2{,}5$ ($e_2 \geq 1{,}5 \cdot 24$ mm), $\alpha_b = 1{,}0$, $d_0 = 25$ mm, $t = 14$ mm ($< 2 \cdot 8$ mm), $\gamma_{M2} = 1{,}25$; TB 7-4: $F_b = (14\text{ mm}/10\text{ mm}) \cdot 180$ kN $= 252$ kN, $F'_{bRd} = 180$ kN für $t = 10$ mm)

e) Zugbeanspruchbarkeit des Stabquerschnittes $N_{tRd} \approx 236$ kN, Tragfähigkeit des Gesamtstabes $N \leq \min(377{,}2$ kN; 504 kN; 236 kN$) = 236$ kN ($N_{plRd} = 1\,260$ mm² $\cdot 235$ N/mm²/1,0 $= 296{,}1$ kN, $N_{uRd} = 0{,}9 \cdot 910$ mm² $\cdot 360$ N/mm²/1,25 $= 235{,}9$ kN; $A = 90$ mm $\cdot 14$ mm $= 1\,260$ mm², $A_{net} = 14$ mm $\cdot (90$ mm $- 25$ mm$) = 910$ mm², $R_e = 235$ N/mm², $R_m = 360$ N/mm², $\gamma_{M0} = 1{,}0$, $\gamma_{M2} = 1{,}25$)

7.2

a) Niet-Nenndurchmesser $d_1 = 24$ mm (Nietloch-Durchmesser $d_0 = 24$ mm $+ 1$ mm $= 25$ mm),

b) $N_u = 0{,}6 \cdot 2\,380$ mm² $\cdot 360$ N/mm²/1,25 $= 411$ kN ($A_{net} = 2 \cdot (1\,390$ mm² $- 25$ mm $\cdot 8$ mm$) = 2\,380$ mm², $A = 13{,}9$ cm² $= 1\,390$ mm², $R_m = 360$ N/mm² (TB 6-5), $\gamma_{M2} = 1{,}25$, $p_1 \geq 3{,}75 \cdot d = 3{,}75 \cdot 25$ mm $= 93{,}75$ mm, ausgeführt $p_1 = 95$ mm, $\beta_3 = 0{,}60$ für $n \geq 3$),

c) $n = 3$ ($n_a = 4{,}11 \cdot 10^5$ N $\cdot 1{,}25/(0{,}6 \cdot 2 \cdot 400$ N/mm² $\cdot 491$ mm²$) = 2{,}2$; $n_1 = 4{,}11 \cdot 10^5$ N $\cdot 1{,}25/(2{,}5 \cdot 1{,}0 \cdot 360$ N/mm² $\cdot 25$ mm $\cdot 12$ mm$) = 1{,}9$; $e_1 \geq 3{,}0 \cdot d_0 = 3{,}0 \cdot 25$ mm $= 75$ mm, $p_1 = 95$ mm, $w_1 = 50$ mm, $e_2 = 40$ mm $> 1{,}5 \cdot d_0 = 37{,}5$ mm,

Beiwerte: $k_1 = 2{,}5$ und $\alpha_b = 1{,}0$ nach TB 8-17, $t = 12$ mm, $m = 2$, $d_0 = 25$ mm, $R_{m\,Niet} = 400\,\text{N/mm}^2$, $A = 491\,\text{mm}^2$, $N_u = 411$ kN),

d) Halbrundniet DIN 124-24 × 62-St ($\sum t = 2 \cdot 8\,\text{mm} + 12\,\text{mm} = 28\,\text{mm}$, $l_{\ddot{u}} \approx (4/3) \cdot d_1 = (4/3) \cdot 24\,\text{mm} = 32\,\text{mm}$, $l = 28\,\text{mm} + 32\,\text{mm} = 60\,\text{mm}$; TB 7-4: $l = 62$ mm für $d_1 = 24$ mm und $\sum t_{max} = 29$ mm)

e) $N_{max} = 2 \cdot 235\,\text{N/mm}^2 \cdot 1\,390\,\text{mm}^2 / 1{,}0 = 653$ kN; 4 Flankenkehlnähte mit $a = 4$ mm und $l = 155$ mm, 2 Stirnkehlnähte mit $a = 4$ mm und $l = 90$ mm.

Die Schweißausführung ermöglicht hier eine über 50 % höhere Stabkraft und einen halb so langen Anschluss gegenüber der Nietausführung.
($\tau_w = N/\sum a \cdot l \leq R_m/(\sqrt{3} \cdot \beta_w \cdot \gamma_{M2}) \rightarrow \sum l = \sqrt{3} \cdot \beta_w \cdot \gamma_{M2} \cdot N/(R_m \cdot a) = \sqrt{3} \cdot 0{,}8 \cdot 1{,}25 \cdot 653\,\text{kN}/(360\,\text{N/mm}^2 \cdot 4\,\text{mm}) = 786$ mm, 4 Flankenkehlnähte: $l_w = (786\,\text{mm}/2 - 90\,\text{mm})/2 = 152\,\text{mm}$, ausgeführt 155 mm; $R_e = 235\,\text{N/mm}^2$, $R_m = 360\,\text{N/mm}^2$, $\gamma_{M0} = 1{,}0$, $A = 1\,390\,\text{mm}^2$, $\beta_w = 0{,}8$, $\gamma_{M2} = 1{,}25$, $l_{w\,max} = 150 \cdot 4\,\text{mm} = 600\,\text{mm} > l_{w\,vorh} = 155\,\text{mm}$; geschweißt: $L_w = 155$ mm, genietet: $L_{Niet} = 340$ mm)

(i) **7.3**

Prüfung der Rand- und Lochabstände nach TB 7-2, Nietlochdurchmesser $d_0 = 25$ mm, $1{,}2 \cdot d_0 = 1{,}2 \cdot 25\,\text{mm} = 30\,\text{mm} \leq e_1 = 40\,\text{mm} \leq \max(4 \cdot t + 40\,\text{mm}) = \max(4 \cdot 20\,\text{mm} + 40\,\text{mm}) = 120\,\text{mm}$; volle Grenzlochleibungskraft bei $e_1 \geq 3{,}0 \cdot 25\,\text{mm} = 75\,\text{mm}$.

$e_2 = 40$ mm, Grenzwerte wie e_1; volle Grenzlochleibungskraft bei $e_2 \geq 1{,}5 \cdot 25\,\text{mm} = 37{,}5\,\text{mm}$. $2{,}2 \cdot d_0 = 2{,}2 \cdot 25\,\text{mm} = 55\,\text{mm} \leq \boldsymbol{p_1} = 70\,\text{mm} \leq \min(14 \cdot t; 200\,\text{mm}) = \min(14 \cdot 20\,\text{mm}; 200\,\text{mm}) = 200\,\text{mm}$; volle Grenzlochleibungskraft bei $p_1 \geq 3{,}75 \cdot 25\,\text{mm} = 93{,}75\,\text{mm}$.

$2{,}4 \cdot d_0 = 2{,}4 \cdot 25\,\text{mm} = 60\,\text{mm} \leq \boldsymbol{p_2} = 100\,\text{mm} \leq \min(14 \cdot t; 200\,\text{mm}) = \min(14 \cdot 20\,\text{mm}; 200\,\text{mm}) = 200\,\text{mm}$; volle Grenzlochleibungskraft bei $p_2 \geq 3{,}0 \cdot 25\,\text{mm} = 75\,\text{mm}$.

Um einen kurzen Anschluss zu erhalten, wurden die Abstandsmaße für volle Tragfähigkeit bei e_1 und p_1 unterschritten.

Nachweis der Zugbeanspruchbarkeit des gelochten Zugstabes

Plastische Beanspruchbarkeit des Bruttoquerschnittes

$$N_{pl\,Rd} = \frac{A \cdot R_e}{\gamma_{M0}} \geq N_{Ed} \tag{7.2/7-5}$$

mit $A = 180\,\text{mm} \cdot 20\,\text{mm} = 3\,600\,\text{mm}^2$, $R_e = 235\,\text{N/mm}^2$ für S235 nach TB 6-5, $\gamma_{M0} = 1{,}0$

$$N_{pl\,Rd} = \frac{3\,600\,\text{mm}^2 \cdot 235\,\text{N/mm}^2}{1{,}0} = 846\,\text{kN} \geq N_{Ed} = 560\,\text{kN}$$

Zugbeanspruchbarkeit des Nettoquerschnittes

$$N_{u\,Rd} = \frac{0{,}9 \cdot A_{net} \cdot R_m}{\gamma_{M2}} \geq N_{Ed} \qquad (7.3/7\text{-}6)$$

mit $A_{net} = A - \Delta A = 180\,\text{mm} \cdot 20\,\text{mm} - 2 \cdot 25\,\text{mm} \cdot 20\,\text{mm} = 2\,600\,\text{mm}^2$, $R_m = 360\,\text{N/mm}^2$ für S235 nach TB 6-5, $\gamma_{M2} = 1{,}25$

$$N_{u\,Rd} = \frac{0{,}9 \cdot 2\,600\,\text{mm}^2 \cdot 360\,\text{N/mm}^2}{1{,}25} = 673{,}9\,\text{kN} > N_{Ed} = 560\,\text{kN}$$

Bemessungswert der Zugbeanspruchbarkeit: $N_{t\,Rd} = \min\,(846\,\text{kN};\,673{,}9\,\text{kN}) = 673{,}9\,\text{kN}$

Nachweis der Abschertragfähigkeit je Scherfuge

$$F_{v\,Rd} = \frac{0{,}6 \cdot R_{m\,Niet} \cdot A}{\gamma_{M2}} \geq F_{v\,Ed} \qquad (7.6/7\text{-}12)$$

mit $R_{m\,Niet} = 400\,\text{N/mm}^2$, $A = \pi \cdot 25^2\,\text{mm}^2/4 = 491\,\text{mm}^2$, $\gamma_{M2} = 1{,}25$, $F_{v\,Ed} = 560\,\text{kN}/(2 \cdot 4) = 70\,\text{kN}$

$$F_{v\,Rd} = \frac{0{,}6 \cdot 400\,\text{N/mm}^2 \cdot 491\,\text{mm}^2}{1{,}25} = 94{,}3\,\text{kN} > F_{v\,Ed} = 70\,\text{kN}$$

Gleichmäßiges Tragen aller Niete darf vorausgesetzt werden, da $L = 70\,\text{mm} = 2{,}8d_0 < 15d_0(\beta_L = 1)$.

Nachweis der Lochleibungstragfähigkeit
Es wird für jede Nietreihe die maßgebende Grenzkraft $F_{b\,Rd}$ berechnet.
Berechnung der Beiwerte α_b und k_1 nach TB 8-17 für Stab und maßgleiche Lasche: in Kraftrichtung, Randniet:

$$\alpha_b = \min\left(\frac{e_1}{3 \cdot d_0};\,\frac{R_{m\,Niet}}{R_m};\,1{,}0\right) = \min\left(\frac{40\,\text{mm}}{3 \cdot 25\,\text{mm}};\,\frac{400\,\text{N/mm}^2}{360\,\text{N/mm}^2};\,1{,}0\right) = 0{,}533$$

in Kraftrichtung Innenniet:

$$\alpha_b = \min\left(\frac{p_1}{3 \cdot d_0} - \frac{1}{4};\,\frac{R_{m\,Niet}}{R_m};\,1{,}0\right) = \min\left(\frac{70\,\text{mm}}{3 \cdot 25\,\text{mm}} - \frac{1}{4};\,\frac{400\,\text{N/mm}^2}{360\,\text{N/mm}^2};\,1{,}0\right) = 0{,}683$$

quer zur Kraftrichtung Randniet:
$k_1 = 2{,}5$, da $e_2 = 40\,\text{mm} > 1{,}5 \cdot d_0 = 1{,}5 \cdot 25\,\text{mm} = 37{,}5\,\text{mm}$
quer zur Kraftrichtung Innenniet:
$k_1 = 2{,}5$, da $p_2 = 100\,\text{mm} > 3{,}0 \cdot d_0 = 3{,}0 \cdot 25\,\text{mm} = 75\,\text{mm}$

Lochleibungstragfähigkeit eines Niets:

$$F_{bRd} = k_1 \cdot \alpha_b \cdot d_0 \cdot t \cdot \frac{R_m}{\gamma_{M2}} \geq F_{vEd} \qquad (7.7/7\text{-}13)$$

mit $d_0 = 25$ mm, $t = 20$ mm, $R_m = 360\,\text{N/mm}^2$, $\gamma_{M2} = 1{,}25$, k_1 und α_b wie vorstehend, $F_{vEd} = 560\,\text{kN}/4 = 140\,\text{kN}$

Randniet (a):
$$F_{bRd} = 2{,}5 \cdot 0{,}533 \cdot 25\,\text{mm} \cdot 20\,\text{mm} \cdot \frac{360\,\text{N/mm}^2}{1{,}25} = 191{,}9\,\text{kN} > F_{vEd} = 140\,\text{kN}$$

Innenniet (b):
$$F_{bRd} = 2{,}5 \cdot 0{,}683 \cdot 25\,\text{mm} \cdot 20\,\text{mm} \cdot \frac{360\,\text{N/mm}^2}{1{,}25} = 245{,}9\,\text{kN} > F_{vEd} = 140\,\text{kN}$$

Lochleibungstragfähigkeit insgesamt:
$$\sum F_{bRd} = 2 \cdot (191{,}9\,\text{kN} + 245{,}9\,\text{kN}) = 875{,}6\,\text{kN} > F_{Ed} = 560\,\text{kN}$$

Tragfähigkeitsnachweis mittels TB 7-4

Abscheren: $F_{vRd} = 94{,}3\,\text{kN}$

$$F_{vEd} = \frac{560\,\text{kN}}{2 \cdot 4} = 70\,\text{kN} < F_{vEd} = 94{,}3\,\text{kN}$$

Lochleibung: Randniet: $e_1 = 40$ mm, $\alpha_b = 0{,}533$

$$F_{bRd} = 180\,\text{kN} \cdot \frac{20\,\text{mm}}{10\,\text{mm}} \cdot 0{,}533 = 191{,}9\,\text{kN} > F_{vEd} = \frac{560\,\text{kN}}{4}$$

(i) **7.4**
a) **Nietanordnung nach Bild a**

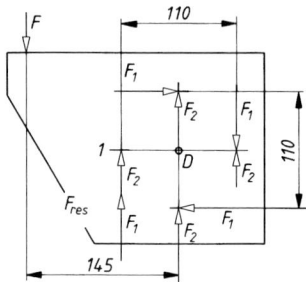

D = gedachter Drehpunkt (Schwerpunkt)

$$F_1 = \frac{35\,\text{kN} \cdot 145\,\text{mm}}{4 \cdot 55\,\text{mm}} = 23{,}07\,\text{kN}$$
$$F_2 = 35\,\text{kN}/4 = 8{,}75\,\text{kN}$$

Niet 1: $F_{res} = 23{,}07\,\text{kN} + 8{,}75\,\text{kN} = 31{,}8\,\text{kN}$

Nachweis der Abschertragfähigkeit für Niet 1

$F_{vRd} = 0{,}6 \cdot 400\,\text{N/mm}^2 \cdot 346\,\text{mm}^2/1{,}25 = 66{,}4\,\text{kN} > F_{vEd} = 31{,}8\,\text{kN}$ nach Gl. (7.6/7-12)
($R_{m\,\text{Niet}} = 400\,\text{N/mm}^2$, $d_0 = 21\,\text{mm}$, $A = 346\,\text{mm}^2$, $\gamma_{M2} = 1{,}25$, $F_{vEd} = F_{res} = 31{,}8\,\text{kN}$)

Nachweis der Lochleibungstragfähigkeit (Konsolblech)

Rand- und Lochabstände (TB 7-2): $1{,}2 \cdot d_0 = 1{,}2 \cdot 21\,\text{mm} = 25{,}2\,\text{mm} \leq e_1 = 90\,\text{mm} \leq \max(4 \cdot t + 40\,\text{mm}) = \max(4 \cdot 8\,\text{mm} + 40\,\text{mm}) = 72\,\text{mm} < 90\,\text{mm}$, zu großer Randabstand!; $1{,}2 \cdot d_0 = 1{,}2 \cdot 21\,\text{mm} = 25{,}2\,\text{mm} \leq e_2 \approx 35\,\text{mm} \leq \max(4 \cdot t + 40\,\text{mm}) = \max(4 \cdot 8\,\text{mm} + 40\,\text{mm}) = 72\,\text{mm}$; $2{,}4 \cdot d_0 = 2{,}4 \cdot 21\,\text{mm} = 50{,}4\,\text{mm} \leq p_2 = 110\,\text{mm} \leq \min(14 \cdot t; 200\,\text{mm}) = \min(14 \cdot 8\,\text{mm} = 112\,\text{mm}; 200\,\text{mm}) = 112\,\text{mm}$; volle Lochleibungskraft, da $e_1 \geq 3 \cdot 21\,\text{mm} = 63\,\text{mm}$, $e_2 \geq 1{,}5 \cdot 21\,\text{mm} = 31{,}5\,\text{mm}$, $p_2 \geq 3 \cdot 21\,\text{mm} = 63\,\text{mm}$, damit Beiwerte $k_1 = 2{,}5$ und $\alpha_b = 1{,}0$.
$F_{bRd} = 2{,}5 \cdot 1{,}0 \cdot 21\,\text{mm} \cdot 8\,\text{mm} \cdot 360\,\text{N/mm}^2/1{,}25 = 121\,\text{kN} > F_{vEd} = 31{,}8\,\text{kN}$

Nietanordnung nach Bild b

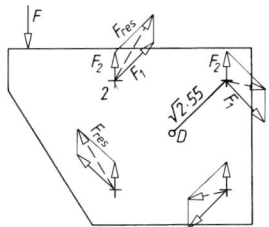

$$F_1 = \frac{35\,\text{kN} \cdot 145\,\text{mm}}{4 \cdot \sqrt{2} \cdot 55\,\text{mm}} = 16{,}31\,\text{kN} \quad F_1/\sqrt{2} = 11{,}53\,\text{kN}$$
$$F_2 = 35\,\text{kN}/4 = 8{,}75\,\text{kN}$$

Niet 2: $F_{res} = \sqrt{(8{,}75\,\text{kN} + 11{,}53\,\text{kN})^2 + (11{,}53\,\text{kN})^2} = 23{,}3\,\text{kN}$

Nachweis der Abschertragfähigkeit

$F_{vRd} = 0{,}6 \cdot 400\,\text{N/mm}^2 \cdot 346\,\text{mm}^2/1{,}25 = 66{,}4\,\text{kN} > F_{vEd} = 23{,}3\,\text{kN}$, ($R_{m\,\text{Niet}} = 400\,\text{N/mm}^2$, $d_0 = 21\,\text{mm}$, $A = 346\,\text{mm}^2$, $\gamma_{M2} = 1{,}25$, $F_{vEd} = F_{res} = 23{,}3\,\text{kN}$)

Nachweis der Lochleibungstragfähigkeit, Konsolblech, Niet 2

Rand- und Lochabstände:
$1{,}2 \cdot d_0 = 1{,}2 \cdot 21\,\text{mm} = 25{,}2\,\text{mm} \leq e_1 = 35\,\text{mm} \leq \max(4 \cdot t + 40\,\text{mm}) = \max(4 \cdot 8\,\text{mm} + 40\,\text{mm}) = 72\,\text{mm}$, $2{,}2 \cdot d_0 = 2{,}2 \cdot 21\,\text{mm} = 46{,}2\,\text{mm} \leq p_1 = 110\,\text{mm} \leq \min(14 \cdot t; 200\,\text{mm}) = \min(14 \cdot 8\,\text{mm} = 112\,\text{mm}; 200\,\text{mm}) = 112\,\text{mm}$, $2{,}4 \cdot d_0 = 2{,}4 \cdot 21\,\text{mm} = 50{,}4\,\text{mm} \leq p_2 = 110\,\text{mm} \leq \min(14 \cdot t; 200\,\text{mm}) = 112\,\text{mm}$. $F_{bRd} = 2{,}5 \cdot$

$0,\overline{5} \cdot 21 \text{ mm} \cdot 8 \text{ mm} \cdot 360 \text{ N/mm}^2/1{,}25 = 67{,}1 \text{ kN} > F_{\text{b Ed}} = 23{,}3 \text{ kN} \ (k_1 = 2{,}5, \ \alpha_{\text{b}} = e_1/(3 \cdot d_0) = 35 \text{ mm}/(3 \cdot 21 \text{ mm}) = 0{,}\overline{5})$

b) Die Nietanordnung nach Bild b ist beanspruchungsmäßig günstiger.

ⓘ **7.5**

a) **Bestimmung der maßgebenden Nietkräfte des momentbelasteten Anschlusses nach Lehrbuch 8.4.4**

$$F_{\max} = \frac{M_S \cdot r_{\max}}{\sum(x^2 + y^2)} = \frac{42 \cdot 10^6 \text{ N mm} \cdot 130 \text{ mm}}{2 \cdot (6 \cdot 50^2 \text{ mm}^2 + 4 \cdot 120^2 \text{ mm}^2)} = 37{,}6 \text{ kN} \quad (8.47/8\text{-}58)$$

mit $M_S = 10^5 \text{ N} \cdot 420 \text{ mm} = 42 \cdot 10^6 \text{ N mm}$ für 2 Nietfelder,
$r_{\max} = \sqrt{(120 \text{ mm})^2 + (50 \text{ mm})^2} = 130 \text{ mm}$, $x_1 \ldots x_6 = 50 \text{ mm}$, $y_1 = y_2 = y_5 = y_6 = 120 \text{ mm}$, $y_3 = y_4 = 0$

$$F_{\text{x ges}} = F_{\max} \frac{y_{\max}}{r_{\max}} + \frac{F_x}{n} = 37{,}60 \text{ kN} \cdot \frac{120 \text{ mm}}{130 \text{ mm}} = 34{,}71 \text{ kN} \quad (8.48\text{a}/8\text{-}59)$$

mit $y_{\max} = 120 \text{ mm}$, $F_x = 0$

$$F_{\text{y ges}} = F_{\max} \frac{x_{\max}}{r_{\max}} + \frac{F_y}{n} = 37{,}60 \text{ kN} \cdot \frac{50 \text{ mm}}{130 \text{ mm}} + \frac{100 \text{ kN}}{2 \cdot 6} = 22{,}8 \text{ kN} \quad (8.48\text{b}/8\text{-}60)$$

mit $x_{\max} = 50 \text{ mm}$, $F_y = 100 \text{ kN}$, $n = 2 \cdot 6$.

$$F_{\text{v Ed}} = F_{\text{res}} = \sqrt{F_{\text{x ges}}^2 + F_{\text{y ges}}^2} = \sqrt{(34{,}71 \text{ kN})^2 + (22{,}8 \text{ kN})^2} = 41{,}53 \text{ kN}$$
$$(8.48\text{c}/8\text{-}61)$$

b) **Tragfähigkeitsnachweis der Nietverbindung**
Nachweis der Abschertragfähigkeit

$$F_{\text{v Rd}} = \frac{0{,}6 \cdot R_{\text{m Niet}} \cdot A}{\gamma_{M2}} = \frac{0{,}6 \cdot 400 \text{ N/mm}^2 \cdot 346 \text{ mm}^2}{1{,}25} = 66{,}4 \text{ kN} \quad (7.6/7\text{-}12)$$
$$> F_{\text{v Ed}} = 41{,}53 \text{ kN}$$

mit $A = 21^2 \text{ mm}^2 \cdot \pi/4 = 346 \text{ mm}^2$, $R_{\text{m Niet}} = 400 \text{ N/mm}^2$, $\gamma_{M2} = 1{,}25$

Nachweis der Lochleibungstragfähigkeit
Bei schräg angreifenden Nietkräften darf die Lochleibungstragfähigkeit getrennt für die Kraftkomponenten parallel und senkrecht zum Rand nachgewiesen werden. Erforderliche Rand- und Lochabstände für volle Lochleibungskraft (s. TB 7-2 und LB 7.5.4):

∥ zur Kraftrichtung:
$e_1 \geq 3{,}0 \cdot d_0 = 3{,}0 \cdot 21$ mm $= 63$ mm, $p_1 \geq 3{,}75 \cdot 21$ mm $= 78{,}75$ mm
⊥ zur Kraftrichtung:
$e_2 \geq 1{,}5 \cdot d_0 = 1{,}5 \cdot 21$ mm $= 31{,}5$ mm, $p_2 \geq 3{,}0 \cdot d = 3{,}0 \cdot 21$ mm $= 63$ mm

Nachweis des Randniets für waagerechte Kraftkomponente
$F_{xvEd} = 34{,}71$ kN für das Konsolblech ($t = 10$ mm), $e_1 = 45$ mm < 63 mm, daher
$\alpha_b = \dfrac{e_1}{3 \cdot d_0} = \dfrac{45 \text{ mm}}{3 \cdot 21 \text{ mm}} = 0{,}71$ (TB 8-17), $p_1 = 100$ mm $> 78{,}75$ mm; $e_2 = 45$ mm $>$ 31,5 mm und $p_2 = 120$ mm > 63 mm, daher $k_1 = 2{,}5$ (TB 8-17)

$$F_{xbRd} = \dfrac{k_1 \cdot \alpha_b \cdot d_0 \cdot t \cdot R_m}{\gamma_{M2}} = \dfrac{2{,}5 \cdot 0{,}71 \cdot 21 \text{ mm} \cdot 10 \text{ mm} \cdot 360 \text{ N/mm}^2}{1{,}25} \quad (7.7/7\text{-}13)$$
$= 107{,}4$ kN $> F_{xvEd} = 34{,}71$ kN

Nachweis des Randniets für senkrechte Kraftkomponente
$F_{yvEd} = 22{,}8$ kN für das Konsolblech ($t = 10$ mm); $e_1 = 45$ mm < 63 mm, daher
$\alpha_b = \dfrac{e_1}{3 \cdot d_0} = \dfrac{45 \text{ mm}}{3 \cdot 21 \text{ mm}} = 0{,}71$, $p_1 = 120$ mm $> 78{,}75$ mm; $e_2 = 45$ mm $> 31{,}5$ mm und $p_2 = 100$ mm > 63 mm, daher $k_1 = 2{,}5$, $F_{ybRd} = F_{xbRd} = 107{,}4$ kN $> F_{yvEd} = 22{,}8$ kN mit $d_0 = 21$ mm, $t = 10$ mm, $R_m = 360$ N/mm^2 (TB 6-5), $\gamma_{M2} = 1{,}25$
Für den Trägersteg des U200 ($t = 8{,}5$ mm) erübrigt sich der Nachweis wegen des größeren Randabstandes und des verstärkten Randes (Flansch).

c) **Tragfähigkeitsnachweis des gelochten Konsolquerschnitts**
Bestimmung der Biegebeanspruchung

$$\sigma_{xEd} = \dfrac{M_x}{I_x} \cdot e_z = \dfrac{M_x}{W_{eff}} \leq \dfrac{R_e}{\gamma_{M0}} \quad (6.4/6\text{-}3)$$

Die Nietlöcher werden nur auf der Biegezugseite abgezogen. Für den gelochten Querschnitt eines Konsolbleches gilt:
$M_x = F \cdot l/2 = 100$ kN $\cdot 370$ mm$/2 = 18{,}5 \cdot 10^6$ N mm, $I_x = h^3 \cdot t/12 = 330^3$ mm$^3 \cdot$ 10 mm$/12 = 29{,}95 \cdot 10^6$ mm^4, $W_{x\,eff} = (I_x - \Delta I_x)/e_z = (29{,}95 \cdot 10^6$ mm$^4 - 21$ mm $\cdot$ 10 mm $\cdot 120^2$ mm$^2)/165$ mm $= 1{,}632 \cdot 10^5$ mm^3; $R_e = 235$ N/mm^2, $\gamma_{M0} = 1{,}0$, $\sigma_{xEd} = 18{,}5 \cdot 10^6$ N mm$/1{,}632 \cdot 10^5$ mm$^3 = 113$ N/mm$^2 \leq 235$ N/mm$^2/1{,}0 = 235$ N/mm^2

Bestimmung der Querkraftbeanspruchung

$$\tau_{Ed} = \dfrac{V_{Ed}}{A_S} \leq \dfrac{R_e}{\sqrt{3} \cdot \gamma_{M0}} \quad (6.15/6\text{-}15)$$

Für eine Konsolwand (ohne Lochabzug): $V_{Ed} = 100\,\text{kN}/2 = 50\,\text{kN}$, $A = h \cdot t = 330\,\text{mm} \cdot 10\,\text{mm} = 3\,300\,\text{mm}^2$, $R_e = 235\,\text{N/mm}^2$, $\gamma_{M0} = 1{,}0$, $\tau_{Ed} = 5 \cdot 10^4\,\text{N}/3\,300\,\text{mm}^2 = 15\,\text{N/mm}^2 \leq 235\,\text{N/mm}^2/(\sqrt{3} \cdot 1{,}0) = 136\,\text{N/mm}^2$

Vergleichsspannungsnachweis

$$\sigma_v = \sqrt{\sigma^2 + 3 \cdot \tau^2} \leq R_e/\gamma_{M0} \tag{6.16/6-16}$$

$$\sigma_v = \sqrt{(113\,\text{N/mm}^2)^2 + 3 \cdot (15\,\text{N/mm}^2)^2} = 115\,\text{N/mm}^2$$
$$\leq 235\,\text{N/mm}^2/1{,}0 = 235\,\text{N/mm}^2$$

7.6
4 Halbrundniet DIN 660-6 × 14-St ($n_a = 1{,}6$, $n_1 = 3{,}2$; $\sigma_{W\,zul} = 100\,\text{N/mm}^2$ bei $S_D = 4/3$ (regelmäßige Benutzung, ständige Höchstlast), $\sigma_{Sch\,zul} = 100\,\text{N/mm}^2 \cdot 1{,}\overline{6} \cdot 4/3 \cdot 1/3 \approx 74\,\text{N/mm}^2$ bei $S_D = 3$, $\tau_{a\,zul} = 0{,}8 \cdot 75\,\text{N/mm}^2 = 60\,\text{N/mm}^2$, $\sigma_{l\,zul} = 2 \cdot 75\,\text{N/mm}^2 = 150\,\text{N/mm}^2$; $d_0 = 6{,}3\,\text{mm}$, $A \approx 31\,\text{mm}^2$, $t_{min} = 2\,\text{mm}$, $m = 2$).
Bremsband: $\sigma_z = 52\,\text{N/mm}^2 < \sigma_{z\,zul} = 75\,\text{N/mm}^2$ ($A_{net} = 115\,\text{mm}^2$, $\sigma_{z\,zul} = \sigma_{Schzul}$).

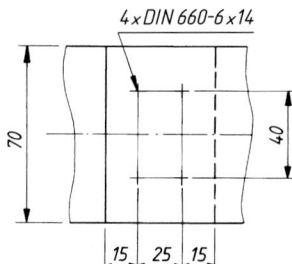

Abstände: $p_1 = 25\,\text{mm}$, $e_1 = 15\,\text{mm}$, $e_2 = 15\,\text{mm}$ und $p_2 = 40\,\text{mm}$

7.7
Die Verbindung ist dauerfest: $\tau_a = 52\,\text{N/mm}^2 < \tau_{a\,zul} = 100\,\text{N/mm}^2$, $\sigma_l = 86\,\text{N/mm}^2 < \sigma_{l\,zul} = 250\,\text{N/mm}^2$ ($T = T_{eq} = 9\,550 \cdot 1{,}8 \cdot 0{,}25/18 = 238{,}75\,\text{Nm}$, $K_A \approx 1{,}8$, $P = 0{,}25\,\text{kW}$, $n = 18\,\text{min}^{-1}$, $F_u = 238{,}75\,\text{Nm}/0{,}0275\,\text{m} = 8\,680\,\text{N}$; $d_0 \approx d_1 = 6\,\text{mm}$, $A = 28\,\text{mm}^2$, $n = 6$, $m = 1$; TB 7-7: mittlere Häufigkeit der Höchstlast – regelmäßige Benutzung im Dauerbetrieb – Werkstoff S235 $\rightarrow \sigma_{W\,zul} = 100\,\text{N/mm}^2$, für schwellende Belastung $\sigma_{Schzul} = 1{,}\overline{6} \cdot 100\,\text{N/mm}^2 = 167\,\text{N/mm}^2$; einschnittige Verbindung: $\tau_{a\,zul} = 0{,}6 \cdot 167\,\text{N/mm}^2 = 100\,\text{N/mm}^2$, $\sigma_{l\,zul} = 1{,}5 \cdot 167\,\text{N/mm}^2 = 250\,\text{N/mm}^2$)

7.8
$\tau_a = 21\,\text{N/mm}^2$, $\sigma_l = 54\,\text{N/mm}^2$ ($F_{ua} = 6{,}68\,\text{kN}$, $F = 1{,}11\,\text{kN/Niet}$, $A \approx 52\,\text{mm}^2$, $d_0 = 8{,}2\,\text{mm}$, $n_a = 6$, $t_{min} = 2{,}5\,\text{mm}$, $m = 1$).

(i) **7.9**
a) **Bestimmung der maßgebenden Nietkräfte**

$$F_{max} = \frac{M_S \cdot r_{max}}{\sum(x^2 + y^2)} = \frac{278\,545\,\text{N\,mm} \cdot 29{,}15\,\text{mm}}{3\,850\,\text{mm}^2} = 2\,109\,\text{N} \quad (8.47/8\text{-}58)$$

mit $F_y = 4\,000\,\text{N} \cdot \cos 35° = 3\,277\,\text{N}$, $F_x = 4\,000\,\text{N} \cdot \sin 35° = 2\,294\,\text{N}$, $M_S = 3\,277\,\text{N} \cdot 85\,\text{mm} = 278\,545\,\text{N\,mm}$, $r_{max} = \sqrt{15^2\,\text{mm}^2 + 25^2\,\text{mm}^2} = 29{,}15\,\text{mm}$, $x = 25\,\text{mm}$ (4-mal), $y = 15\,\text{mm}$ (6-mal), $\sum (4 \cdot 25^2\,\text{mm}^2 + 6 \cdot 15^2\,\text{mm}^2) = 3\,850\,\text{mm}^2$

$$F_{x\,ges} = F_{max} \cdot \frac{y_{max}}{r_{max}} + \frac{F_x}{n} = 2\,109\,\text{N} \cdot \frac{15\,\text{mm}}{29{,}15\,\text{mm}} + \frac{2\,294\,\text{N}}{6} = 1\,468\,\text{N}$$
$$(8.48a/8\text{-}59)$$

$$F_{y\,ges} = F_{max} \cdot \frac{x_{max}}{r_{max}} + \frac{F_y}{n} = \frac{2\,109\,\text{N} \cdot 25\,\text{mm}}{29{,}15\,\text{mm}} + \frac{3\,277\,\text{N}}{6} = 2\,355\,\text{N} \quad (8.48b/8\text{-}60)$$

$$F_{res} = \sqrt{F_{x\,ges}^2 + F_{y\,ges}^2} = \sqrt{(1\,468\,\text{N})^2 + (2\,355\,\text{N})^2} = 2\,775\,\text{N} \quad (8.48c/8\text{-}61)$$

Bestimmung der Sicherheit gegen Abscheren

$$S = F_s/F_{res} = 6\,000\,\text{N}/2\,775\,\text{N} = \mathbf{2{,}2}$$

mit Mindestscherkraft $F_s = 6\,000\,\text{N}$ nach TB 7-9

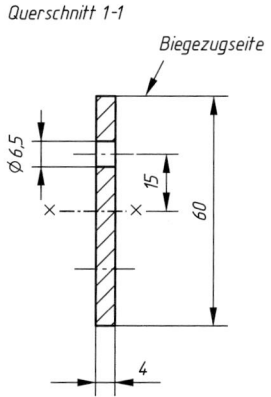

b) **Bestimmung der vorhandenen Randspannung im Querschnitt 1-1**

$$\sigma_{ges} = \frac{M_1}{W_x} + \frac{F_x}{A_n} = \frac{196{,}6 \cdot 10^3\,\text{N\,mm}}{2\,205\,\text{mm}^3} + \frac{2\,294\,\text{N}}{188\,\text{mm}^2}$$
$$= 89\,\text{N/mm}^2 + 12\,\text{N/mm}^2 = 101\,\text{N/mm}^2$$

mit $A_n = 60\,\text{mm} \cdot 4\,\text{mm} - 2 \cdot 6{,}5\,\text{mm} \cdot 4\,\text{mm} = 188\,\text{mm}^2$, als Lochabzug ΔI sind nur die Löcher auf der Biegezugseite anzusetzen, $I_x = (h^3 \cdot t)/12 - d_0 \cdot t \cdot y_L^2 = (60^3\,\text{mm}^3 \cdot$

4 mm$)/12 - 6{,}5$ mm $\cdot 4$ mm $\cdot 15^2$ mm$^2 = 66\,150$ mm^4, $W_x = 66\,150$ mm$^4/30$ mm $= 2\,205$ mm^3, $M_1 = 3\,277$ N $\cdot 60$ mm $= 196{,}6 \cdot 10^3$ N mm ($\tau_m \approx 10$ N/mm^2 vernachlässigbar)

Bestimmung der Sicherheit gegen die Streckgrenze

$$S = R_e/\sigma_{ges} = 190\,\text{N/mm}^2/101\,\text{N/mm}^2 = \mathbf{1{,}9}$$

Mit $R_e = 190$ N/mm^2 für X5CrNi18-10 (TB 1-1i)

7.10
$d = 4$ mm (aus Abscheren: $d_{erf} = 3{,}6$ mm; $\tau_{a\,zul} = 0{,}9 \cdot 8$ N/mm$^2 = 7{,}2$ N/mm^2, $\sigma_{l\,zul} = 0{,}9 \cdot 20$ N/mm$^2 = 18$ N/mm^2, $n = 4$, $m = 1$, $t_{min} = 4$ mm).

7.11
6 Nietschäfte ⌀ 5 mm ($F_u = \cos 30° \cdot 280$ N $\cdot 60$ mm$/(0{,}5 \cdot 36$ mm$) = 808$ N, $F = 280$ N, $\alpha = 30°$, $l = 60$ mm, $d_L = 36$ mm; $n_a = 5{,}7$, $m = 1$, $d = 5$ mm, $t = 5$ mm, $A = 19{,}6$ mm^2, $\tau_{a\,zul} = 0{,}9 \cdot 8$ N/mm$^2 = 7{,}2$ N/mm^2, $\sigma_{l\,zul} = 0{,}9 \cdot 20$ N/mm$^2 = 18$ N/mm^2)

8 Schraubenverbindungen

8.1
Augenschraube DIN 444 – BM16 × l-5.6 ($A_s = 157\,\text{mm}^2 > 117\,\text{mm}^2$, $\sigma_{z\,zul} = 240\,\text{N/mm}^2$, $R_{el} = 300\,\text{N/mm}^2$, $S = 1{,}25$; für die Schraubenbezeichnung Produktklasse B (Form B) angenommen).

8.2
a) M12 ($A_s = 84{,}3\,\text{mm}^2 > 64\,\text{mm}^2$, $\sigma_{z\,zul} = 156\,\text{N/mm}^2$, $R_{eL} = 235\,\text{N/mm}^2$, $S = 1{,}5$).
b) M16 ($A_s = 157\,\text{mm}^2 > 143\,\text{mm}^2$, $F_a = 5\,\text{kN}$.
c) M10 ($A_s = 58{,}0\,\text{mm}^2 > 38{,}6\,\text{mm}^2$, $F_{t\,Ed} = F$, $k_2 = 0{,}9$, $R_{mS} = R_{mN} = 360\,\text{N/mm}^2$ nach TB 1-1a, $\gamma_{M2} = 1{,}25$).

8.3
a) Gewindeverbindung ist dauerfest ($\sigma_a \approx 18\,\text{N/mm}^2 < \sigma_A = 32\,\text{N/mm}^2$, $A_s = 1\,121\,\text{mm}^2$, $F_a \approx 20\,\text{kN}$).
b) $\tau \approx 78\,\text{N/mm}^2 < \tau_{zul} \approx 165\,\text{N/mm}^2$ ($F \approx 40\,\text{kN}$, $d_3 = 36{,}5\,\text{mm}$, $P = 4{,}5\,\text{mm}$, $\tau_{zul} = 0{,}7 \cdot 235\,\text{N/mm}^2 = 165\,\text{N/mm}^2$).
c) Zug- oder Stulpmutter (Eindrehen einer Entlastungskerbe in die Mutter), übergreifende Muttergewinde, Rundgewinde (kerbfrei), Gewinde Rollen statt Schneiden, Nachdrücken des Gewindegrundes u. a.

8.4
a) M27 (Dehnschraube: nächsthöhere Laststufe wählen),
b) M16, 8.8,
c) M24, 5.8 (exzentrisch: nächsthöhere Laststufe wählen).

8.5

a) M8 ($F_{V\,max} = F_{V\,min} = F_{VM} = 16\,\text{kN}$, $\mu_{ges} = 0{,}12$), bei der Berechnung ist $k_A = 1{,}0$ zu setzen,

b) M10 ($F_{V\,max} = 27{,}2\,\text{kN}$; $k_A = 1{,}6\ldots 2{,}0$, gewählt $k_A = 1{,}7$: kleinere Werte – $k_A = 1{,}6\ldots 1{,}8$ – für messende Drehmomentschlüssel, davon mittlerer Wert für nachgiebige Verbindung),

c) M12 ($F_{V\,max} = 30{,}4\,\text{kN}$, $k_A = 1{,}6\ldots 2{,}0$, gewählt $k_A = 1{,}9$: größere Werte – $k_A = 1{,}8\ldots 2$ – für ausknickende Drehmomentschlüssel, davon mittlerer Wert für nachgiebige Verbindung),

d) M16 ($F_{V\,max} = 64\,\text{kN}$, $k_A = 4{,}0$: größter Wert bei fehlenden Eistellversuchen),

e) M12 ($F_{V\,max} = 40\,\text{kN}$, $k_A = 2{,}5$: nur wenn ausreichende Ergebnisse von Einstellversuchen vorliegen)

f) M16 ($F_{V\,max} = 64\,\text{kN}$, $k_A = 4{,}0$: bei Anziehen von Hand größten Wert nehmen).

8.6

a) $F_{sp} = 39{,}7\,\text{kN}$ ($\mu_{ges} = 0{,}08$, $F_{sp(8.8)} = 84{,}7\,\text{kN}$, $R_{p0{,}2(8.8)} = 640\,\text{N/mm}^2$, $R_{eL(5.6)} = 300\,\text{N/mm}^2$),

b) $M_{sp} = 71{,}7\,\text{N m}$ ($M_{sp(8.8)} = 153\,\text{N m}$),

c) $F_{V\,min} = 9{,}9\,\text{kN}$ ($k_A = 4{,}0$).

(i) **8.7**

a) **Bestimmung der Nachgiebigkeit der Schraube δ_S**

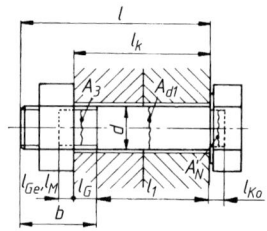

$$\delta_S = \frac{1}{E_S} \cdot \left(\frac{l_K}{A_N} + \frac{l_1}{A_{d1}} + \frac{l_G}{A_3} + \frac{l_{Ge}}{A_3} \right) + \frac{l_M}{E_M \cdot A_N}$$

$$= \frac{1}{210 \cdot 10^3} \cdot \left(\frac{0{,}5 \cdot 12}{\pi \cdot \frac{12^2}{4}} + \frac{25}{\pi \cdot \frac{12^2}{4}} + \frac{15}{76{,}25} + \frac{0{,}5 \cdot 12}{76{,}25} \right) \frac{\text{mm}}{\text{N}}$$

$$+ \frac{0{,}4 \cdot 12}{210 \cdot 10^3 \cdot \pi \cdot \frac{12^2}{4}} \frac{\text{mm}}{\text{N}}$$

$$= 2{,}82 \cdot 10^{-6} \frac{\text{mm}}{\text{N}} \qquad (8.8/8\text{-}9)$$

Schaftlänge $l_1 = l - b = (55 - 30)\,\text{mm} = 25\,\text{mm}$; Gewindelänge b nach TB 8-9; Gewindelänge $l_G = l_k - l_1 = (40 - 25)\,\text{mm} = 15\,\text{mm}$ mit Kernquerschnitt A_3 nach TB 8-1; $E_M = E_S$

b) **Bestimmung der Nachgiebigkeit der Bauteile δ_T**

$$\delta_T = \frac{l_k}{A_{ers} \cdot E_T} = \frac{40\,\text{mm}}{441\,\text{mm}^2 \cdot 210 \cdot 10^3 \frac{\text{N}}{\text{mm}^2}} = \mathbf{0{,}432 \cdot 10^{-6} \frac{\text{mm}}{\text{N}}} \qquad (8.9/8\text{-}10)$$

mit

$$\begin{aligned}
A_{ers} &= \frac{\pi}{4} \cdot (d_w^2 - d_h^2) + \frac{\pi}{8} \cdot d_w \cdot (D_A - d_w) \cdot [(x+1)^2 - 1] \\
&= \frac{\pi}{4} \cdot (18^2 - 13{,}5^2)\,\text{mm}^2 + \frac{\pi}{8} \cdot 18 \cdot (40 - 18)\,\text{mm}^2 \cdot [1{,}766^2 - 1] \\
&= 441\,\text{mm}^2
\end{aligned} \qquad (8.10/8\text{-}11)$$

$$x = \sqrt[3]{\frac{l_k \cdot d_w}{D_A^2}} = \sqrt[3]{\frac{40\,\text{mm} \cdot 18\,\text{mm}}{40^2\,\text{mm}^2}} = 0{,}766$$

für $d_w \leq D_A \leq d_w + l_k$
$d_w = s$ und d_h nach TB 8-9

c) **Bestimmung des vereinfachten Kraftverhältnisses Φ_k**

$$\Phi_k = \frac{\delta_T}{\delta_S + \delta_T} = \frac{0{,}432 \cdot 10^{-6}\,\frac{\text{mm}}{\text{N}}}{(2{,}82 + 0{,}432) \cdot 10^{-6}\,\frac{\text{mm}}{\text{N}}} = \mathbf{0{,}133} \qquad (8.17/8\text{-}20)$$

d) **Bestimmung der Verlängerung der Schraube f_S sowie Verkürzung der Bauteile f_T infolge der Wirkung der Spannkraft F_{sp} im Montagezustand**

$$f_S = F_{sp} \cdot \delta_S = 43{,}1 \cdot 10^3\,\text{N} \cdot 2{,}82 \cdot 10^{-6}\,\frac{\text{mm}}{\text{N}} = 0{,}122\,\text{mm} \qquad (8.6/8\text{-}7)$$

$$f_T = F_{sp} \cdot \delta_T = 43{,}1 \cdot 10^3\,\text{N} \cdot 0{,}432 \cdot 10^{-6}\,\frac{\text{mm}}{\text{N}} = 0{,}019\,\text{mm} \qquad (8.9/8\text{-}10)$$

mit
$F_{sp} = F_{VM90} = 43{,}1\,\text{kN}$ aus TB 8-14 für $\mu = 0{,}12$ aus TB 8-12a (niedrigster Reibungskoeffizient, Schraube geschwärzt, leicht geölt)

ⓘ **8.8**

a) **Bestimmung der größten Montagevorspannkraft F_{VM} = Spannkraft F_{sp}, und des Spannmomentes M_{sp}**
$F_{sp} = 44{,}7\,\text{kN}$, $M_{sp} = 86{,}8\,\text{N m}$ aus TB 8-14 für $\mu = 0{,}12$ und Dehnschraube, μ aus TB 8-12a (niedrigster Reibungskoeffizient; Schraube phosphatiert, leicht geölt)

b) **Bestimmung der Nachgiebigkeit der Schraube δ_S**

$$\delta_S = \frac{1}{E_S} \cdot \left(\frac{l_K}{A_N} + \frac{l_1}{A_{d1}} + \frac{l_2}{A_{d2}} + \frac{l_G}{A_3} + \frac{l_{Ge}}{A_3} \right) + \frac{l_M}{E_M \cdot A_N}$$

$$= \frac{1}{210 \cdot 10^3} \cdot \left(\frac{0{,}5 \cdot 12}{\pi \cdot \frac{12^2}{4}} + \frac{20}{\pi \cdot \frac{12^2}{4}} + \frac{70}{\pi \cdot \frac{8{,}87^2}{4}} + \frac{5}{76{,}25} + \frac{0{,}5 \cdot 12}{76{,}25} \right) \frac{\text{mm}}{\text{N}}$$

$$+ \frac{0{,}4 \cdot 12}{210 \cdot 10^3 \cdot \pi \cdot \frac{12^2}{4}} \frac{\text{mm}}{\text{N}}$$

$$= \mathbf{7{,}378 \cdot 10^{-6} \frac{\text{mm}}{\text{N}}} \quad (8.8/8\text{-}9)$$

Schaftlänge $l_1 = (10 + 10)$ mm $= 20$ mm; Schaftlänge $l_2 = l - l_1 - b = (110 - 20 - 20)$ mm $= 70$ mm; Gewindelänge $l_G = l_k - l_1 - l_2 = (95 - 20 - 70)$ mm $= 5$ mm ($b -$ Gewindelänge der Dehnschraube); Kernquerschnitt A_3 nach TB 8-1; $E_M = E_S$

c) **Bestimmung der Nachgiebigkeit der Bauteile δ_T**

$$\delta_T = \frac{l_k}{A_{ers} \cdot E_T} = \frac{95 \text{ mm}}{888 \text{ mm}^2 \cdot 210 \cdot 10^3 \frac{\text{N}}{\text{mm}^2}} = \mathbf{0{,}509 \cdot 10^{-6} \frac{\text{mm}}{\text{N}}} \quad (8.9/8\text{-}10)$$

mit

$$A_{ers} = \frac{\pi}{4} \cdot (d_w^2 - d_h^2) + \frac{\pi}{8} \cdot d_w \cdot (D_A - d_w) \cdot [(x+1)^2 - 1]$$

$$= \frac{\pi}{4} \cdot (18^2 - 12^2) \text{ mm}^2 + \frac{\pi}{8} \cdot 18 \cdot (80 - 18) \text{ mm}^2 \cdot [1{,}644^2 - 1]$$

$$= 888 \text{ mm}^2 \quad (8.10/8\text{-}11)$$

$$x = \sqrt[3]{\frac{l_k \cdot d_w}{D_A^2}} = \sqrt[3]{95 \text{ mm} \cdot \frac{18 \text{ mm}}{80^2 \text{ mm}^2}} = 0{,}644$$

für $d_w \leq D_A \leq d_w + l_k$
$d_w = s$ nach TB 8-8 und $d_h = d$

d) **Bestimmung des vereinfachten Kraftverhältnisses Φ_k**

$$\Phi_k = \frac{\delta_T}{\delta_S + \delta_T} = \frac{0{,}509 \cdot 10^{-6} \frac{\text{mm}}{\text{N}}}{(7{,}378 + 0{,}509) \cdot 10^{-6} \frac{\text{mm}}{\text{N}}} = \mathbf{0{,}065} \quad (8.17/8\text{-}20)$$

e) **Bestimmung des Vorspannkraftverlustes F_z infolge Setzens**

$$F_Z = \frac{f_Z}{\delta_S + \delta_T} = \frac{11 \cdot 10^{-3} \text{ mm}}{(7{,}378 + 0{,}509) \cdot 10^{-6} \frac{\text{mm}}{\text{N}}} = \mathbf{1{,}4 \cdot 10^3 \text{ N}} \quad (8.19/8\text{-}22)$$

mit $f_Z = 11$ μm aus TB 8-10a für Längskraft, Rz = (10 ... < 40) μm; 1× Gewinde +1× Kopf- und 1× Mutterauflage +1× innere Trennfuge

8 Schraubenverbindungen

ⓘ 8.9

a) Bestimmung der Nachgiebigkeit der Schraube δ_S

$$\delta_S = \frac{1}{E_S} \cdot \left(\frac{l_K}{A_N} + \frac{l_1}{A_{d1}} + \frac{l_G}{A_3} + \frac{l_{Ge}}{A_3} \right) + \frac{l_M}{E_M \cdot A_N}$$

$$= \frac{1}{210 \cdot 10^3} \cdot \left(\frac{0,5 \cdot 16}{\pi \cdot \frac{16^2}{4}} + \frac{32}{\pi \cdot \frac{16^2}{4}} + \frac{18}{144,1} + \frac{0,5 \cdot 12}{144,1} \right) \frac{\text{mm}}{\text{N}}$$

$$+ \frac{0,4 \cdot 16}{210 \cdot 10^3 \cdot \pi \cdot \frac{16^2}{4}} \frac{\text{mm}}{\text{N}}$$

$$= \mathbf{1{,}96 \cdot 10^{-6} \frac{\text{mm}}{\text{N}}} \tag{8.8/8-9}$$

Schaftlänge $l_1 = l - b = (70 - 38)$ mm $= 32$ mm; Gewindelänge $l_G = l_k - l_1 = (50 - 32)$ mm $= 18$ mm (b– Gewindelänge nach TB 8-8); Kernquerschnitt A_3 nach TB 8-1; $E_M = E_S$

Bestimmung der Nachgiebigkeit der Bauteile δ_T

$$\delta_T = \frac{l_k}{A_{ers} \cdot E_T} = \frac{50 \text{ mm}}{925 \text{ mm}^2 \cdot 115 \cdot 10^3 \frac{\text{N}}{\text{mm}^2}} = \mathbf{0{,}470 \cdot 10^{-6} \frac{\text{mm}}{\text{N}}} \tag{8.9/8-10}$$

mit

$$A_{ers} = \frac{\pi}{4} \cdot (d_w^2 - d_h^2) + \frac{\pi}{8} \cdot d_w \cdot (D_A - d_w) \cdot \left[(x+1)^2 - 1 \right]$$

$$= \frac{\pi}{4} \cdot (24^2 - 17{,}5^2) \text{ mm}^2 + \frac{\pi}{8} 24 \cdot (70 - 24) \text{ mm}^2 \cdot \left[1{,}626^2 - 1 \right]$$

$$= 925 \text{ mm}^2 \tag{8.10/8-11}$$

$$x = \sqrt[3]{\frac{l_k \cdot d_w}{D_A^2}} = \sqrt[3]{50 \text{ mm} \cdot \frac{24 \text{ mm}}{70^2 \text{ mm}^2}} = 0{,}626$$

für $d_w \leq D_A \leq d_w + l_k$
$d_w = s$ nach TB 8-8 (ISO 4014 und 4032: $d_{w\,min} = 16{,}6$ mm) und d_h nach TB 8-8

Bestimmung des vereinfachten Kraftverhältnisses Φ_k

$$\Phi_k = \frac{\delta_T}{\delta_S + \delta_T} = \frac{0{,}47 \cdot 10^{-6} \frac{\text{mm}}{\text{N}}}{(1{,}96 + 0{,}47) \cdot 10^{-6} \frac{\text{mm}}{\text{N}}} = \mathbf{0{,}193} \tag{8.17/8-20}$$

b) Bestimmung der größten und kleinsten Montagevorspannkraft $F_{V\,max}$ und $F_{V\,min}$

$F_{V\,max} = F_{VM} = F_{sp} = \mathbf{80{,}9\,kN}$ $\quad F_{V\,min} = \frac{F_{VM}}{k_A} = \frac{80{,}9}{1{,}7}$ kN $= \mathbf{47{,}6\,kN}$

F_{sp} nach TB 8-14 für $\mu_{ges} = 0{,}12$, μ_{ges} nach TB 8-12a für geschwärzte und leicht geölte Schrauben, $k_A = \mathbf{1{,}7}$ bis 2,5 aus TB 8-11 (drehmomentgesteuertes Anziehen bei geschätztem Reibungskoeffizient $\mu_G = \mu_K = \mu_{ges} = 0{,}12-$ kleinerer Wert für messende Drehmomentschlüssel)

c) **Bestimmung des Vorspannkraftverlustes F_Z infolge Setzens**

$$F_Z = \frac{f_Z}{\delta_S + \delta_T} = \frac{11 \cdot 10^{-3} \text{ mm}}{(1{,}96 + 0{,}47) \cdot 10^{-6} \frac{\text{mm}}{\text{N}}} = \mathbf{4{,}53 \cdot 10^3 \text{ N}} \qquad (8.19/8\text{-}22)$$

mit $f_Z = 11\,\mu\text{m}$ aus TB 8-10a für Längskraft, Rz = (10 ... < 40) µm; 1 × Gewinde +1× Kopf- und 1 × Mutterauflage +1× innere Trennfuge

d) **Bestimmung der größten zulässigen Betriebskraft F_B**

$$F_B = \frac{\frac{F_{sp}}{k_A} - F_{Kl} - F_Z}{1 - \Phi} = \frac{\left(\frac{80{,}9}{1{,}7} - 5 - 4{,}53\right) \cdot \text{kN}}{1 - 0{,}135} = \mathbf{44{,}0\,\text{kN}} \qquad (8.29/8\text{-}33)$$

mit $\Phi = n \cdot \Phi_k = 0{,}7 \cdot 0{,}193 = 0{,}135$

e) **Bestimmung der Verlängerung der Schraube f_S sowie Verkürzung der Bauteile f_T infolge der Wirkung der Vorspannkraft F_V nach dem Setzen**

bei Kraftangriffshöhe $n = 1$

$$f_S = F_V \cdot \delta_S = 43{,}1 \cdot 10^3 \text{N} \cdot 1{,}96 \cdot 10^{-6} \frac{\text{mm}}{\text{N}} = \mathbf{0{,}084\,\text{mm}} \qquad (8.6/8\text{-}7)$$

$$f_T = F_V \cdot \delta_T = 43{,}1 \cdot 10^3 \text{N} \cdot 0{,}47 \cdot 10^{-6} \frac{\text{mm}}{\text{N}} = \mathbf{0{,}020\,\text{mm}} \qquad (8.9/8\text{-}10)$$

mit

$$F_V = \frac{F_{sp}}{k_A} - F_Z = \left(\frac{80{,}9}{1{,}7} - 4{,}53\right) \cdot \text{kN} = \mathbf{43{,}1\,\text{kN}}$$

bei Kraftangriffshöhe $n = 0{,}7$

$$f_S = F_V \cdot [\delta_S + (1-n) \cdot \delta_T]$$
$$= 43{,}1 \cdot 10^3 \text{N} \cdot \left[1{,}96 \cdot 10^{-6} \frac{\text{mm}}{\text{N}} + (1-0{,}7) \cdot 0{,}47 \cdot 10^{-6} \frac{\text{mm}}{\text{N}}\right] = \mathbf{0{,}091\,\text{mm}}$$

$$f_T = F_V \cdot n \cdot \delta_T = 43{,}1 \cdot 10^3 \text{N} \cdot 0{,}7 \cdot 0{,}47 \cdot 10^{-6} \frac{\text{mm}}{\text{N}} = \mathbf{0{,}014\,\text{mm}}$$

f) **Kontrolle der Flächenpressung p unter Kopf- und Mutterauflage**

$$p = \frac{F_{sp} + \Phi \cdot F_B}{A_p} = \frac{(80{,}9 + 0{,}135 \cdot 44) \cdot 10^3}{157} \frac{\text{N}}{\text{mm}^2} = \mathbf{553\,\frac{\text{N}}{\text{mm}^2}} < p_G = 850\,\frac{\text{N}}{\text{mm}^2}$$
$$(8.36/8\text{-}44)$$

8 Schraubenverbindungen

g) **Bestimmung der Schraubenkräfte für das vollständige Verspannungsschaubild**

$$F_{BS} = F_B \cdot \Phi = 44\,\text{kN} \cdot 0{,}135 = \mathbf{5{,}94\,kN} \qquad (8.11/8\text{-}14)$$

$$F_{BT} = F_B \cdot (1 - \Phi) = 44\,\text{kN} \cdot (1 - 0{,}135) = \mathbf{38{,}1\,kN} \qquad (8.12/8\text{-}15)$$

$$F_a = \pm \frac{(F_{Bo} - F_{Bu})}{2} \cdot \Phi = \pm \frac{(44-0)}{2}\,\text{kN} \cdot 0{,}135 = \mathbf{\pm 3\,kN} \qquad (8.15/8\text{-}18)$$

$$F_{S\,ges} = F_{Sp} + F_{BS} = 80{,}9\,\text{kN} + 5{,}94\,\text{kN} \approx \mathbf{86{,}8\,kN} \qquad (8.14/8\text{-}17)$$

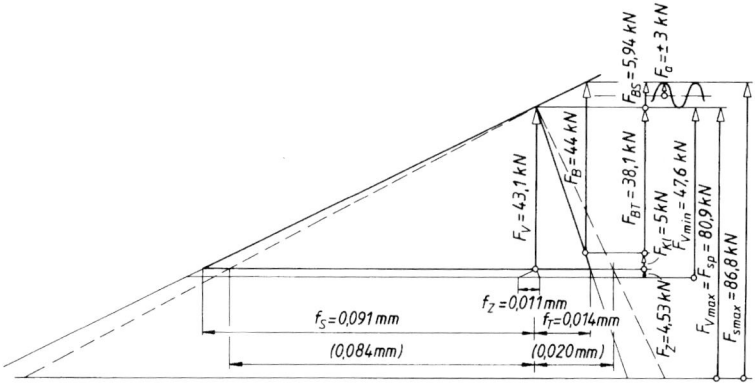

ⓘ **8.10**

a) **Bestimmung der Nachgiebigkeit der Schraube δ_S**

$$\begin{aligned}
\delta_S &= \frac{1}{E_S} \cdot \left(\frac{l_K}{A_N} + \frac{l_1}{A_{d1}} + \frac{l_2}{A_{d2}} + \frac{l_G}{A_3} + \frac{l_{Ge}}{A_3} \right) + \frac{l_M}{E_M \cdot A_N} \\
&= \frac{1}{210 \cdot 10^3} \cdot \left(\frac{0{,}5 \cdot 8}{\pi \cdot \frac{8^2}{4}} + \frac{8}{\pi \cdot \frac{8^2}{4}} + \frac{40}{\pi \cdot \frac{5{,}82^2}{4}} + \frac{2}{32{,}84} + \frac{0{,}5 \cdot 8}{32{,}84} \right) \frac{\text{mm}}{\text{N}} \\
&\quad + \frac{0{,}4 \cdot 8}{210 \cdot 10^3 \cdot \pi \cdot \frac{8^2}{4}}\,\frac{\text{mm}}{\text{N}} \\
&= \mathbf{9{,}47 \cdot 10^{-6}\,\frac{mm}{N}} \qquad (8.8/8\text{-}9)
\end{aligned}$$

Schaftlänge $l_1 = (6+2)\,\text{mm} = 8\,\text{mm}$; Schaftlänge $l_2 = l - l_1 - b = (60 - 8 - 12)\,\text{mm} = 40\,\text{mm}$; Gewindelänge $l_G = l_k - l_1 - l_2 = (50 - 8 - 40)\,\text{mm} = 2\,\text{mm}$ (b – Gewindelänge der Dehnschraube); Kernquerschnitt A_3 nach TB 8-1; $E_M = E_S$

Bestimmung der Nachgiebigkeit der Bauteile δ_T

$$\delta_T = \frac{l_k}{A_{ers} \cdot E_T} = \frac{50\,\text{mm}}{383\,\text{mm}^2 \cdot 210 \cdot 10^3\,\frac{\text{N}}{\text{mm}^2}} = \mathbf{0{,}622 \cdot 10^{-6}\,\frac{mm}{N}} \qquad (8.9/8\text{-}10)$$

mit

$$A_{\text{ers}} = \frac{\pi}{4} \cdot (d_w^2 - d_h^2) + \frac{\pi}{8} \cdot d_w \cdot (D_A - d_w) \cdot \left[(x+1)^2 - 1\right]$$
$$= \frac{\pi}{4} \cdot (13^2 - 8^2)\,\text{mm}^2 + \frac{\pi}{8} \cdot 13 \cdot (45 - 13)\,\text{mm}^2 \cdot \left[1{,}685^2 - 1\right]$$
$$= 383\,\text{mm}^2 \qquad (8.10/8\text{-}11)$$

$$x = \sqrt[3]{\frac{l_k \cdot d_w}{D_A^2}} = \sqrt[3]{\frac{50\,\text{mm} \cdot 13\,\text{mm}}{45^2\,\text{mm}^2}} = 0{,}685$$

für $d_w \leq D_A \leq d_w + l_k$
$d_w = s$ nach TB 8-8

Bestimmung des vereinfachten Kraftverhältnisses Φ_k

$$\Phi_k = \frac{\delta_T}{\delta_S + \delta_T} = \frac{0{,}622 \cdot 10^{-6}\,\frac{\text{mm}}{\text{N}}}{(9{,}47 + 0{,}622) \cdot 10^{-6}\,\frac{\text{mm}}{\text{N}}} = \mathbf{0{,}062} \qquad (8.17/8\text{-}20)$$

b) **Bestimmung der größten Montagevorspannkraft $F_{V\,\text{max}}$**

$$F_{V\text{max}} = F_{VM} = F_{sp} = \mathbf{20{,}3\,kN} \qquad (8.29/8\text{-}33)$$

F_{sp} nach TB 8-14 für $\mu_{\text{ges}} = 0{,}08$, μ_{ges} nach TB 8-12a für verkadmete Schrauben

c) **Bestimmung der kleinsten Montagevorspannkraft $F_{V\,\text{min}}$**

$$F_{V\text{min}} = \frac{F_{VM}}{k_A} = \frac{20{,}3}{1{,}6}\,\text{kN} = \mathbf{12{,}7\,kN}$$

$k_A = 1{,}4$ bis $\mathbf{1{,}6}$ aus TB 8-11 (drehmomentgesteuertes Anziehen bei versuchsmäßiger Bestimmung der Anziehdrehmomente am Originalbauteil – größerer Wert für kleinere Anzahl von Einstell- und Kontrollversuchen)

d) **Dynamischer Nachweis der Schraube**

$$\sigma_a = \frac{F_a}{A_s} \leq \sigma_{A(SV)} \qquad (8.20\text{a}/8\text{-}33)$$

$$\sigma_a = \pm \frac{\Phi \cdot (F_{Bo} - F_{Bu})}{2 \cdot A_s} = \pm \frac{0{,}031 \cdot (7 - 0) \cdot 10^3}{2 \cdot 36{,}6}\,\frac{\text{N}}{\text{mm}^2} = \pm \mathbf{3{,}0}\,\frac{\mathbf{N}}{\mathbf{mm}^2} \qquad (8.15/8\text{-}20)$$

mit

$$\Phi = n \cdot \Phi_k = 0{,}5 \cdot 0{,}062 = 0{,}031 \qquad (8.17/8\text{-}20)$$

$$\sigma_{A(SV)} \approx \pm 0{,}85 \cdot \left(\frac{150}{d} + 45\right) = \pm 0{,}85 \cdot \left(\frac{150}{8} + 45\right)\,\frac{\text{N}}{\text{mm}^2} = \pm \mathbf{54{,}2}\,\frac{\mathbf{N}}{\mathbf{mm}^2}$$
$$(8.21/8\text{-}24)$$

Ergebnis: Schraubenverbindung ist dauerfest

8 Schraubenverbindungen

Bestimmung der Klemmkraft in der Trennfuge F_{Kl}

$$F_{Kl} = \frac{F_{sp}}{k_A} - F_Z - F_B \cdot (1 - \Phi)$$
$$= \frac{20{,}3\,\text{kN}}{1{,}6} - 1{,}1\,\text{kN} - 7\,\text{kN} \cdot (1 - 0{,}031) = \mathbf{4{,}8\,kN} \qquad (8.29/8\text{-}33)$$

mit

$$F_Z = \frac{f_Z}{\delta_S + \delta_T} = \frac{11 \cdot 10^{-3}\,\text{mm}}{(9{,}47 + 0{,}622) \cdot 10^{-6}\,\frac{\text{mm}}{\text{N}}} \approx \mathbf{1{,}1 \cdot 10^3\,N} \qquad (8.19/8\text{-}22)$$

$f_Z = 11\,\mu\text{m}$ aus TB 8-10a für Längskraft, $R_z = (10\ldots < 40)\,\mu\text{m}$; 1× Gewinde +1× Kopf- und 1× Mutterauflage +1× innere Trennfuge

e) **Bestimmung der Verlängerung der Schraube f_S sowie Verkürzung der Bauteile f_T**

bei Kraftangriffshöhe $n = 1$

$$f_S = F_V \cdot \delta_S = 11{,}6 \cdot 10^3\,\text{N} \cdot 9{,}47 \cdot 10^{-6}\,\frac{\text{mm}}{\text{N}} = 0{,}110\,\text{mm} \qquad (8.6/8\text{-}7)$$

$$f_T = F_V \cdot \delta_T = 11{,}6 \cdot 10^3\,\text{N} \cdot 0{,}622 \cdot 10^{-6}\,\frac{\text{mm}}{\text{N}} = 0{,}007\,\text{mm} \qquad (8.9/8\text{-}10)$$

mit

$$F_V = \frac{F_{sp}}{k_A} - F_Z = \left(\frac{20{,}3}{1{,}6} - 1{,}1\right)\,\text{kN} = \mathbf{11{,}6\,kN}$$

bei Kraftangriffshöhe $n = 0{,}5$

$$f_S = F_V \cdot [\delta_S + (1-n) \cdot \delta_T]$$
$$= 11{,}6 \cdot 10^3\,\text{N} \cdot \left[9{,}47 \cdot 10^{-6}\,\frac{\text{mm}}{\text{N}} + (1-0{,}5) \cdot 0{,}622 \cdot 10^{-6}\,\frac{\text{mm}}{\text{N}}\right] = \mathbf{0{,}113\,mm}$$

$$f_T = F_V \cdot n \cdot \delta_T = 11{,}6 \cdot 10^3\,\text{N} \cdot 0{,}5 \cdot 0{,}622 \cdot 10^{-6}\,\frac{\text{mm}}{\text{N}} = \mathbf{0{,}004\,mm}$$

f) **Bestimmung der Schraubenkräfte für das vollständige Verspannungsschaubild**

$$F_{BS} = F_B \cdot \Phi = 7\,\text{kN} \cdot 0{,}031 = \mathbf{0{,}22\,kN} \qquad (8.11/8\text{-}14)$$

$$F_a = \pm \frac{(F_{Bo} - F_{Bu})}{2} \cdot \Phi = \pm \frac{(7-0)}{2}\,\text{kN} \cdot 0{,}031 = \mathbf{\pm 0{,}11\,kN} \qquad (8.15/8\text{-}18)$$

$$F_{S\,ges} = F_{sp} + F_{BS} = 20{,}3\,\text{kN} + 0{,}22\,\text{kN} \approx \mathbf{20{,}5\,kN} \qquad (8.14/8\text{-}17)$$

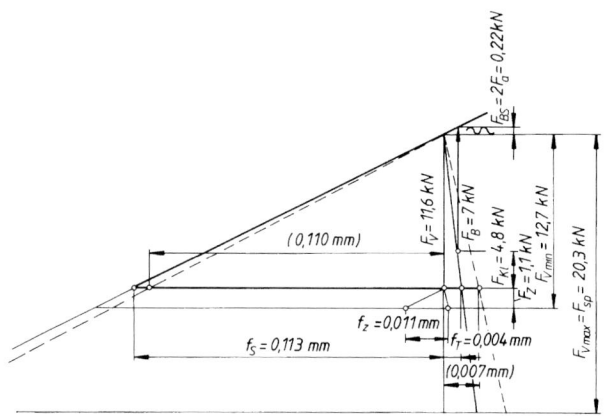

(i) **8.11**
a) **Berechnungsgang nach Lehrbuch 8.3.9-2 oder Formelsammlung A 8-1 bis A 8-5, da vorgespannte Befestigungsschraube**
  1) **Vorwahl der Schraubengröße** nach TB 8-13
     - statische axiale Belastung $F_{Bo} = 28$ kN und 8.8: M16
     - dynamische axiale Belastung $F_B \approx F_{Bo} - F_{Bu} = 20$ kN und 8.8: **M16** (bei dynamischer Belastung ist Lastschwankung entscheidend, daher hier $F_B \approx F_{Bo} - F_{Bu}$ gewählt)

     Bestimmung der Schraubenlänge
     $l \geq l_k + l_e = 50$ mm $+ 16$ mm $= 66$ mm mit Mindest-Einschraublänge $l_e = 1{,}0 \cdot d = 16$ mm aus TB 8-15 für GJL 250, $d/P = 16$ mm$/2$ mm $= 8$ (P aus TB 8-1) und 8.8.
     gewählt: $l = \mathbf{70\,mm}$ (Normlängen s. TB 8-9 Fußnote)

     überschlägige Bestimmung der Flächenpressung p

     $$p \approx \frac{F_{sp}}{0{,}9 \cdot A_p} = \frac{80{,}9 \cdot 10^3}{0{,}9 \cdot 181}\frac{\text{N}}{\text{mm}^2} = \mathbf{497\,\frac{N}{mm^2}} < p_G = 850\,\frac{\text{N}}{\text{mm}^2} \quad (8.4/8\text{-}5)$$

     mit F_{sp} aus TB 8-14 für M16-8.8, $\mu_{ges} = 0{,}12$ aus TB 8-12a; A_p aus TB 8-9, p_G aus TB 8-10b

  2) **Bestimmung der Montagevorspannkraft**

     $$F_{VM} = k_A \cdot [F_{Kl} + F_B \cdot (1 - \Phi) + F_Z] \quad (8.29/8\text{-}33)$$

Bestimmung des Anziehfaktors k_A

$k_A = 1{,}6$ bis $2{,}0$ aus TB 8-11, gewählt $k_A = 2{,}0$ (drehmomentgesteuertes Anziehen bei geschätztem Reibungskoeffizient $\mu_G = \mu_K = 0{,}12$ nach TB 8-12a für geschwärzte und leicht geölte Schrauben – größerer Wert von k_A für Signal gebende Drehmomentschlüssel und sehr nachgiebige Verbindung)

Bestimmung der Nachgiebigkeit der Bauteile δ_T

$$\delta_T = \frac{l_k}{A_{\text{ers}} \cdot E_T} = \frac{50\,\text{mm}}{520\,\text{mm}^2 \cdot 115 \cdot 10^3 \text{N/mm}^2} = \mathbf{0{,}836 \cdot 10^{-6}\,\frac{mm}{N}} \qquad (8.9/8\text{-}10)$$

mit

$$A_{\text{ers}} = \frac{\pi}{4} \cdot (d_w^2 - d_h^2) + \frac{\pi}{8} \cdot d_w \cdot (D_A - d_w) \cdot [(x+1)^2 - 1] \qquad (8.10/8\text{-}11)$$

$$= \frac{\pi}{4} \cdot (24^2 - 17{,}5^2)\,\text{mm}^2 + \frac{\pi}{8} \cdot 24 \cdot (35 - 24)\,\text{mm}^2 \cdot [1{,}993^2 - 1] = 520\,\text{mm}^2$$

$$x = \sqrt[3]{\frac{l_k \cdot d_w}{D_A^2}} = \sqrt[3]{\frac{50\,\text{mm} \cdot 24\,\text{mm}}{35^2\,\text{mm}^2}} = 0{,}993$$

für $d_w \leq D_A \leq d_w + l_k$ \qquad ($24\,\text{mm} < 35\,\text{mm} < 74\,\text{mm}$)

D_A aus Zeichnung; $d_w = s$ nach TB 8-9 und d_h nach TB 8-8 (Reihe mittel)

Bestimmung der Nachgiebigkeit der Schraube δ_S

$$\delta_S = \frac{1}{E_S} \cdot \left(\frac{l_{Ko}}{A_N} + \frac{l_1}{A_{d1}} + \frac{l_G}{A_3} + \frac{l_{Ge}}{A_3} \right) + \frac{l_M}{E_M \cdot A_N} \qquad (8.8/8\text{-}9)$$

$$= \frac{1}{210 \cdot 10^3} \cdot \left(\frac{0{,}4 \cdot 16}{\pi \cdot \frac{16^2}{4}} + \frac{26}{\pi \cdot \frac{16^2}{4}} + \frac{24}{144} + \frac{0{,}5 \cdot 16}{144} \right) \frac{\text{mm}}{\text{N}}$$

$$+ \frac{0{,}33 \cdot 16}{115 \cdot 10^3 \cdot \pi \cdot \frac{16^2}{4}} \frac{\text{mm}}{\text{N}}$$

$$= \mathbf{2{,}05 \cdot 10^{-6}\,\frac{mm}{N}}$$

Schaftlänge $l_1 = l - b_1 = (70 - 44)\,\text{mm} = 26\,\text{mm}$; Gewindelänge b_1 nach TB 8-9; Gewindelänge $l_G = l_k - l_1 = (50 - 26)\,\text{mm} = 24\,\text{mm}$ mit Kernquerschnitt A_3 nach TB 8-1; $E_M = E_T$ (siehe δ_T)

Bestimmung des Kraftverhältnisses Φ

$$\Phi = n \cdot \Phi_k = n \cdot \frac{\delta_T}{\delta_T + \delta_S} = 0{,}7 \cdot \frac{0{,}836 \cdot 10^{-6}\,\frac{\text{mm}}{\text{N}}}{(0{,}836 + 2{,}05) \cdot 10^{-6}\,\frac{\text{mm}}{\text{N}}} = \mathbf{0{,}203}$$

$$(8.17/8\text{-}20)$$

n gegeben (oder nach Lehrbuch Bild 8.14b wählen)

Bestimmung der Betriebskraft in Längsrichtung der Schraube F_B

$F_B = F_{Bo}$ maximale statische Betriebskraft

Bestimmung der Klemmkraft in der Trennfuge F_{Kl}

$F_{Kl} = 0{,}1 \cdot F_{Bo} = \mathbf{2{,}8\,kN}$ (entspricht 10 % der Betriebskraft lt. Aufgabenstellung)

Bestimmung der Vorspannkraft infolge Setzens F_Z

$$F_Z = \frac{f_Z}{\delta_S + \delta_T} = \frac{8 \cdot 10^{-3}\,\text{mm}}{(2{,}05 + 0{,}836) \cdot 10^{-6}\,\frac{\text{mm}}{\text{N}}} \approx \mathbf{2{,}77 \cdot 10^3\,N} \qquad (8.19/8\text{-}22)$$

mit $f_Z = 8\,\mu m$ aus TB 8-10a für Längskraft, $Rz = (10\ldots < 40)\,\mu m$; $1 \times$ Gewinde + $1 \times$ Kopf- und $1 \times$ innere Trennfuge

Bestimmung der Montagevorspannkraft F_{VM} – Spannkraft F_{sp}

$$F_{VM} = k_A \cdot [F_{Kl} + F_B \cdot (1 - \Phi) + F_Z] \leq F_{sp} \qquad (8.29/8\text{-}33)$$

$F_{VM} = 2{,}0 \cdot [2{,}8 + 28 \cdot (1 - 0{,}203) + 2{,}77]\,\text{kN} = \mathbf{55{,}8\,kN} < F_{sp} = 80{,}9\,\text{kN}$

Weiterrechnung mit F_{sp} (Eine Schraube M14 wäre mit $F_{sp} = 59{,}1\,\text{kN}$ alternativ möglich)

3) **Bestimmung des Montage-Anziehdrehmoments M_A – Spannmoments M_{sp}**
   $M_A \approx M_{sp} = \mathbf{206\,N\,m}$ aus TB 8-14

4) **Statischer Nachweis:**

$F_{BS} = \Phi \cdot F_B = 0{,}203 \cdot 28\,\text{kN} < 0{,}1 \cdot R_{p0{,}2} \cdot A_s = 0{,}1 \cdot 640\,\text{N/mm}^2 \cdot 157\,\text{mm}^2$

$F_{BS} = 5{,}7\,\text{kN} < 0{,}1 \cdot R_{p0{,}2} \cdot A_s = \mathbf{10{,}1\,kN} \qquad (8.34a/8\text{-}39)$

$R_{p0{,}2}$ aus TB 8-4, A_s aus TB 8-1
Ergebnis: Schraubenverbindung hält statisch

Dynamischer Nachweis

$$\sigma_a = F_a/A_s \leq \sigma_{A(SV)} \qquad (8.20a/8\text{-}23)$$

$$F_a = \pm\frac{\Phi \cdot (F_{Bo} - F_{Bu})}{2} = \pm\frac{0{,}203 \cdot (28 - 8) \cdot 10^3}{2}\,\text{N} = \mathbf{\pm 2\,030\,N}$$
$$(8.15/8\text{-}18)$$

$$\sigma_a = \pm\frac{2\,030}{157}\,\frac{\text{N}}{\text{mm}^2} = \mathbf{12{,}93}\,\frac{\mathbf{N}}{\mathbf{mm}^2}$$

$$\sigma_{A(SV)} \approx \pm 0{,}85 \cdot \left(\frac{150}{d} + 45\right) = \pm 0{,}85 \cdot \left(\frac{150}{16} + 45\right)\,\frac{\text{N}}{\text{mm}^2} = \mathbf{\pm 46{,}2}\,\frac{\mathbf{N}}{\mathbf{mm}^2}$$
$$(8.21/8\text{-}24)$$

Ergebnis: Schraubenverbindung ist dauerfest

8 Schraubenverbindungen

5) **Bestimmung der Flächenpressung unter Schraubenkopf p**

$$p = \frac{F_{sp} + \Phi \cdot F_B}{A_p} \qquad (8.36/8\text{-}44)$$

$$= \frac{(80{,}9 + 0{,}2 \cdot 28) \cdot 10^3}{181} \frac{N}{mm^2} \approx \mathbf{478 \frac{N}{mm^2}} < p_G = 850 \frac{N}{mm^2}$$

Ergebnis: Flächenpressung zulässig (Grenzflächenpressung p_G aus TB 8-10b)

b) **Berechnung der Sicherheiten**
Bestimmung der reduzierten Spannung in der Schraube

$$\sigma_{red} = \sqrt{\sigma_{z\,max}^2 + 3 \cdot (k_\tau \cdot \tau_t)^2} \qquad (8.35b/8\text{-}41)$$

$$= \sqrt{552^2 + 3 \cdot (0{,}5 \cdot 195)^2}\, N/mm^2 = \mathbf{577\,N/mm^2}$$

mit $k_\tau = 0{,}5$ s. Legende zur Gl. (8.35b/8-41)

Bestimmung der maximalen Zugspannung in der Schraube

$$\sigma_{z\,max} = \frac{F_{S\,max}}{A_s} = \frac{F_{sp} + \Phi \cdot F_B}{A_s} = \frac{(80{,}9 + 0{,}2 \cdot 28) \cdot 10^3}{157} \frac{N}{mm^2} = 552 \frac{N}{mm^2}$$

$$(8.35b/8\text{-}42)$$

Bestimmung der Torsionsspannung in der Schraube

$$\tau_t = \frac{M_G}{W_t} = \frac{F_{sp} \cdot (0{,}159 \cdot P + 0{,}577 \cdot \mu_G \cdot d_2)}{W_t} \qquad (8.35b/8\text{-}41)$$

$$= \frac{80{,}9 \cdot 10^3\,N \cdot (0{,}159 \cdot 2 + 0{,}577 \cdot 0{,}12 \cdot 14{,}7)\,mm}{553\,mm^3} = \mathbf{195 \frac{N}{mm^2}}$$

mit

$$W_t = \frac{\pi}{16} \cdot d_s^3 = \frac{\pi}{16} \cdot \left(\frac{d_2 + d_3}{2}\right)^3 = \frac{\pi}{16} \cdot \left(\frac{14{,}701 + 13{,}546}{2}\right)^3 mm^3 = 553\,mm^3$$

d_2, d_3, A_s und P aus TB 8-1; $\mu_G = \mu_{ges}$ aus TB 8-12a

Bestimmung der statischen Sicherheit

$$S_F = \frac{R_{p0.2}}{\sigma_{red}} = \frac{640\,N/mm^2}{577\,N/mm^2} \approx \mathbf{1{,}1} \geq S_{Ferf} = 1{,}0 \qquad (8.35a/8\text{-}43)$$

Bestimmung der dynamischen Sicherheit

$$S_D = \frac{\sigma_A}{\sigma_a} = \frac{46{,}2\,N/mm^2}{12{,}9\,N/mm^2} \approx \mathbf{3{,}6} \geq S_{Derf} = 1{,}2 \qquad (8.20b/8\text{-}26)$$

Ergebnis: Sicherheiten der Schraubenverbindung sind ausreichend

ⓘ **8.12**
Vereinfachtes Verfahren
Bestimmung des Spannungsquerschnittes A_s – Wahl der Schraubengröße

$$A_s \geq \frac{F_B + F_{Kl}}{\frac{R_{p0,2}}{\kappa \cdot k_A} - \beta \cdot E \cdot \frac{f_Z}{l_k}} \quad (8.2/8\text{-}3)$$

$$= \frac{(28 + 2{,}8) \cdot 10^3 \, \text{N}}{\frac{660 \, \text{N/mm}^2}{1{,}19 \cdot 2{,}0} - 1{,}1 \cdot 210 \cdot 10^3 \, \frac{\text{N}}{\text{mm}^2} \cdot \frac{0{,}008 \, \text{mm}}{50 \, \text{mm}}} = \mathbf{128 \, mm^2}$$

mit:
$F_{Kl} = 0{,}1$; $F_{Bo} = 2{,}8 \, \text{kN}$ (10 % der Betriebskraft lt. Aufgabenstellung)
$R_{p0,2}$ aus TB 8-4 (Mindestwert in () nehmen)
$\kappa = 1{,}19$ für Schaftschraube und $\mu_G = 0{,}12$ aus TB 8-12a (s. Legende zur Gleichung)
$\beta = 1{,}1$ (s. Legende zur Gleichung)
$k_A = 1{,}6$ bis $2{,}0$ aus TB 8-11, gewählt $k_A = 2{,}0$ (drehmomentgesteuertes Anziehen bei geschätztem Reibungskoeffizient $\mu_G = \mu_K = 0{,}12$ nach TB 8-12a für geschwärzte und leicht geölte Schrauben, größere Werte – $k_A = 1{,}8 \ldots 2{,}0$ – für Signal gebende Drehmomentschlüssel und davon größter Wert für sehr nachgiebige Verbindung)
$f_Z = 8 \, \mu\text{m}$ aus TB 8-10a für Längskraft, $Rz = (10 \ldots < 40) \, \mu\text{m}$; $1 \times$ Gewinde + $1 \times$ Kopfauflage und $1 \times$ Trennfuge
gewählt: Zylinderschraube DIN EN ISO 4762 – M16 – 8.8 mit $A_s = \mathbf{157 \, mm^2}$ (TB 8-1)

Bestimmung der Schraubenlänge
$l \geq l_k + l_e = 50 \, \text{mm} + 16 \, \text{mm} = 66 \, \text{mm}$ mit Mindest-Einschraublänge $l_e = 1{,}0 \cdot d = 16 \, \text{mm}$ aus TB 8-15 für GJL 250, $d/P = 16 \, \text{mm}/2 \, \text{mm} = 8$ (P aus TB 8-1) und 8.8.
gewählt: $l = \mathbf{70 \, mm}$ (Normlängen s. TB 8-9 Fußnote)

Dynamischer Nachweis

$$\sigma_a \approx \pm k \cdot \frac{F_{Bo} - F_{Bu}}{A_s} \leq \sigma_{A(SV)} \approx \pm 0{,}85 \cdot \left(\frac{150}{d} + 45\right) \quad (8.3/8\text{-}4)$$

$$\sigma_a \approx \pm 0{,}125 \cdot \frac{(28 - 8) \cdot 10^3 \, \text{N}}{157 \, \text{mm}^2} = \pm \mathbf{15{,}9} \, \frac{\text{N}}{\mathbf{mm^2}}$$

$$< \pm 0{,}85 \cdot \left(\frac{150}{16} + 45\right) \frac{\text{N}}{\text{mm}^2} = \pm \mathbf{44{,}6} \, \frac{\text{N}}{\mathbf{mm^2}}$$

Ergebnis: Schraubenverbindung ist dauerfest

Bestimmung der Flächenpressung unter Schraubenkopf p

$$p \approx \frac{F_{sp}}{0{,}9 \cdot A_p} = \frac{80{,}9 \cdot 10^3 \, \text{N}}{0{,}9 \cdot 181 \, \text{mm}^2} = \mathbf{497} \, \frac{\text{N}}{\mathbf{mm^2}} < p_G = 850 \, \frac{\text{N}}{\text{mm}^2} \quad (8.4/8\text{-}5)$$

mit F_{sp} aus TB 8-14 und Grenzflächenpressung aus TB 8-10b für EN-GJL-250

8 Schraubenverbindungen

Ergebnis: Flächenpressung zulässig
Das vereinfachte Verfahren führt hier zu dem gleichen Ergebnis wie die genauere Berechnung.

(i) **8.13**

a) **Berechnungsgang nach Lehrbuch 8.3.9-2 für Sechskantschraube ISO 4014-8.8**

1) **Vorwahl der Schraubengröße** nach TB 8-13
   - statische axiale Belastung $F_{Bo} = 16$ kN und 8.8: M10
   - dynamische axiale Belastung $F_B \approx F_{Bo} - F_{Bu} = (16 - 4)$ kN = 12 kN und 8.8: M14 (bei dynamischer Belastung ist Lastschwankung entscheidend, daher hier $F_B \approx F_{Bo} - F_{Bu}$ gewählt). Da M14 zu vermeidendes Gewinde wird **M12** gewählt.

Bestimmung der Schraubenlänge
$l \geq l_k + m = 40 \text{ mm} + 10{,}8 \text{ mm} = 50{,}8 \text{ mm}$ (m = Mutternhöhe Typ 1 nach TB 8-8)
gewählt: $l = \mathbf{55\ mm}$ (Normlängen s. TB 8-8 Fußnote)

überschlägige Bestimmung der Flächenpressung p

$$p \approx \frac{F_{sp}}{0{,}9 \cdot A_p} = \frac{43{,}1 \cdot 10^3}{0{,}9 \cdot 73{,}2} \frac{\text{N}}{\text{mm}^2} = \mathbf{654\ \frac{N}{mm^2}} < p_G = 630\ \frac{\text{N}}{\text{mm}^2} \qquad (8.4/8\text{-}5)$$

mit F_{sp} aus TB 8-14 für M12-8.8, $\mu_{ges} = 0{,}12$ aus TB 8-12a; A_p aus TB 8-8, p_G aus TB 8-10b

2) **Bestimmung der Montagevorspannkraft**

$$F_{VM} = k_A \cdot [F_{Kl} + F_B \cdot (1 - \Phi) + F_Z] \qquad (8.29/8\text{-}33)$$

Bestimmung des Anziehfaktors k_A

$k_A = \mathbf{1{,}7}$ bis 2,5 aus TB 8-11 (drehmomentgesteuertes Anziehen bei geschätztem Reibungskoeffizient $\mu_G = \mu_K = 0{,}12$ nach TB 8-12a für geschwärzte und leicht geölte Schrauben – kleinerer Wert für messende Drehmomentschlüssel)

Bestimmung der Nachgiebigkeit der Bauteile δ_T

$$\delta_T = \frac{l_k}{A_{ers} \cdot E_T} = \frac{40 \text{ mm}}{365 \text{ mm}^2 \cdot 210 \cdot 10^3 \frac{\text{N}}{\text{mm}^2}} = \mathbf{0{,}522 \cdot 10^{-6} \frac{mm}{N}} \qquad (8.9/8\text{-}10)$$

mit

$$A_{\text{ers}} = \frac{\pi}{4} \cdot (d_w^2 - d_h^2) + \frac{\pi}{8} \cdot d_w \cdot (D_A - d_w) \cdot \left[(x+1)^2 - 1\right]$$
$$= \frac{\pi}{4} \cdot (18^2 - 13{,}5^2) \text{ mm}^2 + \frac{\pi}{8} 18 \cdot (32 - 18) \text{ mm}^2 \cdot \left[1{,}889^2 - 1\right]$$
$$= 365 \text{ mm}^2 \qquad (8.10/8\text{-}11)$$

$$x = \sqrt[3]{\frac{l_k \cdot d_w}{D_A^2}} = \sqrt[3]{\frac{40 \text{ mm} \cdot 18 \text{ mm}}{32^2 \text{ mm}^2}} = 0{,}889$$

für $d_w \leq D_A \leq d_w + l_k$
D_A aus Zeichnung; $d_w = s$ nach TB 8-8 und d_h nach TB 8-8 (Reihe mittel)

Bestimmung der Nachgiebigkeit der Schraube δ_S

$$\delta_S = \frac{1}{E_S} \cdot \left(\frac{l_K}{A_N} + \frac{l_1}{A_{d1}} + \frac{l_G}{A_3} + \frac{l_{Ge}}{A_3}\right) + \frac{l_M}{E_M \cdot A_N}$$
$$= \frac{1}{210 \cdot 10^3} \cdot \left(\frac{0{,}5 \cdot 12}{\pi \cdot \frac{12^2}{4}} + \frac{25}{\pi \cdot \frac{12^2}{4}} + \frac{15}{76{,}25} + \frac{0{,}5 \cdot 12}{76{,}25}\right) \frac{\text{mm}}{\text{N}}$$
$$+ \frac{0{,}4 \cdot 12}{210 \cdot 10^3 \cdot \pi \cdot \frac{12^2}{4}} \frac{\text{mm}}{\text{N}}$$
$$= \mathbf{2{,}82 \cdot 10^{-6} \frac{\text{mm}}{\text{N}}} \qquad (8.8/8\text{-}9)$$

Schaftlänge $l_1 = l - b_1 = (55 - 30)$ mm $= 25$ mm; Gewindelänge b_1 nach TB 8-8; Gewindelänge $l_G = l_k - l_1 = (40 - 25)$ mm $= 15$ mm mit Kernquerschnitt A_3 nach TB 8-1; $E_M = E_S$

Bestimmung des Kraftverhältnisses Φ

$$\Phi = n \cdot \Phi_k = n \cdot \frac{\delta_T}{\delta_S + \delta_T} = 0{,}5 \cdot \frac{0{,}522 \cdot 10^{-6} \frac{\text{mm}}{\text{N}}}{(2{,}82 + 0{,}522) \cdot 10^{-6} \frac{\text{mm}}{\text{N}}} = \mathbf{0{,}078}$$
$$(8.17/8\text{-}20)$$

Bestimmung der Betriebskraft F_B in Längsrichtung der Schraube
$F_B = F_{Bo}$ maximale statische Betriebskraft

Bestimmung des Vorspannkraftverlustes F_z infolge Setzens

$$F_Z = \frac{f_Z}{\delta_S + \delta_T} = \frac{11 \cdot 10^{-3} \text{ mm}}{(2{,}82 + 0{,}522) \cdot 10^{-6} \frac{\text{mm}}{\text{N}}} = \mathbf{3{,}29 \cdot 10^3 \text{ N}} \qquad (8.19/8\text{-}22)$$

8 Schraubenverbindungen

mit $f_Z = 11$ µm aus TB 8-10a für Längskraft, Rz = (10 ... < 40) µm; 1 × Gewinde + je 1 × Kopf- und Mutternauflage und 1 × Trennfuge

Bestimmung der Montagevorspannkraft F_{VM} – Spannkraft F_{sp}

$$F_{VM} = k_A \cdot [F_{Kl} + F_B \cdot (1 - \Phi) + F_Z] \leq F_{sp} \qquad (8.29/8\text{-}33)$$

$$F_{VM} = 1{,}7 \cdot [3 + 16 \cdot (1 - 0{,}078) + 3{,}29] \text{ kN} = \mathbf{35{,}8\,kN} < F_{sp} = \mathbf{43{,}1\,kN}$$

Weiterrechnung mit F_{sp}

3) **Bestimmung des Montage-Anziehdrehmoments M_A – Spannmoments M_{sp}**
   $M_A = M_{sp} = \mathbf{83{,}6\,N\,m}$ aus TB 8-14

4) **Statischer Nachweis:**

$$F_{BS} = \Phi \cdot F_B = 0{,}078 \cdot 16 \text{ kN} < 0{,}1 \cdot R_{p0{,}2} \cdot A_s = 0{,}1 \cdot 640 \, \frac{N}{mm^2} \cdot 84{,}3 \, mm^2$$

$$F_{BS} = \mathbf{1{,}25\,kN} < 0{,}1 \cdot R_{p0{,}2} \cdot A_s = \mathbf{5{,}40\,kN} \qquad (8.34a/8\text{-}39)$$

$R_{p0{,}2}$ aus TB 8-4, A_s aus TB 8-1
Ergebnis: Schraubenverbindung hält

Dynamischer Nachweis

$$\sigma_a = \frac{F_a}{A_s} \leq \sigma_{A(SV)} \qquad (8.20a/8\text{-}23)$$

$$\sigma_a = \pm \frac{\Phi \cdot (F_{Bo} - F_{Bu})}{2 \cdot A_s} = \pm \frac{0{,}078 \cdot (16 - 4) \cdot 10^3}{2 \cdot 84{,}3} \, \frac{N}{mm^2} = \mathbf{\pm 5{,}55 \, \frac{N}{mm^2}}$$
$$(8.15/8\text{-}18)$$

$$\sigma_{A(SV)} \approx \pm 0{,}85 \cdot \left(\frac{150}{d} + 45 \right)$$
$$= \pm 0{,}85 \cdot \left(\frac{150}{12} + 45 \right) \frac{N}{mm^2} = \mathbf{\pm 48{,}9 \, \frac{N}{mm^2}} \qquad (8.21/8\text{-}24)$$

Ergebnis: Schraubenverbindung ist dauerfest

5) **Bestimmung der Flächenpressung p unter Schraubenkopf**

$$p = \frac{F_{sp} + \Phi \cdot F_B}{A_p} = \frac{(43{,}1 + 0{,}078 \cdot 16) \cdot 10^3}{73{,}2} \, \frac{N}{mm^2} = \mathbf{606 \, \frac{N}{mm^2}}$$

$$< p_G = 630 \, \frac{N}{mm^2} \qquad (8.36/8\text{-}44)$$

Ergebnis: Flächenpressung zulässig (Grenzflächenpressung p_G aus TB 8-10b)

b) **Berechnungsgang nach Lehrbuch 8.3.9-2 für Dehnschraube M12**
   1) **Vorwahl der Festigkeitsklasse** nach TB 8-13 da Schraubengröße wie a) zu wählen ist
      - statische axiale Belastung $F_{Bo} = 16\,\text{kN}$ und M12: 6.8
      - dynamische axiale Belastung $F_B \approx F_{Bo} - F_{Bu} = (16-4)\,\text{kN} = 12\,\text{kN}$ und M12: **12.9**

      (bei Dehnschrauben nächsthöhere Laststufe wählen).

      überschlägige Bestimmung der Flächenpressung p

$$p = \frac{F_{sp}}{0{,}9 \cdot A_p} = \frac{52{,}3 \cdot 10^3}{0{,}9 \cdot 73{,}2} \frac{\text{N}}{\text{mm}^2} = \mathbf{794 \frac{\text{N}}{\text{mm}^2}} > p_G = 630 \frac{\text{N}}{\text{mm}^2} \quad (8.4/8\text{-}5)$$

   mit F_{sp} aus TB 8-14 für M12-12.9 und Dehnschraube, sonst wie a)

   p wesentlich zu groß. Nachrechnung muss entscheiden, ob Veränderungen erforderlich sind

   2) **Bestimmung der Montagevorspannkraft**

$$F_{VM} = k_A \cdot [F_{Kl} + F_B \cdot (1-\Phi) + F_Z] \quad (8.29/8\text{-}33)$$

Bestimmung der Nachgiebigkeit der Dehschraube δ_S

$$\delta_S = \frac{1}{E_S} \cdot \left(\frac{l_K}{A_N} + \frac{l_1}{A_{d1}} + \frac{l_G}{A_3} + \frac{l_{Ge}}{A_3} \right) + \frac{l_M}{E_M \cdot A_N}$$

$$= \frac{1}{210 \cdot 10^3} \cdot \left(\frac{0{,}5 \cdot 12}{\pi \cdot \frac{12^2}{4}} + \frac{35}{\pi \cdot \frac{8{,}868^2}{4}} + \frac{5}{76{,}25} + \frac{0{,}5 \cdot 12}{76{,}25} \right) \frac{\text{mm}}{\text{N}}$$

$$+ \frac{0{,}4 \cdot 12}{210 \cdot 10^3 \cdot \pi \cdot \frac{12^2}{4}} \frac{\text{mm}}{\text{N}}$$

$$= \mathbf{3{,}84 \cdot 10^{-6} \frac{\text{mm}}{\text{N}}} \quad (8.8/8\text{-}9)$$

mit $d_T = 0{,}9 \cdot d_3 = 0{,}9 \cdot 9{,}853\,\text{mm} = 8{,}868\,\text{mm}$

Bestimmung des Kraftverhältnisses Φ

$$\Phi = n \cdot \Phi_k = n \cdot \frac{\delta_T}{\delta_S + \delta_T} = 0{,}5 \cdot \frac{0{,}522 \cdot 10^{-6} \frac{\text{mm}}{\text{N}}}{(3{,}84 + 0{,}522) \cdot 10^{-6} \frac{\text{mm}}{\text{N}}} = \mathbf{0{,}06} \quad (8.17/8\text{-}20)$$

mit $\delta_T = 0{,}522 \cdot 10^{-6} \frac{\text{mm}}{\text{N}}$ aus a)

Bestimmung des Vorspannkraftverlustes F_Z infolge Setzens

$$F_Z = \frac{f_Z}{\delta_S + \delta_T} = \frac{11 \cdot 10^{-3}\,\text{mm}}{(3{,}84 + 0{,}522) \cdot 10^{-6}\frac{\text{mm}}{\text{N}}} = 2{,}52 \cdot 10^3\,\text{N} \qquad (8.19/8\text{-}22)$$

mit $f_Z = 11\,\mu\text{m}$ aus a)

Bestimmung der Montagevorspannkraft F_{VM} – Spannkraft F_{sp}

$$F_{VM} = k_A \cdot [F_{Kl} + F_B \cdot (1 - \Phi) + F_Z] \leq F_{sp} \qquad (8.29/8\text{-}33)$$
$$F_{VM} = 1{,}7 \cdot [3 + 16 \cdot (1 - 0{,}06) + 2{,}52]\,\text{kN} = \mathbf{35{,}0\,kN} \ll F_{sp} = \mathbf{52{,}3\,kN}$$

Schraube nicht ausgelastet: Korrektur auf Festigkeitsklasse **10.9**

$$F_{VM} = \mathbf{35{,}0\,kN} < F_{sp} = \mathbf{44{,}7\,kN}$$

3) **Bestimmung des Montage-Anziehdrehmoments M_A – Spannmoments M_{sp}**
$M_A = M_{sp} = \mathbf{102\,N\,m}$ aus TB 8-14

4) **Statischer Nachweis:**

$$F_{BS} = \Phi \cdot F_B = 0{,}06 \cdot 16\,\text{kN} < 0{,}1 \cdot R_{p0,2} \cdot A_T = 0{,}1 \cdot 940\,\frac{\text{N}}{\text{mm}^2} \cdot 61{,}8\,\text{mm}^2$$

$$F_{BS} = \mathbf{0{,}96\,kN} < 0{,}1 \cdot R_{p0,2} \cdot A_T = \mathbf{5{,}81\,kN} \qquad (8.34a/8\text{-}40)$$

$R_{p0,2}$ aus TB 8-4, A_s aus TB 8-1, $A_T = \pi/4 \cdot d_T^2 = \pi/4 \cdot 8{,}868^2\,\text{mm}^2 = 61{,}8\,\text{mm}^2$
Ergebnis: Schraubenverbindung hält

Dynamischer Nachweis

$$\sigma_a = \frac{F_a}{A_s} \leq \sigma_{A(SV)} \qquad (8.20a/8\text{-}23)$$

$$\sigma_a = \pm \frac{\Phi \cdot (F_{Bo} - F_{Bu})}{2 \cdot A_s} = \pm \frac{0{,}06 \cdot (16 - 4) \cdot 10^3}{2 \cdot 84{,}3}\,\frac{\text{N}}{\text{mm}^2} = \pm\mathbf{4{,}27}\,\frac{\text{N}}{\text{mm}^2} \ll \sigma_{A(SV)}$$

$\sigma_{A(SV)}$ aus a)
Ergebnis: Schraubenverbindung ist dauerfest

5) **Bestimmung der Flächenpressung p unter Schraubenkopf**

$$p = \frac{F_{sp} + \Phi \cdot F_B}{A_p} = \frac{(44{,}7 + 0{,}06 \cdot 16) \cdot 10^3}{73{,}2}\,\frac{\text{N}}{\text{mm}^2} = \mathbf{624}\,\frac{\text{N}}{\text{mm}^2}$$

$$< p_G = 630\,\frac{\text{N}}{\text{mm}^2} \qquad (8.36/8\text{-}44)$$

Ergebnis: Flächenpressung zulässig (Grenzflächenpressung siehe a))

ⓘ 8.14
Vereinfachtes Verfahren

a) **Schaftschraube**

Bestimmung des Spannungsquerschnittes A_s – Wahl der Schraubengröße

$$A_S \geq \frac{F_B + F_{Kl}}{\frac{R_{p0,2}}{\kappa \cdot k_A} - \beta \cdot E_S \cdot \frac{f_Z}{l_k}}$$

$$= \frac{(16+3) \cdot 10^3 \text{N}}{\frac{640 \frac{\text{N}}{\text{mm}^2}}{1{,}19 \cdot 1{,}7} - 1{,}1 \cdot 210 \cdot 10^3 \frac{\text{N}}{\text{mm}^2} \cdot \frac{0{,}011 \text{ mm}}{40 \text{ mm}}} = \mathbf{75{,}2 \text{ mm}^2} \qquad (8.2/8\text{-}3)$$

mit:
$R_{p0,2}$ aus TB 8-4
$\kappa = 1{,}19$ für Schaftschraube und $\mu_G = 0{,}12$ aus TB 8-12a (s. Legende zu Gl. 8.2)
$\beta = 1{,}1$ (s. Legende zu Gl. 8.2)
$k_A = \mathbf{1{,}7}$ bis 2,5 aus TB 8-11 (drehmomentgesteuertes Anziehen bei geschätztem Reibungskoeffizient $\mu_G = \mu_K = 0{,}12$ nach TB 8-12a für geschwärzte und leicht geölte Schrauben – kleinerer Wert für messende Drehmomentschlüssel)
$f_Z = 11$ μm aus TB 8-10a für Längskraft, Rz = (10... < 40) μm; 1× Gewinde + je 1 × Kopf- und Mutterauflage und 1 × Trennfuge
gewählt: Zylinderschraube DIN EN ISO 4014 – M12 × 55-8.8 (TB 8-8) mit $A_s = 84{,}3 \text{ mm}^2$

Bestimmung der Schraubenlänge
$l \geq l_k + m = 40 \text{ mm} + 10{,}8 \text{ mm} = 50{,}8 \text{ mm}$ (m = Mutternhöhe Typ 1 nach TB 8-8)
gewählt: $l = \mathbf{55 \text{ mm}}$ (Normlängen s. TB 8-8 Fußnote)

Dynamischer Nachweis

$$\sigma_a \approx \pm k \cdot \frac{(F_{Bo} - F_{Bu})}{A_s} \leq \sigma_{A(SV)} \approx \pm 0{,}85 \cdot \left(\frac{150}{d} + 45\right) \qquad (8.3/8\text{-}4)$$

$$\sigma_a \approx \pm 0{,}1 \cdot \frac{(16-4) \cdot 10^3 \text{N}}{84{,}3 \text{ mm}^2} \approx \pm 14 \frac{\text{N}}{\text{mm}^2} < \pm 0{,}85 \cdot \left(\frac{150}{12} + 45\right) \frac{\text{N}}{\text{mm}^2}$$

$$\approx \pm \mathbf{49} \frac{\text{N}}{\text{mm}^2}$$

Ergebnis: Schraubenverbindung ist dauerfest

8 Schraubenverbindungen

Bestimmung der Flächenpressung p unter Schraubenkopf

$$p \approx \frac{F_{sp}}{0{,}9 \cdot A_p} = \frac{43{,}1 \cdot 10^3}{0{,}9 \cdot 73{,}2} \frac{N}{mm^2} = \mathbf{654 \frac{N}{mm^2}} > p_G = 630 \frac{N}{mm^2} \qquad (8.4/8\text{-}5)$$

mit F_{sp} aus TB 8-14 und Grenzflächenpressung aus TB 8-10b für C45E
Ergebnis: Flächenpressung liegt über der Grenzflächenpressung

b) **Dehnschraube**

Bestimmung der erforderlichen Streckgrenze – Wahl der Festigkeitsklasse

$$R_{p0{,}2} \geq \kappa \cdot k_A \cdot \left(\frac{F_B + F_{Kl}}{A_T} + \beta \cdot E_S \cdot \frac{f_Z}{l_k} \right)$$

$$= 1{,}25 \cdot 1{,}7 \cdot \left(\frac{(16+3) \cdot 10^3 N}{61{,}8 \, mm^2} + 0{,}6 \cdot 210 \cdot 10^3 \frac{N}{mm^2} \frac{0{,}011 \, mm}{40 \, mm} \right) = 727 \frac{N}{mm^2}$$
$$(8.2/8\text{-}3)$$

mit: $A_T = \pi/4 \cdot d_T^2 = \pi/4 \cdot 8{,}868^2 \, mm^2 = 61{,}8 \, mm^2$ und $d_T = 0{,}9 \cdot d_3 = 0{,}9 \cdot 9{,}853 \, mm = 8{,}868 \, mm$, d_3 aus TB 8-1 für M12
$\kappa = 1{,}25$ für Dehnschraube und $\mu_G = 0{,}12$, $\beta = 0{,}6$, $k_A = 1{,}7$, $f_Z = 11 \, \mu m$ siehe zu a)
gewählt: Dehnschraube M12 × 55-10.9 mit $R_{p0{,}2} = 940 \, N/mm^2$ (TB 8-4)

Dynamischer Nachweis identisch mit a)

Bestimmung der Flächenpressung p unter Schraubenkopf

$$p \approx \frac{F_{sp}}{0{,}9 \cdot A_p} = \frac{44{,}7 \cdot 10^3}{0{,}9 \cdot 73{,}2} \frac{N}{mm^2} = \mathbf{679 \frac{N}{mm^2}} > p_G = 630 \frac{N}{mm^2} \qquad (8.4/8\text{-}5)$$

mit F_{sp} aus TB 8-14 für Dehnschrauben, $\mu = 0{,}12$ und 10.9
Ergebnis: Flächenpressung liegt über der Grenzflächenpressung
Ausführliches und vereinfachtes Rechenverfahren führte zu den gleichen Abmessungen. Die Grenzflächenpressung wird aber bei dem vereinfachten Verfahren überschritten. Um hier sicher zu gehen sollte zumindest bei der Dehnschraube eine genauere Nachrechnung erfolgen.

8.15
Stiftschraube DIN 939 – M16 × 50 – 5.6
Längsbelastete Schraube nach Gl. (8.29):

1. M16 (statisch axial bis 16 kN – 5.6)
2. $F_{VM} = 37{,}2 \, kN < F_{sp} = 37{,}9 \, kN$ ($k_A = 1{,}7$, $F_{Kl} = 4 \, kN$, $F_B = 14 \, kN$, $\Phi_k = 0{,}215$, $n \approx 0{,}3$, $\Phi \approx 0{,}065$, $F_Z = 4{,}82 \, kN$; $f_Z = 0{,}011 \, mm$; $\mu_{ges} \approx 0{,}12$; $\delta_S = 1{,}79 \cdot 10^{-6} \, mm/N$

wobei $b = 38$ mm, ⌀ 16 mm: $l_1 = 12$ mm, M16: $l_G = 18$ mm, $l_{Ko} = 6,4$ mm, $l_{Ge} = 8$ mm, $l_M = 5,28$ mm, $A_N = 201$ mm², $A_3 = 144{,}1$ mm², $E_S = 210\,000$ N/mm²; $E_M = E_T$; $d_w \approx s = 24$ mm (ISO 4032: $d_{w\,min} = 22{,}5$ mm), $l_k = 30$ mm, $D_A = 40$ mm, $\delta_T = 0{,}491 \cdot 10^{-6}$ mm/N wobei $A_{ers} \approx 531$ mm², $d_h = 17{,}5$ mm, $E_T = 115\,000$ N/mm², $d_w \leq D_A \leq d_w + l_k$; $F_{sp(5.6)} = 80{,}9$ kN · 300 N/mm²/640 N/mm² = 37,9 kN, $R_{p0,2(8.8)} = 640$ N/mm², $R_{eL(5.6)} = 300$ N/mm², $F_{sp(8.8)} = 80{,}9$ kN).

3. $M_A = M_{sp} = 96{,}6$ N m ($M_{sp(5.6)} = 206$ N m · 300 N/mm²/640 N/mm² = 96,6 N m, $M_{sp(8.8)} = 206$ N m).
4. $0{,}065 \cdot 14 \cdot 10^3$ N $< 0{,}1 \cdot 300$ N/mm² · 157 mm², 910 N < 4,71 kN, d. h. die max. Schraubenkraft wird nicht überschritten ($\Phi = 0{,}065$, $F_B = 14$ kN, $R_{eL} = 300$ N/mm², $A_s = 157$ mm²).
5. entbehrlich.

ⓘ 8.16

a) **Berechnung der Druckkraft auf den Deckel und der Längskraft auf die Schrauben**

$$F = p \cdot A = p \cdot \frac{\pi}{4} \cdot d^2 = 2{,}5 \, \frac{\text{N}}{\text{mm}^2} \cdot \frac{\pi}{4} \cdot (56\,\text{mm})^2 = 6\,158\,\text{N}$$

Betriebskraft F_B in Längsrichtung der Schraube

$F_{Bo} = \dfrac{F}{n} = \dfrac{6\,158\,\text{N}}{6} = 1\,026$ N (maximale dynamische Betriebskraft)

$F_{Bu} = 0$ N (minimale dynamische Betriebskraft)

b) **Berechnungsgang nach Lehrbuch 8.3.9-2, da vorgespannte Befestigungsschraube**
   1) **Vorwahl der Festigkeitsklasse nach TB 8-13 – Schraubengröße ist vorgegeben**
      - statische axiale Belastung $F_{Bo} = 1{,}026$ kN und M6: **5.6**
      - dynamische axiale Belastung $F_B \approx F_{Bo} - F_{Bu} = (1{,}026 - 0)$ kN $\approx 1{,}1$ kN und M6: **6.8**
      (nächsthöhere Laststufe wegen sehr hohem Anziehfaktor)
   2) **Bestimmung der Montagevorspannkraft**

$$F_{VM} = k_A \cdot [F_{Kl} + F_B \cdot (1 - \Phi) + F_Z] \tag{8.29/8-33}$$

Bestimmung des Anziehfaktors k_A

$k_A = 2{,}5$ bis **4** aus TB 8-11 (Anziehen mit Schlagschraubern ohne Messung des Anziehmomentes – größerer Wert für Anziehen ohne Einstellversuche)

Bestimmung der Nachgiebigkeit der Bauteile δ_T

$$\delta_T = \frac{l_k}{A_{ers} \cdot E_T} = \frac{25\,\text{mm}}{140\,\text{mm}^2 \cdot 120 \cdot 10^3 \, \frac{\text{N}}{\text{mm}^2}} = \mathbf{1{,}49 \cdot 10^{-6}} \, \frac{\text{mm}}{\text{N}} \tag{8.9/8-10}$$

mit

$$A_{\text{ers}} = \frac{\pi}{4} \cdot (d_w^2 - d_h^2) + \frac{\pi}{8} \cdot d_w \cdot (D_A - d_w) \cdot \left[(x+1)^2 - 1\right]$$
$$= \frac{\pi}{4} \cdot (10^2 - 6{,}6^2)\,\text{mm}^2 + \frac{\pi}{8} 10 \cdot (20 - 10)\,\text{mm}^2 \cdot [1{,}855^2 - 1]$$
$$= 140\,\text{mm}^2 \qquad (8.10/8\text{-}11)$$

$$x = \sqrt[3]{\frac{l_k \cdot d_w}{D_A^2}} = \sqrt[3]{\frac{25\,\text{mm} \cdot 10\,\text{mm}}{20^2\,\text{mm}^2}} = 0{,}855$$

für $d_w \leq D_A \leq d_w + l_k$
D_A aus Zeichnung; $d_w = s$ nach TB 8-9 und d_h nach TB 8-8 (Reihe mittel)

Bestimmung der Nachgiebigkeit der Schraube δ_S

$$\delta_S = \frac{1}{E_S} \cdot \left(\frac{l_K}{A_N} + \frac{l_1}{A_{d1}} + \frac{l_G}{A_3} + \frac{l_{Ge}}{A_3}\right) + \frac{l_M}{E_M \cdot A_N}$$
$$= \frac{1}{210 \cdot 10^3} \cdot \left(\frac{0{,}4 \cdot 6}{\pi \cdot \frac{6^2}{4}} + \frac{11}{\pi \cdot \frac{6^2}{4}} + \frac{14}{17{,}89} + \frac{0{,}5 \cdot 6}{17{,}89}\right) \frac{\text{mm}}{\text{N}}$$
$$+ \frac{0{,}33 \cdot 6}{120 \cdot 10^3 \cdot \pi \cdot \frac{6^2}{4}} \frac{\text{mm}}{\text{N}}$$
$$= \mathbf{7{,}37 \cdot 10^{-6} \frac{\text{mm}}{\text{N}}} \qquad (8.8/8\text{-}9)$$

Schaftlänge $l_1 = l - b_1 = (35 - 24)\,\text{mm} = 11\,\text{mm}$; Gewindelänge b_1 nach TB 8-9; Gewindelänge $l_G = l_k - l_1 = (25 - 11)\,\text{mm} = 14\,\text{mm}$ mit Kernquerschnitt A_3 nach TB 8-1; $E_M = E_T$

Bestimmung des Kraftverhältnisses Φ

$$\Phi = n \cdot \Phi_k = n \cdot \frac{\delta_T}{\delta_S + \delta_T} = 0{,}5 \cdot \frac{1{,}49 \cdot 10^{-6}\,\frac{\text{mm}}{\text{N}}}{(7{,}37 + 1{,}49) \cdot 10^{-6}\,\frac{\text{mm}}{\text{N}}} = \mathbf{0{,}084} \quad (8.17/8\text{-}20)$$

n gegeben

Bestimmung des Vorspannkraftverlustes F_z infolge Setzens

$$F_Z = \frac{f_Z}{\delta_S + \delta_T} = \frac{8{,}5 \cdot 10^{-3}\,\text{mm}}{(7{,}37 + 1{,}49) \cdot 10^{-6}\,\frac{\text{mm}}{\text{N}}} = \mathbf{0{,}96 \cdot 10^3\,\text{N}} \quad (8.19/8\text{-}22)$$

mit $f_Z = 8{,}5\,\mu\text{m}$ aus TB 8-10a für Längskraft, Rz < 10 µm; 1 × Gewinde +1× Kopfauflage und 2 × innere Trennfuge

Bestimmung der Montagevorspannkraft F_{VM} – Spannkraft F_{sp}

$$F_{VM} = k_A \cdot [F_{Kl} + F_B \cdot (1 - \Phi) + F_Z] \leq F_{sp} \qquad (8.29/8\text{-}33)$$

$$F_{VM} = 4 \cdot [1{,}5 + 1{,}026 \cdot (1 - 0{,}084) + 0{,}96]\,\text{kN} = \mathbf{13{,}6\,kN} > F_{sp} = \mathbf{4{,}78\,kN}$$

mit

$$F_{sp(5.6)} = F_{sp(8.8)} \cdot \frac{R_{eL(5.6)}}{R_{p0,2(8.8)}} = 10{,}2\,\text{kN} \cdot \frac{300\,\frac{N}{mm^2}}{640\,\frac{N}{mm^2}} = 4{,}78\,\text{kN}$$

$F_{sp\,(8.8)}$ aus TB 8-14 für M6-8.8, $\mu_{ges} = 0{,}12$ (nach TB 8-12a für geschwärzte, leicht geölte Schrauben); R_{eL} aus TB 8-4

Ergebnis: Festigkeitsklasse 5.6 nicht ausreichend.

Wahl neuer Festigkeitsklasse **10.9** aus TB 8-14 mit $F_{VM} = \mathbf{13{,}6\,kN} < F_{sp} = \mathbf{14{,}9\,kN}$

Weiterrechnung mit F_{sp}

3) Bestimmung des Montage-Anziehdrehmoment M_A – Spannmoments M_{sp}

$M_A = M_{sp} = \mathbf{14{,}9\,N\,m}$ aus TB 8-14

4) Statischer Nachweis:

$$F_{BS} = \Phi \cdot F_B = 0{,}084 \cdot 1\,026\,\text{N} < 0{,}1 \cdot R_{p0,2} \cdot A_s = 0{,}1 \cdot 940\,\frac{N}{mm^2} \cdot 20{,}1\,mm^2$$

$$F_{BS} = \mathbf{186\,N} < 0{,}1 \cdot R_{p0,2} \cdot A_s = \mathbf{1\,890\,N} \qquad (8.34a/8\text{-}39)$$

$R_{p0,2}$ aus TB 8-4, A_s aus TB 8-1

Ergebnis: Schraubenverbindung hält

Dynamischer Nachweis

$$\sigma_a = \frac{F_a}{A_s} \leq \sigma_{A(SV)} \qquad (8.20a/8\text{-}23)$$

$$\sigma_a = \pm\frac{\Phi \cdot (F_{Bo} - F_{Bu})}{2 \cdot A_s} = \pm\frac{0{,}084 \cdot (1{,}026 - 0) \cdot 10^3}{2 \cdot 20{,}1}\,\frac{N}{mm^2} = \pm\mathbf{2{,}14}\,\frac{\mathbf{N}}{\mathbf{mm^2}}$$

$$(8.15/8\text{-}18)$$

$$\sigma_{A(SV)} \approx \pm 0{,}85 \cdot \left(\frac{150}{d} + 45\right) = \pm 0{,}85 \cdot \left(\frac{150}{6} + 45\right)\,\frac{N}{mm^2} = \pm\mathbf{59{,}5}\,\frac{\mathbf{N}}{\mathbf{mm^2}}$$

$$(8.21/8\text{-}24)$$

$\sigma_a < \sigma_{A(SV)}$ Schraubenverbindung ist dauerfest

8 Schraubenverbindungen

5) Bestimmung der Flächenpressung p unter Schraubenkopf

$$p = \frac{F_{sp} + \Phi \cdot F_B}{A_p} = \frac{(14{,}9 + 0{,}084 \cdot 1{,}026) \cdot 10^3}{34{,}9} \frac{N}{mm^2} = \mathbf{429 \frac{N}{mm^2}}$$

$$< p_G = 700 \frac{N}{mm^2} \cdot 0{,}75 = 525 \frac{N}{mm^2} \qquad (8.36/8\text{-}44)$$

Ergebnis: Flächenpressung zulässig (Grenzflächenpressung p_G aus TB 8-10b, bis zu 25% kleiner bei motorischem Anziehen)

c) Berechnung der Sicherheiten

Bestimmung der reduzierten Spannung in der Schraube

$$\sigma_{red} = \sqrt{\sigma_{z\,max}^2 + 3 \cdot (k_\tau \cdot \tau_t)^2} = \sqrt{746^2 + 3 \cdot (0{,}5 \cdot 310)^2} \frac{N}{mm^2} = \mathbf{793 \frac{N}{mm^2}}$$

$$(8.35b/8\text{-}41)$$

Bestimmung der maximalen Zugspannung in der Schraube

$$\sigma_{z\,max} = \frac{F_{Sges}}{A_s} = \frac{F_{sp} + \Phi \cdot F_B}{A_s} = \frac{(14{,}9 + 0{,}084 \cdot 1{,}026) \cdot 10^3}{20{,}1} \frac{N}{mm^2} = \mathbf{746 \frac{N}{mm^2}}$$

$$(8.35b/8\text{-}42)$$

Bestimmung der Torsionsspannung in der Schraube

$$\tau_t = \frac{M_G}{W_t} = \frac{F_{sp} \cdot (0{,}159 \cdot P + 0{,}577 \cdot \mu_G \cdot d_2)}{W_t}$$

$$= \frac{14{,}9 \cdot 10^3 \cdot (0{,}159 \cdot 1 + 0{,}577 \cdot 0{,}12 \cdot 5{,}35)}{25{,}46} \frac{Nmm}{mm^3} = \mathbf{310 \frac{N}{mm^2}}$$

$$(8.35b/\text{Hinweis 8-41})$$

mit

$$W_t = \frac{\pi}{16} \cdot d_s^3 = \frac{\pi}{16} \cdot \left(\frac{d_2 + d_3}{2}\right)^3 = \frac{\pi}{16} \cdot \left(\frac{5{,}35 + 4{,}773}{2}\right)^3 mm^3 = 25{,}46\,mm^3$$

d_2, d_3, A_s und P aus TB 8-1; $\mu_G = \mu_{ges}$ aus TB 8-12a; $k_\tau = 0{,}5$ s. Lehrbuch Gl. (8.35b).

Bestimmung der statischen Sicherheit

$$S_F = \frac{R_{p0{,}2}}{\sigma_{red}} = \frac{940\,\frac{N}{mm^2}}{793\,\frac{N}{mm^2}} = \mathbf{1{,}18} > S_{F\,erf} = 1{,}0 \qquad (8.35a/8\text{-}43)$$

Bestimmung der dynamischen Sicherheit

$$S_D = \frac{\sigma_A}{\sigma_a} = \frac{59{,}5 \frac{N}{mm^2}}{2{,}14 \frac{N}{mm^2}} = \mathbf{27{,}8} > S_{D\,erf} = 1{,}2 \qquad (8.20b/8\text{-}26)$$

Ergebnis: Sicherheiten der Schraubenverbindung sind ausreichend

(i) **8.17**
a) **Bestimmung des Anziehdrehmomentes der Mutter**

$$M_A = F_{VM} \cdot \left[0{,}159 \cdot P + \mu_{ges}(0{,}577 \cdot d_2 + d_k/2)\right] \qquad (8.27/8\text{-}30)$$

Bestimmung der Montagevorspannkraft
$F_{VM} = k_A \cdot [F_{Kl} + F_B \cdot (1 - \Phi) + F_Z] = k_A \cdot F_{Kl} = k_A \cdot F_a = 2{,}5 \cdot 44\,\text{kN} = \mathbf{110\,kN}$
mit $F_B = 0$ und $F_Z = 0$ (siehe Aufgabenstellung) sowie $F_{Kl} = F_a$ in diesem Fall,
$k_A = 1{,}7$ bis $\mathbf{2{,}5}$ aus TB 8-11 (drehmomentgesteuertes Anziehen bei geschätztem Reibungskoeffizient $\mu_G = \mu_K = 0{,}12$ nach TB 8-12a für geschwärzte und leicht geölte Schrauben – größerer Wert für Signal gebende Drehmomentschlüssel)

Anziehdrehmoments der Mutter
$M_A = 110\,\text{kN} \cdot [0{,}159 \cdot 2\,\text{mm} + 0{,}12 \cdot (0{,}577 \cdot 28{,}701\,\text{mm} + 38{,}5\,\text{mm}/2)] = \mathbf{507{,}7\,N\,m}$
mit

$$d_k \approx \frac{d_w + d_h}{2} = \frac{46 + 31}{2}\,\text{mm} = 38{,}5\,\text{mm} \qquad \text{(Legende zu 8.24/Hinweis zu 8-28)}$$

$d_w = s$ nach TB 8-8 und d_h nach TB 8-8 (Reihe fein)

b) **Berechnung der statischen Sicherheit des Gewindezapfens**

$$S_F = \frac{R_e}{\sigma_{red}} = \frac{295 \frac{N}{mm^2} \cdot 0{,}95}{184 \frac{N}{mm^2}} = \mathbf{1{,}52} > S_{F\,erf} = 1{,}0 \qquad (8.35a/8\text{-}43)$$

mit $R_e = R_{eN} \cdot K_t \cdot K_{an} = 295\,\text{N/mm}^2 \cdot 0{,}95 \cdot 1{,}0$; R_e aus TB 1-1a, K_t aus TB 3-10a
mit angenommenen Rohteildurchmesser von 50 mm, K_{an} nach TB 3-13.

Bestimmung der reduzierten Spannung in der Schraube

$$\sigma_{red} = \sqrt{\sigma_{z\,max}^2 + 3 \cdot (k_\tau \cdot \tau_t)^2} = \sqrt{177^2 + 3 \cdot (0{,}5 \cdot 58{,}1)^2}\,\frac{N}{mm^2} = \mathbf{184\,\frac{N}{mm^2}}$$
$$(8.35b/8\text{-}41)$$

Bestimmung der maximalen Zugspannung in der Schraube

$$\sigma_{z\,max} = \frac{F_{Sges}}{A_s} = \frac{F_{VM} + \Phi \cdot F_B}{A_s} = \frac{(110 + 0) \cdot 10^3}{621}\,\frac{N}{mm^2} = \mathbf{177\,\frac{N}{mm^2}}$$
$$(8.35b/8\text{-}42)$$

Bestimmung der Torsionsspannung in der Schraube

$$\tau_t = \frac{M_G}{W_t} = \frac{F_{VM} \cdot (0{,}159 \cdot P + 0{,}577 \cdot \mu_G \cdot d_2)}{W_t}$$

$$= \frac{110 \cdot 10^3 \cdot (0{,}159 \cdot 2 + 0{,}577 \cdot 0{,}12 \cdot 28{,}7)}{4\,367} \frac{\text{Nmm}}{\text{mm}^3} = \mathbf{58{,}1} \frac{\mathbf{N}}{\mathbf{mm^2}}$$

(8.35b/Hinweis 8-41)

mit

$$W_t = \frac{\pi}{16} \cdot d_s^3 = \frac{\pi}{16} \cdot \left(\frac{d_2 + d_3}{2}\right)^3 = \frac{\pi}{16} \cdot \left(\frac{28{,}7 + 27{,}546}{2}\right)^3 \text{mm}^3 = 4\,367\,\text{mm}^3$$

d_2, d_3, A_s und P aus TB 8-2; $\mu_G = \mu_{ges}$ aus TB 8-12a; $k_\tau = 0{,}5$ s. Lehrbuch Gl. (8.35b)

8.18

a) M10. Längsbelastete Schraube nach Gl. (8.30)
   1. entfällt
   2. $F_{VM} = 24{,}2\,\text{kN} < F_{sp} = 29{,}6\,\text{kN}$ ($k_A = 1{,}6$, $F_{Kl} = 11{,}1\,\text{kN}$, $\mu_{ges} \approx 0{,}12$).
   3. $M_A \approx M_{sp} = 47{,}8\,\text{N\,m}$.

b) Sechskantschraube ISO 4017 – M10 × 16 – 8.8 ($l_e = 10\,\text{mm}$)

c) $p_{max} = 37{,}4\,\text{N/mm}^2 < p_{zul} = 70\,\text{N/mm}^2$.

ⓘ 8.19

Berechnungsgang nach Lehrbuch 8.3.9-2 bzw. FS A 8-1 bis A 8-5, da vorgespannte Befestigungsschraube (Übertragung des Drehmomentes erfolgt allein durch Reibschluss zwischen den ringförmigen Stirnflächen der Flansche)

1. **Vorwahl der Schraubengröße** nach TB 8-13
   Querkraft $F_{Q\,ges} = T/d/2 = 2\,240 \cdot 10^3\,\text{N mm}/130\,\text{mm}/2 = 34{,}46\,\text{kN}$
   Querkraft pro Schraube $F_Q = F_{Q\,ges}/12 = 34{,}46\,\text{kN}/12 = \mathbf{2{,}87\,kN}$
   gewählt: M10 × 10.9

   überschlägige Bestimmung der Flächenpressung p

   $$p \approx \frac{F_{sp}}{0{,}9 \cdot A_p} = \frac{42{,}3 \cdot 10^3}{0{,}9 \cdot 72{,}3} \frac{\text{N}}{\text{mm}^2} = \mathbf{650} \frac{\mathbf{N}}{\mathbf{mm^2}} < p_G = 770 \frac{\text{N}}{\text{mm}^2} \qquad (8.4/8\text{-}5)$$

   mit F_{sp} aus TB 8-14 für M10 – 10.9, $\mu_{ges} \approx 0{,}14$, A_p aus TB 8-8, p_G aus TB 8-10b für C45E

2. **Bestimmung der Montagevorspannkraft**

   $$F_{VM} = k_A \cdot [F_{Kl} + F_B \cdot (1 - \Phi) + F_Z] \leq F_{sp} \qquad (8.29/8\text{-}33)$$

Bestimmung des Anziehfaktors k_A

$k_A = 1,6$ bis $2,0$ aus TB 8-11, gewählt $k_A = 1,7$ (drehmomentgesteuertes Anziehen bei geschätztem Reibungskoeffizient $\mu_G = \mu_K = 0,14$ nach TB 8-12a – kleinere Werte – $k_A = 1,6$ bis $1,8$ – für messende Drehmomentschlüssel, aber mittlerer Wert davon für nachgiebige Verbindung)

Bestimmung der Nachgiebigkeit der Bauteile δ_T

$$\delta_T = \frac{l_k}{A_{ers} \cdot E_T} = \frac{20\,\text{mm}}{275\,\text{mm}^2 \cdot 210 \cdot 10^3\,\text{N/mm}^2} = \mathbf{0{,}346 \cdot 10^{-6}\,\frac{mm}{N}} \quad (8.9/8\text{-}10)$$

mit

$$A_{ers} = \frac{\pi}{4} \cdot (d_w^2 - d_h^2) + \frac{\pi}{8} \cdot d_w \cdot (D_A - d_w) \cdot [(x+1)^2 - 1] \quad (8.10/8\text{-}11)$$

$$= \frac{\pi}{4} \cdot (16^2 - 11^2)\,\text{mm}^2 + \frac{\pi}{8} \cdot 16 \cdot (30 - 16)\,\text{mm}^2 \cdot [1,708^2 - 1] = 275\,\text{mm}^2$$

$$x = \sqrt[3]{\frac{l_k \cdot d_w}{D_A^2}} = \sqrt[3]{\frac{20\,\text{mm} \cdot 16\,\text{mm}}{30^2\,\text{mm}^2}} = 0{,}708 \text{ für } d_w \leq D_A \leq d_w + l_k$$

D_A aus Zeichnung; $d_w = s$ nach TB 8-8 und d_h nach TB 8-8 (Reihe mittel)

Bestimmung der Nachgiebigkeit der Schraube δ_S

$$\delta_S = \frac{1}{E_S} \cdot \left(\frac{l_{Ko}}{A_N} + \frac{l_G}{A_3} + \frac{l_{Ge}}{A_3} \right) + \frac{l_M}{E_M \cdot A_N} \quad (8.8/8\text{-}9)$$

$$= \frac{1}{210 \cdot 10^3} \cdot \left(\frac{0{,}5 \cdot 10}{\pi \cdot 10^2/4} + \frac{20}{52{,}3} + \frac{0{,}5 \cdot 10}{52{,}3} \right)\,\frac{\text{mm}}{\text{N}} + \frac{0{,}4 \cdot 10}{210 \cdot 10^3 \cdot \pi \cdot 10^2/4}\,\frac{\text{mm}}{\text{N}}$$

$$= \mathbf{2{,}82 \cdot 10^{-6}\,\text{mm/N}}$$

mit $l_G = l_k = 20$ mm; $E_M = E_S$ ($l_1 = 0$; Gewinde bis Schraubenkopf nach TB 8-8)

Bestimmung der Klemmkraft in der Trennfuge F_{Kl}

$$F_{Kl} = \frac{F_Q}{\mu_T \cdot z} = \frac{2870\,\text{N}}{0{,}1 \cdot 1} = \mathbf{28{,}7\,\text{kN}} \quad (8.18/8\text{-}21)$$

mit $\mu_T = 0{,}1$ aus TB 8-12b für Stahl auf Stahl, trocken

Bestimmung des Vorspannkraftverlustes infolge Setzens F_Z

$$F_Z = \frac{f_Z}{\delta_S + \delta_T} = \frac{11 \cdot 10^{-3}\,\text{mm}}{(2{,}82 + 0{,}346) \cdot 10^{-6}\,\text{mm/N}} = \mathbf{3{,}47\,\text{kN}} \quad (8.19/8\text{-}22)$$

mit $f_Z = 11\,\mu$m aus TB 8-10a für Querkraft, $R_z < 10\,\mu$m; $1 \times$ Gewinde $+ 2 \times$ Kopf- oder Mutterauflage $+ 1 \times$ innere Trennfuge

8 Schraubenverbindungen

Bestimmung der Montagevorspannkraft F_{VM} – Spannkraft F_{sp}

$$F_{VM} = k_A \cdot [F_{Kl} + F_B \cdot (1 - \Phi) + F_Z] \leq F_{sp} \quad (8.29/8\text{-}33)$$

$$F_{VM} = 1{,}7 \cdot [28{,}7 + 0 + 3{,}47]\,\text{kN} = \mathbf{54{,}7\,kN} > F_{sp} = 42{,}3\,\text{kN}$$

Ergebnis: M10 nicht ausreichend

Korrektur auf M12 – 10.9

- $\delta_S = \dfrac{1}{210 \cdot 10^3} \cdot \left(\dfrac{0{,}5 \cdot 12}{\pi \cdot 12^2/4} + \dfrac{20}{76{,}25} + \dfrac{0{,}5 \cdot 12}{76{,}25} \right) \dfrac{\text{mm}}{\text{N}} + \dfrac{0{,}4 \cdot 12}{210 \cdot 10^3 \cdot \pi \cdot 12^2/4} \dfrac{\text{mm}}{\text{N}}$

  $= \mathbf{2{,}08 \cdot 10^{-6}\,\dfrac{mm}{N}}$

- $\delta_T = \dfrac{20\,\text{mm}}{282\,\text{mm}^2 \cdot 210 \cdot 10^3\,\text{N/mm}^2} = \mathbf{0{,}338 \cdot 10^{-6}\,\dfrac{mm}{N}}$

mit

$$A_{ers} = \dfrac{\pi}{4} \cdot (18^2 - 13{,}5^2)\,\text{mm}^2 + \dfrac{\pi}{8} \cdot 18 \cdot (30 - 18)\,\text{mm}^2 \cdot [1{,}737^2 - 1] = 282\,\text{mm}^2$$

$$x = \sqrt[3]{\dfrac{l_k \cdot d_w}{D_A^2}} = \sqrt[3]{\dfrac{20\,\text{mm} \cdot 18\,\text{mm}}{30^2\,\text{mm}^2}} = 0{,}737$$

- $F_Z = \dfrac{f_Z}{\delta_S + \delta_T} = \dfrac{11 \cdot 10^{-3}\,\text{mm}}{(2{,}08 + 0{,}338) \cdot 10^6\,\text{mm/N}} = \mathbf{4{,}55\,kN}$
- $F_{VM} = 1{,}7 \cdot [28{,}7 + 0 + 4{,}55]\,\text{kN} = \mathbf{56{,}5\,kN} < F_{sp} = 61{,}6\,\text{kN}$

3. **Bestimmung des Montage-Anziehdrehmoments M_A – Spannmoments M_{sp}**
   $M_A = M_{sp} = \mathbf{137\,N\,m}$ aus TB 8-14

4. **Statischer und dynamischer Nachweis:** entfällt

5. **Bestimmung der Flächenpressung unter Schraubenkopf p**

$$p = \dfrac{F_{sp} + \Phi \cdot F_B}{A_p} = \dfrac{(61{,}6 + 0) \cdot 10^3}{73{,}2}\,\dfrac{\text{N}}{\text{mm}^2} = \mathbf{842\,\dfrac{N}{mm^2}} > p_G = 770\,\dfrac{\text{N}}{\text{mm}^2}$$

$$(8.36/8\text{-}44)$$

Ergebnis: Flächenpressung zu groß (Grenzflächenpressung p_G aus TB 8-10b)
Werkstoff der Hohlwelle ändern z. B. in 34CrMo4 ($p_G = 1\,170\,\text{N/mm}^2$); Schrauben mit Flansch DIN EN 1665 ($A_p = 301{,}7\,\text{mm}^2$) oder Unterlegscheiben verwenden.

ⓘ 8.20

Berechnungsgang nach Lehrbuch 8.3.9-2, da vorgespannte Befestigungsschraube Übertragung des Drehmomentes erfolgt allein durch Reibschluss zwischen den ringförmigen Stirnflächen der Flansche

1) **Vorwahl der Schraubengröße bzw. Festigkeitsklasse**
   Entfällt, da vorhandene Schrauben verwendet werden sollen. Die Anzahl der Schrauben kann mit Gl. (8.18) ermittelt werden, die erforderliche Klemmkraft mit Gl. (8.30), indem $F_{VM} = F_{sp}$ gesetzt wird.
   Aus TB 8-14 ergibt sich: $F_{sp} =$ **18,1 kN** für M8-8.8 und $\mu = 0,14$ (TB 8-12a, mikroverkapselter Klebstoff)

2) **Bestimmung der erforderlichen Schraubenanzahl**

$$z = \frac{F_{Qges}}{\mu \cdot F_{Kl}} = \frac{2 \cdot T/D}{\mu \cdot F_{Kl}} \qquad (8.18/8\text{-}21)$$

Bestimmung der Klemmkraft F_{Kl} in der Trennfuge aus Gl. (8.30/8-34)

$$F_{Kl} = \frac{F_{sp}}{k_A} - F_Z \qquad (8.30/8\text{-}34)$$

Bestimmung des Anziehfaktors k_A
$k_A = 1,4$ bis **1,6** aus TB 8-11 (drehmomentgesteuertes Anziehen bei versuchsmäßiger Bestimmung der Anziehdrehmomente am Originalbauteil – größerer Wert für kleinere Anzahl von Einstell- und Kontrollversuchen)

Bestimmung der Nachgiebigkeit der Bauteile δ_T

$$\delta_T = \frac{l_k}{A_{ers} \cdot E_T} = \frac{10\,\text{mm}}{103\,\text{mm}^2 \cdot 115 \cdot 10^3\,\frac{N}{\text{mm}^2}} = \mathbf{0{,}844 \cdot 10^{-6}\frac{mm}{N}} \qquad (8.9/8\text{-}10)$$

mit

$$A_{ers} = \frac{\pi}{4} \cdot (d_w^2 - d_h^2) + \frac{\pi}{8} \cdot d_w \cdot (D_A - d_w) \cdot \left[(x+1)^2 - 1\right]$$

$$= \frac{\pi}{4} \cdot (13^2 - 9^2)\,\text{mm}^2 + \frac{\pi}{8} \cdot 13 \cdot (16 - 13)\,\text{mm}^2 \cdot \left[1{,}798^2 - 1\right]$$

$$= 103\,\text{mm}^2 \qquad (8.10/8\text{-}11)$$

$$x = \sqrt[3]{\frac{l_k \cdot d_w}{D_A^2}} = \sqrt[3]{\frac{10\,\text{mm} \cdot 13\,\text{mm}}{16^2\,\text{mm}^2}} = 0{,}798$$

D_A aus Zeichnung; $d_w = s$ nach TB 8-8 und d_h nach TB 8-8 (Reihe mittel)

8 Schraubenverbindungen

Bestimmung der Nachgiebigkeit der Schraube δ_S

$$\delta_S = \frac{1}{E_S} \cdot \left(\frac{l_K}{A_N} + \frac{l_G}{A_3} + \frac{l_{Ge}}{A_3} \right) + \frac{l_M}{E_M \cdot A_N}$$

$$= \frac{1}{210 \cdot 10^3} \cdot \left(\frac{0{,}5 \cdot 8}{\pi \cdot \frac{8^2}{4}} + \frac{10}{32{,}84} + \frac{0{,}5 \cdot 8}{32{,}84} \right) \frac{\text{mm}}{\text{N}} + \frac{0{,}33 \cdot 8}{96 \cdot 10^3 \cdot \pi \cdot \frac{8^2}{4}} \frac{\text{mm}}{\text{N}}$$

$$= \mathbf{2{,}96 \cdot 10^{-6} \frac{\text{mm}}{\text{N}}} \qquad (8.8/8\text{-}9)$$

mit $l_G = l_k = 10$ mm ($l_1 = 0$; Gewinde bis Schraubenkopf nach TB 8-8); $E_M = E_T$ für CuSn10-C (mittlerer Wert für E-Modul aus TB 1-3a)

Bestimmung des Vorspannkraftverlustes F_z infolge Setzens

$$F_Z = \frac{f_Z}{\delta_T + \delta_S} = \frac{10 \cdot 10^{-3} \text{ mm}}{(0{,}844 \cdot 10^{-6} + 2{,}96 \cdot 10^{-6}) \frac{\text{mm}}{\text{N}}} = \mathbf{2{,}63 \cdot 10^3 \text{ N}} \qquad (8.19/8\text{-}22)$$

mit $f_Z = 10\,\mu\text{m}$ aus TB 8-10a für Querkraft, Rz $= (10 \ldots < 40)\,\mu\text{m}$; $1 \times$ Gewinde $+1\times$ Kopfauflage $+1\times$ innere Trennfuge

Klemmkraft F_{Kl} in der Trennfuge

$$F_{Kl} = \frac{18{,}1 \cdot 10^3 \text{ N}}{1{,}6} - 2{,}63 \cdot 10^3 \text{ N} = \mathbf{8{,}68 \cdot 10^3 \text{ N}}$$

erforderlichen Schraubenanzahl

$$z = \frac{2 \cdot T/D}{\mu \cdot F_{Kl}} = \frac{2 \cdot 550 \cdot 10^3 \text{ N mm}/140 \text{ mm}}{0{,}15 \cdot 8{,}68 \cdot 10^3 \text{ N}} = 6{,}1$$

mit $\mu = 0{,}15 \ldots 0{,}2$ aus TB 8-12b für EN-GJL auf Bronze, geschmiert, kleinerer Wert sicherheitshalber gewählt
gewählt: **8 Schrauben**

Prüfung, ob der zum Anziehen erforderliche Mindestabstand der Schrauben auf dem Lochkreisdurchmesser gewährleistet ist
$\frac{\pi \cdot D}{z} = \pi \cdot 140 \text{ mm}/8 = 55 \text{ mm} > 3 \cdot d = 3 \cdot 8 \text{ mm} = 24 \text{ mm}$
Ergebnis: 8 Schrauben können problemlos auf Lochkreisdurchmesser angeordnet werden

3) **Bestimmung des Montage-Anziehdrehmoments M_A – Spannmoments M_{sp}**
   $M_A = M_{sp} = \mathbf{27{,}3\,\text{N m}}$ aus TB 8-14
4) **Statischer und dynamischer Nachweis:**
   entfällt

5) Bestimmung der Flächenpressung p unter Schraubenkopf

$$p = \frac{F_{sp}}{A_p} = \frac{18{,}1 \cdot 10^3}{42} \frac{N}{mm^2} = \mathbf{431 \frac{N}{mm^2}} > p_G = 850 \frac{N}{mm^2} \qquad (8.36/8\text{-}44)$$

Ergebnis: Flächenpressung wird nicht überschritten (Grenzflächenpressung p_G aus TB 8-10b, A_p aus TB 8-8)

8.21

a) **Berechnungsgang nach Lehrbuch 8.3.9-2, da vorgespannte Befestigungsschraube**
   1) **Vorwahl der Festigkeitsklasse**

Bestimmung der auf die Schrauben wirkenden Kräfte nach Skizzen

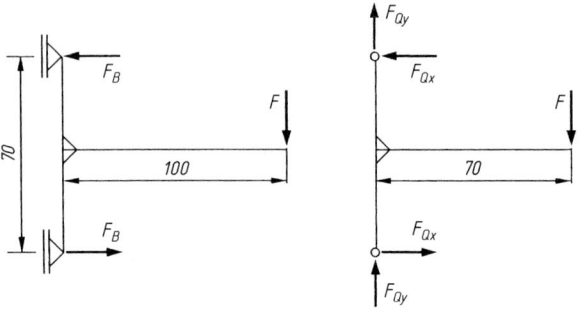

- **größte Längskraft F_B pro Schraube**
  Zur Berechnung der in der Schraube wirkenden Betriebskräfte (Längskräfte) kann vereinfacht der Seilbock um die untere Schraube kippend angenommen werden (linke Skizze). Damit ergibt sich:

$$\sum M_{unten} = 0 = F_B \cdot 70 - F \cdot 100 \Rightarrow F_B = F \cdot \frac{100}{70} = 1{,}43 \cdot F$$

$$F_{Bo} = 1{,}43 \cdot \frac{F_{max}}{z} = 1{,}43 \cdot \frac{5\,000\,N}{1} = \mathbf{7\,140\,N}$$

$$F_{Bu} = 1{,}43 \cdot \frac{F_{min}}{z} = 1{,}43 \cdot \frac{2\,000\,N}{1} = \mathbf{2\,860\,N}$$

mit z = Anzahl der Schrauben in der Skizze oben
Hinweis: Eine genauere Berechnung der Betriebskraft ist nach Lehrbuch 8.4.5 mit Gl. (8.51/8-66) möglich. Es ergeben sich etwas größere Betriebskräfte, die aber nur zu einer geringfügigen Erhöhung von F_{VM} führen.

8 Schraubenverbindungen

- **größte Querkraft F_Q pro Schraube**
  Die Berechnung der Querkraft erfolgt mit der rechten Skizze (Ansicht von oben auf den Seilbock)

$$\sum F_y = 0 = 2 \cdot F_{Qy} - F, \Rightarrow F_{Qy} = F/2$$

$$\sum M_{unten} = 0 = F_{Qx} \cdot 70 - F \cdot 70, \Rightarrow F_{Qx} = F$$

$$F_Q = \sqrt{F_{Qx}^2 + F_{Qy}^2} = \sqrt{F_{max}^2 + \left(\frac{F_{max}}{2}\right)^2}$$

$$= \sqrt{(5\,000\,\text{N})^2 + \left(\frac{5\,000\,\text{N}}{2}\right)^2} = \mathbf{5\,590\,\text{N}}$$

Wahl der Festigkeitsklasse nach TB 8-13
- statische axiale Belastung $F_{Bo} = 7{,}14\,\text{kN}$ und M16: 4.6
- dynamische axiale Belastung $F_B \approx F_{Bo} - F_{Bu} = 7{,}14\,\text{kN} - 2{,}86\,\text{kN} = 4{,}28\,\text{kN}$ und M16: 4.6 (bei dynamischer Belastung ist Lastschwankung entscheidend, daher hier $F_B \approx F_{Bo} - F_{Bu}$ gewählt)
- statische Querkraft $F_Q = 5{,}59\,\text{kN}$ und M16: **8.8**

überschlägige Bestimmung der Flächenpressung p

$$p = \frac{F_{sp}}{0{,}9 \cdot A_p} = \frac{80{,}9 \cdot 10^3}{0{,}9 \cdot 157}\,\frac{\text{N}}{\text{mm}^2} = 573\,\frac{\text{N}}{\text{mm}^2} < p_G = 760\,\frac{\text{N}}{\text{mm}^2} \qquad (8.4/8\text{-}5)$$

mit F_{sp} aus TB 8-14 für M16 – 8.8, $\mu_{ges} = 0{,}12$ aus TB 8-12a; A_p aus TB 8-8
Die zulässige Flächenpressung für GE 300+N muss abgeschätzt werden. Da es sich um einen unlegierten Stahl mit einer Zugfestigkeit R_m größer als bei S355 handelt, wird p_G von S355 für den Nachweis verwendet.

2) **Bestimmung der Montagevorspannkraft**

$$F_{VM} = k_A \cdot [F_{Kl} + F_B \cdot (1 - \Phi) + F_Z] \qquad (8.29/8\text{-}33)$$

Bestimmung des Anziehfaktors k_A
$k_A = \mathbf{1{,}7}$ bis $\mathbf{2{,}5}$ aus TB 8-11 (drehmomentgesteuertes Anziehen bei geschätztem Reibungskoeffizient $\mu_G = \mu_K = 0{,}12$ nach TB 8-12a für galvanisch verzinkte Schrauben – kleinerer Wert für messende Drehmomentschlüssel)

Bestimmung der Nachgiebigkeit der Bauteile δ_T

$$\delta_T = \frac{l_k}{A_{ers} \cdot E_T} = \frac{24\,\text{mm}}{436\,\text{mm}^2 \cdot 210 \cdot 10^3\,\frac{\text{N}}{\text{mm}^2}} = \mathbf{0{,}262 \cdot 10^{-6}\,\frac{\text{mm}}{\text{N}}} \qquad (8.9/8\text{-}10)$$

mit

$$A_{\text{ers}} = \frac{\pi}{4} \cdot (d_w^2 - d_h^2) + \frac{\pi}{8} \cdot d_w \cdot (D_A - d_w) \cdot \left[(x+1)^2 - 1\right]$$
$$= \frac{\pi}{4} \cdot (24^2 - 17{,}5^2)\,\text{mm}^2 + \frac{\pi}{8} 24 \cdot (35-24)\,\text{mm}^2 \cdot \left[1{,}778^2 - 1\right]$$
$$= 436\,\text{mm}^2 \qquad (8.10/8\text{-}11)$$

$$x = \sqrt[3]{\frac{l_k \cdot d_w}{D_A^2}} = \sqrt[3]{\frac{24\,\text{mm} \cdot 24\,\text{mm}}{35^2\,\text{mm}^2}} = 0{,}778$$

für $d_w \leq D_A \leq d_w + l_k$

D_A aus Zeichnung; $d_w \approx s$ nach TB 8-8 (ISO 4017: $d_{w\,\text{min}} = 22{,}5$ mm) und d_h nach TB 8-8 (Reihe mittel)

Bestimmung der Nachgiebigkeit der Schraube δ_S

$$\delta_S = \frac{1}{E_S} \cdot \left(\frac{l_K}{A_N} + \frac{l_1}{A_{d1}} + \frac{l_G}{A_3} + \frac{l_{Ge}}{A_3}\right) + \frac{l_M}{E_M \cdot A_N}$$
$$= \frac{1}{210 \cdot 10^3} \cdot \left(\frac{0{,}5 \cdot 16}{\pi \cdot \frac{16^2}{4}} + 0 + \frac{24}{144{,}1} + \frac{0{,}5 \cdot 16}{144{,}1}\right) \frac{\text{mm}}{\text{N}} + \frac{0{,}4 \cdot 16}{210 \cdot 10^3 \cdot \pi \cdot \frac{16^2}{4}} \frac{\text{mm}}{\text{N}}$$
$$= \mathbf{1{,}40 \cdot 10^{-6} \frac{\text{mm}}{\text{N}}} \qquad (8.8/8\text{-}9)$$

Schaftlänge $l_1 = 0$ mm da Gewindelänge bis Kopf; Kernquerschnitt A_3 nach TB 8-1; $E_M = E_S$

Bestimmung des Kraftverhältnisses Φ

$$\Phi = n \cdot \Phi_k = n \cdot \frac{\delta_T}{\delta_S + \delta_T} = 0{,}5 \cdot \frac{0{,}262 \cdot 10^{-6}\,\frac{\text{mm}}{\text{N}}}{(1{,}40 + 0{,}262) \cdot 10^{-6}\,\frac{\text{mm}}{\text{N}}} = \mathbf{0{,}079}$$
$$(8.17/8\text{-}20)$$

n gegeben (oder nach Lehrbuch Bild 8-14b wählen)

Bestimmung der Klemmkraft F_{Kl} in der Trennfuge

$$F_{Kl} = \frac{F_Q}{\mu} = \frac{5\,590\,\text{N}}{0{,}15} = \mathbf{37{,}3\,\text{kN}} \qquad (8.18/8\text{-}21)$$

mit $\mu = 0{,}15$ laut Aufgabenstellung

Bestimmung des Vorspannkraftverlustes F_z infolge Setzens

$$F_Z = \frac{f_Z}{\delta_S + \delta_T} = \frac{14{,}5 \cdot 10^{-3}\,\text{mm}}{(1{,}40 + 0{,}262) \cdot 10^{-6}\,\frac{\text{mm}}{\text{N}}} = \mathbf{8{,}72 \cdot 10^3\,\text{N}} \qquad (8.19/8\text{-}22)$$

mit $f_Z = 14{,}5\,\mu m$ aus TB 8-10a für Querkraft, Rz = (10 ... < 40) μm; 1× Gewinde + je 1× Kopf- und Mutternauflage +1× innere Trennfuge

Bestimmung der Montagevorspannkraft F_{VM} – Spannkraft F_{sp} und Festigkeitsklasse

$$F_{VM} = k_A \cdot [F_{Kl} + F_B \cdot (1 - \Phi) + F_Z] \leq F_{sp} \qquad (8.29/8\text{-}33)$$

$$F_{VM} = 1{,}7 \cdot [37{,}3 + 7{,}14 \cdot (1 - 0{,}079) + 8{,}72]\,kN = \mathbf{89{,}4\,kN} > F_{sp} = \mathbf{80{,}9\,kN}$$

Ergebnis: Festigkeitsklasse 8.8 nicht ausreichend

Korrektur auf M16-10.9

$$F_{VM} = \mathbf{89{,}4\,kN} < F_{sp} = \mathbf{119\,kN}$$

Weiterrechnung mit F_{sp}

3) **Bestimmung des Montage-Anziehdrehmoments M_A – Spannmoments M_{sp}**
$M_A = M_{sp} = \mathbf{302\,N\,m}$ aus TB 8-14

4) **Statischer Nachweis:**

$$F_{BS} = \Phi \cdot F_B = 0{,}079 \cdot 7\,140\,N < 0{,}1 \cdot R_{p0,2} \cdot A_s = 0{,}1 \cdot 940\,\frac{N}{mm^2} \cdot 157\,mm^2$$

$$F_{BS} = \mathbf{0{,}56\,kN} < 0{,}1 \cdot R_{p0,2} \cdot A_s = \mathbf{14{,}76\,kN} \qquad (8.34a/8\text{-}39)$$

$R_{p0,2}$ aus TB 8-4, A_s aus TB 8-1
Ergebnis: Schraubenverbindung hält

Dynamischer Nachweis

$$\sigma_a = \frac{F_a}{A_s} \leq \sigma_{A(SV)} \qquad (8.20a/8\text{-}23)$$

$$\sigma_a = \pm \frac{\Phi \cdot (F_{Bo} - F_{Bu})}{2 \cdot A_s} = \pm \frac{0{,}079 \cdot (7{,}14 - 2{,}86) \cdot 10^3}{2 \cdot 157}\,\frac{N}{mm^2} = \pm\mathbf{1{,}1}\,\frac{\mathbf{N}}{\mathbf{mm^2}}$$
$$(8.15/8\text{-}18)$$

$$\sigma_{A(SV)} \approx \pm 0{,}85 \cdot \left(\frac{150}{d} + 45\right) = \pm 0{,}85 \cdot \left(\frac{150}{16} + 45\right)\frac{N}{mm^2} = \pm\mathbf{46{,}2}\,\frac{\mathbf{N}}{\mathbf{mm^2}}$$
$$(8.21/8\text{-}24)$$

Ergebnis: Schraubenverbindung ist dauerfest

5) **Bestimmung der Flächenpressung p unter Schraubenkopf**

$$p = \frac{F_{sp} + \Phi \cdot F_B}{A_p} = \frac{(119 + 0{,}079 \cdot 7{,}14) \cdot 10^3}{157}\,\frac{N}{mm^2} = \mathbf{762}\,\frac{\mathbf{N}}{\mathbf{mm^2}}$$

$$\approx p_G = 760\,\frac{N}{mm^2} \qquad (8.36/8\text{-}44)$$

Ergebnis: Flächenpressung noch zulässig (Grenzflächenpressung p_G siehe bei 1))

8.22

a) 4 Sechskantschrauben DIN 7990 – M 27 × 80 – Mu – 4.6 mit 4 Scheiben DIN 7989 – 27 – A – 100HV, $d_0 = 28$ mm ($d \approx \sqrt{50 \cdot 20\,\text{mm}} - 2 = 29{,}6$ mm, $d_{\max} = 28$ mm nach TB 1-9).

Abstände $e_1 = 60$ mm ($e_1 \geq 33{,}6$ mm), $p_1 = 70$ mm ($p_1 \geq 61{,}6$ mm), (Lochleibung erfordert gewählte Abstände); $e = w_1 - c_x = 60$ mm $- 48{,}9$ mm ≈ 11 mm (Werte aus TB 1-9)

maximale Schraubenkraft $F_{v\,\text{Ed}} = \sqrt{(F/4)^2 + F_v^2} = 203{,}4$ kN ($M = F \cdot a = 796{,}5$ kN · 11 mm $= 8{,}76 \cdot 10^6$ N mm, $F_v = 8{,}76 \cdot 10^6$ N mm$/(3 \cdot 70$ mm$) = 41{,}7$ kN)

Nachweis Tragfähigkeit äußere Schraube:
- auf Abscheren $F_{v\,\text{Rd}} = \beta \cdot \alpha_v \cdot A \cdot R_{mS}/\gamma_{M2} = 1 \cdot 0{,}6 \cdot \pi/4 \cdot 27^2$ mm$^2 \cdot$ 400 N/mm$^2/1{,}25 = 109{,}9$ kN, $F_{v\,\text{Rd}} > F_{v\,\text{Ed}}/2 = 203{,}4$ kN$/2 = 101{,}7$ kN (2 Trennfugen).
- auf Lochleibung $F_{b\,\text{Rd}} = k_1 \cdot \alpha_b \cdot d \cdot t \cdot R_m/\gamma_{M2} = 2{,}5 \cdot 0{,}583 \cdot 27$ mm $\cdot 20$ mm $\cdot$ 360 N/mm$^2/1{,}25 = 226{,}6$ kN,

$F_{b\,\text{Rd}} > F_{v\,\text{Ed}} = 203{,}4$ kN

$\perp$ Kraftrichtung (keine inneren Schrauben, da einreihig)

$k_1 = 2{,}5 = \min\{2{,}8 \cdot e_2/d_0 - 1{,}7 = 2{,}8 \cdot 90$ mm$/28$ mm $- 1{,}7 = 7{,}3$ und $2{,}5\}$

$\parallel$ Kraftrichtung

$\alpha_b = 0{,}583 = \min\{e_1/(3 \cdot d_0) = 60$ mm$/(3 \cdot 28$ mm$) = 0{,}714$ und $p_1/(3 \cdot d_0) - 1/4 = 70$ mm$/(3 \cdot 28$ mm$) - 1/4 = 0{,}583$ und $R_{mS}/R_m = 400$ N/mm$^2/360$ N/mm$^2 = 1{,}11$ und $1{,}0\}$

Tragfähigkeitsnachweis Zugstab: Plastische Beanspruchbarkeit des Bruttoquerschnitts $N_{pl\,\text{Rd}} = A \cdot R_e/\gamma_{M0} = 2 \cdot 2\,870$ mm$^2 \cdot 235$ N/mm$^2/1{,}0 = 1\,349$ kN $> N_{\text{Ed}} = F = 796{,}5$ kN

Zugbeanspruchbarkeit des Nettoquerschnitts $N_{u\,\text{Rd}} = 0{,}9 \cdot A_{\text{net}} \cdot R_m/\gamma_{M2} = 0{,}9 \cdot 2 \cdot 2\,534$ mm$^2 \cdot 360$ N/mm$^2/1{,}25 = 1\,314$ kN $> N_{\text{Ed}} = 796{,}5$ kN (A aus TB 1-9, $A_{\text{net}} = A - (d_0 \cdot t \cdot z) = 2\,870$ mm$^2 - (28$ mm $\cdot 12$ mm $\cdot 1)$ mm$^2 = 2\,534$ mm^2)

Tragfähigkeitsnachweis Knotenblech $\sigma = F/(b \cdot t_K) = 796{,}5$ kN$/(214{,}5$ mm $\cdot 20$ mm$) = 186$ N/mm$^2 < 0{,}9 \cdot R_m/\gamma_{M2} = 0{,}9 \cdot 360$ N/mm$^2/1{,}25 = 259$ N/mm^2 ($b \approx 2 \cdot \tan 30° \cdot 210$ mm $- 28$ mm $= 214{,}5$ mm, s. Lehrbuch Bild 6.38)

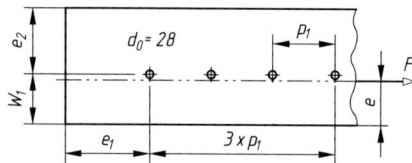

b) 3 Sechskantschrauben DIN 7968 – M 27 × 80 – Mu – 5.6 mit 3 Scheiben DIN 7989 – 27 – A – 100HV, $d_0 = 28$ mm.

Abstände $e_1 = 60$ mm ($e_1 \geq 33{,}6$ mm), $p_1 = 80$ mm ($p_1 \geq 61{,}6$ mm), (Lochleibung erfordert gewählte Abstände); $e = w_1 - c_x = 60$ mm $- 48{,}9$ mm ≈ 11 mm (Werte aus

TB 1-9) maximale Schraubenkraft $F_{vEd} = \sqrt{(F/3)^2 + F_v^2} = 271{,}1$ kN ($M = 8{,}76 \cdot 10^6$ N mm, $F_v = 8{,}76 \cdot 10^6$ N mm$/(2 \cdot 80$ mm$) = 54{,}8$ kN)

Nachweis Tragfähigkeit äußere Schraube:
- auf Abscheren $F_{vRd} = \beta \cdot \alpha_v \cdot A \cdot R_{mS}/\gamma_{M2} = 1 \cdot 0{,}6 \cdot \pi/4 \cdot 28^2$ mm² $\cdot 500$ N/mm²$/1{,}25 = 147{,}8$ kN, $F_{vRd} > F_{vEd}/2 = 271{,}1$ kN$/2 = 135{,}5$ kN (2 Trennfugen)
- auf Lochleibung $F_{bRd} = k_1 \cdot \alpha_b \cdot d \cdot t \cdot R_m/\gamma_{M2} = 2{,}5 \cdot 0{,}702 \cdot 28$ mm $\cdot 20$ mm $\cdot 360$ N/mm²$/1{,}25 = 283{,}2$ kN,

$F_{bRd} > F_{vEd} = 271{,}1$ kN

$\perp$ Kraftrichtung k_1 siehe a)

$\parallel$ Kraftrichtung

$\alpha_b = 0{,}702 = \min\{e_1/(3 \cdot d_0) = 60/(3 \cdot 28$ mm$) = 0{,}714$ und $p_1/(3 \cdot d_0) - 1/4 = 80/(3 \cdot 28$ mm$) - 1/4 = 0{,}702$ und $R_{mS}/R_m = 500$ N/mm²$/360$ N/mm² $= 1{,}39$ und $1{,}0\}$

Tragfähigkeitsnachweis Zugstab wie bei a)

Tragfähigkeitsnachweis Knotenblech $\sigma = F/(b \cdot t_K) = 796{,}5$ kN$/(157$ mm $\cdot 20$ mm$) = 254$ N/mm² $< 0{,}9 \cdot R_m/\gamma_{M2} = 0{,}9 \cdot 360$ N/mm²$/1{,}25 = 259$ N/mm² ($b \approx 2 \cdot \tan 30° \cdot 160$ mm $- 28$ mm $= 157$ mm)

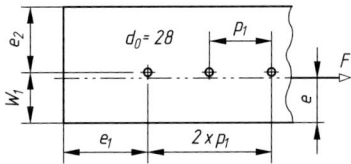

c) 4 Sechskantschrauben DIN EN 14399-M 27×80-10.9 mit 4 Scheiben DIN 7989-27-A-100HV, $d_0 = 28$ mm.

Abstände und maximale Schraubenkraft wie a)

Nachweis Tragfähigkeit äußere Schraube:
- auf Abscheren $F_{vRd} = \beta \cdot \alpha_v \cdot A \cdot R_{mS}/\gamma_{M2} = 1 \cdot 0{,}5 \cdot \pi/4 \cdot 27^2$ mm² $\cdot 1\,000$ N/mm²$/1{,}25 = 229$ kN, $F_{vRd} > F_{vEd}/2 = 203{,}4$ kN$/2 = 101{,}7$ kN (2 Trennfugen).
- auf Lochleibung wie a)
- Gebrauchstauglichkeit (Kategorie B) $F_{sRd,ser} = k_s \cdot n \cdot \mu \cdot F_V/\gamma_{M3,ser} = 1 \cdot 2 \cdot 0{,}4 \cdot 321{,}3$ kN$/1{,}1 = 233{,}7$ kN, $F_{sRd,sev} > F_{vEd,sev} = 203{,}4$ kN ($F_V = 0{,}7 R_{mS} \cdot A_s = 0{,}7 \cdot 1\,000$ N/mm² $\cdot 459$ mm² $= 321{,}3$ kN mit A_s aus TB 8-1)

Tragfähigkeitsnachweis Zugstab/Knotenblech wie a)

Anschlussbild wie bei a)

8.23

Lochleibung für Tragfähigkeit entscheidend: $N_{Ed} = 3 \cdot F_{vEd} \leq 320{,}5$ kN (3 Schrauben)
Tragfähigkeitsnachweis Schrauben

- auf Abscheren $F_{vRd} = \beta \cdot \alpha_v \cdot A \cdot R_{mS}/\gamma_{M2} = 1 \cdot 0{,}6 \cdot 2 \cdot \pi/4 \cdot 20^2 \cdot \text{mm}^2 \cdot 400\,\text{N/mm}^2/1{,}25 = 120{,}6$ kN (2 Scherfugen), $N_{Ed} \leq 3 \cdot F_{vRd} = 3 \cdot 120{,}6\,\text{kN} = 361{,}9$ kN. ($F_{vRd} \geq F_{vEd} = N_{Ed}/3$)
- auf Lochleibung $F_{bRd} = k_1 \cdot \alpha_b \cdot d \cdot t \cdot R_m/\gamma_{M2} = 2{,}5 \cdot 0{,}53 \cdot 20\,\text{mm} \cdot 14\,\text{mm} \cdot 360\,\text{N/mm}^2/1{,}25 = 106{,}8$ kN
  $N_{Ed} \leq 3 \cdot F_{bRd} = 3 \cdot 106{,}8\,\text{kN} = 320{,}5$ kN.
  $\perp$ Kraftrichtung (keine inneren Schrauben, da einreihig)
  $k_1 = 2{,}5 = \min\{2{,}8 \cdot e_2/d_0 - 1{,}7 = 2{,}8 \cdot 55\,\text{mm}/22\,\text{mm} - 1{,}7 = 5{,}3$ und $2{,}5\}$
  $\parallel$ Kraftrichtung – Randschraube
  $\alpha_b = 0{,}53 = \min\{e_1/(3 \cdot d_0) = 35/(3 \cdot 22\,\text{mm}) = 0{,}53$ und
  $R_{mS}/R_m = 400\,\text{N/mm}^2/360\,\text{N/mm}^2 = 1{,}11$ und $1{,}0\}$
  $\parallel$ Kraftrichtung – Innere Schraube für $p_1 = 55\,\text{mm} > 2{,}2 d_0 = 48{,}4\,\text{mm}$
  $\alpha_b = 0{,}583 = \min\{p_1/(3 \cdot d_0) - 1/4 = 55/(3 \cdot 22\,\text{mm}) - 1/4 = 0{,}583$ und $R_{mS}/R_m = 400\,\text{N/mm}^2/360\,\text{N/mm}^2 = 1{,}11$ und $1{,}0\}$

Tragfähigkeitsnachweis Bauteile

- Stab: Plastische Beanspruchbarkeit des Bruttoquerschnitts
  $N_{plRd} = A \cdot R_e/\gamma_{M0} = 2\,200\,\text{mm}^2 \cdot 235\,\text{N/mm}^2/1{,}0 = 517\,\text{kN} \geq N_{Ed} = 320{,}5$ kN
  ($A = 2 \cdot 110\,\text{mm} \cdot 10\,\text{mm} = 2\,200\,\text{mm}^2$)
  Zugbeanspruchbarkeit des Nettoquerschnitts
  $N_{uRd} = 0{,}9 \cdot A_{net} \cdot R_m/\gamma_{M2} = 0{,}9 \cdot 1\,760\,\text{mm}^2 \cdot 360\,\text{N/mm}^2/1{,}25 = 456\,\text{kN} \geq N_{Ed} = 320{,}5\,\text{kN}$ ($A_{net} = A - (d_0 \cdot t \cdot z) = 2\,200\,\text{mm}^2 - (22\,\text{mm} \cdot 10\,\text{mm} \cdot 2) = 1\,760\,\text{mm}^2$)
- Knotenblech: Plastische Beanspruchbarkeit des Bruttoquerschnitts
  $N_{plRd} = 2\,520\,\text{mm}^2 \cdot 235\,\text{N/mm}^2/1{,}0 = 592\,\text{kN} \geq N_{Ed} = 320{,}5\,\text{kN}$ ($A = 180\,\text{mm} \cdot 14\,\text{mm} = 2\,520\,\text{mm}^2$)
  Zugbeanspruchbarkeit des Nettoquerschnitts $N_{uRd} = 0{,}9 \cdot A_{net} \cdot R_m/\gamma_{M2} = 0{,}9 \cdot 2\,212\,\text{mm}^2 \cdot 360\,\text{N/mm}^2/1{,}25 = 573\,\text{kN} \geq N_{Ed} = 320{,}5\,\text{kN}$ ($A_{net} = 2\,520\,\text{mm}^2 - (22\,\text{mm} \cdot 14\,\text{mm} \cdot 1) = 2\,212\,\text{mm}^2$).

8.24

a) 2 Sechskantschrauben DIN 7990 – M20 × 50 – Mu – 4.6, 2 Scheiben DIN 7989 – 20 – A – HV100 mit $d_0 = 22\,\text{mm}$ ($d \approx \sqrt{50 \cdot 8\,\text{mm}} - 2 = 18\,\text{mm}$, $d_{max} = 23\,\text{mm}$ nach TB 1-9).
Abstände $e_1 = 30\,\text{mm}$ ($e_1 \geq 1{,}2 \cdot d_0 = 26{,}4\,\text{mm}$), $p_1 = 60\,\text{mm}$ ($p_1 \geq 2{,}2 \cdot d_0 = 48{,}4\,\text{mm}$), $e_2 = a - w_1 = (80 - 45)\,\text{mm} = 35\,\text{mm}$ (Tragfähigkeit des Zugstabes erfordert gewählte Abstände),

8 Schraubenverbindungen

Tragfähigkeitsnachweis Zugstab
Einschenklige mit einer Schraubenreihe angeschlossene Winkel dürfen wie zentrisch belastete Winkel bemessen werden, wenn die Tragfähigkeit N_{uRd} nach Gl. (7.1b/7-8) bestimmt wird.

$N_{uRd} = \beta_2 \cdot A_{net} \cdot R_m/\gamma_{M2} = 0{,}428 \cdot 725\,mm^2 \cdot 360\,N/mm^2/1{,}25 = 89{,}4\,kN > N_{Ed} = 85\,kN$ ($\beta_2 = 0{,}4 + 0{,}3\,(2{,}73 - 2{,}5)/(5{,}0 - 2{,}5) = 0{,}428$ mit $p_1/d_0 = 60\,mm/22\,mm = 2{,}73$, $A_{net} = A - d_0 \cdot t = 901\,mm^2 - 22\,mm \cdot 8\,mm = 725\,mm^2$)

Tragfähigkeitsnachweis Schrauben
- auf Abscheren $F_{vRd} = \beta \cdot \alpha_v \cdot A \cdot R_{mS}/\gamma_{M2} = 1 \cdot 0{,}6 \cdot \pi/4 \cdot 20^2\,mm^2 \cdot 400\,N/mm^2/1{,}25 = 60{,}3\,kN$ (1 Scherfuge), $F_{vRd} > F_{vEd} = N_{Ed}/2 = 85\,kN/2 = 42{,}5\,kN$ (2 Schrauben)
- auf Lochleibung $F_{bRd} = k_1 \cdot \alpha_b \cdot d \cdot t \cdot R_m/\gamma_{M2} = 2{,}5 \cdot 0{,}455 \cdot 20\,mm \cdot 8\,mm \cdot 360\,N/mm^2/1{,}25 = 52{,}4\,kN$

$F_{bRd} > F_{vEd} = 42{,}5\,kN$ (2 Schrauben)

⊥ Kraftrichtung (keine inneren Schrauben, da einreihig)
$k_1 = 2{,}5 = \min\{2{,}8 \cdot e_2/d_0 - 1{,}7 = 2{,}8 \cdot 35\,mm/22\,mm - 1{,}7 = 2{,}76$ und $2{,}5\}$

∥ Kraftrichtung
$\alpha_b = 0{,}455 = \min\{e_1/(3 \cdot d_0) = 30/(3 \cdot 22\,mm) = 0{,}455$ und $p_1/(3 \cdot d_0) - 1/4 = 60\,mm/(3 \cdot 22\,mm) - 1/4 = 0{,}659$ und $R_{mS}/R_m = 400\,N/mm^2/360\,N/m^2 = 1{,}11$ und $1{,}0\}$

b) 2 Sechskantschrauben DIN 7990 – M20 × 45 – Mu – 4.6, 2 Scheiben DIN 7989 – 20 – A – HV100 Abstände $e_1 = 35\,mm$ ($e_1 \geq 1{,}2 \cdot d_0 = 26{,}4\,mm$), $p_1 = 50\,mm$ ($p_1 \geq 2{,}2 \cdot d_0 = 48{,}4\,mm$), (Lochleibung erfordert gewählte Abstände);
Tragfähigkeitsnachweis Zugstab nach Gl. (6.4/6-3)

$$\sigma_{xEd} = \frac{N_{Ed}}{A} + \frac{M_x}{I_x} \cdot e_z = \frac{85 \cdot 10^3\,N}{1\,350\,mm^2} + \frac{1\,742{,}5 \cdot 10^3\,N\,mm}{29{,}3 \cdot 10^4\,mm^4} \cdot 15{,}5\,mm$$
$$= 155{,}1\,\frac{N}{mm^2} \leq \frac{R_e}{\gamma_{M0}} = 235\,\frac{N}{mm^2}$$

mit $M_x = F \cdot (e + t/2) = 85 \cdot 10^3\,N \cdot (15{,}5\,mm + 10\,mm/2) = 1\,742{,}5\,N\,m$

Tragfähigkeitsnachweis Schrauben
- auf Abscheren $F_{vRd} = \beta \cdot \alpha_v \cdot A \cdot R_{mS}/\gamma_{M2} = 1 \cdot 0{,}6 \cdot \pi/4 \cdot 20^2\,mm^2 \cdot 400\,N/mm^2/1{,}25 = 60{,}3\,kN$ (1 Scherfuge), $F_{vRd} > F_{vEd} = N_{Ed}/2 = 85\,kN/2 = 42{,}5\,kN$ (2 Schrauben)
- auf Lochleibung $F_{bRd} = k_1 \cdot \alpha_b \cdot d \cdot t \cdot R_m/\gamma_{M2} = 2{,}5 \cdot 0{,}508 \cdot 20\,mm \cdot 6\,mm \cdot 360\,N/mm^2/1{,}25 = 43{,}9\,kN$

$F_{bRd} > F_{vEd} = 42{,}5\,kN$ (2 Schrauben)

⊥ Kraftrichtung (keine inneren Schrauben, da einreihig)
$k_1 = 2{,}5 = \min\{2{,}8 \cdot e_2/d_0 - 1{,}7 = 2{,}8 \cdot 50\,mm/22\,mm - 1{,}7 = 4{,}66$ und $2{,}5\}$

∥ Kraftrichtung

$\alpha_b = 0{,}508 = \min\{e_1/(3 \cdot d_0) = 35/(3 \cdot 22\,\text{mm}) = 0{,}53$ und $p_1/(3 \cdot d_0) - 1/4 = 50/(3 \cdot 22\,\text{mm}) - 1/4 = 0{,}508$ und $R_{mS}/R_m = 400\,\text{N/mm}^2/360\,\text{N/mm}^2 = 1{,}11$ und $1{,}0\}$

8.25

8 Sechskantschrauben DIN 7990 – M16 × 55 – Mu – 4.6, 8 Scheiben DIN 7989 – 16 – A – 100HV, $d_0 = 18\,\text{mm}$, $e_2 = (b - w_1)/2 = (170 - 90)\,\text{mm}/2 = 40\,\text{mm}$.
$F_{max} = M_b/z \cdot l_1/(l_1^2 + l_2^2 + l_3^2) = 16{,}8 \cdot 10^6\,\text{Nmm}/2 \cdot 230\,\text{mm}/(230^2 + 150^2 + 70^2)\,\text{mm}^2 = 24{,}1\,\text{kN}$ ($M_b = F \cdot l_a = 16{,}8\,\text{kN m}$, 2 Schraubenreihen)
Tragfähigkeitsnachweis Schrauben

- auf Abscheren $F_{v\,Rd} = \beta \cdot \alpha_v \cdot A \cdot R_{mS}/\gamma_{M2} = 1 \cdot 0{,}6 \cdot \pi/4 \cdot 16^2\,\text{mm}^2 \cdot 400\,\text{N/mm}^2/1{,}25 = 38{,}6\,\text{kN}$ (1 Scherfuge), $F_{v\,Rd} > F_{v\,Ed} = 140\,\text{kN}/8 = 17{,}5\,\text{kN}$ (8 Schrauben).
- auf Lochleibung $F_{b\,Rd} = k_1 \cdot \alpha_b \cdot d \cdot t \cdot R_m/\gamma_{M2} = 2{,}5 \cdot 0{,}741 \cdot 16\,\text{mm} \cdot 12{,}7\,\text{mm} \cdot 360\,\text{N/mm}^2/1{,}25 = 108{,}4\,\text{kN}$, $F_{b\,Rd} > F_{v\,Ed} = 17{,}5\,\text{kN}$
  ⊥ Kraftrichtung (keine inneren Schrauben, da einreihig)
  $k_1 = 2{,}5 = \min\{2{,}8 \cdot e_2/d_0 - 1{,}7 = 2{,}8 \cdot 40\,\text{mm}/18\,\text{mm} - 1{,}7 = 4{,}52$ und $1{,}4 \cdot p_2/d_0 - 1{,}7 = 1{,}4 \cdot 90\,\text{mm}/18\,\text{mm} - 1{,}7 = 4{,}68$ und $2{,}5\}$
  ∥ Kraftrichtung
  $\alpha_b = 0{,}741 = \min\{e_1/(3 \cdot d_0) = 40\,\text{mm}/(3 \cdot 18\,\text{mm}) = 0{,}741$ und $p_1/(3 \cdot d_0) - 1/4 = 80\,\text{mm}/(3 \cdot 18\,\text{mm}) - 1/4 = 1{,}23$ und $R_{mS}/R_m = 400\,\text{N/mm}^2/360\,\text{N/mm}^2 = 1{,}11$ und $1{,}0\}$
- auf Zugkraft $F_{t\,Rd} = k_2 \cdot A_s \cdot R_{mS}/\gamma_{M2} = 0{,}9 \cdot 157\,\text{mm}^2 \cdot 400\,\text{N/mm}^2/1{,}25 = 45{,}2\,\text{kN}$, $F_{t\,Rd} > F_{t\,Ed} = F_{max} = 24{,}1\,\text{kN}$
- Interaktionsnachweis $\dfrac{F_{v\,Ed}}{F_{v\,Rd}} + \dfrac{F_{t\,Ed}}{1{,}4 F_{t\,Rd}} = \dfrac{17{,}5\,\text{kN}}{38{,}6\,\text{kN}} + \dfrac{24{,}1\,\text{kN}}{1{,}4 \cdot 45{,}2\,\text{kN}} = 0{,}83 < 1{,}0$

Überprüfung der Rand- und Lochabstände (s. TB 7-2)
$e_1 = 40\,\text{mm} > 1{,}2 \cdot d_0 = 1{,}2 \cdot 18\,\text{mm} = 21{,}6\,\text{mm}$ und $e_1 < 4 \cdot t + 40\,\text{mm} = 90{,}8\,\text{mm}$ ($t = 12{,}7\,\text{mm}$), $p_1 = 80\,\text{mm} > 2{,}2 \cdot d_0 = 2{,}2 \cdot 18\,\text{mm} = 39{,}6\,\text{mm}$ und $p_1 < 14 \cdot t$ bzw. $200\,\text{mm}$
e_2 und p_2 durch Profil in DIN 1025 vorgegeben.

8.26

a) $\sigma_{x\,Ed} < R_e/\gamma_{M0} = 235\,\text{N/mm}^2$ ($\gamma_{M0} = 1{,}0$) mit $\sigma_{x\,Ed} = M_b/W_b + F/A = (-322 \cdot 10^3\,\text{Nmm}/1\,610\,\text{mm}^3 - 7 \cdot 10^3\,\text{N}/1\,208\,\text{mm}^2) = -206\,\text{N/mm}^2$ (mittragende Breite $b = 98\,\text{mm} + 2 \cdot \tan 30° \cdot (50 - 4)\,\text{mm} = 151\,\text{mm}$, $A = 151\,\text{mm} \cdot 8\,\text{mm} = 1\,208\,\text{mm}^2$, $W_b = 151\,\text{mm} \cdot 8^2\,\text{mm}^2/6 = 1\,610\,\text{mm}^3$, $M_b = 7\,000\,\text{N} \cdot (50 - 4)\,\text{mm} = 322\,000\,\text{Nmm}$, $s = 8\,\text{mm}$).

b) Tragfähigkeitsnachweis Schrauben
- auf Abscheren $F_{v\,Rd} = \beta \cdot \alpha_v \cdot A \cdot R_{mS}/\gamma_{M2} = 1 \cdot 0{,}6 \cdot \pi/4 \cdot 16^2\,\text{mm}^2 \cdot 400\,\text{N/mm}^2/1{,}25 = 38{,}6\,\text{kN}$, $F_{v\,Rd} > F_{v\,Ed} = 7\,\text{kN}/2 = 3{,}5\,\text{kN}$ (2 Schrauben).

8 Schraubenverbindungen

- auf Lochleibung $F_{bRd} = k_1 \cdot \alpha_b \cdot d \cdot t \cdot R_m/\gamma_{M2} = 2,5 \cdot 1,0 \cdot 16\,\text{mm} \cdot 8\,\text{mm} \cdot 360\,\text{N/mm}^2/1,25 = 92,2\,\text{kN}$, $F_{bRd} > F_{vEd} = 3,5\,\text{kN}$

  $\perp$ Kraftrichtung
  $k_1 = 2,5 = \min\{2,8 \cdot e_2/d_0 - 1,7 = 2,8 \cdot 50\,\text{mm}/18\,\text{mm} - 1,7 = 6,08\text{ und }1,4 \cdot p_2/d_0 - 1,7 = 1,4 \cdot 130\,\text{mm}/18\,\text{mm} - 1,7 = 8,41\text{ und }2,5\}$

  $\parallel$ Kraftrichtung
  $\alpha_b = 1,0 = \min\{e_1/(3 \cdot d_0) = 55\,\text{mm}/(3 \cdot 18\,\text{mm}) = 1,02\text{ und } R_{mS}/R_m = 400\,\text{N/mm}^2/360\,\text{N/mm}^2 = 1,11\text{ und }1,0\}$

- auf Zugkraft $F_{tRd} = k_2 \cdot A_s \cdot R_{mS}/\gamma_{M2} = 0,9 \cdot 157\,\text{mm}^2 \cdot 400\,\text{N/mm}^2/1,25 = 45,2\,\text{kN}$, $F_{tRd} > F_{tEd} = F_{max} = 8,75\,\text{kN}$ ($F_{max} = F_1/2 = 17,5\,\text{kN}/2$, $F_1 = F \cdot l_a/l_1 = 7\,\text{kN} \cdot 50\,\text{mm}/20\,\text{mm}$, $l_1 = h - h/4 - w_1 = (100 - 100/4 - 55)\,\text{mm}$, $l_a = 50\,\text{mm}$)

- Interaktionsnachweis $\dfrac{F_{vEd}}{F_{vRd}} + \dfrac{F_{tEd}}{1,4 F_{tRd}} = \dfrac{3,5\,\text{kN}}{38,6\,\text{kN}} + \dfrac{8,75\,\text{kN}}{14 \cdot 45,2\,\text{kN}} = 0,23 < 1,0$

ⓘ 8.27

1. Vorwahl des Spindelgewindes

Die größte Belastung der Spindel erfolgt durch das Losdrehmoment. In dieser Stellung ist der Druckteil der Spindel klein (keine Knickgefahr). Außerdem ist die Druckkraft auf die Spindel noch unbekannt. Daher wird der Entwurf mit Gl. (8.54/8-71) durch Umstellung nach d_3 vorgenommen, wobei ruhende Belastung vorliegt.

$$d_3 = \sqrt[3]{\frac{16}{\pi} \cdot \frac{T}{\tau_{t\,zul}}} = \sqrt[3]{\frac{16}{\pi} \cdot \frac{140 \cdot 10^3\,\text{N\,mm}}{136\,\text{N/mm}^2}} = \mathbf{17{,}4\,mm} \qquad (8.54/8\text{-}71)$$

mit $W_t = \pi \cdot d_3^3/16$; $T = 2 \cdot (F_H \cdot l_H/2) = 2 \cdot (400\,\text{N} \cdot 350\,\text{mm}/2) = 140\,\text{N\,m}$ und

$$\tau_{t\,zul} = \frac{\tau_{tF}}{1,5} = \frac{1,2 \cdot R_{p0,2}/\sqrt{3}}{1,5} = \frac{1,2 \cdot 295\,\text{N/mm}^2/\sqrt{3}}{1,5} = 136\,\text{N/mm}^2$$

Bei Entwurf $R_{p0,2} = R_{p0,2N} = 295\,\text{N/mm}^2$ nach TB 1-1 setzen; Gl. für τ_{tF} s. TB 3-1, bzw. FS Hinweis zu Gl. (8-71)
gewählt: Trapezgewinde **Tr24 × 5** nach TB 8-3

Kontrolle auf Selbsthemmung

Für diese Anwendung sollte im geschmierten Zustand Selbsthemmung vorliegen. Nach LB 8.6.5 bzw. FS Hinweis zu Gl. (8-81) liegt Selbsthemmung vor, wenn:
$\varphi = \arctan(n \cdot P/d_2/\pi) = \arctan(1 \cdot 5\,\text{mm}/21{,}5\,\text{mm}/\pi) = \mathbf{4{,}23°} < \varrho' = 6°$
$\varrho' \approx 6°$ für geschmiertes Gewinde; s. Legende zu Gl. (8.57/8-72)

2. Bestimmung der Druckkraft in der Spindel

Die mit dem gewählten Gewinde erzeugbare größte Druckkraft F („Anziehen") kann mit Gl. (8.57/8-72) durch Umstellung nach F ermittelt werden (+ in Gl. für „Anziehen"). Laut Aufgabenstellung ist hierbei $M_{RL} = F/2 \cdot d_L \cdot \mu_L = 0{,}25 \cdot M_G$ anzusetzen, also

$$T = M_G + M_{RL} = (1 + 0{,}25) \cdot M_G = (1{,}25) \cdot F \cdot \frac{d_2}{2} \cdot \tan(\varphi + \varrho') \quad (8.57/8\text{-}72)$$

und nach Umstellung

$$F = \frac{T}{1{,}25 \cdot \tan(\varphi + \varrho')} \cdot \frac{2}{d_2} = \frac{140 \cdot 10^3\,\text{N mm}}{1{,}25 \cdot \tan(4{,}23 + 6)°} \cdot \frac{2}{21{,}5\,\text{mm}} = \mathbf{57{,}7\,kN}$$

3. **Nachprüfung auf Festigkeit des „Druckteils"**

Es tritt Druck und durch das Reibmoment an der Spindelstirnfläche Verdrehen auf

$$\sigma_{vorh} = \sigma_v = \sqrt{\sigma_d^2 + 3 \cdot \left(\frac{\sigma_{d\,zul}}{\varphi \cdot \tau_{t\,zul}} \cdot \tau_t\right)^2} \leq \sigma_{d\,zul} \quad (8.56/8\text{-}71)$$

$$= \sqrt{\left(215\,\frac{\text{N}}{\text{mm}^2}\right)^2 + 3 \cdot \left(\frac{197\,\text{N/mm}^2}{1{,}73 \cdot 137\,\text{N/mm}^2} \cdot 22{,}5\,\frac{\text{N}}{\text{mm}^2}\right)^2} = \mathbf{217\,\frac{N}{mm^2}}$$

mit

$$\sigma_d = \frac{F}{A_3} = \frac{57{,}7 \cdot 10^3\,\text{N}}{269\,\text{mm}^2} \approx 215\,\frac{\text{N}}{\text{mm}^2} \quad (8.55/8\text{-}70)$$

$$\sigma_{d\,zul} = \frac{R_{p0{,}2\,N} \cdot K_t}{1{,}5} = \frac{295\,\text{N/mm}^2 \cdot 1{,}0}{1{,}5} = 197\,\frac{\text{N}}{\text{mm}^2}$$

$$\tau_t = \frac{M_{RL}}{W_t} = \frac{0{,}25 \cdot M_G}{\pi \cdot d_3^3/16} = \frac{0{,}25 \cdot (T/1{,}25)}{\pi \cdot d_3^3/16} \quad (8.54/8\text{-}69)$$

$$= \frac{0{,}25 \cdot (140 \cdot 10^3\,\text{N mm}/1{,}25)}{\pi \cdot (18{,}5\,\text{mm})^3/16} = 22{,}5\,\frac{\text{N}}{\text{mm}^2} < \tau_{t\,zul} = 136\,\frac{\text{N}}{\text{mm}^2}$$

Ergebnis: Die Druckspannung ist zu groß. Wahl eines größeren Gewindes.

Korrektur des Gewindes auf Tr 28 × 5

$$F = \frac{T}{1{,}25 \cdot \tan(\varphi + \varrho')} \cdot \frac{2}{d_2} = \frac{140 \cdot 10^3\,\text{N mm}}{1{,}25 \cdot \tan(3{,}57 + 6)°} \cdot \frac{2}{25{,}5\,\text{mm}} = \mathbf{52{,}1\,kN}$$

mit $\tan \varphi = P_h/(d_2 \cdot \pi) = 5\,\text{mm}/(25{,}5\,\text{mm} \cdot \pi) = 0{,}0624 \Rightarrow \varphi = 3{,}57° < \varrho' = 6°$

$$\sigma_{vorh} = \sqrt{\left(131\,\frac{\text{N}}{\text{mm}^2}\right)^2 + 3 \cdot \left(\frac{197\,\text{N/mm}^2}{1{,}73 \cdot 137\,\text{N/mm}^2} \cdot 12{,}5\,\frac{\text{N}}{\text{mm}^2}\right)^2} = \mathbf{132\,\frac{N}{mm^2}} < \sigma_{d\,zul}$$

mit

$$\sigma_d = \frac{F}{A_3} = \frac{52{,}1 \cdot 10^3\,\text{N}}{398\,\text{mm}^2} = 131\,\frac{\text{N}}{\text{mm}^2} \quad \text{und} \quad \tau_t = \frac{28 \cdot 10^3\,\text{N mm} \cdot 16}{\pi \cdot (22{,}5\,\text{mm})^3} = 12{,}5\,\frac{\text{N}}{\text{mm}^2}$$

8 Schraubenverbindungen

4. Nachprüfung auf Festigkeit des „Verdrehteils"

$$\tau_t = \frac{T}{W_t} = \frac{T \cdot 16}{\pi \cdot d_3^3} = \frac{140 \cdot 10^3 \,\text{N mm} \cdot 16}{\pi \cdot (22{,}5\,\text{mm})^3} = \mathbf{62{,}6\,\frac{N}{mm^2}} < \tau_{t\,zul} = 136\,\frac{N}{mm^2} \qquad (8.54/8\text{-}69)$$

5. Nachprüfung auf Knickung
Weil Spindelende nicht sicher geführt „Knickfall 1" (ein Spindelende eingespannt, das andere frei beweglich) mit $l_k = 2 \cdot l$ angenommen s. TB 10-20 (Schraube für Druckfeder)

Bestimmung des Schlankheitsgrades der Spindel λ_{vorh}

$$\lambda_{vorh} = \frac{4 \cdot l_k}{d_3} = \frac{4 \cdot 2 \cdot l}{d_3} = \frac{8 \cdot 200\,\text{mm}}{22{,}5\,\text{mm}} = \mathbf{71} < \lambda_0 = 89 \qquad (8.58/8\text{-}73)$$

mit $\lambda_0 = 89$ für E295, s. bei Gl. (8.61b/8-78) $\Rightarrow$ unelastische Knickung

Bestimmung der Knickspannung nach Tetmajer σ_K

$$\sigma_K = 335 - 0{,}62 \cdot \lambda_{vorh} = 335 - 0{,}62 \cdot 71 = \mathbf{291\,N/mm^2} \qquad (8.61b/8\text{-}78)$$

Bestimmung der Sicherheit gegen Knicken S

$$S = \frac{\sigma_K}{\sigma_{vorh}} = \frac{291\,\text{N/mm}^2}{132\,\text{N/mm}^2} = \mathbf{2{,}2} \qquad (8.62/8\text{-}79)$$

Ergebnis: Mit $S_{erf} = 4 \ldots 2$ ist S noch vertretbar, da in Stellung l_{max} die Kraft $F \ll F_{max}$ ist.

6. Nachprüfung des Führungsgewindes

$$p = \frac{F \cdot P}{l_1 \cdot d_2 \cdot \pi \cdot H_1} \qquad (8.63/8\text{-}80)$$

$$= \frac{52{,}1 \cdot 10^3\,\text{N} \cdot 5\,\text{mm}}{70\,\text{mm} \cdot 25{,}5\,\text{mm} \cdot \pi \cdot 2{,}5\,\text{mm}} = \mathbf{18{,}6\,\frac{N}{mm^2}} > p_{zul} = 10\,\frac{N}{mm^2}$$

mit $l_1 = 2{,}5 \cdot d$ gewählt, $H_1 = 0{,}5 \cdot P$ (s. TB 8-3) und p_{zul} nach TB 8-18 (größter Wert gewählt).
Ergebnis: Flächenpressung nicht zulässig; Führungsmutter aus z. B. CuSn in Traverse einsetzen.

7. Nachprüfung der Halteschrauben
Berechnung als nicht vorgespannte Schrauben

$$A_s \geq \frac{F/2}{\sigma_{z\,zul}} = \frac{52{,}1 \cdot 10^3\,\text{N}/2}{200\,\text{N/mm}^2} = \mathbf{130\,mm^2} \qquad (8.38/8\text{-}46)$$

mit $\sigma_{z\,zul} = R_{p0,2}/S = 300\,\text{N/mm}^2/1{,}5 = 200\,\text{N/mm}^2$ ($R_{p0,2}$ aus TB 8-4 für Festigkeitsklasse 5.6, $S = 1{,}5$ für „Anziehen unter Last")
gewählt: M16 mit $A_s = 157\,\text{mm}^2$

ⓘ 8.28

a) Nachprüfung der Spindel auf Festigkeit und Knickung
Beanspruchungsfall 1 entsprechend Bild 8.28, Lehrbuch, liegt vor und Schwellbelastung

Festigkeit des „Verdrehteils"

$$\tau_t = \frac{T}{W_t} = \frac{T \cdot 16}{\pi \cdot d_3^3} = \frac{312{,}3 \cdot 10^3\,\text{N\,mm} \cdot 16}{\pi \cdot (39\,\text{mm})^3} = \mathbf{26{,}8\,\frac{N}{mm^2}}$$

$$\tau_t < \tau_{t\,zul} = \frac{\tau_{t\,Sch}}{2} = 115\,\frac{\text{N}}{\text{mm}^2} \qquad (8.54/8\text{-}69)$$

mit

$$T = \frac{F}{2} \cdot \left[d_2 \cdot \tan(\varphi + \varrho') + d_L \cdot \mu_L\right] \qquad (8.57/8\text{-}72)$$

$$= \frac{50\,000\,\text{N}}{2} \cdot \left[44\,\text{mm} \cdot \tan(9{,}85 + 6)°\right] = 312{,}3\,\text{N\,m}$$

$\tau_{t\,Sch}$ nach TB 1-1a
$\varphi = \arctan(P_h/(d_2 \cdot \pi)) = \arctan(24\,\text{mm}/(44\,\text{mm} \cdot \pi)) = 9{,}85°$; ϱ' für Gewinde geschmiert nach Lehrbuch Gl. (8.57/8-72); Reibung vernachlässigbar, siehe Aufgabenstellung

Festigkeit des „Druckteils"

$$\sigma_d = \frac{F}{A_3} = \frac{50 \cdot 10^3\,\text{N}}{1\,195\,\text{mm}^2} = \mathbf{41{,}8\,\frac{N}{mm^2}}$$

$$\sigma_d < \sigma_{d\,zul} = \frac{\sigma_{dSch}}{2} = \frac{335\,\frac{\text{N}}{\text{mm}^2}}{2} = 167{,}5\,\frac{\text{N}}{\text{mm}^2} \qquad (8.55/8\text{-}70)$$

mit A_3 nach TB 8-3 und σ_{dSch} nach TB 1-1.

8 Schraubenverbindungen

Sicherheit gegen Knicken

Bestimmung des Schlankheitsgrades der Spindel λ_{vorh}

$$\lambda_{vorh} = \frac{4 \cdot l_k}{d_3} = \frac{4 \cdot 0{,}7 \cdot l}{d_3} = \frac{4 \cdot 0{,}7 \cdot 1\,500\,\text{mm}}{39\,\text{mm}} = \mathbf{107{,}7} > \lambda_0 = 89 \quad (8.58/8\text{-}73)$$

$\Rightarrow$ elastische Knickung
mit $\lambda_0 \approx 89$ für E335, s. bei Gl. (8.61b/8-77) und $l_k = 0{,}7 \cdot l$ (bei geführten Spindeln kann Knickfall 3 gesetzt werden, siehe Lehrbuch 6.3.1-1.3, Bild 6.34 mit $l_k \triangleq L_{cr}$)

Bestimmung der Knickspannung nach Euler σ_K

$$\sigma_K = \frac{E \cdot \pi^2}{\lambda_{vorh}^2} = \frac{210 \cdot 10^3\,\frac{\text{N}}{\text{mm}^2} \cdot \pi^2}{107{,}7^2} = \mathbf{179}\,\frac{\mathbf{N}}{\mathbf{mm^2}} \quad (8.60/8\text{-}75)$$

Bestimmung der Sicherheit gegen Knicken S

$$S = \frac{\sigma_K}{\sigma_{vorh}} = \frac{\sigma_K}{\sigma_d} = \frac{179\,\frac{\text{N}}{\text{mm}^2}}{41{,}8\,\frac{\text{N}}{\text{mm}^2}} = \mathbf{4{,}3} > S_{erf} = 3\ldots 6 \quad (8.62/8\text{-}79)$$

Ergebnis: Knicksicherheit ausreichend, da λ_{vorh} nahe λ_0 liegt ($S_{erf} = 6$ gilt für $\lambda_{max} = 250$)

b) **Nachprüfung des Führungsgewindes**

$$p = \frac{F \cdot P}{l_1 \cdot d_2 \cdot \pi \cdot H_1} = \frac{50 \cdot 10^3\,\text{N} \cdot 8\,\text{mm}}{100\,\text{mm} \cdot 44\,\text{mm} \cdot \pi \cdot 4\,\text{mm}} \approx \mathbf{7{,}2}\,\frac{\mathbf{N}}{\mathbf{mm^2}} < p_{zul} = 10\,\frac{\text{N}}{\text{mm}^2}$$
$$(8.63/8\text{-}80)$$

mit d_2, H_1 nach TB 8-3 und p_{zul} nach TB 8-18 (kleinster Wert gewählt)
Ergebnis: Flächenpressung zulässig

c) **Kontrolle auf Selbsthemmung**
Nach Lehrbuch 8.6.5 liegt Selbsthemmung vor, wenn $\varphi < \varrho'$
hier $\varphi = \mathbf{9{,}85°} > \varrho' = 6° \Rightarrow$ keine Selbsthemmung
$\varrho' \approx 6°$ für geschmiertes Gewinde, s. Legende zu Gl. (8.57/8-72)

(i) **8.29**
1) **Vorwahl des Spindelgewindes**
Der Entwurf erfolgt mit Gl. (8.53/8-68), da lange druckbeanspruchte Spindel vorliegt

$$d_3 = \sqrt[4]{\frac{64 \cdot F \cdot S_{dim} \cdot l_k^2}{\pi^3 \cdot E}} = \sqrt[4]{\frac{64 \cdot 31\,500\,\text{N} \cdot 7 \cdot (560\,\text{mm})^2}{\pi^3 \cdot 210 \cdot 10^3\,\frac{\text{N}}{\text{mm}^2}}} = \mathbf{28{,}7\,mm}$$
$$(8.53/8\text{-}68)$$

mit $l_k = 0{,}7 \cdot l = 0{,}7 \cdot 800$ mm $= 560$ mm; es liegt Knickfall 3 nach Euler vor (Lehrbuch 6.3.1-1.3, Bild 6.34 mit $l_k \hateq L_{cr}$); $S_{dim} = 6 \ldots 8$ (siehe Lehrbuch Gl. 8.53/8-68), mittlere Sicherheit gewählt.

Zunächst gewählt: Tr36 mit $d_3 = 29$ mm

Für die Wahl der Gewindesteigung sind folgende Gesichtspunkte maßgebend:
- Selbsthemmung bei geschmierten Gewinde zweckmäßig, damit die belastete Spindel auf jeder Höhe stehen bleibt, d. h. Steigungswinkel $\varphi <$ Reibungswinkel ϱ'.
- Trotz Forderung 1 möglichst große Gewindesteigung, um eine mühelose Höhenverstellung zu erreichen.

Möglichst große Steigung bei Selbsthemmung bedeutet $\varphi < \varrho' = 6°$ für geschmiertes Gewinde (s. Legende zu Gl. (8.55)) und damit:

$$\tan \varphi = \frac{P_h}{d_2 \cdot \pi} < \tan \varrho' \Rightarrow P_h < d_2 \cdot \pi \cdot \tan \varrho' = 33 \text{ mm} \cdot \pi \cdot \tan 6° = 10{,}9 \text{ mm}$$

Zur Auswahl stehende Gewinde nach TB 8-3:
Tr36x6 mit $d_3 = 29$ mm
Tr36x10 mit $d_3 = d - 2h_3 = 36$ mm $- 2 \cdot 5{,}5$ mm $= 25$ mm– nicht ausreichend
gewählt: Trapezgewinde **Tr36 × 6**

Kontrolle auf Selbsthemmung

$$\varphi = \arctan\left(\frac{P_h}{d_2 \cdot \pi}\right) = \arctan\left(\frac{6 \text{ mm}}{33 \text{ mm} \cdot \pi}\right) = 3{,}31° < \varrho' = 6°$$

2) Nachprüfung der Spindel auf Festigkeit

Beanspruchungsfall 1 entsprechend Bild 8.28, Lehrbuch, liegt vor und Schwellbelastung

Festigkeit des „Verdrehteils"

$$\tau_t = \frac{T}{W_t} = \frac{T \cdot 16}{\pi \cdot d_3^3} = \frac{123 \cdot 10^3 \text{N mm} \cdot 16}{\pi \cdot (29 \text{ mm})^3} = \mathbf{25{,}7 \frac{N}{mm^2}}$$

$$\tau_t < \tau_{tzul} = \frac{\tau_{t\,Sch}}{2} = 102{,}5 \frac{N}{mm^2} \qquad (8.54/8\text{-}69)$$

mit

$$T = \frac{F}{2} \cdot [d_2 \cdot \tan(\varphi + \varrho') + d_L \cdot \mu_L] \qquad (8.57/8\text{-}72)$$

$$T = \frac{31\,500 \text{ N}}{2} \cdot [33 \text{ mm} \cdot \tan(3{,}31 + 10)°] = 123 \text{ N m}$$

$\tau_{t\,Sch}$ nach TB 1-1a

$\varphi = \arctan(P_h/(d_2 \cdot \pi)) = \arctan(6\,\text{mm}/(33\,\text{mm} \cdot \pi)) = 3{,}31°$; ϱ' für den ungünstigen Fall Gewinde trocken nach Lehrbuch Gl. (8.57/8-72); die Reibung des Spindelanschlusses am Stößel kann aufgrund der Wälzlagerung vernachlässig werden

Festigkeit des „Druckteils"

$$\sigma_d = \frac{F}{A_3} = \frac{31{,}5 \cdot 10^3\,\text{N}}{661\,\text{mm}^2} = \mathbf{47{,}7}\,\frac{\text{N}}{\text{mm}^2}$$

$$\sigma_d < \sigma_{dzul} = \frac{\sigma_{dSch}}{2} = \frac{295\,\frac{\text{N}}{\text{mm}^2}}{2} = 147\,\frac{\text{N}}{\text{mm}^2} \qquad (8.55/8\text{-}70)$$

mit A_3 nach TB 8-3 und σ_{dSch} nach TB 1-1.

3) **Nachprüfung auf Knickung**

Bestimmung des Schlankheitsgrades der Spindel λ_{vorh}

$$\lambda_{vorh} = \frac{4 \cdot l_k}{d_3} = \frac{4 \cdot 0{,}7 \cdot l}{d_3} = \frac{4 \cdot 0{,}7 \cdot 800\,\text{mm}}{29\,\text{mm}} = \mathbf{77{,}2} \qquad (8.58/8\text{-}73)$$

$$\lambda_0 \approx \pi \cdot \sqrt{\frac{E}{0{,}8 \cdot R_{p0{,}2N} \cdot K_t \cdot K_{an}}} = \pi \cdot \sqrt{\frac{210 \cdot 10^3\,\frac{\text{N}}{\text{mm}^2}}{0{,}8 \cdot 295\,\frac{\text{N}}{\text{mm}^2} \cdot 0{,}99 \cdot 1{,}0}} = 94{,}2$$

$$(8.59/8\text{-}74)$$

$\lambda_{vorh} < \lambda_0 \Rightarrow$ unelastische Knickung

$R_{p0{,}2}$ nach TB 1-1, K_t nach TB 3-10a für $d_{Rohteil} = 36\,\text{mm}$ und Kurve 2, K_{an} nach TB 3-13

Bestimmung der Knickspannung nach Tetmajer σ_K

$$\sigma_K = R_{p0{,}2N}\left[1 - 0{,}2 \cdot \left(\frac{\lambda_{vorh}}{\lambda_0}\right)^2\right]$$

$$= 295\,\frac{\text{N}}{\text{mm}^2} \cdot 0{,}99 \cdot \left[1 - 0{,}2 \cdot \left(\frac{77{,}2}{94{,}2}\right)^2\right] = \mathbf{253}\,\frac{\text{N}}{\text{mm}^2} \qquad (8.61/8\text{-}76)$$

Bestimmung der Sicherheit gegen Knicken S

$$S = \frac{\sigma_K}{\sigma_{vorh}} = \frac{\sigma_K}{\sigma_d} = \frac{253\,\frac{\text{N}}{\text{mm}^2}}{47{,}7\,\frac{\text{N}}{\text{mm}^2}} = \mathbf{5{,}3} > S_{erf} = 4\ldots 2 \qquad (8.62/8\text{-}79)$$

Ergebnis: Knicksicherheit ausreichend.

Alternativ mit Gl. (8.61b/8-78)

Bestimmung des Schlankheitsgrades der Spindel λ_{vorh}

$$\lambda_{vorh} = \frac{4 \cdot l_k}{d_3} = \frac{4 \cdot 0,7 \cdot l}{d_3} = \frac{4 \cdot 0,7 \cdot 800\,\text{mm}}{29\,\text{mm}} = \mathbf{77,2} < \lambda_0 = 89 \qquad (8.58/8\text{-}73)$$

mit $\lambda_0 \approx 89$ für E295, s. bei Gl. (8.61b/8-78) $\Rightarrow$ unelastische Knickung

Bestimmung der Knickspannung nach Tetmajer σ_K

$$\sigma_K = 335 - 0,62 \cdot \lambda_{vorh} = 335 - 0,62 \cdot 77,2 = \mathbf{287\,N/mm^2} \qquad (8.61b/8\text{-}78)$$

Bestimmung der Sicherheit gegen Knicken S

$$S = \frac{\sigma_K}{\sigma_{vorh}} = \frac{\sigma_K}{\sigma_d} = \frac{287\,\frac{N}{mm^2}}{47,7\,\frac{N}{mm^2}} = \mathbf{6,0} > S_{erf} = 4\ldots 2 \qquad (8.62/8\text{-}79)$$

Ergebnis: Knicksicherheit ausreichend.

4) **Nachprüfung des Führungsgewindes**

Die erforderliche Länge des Führungsgewindes kann durch Umstellung der Gl. (8.63/8-80), Lehrbuch 8.6.4 ermittelt werden, wobei der kleinere Wert für Muttern aus CuSn-Legierungen nach TB 8-18 wegen möglicher Überlastung verwendet wird.

$$l_1 \geq \frac{F \cdot P}{p_{zul} \cdot d_2 \cdot \pi \cdot H_1} = \frac{31,5 \cdot 10^3\,\text{N} \cdot 6\,\text{mm}}{10\,\frac{N}{mm^2} \cdot 33\,\text{mm} \cdot \pi \cdot 3\,\text{mm}} = \mathbf{60,8\,mm} \qquad (8.63/8\text{-}80)$$

$l_{1\,gew} = 60,8\,\text{mm} < l_{1\,zul} = 2,5 \cdot d = 2,5 \cdot 36\,\text{mm} = 90\,\text{mm}$.
H_1 aus TB 8-3

5) **Bestimmung der Abmessungen des Hebels**

Für die Bestimmung der Abmessungen des Hebels kann dieser aufgefasst werden
- als mittig eingespannter und durch ein Kräftepaar F_H belasteter Träger,
- als zwei Kragträger der Länge $l_H/2$, belastet durch F_H.

Es gilt:

$$M_b = \frac{T}{2} = \frac{123\,\text{N m}}{2} = 61,5\,\text{N m} \quad \text{sowie} \quad l_H = \frac{T}{F_H} = \frac{123 \cdot 10^3\,\text{N mm}}{200\,\text{N}} = 615\,\text{mm}$$

Der Hebeldurchmesser kann nach Lehrbuch 11.2.2-2 ermittelt werden.

$$d_H \approx 2,17 \sqrt[3]{\frac{M_b}{\sigma_{bzul}}} = 2,17 \sqrt[3]{\frac{61\,500\,\text{N mm}}{140\,\frac{N}{mm^2}}} = 16,5\,\text{mm} \qquad (11.1)$$

mit $\sigma_{bzul} = \frac{\sigma_{bD}}{S_{D\,min}} \approx \frac{\sigma_{bSch}}{2} = \frac{280\,\frac{N}{mm^2}}{2}$; σ_{bSch} nach TB 1-1a, $S_{D\,min} = 2$ angenommen, da praktisch keine Kerbwirkung am Hebel vorhanden ist.

8.30
Tr60 × 9 ($d_3 = 50$ mm, $d_{3\,\text{erf}} = 47{,}2$ mm mit $F = 50$ kN, $S = 7$, $l_k = 2\,l = 1\,200$ mm, $E = 210\,000$ N/mm²); Selbsthemmung da $\varphi \approx 3° < \varrho' = 6°$ ($d_2 = 55{,}5$ mm, $P_h = 9$ mm); $T = 315$ N m ($M_G = 220$ N m, $M_{RA} = 95$ N m); „Druckteil" $\sigma_v = \sigma_{\text{vorh}} = 33{,}8$ N/mm² $< \sigma_{d\,\text{zul}} = 197$ N/mm² ($\sigma_d \approx 25{,}5$ N/mm², $A_3 = 1\,963$ mm², $\tau_t = 12{,}8$ N/mm², $W_t = 24\,544$ mm³, $\sigma_{d\,\text{zul}}/(\varphi \cdot \tau_{t\,\text{zul}}) \approx 1$, $\sigma_{d\,\text{zul}} = 295$ N/mm²/1,5); Knickung $S \approx 6{,}7 > S_{\text{erf}} = 4\ldots 2$ ($\lambda = 96 > \lambda_0 = 89$, $\sigma_K = 225$ N/mm²); Gewinde nicht ausgelastet.
Korrektur des Gewindes auf Tr52 × 8: $\varphi = 3°$, $T = 285$ N m ($M_G = 190$ N m, $M_{RA} = 95$ N m); „Druckteil" $\sigma_v = \sigma_{\text{vorh}} = 46{,}7$ N/mm² $< \sigma_{d\,\text{zul}} = 197$ N/mm² ($\sigma_d \approx 34{,}4$ N/mm², $A_3 = 1\,452$ mm², $\tau_t = 18{,}2$ N/mm², $W_t = 15\,611$ mm³); Knickung $S \approx 3{,}5 > S_{\text{erf}} = 3$ ($\lambda = 112 > \lambda_0 = 89$, $\sigma_K = 165$ N/mm²); $l_1 = 130$ mm $\hat{=} 2{,}5$ d ($p_{\text{zul}} \approx 5$ N/mm², $H_1 = 4$ mm, $P = 8$ mm, $d_2 = 48$ mm); Heben: $F_H = 400$ N, Senken: $F_H \approx -220$ N, Gesamtwirkungsgrad $\eta = 0{,}22$.

9 Bolzen-, Stiftverbindungen und Sicherungselemente

9.1
a) $F_{A\,max} = 7{,}9$ kN ($\sigma_{b\,zul} = 0{,}2 \cdot 400$ N/mm² $= 80$ N/mm², $R_m \approx 400$ N/mm² für ungehärteten Normstift, $\tau_a = 46{,}6$ N/mm² $< \tau_{a\,zul} = 0{,}15 \cdot 400$ N/mm² $= 60$ N/mm², $p = 47$ N/mm² $< p_{zul} = 0{,}25 \cdot 360$ N/mm² $= 90$ N/mm², $K_A = 1{,}0$, $A_S = 113$ mm², $A_{proj} \approx 12$ mm $\cdot 14$ mm $= 168$ mm²).

b) $\sigma_b = 48$ N/mm² $< \sigma_{b\,zul} = 80$ N/mm², $\tau_a = 37$ N/mm² $< \tau_{a\,zul} = 60$ N/mm², $p = 50$ N/mm² $< 0{,}25 \cdot 360$ N/mm² $= 90$ N/mm² ($F_B = 11{,}17$ kN, $A_S = 201$ mm², $A_{proj} = 2 \cdot 16$ mm $\cdot 7$ mm $= 224$ mm², $K_A = 1{,}0$, S235JR: $R_{mN} = 360$ N/mm², $K_t = 1{,}0$). Das Gelenk B ist für die vorgesehene Spannkraft F_A ausreichend bemessen.

(i) **9.2**
a) **Bolzen 1**
Gewählt $t_{G1} = t_{G2} = t_s/2 = $ **12 mm** (Lehrbuch 9.2.2-2)

Bestimmung des Bolzendurchmessers nach Lehrbuch 9.2.3
Einbaufall 3:

$$M_{b\,nenn\,(max)} = \frac{F \cdot t_G}{4} = \frac{16\,000\,\text{N} \cdot 12\,\text{mm}}{4} = 48\,000\,\text{N mm}$$

$$\sigma_b = \frac{K_A \cdot M_{b\,nenn}}{W_b} = \frac{K_A \cdot M_{b\,nenn}}{\pi/32 \cdot d^3} \leq \sigma_{b\,zul} \Rightarrow \quad (9.2/9\text{-}5)$$

$$d_1 = \sqrt[3]{\frac{K_A \cdot M_{b\,nenn}}{(\pi/32) \cdot \sigma_{b\,zul}}} = \sqrt[3]{\frac{1{,}3 \cdot 48\,000\,\text{N mm}}{(\pi/32) \cdot 80\,\text{N/mm}^2}} = \textbf{20 mm}$$

mit $K_A = 1{,}3$ (TB 3-4d), $\sigma_{b\,zul} = 0{,}2 \cdot R_m = 0{,}2 \cdot 400$ N/mm² $= 80$ N/mm² für Richtwert $R_m = 400$ N/mm² und schwellende Belastung

Nachprüfung auf Schub und Flächenpressung

$$\tau_a = \frac{4}{3} \cdot \frac{K_A \cdot F_{nenn}}{A_s \cdot 2} = \frac{4}{3} \cdot \frac{1{,}3 \cdot 16\,000\,N}{314\,mm^2 \cdot 2} = \mathbf{44\,N/mm^2} < \tau_{a\,zul} = \mathbf{60\,N/mm^2}$$
(9.3/9-6)

mit $F_{nenn} = 16\,kN$, $A_s = \pi \cdot 20^2\,mm^2/4 = 314\,mm^2$, $\tau_{a\,zul} = 0{,}15 \cdot 400\,N/mm^2 = 60\,N/mm^2$ (schwellende Belastung)

$$p = \frac{K_A \cdot F_{nenn}}{A_{proj}} = \frac{1{,}3 \cdot 16\,000\,N}{480\,mm^2} = \mathbf{43\,N/mm^2} < p_{zul} = \mathbf{90\,N/mm^2} \quad (9.4/9\text{-}7)$$

mit $A_{proj} = d \cdot t_s = 2 \cdot d \cdot t_G = 20\,mm \cdot 24\,mm = 480\,mm^2$, $p_{zul} = 0{,}25 \cdot R_m = 0{,}25 \cdot 360\,N/mm^2 = 90\,N/mm^2$, wobei Stange aus S235 $R_{mN} = R_m = 360\,N/mm^2$ mit $K_t = 1{,}0$ maßgebend

Bolzen 2
Bestimmung des Bolzendurchmessers
Einbaufall 1:

$$M_{b\,nenn\,(max)} = \frac{F \cdot (t_S + 2 \cdot t_G)}{8} = \frac{16\,000\,N \cdot (24\,mm + 2 \cdot 12\,mm)}{8} = 96\,000\,N\,mm$$

$$d_2 = \sqrt[3]{\frac{K_A \cdot M_{b\,nenn}}{(\pi/32) \cdot \sigma_{b\,zul}}} = \sqrt[3]{\frac{1{,}3 \cdot 96\,000\,N\,mm}{(\pi/32) \cdot 80\,N/mm^2}} = 25{,}1\,mm \quad \text{aus (9.2/9-5)}$$

ausgeführt: $d_2 = \mathbf{27\,mm}$ (Norm-⌀)
Auf Nachprüfung von τ und p wird verzichtet, da Beanspruchung geringer als bei Bolzen 1.
b) Geeignete Toleranzklassen nach TB 2-9 und TB 2-5, z. B.
   Bolzen 1: **Bolzen h6, Stange N7, Gabel D10**
   Bolzen 2: **Bolzen h11, Stange und Gabel D10**
c) (1) **Bolzen ISO 2340 – B – 20h6 × 55 – St**
   (2) **Bolzen ISO 2341 – B – 27 × 65 – St** oder
       Bolzen ISO 2341 – B – 27 × 70 × 58 – St
       ($l_2 = 48 + 5 + 0{,}5 \cdot 6{,}3 + 1 \approx 58\,mm$, $w > 9\,mm$)
   (3) **Splint ISO 1234 – 6,3 × 40 – St**
   (4) **Scheibe ISO 8738 – 27 – 160 HV**

9.3
a) $d = 27\,mm$, $t_S = 25\,mm$, $t_G = 12{,}5\,mm$, $D = 70\,mm$ (Gabelkopf: ⌑ 70×50, Stangenkopf: ⌑ 70×25, $\sigma_{b\,zul} = 0{,}15 \cdot 400\,N/mm^2 = 60\,N/mm^2$, $R_m = 400\,N/mm^2$ für Normbolzen, $k = 1{,}6$ für Einbaufall 1, $\sigma_b = 51\,N/mm^2 < 60\,N/mm^2$, $\tau_a = 18\,N/mm^2 < \tau_{a\,zul} = 0{,}1 \cdot 400\,N/mm^2 = 40\,N/mm^2$, $p = 24\,N/mm^2 < p_{zul} =$

9 Bolzen-, Stiftverbindungen und Sicherungselemente   465

$0{,}25 \cdot 360\,\text{N/mm}^2 = 90\,\text{N/mm}^2$, S235JR: $R_{\text{mN}} = 360\,\text{N/mm}^2$, $K_t = 1{,}0$, $R_m = 360\,\text{N/mm}^2$, $A_S = 573\,\text{mm}^2$, $A_{\text{proj}} = 675\,\text{mm}^2$, $M_{b\,\text{nenn (max)}} = 70\,000\,\text{N mm}$, $W_b = 1\,932\,\text{mm}^3$, $D \approx (2{,}5 \ldots 3) \cdot d$).

b) H8/f8

c) Bolzen ISO 2341 – A – 27 f8 × 60 – St, mit Ringnut: Nutbreite $m = 1{,}3\,\text{mm}$, Nuttiefe $t = 0{,}7\,\text{mm}$; Sicherungsring 27 × 1,2 (in DIN 471 nicht aufgeführt)

9.4

$d = 60\,\text{mm}$, $t_S = 96\,\text{mm}$, z. B. D10/h11 für Stange und H11/h11 für Gabel (Entwurfsrechnung ergibt $d = 57{,}5\,\text{mm}$ nach TB 9-2 für $d = 60\,\text{mm}$ gewählt, mit $k = 1{,}9$ für Einbaufall 1 ergibt $t_s = 96\,\text{mm}$, $\sigma_{\text{b zul}} = 0{,}15 \cdot 765\,\text{N/mm}^2 = 114{,}7\,\text{N/mm}^2$, $R_{\text{mN}} = 1\,000\,\text{N/mm}^2$, $K_t = 0{,}765$, $K_{\text{an}} = 1{,}0$, $R_m = 765\,\text{N/mm}^2$, $K_A = 1{,}5$; Nachprüfung der ausgeführten Abmessungen: $\sigma_b = 90{,}4\,\text{N/mm}^2$, $\tau_a = 24{,}8\,\text{N/mm}^2$, $p = 18{,}2\,\text{N/mm}^2$ (Stangenkopf), $A_{\text{proj}} = 5\,760\,\text{mm}^2$, $p = 35\,\text{N/mm}^2$ (Gabel), $A_{\text{proj}} = 3\,000\,\text{mm}^2$; $\tau_{\text{zul}} = 0{,}1 \cdot 765\,\text{N/mm}^2 = 76{,}5\,\text{N/mm}^2$, $p_{\text{zul}} = 0{,}7 \cdot 40\,\text{N/mm}^2 = 28\,\text{N/mm}^2$ (Stangenkopf), $p_{\text{zul}} = 0{,}25 \cdot 275\,\text{N/mm}^2 = 68{,}8\,\text{N/mm}^2$ (Gabel), $M_{b\,\text{nenn (max)}} = 1\,277{,}5\,\text{N m}$, $A_S = 2\,827{,}4\,\text{mm}^2$)

9.5

Kolbenbolzen und Pleuellagerung sind ausreichend bemessen ($\sigma_b = 189\,\text{N/mm}^2 < \sigma_{\text{b zul}} = 200\,\text{N/mm}^2$, $M_b = 165\,000\,\text{N mm}$ für Einbaufall 1, $W_b = 874\,\text{mm}^3$; $\tau_a = 97\,\text{N/mm}^2 < \tau_{\text{a zul}} = 140\,\text{N/mm}^2$, $A_S = 226\,\text{mm}^2$; Pleuelauge: $p = 36\,\text{N/mm}^2 < p_{\text{zul}} = 40\,\text{N/mm}^2$, $A_{\text{proj}} = 616\,\text{mm}^2$; Gefahr des Ovaldrückens des Hohlbolzens besteht nicht, da Bolzenwanddicke $4\,\text{mm} > 22\,\text{mm}/6 = 3{,}67\,\text{mm}$).

9.6

a) Die Gelenkverbindung ist ausreichend bemessen ($\sigma_b = 31\,\text{N/mm}^2 < 0{,}2 \cdot 720\,\text{N/mm}^2 = 144\,\text{N/mm}^2$, $R_m = 720\,\text{N/mm}^2$, $M_{b\,\text{nenn (max)}} = 12\,500\,\text{N mm}$ für Einbaufall 2, $\tau_a = 17\,\text{N/mm}^2 < 0{,}15 \cdot 720\,\text{N/mm}^2 = 108\,\text{N/mm}^2$, $A_S = 201\,\text{mm}^2$; Exzenternabe: $p = 16\,\text{N/mm}^2 < 0{,}7 \cdot 25\,\text{N/mm}^2 = 18\,\text{N/mm}^2$, $A_{\text{proj}} = 320\,\text{mm}^2$, $R_{\text{mN}} = 800\,\text{N/mm}^2$, $K_t = 0{,}9$, $K_{\text{an}} = 1{,}0$).

b) System Einheitswelle, z. B. Bolzen h9 (h6), Exzenterbohrung F8, Gabelbohrung U9 (R7).

9.7

a) $\sigma_b = 127\,\text{N/mm}^2 > \sigma_{\text{b zul}} = 0{,}15 \cdot 830\,\text{N/mm}^2 = 125\,\text{N/mm}^2$, Richtwert der zul. Spannung wird etwas überschritten ($M_{b\,\text{nenn (max)}} = 810\,000\,\text{N mm}$ für Einbaufall 1, $K_A = 1{,}0$, $K_t = 0{,}83$, $K_{\text{an}} = 1{,}0$, $R_m = 830\,\text{N/mm}^2$ für 16MnCr5); $\tau_a = 38\,\text{N/mm}^2 < \tau_{\text{a zul}} = 0{,}1 \cdot 830\,\text{N/mm}^2 = 83\,\text{N/mm}^2$ ($A_S = 1\,257\,\text{mm}^2$, $R_{\text{mN}} = 1\,000\,\text{N/mm}^2$, $K_t = 0{,}83$, $R_m = 830\,\text{N/mm}^2$); Schwenklager: $p = 40\,\text{N/mm}^2 < p_{\text{zul}} = 0{,}7 \cdot 80\,\text{N/mm}^2 = 56\,\text{N/mm}^2$ ($p_{\text{zul}} = 80\,\text{N/mm}^2$ nach TB 9-1 bei niedriger Gleitgeschwindigkeit, wegen dyn. Belastung 0,7-fache Werte; $A_{\text{proj}} = 1\,800\,\text{mm}^2$); Gabel: $p = 40\,\text{N/mm}^2 < p_{\text{zul}} = 0{,}25 \cdot 570\,\text{N/mm}^2 = 140\,\text{N/mm}^2$ ($A_{\text{proj}} = 1\,800\,\text{mm}^2$, $R_{\text{mN}} = 570\,\text{N/mm}^2$ für E335;

b) Gabel: $\sigma = 109\,\text{N/mm}^2 < \sigma_{zul} = 0{,}2 \cdot 570\,\text{N/mm}^2 = 115\,\text{N/mm}^2$ ($F = 50\,\text{kN}$ für 2 Wangen, $c = 25\,\text{mm}$, $t_G = 22{,}5\,\text{mm}$, $d_L = 40\,\text{mm}$, $R_{mN} = 570\,\text{N/mm}^2$ für E335, $K_A = 1{,}0$, $K_t = 1{,}0$, $K_{an} = 1{,}0$); Schwenklager (Stangenkopf): $\sigma = 130\,\text{N/mm}^2 > \sigma_{zul} = 0{,}2 \cdot 470\,\text{N/mm}^2 = 95\,\text{N/mm}^2$, Richtwert der zul. Spannung wird um 38 % überschritten ($F = 50\,\text{kN}$, $c = 23\,\text{mm}$, $t_S = 45\,\text{mm}$, $R_{mN} = 470\,\text{N/mm}^2$, $K_A = 1{,}0$).

9.8

a) $d \approx 6\,\text{mm}$ ($F_t = 8\,000\,\text{N/Bolzen}$, $R_m = 360\ldots 440\,\text{N/mm}^2$ für normalgeglühten S235JR, $\tau_B = 0{,}8 \cdot R_m = 288\ldots 352\,\text{N/mm}^2$, $A_{S\,erf} = 28\ldots 23\,\text{mm}^2$).
   1. Brechmoment nicht genau berechenbar;
   2. Anlage muss zum Auswechseln der zerstörten Bolzen stillgesetzt werden;
   2. Schwierigkeiten beim Ausbau der verformten Bolzen.

9.9

a) $d = 48\,\text{mm}$ (Nenngröße des Schäkels = zulässige Belastung in t, hier: Schäkel DIN 82101–A10);
b) $t = 18\,\text{mm}$, $c = 82{,}5\,\text{mm}$, $b = 215\,\text{mm}$, $d_L = 50\,\text{mm}$ ($p_{zul} = 0{,}35 \cdot 360\,\text{N/mm}^2 = 126\,\text{N/mm}^2$, $R_{mN} = 360\,\text{N/mm}^2$ für S235 JR, $\sigma_{zul} = 0{,}5 \cdot 235\,\text{N/mm}^2 = 118\,\text{N/mm}^2$, $\sigma = 115\,\text{N/mm}^2$, $R_{eN} = 235\,\text{N/mm}^2$ für S235 JR, $K_A = 1{,}0$).

ⓘ 9.10

a) Bestimmung der geometrischen Anforderungen an Augenstäbe nach Lehrbuch 9.2.4-2, Möglichkeit B, Geometrie vorgegeben

$$t \geq 0{,}7 \cdot \sqrt{\frac{F_{Ed} \cdot \gamma_{M0}}{R_e}} = 0{,}7 \cdot \sqrt{\frac{212\,000\,\text{N} \cdot 1{,}0}{355\,\text{N/mm}^2}} = 17{,}1\,\text{mm} \qquad (9.7a/9\text{-}11)$$

mit $R_e = 355\,\text{N/mm}^2$ nach TB 6-5, $\gamma_{M0} = 1{,}0$
gewählt: $t_M = 18\,\text{mm}$, $t_A = 10\,\text{mm}$

$$d_0 \leq 2{,}5 \cdot t = 2{,}5 \cdot 18\,\text{mm} = 45\,\text{mm} \qquad (9.7b/9\text{-}12)$$

gewählt: $d = 40\,\text{mm}$ (Bolzennormdurchmesser nach TB 9-2)
$d_0 \leq 43\,\text{mm}$ (Nennlochspiel $\Delta d = 3\,\text{mm}$ für $d \geq 27\,\text{mm}$)
Theoretische Maße für $d_0 = 43\,\text{mm}$ nach Lehrbuch Bild 9.5d:
$2{,}5 \cdot d_0 = 2{,}5 \cdot 43\,\text{mm} = 107{,}5\,\text{mm}$; $1{,}6 \cdot d_0 = 1{,}6 \cdot 43\,\text{mm} = 68{,}8\,\text{mm}$; $0{,}3 \cdot d_0 = 0{,}3 \cdot 43\,\text{mm} = 12{,}9\,\text{mm}$; $1{,}3 \cdot d_0 = 1{,}3 \cdot 43\,\text{mm} = 55{,}9\,\text{mm}$; $0{,}75 \cdot d_0 = 0{,}75 \cdot 43\,\text{mm} = 32{,}25\,\text{mm}$
Augenstababmessungen, Möglichkeit B, Maßbild für Innen- und Außenlaschen (s. Bild 9.5d)

9 Bolzen-, Stiftverbindungen und Sicherungselemente

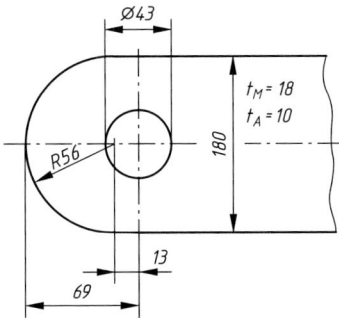

b) Tragfähigkeitsnachweis der Bolzenverbindung nach Lehrbuch 9.2.5

Nachweis auf Abscheren des Bolzens

$$F_{\text{v Rd}} = 0{,}6 \cdot A \cdot R_{\text{m}}/\gamma_{\text{M2}} \geq F_{\text{v Ed}} \quad (9.8/9\text{-}13)$$

mit $A = \pi \cdot d^2/4 = \pi \cdot 40^2 \, \text{mm}^2/4 = 1\,257 \, \text{mm}^2$, $R_{\text{m}} = 540 \, \text{N/mm}^2$ für S460N nach TB 6-5, $\gamma_{\text{M2}} = 1{,}25$, $F_{\text{v Ed}} = 212 \, \text{kN}/2 = 106 \, \text{kN/Scherfläche}$
Je Scherfläche gilt:
$F_{\text{v Rd}} = 0{,}6 \cdot 1\,257 \, \text{mm}^2 \cdot 540 \, \text{N/mm}^2/1{,}25 = 325{,}8 \, \text{kN} > F_{\text{v Ed}} = 106 \, \text{kN}$

Nachweis der Lochleibung von Augenstab und Bolzen

$$F_{\text{b Rd}} = 1{,}5 \cdot t \cdot d \cdot R_{\text{e}}/\gamma_{\text{M0}} \geq F_{\text{b Ed}} \quad (9.9/9\text{-}14)$$

mit $t_{\text{M}} = 18 \, \text{mm}$, $d = 40 \, \text{mm}$, $R_{\text{e}} = 430 \, \text{N/mm}^2$ (Bolzen) bzw. $R_{\text{e}} = 355 \, \text{N/mm}^2$ (Augenstab) nach TB 6-5, $\gamma_{\text{M0}} = 1{,}0$

$F_{\text{b Rd}} = 1{,}5 \cdot 18 \, \text{mm} \cdot 40 \, \text{mm} \cdot 355 \, \text{N/mm}^2/1{,}0 = 383{,}4 \, \text{kN} > F_{\text{b Ed}} = 212 \, \text{kN}$

Bestimmung des maximalen Biegemomentes

$$M_{\text{Ed}} = \frac{F_{\text{Ed}}}{8} \cdot (t_{\text{M}} + 2 \cdot t_{\text{A}} + 4 \cdot s) \quad (9.10\text{a}/9\text{-}15)$$

mit $t_{\text{M}} = 18 \, \text{mm}$, $t_{\text{A}} = 10 \, \text{mm}$, $s = 1 \, \text{mm}$

$$M_{\text{Ed}} = \frac{212\,000 \, \text{N}}{8} \cdot (18 \, \text{mm} + 2 \cdot 10 \, \text{mm} + 4 \cdot 1 \, \text{mm}) = 1{,}113 \cdot 10^6 \, \text{N\,mm}$$

Nachweis der Momententragfähigkeit

$$M_{\text{Rd}} = 1{,}5 \cdot W_{\text{b}} \cdot R_{\text{e}}/\gamma_{\text{M0}} \geq M_{\text{Ed}} \quad (9.10\text{b}/9\text{-}16)$$

mit $W_b = \pi \cdot 40^3 \text{ mm}^3/32 = 6\,283 \text{ mm}^3$, $R_e = 430 \text{ N/mm}^2$ für $t > 40$ mm nach TB 6-5, $\gamma_{M0} = 1{,}0$

$$M_{Rd} = 1{,}5 \cdot 6\,283 \text{ mm}^3 \cdot 430 \text{ N/mm}^2/1{,}0 = 4{,}052 \cdot 10^6 \text{ N mm}$$
$$> M_{Ed} = 1{,}113 \cdot 10^6 \text{ N mm}$$

Interaktionsnachweis

Bei der geringen Auslastung des Bolzens erübrigt sich der Interaktionsnachweis. Er soll aber hier für die Stelle Außen-/Mittellasche geführt werden.

$$\left(\frac{M_{Ed}}{M_{Rd}}\right)^2 = \left(\frac{F_{v\,Ed}}{F_{v\,Rd}}\right)^2 \leq 1 \qquad (9.11/9\text{-}17)$$

mit $M_{Ed} = 0{,}5 \cdot 212\,000 \text{ N} \cdot 6 \text{ mm} = 636\,000 \text{ N mm}$, $F_{v\,Ed} = 106 \text{ kN}$, $M_{Rd} = 4{,}052 \cdot 10^6 \text{ N mm}$, $F_{v\,Rd} = 325{,}8 \text{ kN}$

$$\left(\frac{0{,}636 \cdot 10^6 \text{ N/mm}}{4{,}052 \cdot 10^6 \text{ N/mm}}\right)^2 + \left(\frac{106 \text{ kN}}{325{,}8 \text{ kN}}\right)^2 = 0{,}13 < 1$$

c) Für austauschbare Bolzen gelten nach Lehrbuch 9.2.5-2 zusätzliche Regeln. Gefordert wird die Begrenzung der Lochleibungsspannung $\sigma_{h\,Ed}$ nach Gl. (9.13/9-19) und die Begrenzung der Lochleibungskraft (Gl. 9.12/9-18) und der Bolzenbiegung im Grenzzustand der Gebrauchstauglichkeit (Gl. 9.14/9-20). Bei Erfüllung dieser Anforderungen bleiben Bolzen und Augenstab im elastischen Bereich.

Gebrauchstauglichkeitsnachweis gegen Lochleibung

$$F_{b\,Rd\,ser} = 0{,}6 \cdot t \cdot d \cdot R_e/\gamma_{M6\,ser} \geq F_{b\,Ed\,ser} \qquad (9.12/9\text{-}18)$$

mit $R_e = 355 \text{ N/mm}^2$, $\gamma_{M6\,ser} = 1{,}0$, $t = 18 \text{ mm}$, $d = 40 \text{ mm}$

$$F_{b\,Rd\,ser} = 0{,}6 \cdot 18 \text{ mm} \cdot 40 \text{ mm} \cdot 355 \text{ N/mm}^2/1{,}0 = 153{,}36 \text{ kN} < F_{b\,Ed\,ser} = 212 \text{ kN}$$

Nachweis nicht erfüllt!

Begrenzung der Lochleibungsspannung

$$\sigma_{h\,Ed} = 0{,}591 \cdot \sqrt{\frac{E \cdot F_{b\,Ed\,ser} \cdot (d_L - d)}{d^2 \cdot t}} \leq 2{,}5 \cdot R_e/\gamma_{M6\,ser} \qquad (9.13/9\text{-}19)$$

mit $E = 210\,000 \text{ N/mm}^2$ für Baustahl nach TB 6-5, $d_L = 43 \text{ mm}$, $d = 40 \text{ mm}$, $t = 18 \text{ mm}$, $R_e = 355 \text{ N/mm}^2$, $\gamma_{M6\,ser} = 1{,}0$, $F_{b\,Ed\,ser} = 212 \text{ kN}$

$$\sigma_{h\,Ed} = 0{,}591 \cdot \sqrt{\frac{210\,000 \text{ N/mm}^2 \cdot 212\,000 \text{ N} \cdot (43 \text{ mm} - 40 \text{ mm})}{40^2 \text{ mm}^2 \cdot 18 \text{ mm}}} = 1\,272 \text{ N/mm}^2$$
$$> 2{,}5 \cdot 355 \text{ N/mm}^2/1{,}0 = 888 \text{ N/mm}^2$$

Nachweis nicht erfüllt!

Gebrauchstauglichkeitsnachweis gegen Biegeversagen

$$M_{\text{Rd ser}} = 0{,}8 \cdot W_{\text{b}} \cdot R_{\text{e}} / \gamma_{\text{M6 ser}} \geq M_{\text{Ed ser}} \qquad (9.14/9\text{-}20)$$

$$M_{\text{Rd ser}} = 0{,}8 \cdot 6\,283\,\text{mm}^3 \cdot 430\,\text{N/mm}^2 / 1{,}0 = 2{,}161 \cdot 10^6\,\text{N mm}$$

$$> M_{\text{Ed ser}} = 1{,}113 \cdot 10^6\,\text{N mm}$$

Nachweis erfüllt!

9.11

a) $a = 58\,\text{mm}$, $c = 42\,\text{mm}$, $b = 132\,\text{mm}$, $r = 70\,\text{mm}$, $d_0 = 48\,\text{mm}$, Mittellasche $t_{\text{M}} = 20\,\text{mm}$, Außenlaschen $t_{\text{A}} = 10\,\text{mm}$ mit gleicher Augenform ($F_{\text{Ed}} = 245\,\text{kN}$, $\gamma_{\text{M0}} = 1{,}0$, $R_{\text{e}} = 235\,\text{N/mm}^2$ für S235 (TB 6-5), $\Delta d = 3\,\text{mm}$ für $d > 27\,\text{mm}$)

b) Die Bolzenverbindung ist tragsicher.

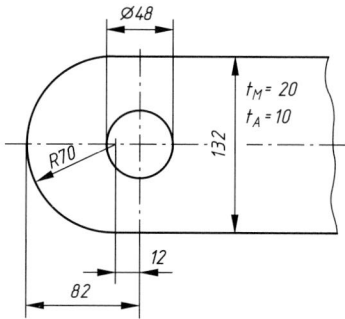

Abscheren je Scherfläche: $F_{\text{v Rd}} = 358{,}8\,\text{kN} > F_{\text{v Ed}} = 122{,}5\,\text{kN}$ ($A = 1\,590\,\text{mm}^2$, $R_{\text{m}} = 470\,\text{N/mm}^2$ für S355 bei $t > 40\,\text{mm}$, 2 Scherflächen, $F_{\text{Ed}} = 245\,\text{kN}$, $\gamma_{\text{M2}} = 1{,}25$)

Lochleibung: $F_{\text{b Rd}} = 317{,}3\,\text{kN} > F_{\text{b Ed}} = 245\,\text{kN}$ ($t = 20\,\text{mm}$, $d = 45\,\text{mm}$, $R_{\text{e}} = 235\,\text{N/mm}^2$ bzw. $335\,\text{N/mm}^2$ für S235 (Stab) bzw. S355 bei $t > 40\,\text{mm}$, $\gamma_{\text{M0}} = 1{,}0$)

Momententragfähigkeit: $M_{\text{Rd}} = 4{,}495 \cdot 10^6\,\text{N mm} > M_{\text{Ed}} = 1{,}348 \cdot 10^6\,\text{N mm}$ ($F_{\text{Ed}} = 245\,\text{kN}$, $t_{\text{M}} = 20\,\text{mm}$, $t_{\text{A}} = 10\,\text{mm}$, $s = 1\,\text{mm}$, $W_{\text{b}} = 8\,946\,\text{mm}^3$, $R_{\text{e}} = 335\,\text{N/mm}^2$ für S355 bei $t > 40\,\text{mm}$, $\gamma_{\text{M0}} = 1{,}0$).

Interaktionsnachweis: Für den Bolzen nicht maßgebend, wegen der sehr geringen Kräfte und Momente.

c) Bolzen ISO 2341 – B – 45 × 65 × 53 – S355 ($l = 65\,\text{mm}$ keine handelsübliche Länge)
Scheibe ISO 8738 – 45 – 160HV
Splint ISO 1234 – 10 × 63 – St

9.12

Stift reichlich bemessen ($p_{\text{N}} = 30\,\text{N/mm}^2 < p_{\text{zul}} = 0{,}25 \cdot 400\,\text{N/mm}^2 = 100\,\text{N/mm}^2$, $p_{\text{W}} = 70\,\text{N/mm}^2 < p_{\text{zul}} = 100\,\text{N/mm}^2$, $\tau_{\text{a}} = 42\,\text{N/mm}^2 < \tau_{\text{a zul}} = 015 \cdot 400\,\text{N/mm}^2 = 60\,\text{N/mm}^2$; Normstift mit Härte 125 bis 245 HV $\triangleq R_{\text{m}} = 400\,\text{N/mm}^2$, E295: $R_{\text{mN}} =$

490 N/mm², $K_t = 1{,}0$, $K_{an} = 1{,}0$, Gelenk: $R_m \geq 600$ N/mm², $K_A = 1{,}3$, ∅ 14 mm in ISO 2339 nicht enthalten; Kegelstift ISO 2339 – B – (14) × 65 – St).

9.13
$d = 10$ mm (maßgebend meist p_W: $d \geq 6 \cdot 1{,}1 \cdot 95\,000$ N mm/(100 N/mm² · 25 mm²) = 10 mm, $p_N = 22$ N/mm² $< p_{zul} = 0{,}25 \cdot 400$ N/mm² $= 100$ N/mm², $p_W = 96$ N/mm² $= p_{zul}$, $\tau_a = 51$ N/mm² $< \tau_{a\,zul} = 0{,}15 \cdot 400$ N/mm² $= 60$ N/mm²; $K_A = 1{,}1$, Normstift mit Härte 125 bis 245 HV $\hat{=}$ $R_m = 400$ N/mm², E295: $R_{mN} = 490$ N/mm², $K_t = 1{,}0$, $K_{an} = 1{,}0$, Gelenk: $R_m \geq 600$ N/mm², Kegelstift ISO 2339 – B – 10 × 50 – St).

ⓘ 9.14
Bestimmung des erforderlichen Stiftdurchmessers

- aufgrund der zulässigen Flächenpressung in der Nabenbohrung

$$p_N = \frac{K_A \cdot T_{nenn}}{d \cdot s \cdot (d_W + s)} \leq p_{zul} \quad \to \quad d_{erf} = \frac{K_A \cdot T_{nenn}}{p_{N\,zul} \cdot s \cdot (d_W + s)} \quad (9.15/9\text{-}22)$$

$$d_{erf} = \frac{1{,}0 \cdot 45\,000 \text{ N mm}}{31{,}4 \text{ N/mm}^2 \cdot 6{,}5 \text{ mm} \cdot (22 \text{ mm} + 6{,}5 \text{ mm})} = 7{,}7 \text{ mm}$$

- aufgrund der zulässigen Flächenpressung in der Wellenbohrung

$$p_W = \frac{6 \cdot K_A \cdot T_{nenn}}{d \cdot d_W^2} \leq p_{zul} \quad \to \quad d_{erf} = \frac{6 \cdot K_A \cdot T_{nenn}}{p_{W\,zul} \cdot d_W^2} \quad (9.16/9\text{-}23)$$

$$d_{erf} = \frac{6 \cdot 1{,}0 \cdot 45\,000 \text{ N mm}}{85{,}8 \text{ N/mm}^2 \cdot 22^2 \text{ mm}^2} = 6{,}5 \text{ mm}$$

- aufgrund der zulässigen Scherspannung im Stift

$$\tau_a = \frac{4 \cdot K_A \cdot T_{nenn}}{\pi \cdot d^2 \cdot d_W} \leq \tau_{a\,zul} \quad \to \quad d_{erf} = \sqrt{\frac{4 \cdot K_A \cdot T_{nenn}}{\pi \cdot \tau_{a\,zul} \cdot d_W}} \quad (9.17/9\text{-}24)$$

$$d_{erf} = \sqrt{\frac{4 \cdot 1{,}0 \cdot 45\,000 \text{ N mm}}{\pi \cdot 48 \text{ N/mm}^2 \cdot 22 \text{ mm}}} = 7{,}4 \text{ mm}$$

mit $T_{nenn} = 45$ N m, $K_A = 1{,}0$ (stoßfrei), $d_W = 22$ mm. $s = (35 - 22)$ mm/2 = 6,5 mm; *Nabe* aus EN-GJL-200: $R_m = 0{,}9 \cdot 200$ N/mm² $= 179{,}5$ N/mm², wobei $R_{mN} = 200$ N/mm² (TB 1-2a), $K_t = 0{,}9$ (TB 3-10b), $K_{an} = 1{,}0$, $p_{N\,zul} = 0{,}7 \cdot 0{,}25 \cdot 179{,}5$ N/mm² $= 31{,}4$ N/mm², Kerbfaktor 0,7, schwellende Belastung $0{,}25 \cdot R_m$; *Welle* aus E295: $R_m = 1{,}0 \cdot 490$ N/mm² $= 490$ N/mm² mit $K_t = 1{,}0$, $K_{an} = 1{,}0$, $p_{W\,zul} = 0{,}7 \cdot 0{,}25 \cdot 490$ N/mm² $= 85{,}8$ N/mm²; *Kerbstift*: $\tau_{a\,zul} = 0{,}8 \cdot 0{,}15 \cdot 400$ N/mm² $= 48$ N/mm², mit Richtwert $R_m = 400$ N/mm², schwellender Belastung $0{,}15 \cdot R_m$, Kerbfaktor 0,8
gewählt: Kerbstift ISO 8740–8 × 40–St ($l > 35$ mm wegen Fase und Kuppe (zus. 3,6 mm))

9 Bolzen-, Stiftverbindungen und Sicherungselemente

9.15
Kerbstift mit $d = 14$ mm erforderlich ($\sigma_b = 50\,\text{N/mm}^2 < \sigma_{b\,zul} = 0{,}8 \cdot 0{,}2 \cdot 400 = 64\,\text{N/mm}^2$, $M_{b\,nenn} = 13\,600\,\text{N mm}$, $K_A = 1{,}0$, $p_{max} = 27\,\text{N/mm}^2 < p_{zul} = 0{,}7 \cdot 0{,}25 \cdot 360\,\text{N/mm}^2 = 63\,\text{N/mm}^2$; S235JR: $R_{mN} = 360\,\text{N/mm}^2$, $K_t = 1{,}0$, $K_{an} = 1{,}0$; Kerbstift DIN 1469 – C14 × 40 – St, mit gerundeter Nut).

9.16
$d = 10$ mm ($\sigma_b = 43\,\text{N/mm}^2 < \sigma_{b\,zul} = 0{,}8 \cdot 0{,}15 \cdot 400\,\text{N/mm}^2 = 48\,\text{N/mm}^2$, $p_{max} = 21\,\text{N/mm}^2 < p_{zul} = 0{,}7 \cdot 0{,}25 \cdot 160\,\text{N/mm}^2 = 28\,\text{N/mm}^2$, $F_t = 333\,\text{N/Stift}$, $M_b = 3\,330$ N mm, $K_A = 1{,}3$, EN–GJL–200: $R_{mN} = 200\,\text{N/mm}^2$, $K_t = 0{,}8$, $K_{an} = 1{,}0$, Normstift mit Härte 125 bis 245 HV30 $\hat{=}$ $R_m = 400\,\text{N/mm}^2$, Kerbstift ISO 8745 – 10 × 35 – St).

9.17
Kerbstift ISO 8745 – 10 × 50 – St ($\sigma_b = 55\,\text{N/mm}^2 < \sigma_{b\,zul} = 0{,}8 \cdot 0{,}3 \cdot 400\,\text{N/mm}^2 = 96\,\text{N/mm}^2$, $p_{max} = 12\,\text{N/mm}^2 < p_{zul} = 0{,}7 \cdot 0{,}35 \cdot 150\,\text{N/mm}^2 = 37\,\text{N/mm}^2$; $K_A = 1{,}0$, ruhende Belastung, $F = 389\,\text{N}$, $M_{b\,nenn} = 5\,446\,\text{N mm}$, EN–GJL–150: $R_{mN} = 150\,\text{N/mm}^2$, $K_t = 1{,}0$, $K_{an} = 1{,}0$, Normstift mit Härte 125 bis 245HV30 $\hat{=}$ $R_m = 400\,\text{N/mm}^2$).

9.18
a) Sehr einfache Herstellung und geringe Kerbwirkung.
b) Kegelstift mit Innengewinde DIN EN 28 736 (ungehärtet).
c) z. B. 3 Kegelstifte ISO 8736 – B – 16 × 80 – St ($p_{max} = 86\,\text{N/mm}^2 < p_{zul} = 0{,}25 \cdot 360\,\text{N/mm}^2 = 90\,\text{N/mm}^2$, maßgebend Hebelnabe aus S235JR: $R_{mN} = 360\,\text{N/mm}^2$, $K_t = 1{,}0$, $K_{an} = 1{,}0$, $K_A = 1{,}1$, $l = 80\,\text{mm} - 2 \cdot 2\,\text{mm} = 76\,\text{mm}$, Fasen- bzw. Kuppenbreite $c = 2$ mm).

9.19
$F_H = 208{,}7\,\text{N}$ ($T = 53\,\text{N m}$, $p_{zul} = 0{,}7 \cdot 0{,}25 \cdot 0{,}985 \cdot 1{,}0 \cdot 350\,\text{N/mm}^2 = 60{,}3\,\text{N/mm}^2$, $l = 30 - 1{,}7 - 0{,}63 = 27{,}67\,\text{mm}$, Kuppen- bzw. Fasenhöhen 0,63 mm bzw. 1,7 mm, EN–GJMW–350–4: $R_{mN} = 350\,\text{N/mm}^2$, $K_t = 0{,}985$ für $d = 20$ mm (TB 3-10b und c), $K_{an} = 1{,}0$, $K_A = 1{,}0$).

10 Elastische Federn

10.1
a) $L_1 = 502{,}5$ mm ($t = 1{,}5$ mm)
b) $s = 9{,}5$ mm

10.2
a) $\sigma_b = 427$ N/mm^2 $< \sigma_{b\,zul} \approx 980$ N/mm^2
b) $h_{vorh} = 5{,}6$ mm $< h_{zul} = 12{,}9$ mm ($s = 61{,}7$ mm, $q_1 = 4$, $q_2 = 2/3$, $E = 206 \cdot 10^3$ N/mm^2).
c) $R_{soll} = 4{,}17$ N/mm; $R_{ist} = 4{,}05$ N/mm (relativ gute Übereinstimmung).

10.3
a) gewählt $b' = 16$ mm ($b' = 0{,}3 \cdot 56$ mm)
b) $\sigma_b = 427$ N/mm^2 $< \sigma_{b\,zul} \approx 980$ N/mm^2; gegenüber der Aufgabe 10.2 keine Veränderung.
c) $V_{Rechteckfeder} = 156\,800$ mm^3, $V_{Trapezfeder} = 100\,800$ mm^3. Das Volumen (und damit auch das Gewicht) der Trapezfeder beträgt $\approx 64\,\%$ der Rechteckfeder.

ⓘ **10.4**
a) **Bestimmung von Dicke h und Breite b der Feder**

$$h \leq h_{zul} = q_2 \cdot \frac{l^2}{s_{max}} \cdot \frac{\sigma_{b\,zul}}{E} = \frac{2}{3} \cdot \frac{100^2 \text{ mm}^2}{45 \text{ mm}} \cdot \frac{1\,400 \text{ N/mm}^2}{206\,000 \text{ N/mm}^2} = \mathbf{1{,}01 \text{ mm}}$$

(10.9/10-14)

mit E-Modul nach TB 10-1, $q_2 = 2/3$ für Rechteckfedern s. Lehrbuch unter Gl. (10.9/10-13) und $\sigma_{b\,zul} \approx 0{,}7 \cdot R_m = 0{,}7 \cdot 2\,000$ N/mm^2 = **1 400 N/mm^2** nach TB 10-1 mit R_m nach TB 10-4
gewählt: $h = 1$ mm

$$F_{\text{zul}} = \frac{b \cdot h^2 \cdot \sigma_{b\,\text{zul}}}{6 \cdot l} \Rightarrow \qquad (10.7/10\text{-}11)$$

$$b = \frac{F_{\text{zul}} \cdot 6 \cdot l}{h^2 \cdot \sigma_{b\,\text{zul}}} = \frac{45\,\text{N} \cdot 6 \cdot 100\,\text{mm}}{1\,\text{mm}^2 \cdot 1\,400\,\text{N/mm}^2} = \mathbf{19{,}3\,\text{mm}}$$

gewählt: $b = 20\,\text{mm}$

b) **Bestimmung der tatsächlichen maximalen Durchbiegung s_{ist} der Feder**

$$s_{\text{ist}} = q_1 \cdot \frac{l^3}{b \cdot h^3} \cdot \frac{F_{\text{zul}}}{E} = 4 \cdot \frac{100^3\,\text{mm}^3}{20\,\text{mm} \cdot 1\,\text{mm}^3} \cdot \frac{45\,\text{N}}{206\,000\,\text{N/mm}^2} = \mathbf{43{,}7\,\text{mm}}$$
$$(10.8/10\text{-}12)$$

mit $q_1 = 4$ für Rechteckfedern s. unter Gl. (10.9/10-12)

c) **Bestimmung der Federraten**

$$R_{\text{soll}} = \frac{F_{\text{zul}}}{s_{\text{max}}} = \frac{45\,\text{N}}{45\,\text{mm}} = \mathbf{1\,\frac{N}{mm}} \quad \text{bei linearer Federkennlinie} \qquad (10.1/10\text{-}2)$$

$$R_{\text{ist}} = \frac{F_{\text{zul}}}{s_{\text{ist}}} = \frac{45\,\text{N}}{43{,}7\,\text{mm}} = \mathbf{1{,}03\,\frac{N}{mm}}$$

10.5
a) Gewählt $h = 0{,}6\,\text{mm}$ ($\sigma_{b\,\text{zul}} = 1\,015\,\text{N/mm}^2$, $R_m = 1\,450\,\text{N/mm}^2$).
b) $\sigma_b = 1\,147\,\text{N/mm}^2 > \sigma_{b\,\text{zul}}$ Biegespannung nicht zulässig
($s_1 = 34{,}5\,\text{mm}$, $s_{\text{max}} = 39{,}5\,\text{mm}$, $F_{\text{max}} = 17{,}2\,\text{N}$, $q_1 = 4$);
neu gewählt $h = 0{,}7\,\text{mm}$: $\sigma_b = 902\,\text{N/mm}^2 < \sigma_{b\,\text{zul}}$ Biegespannung zulässig
($s_1 = 21{,}7\,\text{mm}$, $s_{\text{max}} = 26{,}7\,\text{mm}$, $F_{\text{max}} = 18{,}4\,\text{N}$).

10.6
a) gewählt $d = 4\,\text{mm}$; $D = 25\,\text{mm}$ ($d' = 4{,}1\,\text{mm}$, $D' = 24\,\text{mm}$)
b) $n = 5{,}0$ ($E = 206\,000\,\text{N/mm}^2$, $n' = 4{,}6$)
c) $L_{K0} = 29{,}0\,\text{mm}$.
d) $\sigma_q = 915\,\text{N/mm}^2 < \sigma_{b\,\text{zul}} = 925\,\text{N/mm}^2$ ($w = 6{,}25$, $q = 1{,}15$, $R_m = 1\,322\,\text{N/mm}^2$).

ⓘ **10.7**
a) **Bestimmung von Drahtdurchmesser d und Windungsdurchmesser D**

$$d \approx 0{,}23 \cdot \frac{\sqrt[3]{M}}{1-k} = 0{,}23 \cdot \frac{\sqrt[3]{4\,000}}{1-0{,}04} = \mathbf{3{,}8\,\text{mm}} \qquad (10.11/10\text{-}16)$$

mit $k = 0{,}06 \cdot \dfrac{\sqrt[3]{M}}{D_i} = 0{,}06 \cdot \dfrac{\sqrt[3]{4\,000}}{24} = \mathbf{0{,}04}$

gewählt: $d = 3{,}8\,\text{mm}$ (nach TB 10-2a)

10 Elastische Federn

$D = D_\mathrm{i} + d = 24\,\mathrm{mm} + 3{,}8\,\mathrm{mm} = \mathbf{27{,}8\,mm}$
gewählt: $D = 28\,\mathrm{mm}$ (DIN 323 s. TB 1-16, R20)

Bestimmung der Windungszahl n

$$n' = \frac{\pi/64 \cdot \varphi° \cdot E \cdot d^4}{180° \cdot M \cdot D} = \frac{\pi/64 \cdot 180° \cdot 206\,000\,\mathrm{N/mm^2} \cdot 3{,}8^4\,\mathrm{mm^4}}{180° \cdot 4\,000\,\mathrm{N\,mm} \cdot 28\,\mathrm{mm}} = \mathbf{18{,}83}$$
(10.12/10-17)

mit E nach TB 10-1.
gewählt: $\boldsymbol{n = 18{,}75}$
($n = \ldots, 0 \ldots, 25 \ldots, 5 \ldots, 75$ wählen, siehe bei Gl. (10.12/10-17))

Bestimmung der Länge L_{K0}

$$L_{\mathrm{K0}} = (n + 1{,}5) \cdot d = (18{,}75 + 1{,}5) \cdot 3{,}8\,\mathrm{mm} = \mathbf{77\,mm} \qquad (10.13/10\text{-}18)$$

b) **Bestimmung der Biegespannung σ_q**

$$\sigma_\mathrm{q} = \frac{q \cdot M}{\pi/32 \cdot d^3} = \frac{1{,}12 \cdot 4\,000\,\mathrm{N\,mm}}{\pi/32 \cdot 3{,}8^3\,\mathrm{mm^3}} = \mathbf{834{,}5\,\frac{N}{mm^2}} \qquad (10.15/10\text{-}22)$$

mit $q = 1{,}12$ nach TB 10-7 für $w = D/d = 28\,\mathrm{mm}/3{,}8\,\mathrm{mm} = 7{,}37$.

Auswahl einer Drahtsorte nach TB 10-3 mit $\sigma_\mathrm{q} \leq \sigma_{\mathrm{b\,zul}}$

$\sigma_\mathrm{q} \leq \sigma_{\mathrm{b\,zul}} \approx 0{,}7 \cdot R_\mathrm{m} \Rightarrow R_\mathrm{m} \geq \sigma_\mathrm{q}/0{,}7 = 834{,}5\,\mathrm{N/mm^2}/0{,}7 = \mathbf{1\,192\,N/mm^2}$

mit $\sigma_{\mathrm{b\,zul}}$ nach TB 10-1
gewählt: Federstahl SL nach TB 10-3 mit
$R_\mathrm{m} = 1\,720 - 660 \cdot \lg d = 1\,720 - 660 \cdot \lg 3{,}8 = 1\,337\,\mathrm{N/mm^2}$.

10.8
a) Gewählt $d = 0{,}7\,\mathrm{mm}$, $D = 8\,\mathrm{mm}$; $D_\mathrm{i} = 7{,}3\,\mathrm{mm}$; ($D_\mathrm{i}' = 7{,}5\,\mathrm{mm}$, $D' = 8{,}2\,\mathrm{mm}$, $k \approx 0{,}02$, $M \approx 25\,\mathrm{N\,mm}$, $H = l_1$);
b) $\varphi_{\max} = 40°$, $\varphi_1 = 24°$;
c) $L_{\mathrm{K0}} = 3{,}15\,\mathrm{mm}$ mit $n = 3$ gewählt ($E = 206\,000\,\mathrm{N/mm^2}$, $H = l_1$, $\varphi = 24°$, $n' = 2{,}7$)
d) $\sigma_{\mathrm{q2}} = 801{,}8\,\mathrm{N/mm^2} < \sigma_{\mathrm{b\,zul}} = 1\,275{,}6\,\mathrm{N/mm^2}$ ($w = 11{,}43$, $q = 1{,}08$, $M = F_2 \cdot H$).

ⓘ 10.9

a) **Bestimmung der Biegespannung σ_i**

$$\sigma_i = \frac{6 \cdot M}{b \cdot h^2} = \frac{6 \cdot 150 \cdot 10^3 \text{ N mm}}{20 \text{ mm} \cdot 10^2 \text{ mm}^2} = \mathbf{450 \, \frac{N}{mm^2}} < \sigma_{b\,zul} \qquad (10.17/10\text{-}25)$$

mit $\sigma_{b\,zul} \approx 0{,}75 \cdot R_m = 0{,}75 \cdot 1\,200 \text{ N/mm}^2 = \mathbf{900 \text{ N/mm}^2}$

b) **Bestimmung der gestreckten Länge l und der Federkraft F**

$$\varphi° = \frac{180°}{\pi} \cdot \frac{M \cdot l}{E \cdot I} \Rightarrow \qquad (10.18/10\text{-}26)$$

$$l = \frac{\varphi°}{180} \cdot \frac{\pi \cdot E \cdot I}{M} = \frac{19°}{180°} \cdot \frac{\pi \cdot 206\,000 \text{ N/mm}^2 \cdot 1\,666{,}7 \text{ mm}^4}{150\,000 \text{ N mm}} = \mathbf{759 \text{ mm}}$$

mit $I = b \cdot h^3/12 = 20 \text{ mm} \cdot 10^3 \text{ mm}^3/12 = 1\,666{,}7 \text{ mm}^4$

$$\sigma_i = \frac{6 \cdot F \cdot r_e}{b \cdot h^2} \Rightarrow \qquad (10.17/10\text{-}25)$$

$$F = \frac{\sigma_i \cdot b \cdot h^2}{6 \cdot r_e} = \frac{450 \text{ N/mm}^2 \cdot 20 \text{ mm} \cdot 10^2 \text{ mm}^2}{6 \cdot 67{,}3 \text{ mm}} = \mathbf{2\,229 \text{ N}}$$

mit $l = \frac{\pi \cdot (r_e^2 - r_i^2)}{h + a} \Rightarrow \qquad (10.19/10\text{-}27)$

$$r_e = \sqrt{\frac{l \cdot (h + a)}{\pi} + r_i^2} = \sqrt{\frac{759 \text{ mm} \cdot (10 \text{ mm} + 5 \text{ mm})}{\pi} + (30 \text{ mm})^2} = 67{,}3 \text{ mm}$$

c) **Bestimmung der Windungszahl n**

$$n = \frac{l}{\pi \cdot (r_e + r_i)} = \frac{759 \text{ mm}}{\pi \cdot (67{,}3 \text{ mm} + 30 \text{ mm})} = \mathbf{2{,}48} \qquad (10.19/10\text{-}27)$$

10.10

a) $s_{ges} = 5{,}85 \text{ mm}$, $F_{ges} = 8\,523 \text{ N}$ ($s_{0{,}75} = 0{,}487 \text{ mm}$, $h_0 = 0{,}65 \text{ mm}$, $F_{0{,}75} = 2\,841 \text{ N}$)
b) $L_0 = 61{,}8 \text{ mm}$, $L = 55{,}95 \text{ mm}$ ($t = 1{,}5 \text{ mm}$).

10.11

a) $L_0 = 39{,}2 \text{ mm}$ ($h_0 = 2{,}8 \text{ mm}$, $t = 3{,}5 \text{ mm}$).
b) $L = 36{,}4 \text{ mm}$.

10.12

a) $F_{ges} = 3\,100 \text{ N}$, $s_{ges} = 21{,}6 \text{ mm}$ ($F_{0{,}75} = 1\,550 \text{ N}$, $s_{0{,}75} = 1{,}2 \text{ mm}$);
b) $L_0 = 73{,}8 \text{ mm}$, $L'_0 = 51{,}3 \text{ mm}$. Bei einer Auflösung in 2 Teilsäulen zu je 18 Einzeltellern wird die Säule um 22,5 mm kürzer.

10 Elastische Federn   477

10.13
a) je Tellerfedersäule $F_{max} = 25\,200\,\text{N}$.
b) Möglich sind Tellerfeder DIN EN 16983-A80 und A90, gewählt wird: A90 (bessere Ausnutzung bezüglich F_{max}, Spiel am Bolzen: 0,6 mm).
c) Gewählt: $i = 20$ ($D_e = 90\,\text{mm}$, $D_i = 46\,\text{mm}$, $t = 5\,\text{mm}$, $h_0 = 2\,\text{mm}$, $F_c = 40{,}7\,\text{kN}$, $K_1 = 0{,}685$, $\delta = 1{,}96$, $K_4 = 1$, $F/F_c = 0{,}62$, $s/h_0 \approx 0{,}6$ abgelesen, $s = 1{,}2\,\text{mm}$, $i = 20$).
d) Möglich sind Tellerfeder DIN EN 16983-B80 ($n = 3$) und B90 ($n = 2$), gewählt wird: B90 (bessere Ausnutzung bezüglich F_{max} bei Verwendung von Federpaketen mit jeweils zwei Einzeltellern), gewählt: $i = 17$, $n = 2$ ($D_e = 90\,\text{mm}$, $D_i = 46\,\text{mm}$, $t = 3{,}5\,\text{mm}$, $h_0 = 2{,}5\,\text{mm}$, $F_c = 17{,}5\,\text{kN}$, $K_1 = 0{,}686$, $\delta = 1{,}96$, $K_4 = 1$, $F = 12{,}6\,\text{kN}$, $F/F_c = 0{,}72$, $s/h_0 \approx 0{,}63$ abgelesen, $s = 1{,}575\,\text{mm}$, $i = 17{,}1$).

10.14
a) $F = 8132\,\text{N}$ ($s = 1{,}21\,\text{mm}$, $K_1 = 0{,}684$ für $\delta = 1{,}95$) oder $F = 8220\,\text{N}$ ($F_c = 12\,845\,\text{N}$ für $s/h_0 \approx 0{,}53$ wird $F/F_c \approx 0{,}64$ abgelesen).
b) $F = 5846\,\text{N}$ ($s = 1{,}55\,\text{mm}$) oder $F = 5838\,\text{N}$ ($F_c = 6950\,\text{N}$ für $s/h_0 = 0{,}53$ wird $F/F_c \approx 0{,}84$ abgelesen).

10.15
a) $s = 0{,}75\,\text{mm}$ ($K_1 = 0{,}696$ für $\delta = 2{,}0$, $F_c = 4475\,\text{N}$, $F/F_c = 0{,}67$, $s/h_0 \approx 0{,}58$ abgelesen).
b) $\sigma \triangleq \sigma_{dI} = -1717\,\text{N/mm}^2 < -3400\,\text{N/mm}^2$ für $\delta = 2{,}0$, $\sigma_{II} = 624{,}4\,\text{N/mm}$, $\sigma_{III} = 925{,}5\,\text{N/mm}^2$ ($K_2 = 1{,}22$; $K_3 = 1{,}38$).

10.16
a) $F = 5856\,\text{N}$, $F_R = 5976\,\text{N}$ ($K_1 = 0{,}7$ für $\delta = 2{,}03$, $K_4 = 1$, $w_R = 0{,}02$).
b) $F_c = 8912\,\text{N}$, $F_{cR} = 9094\,\text{N}$ ($K_1 = 0{,}7$ für $\delta = 2{,}03$, $w_R = 0{,}02$).
c) $W = 3183\,\text{N mm}$, $W_R = 3120\,\text{N mm}$ ($w_R = 0{,}02$).

ⓘ **10.17**
a) **Bestimmung der Kraft F_c**

$$F_c = \frac{4 \cdot E}{1 - \mu^2} \cdot \frac{h_0 \cdot t^3}{K_1 \cdot D_e^2} \cdot K_4^2 = \frac{4 \cdot 206\,000\,\text{N/mm}^2}{1 - 0{,}3^2} \cdot \frac{1{,}6\,\text{mm} \cdot 2^3\,\text{mm}^3}{0{,}686 \cdot 56^2\,\text{mm}^2} = \mathbf{5388\,N}$$

(10.26/10-35)

mit E nach TB 10-1; h_0, t, D_e nach TB 10-9b, K_1 nach TB 10-11a für $\delta = D_e/D_i = 56\,\text{mm}/28{,}5\,\text{mm} = 1{,}96$ und $K_4 = 1$ (Feder ohne Auflagefläche)

Hinweis: Da eine Umstellung der Gleichung (10.25) nach dem Federweg nicht möglich ist werden zweckmäßig die Federwege s_1 und s_2 über das Verhältnis F/F_c nach TB 10-11c ermittelt.

Bestimmung der Federwege s_1 und s_2

$$\frac{F_1}{F_c} = \frac{1\,800\,\text{N}}{5\,388\,\text{N}} = 0{,}33 \Rightarrow \frac{s_1}{h_0} = 0{,}23 \text{ aus TB 10-11c für Reihe B} \left(\frac{h_0}{t} = 0{,}8\right)$$

$s_1 = 0{,}23 \cdot h_0 = 0{,}23 \cdot 1{,}6\,\text{mm} = \mathbf{0{,}37\,\text{mm}}$

$$\frac{F_2}{F_c} = \frac{3\,400\,\text{N}}{5\,388\,\text{N}} = 0{,}63 \Rightarrow \frac{s_2}{h_0} = 0{,}53 \qquad \text{(TB 10-11c)}$$

$s_2 = 0{,}53 \cdot h_0 = 0{,}53 \cdot 1{,}6\,\text{mm} = \mathbf{0{,}85\,\text{mm}}$

Bestimmung der Zugspannungen σ_1 ($= \sigma_{\text{III}1}$) und σ_2 ($= \sigma_{\text{III}2}$)

$$\sigma_{1,2} = \sigma_{\text{III}1,2} = -\frac{4 \cdot E}{1-\mu^2} \cdot \frac{t^2}{K_1 \cdot D_e^2} \cdot K_4 \cdot \frac{(s_1\,\text{bzw.}\,s_2)}{t} \cdot \frac{1}{\delta} \qquad (10.30\text{b}/10\text{-}40)$$

$$\cdot \left[K_4 \cdot (K_2 - 2K_3) \cdot \left(\frac{h_0}{t} - \frac{s_1\,\text{bzw.}\,s_2}{2 \cdot t}\right) - K_3 \right]$$

$$\sigma_{1,2} = -\frac{4 \cdot 206\,000\,\text{N/mm}^2}{1-0{,}3^2} \cdot \frac{2^2\,\text{mm}^2}{0{,}686 \cdot 56^2\,\text{mm}^2} \cdot 1 \cdot \frac{0{,}37\,\text{mm bzw. } 0{,}85\,\text{mm}}{2\,\text{mm}} \cdot \frac{1}{1{,}96}$$

$$\cdot \left[1 \cdot (1{,}21 - 2 \cdot 1{,}36) \cdot \left(\frac{1{,}6\,\text{mm}}{2\,\text{mm}} - \frac{0{,}37\,\text{mm bzw. } 0{,}85\,\text{mm}}{2 \cdot 2\,\text{mm}}\right) - 1{,}36 \right]$$

$\sigma_1(s_1 = \mathbf{0{,}37\,\text{mm}}) = \mathbf{386\,\text{N/mm}^2}$
$\sigma_2(s_2 = \mathbf{0{,}85\,\text{mm}}) = \mathbf{820\,\text{N/mm}^2}$
mit K_2 und K_3 nach TB 10-11b, $\delta = 1{,}96$, sonstige Werte s. o.
Hinweis: Die höchste Zugspannung kann an Stelle II oder III in Abhängigkeit von den Abmessungen der Tellerfeder auftreten. Nach TB 10-9b ist sie bei Tellerfedern B56 an Stelle III (s. Hinweis unter TB 10-9c).

b) **Bestimmung der Vorspann-Druckspannung σ_1:**

$$\sigma_I = -\frac{4 \cdot E}{1-\mu^2} \cdot \frac{t^2}{K_1 \cdot D_e^2} \cdot K_4 \cdot \frac{s_1}{t} \left[K_4 \cdot K_2 \left(\frac{h_0}{t} - \frac{s_1}{2 \cdot t}\right) + K_3 \right] \qquad (10.30\text{a}/10\text{-}38)$$

$$\sigma_I = -\frac{4 \cdot 206\,000\,\text{N/mm}^2}{1-0{,}3^2} \cdot \frac{2^2\,\text{mm}^2}{0{,}686 \cdot 56^2\,\text{mm}^2} \cdot 1 \cdot \frac{0{,}37\,\text{mm}}{2\,\text{mm}}$$

$$\cdot \left[1 \cdot 1{,}21 \cdot \left(\frac{1{,}6}{2} - \frac{0{,}37\,\text{mm}}{2 \cdot 2\,\text{mm}}\right) + 1{,}36 \right]$$

$\sigma_1 = \mathbf{|-690\,\text{N/mm}^2|} > |-600\,\text{N/mm}^2| \Rightarrow$ Vorspannung ausreichend
Hinweise zu den Werten s. o. Da $s_1 = 0{,}23\,h_0 > 0{,}2\,h_0$ hätte auf die Berechnung von σ_I bei Normfedern verzichtet werden können.

10 Elastische Federn

Bestimmung der Hubspannung σ_h und Hubfestigkeit σ_H

$$\sigma_h = \sigma_2 - \sigma_1 = 820\,\text{N/mm}^2 - 386\,\text{N/mm}^2 = \mathbf{434\,N/mm^2} \qquad (10.31/10\text{-}46)$$

$$\sigma_H = \sigma_O - \sigma_u \,(\widehat{=}\, \sigma_1) = 930\,\text{N/mm}^2 - 386\,\text{N/mm}^2 = \mathbf{544\,N/mm^2}$$

mit $\sigma_O = 930\,\text{N/mm}^2$ nach TB 10-12c.

$$\sigma_H > \sigma_h \Rightarrow \text{dauerfeste Auslegung}$$

c) **Bestimmung der Längen der belasteten Federsäulen L_1 und L_2**

$$L_0 = i \cdot (h_0 + n \cdot t) = 8 \cdot (1{,}6\,\text{mm} + 1 \cdot 2\,\text{mm}) = \mathbf{28{,}8\,mm} \qquad (10.24/10\text{-}32)$$

$$s_{1\,\text{ges}} = i \cdot s_1 = 8 \cdot 0{,}37\,\text{mm} = \mathbf{2{,}96\,mm}$$

$$s_{2\,\text{ges}} = i \cdot s_2 = 8 \cdot 0{,}85\,\text{mm} = \mathbf{6{,}8\,mm}$$

$$L_1 = L_0 - s_{1\,\text{ges}} = 28{,}8\,\text{mm} - 2{,}96\,\text{mm} = \mathbf{25{,}84\,mm} \qquad (10.24/10\text{-}33)$$

$$L_2 = L_0 - s_{2\,\text{ges}} = 28{,}8\,\text{mm} - 6{,}8\,\text{mm} = \mathbf{22\,mm}$$

10.18
a) Druckspannung $\sigma_I = |-617\,\text{N/mm}^2| > |-600\,\text{N/mm}^2|$ ($s_1 = 0{,}35$ mm, $D_e = 63$ mm, $t = 2{,}5$ mm, $h_0 = 1{,}75$ mm, $\delta = 2{,}03$, $K_1 = 0{,}7$, $K_2 = 1{,}23$, $K_3 = 1{,}39$, $K_4 = 1$).
b) $\Delta s_{\text{ges}} = 4{,}55$ mm ($F_c = 8\,912$ N, je Teller $F_2 = 5\,000$ N, $F_2/F_c = 0{,}56$, $s_2/h_0 \approx 0{,}46$ abgelesen, $s_2 = 0{,}805$ mm, $\Delta s\,(s_h) = 0{,}455$ mm).
c) $\sigma_H = 578\,\text{N/mm}^2 > \sigma_h = 387\,\text{N/mm}^2$ ($\sigma_O \approx 910\,\text{N/mm}^2$ abgelesen für $\sigma_U \,\widehat{=}\, \sigma_1$ (σ_{III1}) $= 332\,\text{N/mm}^2$ für $s_1 = 0{,}35$ mm; $\sigma_2\,(\sigma_{III2}) = 719\,\text{N/mm}^2$ für $s_2 \approx 0{,}805$ mm).

10.19
a) $n = 1$ ($F_{0{,}75} = 2\,926\,\text{N} > F_2 = 2\,500\,\text{N}$).
b) $s_1 = 0{,}132$, $s_2 = 0{,}341$ mm ($F_c = 3\,842$ N, $F_1/F_c = 0{,}26$, $s_1/h_0 \approx 0{,}24$ abgelesen, $F_2/F_c = 0{,}65$, $s_2/h_0 \approx 0{,}62$ abgelesen, $K_1 = 0{,}7$, $K_4 = 1$).
c) Gewählt: $i = 11$ ($\Delta s = 0{,}209$ mm, $i = 10{,}53$).
d) $s_{1\,\text{ges}} = 1{,}45$ mm, $s_{2\,\text{ges}} = 3{,}75$ mm, $L_1 = 21{,}1$ mm, $L_2 = 18{,}8$ mm ($L_0 = 22{,}55$ mm).
e) $N \leq 10^5$ Lastspiele ($\sigma_0 \approx 1\,160\,\text{N/mm}^2$ abgelesen bei $N = 10^5$ Lastspielen; $\sigma_0 > \sigma_2 (= \sigma_{II2}) = 1\,153\,\text{N/mm}^2$ mit $K_1 = 0{,}7$, $K_2 = 1{,}23$, $K_3 = 1{,}4$, $K_4 = 1$, $\delta = 2{,}05$; $\sigma_1 (= \sigma_{III1}) = 411\,\text{N/mm}^2$), $\sigma_0 \approx 1\,030\,\text{N/mm}^2$ bei $N = 5 \cdot 10^5$ Lastspielen nicht ausreichend.

10.20
a) $\varphi = 21°$ ($d = 15$ mm, $l_f = 677$ mm, $G = 78\,500\,\text{N/mm}^2$);
b) $\tau_t = 317\,\text{N/mm}^2 < \tau_{t\,\text{zul}} = 700\,\text{N/mm}^2$;
c) $p = 9{,}5\,\text{N/mm}^2 \ll p_{\text{zul}} = 857\,\text{N/mm}^2$ ($R_{p0{,}2} = 1\,200\,\text{N/mm}^2$, $S_F = 1{,}4$).

10.21
a) $R_{soll} \approx 10{,}8\,\text{N/mm}$;
b) gewählt $d = 2\,\text{mm}$ ($K_1 = 0{,}15$), $D = 14\,\text{mm}$, $n = 5{,}5$, $n_t = 7{,}5$ ($G = 81\,500\,\text{N/mm}^2$), $\tau_{max} = \tau_{vorh} = 580\,\text{N/mm}^2 < \tau_{zul} = 0{,}5 \cdot R_m = 760\,\text{N/mm}^2$.
c) $L_0 = 29{,}1\,\text{mm}$ ($S_a = 1{,}9\,\text{mm}$, $L_c = 15{,}2\,\text{mm}$, $s_{max} = s_n = 12\,\text{mm}$).

10.22
gewählt $d = 2\,\text{mm}$ ($k_1 = 0{,}15$), $D = 17\,\text{mm}$, $n = 5{,}5$, ($n' = 5{,}1$, $G = 81\,500\,\text{N/mm}^2$), $n_t = 7{,}5$, $\tau_{max} = 703\,\text{N/mm}^2 < \tau_{zul} = 760\,\text{N/mm}^2$ (Drahtsorte SL gewählt für statische Belastung), $R_{soll} = F/s = 6{,}5\,\text{N/mm}^2$, $R_{ist} = 6{,}03\,\text{N/mm}^2$ (evtl. mit geänderten Daten günstigere Übereinstimmung von R_{soll} und R_{ist}), $s = 21{,}6\,\text{mm}$, $S_a = 2{,}3\,\text{mm}$, $L_c = 15{,}2\,\text{mm}$ ($d_{max} = 2{,}025\,\text{mm}$), $L_n = 17{,}5\,\text{mm}$, $L_0 = 39{,}1\,\text{mm}$, $\tau_c = 779\,\text{N/mm}^2 < \tau_{c\,zul} = 852\,\text{N/mm}^2$ ($F_c = 144\,\text{N}$), Feder ist knicksicher (Knickfall 2, 3 und 4 zulässig).

10.23
a) gewählt $d = 8\,\text{mm}$ ($k_1 = 0{,}16$, $F_{max} = F_2 = 7\,400\,\text{N}/4 = 1\,850\,\text{N}$ je Feder), $D = 60\,\text{mm}$, $n = 9{,}5$, ($n' = 9{,}4$, $G = 81\,500\,\text{N/mm}^2$), $n_t = 11{,}5$, $\tau_{max} = 552\,\text{N/mm}^2 < \tau_{zul} = 561\,\text{N/mm}^2$ (Drahtsorte SL gewählt für statische Belastung), $R_{soll} = F/s = 20{,}6\,\text{N/mm}^2$, $R_{ist} = 20{,}3\,\text{N/mm}^2$ (gute Übereinstimmung), $s = 91{,}1\,\text{mm}$, $S_a = 14{,}0\,\text{mm}$, $L_c = 92{,}5\,\text{mm}$ ($d_{max} = 8{,}045\,\text{mm}$), $L_n = 106{,}5\,\text{mm}$, $L_0 = 197{,}6\,\text{mm}$, $\tau_c = 637\,\text{N/mm}^2 > \tau_{c\,zul} = 629\,\text{N/mm}^2$ ($F_c = 2\,134\,\text{N}$) $\Rightarrow$ Federwerkstoff nicht ausreichend, neu gewählt Drahtsorte SM mit $\tau_c = 637\,\text{N/mm}^2 < \tau_{c\,zul} = 734\,\text{N/mm}^2$.
b) für L_0 knicksicher mit geführten Einspannenden (Knickfall 3 bzw. 4).

10.24
Gewählt $d = 10\,\text{mm}$, $D = 90\,\text{mm}$ (nach DIN 323; $k_1 = 0{,}16$, $k_2 \approx 0{,}72$); mit $R_{soll} = 40\,\text{N/mm}$ wird $n = 3{,}5$, $n_t = 5{,}5$; $L_0 = 123{,}2\,\text{mm}$ ($R_{ist} = 39{,}9\,\text{N/mm}$, $S_a \approx 7{,}8\,\text{mm}$, $L_c = 55{,}3\,\text{mm}$, $s_c = 67{,}9\,\text{mm}$); Draht DIN EN 10270-1-SM-10,00 mit $\tau_{zul} = 620\,\text{N/mm}^2 > \tau_{max} = 550\,\text{N/mm}^2$; $\tau_c = 621\,\text{N/mm}^2 < \tau_{c\,zul} = 694\,\text{N/mm}^2$ ($F_c \approx 2\,709\,\text{N}$). Feder genügt den Anforderungen und ist für alle Fälle knicksicher.

10.25
a) je Feder $F_{max} \triangleq F_2 = 1\,101\,\text{N}$ ($F_t = 14\,091\,\text{N}$ mit $d_R = 220\,\text{mm}$, $F = 176\,136\,\text{N}$, $F_d = 11\,009\,\text{N}$);
b) Gewählt Draht DIN EN 10270-1-SL-5,00 mit $\tau_{vorh} = 448{,}5\,\text{N/mm}^2 < \tau_{zul} = 629{,}3\,\text{N/mm}^2$, $D = 20\,\text{mm}$, $n = 4{,}5$ ($n_t = 6{,}5$), $L_0 = 41{,}74\,\text{mm}$ ($S_a = 2{,}79\,\text{mm}$, $F_c = 1\,594\,\text{N}$, $\tau_c = 649{,}6\,\text{N/mm}^2 < \tau_{c\,zul} = 704{,}9\,\text{N/mm}^2$);
$R_{ist} = 177\,\text{N/mm}$, $R_{soll} = 183\,\text{N/mm}$.
Alternative Lösung: DIN EN 10270-1-SM-4,50 mit $\tau_{vorh} = 615{,}3\,\text{N/mm}^2 < \tau_{zul} = 748{,}3\,\text{N/mm}^2$, $D = 20\,\text{mm}$, $n = 3$ ($n_t = 5$), $L_0 = 30{,}75\,\text{mm}$ ($S_a = 1{,}75\,\text{mm}$, $F_c = 1\,405\,\text{N}$, $\tau_c = 785{,}5\,\text{N/mm}^2 < \tau_{c\,zul} = 838\,\text{N/mm}^2$);
$R_{ist} = 174{,}1\,\text{N/mm}$, $R_{soll} = 183{,}5\,\text{N/mm}$.

10.26
a) $F_1 = 553\,\text{N}$, $F_2 = 691\,\text{N}$; gewählt $d = 4,5\,\text{mm}$, $D = 30\,\text{mm}$ (Draht DIN EN 10270-1-SL-4,50 mit $\tau_{t\,\text{zul}} = 644\,\text{N/mm}^2 > \tau_{\text{max}} = 578\,\text{N/mm}^2$, $\Delta s = 5\,\text{mm}$, $s_2 = 25\,\text{mm}$), gewählt $n = 5,5$, $n_t = 7,5$, $R_{\text{soll}} = 27,6\,\text{N/mm}$, $R_{\text{ist}} = 28,1\,\text{N/mm}$ => $s_1 = 19,7\,\text{mm}$, $s_2 = 24,6\,\text{mm}$, $\Delta s = 4,9\,\text{mm}$, $L_0 = 62,7\,\text{mm}$, $L_1 = 43,0\,\text{mm}$ ($S_a = 4,1\,\text{mm}$, $L_c = 34,0\,\text{mm}$), $\tau_c = 676,7\,\text{N/mm}^2 < \tau_{c\,\text{zul}} = 722\,\text{N/mm}^2$ ($F_c = 807,2\,\text{N}$).

b) für $L_0 = 62,7\,\text{mm}$ ist die Feder nach Knickfall 2, 3 und 4 knicksicher.

ⓘ 10.27

a) **Bestimmung von Drahtdurchmesser d und Windungsdurchmesser D**

$$d = k_1 \cdot \sqrt[3]{F_2 \cdot D_e} = 0{,}17 \sqrt[3]{640 \cdot 37} = \mathbf{4{,}9\,mm} \qquad (10.43/10\text{-}54)$$

mit k_1 für Drahtsorte VD bei $d < 5\,\text{mm}$

gewählt: $d = 5\,\text{mm}$ (nach TB 10-2a)

$D \leq D_e - d = 37\,\text{mm} - 5\,\text{mm} = \mathbf{32\,mm}$

gewählt: $D = 31,5\,\text{mm}$ (DIN 323 s. TB 1-16, R20)

Bestimmung der Windungszahl n

$$n' = \frac{G}{8} \cdot \frac{d^4}{D^3 \cdot R_{\text{soll}}} = \frac{79\,500\,\text{N/mm}^2}{8} \cdot \frac{5^4\,\text{mm}^4}{31{,}5^3\,\text{mm}^3 \cdot 24{,}3\,\text{N/mm}} = \mathbf{8{,}18}$$
$$(10.46/10\text{-}56)$$

mit $G = 79\,500\,\text{N/mm}^2$ nach TB 10-1 und

$$R_{\text{soll}} = \frac{\Delta F}{\Delta s} = \frac{640\,\text{N} - 300\,\text{N}}{14\,\text{mm}} = \mathbf{24{,}3\,\frac{N}{mm}} \qquad (10.47/10\text{-}57)$$

gewählt: $n = 8,5$

$$n_t = n + 2 = 10{,}5 \qquad (10.37/10\text{-}58)$$

für kaltgeformte Druckfedern; n_t sollte auf $\ldots,5$ enden, siehe Hinweise zu Gl. (10.37/10-58)

Nachprüfung Federweg Δs

$$s_1 = \frac{F_1}{R_{\text{ist}}} = \frac{300\,\text{N}}{23{,}4\,\text{N/mm}} = \mathbf{12{,}8\,mm} \qquad (10.49/10\text{-}74)$$

$$s_2 = \frac{F_2}{R_{\text{ist}}} = \frac{650\,\text{N}}{23{,}4\,\text{N/mm}} = \mathbf{27{,}4\,mm}$$

$$\text{mit } R_{\text{ist}} = \frac{G}{8} \cdot \frac{d^4}{D^3 \cdot n} = \frac{79\,500\,\text{N/mm}^2}{8} \cdot \frac{5^4\,\text{mm}^4}{31{,}5^3\,\text{mm}^3 \cdot 8{,}5} = \mathbf{23{,}4\,\frac{N}{mm}}$$
$$(10.47/10\text{-}72)$$

$\Delta s = s_2 - s_1 = 27{,}4\,\text{mm} - 12{,}8\,\text{mm} = \mathbf{14{,}6\,mm}$ (erfüllt: $\Delta s \approx 14\,\text{mm}$)

Nachprüfung der Maximalspannung τ_{max}

$$\tau_{max} = \tau_2 = \frac{F_2 \cdot D/2}{\pi/16 \cdot d^3} = \frac{640\,\text{N} \cdot 31{,}5/2\,\text{mm}}{\pi/16 \cdot 5^3\,\text{mm}^3} = \mathbf{411\,\frac{N}{mm^2}} < \tau_{zul} \quad (10.44/10\text{-}76)$$

$$\tau_{zul} = 0{,}5 \cdot R_m = 0{,}5 \cdot 1\,540\,\text{N/mm}^2 = \mathbf{770\,N/mm^2}$$

nach TB 10-1 und TB 10-3c (R_m abgelesen).

Federlänge der unbelasteten Feder L_0

$$L_0 = s_n + S'_a + L_c = 27{,}4\,\text{mm} + 10{,}2\,\text{mm} + 52{,}9\,\text{mm} = \mathbf{90{,}5\,mm} \quad (10.41/10\text{-}70)$$

mit $s_n = s_2 = 27{,}4\,\text{mm}$,

$$S'_a = 1{,}5 \cdot S_a = 1{,}5(0{,}0015 D^2/d + 0{,}1d) \cdot n \quad (10.38\text{b}/10\text{-}61)$$

$$S'_a = 1{,}5\left(0{,}0015\frac{31{,}5^2\,\text{mm}^2}{5\,\text{mm}} + 0{,}1 \cdot 5\,\text{mm}\right) \cdot 8{,}5 = \mathbf{10{,}2\,mm}$$

und $L_c \leq n_t \cdot d_{max} = (n+2) \cdot d_{max} = 10{,}5 \cdot 5{,}035\,\text{mm} = \mathbf{52{,}9\,mm} \quad (10.39\text{a}/10\text{-}64)$

mit $d_{max} = (5{,}0 \pm 0{,}035)\,\text{mm}$ nach TB 10-2a für Federstahl VD und $n_t = n + 2$ für kaltgeformte Federn, s. Gl. (10.37/10-58)

b) **Statischer Festigkeitsnachweis**
Nachprüfung der Maximalspannung τ_{max}
Erfolgte bereits nach Wahl der Federabmessungen.

Nachprüfung der Blockspannung τ_c

$$\tau_c = \frac{F_c \cdot D/2}{\pi/16 \cdot d^3} = \frac{862\,\text{N} \cdot 31{,}5\,\text{mm}/2}{\pi/16 \cdot 5^3\,\text{mm}^3} = \mathbf{553\,\frac{N}{mm^2}} < \tau_{c\,zul} \quad (10.44/10\text{-}77)$$

mit $F_c = R_{ist} \cdot s_c = R_{ist} \cdot (s_2 + S'_a) = 23{,}4\,\dfrac{\text{N}}{\text{mm}} \cdot (27{,}4 + 10{,}2)\,\text{mm} = \mathbf{880\,N}$

$$(10.48/10\text{-}73)$$

und $\tau_{c\,zul} = 0{,}56 \cdot R_m = 0{,}56 \cdot 1\,540\,\text{N/mm}^2 = \mathbf{862\,N/mm^2}$
nach TB 10-1 und TB 10-3c.

10 Elastische Federn

Dynamischer Festigkeitsnachweis $\tau_{kh} \leq \tau_{kH}$

$$\tau_1 = \frac{F_1 \cdot D/2}{\pi/16 \cdot d^3} = \frac{300\,\text{N} \cdot 31{,}5\,\text{mm}/2}{\pi/16 \cdot 5^3\,\text{mm}^3} = \mathbf{193\,\frac{N}{mm^2}} \quad (10.44/10\text{-}76)$$

$$\tau_2 = \tau_{max} = 411\,\text{N/mm}^2 \text{ (s. o.)}$$

$$\tau_{k1} = k \cdot \tau_1 = 1{,}225 \cdot 193\,\text{N/mm}^2 = \mathbf{236\,N/mm^2}$$

$$\tau_{k2} = k \cdot \tau_2 = 1{,}225 \cdot 411\,\text{N/mm}^2 = \mathbf{503\,N/mm^2}$$

mit $k = (w + 0{,}5)/(w - 0{,}75) = (6{,}3 + 0{,}5)/(6{,}3 - 0{,}75) = 1{,}225$ nach TB 10-15b
für $w = D/d = 31{,}5\,\text{mm}/5\,\text{mm} = 6{,}3$

$$\tau_{kh} = \tau_{k2} - \tau_{k1} = 503\,\text{N/mm}^2 - 236\,\text{N/mm}^3 = \mathbf{267\,N/mm^2} < \tau_{kH} \quad (10.45/10\text{-}79)$$

$$\tau_{kH} = \tau_{k0} - \tau_{ku}(\widehat{=} \tau_{k1}) = 670\,\text{N/mm}^2 - 236\,\text{N/mm}^2 = \mathbf{434\,N/mm^2}$$

mit $\tau_{k0} = 670\,\text{N/mm}^2$ nach TB 10-18a).
$\tau_{kh} < \tau_{kH} \Rightarrow$ dauerfeste Auslegung

Überprüfung der Knicksicherheit
Die Überprüfung erfolgt mit TB 10-20. Links der Grenzkurve ist die Feder stabil gegen Knickung.
$s_2/L_0 = 27{,}4\,\text{mm}/90{,}5\,\text{mm} = \mathbf{0{,}3}$

$\nu \dfrac{L_0}{D} \leq 3{,}4$ (Grenzwert abgelesen aus TB 10-20)

$\nu \leq 3{,}4 \cdot \dfrac{D}{L_0} = 3{,}4 \dfrac{31{,}5\,\text{mm}}{90{,}5\,\text{mm}} = \mathbf{1{,}18}$

Nach TB 10-20 sind die Knickfälle 2, 3 und 4 möglich.

10.28
a) Gewählt $d = 4\,\text{mm}$, $D = 25\,\text{mm}$; $s_2 = 33{,}7\,\text{mm}$, $s_1 = 20{,}4\,\text{mm}$; $L_0 = 84{,}1\,\text{mm}$, $L_1 = 63{,}7\,\text{mm}$, $L_2 = 50{,}4\,\text{mm} > 50\,\text{mm}$ (gewählt $n = 8{,}5$, $n_t = 10{,}5$, $R_{soll} = 20\,\text{N/mm}$, $R_{ist} = 19{,}6\,\text{N/mm}$, $L_c = 42{,}3\,\text{mm}$, $S'_a = 8{,}1\,\text{mm}$, $s_n = s_2 = 33{,}7\,\text{mm}$); $\tau_{max} = 657\,\text{N/mm}^2 < \tau_{zul} = 863\,\text{N/mm}^2$; $\tau_c = 815\,\text{N/mm}^2 < \tau_{c\,zul} = 966\,\text{N/mm}^2$ ($F_c = 819\,\text{N}$);

b) $\tau_{kh} = 318\,\text{N/mm}^2 < \tau_{kH} = 350\,\text{N/mm}^2$ ($\tau_{k1} = 490\,\text{N/mm}^2 \widehat{=} \tau_{kU}$, $\tau_{k2} = 808\,\text{N/mm}^2$, $\tau_{k0} = 840\,\text{N/mm}^2$, $w = 6{,}25$, $k = 1{,}23$);

c) nach den Angaben zu TB 10-20 ist die Feder mit $L_0 = 84{,}1\,\text{mm}$ und $s_{max} \widehat{=} s_2 = 33{,}7\,\text{mm}$ für den Knickfall 3 bzw. 4 knicksicher.

d) $f_e = 273\,\text{s}^{-1}$, d. h. würde die Feder bei einer Maschinendrehzahl verwendet, von der ein ganzzahliges Vielfaches gleich ω_e ist, wäre Resonanz zu erwarten.

10.29
a) $d = 2{,}6$ mm, $D = 16$ mm, $D_e = 18{,}6$ mm, $D_i = 13{,}4$ mm;
b) $n = n_t = 5{,}5$ Windungen, $R_{soll} = 20{,}8$ N/mm, $R_{ist} = 19{,}6$ N/mm;
c) $L_K = 16{,}7$ mm, $L_0 = 38{,}2$ mm;
d) die Drahtklasse SL ist zulässig, da $\tau_{max} = 603{,}6$ N/mm² $< \tau_{zul} = 725$ N/mm² (F_{max} ist ohne Schaden aufzunehmen).

10.30
Mit $F_0 = 80$ N ($n = n_t = 22{,}5$, $D = 32$ mm) $s_2 = L_2 - L_0 = 83$ mm bzw. $s_1 = L_1 - L_0 = 30$ mm für F_2 bzw. F_1 wird $\tau_0 = 71$ N/mm² $< \tau_{0zul} = 116$ N/mm² ($\tau_{zul} = 580$ N/mm², $\alpha_1 = 0{,}2$, $w = 7{,}1$) und $F_{max} = 649$ N $> F_2$ also F_2 ist ohne Schaden aufzunehmen, bzw. $\tau_2 = 492$ N/mm² $< \tau_{zul}$.

ⓘ 10.31
a) **Bestimmung der erforderlichen Federabmessungen**
Drahtdurchmesser d, Windungsdurchmesser D und D_i

$$d = k_1 \cdot \sqrt[3]{F_{max} \cdot D_e} = 0{,}15 \cdot \sqrt[3]{150 \cdot 25} = \mathbf{2{,}3\,mm} \qquad (10.43/10\text{-}54)$$

mit k_1 für Drahtsorte SL bei $d < 5$ mm
gewählt: $d = 2{,}5$ mm (nach TB 10-2a)
$D = D_e - d = 25$ mm $- 2{,}5$ mm $= \mathbf{22{,}5\,mm}$
gewählt: $D = 22{,}4$ mm (DIN 323 s. TB 1-16, R20)
$D_i = D - d = 22{,}4$ mm $- 2{,}5$ mm $= \mathbf{19{,}9\,mm}$

Windungszahl n

$$n' = \frac{G \cdot d^4 \cdot s}{8 \cdot D^3 \cdot (F - F_0)} = \frac{81\,500\,\text{N/mm}^2 \cdot 25^4\,\text{mm}^4 \cdot 60\,\text{mm}}{8 \cdot 22{,}4^3\,\text{mm}^3 \cdot (150\,\text{N} - 30\,\text{N})} = \mathbf{17{,}7} \qquad (10.55/10\text{-}82)$$

mit G nach TB 10-1 und $F_0 = 30$ N s. Aufgabenstellung
gewählt: $n = n_t = 18$

$$R_{ist} = \frac{G \cdot d^4}{8 \cdot D^3 \cdot n} = \frac{81\,500\,\text{N/mm}^2 \cdot 2{,}5^4\,\text{mm}^4}{8 \cdot 22{,}4^3\,\text{mm}^3 \cdot 18} = \mathbf{1{,}97\,\frac{N}{mm}} \qquad (10.52/10\text{-}89)$$

Bestimmung der Federlängen der unbelasteten Feder L_K und L_0

$$L_K \approx (n_t + 1) \cdot d_{max} = (18 + 1) \cdot 2{,}525\,\text{mm} = \mathbf{48{,}0\,mm} \qquad (10.42/10\text{-}86)$$

mit $d = (2{,}5 \pm 0{,}025)$ mm nach TB 10-2a für Federstahl SL

$$L_0 = L_K + 2 \cdot L_H = 48\,\text{mm} + 2 \cdot 0{,}8 \cdot 19{,}9\,\text{mm} = \mathbf{79{,}8\,mm} \qquad (10.42/10\text{-}87)$$

mit $L_H \approx 0{,}8 \cdot D_i$ s. Aufgabenstellung

b) **Nachprüfung der Zuverlässigkeit der auftretenden Schubspannungen**
Nachprüfung der maximalen Schubspannung τ_{max}

$$\tau_{max} = \frac{F_{max} \cdot D/2}{\pi/16 \cdot d^3} = \frac{150\,N \cdot 22{,}4\,mm/2}{\pi/16 \cdot 2{,}5^3\,mm^3} = \mathbf{548\,N/mm^2} < \tau_{zul} \quad (10.44/10\text{-}76)$$

$$\tau_{zul} = 0{,}45 \cdot R_m = 0{,}45 \cdot (1\,720 - 660 \lg d) = 0{,}45 \cdot (1\,720 - 660 \lg 2{,}5)$$
$$= \mathbf{656\,N/mm^2}$$

nach TB 10-1 und TB 10-3a.

Nachprüfung der inneren Schubspannung τ_0

$$\tau_0 = \frac{F_0 \cdot D/2}{\pi/16 \cdot d^3} = \frac{30\,N \cdot 22{,}4\,mm/2}{\pi/16 \cdot 2{,}5^3\,mm^3} = \mathbf{110\,N/mm^2} < \tau_{0\,zul} \quad (10.54/10\text{-}93)$$

$$\tau_{0\,zul} = \alpha_1 \cdot \tau_{zul} = 0{,}18 \cdot 656\,N/mm^2 = \mathbf{118\,N/mm^2}$$

mit $\alpha_1 \approx 0{,}3 - 0{,}0139 \cdot D/d = 0{,}3 - 0{,}0139 \cdot 22{,}4\,mm/2{,}5\,mm = 0{,}18$ nach TB 10-21
Feder ist ausreichend bemessen.

ⓘ 10.32
a) **Bestimmung von Höhe h und Durchmesser d der Feder**

$$\sigma_d = \frac{F}{\pi \cdot d^2/4} \leq \sigma_{d\,zul} \Rightarrow \quad (10.62/10\text{-}103)$$

$$d \geq \sqrt{\frac{F}{\sigma_{d\,zul} \cdot \pi/4}} = \sqrt{\frac{5\,500\,N}{4\,N/mm^2 \cdot \pi/4}} = \mathbf{41{,}8\,mm}$$

mit $F = F_{ges}/z \approx 10 \cdot m/z = 10 \cdot 2\,200\,N/4 = 5\,500\,N$ und $\sigma_{d\,zul}$ nach TB 10-1 (Mittelwert)
gewählt: $d = 50\,mm$, $h = 41\,mm$

b) **Überprüfung der statischen Druckspannung σ_d**

$$\sigma_d = \frac{F}{\pi \cdot d^2/4} = \frac{5\,500\,N}{\pi \cdot 50^2 \cdot mm^2/4} = \mathbf{2{,}8\,N/mm^2} \leq \sigma_{d\,zul} \quad (10.62/10\text{-}103)$$

mit $\sigma_{d\,zul} \approx 3 \ldots 5\,N/mm^2$ nach TB 10-1
statische Druckspannung ist zulässig.

Überprüfung der dynamischen Druckspannung σ_d

$$\sigma_d = \frac{F}{\pi \cdot d^2/4} = \frac{5\,500\,N}{\pi \cdot 50^2 \cdot mm^2/4} = \mathbf{2{,}8\,N/mm^2} > \sigma_{d\,zul} \quad (10.62/10\text{-}103)$$

mit $\sigma_{d\,zul} \approx 1 \ldots 1{,}5\,N/mm^2$ nach TB 10-1
dynamische Druckspannung ist nicht zulässig.

Überprüfung, ob Federweg zulässig ist

$$s \approx \frac{4 \cdot F \cdot h}{\pi \cdot d^2 \cdot E} \leq 0{,}2 \cdot h \qquad (10.62/10\text{-}104)$$

$$s \approx \frac{4 \cdot 5\,500\,\text{N} \cdot 41\,\text{mm}}{\pi \cdot 50^2 \cdot \text{mm}^2 \cdot 7{,}25\,\text{N/mm}^2} = 15{,}84\,\text{mm} > 0{,}2 \cdot 41\,\text{mm} = 8{,}2\,\text{mm}$$

mit $E = 1{,}25 \cdot 5{,}8\,\text{N/mm}^2 = 7{,}25\,\text{N/mm}^2$ nach Bild 10.33
Federweg ist nach Gl. (10.62/10-104) zu groß
neu gewählt: $d = 70\,\text{mm}$, $h = 41\,\text{mm}$

Überprüfung der dynamischen Druckspannung σ_d

$$\sigma_d = \frac{F}{\pi \cdot d^2/4} = \frac{5\,500\,\text{N}}{\pi \cdot 70^2 \cdot \text{mm}^2/4} = \mathbf{1{,}43\,\text{N/mm}^2} > \sigma_{d\,zul} \qquad (10.62/10\text{-}103)$$

$\sigma_{d\,zul} \approx 1 \ldots 1{,}5\,\text{N/mm}^2$ nach TB 10-1 $\Rightarrow \sigma_d$ liegt am oberen Grenzwert, evtl. größere Abmessungen erforderlich.

Überprüfung, ob Federweg zulässig ist

$$s \approx \frac{4 \cdot 5\,500\,\text{N} \cdot 41\,\text{mm}}{\pi \cdot 70^2 \cdot \text{mm}^2 \cdot 7{,}25\,\text{N/mm}^2} = 8{,}08\,\text{mm} < 0{,}2 \cdot 41\,\text{mm} = 8{,}2\,\text{mm}$$

Federweg ist zulässig

10.33

a) $\tau = 0{,}4\,\text{N/mm}^2 < \tau_{zul} = 1 \ldots 2\,\text{N/mm}^2$ (statisch), $\tau_{zul} = 0{,}3 \ldots 0{,}8\,\text{N/mm}^2$ (dynamisch);

b) $z = 10$ Federelemente ($F = 603\,\text{N}$, wenn $A_i = d \cdot \pi \cdot h$; $F_G \approx 6\,000\,\text{N}$);

c) gewählt Shore-Härte 55 ($G \approx 0{,}64\,\text{N/mm}^2$).

11 Achsen, Wellen und Zapfen

11.1
Die in den Lagern A und B drehbar gelagerte Achse läuft um und wird somit bei konstanter Richtung der Kraft F_W wechselnd auf Biegung (s. M_b-Verlauf) und Schub (s. F_q-Verlauf) beansprucht; im gefährdeten Querschnitt wirkt die Schubkraft $F_q = F_A$ und das innere Biegemoment $M_b = F_A \cdot a$. Die Schubbeanspruchung ist meist vernachlässigbar gering. Die Biegung folgt bei umlaufenden Achsen i. Allg. dem Fall III – wechselnd. Für die Festigkeitsberechnung ist die Gestaltwechselfestigkeit maßgebend.

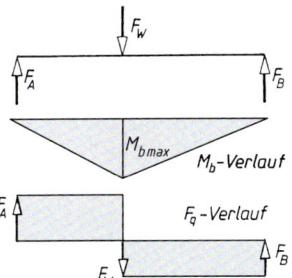

11.2
$M_{b\,max} = (F/2) \cdot (l - l_1)/2$; $M_{b\,max} \approx 1313\,\text{N\,m}$; Beanspruchung und maßgebende Festigkeit wie bei 11.1.

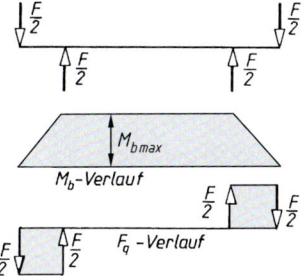

11.3
Querschnitt 1-1: Beanspruchung auf Torsion;
Querschnitt 2-2: Beanspruchung auf Torsion, Biegung und Schub;
Querschnitt 3-3: Beanspruchung auf Biegung und Schub.

Bei Annahme einer konstanten Drehrichtung des Elevators kann für die Torsion der Fall II angenommen werden (durch häufige An- und Abschaltungen); für die Biegung ist der Fall III maßgebend.
Die Schubbeanspruchung kann vernachlässigt werden.

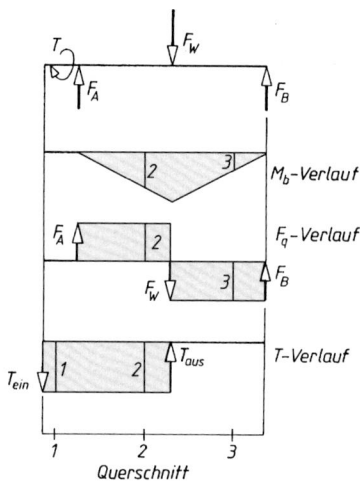

11.4
$T = 10\,640\,\text{N m}$; ($i_{\text{ges}} = 42{,}336$).

11.5
$T = 11\,342\,\text{N m}$.

11.6
$M_{\text{b max}} = 70{,}3\,\text{N m}$; ($F_{\text{b}} = 1{,}6\,\text{kN}$, $F_{\text{B}} = 0{,}676\,\text{kN}$, $F_{\text{A}} = 0{,}924\,\text{kN}$, $M_{\text{b max}} = F_{\text{A}} \cdot 76 = F_{\text{B}} \cdot 104$).

11.7
$M_{\text{b max}} = 1\,855\,\text{N m}$; ($M_{\text{b1}} = F_{\text{A}} \cdot l_1 = 1\,245\,\text{N m}$, $M_{\text{b2}} = F_{\text{B}} \cdot l_2 = 1\,855\,\text{N m}$, $F_{\text{A}} = 15{,}52\,\text{kN}$, $F_{\text{B}} = 20{,}61\,\text{kN}$, Ebene 1 (mit F_{t2} und F_{r3}): $F_{\text{Ax}} = 10{,}24\,\text{kN}$, $F_{\text{Bx}} = 9{,}34\,\text{kN}$, Ebene 2 (mit F_{r2} und F_{t3}): $F_{\text{Ay}} = 11{,}72\,\text{kN}$, $F_{\text{By}} = 18{,}37\,\text{kN}$).

(i) 11.8
Aufteilung der Kräfte auf zwei Ebenen

Ebene 1:

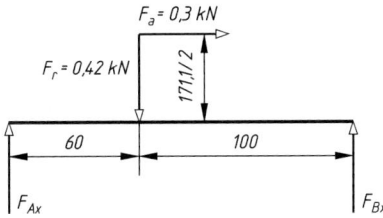

Ebene 2:

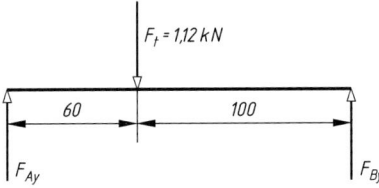

Bestimmung der Lagerkräfte F_A und F_B

Ebene 1: $\sum M_A = F_r \cdot 60\,\text{mm} + F_a \cdot 171{,}1\,\text{mm}/2 - F_{Bx} \cdot 160\,\text{mm} = 0$

$F_{Bx} = (F_r \cdot 60\,\text{mm} + F_a \cdot 171{,}1\,\text{mm}/2)/160$

$= (0{,}42\,\text{kN} \cdot 60\,\text{mm} + 0{,}3\,\text{kN} \cdot 171{,}1/2\,\text{mm})/160\,\text{mm} = \mathbf{0{,}318\,kN}$

$\sum F_x = F_{Ax} - F_r + F_{Bx} = 0$

$F_{Ax} = -F_{Bx} + F_r = -0{,}318\,\text{kN} + 0{,}42\,\text{kN} = \mathbf{0{,}102\,kN}$

Ebene 2: $\sum M_A = F_t \cdot 60\,\text{mm} - F_{By} \cdot 160\,\text{mm} = 0$

$F_{By} = F_t \cdot 60\,\text{mm}/160\,\text{mm} = 1{,}12\,\text{kN} \cdot 60\,\text{mm}/160\,\text{mm} = \mathbf{0{,}42\,kN}$

$\sum F_y = F_{Ay} - F_t + F_{By} = 0$

$F_{Ay} = F_t - F_{By} = 1{,}12\,\text{kN} - 0{,}42\,\text{kN} = \mathbf{0{,}7\,kN}$

Überlagerung Ebene 1 + 2:

$F_A = \sqrt{F_{Ax}^2 + F_{Ay}^2} = \sqrt{(0{,}102\,\text{kN})^2 + (0{,}7\,\text{kN})^2} = \mathbf{0{,}707\,kN}$

$F_B = \sqrt{F_{Bx}^2 + F_{By}^2} = \sqrt{(0{,}318\,\text{kN})^2 + (0{,}42\,\text{kN})^2} = \mathbf{0{,}527\,kN}$

Bestimmung des maximalen Biegemoments $M_{b\,max}$ und des M_b-Verlaufs

$$M_{b1} = F_A \cdot l_1 = 0{,}707\,\text{kN} \cdot 60\,\text{mm} = \mathbf{42{,}42\,N\,m}$$
$$M_{b2} = M_{b\,max} = F_B \cdot l_2 = 0{,}527\,\text{kN} \cdot 100\,\text{mm} = \mathbf{52{,}7\,N\,m}$$

M_b-Verlauf
(Hinweis: Es ist ebenfalls möglich, die Biegemomente in den Ebenen 1 und 2 zu bestimmen und diese dann anschließend zu überlagern)

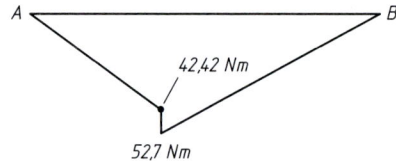

ⓘ **11.9**
Die umlaufende Achse wird wechselnd auf Biegung beansprucht

Ermittlung des größten Biegemomentes
Ersatzsystem

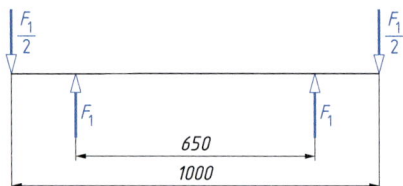

$$M_{b\,max} = \frac{F}{2} \cdot \left(\frac{1\,000\,\text{mm} - 650\,\text{mm}}{2} \right) = \frac{20 \cdot 10^3\,\text{N}}{2} \cdot 175\,\text{mm} = 1\,750 \cdot 10^3\,\text{N mm}$$

Biegemomentverlauf wie bei Lösung zu Aufgabe 11.2

Ermittlung des Entwurfsdurchmessers

$$d' \approx 3{,}4 \cdot \sqrt[3]{\frac{M_{b\,max}}{\sigma_{bD}}} = 3{,}4 \cdot \sqrt[3]{\frac{M_{b\,max}}{\sigma_{bWN}}} = 3{,}4 \cdot \sqrt[3]{\frac{1\,750 \cdot 10^3\,\text{N mm}}{245\,\frac{\text{N}}{\text{mm}^2}}} = \mathbf{65{,}5\,mm}$$

(11.16/11-1)

mit $\sigma_{bD} = \sigma_{bWN}$ für Biegung, wechselnd und σ_{bWN} nach TB 1-1a.
$d_{\text{gewählt}} = \mathbf{65\,mm}$ nach DIN 748, siehe TB 11-1

ⓘ 11.10
Ermittlung des Entwurfsdurchmessers

$$d' \approx 570 \cdot \sqrt[3]{\frac{K_A \cdot P}{n \cdot \tau_{tD}}} = 570 \cdot \sqrt[3]{\frac{K_A \cdot P}{n \cdot \tau_{tSchN}}} = 570 \cdot \sqrt[3]{\frac{1{,}2 \cdot 10}{720 \cdot 190}} = 25{,}3 \text{ mm}$$

(11.13a/11-8)

mit $\tau_{tD} = \tau_{tSchN}$, da der Wellenzapfen nur auf Torsion, schwellend beansprucht wird und τ_{tSchN} nach TB 1-1a.

$d_{\text{gewählt}} = \mathbf{25\,mm}$ nach DIN 748, siehe TB 11-1

ⓘ 11.11
Alle drei Wellen werden auf Torsion, Biegung und Schub (vernachlässigbar) beansprucht

Ermittlung des Entwurfsdurchmessers
Da die Biegemomente infolge fehlender Angaben noch nicht bestimmt werden können, wird das Biegemoment über ein Vergleichsmoment $M_v \approx 1{,}17 \cdot T$ (bei geringen Lagerabständen) bzw. $M_v \approx 2{,}1 \cdot T$ (bei größeren Lagerabständen) berücksichtigt:

$$d' \approx 760 \cdot \sqrt[3]{\frac{K_A \cdot P}{n \cdot \sigma_{bD}}} = 760 \cdot \sqrt[3]{\frac{K_A \cdot P}{n \cdot \sigma_{bWN}}} \quad (11.14a/11\text{-}16)$$

$$d' \approx 920 \cdot \sqrt[3]{\frac{K_A \cdot P}{n \cdot \sigma_{bD}}} = 920 \cdot \sqrt[3]{\frac{K_A \cdot P}{n \cdot \sigma_{bWN}}} \quad (11.15a/11\text{-}18)$$

$\sigma_{bD} = \sigma_{bWN}$ für Biegung, wechselnd (umlaufende Welle, Kraftrichtung konstant) und σ_{bWN} nach TB 1-1f.

1. Welle

$$d' \approx (760\ldots 920) \cdot \sqrt[3]{\frac{1{,}3 \cdot 60}{1\,200 \cdot 350}} = (43{,}4\ldots 52{,}5)\,\text{mm}$$

$d_{\text{gewählt}} = \mathbf{50\,mm}$ nach DIN 748, siehe TB 11-1

2. Welle

$$d' \approx (760\ldots 920) \cdot \sqrt[3]{\frac{1{,}3 \cdot 60}{343 \cdot 350}} = (65{,}8\ldots 79{,}7)\,\text{mm}$$

$$\text{mit } n_2 = \frac{n_1}{i_1} = \frac{1\,200\,\text{min}^{-1}}{3{,}5} = 343\,\text{min}^{-1}$$

$d_{\text{gewählt}} = \mathbf{75\,mm}$ nach DIN 748, siehe TB 11-1

3. Welle

$$d' \approx (760\ldots 920)\sqrt[3]{\frac{1{,}3 \cdot 60}{150 \cdot 350}} = (86{,}7\ldots 105)\,\text{mm}$$

$$\text{mit } n_2 = \frac{n_1}{i_{\text{ges}}} = \frac{1\,200\,\text{min}^{-1}}{8} = 150\,\text{min}^{-1}$$

$$d_{\text{gewählt}} = \mathbf{95\,mm}$$

Hinweis: Bei zwei Zahnrädern auf einer Welle kann in der Regel von mittleren Lagerabständen ausgegangen werden.

ⓘ 11.12
Die umlaufende Achse wird wechselnd auf Biegung und Schub (vernachlässigbar) beansprucht

a) Bestimmung des Entwurfsdurchmesser

Die Abstandsmaße der Lager sind bereits bekannt (Biegung bereits berechenbar) ⇒

$$d_1' \approx 3{,}4 \cdot \sqrt[3]{\frac{M_b}{\sigma_{bD}}} = 3{,}4 \cdot \sqrt[3]{\frac{M_b}{\sigma_{bWN}}} = 3{,}4 \cdot \sqrt[3]{\frac{975 \cdot 10^3\,\text{N mm}}{245\,\frac{\text{N}}{\text{mm}^2}}} = \mathbf{53{,}9\,mm}$$

(11.16/11-1)

mit

$$M_b = \frac{F}{2} \cdot \frac{l}{2} = \frac{10 \cdot 10^3\,\text{N}}{2} \cdot \frac{390\,\text{mm}}{2} = 975\,\text{N m}$$

Kettenrad mittig angeordnet; σ_{bWN} nach TB 1-1a für wechselnde Belastung.
Die höheren Festigkeitswerte in TB 1-1h nach DIN EN 10 277 gelten nur bei unbeschädigten Oberflächen. Im vorliegenden Fall wurde der günstige Einfluss des Kaltziehens im Bereich der maximalen Biegebeanspruchung durch den Eindruck der Befestigungsschraube zunichte gemacht.
$d_{1\,\text{gew}} = \mathbf{55\,mm}$ nach DIN 748, siehe TB 11-1

alternativ

$$d_1' \approx 2{,}17 \cdot \sqrt[3]{\frac{M_b}{\sigma_{bzul}}} = 2{,}17 \cdot \sqrt[3]{\frac{975 \cdot 10^3\,\text{N mm}}{70\,\frac{\text{N}}{\text{mm}^2}}} = \mathbf{52{,}2\,mm} \qquad (11.1)$$

mit

$$\sigma_{bzul} = \frac{\sigma_{bWN}}{S_{D\,min}} = \frac{245\,\frac{\text{N}}{\text{mm}^2}}{3{,}5} = 70\,\frac{\text{N}}{\text{mm}^2} \qquad (3.69/3\text{-}59)$$

11 Achsen, Wellen und Zapfen

und $S_{D\,min} = 3\ldots 4$ (Mittelwert)
$d_{1\,\text{gewählt}} = \mathbf{55\,mm}$ nach DIN 748, siehe TB 11-1

b) **Angaben zum Kettenrad aus GS-45**
Nabenabmessungen: $D = (1{,}8\ldots 2{,}0)\cdot d = 99\,\text{mm}\ldots 110\,\text{mm}$; $D_{\text{gew}} = 100\,\text{mm}$; $L = (1{,}2\ldots 1{,}5)\cdot d = 66\,\text{mm}\ldots 83\,\text{mm}$; $L_{\text{gew}} = 75\,\text{mm}$ nach TB 12-1.

c) **Toleranz für die Paarung Kettenrad/Achse**
Toleranz für kaltgezogene Achse: **h9** nach TB 1-6 (DIN EN 10 278) und Toleranz für Paarung: **H8/h9** nach TB 2-9

ⓘ **11.13**
Die Welle wird auf Torsion, Biegung und Schub (vernachlässigbar) beansprucht

Bestimmung des Entwurfsdurchmessers
Die Abstandsmaße der Lager sind bereits bekannt (Biegung damit berechenbar) ⇒

$$d' \approx 3{,}4 \cdot \sqrt[3]{\frac{M_b}{\sigma_{bD}}} = 3{,}4 \cdot \sqrt[3]{\frac{M_v}{\sigma_{bWN}}} = 3{,}4 \cdot \sqrt[3]{\frac{1\,200 \cdot 10^3\,\text{N\,mm}}{245\,\frac{\text{N}}{\text{mm}^2}}} = \mathbf{57{,}7\,mm}$$

(11.16/11-1)

(nach Bild 11.15 Lehrbuch ist bei Biegung und Torsion M_b durch M_v zu ersetzen)
mit

$$M_v = \sqrt{M_b^2 + 0{,}75 \cdot \left(\frac{\sigma_{bD}}{\varphi \cdot \tau_{tD}} \cdot T\right)^2} = \sqrt{M_b^2 + 0{,}75 \cdot \left(\frac{\sigma_{bWN}}{\varphi \cdot \tau_{tSchN}} \cdot T\right)^2}$$

(11.7/11-14)

$$= \sqrt{(1\,078\,\text{N\,m})^2 + 0{,}75 \cdot \left(\frac{245\,\frac{\text{N}}{\text{mm}^2}}{1{,}73 \cdot 205\,\frac{\text{N}}{\text{mm}^2}} \cdot 880\,\text{N\,m}\right)^2} = 1{,}20 \cdot 10^6\,\text{N\,mm}$$

σ_{bWN} für wechselnde Belastung, τ_{tSchN} für schwellende Belastung nach TB 1-1a
(alternativ: $\frac{\sigma_{bD}}{(\varphi \cdot \tau_{tD})} \approx 0{,}7$ für Biegung wechseln und Torsion schwellend)
sowie

$$M_b = \frac{F_w}{2} \cdot \frac{l}{2} = \frac{7{,}7 \cdot 10^3\,\text{N}}{2} \cdot \frac{560\,\text{mm}}{2} = 1\,078\,\text{N\,m}$$

(Kettenrad mittig angeordnet) und

$$F_w \approx 3{,}5 \cdot F_t = \frac{3{,}5 \cdot T}{d/2} = \frac{3{,}5 \cdot 880\,\text{N\,m}}{0{,}8\,\text{m}/2} = 7{,}7\,\text{kN}$$

Hinweis: Die höheren Festigkeitswerte nach TB 1-1h gelten nur bei unbeschädigten Oberflächen. Im vorliegenden Fall wurde der günstige Einfluss des Kaltziehens durch die Passfedernut zunichte gemacht.

$d_{\text{gewählt}} = \mathbf{60\,mm}$ nach DIN 748, siehe TB 11-1

alternativ

$$d' \approx 3{,}4 \cdot \sqrt[3]{\frac{M_v}{\sigma_{bD}}} = 3{,}4 \cdot \sqrt[3]{\frac{M_v}{\sigma_{bWN}}} \quad (11.14/11\text{-}15)$$

$$= 3{,}4 \cdot \sqrt[3]{\frac{(1\,030\ldots 1\,848) \cdot 10^3 \text{N mm}}{245\,\frac{\text{N}}{\text{mm}^2}}} = \mathbf{(54{,}9 \ldots 66{,}7)\,mm}$$

mit

$$M_v \approx (1{,}17 \ldots 2{,}1) \cdot T = (1{,}17 \ldots 2{,}1) \cdot 880\,\text{N m} = (1\,030 \ldots 1\,848)\,\text{N m}$$

und σ_{bWN} für wechselnde Belastung, siehe oben.

11.14
$d = 70\,\text{mm}$ nach DIN 671 (TB 1-6) festgelegt; ($d' = 68{,}4\,\text{mm}$, $M \approx 2{,}89 \cdot 10^6\,\text{N mm}$; $\sigma_{bSchN} = 355\,\text{N/mm}^2$).

ⓘ 11.15
Die umlaufende Laufradachse wird wechselnd auf Biegung belastet. Für den Festigkeitsnachweis sind zwei Querschnitte maßgebend:

I) Übergangsstelle zum festsitzenden Lager,
II) Wellenabsatz (Übergangsstelle von d_1 auf d_2)

Ermittlung der Nenn-Biegemomente
Ersatzsystem

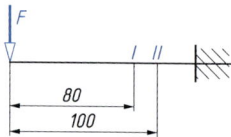

$$M_{bI} = F \cdot 80\,\text{mm} = 60 \cdot 10^3\,\text{N} \cdot 80\,\text{mm} = 4\,800\,\text{N m}$$
$$M_{bII} = F \cdot 100\,\text{mm} = 60 \cdot 10^3\,\text{N} \cdot 100\,\text{mm} = 6\,000\,\text{N m}$$

Übergangsstelle zum festsitzenden Innenring des Lagers – dynamischer Nachweis

(s. Bild 11.17/A 11-3)
Der statische Nachweis kann entfallen, da das Moment hier kleiner als an Stelle II ist.

11 Achsen, Wellen und Zapfen

vorhandene Ausschlagspannung

$$\sigma_{ba} = \frac{K_A \cdot M_{bI}}{W_b} = \frac{1{,}2 \cdot 4\,800 \cdot 10^3 \,\text{N\,mm}}{169{,}7 \cdot 10^3 \,\text{mm}^3} = \mathbf{33{,}9} \,\frac{\mathbf{N}}{\mathbf{mm^2}}$$

mit $W_b = \dfrac{\pi \cdot d_1^3}{32} = \dfrac{\pi \cdot (120\,\text{mm})^3}{21} = 169{,}7 \cdot 10^3 \,\text{mm}^3$ nach TB 3-9 bzw. TB 11-3

Hinweis: In TB 3-9 ist angegeben, mit welchen Gleichungen die Spannungen und damit die Widerstandmomente berechnet werden müssen, damit die Kerbwirkungszahlen richtig berücksichtigt werden.

Gestaltausschlagfestigkeit

$$\sigma_{bGW} = \frac{K_t \cdot K_{an} \cdot \sigma_{bWN}}{K_{Db}} = \frac{0{,}95 \cdot 1{,}0 \cdot 245 \,\frac{N}{mm^2}}{2{,}3} = \mathbf{101} \,\frac{\mathbf{N}}{\mathbf{mm^2}} \qquad (3.43 \,\&\, 3.53/3\text{-}28 \,\&\, 3\text{-}43)$$

mit K_t nach TB 3-10a (Kurve 1) für $d_{\text{Rohteil}} = 160$ mm, $K_{an} = 1{,}0$ nach TB 3-13, σ_{bWN} nach TB 1-1 und

$$K_{Db} = \left(\frac{\beta_{kb}}{K_g} + \frac{1}{K_{O\sigma}} - 1\right) \cdot \frac{1}{K_V} = \left(\frac{1{,}8}{0{,}81} + \frac{1}{0{,}94} - 1\right) \cdot \frac{1}{1} = \mathbf{2{,}3} \qquad (3.46/3\text{-}37)$$

mit $R_m = K_t \cdot K_{an} \cdot R_{mN} = 0{,}95 \cdot 1{,}0 \cdot 470 \,\frac{N}{mm^2} = 447 \,\frac{N}{mm^2}$, R_{mN} nach TB 1-1a, K_t nach TB 3-10a (Kurve 1), K_g nach TB 3-10d für $d_1 = 120$ mm, $K_{O\sigma}$ nach TB 3-11a und $K_V = 1$ (keine Oberflächenverfestigung, s. TB 3-12)

Sicherheit gegen Dauerbruch

$$S_D = \frac{\sigma_{bGW}}{\sigma_{ba}} = \frac{101 \,\frac{N}{mm^2}}{33{,}9 \,\frac{N}{mm^2}} = 3{,}0 > S_{Derf} = S_{D\,min} \cdot S_z = 1{,}5 \cdot 1{,}0 = \mathbf{1{,}5} \qquad (\text{Bild } 11.17/A\, 11\text{-}3)$$

$S_{D\,min}$ nach TB 3-16a, S_z nach TB 3-16c

Hinweis: Da nur wechselnde Biegung vorhanden ist, ist $\sigma_{bGW} = \sigma_{bGA}$ und damit die ausführliche Lösung nach Bild 3.27/A 3-4 identisch mit der Lösung nach Bild 11.17/A 11-3.

Achsabsatz – statischer Nachweis (s. Bild 11.17/A 11-3)

Der dynamische Nachweis kann entfallen, da die Kerbwirkungszahl an Stelle I deutlich größer ist.

vorhandene maximale Spannung

$$\sigma_{b\,max} = \frac{M_{b\,max}}{W_b} = \frac{2 \cdot M_b}{W_b} = \frac{2 \cdot 6\,000 \cdot 10^3 \,\text{N\,mm}}{169{,}7 \cdot 10^3 \,\text{mm}^3} = \mathbf{70{,}7} \,\frac{\mathbf{N}}{\mathbf{mm^2}}$$

mit $W_b = \pi \cdot d_1^3 / 32$ nach TB 11-3.

Biegefließgrenze

$$\sigma_{bF} = 1{,}2 \cdot R_{p0{,}2N} \cdot K_t \cdot K_{an} \quad \text{(3.40 \& TB 3-1/3-26 \& TB 3-1)}$$

$$\sigma_{bF} = 1{,}2 \cdot 295\,\frac{N}{mm^2} \cdot 0{,}82 \cdot 1{,}0 = \mathbf{290\,\frac{N}{mm^2}}$$

$R_{p0{,}2N}$ nach TB 1-1, K_t nach TB 3-10a (Kurve 2) für $d_{\text{Rohteil}} = 160$ mm, K_{an} nach TB 3-13.

Sicherheit gegen Fließen

$$S_F = \frac{\sigma_{bF}}{\sigma_{b\,max}} = \frac{290\,\frac{N}{mm^2}}{70{,}7\,\frac{N}{mm^2}} = 4{,}1 > S_{F\,min} = 1{,}35 \quad \text{(Bild 11.17/A 11-3)}$$

$S_{F\,min}$ nach TB 3-16b.
Die Achse ist ausreichend bemessen.

ⓘ 11.16
Bestimmung des Biegemomentenverlaufs:

$$M_b = M_{b\,max\,nenn} = \frac{F}{2} \cdot (1\,000\,\text{mm} - 650\,\text{mm})/2$$

$$= \frac{12 \cdot 10^3\,N}{2} \cdot (1\,000\,\text{mm} - 650\,\text{mm})/2 = \mathbf{1\,050\,N\,m}$$

⇒ Der Festigkeitsnachweis erfolgt am „Wälzlager-Wellenabsatz" bei $d = 60$ mm

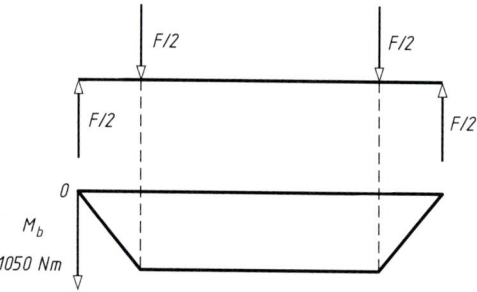

Statischer Festigkeitsnachweis (s. Bild 11.17/A 11-3, nur Biegebeanspruchung)

Maximale Biegespannung

$$\sigma_{b\,max} = 2{,}5 \cdot \frac{M_{b\,max\,nenn}}{W_b} = 2{,}5 \cdot \frac{M_{b\,max\,nenn}}{\pi/32 \cdot d_1^3}$$

$$\sigma_{b\,max} = 2{,}5 \cdot \frac{1\,050 \cdot 10^3\,N\,mm}{\pi/32 \cdot 60^3\,mm^3} = \mathbf{124\,N/mm^2}$$

Biegefließgrenze

$$\sigma_{bF} = 1{,}2 \cdot R_{p0{,}2N} \cdot K_t \cdot K_{an} \quad \text{(3.40 \& TB 3-1/3-26 \& TB 3-1)}$$

$$\sigma_{bF} = 1{,}2 \cdot 275\,\text{N/mm}^2 \cdot 0{,}91 \cdot 1{,}0 = \mathbf{300\,N/mm^2}$$

mit $R_{p0{,}2N}$ nach TB 1-1, K_t nach TB 3-10a für $d = 70$ mm, K_{an} nach TB 3-13.

Sicherheit gegen Fließen

$$S_F = \frac{\sigma_{bF}}{\sigma_{b\,\text{max}}} = \frac{300\,\text{N/mm}^2}{124\,\text{N/mm}^2} = \mathbf{2{,}4} > S_{F\,\text{min}} = 1{,}5 \quad \text{(Bild 11.17/A 11-3)}$$

mit $S_{F\,\text{min}}$ nach TB 3-16a

Dynamischer Festigkeitsnachweis (s. Bild 11.17/A 11-3, nur Biegebeanspruchung)
Ausschlagspannung (rein wechselnde Beanspruchung)

$$\sigma_{ba} = K_A \cdot \frac{M_{b\,\text{max nenn}}}{W_b} = K_A \cdot \frac{M_{b\,\text{max nenn}}}{\pi/32 \cdot d_1^3}$$

$$\sigma_{ba} = 1{,}25 \cdot \frac{1\,050 \cdot 10^3\,\text{N\,mm}}{\pi/32 \cdot 60^3\,\text{mm}^3} = \mathbf{61{,}9\,N/mm^2}$$

Gestaltausschlagfestigkeit (= Gestaltwechselfestigkeit)

$$\sigma_{bGW} = \frac{\sigma_{bWN} \cdot K_t \cdot K_{an}}{K_{Db}} = \frac{215\,\frac{\text{N}}{\text{mm}^2} \cdot 1{,}0 \cdot 1{,}0}{2{,}30} = \mathbf{85{,}3\,N/mm^2}$$

$$\text{(3.40 \& TB 3-1/3-26 \& TB 3-1)}$$

mit K_t nach TB 3-10a für $d = 70$ mm, K_{an} nach TB 3-13, σ_{bWN} nach TB 1-1 und

$$K_{Db} = \left(\frac{\beta_{kb}}{K_g} + \frac{1}{K_{O\sigma}} - 1\right)\frac{1}{K_V} = \left(\frac{1{,}91}{0{,}86} + \frac{1}{0{,}93} - 1\right) = 2{,}30 \quad \text{(3.46/3-37)}$$

mit $K_g = 0{,}86$ nach TB 3-10d für $d = 60$ mm, $K_{O\sigma}$ nach TB 3-11a, $R_m = R_{mN} = 410\,\text{N/mm}^2$
$K_v = 1$ (keine Oberflächenverfestigung, s. TB 3-12) und

$$\beta_{kb} = \frac{\alpha_{kb}}{n} = \frac{2{,}4}{1{,}254} = \mathbf{1{,}91} \quad \text{(3.30/3-34)}$$

mit α_{kb} nach TB 3-6d für $d = 60$ mm, $D = 70$ mm, $r = 1{,}5$ mm, $t = (D-d)/2 = 5$ mm
und n nach TB 3-7b für $G' = 2{,}3/r \cdot (1 + \varphi) = 2{,}3/1{,}5\,\text{mm} \cdot (1 + 0{,}107) = 1{,}7\,\text{mm}^{-1}$
und $\varphi = 1/((8 \cdot (D-d)/r)^{0{,}5} + 2) = 1/((8 \cdot (70\,\text{mm} - 60\,\text{mm})/1{,}5\,\text{mm})^{0{,}5} + 2) = 0{,}107$.

Sicherheit gegen Dauerbruch

$$S_D = \frac{\sigma_{bGW}}{\sigma_{ba}} = \frac{85{,}3\,\text{N/mm}^2}{61{,}9\,\text{N/mm}^2} = \mathbf{1{,}38} < S_{D\,\text{erf}} = S_{D\,\text{min}} \cdot S_z = 1{,}5 \cdot 1{,}0 = 1{,}5$$

(Bild 11.17/A 11-3)

mit $S_{D\,\text{min}}$ nach TB 3-16a, S_z nach TB 3-16c, Achse nicht ausreichend bemessen.

Hinweis: Da nur wechselnde Biegung vorhanden ist, ist $\sigma_{bGW} = \sigma_{bGA}$ und damit die ausführliche Lösung nach Kapitel 3 identisch mit der Lösung hier.

ⓘ 11.17
Die festsitzende Achse wird schwellend auf Biegung und Schub (Einfluss vernachlässigbar) beansprucht

Berechnung der Lagerkräfte
Ersatzsystem

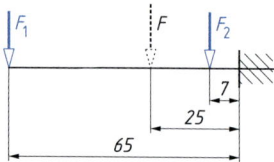

$F_1 \cdot 65\,\text{mm} + F_2 \cdot 7\,\text{mm} = F \cdot 25\,\text{mm}$ und $F_1 + F_2 = F$ führt zu:

$$F_1 = \frac{F \cdot 18\,\text{mm}}{58\,\text{mm}} = \frac{1\,000\,\text{N} \cdot 18\,\text{mm}}{58\,\text{mm}} = 310\,\text{N}$$

$$F_2 = F - F_1 = 1\,000\,\text{N} - 310\,\text{N} = 690\,\text{N}$$

Ermittlung des Biegemomentes am Achsabsatz

$$M_b = F_1 \cdot 65\,\text{mm} + F_2 \cdot 7\,\text{mm} = 310\,\text{N} \cdot 65\,\text{mm} + 690\,\text{N} \cdot 7\,\text{mm} = 25 \cdot 10^3\,\text{N\,mm}$$

oder einfacher

$$M_b = F \cdot 25\,\text{mm} = 1\,000\,\text{N} \cdot 25\,\text{mm} = 25 \cdot 10^3\,\text{N\,mm}$$

a) **Bestimmung des Entwurfsdurchmesser**

$$d_1' \approx 3{,}4 \cdot \sqrt[3]{\frac{M_b}{\sigma_{bD}}} = 3{,}4 \cdot \sqrt[3]{\frac{M_b}{\sigma_{bSchN}}} = 3{,}4 \cdot \sqrt[3]{\frac{25 \cdot 10^3\,\text{N\,mm}}{280\,\frac{\text{N}}{\text{mm}^2}}} = \mathbf{15{,}2\,\text{mm}}$$

(11.16/11-1)

mit $\sigma_{bD} = \sigma_{bSchN}$ für Biegung, schwellend, nach TB 1-1a.
$d_{1\,\text{gewählt}} = \mathbf{15\,\text{mm}}$ nach DIN 748, siehe TB 11-1.

11 Achsen, Wellen und Zapfen

b) **Statischer Festigkeitsnachweis (s. Bild 11.17/A 11-3, nur Biegebeanspruchung)**

maximale Biegespannung

$$\sigma_{b\,max} = \frac{M_{bmax}}{W_b} = \frac{M_b}{W_b} = \frac{25 \cdot 10^3\,\text{N}\,\text{mm}}{331\,\text{mm}^3} = \mathbf{75{,}5\,\frac{N}{mm^2}}$$

mit $W_b = \pi \cdot d_1^3/32 = \pi \cdot (15\,\text{mm})^3/32 = 331\,\text{mm}^3$ nach TB 11-3.

Biegefließgrenze

$$\sigma_{bF} = 1{,}2 \cdot R_{p0,2N} \cdot K_t \cdot K_{an} \qquad (3.40\ \&\ TB\ 3\text{-}1/3\text{-}26\ \&\ TB\ 3\text{-}1)$$

$$\sigma_{bF} = 1{,}2 \cdot 235\,\frac{\text{N}}{\text{mm}^2} \cdot 1{,}0 \cdot 1{,}0 = \mathbf{282\,\frac{N}{mm^2}}$$

$R_{p0,2N}$ nach TB 1-1, K_t nach TB 3-10a (Kurve 2) für $d_{\text{Rohteil}} \leq 32\,\text{mm}$, K_{an} nach TB 3-13.

Sicherheit gegen Fließen

$$S_F = \frac{\sigma_{bF}}{\sigma_{b\,max}} = \frac{282\,\frac{\text{N}}{\text{mm}^2}}{75{,}5\,\frac{\text{N}}{\text{mm}^2}} = \mathbf{3{,}7} > S_{F\,min} = 1{,}5 \qquad (\text{Bild } 11.17/A\ 11\text{-}3)$$

mit $S_{F\,min}$ nach TB 3-16b.

Dynamischer Festigkeitsnachweis (s. Bild 11.17/A11-3, nur Biegebeanspruchung)

Ausschlagspannung (rein schwellende Beanspruchung)

$$\sigma_{ba} = \frac{1}{2} \cdot \frac{K_A \cdot M_b}{W_b} = \frac{1}{2} \cdot \frac{1 \cdot 25 \cdot 10^3\,\text{N}\,\text{mm}}{331\,\text{mm}^3} = \mathbf{37{,}7\,\frac{N}{mm^2}}$$

mit $W_b = \pi \cdot d_1^3/32$ nach TB 3-9 bzw. TB 11-3 und $K_A = 1$ (K_A bereits bei Kräften berücksichtigt).

Gestaltausschlagfestigkeit (= Gestaltwechselfestigkeit)

$$\sigma_{bGW} = \frac{K_t \cdot K_{an} \cdot \sigma_{bWN}}{K_{Db}} = \frac{1{,}0 \cdot 1{,}0 \cdot 180\,\frac{\text{N}}{\text{mm}^2}}{1{,}78} = \mathbf{101{,}2\,\frac{N}{mm^2}}$$
$$(3.43\ \&\ 3.53/3\text{-}28\ \&\ 3\text{-}43)$$

mit K_t nach TB 3-10a (Kurve 1) für $d_{\text{Rohteil}} \leq 100\,\text{mm}$, K_{an} nach TB 3-13, σ_{bWN} nach TB 1-1a und

$$K_{Db} = \left(\frac{\beta_{kb}}{K_g} + \frac{1}{K_{O\sigma}} - 1\right) \cdot \frac{1}{K_V} = \left(\frac{1{,}65}{0{,}954} + \frac{1}{0{,}955} - 1\right) \cdot \frac{1}{1} = \mathbf{1{,}78} \quad (3.46/3\text{-}37)$$

mit K_g nach TB 3-10d für $d_1 = 15$ mm, $K_{O\sigma} = 0{,}955$ nach TB 3-11a, $R_m = K_t \cdot K_{an} \cdot R_{mN} = 360 \frac{N}{mm^2}$, R_{mN} nach TB 1-1a, $K_t = 1$, $K_{an} = 1$ s.o., $K_V = 1$ (keine Oberflächenverfestigung, s. TB 3-12) und

$$\alpha_{kb} = 1 + \frac{1}{\sqrt{0{,}62 \cdot \frac{r}{t} + 11{,}6 \cdot \frac{r}{d} \cdot \left(1 + 2 \cdot \frac{r}{D}\right)^2 + 0{,}2 \cdot \left(\frac{r}{t}\right)^3 \cdot \frac{d}{D}}} = 2{,}2$$

nach TB 3-6d

mit $t = 2{,}5$ mm, $\varphi = 0{,}0984$, $G' = 4{,}21$ 1/mm nach TB 3-7a, $R_m = 360 \text{ N/mm}^2$, $n = 1{,}333$ nach TB 3-6a und

$$\beta_{kb} = \frac{\alpha_{kb}}{n} = 1{,}65 \qquad (3.30/3\text{-}34)$$

wobei $\beta_{kb} = \beta_{kb\,Probe}$ ist, aufgrund der geringen Bauteilabmessungen.

Sicherheit gegen Dauerbruch

$$S_D = \frac{\sigma_{bGW}}{\sigma_{ba}} = \frac{101{,}2 \frac{N}{mm^2}}{37{,}8 \frac{N}{mm^2}} = 2{,}68 > S_{Derf} = S_{D\,min} \cdot S_z = 1{,}5 \cdot 1{,}2 = \mathbf{1{,}8}$$

(Bild 11.17/A 11-3)

mit $S_{D\,min}$ nach TB 3-16a, S_z nach TB 3-16c.
Die Achse ist ausreichend bemessen.

c) **Bestimmung der Sicherheit gegen Dauerbruch S_D (ausführlich nach Bild 3-27/ A 3-4)**

$$\sigma_{bGA} = \frac{\sigma_{bGW}}{1 + \psi_\sigma \cdot \frac{\sigma_{mv}}{\sigma_{ba}}} = \frac{101{,}2 \frac{N}{mm^2}}{1 + 0{,}026 \cdot \frac{37{,}8 \frac{N}{mm^2}}{37{,}8 \frac{N}{mm^2}}} = \mathbf{98{,}6} \frac{\mathbf{N}}{\mathbf{mm^2}} \qquad (3.63/3\text{-}53)$$

mit

$$\sigma_{mv} = \sigma_{bm} = \sigma_{ba} = 37{,}8 \frac{N}{mm^2}$$

und $\psi_\sigma = a_M \cdot R_m + b_M = 0{,}00035 \frac{mm^2}{N} \cdot 360 \frac{N}{mm^2} - 0{,}1 = 0{,}026$ (3.59/3-49)

a_M und b_M nach TB 3-15.

$$S_{D,b} = \frac{\sigma_{bGA}}{\sigma_{ba}} = \frac{98{,}6 \frac{N}{mm^2}}{37{,}8 \frac{N}{mm^2}} = \mathbf{2{,}61} > S_{Derf} = 1{,}5 \qquad (3.86/3\text{-}71)$$

mit $S_{D\,min}$ nach TB 3-16b.
Die Achse ist ausreichend bemessen.

d) **ISO-Toleranz für festsitzendes Achsenteil**
∅ 15 **H7/n6** nach TB 2-9

ⓘ 11.18
Ermittlung des größten Biegemomentes

$$M_b = M_{beq} = F \cdot 30\,\text{mm} = 15 \cdot 10^3\,\text{N} \cdot 30\,\text{mm} = 450 \cdot 10^3\,\text{N\,mm}$$

(K_A ist bereits in den Kräften berücksichtigt)

Dynamischer Festigkeitsnachweis (s. Bild 11.17/A 11-3, nur Biegebeanspruchung)

Ausschlagspannung (rein schwellende Beanspruchung)

$$\sigma_{ba} = \frac{1}{2} \cdot \frac{M_{beq}}{W_b} = \frac{1}{2} \cdot \frac{450 \cdot 10^3\,\text{N\,mm}}{6283\,\text{mm}^3} = \mathbf{35{,}8\,\frac{N}{mm^2}}$$

mit $W_b = \pi \cdot d^3/32 = \pi \cdot 40^3\,\text{mm}^3/32 = 6283\,\text{mm}^3$ nach TB 3-9 bzw. TB 11-3.
Der Exzenterzapfen führt eine Pendelbewegung aus, was zu einer schwellenden Belastung führt.

Gestaltausschlagfestigkeit (= Gestaltwechselfestigkeit)

$$\sigma_{bGW} = \frac{K_t \cdot K_{an} \cdot \sigma_{bWN}}{K_{Db}} = \frac{0{,}92 \cdot 1{,}0 \cdot 350\,\frac{N}{mm^2}}{2{,}91} = \mathbf{110{,}6\,\frac{N}{mm^2}}$$

(3.43 & 3.53/3-28 & 3-43)

mit K_t siehe Aufgabenstellung, K_{an} nach TB 3-13, σ_{bWN} nach TB 1-1f und

$$K_{Db} = \left(\frac{\beta_{kb}}{K_g} + \frac{1}{K_{O\sigma}} - 1\right) \cdot \frac{1}{K_V} = \left(\frac{2{,}5}{0{,}89} + \frac{1}{0{,}91} - 1\right) \cdot \frac{1}{1} = \mathbf{2{,}91} \quad (3.46/3\text{-}37)$$

mit K_g nach TB 3-10d für $d = 40\,\text{mm}$, $K_{O\sigma}$ nach TB 3-11a, $R_m = K_t \cdot K_{an} \cdot R_{mN} = 0{,}92 \cdot 1{,}0 \cdot 700\,\frac{N}{mm^2} = 644\,\frac{N}{mm^2}$, R_{mN} nach TB 1-1f, K_t und β_{kb} siehe Aufgabenstellung, $K_V = 1$ (keine Oberflächenverfestigung, s. TB 3-12).

Sicherheit gegen Dauerbruch

$$S_D = \frac{\sigma_{bGW}}{\sigma_{ba}} = \frac{110{,}6\,\frac{N}{mm^2}}{35{,}8\,\frac{N}{mm^2}} = \mathbf{3{,}1} > S_{Derf} = S_{D\min} \cdot S_z = 1{,}5 \cdot 1{,}2 = \mathbf{1{,}8}$$

(Bild 11.17/A 11-3)

mit $S_{D\min}$ nach TB 3-16a, S_z nach TB 3-16c.
Der Exzenterzapfen ist ausreichend bemessen.

Bestimmung der Sicherheit gegen Dauerbruch S_D (ausführlich nach Bild 3.27/A 3-4)

$$\sigma_{bGA} = \frac{\sigma_{bGW}}{1 + \psi_\sigma \cdot \frac{\sigma_{mv}}{\sigma_{ba}}} = \frac{110{,}6\,\frac{N}{mm^2}}{1 + 0{,}125 \cdot \frac{35{,}8\,\frac{N}{mm^2}}{35{,}8\,\frac{N}{mm^2}}} = \mathbf{98{,}2\,\frac{N}{mm^2}} \quad (3.63/3\text{-}53)$$

mit

$$\sigma_{mv} = \sigma_{bm} = \sigma_{ba} = 35{,}8\,\frac{N}{mm^2}$$

und $\psi_\sigma = a_M \cdot R_m + b_M = 0{,}00035\,\dfrac{mm^2}{N} \cdot 644\,\dfrac{N}{mm^2} - 0{,}1 = 0{,}125$ \hfill (3.59/3-49)

a_M und b_M nach TB 3-15, R_m siehe oben.

$$S_{D,b} = \frac{\sigma_{bGA}}{\sigma_{ba}} = \frac{98{,}3\,\frac{N}{mm^2}}{35{,}8\,\frac{N}{mm^2}} = \mathbf{2{,}74} > S_{Derf} = 1{,}5 \qquad (3.86/3\text{-}71)$$

mit $S_{D\,min}$ nach TB 3-16b.
Der Exzenterzapfen ist ausreichend bemessen.

ⓘ 11.19

Der Wellenzapfen wird nur auf Verdrehung beansprucht. Die häufigen An- und Abschaltungen führen zu einer dynamischen Torsionsbeanspruchung, welche durch die einseitige Drehrichtung schwellend wirkt.

a) **Bestimmung des Entwurfsdurchmesser**

$$d_1' \approx 570 \cdot \sqrt[3]{\frac{K_A \cdot P_1}{n_1 \cdot \tau_{tD}}} = 570 \cdot \sqrt[3]{\frac{K_A \cdot P_1}{n_1 \cdot \tau_{tSchN}}} = 570 \cdot \sqrt[3]{\frac{1{,}2 \cdot 6{,}4}{83{,}3 \cdot 205}} = \mathbf{43{,}7\,mm}$$

$$(11.13a/11\text{-}8)$$

mit

$$P_1 = P \cdot \eta_{ges} = 7{,}5\,kW \cdot 0{,}85 = 6{,}4\,kW,\ n_1 = \frac{n}{i_{ges}} = \frac{1\,500\,min^{-1}}{18} = 83{,}3\,min^{-1}$$

$\tau_{tD} = \tau_{tSchN}$ für Torsion, schwellend nach TB 1-1a (Die höheren Festigkeitswerte nach TB 1-1h gelten nur bei unbeschädigten Oberflächen. Im vorliegenden Fall wurde der günstige Einfluss des Kaltziehens durch das Abdrehen auf d_1 zunichte gemacht.)
$d_{1\,gew} = \mathbf{45\,mm}$ nach DIN 748, siehe TB 11-1

b) **Sicherheitsnachweis für den Antriebszapfen (nur Torsion), s. Bild 11-23**

Statischer Festigkeitsnachweis

maximale Torsionsspannung

$$\tau_{t\,max} = \frac{T_{max}}{W_t} = \frac{1{,}2 \cdot T}{W_t} = \frac{1{,}2 \cdot 734 \cdot 10^3\,N\,mm}{17\,892\,mm^3} = \mathbf{49{,}2\,\frac{N}{mm^2}}$$

mit

$$T \approx 9\,550 \cdot P_1/n_1 = 9\,550 \cdot 6{,}4/83{,}3 = 734\,\text{N m} \qquad (11.11/11\text{-}6)$$

und $W_t = \pi \cdot d_1^3/16 = \pi \cdot (45\,\text{mm})^3/16 = 17\,892\,\text{mm}^3$ nach TB 11-3 (Die Passfedernut wird in DIN 743 nicht berücksichtigt).

Torsionsfließgrenze

$$\tau_{tF} = 1{,}2 \cdot R_{p0{,}2N} \cdot \frac{K_t \cdot K_{an}}{\sqrt{3}} = 1{,}2 \cdot 295\,\frac{\text{N}}{\text{mm}^2} \cdot \frac{0{,}94 \cdot 1{,}0}{\sqrt{3}} = \mathbf{192\,\frac{N}{mm^2}}$$
$$(3.40\ \&\ \text{TB 3-1/3-26}\ \&\ \text{TB 3-1})$$

$R_{p0{,}2N}$ nach TB 1-1a, K_t nach TB 3-10a (Kurve 2) für $d_{\text{Rohteil}} = 55\,\text{mm}$, K_{an} nach TB 3-13.

Sicherheit gegen Fließen

$$S_F = \frac{\tau_{tF}}{\tau_{t\,\max}} = \frac{192\,\frac{\text{N}}{\text{mm}^2}}{49{,}2\,\frac{\text{N}}{\text{mm}^2}} = \mathbf{3{,}9} > S_{F\,\min} = 1{,}5 \qquad (\text{Bild 11.17/A 11-3})$$

$S_{F\,\min}$ nach TB 3-16b.

Dynamischer Festigkeitsnachweis

Ausschlagspannung (Torsion schwellend)

$$\tau_{ta} = \frac{1}{2} \cdot \frac{K_A \cdot T}{W_t} = \frac{1}{2} \cdot \frac{1{,}2 \cdot 734 \cdot 10^3\,\text{N mm}}{17\,892\,\text{mm}^3} = \mathbf{24{,}6\,\frac{N}{mm^2}}$$

mit $W_t = \pi \cdot d_2^3/16 = \pi \cdot (45\,\text{mm})^3/16 = 17\,892\,\text{mm}^3$ nach TB 11-3.

Gestaltausschlagfestigkeit (= Gestaltwechselfestigkeit)

$$\tau_{tGW} = \frac{K_t \cdot K_{an} \cdot \tau_{tWN}}{K_{Dt}} = \frac{1{,}0 \cdot 1{,}0 \cdot 145\,\frac{\text{N}}{\text{mm}^2}}{1{,}63} = \mathbf{89{,}0\,\frac{N}{mm^2}} \qquad (3.54/3\text{-}44)$$

mit K_t nach TB 3-10a (Kurve 1), K_{an} nach TB 3-13, τ_{tWN} nach TB 1-1a und

$$K_{Dt} = \left(\frac{\beta_{kt}}{K_g} + \frac{1}{K_{O\tau}} - 1\right) \cdot \frac{1}{K_V} = \left(\frac{1{,}4}{0{,}88} + \frac{1}{0{,}96} - 1\right) \cdot \frac{1}{1} = \mathbf{1{,}63} \qquad (3.48/3\text{-}38)$$

mit K_g nach TB 3-10d für $d_2 = 45\,\text{mm}$, $K_{O\sigma} = 0{,}935$ und $K_{O\tau} = 0{,}575 \cdot K_{O\sigma} + 0{,}425 = 0{,}96$ nach TB 3-11a für $R_m = K_t \cdot K_{an} \cdot R_{mN} = 1{,}0 \cdot 1{,}0 \cdot 470\,\frac{\text{N}}{\text{mm}^2}$ und $Rz = 6{,}3\,\mu\text{m}$, $K_V = 1$ (keine Oberflächenverfestigung, s. TB 3-12).

Sicherheit gegen Dauerbruch

$$S_D = \frac{\tau_{tGW}}{\tau_{ta}} = \frac{89 \frac{N}{mm^2}}{24{,}6 \frac{N}{mm^2}} = \mathbf{3{,}6} > S_{Derf} = S_{Dmin} \cdot S_z = 1{,}5 \cdot 1{,}2 = \mathbf{1{,}8}$$

(Bild 11.17/A 11-3)

mit S_{Dmin} nach TB 3-16a, S_z nach TB 3-16c.
Der Wellenzapfen ist ausreichend bemessen.

c) **Bestimmung der Sicherheit gegen Dauerbruch S_D (ausführlich nach Bild 3.27/ A 3-4)**

$$\tau_{tGA} = \frac{\tau_{tGW}}{1 + \psi_\tau \cdot \frac{\tau_{mv}}{\tau_{ta}}} = \frac{89 \frac{N}{mm^2}}{1 + 0{,}0374 \cdot \frac{24{,}6 \frac{N}{mm^2}}{24{,}6 \frac{N}{mm^2}}} = \mathbf{85{,}8} \frac{\mathbf{N}}{\mathbf{mm^2}} \quad (3.64/3\text{-}54)$$

mit $\tau_{mv} = \tau_{tm} = \tau_{ta} = 24{,}6 \frac{N}{mm^2}$ und

$$\psi_\tau = f_\tau \cdot \psi_\sigma = 0{,}58 \cdot 0{,}0645 = 0{,}0374 \quad (3.60/3\text{-}50)$$

sowie $\psi_\sigma = a_M \cdot R_m + b_M = 0{,}00035 \, mm^2/N \cdot 470 \frac{N}{mm^2} - 0{,}1 = 0{,}0645$ mit a_M und b_M nach TB 3-15, f_τ nach TB 3-2 und R_m siehe oben.

$$S_{D,t} = \frac{\tau_{tGA}}{\tau_{ta}} = \frac{85{,}8 \frac{N}{mm^2}}{24{,}6 \frac{N}{mm^2}} = \mathbf{3{,}49} > S_{Derf} = 1{,}5 \quad (3.88/3\text{-}72)$$

mit S_{Dmin} nach TB 3-16b.
Der Wellenzapfen ist ausreichend bemessen.

d) **Passung für Zapfendurchmesser/Nabenbohrung**

H7/k6 nach TB 2-9. Die Kupplungshälfte der elastischen Kupplung kann mit Hammerschlägen montiert werden.

(i) **11.20**

a) **Aufteilung der Kräfte auf zwei Ebenen**

Ebene 1:

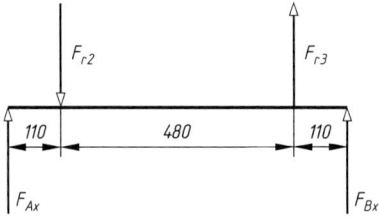

Ebene 2:

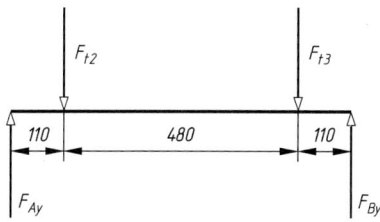

Lagerkräfte F_A, F_B und Biegemomente M_{b1}, M_{b2}

Ebene 1: $\sum M_A = -F_{r2} \cdot 110\,\text{mm} + F_{r3} \cdot 590\,\text{mm} + F_{Bx} \cdot 700\,\text{mm} = 0$

$F_{Bx} = (F_{r2} \cdot 110\,\text{mm} - F_{r3} \cdot 590\,\text{mm})/700\,\text{mm}$

$= (2,2\,\text{kN} \cdot 110\,\text{mm} - 5,75\,\text{kN} \cdot 590\,\text{mm})/700\,\text{mm}$

$\mathbf{F_{Bx} = -4{,}5\,kN}$

$\sum F_x = F_{Ax} - F_{r2} + F_{r3} + F_{Bx} = 0$

$F_{Ax} = F_{r2} - F_{r3} - F_{Bx} = 2,2\,\text{kN} - 5,75\,\text{kN} + 4,5\,\text{kN}$

$\mathbf{F_{Ax} = 0{,}95\,kN}$

$M_{b1x} = F_{Ax} \cdot l_1 = 0,95\,\text{kN} \cdot 110\,\text{mm} = \mathbf{105\,N\,m}$

$M_{b2x} = F_{Bx} \cdot l_2 = |-4,5|\,\text{kN} \cdot 110\,\text{mm} = \mathbf{495\,N\,m}$

Ebene 2: $\sum M_A = -F_{t2} \cdot 110\,\text{mm} - F_{t3} \cdot 590\,\text{mm} + F_{By} \cdot 700\,\text{mm} = 0$

$F_{By} = (F_{t2} \cdot 110\,\text{mm} + F_{t3} \cdot 590\,\text{mm})/700\,\text{mm}$

$= (6\,\text{kN} \cdot 110\,\text{mm} + 15,8\,\text{kN} \cdot 590\,\text{mm})/700\,\text{mm}$

$\mathbf{F_{By} = 14{,}3\,kN}$

$\sum F_y = F_{Ay} - F_{t2} - F_{t3} + F_{By} = 0$

$F_{Ay} = F_{t2} + F_{t3} - F_{By} = 6\,\text{kN} + 15,8\,\text{kN} - 14,3\,\text{kN}$

$\mathbf{F_{Ay} = 7{,}5\,kN}$

$M_{b1y} = F_{Ay} \cdot l_1 = 7,5\,\text{kN} \cdot 110\,\text{mm} = \mathbf{825\,N\,m}$

$M_{b2y} = F_{By} \cdot l_2 = 14,3\,\text{kN} \cdot 110\,\text{mm} = \mathbf{1\,573\,N\,m}$

Überlagerung Ebene 1 und Ebene 2:

$F_A = \sqrt{F_{Ax}^2 + F_{Ay}^2} = \sqrt{(0,95\,\text{kN})^2 + (7,5\,\text{kN})^2} = \mathbf{7{,}56\,kN}$

$F_B = \sqrt{F_{Bx}^2 + F_{By}^2} = \sqrt{(-4,5\,\text{kN})^2 + (14,3\,\text{kN})^2} = \mathbf{15\,kN}$

$M_{b1} = \sqrt{M_{b1x}^2 + M_{b1y}^2} = \sqrt{(105\,\text{N\,m})^2 + (825\,\text{N\,m})^2} = \mathbf{832\,N\,m}$

$M_{b2} = \sqrt{M_{b2x}^2 + M_{b2y}^2} = \sqrt{(495\,\text{N\,m})^2 + (1\,573\,\text{N\,m})^2} = \mathbf{1\,649\,N\,m}$

b) **vorhandene Maximal- $\sigma_{b\,max}$, $\tau_{t\,max}$ und Ausschlagspannungen σ_{ba}, τ_{ta}**

$$\sigma_{b1\,\text{nenn}} = \frac{M_{b1}}{W_{b1}} = \frac{M_{b1}}{\frac{\pi}{32} \cdot d^3} = \frac{832 \cdot 10^3 \,\text{N\,mm}}{\frac{\pi}{32} \cdot 60^3 \,\text{mm}^3} = \mathbf{39{,}2\,N/mm^2}$$

$$\sigma_{b2\,\text{nenn}} = \frac{M_{b2}}{W_{b2}} = \frac{M_{b2}}{\frac{\pi}{32} \cdot d^3} = \frac{1\,649 \cdot 10^3 \,\text{N\,mm}}{\frac{\pi}{32} \cdot 60^3 \,\text{mm}^3} = \mathbf{77{,}8\,N/mm^2}$$

$$\tau_{t\,\text{nenn}} = \frac{T}{W_t} = \frac{T}{\frac{\pi}{16} \cdot d^3} = \frac{1\,500 \cdot 10^3 \,\text{N\,mm}}{\frac{\pi}{16} \cdot 60^3 \,\text{mm}^3} = \mathbf{35{,}4\,N/mm^2}$$

$$\sigma_{b1\,max} = 2 \cdot \sigma_{b1\,\text{nenn}} = 2 \cdot 39{,}2\,\text{N/mm}^2 = \mathbf{78{,}4\,N/mm^2}$$

$$\sigma_{b2\,max} = 2 \cdot \sigma_{b2\,\text{nenn}} = 2 \cdot 77{,}8\,\text{N/mm}^2 = \mathbf{156\,N/mm^2}$$

$$\tau_{t\,max} = 2 \cdot \tau_{t\,\text{nenn}} = 2 \cdot 35{,}4\,\text{N/mm}^2 = \mathbf{70{,}8\,N/mm^2}$$

$$\sigma_{ba1} = K_A \cdot \sigma_{b1\,\text{nenn}} = 1{,}25 \cdot 39{,}2\,\text{N/mm}^2 = \mathbf{49\,N/mm^2}$$

$$\sigma_{ba2} = K_A \cdot \sigma_{b2\,\text{nenn}} = 1{,}25 \cdot 77{,}8\,\text{N/mm}^2 = \mathbf{97{,}3\,N/mm^2}$$

$$\tau_{ta} = \frac{1}{2} \cdot K_A \cdot \tau_{t\,\text{nenn}} = \frac{1}{2} \cdot 1{,}25 \cdot 35{,}4\,\text{N/mm}^2 = \mathbf{22{,}1\,N/mm^2}$$

$$\sigma_{bm1} = \sigma_{bm2} = \mathbf{0} \text{ (rein wechselnde Beanspruchung)}$$

$$\tau_{tm} = \tau_{ta} = \mathbf{22{,}1\,N/mm^2} \text{ (rein schwellende Beanspruchung)}$$

c) **Bauteilfließgrenzen σ_{bF}, τ_{tF}**

$$\sigma_{bF} = 1{,}2 \cdot R_{p0,2N} \cdot K_t \cdot K_{an} \quad \text{(Bild 3.26 \& TB 3-1/3-26 \& A 3-1)}$$

$$\sigma_{bF} = 1{,}2 \cdot 360\,\text{N/mm}^2 \cdot 0{,}93 \cdot 1{,}0 = \mathbf{402\,N/mm^2}$$

$$\tau_{tF} = 1{,}2 \cdot R_{p0,2N} \cdot K_t \cdot K_{an}/\sqrt{3} \quad \text{(Bild 3.26 \& TB 3-1/3-26 \& A 3-1)}$$

$$\tau_{tF} = 1{,}2 \cdot 360\,\text{N/mm}^2 \cdot 0{,}93 \cdot 1{,}0/\sqrt{3} = \mathbf{232\,N/mm^2}$$

mit $R_{p0,2N}$ nach TB 1-1, K_t nach TB 3-10a (Kurve 2) für $d = 60$ mm, K_{an} nach TB 3-13.

Bauteil-Gestaltwechselfestigkeiten σ_{bGW}, τ_{tGW}

$$K_{Db} = \left(\frac{\beta_{kb}}{K_g} + \frac{1}{K_{O\sigma}} - 1\right) \cdot \frac{1}{K_V} = \left(\frac{2{,}0}{0{,}86} + \frac{1}{0{,}93} - 1\right) \cdot \frac{1}{1} = \mathbf{2{,}4} \quad (3.46/3\text{-}37)$$

mit β_{kb} s. Aufgabenstellung K_g nach TB 3-10d für $d = 60$ mm,
mit $K_{O\sigma}$ nach TB 3-11a für $R_m = K_t \cdot K_{an} \cdot R_{mN} = 1{,}0 \cdot 1{,}0 \cdot 670\,\text{N/mm}^2 = 670\,\text{N/mm}^2$,
K_t nach TB 3-10a (Kurve 1), K_{an} nach TB 3-13 und $K_V = 1$ (keine Oberflächenverfestigung, s. TB 3-12)

$$\sigma_{bGW} = \frac{K_t \cdot K_{an} \cdot \sigma_{bWN}}{K_{Db}} = \frac{1{,}0 \cdot 1{,}0 \cdot 345\,\text{N/mm}^2}{2{,}4} = \mathbf{143{,}8\,N/mm^2}$$

(Bild 3.27/A 3-4)

11 Achsen, Wellen und Zapfen

mit K_t nach TB 3-10a (Kurve 1), K_{an} nach TB 3-13 und σ_{bWN} nach TB 1-1

$$K_{Dt} = \left(\frac{\beta_{kt}}{K_g} + \frac{1}{K_{O\tau}} - 1\right) \cdot \frac{1}{K_V} = \left(\frac{1,2}{0,86} + \frac{1}{0,96} - 1\right) = \mathbf{1,44} \quad (3.48/3\text{-}38)$$

mit $K_{O\tau} = 0{,}575 \cdot K_{O\sigma} + 0{,}425 = 0{,}96$ (TB 3-11a), ansonsten s. Hinweise zu K_{Db}.

$$\tau_{tGW} = \frac{K_t \cdot K_{an} \cdot \tau_{tWN}}{K_{Dt}} = \frac{1{,}0 \cdot 1{,}0 \cdot 205\,\text{N/mm}^2}{1{,}44} = \mathbf{142{,}4\,\text{N/mm}^2}$$

(Bild 3.27/A 3-4)

mit K_t nach TB 3-10a (Kurve 1), K_{an} nach TB 3-13 und τ_{tWN} nach TB 1-1

d) **Sicherheit gegen Fließen S_F**

$$S_F = \frac{1}{\sqrt{\left(\dfrac{\sigma_{b2\,max}}{\sigma_{bF}}\right)^2 + \left(\dfrac{\tau_{t\,max}}{\tau_{tF}}\right)^2}} = \frac{1}{\sqrt{\left(\dfrac{156\,\text{N/mm}^2}{402\,\text{N/mm}^2}\right)^2 + \left(\dfrac{70{,}8\,\text{N/mm}^2}{232\,\text{N/mm}^2}\right)^2}}$$

$$S_F = \mathbf{2{,}02}$$

(Bild 11.17/A 11-3)

$S_{F\,min} = 1{,}3 < S_F \Rightarrow$ ausreichende Sicherheit gegen Fließen
$S_{F\,min}$ nach TB 3-16b

Sicherheit gegen Dauerbruch S_D

$$S_D = \frac{1}{\sqrt{\left(\dfrac{\sigma_{ba2}}{\sigma_{bGW}}\right)^2 + \left(\dfrac{\tau_{ta}}{\tau_{tGW}}\right)^2}} = \frac{1}{\sqrt{\left(\dfrac{97{,}3\,\text{N/mm}^2}{143{,}8\,\text{N/mm}^2}\right)^2 + \left(\dfrac{22{,}1\,\text{N/mm}^2}{142{,}4\,\text{N/mm}^2}\right)^2}}$$

$$S_D = \mathbf{1{,}44}$$

$S_{D\,erf} = S_{D\,min} \cdot S_z = 1{,}3 \cdot 1{,}2 = \mathbf{1{,}56}$
$S_{D\,erf} > S_D \Rightarrow$ keine ausreichende Sicherheit gegen Dauerbruch
$S_{D\,min}$ nach TB 3-16b, S_z nach TB 3-16c
$\Rightarrow$ Durchführung des ausführlichen (exakten) Rechengangs sinnvoll, da Werte für S_D und $S_{D\,erf}$ nahe beieinander liegen.

e) **Sicherheit gegen Dauerbruch S_D (ausführlich nach Bild 3.27/A 3-4)**

$$\sigma_{bGA} = \frac{\sigma_{bGW}}{1 + \psi_\sigma \cdot \sigma_{mv}/\sigma_{ba2}} = \frac{143{,}8\,\text{N/mm}^2}{1 + 0{,}134 \cdot \dfrac{38{,}3\,\text{N/mm}^2}{97{,}2\,\text{N/mm}^2}} = \mathbf{137\,\text{N/mm}^2} \quad (3.63/3\text{-}53)$$

mit $\sigma_{mv} = \sqrt{\sigma_{bm}^2 + 3 \cdot \tau_{tm}^2} = \sqrt{0 + 3 \cdot (22{,}1\,\text{N/mm}^2)^2} = \mathbf{38{,}3\,\text{N/mm}^2}$ (3.55/3-45)

und $\psi_\sigma = a_M \cdot R_m + b_M = 0{,}00035\,\dfrac{\text{mm}^2}{\text{N}} \cdot 670\,\dfrac{\text{N}}{\text{mm}^2} - 0{,}1 = \mathbf{0{,}134}$ (3.59/3-49)

a_M und b_M nach TB 3-15.

$$\tau_{tGA} = \frac{\tau_{tGW}}{1 + \psi_\tau \cdot \tau_{mv}/\tau_{ta}} = \frac{142{,}4\,\text{N/mm}^2}{1 + 0{,}078 \cdot \dfrac{22{,}1\,\text{N/mm}^2}{22{,}1\,\text{N/mm}^2}} = \mathbf{132\,\text{N/mm}^2} \quad (3.64/3\text{-}54)$$

mit $\tau_{mv} = f_\tau \cdot \sigma_{mv} = 0{,}58 \cdot 38{,}3\,\text{N/mm}^2 = \mathbf{22{,}1\,\text{N/mm}^2}$ \hfill (3.56/3-46)

und $\psi_\tau = f_\tau \cdot \psi_\sigma = 0{,}58 \cdot 0{,}134 = \mathbf{0{,}078}$ \hfill (3.60/3-50)

f_τ nach TB 3-2.

Dynamische Sicherheit S_D für Einzelbeanspruchungen

$$S_{D,b} = \frac{\sigma_{bGA}}{\sigma_{ba2}} = \frac{137\,\text{N/mm}^2}{97{,}2\,\text{N/mm}^2} = \mathbf{1{,}41} \quad (3.86/3\text{-}71)$$

$$S_{D,t} = \frac{\tau_{tGA}}{\tau_{ta}} = \frac{133\,\text{N/mm}^2}{22{,}1\,\text{N/mm}^2} = \mathbf{5{,}99} \quad (3.88/3\text{-}72)$$

Dynamische Sicherheit S_D für zusammengesetzte Beanspruchungen

$$S_D = \frac{1}{\sqrt{\left(\dfrac{\sigma_{ba2}}{\sigma_{bGA}}\right)^2 + \left(\dfrac{\tau_{ta}}{\tau_{tGA}}\right)^2}} = \frac{1}{\sqrt{\left(\dfrac{97{,}2\,\text{N/mm}^2}{137\,\text{N/mm}^2}\right)^2 + \left(\dfrac{22{,}1\,\text{N/mm}^2}{132\,\text{N/mm}^2}\right)^2}} = \mathbf{1{,}36}$$

\hfill (3.90/3-73)

$S_{D\,\text{min}} = 1{,}3 < S_D \Rightarrow$ ausreichende Sicherheit gegen Dauerbruch (wird erst durch ausführlichen Rechengang nach Bild 3.27/A 3-4 ersichtlich)

$S_{D\,\text{min}}$ nach TB 3-16b

(i) **11.21**

a) **Sicherheit der Welle an der Passfeder**

Aufteilung der Kräfte auf zwei Ebenen

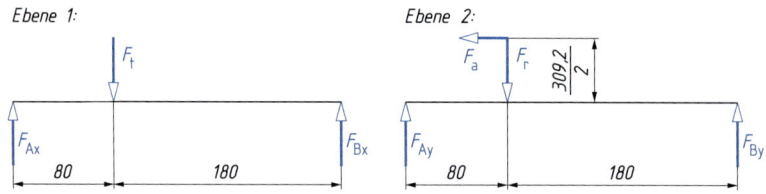

Lagerkräfte F_A, F_B und des Biegemomentes M_b

Das Biegemoment wird an der nachzuweisenden Stelle (s. Aufgabenstellung) ermittelt.

Ebene 1:

$$\Sigma M_A = -F_t \cdot 80\,\text{mm} + F_{Bx} \cdot 260\,\text{mm} = 0$$

$$F_{Bx} = F_t \cdot \frac{80\,\text{mm}}{260\,\text{mm}} = 1{,}54\,\text{kN} \cdot \frac{80\,\text{mm}}{260\,\text{mm}} = \mathbf{0{,}474\,kN}$$

$$\Sigma F_x = F_{Ax} - F_t + F_{Bx} = 0$$

$$F_{Ax} = F_t - F_{Bx} = 1{,}54\,\text{kN} - 0{,}474\,\text{kN} = \mathbf{1{,}066\,kN}$$

$$M_{bx} = F_{Ax} \cdot 80 = 1{,}066\,\text{kN} \cdot 80\,\text{mm} = \mathbf{85{,}28\,N\,m}$$

Ebene 2:

$$\Sigma M_A = -F_r \cdot 80\,\text{mm} + F_a \cdot \frac{309{,}2\,\text{mm}}{2} + F_{By} \cdot 260\,\text{mm} = 0$$

$$F_{By} = \frac{F_r \cdot 80\,\text{mm} - F_a \cdot \frac{309{,}2\,\text{mm}}{2}}{260\,\text{mm}}$$

$$F_{By} = \frac{0{,}71\,\text{kN} \cdot 80\,\text{mm} - 0{,}58\,\text{kN} \cdot \frac{309{,}2\,\text{mm}}{2}}{260\,\text{mm}} = \mathbf{-0{,}126\,kN}$$

$$\Sigma F_y = F_{Ay} - F_r + F_{By} = 0$$

$$F_{Ay} = F_r - F_{By} = 0{,}71\,\text{kN} - (-0{,}126\,\text{kN}) = \mathbf{0{,}836\,kN}$$

$$M_{by} = F_{Ay} \cdot 80\,\text{mm} = 0{,}836\,\text{kN} \cdot 80\,\text{mm} = \mathbf{66{,}88\,N\,m}$$

Überlagerung Ebene 1 und Ebene 2

$$F_A = \sqrt{F_{Ax}^2 + F_{Ay}^2} = \sqrt{(1{,}066\,\text{kN})^2 + (0{,}836\,\text{kN})^2} = \mathbf{1{,}355\,kN}$$

$$F_B = \sqrt{F_{Bx}^2 + F_{By}^2} = \sqrt{(0{,}474\,\text{kN})^2 + (-0{,}126\,\text{kN})^2} = \mathbf{0{,}49\,kN}$$

$$M_b = \sqrt{M_{bx}^2 + M_{by}^2} = \sqrt{(85{,}28\,\text{N\,m})^2 + (66{,}88\,\text{N\,m})^2} = \mathbf{108{,}4\,N\,m}$$

vorhandene Maximal- $\sigma_{b\,max}$, $\tau_{t\,max}$ und Ausschlagspannungen σ_{ba}, τ_{ta}

$$\sigma_{b\,max} = \frac{M_{bmax}}{W_b} = \frac{1{,}8 \cdot M_b}{W_b} = \frac{1{,}8 \cdot 108{,}4 \cdot 10^3\,\text{N\,mm}}{6\,283\,\text{mm}^3} = \mathbf{31{,}1\,\frac{N}{mm^2}}$$

mit $W_b = \pi \cdot d_2^3 / 32 = \pi \cdot (40\,\text{mm})^3 / 32 = 6\,283\,\text{mm}^3$ nach TB 11-3
(Beim statischen Nachweis wird nach DIN 743 bei Passfedern mit dem vollen Wellenquerschnitt gerechnet).

$$\tau_{t\,max} = \frac{T_{max}}{W_t} = \frac{1{,}8 \cdot T}{W_t} = \frac{1{,}8 \cdot 238 \cdot 10^3\,\text{N\,mm}}{12\,566\,\text{mm}^3} = \mathbf{34{,}1\,\frac{N}{mm^2}}$$

mit $W_t = \pi \cdot d_2^3/16 = \pi \cdot (40\,\text{mm})^3/16 = 12\,566\,\text{mm}^3$ nach TB 11-3 und

$$T = F_t \cdot 309{,}2/2 = 1{,}54\,\text{kN} \cdot 309{,}2\,\text{mm}/2 = \mathbf{238\,N\,m}$$

$$\sigma_{ba} = \frac{K_A \cdot M_b}{W_b} = \frac{1{,}2 \cdot 108{,}4 \cdot 10^3\,\text{N}\,\text{mm}}{6\,283\,\text{mm}^3} = \mathbf{20{,}7\,\frac{N}{mm^2}}$$

mit $W_b = \pi \cdot d_2^3/32 = \pi \cdot (40\,\text{mm})^3/32 = 6\,283\,\text{mm}^3$ nach TB 11-3.
(Beim dynamischen Nachweis muss berücksichtigt werden, dass die Schwächung der Welle durch die Passfeder bereits in der Kerbwirkungszahl β_k berücksichtigt ist. Die Spannungen werden daher mit dem Vollquerschnitt bestimmt.).

$$\tau_{ta} = \frac{1}{2} \cdot \frac{K_A \cdot T}{W_t} = \frac{1}{2} \cdot \frac{1{,}2 \cdot 238 \cdot 10^3\,\text{N}\,\text{mm}}{12\,566\,\text{mm}^3} = \mathbf{11{,}4\,\frac{N}{mm^2}}$$

mit $W_t = \pi \cdot d_2^3/16 = \pi \cdot (40\,\text{mm})^3/16 = 12\,566\,\text{mm}^3$ nach TB 11-3. Faktor 1/2 aufgrund schwellender Belastung (häufige An- und Abschaltungen), vgl. hierzu Lehrbuch Bild 3.8.

Bauteilfließgrenzen σ_{bF}, τ_{tF}

$$\sigma_{bF} = 1{,}2 \cdot R_{p0,2N} \cdot K_t \cdot K_{an} \quad \text{(Bild 3.26 \& TB 3-1/3-26 \& A 3-1)}$$

$$\sigma_{bF} = 1{,}2 \cdot 275\,\frac{N}{mm^2} \cdot 0{,}95 \cdot 1{,}0 = \mathbf{313{,}4\,\frac{N}{mm^2}}$$

$$\tau_{tF} = 1{,}2 \cdot R_{p0,2N} \cdot \frac{K_t \cdot K_{an}}{\sqrt{3}} \quad \text{(Bild 3.26 \& TB 3-1/3-26 \& A 3-1)}$$

$$\tau_{tF} = 1{,}2 \cdot 275\,\frac{N}{mm^2} \cdot \frac{0{,}95 \cdot 1{,}0}{\sqrt{3}} = \mathbf{180{,}9\,\frac{N}{mm^2}}$$

mit $R_{p0,2N}$ nach TB 1-1a, K_t nach TB 3-10a (Kurve 2) für $d_{\text{Rohteil}} = 50\,\text{mm}$, K_{an} nach TB 3-13.

Bauteil-Gestaltfestigkeiten σ_{bGW}, τ_{tGW} (s. Bild 11-23)

$$\sigma_{bGW} = \frac{K_t \cdot K_{an} \cdot \sigma_{bWN}}{K_{Db}} = \frac{1{,}0 \cdot 1{,}0 \cdot 215\,\frac{N}{mm^2}}{2{,}51} = \mathbf{85{,}6\,N/mm^2}$$

$$(3.43\ \&\ 3.53/3-28\ \&\ 3-43)$$

mit K_t nach TB 3-10a (Kurve 1), K_{an} nach TB 3-13, σ_{bWN} nach TB 1-1a und

$$K_{Db} = \left(\frac{\beta_{kb}}{K_g} + \frac{1}{K_{O\sigma}} - 1\right) \cdot \frac{1}{K_V} = \left(\frac{2{,}14}{0{,}89} + \frac{1}{0{,}9} - 1\right) \cdot \frac{1}{1} = \mathbf{2{,}51} \quad (3.46/3-37)$$

mit $\beta_{kb} \approx \beta_{kb\,\text{Probe}}$ nach TB 3-9b (Bild links oben) für $R_m = K_t \cdot K_{an} \cdot R_{mN} = 1{,}0 \cdot 1{,}0 \cdot 410\,\frac{N}{mm^2} = 410\,\frac{N}{mm^2}$, $K_t = 1{,}0$ nach TB 3-10a (Kurve 1), K_{an} nach TB 3-13, K_g nach

11 Achsen, Wellen und Zapfen

TB 3-10d für $d_2 = 40$ mm, $K_{O\sigma}$ nach TB 3-11a für $Rz = 25$ µm und $K_V = 1$ (keine Oberflächenverfestigung, siehe TB 3-12).

$$\tau_{tGW} = \frac{K_t \cdot K_{an} \cdot \tau_{tWN}}{K_{Dt}} = \frac{1{,}0 \cdot 1{,}0 \cdot 125 \frac{N}{mm^2}}{1{,}52} = \mathbf{82{,}3 \frac{N}{mm^2}} \qquad (3.54/3\text{-}44)$$

mit K_t nach TB 3-10a (Kurve 1), K_{an} nach TB 3-13, τ_{tWN} nach TB 1-1a und

$$K_{Dt} = \left(\frac{\beta_{kt}}{K_g} + \frac{1}{K_{O\tau}} - 1\right) \cdot \frac{1}{K_V} = \left(\frac{1{,}3}{0{,}89} + \frac{1}{0{,}94} - 1\right) \cdot \frac{1}{1} = \mathbf{1{,}52} \qquad (3.48/3\text{-}38)$$

mit $\beta_{kt} = \beta_{kt\,Probe}$ und $K_{O\tau} = 0{,}575 \cdot K_{O\sigma} + 0{,}425 = 0{,}94$ (TB 3-11a), ansonsten siehe Hinweise zu K_{Db}.

Sicherheit gegen Fließen S_F (s. Bild 11.17/A 11-3)

$$S_F = \frac{1}{\sqrt{\left(\frac{\sigma_{b\,max}}{\sigma_{bF}}\right)^2 + \left(\frac{\tau_{t\,max}}{\tau_{tF}}\right)^2}} = \frac{1}{\sqrt{\left(\frac{31{,}1\frac{N}{mm^2}}{313{,}4\frac{N}{mm^2}}\right)^2 + \left(\frac{34{,}1\frac{N}{mm^2}}{180{,}9\frac{N}{mm^2}}\right)^2}} = \mathbf{4{,}7}$$

$S_{F\,min} = 1{,}35 < S_F \Rightarrow$ ausreichende Sicherheit gegen Fließen
mit $S_{F\,min}$ nach TB 3-16b.

Sicherheit gegen Dauerbruch S_D (nach Bild 11.17/A 11-3)

$$S_D = \frac{1}{\sqrt{\left(\frac{\sigma_{ba}}{\sigma_{bGW}}\right)^2 + \left(\frac{\tau_{ta}}{\tau_{tGW}}\right)^2}} = \frac{1}{\sqrt{\left(\frac{20{,}7\frac{N}{mm^2}}{85{,}6\frac{N}{mm^2}}\right)^2 + \left(\frac{11{,}4\frac{N}{mm^2}}{82{,}3\frac{N}{mm^2}}\right)^2}} = \mathbf{3{,}59}$$

$S_{Derf} = S_{D\,min} \cdot S_z = 1{,}5 \cdot 1{,}2 = \mathbf{1{,}8}$
$S_{Derf} < S_D \Rightarrow$ ausreichende Sicherheit gegen Dauerbruch
mit $S_{D\,min}$ nach TB 3-16b, S_z nach TB 3-16c für Biegung wechselnd, Torsion schwellend.

b) **Sicherheit des Wellenzapfens an der Passfeder**
Es tritt nur schwellende Torsion auf.

vorhandene Maximalspannung $\tau_{t\,max}$ und Ausschlagspannung τ_{ta}

$$\tau_{t\,max} = \frac{T_{max}}{W_t} = \frac{1{,}8 \cdot T}{W_t} = \frac{1{,}8 \cdot 238 \cdot 10^3 \, N\,mm}{5\,301 \, mm^3} = \mathbf{80{,}8 \frac{N}{mm^2}}$$

mit $W_t = \pi \cdot d_3^3/16 = \pi \cdot (30\,mm)^3/16 = 5\,301\,mm^3$ nach TB 11-3

$$\tau_{ta} = \frac{1}{2} \cdot \frac{K_A \cdot T}{W_t} = \frac{1}{2} \cdot \frac{1{,}2 \cdot 238 \cdot 10^3 \, N\,mm}{5\,301 \, mm^3} = \mathbf{26{,}9 \frac{N}{mm^2}}$$

Sicherheit gegen Fließen S_F (s. Bild 11.17/A 11-3)

$$S_F = \frac{\tau_{tF}}{\tau_{t\,max}} = \frac{181\,\frac{N}{mm^2}}{80,8\,\frac{N}{mm^2}} = 2,24$$

$S_{F\,min} = 1,35 < S_F \Rightarrow$ ausreichende Sicherheit gegen Fließen
$S_{F\,min}$ nach TB 3-16b

Sicherheit gegen Dauerbruch S_D (nach Bild 11.17/A 11-3)

$$K_{Dt} = \left(\frac{\beta_{kt}}{K_g} + \frac{1}{K_{O\tau}} - 1\right) \cdot \frac{1}{K_V} = \left(\frac{1,3}{0,91} + \frac{1}{0,94} - 1\right) \cdot \frac{1}{1} = \mathbf{1,49} \quad (3.48/3\text{-}38)$$

mit $\beta_{kt} \approx \beta_{kt\,Probe}$ sowie R_m, $K_{O\tau}$ siehe a), K_g nach TB 3-10d für $d_3 = 30$ mm

$$\tau_{tGW} = \frac{K_t \cdot K_{an} \cdot \tau_{tWN}}{K_{Dt}} = \frac{1,0 \cdot 1,0 \cdot 125\,\frac{N}{mm^2}}{1,49} = \mathbf{84\,\frac{N}{mm^2}} \quad (3.54/3\text{-}44)$$

$$S_D = \frac{\tau_{tGW}}{\tau_{ta}} = \frac{84\,\frac{N}{mm^2}}{26,9\,\frac{N}{mm^2}} = \mathbf{3,1}$$

$S_{Derf} = S_{D\,min} \cdot S_z = 1,5 \cdot 1,2 = \mathbf{1,8}$
$S_{Derf} < S_D \Rightarrow$ ausreichende Sicherheit gegen Dauerbruch

c) **Sicherheiten gegen Dauerbruch S_D (ausführlich nach Bild 3.27/A 3-4)**
- **an der Passfeder unter den Zahnrädern**

$$\sigma_{bGA} = \frac{\sigma_{bGW}}{1 + \psi_\sigma \cdot \frac{\sigma_{mv}}{\sigma_{ba2}}} = \frac{85,6\,\frac{N}{mm^2}}{1 + 0,0435 \cdot \frac{19,7\,\frac{N}{mm^2}}{20,7\,\frac{N}{mm^2}}} = \mathbf{82,2\,\frac{N}{mm^2}} \quad (3.63/3\text{-}53)$$

mit $\sigma_{bm} = \mathbf{0}$ (rein wechselnde Beanspruchung),

$\tau_{tm} = \tau_{ta} = \mathbf{11,4\,\frac{N}{mm^2}}$ (rein schwellende Beanspruchung)

$$\sigma_{mv} = \sqrt{\sigma_{bm}^2 + 3 \cdot \tau_{tm}^2} = \sqrt{0 + 3 \cdot \left(11,4\,\frac{N}{mm^2}\right)^2} = \mathbf{19,7\,\frac{N}{mm^2}} \quad (3.55/3\text{-}45)$$

und

$$\psi_\sigma = a_M \cdot R_m + b_M = 0,00035\,mm^2/N \cdot 410\,N/mm^2 - 0,1 = \mathbf{0,0435} \quad (3.59/3\text{-}49)$$

a_M und b_M nach TB 3-15.

$$\tau_{tGA} = \frac{\tau_{tGW}}{1 + \psi_\tau \cdot \frac{\tau_{mv}}{\tau_{ta}}} = \frac{82,3\,\frac{N}{mm^2}}{1 + 0,0252 \cdot \frac{11,4\,\frac{N}{mm^2}}{11,4\,\frac{N}{mm^2}}} = \mathbf{80,3\,\frac{N}{mm^2}} \quad (3.64/3\text{-}54)$$

11 Achsen, Wellen und Zapfen

mit

$$\tau_{mv} = f_\tau \cdot \sigma_{mv} = 0{,}58 \cdot 19{,}7 \, \frac{N}{mm^2} = \mathbf{11{,}4 \, \frac{N}{mm^2}} \qquad (3.56/3\text{-}46)$$

und $\psi_\tau = f_\tau \cdot \psi_\sigma = 0{,}58 \cdot 0{,}0435 = 0{,}0252$ mit f_τ nach TB 3-2.

Dynamische Sicherheit S_D für Einzelbeanspruchungen

$$S_{D,b} = \frac{\sigma_{bGA}}{\sigma_{ba2}} = \frac{82{,}2 \, N/mm^2}{20{,}7 \, N/mm^2} = \mathbf{3{,}97} \qquad (3.86/3\text{-}71)$$

$$S_{D,t} = \frac{\tau_{tGA}}{\tau_{ta}} = \frac{80{,}3 \, N/mm^2}{11{,}4 \, N/mm^2} = \mathbf{7{,}06} \qquad (3.88/3\text{-}72)$$

Dynamische Sicherheit S_D für zusammengesetzte Beanspruchungen

$$S_D = \frac{1}{\sqrt{\left(\frac{\sigma_{ba}}{\sigma_{bGA}}\right)^2 + \left(\frac{\tau_{ta}}{\tau_{tGA}}\right)^2}} = \frac{1}{\sqrt{\left(\frac{20{,}7 \, \frac{N}{mm^2}}{82{,}2 \, \frac{N}{mm^2}}\right)^2 + \left(\frac{11{,}4 \, \frac{N}{mm^2}}{80{,}3 \, \frac{N}{mm^2}}\right)^2}} = \mathbf{3{,}46} \qquad (3.90/3\text{-}73)$$

$S_{D\,min} = 1{,}5 < S_D \Rightarrow$ ausreichende Sicherheit gegen Dauerbruch
$S_{D\,min}$ nach TB 3-16b

- **an der Passfeder des Wellenzapfens**

$$\tau_{tGA} = \frac{\tau_{tGW}}{1 + \psi_\tau \cdot \frac{\tau_{mv}}{\tau_{ta}}} = \frac{84 \, \frac{N}{mm^2}}{1 + 0{,}0252 \cdot \frac{26{,}9 \, \frac{N}{mm^2}}{26{,}9 \, \frac{N}{mm^2}}} = \mathbf{81{,}9 \, \frac{N}{mm^2}} \qquad (3.64/3\text{-}54)$$

mit $\tau_{tm} = \tau_{ta} = \tau_{mv} = \mathbf{26{,}9 \, \frac{N}{mm^2}}$ (rein schwellende Beanspruchung)
und $\psi_\tau = f_\tau \cdot \psi_\sigma = 0{,}58 \cdot 0{,}0435 = 0{,}0252$ mit $\psi_\sigma = a_M \cdot R_m + b_M = 0{,}00035 \, mm^2/N \cdot 410 \, N/mm^2 - 0{,}1 = 0{,}0435$ und a_M und b_M nach TB 3-15.

$$S_{D,t} = \frac{\tau_{tGA}}{\tau_{ta}} = \frac{81{,}9 \, \frac{N}{mm^2}}{26{,}9 \, \frac{N}{mm^2}} = \mathbf{3{,}0} \qquad (3.88/3\text{-}72)$$

$S_{D\,min} = 1{,}5 < S_D \Rightarrow$ ausreichende Sicherheit gegen Dauerbruch
$S_{D\,min}$ nach TB 3-16b

ⓘ **11.22**

a) **Bestimmung des Entwurfsdurchmessers**

Die Welle wird auf Verdrehen, Biegung und Schub (vernachlässigbar) beansprucht

$$d'_1 \approx 3{,}4 \cdot \sqrt[3]{\frac{M_v}{\sigma_{bD}}} = 3{,}4 \cdot \sqrt[3]{\frac{M_v}{\sigma_{bWN}}} = 3{,}4 \cdot \sqrt[3]{\frac{3\,911 \cdot 10^3 \, N\,mm}{245 \, \frac{N}{mm^2}}}$$

$$= \mathbf{85{,}6 \, mm} \qquad (11.14/11\text{-}17)$$

mit $\sigma_{bD} = \sigma_{bWN}$ für Biegung, wechselnd nach TB 1-1a und

$$M_v = \sqrt{M_b^2 + 0{,}75 \cdot (0{,}7 \cdot T)^2} = \sqrt{(2\,232{,}4\,\text{N m})^2 + 0{,}75 \cdot (0{,}7 \cdot 2\,649\,\text{N m})^2}$$
$$= 3\,911\,\text{N m} \tag{11.7/11-14}$$

hierin

$$T = T_1 \cdot i_\text{Getr} \approx 9\,550 \cdot \frac{P_1}{n_1} \cdot i_\text{Getr} = 9\,550 \cdot \frac{7{,}5}{960} \cdot 35{,}5 = 2\,649\,\text{N m}$$

mit $i_\text{Getr} = \dfrac{n_1}{n_2} = \dfrac{960\,\text{min}^{-1}}{27{,}6\,\text{min}^{-1}} = 34{,}8$, gewählt: $i_\text{Getr} = 35{,}5$

und $n_2 = \dfrac{v}{\pi \cdot d} = \dfrac{36\,\text{m/min}}{\pi \cdot 0{,}41525\,\text{m}} = 27{,}6\,\text{min}^{-1}$

$$M_b = \frac{F_w}{2} \cdot \frac{L_a}{2} = \frac{25{,}5 \cdot 10^3\,\text{N}}{2} \cdot \frac{350\,\text{mm}}{2} = 2\,232{,}4\,\text{N m}$$

(Kettenrad mittig angeordnet) mit

$$F_w \approx 2 \cdot F_t = 2 \cdot \frac{T}{d/2} = 2 \cdot \frac{2\,649\,\text{N m}}{0{,}41525\,\text{m}/2} = 25{,}5\,\text{kN}$$

$d_{1\,\text{gew}} = \mathbf{90\,mm}$

Sicherheit der Welle an der Passfeder

Statischer Festigkeitsnachweis (s. Bild 11.17/A 11-3, Biege- und Torsionsbeanspruchung)

maximale Biege- und Torsionsspannung

$$\sigma_{b\,\text{max}} = \frac{M_{b\,\text{max}}}{W_b} = \frac{2 \cdot M_b}{W_b} = \frac{2 \cdot 2\,232{,}4 \cdot 10^3\,\text{N mm}}{71\,569\,\text{mm}^3} = \mathbf{62{,}4\,\frac{N}{mm^2}}$$

mit $W_b = \pi \cdot d_1^3/32 = \pi \cdot (90\,\text{mm})^3/32 = 71\,569\,\text{mm}^3$ nach TB 11-3 (beim statischen Nachweis wird nach DIN 743 bei Passfedern mit dem vollen Wellenquerschnitt gerechnet).

$$\tau_{t\,\text{max}} = \frac{T_\text{max}}{W_t} = \frac{2 \cdot T}{W_t} = \frac{2 \cdot 2\,649 \cdot 10^3\,\text{N mm}}{143\,139\,\text{mm}^3} = \mathbf{37{,}0\,\frac{N}{mm^2}}$$

mit $W_t = \pi \cdot d_1^3/16 = \pi \cdot (90\,\text{mm})^3/16 = 143\,139\,\text{mm}^3$ nach TB 11-3

Biege- und Torsionsfließgrenze

$$\sigma_{bF} = 1{,}2 \cdot R_{p0{,}2N} \cdot K_t \cdot K_{an} \quad \text{(Bild 3.26 \& TB 3-1/3-26 \& A 3-1)}$$

$$\sigma_{bF} = 1{,}2 \cdot 295\,\frac{N}{mm^2} \cdot 0{,}883 \cdot 1{,}0 = \mathbf{312{,}7\,\frac{N}{mm^2}}$$

$$\tau_{tF} = 1{,}2 \cdot R_{p0{,}2N} \cdot \frac{K_t \cdot K_{an}}{\sqrt{3}} \quad \text{(Bild 3.26 \& TB 3-1/3-26 \& A 3-1)}$$

$$\tau_{tF} = 1{,}2 \cdot 295\,\frac{N}{mm^2} \cdot \frac{0{,}883 \cdot 1{,}0}{\sqrt{3}} = \mathbf{180{,}5\,\frac{N}{mm^2}}$$

mit $R_{p0{,}2N}$ nach TB 1-1a, K_t nach TB 3-10a (Kurve 2) für $d_{\text{Rohteil}} = 90\,\text{mm}$, K_{an} nach TB 3-13.

Sicherheit gegen Fließen

$$S_F = \frac{1}{\sqrt{\left(\frac{\sigma_{b\,max}}{\sigma_{bF}}\right)^2 + \left(\frac{\tau_{t\,max}}{\tau_{tF}}\right)^2}} = \frac{1}{\sqrt{\left(\frac{62{,}4\,\frac{N}{mm^2}}{312{,}7\,\frac{N}{mm^2}}\right)^2 + \left(\frac{37{,}0\,\frac{N}{mm^2}}{180{,}5\,\frac{N}{mm^2}}\right)^2}} = \mathbf{3{,}5}$$

(Bild 11.17/A 11-3)

$S_{F\,min} = 1{,}5 < S_F \Rightarrow$ ausreichende Sicherheit gegen Fließen
$S_{F\,min}$ nach TB 3-16b

Dynamischer Festigkeitsnachweis (s. Bild 11.17/A 11-3, Biege- und Torsionsbeanspruchung)

Ausschlagspannungen (Biegung wechselnd, Torsion schwellend)

Die Torsion wird infolge der An- und Abschaltungen als schwellend angenommen. Das maximale Anlaufmoment soll nur selten auftreten und ist damit nur für den statischen Nachweis relevant.

$$\sigma_{ba} = \frac{K_A \cdot M_b}{W_b} = \frac{1{,}0 \cdot 2\,232{,}4 \cdot 10^3\,\text{N\,mm}}{71\,569\,\text{mm}^3} = \mathbf{31{,}2\,\frac{N}{mm^2}}$$

mit $W_b = \pi \cdot d_1^3/32 = \pi \cdot (90\,\text{mm})^3/32 = 71\,569\,\text{mm}^3$ nach TB 11-3

$$\tau_{ta} = \frac{1}{2} \cdot \frac{K_A \cdot T}{W_t} = \frac{1}{2} \cdot \frac{1{,}0 \cdot 2\,649 \cdot 10^3\,\text{N\,mm}}{143\,139\,\text{mm}^3} = \mathbf{9{,}3\,\frac{N}{mm^2}}$$

mit $W_t = \pi \cdot d_1^3/16 = \pi \cdot (90\,\text{mm})^3/16 = 143\,139\,\text{mm}^3$ nach TB 11-3. Faktor 1/2 aufgrund schwellender Belastung (häufige An- und Abschaltungen), vgl. hierzu Lehrbuch Bild 3.8.

Gestaltausschlagfestigkeiten (= Gestaltwechselfestigkeiten)

$$\sigma_{bGW} = \frac{K_t \cdot K_{an} \cdot \sigma_{bWN}}{K_{Db}} = \frac{1{,}0 \cdot 1{,}0 \cdot 245 \frac{N}{mm^2}}{2{,}86} = \mathbf{85{,}6} \, \frac{\mathbf{N}}{\mathbf{mm^2}}$$

mit K_t nach TB 3-10a (Kurve 1) für $d_{Rohteil} = 90$ mm, K_{an} nach TB 3-13, σ_{bWN} nach TB 1-1a und

$$K_{Db} = \left(\frac{\beta_{kb}}{K_g} + \frac{1}{K_{O\sigma}} - 1\right) \cdot \frac{1}{K_V} = \left(\frac{2{,}3}{0{,}834} + \frac{1}{0{,}902} - 1\right) \cdot \frac{1}{1} = \mathbf{2{,}86} \quad (3.46/3\text{-}37)$$

mit $\beta_{k\sigma} = 2{,}25$ nach TB 3-9b (Bild links oben) für $R_m = K_t \cdot K_{an} \cdot R_{mN} = 1{,}0 \cdot 1{,}0 \cdot 470 \frac{N}{mm^2}$, $K_a = 0{,}942$ für $d_1 = 90$ mm, $d_{Probe} = 40$ mm, $K_{aProbe} = 0{,}961$, $\beta_{kb} = 2{,}3$, K_g nach TB 3-10d für $d_1 = 90$ mm, $K_{O\sigma}$ nach TB 3-11a und $K_V = 1$ (keine Oberflächenverfestigung, siehe TB 3-12).

$$\tau_{tGW} = \frac{K_t \cdot K_{an} \cdot \tau_{tWN}}{K_{Dt}} = \frac{1{,}0 \cdot 1{,}0 \cdot 145 \frac{N}{mm^2}}{1{,}72} = \mathbf{84{,}2} \, \frac{\mathbf{N}}{\mathbf{mm^2}}$$

mit K_t nach TB 3-10a (Kurve 1), K_{an} nach TB 3-13, τ_{tWN} nach TB 1-1a und

$$K_{Dt} = \left(\frac{\beta_{kt}}{K_g} + \frac{1}{K_{O\tau}} - 1\right) \cdot \frac{1}{K_V} = \left(\frac{1{,}37}{0{,}834} + \frac{1}{0{,}943} - 1\right) \cdot \frac{1}{1} = \mathbf{1{,}72} \quad (3.48/3\text{-}38)$$

mit $\beta_{kt} = 1{,}36$ nach TB 3-9b (Bild links oben), $K_a = 0{,}978$ für $d_1 = 90$ mm, $d_{Probe} = 40$ mm, $K_{aProbe} = 0{,}985$, $\beta_{kt} = 1{,}37$ und $K_{O\tau} = 0{,}575 \cdot K_{O\sigma} + 0{,}425 = 0{,}943$ nach TB 3-11a, ansonsten siehe Hinweise zu K_{Db}.

Sicherheit gegen Dauerbruch

$$S_D = \frac{1}{\sqrt{\left(\frac{\sigma_{ba}}{\sigma_{bGW}}\right)^2 + \left(\frac{\tau_{ta}}{\tau_{tGW}}\right)^2}} = \frac{1}{\sqrt{\left(\frac{31{,}2 \frac{N}{mm^2}}{85{,}6 \frac{N}{mm^2}}\right)^2 + \left(\frac{9{,}3 \frac{N}{mm^2}}{84{,}2 \frac{N}{mm^2}}\right)^2}} = 2{,}63$$

$S_{Derf} = S_{Dmin} \cdot S_z = 1{,}5 \cdot 1{,}2 = \mathbf{1{,}8} < S_D$

mit S_{Dmin} nach TB 3-16a, S_z nach TB 3-16c.
Die Welle ist ausreichend bemessen.

b) **Sicherheitsnachweis für den Antriebszapfen**

Statischer Festigkeitsnachweis (s. Bild 11.17/A 11-3)
Es wird angenommen, dass durch die Lagerung das Biegemoment komplett aufgenommen wird. Somit braucht der statische Festigkeitsnachweis lediglich mit der Torsionsspannung durchgeführt werden.

11 Achsen, Wellen und Zapfen

maximale Torsionsspannung

$$\tau_{t\,max} = \frac{T_{max}}{W_t} = \frac{2 \cdot T}{W_t} = \frac{2 \cdot 2649 \cdot 10^3 \, \text{N mm}}{100\,531 \, \text{mm}^3} = \mathbf{52{,}7} \, \frac{\mathbf{N}}{\mathbf{mm^2}}$$

mit $W_t = \pi \cdot d_2^3/16 = \pi \cdot (80 \, \text{mm})^3/16 = 100\,531 \, \text{mm}^3$ und $d_2 \approx d_1 - 10 \, \text{mm}$ (beim statischen Nachweis wird nach DIN 743 bei Passfedern mit dem vollen Wellenquerschnitt gerechnet).

Torsionsfließgrenze

$$\tau_{tF} = 1{,}2 \cdot R_{p0,2N} \cdot \frac{K_t \cdot K_{an}}{\sqrt{3}} = 1{,}2 \cdot 295 \, \frac{\text{N}}{\text{mm}^2} \cdot \frac{0{,}883 \cdot 1{,}0}{\sqrt{3}} = \mathbf{180{,}5} \, \frac{\mathbf{N}}{\mathbf{mm^2}}$$

(Bild 3.26 & TB 3-1/3-26 & A 3-1)

mit $R_{p0,2N}$, K_t mit $d = d_1 = 90$ (maximaler Durchmesser der Welle) siehe a), K_{an} nach TB 3-13.

Sicherheit gegen Fließen

$$S_F = \frac{\tau_{tF}}{\tau_{t\,max}} = \frac{180{,}5 \, \frac{\text{N}}{\text{mm}^2}}{52{,}7 \, \frac{\text{N}}{\text{mm}^2}} = \mathbf{3{,}43} > 1{,}5 = S_{F\,min}$$

$S_{F\,min}$ nach TB 3-16b

Dynamischer Festigkeitsnachweis (s. Bild 11.17/A 11-3, Torsionsbeanspruchung)

Auch hier wird angenommen, dass durch die Lagerung das Biegemoment komplett aufgenommen wird und der Antriebszapfen nur durch das Torsionsmoment belastet wird.

Ausschlagspannung (schwellende Torsion)

$$\tau_{ta} = \frac{1}{2} \cdot \frac{K_A \cdot T}{W_t} = \frac{1}{2} \cdot \frac{1{,}0 \cdot 2649 \cdot 10^3 \, \text{N mm}}{100\,531 \, \text{mm}^3} = \mathbf{13{,}2} \, \frac{\mathbf{N}}{\mathbf{mm^2}}$$

mit $W_t = \pi \cdot d_2^3/16 = \pi \cdot (80 \, \text{mm})^3/16 = 100\,531 \, \text{mm}^3$ nach TB 11-3

Gestaltausschlagfestigkeit (= Gestaltwechselfestigkeit)

$$\tau_{tGW} = \frac{K_t \cdot K_{an} \cdot \tau_{tWN}}{K_{Dt}} = \frac{1{,}0 \cdot 1{,}0 \cdot 145 \, \frac{\text{N}}{\text{mm}^2}}{1{,}72} = \mathbf{84{,}1} \, \frac{\mathbf{N}}{\mathbf{mm^2}}$$

mit K_t nach TB 3-10a (Kurve 1), K_{an} nach TB 3-13, τ_{tWN} nach TB 1-1a und

$$K_{Dt} = \left(\frac{\beta_{kt}}{K_g} + \frac{1}{K_{O\tau}} - 1 \right) \cdot \frac{1}{K_V} = \left(\frac{1{,}37}{0{,}842} + \frac{1}{0{,}943} - 1 \right) \cdot \frac{1}{1} = \mathbf{1{,}72} \quad (3.48/3\text{-}38)$$

mit $\beta_{k\tau} = 1{,}36$ nach TB 3-9b (Bild links oben) für $R_m = K_t \cdot K_{an} \cdot R_{mN} = 1{,}0 \cdot 1{,}0 \cdot 470 \frac{N}{mm^2}$, $K_a = 0{,}979$ für $d_2 = 80$ mm, $d_{Probe} = 40$ mm, $K_{aProbe} = 0{,}985$, $\beta_{kt} = 1{,}37$, K_g nach TB 3-10d für $d_2 = 80$ mm, $K_{O\sigma}$, $K_{O\tau} = 0{,}575 \cdot K_{O\sigma} + 0{,}425 = 0{,}943$ nach TB 3-11a und $K_V = 1$ (keine Oberflächenverfestigung, siehe TB 3-12).

Sicherheit gegen Dauerbruch

$$S_D = \frac{\tau_{tGW}}{\tau_{ta}} = \frac{84{,}1 \frac{N}{mm^2}}{13{,}2 \frac{N}{mm^2}} = \mathbf{6{,}38} \qquad (3.90/3\text{-}73)$$

$$S_{Derf} = S_{Dmin} \cdot S_z = 1{,}5 \cdot 1{,}2 = \mathbf{1{,}8} < S_D$$

mit S_{Dmin} nach TB 3-16a, S_z nach TB 3-16c.
Die Welle ist ausreichend bemessen.

c) **Angaben zum Kettenrad aus GS-45**
Nabenabmessungen: $D = (1{,}8 \dots 2{,}0) \cdot d = 162$ mm $\dots 180$ mm, $D_{gew} = 170$ mm;
$L = (1{,}1 \dots 1{,}4) \cdot d = 99$ mm $\dots 126$ mm, $L_{gew} = 110$ mm nach TB 12-1.

d) **Passfeder für das Kettenrad**
Passfeder DIN 6885 – $A25 \times 14 \times 100$ nach TB 12-2

e) **Bestimmung der Sicherheit gegen Dauerbruch S_D (s. Bild 3.27/A 3-4)**
- **an der Passfeder bei Durchmesser d_1**

$$\sigma_{bGA} = \frac{\sigma_{bGW}}{1 + \psi_\sigma \cdot \frac{\sigma_{mv}}{\sigma_{ba}}} = \frac{85{,}6 \frac{N}{mm^2}}{1 + 0{,}0645 \cdot \frac{16{,}0 \frac{N}{mm^2}}{31{,}2 \frac{N}{mm^2}}} = \mathbf{82{,}8} \frac{\mathbf{N}}{\mathbf{mm^2}} \qquad (3.63/3\text{-}53)$$

mit
$\sigma_{bm} = \mathbf{0}$ (rein wechselnde Beanspruchung),
$\tau_{tm} = \tau_{ta} = \mathbf{9{,}3} \frac{N}{mm^2}$ (rein schwellende Beanspruchung)

$$\sigma_{mv} = \sqrt{\sigma_{bm}^2 + 3 \cdot \tau_{tm}^2} = \sqrt{0 + 3 \cdot \left(13{,}2 \frac{N}{mm^2}\right)^2} = \mathbf{16{,}0} \frac{\mathbf{N}}{\mathbf{mm^2}} \qquad (3.55/3\text{-}45)$$

und

$$\psi_\sigma = a_M \cdot R_m + b_M = 0{,}00035 \frac{mm^2}{N} \cdot \frac{470\,N}{mm^2} - 0{,}1 = \mathbf{0{,}0645} \qquad (3.59/3\text{-}49)$$

a_M und b_M nach TB 3-15.

$$\tau_{tGA} = \frac{\tau_{tGW}}{1 + \psi_\tau \cdot \frac{\tau_{mv}}{\tau_{ta}}} = \frac{85{,}7 \frac{N}{mm^2}}{1 + 0{,}0374 \cdot \frac{9{,}3 \frac{N}{mm^2}}{9{,}3 \frac{N}{mm^2}}} = \mathbf{82{,}6} \frac{\mathbf{N}}{\mathbf{mm^2}} \qquad (3.64/3\text{-}54)$$

mit

$$\tau_{mv} = f_\tau \cdot \sigma_{mv} = 0{,}58 \cdot 16{,}0 \frac{N}{mm^2} = \mathbf{9{,}3} \frac{\mathbf{N}}{\mathbf{mm^2}} \qquad (3.56/3\text{-}46)$$

11 Achsen, Wellen und Zapfen

und
$$\psi_\tau = f_\tau \cdot \psi_\sigma = 0{,}58 \cdot 0{,}0645 = 0{,}0374 \quad \text{mit } f_\tau \text{ nach TB 3-2} \quad (3.60/3\text{-}50)$$

Dynamische Sicherheit S_D für Einzelbeanspruchungen

$$S_{D,b} = \frac{\sigma_{bGA}}{\sigma_{ba2}} = \frac{82{,}2\,\text{N/mm}^2}{31{,}2\,\text{N/mm}^2} = 2{,}66 \quad (3.86/3\text{-}71)$$

$$S_{D,t} = \frac{\tau_{tGA}}{\tau_{ta}} = \frac{82{,}6\,\text{N/mm}^2}{9{,}3\,\text{N/mm}^2} = 8{,}93 \quad (3.88/3\text{-}72)$$

Dynamische Sicherheit S_D für zusammengesetzte Beanspruchungen

$$S_D = \frac{1}{\sqrt{\left(\frac{\sigma_{ba}}{\sigma_{bGA}}\right)^2 + \left(\frac{\tau_{ta}}{\tau_{tGA}}\right)^2}} = \frac{1}{\sqrt{\left(\frac{31{,}2\,\frac{N}{mm^2}}{82{,}8\,\frac{N}{mm^2}}\right)^2 + \left(\frac{9{,}3\,\frac{N}{mm^2}}{82{,}6\,\frac{N}{mm^2}}\right)^2}} = 2{,}54 \quad (3.90/3\text{-}73)$$

$S_{D\,min} = 1{,}5 < S_D \Rightarrow$ ausreichende Sicherheit gegen Dauerbruch
$S_{D\,min}$ nach TB 3-16b

- **am Wellenabsatz des Antriebszapfens**

$$\tau_{tGA} = \frac{\tau_{tGW}}{1 + \psi_\tau \cdot \frac{\tau_{mv}}{\tau_{ta}}} = \frac{84{,}1\,\frac{N}{mm^2}}{1 + 0{,}0374 \cdot \frac{13{,}2\,\frac{N}{mm^2}}{13{,}2\,\frac{N}{mm^2}}} = \mathbf{81{,}1\,\frac{N}{mm^2}} \quad (3.64/3\text{-}54)$$

mit $\tau_{mv} = \tau_{tm} = \tau_{ta} = \mathbf{13{,}2\,\frac{N}{mm^2}}$ (rein schwellende Beanspruchung)
und ψ_τ siehe Angaben bei Durchmesser d_1

$$S_{D,t} = \frac{\tau_{tGA}}{\tau_{ta}} = \frac{81{,}1\,\frac{N}{mm^2}}{13{,}2\,\frac{N}{mm^2}} = \mathbf{6{,}15} > S_{D\,min} = 1{,}5 \quad (3.88/3\text{-}72)$$

$S_{D\,min}$ nach TB 3-16b.
Die Sicherheit gegen Dauerbruch ist ausreichend.

11.23
Der Verdrehwinkel im Bereich zwischen den Zahnrädern beträgt bei Belastung $\approx 0{,}2°$; ($l = 370$ mm, $G = 81\,000\,\text{N/mm}^2$, $I_p = 4{,}021 \cdot 10^6\,\text{mm}^4$).

11.24
$n_{kb} = 36\,077\,\text{min}^{-1}$; ($f = 0{,}686 \cdot 10^{-3}$ mm, $F'''' = 0{,}0543$ N/mm, $m = 1{,}66$ kg).

11.25
$n_{kb} = 5\,208\,\text{min}^{-1}$; ($d = 60$ mm, $f_{max} = 0{,}033$ mm, $k = 1$).

11.26

$\omega_k = 304\,\text{s}^{-1}$, $n_{kb} = 2\,905\,\text{min}^{-1}$; ($\omega_0 = 1\,142\,\text{s}^{-1}$, $n_{k0} = 10\,908\,\text{min}^{-1}$, $\omega_1 = 742\,\text{s}^{-1}$, $n_{k1} = 7\,092\,\text{min}^{-1}$, $\omega_2 = 395\,\text{s}^{-1}$, $n_{k2} = 3\,722\,\text{min}^{-1}$, $\omega_3 = 742\,\text{s}^{-1}$, $n_{k3} = 7\,093\,\text{min}^{-1}$).

11.27

Resonanz ist möglich, da die verdrehkritische Drehzahl $n_k \approx 418\,\text{min}^{-1}$ beträgt und diese damit in den gefährlichen Bereich von $n'_k = 3 \cdot 150\,\text{min}^{-1} = 450\,\text{min}^{-1}$ gerät. ($\omega_k = 44\,\text{s}^{-1}$, $c_t = 21{,}0 \cdot 10^6\,\text{N m}$, $I_p = 3{,}83 \cdot 10^{-4}\,\text{m}^4$), $G = 81\,000\,\text{N/mm}^2$.

11.28

$f = 0{,}188\,\text{mm}$; $\tan\alpha = 0{,}00092$; $\tan\beta = 0{,}00107$ ($f_A = 0{,}173\,\text{mm}$; $f_B = 0{,}203\,\text{mm}$; $\alpha' = \tan\alpha' = 0{,}00087$; $\beta' = \tan\beta' = 0{,}00111$; $F_A = 8{,}7\,\text{kN}$; $F_B = 9{,}3\,\text{kN}$; $a_1 = 40\,\text{mm}$; $a_2 = 180\,\text{mm}$; $a_3 = 240\,\text{mm}$; $a_4 = 310\,\text{mm}$; $b_1 = 40\,\text{mm}$; $b_2 = 220\,\text{mm}$; $b_3 = 290\,\text{mm}$; $d_{a1} = 60\,\text{mm}$; $d_{a2} = 80\,\text{mm}$; $d_{a3} = 100\,\text{mm}$; $d_{a4} = 80\,\text{mm}$; $d_{b1} = 60\,\text{mm}$; $d_{b2} = 75\,\text{mm}$; $d_{b3} = 80\,\text{mm}$). Zur Lagerung der Welle können die vorgesehenen Lager eingesetzt werden, da die Schiefstellung in den Lagern jeweils kleiner als die zulässige Schiefstellung ist ($\alpha = 3'\,10''$, $\beta = 3'\,38''$).

12 Elemente zum Verbinden von Wellen und Naben

ⓘ **12.1**
a) **Berechnung mit Methode C (überschlägig)**
Bestimmung der mittleren vorhandenen Flächenpressung p_m
statisch

$$p_\text{m} \approx \frac{2 \cdot T_\text{max}}{d \cdot h_\text{tr} \cdot l_\text{tr} \cdot n \cdot \varphi} = \frac{2 \cdot 2{,}5 \cdot 13{,}4 \cdot 10^3 \,\text{N}\,\text{mm}}{35\,\text{mm} \cdot 3\,\text{mm} \cdot 22\,\text{mm} \cdot 1 \cdot 1} = \mathbf{29{,}1\,\frac{N}{mm^2}}$$
(12.1/12-1)

mit $T_\text{max} = 2{,}5 \cdot T_\text{nenn}$ und $T_\text{nenn} \approx 9550 P/n = 9550 \cdot 4/2850 = 13{,}4\,\text{N}\,\text{m}$
(11.11/11-6)

$h_\text{tr} = h - t_1 = 8\,\text{mm} - 5\,\text{mm}$, Werte aus TB 12-2a; $l_\text{tr} = l - b = 32\,\text{mm} - 10\,\text{mm}$

dynamisch

$$p_\text{m} \approx \frac{2 \cdot K_\text{A} \cdot T_\text{nenn}}{d \cdot h_\text{tr} \cdot l_\text{tr} \cdot n \cdot \varphi} = \frac{2 \cdot 1{,}5 \cdot 13{,}4 \cdot 10^3 \,\text{N}\,\text{mm}}{35\,\text{mm} \cdot 3\,\text{mm} \cdot 22\,\text{mm} \cdot 1 \cdot 1} = \mathbf{17{,}5\,\frac{N}{mm^2}} \quad (12.1/12\text{-}1)$$

Bestimmung der zulässigen Flächenpressung p_{zul} des „schwächeren" Bauteils

Nabe	Welle	Passfeder
EN-GJL-200 (TB 1-2a)	E295 (TB 1-1a)	C45+C (TB 1-1h)[a]
technologischer Einflussfaktor K_t (gleichwertigen Durchmesser nach TB 3-10c bestimmen, wenn Rohteil kein Rundstahl) und K_{an} (TB 3-13)		
$d_{Rohteil} = 2 \cdot t_{max} = 70$ mm	$= 45$ mm	$= \dfrac{2 \cdot b \cdot h}{b+h} = \dfrac{2 \cdot 10 \cdot 8}{10+8} \approx 9$ mm
$K_t = 0{,}79$ (TB 3-10b Kurve 5)	$= 0{,}96$ (TB 3-10a Kurve 2)	$= 1{,}0$ (TB 3-10a Kurve 3)
Zugfestigkeit $R_m = K_t \cdot K_{an} \cdot R_{mN}$ $R_m = 0{,}79 \cdot 1{,}0 \cdot 200\,\text{N/mm}^2$	Streckgrenze $R_e = K_t \cdot K_{an} \cdot R_{eN}$ $R_e = 0{,}96 \cdot 1{,}0 \cdot 295\,\text{N/mm}^2$	Streckgrenze $R_e = K_t \cdot K_{an} \cdot R_{eN}$ $R_e = 1{,}0 \cdot 1{,}0 \cdot 500\,\text{N/mm}^2$
Sicherheit nach TB 12-1b		
$S_B = 1{,}1$	$S_F = 1{,}1$	$S_F = 1{,}1$
zulässige Flächenpressung $p_{zul} = R_e/S_F$ bzw. $= R_m/S_B$		
$p_{zul} = \mathbf{143\,N/mm^2}$	$= \mathbf{257\,N/mm^2}$	$= \mathbf{454\,N/mm^2}$

[a] Passfedern werden aus Blankstahl hergestellt, daher TB 1-1h

statischer Nachweis

$$p_m = \mathbf{29}\,\frac{\mathbf{N}}{\mathbf{mm^2}} < f_L \cdot p_{zul} = 1{,}1 \cdot 143\,\frac{N}{mm^2} = \mathbf{157}\,\frac{\mathbf{N}}{\mathbf{mm^2}} \qquad (12.1/12\text{-}1)$$

mit dem Lastspitzenfaktor f_L aus TB 12-2d für $N_L = 10^5$ und sprödem Nabenwerkstoff.

Hinweis: der kleinste zulässige Wert $f_L \cdot p_{zul}$ von Nabe, Welle bzw. Passfeder muss größer als p_m sein ($f_L = 1{,}3$ für Welle und Passfeder).

dynamischer Nachweis

$$p_m = \mathbf{17{,}4}\,\frac{\mathbf{N}}{\mathbf{mm^2}} < 1{,}0 \cdot 143\,\frac{N}{mm^2} = 143\,\frac{N}{mm^2}$$

mit $f_L = 1{,}0$ bei dynamischem Nachweis.
Ergebnis: Verbindung hält statisch und dynamisch.

b) **Berechnung mit Methode B**
   b1) statischer Nachweis
   Bestimmung der Flächenpressung p_{max}

$$p_{max} \approx \frac{2 \cdot T_{max} \cdot K_\lambda \cdot K_R}{d \cdot h_{tr} \cdot l_{tr} \cdot n \cdot \varphi} = \frac{2 \cdot 2{,}5 \cdot 13{,}4 \cdot 10^3\,\text{N mm} \cdot 1{,}05 \cdot 1}{35\,\text{mm} \cdot 3{,}16\,\text{mm} \cdot 22\,\text{mm} \cdot 1 \cdot 1} = \mathbf{28{,}9}\,\frac{\mathbf{N}}{\mathbf{mm^2}}$$

$$(12.2a/12\text{-}3)$$

mit $K_\lambda = K'_\lambda = 1{,}05$ aus TB 12-2c für $l_{tr}/d = 22\,\text{mm}/35\,\text{mm} = 0{,}63$ und Form c (TB 12-2c); $K_R = 1{,}0$ da Übergangspassung; eine Passfeder, damit $n = 1$ und $\varphi = 1$

Welle und Passfeder: $h_{tr1} \approx 0{,}47 \cdot h - r - s \approx (0{,}47 \cdot 8 - 0{,}6 - 0)\,\text{mm} \approx 3{,}16\,\text{mm}$
(r aus TB 12a, $s = 0$, da keine Fasen an den Nuten), $l_{tr1} = 22\,\text{mm}$ siehe unter a)
Nabe: $h_{tr2} = h_{tr1}$; $l_{tr2} = l_{tr1}$

Bestimmung der zulässigen Flächenpressung $p_{\text{max zul}}$ des „schwächeren" Werkstoffs

Nabe	Welle	Passfeder
zulässige Flächenpressung $p_{\text{max zul}} = f_L \cdot p_{zul} = f_L \cdot f_S \cdot f_H \cdot R_e/S_F$ bzw. $= f_L \cdot f_S \cdot R_m/S_B$		
$f_L = 1{,}1$, $f_S = 2{,}0$, $f_H = 1{,}0$	$f_L = 1{,}3$, $f_S = 1{,}3$, $f_H = 1{,}0$	$f_L = 1{,}3$, $f_S = 1{,}1$, $f_H = 1{,}0$
$p_{\text{max zul}} = \mathbf{347\,N/mm^2}$	$= \mathbf{478\,N/mm^2}$	$= \mathbf{715\,N/mm^2}$

Werte für f_L aus TB 12-2e (mit $N_L = 10^5$ Lastspitzen), für f_S und f_H aus TB 12-2d, für R_e und R_m siehe Lösung zu a). Für die Sicherheiten wurde $S_F = 1{,}0$ und $S_B = 1{,}0$ gesetzt. Bei unsicheren Annahmen sind geeignete höhere Sicherheiten z. B. aus TB 12-1b zu wählen.
Ergebnis: $p_{\text{max}} < f_L \cdot p_{zul}$ bei Welle, Nabe und Passfeder. Verbindung hält statisch.

b2) dynamischer Nachweis

Bestimmung der Flächenpressung p_{eq}

$$p_{eq} \approx \frac{2 \cdot T_{eq} \cdot K_\lambda \cdot K_R}{d \cdot h_{tr} \cdot l_{tr} \cdot n \cdot \varphi} = \frac{2 \cdot 1{,}5 \cdot 13{,}4 \cdot 10^3\,\text{N mm} \cdot 1{,}05}{35\,\text{mm} \cdot 3{,}16\,\text{mm} \cdot 22\,\text{mm} \cdot 1 \cdot 1} = \mathbf{17{,}4\,\frac{N}{mm^2}}$$

(12.2b/12-6)

Bestimmung der zulässigen Flächenpressung $p_{eq\,zul}$

Nabe	Welle	Passfeder
$p_{eq\,zul} = f_W \cdot p_{zul} = f_W \cdot f_S \cdot f_H \cdot R_e/S_F$ bzw. $= f_W \cdot f_S \cdot R_m/S_B$		
$f_W = 1{,}0$, $f_S = 2{,}0$, $f_H = 1{,}0$	$f_W = 1{,}0$, $f_S = 1{,}3$, $f_H = 1{,}0$	$f_W = 1{,}0$, $f_S = 1{,}1$, $f_H = 1{,}0$
$p_{eq\,zul} = \mathbf{316\,N/mm^2}$	$= \mathbf{368\,N/mm^2}$	$= \mathbf{550\,N/mm^2}$

Werte für f_S und f_H aus TB 12-2d, für R_e und R_m siehe Lösung zu a); $f_W = 1{,}0$, da keine wechselnde Drehrichtung. Für die Sicherheiten wurde $S_F = 1{,}0$ und $S_B = 1{,}0$ gesetzt. Bei unsicheren Annahmen sind geeignete höhere Sicherheiten zu wählen.
Ergebnis: $p_{eq} < f_W \cdot p_{zul}$ bei Welle, Nabe und Passfeder. Verbindung hält dynamisch.

12.2
Passfeder DIN 6885-A18 × 11 × 80 gewählt.

a) statisch: $p_m = 182\,\text{N/mm}^2 < f_L \cdot p_{zul} = 244\,\text{N/mm}^2$ ($T_{max} = 3 \cdot 450\,\text{Nm}$, $l = 80\,\text{mm}$, $l_{tr} = 62\,\text{mm}$, $b = 18\,\text{mm}$, $h = 11\,\text{mm}$, $n = 1$; Nabe: $p_{zul} = 218\,\text{N/mm}^2$, $R_e = R_{eN} = 240\,\text{N/mm}^2$, $K_t = 1$ für $d = t < 100\,\text{mm}$, $K_{an} = 1$, $S_F = 1{,}1$, Welle: $p_{zul} = 244\,\text{N/mm}^2$, $R_e = R_{eN} \cdot K_t \cdot K_{an} = 295\,\text{N/mm}^2 \cdot 0{,}91 \cdot 1{,}0$ für $d = 70\,\text{mm}$, $S_F = 1{,}1$; Passfeder: $p_{zul} = 381\,\text{N/mm}^2$, $R_e = R_{eN} = 420\,\text{N/mm}^2$, $K_t = 1$ für $d = t = 11\,\text{mm}$, $S_F = 1{,}1$; $f_L = 1$)
dynamisch: $p_m = 90{,}8\,\text{N/mm}^2 < f_L \cdot p_{zul} = 244\,\text{N/mm}^2$ ($K_A \cdot T_{nenn} = 1{,}5 \cdot 450\,\text{Nm}$; $f_L = 1$)

b) statisch: $p_{max} = 180\,\text{N/mm}^2 < f_L \cdot p_{zul}$ von Nabe, Welle und Passfeder ($T_{max} = 3 \cdot 450\,\text{Nm}$; $l_{tr1} = l_{tr2} = 62\,\text{mm}$, $h_{tr1} = h_{tr2} = 4{,}57\,\text{mm}$ mit $r = 0{,}6\,\text{mm}$, $K_\lambda = K_\lambda' = 1{,}13$, $K_R = 1$; Nabe: $p_{zul} = 480\,\text{N/mm}^2$, $R_e = 240\,\text{N/mm}^2$, $f_S = 2{,}0$, $f_H = 1{,}0$, $S_F = 1{,}0$, $f_L = 1$, Welle: $p_{zul} = 349\,\text{N/mm}^2$, $R_e = 268{,}5\,\text{N/mm}^2$, $f_S = 1{,}3$, $f_H = 1{,}0$, $S_F = 1{,}0$, $f_L = 1$, Passfeder: $p_{zul} = 462\,\text{N/mm}^2$, $R_e = 420\,\text{N/mm}^2$, $f_S = 1{,}1$, $f_H = 1{,}0$, $S_F = 1{,}0$; $f_L = 1$)
dynamisch: $p_{eq} = 89{,}8\,\text{N/mm}^2 < f_W \cdot p_{zul} = p_{zul}$ von Nabe, Welle und Passfeder (p_{zul} wie bei statisch; $f_W = 1{,}0$)

c) statisch Welle: $p_{max} = 180\,\text{N/mm}^2 < f_L \cdot p_{zul} = 418\,\text{N/mm}^2$ ($f_L = 1{,}2$)
dynamisch Welle: $p_{eq} = 89{,}8\,\text{N/mm}^2 < f_W \cdot p_{zul} = 279\,\text{N/mm}^2$ ($f_W = 0{,}8$).
Ergebnis: Wechselnde Drehrichtung mit $N_W = 10^4$ Lastwechseln ist möglich.
Hinweis: Der Nachweis für Nabe und Passfeder wurde weggelassen, da die zul. Werte wesentlich größer sind, siehe unter b).

d) geeignete ISO-Passungen: Nabenbohrung H7, Welle m6 (k6)

12.3
$L \approx 21{,}5\,\text{mm}$ ($T_{nenn} \approx 72\,\text{Nm}$, $d_m = 28\,\text{mm}$, $h_{tr} = 1{,}6\,\text{mm}$, $n = 6$, Nabe: $p_{zul} \approx 66{,}6\,\text{N/mm}^2$, $K_t = 1{,}0$, $R_{p0,2N} = 240\,\text{N/mm}^2$, $S_F \approx 3{,}6$; Welle: $p_{zul} \approx 80\,\text{N/mm}^2$, $K_t = 0{,}975$, $K_{an} = 1$, $R_{eN} = 295\,\text{N/mm}^2$).

12.4
$Ü_u \approx 42\,\mu\text{m}$ ($Z_k \approx 38{,}3\,\mu\text{m}$, $p_{Fk} \approx 61\,\text{N/mm}^2$, $\mu = 0{,}065$, $F_{R1} \approx 14\,\text{kN}$, $S_H = 1{,}75$, $l_F \approx 25\,\text{mm}$, $K = 2{,}93$, $Q_A \approx 0{,}563$, $G \approx 3{,}2\,\mu\text{m}$).

ⓘ **12.5**
a) **Bestimmung einer geeigneten ISO-Übermaßpassung**
   - **Berechnung des kleinsten Übermaßes = zum Übertragen der Kräfte/Momente erforderliches Mindestmaß**
   Bestimmung der zu übertragenden Kraft $F_{R\,res}$

$$F_{R\,res} = S_H \cdot K_A \cdot F_{res} = 1{,}75 \cdot 1{,}75 \cdot 13{,}76\,\text{kN} = \mathbf{42{,}1\,kN} \qquad (12.9/12\text{-}25)$$

mit

$$F_{res} = \sqrt{F_t'^2 + F_l^2} = \sqrt{(13{,}7\,\text{kN})^2 + (1{,}3\,\text{kN})^2} = 13{,}76\,\text{kN} \quad (12.9/12\text{-}25)$$

$$F_t' = F_t \cdot \frac{d_1/2}{D_F/2} = 7{,}5\,\text{kN} \cdot \frac{91{,}4\,\text{mm}/2}{50\,\text{mm}/2} = 13{,}7\,\text{kN}$$

und $S_H = 1{,}5 \ldots 2{,}0$ nach Gl. (12.8), Mittelwert 1,75

Bestimmung der kleinsten erforderlichen Fugenpressung p_{Fk}

$$p_{Fk} = \frac{F_{R\,res}}{A_F \cdot \mu} = \frac{F_{R\,res}}{D_F \cdot \pi \cdot l_F \cdot \mu} \quad (12.10/12\text{-}28)$$

$$= \frac{42{,}1 \cdot 10^3\,\text{N}}{50\,\text{mm} \cdot \pi \cdot (80\,\text{mm} - 2 \cdot 2\,\text{mm}) \cdot 0{,}19} = \mathbf{18{,}6\,\frac{N}{mm^2}}$$

mit $\mu = 0{,}18 \ldots 0{,}2$ (Haftbeiwert für Stahl auf Stahl trocken, Querpressverband) nach TB 12-6a, Mittelwert $\mu = 0{,}19$; von Fugenlänge werden zwei Fasen von je 2 mm abgezogen

Bestimmung der Hilfsgröße K

$$K = \frac{E_A}{E_I} \cdot \left(\frac{1 + Q_I^2}{1 - Q_I^2} - \nu_I\right) + \frac{1 + Q_A^2}{1 - Q_A^2} + \nu_A = (1 - 0{,}3) + \frac{1 + 0{,}59^2}{1 - 0{,}59^2} + 0{,}3 = \mathbf{3{,}07}$$

$$(12.13/12\text{-}29)$$

mit $E_A = E_I = 210 \cdot 10^3\,\text{N/mm}^2$ (TB 1-1); $\nu_A = \nu_I = 0{,}3$ (TB 12-6b); $Q_I = 0$ (Vollwelle) und $Q_A = D_F/D_{Aa} = D_F/d_f = 50\,\text{mm}/84{,}65\,\text{mm} = 0{,}59$

Bestimmung des kleinsten Haftmaßes Z_k

$$Z_k = \frac{p_{Fk} \cdot D_F}{E_A} \cdot K = \frac{18{,}6\,\text{N/mm}^2 \cdot 50\,\text{mm}}{210 \cdot 10^3\,\text{N/mm}^2} \cdot 3{,}07 = 13{,}6 \cdot 10^{-3}\,\text{mm} = \mathbf{13{,}6\,\mu m}$$

$$(12.14/12\text{-}30)$$

Bestimmung des Mindestübermaßes $\ddot{U}_u$

$$\ddot{U}_u = Z_k + G = (13{,}6 + 5)\,\mu\text{m} \approx \mathbf{19\,\mu m} \quad (12.16/12\text{-}32)$$

mit Glättung G

$$G \approx 0{,}4 \cdot (R_{zAi} + R_{zIa}) = 0{,}4 \cdot (6{,}3 + 6{,}3)\,\mu\text{m} \approx \mathbf{5\,\mu m} \quad (12.15/12\text{-}31)$$

- **Berechnung des Höchstübermaßes = Grenze der elastisch-plastischen Verformung**

Bestimmung der größten zulässigen Fugenpressung p_{Fg}

Nabe:
$$p_{Fg} = \frac{R_{eA}}{S_{FA}} \cdot \frac{1 - Q_A^2}{\sqrt{3}} = \frac{518\,\text{N/mm}^2}{1{,}15} \cdot \frac{1 - 0{,}59^2}{\sqrt{3}} = 157{,}3\,\frac{\text{N}}{\text{mm}^2} \qquad (12.17/12\text{-}33)$$

mit

$R_{eA} = K_t \cdot K_{an} \cdot R_{eN} = 0{,}692 \cdot 1{,}0 \cdot 695\,\text{N/mm}^2 = 481\,\text{N/mm}^2$, K_t aus TB 3-10a, Kurve 5 für $d_{Rohteil} = 2 \cdot t = 2 \cdot 45\,\text{mm} = 90\,\text{mm}$ (TB 3-10c), R_{eN} aus TB 1-1d

$S_F = 1{,}0 \ldots 1{,}3$ nach Gl. (12.8/12-21) Legende, Mittelwert 1,15

Welle:
$$p_{FgI} = \frac{R_{eI}}{S_{FI}} \cdot \frac{2}{\sqrt{3}} = \frac{311\,\text{N/mm}^2}{1{,}15} \cdot \frac{2}{\sqrt{3}} = 312{,}8\,\frac{\text{N}}{\text{mm}^2} \qquad (12.17/12\text{-}35)$$

mit

$R_{eI} = K_t \cdot K_{an} \cdot R_{eN} = 0{,}93 \cdot 1{,}0 \cdot 335\,\text{N/mm}^2 = 311\,\text{N/mm}^2$, K_t aus TB 3-10a, Kurve 2 für $d_{Rohteil} = 60\,\text{mm}$, K_{an} nach TB 3-13, R_{eN} aus TB 1-1a

$p_{FgI} \gg p_{Fg}$ Fugenpressung der Nabe ist entscheidend

Bestimmung des größten zulässigen Haftmaßes Z_g

$$Z_g = \frac{p_{Fg} \cdot D_F}{E_A} \cdot K = \frac{157{,}3\,\text{N/mm}^2 \cdot 50\,\text{mm}}{210 \cdot 10^3\,\text{N/mm}^2} \cdot 3{,}07 = 115 \cdot 10^{-3}\,\text{mm} = \mathbf{115\,\mu m} \qquad (12.18/12\text{-}36)$$

Bestimmung des größten zulässigen Übermaßes $\ddot{U}_o$

$$\ddot{U}_o = Z_g + G = (115 + 5)\,\mu\text{m} = \mathbf{120\,\mu m} \qquad (12.19/12\text{-}37)$$

- **Passungswahl**

Mit TB 2-2 können verschiedene mögliche Passungen bestimmt werden. Mögliche Passungen mit Einheitsbohrung sind H6/s5 … u5, H7/t6 … x6, H8/u7 … x7 und H8/u8

b) **Berechnung der Fügetemperaturen**

Zunächst Wahl der Passung **H8/u8** mit vorhandenem Kleinstübermaß $\ddot{U}_u' = 31\,\mu\text{m} > \ddot{U}_u$ und Größtübermaß $\ddot{U}_o' = 109\,\mu\text{m} < \ddot{U}_o$ sowie ohne Unterkühlung der Welle.

Fügetemperatur ϑ_a

$$\vartheta_A \approx \vartheta + \frac{\ddot{U}_o' + S_u}{\alpha_A \cdot D_F} + \frac{\alpha_I}{\alpha_A}(\vartheta_I - \vartheta) \qquad (12.23/12\text{-}42)$$

$$\approx 20\,°\text{C} + \frac{(109 + 50) \cdot 10^{-3}\,\text{mm}}{11 \cdot 10^{-6}\,\frac{1}{°\text{C}} \cdot 50\,\text{mm}} = 309\,°\text{C} > \vartheta_{zul} = 200\,°\text{C}$$

12 Elemente zum Verbinden von Wellen und Naben

mit $S_u \approx D_F/1\,000 = 50\,\mu m$, α aus TB 12-6b und ϑ_{zul} aus TB 12-6c für einsatzgehärteten Stahl

Ergebnis: Erforderliche Fügetemperatur ist zu hoch

Neue Berechnung für Passung **H7/t6** mit vorhandenem Kleinstübermaß $\ddot{U}'_u = 29\,\mu m > \ddot{U}_u$ und Größtübermaß $\ddot{U}'_o = 70\,\mu m < \ddot{U}_o$ und Unterkühlung der Welle

$$\vartheta_A \approx \ldots \approx 20\,°C + \frac{(70+50) \cdot 10^{-3}\,\text{mm}}{11 \cdot 10^{-6}\,°C^{-1} \cdot 50\,\text{mm}} + \frac{8,5 \cdot 10^{-6}}{11 \cdot 10^{-6}}(-78-20)\,°C$$
$$= 162\,°C < \vartheta_{zul}$$

Bei dieser Passung ist eine Unterkühlung der Welle erforderlich (mit Trockeneis – $\vartheta_{IA} = -78\,°C$), um nicht ϑ_{zul} zu überschreiten.

In der Praxis reicht eine Unterkühlung der Welle auf $\vartheta_I \approx -30\,°C$, damit $\vartheta_A \leq \vartheta_{zul}$ bleibt.

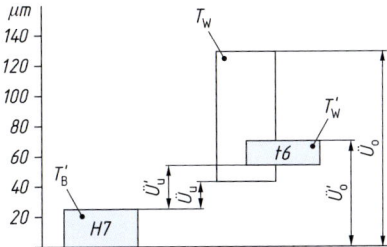

ⓘ **12.6**
Bestimmung einer geeigneten ISO-Übermaßpassung

Berechnung des kleinsten Übermaßes = zum Übertragen der Kräfte/Momente erforderliches Mindestmaß

Bestimmung der kleinsten erforderlichen Fugenpressung p_{Fk}

$$p_{Fk} = \frac{K_A \cdot S_H \cdot F_1}{D_F \cdot \pi \cdot l_F \cdot \mu} = \frac{1{,}75 \cdot 2 \cdot 5\,000\,\text{N}}{100\,\text{mm} \cdot \pi \cdot 45\,\text{mm} \cdot 0{,}065} = \mathbf{19{,}0}\,\frac{\text{N}}{\text{mm}^2}$$
(12.9 und 12.10/12-23 und 12-26)

mit $\mu = 0{,}06\ldots 0{,}07$ (Haftbeiwert für Stahl auf Stahl Öl, Längspressverband) nach TB 12-6a, Mittelwert 0,065; $S_H = 1{,}5\ldots 2{,}0$ s. Hinweis zu Gl. (12.9/12-23), Mittelwert 1,75; von Fugenlänge werden Fasen von 4 mm (s. Aufgabenstellung) und 1 mm (leichtes Entgraten) abgezogen

Bestimmung der Hilfsgröße K

$$K = \frac{E_A}{E_I} \cdot \left(\frac{1+Q_I^2}{1-Q_I^2} - \nu_I\right) + \frac{1+Q_A^2}{1-Q_A^2} + \nu_A$$

$$= \left(\frac{1+0{,}6^2}{1-0{,}6^2} - 0{,}3\right) + \frac{1+0{,}625^2}{1-0{,}625^2} + 0{,}3 = \mathbf{4{,}41} \qquad (12.13/12\text{-}29)$$

mit $E_A = E_I = 210 \cdot 10^3 \, \text{N/mm}^2$ (TB 1-1); $\nu_A = \nu_I = 0{,}3$ (TB 12-6b); $Q_I = D_{Ii}/D_F = 60\,\text{mm}/100\,\text{mm} = 0{,}6$ (Hohlwelle) und $Q_A = D_F/D_{Aa} = 100\,\text{mm}/160\,\text{mm} = 0{,}625$ (Nabe)

Bestimmung des kleinsten Haftmaßes Z_k

$$Z_k = \frac{p_{Fk} \cdot D_F}{E_A} \cdot K = \frac{19{,}0 \,\frac{\text{N}}{\text{mm}^2} \cdot 100\,\text{mm}}{210 \cdot 10^3 \,\frac{\text{N}}{\text{mm}^2}} \cdot 4{,}41 = \mathbf{40{,}0\,\mu m} \qquad (12.14/12\text{-}30)$$

Bestimmung des Mindestübermaß $\ddot{U}_u$

$$\ddot{U}_u = Z_k + G = (39{,}9 + 4{,}12)\,\mu\text{m} \approx \mathbf{44\,\mu m} \qquad (12.16/12\text{-}32)$$

mit Glättung G

$$G \approx 0{,}4 \cdot (Rz_{Ai} + Rz_{Ia}) = 0{,}4 \cdot (6{,}3 + 4)\,\mu\text{m} = \mathbf{4{,}12\,\mu m} \qquad (12.15/12\text{-}31)$$

Berechnung des Höchstübermaßes = Grenze der elastisch-plastischen Verformung

Bestimmung der größten zulässigen Fugenpressung p_{Fg}
Nabe:

$$p_{Fg} = \frac{R_{eA}}{S_{FA}} \cdot \frac{1-Q_A^2}{\sqrt{3}} = \frac{232{,}6 \,\frac{\text{N}}{\text{mm}^2}}{1{,}1} \cdot \frac{1-0{,}625^2}{\sqrt{3}} = \mathbf{74{,}4\,\frac{N}{mm^2}} \qquad (12.17/12\text{-}33)$$

mit
$R_{eA} = K_t \cdot K_{an} \cdot R_{eN} = 0{,}99 \cdot 1{,}0 \cdot 235\,\text{N/mm}^2 = 232{,}65\,\text{N/mm}^2$, K_t aus TB 3-10a, Kurve 2 für $d_{\text{Rohteil}} = t = (168{,}3 - 96{,}3)\,\text{mm}/2 = 36\,\text{mm}$ (TB 3-10c), K_{an} nach TB 3-13, R_{eN} aus TB 1-1a, S_F aus Aufgabenstellung
Hohlwelle:

$$p_{FgI} = \frac{R_{eI}}{S_{FI}} \cdot \frac{1-Q_I^2}{\sqrt{3}} = \frac{291{,}4 \,\frac{\text{N}}{\text{mm}^2}}{1{,}1} \cdot \frac{1-0{,}6^2}{\sqrt{3}} = \mathbf{97{,}9\,\frac{N}{mm^2}} \qquad (12.17/12\text{-}34)$$

mit
$R_{eI} = K_t \cdot K_{an} \cdot R_{eN} = 0{,}87 \cdot 1{,}0 \cdot 335\,\text{N/mm}^2 = 291{,}45\,\text{N/mm}^2$, K_t aus TB 3-10a, Kurve 2 für $d_{\text{Rohteil}} = 105\,\text{mm}$, K_{an} nach TB 3-13, R_{eN} aus TB 1-1a
$p_{FgI} > p_{Fg}$ Fugenpressung der Nabe ist entscheidend

Bestimmung des größten zulässigen Haftmaßes Z_g

$$Z_g = \frac{p_{Fg} \cdot D_F}{E_A} \cdot K = \frac{74{,}4 \frac{N}{mm^2} \cdot 100\,mm}{210 \cdot \frac{10^3 N}{mm^2}} \cdot 4{,}41 \approx \mathbf{156{,}2\,\mu m} \qquad (12.18/12\text{-}36)$$

Bestimmung des größten zulässigen Übermaßes $\ddot{U}_o$

$$\ddot{U}_o = Z_g + G = (156{,}2 + 4{,}12)\,\mu m \approx \mathbf{160{,}3\,\mu m} \qquad (12.19/12\text{-}37)$$

Passungswahl

Mit TB 2-2 können verschiedene mögliche Passungen bestimmt werden. Mögliche Passungen mit Einheitsbohrung sind H8/u7, H7/u6 und H7/t6

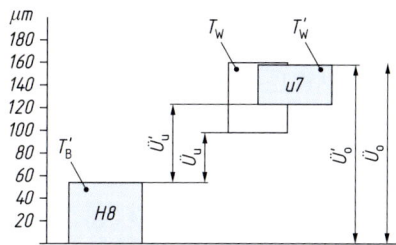

12.7

a) H6/u6 ($\ddot{U}_u \approx 234\,\mu m$, $G \approx 5\,\mu m$, $Z_k \approx 234\,\mu m$, $p_{Fk} \approx 68\,N/mm^2$, $F_t = T/D_F/2 \approx 960\,kN$, $l_F = 200\,mm$, $D_F = 250\,mm$, $S_H = 2{,}0$, $\mu = 0{,}18$, $K = 2{,}89$, $\ddot{U}_o \approx 414{,}7\,\mu m$, $Z_g \approx 409{,}7\,\mu m$; Nabe: $p_{Fg} \approx 119\,N/mm^2$, $R_{p0,2N} = 298\,N/mm^2$, $K_t \approx 0{,}993$ für $d = t \approx 105\,mm$ nach TB 3-10b (Kurve 2) und TB 3-10c, $K_{an} = 1{,}0$ nach TB 3-13, $S_{FA} = 1{,}0$; Welle: $p_{Fg} \approx 401{,}4\,N/mm^2$, $R_{eN} = 650\,N/mm^2$, $K_t = 0{,}588$ für $d = 260\,mm$ nach TB 3-10a (Kurve 4), $S_{FI} = 1{,}1$, $P_T \approx 176\,\mu m$); mit der gewählten Passung $\ddot{U}'_u = 255\,\mu m$ und $\ddot{U}'_o = 414{,}7\,\mu m$; eine direkte Maßangabe für die Welle ist empfehlenswert, damit die Passung für die Bohrung größer gewählt werden kann.

b) $\vartheta_A \approx 262°C$; ($S_u \approx 250\,\mu m$, $\alpha_A \approx 11 \cdot 10^{-6}\,1/K$, $\ddot{U}'_o = 414{,}7\,\mu m$). Mit dieser Temperatur wird die zulässige Temperatur für Stahlguss $\vartheta_{A\,max} = 350°C$ (s. TB 12-6c) nicht überschritten.

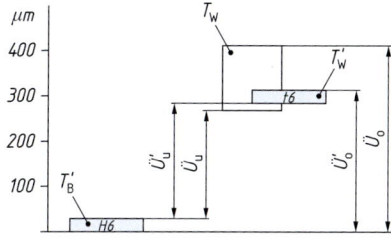

ⓘ **12.8**
Für die Berechnung soll der Außenring ohne Versteifung angenommen werden. Diese Vereinfachung ist erforderlich, damit die Berechnungsgleichungen für zylindrische Pressverbände angewendet werden können. Durch die Versteifung ist der Lagerbock insgesamt weniger elastisch und somit unnachgiebiger als nur der Außenring. Die Einpresskraft wird dadurch tendenziell etwas größer.

a) **Bestimmung der größten erforderlichen Einpresskraft F_e**

$$F_e = A_F \cdot p'_{Fg} \cdot \mu_e \qquad (12.22/12\text{-}41)$$

Bestimmung des Übermaß $\ddot{U}'_o$ für Passung H7/r6

$$\ddot{U}'_o = e_s - EI = ei + T_W - EI = 43\,\mu m + 19\,\mu m - 0 = \mathbf{62\,\mu m}$$

siehe LB Bild 12.16 bzw. FS Gl. (12-38); Werte aus TB 2-1 bis 2-3

Bestimmung des größten vorhandenen Haftmaßes Z'_g

$$Z'_g = \ddot{U}'_o - G = (62 - 3)\,\mu m = \mathbf{59 \cdot 10^{-3}\,mm} \qquad (12.19/12\text{-}37)$$

mit Glättung G

$$G \approx 0{,}4 \cdot (R_{zAi} + R_{zIa}) = 0{,}4 \cdot (4 + 2{,}5)\,\mu m \approx 3\,\mu m \qquad (12.15/12\text{-}31)$$

$R_{zAi} = 4\,\mu m$, $R_{zIa} = 2{,}5\,\mu m$ nach TB 2-11 für hochwertige Flächen

Bestimmung der größten vorhandenen Fugenpressung p'_{Fg}

$$p'_{Fg} = \frac{Z'_g \cdot E_A}{D_F \cdot K} = \frac{59 \cdot 10^{-3}\,mm \cdot 2{,}1 \cdot 10^5\,N/mm^2}{75\,mm \cdot 11{,}86} = \mathbf{13{,}9\,N/mm^2} \qquad (12.18/12\text{-}36)$$

mit Hilfsgröße K

$$K = \frac{E_A}{E_I}\left(\frac{1 + Q_I^2}{1 - Q_I^2} - \nu_I\right) + \frac{1 + Q_A^2}{1 - Q_A^2} + \nu_A \qquad (12.13/12\text{-}29)$$

$$= \frac{210 \cdot 10^3\,N/mm^2}{95 \cdot 10^3\,N/mm^2}\left(\frac{1 + 0{,}8^2}{1 - 0{,}8^2} - 0{,}36\right) + \frac{1 + 0{,}625^2}{1 - 0{,}625^2} + 0{,}3 = 11{,}86$$

mit $E_A = 210 \cdot 10^3\,N/mm^2$ (TB 1-1); $E_I = 95 \cdot 10^3\,N/mm^2$ (TB 1-3a); $\nu_A = 0{,}3$, $\nu_I = (0{,}35 \ldots 0{,}37)$, Mittelwert 0,36 (TB 12-6b); $Q_I = D_{Ii}/D_F = 60\,mm/75\,mm = 0{,}8$ und $Q_A = D_F/D_{Aa} = 75\,mm/120\,mm = 0{,}625$

12 Elemente zum Verbinden von Wellen und Naben

Bestimmung der größten erforderlichen Einpresskraft F_e

$$F_e = A_F \cdot p'_{Fg} \cdot \mu_e = D_F \cdot \pi \cdot l_F \cdot p'_{Fg} \cdot \mu_e \qquad (12.22/12\text{-}41)$$
$$= 75\,\text{mm} \cdot \pi \cdot 59\,\text{mm} \cdot 13{,}9\,\text{N/mm}^2 \cdot 0{,}07 \approx \mathbf{13{,}6\,kN}$$

mit $l_F = 63\,\text{mm} - 2 \cdot 2\,\text{mm} = 59\,\text{mm}$ unter Annahme einer 2 mm Fase beidseitig, Haftbeiwert μ_e für Lösen aus TB 12-6a für Cu-Leg. trocken

b) **Die größte mögliche Flächenpressung der gewählten Passung darf die zulässige Fugenpressung nicht übersteigen:** $p'_{Fg} \leq p_{Fg}$
Bestimmung der größten zulässigen Fugenpressung p_{Fg}
Nabe (aus Rohr – 127 × ID71):

$$p_{Fg} = \frac{R_{eA}}{S_{FA}} \frac{1 - Q_A^2}{\sqrt{3}} = \frac{235\,\text{N/mm}^2}{1{,}1} \frac{1 - 0{,}625^2}{\sqrt{3}} = \mathbf{75{,}2\,\frac{N}{mm^2}} \qquad (12.17/12\text{-}33)$$

mit
$R_{eA} = K_t \cdot K_{an} \cdot R_{eN} = 1{,}0 \cdot 1{,}0 \cdot 235\,\text{N/mm}^2 = 235\,\text{N/mm}^2$, K_t aus TB 3-10a, Kurve 2 für $d_{Rohteil} = t = 28\,\text{mm}$ (TB 3-10c), K_{an} nach TB 3-13, R_{eN} aus TB 1-1a
Buchse:

$$p_{FgI} = \frac{R_{eI}}{S_{FI}} \frac{1 - Q_I^2}{\sqrt{3}} = \frac{140\,\text{N/mm}^2}{1{,}1} \frac{1 - 0{,}8^2}{\sqrt{3}} = \mathbf{26{,}5\,\frac{N}{mm^2}} \qquad (12.17/12\text{-}34)$$

mit
R_{eI} aus TB 1-3a, kein technologischer Größeneinflussfaktor und auch kein Anisotropiefaktor bei Kupferlegierungen
Ergebnis: $p'_{Fg} < p_{FgI} < p_{Fg}$ Passung ist zulässig.

(i) **12.9**
Zweckmäßig ist hier die Berechnung des für die Verbindung erforderlichen Mindest- und des reduzierten Höchstübermaßes nach Lehrbuch 12.3.1-2, Bild 12.17 und der Vergleich der Werte mit dem Mindest- und Höchstübermaß der vorliegenden Verbindung. Im vorliegenden Fall kann vereinfacht der Teilkreisdurchmesser als Außendurchmesser des Außenteils (Zahnkranz) gesetzt werden. Das Innenteil (Radkranz) könnte in 3 Teilbereiche mit jeweils $D_{Ia} = D_F = 190\,\text{mm}$ und $D_{Ii} = 140\,\text{mm}$ (mit $l_F \approx 25\,\text{mm}$) und 30 mm (mit $l_F \approx 10\,\text{mm}$) aufgeteilt werden, siehe Lehrbuch Bild 12.18. Zur Vereinfachung werden hier in a) und b) die zwei Grenzbereiche betrachtet und die Passung so gewählt, dass die Bedingungen in a) und b) erfüllt sind.

a) **Bestimmung der erforderlichen Übermaße bei Annahme des Radkörper als Vollkörper**

Berechnung des kleinsten Übermaßes = zum Übertragen der Kräfte/Momente erforderliches Mindestmaß

Bestimmung der zu übertragenden Kraft $F_{R\,res}$

$$F_{Rres} = S_H \cdot K_A \cdot F_{res} = 1{,}75 \cdot 1{,}0 \cdot 6{,}175\,\text{kN} = 10{,}81\,\text{kN} \qquad (12.9/12\text{-}25)$$

mit

$$F_{res} = \sqrt{(F_t')^2 + F_a^2} = \sqrt{(6{,}175\,\text{kN})^2 + (0\,\text{kN})^2} = 6{,}175\,\text{kN} \qquad \text{(Bild 12.14)}$$

$$F_t' = F_t \cdot \frac{d_t/2}{D_F/2} = 5{,}2\,\text{kN} \cdot \frac{190\,\text{mm}/2}{160\,\text{mm}/2} = 6{,}175\,\text{kN}$$

und $S_H = 1{,}5\ldots 2{,}0$ nach Gl. (12.8), Mittelwert $S_H = 1{,}75$.
Für die Berechnung ist nur die Umfangskraft am Fugendurchmesser von Interesse, da die Radialkraft kein Verrutschen der Verbindung verursacht und die Axialkraft vom Bund des Radkörpers aufgenommen wird. (Beim Richtungswechsel des Drehsinns muss auch die Axialkraft F_a berücksichtigt werden).

Bestimmung der kleinsten erforderlichen Fugenpressung p_{Fk}

$$p_{Fk} = \frac{F_{Rres}}{A_F \cdot \mu} = \frac{F_{Rres}}{D_F \cdot \pi \cdot l_F \cdot \mu} = \frac{10{,}81 \cdot 10^3\,\text{N}}{160\,\text{mm} \cdot \pi \cdot 35\,\text{mm} \cdot 0{,}21} = \mathbf{2{,}92\,\frac{N}{mm^2}}$$

$$(12.10/12\text{-}28)$$

mit $\mu = 0{,}17\ldots 0{,}25$ (Haftbeiwert für Cu-Leg. auf Stahl trocken, Querpressverband) nach TB 12-6a, Mittelwert 0,21

Bestimmung der Hilfsgröße K

$$K = \frac{E_A}{E_I} \cdot \left(\frac{1+Q_I^2}{1-Q_I^2} - \nu_I\right) + \frac{1+Q_A^2}{1-Q_A^2} + \nu_A \qquad (12.13/12\text{-}29)$$

$$= \frac{95 \cdot 10^3}{110{,}5 \cdot 10^3} \cdot \left(\frac{1+0{,}19^2}{1-0{,}19^2} - 0{,}25\right) + \frac{1+0{,}84^2}{1-0{,}84^2} + 0{,}36 = \mathbf{6{,}94}$$

mit E_A s. Aufgabenstellung, $E_I = (103\ldots 118) \cdot 10^3\,\frac{N}{mm^2}$ nach TB 1-2a, Mittelwert $E_I = 110{,}5 \cdot 10^3\,\frac{N}{mm^2}$; $\nu_A = 0{,}35\ldots 0{,}37$; $\nu_I = 0{,}24\ldots 0{,}26$ nach TB 12-6b; $Q_I = D_{Ia}/D_F = 30\,\text{mm}/160\,\text{mm} = 0{,}19$ (Hohlwelle) und $Q_A = D_F/D_{Aa} = 160\,\text{mm}/190\,\text{mm} = 0{,}84$ (Nabe)

Bestimmung des kleinsten Haftmaßes Z_k

$$Z_k = \frac{p_{Fk} \cdot D_F}{E_A} \cdot K = \frac{2{,}92\,\frac{N}{mm^2} \cdot 160\,\text{mm}}{95 \cdot 10^3\,\frac{N}{mm^2}} \cdot 6{,}93 = \mathbf{34\,\mu m} \qquad (12.14/12\text{-}30)$$

12 Elemente zum Verbinden von Wellen und Naben

Bestimmung des Mindestübermaß $Ü_u$

$$Ü_u = Z_k + G = (34 + 4{,}12)\,\mu m = \mathbf{38{,}12\,\mu m} \qquad (12.16/12\text{-}32)$$

mit Glättung G

$$G \approx 0{,}4 \cdot (Rz_{Ai} + Rz_{Ia}) = 0{,}4 \cdot (6{,}3 + 4)\,\mu m \approx \mathbf{4{,}12\,\mu m} \qquad (12.15/12\text{-}31)$$

Berechnung des Höchstübermaßes = Grenze der elastisch-plastischen Verformung

Bestimmung der größten zulässigen Fugenpressung p_{Fg}
Nabe:

$$p_{Fg} = \frac{R_{eA}}{S_{FA}} \cdot \frac{1-Q_A^2}{\sqrt{3}} = \frac{140\,\frac{N}{mm^2}}{1{,}15} \cdot \frac{1-0{,}84^2}{\sqrt{3}} = \mathbf{20{,}4\,\frac{N}{mm^2}} \qquad (12.17/12\text{-}33)$$

mit
$R_{eA} = R_{eN} = 140\,N/mm^2$, $K_t = 1{,}0$, $K_{an} = 1{,}0$ bei Kupferlegierungen, $S_F = 1{,}0 \ldots 1{,}3$ nach Hinweis zu Gl. (12.8/12-21), Mittelwert 1,15
Hohlwelle:

$$p_{FgI} = \frac{R_{mI}}{S_{BI}} \cdot \frac{1-Q_I^2}{\sqrt{3}} = \frac{179\,\frac{N}{mm^2}}{2{,}5} \cdot \frac{1-0{,}19^2}{\sqrt{3}} = \mathbf{39{,}8\,\frac{N}{mm^2}} \qquad (12.17/12\text{-}34)$$

mit
$R_{mI} = K_t \cdot K_{an} \cdot R_{mN} = 0{,}89 \cdot 1{,}0 \cdot 200\,N/mm^2 = 179\,N/mm^2$, K_t aus TB 3-10b, Kurve 5 für $d_{Rohteil} = 2 \cdot t = 2 \cdot 18\,mm = 36\,mm$ nach TB 3-10c, R_{mN} aus TB 1-2a, S_{BI} s. Hinweis zu Gl. (12.8/12-21)
$p_{FgI} > p_{Fg}$ Fugenpressung der Nabe ist entscheidend

Bestimmung des größten zulässigen Haftmaßes Z_g

$$Z_g = \frac{p_{Fg} \cdot D_F}{E_A} \cdot K = \frac{20{,}4\,\frac{N}{mm^2} \cdot 160\,mm}{95 \cdot \frac{10^3 N}{mm^2}} \cdot 6{,}94 = \mathbf{239{,}1\,\mu m} \qquad (12.18/12\text{-}36)$$

Bestimmung des größten zulässigen Übermaßes $Ü_o$

$$Ü_o = Z_g + G = (239{,}1 + 4{,}12)\,\mu m = \mathbf{243{,}2\,\mu m} \qquad (12.19/12\text{-}37)$$

Passungswahl
Mit TB 2-2 können verschiedene mögliche Passungen bestimmt werden. Mögliche Passungen mit Einheitsbohrung sind H7/s6 und H7/t6

b) **Bestimmung der erforderlichen Übermaße bei Vernachlässigung der unterstützenden Wirkung der Radnabe**

Berechnung des kleinsten Übermaßes = zum Übertragen der Kräfte/Momente erforderliches Mindestmaß

Bestimmung der Hilfsgröße K

$$K = \frac{E_A}{E_I} \cdot \left(\frac{1+Q_I^2}{1-Q_I^2} - \nu_I\right) + \frac{1+Q_A^2}{1-Q_A^2} + \nu_A \quad (12.13/12\text{-}29)$$

$$= \frac{95 \cdot 10^3}{110{,}5 \cdot 10^3} \cdot \left(\frac{1+0{,}875^2}{1-0{,}875^2} - 0{,}25\right) + \frac{1+0{,}84^2}{1-0{,}84^2} + 0{,}36 = \mathbf{12{,}5}$$

mit $Q_I = D_{Ia}/D_F = 140\,\text{mm}/160\,\text{mm} = 0{,}875$, alle anderen Werte wie bei a)

Bestimmung des kleinsten Haftmaßes Z_k

$$Z_k = \frac{p_{Fk} \cdot D_F}{E_A} \cdot K = \frac{2{,}92\,\frac{\text{N}}{\text{mm}^2} \cdot 160\,\text{mm}}{95 \cdot \frac{10^3\text{N}}{\text{mm}^2}} \cdot 12{,}5 = \mathbf{61{,}6\,\mu m} \quad (12.14/12\text{-}30)$$

erforderliche Flächenpressung p_{Fk} wie bei a)

Bestimmung des Mindestübermaß $\ddot{U}_u$

$$\ddot{U}_u = Z_k + G = (61{,}6 + 4{,}12)\,\mu m = \mathbf{65{,}7\,\mu m} \quad (12.16/12\text{-}32)$$

Berechnung des Höchstübermaßes = Grenze der elastisch-plastischen Verformung

Bestimmung der größten zulässigen Fugenpressung p_{Fg}
Nabe: wie bei a)
Hohlwelle:

$$p_{FgI} = \frac{R_{mI}}{S_{BI}} \cdot \frac{1-Q_I^2}{\sqrt{3}} = \frac{179\,\frac{\text{N}}{\text{mm}^2}}{2{,}5} \cdot \frac{1-0{,}875^2}{\sqrt{3}} = \mathbf{9{,}67\,\frac{N}{mm^2}} \quad (12.17/12\text{-}34)$$

$p_{FgI} < p_{Fg}$ Fugenpressung der Hohlwelle ist entscheidend

Bestimmung des größten zulässigen Haftmaßes Z_g

$$Z_g = \frac{p_{Fg} \cdot D_F}{E_A} \cdot K = \frac{9{,}67\,\frac{\text{N}}{\text{mm}^2} \cdot 160\,\text{mm}}{95 \cdot \frac{10^3\text{N}}{\text{mm}^2}} \cdot 12{,}5 = \mathbf{203{,}4\,\mu m} \quad (12.18/12\text{-}36)$$

12 Elemente zum Verbinden von Wellen und Naben

Bestimmung des größten zulässigen Übermaßes $Ü_o$

$$Ü_o = Z_g + G = (203{,}4 + 4{,}12)\,\mu m = \mathbf{207{,}6\,\mu m} \qquad (12.19/12\text{-}37)$$

Passungswahl

Die vorgegebene Passung H7/r6 ist mit $Ü'_u = 25\,\mu m$ und $Ü'_o = 90\,\mu m$ nicht geeignet, da $Ü'_u < Ü_u$. Eine geeignete ISO-Übermaßpassung ist H7/t6.

ⓘ 12.10

a) Bestimmung der Aufpresskraft

$$F_e \geq \frac{2 \cdot S_H \cdot K_A \cdot T_{nenn}}{D_{mF} \cdot \mu} \cdot \frac{\sin(\varrho_e + \alpha/2)}{\cos \varrho_e} \qquad (12.30/12\text{-}52)$$

$$= \frac{2 \cdot 1{,}2 \cdot 1{,}1 \cdot 10^6\,\text{N\,mm}}{62\,\text{mm} \cdot 0{,}1} \cdot \frac{\sin(6{,}28 + 5{,}71)°}{\cos 6{,}28°} = \mathbf{89{,}0\,kN}$$

mit

$$D_2 = D_1 - C \cdot l = (70 - 80/5)\,\text{mm} = 54\,\text{mm} \quad (\text{Kegelverhältnis } C = 1:5)$$
$$(12.26/12\text{-}46)$$

$$D_{mF} = (D_1 + D_2)/2 = (70 + 54)\,\text{mm}/2 = 62\,\text{mm}$$
$$\text{s. Legende zu Gl. } (12.29/12\text{-}46)$$

$$\alpha/2 = \arctan \frac{D_1 - D_2}{2 \cdot l} = \arctan \frac{(70-54)\,\text{mm}}{2 \cdot 80\,\text{mm}} = 5{,}71° \qquad (12.27/12\text{-}47)$$

und $\mu = 0{,}09 \ldots 0{,}11$; $\tan \varrho_e = \mu_e = 0{,}10 \ldots 0{,}12$ nach TB 12-6a für Gusseisen, trocken, Mittelwert $\mu = 0{,}1$; $\mu_e = 0{,}11$; daraus Reibungswinkel $\varrho_e = 6{,}28°$

b) Berechnung der Aufschubwege a_{min} und a_{max}
Bestimmung des kleinsten Haftmaßes Z_k

$$Z_k = \frac{p_{Fk} \cdot D_{mF} \cdot K}{E_A \cdot \cos(\alpha/2)} = \frac{27{,}2\,\text{N/mm}^2 \cdot 62\,\text{mm} \cdot 2{,}25}{1{,}0 \cdot 10^5\,\text{N/mm}^2 \cdot \cos 5{,}71°} = \mathbf{38{,}1 \cdot 10^{-3}\,mm}$$
$$(12.29/12\text{-}50)$$

mit kleinster erforderlicher Fugenpressung p_{Fk}

$$p_{Fk} = \frac{2 \cdot S_H \cdot T_{eq} \cdot \cos(\alpha/2)}{D_{mF}^2 \cdot \pi \cdot \mu \cdot l} = \frac{2 \cdot 1{,}2 \cdot 1{,}1 \cdot 10^6\,\text{N\,mm} \cdot \cos 5{,}71°}{(62\,\text{mm})^2 \cdot \pi \cdot 0{,}1 \cdot 80\,\text{mm}} = \mathbf{27{,}2\,\frac{N}{mm^2}}$$
$$(12.32/12\text{-}53)$$

und Hilfsgröße K

$$K = \frac{E_A}{E_I}\left(\frac{1+Q_I^2}{1-Q_I^2} - \nu_I\right) + \frac{1+Q_A^2}{1-Q_A^2} + \nu_A \quad (12.13/12\text{-}29)$$

$$= \frac{100 \cdot 10^3\,\text{N/mm}^2}{210 \cdot 10^3\,\text{N/mm}^2}(1-0{,}3) + \frac{1+0{,}5^2}{1-0{,}5^2} + 0{,}25 = 2{,}25$$

mit $E_A = (88\ldots 113) \cdot 10^3\,\text{N/mm}^2$ nach TB 1-2a (Mittelwert: $100 \cdot 10^3\,\text{N/mm}$); $E_I = 210 \cdot 10^3\,\text{N/mm}^2$ (TB 1-1); $\nu_A = 0{,}25$, $\nu_I = 0{,}3$ (TB 12-6b); $Q_I = 0$ Vollwelle und $Q_A = D_{mF}/D_{Aa} = 62\,\text{mm}/125\,\text{mm} = 0{,}5$

Bestimmung des Mindestaufschubweges $a_{\min}$

$$a_{\min} = \frac{(Z_k + G)/2}{\tan(\alpha/2)} = \frac{(38{,}1 + 8)\cdot 10^{-3}\,\text{mm}/2}{\tan 5{,}71°} = \mathbf{0{,}23\,mm} \quad (12.28/12\text{-}48)$$

mit Glättung G

$$G \approx 0{,}4 \cdot (R_{zAi} + R_{zIa}) = 0{,}4 \cdot (10+10)\,\mu\text{m} = 8\,\mu\text{m} \quad (12.15/12\text{-}31)$$

Bestimmung des größten Haftmaßes Z_g

$$Z_g = \frac{p_{Fg} \cdot D_{mF} \cdot K}{E_A \cdot \cos(\alpha/2)} = \frac{34{,}6\,\text{N/mm}^2 \cdot 62\,\text{mm} \cdot 2{,}25}{100 \cdot 10^3\,\text{N/mm}^2 \cdot \cos 5{,}71°} = \mathbf{48{,}5 \cdot 10^{-3}\,mm}$$

$$(12.29/12\text{-}51)$$

mit größter zulässiger Fugenpressung p_{Fg}
Nabe:

$$p_{Fg} \leq \frac{R_{mA}}{S_{BA}}\frac{1-Q_A^2}{\sqrt{3}} = \frac{160\,\text{N/mm}^2}{2}\frac{1-0{,}5^2}{\sqrt{3}} = \mathbf{34{,}6\,\frac{N}{mm^2}} \quad (12.17/12\text{-}33)$$

mit
$R_{mA} = K_t \cdot K_{an} \cdot R_{mN} = 0{,}8 \cdot 1{,}0 \cdot 200\,\text{N/mm}^2 = 160\,\text{N/mm}^2$, K_t aus TB 3-10b, Kurve 5 für $d_{\text{Rohteil}} = 2 \cdot t = 2 \cdot 32\,\text{mm} = 64\,\text{mm}$ (TB 3-10c), K_{an} nach TB 3-13, R_{mN} aus TB 1-2a
Welle:

$$p_{FgI} = \frac{R_{eI}}{S_{FI}}\frac{2}{\sqrt{3}} = \frac{313\,\text{N/mm}^2}{1{,}15}\frac{2}{\sqrt{3}} = \mathbf{314\,\frac{N}{mm^2}} \quad (12.17/12\text{-}35)$$

mit
$R_{eI} = K_t \cdot K_{an} \cdot R_{eN} = 0{,}745 \cdot 1{,}0 \cdot 420\,\text{N/mm}^2 = 313\,\text{N/mm}^2$, K_t aus TB 3-10a, Kurve 4 für $d_{\text{Rohteil}} = 90\,\text{mm}$, K_{an} nach TB 3-13, R_{eN} aus TB 1-1h; $S_F = 1{,}0\ldots 1{,}3$ nach Gl. 12-7 Legende, Mittelwert 1,15
$p_{FgI} \gg p_{Fg}$ Fugenpressung der Nabe ist entscheidend

12 Elemente zum Verbinden von Wellen und Naben

Bestimmung des maximal zulässigen Aufschubweges $a_{\max}$

$$a_{\max} = \frac{(Z_g + G)/2}{\tan(\alpha/2)} = \frac{(48{,}5 + 8) \cdot 10^{-3}\,\mathrm{mm}/2}{\tan 5{,}71°} = \mathbf{0{,}28\,mm} \qquad (12.28/12\text{-}49)$$

12.11
a) $F_e \approx 6{,}1\,\mathrm{kN}$ ($D_2 = 44\,\mathrm{mm}$, $D_{\mathrm{mF}} = 47\,\mathrm{mm}$, $\alpha/2 = 2{,}8624°$ $\mu = 0{,}1$, $\mu_e = 0{,}11$, $\varrho_e = 6{,}28°$, $S_H = 1{,}2$).

b) $a_{\min} \approx 0{,}09\,\mathrm{mm}$, $a_{\max} \approx 0{,}43\,\mathrm{mm}$; ($Z_k = 3{,}7\,\mu\mathrm{m}$, $G \approx 5\,\mu\mathrm{m}$, $p_{\mathrm{Fk}} \approx 4{,}3\,\mathrm{N/mm}^2$, $K = 2{,}23$, $Q_A \approx 0{,}47$, $E_A \approx 122\,500\,\mathrm{N/mm}^2$, $\nu_A = 0{,}25$, $Z_g \approx 37{,}9\,\mu\mathrm{m}$, Nabe: $p_{\mathrm{Fg}} = 44{,}3\,\mathrm{N/mm}^2$, $R_{\mathrm{mN}} = 300\,\mathrm{N/mm}^2$, $K_t = 0{,}82$ für $d = 2 \cdot t = 60\,\mathrm{mm}$, $K_{\mathrm{an}} = 1{,}0$, $S_{\mathrm{BA}} = 2{,}5$, Welle: $p_{\mathrm{FgI}} \approx 261\,\mathrm{N/mm}^2$, $R_{\mathrm{eN}} = 295\,\mathrm{N/mm}^2$, $K_t = 0{,}88$ für $d = 90\,\mathrm{mm}$, $K_{\mathrm{an}} = 1{,}0$, $S_{\mathrm{FI}} = 1{,}15$).

12.12
a) $n = 2$ ($K_A = 1{,}0$, $T_{\mathrm{eq}} = 1\,146\,\mathrm{N\,m}$, $T_{\mathrm{Tab}} = 1\,120\,\mathrm{N\,m}$, $f_n = 1{,}02$, Nabe: $p_{\mathrm{Fg}} = 74{,}3\,\mathrm{N/mm}^2 < p_N = 88{,}6\,\mathrm{N/mm}^2$, $R_{\mathrm{pN}} = 250\,\mathrm{N/mm}^2$, $K_t = 1{,}0$ für $d = 2 \cdot t \approx 60\,\mathrm{mm}$, $K_{\mathrm{an}} = 1{,}0$, $S_{\mathrm{FA}} = 1{,}1$, Welle: $p_{\mathrm{FgI}} = 263{,}5\,\mathrm{N/mm}^2 > p_W = 100\,\mathrm{N/mm}^2$, $R_{\mathrm{eN}} = 295\,\mathrm{N/mm}^2$, $K_t = 0{,}851$ für $d_{\max} = 120\,\mathrm{mm}$, $K_{\mathrm{an}} = 1{,}0$, $S_{\mathrm{FI}} = 1{,}1$, $Q_I = 0$). Die zulässige Fugenpressung der Nabe wird bei vollem Anzug der Spannelemente überschritten.

b) aufgrund der niedrigeren Nabenpressung wird $F'_S = 147{,}7\,\mathrm{kN}$ ($F_S = (31 + 145)\,\mathrm{kN}$).

12.13
Die Verbindung ist ausreichend bemessen, da $T_{\max} = 16\,000\,\mathrm{N\,m} < T_{\mathrm{Tab}} = 17\,800\,\mathrm{N\,m}$ und der vorhandene Nabenaußendurchmesser $D_{\mathrm{Aa}} = 200\,\mathrm{mm} > D_{\mathrm{Aa\,erf}} = 180{,}3\,\mathrm{mm}$ ist ($D = 130\,\mathrm{mm}$, $R_{\mathrm{eN}} = 370\,\mathrm{N/mm}^2$, $K_t = 0{,}984$ für $d = 2 \cdot t_{\max} = 80\,\mathrm{mm}$, $K_{\mathrm{an}} = 1{,}0$, $C = 1$, $p_N = 115\,\mathrm{N/mm}^2$).

12.14
Die Verbindung ist ausreichend, da $T_{\mathrm{Tab}} = 312\,\mathrm{N\,m} > T_{\mathrm{eq}} = 300\,\mathrm{N\,m}$ und die zulässige Flächenpressung der Nabe und Welle nicht überschritten werden (Nabe: $p_{\mathrm{Fg}} = 216{,}4\,\mathrm{N/mm}^2 > p_N = 92\,\mathrm{N/mm}^2$, $R_{\mathrm{pN}} = 850\,\mathrm{N/mm}^2$, $K_t = 0{,}614$ für $d = 2 \cdot t \approx 140\,\mathrm{mm}$, $K_{\mathrm{an}} = 1{,}0$, $S_{\mathrm{FA}} = 1{,}2$, $Q_A = 0{,}371$, Welle: $p_{\mathrm{FgI}} = 306{,}1\,\mathrm{N/mm}^2 > p_W = 120\,\mathrm{N/mm}^2$, $R_{\mathrm{eN}} = 335\,\mathrm{N/mm}^2$, $K_t = 0{,}95$ für $d = 50\,\mathrm{mm}$, $K_{\mathrm{an}} = 1{,}0$, $S_{\mathrm{FI}} = 1{,}2$). Zum Anziehen der Nutmutter ist für das Spannmoment der Tabellenwert $M_s = 401\,\mathrm{N\,m}$ vorzusehen.

12.15
a) $p_{\mathrm{Fk}} \approx 15\,\mathrm{N/mm}^2$, $p_{\mathrm{Fg}} = 29{,}5\,\mathrm{N/mm}^2$, ($S_H = 1{,}75$, $\mu = 0{,}16$, $K = \pi^2/8$, Nabe: $p_{\mathrm{Fg}} \approx 29{,}5\,\mathrm{N/mm}^2$, $R_{\mathrm{mN}} = 200\,\mathrm{N/mm}^2$, $K_t = 0{,}83$ für $d = 2 \cdot t = 56\,\mathrm{mm}$, $K_{\mathrm{an}} = 1{,}0$, $Q_A \approx 0{,}48$, $S_{\mathrm{BA}} = 2{,}5$, Welle: $p_{\mathrm{FgI}} = 278\,\mathrm{N/mm}^2$, $R_{\mathrm{eN}} = 295\,\mathrm{N/mm}^2$, $K_t = 0{,}94$ für $d = 55\,\mathrm{mm}$, $K_{\mathrm{an}} = 1{,}0$, $S_{\mathrm{FI}} = 1{,}15$).

b) $F_{\mathrm{KI}} \geq 15{,}0\,\mathrm{kN}$ ($K = \pi^2/8$).

12.16
$F_{K1} \geq 18{,}1$ kN, $F_{K1\text{max}} = 33{,}6$ kN ($p_{Fk} = 21{,}6\,\text{N/mm}^2$, $p_{Fg} = 40{,}2\,\text{N/mm}^2$, $S_H = 1{,}5$, $\mu = 0{,}16$, $T_{\text{nenn}} = 90$ N m, $l_1 = 22{,}5$ mm, $l_2 = 52{,}5$ mm, Nabe: $p_{Fg} = 40{,}2\,\text{N/mm}^2$, $R_{mN} = 200\,\text{N/mm}^2$, $K_t = 0{,}93$ für $d = 2 \cdot t = 30$ mm, $K_{an} = 1{,}0$, $Q_A = 0{,}5$, $S_{BA} = 2{,}0$, Welle: $p_{FgI} = 314{,}9\,\text{N/mm}^2$, $R_{eN} = 300\,\text{N/mm}^2$, $K_t = 1{,}0$ für $d = 30$ mm, $K_{an} = 1{,}0$, $S_{FI} = 1{,}1$).

12.17
$F_{K1} \geq 5{,}54$ kN, $F_{K1\text{max}} = 37{,}8$ kN ($p_{Fk} = 9{,}6\,\text{N/mm}^2$, $S_H = 1{,}75$, $\mu = 0{,}19$, $T_{eq} = 50$ N m, $l_1 = 25$ mm, $l_2 = 52$ mm, Nabe: $p_{Fg} = 65{,}5\,\text{N/mm}^2$, $R_{eN} = 235\,\text{N/mm}^2$, $K_t = 1{,}0$ für $d = t = 30$ mm, $K_{an} = 1{,}0$, $Q_A = 0{,}67$, $S_{FA} = 1{,}15$, Welle: $p_{FgI} = 292\,\text{N/mm}^2$, $R_{eN} = 300\,\text{N/mm}^2$, $K_t = 0{,}97$ für $d = 40$ mm, $K_{an} = 1{,}0$, $S_{FI} = 1{,}15$).

13 Kupplungen und Bremsen

13.1
Trägheitsmoment der Spindel:

Teilkörper Nr.	Abmessungen mm	Masse m kg ($\varrho = 7850\,\text{kg/m}^3$)	Durchmesser d m	Trägheitsmoment in kg m² $J = \frac{1}{8}md^2$
1	⌀ 85 × 125	5,57	0,085	0,0050
2	⌀ 105 × 190	12,91	0,105	0,0178
3	⌀ 120 × 410	36,40	0,12	0,0655
4	⌀ 105 × 140	9,52	0,105	0,0131
5	⌀ 85 × 115	5,12	0,085	0,00446
		69,52 kg		**0,106 kg m²**

$J_{\text{ges}} = (0{,}106 + 0{,}07 + 4{,}7)\,\text{kg m}^2 = 4{,}876\,\text{kg m}^2 \approx 4{,}9\,\text{kg m}^2$

13.2

Teilkörper	Abmessungen mm	Masse m kg	Trägheitsmoment J kg m²
Nabe (1)	⌀ 120 × ⌀ 190 × 170	22,74	0,144
Scheibe (2)	⌀ 810 × ⌀ 190 × 12	45,87	3,969
12 Rippen (3)	☐ 60 × 8 × 310	14,02	0,988
Kranz (4)	≈ ⌀ 867 × ⌀ 810 × 160	94,29	16,593 ≙ 76,5 %
		176,92 kg	**21,695**

13.3

$$J_{\text{red}} = 0{,}007\,\text{kg m}^2 + \frac{0{,}02\,\text{kg m}^2}{3{,}15^2} + \frac{0{,}028\,\text{kg m}^2}{(3{,}15 \cdot 2{,}5)^2} + 560\,\text{kg} \cdot \left(\frac{2{,}5\,\text{m/s}}{150{,}8\,\text{s}^{-1}}\right)^2 = 0{,}164\,\text{kg m}^2$$

13.4

a) z. B. N-Eupex-Kupplung Baugröße B80 oder Hadeflex-Kupplung, Bauform XW1, Baugröße 28.

b) Die maximal zulässigen Bohrungsdurchmesser der Kupplungsnaben (30 bzw. 28 mm) sind $\geq$ dem Durchmesser 28k6 des Wellenendes vom Drehstrommotor. Die Baugrößen sind damit ausreichend.

Die Anordnung der Kupplungsteile auf den zu verbindenden Wellenenden ist in der Regel beliebig. Für die N-Eupex-Kupplung empfiehlt der Hersteller, die Kupplungshälfte mit den Paketen auf die treibende, bei senkrechter Anordnung auf die untere Welle zu setzen.

Die Nabenbefestigung erfolgt normalerweise mit Passfedern und Stellschrauben. Das Wellenende des Motors ist mit 60 mm wesentlich länger als die Kupplungsnaben (30 bzw. 28 mm), Nabenverlängerungen sind grundsätzlich zu vermeiden. Bei Bedarf werden Ausgleichsbuchsen eingesetzt.

13.5

Systematische Wahl nach Lehrbuch Bild 13.3a: nichtschaltbare Kupplung – nachgiebig – formschlüssig – längs-, quer-, winkel-, drehnachgiebig – elastisch. In Frage kommen gummielastische Kupplungen hoher Elastizität, nach Bild 13.58 also z. B. eine hochelastische Wulstkupplung (Radaflex-Kupplung). Gewählt *Radaflex-Kupplung, Baugröße 10* ($T'_K = 38{,}2\,\text{N m} \cdot 2{,}4 = 92\,\text{N m} < T_{KN} = 100\,\text{N m}$; Antrieb Verbrennungsmotor 1 Zylinder – Anlauf selten – Belastung Vollast, stoßfrei – Kupplung – tägliche Laufzeit 8 h: $K_A \approx 2{,}4$; $T_N = 38{,}2\,\text{N m}$).

13.6

a) Systematische Auswahl nach Lehrbuch Bild 13.3a: nichtschaltbare Kupplung – nachgiebig – formschlüssig – längs-, quer-, winkel-, drehnachgiebig – elastisch. Geeignet sind gummielastische Kupplungen mittlerer Elastizität, nach Bild 13.58 also z. B. eine elastische Klauenkupplung (N-Eupex-Kupplung).

b) Gewählt *N-Eupex-Kupplung, Baugröße B160* ($T'_K = 276\,\text{N m} \cdot 1{,}8 = 498\,\text{N m} < T_{KN} = 560\,\text{N m}$; Antrieb Elektromotor – Anlauf leicht – Belastung Vollast, mäßige Stöße – Kupplung – tägliche Laufzeit 12 Stunden: $K_A \approx 1{,}8$; $T_N = 276\,\text{N m}$, Bohrungen der Kupplungsnaben ≤ 65 mm passen zu den Wellenzapfen mit $\varnothing$ 38 mm bzw. $\varnothing$ 50 mm).

ⓘ 13.7
Auslegung nach der ungünstigsten Lastart, da Schwingungen auftreten und Resonanzgefahr besteht

a) **Hadeflex-Kupplung, Baugröße 38**
Kupplungsdaten aus TB 13-4; Daten Drehstrommotor aus TB 16-21

Bestimmung der Belastung durch Drehmomentstöße
Nur antriebsseitig treten Stöße, verursacht durch das Kippdrehmoment des Drehstrommotors beim Anfahren, auf

$$T'_K = \frac{J_L}{J_A + J_L} \cdot T_{AS} \cdot S_A \cdot S_z \cdot S_t \leq T_{K\,max} = 3 \cdot T_{KN} \quad (13.13a/13\text{-}16)$$

$$= \frac{0{,}4\,\text{kg m}^2}{(0{,}0318 + 0{,}4)\,\text{kg m}^2} \cdot 154\,\text{N m} \cdot 1{,}8 \cdot 1{,}0 \cdot 1{,}4$$

$$= \mathbf{359\,N\,m} < 3 \cdot 120\,\text{N m} = 360\,\text{N m}$$

mit

$$T_N = 9550 \cdot \frac{P}{n} = 9550 \cdot \frac{7{,}5}{1445} = \mathbf{49{,}6\,N\,m} \quad (11.11/11\text{-}6)$$

$T_{AS} = T_{ki} = 3{,}1 \cdot T_N = 3{,}1 \cdot 49{,}6\,\text{N m} = 154\,\text{N m}$
T_{ki} und J_M aus TB 16-21; $J_A = J_M + J_K/2 \approx J_M$, $J_L = J_V + J_K/2 \approx J_V$, S_z für $\leq$ 120 Anläufe aus TB 13-8a, J_K, T_{KN} und $T_{K\,max}$ aus TB 13-4

Prüfung, ob Anlage unter- oder überkritisch läuft
Damit die Anlage ruhig läuft muss die kritische Kreisfrequenz (Drehzahl) außerhalb des Betriebs-Kreisfrequenz-Bereiches (Betriebsdrehzahl) liegen:
$\sqrt{2} < \frac{\omega}{\omega_k} < \frac{1}{\sqrt{2}}$ siehe LB Abschnitt 13.2.5-3.3 bzw. FS Hinweise zu Gl. (13-9).

- **kritische Kreisfrequenz**

$$\omega_k = \frac{\omega_e}{i} = \frac{654\,\text{s}^{-1}}{2} = \mathbf{327\,s^{-1}} \quad (13.9/13\text{-}9)$$

mit

$$\omega_e = \sqrt{C_{T\,dyn} \cdot \frac{J_A + J_L}{J_A \cdot J_L}} = \sqrt{12\,600\,\frac{\text{N m}}{\text{rad}} \cdot \frac{0{,}4\,\text{kg m}^2 + 0{,}0318\,\text{kg m}^2}{0{,}4\,\text{kg m}^2 \cdot 0{,}0318\,\text{kg m}^2}} = \mathbf{654\,s^{-1}}$$

$$(13.8/13\text{-}8)$$

$i = 2$, $i = $ Zylinderanzahl (s. Legende zu Gl. (13.9/13-9)); $C_{T\,dyn}$ aus TB 13-4.

- **Betriebskreisfrequenz**

$$\omega = \pi \cdot n/30 = \pi \cdot 1\,445/30\,\text{s}^{-1} = \mathbf{151\,s^{-1}}$$

$\frac{\omega}{\omega_k} = \frac{151\,\text{s}^{-1}}{327\,\text{s}^{-1}} = 0{,}46 < \frac{1}{\sqrt{2}} = 0{,}707$ Anlage läuft unterhalb des Resonanzbereiches. Günstiger ist ein ruhigerer Lauf im überkritischen Bereich

Bestimmung der Belastung durch ein periodisches Wechseldrehmoment
Durch Kolbenverdichter verursacht

- **bei Durchfahren der Resonanz**
  entfällt, da Kupplung beim Anfahren nicht den Resonanzbereich durchläuft

- **bei Betriebsdrehzahl** n

$$T'_K = \frac{J_A}{J_A + J_L} \cdot T_{Li} \cdot V \cdot S_t \cdot S_f \leq T_{KW} = 0{,}5 \cdot T_{KN} \qquad (13.15b/13\text{-}22)$$

$$= \frac{0{,}0318\,\text{kg\,m}^2}{(0{,}0318 + 0{,}4)\,\text{kg\,m}^2} \cdot 33\,\text{N\,m} \cdot 1{,}27 \cdot 1{,}4 \cdot 1{,}55$$

$$= \mathbf{6{,}8\,N\,m} < 0{,}5 \cdot 120\,\text{N\,m} = 60\,\text{N\,m}$$

mit

$$V \approx \frac{1}{\left|\left(\frac{\omega}{\omega_k}\right)^2 - 1\right|} = \frac{1}{\left|\left(\frac{151\,\text{s}^{-1}}{325\,\text{s}^{-1}}\right)^2 - 1\right|} = 1{,}27 \qquad \text{Legende zu (13.10/13-13)}$$

$$S_f = \sqrt{\frac{\omega}{63}} = \sqrt{\frac{151}{63}} = 1{,}55 \text{ aus TB 13-8c und } T_{KW} \text{ aus TB 13-4}$$

b) **Radaflex-Kupplung, Baugröße 10**
Kupplungsdaten aus TB 13-5; Daten Drehstrommotor aus TB 16-21

Bestimmung der Belastung durch Drehmomentstöße

$$T'_K = \frac{0{,}4078\,\text{kg\,m}^2}{(0{,}0396 + 0{,}4078)\,\text{kg\,m}^2} \cdot 154\,\text{N\,m} \cdot 1{,}8 \cdot 1{,}0 \cdot 1{,}4$$

$$= \mathbf{354\,N\,m} > 3 \cdot 100\,\text{N\,m} = 300\,\text{N\,m}$$

mit
$J_A = J_M + J_K/2 = 0{,}0318\,\text{kg\,m}^2 + 0{,}0156\,\text{kg\,m}^2/2 = 0{,}0396\,\text{kg\,m}^2$
$J_L = J_V + J_K/2 = 0{,}4\,\text{kg\,m}^2 + 0{,}0156\,\text{kg\,m}^2/2 = 0{,}4078\,\text{kg\,m}^2$

13 Kupplungen und Bremsen

Baugröße 10 ist nicht ausreichend, Baugröße 16 wählen
Baugröße 16: $T'_K = 347\,\text{N m} < 3 \cdot 160 = 480\,\text{N m}$ mit $J_A = 0{,}0501\,\text{kg m}^2$, $J_L = 0{,}4183\,\text{kg m}^2$

Prüfung, ob Anlage unter- oder überkritisch läuft
- kritische Kreisfrequenz

$$\omega_k = \frac{\omega_e}{i} = \frac{160\,\text{s}^{-1}}{2} = \mathbf{80\,s^{-1}} \tag{13.9/13-9}$$

mit

$$\omega_e = \sqrt{C_{T\,\text{dyn}} \cdot \frac{J_A + J_L}{J_A \cdot J_L}} = \sqrt{1\,146\,\frac{\text{N m}}{\text{rad}} \cdot \frac{0{,}0501\,\text{kg m}^2 + 0{,}4183\,\text{kg m}^2}{0{,}0501\,\text{kg m}^2 \cdot 0{,}4183\,\text{kg m}^2}} = \mathbf{160\,s^{-1}} \tag{13.8/13-8}$$

$i = 2$, $i \mathrel{\widehat{=}}$ Zylinderanzahl (s. Legende zu Gl. (13.9/13-9))

- **Betriebskreisfrequenz**

$$\omega = \pi \cdot \frac{n}{30} = \pi \cdot \frac{1\,445}{30\,\text{s}^{-1}} = \mathbf{151\,s^{-1}}$$

$\frac{\omega}{\omega_k} = \frac{151\,\text{s}^{-1}}{80\,\text{s}^{-1}} = 1{,}89 > \sqrt{2} = 1{,}414$
Anlage läuft ruhig oberhalb des Resonanzbereiches

Bestimmung der Belastung durch ein periodisches Wechseldrehmoment
- bei Durchfahren der Resonanz

$$T'_K = \frac{J_A}{J_A + J_L} \cdot T_{Li} \cdot V_R \cdot S_z \cdot S_t \leq T_{K\,\text{max}} = 3 \cdot T_{KN} \tag{13.14b/13-21}$$

$$= \frac{0{,}0501\,\text{kg m}^2}{(0{,}0501 + 0{,}4183)\,\text{kg m}^2} \cdot 33\,\text{N m} \cdot 5{,}24 \cdot 1{,}0 \cdot 1{,}4 = \mathbf{25{,}9\,N m} < 480\,\text{N m}$$

mit $V_R = \frac{2 \cdot \pi}{\psi} = \frac{2 \cdot \pi}{1{,}2} = 5{,}24$ (Legende zu Gl. (13.10/13-12)) und ψ aus TB 13-5

- bei Betriebsdrehzahl n

$$T'_K = \frac{J_A}{J_A + J_L} \cdot T_{Li} \cdot V \cdot S_t \cdot S_f \leq T_{KW} = 0{,}4 \cdot T_{KN} \tag{13.15b/13-22}$$

$$= \frac{0{,}0501\,\text{kg m}^2}{(0{,}0501 + 0{,}4183)\,\text{kg m}^2} \cdot 33\,\text{N m} \cdot 0{,}39 \cdot 1{,}4 \cdot 1{,}55$$

$$= \mathbf{2{,}99\,N m} < 0{,}4 \cdot 160\,\text{N m} = 64\,\text{N m}$$

mit

$$V \approx \frac{1}{\left|\left(\frac{\omega}{\omega_k}\right)^2 - 1\right|} = \frac{1}{\left|\left(\frac{151\,\text{s}^{-1}}{80\,\text{s}^{-1}}\right)^2 - 1\right|} = 0{,}39 \quad \text{Legende zu (13.10/13-13)}$$

Kupplung geeignet

ⓘ **13.8**

a) **Auslegung nach der ungünstigsten Lastart**
Systematische Auswahl nach Lehrbuch Bild 13.4 und TB 13-10. Da es sich um einen gleichförmigen Antrieb ohne Schwingungserregung handelt und eine Bauweise mit Zwischenhülse vorgesehen ist, wird zweckmäßig eine biegenachgiebige Ganzmetallkupplung (TB 13-2) gewählt, hier Thomas-Kupplung, Bauform 923 mit Zwischenhülse. Sie ist wartungsfrei und ermöglicht kleine Bauweisen.

b) **Bestimmung der Baugröße nach der ungünstigsten Lastart**

$$T'_K = T_{LN} \cdot S_t = 62{,}6\,\text{N m} \cdot 1{,}0 = 62{,}6\,\text{N m} < T_{KN} = 200\,\text{N m} \quad (13.12/13\text{-}15)$$

mit

$$T_{LN} = 9\,550 \cdot \frac{P}{n} = 9\,550 \cdot \frac{9{,}5}{1\,450} = 62{,}6\,\text{N m} \quad (11.11/11\text{-}6)$$

$S_t = 1{,}0$, da keine gummielastischen Teile und T_{KN} aus TB 13-2.
Die kleinste Größe (Baugröße 10) ist ausreichend.

Überprüfung, ob die Nabe der gewählten Kupplung auf das Wellenende des Drehstrommotors passt

$$d_{1\,\text{max}} = 28\,\text{mm} < d_{\text{Welle}} = 42\,\text{mm}$$

mit
$d_{1\,\text{max}}$ nach TB 13-2 und d_{Welle} nach TB 16-21.
Kupplung passt nicht auf das Wellenende, daher wird Kupplungsgröße nach erforderlicher Nabengröße gewählt: hier **Baugröße 25**

$$d_{1\,\text{max}} = 50\,\text{mm} > d_{\text{Welle}} = 42\,\text{mm}$$

13 Kupplungen und Bremsen

Bestimmung der Belastung durch Drehmomentstöße
Nur antriebsseitig treten Stöße, die durch das Kippdrehmoment des Drehstrommotors ($T_{AS} = T_{ki}$) verursacht werden, auf.

$$T'_K = \frac{J_L}{J_A + J_L} \cdot T_{AS} \cdot S_A \cdot S_z \cdot S_t \leq T_{K\,max} = 3 \cdot T_{KN} \qquad (13.13a/13\text{-}17)$$

$$= \frac{0{,}129\,\text{kg m}^2}{(0{,}049 + 0{,}129)\,\text{kg m}^2} \cdot 261\,\text{N m} \cdot 1{,}8 \cdot 1{,}0 \cdot 1{,}0 = 340\,\text{N m} < 2{,}5 \cdot 500\,\text{N m}$$

$$= 1\,250\,\text{N m}$$

mit

$$T_N = 9\,550 \cdot \frac{P_P}{n_N} = 9\,550 \cdot \frac{11}{1\,450} = 72{,}4\,\text{N m} \qquad (11.11/11\text{-}6)$$

$$T_{AS} = T_{ki} = 3{,}6 \cdot T_N = 3{,}6 \cdot 72{,}4\,\text{N m} = 261\,\text{N m}$$

$$J_A = J_M + J_K/2 = 0{,}045\,\text{kg m}^2 + 0{,}0086\,\text{kg m}^2/2 = 0{,}049\,\text{kg m}^2$$

$$J_L = J_V + J_K/2 = 0{,}125\,\text{kg m}^2 + 0{,}0086\,\text{kg m}^2/2 = 0{,}129\,\text{kg m}^2$$

T_{ki} und J_M aus TB 16-21, S_z für ≤ 10 Anläufe aus TB 13-8a, J_K, T_{KN} und T_{Kmax} aus TB 13-2 (bei symmetrischen Kupplungen wird das Kupplungsmoment je zur Hälfte den reduzierten Trägheitsmomenten vor und nach der Kupplung zugerechnet).

Bestimmung der Belastung durch ein periodisches Wechseldrehmoment
Es treten keine Wechseldrehmomente auf.

c) **Berechnung der zulässigen radialen Verlagerung der Welle**

$$\Delta W_r \leq \frac{\Delta K_r}{S_f \cdot S_t} = \frac{1{,}3\,\text{mm}}{1{,}55 \cdot 1{,}0} = \mathbf{0{,}84\,\text{mm}} \qquad (13.16b/13\text{-}24)$$

mit

$$S_f = \sqrt{\frac{\omega}{63}} = \sqrt{\frac{152}{63}} = 1{,}55 \quad \text{aus TB 13-8c und}$$

$$\omega = 2 \cdot \pi \cdot \frac{n}{60} = 2 \cdot \pi \cdot \frac{1\,450}{60}\,\text{s}^{-1} = 152\,\text{s}^{-1}$$

S_t siehe b), ΔK_r aus TB 13-2

Ermittlung der Rückstellkraft F_r

$$F_r = \Delta W_r \cdot C_r = 0{,}84\,\text{mm} \cdot 650\,\frac{\text{N}}{\text{mm}} = \mathbf{546\,\text{N}} \qquad (13.17b/13\text{-}27)$$

Die Rückstellkraft bei maximal zulässiger radialer Verlagerung der Welle beträgt 546 N.

ⓘ **13.9**
Für gleichförmige Antriebe mit antriebsseitigem Drehmomentstoß durch das Kippdrehmoment des Drehstrommotors eignen sich gummielastische Kupplungen mittlerer Elastizität, z. B. Hadeflex-Kupplung XW1, s. Lehrbuch 13.3.2-2.2.

Auswahl der Baugröße

$$T'_K = T_{LN} \cdot S_t = 71{,}7\,\text{N m} \cdot 1{,}5 = 108\,\text{N m} < T_{KN} = 120\,\text{N m} \qquad (13.12/13\text{-}15)$$

mit

$$T_{LN} \approx T_N = 9\,550 \cdot \frac{P}{n} = 9\,550 \cdot \frac{22}{2\,930} = 71{,}7\,\text{N m} \qquad (11.11/11\text{-}6)$$

S_t für $t \leq +60\,°C$ aus TB 13-8b, siehe auch Anmerkung und T_{KN} aus TB 13-4
gewählt: Baugröße 38

Überprüfung, ob die Nabe der gewählten Kupplung auf das Wellenende des Drehstrommotors passt

$$d_{1\,\text{max}} = 38\,\text{mm} < d_{\text{Welle}} = 48\,\text{mm}$$

mit
$d_{1\,\text{max}}$ nach TB 13-5 und d_{Welle} nach TB 16-21.
Kupplung passt nicht auf das Wellenende, daher wird Kupplungsgröße nach erforderlicher Nabengröße gewählt: hier **Baugröße 48**

$$d_{1\,\text{max}} = 48\,\text{mm} = d_{\text{Welle}} = 48\,\text{mm}$$

Überprüfung der Baugröße

- **Bestimmung der Belastung durch Drehmomentstöße**

Nur antriebsseitig treten Stöße, die durch das Kippdrehmoment des Drehstrommotors verursacht werden, auf. Hier ist $T_{AS} = T_{ki}$

$$\begin{aligned}
T'_K &= \frac{J_L}{J_A + J_L} \cdot T_{AS} \cdot S_A \cdot S_z \cdot S_t \leq T_{K\,\text{max}} = 3 \cdot T_{KN} \qquad (13.13a/13\text{-}17)\\
&= \frac{0{,}151\,\text{kg m}^2}{(0{,}0763 + 0{,}151)\,\text{kg m}^2} \cdot 215\,\text{N m} \cdot 1{,}8 \cdot 1{,}0 \cdot 1{,}5 = 386\,\text{N m} < 3 \cdot 240\,\text{N m}\\
&= 720\,\text{N m}
\end{aligned}$$

mit

$$T_\text{AS} = T_\text{ki} = 3{,}0 \cdot T_\text{N} = 3{,}0 \cdot 71{,}7\,\text{N\,m} = 215\,\text{N\,m}$$

$$J_\text{A} = J_\text{M} + \frac{J_\text{K}}{2} = 0{,}0753\,\text{kg\,m}^2 + \frac{0{,}002\,\text{kg\,m}^2}{2} = 0{,}0763\,\text{kg\,m}^2$$

$$J_\text{L} = J_\text{P} + \frac{J_\text{K}}{2} = 0{,}15\,\text{kg\,m}^2 + \frac{0{,}002\,\text{kg\,m}^2}{2} = 0{,}151\,\text{kg\,m}^2$$

S_z für ≤ 120 Anläufe aus TB 13-8a, J_K, T_KN und T_Kmax aus TB 13-5 (bei symmetrischen Kupplungen wird das Kupplungsmoment je zur Hälfte den reduzierten Trägheitsmomenten vor und nach der Kupplung zugerechnet)

- **Bestimmung der Belastung durch ein periodisches Wechseldrehmoment**

Es treten keine Wechseldrehmomente auf.

ⓘ **13.10**

a) **Überprüfung der Kupplungsgröße**
- **Bestimmung der Belastung durch Drehmomentstöße**

Nur antriebsseitig treten Stöße, die durch das Kippdrehmoment des Drehstrommotors ($T_\text{AS} = T_\text{ki}$) verursacht werden, auf.

$$T'_\text{K} = \frac{J_\text{L}}{J_\text{A} + J_\text{L}} \cdot T_\text{AS} \cdot S_\text{A} \cdot S_\text{z} \cdot S_\text{t} \leq T_{\text{K max}} = 3 \cdot T_\text{KN} \quad (13.13\text{a}/13\text{-}16)$$

$$= \frac{0{,}809\,\text{kg\,m}^2}{(0{,}058 + 0{,}809)\,\text{kg\,m}^2} \cdot 118{,}8\,\text{N\,m} \cdot 1{,}8 \cdot 1{,}0 \cdot 1{,}4 = 279\,\text{N\,m} < 3 \cdot 100\,\text{N\,m}$$

$$= 300\,\text{N\,m}$$

mit

$$T_\text{N} = 9\,550 \cdot \frac{P}{n} = 9\,550 \cdot \frac{4}{900} = 42{,}4\,\text{N\,m} \quad (11.11/11\text{-}6)$$

$$T_\text{AS} = T_\text{ki} = 2{,}8 \cdot T_\text{N} = 2{,}8 \cdot 42{,}4\,\text{N\,m} = 118{,}8\,\text{N\,m}$$

$$J_\text{A} = J_\text{M} + \frac{J_\text{K}}{2} = 0{,}051\,\text{kg\,m}^2 + \frac{0{,}0142\,\text{kg\,m}^2}{2} \approx 0{,}058\,\text{kg\,m}^2$$

$$J_\text{L} = J_\text{G} + \frac{J_\text{K}}{2} + m \cdot \left(\frac{v}{\omega_0}\right)^2$$

$$= 0{,}040\,\text{kg\,m}^2 + \frac{0{,}0142\,\text{kg\,m}^2}{2} + 61\,000\,\text{kg} \cdot \left(\frac{0{,}333\,\frac{\text{m}}{\text{s}}}{94{,}2\,\text{s}^{-1}}\right)^2 = 0{,}809\,\text{kg\,m}^2$$

$$m = (50 + 11) \cdot 10^3\,\text{kg};\ \omega_0 = 2 \cdot \pi \cdot \frac{n}{60} = 2 \cdot \pi \cdot \frac{900}{60\,\text{s}^{-1}}$$

S_z für ≤ 120 Anläufe aus TB 13-8a, S_t für Naturgummi aus TB 13-8b, J_K, T_{KN} und T_{Kmax} aus TB 13-5 (bei symmetrischen Kupplungen wird das Kupplungsmoment je zur Hälfte den reduzierten Trägheitsmomenten vor und nach der Kupplung zugerechnet)

- **Bestimmung der Belastung durch ein periodisches Wechseldrehmoment**
  Es treten keine Wechseldrehmomente auf.

b) **Beschleunigungszeit (Anfahrzeit) für den Katzfahrantrieb**

$$T_a = J \cdot \frac{\omega_2 - \omega_1}{T_a} = 0{,}867 \, \text{kg m}^2 \cdot \frac{(94{,}2 - 0) \, \text{s}^{-1}}{72{,}6 \, \text{N m}} = \mathbf{1{,}125 \, s} \qquad (13.3/13\text{-}2)$$

mit $\omega_2 = \omega_0$; $J = J_A + J_L$

$$T_a = T_{an} - T_L = 2{,}3 \cdot T_N - T_L = 2{,}3 \cdot 42{,}4 \, \text{N m} - 25 \, \text{N m} = 72{,}6 \, \text{N m}$$

c) **Anfahrweg bis zum Erreichen der Beharrungsgeschwindigkeit**
   Für gleichmäßig beschleunigte geradlinige Bewegung aus dem Stillstand gilt:

$$s = v \cdot \frac{t}{2} = 0{,}333 \, \text{m/s} \cdot \frac{1{,}125 \, \text{s}}{2} = \mathbf{0{,}188 \, m}$$

ⓘ 13.11

a) **Bestimmung der Winkelgeschwindigkeit**
   Durch Umstellung von Gl. (13.3/13-2) sowie mit Bild 13.6 ergibt sich die Winkelbeschleunigung α für Anfahren ohne Last ($T_L = 0$) zu

$$\alpha = \frac{T_a}{J} \approx \frac{T_{am}}{J_A} = \frac{109 \, \text{N m}}{0{,}018 \, \text{kg m}^2} = 6055 \, \text{s}^{-2}$$

mit

$$T_{am} \approx 3 \cdot T_N = 3 \cdot 9550 \cdot \frac{P}{n} = 3 \cdot 9550 \cdot \frac{5{,}5}{1445} = 3 \cdot 36{,}3 \, \text{N m} = 109 \, \text{N m und}$$

$J_A \approx J_M$ (das Trägheitsmoment der Kupplung ist vernachlässigbar klein)
Mit dem Drehspiel $\varphi_s = \omega \cdot t_a/2$ und $\alpha = \omega/t_a$ bei gleichmäßiger Beschleunigung ergibt sich die Winkelgeschwindigkeit bzw. Drehzahl am Ende des freien Spiels zu

$$\omega = \sqrt{2 \cdot \alpha \cdot \varphi_s} = \sqrt{2 \cdot 6055 \, \text{s}^{-2} \cdot 0{,}035} = \mathbf{20{,}6 \, s^{-1}}$$

mit $\varphi_s = 2\pi \cdot 2°/360° = 0{,}035$ rad und J_M aus TB 16-21 sowie

$$n = \frac{\omega}{2 \cdot \pi} = \frac{20{,}6 \, \text{s}^{-1} \cdot 60 \frac{\text{s}}{\text{min}}}{2 \cdot \pi} = 197 \, \text{min}^{-1}$$

b) **Bestimmung der Belastung der elastischen Kupplung beim Geschwindigkeitsstoß**
Ein Geschwindigkeitsstoß entsteht, wenn die Drehmassen J_A und J_L der zu kuppelnden Wellen mit unterschiedlichen Winkelgeschwindigkeit ω_A und ω_L umlaufen und beim Kuppeln plötzlich zur Anlage kommen. Danach laufen sie mit gemeinsamer ω_{AL} weiter. Nach dem Drehimpulssatz gilt (der Drehimpuls bleibt konstant):

$$J_A \cdot \omega_A + J_L \cdot \omega_L = (J_A + J_L) \cdot \omega_{AL} \Rightarrow \omega_{AL} = \frac{J_A \cdot \omega_A + J_L \cdot \omega_L}{(J_A + J_L)}$$

Die kinetische Energie der Rotation vor dem Kuppeln ist

$$E_{kv} = 0{,}5 \cdot J_A \cdot \omega_A^2 + 0{,}5 \cdot J_L \cdot \omega_L^2$$

und nach dem Kuppeln

$$E_{kn} = 0{,}5 \cdot (J_A + J_L) \cdot \omega_{AL}^2 = 0{,}5 \cdot \frac{1}{J_A + J_L} \cdot (J_A \cdot \omega_A + J_L \cdot \omega_L)^2$$

Damit wirkt beim Geschwindigkeitsstoß auf die Kupplung die Verformungsarbeit

$$W = E_{kv} - E_{kn} = 0{,}5 \cdot J_A \cdot \omega_A^2 + 0{,}5 \cdot J_L \cdot \omega_L^2$$
$$- 0{,}5 \cdot \frac{1}{J_A + J_L} \cdot (J_A \cdot \omega_A + J_L \cdot \omega_L)^2$$
$$W = 0{,}5 \cdot \frac{J_A \cdot J_L}{J_A + J_L} \cdot (\omega_A - \omega_L)^2 = 0{,}5 \cdot \frac{J_A \cdot J_L}{J_A + J_L} \cdot \Delta\omega^2$$

Mit der Federungsarbeit $W_\varphi = 0{,}5 \cdot C_{Tdyn} \cdot \varphi^2$ (siehe Gl. (10.3) mit $R_\varphi \hat{=} C_{Tdyn}$) und $\varphi = T/C_{Tdyn}$ (siehe Gl. (10.1)) wird

$$W = 0{,}5 \cdot \frac{J_A \cdot J_L}{J_A + J_L} \cdot \Delta\omega^2 = W_\varphi = 0{,}5 \cdot C_{Tdyn} \cdot \left(\frac{T}{C_{Tdyn}}\right)^2$$

und nach Umstellung das Stoßdrehmoment ($T \hat{=} T_{KS}$)

$$T_{KS} = \Delta\omega \cdot \sqrt{C_{Tdyn} \cdot \frac{J_A \cdot J_L}{J_A + J_L}} = 20{,}6\,\text{s}^{-1} \cdot \sqrt{12\,600\frac{\text{N\,m}}{\text{rad}} \cdot \frac{0{,}018\,\text{kg\,m}^2 \cdot 0{,}09\,\text{kg\,m}^2}{0{,}018\,\text{kg\,m}^2 + 0{,}09\,\text{kg\,m}^2}}$$
$$= \mathbf{283\,N\,m}$$

mit $\Delta\omega = \omega$; $J_A = J_M$ sowie $J_L \approx 0{,}09\,\text{kg\,m}^2$ und C_{Tdyn} siehe Aufgabenstellung (Trägheitsmoment der Kupplung ist vernachlässigbar klein)
Das Stoßmoment entspricht damit rund dem 8-fachen Nenndrehmoment.
Drehspiel in den Übertragungselementen unbedingt vermeiden.

13.12
a) Für stark ungleichförmige Antriebe mit periodischer Drehmomentschwankung muss eine gummielastische Kupplung hoher Elastizität gewählt werden, z. B. eine **hochelastische Wulstkupplung**, s. Lehrbuch 13.2.2-2.3 und TB 13-10.

b) **Auslegung der Kupplung nach der ungünstigsten Lastart**

Auswahl der Baugröße

$$T'_K = T_{LN} \cdot S_t = 55\,\text{N m} \cdot 1{,}4 = 77\,\text{N m} < T_{KN} = 100\,\text{N m} \quad (13.12/13\text{-}15)$$

mit $T_{LN} = T_N$; S_t für $t \leq +60\,°C$ aus TB 13-8b (Vollgummi $\hat{=}$ Naturgummi) und T_{KN} aus TB 13-5 (Wahl des nächst größeren Nennmomentes über T'_K)
gewählt: Radaflex-Kupplung, Bauform 300, **Baugröße 10**

Bestimmung der Belastung durch Drehmomentstöße
Nur antriebsseitig treten Stöße auf

$$T'_K = \frac{J_L}{J_A + J_L} \cdot T_{AS} \cdot S_A \cdot S_z \cdot S_t \leq T_{K\,\text{max}} = 3 \cdot T_{KN} \quad (13.13\text{a}/13\text{-}16)$$

$$= \frac{0{,}5\,\text{kg m}^2}{(4{,}5 + 0{,}5)\,\text{kg m}^2} \cdot 19 \cdot 55\,\text{N m} \cdot 1{,}8 \cdot 1{,}0 \cdot 1{,}4 = 263\,\text{N m} < 3 \cdot 100\,\text{N m}$$

$$= 300\,\text{N m}$$

mit
$T_{AS} = 19 \cdot T_N$; T_{ki} und J_M aus TB 16-21; $J_A = J_M + J_K/2 \approx J_M$, $J_L = J_V + J_K/2 \approx J_V$, S_z für ≤ 120 Anläufe aus TB 13-8a, J_K, T_{KN} und $T_{K\text{max}}$ aus TB 13-5

Prüfung, ob Anlage unter- oder überkritisch läuft
Damit die Anlage ruhig läuft muss die kritische Kreisfrequenz (kritische Drehzahl) außerhalb des Betriebs-Kreisfrequenz-Bereiches (Betriebsdrehzahl) liegen:

$$\sqrt{2} < \frac{\omega}{\omega_k} < \frac{1}{\sqrt{2}}$$

- **kritische Kreisfrequenz**

$$\omega_k = \frac{\omega_e}{i} = \frac{45\,\text{s}^{-1}}{0{,}5} = 90\,\text{s}^{-1} \quad (13.9/13\text{-}9)$$

mit

$$\omega_e = \sqrt{C_{T\text{dyn}} \cdot \frac{J_A + J_L}{J_A \cdot J_L}} = \sqrt{917\,\frac{\text{N m}}{\text{rad}} \cdot \frac{4{,}5\,\text{kg m}^2 + 0{,}5\,\text{kg m}^2}{4{,}5\,\text{kg m}^2 \cdot 0{,}5\,\text{kg m}^2}} = 45\,\text{s}^{-1}$$

$$(13.8/13\text{-}8)$$

13 Kupplungen und Bremsen

$i = 0.5$; $i \hat{=}$ halbe Zylinderanzahl (siehe Legende zu Gl. (13.9/13-9)); $C_{T\,dyn}$ aus TB 13-5

- **Betriebskreisfrequenz**

$$\omega = \pi \cdot \frac{n}{30} = \pi \cdot \frac{1\,500}{30}\,\text{s}^{-1} = 157\,\text{s}^{-1}$$

$$\frac{\omega}{\omega_k} = \frac{157\,\text{s}^{-1}}{90\,\text{s}^{-1}} = 1{,}74 > \sqrt{2} = 1{,}414$$

Anlage läuft ruhig oberhalb des Resonanzbereiches.

Bestimmung der Belastung durch ein periodisches Wechseldrehmoment
- **bei Durchfahren der Resonanz**

$$T'_K = \frac{J_A}{J_A + J_L} \cdot T_{Ai} \cdot V_R \cdot S_z \cdot S_t \leq T_{K\,max} = 3 \cdot T_{KN} \qquad (13.14b/13-21)$$

$$= \frac{0{,}5\,\text{kg}\,\text{m}^2}{(0{,}5 + 4{,}5)\,\text{kg}\,\text{m}^2} \cdot 180\,\text{N}\,\text{m} \cdot 5{,}24 \cdot 1{,}0 \cdot 1{,}4 = 132\,\text{N}\,\text{m} < 300\,\text{N}\,\text{m}$$

mit $V_R = \dfrac{2 \cdot \pi}{\psi} = \dfrac{2 \cdot \pi}{1{,}2} = 5{,}24$ (Legende zu (13.10/13-12)) und ψ aus TB 13-5

- **bei Betriebsdrehzahl n**

$$T'_K = \frac{J_A}{J_A + J_L} \cdot T_{Ai} \cdot V \cdot S_t \cdot S_f \leq T_{KW} = 0{,}4 \cdot T_{KN} \qquad (13.15b/13-22)$$

$$= \frac{0{,}5\,\text{kg}\,\text{m}^2}{(0{,}5 + 4{,}5)\,\text{kg}\,\text{m}^2} \cdot 180\,\text{N}\,\text{m} \cdot 0{,}5 \cdot 1{,}4 \cdot 1{,}6 = 20\,\text{N}\,\text{m} < 0{,}4 \cdot 100\,\text{N}\,\text{m} = 40\,\text{N}\,\text{m}$$

mit

$$V \approx \frac{1}{\left|\left(\frac{\omega}{\omega_k}\right)^2 - 1\right|} = \frac{1}{\left|\left(\frac{157\,\text{s}^{-1}}{90\,\text{s}^{-1}}\right)^2 - 1\right|} \approx 0{,}5 \qquad \text{(Hinweis zu 13.10/13-13)}$$

Die Kupplung ist geeignet.

13.13
Für stark ungleichförmige Antriebe mit periodischer Drehmomentschwankung muss eine gummielastische Kupplung hoher Elastizität gewählt werden, z. B. die **hochelastische Wulstkupplung Radaflex, Bauform 300,** s. Lehrbuch 13.2.2-2.3 und TB 13-10.

Bestimmung der Baugröße nach der ungünstigsten Lastart (DIN 740-2)

$$T'_K = T_{LN} \cdot S_t = 150\,\text{N}\,\text{m} \cdot 1{,}1 = 165\,\text{N}\,\text{m} < T_{KN} = 250\,\text{N}\,\text{m} \qquad (13.12/13-15)$$

mit S_t für $t \leq +40°C$ aus TB 13-8b (Vollgummi $\widehat{=}$ Naturgummi) und T_{KN} aus TB 13-5 gewählt: **Baugröße 25**

Bestimmung der Belastung durch Drehmomentstöße
Nur antriebsseitig treten Stöße auf

$$T'_K = \frac{J_L}{J_A + J_L} \cdot T_{AS} \cdot S_A \cdot S_z \cdot S_t \leq T_{K\,max} = 3 \cdot T_{KN} \qquad (13.13a/13\text{-}16)$$

$$= \frac{0{,}94 \text{ kg m}^2}{(2{,}34 + 0{,}94) \text{ kg m}^2} \cdot 4{,}7 \cdot 178 \text{ N m} \cdot 1{,}8 \cdot 1{,}0 \cdot 1{,}1 = 475 \text{ N m} < 3 \cdot 250 \text{ N m}$$

$$= 750 \text{ N m}$$

mit

$$J_A = J_M + \frac{J_K}{2} = 2{,}3 \text{ kg m}^2 + \frac{0{,}0795 \text{ kg m}^2}{2} = 2{,}34 \text{ kg m}^2$$

$$J_L = J_{Ar} + \frac{J_K}{2} = 0{,}9 \text{ kg m}^2 + \frac{0{,}0795 \text{ kg m}^2}{2} = 0{,}94 \text{ kg m}^2$$

$$T_{AS} = 4{,}7 \cdot T_N = 4{,}7 \cdot 9550 \cdot \frac{P}{n} = 4{,}7 \cdot 9550 \cdot \frac{28}{1\,500} = 4{,}7 \cdot 178 \text{ N m} = 837 \text{ N m}$$

S_z für ≤ 120 Anläufe aus TB 13-8a, J_K, T_{KN} und T_{Kmax} aus TB 13-5

Prüfung, ob Anlage unter- oder überkritisch läuft
Damit die Anlage ruhig läuft muss die kritische Kreisfrequenz (kritische Drehzahl) außerhalb des Betriebs-Kreisfrequenz-Bereiches (Betriebsdrehzahl) liegen:

$$\frac{1}{\sqrt{2}} < \frac{\omega}{\omega_k} < \sqrt{2}$$

kritische Kreisfrequenz ω_k

$$\omega_k = \frac{\omega_e}{i} = \frac{45{,}1 \text{ s}^{-1}}{2} = 22{,}6 \text{ s}^{-1} \qquad (13.9/13\text{-}9)$$

mit

$$\omega_e = \sqrt{C_{Tdyn} \cdot \frac{J_A + J_L}{J_A \cdot J_L}} = \sqrt{1\,364 \frac{\text{N m}}{\text{rad}} \cdot \frac{2{,}34 \text{ kg m}^2 + 0{,}94 \text{ kg m}^2}{2{,}34 \text{ kg m}^2 \cdot 0{,}94 \text{ kg m}^2}} = \mathbf{45{,}1 \text{ s}^{-1}}$$

$$(13.8/13\text{-}8)$$

$i = 2$; $i \,\widehat{=}\,$ halbe Zylinderanzahl (siehe Legende zu Gl. (13.9/13-9)); C_{Tdyn} aus TB 13-5

13 Kupplungen und Bremsen

Betriebskreisfrequenz ω

$$\omega = \pi \cdot \frac{n}{30} = \pi \cdot \frac{1\,500}{30}\,\text{s}^{-1} = \mathbf{157\,s^{-1}}$$

$$\frac{\omega}{\omega_k} = \frac{157\,\text{s}^{-1}}{22,6\,\text{s}^{-1}} = 6,95 > \sqrt{2} = 1,414$$

Anlage läuft ruhig oberhalb des Resonanzbereiches.

Bestimmung der Belastung durch ein periodisches Wechseldrehmoment

- **bei Durchfahren der Resonanz**

$$T'_K = \frac{J_L}{J_A + J_L} \cdot T_{Ai} \cdot V_R \cdot S_z \cdot S_t \leq T_{K\,max} = 3 \cdot T_{KN} \qquad (13.14a/13\text{-}19)$$

$$= \frac{0,94\,\text{kg m}^2}{(2,34 + 0,94)\,\text{kg m}^2} \cdot 530\,\text{N m} \cdot 5,24 \cdot 1,0 \cdot 1,1 = 875\,\text{N m} > 3 \cdot 250\,\text{N m}$$

$$= 750\,\text{N m}$$

mit $V_R = \dfrac{2 \cdot \pi}{\psi} = \dfrac{2 \cdot \pi}{1,2} = 5,24$ (Legende zu (13.10/13-12)) und ψ aus TB 13-5

Die Baugröße ist nicht ausreichend.

neue Baugröße 40:

Bestimmung der Belastung durch Drehmomentstöße

$$T'_K = \frac{J_L}{J_A + J_L} \cdot T_{AS} \cdot S_A \cdot S_z \cdot S_t \leq T_{K\,max}$$

$$= \frac{0,99\,\text{kg m}^2}{(2,39 + 0,99)\,\text{kg m}^2} \cdot 4,7 \cdot 178\,\text{N m} \cdot 1,8 \cdot 1,0 \cdot 1,1 = 485\,\text{N m} < 3 \cdot 400\,\text{N m}$$

mit

$$J_A = J_M + \frac{J_K}{2} = 2,3\,\text{kg m}^2 + \frac{0,175\,\text{kg m}^2}{2} = 2,39\,\text{kg m}^2$$

$$J_L = J_{Ar} + \frac{J_K}{2} = 0,9\,\text{kg m}^2 + \frac{0,175\,\text{kg m}^2}{2} = 0,99\,\text{kg m}^2$$

Alle anderen Werte siehe Baugröße 25

Bestimmung der Belastung durch ein periodisches Wechseldrehmoment

- **bei Durchfahren der Resonanz**

$$T'_K = \frac{J_L}{J_A + J_L} \cdot T_{Ai} \cdot V_R \cdot S_z \cdot S_t \leq T_{K\,max} = 3 \cdot T_{KN} \qquad (13.14a/13\text{-}19)$$

$$= \frac{0{,}99\,\text{kg m}^2}{(2{,}39 + 0{,}99)\,\text{kg m}^2} \cdot 530\,\text{N m} \cdot 5{,}24 \cdot 1{,}0 \cdot 1{,}1 = 895\,\text{N m} < 3 \cdot 400\,\text{N m}$$

$$= 1\,200\,\text{N m}$$

- **bei Betriebsdrehzahl n**

$$T'_K = \frac{J_L}{J_A + J_L} \cdot T_{Ai} \cdot V \cdot S_t \cdot S_f \leq T_{KW} = 0{,}4 \cdot T_{KN} \qquad (13.15a/13\text{-}20)$$

$$= \frac{0{,}99\,\text{kg m}^2}{(2{,}39 + 0{,}99)\,\text{kg m}^2} \cdot 530\,\text{N m} \cdot 0{,}039 \cdot 1{,}1 \cdot 1{,}58 = 10{,}5\,\text{N m} < 0{,}4 \cdot 400\,\text{N m}$$

$$= 160\,\text{N m}$$

mit

$$V \approx \frac{1}{\left|\left(\frac{\omega}{\omega_k}\right)^2 - 1\right|} = \frac{1}{\left|\left(\frac{157\,\text{s}^{-1}}{30{,}3\,\text{s}^{-1}}\right)^2 - 1\right|} = 0{,}039 \qquad \text{(Hinweis zu 13.10/13-13)}$$

$$\omega_k = \frac{\omega_e}{i} = \frac{60{,}7\,\text{s}^{-1}}{2} = 30{,}3\,\text{s}^{-1} \qquad (13.9/13\text{-}9)$$

$$\omega_e = \sqrt{C_{Tdyn} \cdot \frac{J_A + J_L}{J_A \cdot J_L}} = \sqrt{2\,578\,\frac{\text{N m}}{\text{rad}} \cdot \frac{2{,}39\,\text{kg m}^2 + 0{,}99\,\text{kg m}^2}{2{,}39\,\text{kg m}^2 \cdot 0{,}99\,\text{kg m}^2}}$$

$$= 60{,}7\,\text{s}^{-1} \qquad (13.8/13\text{-}8)$$

$$S_f = \sqrt{\frac{\omega}{63}} = \sqrt{\frac{157}{63}} = 1{,}58 \quad \text{aus TB 13-8c}$$

Überprüfung der maximal zulässigen Drehzahl

$$n = 1\,500\,\text{min}^{-1} < n_{max} = 2\,000\,\text{min}^{-1} \quad \text{nach TB 13-7}$$

Die Kupplung ist geeignet.

ⓘ 13.14

Für die Größenbestimmung einer Reibkupplung kann das schaltbare Drehmoment, das übertragbare Drehmoment, die geforderte Schaltzeit und die zulässige Erwärmung der Kupplung (über Schaltarbeit erfasst) maßgebend sein. Beim übertragbaren Drehmoment

13 Kupplungen und Bremsen

brauchen mögliche Stoßdrehmomente nicht berücksichtigt werden, da die Kupplung bei Überschreiben von $T_{KNü}$ durchrutscht. Kupplungswerte aus TB 13-7

Bestimmung der Kupplungsbaugröße über schaltbares Drehmoment der Kupplung T_{Ks}

$$T_{Ks} = J_L \cdot \frac{\omega_A - \omega_{L0}}{t_R} + T_L \leq T_{KNs} \quad (13.18/13\text{-}29)$$

$$= 0{,}32\,\text{kg}\,\text{m}^2 \cdot \frac{152\,\text{s}^{-1} - 0}{0{,}8\,\text{s}} + 30\,\text{N}\,\text{m} = \mathbf{90{,}7\,N\,m} < 100\,\text{N}\,\text{m}$$

mit

$$\omega_A = \pi \cdot \frac{n}{30} = \pi \cdot \frac{1\,450}{30\,\text{s}^{-1}} = 152\,\text{s}^{-1} \text{ und } \omega_{L0} = 0$$

gewählt: BSD-Lamellenkupplung, Bauform 100, Baugröße 10 mit $T_{KNs} = 100\,\text{N}\,\text{m}$ (nach TB 13-7)

Überprüfung des übertragbaren Nenndrehmoments der Kupplung $T_{KNü}$

Nach dem Schalten wird die Kupplung nur durch das Lastdrehmoment der Arbeitsmaschine belastet, d. h.

$$T_{Kü} \approx T'_K = T_L = \mathbf{80\,N\,m} < T_{KNü} = 140\,\text{N}\,\text{m} \; (T_{KNü} \text{ für Baugröße 10 nach TB 13-7})$$

Überprüfung der auftretenden Rutschzeit ($t_R \leq 0{,}8\,\text{s}$ gefordert)

$$t_R = \frac{J_L}{T_{KNs} - T_L} \cdot (\omega_A - \omega_{L0}) = \frac{0{,}32\,\text{kg}\,\text{m}^2}{(100 - 30)\,\text{N}\,\text{m}} \cdot (152\,\text{s}^{-1} - 0) = \mathbf{0{,}7\,s} < 0{,}8\,\text{s} \quad (13.19/13\text{-}30)$$

Überprüfung der bei einmaliger Schaltung auftretenden zulässigen Schaltarbeit W_{zul}

$$W = 0{,}5 \cdot T_{KNs} \cdot (\omega_A - \omega_{L0}) \cdot t_R \quad (13.20/13\text{-}31)$$

$$= 0{,}5 \cdot 100\,\text{N}\,\text{m} \cdot (152\,\text{s}^{-1} - 0) \cdot 0{,}7\,\text{s} = \mathbf{5{,}32 \cdot 10^3\,N\,m} < W_{zul} = 60 \cdot 10^3\,\text{N}\,\text{m}$$

W_{zul} nach TB 13-7

Überprüfung der pro Stunde anfallenden zulässigen Schaltarbeit $W_{h\,zul}$

$$W_h = W \cdot z_h \leq W_{h\,zul} \quad (13.21/13\text{-}32)$$

$$= 5{,}32 \cdot 10^3\,\text{N}\,\text{m} \cdot 120\,\text{h}^{-1}$$

$$= \mathbf{638 \cdot 10^3\,\frac{N\,m}{h}} < 20 \cdot 60 \cdot 10^3\,\frac{\text{N}\,\text{m}}{\text{h}} = 1\,200 \cdot 10^3\,\frac{\text{N}\,\text{m}}{\text{h}}$$

$W_{h\,zul}$ beträgt $20 \cdot W_{zul}$ nach TB 13-7

Überprüfung der maximal zulässigen Drehzahl

$$n = 1\,450\,\text{min}^{-1} < n_{\text{max}} = 2\,500\,\text{min}^{-1} \quad \text{(TB 13-7)}$$

ⓘ 13.15

Für die Größenbestimmung einer Reibkupplung kann das schaltbare Drehmoment, das übertragbare Drehmoment, die geforderte Schaltzeit und die zulässige Erwärmung der Kupplung (über Schaltarbeit erfasst) maßgebend sein. Da im vorliegenden Anwendungsfall schwerer Schaltbetrieb (Dauerschaltung) vorliegt, ist die Schaltarbeit (Erwärmung) maßgebend für die Auslegung der Kupplung.

Bestimmung der auftretenden Rutschzeit

$$t_R = \frac{J_L}{T_{KNs} - T_L} \cdot (\omega_A - \omega_{L0}) = \frac{1{,}85\,\text{kg}\,\text{m}^2}{(2\,500 - 2\,000)\,\text{N}\,\text{m}} \cdot (47{,}1\,\text{s}^{-1} - 0) = 0{,}174\,\text{s} \quad (13.19/13\text{-}30)$$

mit $J_L = J_{L1} + J_{L2} = (1{,}25 + 0{,}6)\,\text{kg}\,\text{m}^2 = 1{,}85\,\text{kg}\,\text{m}^2$,

$$\omega_A = \pi \cdot \frac{n}{30} = \pi \cdot \frac{450}{30}\,\text{s}^{-1} = 47{,}1\,\text{s}^{-1} \text{ und } \omega_{L0} = 0$$

Bestimmung der bei einmaliger Schaltung auftretenden Schaltarbeit W

$$\begin{aligned} W &= 0{,}5 \cdot T_{KNs} \cdot (\omega_A - \omega_{L0}) \cdot t_R \\ &= 0{,}5 \cdot 2\,500\,\text{N}\,\text{m} \cdot (47{,}1\,\text{s}^{-1} - 0) \cdot 0{,}174\,\text{s} = 10{,}2 \cdot 10^3\,\text{N}\,\text{m} \end{aligned} \quad (13.20/13\text{-}31)$$

Überprüfung der pro Stunde anfallenden zulässigen Schaltarbeit $W_{h\,\text{zul}}$

$$\begin{aligned} W_h &= W \cdot z_h \leq W_{h\text{zul}} \\ &= 10{,}2 \cdot 10^3\,\text{N}\,\text{m} \cdot 720\,\text{h}^{-1} = 7{,}34 \cdot 10^6\,\text{N}\,\text{m/h} > 7 \cdot 10^6\,\text{N}\,\text{m/h} \end{aligned} \quad (13.21/13\text{-}32)$$

Die zulässige Schaltarbeit wird um ca. 5 % überschritten.

Überprüfung des übertragbaren Nenndrehmoments der Kupplung $T_{KNü}$

nach dem Schalten wird die Kupplung nur durch das Lastdrehmoment der Arbeitsmaschine belastet, d. h.:

$T_{Kü} \approx T'_K = T_L = 2\,000\,\text{N}\,\text{m} < T_{KNü} = 2\,750\,\text{N}\,\text{m}$

ⓘ 13.16

Für die Größenbestimmung der Reibkupplung sind hier das schaltbare Drehmoment (für Wahl der Baugröße der Kupplung), das übertragbare Drehmoment, die geforderte Beschleunigungszeit (Rutschzeit unter Vernachlässigung des Ansprechverzugs) und wegen der hohen Schaltzahl (Dauerschaltung) auch die zulässige Erwärmung der Kupplung (über Schaltarbeit erfasst) maßgebend.

13 Kupplungen und Bremsen

Vorlauf

- **Bestimmung der Kupplungsbaugröße über schaltbares Drehmoment der Kupplung**

$$T_{Ks} = J_L \cdot \frac{\omega_A - \omega_{L0}}{t_R} + T_L \leq T_{KNs}$$

$$= 2{,}8 \, \text{kg m}^2 \cdot \frac{73{,}3 \, \text{s}^{-1} - 0}{2 \, \text{s}} + 21{,}1 \, \text{N m} = \mathbf{124 \, N\,m} < 160 \, \text{N m} \quad (13.18/13\text{-}29)$$

mit

$$\omega_A = \pi \cdot \frac{n}{30} = \pi \cdot \frac{700}{30} \, \text{s}^{-1} = 73{,}3 \, \text{s}^{-1} \quad \text{und} \quad \omega_{L0} = 0$$

Trägheitsmoment der Lastseite

$$J_L = J_{\text{red}} \approx m \cdot \left(\frac{v_v}{\omega_0}\right)^2 = 15\,000 \, \text{kg} \cdot \left(\frac{1 \, \frac{\text{m}}{\text{s}}}{73{,}3 \, \text{s}^{-1}}\right)^2 = 2{,}79 \, \text{kg m}^2 \approx \mathbf{2{,}8 \, kgm^2}$$

(13.4b/13-4)

(gegenüber den Trägheitsmomenten der geradlinig bewegten Wagenmasse ist das Trägheitsmoment von Kupplung und Getriebe vernachlässigbar klein) und Lastdrehmoment an der Kupplungswelle unter Vernachlässigung des Wirkungsgrades

$$T_L = F_w \cdot \frac{d_K}{2 \cdot i_v} = 1500 \, \text{N} \cdot \frac{0{,}25 \, \text{m}}{2 \cdot 2{,}5 \cdot 3{,}55} = \mathbf{21{,}1 \, N\,m} \quad \text{mit } i_v = i_1 \cdot i_3$$

(siehe Getriebebild)

(das Lastmoment wird über den Fahrwiderstand des Wagens (Kettenzugkraft) ermittelt) gewählt: BSD-Lamellenkupplung, Bauform 100, Baugröße 16 mit $T_{KNs} = 160 \, \text{N m}$ nach TB 13-7

- **Überprüfung des übertragbaren Nenndrehmomentes der Kupplung $T_{KNü}$**

Nach dem Schalten wird die Kupplung nur durch das Lastdrehmoment der Arbeitsmaschine belastet, d. h.:
$T_{Kü} \approx T'_K = T_L = \mathbf{21{,}1 \, N\,m} \ll T_{KNü} = 220 \, \text{N m}$ ($T_{KNü}$ für Baugröße 16 nach TB 13-7)

- **Überprüfung der auftretenden Rutschzeit** ($t_R \leq 2{,}0 \, \text{s}$ gefordert)

$$t_R = \frac{J_L}{T_{KNs} - T_L} \cdot (\omega_A - \omega_{L0}) = \frac{2{,}79 \, \text{kg m}^2}{(160 - 21{,}1) \, \text{N m}} \cdot \left(73{,}3 \, \text{s}^{-1} - 0\right) = \mathbf{1{,}48 \, s} < 2 \, \text{s}$$

(13.19/13-30)

- **Überprüfung der bei einmaliger Schaltung auftretenden zulässigen Schaltarbeit W_{zul}**

$$W = 0{,}5 \cdot T_{KNs} \cdot (\omega_A - \omega_{L0}) \cdot t_R \qquad (13.20/13\text{-}31)$$
$$= 0{,}5 \cdot 160\,\text{N\,m} \cdot \left(73{,}3\,\text{s}^{-1} - 0\right) \cdot 1{,}48\,\text{s} = \mathbf{8{,}68 \cdot 10^3\,\text{N\,m}} < W_{zul} = 70 \cdot 10^3\,\text{N\,m}$$

W_{zul} nach TB 13-7

- **Überprüfung der pro Stunde anfallenden zulässigen Schaltarbeit $W_{h\,zul}$**

$$W_h = W \cdot z_h \leq W_{hzul} \qquad (13.21/13\text{-}32)$$
$$= 8{,}68 \cdot 10^3\,\text{N\,m} \cdot 120\,\text{h}^{-1} = \mathbf{1{,}04 \cdot 10^6 \frac{\text{N\,m}}{\text{h}}} < 20 \cdot 70 \cdot 10^3 \frac{\text{N\,m}}{\text{h}} = 1{,}4 \cdot 10^6 \frac{\text{N\,m}}{\text{h}}$$

$W_{h\,zul}$ beträgt 20 W_{zul} nach TB 13-7

Rücklauf

- **schaltbares Drehmoment der Kupplung T_{Ks}**

$$T_{Ks} = J_L \cdot \frac{\omega_A - \omega_{L0}}{t_R} + T_L \leq T_{KNs}$$
$$= 1{,}26\,\text{kg\,m}^2 \cdot \frac{73{,}3\,\text{s}^{-1} - 0}{2\,\text{s}} + 6{,}2\,\text{N\,m} = \mathbf{52{,}4\,\text{N\,m}} < 160\,\text{N\,m} \qquad (13.18/13\text{-}29)$$

mit

$$\omega_A = \pi \cdot \frac{n}{30} = \pi \cdot \frac{700}{30}\,\text{s}^{-1} = 73{,}3\,\text{s}^{-1} \text{ und } \omega_{L0} = 0$$

Trägheitsmoment der Lastseite

$$J_L = J_{red} \approx m \cdot \left(\frac{v_r}{\omega_0}\right)^2 = 3\,000\,\text{kg} \cdot \left(\frac{1{,}5\,\text{m/s}}{73{,}3\,\text{s}^{-1}}\right)^2 = \mathbf{1{,}26\,\text{kg\,m}^2} \qquad (13.4b/13\text{-}4)$$

und Lastdrehmoment an der Kupplungswelle

$$T_L = F_w \cdot \frac{d_K}{2 \cdot i_r} = 300\,\text{N} \cdot \frac{0{,}25\,\text{m}}{2 \cdot 1{,}7 \cdot 3{,}55} = \mathbf{6{,}2\,\text{N\,m}} \quad \text{mit } i_r = i_2 \cdot i_3$$

(siehe Getriebebild)

Baugröße 6,3 ist ausreichend, aber aus baulichen Gründen wird die gleiche Größe wie für den Vorlauf gewählt.

13 Kupplungen und Bremsen

- **auftretende Rutschzeit**

$$t_R = \frac{J_L}{T_{KNs} - T_L} \cdot (\omega_A - \omega_{L0}) = \frac{1{,}26\,\text{kg m}^2}{(160 - 6{,}2)\,\text{N m}} \cdot (73{,}3\,\text{s}^{-1} - 0) = \mathbf{0{,}6\,\text{s}} < 2\,\text{s}$$

(13.19/13-30)

Das übertragbare Drehmoment und die zulässige Schaltarbeit werden nicht überprüft, da eine größere als notwendige Kupplung gewählt wurde.

(i) 13.17

a) Verbrennungsmotor und Fliehkraftkupplung haben ihre größte Leistung im oberen Drehzahlbereich. Richtig aufeinander abgestimmt schaltet die Kupplung erst über der Motor-Leerlaufdrehzahl, so dass der Verbrennungsmotor sein volles Drehmoment entwickeln kann, ohne abgewürgt zu werden und bei Leerlaufdrehzahl vollkommen frei (unbelastet) läuft.

b) - Motor kann annähernd unbelastet hochlaufen (geringer Anlaufstrom bei E-Motoren, lastfreies Anlaufen von Verbrennungsmotoren).
- Sanfter Anlauf der Arbeitsmaschine.
- Schweranläufe können mit kleineren Motoren durchgeführt werden, die Antriebsmaschine wird vor Überlastung geschützt.
- Sie können auch als Sicherheitskupplungen eingesetzt werden.

c) **Bestimmung der auftretenden Rutschzeit**

$$t_R = \frac{J_L}{T_{KNs} - T_L} \cdot (\omega_A - \omega_{L0}) = \frac{16{,}7\,\text{kg m}^2}{(191 - 76{,}4)\,\text{N m}} \cdot (157\,\text{s}^{-1} - 0) = \mathbf{22{,}9\,\text{s}}$$

(13.19/13-30)

mit $J_L = J_{LA} + J_K = 16{,}6\,\text{kg m}^2 + 0{,}1\,\text{kg m}^2 = 16{,}7\,\text{kg m}^2$; $\omega_A = 2 \cdot \pi \cdot n/60$; $T_{KNs} = T_N$;

$$T_L = 0{,}4 \cdot T_N = 0{,}4 \cdot 9550 \cdot \frac{P}{n} = 0{,}4 \cdot 9550 \cdot \frac{30}{1500} = 0{,}4 \cdot 191\,\text{N m} = 76{,}4\,\text{N m}$$

d) **Überprüfung der bei einmaliger Schaltung auftretenden zulässigen Schaltarbeit W_{zul}**

$$W = 0{,}5 \cdot T_{KNs} \cdot (\omega_A - \omega_{L0}) \cdot t_R \quad (13.20/13\text{-}31)$$
$$= 0{,}5 \cdot 191\,\text{N m} \cdot (157\,\text{s}^{-1} - 0) \cdot 22{,}9\,\text{s} = \mathbf{0{,}34 \cdot 10^6\,\text{N m}} < W_{zul} = 0{,}44 \cdot 10^6\,\text{N m}$$

Die bei einmaliger Schaltung anfallende Schaltarbeit (Wärmebelastung) kann von der Kupplung aufgenommen werden.

ⓘ **13.18**

a) Bestimmung der auftretenden Rutschzeit

$$t_R = \frac{J_L}{T_{KNs} - T_L} \cdot (\omega_A - \omega_{L0}) = \frac{135 \text{ kg m}^2}{(230 - 0) \text{ N m}} \cdot (102 \text{ s}^{-1} - 0) = \mathbf{59{,}9 \text{ s}}$$

(13.19/13-30)

$$\text{mit } J_L = \frac{J_{Tr} + J_{Fü}}{i^2} = \frac{62 \text{ kg m}^2 + 24 \text{ kg m}^2}{0{,}8^2} = 135 \text{ kg m}^2$$

$$\omega_A = \frac{2 \cdot \pi \cdot n}{30} = \frac{2 \cdot \pi \cdot 975}{60} \text{ s}^{-1} = 102 \text{ s}^{-1}$$

b) Überprüfung der bei einmaliger Schaltung auftretenden zulässigen Schaltarbeit W_{zul}

$$W = 0{,}5 \cdot T_{KNs} \cdot (\omega_A - \omega_{L0}) \cdot t_R \quad (13.20/13\text{-}31)$$
$$= 0{,}5 \cdot 230 \text{ N m} \cdot (102 \text{ s}^{-1} - 0) \cdot 59{,}9 \text{ s} = \mathbf{0{,}70 \cdot 10^6 \text{ N m}} \approx W_{zul} = 0{,}698 \cdot 10^6 \text{ N m}$$

Überprüfung der pro Stunde anfallenden zulässigen Schaltarbeit $W_{h\,zul}$

$$W_{zul} = W \cdot z_h \leq W_{hzul} \quad (13.21/13\text{-}32)$$
$$= 0{,}70 \cdot 10^6 \text{ N m} \cdot 4 \text{ h}^{-1} = \mathbf{2{,}8 \cdot 10^6 \text{ N m/h}} \approx 2{,}77 \cdot 10^6 \text{ N m/h}$$

Die bei einmaliger Schaltung und pro Stunde anfallende Schaltarbeit (Wärmebelastung) kann von der Kupplung gerade noch aufgenommen werden.

c) Ermittlung der Motornennleistung für einen Antrieb ohne Anlaufkupplung

$$P = \frac{T_N \cdot n}{9550} = \frac{626 \cdot 975}{9550} \approx \mathbf{64 \text{ kW}} \quad (11.11/11\text{-}6)$$

mit $T_a = 2{,}2\, T_N$ laut Aufgabenstellung und $T_a = T_{Ks} = J_L \cdot (\omega_A - \omega_{L0})/t_R$ siehe Gl. (13.18/13-29) folgt $T_N = J_L \cdot (\omega_A - \omega_{L0})/(2{,}2 \cdot t_R) = 135 \text{ kg m}^2 \cdot (102 \text{ s}^{-1} - 0)/(2{,}2 \cdot 10 \text{ s}) = 626 \text{ N m}$

Der erforderliche Motor, z. B. Baugröße 315 S, ist für diesen Fall 3...4-mal teurer als beim Anfahren mit Anlaufkupplung und rechtfertigt die Anschaffung der Kupplung bei weitem.

13 Kupplungen und Bremsen

ⓘ 13.19

a) **Bestimmung der auftretenden Rutschzeit**

$$t_R = \frac{J_L}{T_{KNs} - T_L} \cdot (\omega_A - \omega_{L0}) = \frac{280 \, \text{kg m}^2}{(4000 - 1036) \, \text{N m}} \cdot (61{,}8 \, \text{s}^{-1} - 0)$$
$$= \mathbf{5{,}9 \, s} \qquad (13.19/13\text{-}30)$$

$$\text{mit } \omega_A = \frac{2 \cdot \pi \cdot n}{60} = \frac{2 \cdot \pi \cdot 590}{60} \, \text{s}^{-1} = 61{,}8 \, \text{s}^{-1}$$

$$T_L \approx 0{,}4 \cdot T_N = 0{,}4 \cdot 9550 \cdot \frac{P}{n} = 0{,}4 \cdot 9550 \cdot \frac{160}{590} = 0{,}4 \cdot 2590 \, \text{N m} = 1036 \, \text{N m}$$

b) **Bestimmung der bei einmaliger Schaltung auftretenden Schaltarbeit**

$$W = 0{,}5 \cdot T_{KNs} \cdot (\omega_A - \omega_{L0}) \cdot t_R$$
$$= 0{,}5 \cdot 4000 \, \text{N m} \cdot (61{,}8 \, \text{s}^{-1} - 0) \cdot 5{,}9 \, \text{s} = \mathbf{0{,}73 \cdot 10^6 \, N \, m} \qquad (13.20/13\text{-}31)$$

13.20

a) $\Delta \varphi = 4° \, 42'$ ($\varphi_2 = 44° \, 42'$)
b) $n_{2\,max} = 117{,}9 \, \text{min}^{-1}$ und $n_{2\,min} = 84{,}8 \, \text{min}^{-1}$ bzw. $\omega_{2\,max} = 12{,}35 \, \text{s}^{-1}$ und $\omega_{2\,min} = 8{,}88 \, \text{s}^{-1}$ ($\omega_1 = 10{,}47 \, \text{s}^{-1}$),
c) $T_{2\,max} = 117{,}9 \, \text{N m}$ und $T_{2\,min} = 84{,}8 \, \text{N m}$.

13.21

a) $n_{2\,max} = 608 \, \text{min}^{-1}$ und $n_{2\,min} = 515 \, \text{min}^{-1}$,
b) $T_{2\,max} = 371 \, \text{N m}$ und $T_{2\,min} = 314 \, \text{N m}$ ($T_1 = T_3 = 341 \, \text{N m}$),
c) $M = 145 \, \text{N m}$,
d) $F_A = F_B = 580 \, \text{N}$.

14 Wälzlager

ⓘ 14.1
Lagergröße von Kugellager bestimmen

a) **Bestimmung der dynamisch äquivalenten Lagerbelastung P des Lagers**

$$P = X \cdot F_r + Y \cdot F_a = 0{,}56 \cdot 4\,\text{kN} + 1{,}5 \cdot 2{,}2\,\text{kN} = \mathbf{5{,}54\,kN} \qquad (14.6/14\text{-}13)$$

mit $\dfrac{F_a}{F_r} = \dfrac{2{,}2\,\text{kN}}{4\,\text{kN}} = 0{,}55 > e = 0{,}22 \ldots 0{,}44$ nach TB 14-3a
und damit $X = 0{,}56$; $Y = 2{,}0 \ldots 1{,}0$; zunächst wird ein Wert gewählt (hier $Y = 1{,}5$)

Bestimmung der dynamischen Tragzahl C des Lagers

$$C_{\text{erf}} \geq P \cdot \sqrt[p]{\dfrac{60 \cdot n \cdot L_{10h}}{10^6}} = 5{,}54\,\text{kN} \cdot \sqrt[3]{60\,\dfrac{\text{min}}{\text{h}} \cdot \dfrac{1\,000\,\text{min}^{-1} \cdot 10\,000\,\text{h}}{10^6}} \approx \mathbf{47\,kN}$$
$$(14.1/14\text{-}2)$$

gewählt: Lager **6 309** mit $C = 53\,\text{kN}$, $C_0 = 31{,}5\,\text{kN}$ aus TB 14-2

Überprüfung der Lebensdauer des Lagers

$$L_{10h} = \dfrac{10^6}{60 \cdot n}\left(\dfrac{C}{P}\right)^p = \dfrac{10^6}{60 \cdot 1\,000}\left(\dfrac{53\,\text{kN}}{5{,}74\,\text{kN}}\right)^3 \approx \mathbf{13\,100\,h} > L_{10h\,\text{gefordert}}$$
$$(14.5a/14\text{-}7)$$

mit $P = X \cdot F_r + Y \cdot F_a = 0{,}56 \cdot 4\,\text{kN} + 1{,}59 \cdot 2{,}2\,\text{kN} = \mathbf{5{,}74\,kN} \qquad (14.6/14\text{-}13)$

und $Y \approx 0{,}866 \left(\dfrac{F_a}{C_0}\right)^{-0{,}229} = 0{,}866 \left(\dfrac{2{,}2\,\text{kN}}{31{,}5\,\text{kN}}\right)^{-0{,}229} = 1{,}59$ nach TB 14-3a

Lager geeignet

Prüfung, ob nächstkleineres Kugellager 6308 auch geeignet

$$L_{10h} = \frac{10^6}{60 \cdot n}\left(\frac{C}{P}\right)^p = \frac{10^6}{60 \cdot 1\,000}\left(\frac{42{,}5\,\text{kN}}{5{,}56\,\text{kN}}\right)^3 \approx 7\,400\,\text{h} < L_{10h\,\text{gefordert}}$$

nicht ausreichend:
mit $P = X \cdot F_r + Y \cdot F_a = 0{,}56 \cdot 4\,\text{kN} + 1{,}51 \cdot 2{,}2\,\text{kN} = \mathbf{5{,}56\,\text{kN}}$
und $Y \approx 0{,}866 \left(\dfrac{2{,}2\,\text{kN}}{25\,\text{kN}}\right)^{-0{,}229} = 1{,}51$, $C = 42{,}5\,\text{kN}$, $C_0 = 25\,\text{kN}$

b) **Abmessungen:**
$d = 45\,\text{mm}$, $D = 100\,\text{mm}$, $B = 25\,\text{mm}$, $r_{1s} = r_{2s} = 1{,}5\,\text{mm} = r_{as} = r_{bs}$ nach TB 14-1a
$h_{\min} = 4{,}5\,\text{mm}$ für Durchmesserreihe 3 nach TB 14-9, somit $d_1 = d + 2 \cdot h_{\min} = 54\,\text{mm}$, gewählt $d_1 = 56\,\text{mm}$, damit realisiertes $h = 5{,}5\,\text{mm} < h_{\max} = 1{,}5 \cdot h_{\min} = 6{,}75\,\text{mm}$.

14.2

a) $C_{\text{erf}} = 39{,}15\,\text{kN}$ ($p = 3$), daher gewählt
Rillenkugellager DIN 625–6015 mit $C = 39\,\text{kN}$, $d = 75\,\text{mm}$, $D = 115\,\text{mm}$,
$B = 20\,\text{mm}$
–6211 mit $C = 43\,\text{kN}$, $d = 55\,\text{mm}$, $D = 100\,\text{mm}$,
$B = 21\,\text{mm}$
–6308 mit $C = 42{,}5\,\text{kN}$, $d = 40\,\text{mm}$, $D = 90\,\text{mm}$,
$B = 23\,\text{mm}$
–6407 mit $C = 53\,\text{kN}$, $d = 35\,\text{mm}$, $D = 100\,\text{mm}$,
$B = 25\,\text{mm}$

b) $C_{\text{erf}} = 34{,}15\,\text{kN}$ ($p = 10/3 = 3{,}33$), daher gewählt
Zylinderrollenlager DIN 5412–NU 1009 mit $C = 40\,\text{kN}$, $d = 45\,\text{mm}$, $D = 75\,\text{mm}$,
$B = 16\,\text{mm}$
–NU 205E mit $C = 34{,}5\,\text{kN}$, $d = 25\,\text{mm}$, $D = 52\,\text{mm}$,
$B = 15\,\text{mm}$
–NU 304E mit $C = 36{,}5\,\text{kN}$, $d = 20\,\text{mm}$, $D = 52\,\text{mm}$,
$B = 15\,\text{mm}$

Bei Ausnutzung der Tragfähigkeit, aber unterschiedlicher Maßreihe (MR) ergeben sich verschiedene Lagerabmessungen. Im Allgemeinen nehmen die Kosten mit kleinerer Bohrungskennzahl je nach Lagerkraft und MR ab; preiswerte Lager sind in jedem Fall Rillenkugellager.

14.3

Erforderlich für Kugellager $C_{\text{erf}} \geq 28{,}6\,\text{kN}$ ($p = 3$, $P = F_r$ bzw. $f_L \approx 2{,}52$, $f_n \approx 0{,}41$)
gewählt Rillenkugellager DIN 625–6210 mit $C = 36{,}5\,\text{kN}$, $D = 90\,\text{mm}$, $B = 20\,\text{mm}$

14 Wälzlager

bzw. Pendelkugellager DIN 630–1310 mit $C = 42\,\text{kN}$, $D = 110\,\text{mm}$, $B = 27\,\text{mm}$; erforderlich für Rollenlager $C_{\text{erf}} \geq 23,8\,\text{kN}$ ($p = 10/3$ bzw. $f_L \approx 2,3$, $f_n \approx 0,44$) gewählt Zylinderrollenlager DIN 5412–NU1010 mit $C = 42,5\,\text{kN}$, $D = 80\,\text{mm}$, $B = 16\,\text{mm}$. Geringster Einbauraum mit Zylinderrollenlager oder Rillenkugellager; preiswertestes und somit günstigstes Lager ist das Rillenkugellager.

14.4
Stehlager: für $L_{10h} = 7\,800 \ldots 21\,000$ Betriebsstunden ergibt sich $C_{\text{erf}} = 18,4 \ldots 25,6\,\text{kN}$; gewählt für Spannhülse DIN 5415–H216 mit $d_1 = 70\,\text{mm}$, $d = 80\,\text{mm}$ Pendelkugellager DIN 630–1216 K mit $C = 40\,\text{kN}$, bei MR02 $D = 140\,\text{mm}$, $B = 26\,\text{mm}$ und Stehlagergehäuse DIN 736–SN516 ($f_L = 2,5 \ldots 3,5$, $f_n = 0,75$, $P = F_r = F/2$).
Nachprüfung: $L_{10h} \approx 80\,000$ Betriebsstunden deutlich über anzustrebenden L_{10h}.

14.5
a) $d = 90\,\text{mm}$ für Pendelrollenlager DIN 635–22318E mit $C = 610\,\text{kN}$ ($F_a/F_r = 0,2 < e = 0,33 \ldots 0,36$, $X = 1$, $Y = 2$ gewählt, $P = 70\,\text{kN}$, $C_{\text{erf}} \geq 549\,\text{kN}$, $f_n \approx 0,47$, $f_L \approx 3,73$).
b) $L_{10h} \approx 56\,000$ Betriebsstunden ($P = 70,3\,\text{kN}$, $X = 1$, $Y = 2,03$).

ⓘ 14.6
Nominelle Lebensdauer von Kugellager bestimmen
Bestimmung der dynamisch äquivalenten Lagerbelastung P des Lagers

$$P = X \cdot F_r + Y \cdot F_a = 0,56 \cdot 4\,\text{kN} + 1,57 \cdot 1,2\,\text{kN} = \mathbf{4{,}12\,kN} \tag{14.6/14-13}$$

für $\dfrac{F_a}{F_r} = \dfrac{1,2\,\text{kN}}{4\,\text{kN}} = 0,3 > e = 0,28$ nach TB 14-3a,

mit $e \approx 0,51 \cdot (F_a/C_0)^{0,233} = 0,51 \cdot (1,2\,\text{kN}/16,3\,\text{kN})^{0,233} = 0,28$, C_0 aus TB 14-2
und damit $X = 0,56$ und $Y \approx 0,866 \cdot (F_a/C_0)^{-0,229} = 0,866 \cdot (1,2\,\text{kN}/16,3\,\text{kN})^{-0,229} = 1,57$ nach TB 14-3a

Bestimmung der nominellen Lebensdauer L_{10h} des Lagers

$$L_{10h} = \frac{10^6}{60 \cdot n}\left(\frac{C}{P}\right)^p = \frac{10^6}{60 \cdot 630}\left(\frac{29\,\text{kN}}{4,12\,\text{kN}}\right)^3 \approx 9\,200\,\text{h} \tag{14.5a/14-7}$$

Bestimmung der Hauptabmessungen
Nach Lehrbuch 14.1.4–5 bedeutet beim Lager 6306: 6 = Kugellager; 3 = Maßreihe 03; 06 = Bohrungskennzahl. Nach TB 14-1a ist $d = 30\,\text{mm}$, $D = 72\,\text{mm}$, $B = 19\,\text{mm}$.

14.7
a) $L_{10} = 24,4 \cdot 10^6$ Umdrehungen ($C = 29\,\text{kN}$, $P = 10\,\text{kN}$, $F_a/F_r < e$, $X = 1$).
b) $F_{r\,\text{zul}} \triangleq P = 12,6\,\text{kN}$ ($L_{10} = 12,2 \cdot 10^6$ Umdrehungen). Die radiale Lagerkraft nimmt im Verhältnis zur Abnahme der Lebensdauer nur wenig zu.

14.8
a) $L_{10h} \approx 4\,000$ Betriebsstunden ($C = 62\,\text{kN}$, $P = F_r = 10\,\text{kN}$);
b) $F_{r\,zul} \triangleq P = 7{,}92\,\text{kN}$ ($C/P = 7{,}83$ bei $L_{10h} \approx 8\,000$ Betriebsstunden, $p = 3$),
c) $n \approx 500\,\text{min}^{-1}$.

14.9
a) $d = 50\,\text{mm}$, gewählt Zylinderrollenlager DIN 5412–NU210E mit $C = 75\,\text{kN}$, $D = 90\,\text{mm}$, $B = 20\,\text{mm}$; $L_{10h} \approx 13\,800$ Betriebsstunden (vgl. 14.8).
b) MR 03, daher gewählt Zylinderrollenlager DIN 5412–NU310E mit $C = 130\,\text{kN}$, $D = 110\,\text{mm}$, $B = 27\,\text{mm}$: $L_{10h} \approx 86\,000$ Betriebsstunden.

Die Lagerabmessungen des Rillenkugellagers und des Zylinderrollenlagers sind nur bei gleicher Maßreihe MR dieselben, d. h. Lager austauschbar.

14.10
$L_{10h} \approx 24\,000$ (Betriebsstunden > Richtwert $L_{10h} \approx 4\,000 \ldots 14\,000$ Betriebsstunden nach TB 14-7 ($C = 42{,}5\,\text{kN}$, $C_0 = 25\,\text{kN}$, $F_a/C_0 = 0{,}06$, $e \approx 0{,}26$, $F_a/F_r = 0{,}5 > e$, $X = 0{,}56$, $Y \approx 1{,}65$, $P \approx 4{,}16\,\text{kN}$, $f_n \approx 0{,}35$, $f_L = 3{,}62$).

14.11
$L_{10h} \approx 23\,000$ Betriebsstunden > min. Richtwert $L_{10h} \approx 21\,000$ Betriebsstunden. Damit genügt das Schrägkugellager DIN 628–3212 mit $C = 72\,\text{kN}$ ($F_a/F_r = 0{,}45 < 0{,}68$, $X = 1$, $Y = 0{,}92$, $P = 5{,}66\,\text{kN}$, $f_n = 0{,}28$, $f_L \approx 3{,}6$) den Anforderungen.

14.12
$L_{10h} \approx 99\,000$ Betriebsstunden > $20\,000 \ldots 35\,000$ Betriebsstunden ($v \approx 11{,}1\,\text{m/s}$, $n \approx 470\,\text{min}^{-1}$, $f_n \approx 0{,}45$; $C = 390\,\text{kN}$, $e = 0{,}34$, $F_a/F_r = 0{,}1 < e$, $Y = 2$, $P = 36\,\text{kN}$, $f_L \approx 4{,}9 > 3 \ldots 3{,}6$).

14.13
a) Pendelrollenlager DIN 635–22317E1-K mit $C = 540\,\text{kN}$ für $d = 85\,\text{mm}$, $D = 180\,\text{mm}$, $B = 60\,\text{mm}$.
b) $L_{10h} = 34\,600\,\text{h} > L_{10h\,erf} = 10\,000 \ldots 20\,000\,\text{h}$ ($f_L = 3{,}56$, $f_n \approx 0{,}53$, $P = F$).

14.14
a) Rillenkugellager DIN 625–6409 nicht ausreichend, da $L_{10h} \approx 16\,500$ Betriebsstunden $< L_{10h\,erf} = 18\,000$ Betriebsstunden ($C = 76{,}5\,\text{kN}$, $C_0 = 47{,}5\,\text{kN}$, $f_n \approx 0{,}285$, $F_a/C_0 \approx 0{,}053$, $F_a/F_{Ar} \approx 0{,}556 > e \approx 0{,}253$, $X = 0{,}56$, $Y \approx 1{,}7$, $P = 6{,}8\,\text{kN}$, $f_L \approx 3{,}21$).
Geeignete Kugellager anderer Bauform:
Schrägkugellager DIN 628–3309B (zweireihig), $L_{10h} \approx 11\,500$ Betriebsstunden nicht ausreichend ($C = 68\,\text{kN}$, $F_a/F_{Ar} \approx 0{,}556 < e = 0{,}68$, $X = 1$, $Y = 0{,}92$, $P = 6{,}8\,\text{kN}$, $f_L \approx 2{,}85$)

oder

trotz größerer Einbaubreite paarweise in X- bzw. O-Anordnung: Schrägkugellager DIN 628–7309B (einreihig), $L_{10h} \approx 55\,400$ Betriebsstunden $\gg L_{10h\,erf}$ ($C_{Einzel} = 61$ kN, $C = 99{,}1$ kN, $F_a/F_{Ar} \approx 0{,}56 < e = 1{,}14$, $P \approx 5{,}88$ kN, $f_L \approx 4{,}8$).

b) Rillenkugellager DIN 625–6309, $L_{10h} \approx 40\,000$ Betriebsstunden ausreichend ($C = 53$ kN, $P = F_{Br}$, $f_L \approx 4{,}32$).

c) Welle k5 (k6); Gehäuse H7; $D = 100$ mm, $r_{1s} = 1{,}5$ mm, $r_{as} = r_{bs} = 1{,}5$ mm, $h_{min} = 4{,}5$ mm ($h_{max} = 6{,}75$ mm).
Schrägkugellager, paarweise $B = 50$ mm, sonst wie vorher.
Rillenkugellager $\qquad B = 25$ mm, sonst wie oben.

ⓘ 14.15
Lagerung mit Lagerpaar
Bestimmung der dynamisch äquivalenten Lagerbelastung des Festlagers (Lager A)

$$P = 0{,}67 \cdot F_{Ar} + 1{,}68 \cdot Y \cdot F_a = 0{,}67 \cdot 11\,\text{kN} + 1{,}68 \cdot 1{,}74 \cdot 4\,\text{kN} = \mathbf{19{,}1\,kN}$$

nach TB 14-2 Legende

für $\dfrac{F_a}{F_{Ar}} = \dfrac{4\,\text{kN}}{11\,\text{kN}} = 0{,}364 > e = 0{,}35$ nach TB 14-3a
mit Y und e aus TB 14-2.

Bestimmung der Lebensdauer von Lager A

$$L_{10h} = \frac{10^6}{60 \cdot n}\left(\frac{C}{P}\right)^p = \frac{10^6}{60 \cdot 1500}\left(\frac{223\,\text{kN}}{19{,}1\,\text{kN}}\right)^{10/3} \approx \mathbf{40\,000\,h} \qquad (14.5a/14\text{-}7)$$

mit $C = 1{,}715 \cdot C_{Einzel} = 1{,}715 \cdot 130\,\text{kN} = 223\,\text{kN}$ nach TB 14-2 Legende
Die für Universalgetriebe anzustrebende Lebensdauer von $L_{10h} = (5\,000 \ldots 20\,000)$ h nach TB 14-7 wird erreicht.

14.16
a) $d = 60$ mm, $D = 110$ mm, $B = 44$ mm.
b) $L_{10h} \approx 17\,000$ Betriebsstunden $> L_{10h\,min} = 14\,000$ Betriebsstunden, ausreichend ($F_a/F_r = 0{,}75 < e = 1{,}14$, $P = 11{,}3$ kN, $C = 91$ kN bei $C_{Einzel} = 56$ kN, $f_n \approx 0{,}41$, $f_L \approx 3{,}3$).
c) Schrägkugellager DIN 628–3212B mit $C = 72$ kN nicht geeignet, denn $L_{10h} \approx 4\,700$ Betriebsstunden $< 14\,000 \ldots 32\,000$ Betriebsstunden, obwohl $B = 36{,}5$ mm günstiger wäre ($P = 13{,}82$ kN, $X = 0{,}67$, $Y = 1{,}41$, $f_L \approx 2{,}14$).

14.17
a) Lager 1: $F_{r1} = 7{,}23$ kN, $F_a = 0$;
Lager 2: $F_{r2} = 2{,}12$ kN, $F_a = 6$ kN.
b) Zylinderrollenlager DIN 5412–NU213E: $L_{10h} \approx 78\,000$ Betriebsstunden $> L_{10h\,erf} = 35\,000 \ldots 75\,000$ h, ausreichend ($C_1 = 127$ kN, $P_1 = F_{r1}$, $f_n \approx 0{,}26$, $f_L \approx 4{,}55$).
Schrägkugellager DIN 628–7213B: $L_{10h} \approx 20\,000$ Betriebsstunden $< L_{10h\,erf} = 21\,000 \ldots 46\,000$ h, untere Grenze ($C_{Einzel} = 64$ kN, $C_2 = 104$ kN, $f_n \approx 0{,}22$, $F_a/F_{r2} \approx 2{,}83 > e = 1{,}14$, $P_2 = 6{,}79$ kN, $X = 0{,}57$, $Y = 0{,}93$, $f_L \approx 3{,}42$).

ⓘ **14.18**

Angestellte Lagerung mit zwei Einzellagern
Im Lager entstehen innere Kräfte, die bei der Axialkraft berücksichtigt werden müssen.

Bestimmung der auf die Lager wirkenden Axialkräfte
Hierzu LB Bild 14.36 bzw. FS Bild zu Gl. (14-13) heranziehen.
Als erstes prüfen, welches Lager die äußere Axialkraft aufnehmen kann. Dieses Lager wird Lager I. Als nächstes Berechnung der Axialkräfte F_{aI} und F_{aII} nach Tabelle unter dem Bild.

$$\frac{F_{rI}}{Y_I} = \frac{8{,}5\,\text{kN}}{1{,}74} = \mathbf{4{,}89\,kN} > \frac{F_{rII}}{Y_{II}} = \frac{6{,}2\,\text{kN}}{1{,}9} = \mathbf{3{,}26\,kN}$$

$$F_a = 2\,\text{kN} > 0{,}5 \cdot \left(\frac{F_{rI}}{Y_I} - \frac{F_{rII}}{Y_{II}}\right) = 0{,}5 \cdot (4{,}89\,\text{kN} - 3{,}26\,\text{kN}) = \mathbf{0{,}815\,kN}\,\text{(Fall 2 in Tabelle)}$$

Lager I ist mit $F_{aI} = F_a + 0{,}5 \cdot \dfrac{F_{rII}}{Y_{II}} = 2\,\text{kN} + 0{,}5 \cdot 3{,}26\,\text{kN} = \mathbf{3{,}63\,kN}$ zu berechnen
(Werte für Y_I und Y_{II} aus TB 14-2)

Bestimmung der dynamisch äquivalenten Lagerbelastung von Lager I

$$P_I = X_I \cdot F_{rI} + Y_I \cdot F_{aI} = 0{,}4 \cdot 8{,}5\,\text{kN} + 1{,}74 \cdot 3{,}63\,\text{kN} = \mathbf{9{,}72\,kN} \qquad (14.6/14\text{-}13)$$

mit X_I aus TB 14-3a für $\dfrac{F_{aI}}{F_{rI}} = \dfrac{3{,}63\,\text{kN}}{8{,}5\,\text{kN}} = 0{,}427 > e_I = 0{,}35$ und e_I aus TB 14-2

Bestimmung der Lebensdauer von Lager I

$$L_{10h} = \left(\frac{C_I}{P_I}\right)^p \cdot \frac{10^6}{60 \cdot n} = \left(\frac{92\,\text{kN}}{9{,}72\,\text{kN}}\right)^{10/3} \cdot \frac{10^6}{60 \cdot 1\,500} \approx \mathbf{19\,937\,h} \qquad (14.5a/14\text{-}7)$$

Bestimmung der dynamisch äquivalenten Lagerbelastung von Lager II

$$P_{II} = F_{rII} = \mathbf{6{,}2\,kN}$$

mit $X_{II} = 1$ und $Y_{II} = 0$, da $\dfrac{F_{aII}}{F_{rII}} = 0{,}26 < e_{II} = 0{,}31$

$F_{aII} = 0{,}5 \cdot \dfrac{F_{rII}}{Y_{II}} = 1{,}63\,\text{kN}$

Bestimmung der Lebensdauer von Lager II

$$L_{10h} = \left(\dfrac{C_{II}}{P_{II}}\right)^p \cdot \dfrac{10^6}{60 \cdot n} = \left(\dfrac{60\,\text{kN}}{6{,}2\,\text{kN}}\right)^{10/3} \cdot \dfrac{10^6}{60 \cdot 1\,500} \approx \mathbf{21\,460\,h}$$

14.19

Lager I: $L_{10hI} = 31\,164$ Betriebsstunden
(Fall 3 in Tabelle, $F_a = 0$, für $F_{rI}/Y_I = 4{,}89\,\text{kN} > F_{rII}/Y_{II} \approx 1{,}32\,\text{kN}$ und $F_a < 0{,}5 \cdot (F_{rI}/Y_I - F_{rII}/Y_{II}) \approx 1{,}78$ wird $F_{aI} = 0{,}5 \cdot F_{rI}/Y_I \approx 2{,}44\,\text{kN}$; $P_I \stackrel{\wedge}{=} F_{rI}$, $C_I = 92\,\text{kN}$).

Lager II: $L_{10hII} = 29\,408$ Betriebsstunden
($F_{aII} = 0{,}5 \cdot F_{rI}/Y_I - F_a = 2{,}44\,\text{kN}$, $F_{aII}/F_{rII} = 0{,}98 \gg e_{II} = 0{,}31$, $X_{II} = 0{,}4$, $Y_{II} = 1{,}9$, $P_{II} = 5{,}64\,\text{kN}$, $C_{II} = 60\,\text{kN}$).

ⓘ **14.20**
Lagergröße von Zylinderrollenlager bestimmen
Bestimmung der dynamisch äquivalenten Lagerbelastung P des Lagers

$$P = F_{ri} = \left(F_{r1}^p \cdot \dfrac{n_1}{n_m} \cdot \dfrac{q_1}{100\,\%} + F_{r2}^p \cdot \dfrac{n_2}{n_m} \cdot \dfrac{q_2}{100\,\%} + \cdots + F_{rn}^p \cdot \dfrac{n_n}{n_m} \cdot \dfrac{q_n}{100\,\%}\right)^{\frac{1}{p}}$$

(14.7/14-15)

$$= \left(1{,}5^{10/3} \cdot \dfrac{320}{324} \cdot \dfrac{16{,}25\,\%}{100\,\%} + 3^{10/3} \cdot \dfrac{400}{324} \cdot \dfrac{30\,\%}{100\,\%} + 1{,}2^{10/3} \cdot \dfrac{120}{324} \cdot \dfrac{10\,\%}{100\,\%} + 0 \right.$$
$$\left. + 4{,}2^{10/3} \cdot \dfrac{630}{324} \cdot \dfrac{16{,}25\,\%}{100\,\%} + 1{,}3^{10/3} \cdot \dfrac{72}{324} \cdot \dfrac{25\,\%}{100\,\%}\right)^{3/10} = \mathbf{3{,}29\,kN}$$

mit

$$n_m = n_1 \dfrac{q_1}{100\,\%} + n_2 \dfrac{q_2}{100\,\%} + \cdots + n_n \dfrac{q_n}{100\,\%} \quad (14.8/14\text{-}16)$$

$= 320 \cdot 0{,}1625 + 400 \cdot 0{,}3 + 120 \cdot 0{,}1 + 800 \cdot 0{,}025 + 630 \cdot 0{,}1625 + 72 \cdot 0{,}25$

$= 324\,\text{min}^{-1}$

$q_1 = \dfrac{t_1}{t} \cdot 100\,\% = \dfrac{1{,}3\,\text{h}}{8\,\text{h}} \cdot 100\,\% = 16{,}25\,\%, \quad q_2 = \dfrac{2{,}4\,\text{h}}{8\,\text{h}} \cdot 100\,\% = 30\,\% \ldots$

Legende zu (14.7/14-14)

und $t = t_1 + t_2 + \ldots + t_6 = 1{,}3\,\text{h} + 2{,}4\,\text{h} + \ldots + 2{,}0\,\text{h} = 8\,\text{h}$

Bestimmung der dynamischen Tragzahl C des Lagers

$$C_{\text{erf}} \geq P \cdot \sqrt[p]{\frac{60 \cdot n \cdot L_{10h}}{10^6}} = 3{,}29\,\text{kN} \cdot \sqrt[\frac{10}{3}]{60\,\frac{\text{min}}{\text{h}} \cdot \frac{324\,\text{min}^{-1} \cdot 20\,000\,\text{h}}{10^6}} \approx \mathbf{19{,}7\,kN} \qquad (14.1/14\text{-}2)$$

gewählt: Lager NU 1008 mit $C = 33{,}5\,\text{kN}$ aus TB 14-2

Überprüfung der Lebensdauer des Lagers

$$L_{10h} = \frac{10^6}{60 \cdot n}\left(\frac{C}{P}\right)^p = \frac{10^6}{60 \cdot 324}\left(\frac{33{,}5\,\text{kN}}{3{,}29\,\text{kN}}\right)^3 \approx \mathbf{118\,000\,h} \gg L_{10h\,\text{gef.}} = 20\,000\,\text{h} \qquad (14.5a/14\text{-}7)$$

Lager geeignet
Abmessungen: $d = 40\,\text{mm}$; $D = 68\,\text{mm}$; $B = 15\,\text{mm}$; $r_{1s} = 1\,\text{mm}$; $r_{as} = r_{bs} = 1\,\text{mm}$
nach TB 14-1a; $h_{\min} = 2{,}3\,\text{mm}$ ($h_{\max} = 3{,}45\,\text{mm}$) nach TB 14-9a

14.21
a) $F_{a1} = 40\,\text{kN}$, $F_{a2} = 60\,\text{kN}$
b) $P \approx 148{,}5\,\text{kN}$ ($Y = Y_2 = 3{,}06$, $P_1 = 122{,}4\,\text{kN}$, $P_2 = 183{,}6\,\text{kN}$, $n_m = 395\,\text{min}^{-1}$, $p = 10/3$)
c) $L_{10h} \approx 31\,000$ Betriebsstunden ($C = 1\,080\,\text{kN}$, $f_n \approx 0{,}48$, $f_L = 3{,}46$).

ⓘ **14.22**
Erweiterte Lebensdauer
Bestimmung der dynamisch äquivalenten Lagerbelastung des Festlagers

$$P = X \cdot F_r + Y \cdot F_a = 0{,}57 \cdot 5{,}8\,\text{kN} + 0{,}93 \cdot 7{,}5\,\text{kN} = \mathbf{10{,}3\,kN} \qquad (10.6/14\text{-}13)$$

mit $\dfrac{F_a}{F_r} = \dfrac{7{,}5\,\text{kN}}{5{,}8\,\text{kN}} = 1{,}29 > e = 1{,}14$ nach TB 14-3a

Bestimmung der Lebensdauer des Festlagers

$$L_{10h} = \frac{10^6}{60 \cdot n}\left(\frac{C}{P}\right)^p = \frac{10^6}{60 \cdot 1\,450}\left(\frac{113\,\text{kN}}{10{,}3\,\text{kN}}\right)^3 \approx \mathbf{15\,200\,h} \qquad (14.5a/15\text{-}7)$$

mit $C = 1{,}625 \cdot C_{\text{Einzel}} = 1{,}625 \cdot 69{,}5\,\text{kN} = 113\,\text{kN}$ nach TB 14-2 Legende

Bestimmung der erweiterten Lebensdauer des Festlagers

$$L_{nmh} = a_1 \cdot a_{\text{ISO}} \cdot L_{10h} = 1 \cdot 3{,}0 \cdot 15\,200\,\text{h} = \mathbf{45\,600\,h} \qquad (14.11/15\text{-}12)$$

mit $a_1 = 1$ für 10 % Ausfallwahrscheinlichkeit und
$a_{\text{ISO}} = 3{,}0$ aus TB 14-12a mit

- $e_c \cdot C_u/P = 0{,}2 \cdot 4{,}2\,\text{kN}/10{,}3\,\text{kN} = 0{,}08$
  $e_c = 0{,}2$ s. Aufgabenstellung und $C_u = 4{,}2\,\text{kN}$ aus TB 14-2
- $\kappa = \nu/\nu_1 = 25\,\text{mm}^2/\text{s}/12\,\text{mm}^2/\text{s} = 2{,}08$
  $\nu_1 = 12\,\text{mm}^2/\text{s}$ für $d_m = (D+d)/2 = (125+70)\,\text{mm}/2 = 97{,}5\,\text{mm}$ nach TB 14-10b
  und D aus TB 14-1a für MR 02

Die für Kreiselpumpen anzustrebende Lebensdauer von $L_{10h} = (14\,000\ldots 46\,000)\,\text{h}$ nach TB 14-7, Nr. 21 wird erreicht.

Bestimmung der dynamisch äquivalenten Lagerbelastung des Loslagers

$$P = F_r = \mathbf{11\,kN} \qquad (10.6/14\text{-}13)$$

Bestimmung der Lebensdauer des Loslagers

$$L_{10h} = \frac{10^6}{60 \cdot n}\left(\frac{C}{P}\right)^p = \frac{10^6}{60 \cdot 1\,450}\left(\frac{140\,\text{kN}}{11\,\text{kN}}\right)^3 \approx \mathbf{55\,300\,h} \qquad (14.5a/14\text{-}7)$$

Bestimmung der erweiterten Lebensdauer des Loslagers

$$L_{nmh} = a_1 \cdot a_{ISO} \cdot L_{10h} = 1 \cdot 1{,}9 \cdot 55\,300\,\text{h} = \mathbf{105\,000\,h} \qquad (14.11/14\text{-}12)$$

mit d, D, d_m, κ, ν, ν_1, a_1, e_c wie Festlager
$a_{ISO} = 1{,}9$ nach TB 14-12b mit

- $e_c \cdot C_u/P = 0{,}2 \cdot 19\,\text{kN}/11\,\text{kN} = 0{,}345$
  $C_u = 19\,\text{kN}$ aus TB 14-2

Die für Kreiselpumpen anzustrebende Lebensdauer von $L_{10h} = (20\,000\ldots 75\,000)\,\text{h}$ nach TB 14-7 wird erreicht.

14.23
$L_{nmh} \approx 11\,770$ Betriebsstunden ($C = 163\,\text{kN}$, $F_r = P$, $L_{10h} \approx 4\,600$ Betriebsstunden; $d_m = 157{,}5\,\text{mm}$, $\nu_1 \approx 11\,\text{mm}^2/\text{s}$, $\kappa \approx 2{,}27$, $e_c = 0{,}3$, $e_c \cdot C_u/P = 0{,}089$, $C_u = 7{,}4\,\text{kN}$, $a_{ISO} \approx 4$, $a_1 = 0{,}64$).

14.24
a) Lagerstelle A – Festlager: Rillenkugellager DIN 625–6310 oder Schrägkugellager
DIN 628–3310B
Lagerstelle B – Loslager: Rillenkugellager DIN 625–6209 oder Zylinderrollenlager
DIN 5412–NU209E

b) F_A in Richtung F_t: $F_{Ar} \approx 15{,}23\,\text{kN}$ ($F_{Ax} \approx 15{,}18\,\text{kN}$, $F_{Ay} \approx 1{,}2\,\text{kN}$)
$F_{Br} \approx 2{,}82\,\text{kN}$ ($F_{Bx} \approx 2{,}78\,\text{kN}$, $F_{By} \approx 0{,}45\,\text{kN}$)

F'_A entgegen F_t: $F'_{Ar} \approx 12{,}31$ kN ($F'_{Ax} \approx 12{,}25$ kN, $F_{Ay} \approx 1{,}2$ kN)

$F'_{Br} \approx 8{,}66$ kN ($F_{Bx} \approx 8{,}65$ kN, $F_{By} \approx 0{,}45$ kN)

c) Lagerstelle A mit $F_r \triangleq F_{Ar} = 15{,}23$ kN, $F_a = 1{,}2$ kN beansprucht
gewählt: Rillenkugellager $L_{10h} \approx 9\,000$ Betriebsstunden liegt im mittleren Bereich von $L_{10h\,erf} = 4\,000\ldots 14\,000$ Betriebsstunden, Forderung nicht erfüllt ($C = 62$ kN, $C_0 = 38$ kN, $F_a/C_0 \approx 0{,}03$, $e = 0{,}23$, $F_a/F_r \approx 0{,}08 < e$, daher $P = F_{Ar}$, $f_n \approx 0{,}64$, $f_L \approx 2{,}6 < 3$)

Schrägkugellager (zweireihig) $L_{10h} \approx 16\,700$ Betriebsstunden genügt ($C = 81{,}5$ kN, $F_a/F_r < e = 0{,}68$, $X = 1$, $Y = 0{,}92$, $P \approx 16{,}3$ kN, $f_L \approx 3{,}2$)

Lagerstelle B mit $F_r \triangleq F'_{Br} = 8{,}66$ kN
gewählt: Rillenkugellager $L_{10h} \approx 6\,000$ Betriebsstunden liegt an unterer Grenze von $L_{10h\,erf} = 4\,000\ldots 14\,000$ Betriebsstunden, nicht ausreichend ($C = 31$ kN, $P = F_r$, $f_L \approx 2{,}29$)

Zylinderrollenlager $L_{10h} \approx 155\,000$ Betriebsstunden, genügt in jedem Fall ($C = 72$ kN, $f_n \approx 0{,}67$, $f_L \approx 4{,}72$)

d) gewählt Lagerstelle A: Schrägkugellager DIN 628–3310B

Lebensdauer $L_{n\,mh} \approx 5\,560$ Betriebsstunden $\triangleq$ unterer Bereich für Universalgetriebe (s. TB 14-7)

($d_m = 80$ mm, $v_1 \approx 100$ mm^2/s, $\kappa = 0{,}5$, $e_c = 0{,}5$, $C_u = 3{,}45$ kN, $e_c \cdot C_u/P = 0{,}11$, $a_{ISO} = 0{,}52$, $a_1 = 0{,}64$)

Lagerstelle B: Zylinderrollenlager DIN 5412–NU209E

Lebensdauer $L_{n\,mh} \approx 28\,770$ Betriebsstunden

($d_m = 65$ mm, $v_1 \approx 110$ mm^2/s, $\kappa = 0{,}45$, $e_c = 0{,}5$, $C_u = 8{,}6$ kN, $e_c \cdot C_u/P = 0{,}5$, $a_{ISO} = 0{,}29$, $a_1 = 0{,}64$)

e) Eingebaut für Lagerstelle A: Schrägkugellager DIN 628–3310B, $d = 50$ mm, $D = 110$ mm, $B = 44{,}4$ mm, $r_{1s} = 2$ mm $= r_{as} = r_{bs}$, $h_{min} = 5{,}5$ mm.

für Lagerstelle B: Zylinderrollenlager DIN 5412–NU209E, $d = 45$ mm, $D = 85$ mm, $B = 19$ mm; $r_{1s} = 1{,}1$ mm, $r_{as} = r_{bs} = 1$ mm, $h_{min} = 3{,}5$ mm.

Toleranzen: Welle k6 (k5), Gehäuse H7 (H6).

14.25

gewählt Rillenkugellager DIN 625–6207 mit $C_0 = 15{,}3$ kN
($F \approx 9{,}81 \cdot m = 14{,}72$ kN, $F_{r0} = P_0 = 7{,}36$ kN, $S_0 = 1$, $f_T = 0{,}6$, erforderlich $C_0 \geq 12{,}3$ kN).

14.26

Rillenkugellager DIN 625–6205 mit $C_0 = 7{,}8$ kN
($F_{r0} \triangleq F_{Ar} = F_{Br} = 5$ kN, $F_a = F \triangleq F_{a0} = 2{,}5$ kN, $F_{a0}/F_{r0} = 0{,}5 < e = 0{,}8$, daher $P_0 \triangleq F_{r0} = 5$ kN, $S_0 = 1$, erforderlich $C_0 = 5$ kN).

15 Gleitlager

15.1
$So \approx 0{,}24$ und $\varepsilon \approx 0{,}15$, so dass $h_0 = 85\,\mu\text{m} \gg h_{0\,\text{zul}} = 9\,\mu\text{m}$ ($p_L \approx 0{,}44\,\text{N/mm}^2 < p_{L\,\text{zul}} = 5\,\text{N/mm}^2$, $\omega_{\text{eff}} \approx 576\,\text{s}^{-1}$, $u_W \approx 28{,}8\,\text{m/s}$, $\eta_{\text{eff}} \approx 12{,}5 \cdot 10^{-9}\,\text{N s/mm}^2$, $\psi_B = 2 \cdot 10^{-3}$). Die Welle läuft trotz relativ großen Lagerspiels nahezu zentrisch im Gleitraum und neigt bei auftretender Unwucht wegen mangelhafter Radialführung bei unregelmäßigem Wellenlauf zur Instabilität und zu Schwingungen. (Empfohlen wird daher ein Mehrflächengleitlager mit $\psi_B < 1\,\%$ zur Stabilisierung der Welle).

15.2
a) $h_0 \approx 42\,\mu\text{m} \gg h_{0\,\text{zul}} = 9\,\mu\text{m}$ bei $\varepsilon \approx 0{,}6$ für $b/d_L = 1{,}5$, $So \approx 2$ mit $p_L \approx 3{,}47\,\text{N/mm}^2 < p_{L\,\text{zul}} = 5\,\text{N/mm}^2$ ($\eta_{\text{eff}} = 44\,\text{mPa s} = 44 \cdot 10^{-9}\,\text{N s/mm}^2$, $u_W \approx 3{,}8\,\text{m/s}$, $\omega_{\text{eff}} \approx 31{,}4\,\text{s}^{-1}$, $\psi_B \approx 0{,}88 \cdot 10^{-3}$); Welle läuft störungsfrei (Bereich B);
b) $n'_\text{ü} \approx 42\,\text{min}^{-1}$, empfohlen $n_W/n'_\text{ü} \approx 7{,}1 > 3{,}8$ für $u_W > 3\,\text{m/s}$ ($V_L \approx 16{,}3\,\text{dm}^3$, $C_\text{ü} = 1$), d. h. ausreichend niedrig; bei evtl. Betriebsunterbrechungen und Anlaufen unter Last besser $n'_\text{ü}$ noch niedriger, was durch Erhöhen von η_{eff} erreichbar wäre.

15.3
a) Mit $p_{L\,\text{zul}} = 5\,\text{N/mm}^2$ für $b = d_L$ errechnet $d_L = 44{,}7\,\text{mm}$, gewählt Bauform kurz mit $d_L = 56\,\text{mm}$: Gleitlager DIN 7474–A56 × 40–2K, $p_L \approx 4{,}5\,\text{N/mm}^2$.
b) zulässig $Rz_W = Rz_L = 4\,\mu\text{m}$.
c) $\psi_B = 1{,}59\,\%$ ($ES = 30\,\mu\text{m}$, $EI = 0$, $es = -30\,\mu\text{m}$, $ei = -60\,\mu\text{m}$, $s_{E\,\text{max}} = 0{,}090\,\text{mm}$, $s_{E\,\text{min}} = 0{,}030\,\text{mm}$, $\psi_E = 1{,}07\,\%$, $\Delta\psi = 0{,}52\,\%$, $\alpha_W = 11 \cdot 10^{-6}\,1/°C$, $\alpha_L = 24 \cdot 10^{-6}\,1/°C$, $\Delta s_{\text{max}} = 0{,}0292\,\text{mm}$, $\Delta s_{\text{min}} = 0{,}0291\,\text{mm}$, $s_{B\,\text{max}} = 0{,}119\,\text{mm}$, $s_{B\,\text{min}} = 0{,}059\,\text{mm}$).

15.4

a) $\psi_E = 1{,}61\,\%_0$ ($s_{E\,max} = 0{,}189\,\text{mm}$, $s_{E\,min} = 0{,}132\,\text{mm}$, $ES = 47\,\mu\text{m}$, $EI = 12\,\mu\text{m}$, $ei = -142\,\mu\text{m}$, $es = -120\,\mu\text{m}$).

b) $\psi_B = 1{,}75\,\%_0$, $s_{B\,min} = 0{,}146\,\text{mm}$, $s_{B\,max} = 0{,}203\,\text{mm}$ ($\alpha_W = 11 \cdot 10^{-6}\,1/°\text{C}$, $\Delta\psi = 0{,}14 \cdot 10^{-3} = 0{,}14\,\%_0$, $\Delta s_{min} = 0{,}014\,\text{mm}$, $\Delta s_{max} = 0{,}014\,\text{mm}$).

c) $\varepsilon = 0{,}9$ ($h_{0\,zul} = 7\,\mu\text{m}$ für $d_L = 100\,\text{mm}$, $h_0 = 9{,}1\,\mu\text{m}$, $u_W = 4{,}19\,\text{m/s}$);

d) $\eta_{eff} = 32 \cdot 10^{-9}\,\text{N s/mm}^2 \mathrel{\hat{=}} 32\,\text{mPa s}$ ($p_L = p_{L\,zul} = 7\,\text{N/mm}^2$, $\omega_{eff} = 83{,}8\,\text{s}^{-1}$, $So \approx 8$ für $b/d_L = 0{,}95$, ISO-Viskositätsklasse ISO VG 32); gewählt Schmieröl DIN 51 517–C32 ($\nu_{40} = 32\,\text{mm}^2/\text{s} \pm 10\,\%$, $\eta_{40} \approx 29\,\text{mPa s}$).

(i) 15.5

a) **Wahl einer Lager-Werkstoffgruppe über die spezifische Lagerbelastung p_L**

$$p_L = \frac{F}{b' \cdot d_L'} = \frac{16 \cdot 10^3}{141{,}4 \cdot 53{,}0}\,\frac{\text{N}}{\text{mm}^2} = \mathbf{2{,}13\,N/mm^2} < p_{L\,zul} = 5\,\text{N/mm}^2$$

(15.2/15-2)

mit $d_L' = d_L \cdot \sqrt{2} = 100\,\text{mm} \cdot \sqrt{2} = 141{,}4\,\text{mm}$ und
$b' = (b - b_{Nut}) \cdot 0{,}5 \cdot \sqrt{2} = (80 - 5)\,\text{mm} \cdot 0{,}5 \cdot \sqrt{2} = 53{,}0\,\text{mm}$

Als Lager-Werkstoffgruppe eignen sich **Sn- und Pb-Legierungen** mit $p_{L\,zul}$ aus TB 15-7

b) **Ermittlung der Lagertemperatur ϑ_L**
Bestimmung der Richttemperatur ϑ_0 und effektiven dynamischen Viskosität η_{eff}
erster Rechenschritt   [zweiter Rechenschritt]

$$\vartheta_0 = \vartheta_U + 20\,°\text{C} = 40\,°\text{C} + 20\,°\text{C} = \mathbf{60\,°C} \quad [\vartheta_{0\,neu} = \mathbf{82{,}7\,°C}]$$

$\eta_{eff} = 18 \cdot 10^{-9}\,\text{N s/mm}^2$ aus TB 4-2 für $\vartheta_0 = \vartheta_{eff} = 60\,°\text{C}$

$$[\eta_{eff} = 9 \cdot 10^{-9}\,\text{N s/mm}^2]$$

(Schmieröl CL 46 entspricht ISO VG 46, s. TB 4-7)

Bestimmung der Sommerfeldzahl So

$$So = \frac{p_L \cdot \psi_B^2}{\eta_{eff} \cdot \omega_{eff}} = \frac{2{,}13\,\text{N/mm}^2 \cdot (1{,}49 \cdot 10^{-3})^2}{18 \cdot 10^{-9}\,\text{N s/mm}^2 \cdot 157{,}1\,\text{s}^{-1}} = \mathbf{1{,}67} \quad [So = \mathbf{3{,}35}]$$

(15.7/15-10)

mit $\omega_{eff} = 2 \cdot \pi \cdot n_W = 2 \cdot \pi \cdot 1\,500/60\,\text{s}^{-1} = 157{,}1\,\text{s}^{-1}$ und ψ_B s. Aufgabenstellung

15 Gleitlager

Bestimmung der Reibungskennzahl μ/ψ_B

$$\frac{\mu}{\psi_B} = \frac{\pi}{So\sqrt{1-\varepsilon^2}} + \frac{\varepsilon}{2}\sin\beta \qquad (15.8/15\text{-}14)$$

$$= \frac{\pi}{1{,}67\sqrt{1-0{,}82^2}} + \frac{0{,}82}{2}\sin 31° = \mathbf{3{,}5} \qquad \left[\frac{\mu}{\psi_B} = \mathbf{2{,}24}\right]$$

mit $\varepsilon = 0{,}82$ nach TB 15-11 und $\qquad\qquad\qquad\qquad\qquad [\varepsilon = 0{,}89]$

$\beta = 31°$ nach TB 15-13a für $\dfrac{b'}{d'_L} = \dfrac{53\,\text{mm}}{141{,}4\,\text{mm}} = 0{,}375 \quad [\beta = 24°]$

Bestimmung der Reibungsverlustleistung P_R

$$P_R = \frac{\mu}{\psi_B} \cdot \psi_B \cdot F \cdot u_W$$

$$P_R = 3{,}5 \cdot 1{,}49 \cdot 10^{-3} \cdot 16 \cdot 10^3\,\text{N} \cdot 7{,}85\,\frac{\text{m}}{\text{s}} = \mathbf{655\,W} \qquad [P_R = \mathbf{419\,W}]$$

$$(15.9/15\text{-}13)$$

mit $u_W = \pi \cdot d \cdot n_W = \pi \cdot 0{,}1\,\text{m} \cdot 1\,500/60\,\text{s}^{-1} = 7{,}85\,\text{m/s}$

Bestimmung der Lagertemperatur ϑ_L

$$\vartheta_L \mathrel{\hat=} \vartheta_m = \vartheta_U + \frac{P_R}{\alpha \cdot A_G} \qquad (15.13/15\text{-}18)$$

$$= 40\,°C + \frac{655\,W}{20\,\dfrac{W}{m^2 \cdot °C} \cdot 0{,}5\,m^2} = \mathbf{105{,}5\,°C} \qquad [\vartheta_m = \mathbf{81{,}9\,°C}]$$

mit α und A_G s. Aufgabenstellung
$\vartheta_L > \vartheta_{L\,zul} = 90°C \qquad\qquad\qquad\qquad [\vartheta_m \mathrel{\hat=} \vartheta_L < \vartheta_{L\,zul}]$
$|\vartheta_m - \vartheta_0| = |105{,}5\,°C - 60\,°C| = 45{,}5°C > 2°C \quad [|\vartheta_m - \vartheta_{0\,neu}| = 0{,}8°C < 2°C]$
nicht zulässig ($\vartheta_{L\,zul}$ s. TB 15-15) $\qquad\qquad\qquad$ [Bedingung erfüllt]

Wahl eines neuen Richtwertes durch Iteration

$$\vartheta_{0\,neu} = \frac{\vartheta_{0\,alt} + \vartheta_m}{2} = \frac{105{,}5\,°C + 60\,°C}{2} = 82{,}7\,°C$$

c) **Ermittlung des Schmierstoffdurchsatzes $\dot{V}_D$**

$$\dot{V}_D = \left(\frac{d_L}{200}\right)^3 \cdot \psi \cdot \frac{\pi \cdot n_W}{30} \cdot 120 \left[\frac{b'}{d_L'} - 0{,}223\left(\frac{b'}{d_L'}\right)^3\right] \cdot \varepsilon$$

(Lehrbuch 15.4.1-4 – Hinweis)

$$= \left(\frac{100}{200}\right)^3 \cdot 1{,}49 \cdot 10^{-3} \cdot \frac{\pi \cdot 1\,500}{30} \cdot 120 \cdot [0{,}375 - 0{,}223(0{,}375)^3] \cdot 0{,}89$$

$$= \mathbf{1{,}135\,l/min}$$

d) **Nachprüfung der Verschleißgefährdung**

$$h_0 = 0{,}5 \cdot d_L \cdot \psi_B(1-\varepsilon) \cdot 10^3 = 0{,}5 \cdot 100\,\text{mm} \cdot 1{,}49 \cdot 10^{-3}(1-0{,}89) \cdot 10^3 = \mathbf{8{,}2\,\mu m}$$
(15.6/15-3)

$h_0 > h_{0\,\text{zul}} = 7\,\mu\text{m}$

Zulässige kleinste Spalthöhe nach TB 15-14 für $d_W = 100\,\text{mm}$ und $u_W = 7{,}85\,\text{m/s}$ wird nicht unterschritten.

15.6
a) $p_L = 2\,\text{N/mm}^2 < p_{L\,\text{zul}} = 5\,\text{N/mm}^2$;
b) $\eta_{\text{eff}} \approx 9{,}5 \cdot 10^{-9}\,\text{N s/mm}^2$ bei $\vartheta_{\text{eff}} = 60\,°\text{C}$ für ISO VG 22;
c) $So \approx 2{,}23$ ($\omega_{\text{eff}} = 209{,}4\,\text{s}^{-1}$, $\psi_B = 1{,}49 \cdot 10^{-3}$);
d) $\varepsilon \approx 0{,}75$ ($b/d_L = 0{,}8$) für So bei störungsfreiem Betrieb (Bereich B);
e) $h_0 \approx 19\,\mu\text{m} > h_{0\,\text{zul}} = 9\,\mu\text{m}$ ($u_W \approx 10{,}5\,\text{m/s}$); $\beta \approx 35°$ (halbumschließend).

15.7
a) $s_B \approx 0{,}09\,\text{mm}$ festgelegt aus $\psi_B = 1{,}12\,‰$ (errechnet $\psi_B \approx 1{,}11\,‰$ für $u_W = 3{,}77\,\text{m/s}$);
b) $p_L \approx 4{,}7\,\text{N/mm}^2 < p_{L\,\text{zul}} = 5\,\text{N/mm}^2$; $\eta_{\text{eff}} \approx 23 \cdot 10^{-9}\,\text{N s/mm}^2$ für $\vartheta_0 = \vartheta_{\text{eff}}$, $\omega_{\text{eff}} = 94{,}25\,\text{s}^{-1}$, $So \approx 2{,}72$, somit $\varepsilon \approx 0{,}79$ für $b/d_L = 0{,}75$; rechnerisch $\mu/\psi_B \approx 2{,}12$, $\beta \approx 36°$, $P_R \approx 201\,\text{W}$ ($\mu \approx 2{,}37 \cdot 10^{-3}$), also $\vartheta_L \triangleq \vartheta_m = 70{,}3\,°\text{C}$, so dass $|\vartheta_m - \vartheta_0| = 0{,}3\,°\text{C} < 2\,°\text{C}$ ausreichend genau, d. h. Betrieb möglich, da auch $\vartheta_L < \vartheta_{L\,\text{zul}}$;
c) $h_0 \approx 9{,}4\,\mu\text{m} > h_{0\,\text{zul}} = 7\,\mu\text{m}$;
d) $\dot{V}_D \approx 7\,\text{cm}^3/\text{s} = 0{,}42\,\text{l/min}$ mit $\dot{V}_{D\,\text{rel}} \approx 0{,}13$.

15.8
$p_L = 2{,}59\,\text{N/mm}^2$, $\omega_{\text{eff}} = 78{,}54\,\text{s}^{-1}$, $u_W = 2{,}36\,\text{m/s}$, $n_W = 12{,}5\,\text{s}^{-1}$, $\psi_E = 1 \cdot 10^{-3}$, $b/d_L = 0{,}75$, $\alpha_L = 24 \cdot 10^{-6}\,1/°\text{C}$, $\alpha_W = 11 \cdot 10^{-6}\,1/°\text{C}$.

Zustandsgröße	Einheit	Rechenschritt (Rundwerte)		
		1	2	3
$\vartheta_0 \triangleq \vartheta_{eff}$	°C	60	69,7	67
η_{eff}	N s/mm²	$70 \cdot 10^{-9}$	$44 \cdot 10^{-9}$	$48 \cdot 10^{-9}$
ψ_B	–	$1,52 \cdot 10^{-3}$	$1,65 \cdot 10^{-3}$	$1,61 \cdot 10^{-3}$
So	–	1,09	2,04	1,78
ε	–	0,63	0,74	0,72
β	°	46	40	42
μ/ψ_B	–	3,94	2,52	2,78
P_R	W	98,9	68,6	73,8
$\vartheta_L \triangleq \vartheta_m$	°C	79,4	64,3	66,9
$|\vartheta_m - \vartheta_0|$	°C	19,4	5,4	0,1

Iteration eingestellt, da $|\vartheta_m - \vartheta_0| = 0,1°C < 2°C$ und $\vartheta_L < \vartheta_{L\,zul}$
Das Lager kann noch mit natürlicher Kühlung betrieben werden.

15.9

a) $p_L = 2{,}59\,\text{N/mm}^2$, $\omega_{eff} = 78{,}54\,\text{s}^{-1}$, konstant $\dot{V} \approx 8\,333\,\text{mm}^3/\text{s}$, $u_W \approx 2{,}36\,\text{m/s}$, $b/d_L = 0{,}75$, $\alpha_L = 24 \cdot 10^{-6}\,1/°C$, $\alpha_W = 11 \cdot 10^{-6}\,1/°C$.

Zustandsgröße	Einheit	Rechenschritt (Rundwerte)	
		1	2
$\vartheta_0 \triangleq \vartheta_{a0}$ bzw. $\vartheta_{a0neu} = 0{,}5(\vartheta_{a0\,alt} + \vartheta_a)$	°C	50	48,8
$\vartheta_{eff} = 0{,}5(\vartheta_e + \vartheta_{a0})$	°C	40	39,4
η_{eff}	N s/mm²	$200 \cdot 10^{-9}$	$210 \cdot 10^{-9}$
$\psi_B = \psi_E + \Delta\psi$	–	$1,26 \cdot 10^{-3}$	$1,25 \cdot 10^{-3}$
So	–	0,26	0,25
ε	–	0,29	0,28
β	°	69	70
μ/ψ_B rechnerisch	–	12,76	13,22
P_R	W	265	273
$\vartheta_L \triangleq \vartheta_a$	°C	47,6	48,2
$|\vartheta_{a0} - \vartheta_a|$	°C	2,4	0,6

Iteration eingestellt, da $|\vartheta_a - \vartheta_{a0}| < 2°C$ und auch $\vartheta_L \leq \vartheta_{L\,zul}$

b) $h_0 \approx 27\,\mu\text{m} > h_{0\,zul} = 4\,\mu\text{m}$.

c) Für $So \leq 0{,}3$ kann die Welle im Lager zu Schwingungen angeregt werden, daher wenn möglich, Schmieröl mit niedrigerer η_{eff} wählen, andernfalls MF-Lager verwenden.

ⓘ **15.10**

a) **Überprüfung der spezifischen Lagerbelastung p_L**

$$p_L = \frac{F}{b \cdot d_L} = \frac{9{,}5 \cdot 10^3 \text{N}}{70\,\text{mm} \cdot 70\,\text{mm}} = \mathbf{1{,}94\,\frac{N}{mm^2}} < p_{L\,zul} = 7\,\frac{N}{mm^2} \quad (15.2/15\text{-}2)$$

mit $p_{L\,zul}$ aus TB 15-7

b) **Berechnung des Lagerspiels ψ**
Bestimmung des mittleren relativen Einbaulagerspiels

$$\psi_E \approx 0{,}8 \cdot \sqrt[4]{u_W} \cdot 10^3 = 0{,}8 \cdot \sqrt[4]{4{,}4\,\text{m/s}} \cdot 10^3 = \mathbf{1{,}16 \cdot 10^{-3}} \quad (15.4/15\text{-}6)$$

mit $u_W = \pi \cdot d_W \cdot n_W = \pi \cdot 0{,}07\,\text{m} \cdot 1\,200/60\,\text{s}^{-1} = 4{,}4\,\text{m/s}$

Bestimmung des mittleren relativen Betriebslagerspiels
Erster Rechenschritt $\Delta\vartheta = 20°C$ gewählt, zweiter Rechenschritt Ergebnisse in [ ] mit neu berechneten $\Delta\vartheta$.

$$\psi_B = \psi_E + \Delta\psi = (1{,}16 + 0{,}28) \cdot 10^{-3} = \mathbf{1{,}44 \cdot 10^{-3}} \qquad [\psi_B = \mathbf{1{,}42 \cdot 10^{-3}}]$$
$$(15\text{-}7)$$

mit

$$\Delta\psi = (\alpha_L - \alpha_W) \cdot (\vartheta_{eff} - 20\,°C) \quad (15\text{-}8)$$
$$= (18 - 11) \cdot 10^{-6}\,\frac{1}{°C} \cdot (60 - 20)\,°C = 0{,}28 \cdot 10^{-3} \qquad [\Delta\psi = 0{,}26 \cdot 10^{-3}]$$

und α_L aus TB 15-6, α_W aus TB 12-6b sowie

$$\vartheta_{eff} = 0{,}5 \cdot (\vartheta_e + \vartheta_{a0}) = 0{,}5 \cdot (50\,°C + 70\,°C) = 60\,°C$$
$$[\vartheta_{eff} = 0{,}5 \cdot (50\,°C + 65{,}8\,°C) = 57{,}9\,°C]$$

mit $\vartheta_0 \hat{=} \vartheta_{a0} = \vartheta_e + \Delta\vartheta = 50°C + 20°C = 70°C$ \qquad [mit $\vartheta_{a0\,neu}$]

c) **Ermittlung der Schmierstoffaustrittstemperatur ϑ_a**
Bestimmung der effektiven dynamischen Viskosität ϑ_{eff}

$$\eta_{eff} = \mathbf{24 \cdot 10^{-9}\,N\,s/mm^2} \text{ aus TB 4-2 für } \vartheta_{eff} = 60\,°C$$
$$[\eta_{eff} = \mathbf{26{,}5 \cdot 10^{-9}\,N\,s/mm^2}]$$

(Schmieröl C 68 entspricht ISO VG 68, s. TB 4-7)

Bestimmung der Sommerfeldzahl So

$$So = \frac{p_L \cdot \psi_B^2}{\eta_{eff} \cdot \omega_{eff}} = \frac{1{,}94 \,\text{N/mm}^2 \cdot (1{,}44 \cdot 10^{-3})^2}{24 \cdot 10^{-9}\,\text{N s/mm}^2 \cdot 125{,}7\,\text{s}^{-1}} = \mathbf{1{,}33} \qquad [So = \mathbf{1{,}17}]$$

(15.7/15-10)

mit $\omega_{eff} = 2 \cdot \pi \cdot n_W = 2 \cdot \pi \cdot 1\,200/60\,s^{-1} = 125{,}7\,s^{-1}$, ($\psi_B$ s. o.)

Bestimmung der Reibungskennzahl μ/ψ_B

$$\frac{\mu}{\psi_B} = \frac{\pi}{So\sqrt{1-\varepsilon^2}} + \frac{\varepsilon}{2}\sin\beta \qquad (15.8/15\text{-}14)$$

$$= \frac{\pi}{1{,}33\sqrt{1-0{,}61^2}} + \frac{0{,}61}{2}\sin 50° = \mathbf{3{,}22} \qquad \left[\frac{\mu}{\psi_B} = \mathbf{3{,}525}\right]$$

mit $\varepsilon = 0{,}61$ (TB 15-11a) und $\qquad\qquad\qquad\qquad [\varepsilon = 0{,}58]$

$\beta = 50°$ (TB 15-13a) $\qquad\qquad\qquad\qquad\qquad\qquad [\beta = 52°]$

Bestimmung der Reibungsverlustleistung P_R

$$P_R = \frac{\mu}{\psi_B} \cdot \psi_B \cdot F \cdot u_W$$

$$P_R = 3{,}22 \cdot 1{,}44 \cdot 10^{-3} \cdot 9{,}5 \cdot 10^3\,\text{N} \cdot 4{,}4\,\frac{\text{m}}{\text{s}} = \mathbf{194\,W} \qquad [P_R = \mathbf{209\,W}]$$

(15.9/15-13)

mit $u_W = \pi \cdot d_W \cdot n_W = \pi \cdot 0{,}1\,\text{m} \cdot 1\,200/60\,s^{-1} = 4{,}4\,\text{m/s}$

Bestimmung des Schmierstoffdurchsatzes $\dot{V}_D$ infolge Förderung durch Wellendrehung

$$\dot{V}_D = \dot{V}_{D\,rel} \cdot d_L^3 \cdot \psi_B \cdot \omega_{eff} \qquad (15.15/15\text{-}20)$$

$$= 0{,}12 \cdot (70\,\text{mm})^3 \cdot 1{,}26 \cdot 10^{-3} \cdot 125{,}7\,s^{-1} = \mathbf{7\,448\,mm^3/s}$$

$$[\dot{V}_D = \mathbf{6\,732\,mm^3/s}]$$

mit

$$\dot{V}_{D\,rel} = 0{,}25 \cdot \left[\left(\frac{b}{d_L}\right) - 0{,}223 \cdot \left(\frac{b}{d_L}\right)^3\right] \cdot \varepsilon \qquad (15\text{-}21)$$

$$= 0{,}25 \cdot [(1) - 0{,}223 \cdot (1)^3] \cdot 0{,}61 = 0{,}12 \qquad [\dot{V}_{D\,rel} = 0{,}11]$$

und $b/d_L = 70\,\text{mm}/70\,\text{mm} = 1$

Bestimmung des Schmierstoffdurchsatzes $\dot{V}_{pZ}$ infolge Zuführdruck

$$\dot{V}_{pZ} = \frac{\dot{V}_{pZ\,rel} \cdot d_L^3 \cdot \psi_B^3}{\eta_{eff}} \cdot p_Z \qquad (15.16/15\text{-}22)$$

$$= \frac{0{,}223 \cdot (70\,\text{mm})^3 \cdot (1{,}44 \cdot 10^{-3})^3}{24 \cdot 10^{-9}\,\text{N s/mm}^2} \cdot 0{,}2\,\frac{\text{N}}{\text{mm}^2} = \mathbf{1\,903\,\text{mm}^3/\text{s}}$$

$$[\dot{V}_{pZ} = \mathbf{1\,556\,\text{mm}^3/\text{s}}]$$

mit

$$\dot{V}_{pZ\,rel} = \frac{\pi}{48} \cdot \frac{(1+\varepsilon)^3}{\ln(b/b_T) \cdot q_T}$$

$$= \frac{\pi}{48} \cdot \frac{(1+0{,}61)^3}{\ln(1/0{,}6) \cdot 2{,}4} = 0{,}223 \qquad [\dot{V}_{pZ\,rel} = 0{,}21]$$

und

$$q_T = 1{,}188 + 1{,}582 \cdot (b_T/b) - 2{,}585 \cdot (b_T/b)^2 + 5{,}563 \cdot (b_T/b)^3$$

$$= 1{,}188 + 1{,}582 \cdot 0{,}6 - 2{,}585 \cdot 0{,}6^2 + 5{,}563 \cdot 0{,}6^3 = 2{,}4$$

nach TB 15-16b, Nr. 2; b_T/b s. Aufgabenstellung

Bestimmung des gesamten Schmierstoffdurchsatzes $\dot{V}$

$$\dot{V} = \dot{V}_D = \dot{V}_{pZ} = 7\,448\,\text{mm}^3/\text{s} + 1\,903\,\text{mm}^3/\text{s} = \mathbf{9\,351\,\text{mm}^3/\text{s}} \qquad (15.17/15\text{-}23)$$

$$[\dot{V} = \mathbf{8\,288\,\text{mm}^3/\text{s}}]$$

Bestimmung der Lagertemperatur ϑ_L

$$\vartheta_L \triangleq \vartheta_a = \vartheta_e + \frac{P_R}{\dot{V} \cdot \varrho \cdot c} \leq \vartheta_{L\,zul} \qquad (15.14/15\text{-}19)$$

$$= 50\,°\text{C} + \frac{194\,\text{N m/s}}{9\,351 \cdot 10^{-9}\,\frac{\text{m}^3}{\text{s}} \cdot 1{,}8 \cdot 10^6\,\frac{\text{N}}{\text{m}^2 \cdot °\text{C}}} = \mathbf{61{,}5\,°\text{C}} \qquad [\vartheta_a = \mathbf{64\,°\text{C}}]$$

$|\vartheta_{a0} - \vartheta_a| = |70\,°\text{C} - 61{,}5\,°\text{C}| = 8{,}5\,°\text{C} > 2\,°\text{C}$ $\qquad [|\vartheta_{a0} - \vartheta_a| = 1{,}6\,°\text{C} < 2\,°\text{C}]$
nicht zulässig, neue Iteration $\qquad\qquad$ [Bedingung erfüllt]

$\qquad\qquad\qquad\qquad\qquad\qquad [\vartheta_a \triangleq \vartheta_L \leq \vartheta_{L\,zul} = 100\,°\text{C}]$
$\qquad\qquad\qquad\qquad\qquad\qquad [\vartheta_{L\,zul}$ s. TB 15-15; Bedingungen erfüllt]

15 Gleitlager

Wahl eines neuen Richtwertes durch Iteration

$$\vartheta_{a0\,neu} = \frac{\vartheta_{a0\,alt} + \vartheta_a}{2} = \frac{70\,°C + 61{,}6\,°C}{2} = \mathbf{65{,}8\,°C}$$

d) **Nachprüfung der Verschleißgefährdung**

$$h_0 = 0{,}5 \cdot d_L \cdot \psi_B (1-\varepsilon) \cdot 10^3 = 0{,}5 \cdot 70\,\text{mm} \cdot 1{,}42 \cdot 10^{-3}(1-0{,}58) \cdot 10^3 = \mathbf{20{,}9\,\mu m} \quad (15.6/15\text{-}3)$$

$h_0 > h_{0\,zul} = 7\,\mu m$
Zulässige kleinste Spalthöhe nach TB 15-14 für $d_W = 70$ mm und $u_W = 4{,}4$ m/s wird nicht unterschritten.

15.11

a) $p_L = 2\,\text{N/mm}^2 < p_{L\,zul} = 5\,\text{N/mm}^2$.

b) 1. $\vartheta_{a0} = 60\,°C$, $\vartheta_{eff} = 50\,°C$, $\eta_{eff} = 13{,}5 \cdot 10^{-9}\,\text{N s/mm}^2$; $b/d_L = 0{,}8$, $So \approx 1{,}05$, ($n_W = 50\,\text{s}^{-1}$, $\omega_{eff} \approx 314{,}2\,\text{s}^{-1}$), $\varepsilon \approx 0{,}61$, $\beta \approx 48°$, $\mu/\psi_B \approx 4$, $P_R \approx 1498$ W ($u_W = 15{,}7$ m/s); $\dot{V}_D \approx 49\,157\,\text{mm}^3/\text{s}$ ($\dot{V}_{D\,rel} \approx 0{,}105$), $\dot{V}_{pZ} \approx 3455\,\text{mm}^3/\text{s}$ ($q_T = 2{,}03$, $\dot{V}_{pZ\,rel} \approx 0{,}047$), $\dot{V} = 52\,612\,\text{mm}^3/\text{s}$; $\vartheta_L \triangleq \vartheta_a = 55{,}8\,°C$, d. h. Iteration, weil $|\vartheta_{a0} - \vartheta_a| = 4{,}2\,°C > 2\,°C$;

2. $\vartheta_{a0\,neu} = 57{,}9\,°C$, $\vartheta_{eff} = 49\,°C$, $\eta_{eff} = 14 \cdot 10^{-9}\,\text{N s/mm}^2$; $So \approx 1$, $\varepsilon \approx 0{,}6$, $\beta \approx 49°$, $\mu/\psi_B \approx 4{,}15$, $P_R \approx 1554$ W; $\dot{V}_D \approx 48\,220\,\text{mm}^3/\text{s}$ ($\dot{V}_{D\,rel} \approx 0{,}103$), $\dot{V}_{pZ} \approx 3332\,\text{mm}^3/\text{s}$ ($q_T = 2{,}03$, $\dot{V}_{pZ\,rel} \approx 0{,}047$), $\dot{V} = 51\,552\,\text{mm}^3/\text{s}$; $\vartheta_L \triangleq \vartheta_a = 56{,}7\,°C$, $|\vartheta_{a0\,neu} - \vartheta_a| = 1{,}2\,°C < 2\,°C$. Iteration eingestellt, denn auch $\vartheta_L \approx 57° < \vartheta_{L\,zul} = 100\,°C$.

c) $h_0 = 29{,}8\,\mu m > h_{0\,zul} = 9\,\mu m$, d. h. Verschleißgefährdung für stationären Betrieb nicht gegeben.

15.12

a) $p_L = 5\,\text{N/mm}^2 < p_{L\,zul} = 7\,\text{N/mm}^2$; $n_W = 33{,}33\,\text{s}^{-1}$, $u_W = 12{,}57$ m/s, $\omega_{eff} = 209{,}4\,\text{s}^{-1}$, $\alpha_W = 11 \cdot 10^{-6}\,1/°C$, $\alpha_L = 18 \cdot 10^{-6}\,1/°C$;
$\vartheta_L \triangleq \vartheta_m \approx 458\,°C \gg \vartheta_{L\,zul}$ ($\vartheta_0 \triangleq \vartheta_{eff} = 60\,°C$, $\eta_{eff} \approx 35 \cdot 10^{-9}\,\text{N s/mm}^2$; $\psi_B = 1{,}28 \cdot 10^{-3}$, wenn $\psi_E = 1 \cdot 10^{-3}$ und $\Delta\psi = 0{,}28 \cdot 10^{-3}$; $So \approx 1{,}12$, $\varepsilon \approx 0{,}73$, $\beta \approx 38°$, $\mu/\psi_B \approx 4{,}33$, $P_R \approx 2507$ W). Die Rechnung wird nicht weitergeführt, da natürliche Kühlung nicht in Betracht kommt.

b) $\vartheta_e = 50\,°\mathrm{C}$, $p_Z = 0,5\,\mathrm{N/mm^2}$.

Zustandsgröße	Einheit	Rechenschritt (Rundwerte)	
		1	2
$\vartheta_0 \triangleq \vartheta_{a0}$ bzw. $\vartheta_{a0\,neu} = 0,5(\vartheta_{a0\,alt} + \vartheta_a)$	°C	70	74,8
$\vartheta_{eff} = 0,5(\vartheta_e + \vartheta_{a0})$	°C	60	62,4
η_{eff}	N s/mm²	$35 \cdot 10^{-9}$	$32 \cdot 10^{-9}$
$\psi_B = \psi_E + \Delta\psi$	–	$1,28 \cdot 10^{-3}$	$1,3 \cdot 10^{-3}$
So	–	1,12	1,26
ε	–	0,73	0,76
β	°	38	37
μ/ψ_B rechnerisch	–	4,33	4,07
P_R	W	2 507	2 394
$\dot{V}_{D\,rel}$	–	0,086	0,09
$\dot{V}_D$	mm³/s	39 832	42 336
q_L	–	1,24	1,24
$\dot{V}_{pZ\,rel}$	–	0,136	0,143
$\dot{V}_{pZ}$	mm³/s	7 041	8 483
$\dot{V}$	mm³/s	46 873	50 819
$\vartheta_L \triangleq \vartheta_a$	°C	79,7	76,2
$|\vartheta_{a0} - \vartheta_a|$	°C	9,7	1,4

Iteration eingestellt, da $|\vartheta_a - \vartheta_{a0}| < 2\,°\mathrm{C}$ und auch $\vartheta_L = 76\,°\mathrm{C} < \vartheta_{L\,zul}$

c) $h_0 \approx 18,7\,\mu\mathrm{m} > h_{0\,zul} = 9\,\mu\mathrm{m}$ keine Gefährdung.

15.13
Einscheiben-Spurlager

a) **Ermittlung der Schmierspalthöhe h_0**

$$h_{0\,zul} \approx (5\ldots 15) \cdot (1 + 0,0025 \cdot d_m) = 15 \cdot (1 + 0,0025 \cdot 270) = 25\,\mu\mathrm{m}$$
(15.19/15-34)

mit $d_m = (d_a + d_i)/2 = (300 + 240)\,\mathrm{mm}/2 = 270\,\mathrm{mm}$

$$h_0 = 5 \cdot 25\,\mu\mathrm{m} = 125\,\mu\mathrm{m} = \mathbf{0{,}0125\,cm}$$

Lt. Aufgabenstellung $5 \times$ Größtwert von $h_{0\,zul}$ wählen.

15 Gleitlager

b) **Ermittlung des Schmierstoffvolumens $\dot{V}$**

$$\dot{V} = \frac{\pi \cdot h_0^3 \cdot p_T}{6 \cdot \eta_{\text{eff}} \cdot \ln(r_a/r_i)} \qquad (15.20/15\text{-}38)$$

$$= \frac{\pi \cdot 0{,}0125^3 \text{cm}^3 \cdot 140 \, \text{N/cm}^2}{6 \cdot 60 \cdot 10^{-7} \text{N s/cm}^2 \cdot \ln(15 \, \text{cm}/12 \, \text{cm})} = \mathbf{107 \, cm^3/s = 6{,}42 \, l/min}$$

mit Schmierstoff-Zuführdruck p_Z

$$p_Z \approx p_T = \frac{2 \cdot F}{\pi} \frac{\ln(r_a/r_i)}{r_a^2 - r_i^2} \qquad (15.21/15\text{-}37)$$

$$= \frac{2 \cdot 80 \cdot 10^3 \text{N}}{\pi} \frac{\ln(15 \, \text{cm}/12 \, \text{cm})}{(15^2 - 12^2) \, \text{cm}^2} = 140 \, \text{N/cm}^2 = 14 \, \text{bar}$$

und $\eta_{\text{eff}} = 60 \cdot 10^{-7} \, \text{N s/cm}^2$ aus TB 4-4 für ISO VG 68 und $\vartheta_{\text{eff}} \approx 41\,°\text{C}$

c) **Bestimmung der Schmierstofferwärmung $\Delta\vartheta$**
Bestimmung der Reibungsleistung P_R

$$P_R = \frac{\pi}{2} \cdot \frac{\eta_{\text{eff}} \cdot \omega_{\text{eff}}^2}{h_0} \cdot (r_a^4 - r_i^4) \qquad (15.22/15\text{-}39)$$

$$= \frac{\pi}{2} \cdot \frac{60 \cdot 10^{-7} \, \text{N s/cm}^2 \cdot 45^2 \, \text{s}^{-2}}{0{,}0125 \, \text{cm}} \cdot (15^4 - 12^4) \, \text{cm}^2 = \mathbf{456 \, \frac{N\,m}{s}}$$

mit $\omega_{\text{eff}} = 2 \cdot \pi \cdot n_W = 2 \cdot \pi \cdot 430/60 \, \text{s}^{-1} = 45 \, \text{s}^{-1}$

Bestimmung der Pumpenleistung P_p

$$P_p = \frac{\dot{V} \cdot p_Z}{\eta_p} = \frac{107 \cdot 10^{-6} \, \text{m}^3/\text{s} \cdot 140 \cdot 10^4 \, \text{N/m}^2}{0{,}75} = \mathbf{200 \, \frac{N\,m}{s}}$$

Legende zu (15.23/15-40)

Bestimmung der Schmierstofferwärmung $\Delta\vartheta$

$$\Delta\vartheta \triangleq \vartheta_a - \vartheta_e = \frac{P_R + P_p}{c \cdot \varrho \cdot \dot{V}} = \frac{(456 + 200) \, \text{N m/s}}{1{,}8 \cdot 10^6 \, \dfrac{\text{N}}{\text{m}^2 \cdot °\text{C}} \cdot 107 \cdot 10^{-6} \, \dfrac{\text{m}^3}{\text{s}}} = \mathbf{3{,}5\,°C}$$

(15.23/15-40)

mit $c \cdot \varrho$ nach Legende zu Gl. (15.14/15-40).
$\Delta\vartheta < (10 \ldots 15)\,°\text{C}$, zulässig entspr. Hinweis unter Gl. (15.17)

d) **Bestimmung des Reibungskoeffizienten μ**

$$\mu = \frac{4 \cdot (P_R + P_p)}{F \cdot \omega_{\text{eff}} \cdot (d_a + d_i)} = \frac{4 \cdot (456 + 200) \, \text{N m/s}}{80 \cdot 10^3 \, \text{N} \cdot 45 \, \text{s}^{-1} \cdot (0{,}3 \, \text{m} + 0{,}24 \, \text{m})} = \mathbf{1{,}35 \cdot 10^{-3}}$$

(15.24/15-41)

15.14

a) $p_T \approx 158 \, \text{N/cm}^2 \approx 16 \, \text{bar}$ ($r_a = 10 \, \text{cm}$, $r_i = 8 \, \text{cm}$);

b) $\dot{V} \approx 5{,}72 \, \text{cm}^3/\text{s} \approx 0{,}343 \, \text{dm}^3/\text{min}$ ($h_{0\,\text{zul}} = 14{,}5 \, \mu\text{m} \approx 0{,}0015 \, \text{cm}$, somit $h_0 = 0{,}003 \, \text{cm}$, $p_T \approx 158 \, \text{N/cm}^2$, $\eta_{\text{eff}} \approx 17{,}5 \cdot 10^{-7} \, \text{N s/cm}^2$);

c) $\Delta\vartheta \approx 3{,}5°\text{C}$ ($P_R \approx 23{,}7 \, \text{N m/s}$ bzw. W, $P_p \approx 11{,}3 \, \text{W}$ mit $p_T \approx 158 \, \text{N/cm}^2$, $\omega_{\text{eff}} = 20{,}94 \, \text{s}^{-1}$. $c \approx 1980 \, \text{N m}/(\text{kg} \cdot °\text{C})$ für $\varrho_{15} \approx 917 \, \text{kg/m}^3$ und 60°C, $\dot{V} \approx 5{,}72 \cdot 10^{-6} \, \text{m}^3/\text{s}$).

15.15

a) $b = 63 \, \text{mm}$, $d_m = 315 \, \text{mm}$, $l \approx 66 \, \text{mm}$, somit $l/b \approx 1{,}05$, $p_L \approx 26{,}7 \cdot 10^5 \, \text{N/m}^2 < p_{L\,\text{zul}}$; $h_{\text{seg}} \approx 23 \, \text{mm}$;

b) $h_0 \approx 18 \, \mu\text{m} > h_{0\,\text{zul}} = 9 \, \mu\text{m}$ ($\eta_{\text{eff}} \approx 28 \cdot 10^{-3} \, \text{N s/m}^2$ bei ϑ_{eff}, abgelesen $k_1 \approx 0{,}068$ für $l/b \approx 1$, $u_m = 7{,}09 \, \text{m/s}$); $t \approx 18 \, \mu\text{m}$;

c) $P_R \approx 3025 \, \text{N m/s}$ ($k_2 \approx 2{,}95$ für $l/b \approx 1$);

d) $\Delta\vartheta \approx 12{,}3°\text{C} < 20°\text{C}$ ($2 \cdot \dot{V}_{\text{ges}} \approx 135 \cdot 10^{-6} \, \text{m}^3/\text{s}$, $\varrho_{15} = 883 \, \text{kg/m}^3$, $c \approx 2050 \, \text{N m}/(\text{kg}°\text{C})$).

16 Riemengetriebe

16.1
a) $\beta_1 (= \beta_k) = 2 \cdot \arccos[(d_2 - d_1)/2e]$, siehe Lehrbuch Gl. (16.24/16-32);
b) $L = 2e \cdot \sin(\beta_1/2) + \pi(d_2 + d_1)/2 + \pi[1 - (\beta_1/180)] \cdot (d_2 - d_1)/2$.

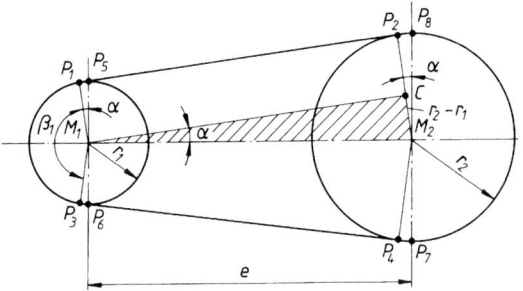

16.2
$\beta_1 (= \beta_k) \approx 157°$; $(d_2 = 800\,\text{mm}, d_1 = 160\,\text{mm}.\ i = 5, e = 1\,600\,\text{mm})$.

16.3
a) $F_1 = 947\,\text{N}, F_2 = 380\,\text{N}$, $(P = 11\,\text{kW}, T = 71\,\text{N m}, F_t = 568\,\text{N}, \kappa = 0{,}6, m = 2{,}47,$
   $\beta_1 (= \beta_k) = 173°, \mu = 0{,}3)$;
b) $F_w = 1\,341\,\text{N}$; $(k = 2{,}36)$.

16.4
$\mu = 0{,}7, \beta_1 (= \beta_k) = 169°, m = 7{,}88, \kappa = 0{,}78, E_b = 300\,\text{N/mm}^2, v_{\text{opt}} = 45{,}49\,\text{m/s},$
$P_{\text{max}} = 26{,}73\,\text{kW}$.

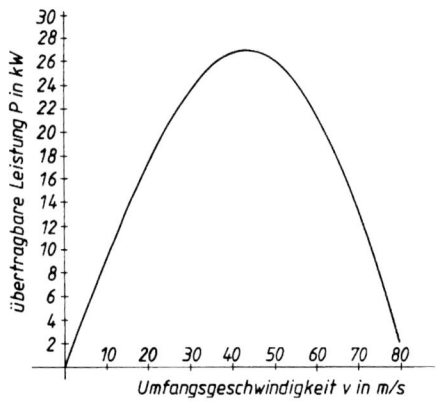

16.5
a) $d_g = 280$ mm, $d_k = 140$ mm; ($d_k' = 137$ mm, $n_k = 2\,940$ min^{-1});
b) $L = 3\,150$ mm; ($L' \approx 3\,064$ mm, Umschlingungswinkel an der kleinen Scheibe β_2 ($= \beta_k$) $= 173{,}5°$);
c) $e = 1\,243$ mm;
d) $f_B = 13{,}8\,\mathrm{s}^{-1} < f_{B\,\mathrm{max}} = 40\,\mathrm{s}^{-1}$; $v = 21{,}8\,\mathrm{m/s} < v_{\mathrm{max}} = 50\,\mathrm{m/s}$ n. TB 16-1.

16.6
a) Riemenausführung: 80 *LT*;
b) $d_k = 200$ mm; $d_g = d_{g\,\mathrm{max}} = 400$ mm; ($P = 22$ kW);
c) $L = 2\,460$ mm; ($\beta_1 \approx 164{,}7°$);
d) gewählter Riementyp: Typ 20; $b = 71$ mm; $B = 80$ mm; ($F_t \approx 1\,567$ N; $F_t' \approx 23$ N/mm);
e) $F_{w0} \approx 3\,264$ N; ($\varepsilon_1 \approx 2{,}3$; $\varepsilon_2 \approx 0{,}1$; $k_1 = 20$; $b' = 68$ mm); $f_B = 12{,}8\,\mathrm{s}^{-1} < f_{B\,\mathrm{zul}} = 20{,}3\,\mathrm{s}^{-1}$ ($v = 15{,}7\,\mathrm{m/s} < v_{\mathrm{max}} = 60\,\mathrm{m/s}$);
f) $x \approx 74$ mm.

ⓘ 16.7
a) **Bestimmung der Baugröße/Leistung des Motors P**

$$T_{ab} = 9\,550(P/n_{ab})K_A \cdot \eta \qquad \text{Gl. (11.11/11-6)}$$

$$\Rightarrow P = \frac{T_{ab} \cdot n_{ab}}{9\,550 \cdot K_A \cdot \eta} = \frac{2\,000 \cdot 90}{9\,550 \cdot 1{,}5 \cdot 0{,}85} = \mathbf{14{,}8\,kW}$$

gewählt: $P = 15$ kW (180 L, nach TB 16-21)

Bestimmung der Riemenscheibendurchmesser d_k und d_g

$$d_g = i_1 \cdot d_k = 2{,}52 \cdot 280\,\mathrm{mm} = \mathbf{706\,mm}$$

mit $n_2 = n_{ab} \cdot i_2 = 90\,\text{min}^{-1} \cdot 4{,}3 = \mathbf{387\,min^{-1}}$

und $i_1 = \dfrac{n_1}{n_2} = \dfrac{975\,\text{min}^{-1}}{387\,\text{min}^{-1}} = \mathbf{2{,}52}$

$n_1 = 97{,}5 \cdot n_s = 97{,}5 \cdot 1\,000\,\text{min}^{-1} = \mathbf{975\,min^{-1}}$

gewählt: $d_g = 710\,\text{mm}$ (DIN 111, nach TB 16-9)

b) Bestimmung des Wellenabstands e und der Riemenlänge L

$$0{,}7(d_g + d_k) \leq e' \leq 2(d_g + d_k) \qquad (16.21/16\text{-}25)$$

$$0{,}7(710\,\text{mm} + 280\,\text{mm}) \leq e' \leq 2(710\,\text{mm} + 280\,\text{mm})$$

$$693\,\text{mm} \leq e' \leq 1\,980\,\text{mm}$$

gewählt: $e' = \mathbf{1\,336\,mm}$

$$L' = 2 \cdot e' + \frac{\pi}{2}(d_g + d_k) + \frac{(d_g - d_k)^2}{4e'} \qquad (16.23/16\text{-}28)$$

$$L' = 2 \cdot 1\,336\,\text{mm} + \frac{\pi}{2}(710\,\text{mm} + 280\,\text{mm}) + \frac{(710\,\text{mm} - 280\,\text{mm})^2}{4 \cdot 1\,336\,\text{mm}}$$

$$\mathbf{L' = 4\,262\,mm}$$

gewählt: $L = 4\,000\,\text{mm}$ (DIN 323 – R20, nach TB 1-16)

$$e \approx \frac{L}{4} - \frac{\pi}{8}(d_g + d_k) + \sqrt{\left[\frac{L}{4} - \frac{\pi}{8}(d_g + d_k)\right]^2 - \frac{(d_g - d_k)}{8}} \qquad (16.22/16\text{-}30)$$

$$e \approx \frac{4\,000\,\text{mm}}{4} - \frac{\pi}{8}(710\,\text{mm} + 280\,\text{mm})$$

$$+ \sqrt{\left[\frac{4\,000\,\text{mm}}{4} - \frac{\pi}{8}(710\,\text{mm} + 280\,\text{mm})\right]^2 - \frac{(710\,\text{mm} - 280\,\text{mm})^2}{8}}$$

$$\mathbf{e \approx 1\,203\,mm}$$

c) Bestimmung der Riemenbreite b und zugehörigen Kranzbreite B

$$F_t = \frac{P'}{v} = \frac{K_A \cdot P}{d_k \cdot \pi \cdot n_1} = \frac{1{,}5 \cdot 15 \cdot 10^3\,\text{N}\,\text{m}\,\text{s}^{-1}}{0{,}280\,\text{m} \cdot \pi \cdot 975/60\,\text{s}^{-1}} \qquad (16.27/16\text{-}41)$$

$$\mathbf{F_t = 1\,574\,N}$$

$$b' = F_t / F_t' = \frac{1\,574\,\text{N}}{31\,\text{N/mm}} = \mathbf{50{,}8\,mm} \qquad (16.28/16\text{-}42)$$

mit F_t' nach TB 16-8 für:

$$\beta_k = 2 \cdot \arccos\left(\frac{d_g - d_k}{2 \cdot e}\right) = 2 \cdot \arccos\left(\frac{710\,\text{mm} - 280\,\text{mm}}{2 \cdot 1\,203\,\text{mm}}\right) = \mathbf{159°}$$

$$(16.24/16\text{-}32)$$

gewählt: $b = 71$ mm, $B = 80$ mm (evtl. $b = 50$ mm, $B = 63$ mm möglich)
Beachte: Klärung von Sondermaßen für große Scheibe sinnvoll
(Abmessungen möglichst nicht nach DIN 111 wählen)

d) **Bestimmung der Wellenbelastung im Ruhezustand F_{w0} und Biegefrequenz f_B**

$$F_{w0} = (\varepsilon_1 + \varepsilon_2) \cdot k_1 \cdot b' = (2{,}25 + 0{,}1) \cdot 28 \cdot 50{,}8 \text{ mm} \quad (16.34/16\text{-}47)$$

$$\boldsymbol{F_{w0} = 3356\,N} > F_{w0\,zul}$$

mit ε_1 und k_1 ($\hat{=}$ Riementyp 28) nach TB 16-8
ε_2 nach TB 16-10 für

$$v = d_w \cdot \pi \cdot n_1 = (d + t) \cdot \pi \cdot n_1 = (280 \text{ mm} + 3{,}6 \text{ mm}) \cdot \pi \cdot 975/60 \text{ s} = \boldsymbol{14{,}5 \frac{m}{s}}$$

mit t nach TB 16-6b, b' s. unter c)
$F_{w0\,zul} = 1950\,N \ldots 2350\,N$ (anderer Motor bzw. größerer Durchmesser für d_k notwendig)

$$f_B = \frac{v \cdot z}{L} = \frac{14{,}5 \text{ m/s} \cdot 2}{4 \text{ m}} = \boldsymbol{7{,}25\,s^{-1}} < f_{B\,zul} \quad (16.37/16\text{-}52)$$

$$f_{B\,zul} = k(5800/d_{1N}) \cdot (d_g/d_{1N})^3 = 0{,}7(5800/280) \cdot (280/280)^3 = \boldsymbol{14{,}5\,s^{-1}}$$

mit d_{1N} nach TB 16-6b, k s. Hinweise zu Gl. (16.37).

e) **Bestimmung des Verstellwegs x**

$$x \geq 0{,}03 \cdot L = 0{,}03 \cdot 4000 \text{ mm} = \boldsymbol{120\,mm} \quad (16.25/16\text{-}35)$$

16.8
a) $d_k = 355$ mm, $d_g = 1000$ mm, ($d'_k = 333 \ldots 360$ mm, $d'_g = 962$ mm, $n'_g = 532$ min^{-1});
b) Siegling Extremultus 85 GT;
c) $L = 5000$ mm; ($L' = 5003$ mm, $\beta_1 = 153{,}3°$, $e = 1399$ mm);
d) $b = 160$ mm, $B = 180$ mm; ($F_t = 5957$ N, $b' = 157$ mm, $F'_t = 38$ N/mm);
e) $F_{w0} = 13440$ N; ($\varepsilon_1 = 1{,}9$; $\varepsilon_2 = 0{,}2$; $k_1 = 40$); $f_B = 11{,}2\,s^{-1} < f_{B\,zul} = 12\,s^{-1}$;
f) $x = 150$ mm.

16.9
a) Baugröße 132 S mit $P_1 = 5{,}5$ kW bei $n_s = 3000$ min^{-1}; ($n_1 \approx 2880$ min^{-1}); $d_g = 224$ mm, $d_k = 112$ mm; ($n_k \approx 5760$ min^{-1});
b) Riemenausführung 85 GT, Riementyp 14; ($\beta_k = 169{,}3°$, $b = 20$ mm, $b' = 16{,}3$ mm, $B_{erf} = 25$ mm – nach DIN 111 $B_{min} = 63$ mm –, $F_t = 212$ N, $K_A \approx 1{,}3$, $F'_t \approx 13$ N/mm).
c) Bestelllänge $L = 1680$ mm; ($L' \approx 1733$ mm, $x \approx 52$ mm).

16 Riemengetriebe

16.10
a) $d_{dg} = 710$ mm ($d_{dk} = 140$ mm $n_k = 289$ min^{-1});
b) $e = 1301$ mm; $e_{max} = 1421$ mm; $y = 60$ mm; ($L_d = 4000$ mm; $x = 120$ mm);
c) $z_{erf} = 5 = z_{vorh}$; ($P = 15$ kW; $c_1 = 0,94$; $c_2 = 1,17$; $\beta_1 = 155°$; $P_N \approx 4,1$ kW/Riemen; $Ü_z = 0,24$ kW/Riemen).

(i) **16.11**

a) **Bestimmung des Riemenprofils und des Scheibendurchmessers d_{dg}**

$$P' = K_A \cdot P = 1,2 \cdot 37 \text{ kW} = \mathbf{44,4 \text{ kW}}$$

gewählt: Profil SPB nach TB 16-11b

$$d_{dg} = i \cdot d_{dk} = 3,5 \cdot 250 \text{ mm} = \mathbf{875 \text{ mm}} \qquad (16.10/16\text{-}11)$$

gewählt: $d_{dg} = 900$ mm (DIN 323 – R20, nach TB 1-16)

b) **Bestimmung des Wellenabstands e und der Riemenlänge L_d**

$$0,7(d_{dg} + d_{dk}) \leq e' \leq 2(d_{dg} + d_{dk}) \qquad (16.21/16\text{-}26)$$
$$0,7(900 \text{ mm} + 250 \text{ mm}) \leq e' \leq 2(900 \text{ mm} + 250 \text{ mm})$$
$$805 \text{ mm} \leq e' \leq 2300 \text{ mm}$$

gewählt: $e' = \mathbf{1552 \text{ mm}}$

$$L'_d = 2 \cdot e' + \frac{\pi}{2}(d_{dg} + d_{dk}) + \frac{(d_{dg} - d_{dk})^2}{4 \cdot e'} \qquad (16.23/16\text{-}29)$$

$$L'_d = 2 \cdot 1552 \text{ mm} + \frac{\pi}{2}(900 \text{ mm} + 250 \text{ mm}) + \frac{(900 \text{ mm} - 250 \text{ mm})^2}{4 \cdot 1552 \text{ mm}}$$

$$\mathbf{L_d = 4978 \text{ mm}}$$

gewählt: $L_d = 5000$ mm (DIN 323 – R40, nach TB 1-16)

$$e \approx \frac{L_d}{4} - \frac{\pi}{8}(d_{dg} + d_{dk}) + \sqrt{\left[\frac{L_d}{4} - \frac{\pi}{8}(d_{dg} + d_{dk})\right]^2 - \frac{(d_{dg} - d_{dk})^2}{8}}$$
$$(16.22/16\text{-}31)$$

$$e \approx \frac{5000 \text{ mm}}{4} - \frac{\pi}{8}(900 \text{ mm} + 250 \text{ mm})$$
$$+ \sqrt{\left[\frac{5000 \text{ mm}}{4} - \frac{\pi}{8}(900 \text{ mm} + 250 \text{ mm})\right]^2 - \frac{(900 \text{ mm} - 250 \text{ mm})^2}{8}}$$

$$e = \mathbf{1563 \text{ mm}}$$

$$x \geq 0,03 \cdot L_d = 0,03 \cdot 5000 \text{ mm} = 150 \text{ mm} \qquad (16.25/16\text{-}36)$$

$$e_{max} = e + x = 1563 \text{ mm} + 150 \text{ mm} = \mathbf{1713 \text{ mm}}$$

c) **Bestimmung der Riemenzahl z**

$$z \geq \frac{P'}{(P_N + \ddot{U}_z) \cdot c_1 \cdot c_2} = \frac{44{,}4\,\text{kW}}{(12\,\text{kW} + 0{,}7\,\text{kW}) \cdot 0{,}94 \cdot 1{,}05} = \mathbf{3{,}5} \qquad (16.29/16\text{-}33)$$

gewählt: $z = 4$
mit P_N nach TB 16-15b, $\ddot{U}_z$ nach TB 16-16b,
c_2 nach TB 16-17c, c_1 nach TB 16-17a

$$\text{mit } \beta_k = 2\arccos(d_{dg} - d_{dk})/2e = \frac{2\arccos(900\,\text{mm} - 250\,\text{mm})}{2 \cdot 1563\,\text{mm}} = \mathbf{156°}$$

$$(16.24/16\text{-}33)$$

(i) **16.12**

a) **Bestimmung des Riemenprofils und des Scheibendurchmessers d_{dg}**
$P' = K_A \cdot P = 1{,}4 \cdot 2{,}2\,\text{kW} = \mathbf{3{,}1\,kW}$
mit K_A nach TB 3-4b für mittleren Anlauf, Vollast, stoßfrei, 8 h
gewählt: Profil SPZ nach TB 16-11b mit $n_1 = 1475\,\text{min}^{-1}$ (kleine Scheibe)

$$d_{dg} = \frac{n_1}{n_2} \cdot d_{dk} = \frac{1475\,\text{min}^{-1}}{320\,\text{min}^{-1}} \cdot 90\,\text{mm} = \mathbf{415\,mm} \qquad (16.19/16\text{-}19 \text{ und } 16\text{-}20)$$

Bei Drehstrommotoren ist n_s ca. 0,5…10% größer als n_1; hier 1,7% gewählt
gewählt: $\boldsymbol{d_{dg} = 400\,\text{mm}}$ (DIN 323 − R20, nach TB 1-16)

b) **Bestimmung des Wellenabstandes e und der Riemenlänge L_d**

$$L_d' = 2 \cdot e' + \frac{\pi}{2} \cdot (d_{dg} + d_{dk}) + \frac{(d_{dg} - d_{dk})^2}{4 \cdot e'} \qquad (16.23/16\text{-}29)$$

$$L_d' = 2 \cdot 700\,\text{mm} + \frac{\pi}{2} \cdot (400\,\text{mm} + 90\,\text{mm}) + \frac{(400\,\text{mm} - 90\,\text{mm})^2}{4 \cdot 700\,\text{mm}} = \mathbf{2204\,mm}$$

gewählt: $\boldsymbol{L_d = 2240\,\text{mm}}$ (DIN 323 − R40, nach TB 1-16)

$$e \approx \frac{L_d}{4} - \frac{\pi}{8} \cdot (d_{dg} + d_{dk}) + \sqrt{\left[\frac{L_d}{4} - \frac{\pi}{8} \cdot (d_{dg} + d_{dk})\right]^2 - \frac{(d_{dg} - d_{dk})^2}{8}}$$

$$(16.22/16\text{-}30)$$

$$e \approx \frac{2240\,\text{mm}}{4} - \frac{\pi}{8} \cdot (400\,\text{mm} + 90\,\text{mm})$$
$$+ \sqrt{\left[\frac{2240\,\text{mm}}{4} - \frac{\pi}{8} \cdot (400\,\text{mm} + 90\,\text{mm})\right]^2 - \frac{(400\,\text{mm} - 90\,\text{mm})^2}{8}}$$

$$e \approx \mathbf{718\,mm}$$

c) **Bestimmung der Riemenanzahl z**

$$z = \frac{P'}{(P_N + \ddot{U}_z) \cdot c_1 \cdot c_2} = \frac{3,1\,\text{kW}}{(2,2\,\text{kW} + 0,24\,\text{kW}) \cdot 0,94 \cdot 1,05} = \mathbf{1{,}3} \quad (16.29/16\text{-}43)$$

gewählt: $z = 2$
mit P_N nach TB 16-15b, $\ddot{U}_z$ nach TB 16-16b für $i = d_{dg}/d_{dk} = 400\,\text{mm}/90\,\text{mm} = 4{,}44$,
c_2 nach TB 16-17c, c_1 nach TB 16-17a für

$$\beta_k = 2 \cdot \arccos\left(\frac{d_{dg} - d_{dk}}{2 \cdot e}\right) = 2 \cdot \arccos\left(\frac{400\,\text{mm} - 90\,\text{mm}}{2 \cdot 718\,\text{mm}}\right) = \mathbf{155°}$$

$$(16.24/16\text{-}33)$$

d) **Überprüfung der Riemengeschwindigkeit v und Biegefrequenz f_B**

$$v = d_{dk} \cdot \pi \cdot n_1 = 0{,}09\,\text{m} \cdot \pi \cdot 1\,475/60\,\text{s}^{-1} = 7\,\text{m/s} < v_{max} = 42\,\text{m/s}$$

$$(16.36/16\text{-}51)$$

mit v_{max} nach TB 16-2

$$f_B = \frac{v \cdot z}{L_d} = \frac{7\,\text{m/s} \cdot 2}{2{,}24\,\text{m}} = \mathbf{6{,}25\,s^{-1}} < f_{Bzul} = 100\,\text{s}^{-1} \quad (16.37/16\text{-}52)$$

mit f_{Bzul} nach TB 16-2

e) **Bestimmung der Wellenbelastung im Ruhezustand F_{w0}**

$$F_t = \frac{P'}{v} = \frac{3\,100\,\text{W}}{7\,\text{m/s}} = 440\,\text{N} \quad (16.27/16\text{-}41)$$

$$F_{w0} = k \cdot F_t \approx (1{,}3 \ldots 1{,}5) \cdot F_t = \mathbf{572\,N \ldots 660\,N} \quad (16.35/16\text{-}49)$$

f) **Bestimmung des Verstellweges x zum Spannen und des Auslegeweges y zum Riemenauflegen**

$$x \geq 0{,}03 \cdot L_d = 0{,}03 \cdot 2{,}24\,\text{m} = \mathbf{68\,mm} \quad (16.25/16\text{-}36)$$

$$y \geq 0{,}015 \cdot L_d = 0{,}015 \cdot 2{,}24\,\text{m} = \mathbf{34\,mm} \quad (16.26/16\text{-}39)$$

Bestellbezeichnung: Satz Keilriemen DIN 7753 − 2 × SPZ × 2 240

16.13

Drehstrom-Norm-Motor nach DIN 42673-1, Baugröße 100L ($K_A \approx 1{,}4$; $P' \approx 3{,}08\,\text{kW}$); $d_{dk} = 90\,\text{mm}$, $d_{dg} = 400\,\text{mm}$, gewähltes Profil *PK*; Bestellbezeichnung: Keilrippenriemen DIN 7867−7 PK × 2 240; ($L_{d'} \approx 2\,204\,\text{mm}$; $e \approx 718\,\text{mm}$; $\beta_1 = 155°$; $y \approx 34\,\text{mm}$; $x \approx 67\,\text{mm}$; $z = 3$; $P_N = 1{,}1\,\text{kW/Rippe}$; $\ddot{U}_z = 0{,}075\,\text{kW/Rippe}$; $c_1 \approx 0{,}92$; $c_2 \approx 1{,}08$; $v = 7{,}1\,\text{m/s}$); $f_B = 6{,}3\,\text{s}^{-1} < f_{B\,zul} = 200\,\text{s}^{-1}$, $F_{w0} \approx 637\,\text{N} < F_{w0\,zul} = 1\,060\,\text{N}$ ($F_t \approx 455\,\text{N}$).

16.14
a) $z_g = 70$; $z_R = 126$;
b) $d_{dk} = 22{,}3$ mm, $d_{dg} = 111{,}4$ mm;
c) $e = 205$ mm;
d) $\beta_1 = 154{,}9°$;
e) $z_e = 6$ Zähne.

16.15
$z_k = 24$ Zähne $> z_{min} = 20$ nach TB 16-19b
Die übertragbare Leistung beträgt $P \approx 24{,}6$ kW $> K_A \cdot P_{nenn} \approx 16{,}8$ kW; ($P_{spez} \approx 20{,}5 \cdot 10^{-4}$ kW/mm), $z_e = 10$ Zähne; $\beta_1 = 159{,}3°$; $e = 816$ mm; $F_{t\,max} = 3\,333$ N $< F_{t\,zul} = 7\,750$ N).

ⓘ **16.16**
a) **Bestimmung des Riementyps**

$$P' = K_A \cdot P = 1{,}2 \cdot 2{,}2\,\text{kW} = 2{,}64\,\text{kW}$$

gewählt: T10 nach TB 16-18 (möglich wäre auch T5)

b) **Bestimmung des Zähnezahl z_g und der Durchmesser d_{dk} und d_{dg}**

$$i = \frac{n_{an}}{n_{ab}} = \frac{1\,475\,\text{min}^{-1}}{630\,\text{min}^{-1}} = 2{,}34 \quad (16.19/16\text{-}11)$$

$$z_g = i \cdot z_k = 2{,}34 \cdot 20 = \mathbf{46{,}8}$$

gewählt: $z_g = 47$

$$d_{dk} = \frac{p}{\pi} \cdot z_k = \frac{10\,\text{mm}}{\pi} \cdot 20 = \mathbf{63{,}66\,\text{mm}} \quad (16.20/16\text{-}24)$$

$$d_{dg} = \frac{p}{\pi} \cdot z_g = \frac{10\,\text{mm}}{\pi} \cdot 47 = \mathbf{149{,}61\,\text{mm}}$$

c) **Bestimmung der Riemenlänge L_d**

$$L'_d = 2 \cdot e' + \frac{\pi}{2}(d_{dg} + d_{dk}) + \frac{(d_{dg} - d_{dk})^2}{4 \cdot e'} \quad (16.23/16\text{-}29)$$

$$L'_d = 2 \cdot 400\,\text{mm} + \frac{\pi}{2}(149{,}61\,\text{mm} + 63{,}66\,\text{mm}) + \frac{(149{,}61\,\text{mm} - 63{,}66\,\text{mm})^2}{4 \cdot 400\,\text{mm}}$$

$$\mathbf{L'_d = 1\,140\,\text{mm}}$$

$$z_R = \frac{L'_d}{p} = \frac{1\,140\,\text{mm}}{10} = 114, \text{ gewählt: } z_R = 114 \text{ (TB 16-19d)}$$

gewählt: $\mathbf{L_d = 1\,140\,\text{mm}}$

16 Riemengetriebe

d) **Bestimmung des Wellenabstands e und des Verstellwegs x**

$$e \approx \frac{L_d}{4} - \frac{\pi}{8}(d_{dg} + d_{dk}) + \sqrt{\left[\frac{L_d}{4} - \frac{\pi}{8}(d_{dg} + d_{dk})\right]^2 - \frac{(d_{dg} - d_{dk})^2}{8}} \quad (16.22/16\text{-}31)$$

$$e \approx \frac{1\,140\,\text{mm}}{4} - \frac{\pi}{8}(149{,}61\,\text{mm} + 63{,}66\,\text{mm})$$

$$+ \sqrt{\left[\frac{1\,140\,\text{mm}}{4} - \frac{\pi}{8}(149{,}61\,\text{mm} + 63{,}66\,\text{mm})\right]^2 - \frac{(143{,}61\,\text{mm} - 63{,}66\,\text{mm})^2}{8}}$$

$e \approx \mathbf{400\,mm}$

$x = 0{,}005 \cdot L_d = 0{,}005 \cdot 1\,140\,\text{mm} = \mathbf{5{,}7\,mm} \quad (16.25/16\text{-}37)$

e) **Bestimmung der Riemenbreite b**

$$b \geq \frac{P'}{z_k \cdot z_e \cdot P_{spez}} = \frac{2{,}64\,\text{kW}}{20 \cdot 9 \cdot 7 \cdot 10^{-4}\,\text{kW/mm}} = \mathbf{21\,mm} \quad (16.31/16\text{-}44)$$

$$\text{mit } z_e = \frac{z_k \cdot \beta_k^\circ}{360^\circ} = \frac{20 \cdot 168^\circ}{360^\circ} = 9{,}3 \Rightarrow z_e = \mathbf{9}$$

$$\text{und } \beta_k = 2 \cdot \arccos\left[\frac{\frac{p}{\pi}(z_g - z_k)}{2e}\right] \quad (16.24/16\text{-}34)$$

$$\beta_k = 2 \cdot \arccos\left[\frac{\frac{10\,\text{mm}}{\pi}(47 - 20)}{2 \cdot 400\,\text{mm}}\right] = \mathbf{168°}$$

P_{spez} nach TB 16-20.
gewählt: $b = 25\,\text{mm}$ nach TB 16-19c

f) **Überprüfung der Umfangskraft F_t, Biegefrequenz f_B und Riemengeschwindigkeit v**

$$F_t = \frac{P'}{v} = \frac{2{,}64 \cdot 10^3\,\text{N}\,\text{m} \cdot \text{s}^{-1}}{4{,}92\,\text{m} \cdot \text{s}^{-1}} = \mathbf{537\,N} \quad (16.27/16\text{-}41)$$

mit $v = d_{dk} \cdot \pi \cdot n_{an} = 63{,}66 \cdot 10^{-3}\,\text{m} \cdot \pi \cdot 1\,475/60\,\text{s}^{-1} = \mathbf{4{,}92\,m/s}$
$F_{t\,zul} = 2\,000\,\text{N} > F_t$, $F_{t\,zul}$ nach TB 16-19c

$$f_B = \frac{v \cdot z}{L_d} = \frac{4{,}92\,\text{m} \cdot \text{s}^{-1} \cdot 2}{1{,}14\,\text{m}} = \mathbf{8{,}63\,s^{-1}} \quad (16.37/16\text{-}52)$$

$f_{B\,zul} = 200\,\text{s}^{-1} > f_B$, $f_{B\,zul}$ nach TB 16-3
$v_{zul} = 60\,\text{m/s} > v = 4{,}92\,\text{m/s}$, v_{zul} nach TB 16-19a

g) **Bestimmung der Wellenbelastung F_{w0}**

$$F_{w0} \approx 1{,}1 \cdot F_t = 1{,}1 \cdot 537\,\text{N} = \mathbf{591\,N} \quad (16.35/16\text{-}50)$$

$F_{w0\,zul} = 1\,060\,\text{N} \ldots 1\,310\,\text{N} > F_{w0}$, $F_{w0\,zul}$ nach TB 16-21

16.17
a) **Bestimmung des Riementyps**
$P' = K_A \cdot P = 1{,}25 \cdot 2{,}5\,\text{kW} = \mathbf{3\,kW}$
gewählt: Profil T10 nach TB 16-18

b) **Bestimmung der Zähnezahlen z_k und z_g und der Durchmesser d_{dk} und d_{dg}**

$$z_k = 2 \cdot z_{\min} = 2 \cdot 12 = \mathbf{24} \quad z_{\min}\ \text{nach TB 16-19b}$$

$$z_g = i \cdot z_k = 2 \cdot 24 = \mathbf{48}$$

$$d_{dk} = \frac{p}{\pi} \cdot z_k = \frac{10\,\text{mm}}{\pi} \cdot 24 = \mathbf{76{,}39\,mm}$$

$$d_{dg} = \frac{p}{\pi} \cdot z_g = \frac{10\,\text{mm}}{\pi} \cdot 48 = \mathbf{152{,}79\,mm}$$

c) **Bestimmung der Riemenlänge L_d**

$$L'_d = 2 \cdot e' + \frac{\pi}{2} \cdot (d_{dg} + d_{dk}) + \frac{(d_{dg} - d_{dk})^2}{4 \cdot e'} \quad (16.23/16\text{-}29)$$

$$L'_d = 2 \cdot 220\,\text{mm} + \frac{\pi}{2} \cdot (152{,}79\,\text{mm} + 76{,}39\,\text{mm}) + \frac{(152{,}79\,\text{mm} - 76{,}39\,\text{mm})^2}{4 \cdot 220\,\text{mm}}$$

$$\approx \mathbf{807\,mm}$$

$$z_R = \frac{L'_d}{p} = \frac{807\,\text{mm}}{10} = 80{,}7 \quad \text{gewählt } z_R = 80 \quad (\text{TB 16-19d})$$

gewählt: $\mathbf{L_d = 800\,mm}$

d) **Bestimmung des Wellenabstandes e und des Verstellweges x**

$$e \approx \frac{L_d}{4} - \frac{\pi}{8} \cdot (d_{dg} + d_{dk}) + \sqrt{\left[\frac{L_d}{4} - \frac{\pi}{8} \cdot (d_{dg} + d_{dk})\right]^2 - \frac{(d_{dg} - d_{dk})^2}{8}}$$

$$(16.22/16\text{-}31)$$

$$e \approx \frac{800\,\text{mm}}{4} - \frac{\pi}{8} \cdot (152{,}79\,\text{mm} + 76{,}39\,\text{mm})$$

$$+ \sqrt{\left[\frac{800\,\text{mm}}{4} - \frac{\pi}{8} \cdot (152{,}79\,\text{mm} + 76{,}39\,\text{mm})\right]^2 - \frac{(152{,}79\,\text{mm} - 76{,}39\,\text{mm})^2}{8}}$$

$$e \approx \mathbf{217\,mm}$$

$$x \geq 0{,}005 \cdot L_d = 0{,}005 \cdot 800\,\text{mm} = \mathbf{4\,mm} \quad (16.25/16\text{-}37)$$

16 Riemengetriebe

e) **Bestimmung der Riemenbreite b**

$$b \geq \frac{P'}{z_k \cdot z_e \cdot P_{spez}} = \frac{3\,\text{kW}}{24 \cdot 10 \cdot 6{,}5 \cdot 10^{-4}\,\text{kW/mm}} = \mathbf{19{,}2\,mm} \quad (16.31/16\text{-}44)$$

$$\text{mit} \quad z_e = \frac{z_k \cdot \beta_k}{360°} = \frac{20 \cdot 168°}{360°} = 9{,}3 \Rightarrow z_e = \mathbf{9}$$

$$\text{mit} \quad \beta_k = 2 \cdot \arccos\left[\frac{\frac{p}{\pi} \cdot (z_g - z_k)}{2\,e}\right] \quad (16.24/16\text{-}34)$$

$$\beta_k = 2 \cdot \arccos\left[\frac{\frac{10\,\text{mm}}{\pi} \cdot (48 - 24)}{2 \cdot 217\,\text{mm}}\right] = \mathbf{159{,}7°}$$

P_{spez} nach TB 16-20

$$b \geq \frac{T}{z_k \cdot z_e \cdot T_{spez}} = \frac{22{,}9\,\text{N m}}{24 \cdot 10 \cdot 4{,}6 \cdot 10^{-3}\,\text{N m/mm}} = \mathbf{20{,}7\,mm} \quad (16.32/16\text{-}44)$$

mit $T \approx 9550 \cdot P'/n = 9550 \cdot 3\,\text{kW}/1250\,\text{min}^{-1} = 22{,}9\,\text{N m}$ und T_{spez} nach TB 16-20
gewählt: $b = 25\,\text{mm}$ nach TB 16-19c

f) **Überprüfung der Umfangskraft F_t, Biegefrequenz f_B und Riemengeschwindigkeit v**

$$F_t = \frac{P'}{v} = \frac{3 \cdot 10^3\,\text{N m s}^{-1}}{5\,\text{m s}^{-1}} = 600\,\text{N} \quad (16.27/16\text{-}41)$$

mit

$$v = d_{dk} \cdot \pi \cdot n_{an} = 76{,}39 \cdot 10^{-3}\,\text{m} \cdot \pi \cdot 1250/60\,\text{s}^{-1} = \mathbf{5\,m/s} \quad (16.36/16\text{-}51)$$

$F_{tzul} = 2000\,\text{N} > F_t \quad F_{tzul}$ nach TB 16-19c

$$f_B = \frac{v \cdot z}{L_d} = \frac{5\,\text{m/s} \cdot 2}{0{,}8\,\text{m}} = \mathbf{12{,}5\,s^{-1}} \quad (16.37/16\text{-}52)$$

$f_{Bzul} = 200\,\text{s}^{-1} > f_B \quad f_{Bzul}$ nach TB 16-3
$v_{zul} = 60\,\text{m/s} > v = 12{,}5\,\text{m/s} \quad v_{zul}$ nach TB 16-19a

g) **Bestimmung der Wellenbelastung im Ruhezustand F_{w0}**

$$F_{w0} = k \cdot F_t \approx 1{,}1 \cdot F_t = 1{,}1 \cdot 600\,\text{N} = \mathbf{660\,N} \quad (16.35/16\text{-}50)$$

16.18

a) Riementyp T20; ($K_A \approx 1{,}7$, $n_2 = n_k \approx 2000\,\text{min}^{-1}$),
b) $z_g = 24$, $z_k = 17$, $d_{dk} = 152{,}79\,\text{mm}$, $d_{dk} = 108{,}23\,\text{mm}$;

c) $L_d = 1\,260$ mm; ($z_R = 63$); *Bestellbezeichnung*: Synchroflex-Zahnriemen T20/1 260;
d) $e = 424$ mm, $x = 6{,}3$ mm;
e) $b = 150$ mm; ($b' = 120$ mm; $P_{\text{spez}} \approx 25 \cdot 10^{-4}$ kW/mm, $z_e = 10$, $\beta_1 = 174°$, $\beta_2 = 186°$);
f) $F_t = 4\,396$ N $< F_{t\,\text{zul}} = 24\,500$ N, $f_B = 18{,}4\,\text{s}^{-1} < f_{B\,\text{zul}} = 200\,\text{s}^{-1}$;
g) $F_{w0} = 4\,836$ N.

(i) 16.19
a) **Extremulus-Mehrschichtflachriemen**

Bestimmung der Riemenausführung
gewählt: Bauart 85 GT nach TB 16-6a (Öl und Fett nicht zu erwarten, einseitige Lastübertragung)

Bestimmung der Riemenscheibendurchmesser d_k und d_g
$d_k = 112$ mm nach TB 16-7 für $P/n = 4$ kW/$1\,440$ min^{-1} = 0,0028 kW · min
$d_k = d_1 = \mathbf{160\,mm}$ vom Motorenherstellung empfohlen, s. Aufgabenstellung

$$d_g = i_{\text{Rie}} \cdot d_k = (1{,}2 \ldots 1{,}3) \cdot 160\,\text{mm} = (192 \ldots 208)\,\text{mm}$$

mit

$$i_{\text{ges}} = \frac{n_1}{n_3} = i_{\text{Getr}} \cdot i_{\text{Rie}} \Rightarrow i_{\text{Rie}} = \frac{n_1}{n_3} \cdot \frac{1}{i_{\text{Getr}}} = \frac{140\,\text{min}^{-1}}{(55 \ldots 60)\,\text{min}^{-1}} \cdot \frac{1}{20} = 1{,}2 \ldots 1{,}3$$

gewählt: $\boldsymbol{d_g = 200\,\text{mm}}$ (DIN 111, nach TB 16-9a)

Bestimmung der Riemenlänge L und des Wellenabstandes e

$$L' = 2 \cdot e' + \frac{\pi}{2} \cdot (d_g + d_k) + \frac{(d_g - d_k)^2}{4 \cdot e'} \qquad (16.23/16\text{-}28)$$

$$L' = 2 \cdot 1\,800\,\text{mm} + \frac{\pi}{2} \cdot (200\,\text{mm} + 160\,\text{mm}) + \frac{(200\,\text{mm} - 160\,\text{mm})^2}{4 \cdot 1\,800\,\text{mm}} = \mathbf{1\,816\,mm}$$

gewählt: $\boldsymbol{L = 1\,800\,\text{mm}}$ (DIN 323 – R20, nach TB 1-16)

$$e \approx \frac{L}{4} - \frac{\pi}{8} \cdot (d_g + d_k) + \sqrt{\left[\frac{L}{4} - \frac{\pi}{8} \cdot (d_g + d_k)\right]^2 - \frac{(d_g - d_k)^2}{8}} \qquad (16.22/16\text{-}30)$$

$$e \approx \frac{1\,800\,\text{mm}}{4} - \frac{\pi}{8} \cdot (200\,\text{mm} + 160\,\text{mm}) +$$
$$+ \sqrt{\left[\frac{1\,800\,\text{mm}}{4} - \frac{\pi}{8} \cdot (200\,\text{mm} + 160\,\text{mm})\right]^2 - \frac{(200\,\text{mm} - 160\,\text{mm})^2}{8}}$$

$$e \approx \mathbf{617\,mm}$$

Bestimmung des Riementyps

Riementyp 20 nach TB 16-8 für $d_k = 160$ mm und

$$\beta_k = 2 \cdot \arccos\left(\frac{d_g - d_k}{2 \cdot e}\right) = 2 \cdot \arccos\left(\frac{200 \text{ mm} - 160 \text{ mm}}{2 \cdot 617 \text{ mm}}\right) = \mathbf{176°} \quad (16.24/16\text{-}32)$$

Bestimmung der Riemenbreite b und zulässigen Kranzbreite B

$$F_t = \frac{P'}{v} = \frac{K_A \cdot P}{d_k \cdot \pi \cdot n_1} = \frac{1{,}6 \cdot 4 \cdot 10^3 \text{ N m s}^{-1}}{0{,}160 \text{ m} \cdot \pi \cdot 1440/60 \text{ s}^{-1}} = \mathbf{531 \text{ N}} \quad (16.27/16\text{-}41)$$

$$b' = \frac{F_t}{F_t'} = \frac{531 \text{ N}}{19{,}5 \text{ N/mm}} = \mathbf{27{,}2 \text{ mm}} \quad (16.28/16\text{-}42)$$

mit F_t' nach TB 16-8
gewählt: $b = 32$ mm, $B = 40$ mm

Bestimmung der Wellenbelastung im Ruhezustand F_{w0} und Biegefrequenz f_B

$$F_{w0} = (\varepsilon_1 + \varepsilon_2) \cdot k_1 \cdot b' = (1{,}95 + 0{,}1) \cdot 20 \cdot 27{,}2 \quad (16.34/16/47)$$

$$\mathbf{F_{w0} = 1120 \text{ N}} \approx F_{w0\,zul}$$

mit ε_1 und k_1 ($\hat{=}$ Riementyp 28) nach TB 16-8
ε_2 nach TB 16-10 für

$$v = d_w \cdot \pi \cdot n_1 = (d + t) \cdot \pi \cdot n_1 = (160 \text{ mm} + 2{,}5 \text{ mm}) \cdot \pi \cdot 1440/60 \text{ s}^{-1}$$
$$= 12{,}2 \text{ m/s}$$

mit t nach TB 16-6b, b' s. unter c)
$F_{w0\,zul} = 1040 \text{ N} \ldots 1270 \text{ N}$ nach TB 16-21 für Motorleistung 4 kW
$v_{zul} = 60 \text{ m/s} > v v_{zul}$ nach TB 16-1

$$f_B = \frac{v \cdot z}{L} = \frac{12{,}2 \text{ m/s} \cdot 2}{1{,}8 \text{ m}} = \mathbf{13{,}6 \text{ s}^{-1}} < f_{B\,zul} \quad (16.37/16\text{-}52)$$

$$f_{B\,zul} = k \cdot \left(\frac{5800}{d_{1N}}\right) \cdot \left(\frac{d_g}{d_{1N}}\right)^3 = 1 \cdot \left(\frac{5800}{200}\right) \cdot \left(\frac{200}{200}\right)^3 = \mathbf{29 \text{ s}^{-1}} \quad \text{(s. unter 16.37)}$$

mit d_{1N} nach TB 16-6b, k s. Hinweise zu Gl. (16.37).

Bestimmung des Verstellweges x

$$x \geq 0{,}03 \cdot L = 0{,}03 \cdot 1800 \text{ m} = \mathbf{54 \text{ mm}} \quad (16.25/16\text{-}35)$$

Bestellbezeichnung: Extremulus-Mehrschichtflachriemen GT 20 − 32 × 1800 endlos

b) **Schmalkeilriemen**

Bestimmung des Riemenprofils und des Scheibendurchmessers d_{dg}
$P' = K_A \cdot P = 1{,}6 \cdot 4\,\text{kW} = \mathbf{6{,}4\,kW}$
gewählt: Profil SPZ nach TB 16-11b
$d_{dk} = 63\,\text{mm}$ nach TB 16-13
$\mathbf{d_{dk} = 112\,mm}$ nach TB 16-21 für Motorleistung 4 kW

$$d_{dg} = i \cdot d_{dk} = 1{,}25 \cdot 112\,\text{mm} = \mathbf{140\,mm}$$

gewählt: $d_{dg} = 140\,\text{mm}$ (DIN 323 – R20, nach TB 1-16)

Bestimmung des Wellenabstandes e und der Riemenlänge L_d

$$L'_d = 2 \cdot e' + \frac{\pi}{2} \cdot (d_{dg} + d_{dk}) + \frac{(d_{dg} - d_{dk})^2}{4 \cdot e'} \qquad (16.23/16\text{-}29)$$

$$L'_d = 2 \cdot 625\,\text{mm} + \frac{\pi}{2} \cdot (140\,\text{mm} + 112\,\text{mm}) + \frac{(140\,\text{mm} - 112\,\text{mm})^2}{4 \cdot 625\,\text{mm}} = \mathbf{1\,666\,mm}$$

gewählt: $L_d = 1\,600\,\text{mm}$ (DIN 323 – R40, nach TB 1-16)

$$e \approx \frac{L_d}{4} - \frac{\pi}{8} \cdot (d_{dg} + d_{dk}) + \sqrt{\left[\frac{L_d}{4} - \frac{\pi}{8} \cdot (d_{dg} + d_{dk})\right]^2 - \frac{(d_{dg} - d_{dk})^2}{8}}$$
$$(16.22/16\text{-}31)$$

$$e \approx \frac{1\,600\,\text{mm}}{4} - \frac{\pi}{8} \cdot (140\,\text{mm} + 112\,\text{mm}) +$$
$$+ \sqrt{\left[\frac{1\,600\,\text{mm}}{4} - \frac{\pi}{8} \cdot (140\,\text{mm} + 112\,\text{mm})\right]^2 - \frac{(140\,\text{mm} - 112\,\text{mm})^2}{8}}$$

$e \approx \mathbf{602\,mm}$

Bestimmung der Riemenanzahl z und Scheibenbreite B

$$z = \frac{P'}{(P_N + \ddot{U}_z) \cdot c_1 \cdot c_2} = \frac{6{,}4\,\text{kW}}{(3{,}1\,\text{kW} + 0{,}14\,\text{kW}) \cdot 0{,}99 \cdot 1{,}02} = \mathbf{1{,}96} \quad (16.29/16\text{-}43)$$

gewählt: $z = 2$
mit P_N nach TB 16-15b, $\ddot{U}_z$ nach TB 16-16b,
c_2 nach TB 16-17c, c_1 nach TB 16-17a für

$$\beta_k = 2 \cdot \arccos\left(\frac{d_{dg} - d_{dk}}{2 \cdot e}\right) = 2 \cdot \arccos\left(\frac{140\,\text{mm} - 112\,\text{mm}}{2 \cdot 602\,\text{mm}}\right) = \mathbf{177°}$$
$$(16.24/16\text{-}33)$$

$B = 2 \cdot f = 2 \cdot 8\,\text{mm} = \mathbf{16\,mm}$ nach TB 16-13

16 Riemengetriebe

Überprüfung der Riemengeschwindigkeit v und Biegefrequenz f_B

$$v = d_{dk} \cdot \pi \cdot n_1 = 0{,}112 \text{ m} \cdot \pi \cdot \frac{1\,440}{60 \text{ s}^{-1}} = 8{,}4 \frac{\text{m}}{\text{s}} < v_{max} = 42 \frac{\text{m}}{\text{s}} \qquad (16.36/16\text{-}51)$$

mit v_{max} nach TB 16-2

$$f_B = \frac{v \cdot z}{L_d} = \frac{8{,}4 \text{ m/s} \cdot 2}{1{,}6 \text{ m}} = \mathbf{10{,}5 \text{ s}^{-1}} < f_{Bzul} = 100 \text{ s}^{-1} \qquad (16.37/16\text{-}52)$$

mit f_{Bzul} nach TB 16-2

Bestimmung der Wellenbelastung im Ruhezustand F_{w0}

$$F_t = \frac{P'}{v} = \frac{6\,400 \text{ W}}{8{,}4 \text{ m/s}} = 758 \text{ N} \qquad (16.27/16\text{-}41)$$

$$F_{w0} = k \cdot F_t \approx (1{,}3 \ldots 1{,}5) \cdot F_t = \mathbf{985 \text{ N} \ldots 1\,137 \text{ N}} \qquad (16.35/16\text{-}49)$$

$F_{w0\,zul} = 1\,040 \text{ N} \ldots 1\,270 \text{ N}$ nach TB 16-21 für Motorleistung 4 kW $\Rightarrow$ noch zulässig

Bestimmung des Verstellweges x zum Spannen und des Auslegeweges y zum Riemenauflegen

$$x \geq 0{,}03 \cdot L_d = 0{,}03 \cdot 1{,}6 \text{ m} = \mathbf{48 \text{ mm}} \qquad (16.25/16\text{-}36)$$

$$y \geq 0{,}015 \cdot L_d = 0{,}015 \cdot 1{,}6 \text{ m} = \mathbf{24 \text{ mm}} \qquad (16.26/16\text{-}39)$$

Bestellbezeichnung: 1 Satz Schmalkeilriemen DIN 7753 – 2 × SPZ × 1 600

16.20
a) Motor-Baugröße 132 S;
b) Riemenausführung: GT; $d_k = 180$ mm; $d_g = 355$ mm; ($P/n \approx 0{,}0038$ kW · min); $L = 1\,800$ mm; ($\beta = 159°$); $e = 472$ mm, Riementyp 20; $b = 25$ mm; $B = 32$ mm; ($F_t = 446$ N; $K_A = 1{,}1$; $F_t' = 20$ N/mm); $v = 13{,}8$ m/s $< v_{zul} = 60$ m/s; $f_B \approx 15{,}3 \text{ s}^{-1}$; $f_{B\,zul} = 21{,}1 \text{ s}^{-1}$; $F_{w0} \approx 945$ N; $\varepsilon_1 = 1{,}97$; $\varepsilon_2 = 0{,}1$; $k_1 = 20$; $b' = 22{,}5$ mm); $F_{w\,zul} = 1\,530 \ldots 1\,940$ N, Riemen also einsetzbar.
Bestellangabe: Extremultus-Flachriemen GT 20–25 × 1 800 endlos;
c) Riementyp T10; $z_k = 24$; $z_g = 48$; $d_{dk} = 76{,}4$ mm; $d_{dg} = 152{,}8$ mm; $L_d = 1\,250$ mm; ($z_R = 125$ Zähne); $e = 443$ mm; $b = 50$ mm ($b' = 32{,}8$ mm) ($P_{spez} \approx 7 \cdot 10^{-4}$ kW/mm; $z_e = 11$; $\beta_1 \approx 170°$); $F_{w0} \approx 1\,155$ N; Riemen also einsetzbar.
Bestellangabe: Synchroflex-Zahnriemen 50–T10/1 250;

d) Riemenprofil *SPZ*; $d_{dk} = 125$ mm, $d_{dg} = 250$ mm; $L_d = 1\,500$ mm; ($\beta_1 = 164°$); $e = 451$ mm; $z = 2$; ($P_N = 3{,}6$ kW/Riemen; $Ü_z \approx 0{,}2$ kW/Riemen; $c_1 = 0{,}96$; $c_2 \approx 0{,}99$);
$F_{w0} = 835 \ldots 963$ N, Riemen also einsetzbar.
Bestellangabe: 1 Satz Schmalkeilriemen DIN 7753–2 × *SPZ* 1 400.

17 Kettengetriebe

17.1
a) $p = 38{,}1$ mm; $\tau = 9{,}47°$; $d = 461{,}37$ mm; $d_\text{f} = 435{,}97$ mm; $(d_1' = 25{,}4$ mm$)$; $d_\text{a} \approx 480$ mm;
$d_\text{s} \approx 415$ mm mit $F = 23$ mm und $r_4 = 0{,}8$ mm, $B_1 = 24{,}1$ h 14;
b) $D = 110$ mm; $L = 112$ mm; H7/k6 für d_1 ($D = 110 \ldots 121$ mm; $L = 88 \ldots 115$ mm, ausgeführt $L = l + 2$ mm).
c) Passfeder DIN 6885 – A $16 \times 10 \times 100$; $t_2 = 4{,}3$ mm, $b = 16$ JS9.

17.2
a) $X = 110$; $a \approx 593{,}6$ mm; $(X_0 \approx 110{,}5)$;
b) $s \approx 40$ mm;
c) $f \approx 10$ mm; $(f_\text{rel} \approx 2\%$; $l_\text{T} \approx 508$ mm; $\varepsilon_0 \approx 31{,}14°$, $d_1 = 154{,}32$ mm, $d_2 = 768{,}22$ mm$)$.

17.3
a) $F_\text{t} \approx 29{,}47$ kN ($d_1 \approx 244{,}33$ mm, $p = 50{,}8$ mm);
b) $F_\text{z} \approx 3{,}5$ N (vernachlässigbar klein, $q = 10{,}5$ kg/m, $v \approx 0{,}58$ m/s);
c) $l_\text{T} \approx 1\,768$ mm; $(\varepsilon_0 \approx 10{,}85°$, $d_2 \approx 922{,}17$ mm);
d) $F_\text{s} \approx 1\,138$ N;
e) $F_\text{so} = 1\,013$ N mit $F_\text{s}' = 5$; $F_\text{su} = 911$ N;
f) $F_\text{wo} \approx 31{,}5$ kN; $F_\text{wu} \approx 31{,}3$ kN.

17.4
Rollenkette DIN ISO 606 – 20B – 1×120 ($p = 31{,}75$ mm, $i = 3$, Standardkettenräder $z_1 = 19$, $z_2 = 57$; $P_\text{D} = 4{,}66$ kW, $K_\text{A} = 1{,}6$ aus TB 3-4b: Antrieb: E-Motor – Anlauf: mittel – Belastung: Volllast, mäßige Stöße – Empfindlichkeit: Kette – tgl. Laufzeit: 8 h; $f_1 = 1$, $f_2 = 1$, $f_3 = 1$, $f_4 = 1$, $f_5 = 0{,}84$, $f_6 = 0{,}9$; optimal $a/p = 40$, $a_0 = 1\,270$ mm, $X_0 = 119$, $X = 120$, $a = 1\,287{,}4$ mm)

17.5
Rollenkette DIN ISO 606 – 08B – 2 × 154, Tauchschmierung mit Getriebe- bzw. Kettenschutzkasten ($p = 12{,}7$ mm, $z_2 = 95$ (95/19 Vorzugszähnezahlen); $P_D = 5{,}4$ kW, $K_A = 1{,}9$ aus TB 3-4b: Antrieb: E-Motor – Anlauf: mittel – Belastung: Volllast, starke Stöße – tgl. Laufzeit: 6 h; $f_1 = 1{,}0$, $f_2 = 1{,}03$; $f_3 = 1$, $f_4 = 1$, $f_5 = 1{,}14$, $f_6 = 0{,}9$; $v = 0{,}0127$ m $\cdot 19 \cdot 947/60$ s^{-1} = 3,8 m/s, $a/p = 47$ (günstig 30 bis 50), kompakte Bauweise durch Zweifachkette mit $P_D = 5{,}4$ kW$/1{,}7 = 3{,}2$ kW $\rightarrow$ 08B – 2, $X_0 = 154{,}6$, $X = 154$, $a = 596{,}2$ mm; Schmierbereich 3 für 08B bei 3,8 m/s)

17.6
a) Vorgesehene Rollenkette ist ausreichend, da $P_{D\,erf} = 0{,}98$ kW $< P_{D\,max} = 1{,}3$ kW; ($f_1 = 1{,}13$, $f_2 = 1{,}04$, $f_3 = f_4 = f_5 = 1$, $f_6 \approx 0{,}7$);

b) Rollenkette DIN ISO 606 – 16B – 1 × 136; ($X_0 \approx 136{,}25$, damit $X = 136$); der Achsabstand ergibt sich damit zu $a = 1\,247$ mm;

c) Schmierbereich 1 (Ölzufuhr durch Kanne oder Pinsel aufgrund der geringen Kettengeschwindigkeit $v = 0{,}18$ m/s), Viskositätsklasse ISO VG 100.

17.7
a) Rollenkette DIN ISO 606 – 32B – 3 × 58; Dreifach-Rollenkette ergibt kleinste Bauabmessungen. ($p = 50{,}8$ mm, $P_D = 52{,}3$ kW, $K_A \approx 1{,}6$ aus TB 3-4b: Antrieb: E-Motor – Anlauf: mittel – Belastung: Volllast, mäßige Stöße – Empfindlichkeit: Kette – tgl. Laufzeit: 8 h; $f_1 = 1$, $f_2 = 0{,}85$, $f_3 = 1$, $f_4 = 1$, $f_5 = 1{,}08$, $f_6 = 0{,}5$; $n = 71{,}6$ min^{-1}, $v_k = 1{,}15$ m/s, $a/p \approx 20 < (30 \ldots 50)$; Dreifachkette mit $P_D = 52{,}3$ kW$/2{,}5 = 20{,}9$ kW bei $n = 71{,}6$ min^{-1} $\rightarrow$ Nr. 32B; $X_0 = 58{,}4$, $X = 58$)

b) $a = 990{,}6$ mm

c) $F_w = 24{,}62$ kN ($T = 2\,000$ N m, $F_t \approx 13$ kN, $F_s = 1\,944$ N, $q = 32$ kg/m, $l_T = a = 990{,}6$ mm, $f_{rel} \approx 0{,}02$)

ⓘ 17.8
a) **Bestimmung der Zähnezahlen der Kettenräder**

$$i = \frac{n_1}{n_2} = \frac{z_2}{z_1} \rightarrow z_2 = z_1 \cdot \frac{n_1}{n_2} = 19 \cdot \frac{160\,\text{min}^{-1}}{40\,\text{min}^{-1}} = \mathbf{76} \qquad (17.1/17\text{-}1)$$

mit $n_1 = 160$ min^{-1}, $n_2 = 40$ min^{-1} und $\mathbf{z_1 = 19}$ als zu bevorzugende Zähnezahl (LB 17.2.2)

b) **Bestimmung der erforderlichen Kettengröße**

$$P_D \approx \frac{K_A \cdot P_1 \cdot f_1}{f_2 \cdot f_3 \cdot f_4 \cdot f_5 \cdot f_6} = \frac{1{,}9 \cdot 55\,\text{kW} \cdot 1}{1 \cdot 1 \cdot 1 \cdot 1 \cdot 1} = 104{,}5\,\text{kW} \qquad (17.7/17\text{-}10)$$

mit $P_1 = 55$ kW; $K_A = 1{,}9$ (TB 3-4b: E-Motor – mittlere Anlaufverhältnisse – Volllast, starke Stöße – Kette – 8 h tgl. Laufzeit); $f_1 = f_2 = f_3 = f_4 = f_5 = f_6 = 1$

17 Kettengetriebe

gewählt: Rollenkette DIN ISO 606 – **32B – 3**
aus TB 17-3 mit $n_1 = 160 \text{ min}^{-1}$ und $P_D = 104,5 \text{ kW}/2,5 = 41,8 \text{ kW}$ (Dreifach-Kette mit Faktor 2,5 wegen kompakter Bauweise und ruhigem Lauf)

c) **Bestimmung der Verzahnungsmaße**

$$d = \frac{p}{\sin\left(\frac{180°}{z}\right)}, \quad d_1 = \frac{50,8 \text{ mm}}{\sin\left(\frac{180°}{19}\right)} = \mathbf{308{,}64 \text{ mm}} \quad (17.3/17\text{-}3)$$

$$d_2 = \frac{50,8 \text{ mm}}{\sin\left(\frac{180°}{76}\right)} = \mathbf{1\,229{,}28 \text{ mm}}$$

mit $p = 50,8$ mm (TB 17-1 für 32B), $z_1 = 19$, $z_2 = 76$

$$d_a \approx d \cdot \cos\frac{\tau}{2} + 0,8 \cdot d_1' \quad (17.5a/17\text{-}5)$$

$$d_{a1} \approx 308,64 \text{ mm} \cdot \cos\frac{18,947°}{2} + 0,8 \cdot 29,21 \text{ mm} = \mathbf{327{,}80 \text{ mm}}$$

$$d_{a2} \approx 1\,229,28 \text{ mm} \cdot \cos\frac{4,737°}{2} + 0,8 \cdot 29,21 \text{ mm} = \mathbf{1\,251{,}60 \text{ mm}}$$

mit $\tau_1 = 360°/19 = 18,947°$, $\tau_2 = 360°/76 = 4,737°$, $d_1' = 29,21$ mm
TB 17-2: $B_1 = \mathbf{28{,}8 \text{ mm}}$, $B_2 = \mathbf{87{,}4 \text{ mm}}$, $B_3 = \mathbf{145{,}9 \text{ mm}}$, $e = \mathbf{58{,}55 \text{ mm}}$
Bezeichnung: Verzahnung DIN 8196 – 19 Z bzw. 76 Z – 32B – 3

d) **Bestimmung von Gliederzahl und Wellenabstand**

$$X_0 \approx 2 \cdot \frac{a_0}{p} + \frac{z_1 + z_2}{2} + \left(\frac{z_2 - z_1}{2 \cdot \pi}\right)^2 \cdot \frac{p}{a_0} \quad (17.9/17\text{-}12)$$

$$X_0 \approx 2 \cdot \frac{1\,800 \text{ mm}}{50,8 \text{ mm}} + \frac{19 + 76}{2} + \left(\frac{76 - 19}{2 \cdot \pi}\right)^2 \cdot \frac{50,8 \text{ mm}}{1\,800 \text{ mm}} = 120,7$$

gewählt wird eine gerade Gliederzahl: $X = \mathbf{120}$

$$a = \frac{p}{4} \cdot \left[\left(X - \frac{z_1 + z_2}{2}\right) + \sqrt{\left(X - \frac{z_1 + z_2}{2}\right)^2 - 2 \cdot \left(\frac{z_2 - z_1}{\pi}\right)^2}\right]$$
$$(17.10/17\text{-}13)$$

$$a = \frac{50,8 \text{ mm}}{4} \cdot \left[\left(120 - \frac{19 + 76}{2}\right) + \sqrt{\left(120 - \frac{19 + 76}{2}\right)^2 - 2 \cdot \left(\frac{76 - 19}{\pi}\right)^2}\right]$$

$$= \mathbf{1\,781{,}9 \text{ mm}}$$

e) **Bestimmung der Kräfte am Kettengetriebe**
Kettenzugkraft

$$F_t = T_1/(d_1/2) = 3\,282{,}81\,\text{N\,m}/(0{,}3086\,\text{m}/2) = \mathbf{21{,}28\,kN} \qquad (17.14/17\text{-}16)$$

mit $T_1 = 9\,550 \cdot P/n = 9\,550 \cdot 55/160 = 3\,282{,}81\,\text{N\,m}$ nach Gl. (11.11), $d_1 = 0{,}3086\,\text{m}$

Fliehzug

$$F_z = q \cdot v^2 = 32\,\frac{\text{kg}}{\text{m}} \cdot 2{,}59^2\,\frac{\text{m}^2}{\text{s}^2} = \mathbf{215\,N} \qquad (17.15/17\text{-}17)$$

mit $q = 32\,\text{kg/m}$ (TB 17-1), $v = 0{,}3086\,\text{m} \cdot \pi \cdot 160/60\,\text{s}^{-1} = 2{,}59\,\text{m/s}$

Stützzug am oberen Kettenrad

$$F_{so} \approx q \cdot g \cdot l_T \cdot (F'_s + \sin\psi) \qquad (17.17/17\text{-}19)$$
$$= 32\,\text{kg/m} \cdot 9{,}81\,\text{m/s}^2 \cdot 1{,}721\,\text{m} \cdot (6{,}2 + \sin 10{,}03°) = \mathbf{3{,}44\,kN}$$

mit $\arcsin \varepsilon_0 = (1\,229{,}38\,\text{mm} - 308{,}64\,\text{mm})/(2 \cdot 1\,781{,}9\,\text{mm}) = 14{,}97°$,
$l_T \approx 1\,781{,}9\,\text{mm} \cdot \cos 14{,}97° = 1\,721{,}4\,\text{mm}$, $\psi = 25° - 14{,}97° = 10{,}03°$, $F'_s = 6{,}2$
nach TB 17-4 für normalen Durchhang

Stützzug am unteren Kettenrad

$$F_{su} \approx q \cdot g \cdot l_T \cdot F'_s = 32\,\text{kg/m} \cdot 9{,}81\,\text{m/s}^2 \cdot 1{,}721\,\text{m} \cdot 6{,}2 = \mathbf{3{,}35\,kN} \qquad (17.18/17\text{-}20)$$

resultierende Betriebskraft

$$F_{ges} = F_t \cdot K_A + F_z + F_{so} = 21{,}28\,\text{kN} \cdot 1{,}9 + 0{,}22\,\text{kN} + 3{,}44\,\text{kN} = \mathbf{44{,}09\,kN}$$
$$(17.20/17\text{-}22)$$

f) **Bestimmung der Wellenbelastung**

$$F_{wo} \approx F_t \cdot K_A + 2F_{so} = 21{,}28\,\text{kN} \cdot 1{,}9 + 2 \cdot 3{,}44\,\text{kN} = \mathbf{47{,}31\,kN} \qquad (17.19/17\text{-}23)$$
$$F_{wu} \approx F_t \cdot K_A + 2F_{su} = 21{,}28\,\text{kN} \cdot 1{,}9 + 2 \cdot 3{,}35\,\text{kN} = \mathbf{47{,}13\,kN}$$

g) **Bestimmung der Kettenspannung und Schmierung**
Einstellweg durch Verschieben des Kettenrades
- in Richtung des Achsabstandes LB (17.2.5):
  $s = 1{,}5 \cdot p = 1{,}5 \cdot 50{,}8\,\text{mm} = 76{,}2\,\text{mm} \approx 75\,\text{mm}$
- durch horizontales Verschieben des Antriebes:
  $s = 1{,}5 \cdot p/\cos\delta = 1{,}5 \cdot 50{,}8\,\text{mm}/\cos 25° = 84\,\text{mm} \approx \mathbf{85\,mm}$

Druckumlaufschmierung günstig (TB 17-8: zulässig auch Tauchschmierung im Ölbad evtl. mit Schleuderscheibe; $v = 2{,}6\,\text{m/s}$, Ketten-Nr. 32B-3, Bereich 3)
Schmieröl ISO VG 150 (LB 17.2.9 für Umgebungstemperatur 25 °C bis 45 °C)

ⓘ 17.9
Bestimmung der Zähnezahlen

$$i = \frac{n_1}{n_2} = \frac{z_2}{z_1} = \frac{500 \text{ min}^{-1}}{200 \text{ min}^{-1}} = 2{,}5 \qquad (17.1/17\text{-}1)$$

erreichbar nach LB 17.2.2 mit folgenden Vorzugszähnezahlen z_2/z_1: 38/15, 57/23, gewählt: $z_1 = \mathbf{15}$, $z_2 = \mathbf{38}$

Bestimmung der Kettengröße

$$P_\text{D} = \frac{K_\text{A} \cdot P_1 \cdot f_1}{f_2 \cdot f_3 \cdot f_4 \cdot f_5 \cdot f_6} = \frac{1{,}2 \cdot 5{,}5\,\text{kW} \cdot 1{,}3}{0{,}94 \cdot 1 \cdot 1 \cdot 1{,}14 \cdot 0{,}5} = 16{,}0\,\text{kW} \qquad (17.7/17\text{-}10)$$

mit $f_1 = 1{,}3$ (TB 17-5), $f_2 = 0{,}94$ (TB 17-6), geschätzt mit $a/p = 30$, $f_3 = 1$, $f_4 = 1$, $f_5 \approx (15\,000/L_\text{h})^{1/3} = (15\,000/10\,000)^{1/3} = 1{,}14$, $f_6 = 0{,}5$ (TB 17-7, für $v \leq 4\,\text{m/s}$), aus TB 17-3 mit $n_1 = 500\,\text{min}^{-1}$ und $P_\text{D} = 16{,}0\,\text{kW}$ gewählt: Ketten-Nr. **16B-1**

Bestimmung der wesentlichen Verzahnungsmaße

$$d = \frac{p}{\sin\left(\frac{180°}{z}\right)};\ d_1 = \frac{25{,}4\,\text{mm}}{\sin\left(\frac{180°}{15}\right)} = \mathbf{122{,}17\,mm};\ d_2 = \frac{25{,}4\,\text{mm}}{\sin\left(\frac{180°}{38}\right)} = \mathbf{307{,}58\,mm} \qquad (17.3/17\text{-}3)$$

mit $p = 25{,}4\,\text{mm}$ (TB 17-1 für Kette 16B); $z_1 = 15$, $z_2 = 38$

$$d_\text{a} \approx d \cdot \cos\frac{\tau}{2} + 0{,}8 \cdot d_1' \qquad (17.5\text{a}/17\text{-}5)$$

$$d_{\text{a}1} \approx 122{,}17\,\text{mm} \cdot \cos\frac{24°}{2} + 0{,}8 \cdot 15{,}88\,\text{mm} = \mathbf{132{,}20\,mm}$$

$$d_{\text{a}2} \approx 307{,}58\,\text{mm} \cdot \cos\frac{9{,}474°}{2} + 0{,}8 \cdot 15{,}88\,\text{mm} = \mathbf{319{,}23\,mm}$$

mit $\tau_1 = 360°/z_1 = 360°/15 = 24°$, $\tau_2 = 360°/z_2 = 360°/38 = 9{,}474°$, $d_1' = 15{,}88\,\text{mm}$
$B_1 = \mathbf{16{,}2\,mm}$, $F = \mathbf{15\,mm}$, $r_4 = \mathbf{0{,}8\,mm}$ (TB 17-2)
Bezeichnung: Verzahnung DIN 8196 – 15Z bzw. 38Z – 16B – 1

Bestimmung der Gliederzahl und Normbezeichnung

$$X_0 \approx 2\frac{a_0}{p} + \frac{z_1 + z_2}{2} + \left(\frac{z_2 - z_1}{2 \cdot \pi}\right)^2 \cdot \frac{p}{a_0} \qquad (17.9/17\text{-}12)$$

$$X_0 \approx 2\frac{800\,\text{mm}}{25{,}4\,\text{mm}} + \frac{15 + 38}{2} + \left(\frac{38 - 15}{2 \cdot \pi}\right)^2 \cdot \frac{25{,}4\,\text{mm}}{800\,\text{mm}} = 89{,}9$$

Gewählt wird eine gerade Gliederzahl: $X = \mathbf{90}$
Normbezeichnung: **Rollenkette DIN ISO 606 – 16B – 1 × 90**

Bestimmung des tatsächlichen Achsabstandes

$$a = \frac{p}{4} \cdot \left[\left(X - \frac{z_1 + z_2}{2} \right) + \sqrt{\left(X - \frac{z_1 + z_2}{2} \right)^2 - 2 \cdot \left(\frac{z_2 - z_1}{\pi} \right)^2} \right] \quad (17.10/17\text{-}13)$$

$$a = \frac{25{,}4 \text{ mm}}{4} \cdot \left[\left(90 - \frac{15 + 38}{2} \right) + \sqrt{\left(90 - \frac{15 + 38}{2} \right)^2 - 2 \cdot \left(\frac{38 - 15}{\pi} \right)^2} \right]$$

$$= \mathbf{801{,}0 \text{ mm}}$$

Bestimmung der Kräfte am Kettengetriebe
Kettenzugkraft

$$F_t = T_1/(d_1/2) = 105 \text{ N m}/(0{,}1222 \text{ m}/2) = \mathbf{1{,}72 \text{ kN}} \quad (17.14/17\text{-}16)$$

mit $T_1 = 9550 \cdot \dfrac{P}{n_1} = 9550 \cdot \dfrac{5{,}5}{500} = 105 \text{ N m}, \ d_1 = 122{,}2 \text{ mm}$ \quad (11.11/11-6)

Fliehzug

$$F_z = q \cdot v^2 = 2{,}7 \text{ kg/m} \cdot 3{,}2^2 \text{ m}^2/\text{s}^2 = \mathbf{28 \text{ N}} \quad (17.15/17\text{-}17)$$

mit $q = 2{,}7$ kg/m (TB 17-1), $v = 0{,}1222$ m $\cdot \pi \cdot 500/60 \text{ s}^{-1} = 3{,}2$ m/s

Stützzug am oberen Kettenrad

$$F_{so} = q \cdot g \cdot l_T \cdot (F'_s + \sin \psi) \quad (17.17/17\text{-}19)$$
$$= 2{,}7 \text{ kg/m} \cdot 9{,}81 \text{ m/s}^2 \cdot 0{,}7956 \text{ m} \cdot (5 + \sin 33{,}354°) = \mathbf{117 \text{ N}}$$

mit $\arcsin \varepsilon_0 = (d_2 - d_1)/(2 \cdot a) = (307{,}58 \text{ mm} - 122{,}17 \text{ mm})/(2 \cdot 801 \text{ mm}) = 6{,}646°$,
$l_T \approx a \cdot \cos \varepsilon_0 = 801 \text{ mm} \cdot \cos 6{,}646° = 795{,}6 \text{ mm}, \ \psi = \delta - \varepsilon_0 = 40° - 6{,}646° = 33{,}354°$,
$F'_s = 5$ nach TB 17-4 für normalen Durchhang ($f_{rel} = 2\%$)

Stützzug am unteren Kettenrad

$$F_{su} \approx q \cdot g \cdot l_T \cdot F'_S = 2{,}7 \text{ kg/m} \cdot 9{,}81 \text{ m/s}^2 \cdot 0{,}7956 \text{ m} \cdot 5 = \mathbf{105 \text{ N}} \quad (17.18/17\text{-}20)$$

Resultierende Betriebskraft

$$F_{ges} = F_t \cdot K_A + F_z + F_{so} = 1720 \text{ N} \cdot 1{,}2 + 28 \text{ N} + 117 \text{ N} = \mathbf{2209 \text{ N}} \quad (17.20/17\text{-}22)$$

Bestimmung der Wellenbelastung

$$F_{wo} = F_t \cdot K_A + 2F_{so} = 1720 \text{ N} \cdot 1{,}2 + 2 \cdot 117 \text{ N} = \mathbf{2298 \text{ N}} \quad (17.19/17\text{-}24)$$
$$F_{wu} = F_t \cdot K_A + 2F_{su} = 1720 \text{ N} \cdot 1{,}2 + 2 \cdot 105 \text{ N} = \mathbf{2274 \text{ N}} \quad (17.19/17\text{-}25)$$

Bestimmung der Kettenspannung und Schmierung
Einstellweg durch Verschieben des Kettenrades

- in Richtung des Achsabstandes (Lehrbuch 17.2.5):
  $s = 1{,}5 \cdot p = 1{,}5 \cdot 25{,}4\,\text{mm} = 38{,}1\,\text{mm} \approx 40\,\text{mm}$
- durch horizontales Verschieben des Antriebes:
  $s = 1{,}5 \cdot p/\cos\delta = 1{,}5 \cdot 25{,}4\,\text{mm}/\cos 40° = 49{,}7\,\text{mm} \approx \mathbf{50\,mm}$

Vorgesehene Tropfschmierung (Nadel- oder Tropföler) sorgfältig überwachen (Trockenlauf!) Alternativ **Tauchschmierung** im Ölbad (Schmierempfehlung nach TB 17-8; $v = 3{,}2\,\text{m/s}$, Ketten-Nr. 16B-1)

18 Elemente zur Führung von Fluiden (Rohrleitungen)

18.1
a) $F_\vartheta \approx 258$ kN ($E = 210\,000$ N/mm², $\alpha = 12 \cdot 10^{-6}$ K⁻¹, $\Delta\vartheta = 60$ K, $A = 1\,710$ mm² nach TB 1-13a.)
b) 113°C ($R_e = 235$ N/mm², $\alpha = 12 \cdot 10^{-6}$ K⁻¹, $E = 210\,000$ N/mm², $\Delta\vartheta = 93$ K, $\vartheta_1 = 20°C$).

18.2
a) Das Rohrsystem dehnt sich in der Richtung der Verbindungslinie seiner Endpunkte.
b) 5,8 mm ($l = \sqrt{(8\,000\,\text{mm})^2 + (3\,000\,\text{mm})^2} = 8\,544$ mm, $\alpha = 17 \cdot 10^{-6}$ K⁻¹, $\Delta\vartheta = 40$ K).

18.3
a) L = 4,4 m, b) L = 4,4 m · 1,5 = 6,6 m.

18.4
DN 350 (zunächst $\Delta p = 7,5$ bar > 5 bar mit: DN 300, $v = 1,27$ m/s, $Re = 527 < 2\,320$ (laminar), $\lambda = 0,121$; nach Korrektur auf DN 350: $v = 0,929$ m/s, $Re = 452$ (laminar), $\lambda = 0,142$, $\Delta p = 4,08$ bar).

18.5
DN 200 ($\Delta p \approx 0,43$ bar, $\lambda \approx 0,03$, $Re \approx 483\,300$, $\varrho \approx 992,2$ kg/m³, $\nu = 0,658 \cdot 10^{-6}$ m²/s, $v = 1,59$ m/s, $k = 1,0$ mm angenommen, $l = 480$ m, $\Delta h = 6$ m, $d_i/k = 200$, $\sum \zeta = 2 \cdot 4 + 4 \cdot 0,23 \cdot 0,7 = 8,64$, $\varrho_{\text{Luft}} \approx 1,3$ kg/m³).

18.6
a) $\Delta p = 0,647 \cdot 10^5$ Pa $= 0,647$ bar ($v = 1,7$ m/s, $p = 999,7$ kg/m³ aus TB 18-9 bei 10°C, $\nu = 1,307 \cdot 10^{-6}$ m²/s, $Re = 325\,172$, TB 18-8. $\lambda = 0,014$ für $k = 0$ und $Re = 3,25 \cdot 10^5$)

b) $\Delta p = 1{,}017 \cdot 10^5\,\text{Pa} = 1{,}017\,\text{bar}$ ($d_\text{i}/k = 625$, $\lambda = 0{,}022$, $l = 800\,\text{m}$, $d_\text{i} = 250\,\text{mm}$, $\varrho = 999{,}7\,\text{kg/m}^3$, $v = 1{,}7\,\text{m/s}$)

c) $\Delta p = 6645\,\text{Pa} = 0{,}0665\,\text{bar}$ ($\sum \xi = 2 \cdot 1 + 2 \cdot 0{,}5 + 2 \cdot 0{,}8 = 4{,}6$, $\varrho = 999{,}7\,\text{kg/m}^3$, $v = 1{,}7\,\text{m/s}$)

ⓘ **18.7**

Bestimmung der Strömungsgeschwindigkeit

$$v = \frac{4}{\pi} \cdot \frac{\dot{V}}{d_\text{i}^2} = \frac{4}{\pi} \cdot \frac{0{,}0\overline{5}\,\text{m}^3/\text{s}}{0{,}257^2\,\text{m}^2} = 1{,}07\,\text{m/s} \qquad (18.3/18\text{-}1)$$

mit $\dot{V} = 200\,\text{m}^3/3\,600\,\text{s} = 0{,}0\overline{5}\,\text{m}^3/\text{s}$, $d_\text{i} = 273\,\text{mm} - 2 \cdot 8\,\text{mm} = 257\,\text{mm} = 0{,}257\,\text{m}$

Bestimmung der Strömungsform

$$Re = \frac{v \cdot d_\text{i}}{\nu} \qquad (18.8/18\text{-}5)$$

$\vartheta = 20°\text{C}$: $Re = \dfrac{1{,}07\,\text{m/s} \cdot 0{,}257\,\text{m}}{408 \cdot 10^{-6}\,\text{m}^2/\text{s}} = 674$

$\vartheta = 40°\text{C}$: $Re = \dfrac{1{,}07\,\text{m/s} \cdot 0{,}257\,\text{m}}{130 \cdot 10^{-6}\,\text{m}^2/\text{s}} = 2\,115$

$\vartheta = 60°\text{C}$: $Re = \dfrac{1{,}07\,\text{m/s} \cdot 0{,}257\,\text{m}}{45 \cdot 10^{-6}\,\text{m}^2/\text{s}} = 6\,110$

Die Strömung liegt bis ca. 40°C im laminaren Bereich ($Re < 2\,320$).

Bestimmung des Rohrreibungskoeffizienten

$$\text{Laminare Strömung: } \lambda = \frac{64}{Re} \qquad (18.9/18\text{-}10)$$

$\vartheta = 20°\text{C}$: $\lambda = \dfrac{64}{674} = 0{,}095$

$\vartheta = 40°\text{C}$: $\lambda = \dfrac{64}{2\,115} = 0{,}030$

Turbulente Strömung bei 60°C

$$\lambda = 0{,}11 \cdot (k/d_\text{i} + 68/Re)^{0{,}25} \qquad (18\text{-}13)\text{ FS}$$
$$\lambda = 0{,}11 \cdot (0{,}1\,\text{mm}/257\,\text{mm} + 68/6\,110)^{0{,}25} = 0{,}036$$

Bestimmung des Druckverlustes

$$\Delta p = \frac{\varrho \cdot v^2}{2} \cdot \left(\frac{\lambda \cdot l}{d_i} + \sum \zeta\right) + \Delta h \cdot g \cdot (\varrho - \varrho_{\text{Luft}}) \qquad (18.7/18\text{-}7)$$

$\vartheta = 20°C$:

$$\Delta p = \frac{956 \text{ kg/m}^3 \cdot 1{,}07^2 \text{ m}^2/\text{s}^2}{2} \cdot \frac{0{,}095 \cdot 1\,600 \text{ m}}{0{,}257 \text{ m}} + 30 \text{ m} \cdot 9{,}81 \text{ m/s}^2 \cdot 956 \text{ kg/m}^3$$

$$= \mathbf{605\,000\,Pa} \approx 6 \text{ bar}$$

$\vartheta = 40°C$:

$$\Delta p = \frac{942 \text{ kg/m}^3 \cdot 1{,}07^2 \text{ m}^2/\text{s}^2}{2} \cdot \frac{0{,}030 \cdot 1\,600 \text{ m}}{0{,}257 \text{ m}} + 30 \text{ m} \cdot 9{,}81 \text{ m/s}^2 \cdot 942 \text{ kg/m}^3$$

$$= \mathbf{378\,000\,Pa} \approx 3{,}78 \text{ bar}$$

$\vartheta = 60°C$:

$$\Delta p = \frac{928 \text{ kg/m}^3 \cdot 1{,}07^2 \text{ m}^2/\text{s}^2}{2} \cdot \frac{0{,}036 \cdot 1\,600 \text{ m}}{0{,}257 \text{ m}} + 30 \text{ m} \cdot 9{,}81 \text{ m/s}^2 \cdot 928 \text{ kg/m}^3$$

$$= \mathbf{392\,000\,Pa} \approx 3{,}92 \text{ bar}$$

$\sum \zeta$ und ϱ_{Luft} bleiben unberücksichtigt

Bestimmung der erforderlichen theoretischen Pumpenleistung

$$P = \dot{V} \cdot p$$

$$\vartheta = 20°C: \quad P = 0{,}0\overline{5} \frac{\text{m}^3}{\text{s}} \cdot 605\,000 \frac{\text{N}}{\text{m}^2} = \mathbf{33{,}6\,kW}$$

$$\vartheta = 40°C: \quad P = 0{,}0\overline{5} \frac{\text{m}^3}{\text{s}} \cdot 378\,000 \frac{\text{N}}{\text{m}^2} = \mathbf{21{,}0\,kW}$$

$$\vartheta = 60°C: \quad P = 0{,}0\overline{5} \frac{\text{m}^3}{\text{s}} \cdot 392\,000 \frac{\text{N}}{\text{m}^2} = \mathbf{21{,}8\,kW}$$

Kennwert	Formelzeichen	Einheit	Temperatur		
Fördertemperatur	ϑ	°C	20	40	60
Reynolds-Zahl	Re	1	674	2 115	6 110
Rohrreibungskoeffizient	λ	1	0,095	0,030	0,036
Druckverlust	Δp	Pa	605 000	378 000	392 000
Theoretisch erforderliche Pumpenleistung	P	kW	33,6	21,0	21,8
Art der Strömung			laminar		turbulent

Der geringste Druckverlust tritt bei einer Fördertemperatur von ca. 40°C auf. Bei weiterer Erwärmung des Öles sinkt die Viskosität und die Reynolds-Zahl steigt an. Dies bedeutet eine Erhöhung des Rohrreibungskoeffizienten, des Druckverlustes und erfordert eine größere Pumpenleistung.

18.8
$t = 20$ mm ($d_a = 323{,}9$ mm, $t_v = 15{,}4$ mm, $\sigma_{zul} = 100$ N/mm², nicht austenitischer Stahl; zeitunabhängig: mit $R_{p0,2}/\vartheta = 150$ N/mm² und $R_m = 450$ N/mm² wird $\sigma_{zul} = \min\{150\,\text{N/mm}^2/1{,}5;\ 450\,\text{N/mm}^2/2{,}4\} = 100$ N/mm²; zeitabhängig: mit $R_{m/t/\vartheta} = 218$ N/mm² wird $\sigma_{zul} = 218$ N/mm²/1,25 $= 174{,}4$ N/mm²; $v_N = 1$ (nahtlos); $t/d_a = 20$ mm/323,9 mm $= 0{,}062$; $c_1' = \pm 12{,}5\,\%$, $c_2 = 1$ mm; $d_a/d_i = 323{,}9$ mm/283,9 mm $= 1{,}14 < 1{,}7$: Gl. (18.13/18-20) maßgebend).

18.9
303 bar ($\sigma_{prüf,zul} = 0{,}95 \cdot 280$ N/mm² $= 266$ N/mm², $R_{eH} = 280$ N/mm², $v_N = 1$, $t/d_a = 0{,}06$: $c_1' = \pm 12{,}5\,\%$, $t = 20$ mm, $c_1 = 2{,}5$ mm, $c_2 = 0$ (neues Rohr), $t_v = 17{,}5$ mm, $d_a = 323{,}9$ mm, $d_a/d_i = 1{,}12 < 1{,}7$).

18.10
a) DN 400 ($\dot{V} = 0{,}222$ m³/s, $v = 2$ m/s),
b) $d_a = 406{,}4$ mm,
c) $t_v = 3{,}3$ mm, $t = 4$ mm ($d_a = 406{,}4$ mm, $p_e = 2{,}5$ N/mm², $R_{eH} = 235$ N/mm², $R_m = 360$ N/mm², $c_1 = 0{,}37$ mm, $c_2 = 0$ (Umhüllung, Auskleidung)).

18.11
$N_{zul} = 526\,900$ ($B = 6\,300$ N/mm², $m = 3$ (Schweißnaht), $2\sigma_a^* = 78$ N/mm²; $\sigma_{zul,20} = 150$ N/mm², $R_m = 360$ N/mm², $R_{eH} = 235$ N/mm², $t_v = 2{,}6$ mm, $p_e = 250$ bar, $d_a = 33{,}7$ mm, $v_N = 1{,}0$ (nahtlos); $p_r = 250$ bar, $\eta = 1{,}3$, $p_{max} = 250$ bar, $p_{min} = 150$ bar, $F_d = 1 (t < 25$ mm$)$, $F_{\vartheta*} = 1$ ($\vartheta = 20\,°$C), $d_a/d_i = 1{,}23 < 1{,}7$, $\vartheta = 20\,°$C).

ⓘ 18.12
Bedingung für die Dauerfestigkeit

$$2 \cdot \sigma_a^* < 2 \cdot \sigma_{a,D} \qquad (18.16/18\text{-}23)$$

mit $2 \cdot \sigma_{a,D} = 63$ N/mm² für Schweißnähte Klasse K1

Bestimmung des Ersatzdruckes

$$2 \cdot \sigma_a^* = \frac{\eta}{F_d \cdot F_{\vartheta*}} \cdot \frac{p_{max} - p_{min}}{p_r} \cdot \sigma_{zul,20} \rightarrow p_r = \frac{\eta}{F_d \cdot F_{\vartheta*}} \cdot \frac{p_{max} - p_{min}}{2 \cdot \sigma_a^*} \cdot \sigma_{zul,20}$$

(18.15/18-22)

$$p_r = \frac{1{,}3}{0{,}96 \cdot 1} \cdot \frac{16{,}5\,\text{N/mm}^2}{63\,\text{N/mm}^2} \cdot 171\,\text{N/mm}^2 = 60{,}6\,\text{N/mm}^2 = 606\,\text{bar}.$$

mit $\eta = 1{,}3$ für Rundschweißnähte bei gleichen Wanddicken, $F_d = \left(\dfrac{25\,\text{mm}}{30\,\text{mm}}\right)^{0,25} = 0{,}96$ (bei Annahme $t = 30$ mm),

$F_{\vartheta^*} = 1$ für $\vartheta^* \leq 100\,°C$, $p_{\max} - p_{\min} = 16{,}5\,\text{N/mm}^2$,

$$\sigma_{\text{zul},20} = \min\left(\frac{265\,\text{N/mm}^2}{1{,}5}; \frac{410\,\text{N/mm}^2}{2{,}4}\right) = 171\,\text{N/mm}^2,$$

mit $R_{\text{eH}} = 265\,\text{N/mm}^2$ und $R_m = 410\,\text{N/mm}^2$ nach TB 18-10

Bestimmung der erforderlichen Wanddicke

Annahme: $d_a = 168{,}3\,\text{mm}$ (TB 1-13d) für DN 100 und $d_a/d_i \leq 1{,}7$

$$t_v = \frac{p_e \cdot d_a}{2 \cdot \sigma_{\text{zul}} \cdot v_N + p_e} = \frac{60{,}6\,\text{N/mm}^2 \cdot 168{,}3\,\text{mm}}{2 \cdot 171\,\text{N/mm}^2 \cdot 1{,}0 + 60{,}6\,\text{N/mm}^2} = 25{,}3\,\text{mm}$$

(18.13/18-20)

mit $p_e = p_r = 60{,}6\,\text{N/mm}^2$, $v_N = 1{,}0$

Bestimmung der Bestellwanddicke

$$t = t_v + c_1 + c_2 = (t_v + c_2)\frac{100}{100 - c_1'} \qquad (18.12/18\text{-}18)$$

$$t = (25{,}3\,\text{mm} + 1\,\text{mm})\frac{100}{100 - 12{,}5} = 30{,}0\,\text{mm}$$

mit $c_1' = 12{,}5\,\%$ nach TB 1-13d und $c_2 = 1{,}0\,\text{mm}$
Aus TB 1-13d wird die Bestellwanddicke $t = 30\,\text{mm}$ gewählt.
Bestellangabe: Rohr–168,3 × 30–EN 10216-1-P265TR2
Überprüfung der Annahme zum Durchmesserverhältnis:

$$d_a/d_i = 168{,}3\,\text{mm}/(168{,}3 - 2 \cdot 30)\,\text{mm} = 1{,}55 < 1{,}7 \qquad (18.13/18\text{-}20)$$

18.13
a) $\Delta p = 4{,}8\,\text{bar}$ ($\varrho \approx 1\,000\,\text{kg/m}^3$, $a \approx 1\,000\,\text{m/s}$, $\Delta v = 2\,\text{m/s}$, $t_R = 0{,}024\,\text{s}$, $t_S = 0{,}1\,\text{s}$, $l = 12\,\text{m}$)
b) $l = 50\,\text{m}$ ($t_R = t_S = 0{,}1\,\text{s}$, $a \approx 1\,000\,\text{m/s}$)

(i) **18.14**
a) **Bestimmung der Reflexionszeit**

$$t_R = 2 \cdot l/a = 2 \cdot 1\,200\,\text{m}/1\,000\,\text{m/s} = 2{,}4\,\text{s} \qquad (18.20/18\text{-}17)$$

mit $l = 1\,200\,\text{m}$ und $a = 1\,000\,\text{m/s}$
Da $t_S = 0{,}2\,\text{s} < t_R = 2{,}4\,\text{s}$, tritt der maximale Druckstoß auf.

Bestimmung des maximalen Druckstoßes

$$\Delta p = \varrho \cdot a \cdot \Delta v = 1\,000\,\text{kg/m}^3 \cdot 1\,000\,\text{m/s} \cdot 6\,\text{m/s} = 6 \cdot 10^6\,\text{Pa} = \mathbf{60\,bar}$$

(18.21/18-15)

mit $\varrho = 1\,000\,\text{kg/m}^3$ (TB 18-9a) und $\Delta v = 6\,\text{m/s} - 0\,\text{m/s} = 6\,\text{m/s}$

b) **Bestimmung des reduzierten Druckstoßes**

$$\Delta p = \varrho \cdot a \cdot \Delta v \cdot t_R/t_S \qquad (18.22/18\text{-}16)$$
$$= 1\,000\,\text{kg/m}^3 \cdot 1\,000\,\text{m/s} \cdot 6\,\text{m/s} \cdot 2{,}4\,\text{s}/24\,\text{s} = 6 \cdot 10^5\,\text{Pa} = \mathbf{6\,bar}$$

mit $t_S = 10 \cdot 2{,}4\,\text{s} = 24\,\text{s}$

c) Grundsätzlich durch Verkürzung der Reflexionszeit, z. B. durch kurze Rohrführung, Wasserschlösser, Zwischenreflexionsstellen und Nachsaugbehälter oder/und Verlängerung der Schließzeit.

20 Zahnräder und Zahnradgetriebe (Grundlagen)

20.1
a) Gesamtübersetzung $i_{ges} = 10{,}85$
b) Abtriebsdrehzahl $n_{ab} = 83{,}87\,\text{min}^{-1}$
c) Abtriebsmoment $T_{ab} = 419\,\text{N\,m}$

20.2
a) $i = 19{,}4$
b) $z_4 = 92$ ($i_{vorh} = 19{,}55$)
c) $P_1 \approx 5{,}1\,\text{kW}$ ($\eta_{ges} \approx 0{,}82$, $n_3 \approx 0{,}827\,\text{s}^{-1}$)

20.3
$$P_{ab} = P_{an} \cdot \eta_{ges} = P_{an} \cdot \eta_Z^3 \cdot \eta_L^4 \cdot \eta_D^2$$

$P_{ab} = 22{,}38\,\text{kW}$ ($P_{an} = 25\,\text{kW}$, $\eta_Z \approx 0{,}99$, $\eta_L \approx 0{,}99$, $\eta_D \approx 0{,}98$)

21 Außenverzahnte Stirnräder

Geradverzahnte Stirnräder (Verzahnungsgeometrie)

21.1
a) $d = 150$ mm, $d_b = 140{,}954$ mm, $d_a = 160$ mm, $d_f = 137{,}5$ mm
b) $h_a = 5$ mm, $h_f = 6{,}25$ mm, $h = 11{,}25$ mm
c) $p = 15{,}708$ mm; $p_b \widehat{=} p_e = 14{,}761$ mm, $s = e = 7{,}854$ mm

21.2
a) errechnet $m = 3{,}93$ mm, gewählt nach TB 21-1 Modul $m = 4$ mm
b) $d = 76$ mm, $d_a = 84$ mm, $d_f = 66$ mm
c) $h_a = 4$ mm, $h_f = 5$ mm, $h = 9$ mm

21.3
a) $z_1' = 55$, $z_2' = 77$; $z_1' + z_2' = 132$
b) $d_1 = 165$ mm, $d_{a1} = 171$ mm, $d_{f1} = 157{,}5$ mm;
   $d_2 = 231$ mm, $d_{a2} = 237$ mm, $d_{f2} = 223{,}5$ mm
c) $a = 198$ mm
d) $u' = 1{,}4$; $u = 1{,}4146$, die Abweichung beträgt $\Delta u \approx 1{,}032\,\%$

21.4
a) $n_2 \approx 167 \text{ min}^{-1}$, $z_2 = 85$
b) $d_1 = 120$ mm, $d_{a1} = 132$ mm, $d_{f1} = 105$ mm;
   $d_2 = 510$ mm, $d_{a2} = 522$ mm, $d_{f2} = 495$ mm, $h = 13{,}5$ mm
c) $a_d = 315$ mm
d) $c_{\text{vorh}} = 1{,}5$ mm (somit ist $c = 0{,}25 \cdot m$)

21.5
a) $z_1 = 27$, $z_2 = 54$
b) $d_1 = 108$ mm, $d_{b1} = 101{,}49$ mm; $d_2 = 216$ mm, $d_{b2} = 202{,}97$ mm
c) angenähert und rechnerisch $\varepsilon_\alpha = 1{,}7$

21.6
a) $z_2 = 81$; $z_4 = 72$; $z_6 = 64$; $z_5 = 23$ ($d_4 = d_6 = 288$ mm; $i_{ges} = 45$; $i_3 = 2{,}78$);
$a_{d1} = 173{,}25$ mm; $a_{d2} = 184$ mm; $a_{d3} = 195{,}75$ mm
b) $n_2 = 160$ min^{-1}, $n_3 = 44{,}4$ min^{-1}
c) Ausführung des Getriebes ist unter den geforderten Bedingungen möglich.

21.7
a) $z_2 = -45$, $|z_2| - z_1 = \ldots 27 > 10$; störungsfreier Lauf ist zu erwarten
b) Ritzel: $d_1 = 72$ mm, $d_{a1} = 80$ mm, $d_{f1} = 62$ mm
   Hohlrad: $d_2 = -180$ mm, $d_{a2} = -172$ mm, $d_{f2} = -190$ mm
c) $a_d = -54$ mm

21.8
$\sum x = 0{,}5247$, $x_1 = 0{,}37$, $x_2 = 0{,}1547$, $a_d = 182{,}5$ mm, $\alpha_w = 22{,}029°$,
$k = -0{,}123$ mm, $\varepsilon_\alpha = 1{,}5$;

Ritzel z_1: $d_1 = 95$ mm, $d_{a1} = 108{,}454$ mm, $d_{f1} = 86{,}20$ mm, $d_{b1} = 89{,}271$ mm,
$d_{w1} = 96{,}301$ mm, $s_1 = 9{,}201$ mm, $h_1 = 11{,}127$ mm;
Rad z_2: $d_2 = 270$ mm, $d_{a2} = 281{,}3$ mm, $d_{f2} = 259{,}05$ mm, $d_{b2} = 253{,}717$ mm,
$d_{w2} = 273{,}699$ mm; $s_2 = 8{,}417$ mm, $h_2 = 11{,}127$ mm

21.9
a) ja, die Ausführung als V-Null-Getriebe ist möglich, da $z_1 + z_2 = 42 > 28$
b) $x_1 = 0{,}235$, $x_2 = -0{,}235$; $V_1 = +0{,}705$ mm, $V_2 = -0{,}705$ mm
c) $d_1 = 30$ mm, $d_{b1} = 28{,}19$ mm, $d_{a1} = 37{,}41$ mm;
   $d_2 = 96$ mm, $d_{b2} = 90{,}21$ mm, $d_{a2} = 100{,}59$ mm, $a = a_d = 63$ mm
d) $\varepsilon_\alpha = 1{,}47 > 1{,}25$

21.10
a) $z_1 = 11 < 14$ (Unterschnitt; Profilverschiebung erforderlich!), $z_2 = 33$, daher
   $z_1 + z_2 = 44 > 28$ V-Null-Getriebe mit praktischen Mindest-Profilverschiebungsfaktoren $x_{1,2} = \pm 0{,}176$; Zur Verbesserung der Betriebseigenschaften wird für $\sum x = 0$
   nach Gl. (21.33/21-39) bzw. nach TB 21-5 $x_{1,2} = \pm 0{,}4$ vorgesehen.
b) Ritzel (V-Plus-Rad): $d_1 = 33$ mm, $d_{b1} = 31{,}01$ mm, $d_{a1} = 41{,}4$ mm, $d_{f1} = 27{,}9$ mm,
   $h_1 = 6{,}75$ mm
   Rad (V-Minus-Rad): $d_2 = 99$ mm, $d_{b2} = 93{,}03$ mm, $d_{a2} = 102{,}6$ mm,
   $d_{f2} = 89{,}1$ mm, $h_2 = h_1 = h = 6{,}75$ mm
c) $\varepsilon_\alpha \approx 1{,}44$

21.11
a) $x_1 = -x_2 \approx 0{,}1$ gewählt; $V_1 = 0{,}3$ mm, $V_2 = -0{,}3$ mm
b) $a = a_d = 78$ mm, $d_1 = 63$ mm, $d_2 = 93$ mm, $d_{a1} = 69{,}6$ mm, $d_{a2} = 98{,}4$ mm ($k = 0$);
   $d_{f1} = 56{,}1$ mm, $d_{f2} = 84{,}9$ mm
c) $s_{a1} = 1{,}99$ mm $\approx 0{,}6 \cdot m > 0{,}2 \cdot m$

21.12
a) $x_1 = +0{,}22$, $x_2 = +0{,}18$
b) $d_1 = 201$ mm, $d_2 = 252$ mm; $d_{b1} = 188{,}88$ mm, $d_{b2} = 236{,}80$ mm; $a = 227{,}68$ mm
   ($a_d = 226{,}5$ mm, $\alpha_w = 20{,}8°$); $d_{a1} = 208{,}02$ mm, $d_{a2} = 259{,}02$ mm
   ($k = k^* \cdot m = -0{,}03$ mm); $d_{f1} = 194{,}82$ mm, $d_{f2} = 245{,}58$ mm; $h_1 = 6{,}6$ mm, $h_2 = 6{,}72$ mm, ($c = 0{,}75$ mm $\widehat{=}$ $0{,}25 \cdot m$)
c) $\varepsilon_\alpha \approx 1{,}72 > 1{,}25$

21.13
a) $x_1 = +0{,}436$ nach Gl. (21.33/21-39), $x_2 = +0{,}364$
b) $a = 178{,}73$ mm ($\alpha_w = 23{,}06°$, $a_d = 175$ mm)
c) $c = 1{,}25$ mm $\widehat{=}$ $0{,}25 \cdot m$ ($d_{a1} = 118{,}81$ mm, $d_{f2} = 236{,}14$ mm; $k = -0{,}273$ mm)

21.14
Kopfkürzung erforderlich!
a) $V_1 = -0{,}21$ mm ($x_1 = -0{,}07$), $V_2 = -0{,}99$ mm ($x_2 = -0{,}33$); $d_1 = 72$ mm,
   $d_{b1} = 67{,}658$ mm, $d_{a1} = 78{,}1$ mm, $d_{f1} = 64{,}08$ mm; $d_2 = 108$ mm,
   $d_{b2} = 101{,}487$ mm,
   $d_{a2} = 112{,}54$ mm, $d_{f2} = 98{,}52$ mm; $a = 89{,}06$ mm ($a_d = 90$ mm, $\alpha_w = 18{,}27°$)
   $c = 0{,}75$ mm $\widehat{=}$ $0{,}25 \cdot m$
b) $\varepsilon_\alpha = 1{,}754$ (Kontrolle vgl. TB 21-2b $\varepsilon_\alpha = \varepsilon_1 + \varepsilon_2 = 1{,}74$); Nullgetriebe $\varepsilon_\alpha = 1{,}647$
   ($d_{a1} = 78$ mm, $d_{a2} = 114$ mm); prozentuale Erhöhung ca. 6,1 %

21.15
$a_d = 142$ mm $< a = 145$ mm, daher Korrektur erforderlich, V-Radpaar mit positiver Profilverschiebung; $\alpha_w = 23{,}037°$, $\sum x = 0{,}806$; $V_1 = 1{,}8$ mm, $V_2 = 1{,}424$ mm ($x_1 \approx +0{,}45$, $x_2 = +0{,}356$)

21.16
a) $V_1 = 1{,}8$ mm, $V_2 = 1{,}457$ mm ($a_d = 122$ mm, $\alpha_w = 23{,}49°$, $\sum x = 0{,}8143$, $x_1 = +0{,}45$, $x_2 = +0{,}3643$) $V_{1\,max} = 3{,}16$ mm $> V_1$ keine Spitzenbildung (Ablesung aus TB 21-3: $x_{1\,max} \approx +0{,}7$)
b) $d_1 = 68$ mm, $d_{a1} = 79{,}60$ mm, $d_{f1} = 61{,}60$ mm; $d_2 = 176$ mm, $d_{a2} = 186{,}40$ mm, $d_{f2} = 168{,}91$ mm ($k = k^* \cdot m = -0{,}257$ mm)

21.17
a) gewählt $\sum x = +1{,}0$; Übersetzung ins Langsame $i = u$, $z_2 = 96$; $V_1 = V_2 = 2$ mm ($x_1 = +0{,}5$, $x_2 = +0{,}5$)
b) $d_1 = 80$ mm, $d_{a1} = 90{,}83$ mm, $d_{f1} = 74$ mm; $d_2 = 384$ mm, $d_{a2} = 394{,}83$ mm, $d_{f2} = 378$ mm; $a = 235{,}41$ mm ($a_d = 232$ mm, $\alpha_w = 22{,}17°$),
   $c = 1{,}0$ mm mit Kopfhöhenänderung $k = k^* \cdot m = -0{,}587$ mm

21.18
Stufe $z_{1,2}$: $\sum x_{1,2} = 0$; $a_d = 136$ mm, $\alpha_w = 20°$, $k = 0$ mm, $\varepsilon_\alpha = 1{,}68$
Stufe $z_{1,3}$: $\sum x_{1,3} = 0{,}5268$; $x_1 = 0$, $x_3 = 0{,}5268$, $a_d = 134$ mm, $\alpha_w = 22{,}2°$,
  $k = 0$ mm, $\varepsilon_\alpha = 1{,}58$
Ritzel z_1: $d_1 = 128$ mm, $d_{a1} = 136$ mm, $d_{f1} = 118$ mm, $d_{b1} = 120{,}281$ mm,
  $d_{w1} = 128$ mm, $V_1 = 0$ mm
Rad z_2: $d_2 = 144$ mm, $d_{a2} = 152$ mm, $d_{f2} = 134$ mm, $d_{b2} = 135{,}316$ mm,
  $d_{w2} = 144$ mm, $V_2 = 0$ mm
Rad z_3: $d_3 = 140$ mm, $d_{a3} = 152{,}21$ mm, $d_{f3} = 134{,}21$ mm, $d_{b3} = 131{,}557$ mm,
  $d_{w3} = 142{,}09$ mm, $V_3 = 2{,}107$ mm

$\Delta n = 16 \text{ min}^{-1}$ ($n_2 = 560 \text{ min}^{-1}$, $n_3 = 576 \text{ min}^{-1}$)

21.19
a) $a_{d1} = 102$ mm $< a_{d2} = 106{,}5$ mm $= a$ ($\alpha_w = 25{,}84°$), $\sum x = 1{,}7186$, bei $x_2 = 0$
Spitzenbildung, daher nach TB 21-3 für $s_a \approx 0{,}3 \cdot m$ wird $x_1 = x_{1\max} = +0{,}7$ und
$x_2 = \sum x - x_1 = +1{,}0186$ abgelesen; $V_1 = 2{,}1$ mm, $V_2 = 3{,}056$ mm
b) $k = k^* \cdot m = -0{,}66$ mm; $d_1 = 54$ mm, $d_{a1} = 62{,}88$ mm, $d_{f1} = 50{,}7$ mm,
$d_2 = 150$ mm,
$d_{a2} = 160{,}8$ mm, $d_{f2} = 148{,}61$ mm; $c = 0{,}75$ mm; $d_3 = 87$ mm, $d_{a3} = 93$ mm;
$d_{f3} = 79{,}5$ mm, $d_4 = 126$ mm, $d_{a4} = 132$ mm, $d_{f4} = 118{,}5$ mm; $c = 0{,}75$ mm

Schrägverzahnte Stirnräder (Verzahnungsgeometrie)

21.20
a) $p_n = 14{,}137$ mm, $p_t = 14{,}402$ mm, $p_{en} \triangleq p_{bn} = 13{,}285$ mm, $p_{et} \triangleq p_{bt} = 13{,}504$ mm,
$s_n = 7{,}069$ mm, $s_t = 7{,}201$ mm ($\alpha_t = 20{,}34°$, $\beta_b = 10{,}33°$)
b) $d = 371{,}322$ mm, $d_a = 380{,}322$ mm, $d_f = 360{,}072$ mm, $d_b = 348{,}169$ mm,
$h = 10{,}125$ mm

21.21
a) $d_1 = 107{,}67$ mm, $d_{b1} = 100{,}751$ mm ($\alpha_t = 20{,}65°$), $d_{a1} = 115{,}67$ mm,
$d_{f1} = 97{,}67$ mm;
$d_2 = 356{,}14$ mm, $d_{b2} = 333{,}254$ mm, $d_{a2} = 364{,}14$ mm, $d_{f2} = 346{,}14$ mm;
$a_d = 231{,}90$ mm
b) $\varepsilon_\gamma = 2{,}673$ ($\varepsilon_\alpha = 1{,}643$, $\varepsilon_\beta = 1{,}03$, $m_t = 4{,}141$ mm)

21.22
a) $\beta \approx 14{,}07°$
b) $d_1 = 39{,}18$ mm, $d_{b1} = 36{,}678$ mm ($\alpha_t \approx 20{,}57°$); $d_{a1} = 43{,}18$ mm, $d_{f1} = 34{,}18$ mm;
$d_2 = 160{,}82$ mm, $d_{b2} = 150{,}571$ mm, $d_{a2} = 164{,}82$ mm, $d_{f2} = 155{,}82$ mm
c) $\varepsilon_\gamma = 2{,}773$ ($\varepsilon_\alpha = 1{,}612$, $\varepsilon_\beta = 1{,}161$, $m_t = 2{,}062$ mm)

Schrägverzahnte Stirnräder (Verzahnungsgeometrie)

21.23
a) $d = 88{,}06$ mm, $d_a = 95{,}29$ mm ($V = 0{,}615$ mm), $h = 6{,}75$ mm, $d_b = 82{,}273$ mm ($\alpha_t = 20{,}88°$)
b) $s_n = 5{,}16$ mm

21.24
a) $V_1 = V_2 = 2{,}5$ mm
b) $\alpha_{wt} = 24{,}996°$
c) $d_1 = 90{,}46$ mm, $d_{b1} = 84{,}349$ mm ($\alpha_t = 21{,}173°$), $d_{a1} = 100{,}46$ mm (ohne Kopfkürzung), $d_{f1} = 89{,}21$ mm;
$d_2 = 226{,}14$ mm, $d_{b2} = 210{,}872$ mm, $d_{a2} = 236{,}14$ mm (ohne Kopfkürzung), $d_{f2} = 224{,}89$ mm
d) $c = 0{,}194$ mm $< 0{,}25 \cdot m_n = 0{,}625$ mm, daher $k = k^* \cdot m_n = -0{,}431$ mm, $d_{a1} = 99{,}59$ mm, $d_{a2} = 235{,}28$ mm, sodass $c = 0{,}25 \cdot m_n$; ($a_d = 158{,}296$ mm, $a = 162{,}865$ mm)
e) $\varepsilon_\gamma \approx 3{,}003$ ($\varepsilon_\alpha \approx 1{,}261$, $\varepsilon_\beta \approx 1{,}742$, $m_t = 2{,}66$ mm).

21.25
a) $x_1 = +0{,}146$, $x_2 = -0{,}146$ ($z_{n1} = 11{,}52$), $V_1 = +0{,}0657$ mm, $V_2 = -0{,}657$ mm ($\alpha_{wt} = 20{,}285°$)
b) $d_1 = 50{,}264$ mm, $d_{a1} = 60{,}578$ mm; $d_2 = 205{,}624$ mm, $d_{a2} = 213{,}310$ mm, $a = 127{,}944$ mm
c) $s_{n1} = 7{,}55$ mm, $s_{n2} = 6{,}59$ mm, $s_{t1} = 7{,}67$ mm, $s_{t2} = 6{,}69$ mm

21.26
a) $z_1 = 20$, $z_2 = -63$; $|z_2| - z_1 = \ldots 43 > 10$, Bedingung erfüllt.
b) $m_n = 3$ mm nach TB 21-1 gewählt ($m_n' = 2{,}782$ mm, $m_n''' = 3{,}097$ mm; $\psi_d \approx 0{,}6$ nach TB 21-13, $\sigma_{H\lim} \approx 680$ N/mm^2)
c) $d_1 = 62{,}12$ mm, $d_2 = -195{,}67$ mm; $d_{a1} = 68{,}12$ mm, $d_{a2} = -189{,}67$ mm; $d_{f1} = 54{,}62$ mm, $d_{f2} = -203{,}17$ mm, $b_1 = 37$ mm, $b_2 = 39$ mm ($\psi_d \approx 0{,}6$, $\psi_m \approx 20$)
d) $a_d = -66{,}775$ mm

21.27
a) $\sum x = 0{,}9354$ ($\alpha_t = 20{,}942°$, $\alpha_{wt} = 25{,}445°$, $a_d = 111{,}192$ mm); $x_1 \approx 0{,}52$, $x_2 = 0{,}568$; $V_1 = 2{,}34$ mm, $V_2 = 2{,}556$ mm
b) $\varepsilon_\alpha \approx 1{,}147$ ($d_1 = 66{,}24$ mm, $d_{b1} = 61{,}864$ mm, $d_{a1} = 77{,}74$ mm, $d_2 = 156{,}14$ mm, $d_{b2} = 145{,}83$ mm, $d_{a2} = 168{,}08$ mm, $k = k^* \cdot m = -1{,}088$ mm, $c = 1{,}125$ mm, $m_t = 4{,}732$ mm).

21.28
a) zweckmäßig $x_1 = +0{,}5$, $x_2 = +0{,}5$; $V_1 = V_2 = 2$ mm und $a = 120{,}15$ mm ($z_2 = 37$; $a_d = 116{,}51$ mm, $\alpha_t = 20{,}74°$, $\alpha_{wt} = 24{,}92°$)
b) $\sum x = +0{,}4064$, $x_3 \approx +0{,}35$, $x_4 = +0{,}0564$, $V_3 = 1{,}4$ mm, $V_4 = 0{,}2256$ mm ($z_4 = 41$, $a_d = 118{,}59$, $\alpha_{wt} = 22{,}62°$)

21.29

a) $a_{d1} = a_2 = 194{,}114$ mm ($i = 7{,}937$, $i_1 = u_1 = 3{,}167$, $i_2 = u_2 = 2{,}506$), $z_3 = 21$,
$z_3' = 21{,}39$, $z_4 = 53$ ($d_3 = 108{,}7$ mm, $a_{d2} = 191{,}526$ mm)

b) $\sum x_{3,4} = 0{,}5412$ ($\alpha_t = 20{,}65°$, $\alpha_{wt} = 22{,}59°$), $x_3 = 0{,}36$, $x_4 = 0{,}1812$, $k = -0{,}1178$ mm,
$d_3 = 108{,}7$ mm, $d_{a3} = 122{,}07$ mm, $d_{f3} = 99{,}8$ mm; $d_4 = 274{,}35$ mm, $d_{a4} = 285{,}92$ mm,
$d_{f4} = 283{,}66$ mm, für $c = 1{,}25$ mm $= 0{,}25 \cdot m_n$

Verzahnungsqualität, Toleranzen

21.30

$A_{\text{sne1}} = -54$ µm, $A_{\text{sne2}} = -70$ µm; $T_{\text{sn1}} = 50$ µm $> 2 \cdot R_s = 2 \cdot 16$ µm $= 32$ µm
$T_{\text{sn2}} = 60$ µm $> 2 \cdot R_s = 2 \cdot 20$ µm $= 40$ µm (aus TB 21-8c für $m = 2$ mm; Verzahnungsqualität richtig gewählt)
$A_{\text{sni1}} = -104$ µm, $A_{\text{sni2}} = -130$ µm, A_{sne1} bzw. $A_{\text{sne2}} < A_{ai}$; $A_{ae} = +23$ µm,
$A_{ai} = -23$ µm
$a_{\max} = 63{,}023$ mm, $a_{\min} = 62{,}977$ mm, $\Delta j_{ai} \approx -23$ µm, $\Delta j_{ae} \approx +23$ µm;
$j_{t,\min} = 101$ µm, $j_{t,\max} = 257$ µm; ($\sum A_{\text{sti}} = -234$ µm, $\sum A_{\text{ste}} = -124$ µm)
Messzähnezahl $k_1 = 2$, $k_2 = 6$; $W_{ki1} = 9{,}374$ mm, $W_{ki2} = 33{,}94$ mm, $W_{ke1} = 9{,}327$ mm
$W_{ke2} = 33{,}884$ mm ($z_1 = 15$, $z_2 = 48$, $A_{wi1} = -97{,}728$ µm, $A_{wi2} = -122{,}16$ µm, $A_{we1} = -50{,}743$ µm, $A_{we2} = -65{,}778$ µm, $W_{k1} = 9{,}277$ mm, $W_{k2} = 33{,}818$ mm)

21.31

$s = 6{,}772$ mm ($d = 59{,}5$ mm);
oberes Abmaß $A_{\text{sne}} = -40$ µm, unteres Abmaß $A_{\text{sni}} = A_{\text{sne}} - T_{\text{sn}} = -100$ µm (somit wird
$s_{\max} = 6{,}732$ mm, $s_{\min} = 6{,}672$ mm, $T_{\text{sn}} = 60$ µm); Lückenweite $e = 4{,}224$ mm ($s + e = p = m \cdot \pi$)

21.32

Ausführung als *V-Getriebe* notwendig, da $z_1 = 11 < 14$, $z_2 = 54$ ($x_1 = +0{,}446$, $x_2 = 0$);
$d_2 = 540$ mm, $a = a_d = 325$ mm, $\alpha_{wt} = 20°$
$j_{t,\min} = 211{,}5$ µm, $j_{t,\max} = 428{,}5$ µm ($A_{\text{sne1}} = -85$ µm, $A_{\text{sne2}} = -155$ µm;
$T_{\text{sn1}} = 60$ µm $> 2 \cdot R_s = 50$ µm, $T_{\text{sn2}} = 100$ µm $> 2 \cdot R_s = 64$ µm; $A_{\text{sni1}} = -145$ µm,
$A_{\text{sni2}} = -255$ µm; $A_{ae,i} = \pm 28{,}5$ µm, $\Delta j_{ae} = 28{,}5$ µm, $\Delta j_{ai} = -128{,}5$ µm,
$\sum A_{\text{sti}} = -400$ µm, $\sum A_{\text{ste}} = -240$ µm).

21.33

a) $x_1 = +0{,}146$, $x_2 = -0{,}146$ ($z_{n1} = 11{,}52$), $V_1 = +0{,}657$ mm, $V_2 = -0{,}657$ mm;

b) $d_1 = 50{,}26$ mm, $d_{a1} = 60{,}58$ mm; $d_2 = 205{,}62$ mm, $d_{a2} = 213{,}31$ mm,
$a = a_d = 127{,}944$ mm ($\alpha_{wt} = 20{,}28°$);

c) $s_{n1} = 7{,}55$ mm, $s_{n2} = 6{,}59$ mm ($A_{sne1} = -125$ μm; $A_{sne2} = -170$ μm; $T_{sn1} = 60$ μm $> 2 \cdot R_{s1} = 40$ μm, $T_{sn2} = 80$ μm $> 2 \cdot R_{s2} = 44$ μm)

d) $j_{t,min} = 280$ μm, $j_{t,max} = 462$ μm ($\sum A_{sne} = -295$ μm, $\sum A_{sni} = -435$ μm; $\sum A_{ste} \approx -300$ μm, $\sum A_{sti} \approx -442$ μm; $A_{ae} = +20$ μm, $A_{ai} = -20$ μm, wenn $A_{sne1} < A_{ai}$ und $A_{sn2} < A_{ai}$, $A_{sni1} = -185$ μm, $A_{sni2} = -250$ μm)

Zahnradkräfte, Drehmomente

21.34

a)   1. z_1 im Uhrzeigersinn   2. z_1 entgegen Uhrzeigersinn

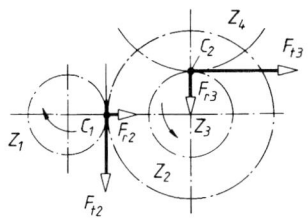 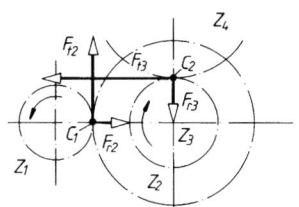

$F_{t2} = 2102$ N, $F_{r2} = 765$ N ($T_2 = 298$ N m, $d_2 = 283{,}5$ mm); $F_{t3} = 7450$ N, $F_{r3} = 2712$ N ($d_3 = 80$ mm).

b)

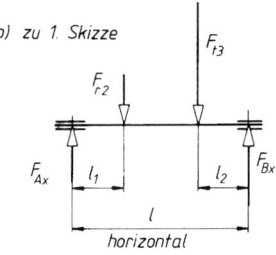 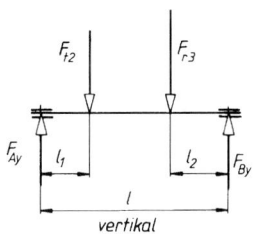

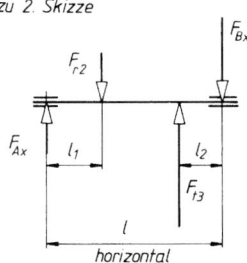 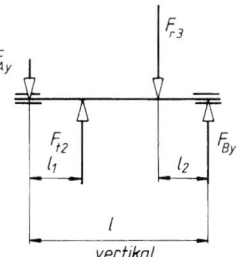

resultierende Lagerkräfte: $F_{A\,res} = \sqrt{F_{Ax}^2 + F_{Ay}^2}$; $F_{B\,res} = \sqrt{F_{Bx}^2 + F_{By}^2}$

21.35

a)

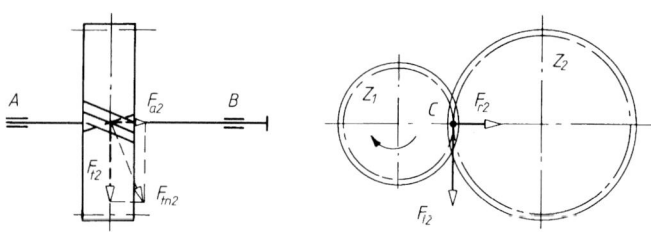

b) $F_{t2} \approx 1\,106\,\text{N}$ ($T_2 \approx 95\,\text{kN}$, $d_2 = 171{,}86\,\text{mm}$), $F_{r2} \approx 417\,\text{N}$, $F_{a2} \approx 297\,\text{N}$.

c) $F_{Ar} \approx 698\,\text{N}$ ($F_{Ax} \approx 101\,\text{N}$, $F_{Ay} \approx 691\,\text{N}$); $F_{Br} \approx 522\,\text{N}$ ($F_{Bx} \approx 316\,\text{N}$, $F_{By} \approx 415\,\text{N}$).

Hinweis: $F_{Ax} - F_{r2} + F_{Bx} = 0$; $F_{Ay} - F_{t2} + F_{By} = 0$

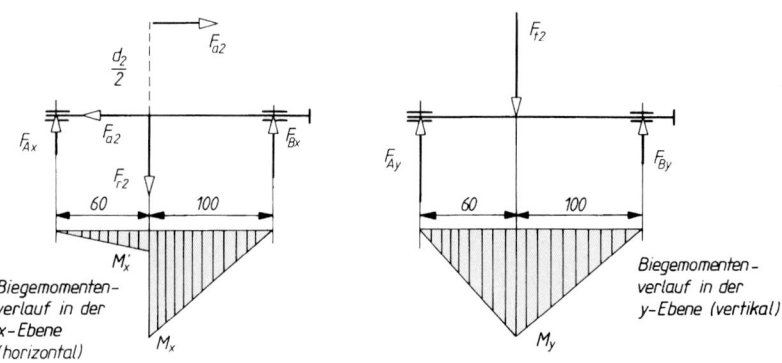

d) $M' \approx 42\,\text{N m}$, $M_{\max} = M \approx 52\,\text{N m}$
($M'_x \approx 6\,120\,\text{N mm}$, $M_x \approx 31\,400\,\text{N mm}$, $M_y \approx 41\,400\,\text{N mm}$)

21.36

a)

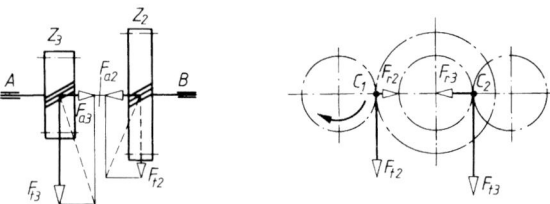

b) $F_{t2} = 2\,080\,\text{N}$, ($T_2 = 105\,\text{N m}$, $d_2 = 100{,}94\,\text{mm}$), $F_{r2} = 784\,\text{N}$, $F_{a2} = 557\,\text{N}$; $F_{t3} = 2\,585\,\text{N}$, ($d_3 = 81{,}23\,\text{mm}$); $F_{r3} = 955\,\text{N}$, $F_{a3} = 456\,\text{N}$.

Tragfähigkeitsnachweis (geradverzahnte Stirnräder)

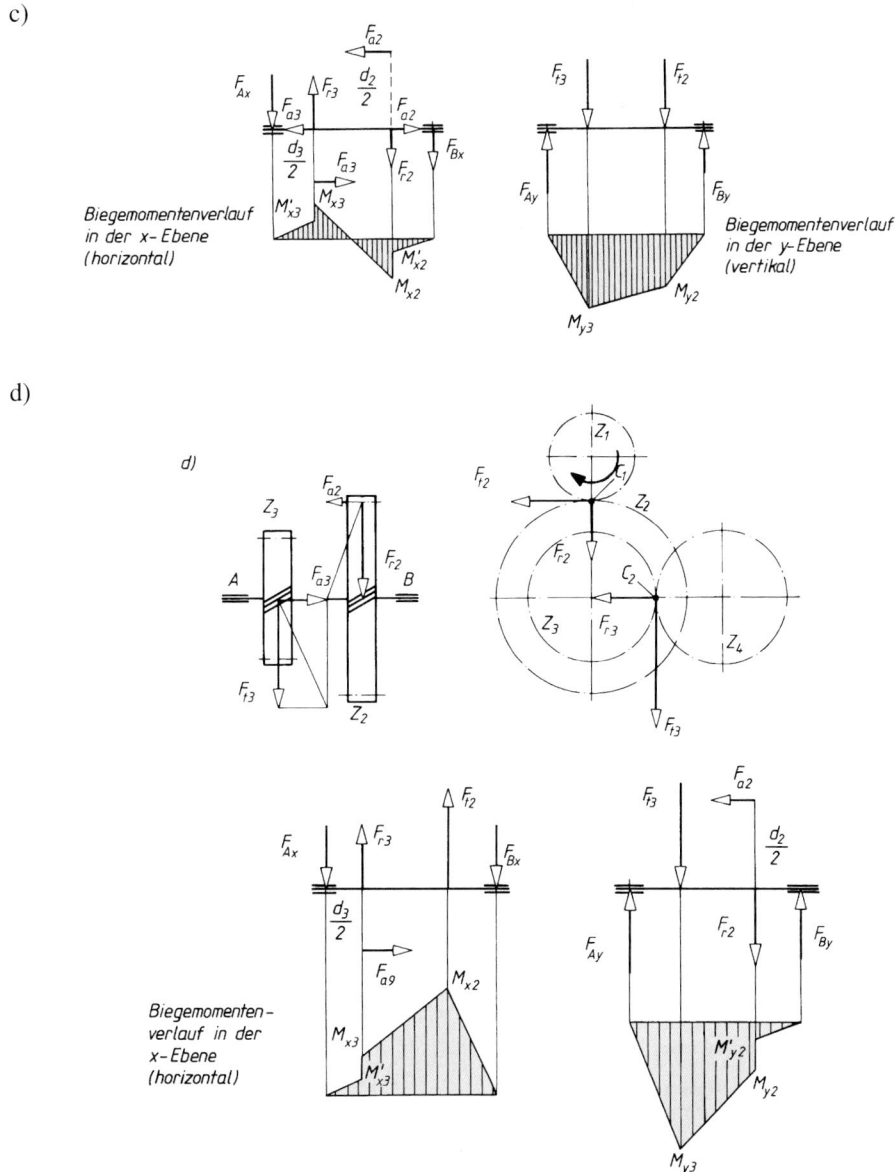

Tragfähigkeitsnachweis (geradverzahnte Stirnräder)

21.37
a) $F_{t1} \approx 3\,473\,\text{N}$ $(T_1 = 191\,\text{N m})$
b) $K_{F\alpha} = 1{,}1$
c) $K_{F,\text{ges}} \approx 4{,}16$

d) $\sigma_{F0} = 90\,\text{N/mm}^2$; $\sigma_F = 375\,\text{N/mm}^2$ ($Y_{Fa} = 2,4$, $Y_{Sa} = 1,8$, $Y_\varepsilon = 0,67$, $Y_\beta = 1$)
e) $\sigma_{FG} = 741\,\text{N/mm}^2$ ($Y_{ST} = 2$, $Y_{NT} = 1$, $Y_{\delta\,\text{rel}\,T} = 1$, $Y_{R\,\text{rel}\,T} = 1,03$, $Y_X = 1$)
f) die Zahnfußtragsicherheit beträgt $S_F = 1,97$ und ist damit größer als $S_{F,\text{min}} = 1,5$

21.38

a) $F_{t1} = 11077\,\text{N}$ ($T_1 = 216\,\text{N m}$)
b) $\sigma_{H0} = 1\,105\,\text{N/mm}^2$ ($Z_H = 2,25$, $Z_E = 189,8\sqrt{(\text{N/mm}^2)}$, $Z_\varepsilon = 0,89$, $Z_\beta = 1$)
c) $\sigma_H = 1\,547\,\text{N/mm}^2$
d) $\sigma_{HG} = 1\,556\,\text{N/mm}^2$ ($Z_{NT} = 1,04$, $Z_L = 1$, $Z_V = 0,95$, $Z_R = 1,05$, $Z_W = Z_X = 1$)
e) die Zahnflankentragsicherheit beträgt $S_H = 1,0$, somit keine ausreichende Dimensionierung des Rades

21.39

a) $i_2 \triangleq u = 4,8$ ($i = 19,2$, $i_1 = 4$); $m = 5\,\text{mm}$, $z_2 = 96$, $d_1 = 100\,\text{mm}$, $d_2 = 480\,\text{mm}$, $d_{a1} = 110\,\text{mm}$, $d_{a2} = 490\,\text{mm}$, $d_{f1} = 87,50\,\text{mm}$, $d_{f2} = 467,50\,\text{mm}$, $\varepsilon_\alpha \approx 1,70$, ($k = 0\,\text{mm}$); $b_1 = 60\,\text{mm}$, $b_2 = 55\,\text{mm}$ ($\psi_d \approx 0,6$)
b) Zahnfußtragfähigkeit ausreichend, $S_{F\,\text{vor}1} \approx 3,49$, $S_{F\,\text{vor}2} \approx 2,69$ ($\sigma_{F01} \approx 68\,\text{N/mm}^2$), ($\sigma_{F1} \approx 218\,\text{N/mm}^2$, $Y_{Fa1} \approx 2,9$, $Y_{Sa1} \approx 1,6$, $Y_\varepsilon \approx 0,69$, $Y_\beta \approx 1$, $Y_{ST} \approx 2$, $Y_{NT} = Y_{\delta\,\text{rel}\,T} = Y_X = 1$, $Y_{R\,\text{rel}\,T} \approx 1,03$, $\sigma_{F02} \approx 68\,\text{N/mm}^2$, $\sigma_{F2} \approx 218\,\text{N/mm}^2$, $Y_{Fa2} \approx 2,2$, $Y_{Sa2} \approx 1,93$)
c) Grübchentragfähigkeit ist für die schwächere Zahnflanke (Rad) nicht ausreichend, $S_{H\,\text{vor}1} \approx 0,78$, ($\sigma_{H0} \approx 494\,\text{N/mm}^2$, $\sigma_H \approx 988\,\text{N/mm}^2$, $\sigma_{HG} \approx 780\,\text{N/mm}^2$, $Z_H = 2,5$, $Z_E = 189,8\sqrt{(\text{N/mm}^2)}$, $Z_\varepsilon \approx 0,88$, $Z_\beta = Z_L = Z_v = Z_R = Z_W = Z_X = Z_{NT} = 1$)

21.40

a) $n_2 = 302,1\,\text{min}^{-1}$, $n_3 \approx 41,4\,\text{min}^{-1}$; $i_2 \triangleq u = 7,3$, aus $d_2' \approx 380\,\text{mm}$ gewählt $m = 3\,\text{mm}$, $z_2 = 124$, $d_1 = 51\,\text{mm}$, $d_2 = 372\,\text{mm}$, $d_{b1} = 47,924\,\text{mm}$, $d_{b2} = 349,566\,\text{mm}$, $d_{a1} = 57\,\text{mm}$, $d_{a2} = 378\,\text{mm}$, $d_{f1} = 43,50\,\text{mm}$, $d_{f2} = 364,50\,\text{mm}$, $h_1 = h_2 = 6,75\,\text{mm}$, $\varepsilon_\alpha \approx 1,69$; Ausführung als Ritzelwelle möglich, da $m' = 2,88 < m_{\text{gewählt}} = 3\,\text{mm}$
b) $b_1 = 56\,\text{mm}$, $b_2 = 53\,\text{mm}$ ($\psi_m \approx 18,7$, $\psi_d \approx 1,1$, b_2 ist gewählt aus: $b_1 - 3\,\text{mm}$); Verzahnungsqualität 8
c) Zahnfußtragfähigkeit ausreichend: $S_{F\,\text{vor}1} \approx 1,93$ ($\sigma_{F01} \approx 135\,\text{N/mm}^2$, $\sigma_{F1} \approx 358\,\text{N/mm}^2$, $\sigma_{FG1} \approx 692\,\text{N/mm}^2$, $Y_{Fa1} \approx 3,1$, $Y_{Sa1} \approx 1,56$, $Y_\varepsilon \approx 0,69$, $Y_\beta = 1$, $Y_{ST} = 2$, $Y_{NT} = 1$, $Y_{\delta\,\text{rel}\,T} \approx 0,95$, $Y_X = 1$, $Y_{R\,\text{rel}\,T} \approx 1,04$)
d) Grübchentragfähigkeit ausreichend: $S_{H\,\text{vor}1} \approx 1,18$, $\sigma_{H0} \approx 688\,\text{N/mm}^2$, $\sigma_H \approx 1\,170\,\text{N/mm}^2$, $\sigma_{HG1} \approx 1\,388\,\text{N/mm}^2$ ($Z_H = 2,5$, $Z_E = 189,8\sqrt{(\text{N/mm}^2)}$, $Z_\varepsilon \approx 0,88$, $Z_R \approx 1,11$, $Z_\beta = Z_L = Z_v = Z_W = Z_X = Z_{NT1} = 1$)

Tragfähigkeitsnachweis (schrägverzahnte Stirnräder)

ⓘ **21.41**

a) **Bestimmung der Zahnraddurchmesser und Gesamtüberdeckung**
   Teilkreisdurchmesser d

$$d_1 = z_1 \cdot m_t = z_1 \cdot \frac{m_n}{\cos\beta} = 30 \cdot \frac{3\text{ mm}}{\cos 10{,}8069°} = \mathbf{91{,}625\text{ mm}} \qquad (21.38/21\text{-}47)$$

$$d_2 = z_2 \cdot \frac{m_n}{\cos\beta} = 94 \cdot \frac{3\text{ mm}}{\cos 10{,}8069°} = \mathbf{287{,}092\text{ mm}}$$

Grundkreisdurchmesser d_b

$$d_{b1} = d_1 \cdot \cos\alpha_t = 91{,}625\text{ mm} \cdot \cos 20{,}33° = \mathbf{85{,}917\text{ mm}} \qquad (21.39/21\text{-}48)$$

$$d_{b2} = d_2 \cdot \cos\alpha_t = 287{,}092\text{ mm} \cdot \cos 20{,}33° = \mathbf{269{,}208\text{ mm}}$$

mit $\alpha_t = \arctan \cdot \left(\dfrac{\tan\alpha_n}{\cos\beta}\right) = \arctan \cdot \left(\dfrac{\tan 20°}{\cos 10{,}8069°}\right) = 20{,}33°$

Kopfkreisdurchmesser d_a

$$d_{a1} = d_1 + 2 \cdot (m_n + V_1 + k) \qquad (21.24/21\text{-}60)$$
$$d_{a1} = 91{,}625\text{ mm} + 2 \cdot (3\text{ mm}) = \mathbf{97{,}625\text{ mm}}$$
$$d_{a2} = d_2 + 2 \cdot (m_n + V_2 + k)$$
$$d_{a2} = 287{,}092\text{ mm} + 2 \cdot (3\text{ mm}) = \mathbf{293{,}092\text{ mm}}$$

keine Profilverschiebung und Kopfkürzung, daher $V = 0$ und $k = 0$

Fußkreisdurchmesser d_f

$$d_{f1} = d_1 - 2 \cdot [(m_n + c) - V_1] \qquad (21.25/21\text{-}62)$$
$$d_{f1} = 91{,}625\text{ mm} - 2 \cdot (3{,}75\text{ mm}) = \mathbf{84{,}125\text{ mm}}$$
$$d_{f2} = d_2 - 2 \cdot [(m_n + c) - V_2]$$
$$d_{f2} = 287{,}092\text{ mm} - 2 \cdot (3{,}75\text{ mm}) = \mathbf{279{,}592\text{ mm}}$$

Zahnhöhe

$$h_1 = h_2 = h_a + h_f = m_n + (m_n + c) = 2{,}25 \cdot m_n = 2{,}25 \cdot 3\text{ mm} = \mathbf{6{,}75\text{ mm}}$$
$$(21.5/\text{zu }21\text{-}9)$$

siehe auch Gl. (21.40) und (21.41)

Null-Achsabstand

$$a_d = \frac{m_n}{\cos\beta} \cdot \frac{z_1 + z_2}{2} = \frac{3}{\cos 10{,}8069°} \cdot \frac{(30 + 94)}{2} = \mathbf{189{,}358\,mm} \quad (21.42)$$

Profilüberdeckung

$$\varepsilon_\alpha = \frac{0{,}5 \cdot \left(\sqrt{d_{a1}^2 - d_{b1}^2} + \frac{z_2}{|z_2|} \cdot \sqrt{d_{a2}^2 - d_{b2}^2}\right) - a \cdot \sin\alpha_{wt}}{\pi \cdot m_t \cdot \cos\alpha_t} \quad (21.57)$$

$$= \frac{\begin{pmatrix} 0{,}5 \cdot \left(\sqrt{(97{,}625\,\text{mm})^2 - (85{,}917\,\text{mm})^2}\right. \\ \left. + 1 \cdot \sqrt{(239{,}092\,\text{mm})^2 - (269{,}208\,\text{mm})^2}\right) \\ - 189{,}358\,\text{mm} \cdot \sin 20{,}33° \end{pmatrix}}{\pi \cdot \dfrac{3\,\text{mm}}{\cos 10{,}8069°} \cdot 20{,}33°}$$

$$\varepsilon_\alpha = \mathbf{1{,}7042}$$

Sprungüberdeckung

$$\varepsilon_\beta = \frac{b \cdot \sin\beta}{\pi \cdot m_n} = \frac{50\,\text{mm} \cdot \sin 10{,}8069°}{\pi \cdot 3\,\text{mm}} = \mathbf{0{,}9947} \quad (21.44/21\text{-}53)$$

mit $b = b_1 = b_2$

Gesamtüberdeckung

$$\varepsilon_\gamma = \varepsilon_\alpha + \varepsilon_\beta = 1{,}7042 + 0{,}9947 = \mathbf{2{,}6989} \quad (21.46/21\text{-}54)$$

b) **Bestimmung der Belastungseinflussfaktoren**
   Bestimmung des Drehmoments T und der Umfangskraft F_t

$$T = \frac{P \cdot 30}{\pi \cdot n} = \frac{45 \cdot 10^3\,\text{W} \cdot 30}{\pi \cdot 1\,420\,\text{min}^{-1}} = \mathbf{302{,}6\,N\,m}$$

$$F_t = \frac{2 \cdot T}{d_1} = \frac{2 \cdot 302{,}62 \cdot 10^3\,\text{N\,mm}}{91{,}625\,\text{mm}} = \mathbf{6\,605\,N} \quad (21.67/21\text{-}88)$$

Bestimmung des Dynamikfaktors K_v

$$K_v = 1 + \left(\frac{K_1}{K_A \cdot (F_t/b)} + K_2\right) \cdot K_3 \quad (21.73/21\text{-}94)$$

$$K_v = 1 + \left(\frac{8{,}5}{1{,}25 \cdot (6\,606/50)} + 0{,}0087\right) \cdot 1{,}947 = \mathbf{1{,}12}$$

mit K_1 und K_2 für Schrägverzahnung und Qualität 6 nach TB 21-15

$$K_3 = 0{,}01 \cdot z_1 \cdot v_t \cdot \sqrt{\frac{u^2}{1+u^2}} = 0{,}01 \cdot 30 \cdot 6{,}812\,\text{m/s} \cdot \sqrt{\frac{3{,}133^2}{1+3{,}133^2}} = 1{,}95\,\text{m/s}$$

s. Hinweis unter Gl. (21.73), $u = z_2/z_1 = 94/30 = 3{,}133$, $v_t = d_{w1} \cdot \pi \cdot n_1 = 91{,}625 \cdot 10^3\,\text{m} \cdot \pi \cdot 1\,420/60\,\text{s}^{-1} = 6{,}812\,\text{m/s}$ (hier $d_{w1} = d_1$)

Bestimmung des Breitenfaktors für die Zahnflanke $K_{H\beta}$

$$K_{H\beta} = 1 + \frac{10 \cdot F_{\beta y}}{F_m/b} = 1 + \frac{10 \cdot 9{,}5}{185} = \mathbf{1{,}51} \quad \text{für} \quad K_{H\beta} \leq 2 \qquad (21.74/21\text{-}96)$$

mit

$$F_m/b = K_v \cdot K_A \cdot F_t/b = 1{,}12 \cdot 1{,}25 \cdot 6\,606/50$$
$$= \mathbf{185\,\text{N/mm}}, \quad \text{s. unter Gl. (21.75, 21-99)}$$

und der wirksamen Flankenlinienabweichung nach dem Einlauf

$$F_{\beta y} = F_{\beta x} - y_\beta = 11{,}2\,\mu\text{m} - 1{,}7\,\mu\text{m} = \mathbf{9{,}5\,\mu\text{m}} \qquad (21.78/21\text{-}104)$$

hierin
- Flankenabweichung vor dem Einlauf

$$F_{\beta x} \approx f_{ma} + 1{,}33 \cdot f_{sh} = 9{,}5\,\mu\text{m} + 1{,}33 \cdot 1{,}27\,\mu\text{m} = 11{,}2\,\mu\text{m} \qquad (21.77/21\text{-}103)$$

mit der Flankenlinienabweichung durch Verformung

$$f_{sh} \approx 0{,}023 \cdot (F_m/b) \cdot (b/d_1)^2 \quad \text{für } s = 0 \text{ ergibt sich} \qquad (21.75/21\text{-}101)$$
$$f_{sh} = 0{,}023 \cdot 185\,\text{N/mm} \cdot (50/91{,}625)^2 = 1{,}27\,\mu\text{m}$$

(der Wert in der eckigen Klammer wird 1, da mittige Radanordnung) und der herstellungsbedingte Flankenlinienabweichung

$$f_{ma} \approx c \cdot 4{,}16 \cdot b^{0{,}14} \cdot q_H = 1{,}0 \cdot 4{,}16 \cdot 50^{0{,}14} \cdot 1{,}32 = 9{,}5\,\mu\text{m} \qquad (21.76/21\text{-}102)$$

hierbei $c = 1$ für Radpaare ohne Anpassungsmaßnahmen und q_H nach TB 21-14
- Einlaufbetrag y_β nach TB 21-17 für Werkstoff Eh

$$y_\beta = 0{,}15 \cdot F_{\beta x} = 0{,}15 \cdot 11{,}2\,\mu\text{m} = 1{,}7\,\mu\text{m}$$

Bestimmung des Breitenfaktors für den Zahnfuß $K_{F\beta}$

$$K_{F\beta} = K_{H\beta}^{N_F} = 1{,}51^{0{,}87} = 1{,}43 \qquad (21.74/21\text{-}98)$$

mit

$$N_F = \frac{(b/h)^2}{1 + b/h + (b/h)^2} = \frac{(50/6{,}75)^2}{1 + 50/6{,}75 + (50/6{,}75)^2} = 0{,}87 \qquad (21.79/21\text{-}100)$$

Bestimmung der Stirnfaktoren $K_{F\alpha}$, $K_{H\alpha}$

$$K_{H\alpha} = K_{F\alpha} = \mathbf{1{,}0}$$

mit TB 21-18a für $K_A \cdot (F_t/b) = 1{,}25 \cdot (6606\,\text{N}/50\,\text{mm}) = 165 > 100\,\text{N/mm}$

Bestimmung des Gesamtbelastungseinflusses für die Zahnfußtragfähigkeit $K_{F,\text{ges}}$

$$K_{F,\text{ges}} = K_A \cdot K_v \cdot K_{F\alpha} \cdot K_{F\beta} = 1{,}25 \cdot 1{,}12 \cdot 1{,}0 \cdot 1{,}43 = \mathbf{2{,}0} \qquad (21.81/21\text{-}109)$$

Bestimmung des Gesamtbelastungseinflusses für die Grübchentragfähigkeit $K_{H,\text{ges}}$

$$K_{H\,\text{ges}} = \sqrt{K_A \cdot K_v \cdot K_{H\alpha} \cdot K_{H\beta}} = \sqrt{1{,}25 \cdot 1{,}12 \cdot 1{,}0 \cdot 1{,}51} = \mathbf{1{,}45} \qquad (21.81/21\text{-}110)$$

ⓘ **21.42**

a) **Bestimmung der Profilverschiebungsfaktoren x_1 und x_2**

$$a_d = \frac{m_n}{\cos\beta} \cdot \frac{(z_1 + z_2)}{2} = \frac{6\,\text{mm}}{\cos 15°} \cdot \frac{(20 + 59)}{2} = \mathbf{245{,}36\,\text{mm}} \qquad (21.42/21\text{-}51)$$

Profilverschiebung, d. h. V-Räder notwendig, da Achsabstand $a = 250\,\text{mm}$ gefordert wird.

$$\sum x = x_1 + x_2 = \frac{\text{inv}\,\alpha_{wt} - \text{inv}\,\alpha_t}{2 \cdot \tan\alpha_n} \cdot (z_1 + z_2) \qquad (21.56/21\text{-}71)$$

$$= \frac{0{,}024039 - 0{,}016461}{2 \cdot \tan 20°} \cdot (20 + 59) = \mathbf{0{,}8224}$$

mit $\quad \alpha_t = \arctan\left(\dfrac{\tan\alpha_n}{\cos\beta}\right) = \arctan\left(\dfrac{\tan 20°}{\cos 15°}\right) = \mathbf{20{,}65°} \qquad (21.35/21\text{-}41)$

$$\text{inv}\,\alpha_t = \tan\alpha_t - \frac{\pi}{180°} \cdot \alpha_t \qquad (21\text{-}30)$$

$$\text{inv}\,\alpha_t = \tan 20{,}65° - \frac{\pi}{180°} \cdot 20{,}65°$$

$$\mathbf{\text{inv}\,a_t = 0{,}016461}$$

Tragfähigkeitsnachweis (schrägverzahnte Stirnräder)

und $\quad \alpha_{wt} = \arccos\left(\cos \alpha_t \cdot \dfrac{a_d}{a}\right) = \arccos\left(\cos 20{,}647° \cdot \dfrac{245{,}36\,\text{mm}}{250\,\text{mm}}\right) =$ **23,31°** (21.54/21-69)

$$\text{inv}\,\alpha_{wt} = \tan \alpha_{wt} - \dfrac{\pi}{180°} \cdot \alpha_{wt} \quad (21\text{-}30)$$
$$= \tan 23{,}31° - \dfrac{\pi}{180°} \cdot 23{,}31°$$

inv a_{wt} = 0,024039

Festlegung: $x_1 = 0{,}45$ nach TB 21-6, d. h. $x_2 = 0{,}3724$

$$\text{mit}\quad z_{n1} \approx z_1/\cos^3 \beta = 20/\cos^3 15° = \mathbf{22{,}19} \quad (21.47/21\text{-}55)$$
$$z_{n2} \approx z_2/\cos^3 \beta = 59/\cos^3 15° = \mathbf{65{,}47} \quad \text{und}$$
$$z_{mn} = (z_{n1} + z_{n2})/2 = (22{,}19 + 65{,}47)/2 = \mathbf{43{,}8}$$

Bestimmung der Zahnraddurchmesser
Teilkreisdurchmesser d

$$d_1 = z_1 \cdot m_t = z_1 \cdot \dfrac{m_n}{\cos \beta} = 20 \cdot \dfrac{6\,\text{mm}}{\cos 15°} = \mathbf{124{,}233\,mm} \quad (21.38/21\text{-}47)$$
$$d_2 = z_2 \cdot \dfrac{m_n}{\cos \beta} = 59 \cdot \dfrac{6\,\text{mm}}{\cos 15°} = \mathbf{366{,}488\,mm}$$

Grundkreisdurchmesser d_b

$$d_{b1} = d_1 \cos \alpha_t = 124{,}233\,\text{mm} \cdot \cos 20{,}6469° = \mathbf{116{,}251\,mm} \quad (21.39/21\text{-}48)$$
$$d_{b2} = d_2 \cos \alpha_t = 366{,}488\,\text{mm} \cdot \cos 20{,}6469° = \mathbf{342{,}942\,mm}$$

Wälzkreisdurchmesser d_w

$$d_{w1} = \dfrac{d_1 \cdot \cos \alpha_t}{\cos \alpha_{wt}} \qquad \text{s. Hinweise unter (21.54)}$$
$$d_{w1} = \dfrac{124{,}233\,\text{mm} \cdot \cos 20{,}65°}{\cos 23{,}31°} = \mathbf{126{,}583\,mm}$$
$$d_{w2} = \dfrac{d_2 \cdot \cos \alpha_t}{\cos \alpha_{wt}} = \dfrac{366{,}488\,\text{mm} \cdot \cos 20{,}65°}{\cos 23{,}31°} = \mathbf{373{,}422\,mm}$$

Fußkreisdurchmesser d_f

$$d_{f1} = d_1 - 2 \cdot [(m_n + c) - V_1] \quad (21.25/21\text{-}62)$$

$$d_{f1} = 124{,}233\,\text{mm} - 2 \cdot [(6\,\text{mm} + 1{,}5\,\text{mm}) - 2{,}70\,\text{mm}]$$

$$\boldsymbol{d_{f1} = 114{,}633\,\text{mm}}$$

$$d_{f2} = d_2 - 2 \cdot [(m_n + c) - V_2]$$

$$d_{f2} = 366{,}488\,\text{mm} - 2 \cdot [(6\,\text{mm} + 1{,}5\,\text{mm}) - 2{,}2344\,\text{mm}]$$

$$\boldsymbol{d_{f2} = 355{,}957\,\text{mm}}$$

mit $\quad c = 0{,}25 \cdot m_n = 0{,}25 \cdot 6\,\text{mm} = 1{,}5\,\text{mm}$,

$\quad\quad V_1 = x_1 \cdot m_n = 0{,}45 \cdot 6\,\text{mm} = \boldsymbol{2{,}70\,\text{mm}}$

$\quad\quad V_2 = x_2 \cdot m_n = 0{,}3724 \cdot 6\,\text{mm} = \boldsymbol{2{,}2344\,\text{mm}}$

Kopfkreisdurchmesser d_a

$$d_{a1} = d_1 + 2 \cdot (m_n + V_1 + k) \quad (21.24/21\text{-}60)$$

$$d_{a1} = 124{,}233\,\text{mm} + 2 \cdot (6\,\text{mm} + 2{,}7\,\text{mm} - 0{,}294\,\text{mm})$$

$$\boldsymbol{d_{a1} = 141{,}045\,\text{mm}}$$

$$d_{a2} = d_2 + 2 \cdot (m_n + V_2 + k)$$

$$d_{a2} = 366{,}488\,\text{mm} + 2 \cdot (6\,\text{mm} + 2{,}2344\,\text{mm} - 0{,}294\,\text{mm})$$

$$\boldsymbol{d_{a2} = 382{,}369\,\text{mm}}$$

mit $\quad k = a - a_d - m_n \cdot (x_1 + x_2) \quad (21.23/\text{zu } 21\text{-}60)$

$\quad\quad k = 250\,\text{mm} - 245{,}36\,\text{mm} - 6\,\text{mm} \cdot (0{,}45 + 0{,}3724)$

$\quad\quad \boldsymbol{k = -0{,}294\,\text{mm}}$

V_1, V_2 s. Fußkreisdurchmesser.

b) **Nachweis der Zahnfußtragfähigkeit**
Bestimmung des Drehmoments T und der Umfangskraft F_t

$$T = \frac{P \cdot 30}{\pi \cdot n} = \frac{500 \cdot 10^3\,\text{W} \cdot 30}{\pi \cdot 1\,500\,\text{min}^{-1}} = \boldsymbol{3\,183\,\text{N m}}$$

$$F_t = \frac{2 \cdot T}{d_1} = \frac{2 \cdot 3\,183 \cdot 10^3\,\text{N mm}}{124{,}233\,\text{mm}} = \boldsymbol{51\,242\,\text{N}} \quad (21.67/21\text{-}88)$$

Bestimmung der örtlichen Zahnfußspannungen σ_{F01}, σ_{F02}

$$\sigma_{F01} = \frac{F_t}{b_1 \cdot m_n} \cdot Y_{Fa} \cdot Y_{Sa} \cdot Y_\varepsilon \cdot Y_\beta \quad (21.82/21\text{-}111)$$

$$\sigma_{F01} = \frac{51\,242\,\text{N}}{100\,\text{mm} \cdot 6\,\text{mm}} \cdot 2{,}25 \cdot 1{,}9 \cdot 0{,}75 \cdot 0{,}88 = \boldsymbol{241\,\text{N/mm}^2}$$

mit Y_{Fa} nach TB 21-19a für $z_{n1} = 22{,}19$ und $x_1 = 0{,}45$,

Tragfähigkeitsnachweis (schrägverzahnte Stirnräder)

Y_{Sa} nach TB 21-19b, $Y_\varepsilon = 0{,}25 + 0{,}75 \cdot \cos^2\beta/\varepsilon_\alpha = 0{,}25 + 0{,}75 \cdot \dfrac{\cos^2 15°}{1{,}4} = 0{,}75$
mit

$$\varepsilon_\alpha = \dfrac{0{,}5 \cdot \left(\sqrt{d_{a1}^2 - d_{b1}^2} + \dfrac{z_2}{|z_2|} \cdot \sqrt{d_{a2}^2 - d_{b2}^2}\right) - a \cdot \sin\alpha_{wt}}{\pi \cdot m_t \cdot \cos\alpha_t} \qquad (21.57/21\text{-}72)$$

$$\varepsilon_\alpha = \dfrac{\left(\begin{array}{c}0{,}5 \cdot \left(\sqrt{(141{,}045\,\text{mm})^2 - (116{,}251\,\text{mm})^2}\right.\\ \left.+\,1 \cdot \sqrt{(382{,}369\,\text{mm})^2 - (342{,}942\,\text{mm})^2}\right) - 250\,\text{mm} \cdot \sin 23{,}31°\end{array}\right)}{\pi \cdot \dfrac{6\,\text{mm}}{\cos 15°} \cdot \cos 20{,}65°}$$

$\varepsilon_\alpha = \mathbf{1{,}4}$

Y_β nach TB 21-19c mit

$$\varepsilon_\beta = \dfrac{b_2 \cdot \sin\beta}{\pi \cdot m_n} = \dfrac{98\,\text{mm} \cdot \sin 15°}{\pi \cdot 6\,\text{mm}} = 1{,}35 \qquad (21.44/21\text{-}53)$$

mit b_2 da $b_2 < b_1$

$$\sigma_{F02} = \dfrac{F_t}{b_2 \cdot m_n} \cdot Y_{Fa} \cdot Y_{Sa} \cdot Y_\varepsilon \cdot Y_\beta \qquad (21.82/21\text{-}111)$$

$$\sigma_{F02} = \dfrac{51242\,\text{N}}{98\,\text{mm} \cdot 6\,\text{mm}} \cdot 2{,}13 \cdot 2{,}03 \cdot 0{,}75 \cdot 0{,}88 = \mathbf{249\,\text{N/mm}^2}$$

Werte für Y_{Fa}, Y_{Sa}, Y_ε, Y_β, s. Hinweise zu σ_{F01}

Bestimmung der maximalen Zahnfußspannungen σ_{F1}, σ_{F2}

$$\sigma_{F1} = \sigma_{F01} \cdot K_{F,\text{ges}} = 241\,\text{N/mm}^2 \cdot 1{,}37 = \mathbf{331\,\text{N/mm}^2} \qquad (21.83/21\text{-}114)$$

$$\sigma_{F2} = \sigma_{F02} \cdot K_{F,\text{ges}} = 249\,\text{N/mm}^2 \cdot 1{,}37 = \mathbf{342\,\text{N/mm}^2} \qquad (21.83/21\text{-}115)$$

Bestimmung der Zahnfußgrenzfestigkeiten σ_{FG1}, σ_{FG2}

$$\sigma_{FG1} = \sigma_{F\lim 1} \cdot Y_{ST} \cdot Y_{NT} \cdot Y_{\delta\,\text{rel}\,T} \cdot Y_{R\,\text{rel}\,T} \cdot Y_X \qquad (21.84a/21\text{-}116)$$
$$= 500\,\text{N/mm}^2 \cdot 2 \cdot 1 \cdot 1 \cdot 1 \cdot 0{,}98 = \mathbf{980\,\text{N/mm}^2}$$

$$\sigma_{FG2} = \sigma_{F\lim 2} \cdot Y_{ST} \cdot Y_{NT} \cdot Y_{\delta\,\text{rel}\,T} \cdot Y_{R\,\text{rel}\,T} \cdot Y_X \qquad (21.84a/21\text{-}116)$$
$$= 500\,\text{N/mm}^2 \cdot 2 \cdot 1 \cdot 1 \cdot 1 \cdot 0{,}98 = \mathbf{980\,\text{N/mm}^2}$$

mit Y_{ST}, $Y_{\delta\,\text{rel}\,T}$, $Y_{R\,\text{rel}\,T}$ s. Hinweise unter Gl. (21.84a), Y_{NT} nach TB 21-20a, Y_X nach TB 21-20d

Bestimmung der Sicherheit für die Zahnfußtragfähigkeit S_{F1}, S_{F2}

$$S_{F1} = \frac{\sigma_{FG1}}{\sigma_{F1}} = \frac{980\,\text{N/mm}^2}{331\,\text{N/mm}^2} = \mathbf{2{,}96} > S_{F\,\text{min}} = 1{,}5 \quad (21.85/21\text{-}118)$$

$$S_{F2} = \frac{\sigma_{FG2}}{\sigma_{F2}} = \frac{980\,\text{N/mm}^2}{342\,\text{N/mm}^2} = \mathbf{2{,}86} > S_{F\,\text{min}} = 1{,}5$$

$S_{F,\text{min}}$ s. Hinweise zu Gl. (21.85/21-118)

c) **Bestimmung der nominellen Pressung am Wälzpunkt C σ_{H0}**

$$\sigma_{H0} = \sqrt{\frac{F_t}{b \cdot d_1} \cdot \frac{u+1}{u}} \cdot Z_H \cdot Z_E \cdot Z_\varepsilon \cdot Z_\beta \quad (21.88/21\text{-}119)$$

$$\sigma_{H0} = \sqrt{\frac{51\,242\,\text{N}}{98\,\text{mm} \cdot 124{,}233\,\text{mm}} \cdot \frac{2{,}95+1}{2{,}95}} \cdot 2{,}28 \cdot 189{,}8\sqrt{\frac{\text{N}}{\text{mm}^2}} \cdot 0{,}845 \cdot 0{,}983$$

$$\sigma_{H0} = \mathbf{854\,\text{N/mm}^2}$$

mit $u = z_2/z_1$, Z_H nach TB 21-21a für $(x_1 + x_2)/(z_1 + z_2) = (0{,}45 + 0{,}3719)/(20 + 59) = 0{,}1$; Z_E nach TB 21-21b, Z_ε nach TB 21-21c für $\varepsilon_\alpha = 1{,}4$ und $\varepsilon_\beta = 1{,}35$, $Z_\beta = \sqrt{\cos\beta} = \sqrt{\cos 15°} = 0{,}983$ nach Hinweisen zu Gl. (21.88/21-119)

Bestimmung der maximalen Pressung am Wälzpunkt σ_H

$$\sigma_H = \sigma_{H0} \cdot K_{H,\text{ges}} = 854\,\text{N/mm}^2 \cdot 1{,}2 = \mathbf{1\,025\,\text{N/mm}^2} \quad (21.89/21\text{-}120)$$

Bestimmung der Zahnflankengrenzfestigkeit σ_{HG}

$$\sigma_{HG} = \sigma_{H,\text{lim}} \cdot Z_{NT} \cdot (Z_L \cdot Z_V \cdot Z_R) \cdot Z_W \cdot Z_X \quad (21.90/21\text{-}121)$$

$$\sigma_{HG} = 1\,500\,\text{N/mm}^2 \cdot 1 \cdot (0{,}92) \cdot 1 \cdot 1 = \mathbf{1\,380\,\text{N/mm}^2}$$

mit Z_{NT} nach TB 21-22d, $(Z_L \cdot Z_V \cdot Z_R)$ s. Hinweise zu Gl. (21.90/21-121), Z_W nach TB 21-22e und Hinweise zu Gl. (21.90/21-121), Z_X nach TB 21-20d

Bestimmung der Sicherheit für die Grübchentragfähigkeit S_H

$$S_{H1,2} = \frac{\sigma_{HG1,2}}{\sigma_H} = \frac{1\,380\,\text{N/mm}^2}{1\,025\,\text{N/mm}^2} = \mathbf{1{,}34} > S_{H\,\text{min}} \approx 1{,}3 \quad (21.90a/21\text{-}122)$$

$S_{H,\text{min}}$ s. Hinweise zu Gl. (21.90a/21-122)

21.43

a) $x_1 = 0{,}55$, $x_2 = 0{,}742$; $d_1 = 202{,}914\,\text{mm}$, $d_2 = 884{,}126\,\text{mm}$, $d_{a1} = 243{,}098\,\text{mm}$, $d_{a2} = 929{,}686\,\text{mm}$, $d_{f1} = 183{,}314\,\text{mm}$, $d_{f2} = 869{,}902\,\text{mm}$, $d_{b1} = 189{,}877\,\text{mm}$, $d_{b2} = 827{,}323\,\text{mm}$, $d_{w1} = 209{,}066\,\text{mm}$, $d_{w2} = 910{,}932\,\text{mm}$, $V_1 = 7{,}7\,\text{mm}$, $V_2 = 10{,}388\,\text{mm}$, $k = -1{,}608\,\text{mm}$, $h_1 = h_2 = 29{,}892\,\text{mm}$, $a_d = 543{,}520\,\text{mm}$, $\alpha_t = 20{,}65°$, $\alpha_{wt} = 24{,}74°$, $\varepsilon_\gamma = 2{,}258$, $\varepsilon_\alpha = 1{,}258$, $\varepsilon_\beta = 1$

b) $F_{t1} = 179\,675\,\text{N}$ ($T_1 = 18\,782\,\text{N\,m}$), $K_A = 1{,}25$, $K_v = 1$ ($K_1 = 8{,}5$, $K_2 = 0{,}0087$, $K_3 = 0{,}0224\,\text{m/s}$, $v_t = 0{,}164\,\text{m/s}$), $K_{H\beta} = 1{,}51$ ($f_{sh} = 46\,\mu\text{m}$, $f_{ma} = 11\,\mu\text{m}$, $F_{\beta x} = 72\,\mu\text{m}$, $y_\beta = 6\,\mu\text{m}$, $F_{\beta y} = 66\,\mu\text{m}$); $K_{F\beta} = 1{,}4$ ($N_F = 0{,}83$), $K_{H\alpha} = K_{F\alpha} = 1$, $K_{F\,ges} = 1{,}75$, $K_{H\,ges} = 1{,}37$

c) *Zahnfußtragfähigkeit*: $S_{F1} = 2{,}66$ ($\sigma_{FG1} = 1\,083\,\text{N/mm}^2$, $\sigma_{F1} = 406\,\text{N/mm}^2$, $\sigma_{F01} = 232\,\text{N/mm}^2$, $Y_{Fa1} = 2{,}24$, $Y_{Sa1} = 1{,}92$ bei $z_{n1} = 15{,}53$, $Y_\varepsilon = 0{,}81$, $Y_\beta = 0{,}88$, $Y_X = 0{,}98$), $S_{F2} = 2{,}35$ ($\sigma_{FG2} = 985\,\text{N/mm}^2$, $\sigma_{F2} = 419\,\text{N/mm}^2$, $\sigma_{F02} = 239\,\text{N/mm}^2$, $Y_{Fa2} = 2{,}03$, $Y_{Sa2} = 2{,}18$ bei $z_{n2} = 67{,}69$);
Grübchentragfähigkeit: $S_{H1} = 1{,}39$ ($\sigma_{HG} = 1\,764\,\text{N/mm}^2$, $\sigma_H = 1\,264\,\text{N/mm}^2$, $\sigma_{H0} = 922\,\text{N/mm}^2$, $Z_H = 2{,}2$, $Z_E = 189{,}8\,\sqrt{(\text{N/mm}^2)}$, $Z_\varepsilon = 0{,}89$, $Z_\beta = 0{,}98$, $Z_{NT1} = 1{,}36$, $Z_L = Z_v = Z_R = 1$, $Z_W = 1$, $Z_X = 0{,}92$)

22 Kegelräder und Kegelradgetriebe

22.1

a) $\delta_1 = 28{,}775°$, $\delta_2 = 46{,}225°$;

b) $d_{e1} = 77$ mm, $d_{e2} = 115{,}5$ mm ($z_2 = 33$); $d_{ae1} = 83{,}136$ mm, $d_{ae2} = 120{,}343$ mm ($m_e = 3{,}5$ mm);

c) $R_{e1} = R_{e2} = 79{,}98$ mm; $R_{m1} = R_{m2} = 69{,}98$ mm

d) $\delta_{a1} = 31{,}281°$, $\delta_{f1} = 25{,}644°$; $\delta_{a2} = 48{,}731°$, $\delta_{f2} = 43{,}094°$ ($\vartheta_a = 2{,}51°$, $\vartheta_f = 3{,}13°$).

22.2

a) Ausführung als Geradzahn-Kegelrad-Nullgetriebe möglich, da $z_1 > z'_{gK1}$ ($z_1 = 12$, $z'_{gK1} = 11$) für $\delta \approx 38°$);

b) $z_2 = 15$, $R_e = 57{,}627$ mm, $b = 15$ mm, $h_{ae} = 6$ mm, $h_{fe} = 7{,}5$ mm; $\delta_1 = 38{,}66°$, $d_{e1} = 72{,}00$ mm, $d_{ae1} = 81{,}37$ mm, $\delta_{a1} = 44{,}604°$, $\delta_{f1} = 31{,}245°$, $\delta_2 = 51{,}34°$, $d_{e2} = 90{,}00$ mm, $d_{ae2} = 97{,}496$ mm, $\delta_{a2} = 57{,}284°$, $\delta_{f2} = 43{,}925°$, ($\vartheta_a = 5{,}944°$, $\vartheta_f = 7{,}415°$).

22.3

$z_2 = 63$, $b = 70$ mm ($\psi_d = 0{,}67$); $\delta_1 = 12{,}53°$, $\delta_2 = 77{,}47°$

Ritzel: $d_{m1} = 104{,}29$ mm, $d_{e1} = 119{,}45$ mm, $d_{am1} = 117{,}96$ mm, $d_{ae1} = 135{,}10$ mm, $d_{fm1} = 87{,}21$ mm, $d_{fe1} = 99{,}88$ mm;

Rad: $d_{m2} = 469{,}30$ mm, $d_{e2} = 537{,}51$ mm, $d_{am2} = 472{,}34$ mm, $d_{ae2} = 540{,}99$ mm, $d_{fm2} = 465{,}51$ mm, $d_{fe2} = 533{,}16$ mm, $R_e = 275{,}31$ mm, $R_m = 240{,}38$ mm.

22.4

a) $n_1/n_2 \approx 1{,}77$ ($n_2 = 1\,592\,\text{min}^{-1}$)
b) $z_1 = 20$, $z_2 = 36$; $i_\text{vorh} = 1{,}8$;
c) $m_\text{mn} = 3{,}0\,\text{mm}$, $h_\text{am} = 3\,\text{mm}$, $h_\text{fm} = 3{,}75\,\text{mm}$;
d) $b = 20\,\text{mm}$ ($\psi_\text{d} = 0{,}3$, $d_\text{m1} = 69{,}28\,\text{mm}$), $R_\text{m} = 71{,}33\,\text{mm}$, $R_\text{e} = 81{,}33\,\text{mm}$;
   Ritzel: $\delta_1 = 29{,}05°$, $d_\text{m1} = 69{,}28\,\text{mm}$, $d_\text{am1} = 74{,}53\,\text{mm}$, $d_\text{ae1} = 84{,}98\,\text{mm}$,
   $d_\text{fe1} = 71{,}52\,\text{mm}$, $d_\text{e1} = 78{,}99\,\text{mm}$, $d_\text{fm1} = 62{,}73\,\text{mm}$;
   Rad: $\delta_2 \approx 60{,}95°$, $d_\text{m2} = 124{,}71\,\text{mm}$, $d_\text{am2} = 127{,}62\,\text{mm}$, $d_\text{ae2} = 145{,}51\,\text{mm}$, $d_\text{fe2} = 138{,}04\,\text{mm}$, $d_\text{e2} = 142{,}19\,\text{mm}$, $d_\text{fm2} = 121{,}07\,\text{mm}$.

22.5

a) $z_1 = 20$, $z_2 = 41$, ($i = 2{,}05$);
b) $m_\text{mn} = 5{,}0\,\text{mm}$, $h_\text{am} = 5\,\text{mm}$, $h_\text{fm} = 6{,}25\,\text{mm}$;
c) $b = 38\,\text{mm}$ ($\psi_\text{d} \approx 0{,}34$, $d_\text{m1} = 110{,}34\,\text{mm}$), $R_\text{m} = 125{,}83\,\text{mm}$, $R_\text{e} = 144{,}59\,\text{mm}$;
   Ritzel: $\delta_1 \approx 26°$, $d_\text{m1} = 110{,}34\,\text{mm}$, $d_\text{am1} = 119{,}33\,\text{mm}$, $d_\text{ae1} = 137{,}11\,\text{mm}$,
   $d_\text{fm1} = 99{,}10\,\text{mm}$, $d_\text{fe1} = 113{,}88\,\text{mm}$;
   Rad: $\delta_2 \approx 64°$, $d_\text{m2} = 226{,}19\,\text{mm}$, $d_\text{am2} = 230{,}58\,\text{mm}$, $d_\text{ae2} = 264{,}95\,\text{mm}$,
   $d_\text{fm2} = 220{,}71\,\text{mm}$, $d_\text{fe2} = 253{,}61\,\text{mm}$.

Tragfähigkeitsnachweis

22.6

a) $K_\text{A} \approx 1$, $b_\text{e} \approx 35{,}7\,\text{mm}$, $F_\text{mt} \approx 4\,550\,\text{N}$, $\varepsilon_{\text{v}\alpha} \approx 1{,}61$, $Y_\varepsilon \approx 0{,}71$, $Y_\beta = 1$, $Y_\text{K} = 1$, $K_{\text{F}\alpha} = 1{,}41$, $K_{\text{H}\alpha} \approx 1{,}26$, $K_{\text{F}\beta} \approx K_{\text{H}\beta} \approx 2{,}25$;
$S_\text{F} \approx 2{,}51$ ($\sigma_\text{FG} \approx 470\,\text{N/mm}^2$, $\sigma_\text{F} \approx 187\,\text{N/mm}^2$, $\sigma_\text{F0} \approx 59\,\text{N/mm}^2$, $z_\text{vn1} = 22{,}82$, $Y_\text{Fa} = 2{,}8$, $Y_\text{Sa} = 1{,}63$, $Y_\beta = 1$, $Y_\text{K} = 1$, $Y_{\delta\,\text{rel t}} \approx 0{,}96$, $Y_\text{R rel T} \approx 1$, $Y_\text{X} \approx 0{,}98$);
$S_\text{H} \approx 1{,}11$ ($\sigma_\text{HG} \approx 920\,\text{N/mm}^2$, $\sigma_\text{H} \approx 827\,\text{N/mm}^2$, $Z_\text{H} = 2{,}5$,
$Z_\text{E} = 189{,}8\,\sqrt{(\text{N/mm}^2)}$, $Z_\text{K} = 1$, $Z_\beta = 1$, $Z_\text{v} \approx 0{,}95$, $Z_\text{L} \approx 1$, $Z_\text{R} \approx 0{,}85$, $Z_\text{X} \approx 1$).

22.7

$F_\text{A} = 2\,298{,}4\,\text{N}$ ($F_\text{Ax} = 2\,773{,}1\,\text{N}$, $F_\text{Ay} = 1140{,}2\,\text{N}$, $F_\text{mt2} = 5\,026{,}3\,\text{N}$, $F_\text{a2} = 1\,666{,}8\,\text{N}$,
$F_\text{r2} = 754\,\text{N}$, $T_1 = 143{,}25\,\text{N m}$, $d_\text{m1} = 57\,\text{mm}$, $d_\text{e1} = 65{,}24\,\text{mm}$, $\delta_1 = 24{,}35°$);
$F_\text{B} = 2\,286\,\text{N}$ ($F_\text{Bx} = 2\,253{,}2\,\text{N}$, $F_\text{By} = -386{,}2\,\text{N}$);
$M_\text{max} = M_1 = F_\text{A} \cdot l_2 \approx 190 \cdot 10^3\,\text{N mm}$, $M_2 = F_\text{B} \cdot l_1 \approx 190 \cdot 10^3\,\text{N mm}$.

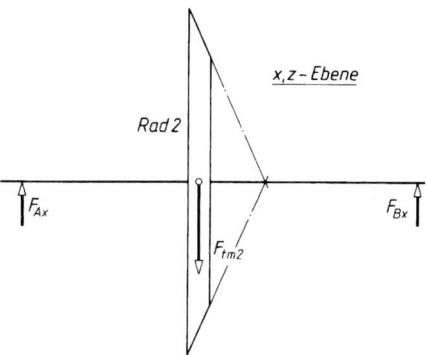

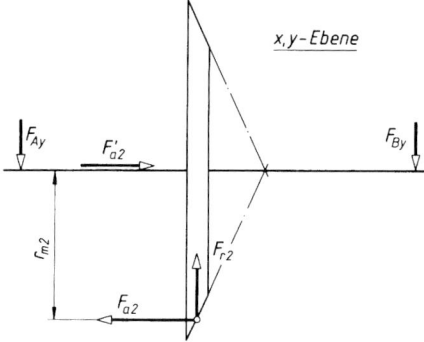

ⓘ **22.8**

a) **Bestimmung der Verzahnungsgeometrie**

Wahl des Moduls m_{mn}

$$m'_{mn} \geq \frac{2{,}5 \cdot d_{sh}}{z_1} = \frac{2{,}5 \cdot 20 \text{ mm}}{20} = \mathbf{2{,}5 \text{ mm}} \qquad (22.32/22\text{-}49)$$

mit $z_1 = 20$ (gewählt nach TB 22-1)
gewählt: $m_{mn} = 2{,}5$ (nach TB 21-1)

Wahl der Zähnezahl z_2

$$z_2 = i \cdot z_1 = \frac{n_1}{n_2} \cdot z_1 = \frac{2\,820 \text{ min}^{-1}}{1\,560 \text{ min}} \cdot 20 = \mathbf{36{,}15} \qquad (22.2/22\text{-}1)$$

gewählt: $z_2 = 36$

Teilkegelwinkel (Achswinkel $\Sigma = 90°$)

$$\delta_1 = \arctan[\sin \Sigma / (n + \cos \Sigma)] \qquad (22.4/22\text{-}3)$$
$$\delta_1 = \arctan[\sin 90° / (1{,}8 + \cos 90°)] = \mathbf{29{,}05°}$$

mit $n = z_2/z_1 = 1{,}8$
$\delta_2 = \Sigma - \delta_1 = 90° - 29{,}05° = \mathbf{60{,}95°}$

Mittlere Teilkreis-, Kopfkreis-, Fußkreisdurchmesser

$$d_{m1} = z_1 \cdot \frac{m_{mn}}{\cos \beta_m} = 20 \cdot \frac{2{,}5\,\text{mm}}{\cos 30°} = \mathbf{57{,}74\,mm} \qquad (22.21/22\text{-}29)$$

$$d_{m2} = z_2 \cdot \frac{m_{mn}}{\cos \beta_m} = 36 \cdot \frac{2{,}5\,\text{mm}}{\cos 30°} = \mathbf{103{,}92\,mm}$$

$$d_{am1} = d_{m1} + 2 \cdot h_{am1} \cdot \cos \delta_1 = 57{,}74\,\text{mm} + 2 \cdot 2{,}5\,\text{mm} \cdot \cos 29{,}05° = \mathbf{62{,}11\,mm}$$
$$(22.24/22\text{-}36)$$

$$d_{am2} = d_{m2} + 2 \cdot h_{am2} \cdot \cos \delta_2 = 103{,}92\,\text{mm} + 2 \cdot 2{,}5\,\text{mm} \cdot \cos 60{,}95° = \mathbf{106{,}35\,mm}$$
$$(22.23/22\text{-}36)$$

mit $h_{am1} = h_{am2} = m_{mn}$ nach Gl. (22.23)

$$d_{fm1} = d_{m1} - 2 \cdot h_{fm1} \cdot \cos \delta_1 = 57{,}74\,\text{mm} - 2 \cdot 3{,}125\,\text{mm} \cdot \cos 29{,}05° = \mathbf{52{,}28\,mm}$$
$$(22.26/22\text{-}38)$$

$$d_{fm2} = d_{m2} - 2 \cdot h_{fm2} \cdot \cos \delta_2 = 103{,}92\,\text{mm} - 2 \cdot 3{,}125\,\text{mm} \cdot \cos 60{,}95°$$
$$(22.26/22\text{-}38)$$
$$= \mathbf{100{,}88\,mm}$$

mit $h_{fm1} = h_{fm2} = 1{,}25 \cdot m_{mn} = 3{,}125\,\text{mm}$ nach Gl. (22.23/22-34)

Wahl der Breite b

$b \approx \psi_d \cdot d_{m1} = 0{,}34 \cdot 57{,}74\,\text{mm} = \mathbf{19{,}63\,mm}$
mit ψ_d nach TB 22-1 für $i = 1{,}8$
gewählt: $b = 20\,\text{mm}$

Teilkegellängen

$$R_m = \frac{d_{m1}}{2 \cdot \sin \delta_1} = \frac{57{,}74\,\text{mm}}{2 \cdot \sin 29{,}05°} = \mathbf{59{,}46\,mm} \qquad (22.9/22\text{-}8)$$

$$R_e = R_m + \frac{b}{2} = 59{,}46\,\text{mm} + \frac{20\,\text{mm}}{2} = \mathbf{69{,}46\,mm} \qquad (22.9/22\text{-}8)$$

Äußere Teilkreis-, Kopfkreis-, Fußkreisdurchmesser

$$d_{e1} = d_{m1} \cdot \frac{R_e}{R_m} = 57{,}74 \text{ mm} \cdot \frac{69{,}46 \text{ mm}}{59{,}46 \text{ mm}} = \mathbf{67{,}45 \text{ mm}} \quad (22.20/22\text{-}28)$$

$$d_{e2} = d_{m2} \cdot \frac{R_e}{R_m} = 103{,}92 \text{ mm} \cdot \frac{69{,}46 \text{ mm}}{59{,}46 \text{ mm}} = \mathbf{121{,}40 \text{ mm}}$$

$$d_{ae1} = d_{am1} \cdot \frac{R_e}{R_m} = 62{,}11 \text{ mm} \cdot \frac{69{,}46 \text{ mm}}{59{,}46 \text{ mm}} = \mathbf{72{,}56 \text{ mm}} \quad (22.25/22\text{-}37)$$

$$d_{ae2} = d_{am2} \cdot \frac{R_e}{R_m} = 106{,}35 \text{ mm} \cdot \frac{69{,}46 \text{ mm}}{59{,}46 \text{ mm}} = \mathbf{124{,}24 \text{ mm}}$$

$$d_{fe1} = d_{fm1} \cdot \frac{R_e}{R_m} = 52{,}28 \text{ mm} \cdot \frac{69{,}46 \text{ mm}}{59{,}46 \text{ mm}} = \mathbf{61{,}07 \text{ mm}} \quad (22.27/22\text{-}39)$$

$$d_{fe2} = d_{fm2} \cdot \frac{R_e}{R_m} = 100{,}88 \text{ mm} \cdot \frac{69{,}46 \text{ mm}}{59{,}46 \text{ mm}} = \mathbf{117{,}85 \text{ mm}}$$

Ersatzzähnezahl für die Tragfähigkeitsberechnung

$$z_{vn1} = z_1/(\cos\delta_1 \cdot \cos^3\beta_m) = 20/(\cos 29{,}05° \cdot \cos^3 30°) = \mathbf{35{,}2} \quad (22.30/22\text{-}40)$$

$$z_{vn2} = z_2/(\cos\delta_2 \cdot \cos^3\beta_m) = 36/(\cos 60{,}95° \cdot \cos^3 30°) = \mathbf{114}$$

b) **Nachweis der Zahnfußtragfähigkeit**
   Örtliche Zahnfußspannung

$$\sigma_{F01} = \frac{F_{mt}}{b_{eF} \cdot m_{mn}} \cdot Y_{Fa} \cdot Y_{Sa} \cdot Y_\beta \cdot Y_\varepsilon \cdot Y_K \quad (22.43/22\text{-}64)$$

$$\sigma_{F01} = \frac{352 \text{ N}}{17 \text{ mm} \cdot 2{,}5 \text{ mm}} \cdot 2{,}5 \cdot 1{,}72 \cdot 0{,}75 \cdot 0{,}59 \cdot 1 = \mathbf{15{,}76 \text{ N/mm}^2}$$

$$\text{mit } F_{mt} = \frac{2 \cdot T_{1nenn}}{d_{m1}} = \frac{2}{d_{m1}} \cdot \frac{P \cdot 30}{\pi \cdot n} = \frac{2}{0{,}05774 \text{ m}} \cdot \frac{3\,000 \cdot 30}{\pi \cdot 2\,820} \text{ N m} = \mathbf{352 \text{ N}},$$
$$(22.34/22\text{-}53)$$

$b_{eF} = 0{,}85 \cdot b = 0{,}85 \cdot 20 \text{ mm} = 17 \text{ mm}$ (s. Hinweis zu Gl. (22.43/22-64)),
$Y_{Fa} = 2{,}5$ nach TB 21-20a mit $z_{vn1} = 35{,}2$, $x = 0$
$Y_{Sa} = 1{,}72$ nach TB 21-20b,
$Y_\beta = 0{,}75$ nach TB 21-20c (mit $\varepsilon_{v\beta} \approx b_e \cdot \sin\beta_m / m_{mn} \cdot \pi = 17 \text{ mm} \cdot \sin 30°/ (2{,}5 \text{ mm} \cdot \pi) = 1{,}08$,
$Y_\varepsilon = 0{,}25 + 0{,}75/\varepsilon_{van} = 0{,}25 + 0{,}75/2{,}23 = 0{,}59$, (mit $\varepsilon_{van} \approx \varepsilon_{v\alpha}/\cos^2\beta_{vb} = 1{,}74/\cos^2 28° = 2{,}23$),
$\varepsilon_{v\alpha} = 1{,}74$ nach TB 21-2a,

$\beta_{vb} = \arcsin(\sin\beta_m \cdot \cos\alpha_n) = \arcsin(\sin 30° \cdot \cos 20°) = \mathbf{28°}$
$Y_K = 1$ (s. Hinweise zu Gl. (22.43/22-64))

$$\sigma_{F02} = \frac{F_{mt}}{b_{eF} \cdot m_{mn}} \cdot Y_{Fa} \cdot Y_{Sa} \cdot Y_\beta \cdot Y_\varepsilon \cdot Y_K \quad (22.43/22\text{-}64)$$

$$\sigma_{F02} = \frac{352\,\text{N}}{17\,\text{mm} \cdot 2{,}5\,\text{mm}} \cdot 2{,}2 \cdot 1{,}95 \cdot 0{,}75 \cdot 0{,}59 \cdot 1$$

$$\boldsymbol{\sigma_{F02} = 15{,}72\,\text{N/mm}^2}$$

Hinweise s. Berechnung von σ_{F01}

Maximalspannung am Zahnfuß

$$\sigma_{F1} = \sigma_{F01} \cdot K_A \cdot K_v \cdot K_{F\alpha} \cdot K_{F\beta} \quad (22.42/22\text{-}67)$$

$$\sigma_{F1} = 15{,}76\,\text{N/mm}^2 \cdot 1{,}25 \cdot 1{,}20 \cdot 1{,}1 \cdot 1{,}88 = \mathbf{48{,}89\,\text{N/mm}^2}$$

$$\text{mit } K_v = 1 + \left(\frac{K_1 \cdot K_2}{K_A \cdot (F_{mt}/b_e)} + K_3\right) K_4$$

$$= 1 + \left(\frac{15{,}34 \cdot 1{,}0}{1{,}25 \cdot 100} + 0{,}01\right) \cdot 1{,}49 = \mathbf{1{,}20}$$

(s. Hinweise zu Gl. (22.42/22-68), K_1, K_2, K_3 s. TB 22-2b)
$K_4 = 0{,}01 \cdot z_1 \cdot v_{mt} \cdot \sqrt{u^2/(1+u^2)} = 0{,}01 \cdot 20 \cdot 8{,}52 \cdot \sqrt{1{,}8^2/(1+1{,}8^2)} = 1{,}49$,
$v_{mt} = d_{m1} \cdot \pi \cdot n_t = 0{,}05774\,\text{m} \cdot \pi \cdot 2\,820/60\,\text{s}^{-1} = \mathbf{8{,}52\,\text{m/s}}$,
$F_{mt}/b_e = 20{,}7\,\text{N/mm}$, d. h. es wird mit $K_A \cdot F_{mt}/b_e = 100\,\text{N/mm}$ weitergerechnet,
$K_{F\alpha} = 1{,}1$ nach TB 21-19a, $K_{F\beta} = 1{,}88$ (s. Hinweise zu Gl. (22.42/22-68))

$$\sigma_{F2} = \sigma_{F02} \cdot K_A \cdot K_v \cdot K_{F\alpha} \cdot K_{F\beta} \quad (22.42/22\text{-}67)$$

$$\sigma_{F2} = 15{,}72\,\text{N/mm}^2 \cdot 1{,}25 \cdot 1{,}24 \cdot 1{,}1 \cdot 1{,}88$$

$$\boldsymbol{\sigma_{F2} = 48{,}77\,\text{N/mm}^2}$$

Hinweise s. Berechnung von σ_{F1}.

Zahnfußgrenzfestigkeit

$$\sigma_{FG1,2} = \sigma_{F\lim} \cdot Y_{St} \cdot Y_{\delta\,\text{rel T}} \cdot Y_{R\,\text{rel T}} \cdot Y_X = 140\,\text{N/mm}^2 \cdot 2 \cdot 1 \cdot 1 \cdot 1 = \mathbf{280\,\text{N/mm}^2},$$
$$(22.44/22\text{-}70)$$

$Y_{St} = 2$ und $Y_{\delta\,\text{rel T}} \approx Y_{R\,\text{rel T}} \approx 1$ (s. Hinweise zu Gl. (22.44, 22-70)), $Y_X = 1$ nach TB 21-21d

Sicherheit für Zahnfußtragfähigkeit

$$S_{F1} = \frac{\sigma_{FG1}}{\sigma_{F1}} = \frac{280\,\text{N/mm}^2}{48{,}89\,\text{N/mm}^2} = \mathbf{5{,}73} > S_{F\,\text{min}} = 1{,}5\ldots 2{,}5$$

$$S_{F2} = \frac{\sigma_{FG2}}{\sigma_{F2}} = \frac{280\,\text{N/mm}^2}{48{,}77\,\text{N/mm}^2} = \mathbf{5{,}74} > S_{F\,\text{min}} = 1{,}5\ldots 2{,}5$$

c) **Nachweis der Grübchentragfähigkeit**
   Örtliche Flankenpressung

$$\sigma_{H0} = Z_H \cdot Z_E \cdot Z_\varepsilon \cdot Z_\beta \cdot Z_K \cdot \sqrt{\frac{F_{mt1}}{d_{v1} \cdot b_{eH}} \cdot \frac{u_v + 1}{u_v}} \qquad (22.46/22\text{-}73)$$

$$= 2{,}22 \cdot 189{,}8 \sqrt{\frac{\text{N}}{\text{mm}}} \cdot 0{,}76 \cdot 0{,}93 \cdot 1 \cdot \sqrt{\frac{352\,\text{N}}{66{,}05\,\text{mm} \cdot 17\,\text{mm}} \cdot \frac{3{,}24 + 1}{3{,}24}}$$

$$\sigma_{H0} = \mathbf{191\,\text{N/mm}^2}$$

$Z_H = 2{,}22$ nach TB 21-22a, $Z_E = 189{,}8\,\sqrt{\text{N/mm}}$ nach TB 21-22b
$Z_\varepsilon = 0{,}76$ nach TB 21-22c ($\varepsilon_{v\alpha} = 1{,}74$; $\varepsilon_{v\beta} = 1{,}08$),
$Z_\beta = \sqrt{\cos \beta_m} = \sqrt{\cos 30°}$, $Z_K = 1$ (s. Hinweise zu Gl. (22.46/22-74)),
$d_{v1} = d_{m1}/\cos \delta_1 = 57{,}74\,\text{mm}/\cos 29{,}05° = 66{,}05\,\text{mm}$, $u_v = z_{v2}/z_{v1} = 114/35{,}2 = 3{,}24$, $b_{eH} = 0{,}85 \cdot b = 0{,}85 \cdot 20\,\text{mm} = 17\,\text{mm}$, F_{mt1} s. örtliche Zahnfußspannung.

Maximale Flankenpressung

$$\sigma_H = \sigma_{H0} \cdot \sqrt{K_A \cdot K_v \cdot K_{H\alpha} \cdot K_{H\beta}} \qquad (22.45/22\text{-}75)$$

$$\sigma_H = 191\,\text{N/mm}^2 \sqrt{1{,}25 \cdot 1{,}20 \cdot 1{,}1 \cdot 1{,}88} = \mathbf{336\,\text{N/mm}^2},$$

K_A, K_v s. Zahnfußtragfähigkeit, $K_{H\alpha}$, $K_{H\beta}$ s. Hinweise zu Gl. (22.45/22-75).

Zahnflanken – Grenzfestigkeit

$$\sigma_{HG1,2} = \sigma_{H\,\text{lim}} \cdot Z_L \cdot Z_v \cdot Z_R \cdot Z_X = 1\,100\,\text{N/mm}^2 \cdot 1 \cdot 0{,}99 \cdot 0{,}904 \cdot 1 = \mathbf{984\,\text{N/mm}^2}$$
$$(22.47/22\text{-}76)$$

$Z_L = 1$ nach TB 21-23a, $Z_v = 0{,}99$ nach TB 21-23b, $Z_R = 0{,}904$ nach TB 21-23c ($R_{z100} = 5{,}5\,\mu\text{m}$, $a_v = 0{,}5\,(z_{vn1} + z_{vn2}) = 74{,}6\,\text{mm}$), $Z_X = 1$ nach TB 21-21d.

Sicherheit für Grübchentragfähigkeit

$$S_{H1,2} = \frac{\sigma_{HG1,2}}{\sigma_H} = \frac{984\,\text{N/mm}^2}{336\,\text{N/mm}^2} = \mathbf{2{,}93} > S_{H\,\text{min}} = 1{,}2\ldots 1{,}5$$

23 Schraubrad- und Schneckengetriebe

23.1
a) $z_2 = 32$
b) $d_1 = 124{,}46$ mm, $d_2 = 208{,}87$ mm ($\beta_2 = 40°$), $d_{a1} = 134{,}46$ mm, $d_{a2} = 218{,}87$ mm, $b_1 = b_2 = 50$ mm;
c) $a = 166{,}66$ mm.

23.2
Günstige Wirkungsgrade ergeben sich für $45° < \beta_1 < 50°$.

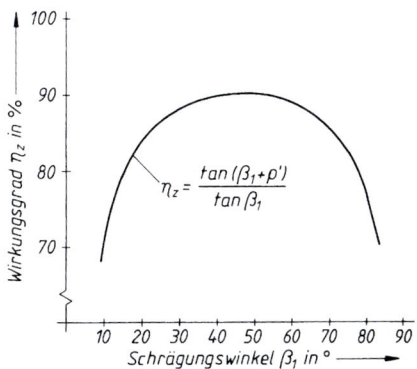

23.3
a) $\beta_1 = 23°$, $\beta_2 = 17°$;
b) $z_1 = 12$, $z_2 = 36$, $d_1 = 32{,}59$ mm, $d_2 = 94{,}11$ mm, $d_{a1} = 37{,}59$ mm, $d_{a2} = 99{,}11$ mm, $b_1 = b_2 = 25$ mm, $a = 63{,}35$ mm;
c) $\eta_Z \approx 1{,}0$
d) $v_g \approx 0{,}54$ m/s ($v_1 \approx 0{,}81$ m/s, $v_2 \approx 0{,}78$ m/s).

23.4

a) $z_1 = 14$, $z_2 = 35$ ($i_{vorh} \approx 2{,}5$), $\beta_1 = 48°$, $\beta_2 = 42°$ ($\varrho' \approx 5°$); $m_n = 5$ mm ($c = 3$ N/mm^2, $K_A = 1$, $d_1' \approx 95$ mm), $d_1 = 104{,}61$ mm, $d_2 = 235{,}49$ mm, $d_{a1} = 114{,}61$ mm, $d_{a2} = 245{,}49$ mm, $b_1 = b_2 = 50$ mm, $a = 170{,}05$ mm;

b) $F_{t1} = 609$ N ($T_1 \approx 31{,}83$ N m, $K_A = 1$), $F_{a1} \approx 568$ N, $F_{r1} \approx 302$ N, $F_{t2} \approx 568$ N, $F_{a2} \approx 609$ N, $F_{r2} = 302$ N;

c) $\eta_Z \approx 0{,}84$.

23.5

a) $z_3 = 20$, $z_4 = 21$ ($i_{ges} \approx 3{,}79$, $u_1 = 3{,}61$, $u_2 = 1{,}05$), $\beta_1 = 48°$, $\beta_2 = 42°$ ($\varrho' \approx 5°$); $m_n = 2{,}5$ mm ($d_3' \approx 64$ mm mit $K_A \approx 1{,}1$, $P_1 \approx 0{,}36$ kW, $c = 6$ N/mm^2, $n_1 \triangleq n_2 \approx 400$ min^{-1}), $d_3 = 74{,}72$ mm, $d_4 = 70{,}65$ mm, $d_{a3} = 79{,}72$ mm, $d_{a4} = 75{,}65$ mm, $b_3 = b_4 = 25$ mm, $a = 72{,}68$ mm;

b) $P_2 \approx 0{,}3$ kW ($\eta_{ges} \approx 0{,}81$, $\eta_L \approx 0{,}99$, $\eta_D \approx 0{,}98$, $\eta_{z2} \approx 0{,}84$).

23.6

a) $z_1 = 3$, $z_2 = 37$ ($i_{vorh} = 12{,}33$);

b) $m = 3{,}0$ mm ($m' = 3{,}03$, $d_{m1}' \approx 28{,}0$ mm mit $\psi_a \approx 0{,}4$);

c) *Schnecke:* $d_{m1} \approx 29$ mm, $\gamma_m = 17{,}241°$, $d_{a1} = 35$ mm, $d_{f1} \approx 21{,}5$ mm, $b_1 = 40$ mm (rechnerisch $b_1 \approx 36{,}99$ mm);

d) *Schneckenrad:* $d_2 = 111{,}0$ mm, $\beta = 17{,}241°$, $d_{a2} = 117$ mm, $d_{f2} \approx 103{,}5$ mm, $b_2 = 30$ mm (rechnerisch $b_2 \approx 26{,}55$ mm), $d_{e2} = 120$ mm;

e) $a = 70$ mm.

23.7

$a = 125$ mm festgelegt (rechnerisch $a \approx 116{,}5$ mm); $z_1 = 3$, $z_2 = 45$, $m = 4$ mm festgelegt; $d_{m1} = 70$ mm, $d_{a1} = 78$ mm, $d_{f1} = 60$ mm, $b_1 = 82$ mm, $h_1 = 9$ mm, $p_{z1} = 37{,}7$ mm, $\gamma_m = 9{,}728°$.

23.8

a) $T_{eq1} \approx 11{,}69$ N m ($T_{nenn} = 9{,}75$ N m);

b) *Zahnkräfte:* $F_{t1} \approx 276$ N, $F_{a1} \approx 3\,492$ N, ($\gamma_m \approx 3{,}37°$, $\varrho' \approx 1{,}15°$ für $v_g \approx 6{,}55$ m/s), $F_{r1} \approx 1\,275$ N ($\alpha_n = 20°$); $F_{t2} \approx 3\,492$ N, $F_{a2} \approx 276$ N, $F_{r2} \approx 1\,275$ N;

c) *Lagerkräfte:* $F_{A\,res} \approx 3\,496$ N ($F_{At} \approx 129$ N, $F_{Ar} \approx 100$ N), $F_{B\,res} \approx 1\,184$ N ($F_{Bt} \approx 147$ N, $F_{Br} \approx 1\,175$ N); $F_{C\,res} = 1\,817$ N, $F_{D\,res} = 1\,944$ N, ($F_{Ct} = F_{Dt} = 1\,746$ N, $F_{Cr} = F_{Dr} = 420$ N, $d_{m2} = 315$ mm).

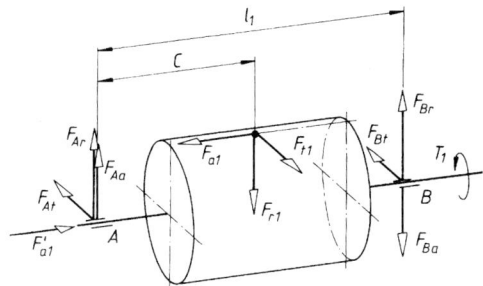

23.9

a) **Nachweis der Grübchentragfähigkeit**
Ermittlung des Kennwertes für die mittlere Hertzsche Pressung (Flankenformen A, I, K und N)

$$p_m^* = 0{,}1794 + 0{,}2389 \cdot \frac{a}{d_{m1}} + 0{,}0761 \cdot x \cdot |x|^{3{,}18} + 0{,}0536 \cdot q \ldots \quad (23.42/23\text{-}58)$$

$$- 0{,}00369 \cdot z_2 - 0{,}01136 \cdot \alpha_0 + 44{,}9814 \cdot \frac{x + 0{,}005657}{z_2} \cdot \left(\frac{z_1}{q}\right)^{2{,}6872}$$

mit $a = 200$ mm, $d_{m1} = 80$ mm, $x = 0$, $q = d_{dm1}/m_x = 80$ mm$/8$ mm $= 10$, $z_2 = 40$, $\alpha_0 = 20°$, $z_1 = 1$

$$p_m^* = 0{,}1794 + 0{,}2389 \cdot 200/80 + 0 + 0{,}0536 \cdot 10 \ldots$$

$$0{,}00369 \cdot 40 - 0{,}01136 \cdot 20 + 44{,}9814 \cdot \frac{0{,}005657}{40} \left(\frac{1}{10}\right)^{2{,}6872}$$

$$= 0{,}9379$$

Ermittlung der mittleren Flankenpressung

$$\sigma_{Hm} = \frac{4}{\pi} \cdot \sqrt{\frac{p_m^* \cdot T_{2eq} \cdot E_{red}}{a^3}} \quad (23.43/23\text{-}59)$$

mit $T_{2eq} = \dfrac{P_2}{2 \cdot \pi \cdot n_2} \cdot K_A = \dfrac{2\,000\,\text{N\,m/s}}{2 \cdot \pi \cdot 0{,}3125\,\text{s}^{-1}} \cdot 1{,}2 = 1\,222{,}4\,\text{N\,m}$

$= 1{,}2223 \cdot 10^6$ N mm, wobei $P_2 = 2$ kW $= 2\,000$ N m/s, $n_2 = 750$ min$^{-1}/40 = 18{,}75$ min$^{-1} = 0{,}3125$ s^{-1}, $i = u = 40$, $K_A = 1{,}2$; $E_{red} = 150\,622$ N/mm^2 für CuSn12Ni2-C-GZ nach TB 23-5 und $a = 200$ mm

$$\sigma_{Hm} = \frac{4}{\pi} \cdot \sqrt{\frac{0{,}9379 \cdot 1{,}2224 \cdot 10^6\,\text{N mm} \cdot 150\,622\,\text{N/mm}^2}{200^3\,\text{mm}^3}}$$

$$= \mathbf{188\,N/mm^2}$$

Ermittlung des Grenzwertes der Flankenpressung

$$\sigma_{HG} = \sigma_{H\lim T} \cdot Z_h \cdot Z_v \cdot Z_s \cdot Z_u \cdot Z_{oil} \qquad (23.44/23\text{-}60)$$

mit $\sigma_{H\lim T} = 520\,\text{N/mm}^2$ für Radwerkstoff CuSn12Ni2-C-GZ nach TB 23-6;
$Z_h = (25\,000/L_h)^{1/6} \leq 1{,}6$, mit $L_h = 25\,000\,\text{h}$:
$Z_h = (25\,000/25\,000)^{1/6} = 1 \leq 1{,}6$; $Z_v = \sqrt{5/(4 + v_{gm})}$,
mit $v_{gm} = d_{m1} \cdot n_1/(19\,098 \cdot \cos\gamma_m)$, wobei $d_{m1} = 80\,\text{mm}$, $n_1 = 750\,\text{min}^{-1}$ und

$$\gamma_m = \arctan\left(\frac{z_1 \cdot m}{d_{m1}}\right) = \arctan\left(\frac{1 \cdot 8\,\text{mm}}{80\,\text{mm}}\right) = 5{,}7106°;$$

$$v_{gm} = 80 \cdot 750/(19\,098 \cdot \cos 5{,}7106°) = 3{,}157\,\text{m/s}: \qquad (23\text{-}63)$$

$Z_v = \sqrt{5/(4 + 3{,}157)} = \mathbf{0{,}836}$;
$Z_s = \sqrt{3\,000/(2\,900 + a)} = \sqrt{3\,000/(2\,900 + 200)} = \mathbf{0{,}984}$;
$Z_u = \mathbf{1{,}0}$ für $u = 40 \geq 20{,}5$; $Z_{oil} = \mathbf{1{,}0}$ für Polyglykole
$\sigma_{HG} = 520\,\text{N/mm}^2 \cdot 1 \cdot 0{,}836 \cdot 0{,}984 \cdot 1 \cdot 1 = \mathbf{428\,\text{N/mm}^2}$

Ermittlung der Grübchentragfähigkeit

$$S_H = \sigma_{HG}/\sigma_{Hm} = 428\,\text{N/mm}^2/187\,\text{N/mm}^2 = 2{,}28 \geq S_{H\min} = 1{,}0 \quad (23.45/23\text{-}67)$$

b) **Nachweis der Zahnfußtragfähigkeit**

Ermittlung der Schub-Nennspannung am Zahnfuß

$$\tau_F = \frac{F_{tm2}}{b_2 \cdot m_x} \cdot Y_\varepsilon \cdot Y_F \cdot Y_\gamma \cdot Y_K \qquad (23.46/23\text{-}68)$$

mit $F_{tm2} = \dfrac{2 \cdot T_{2eq}}{m_x \cdot z_2} = \dfrac{2 \cdot 1\,222{,}4\,\text{N m}}{0{,}008 \cdot 40} = 7\,640\,\text{N}$,

$b_2 \approx 0{,}45 \cdot (d_{a1} + 4 \cdot m_x) = 0{,}45 \cdot (96\,\text{mm} + 4 \cdot 8\,\text{mm}) = \mathbf{58\,\text{mm}}$,
$\qquad\qquad\qquad\qquad\qquad\qquad\qquad\qquad\qquad\qquad (23.27/23\text{-}44)$

mit $d_{a1} = 80\,\text{mm} + 2 \cdot 8\,\text{mm} = 96\,\text{mm}$, $m_x = 8\,\text{mm}$; $Y_\varepsilon = \mathbf{0{,}5}$

für übliche Auslegung;

$$Y_F = \frac{2{,}9 \cdot m_x}{1{,}06 \cdot (m_x \cdot \pi/2 - \Delta s + (d_{m2} - d_{f2}) \cdot \tan\alpha_0/\cos\gamma_m)} \qquad (23.47/23\text{-}69)$$

mit $\Delta s - 0{,}2 \cdot m_x - 0{,}2 \cdot 8\,\text{mm} - 1{,}6\,\text{mm}$, $d_{m2} - 8\,\text{mm} \cdot 40 - 320\,\text{mm}$,

$d_{f2} = 320\,\text{mm} - 2{,}5 \cdot 8\,\text{mm} = 300\,\text{mm}$, $\alpha_0 = 20°$ und $\gamma_m = 5{,}7106°$

$$Y_F = \frac{2{,}9 \cdot 8\,\text{mm}}{1{,}06 \cdot (8\,\text{mm} \cdot \pi/2 - 1{,}6\,\text{mm} + (320\,\text{mm} - 300\,\text{mm}) \cdot \tan 20°/\cos 5{,}7106°)}$$
$= \mathbf{1{,}197}$;

$Y_\gamma = 1/\cos\gamma_m = 1/\cos 5{,}7106° = \mathbf{1{,}005}$;

$Y_K = \mathbf{1}$ für $s_K = 20\,\text{mm} \geq 2 \cdot 8\,\text{mm} = 16\,\text{mm}$

$\tau_F = \dfrac{7\,639\,\text{N}}{58\,\text{mm} \cdot 8\,\text{mm}} \cdot 0{,}5 \cdot 1{,}197 \cdot 1{,}005 \cdot 1 = \mathbf{9{,}9\,\text{N/mm}^2}$

Ermittlung der Schub-Nennspannung am Zahnfuß

$$\tau_{FG} = \tau_{F\lim T} \cdot Y_{NL} \qquad (23.48/23\text{-}72)$$

mit $\tau_{F\lim T} = \mathbf{100\,\text{N/mm}^2}$ für den Radwerkstoff CuSn12Ni2-C-GZ nach TB 23-7, $Y_{NL} = \mathbf{1{,}0}$ nach TB 23-8 bei $N_L \geq 3 \cdot 10^6$: $\tau_{FG} = 100\,\text{N/mm}^2 \cdot 1{,}0 = \mathbf{100\,\text{N/mm}^2}$

Ermittlung der Zahnbruchsicherheit

$$S_F = \tau_{FG}/\tau_F \geq S_{F\min} = 1{,}1 \qquad (23.49/23\text{-}73)$$
$S_F = 100\,\text{N/mm}^2/9{,}9\,\text{N/mm}^2 = 10{,}1 \geq S_{F\min} = 1{,}1$

c) **Durchbiegesicherheit der Schneckenwelle**
Ermittlung der auftretenden Durchbiegung bei symmetrischer Lagerung

$$\delta_m \approx 2 \cdot 10^{-6} \cdot l_1^3 \cdot F_{tm2} \cdot \sqrt{\frac{\tan^2(\gamma_m + \arctan\mu_{zm}) + \tan^2\alpha_0/\cos^2\gamma_m}{(1{,}1 \cdot d_{f1})^4}} \qquad (23.51/23\text{-}77)$$

mit $l_1 = 320\,\text{mm}$, $F_{tm2} = 7\,639\,\text{N}$,

$\mu_{zm} = 0{,}035 - (0{,}035 - 0{,}025) \cdot (3{,}16 - 2)/2 = \mathbf{0{,}0292}$ mit $v_{gm} = 3{,}16\,\text{m/s}$

durch lineare Interpolation aus TB 20-8, $\alpha_0 = 20°$,

$\gamma_m = 5{,}7106°$, $d_{f1} = 80\,\text{mm} - 2{,}5 \cdot 8\,\text{mm} = 60\,\text{mm}$

$\delta_m \approx 2 \cdot 10^{-6} \cdot 320^3 \cdot 7\,639 \cdot \sqrt{\dfrac{\tan^2(5{,}7106° + \arctan 0{,}0292) + \tan^2 20°/\cos^2 5{,}7106°}{(1{,}1 \cdot 60)^4}}$

$= \mathbf{0{,}010\,\text{mm}}$

Bestimmung des Grenzwertes der Durchbiegung

$$\delta_{\lim} = 0{,}04 \cdot \sqrt{m_x} = 0{,}04 \cdot \sqrt{8} = 0{,}113\,\text{mm} \qquad (23.50/23\text{-}78)$$

Bestimmung der Durchbiegesicherheit

$$S_\delta = \delta_{\lim}/\delta_m = 0{,}113\,\text{mm}/0{,}010\,\text{mm} = 11{,}3 > S_{\delta\,\min} = 1{,}0 \qquad (23.50/23\text{-}79)$$

d) **Temperatursicherheit bei Tauchschmierung**
  Ermittlung der Ölsumpftemperatur

$$\vartheta_S = \vartheta_0 + \left(c_1 \cdot \frac{T_{2eq}}{(a/63)^3} + c_0\right) \cdot c_2 \qquad (23.52/23\text{-}74)$$

mit $\vartheta_0 = 40\,°C$, $T_{2eq} = 1\,222{,}3\,\text{N m}$, $a = 200\,\text{mm}$, $n_1 = 750\,\text{min}^{-1}$, $v_{40} = 220\,\text{mm}^2/\text{s}$,
$u = 40$,
$c_2 = 1$ für Polyglykole, TB 23-8
Beiwerte c_1 und c_0 für Gehäuse ohne Lüfter, TB 23-8:

$$c_1 = \frac{3{,}4}{100} \cdot \left(\frac{n_1}{60} + 0{,}22\right)^{0{,}43} \cdot \left(10{,}8 - \frac{v_{40}}{100}\right)^{-0{,}0636} \cdot u^{-0{,}18} \cdot (a - 20{,}4)^{0{,}26}$$

$$c_1 = \frac{3{,}4}{100} \cdot \left(\frac{750}{60} + 0{,}22\right)^{0{,}43} \cdot \left(10{,}8 - \frac{220}{100}\right)^{-0{,}0636} \cdot 40^{-0{,}18} \cdot (200 - 20{,}4)^{0{,}26}$$

$$= \mathbf{0{,}1757}$$

$$c_0 = \frac{5{,}23}{100} \cdot \left(\frac{n_1}{60} + 0{,}28\right)^{0{,}68} \cdot \left(\left|\frac{v_{40}}{100} - 2{,}203\right|\right)^{-0{,}0237} \cdot (a + 22{,}36)^{0{,}915}$$

$$c_0 = \frac{5{,}23}{100} \cdot \left(\frac{750}{60} + 0{,}28\right)^{0{,}68} \cdot \left(\left|\frac{220}{100} - 2{,}203\right|\right)^{-0{,}0237} \cdot (200 + 22{,}36)^{0{,}915}$$

$$= \mathbf{36{,}20}$$

$$\vartheta_S = 40 + \left(0{,}1757 \cdot \frac{1\,222{,}3}{(200/63)^3} + 36{,}20\right) \cdot 1 = \mathbf{83\,°C}$$

Ermittlung der Temperatursicherheit

$$S_T = \vartheta_{S\,\lim}/\vartheta_S = 100\,°C/83\,°C = 1{,}2 \geq S_{T\,\min} = 1{,}1 \qquad (23.56/23\text{-}75)$$

mit $\vartheta_{S\,\lim} \approx 100°$ bis $120\,°C$ für Polyglykole

e) Verschleißsicherheit

$$B = \sqrt{6 \cdot m_x \cdot d_{m1} - 9 \cdot m_x^2 + m_x} \qquad (23.59/23\text{-}84)$$

$$= \sqrt{6 \cdot 8\,\text{mm} \cdot 80\,\text{mm} - 9 \cdot (8\,\text{mm})^2 + 8\,\text{mm}} = 57{,}2\,\text{mm}$$

$$h^* = -0{,}393 + 2{,}9157 \cdot 10^{-6} \cdot z_2^{-0{,}0847} \cdot \alpha_0^{0{,}0595} \cdot (7{,}947 \cdot 10^{-7} \cdot x + 5{,}927 \cdot 10^{-5})$$
$$\cdot [(1 - 0{,}038 \cdot q) \cdot q + 65{,}576] \cdot \left[\left(108{,}8547 \cdot \frac{z_1}{q} - 1\right) \cdot \frac{z_1}{q} - 3\,294{,}921\right]$$
$$\cdot [(3{,}291 \cdot 10^{-3} \cdot B + 1) \cdot B - 13\,064{,}58] = 0{,}0713 \qquad (23.58/23\text{-}83)$$

mit: $z_2 = 40$, $\alpha_0 = 20°$, $x = 0$, $q = 10$, $z_1 = 1$.

$$s^* = 0{,}78 + 0{,}21 \cdot u + 5{,}6/\tan\gamma_m \qquad (23.59/23\text{-}87)$$
$$= 0{,}78 + 0{,}21 \cdot 40 + 5{,}6/\tan 5{,}7106° = 65{,}18$$

$$h_{\min m} = 21 \cdot h^* \cdot \frac{c_\alpha^{0{,}6} \cdot \eta_{0M}^{0{,}7} \cdot n_1^{0{,}7} \cdot a^{1{,}39} \cdot E_{\text{red}}^{0{,}03}}{T_{2\text{eq}}^{0{,}13}} \qquad (23.57/23\text{-}82)$$

$$= 21 \cdot 0{,}0713 \cdot \frac{(1{,}3 \cdot 10^{-8})^{0{,}6} \cdot (0{,}15)^{0{,}7} \cdot (750)^{0{,}7} \cdot (200)^{1{,}39} \cdot (150\,622)^{0{,}03}}{(1\,222{,}4)^{0{,}13}}$$

$$= 0{,}679\,\mu\text{m}$$

$$s_{Wm} = s^* \cdot \frac{\sigma_{Hm} \cdot a}{E_{\text{red}}} \cdot N_L = 65{,}18 \cdot \frac{188 \cdot 200}{150\,622} = 9{,}76 \cdot 10^8 \qquad (23.59/23\text{-}86)$$

$$K_W = h_{\min m} \cdot W_S \cdot W_H = 0{,}679\,\mu\text{m} \cdot 1{,}9 \cdot 1{,}0 = 1{,}32\,\mu\text{m} \qquad (23.56/23\text{-}81)$$

mit $W_S = 1{,}9$ nach TB 23-12 und $W_H = 1{,}0$ nach TB 23-13.

$$J_{0T} = 233 \cdot 10^{-12} \cdot K_W^{-1{,}91} = 233 \cdot 10^{-12} \cdot (1{,}32)^{-1{,}91} = 1{,}31 \cdot 10^{-10}$$
$$(\text{TB 23-10f})$$

$$\delta_{Wn} = J_{0T} \cdot W_{ML} \cdot W_{NS} \cdot s_{Wm} = 1{,}31 \cdot 10^{-10} \cdot 1{,}75 \cdot 1{,}0 \cdot 9{,}76 \cdot 10^8 = 0{,}2243\,\text{mm}$$
$$(23.55/23\text{-}80)$$

mit $W_{ML} = 1{,}75$ nach TB 23-11 und $W_{NS} = 1{,}0$ zu (23.55/23-85).
Da die Zahndickenabnahme Δs angegeben ist, erfolgt die Bestimmung des Grenzwertes des Flankenabtrages nach TB 23-9 unter b):

$$\delta_{W\lim n} = \Delta s \cdot \cos\gamma_m = 1{,}6\,\text{mm} \cdot \cos 5{,}7106° = 1{,}592\,\text{mm}$$

Bestimmung der Verschleißsicherheit

$$S_W = \frac{\delta_{W\lim n}}{\delta_{Wn}} = \frac{1{,}592\,\text{mm}}{0{,}2243\,\text{mm}} = \mathbf{7{,}1} \geq S_{W\min} = 1{,}1 \qquad (23.54/23\text{-}83)$$

24 Umlaufgetriebe

ⓘ **24.1**

Allgemeine Lösungshinweise Die Berechnung des Umlaufgetriebes erfolgt nach Ablaufplan Bild 24.16/A 24-1.

a) Die Bestimmung der Standübersetzungen der Teilgetriebe erfolgt unter der Annahme eines verlustfreien Getriebes ($\eta_0 = 1$):

$$i_{012} = \left(\frac{z_2}{z_1}\right)_{n_{s_1}=0} = \frac{-91}{35} = -2{,}6 \qquad (24.1/24\text{-}1)$$

$$i_{034} = \left(\frac{z_3}{z_4}\right)_{n_{s_2}=0} = \frac{-93}{27} = -3{,}444 \qquad (24.1/24\text{-}1)$$

b) Für jedes Teilgetriebe wird die Drehzahlgrundgleichung aufgestellt:

$$n_1 - i_{012} \cdot n_2 - (1 - i_{012}) \cdot n_{s_1} = 0 \qquad (24.7/24.3)$$

$$n_3 - i_{034} \cdot n_4 - (1 - i_{034}) \cdot n_{s_2} = 0 \qquad (24.7/24.3)$$

Die zu diesem Gleichungssystem gehörenden Rand- und Koppelbedingungen lauten:

$$n_{s_1} = n_A, \quad n_B = n_3, \quad n_{s_2} = 0, n_4 = 0$$

Lösen des Gleichungssystems liefert für alle Drehzahlen:

n_1	n_2	n_{s_1}	n_3	n_4	n_{s_2}	n_B
72 min^{-1}	0	20 min^{-1}	320 min^{-1}	0	72 min^{-1}	320 min^{-1}

c) Für jedes Teilgetriebe wird die Drehmomentbilanz und das verlustfreie Drehmomentverhältnis aufgestellt:

$$T_1 + T_2 + T_{s_1} = 0 \qquad (24.12/24\text{-}2)$$
$$T_2 + T_1 \cdot i_{012} = 0 \qquad (24.16/24\text{-}5)$$
$$T_3 + T_4 + T_{s_2} = 0 \qquad (24.12/24\text{-}2)$$
$$T_4 + T_3 \cdot i_{034} = 0 \qquad (24.16/24\text{-}5)$$

Die zu diesem Gleichungssystem gehörenden Rand- und Koppelbedingungen lauten:

$$T_{s_1} = T_A, \quad T_B = T_3, \quad T_1 + T_{s_2} = 0$$

Lösen des Gleichungssystems liefert für die alle Drehmomente:

T_1	T_2	T_{s_1}	T_3	T_4	T_{s_2}	T_B
−13,89 kNm	−36,1 kNm	50 kNm	−3,125 kNm	−10,76 kNm	13,89 kNm	−3,125 kNm

Die Leistungsflussexponenten der beiden Teilgetriebe bestimmen sich zu:

$$w_1 = \frac{T_1 \cdot (n_1 - n_{s_1})}{|T_1 \cdot (n_1 - n_{s_1})|} = \frac{-13{,}89\,\text{kNm} \cdot (72\,\text{min}^{-1} - 20\,\text{min}^{-1})}{|-13{,}89\,\text{kNm} \cdot (72\,\text{min}^{-1} - 20\,\text{min}^{-1})|} = -1$$
$$(24.17/24\text{-}9)$$

$$w_2 = \frac{T_3 \cdot (n_3 - n_{s_2})}{|T_3 \cdot (n_3 - n_{s_2})|} = \frac{-3{,}125\,\text{kNm} \cdot (320\,\text{min}^{-1} - 72\,\text{min}^{-1})}{|-3{,}125\,\text{kNm} \cdot (320\,\text{min}^{-1} - 72\,\text{min}^{-1})|} = -1$$
$$(24.17/24\text{-}9)$$

Für jedes Teilgetriebe wird die Drehmomentbilanz und das verlustbehaftete Drehmomentverhältnis aufgestellt:

$$T_1 + T_2 + T_{s_1} = 0 \qquad (24.12/24\text{-}2)$$
$$T_2 + T_1 \cdot i_{012} \cdot \eta_0^{w_1} = 0 \qquad (24.16/24\text{-}6)$$
$$T_3 + T_4 + T_{s_2} = 0 \qquad (24.12/24\text{-}2)$$
$$T_4 + T_3 \cdot i_{034} \cdot \eta_0^{w_2} = 0 \qquad (24.16/24\text{-}6)$$

Die Auflösung des Gleichungssystem unter Verwendung der vorhandenen Rand- und Koppelbedingungen liefert:

T_1	T_2	T_{s_1}	T_3	T_4	T_{s_2}	T_B
−13,59 kNm	−36,4 kNm	50 kNm	−2,985 kNm	−10,6 kNm	13,585 kNm	−2,985 kNm

d) Die Antriebsleistung berechnet sich zu:

$$P_A = \frac{T_A \cdot n_A}{9550} = 104,7\,\text{kW}$$

Da die Drehzahlen und verlustbehafteten Drehmomente aller Wellen bekannt sind, können für die Gleitwälzleistungen nach Gl. 24.19/24-10, 24-11, die Kupplungsleistungen nach Gl. 24.20/24-12 bis 24-14 und die Gesamtleistungen nach Gl. 24.22/24-15 bis 24-17 analog vorgegangen werden:

P_{GW1}	P_{GW2}	P_{GW3}	P_{GW4}
$-73,97\,\text{kW}$	$76,26\,\text{kW}$	$-77,52\,\text{kW}$	$79,92\,\text{kW}$

P_{K1}	P_{K2}	P_{Ks1}	P_{K3}	P_{K4}	P_{Ks2}
$-28,45\,\text{kW}$	$-76,26\,\text{kW}$	$104,71\,\text{kW}$	$-22,51\,\text{kW}$	$-79,92\,\text{kW}$	$102,42\,\text{kW}$

P_1	P_2	P_{s1}	P_3	P_4	P_{s2}	P_B
$-102,42\,\text{kW}$	0	$104,71\,\text{kW}$	$-100,03\,\text{kW}$	0	$102,42\,\text{kW}$	$-100,03\,\text{kW}$

Anhand der berechneten Leistungen wird das Leistungsflussdiagramm aufgestellt. Die Antriebsleistung P_A teilt sich in die beiden Kupplungsleistung P_{K1} und P_{K2} auf, welche beide vom Steg zu den Zahnrädern 1 und 2 fließen. Die Kupplungsleistung P_{K2} fließt vom Hohlrad 2 als Gleitwälzleistung P_{GW2} zum Sonnenrad 1 (negativer Leistungsflussexponent w_1). Aufgrund der Verzahnungsverluste kommt am Sonnenrad 1 nur die Gleitwälzleistung P_{GW1} an. Die Wellenleistung P_1 setzt sich aus der Kupplungsleistung P_{K1} und der Gleitwälzleistung P_{GW2} zusammen und fließt als Stegwellenleistung P_{s2} in das zweite Teilgetriebe. Am Steg teilt sich die Stegwellenleistung P_{s2} in die beiden Kupplungsleistung P_{K3} und P_{K4} auf, welche beide vom Steg zu den Zahnrädern 3 und 4 fließen. Die Kupplungsleistung P_{K4} fließt vom Hohlrad 4 als Gleitwälzleistung P_{GW4} zum Sonnenrad 3 (negativer Leistungsflussexponent w_2). Aufgrund der Verzahnungsverluste kommt am Sonnenrad 3 nur die Gleitwälzleistung P_{GW3} an. Am Sonnenrad 3 summieren sich die Kupplungsleistung P_{K3} und die Gleitwälzleistung P_{GW3} zur Abtriebsleistung P_B.

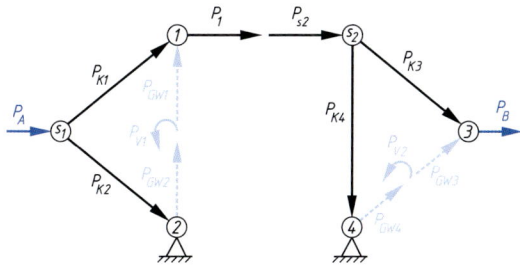

e) Die Gesamtübersetzung berechnet sich zu:

$$i_{ges} = \frac{n_A}{n_B} = \frac{20\,\text{min}^{-1}}{320\,\text{min}^{-1}} = 0{,}0625 = \frac{1}{16}$$

Der Gesamtwirkungsgrad des Umlaufgetriebes berechnet sich zu:

$$\eta_{ges} = \frac{P_B}{P_A} = \frac{100{,}03\,\text{kW}}{104{,}71\,\text{kW}} = 0{,}955$$

(i) 24.2

Allgemeine Lösungshinweise Die Berechnung des Umlaufgetriebes erfolgt nach Ablaufplan Bild 24.16/A 24-1.

a) Die Bestimmung der Standübersetzungen der Teilgetriebe erfolgt unter der Annahme eines verlustfreien Getriebes ($\eta_0 = 1$):

$$i_{012} = \left(\frac{z_2}{z_1}\right)_{n_{s_1}=0} = \frac{-77}{22} = -3{,}5 \qquad (24.1/24\text{-}1)$$

$$i_{034} = \left(\left(-\frac{z_{p1}}{z_3}\right) \cdot \left(-\frac{z_4}{z_{p2}}\right)\right)_{n_{s_2}=0} = \left(-\frac{19}{42}\right) \cdot \left(-\frac{29}{21}\right) = 0{,}6247 = \frac{1}{1{,}601}$$

$$(24.1/24\text{-}1)$$

b) Für jedes Teilgetriebe wird die Drehzahlgrundgleichung aufgestellt:

$$n_1 - i_{012} \cdot n_2 - (1 - i_{012}) \cdot n_{s_1} = 0 \qquad (24.7/24.3)$$

$$n_3 - i_{034} \cdot n_4 - (1 - i_{034}) \cdot n_{s_2} = 0 \qquad (24.7/24.3)$$

Die zu diesem Gleichungssystem gehörenden Rand- und Koppelbedingungen lauten:

$$n_1 = n_A, \quad n_{s_2} = n_2 = n_B, \quad n_3 = n_{s_1}, \quad n_4 = 0$$

Lösen des Gleichungssystems liefert für alle Drehzahlen:

n_1	n_2	n_{s_1}	n_3	n_4	n_{s_2}	n_B
$1\,300\,\text{min}^{-1}$	$-717{,}7\,\text{min}^{-1}$	$-269{,}4\,\text{min}^{-1}$	$-269{,}4\,\text{min}^{-1}$	0	$-717{,}7\,\text{min}^{-1}$	$-717{,}7\,\text{min}^{-1}$

c) Für jedes Teilgetriebe wird die Drehmomentbilanz und das verlustfreie Drehmomentverhältnis aufgestellt:

$$T_1 + T_2 + T_{s_1} = 0 \qquad (24.12/24\text{-}2)$$

$$T_2 + T_1 \cdot i_{012} = 0 \qquad (24.16/24\text{-}5)$$

$$T_3 + T_4 + T_{s_2} = 0 \qquad (24.12/24\text{-}2)$$

$$T_4 + T_3 \cdot i_{034} = 0 \qquad (24.16/24\text{-}5)$$

Die zu diesem Gleichungssystem gehörenden Rand- und Koppelbedingungen lauten:

$$T_1 = T_A, \quad T_B = T_{s_2} + T_2, \quad T_{s_1} + T_3 = 0$$

Lösen des Gleichungssystems liefert für die alle Drehmomente:

T_1	T_2	T_{s_1}	T_3	T_4	T_{s_2}	T_B
750 Nm	2 625 Nm	−3 375 Nm	3 375 Nm	−2 108,4 Nm	−1 266,6 Nm	1 358,4 Nm

Die Leistungsflussexponenten der beiden Teilgetriebe bestimmen sich zu:

$$w_1 = \frac{T_1 \cdot (n_1 - n_{s_1})}{|T_1 \cdot (n_1 - n_{s_1})|} = \frac{750\,\text{Nm} \cdot (1\,300\,\text{min}^{-1} - (-269{,}4\,\text{min}^{-1}))}{|750\,\text{Nm} \cdot (1\,300\,\text{min}^{-1} - (-269{,}4\,\text{min}^{-1}))|} = +1$$

(24.17/24-9)

$$w_2 = \frac{T_3 \cdot (n_3 - n_{s_2})}{|T_3 \cdot (n_3 - n_{s_2})|} = \frac{3\,375\,\text{Nm} \cdot (-269{,}4\,\text{min}^{-1} - (-717{,}7\,\text{min}^{-1}))}{|3\,375\,\text{Nm} \cdot (-269{,}4\,\text{min}^{-1} - (-717{,}7\,\text{min}^{-1}))|} = +1$$

(24.17/24-9)

Für jedes Teilgetriebe wird die Drehmomentbilanz und das verlustbehaftete Drehmomentverhältnis aufgestellt:

$$T_1 + T_2 + T_{s_1} = 0 \qquad (24.12/24\text{-}2)$$
$$T_2 + T_1 \cdot i_{012} \cdot \eta_0^{w_1} = 0 \qquad (24.16/24\text{-}6)$$
$$T_3 + T_4 + T_{s_2} = 0 \qquad (24.12/24\text{-}2)$$
$$T_4 + T_3 \cdot i_{034} \cdot \eta_0^{w_2} = 0 \qquad (24.16/24\text{-}6)$$

Die Auflösung des Gleichungssystem unter Verwendung der vorhandenen Rand- und Koppelbedingungen liefert:

T_1	T_2	T_{s_1}	T_3	T_4	T_{s_2}	T_B
750 Nm	2 546,3 Nm	−3 296,3 Nm	3 296,3 Nm	−2 018 Nm	−1 278,2 Nm	1 268 Nm

d) Die Antriebsleistung berechnet sich zu:

$$P_A = \frac{T_A \cdot n_A}{9\,550} = 102{,}09\,\text{kW}$$

Da die Drehzahlen und verlustbehafteten Drehmomente aller Wellen bekannt sind, können für die Gleitwälzleistungen nach Gl. 24.19/24-10, 24-11, die Kupplungsleistungen nach Gl. 24.20/24-12 bis 24-14 und die Gesamtleistungen nach Gl. 24.22/24-15 bis 24-17 analog vorgegangen werden:

P_{GW1}	P_{GW2}	P_{GW3}	P_{GW4}
123,25 kW	−119,55 kW	154,76 kW	−151,67 kW

P_{K1}	P_{K2}	P_{Ks1}	P_{K3}	P_{K4}	P_{Ks2}
−21,15 kW	−71,82 kW	92,97 kW	−247,74 kW	151,67 kW	96,07 kW

P_1	P_2	P_{s1}	P_3	P_4	P_{s2}	P_B
102,09 kW	−191,37 kW	92,97 kW	−92,97 kW	0	96,07 kW	−95,30 kW

Anhand der Ergebnisse der Gleitwälzleistung wird deutlich, dass im Umlaufgetriebe Blindleistung vorhanden ist. Die Gleitwälzleistungen sind betragsmäßig größer als die dem Umlaufgetriebe zugeführte Leistung P_A.

Das Leistungsflussdiagramm wird mithilfe der berechneten Leistungen aufgestellt. Die Antriebsleistung P_A geht in die Gleitwälzleistung P_{GW1} über, welche vom Sonnenrad 1 zum Hohlrad 2 fließt (positiver Leistungsflussexponent w_1). Ein Anteil der Gleitwälzleistung P_{GW2} fließt als Wellenleistung P_2 zum Abtrieb P_B, während ein anderer Anteil als Stegwellenleistung P_{s2} in das zweite Teilgetriebe abfließt. Vom Steg s_2 fließt Kupplungsleistung P_{K3} zum Zahnrad 3. Ein Anteil von P_{K3} fließt als Gleitwälzleistung P_{GW3} zum Zahnrad 4 (positiver Leistungsflussexponent w_2), während ein anderer Anteil als Wellenleistung P_3 bzw. Stegwellenleistung P_{s1} zum Steg s_1 fließt. Die Stegwellenleistung P_{s1} fließt als Kupplungsleistungen P_{K1} zum Sonnenrad 1 und als P_{K2} und Hohlrad 2. Es findet somit ein Leistungskreislauf zwischen den beiden Teilgetrieben statt, wodurch es im ersten Teilgetriebe zu einer Blindleistung kommt und die Gleitwälzleistung P_{GW1} größer als die zugeführte Leistung P_A wird. Im zweiten Teilgetriebe fließt die am Zahnrad 4 vorliegende Gleitwälzleistung P_{GW4} als Kupplungsleistung P_{K4} wieder zum Steg s_2 zurück und bildet mit der Stegwellenleistung P_{s2} einen weiteren Leistungskreislauf, wodurch auch die Gleitwälzleistung P_{GW3} größer als die zugeführte Leistung P_A wird.

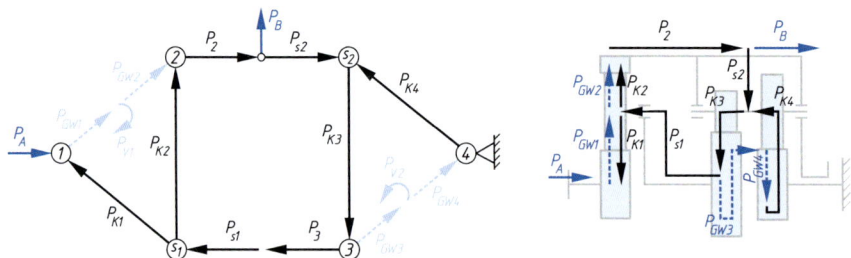

e) Die Gesamtübersetzung berechnet sich zu:

$$i_{ges} = \frac{n_A}{n_B} = \frac{1\,300\,\text{min}^{-1}}{-717{,}7\,\text{min}^{-1}} = -1{,}81$$

Der Gesamtwirkungsgrad des Umlaufgetriebes berechnet sich zu:

$$\eta_{\text{ges}} = \frac{P_B}{P_A} = \frac{-95{,}3\,\text{kW}}{102{,}09\,\text{kW}} = 0{,}933$$

24.3

a) $i_{012} = -4{,}50$, $i_{034} = -2{,}938$, $i_{056} = -2{,}933$

b) $n_1 = 110\,\text{min}^{-1}$, $n_2 = 0$, $n_{s1} = 20\,\text{min}^{-1}$, $n_3 = -58{,}75\,\text{min}^{-1}$, $n_4 = 20\,\text{min}^{-1}$, $n_{s2} = 0$, $n_5 = 605\,\text{min}^{-1}$, $n_6 = -58{,}75\,\text{min}^{-1}$, $n_{s3} = 110\,\text{min}^{-1}$, $n_B = 605\,\text{min}^{-1}$ (Rand- und Koppelbedingungen: $n_{s1} = n_4 = n_A$, $n_1 = n_{s3}$, $n_2 = n_{s2} = 0$)

c) $T_1 = -169\,\text{kNm}$, $T_2 = -760{,}7\,\text{kNm}$, $T_{s1} = 929{,}7\,\text{kNm}$, $T_3 = 126{,}1\,\text{kNm}$, $T_4 = 370{,}3\,\text{kNm}$, $T_{s2} = -496{,}4\,\text{kNm}$, $T_5 = -43\,\text{kNm}$, $T_6 = -126{,}1\,\text{kNm}$, $T_{s3} = 169\,\text{kNm}$, $T_B = -43\,\text{kNm}$ (Rand- und Koppelbedingungen: $T_{s1} + T_4 = T_A$, $T_B = T_5$, $T_1 + T_{s3} = 0$, $T_3 + T_6 = 0$), $w_1 = -1$, $w_2 = -1$, $w_3 = -1$, $T_1 = -165{,}84\,\text{kNm}$, $T_2 = -761{,}53\,\text{kNm}$, $T_{s1} = 927{,}38\,\text{kNm}$, $T_3 = 124{,}31\,\text{kNm}$, $T_4 = 372{,}62\,\text{kNm}$, $T_{s2} = -496{,}94\,\text{kNm}$, $T_5 = -41{,}53\,\text{kNm}$, $T_6 = -124{,}31\,\text{kNm}$, $T_{s3} = 165{,}84\,\text{kNm}$, $T_B = -41{,}53\,\text{kNm}$

d) $P_A = 2{,}72\,\text{MW}$, $P_{GW1} = -1{,}56\,\text{MW}$, $P_{GW2} = 1{,}59\,\text{MW}$, $P_{GW3} = -0{,}76\,\text{MW}$, $P_{GW4} = 0{,}78\,\text{MW}$, $P_{GW5} = -2{,}15\,\text{MW}$, $P_{GW6} = 2{,}2\,\text{MW}$, $P_{K1} = -0{,}35\,\text{MW}$, $P_{K2} = -1{,}59\,\text{MW}$, $P_{Ks1} = 1{,}94\,\text{MW}$, $P_{K3} = 0$, $P_{K4} = 0$, $P_{Ks2} = 0$, $P_{K5} = -0{,}48\,\text{MW}$, $P_{K6} = -1{,}43\,\text{MW}$, $P_{Ks3} = 1{,}91\,\text{MW}$, $P_1 = -1{,}91\,\text{MW}$, $P_2 = 0$, $P_{s1} = 1{,}94\,\text{MW}$, $P_3 = -0{,}76\,\text{MW}$, $P_4 = 0{,}78\,\text{MW}$, $P_{s2} = 0$, $P_5 = -2{,}63\,\text{MW}$, $P_6 = 0{,}76\,\text{MW}$, $P_{s3} = 1{,}91\,\text{MW}$, $P_B = -2{,}63\,\text{MW}$

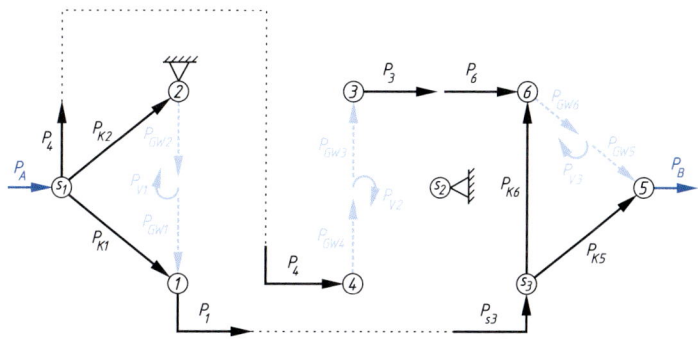

e) $i_{\text{ges}} = 0{,}03306 = 1/30{,}25$, $\eta = 0{,}966$

24.4

a) $i_{012} = 0{,}1667 = 1/6$

b) $n_1 = 1\,000\,\text{min}^{-1}$, $n_3 = 0$, $n_s = 1\,200\,\text{min}^{-1}$, $n_B = 1\,000\,\text{min}^{-1}$ (Randbedingungen: $n_s = n_A$, $n_1 = n_B$, $n_3 = 0$)

c) $T_1 = -720\,\text{Nm}$, $T_3 = 120\,\text{Nm}$, $T_s = 600\,\text{Nm}$, $T_B = -720\,\text{Nm}$ (Randbedingungen: $T_s = T_A$, $T_B = T_1$), $w = +1$, $T_1 = -715{,}71\,\text{Nm}$, $T_3 = 115{,}71\,\text{Nm}$, $T_s = 600\,\text{Nm}$, $T_B = -715{,}71\,\text{Nm}$

d) $P_A = 75{,}39\,\text{kW}$, $P_{GW1} = 14{,}99\,\text{kW}$, $P_{GW3} = -14{,}54\,\text{kW}$, $P_{K1} = -89{,}93\,\text{kW}$, $P_{K3} = 14{,}54\,\text{kW}$, $P_{Ks} = 75{,}39\,\text{kW}$, $P_B = -74{,}94\,\text{kW}$, $P_1 = -74{,}94\,\text{kW}$, $P_3 = 0$, $P_s = 75{,}39\,\text{kW}$

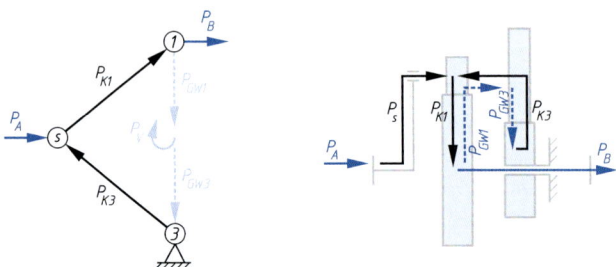

e) $i_{ges} = 1{,}2$, $\eta = 0{,}994$

24.5

a) $i_{012} = -3{,}40$, $i_{034} = -4{,}0$

b) $n_1 = 1\,100\,\text{min}^{-1}$, $n_2 = -244{,}44\,\text{min}^{-1}$, $n_{s1} = 61{,}11\,\text{min}^{-1}$, $n_3 = -244{,}44\,\text{min}^{-1}$, $n_4 = 61{,}11\,\text{min}^{-1}$, $n_{s2} = 0$, $n_B = 61{,}11\,\text{min}^{-1}$ (Rand- und Koppelbedingungen: $n_1 = n_A$, $n_B = n_{s1} = n_4$, $n_3 = n_2$, $n_{s2} = 0$)

c) $T_1 = 65\,\text{Nm}$, $T_2 = 221\,\text{Nm}$, $T_{s1} = -286\,\text{Nm}$, $T_3 = -221\,\text{Nm}$, $T_4 = -884\,\text{Nm}$, $T_{s2} = 1\,105\,\text{Nm}$, $T_B = -1\,170\,\text{Nm}$ (Rand- und Koppelbedingungen: $T_1 = T_A$, $T_B = T_{s1} + T_4$, $T_3 + T_2 = 0$), $w_1 = +1$, $w_2 = +1$, $T_1 = 65\,\text{Nm}$, $T_2 = 214{,}37\,\text{Nm}$, $T_{s1} = -279{,}37\,\text{Nm}$, $T_3 = -214{,}37\,\text{Nm}$, $T_4 = -831{,}76\,\text{Nm}$, $T_{s2} = 1\,046{,}13\,\text{Nm}$, $T_B = -1\,111{,}13\,\text{Nm}$

d) $P_A = 7{,}49\,\text{kW}$, $P_{GW1} = 7{,}07\,\text{kW}$, $P_{GW2} = -6{,}86\,\text{kW}$, $P_{GW3} = 5{,}49\,\text{kW}$, $P_{GW4} = -5{,}32\,\text{kW}$, $P_{K1} = 0{,}42\,\text{kW}$, $P_{K2} = 1{,}37\,\text{kW}$, $P_{Ks1} = -1{,}79\,\text{kW}$, $P_{K3} = 0$, $P_{K4} = 0$, $P_{Ks2} = 0$, $P_1 = 7{,}49\,\text{kW}$, $P_2 = -5{,}49\,\text{kW}$, $P_{s1} = -1{,}79\,\text{kW}$, $P_3 = 5{,}49\,\text{kW}$, $P_4 = -5{,}32\,\text{kW}$, $P_{s2} = 0$, $P_B = -7{,}11\,\text{kW}$

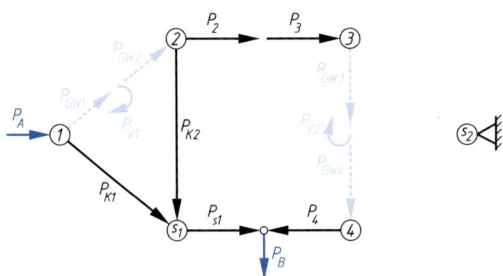

e) $i_{ges} = 18$, $\eta = 0{,}95$

Projektaufgabe (Festigkeitsnachweis, Lagertragfähigkeit, Pressverband)

Die dargestellte Welle aus E295 eines Getriebes wird durch die am Tellerrad (41Cr4 vergütet) wirkenden Kräfte (Radialkraft $F_r = 365$ N, Axialkraft $F_a = 1\,177$ N, Umfangskraft $F_t = 3\,386$ N) belastet. Es liegen folgende *Betriebsverhältnisse* vor: Dauerlauf (nur wenige, $< 10^3$, An- und Abschaltungen), gleichbleibende Drehrichtung, Anwendungsfaktor $K_A = 1{,}5$, einzelne Belastungsspitzen mit Maximalbelastung = 2,5 · Nennbelastung möglich (Wahrscheinlichkeit des Auftretens gering).

Weitere Angaben sind:

- Wellenrohling: Durchmesser $D = 60$ mm (spanende Wellenbearbeitung),
- Rauheit an der Kerbstelle A–A: $Rz = 25\,\mu$m,
- Schadensfolgen: groß, keine regelmäßigen Inspektionen,
- Wellendrehzahl: $n = 150\,\text{min}^{-1}$,
- geforderte nominelle Lagerlebensdauer: $L_{10h} = 12\,000$ h,
- normale Anforderungen an die Lagerlaufruhe,
- Bauteilfließfestigkeit des Zahnrads: $R_e = 600\,\text{N/mm}^2$,
- Nabenaußendurchmesser $D_{Aa} \approx 160$ mm,
- Herstellung Pressverband: Zahnrad wird trocken aufgeschrumpft,
- Passungsauswahl für: System Einheitsbohrung, Toleranzgrad Bohrung $\geq$ IT7,
- Pressverband-Rauheiten, Zahnradbohrung: $Rz_{Ai} = 16\,\mu$m, Welle: $Rz_{Ia} = 10\,\mu$m.

Durchzuführen sind:

- Ein ausführlicher Festigkeitsnachweis der Welle gegen Fließen S_F und gegen Dauerbruch S_D an der Kerbstelle A–A,
- der Nachweis einer ausreichenden Lagertragfähigkeit,
- die Auswahl einer geeigneten Passung für den Pressverband.

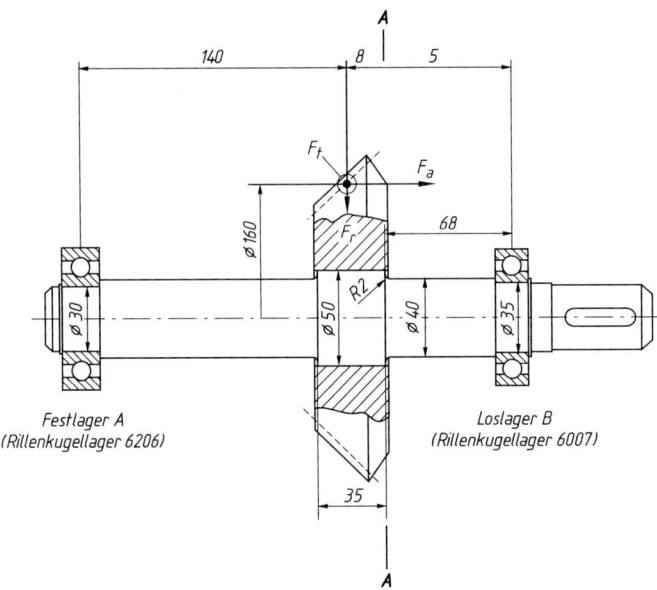

Bestimmung der Nennbelastungen an der Stelle A–A und der Lagerreaktionen

Als erstes muss geklärt werden, welche Einzelbeanspruchungen an der Stelle $A\text{–}A$ für einen Festigkeitsnachweis zu berücksichtigen sind. Am betrachteten Querschnitt entstehen aufgrund der äußeren Belastungen Biege-, Torsions- und Schubspannungen (aus Querkraftbiegung). Die Schubspannungen können vernachlässigt werden, weil diese sehr klein sind gegenüber den Biege- und Torsionsspannungen. Der kritische Querschnittsbereich ist dabei die Außenfaser der Welle, wo die größte Biege- und Torsionsspannung überlagert wirken.

Zur Bestimmung der Biegespannung wird das Biegemoment benötigt. Das räumliche Kräftesystem wird dazu zweckmäßigerweise in zwei ebene Teilsysteme zerlegt, die ebenfalls zur Berechnung der Lagerreaktionen verwendet werden (s. Bild 11.14). Dabei erfolgt die Aufteilung der Verzahnungskräfte auf die zwei Ebenen nach folgender Regel: Jede Ebene enthält nur die Kräfte, welche im Aufriss unverzerrt sichtbar sind und nicht mit der Wellenmittellinie zusammenfallen (diese Kräfte haben jeweils einen Einfluss auf die vertikalen Lagerreaktionen). Danach ergibt sich:

xz-Ebene:

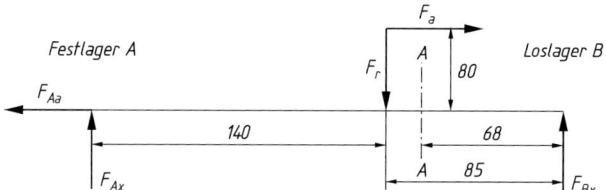

Die Lagerreaktionen des Festlagers F_{Ax} und des Loslagers F_{Bx} und das Biegemoment M_{bx} an der Stelle A–A ergeben sich zu:

$$\sum M_{(Bi)} = 0 = F_r \cdot 85\,\text{mm} - F_a \cdot 80\,\text{mm} - F_{Ax}(140\,\text{mm} + 85\,\text{mm}),$$

$$F_{Ax} = \frac{F_r \cdot 85\,\text{mm} - F_a \cdot 80\,\text{mm}}{225\,\text{mm}} = \frac{365\,\text{N} \cdot 85\,\text{mm} - 1\,177\,\text{N} \cdot 80\,\text{mm}}{225\,\text{mm}}$$

$$= -280{,}6\,\text{N},$$

$$\sum M_{(Ai)} = 0 = -F_r \cdot 140\,\text{mm} - F_a \cdot 80\,\text{mm} - F_{Bx}(140\,\text{mm} + 85\,\text{mm}),$$

$$F_{Bx} = \frac{F_r \cdot 140\,\text{mm} - F_a \cdot 80\,\text{mm}}{225\,\text{mm}} = \frac{365\,\text{N} \cdot 140\,\text{mm} + 1\,177\,\text{N} \cdot 80\,\text{mm}}{225\,\text{mm}}$$

$$= \mathbf{645{,}6\,N},$$

$$M_{bx} = F_{Bx} \cdot 68\,\text{mm} = 645{,}6\,\text{N} \cdot 68\,\text{mm} = \mathbf{43\,901\,N\,mm}.$$

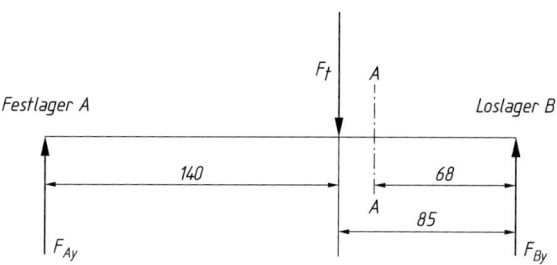

Die Lagerreaktionen des Festlagers F_{Ay} und des Loslagers F_{By} und das Biegemoment M_{by} an der Stelle A–A ergeben sich zu:

$$\sum M_{(Bi)} = 0 = F_t \cdot 85\,\text{mm} - F_{Ay}(140\,\text{mm} + 85\,\text{mm}),$$

$$F_{Ay} = \frac{F_t \cdot 85\,\text{mm}}{225\,\text{mm}} = \frac{3\,386\,\text{N} \cdot 85\,\text{mm}}{225\,\text{mm}} = \mathbf{1\,279\,N},$$

$$\sum M_{(Ai)} = 0 = -F_t \cdot 140\,\text{mm} + F_{By}(140\,\text{mm} + 85\,\text{mm}),$$

$$F_{By} = \frac{F_t \cdot 140\,\text{mm}}{225\,\text{mm}} = \frac{3\,386\,\text{N} \cdot 140\,\text{mm}}{225\,\text{mm}} = \mathbf{2\,107\,N},$$

$$M_{by} = F_{By} \cdot 68\,\text{mm} = 2\,107\,\text{N} \cdot 68\,\text{mm} = \mathbf{143\,276\,N\,mm}.$$

Mit den Ergebnissen beider Ebenen können die resultierenden Lagerkräfte F_A und F_B

$$F_A = \sqrt{F_{Ax}^2 + F_{Ay}^2} = \sqrt{(-280{,}6\,\text{N})^2 + (1\,279\,\text{N})^2} = \mathbf{1\,309\,N},$$

$$F_B = \sqrt{F_{Bx}^2 + F_{By}^2} = \sqrt{(645{,}6\,\text{N})^2 + (2\,107\,\text{N})^2} = \mathbf{2\,204\,N},$$

und an der Stelle A–A das resultierende Biegemoment M_b

$$M_b = \sqrt{M_{bx}^2 + M_{by}^2} = \sqrt{(43\,901\,\text{N\,mm})^2 + (143\,276\,\text{N\,mm})^2} = \mathbf{149\,851\,N\,mm},$$

die Biegenennspannung $\sigma_{b\,nenn}$

$$\sigma_{b\,nenn} = \frac{M_b}{W_b} = \frac{M_b}{\pi \cdot d^3/32} = \frac{149\,851\,\text{N\,mm}}{\pi \cdot 40^3/32\,\text{mm}^3} = \mathbf{23{,}8\,N/mm^2},$$

und die Torsionsnennspannung $\tau_{t\,nenn}$ bestimmt werden:

$$\tau_{t\,nenn} = \frac{T}{W_t} = \frac{F_t \cdot 80\,\text{mm}}{\pi \cdot d^3/16} = \frac{3\,386\,\text{N} \cdot 80\,\text{mm}}{\pi \cdot 40^3/16\,\text{mm}^3} = \mathbf{21{,}6\,N/mm^2}.$$

Die Nennspannungen werden für den Festigkeitsnachweis im Abschn. 2, die Lagerreaktionen zur Berechnung der Lagertragfähigkeit in Abschn. 3 benötigt.

Festigkeitsnachweis für die Stelle A–A

Bestimmung der Beanspruchungen für den statischen und den dynamischen Festigkeitsnachweis

Nachdem ermittelt wurde, dass die Einzelbeanspruchungen Biegung und Torsion an der Stelle A–A zu berücksichtigen sind, muss noch der Einfluss der Betriebsverhältnisse betrachtet werden. Dies erfolgt gesondert für die jeweilige Einzelbeanspruchung.

Biegung Aufgrund eines feststehenden Kraftangriffspunkts (Verzahnungskontakt) und einer umlaufenden Welle liegt eine wechselnde Biegenennbeanspruchung des Wellenquerschnitts vor, die Nennbeanspruchung ist also dynamisch wirkend. Diese Nennbeanspruchung beschreibt jedoch nicht die realen Betriebsverhältnisse, sondern es wirken i. allg. noch dynamische Zusatzbelastungen. Diese werden durch den Anwendungsfaktor K_A und die daraus resultierende äquivalente, dynamische Ersatzbeanspruchung (Index eq) berücksichtigt. Dabei ist zu beachten, dass für den dynamischen Festigkeitsnachweis die Ausschlagspannung zu bestimmen ist.

Weiterhin soll berücksichtigt werden, dass während der Betriebszeit einzelne Maximalbelastungen auftreten können. Aufgrund der sehr geringen Häufigkeit wird davon ausgegangen, dass diese keinen Einfluss auf die dynamische Festigkeit haben. Diese hohen Maximalbelastungen führen aber dazu, dass zusätzlich ein statischer Festigkeitsnachweis erforderlich wird. Vereinfacht können die Betriebsverhältnisse für Biegung wie folgt dargestellt werden:

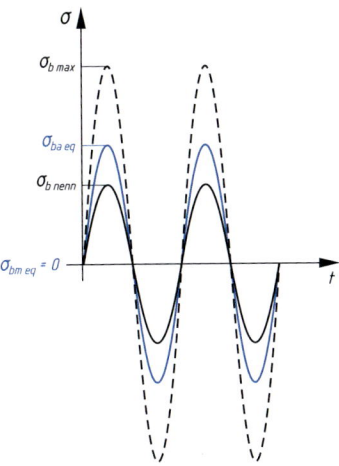

Entsprechend den dargestellten Zusammenhängen ergibt sich folgende Biegemaximalspannung (statischer Festigkeitsnachweis):

$$\sigma_{b\,max} = 2{,}5 \cdot \sigma_{b\,nenn} = 2{,}5 \cdot 23{,}8\,\text{N/mm}^2 = \mathbf{59{,}6\,N/mm^2},$$

bzw. äquivalente Biegeausschlagspannung (dynamischer Festigkeitsnachweis):

$$\sigma_{ba\,eq} = K_A \cdot \sigma_{b\,nenn} = 1{,}5 \cdot 23{,}8\,\text{N/mm}^2 = \mathbf{35{,}8\,N/mm^2}.$$

Torsion Im Gegensatz zur Biegebeanspruchung stellt sich während des Betriebs eine gleichbleibende Torsionsnennbeanspruchung ein. Nun entscheidet die Häufigkeit der An- und Abschaltungen über den zu führenden Festigkeitsnachweis.

Im vorliegenden Fall wirkt die auftretende Torsionsnennbeanspruchung infolge der 103 An- und Abschaltungen als dynamisch schwellend. Durch diese dynamische Beanspruchung ist ein dynamischer Festigkeitsnachweis erforderlich.

Weiterhin muss berücksichtigt werden, dass während der Betriebszeit einzelne Maximalbelastungen auftreten können. Diese sind relevant für den statischen Festigkeitsnachweis. Vereinfacht können die Betriebsverhältnisse für Torsion wie folgt dargestellt werden:

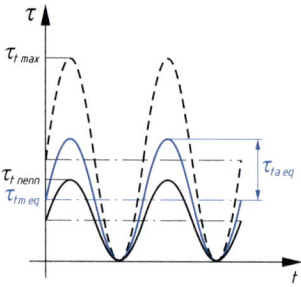

Somit ergibt sich folgende Torsionsmaximalspannung (statischer Festigkeitsnachweis):

$$\tau_{t\,max} = 2{,}5 \cdot \tau_{t\,nenn} = 2{,}5 \cdot 21{,}6\,\text{N/mm}^2 = \mathbf{53{,}9\,\text{N/mm}^2},$$

bzw. äquivalente Torsionsausschlagspannung (dynamischer Festigkeitsnachweis):

$$\tau_{ta\,eq} = \tau_{tm\,eq} = K_A \cdot \tau_{t\,nenn}/2 = 1{,}5 \cdot 21{,}6\,\text{N/mm}^2/2 = \mathbf{16{,}2\,\text{N/mm}^2}.$$

Statischer Festigkeitsnachweis

Der statische Festigkeitsnachweis gegen Fließen wird nach LB Abschnitt 3.7.2 bzw. A 3-2 durchgeführt. Nachdem die Maximalspannungen bereits berechnet wurden, werden jetzt die Biegefließ- und -bruchfestigkeit sowie die Torsionsfließ- und -bruchfestigkeit bestimmt. Für die Biegefließ- und -bruchfestigkeit ergibt sich:

$$n_{pl} = \sqrt{\frac{R_{p\,max}}{R_{p0{,}2}}} = \sqrt{\frac{1150\,\text{N/mm}^2}{274\,\text{N/mm}^2}} = 2{,}05 \leq f_R \cdot \alpha_{pl,b} = 1{,}357 \cdot 1{,}7 = 2{,}31$$

$$n_{pl} = \mathbf{2{,}05}$$
$$\sigma_{bF} = f_\sigma \cdot R_{p0{,}2} \cdot n_{pl} = 1{,}0 \cdot 274\,\text{N/mm}^2 \cdot 2{,}05 = \mathbf{561{,}4\,\text{N/mm}^2}$$
$$\sigma_{bB} = f_\sigma \cdot R_m \cdot n_{pl} = 1{,}0 \cdot 470\,\text{N/mm}^2 \cdot 2{,}05 = \mathbf{962{,}7\,\text{N/mm}^2}$$

mit Zugfestigkeit $R_m = K_t \cdot K_{an} \cdot R_{mN}$ ($K_t = 1{,}0$ nach TB 3-10a (1), $K_{an} = 1{,}0$ nach TB 3-13, $R_{mN} = 470\,\text{N/mm}_2$ nach TB 1-1), Streckgrenze $R_{p0{,}2} = K_t \cdot K_{an} \cdot R_{p0{,}2N}$ ($K_t = 0{,}929$ nach TB 3-10a (2), $K_{an} = 1{,}0$ nach TB 3-13, $R_{p0{,}2N} = 295\,\text{N/mm}_2$ nach TB 1-1) für einen Wellenrohling von $D = 60\,\text{mm}$, $f_R = 0{,}5 \cdot (1 + R_m/R_{p0{,}2})$, $\alpha_{pl,b}$ nach TB 3-5b, f_σ nach TB 3-2.

Festigkeitsnachweis für die Stelle A–A

Für die Torsionsfließ- und -bruchfestigkeit:

$$n_{pl} = \sqrt{\frac{R_{p\,max}}{R_{p0,2}}} = \sqrt{\frac{1150\,\text{N/mm}^2}{274\,\text{N/mm}^2}} = 2{,}05 \leq f_R \cdot \alpha_{pl,t} = 1{,}357 \cdot 1{,}33 = 1{,}805$$

$n_{pl} = \mathbf{1{,}805}$

$\tau_{tF} = f_\tau \cdot R_{p0,2} \cdot n_{pl} = 0{,}58 \cdot 274\,\text{N/mm}^2 \cdot 1{,}805 = \mathbf{287\,\text{N/mm}^2}$

$\tau_{tB} = f_\tau \cdot R_m \cdot n_{pl} = 0{,}58 \cdot 470\,\text{N/mm}^2 \cdot 1{,}805 = \mathbf{492{,}2\,\text{N/mm}^2}$

mit f_τ nach TB 3-2.

Mit den Fließfestigkeiten und den Maximalspannungen für Biegung und Torsion können für die Stelle A–A die Einzelsicherheiten gegen Fließen nach Gl. (3.73, 3.77/3-61, 3-63) und gegen Bruch nach Gl. (3.74, 3.78/3-62, 3-64) sowie die Gesamtsicherheit gegen Fließen nach Gl. (3.79/3-65) und gegen Bruch nach Gl. (3.80/3-66) berechnet werden. Aufgrund des duktilen Wellenwerkstoffs wird die Gestaltänderungsenergiehypothese (GEH) verwendet:

$$S_{F,b} = \frac{\sigma_{bF}}{\sigma_{b\,max}} = \frac{561{,}4\,\text{N/mm}^2}{59{,}6\,\text{N/mm}^2} = \mathbf{9{,}42}$$

$$S_{F,t} = \frac{\tau_{tF}}{\tau_{t\,max}} = \frac{287\,\text{N/mm}^2}{53{,}9\,\text{N/mm}^2} = \mathbf{5{,}33}$$

$$S_F = \frac{1}{\sqrt{\left(\dfrac{\sigma_{b\,max}}{\sigma_{bF}}\right)^2 + \left(\dfrac{\tau_{t\,max}}{\tau_{tF}}\right)^2}}$$

$$= \frac{1}{\sqrt{\left(\dfrac{59{,}6\,\text{N/mm}^2}{561{,}4\,\text{N/mm}^2}\right)^2 + \left(\dfrac{53{,}9\,\text{N/mm}^2}{287\,\text{N/mm}^2}\right)^2}} = \mathbf{4{,}64}$$

$$S_{B,b} = \frac{\sigma_{bB}}{\sigma_{b\,max}} = \frac{962{,}7\,\text{N/mm}^2}{59{,}6\,\text{N/mm}^2} = \mathbf{16{,}15}$$

$$S_{B,t} = \frac{\tau_{tB}}{\tau_{t\,max}} = \frac{492{,}2\,\text{N/mm}^2}{53{,}9\,\text{N/mm}^2} = \mathbf{9{,}13}$$

$$S_B = \frac{1}{\sqrt{\left(\dfrac{\sigma_{b\,max}}{\sigma_{bB}}\right)^2 + \left(\dfrac{\tau_{t\,max}}{\tau_{tB}}\right)^2}}$$

$$= \frac{1}{\sqrt{\left(\dfrac{59{,}6\,\text{N/mm}^2}{962{,}7\,\text{N/mm}^2}\right)^2 + \left(\dfrac{53{,}9\,\text{N/mm}^2}{492{,}2\,\text{N/mm}^2}\right)^2}} = \mathbf{7{,}95}$$

Nach TB 3-16b muss für eine geringe Wahrscheinlichkeit des Auftretens der Maximalspannungen und große Schadensfolgen folgende Mindestsicherheit erfüllt sein:

$$S_{F\,min} = 1{,}35$$
$$S_{B\,min} = 1{,}8.$$

Mit $S_F = 4{,}64 > S_{F\,min} = 1{,}35$ und $S_B = 7{,}95 > S_{B\,min} = 1{,}8$ ist eine ausreichende Sicherheit gegen Fließen und gegen Bruch gegeben.

Dynamischer Festigkeitsnachweis

Für den dynamischen Festigkeitsnachweis wurden bereits die Ausschlagspannungen berechnet. Die Schritte zur Bestimmung der Biege- und Torsions-Gestaltausschlagfestigkeit erfolgen in Anlehnung an den Ablauf nach Bild 3.27/A 3-4.

Die wesentlichen Einflussgrößen auf die Bauteilfestigkeiten sind im Konstruktionsfaktor zusammengefasst. Der Konstruktionsfaktor für Biegebeanspruchung ergibt sich zu (notwendige Größen s. Bild 3.23/A 3-3):

$$K_{Db} = \left(\frac{\beta_{kb}}{K_g} + \frac{1}{K_{O\sigma}} - 1\right) \cdot \frac{1}{K_V} = \left(\frac{1{,}724}{0{,}888} + \frac{1}{0{,}918} - 1\right) \cdot \frac{1}{1{,}0} = \mathbf{2{,}03},$$

mit Kerbwirkungszahl $\beta_{kb} = 1{,}724$ ($\beta_{k\sigma} = 1{,}718$, $K_\alpha = 0{,}97$ mit $d = D_F = 50$ mm, $K_{\alpha\,Probe} = 0{,}974$ mit $d_{Probe} = 40$ mm, β_{kb} nach Gl. (3.38/3-35)), geometrischer Größenfaktor $K_g = 0{,}888$ für $d = 40$ mm nach TB 3-10d, Oberflächenbeiwert $K_{O\sigma} = 0{,}918$ nach TB 3-11 ($R_m = K_t \cdot K_{an} \cdot R_{mN} = 1{,}0 \cdot 1{,}0 \cdot 470$ N/mm² $= 470$ N/mm², $R_{mN} = 470$ nach TB 1-1, $K_t = 1{,}0$ nach TB 3-10a (1), $K_{an} = 1{,}0$ nach TB 3-13, $R_z = R_{z\,Ia} = 10$ µm), $K_V = 1{,}0$ (keine Oberflächenverfestigung).

Hinweise zur Bestimmung der Kerbwirkungszahl β_{kb}: Nach TB 3-9b ergibt sich für den vorliegenden Fall einer Überlagerung der Kerbwirkungen für einen Wellenabsatz und einen Pressverband für die Wellenzugfestigkeit $R_m = R_{mN} = 470$ N/mm² ($K_t = 1{,}0$ nach TB 3-10a, $K_{an} = 1{,}0$ nach TB 3-13) sowie der Berücksichtigung des formzahlabhängigen Größeneinflusses eine Kerbwirkungszahl $\beta_{kb} = 1{,}724$.

Zusätzlich lässt sich hier auch der Einfluss des Pressverbands auf die vorliegende Kerbwirkung verdeutlichen, wenn die Kerbwirkungszahl nur aufgrund des vorhandenen Wellenabsatzes bestimmt wird: Diese ergibt sich mit Kerbformzahl $\alpha_{kb} = 2{,}02$ nach TB 3-6d ($D/d = 50$ mm/(40 mm) $= 1{,}25$, $r/d = 2$ mm/(40 mm) $= 0{,}05$); Stützzahl $n_b = 1{,}266$ nach TB 3-7 ($G' = 2/r \cdot (1 + \varphi) = 2{,}3/(2$ mm$) \cdot (1 + 0{,}12) = 1{,}29$/mm, $\varphi = 1/((8 \cdot (D - d)/r)^{0{,}5} + 2) = 1/((8 \cdot (50 - 40)/)^{0{,}5} + 2) = 0{,}12$, $R_{p0,2} = K_t \cdot K_{an} \cdot R_{p0,2N} = 0{,}93 \cdot 1{,}0 \cdot 295$ N/mm² $= 274$ N/mm²) zu: Kerbwirkungszahl $\beta_{kb} = \alpha_{kb}/n_b = 2{,}02/1{,}266 = 1{,}65$.

Mit dem Konstruktionsfaktor kann jetzt die Biege-Gestaltwechselfestigkeit nach Gl. (3.53/3-43) berechnet werden:

$$\sigma_{bGW} = K_t \cdot K_{an} \cdot \sigma_{bWN}/K_{Db} = 1{,}0 \cdot 1{,}0 \cdot 245\,\text{N/mm}^2/2{,}03 = \mathbf{120{,}7\,N/mm^2},$$

mit technologischem Größenfaktor (für Zugfestigkeit) $K_t = 1{,}0$ nach TB 3-10a (1) für Wellenrohling $D = 60\,\text{mm}$, Biegewechselfestigkeit für Normabmessungen $\sigma_{bWN} = 245\,\text{N/mm}^2$ nach TB 1-1. Ausgehend von der Biege-Gestaltwechselfestigkeit muss jetzt noch die den Betriebsverhältnissen entsprechende Biege-Gestaltausschlagfestigkeit bestimmt werden. Dafür wird die Vergleichsmittelspannung σ_{mv} benötigt. Diese ergibt sich nach der Gestaltänderungsenergiehypothese (GEH) zu:

$$\sigma_{mv,GEH} = \sqrt{\sigma_{bm}^2 + 3 \cdot \tau_{tm}^2} = \sqrt{(0 + 3 \cdot 16{,}7^2)} = \mathbf{28{,}0\,N/mm^2}.$$

Diese Vergleichsspannung σ_{mv} wird bei der Berechnung der Biege-Gestaltausschlagfestigkeit als die wirksame Biege-Mittelspannung zugrunde gelegt. Im weiteren muss nun noch die Entscheidung getroffen werden, welcher Überlastungsfall vorliegt. Da bei größer werdenden Belastungen auch die Vergleichsmittelspannung σ_{mv} ansteigt, der Überlastungsfall 1 also nicht angewendet werden kann, wird mit dem Überlastungsfall 2 (i. allg. bei der Nachrechnung von Getriebewellen verwendet) gerechnet. Die Biege-Gestaltausschlagfestigkeit für den Überlastungsfall 2 ergibt sich nach Gl. (3.63/3-53) zu:

$$\sigma_{bGA} = \frac{\sigma_{bGW}}{1 + \psi_\sigma \cdot \sigma_{mv}/\sigma_{ba}}$$

$$= \frac{120{,}7\,\text{N/mm}^2}{1 + 0{,}0645 \cdot 28{,}0\,\text{N/mm}^2/(35{,}8\,\text{N/mm}^2)} = \mathbf{114{,}9\,N/mm^2},$$

mit der Mittelspannungsempfindlichkeit $\psi_\sigma = a_M \cdot R_m + b_M = 0{,}00035 \cdot 470 - 0{,}1 = 0{,}0645$ nach Gl. (3.59/3-49) und TB 3-15.

Entsprechend den Erläuterungen bei Biegebeanspruchung werden nun die Kenngrößen für die Torsionsbeanspruchung bestimmt. Diese sind der Konstruktionsfaktor für Torsionsbeanspruchung (notwendige Größen s. Bild 3.23/A 3-3):

$$K_{Dt} = \left(\frac{\beta_{kt}}{K_g} + \frac{1}{K_{O\tau}} - 1\right) \cdot \frac{1}{K_V} = \left(\frac{1{,}32}{0{,}888} + \frac{1}{0{,}953} - 1\right) \cdot \frac{1}{1{,}0} = \mathbf{1{,}54},$$

mit Kerbwirkungszahl $\beta_{kt} = \beta_{k\tau} = 1{,}32$ nach TB 3-9b, geometrischer Größenfaktor $K_g = 0{,}89$ für $d = 40\,\text{mm}$ nach TB 3-10d, Oberflächenbeiwert $K_{O\tau} = 0{,}575 \cdot K_{O\sigma} + 0{,}425 = 0{,}575 \cdot 0{,}88 + 0{,}425 = 0{,}93$ nach TB 3-11, $K_V = 1$ (keine Oberflächenverfestigung), die Torsions-Gestaltwechselfestigkeit nach Gl. (3.53/3-44):

$$\tau_{tGW} = K_t \cdot K_{an} \cdot \tau_{tWN}/K_{Dt} = 1{,}0 \cdot 1{,}0 \cdot 145\,\text{N/mm}^2/1{,}54 = \mathbf{94{,}2\,N/mm^2},$$

mit technologischem Größenfaktor (für Zugfestigkeit) $K_t = 1$ (für Wellenrohling $D = 60$ mm) nach TB 3-10a (1), $K_{an} = 1{,}0$ nach TB 3-13, Torsionswechselfestigkeit für Normabmessungen $\tau_{tWN} = 145\,\text{N/mm}^2$ nach TB 1-1 und die Torsions-Gestaltausschlagfestigkeit für den Überlastungsfall 2 nach Gl. (3.64/3-54):

$$\tau_{tGA} = \frac{\tau_{tGW}}{1 + \psi_\tau \cdot \tau_{mv}/\tau_{ta}} = \frac{94{,}2\,\text{N/mm}^2}{1 + 0{,}0347 \cdot 16{,}2\,\text{N/mm}^2/(16{,}2\,\text{N/mm}^2)} = \mathbf{90{,}8\,\text{N/mm}^2},$$

mit der Mittelspannungsempfindlichkeit $\psi_\tau = f_\tau \cdot \psi_\sigma = 0{,}58 \cdot 0{,}0645 = 0{,}0374$ nach Gl. (3.60/3-50), Vergleichsmittelspannung $\tau_{mv} = f_\tau \cdot \sigma_{mv} = \tau_{tm} = 16{,}2\,\text{N/mm}^2$.

Mit den Ausschlagfestigkeiten und den Ausschlagspannungen für Biegung und Torsion können für die Stelle A–A die Einzelsicherheiten nach Gl. (3.86, 3.88/3-71, 3-72) sowie die Gesamtsicherheit nach Gl. (3.90/3-73) berechnet werden. Diese ergibt sich unter Verwendung der Gestaltänderungsenergiehypothese (GEH) zu:

$$S_{D,b} = \frac{\sigma_{bGA}}{\sigma_{ba}} = \frac{114{,}9\,\text{N/mm}^2}{35{,}8\,\text{N/mm}^2} = \mathbf{3{,}21}$$

$$S_{D,t} = \frac{\tau_{tGA}}{\tau_{ta}} = \frac{90{,}8\,\text{N/mm}^2}{16{,}2\,\text{N/mm}^2} = \mathbf{5{,}62}$$

$$S_{D,GEH} = \frac{1}{\sqrt{\left(\dfrac{\sigma_{ba}}{\sigma_{bGA}}\right)^2 + \left(\dfrac{\tau_{ta}}{\tau_{tGA}}\right)^2}}$$

$$= \frac{1}{\sqrt{\left(\dfrac{35{,}8\,\text{N/mm}^2}{114{,}9\,\text{N/mm}^2}\right)^2 + \left(\dfrac{16{,}2\,\text{N/mm}^2}{90{,}8\,\text{N/mm}^2}\right)^2}} = \mathbf{2{,}79}.$$

Nach TB 3-16b muss für große Schadensfolgen und keine regelmäßigen Inspektionen folgende Mindestsicherheit erfüllt sein:

$$S_{D\,min} = 1{,}5.$$

Mit $S_D = 2{,}79 > S_{D\,min} = 1{,}5$ ist eine ausreichende Sicherheit gegen Dauerbruch vorhanden.

Nachrechnung der Lagertragfähigkeit

Bestimmung der Lagerbelastungen

In Abschn. 1. wurden die radialen Lagerkräfte für die Nennbelastungen bestimmt. Für die Berechnung der statischen und dynamischen Tragfähigkeit müssen zusätzlich die vorliegenden Betriebsverhältnisse berücksichtigt werden. Dabei werden die gleichen Überlegungen verwendet, die Grundlage für den Festigkeitsnachweis waren. So sind für die statische Tragfähigkeit die Maximalbelastungen $F_{\text{rA max}}$, $F_{\text{aA max}}$ und $F_{\text{rB max}}$ relevant. Für die dynamische Tragfähigkeit erhöhen sich die Nennbelastungen um den Anwendungsfaktor K_A. Damit ergeben sich folgende Lagerbelastungen für das Festlager A bzw. das Loslager B,

- Maximalradialkräfte $F_{\text{rA max}}$, $F_{\text{rB max}}$ bzw. Maximalaxialkraft $F_{\text{aA max}}$ (statischer Tragfähigkeitsnachweis):

$$F_{\text{rA max}} = 2{,}5 \cdot F_A = 2{,}5 \cdot 1\,309\,\text{N} = \mathbf{3\,273\,N},$$
$$F_{\text{rB max}} = 2{,}5 \cdot F_B = 2{,}5 \cdot 2\,204\,\text{N} = \mathbf{5\,510\,N},$$
$$F_{\text{aA max}} = 2{,}5 \cdot F_a = 2{,}5 \cdot 1\,177\,\text{N} = \mathbf{2\,943\,N},$$

- Äquivalente Radialkräfte F_{rA}, F_{rB} bzw. äquivalente Axialkraft F_{aA} (dynamischer Tragfähigkeitsnachweis):

$$F_{\text{rA}} = K_A \cdot F_A = 1{,}5 \cdot 1\,309\,\text{N} = \mathbf{1\,964\,N},$$
$$F_{\text{rB}} = K_A \cdot F_B = 1{,}5 \cdot 2\,204\,\text{N} = \mathbf{3\,306\,N},$$
$$F_{\text{aA}} = K_A \cdot F_a = 1{,}5 \cdot 1\,177\,\text{N} = \mathbf{1\,766\,N}.$$

Nachweis der dynamischen Tragfähigkeit

Festlager A

Die Bestimmung der nominellen Lagerlebensdauer des Festlagers A erfolgt mit der aus der Radialkraft F_{rA} und der Axialkraft F_{aA} bestimmten rein radial wirkenden rechnerischen Ersatzbeanspruchung, der dynamisch äquivalenten Lagerbelastung P. Zur Berechnung von P werden der Radialfaktor X und der Axialfaktor Y benötigt. Diese ergeben sich nach TB 14-3a mit nachfolgend dargestelltem Berechnungsablauf und der statischen Tragzahl $C_0 = 11\,200\,\text{N}$ nach TB 14-2:

$$e \approx 0{,}51 \cdot \left(\frac{F_{\text{aA}}}{C_0}\right)^{0{,}233} = 0{,}51 \cdot \left(\frac{1\,766}{11\,200}\right)^{0{,}233} = \mathbf{0{,}33},$$

$$\frac{F_{\text{aA}}}{F_{\text{rA}}} = \frac{1\,766\,\text{N}}{1\,964\,\text{N}} = \mathbf{0{,}9} > e = 0{,}33,$$

$$Y \approx 0{,}866 \cdot \left(\frac{F_{\text{aA}}}{C_0}\right)^{-0{,}229} = 0{,}866 \cdot \left(\frac{1\,766}{11\,200}\right)^{-0{,}229} = \mathbf{1{,}32},$$

$$X = 0{,}56.$$

Daraus folgt mit der dynamisch äquivalenten Lagerbelastung P nach Gl. (14.8)

$$P = X \cdot F_{\text{rA}} + Y \cdot F_{\text{aA}} = 0{,}56 \cdot 1\,964\,\text{N} + 1{,}32 \cdot 1\,766\,\text{N} = \mathbf{3\,431\,N},$$

und der dynamischen Tragzahl $C = 19\,300\,\text{N}$ nach TB 14-2 eine nominelle Lagerlebensdauer L_{10h} nach Gl. (14.5a):

$$L_{10h} = \left(\frac{C}{P}\right)^p \cdot \frac{10^6}{60 \cdot n} = \left(\frac{19\,300\,\text{N}}{3\,431\,\text{N}}\right)^3 \cdot \frac{10^6}{60 \cdot 150\,\text{min}^{-1}} = \mathbf{19\,777\,h} \approx 20\,000\,\text{h}.$$

Die geforderte Lebensdauer von 13 000 h wird erreicht, eine ausreichende dynamische Tragfähigkeit ist gegeben.

Loslager B

Die nominelle Lagerlebensdauer L_{10h} des Loslagers B ergibt sich mit der dynamischen Tragzahl $C = 16\,000\,\text{N}$ nach TB 14-2 bzw. Gl. (14.8) und Gl. (14.6) wie folgt:

$$P = F_{rB} = 3\,306\,\text{N},$$

$$L_{10h} = \left(\frac{C}{P}\right)^p \cdot \frac{10^6}{60 \cdot n} = \left(\frac{16\,000\,\text{N}}{3\,306\,\text{N}}\right)^3 \cdot \frac{10^6}{60 \cdot 150\,\text{min}^{-1}} = \mathbf{12\,595\,h} \approx 13\,000\,\text{h}.$$

Die geforderte Lebensdauer von 13 000 h wird erreicht, eine ausreichende dynamische Tragfähigkeit ist gegeben.

Nachweis der statischen Tragfähigkeit der Lager

Bei den vorliegenden Betriebsverhältnissen ist ein Nachweis der statischen Tragfähigkeit üblicherweise nicht notwendig. Im Folgenden soll aber trotzdem einmal dieser Nachweis geführt werden, d. h. es werden ungünstige Auswirkungen durch eine auftretende Maximalbelastung unterstellt.

Festlager A

Die Bestimmung der nominellen Lagerlebensdauer des Festlagers A erfolgt mit der aus der Radialkraft $F_{rA\,max}$ und der Axialkraft $F_{aA\,max}$ bestimmten rein radial wirkenden rechnerischen Ersatzbeanspruchung, der statisch äquivalente Lagerbelastung P_0. Zur Berechnung von P_0 werden der Radial-X_0 und der Axialfaktor Y_0 benötigt. Diese ergeben sich nach TB 14-3b und der statischen Tragzahl $C_0 = 11\,200\,N$ nach TB 14-2 für

$$\frac{F_{aA\,max}}{F_{rA\,max}} = \frac{2\,943\,\text{N}}{3\,273\,\text{N}} = \mathbf{0{,}9} > e = 0{,}8,$$

zu: $X_0 = 0{,}6$, $Y_0 = 0{,}5$.

Daraus folgt für die statisch äquivalente Lagerbelastung P_0 nach Gl. (14.4):

$$P_0 = X_0 \cdot F_{rA\,max} + Y_0 \cdot F_{aA\,max} = 0{,}6 \cdot 3\,273\,\text{N} + 0{,}5 \cdot 2\,943\,\text{N} = \mathbf{3\,435\,N}.$$

Zur Beurteilung der statischen Tragfähigkeit dient die statische Sicherheit S_0. Diese ergibt sich zu:

$$S_0 = \frac{C_0}{P_0} = \frac{11\,200\,\text{N}}{3\,435\,\text{N}} = \mathbf{3{,}2}.$$

Ein Wert für $S_0 = 1{,}0$ wird für normale Anforderungen an die Laufruhe und eine normale Betriebsweise gefordert, mit $S_0 = 3{,}2$ ist damit eine ausreichende statische Tragfähigkeit gegeben.

Loslager B

Entsprechend den Darstellungen zum Lager A ergibt sich für das Lager B mit einer statisch äquivalenten Lagerbelastung nach Gl. (14.4)

$$P_0 = F_{rB\,max} = 5\,510\,\text{N},$$

und der statischen Tragzahl $C_0 = 10\,400\,\text{N}$ nach TB 14-2 folgende statische Sicherheit S_0:

$$S_0 = \frac{C_0}{P_0} = \frac{10\,400\,\text{N}}{5\,510\,\text{N}} = \mathbf{1{,}9}.$$

Ein Wert für $S_0 = 1{,}0$ wird für normale Anforderungen an die Laufruhe und einer normalen Betriebsweise gefordert, mit $S_0 = 1{,}9$ ist eine ausreichende statische Tragfähigkeit gegeben.

Auswahl der Passung für den Querpressverband

Um eine geeignete Passung auszuwählen, müssen die Übermaße $Ü_u$ und $Ü_o$ für den vorliegenden Pressverband ermittelt werden. Die Schritte zur Bestimmung der Übermaße sind aus Bild 12.17 ersichtlich.

Als erstes werden die beiden Extremwerte für die Fugenpressungen bestimmt. Dies ist einerseits der minimal notwendige Wert der Fugenpressung, der die Übertragung des Drehmoments ohne ein Durchrutschen des Pressverbands sicherstellt. Zum anderen wird der maximale Wert der Fugenpressung ermittelt, der sich in Abhängigkeit der vorhandenen Bauteilfestigkeiten für die Welle bzw. Nabe (Zahnrad) ergibt. Dabei erfolgt die Berechnung unter der Voraussetzung, dass nur rein elastische Werkstoffbeanspruchungen zugelassen werden.

Ausgangspunkt für die Berechnung ist die resultierende Rutschkraft, die sich nach Bild 12.14c aus der Rutschkraft in Längsrichtung F_{lru} und der Rutschkraft in Umfangsrichtung F_{tru} ergibt. Mit

$$F_{\text{lru}} = F_{\text{a}} = 1\,177\,\text{N}$$

und

$$F_{\text{tru}} = F_{\text{t}} \cdot \frac{80\,\text{mm}}{25\,\text{mm}} = 3\,386\,\text{N} \cdot \frac{80\,\text{mm}}{25\,\text{mm}} = \mathbf{10\,835\,N}$$

ergibt sich die resultierende Rutschnennkraft F_{res}:

$$F_{\text{res}} = \sqrt{F_{\text{tru}}^2 + F_{\text{lru}}^2} = \sqrt{(10\,835\,\text{N})^2 + (1\,177\,\text{N})^2} = \mathbf{10\,899\,N}.$$

Die Berücksichtigung der Betriebsverhältnisse führt zur Bestimmung folgender resultierenden Rutschkraft nach Gl. (12.8):

$$F_{\text{R res}} = K_{\text{A}} \cdot S_{\text{H}} \cdot F_{\text{res}} = 1{,}5 \cdot 1{,}7 \cdot 10\,899\,\text{N} = \mathbf{27\,792\,N}.$$

Abweichend von einer üblichen Rutschsicherheit $S_{\text{H}} = 1{,}5$ wird mit einem höheren Wert $S_{\text{H}} = 1{,}7$ gerechnet. Damit wird die Möglichkeit einzelner Maximalbelastungen berücksichtigt, die im Extremfall 2,5fache Nennbelastung erreichen. D. h., um ein Durchrutschen des Pressverbands auszuschließen, erfolgt die Auslegung für den Beanspruchungsfall: Maximalbelastung = $K_{\text{A}} \cdot S_{\text{H}} \cdot$ Nennbelastung.

Damit kann die kleinste erforderliche Fugenpressung p_{Fk} bestimmt werden, die notwendig ist, um die Maximalbelastung ohne ein Durchrutschen übertragen zu können (Gl. (12.9)):

$$p_{\text{Fk}} = \frac{F_{\text{Rt}}}{A_{\text{F}} \cdot \mu} = \frac{F_{\text{Rt}}}{D_{\text{F}} \cdot \pi \cdot l_{\text{F}} \cdot \mu} = \frac{27\,792\,\text{N}}{50\,\text{mm} \cdot \pi \cdot 35\,\text{mm} \cdot 0{,}19} = \mathbf{26{,}6\,N/mm^2},$$

mit einem mittleren Haftbeiwert $\mu = 0{,}19$ nach TB 12-6a.

Als nächstes wird die größte zulässige Fugenpressung, abhängig von der Bauteilfestigkeit, bestimmt. Diese ergibt sich für die Welle bzw. das Zahnrad nach Gl. (12.16):

- Innenteil (Welle):

$$p_{\text{FgI}} = \frac{R_{\text{eI}}}{S_{\text{FI}}} \cdot \frac{2}{\sqrt{3}} = \frac{K_{\text{t}} \cdot K_{\text{an}} \cdot R_{\text{eIN}}}{S_{\text{FI}}} \cdot \frac{2}{\sqrt{3}}$$
$$= \frac{0{,}93 \cdot 1{,}0 \cdot 295\,\text{N/mm}^2}{1{,}2} \cdot \frac{2}{\sqrt{3}} = \mathbf{264\,N/mm^2},$$

mit geometrischem Größenfaktor $K_{\text{t}} = 0{,}93$ nach TB 3-10a (2) für einen Wellenrohling $D = 60\,\text{mm}$, $K_{\text{an}} = 1{,}0$ nach TB 3-13 und Sicherheit gegen Fließen $S_{\text{FI}} = 1{,}2$,

Auswahl der Passung für den Querpressverband

- Außenteil (Zahnrad):

$$p_{\text{FgA}} = \frac{R_{\text{eA}}}{S_{\text{FA}}} \cdot \frac{1-Q_A^2}{\sqrt{3}} = \frac{600\,\text{N/mm}^2}{1{,}2} \cdot \frac{1-0{,}312^2}{\sqrt{3}} = \mathbf{261\,N/mm^2},$$

mit $Q_A = D_F/D_{Aa} = 50\,\text{mm}/(160\,\text{mm}) = 0{,}312$ und Sicherheit gegen Fließen $S_{\text{FA}} = 1{,}2$.

Der kleinere Wert für die zulässige Fugenpressung ist für die weitere Berechnung relevant, d. h.: $p_{\text{Fg}} = 261\,\text{N/mm}^2$.

Nachdem die Werte für den kleinsten erforderlichen und größten zulässigen Fugendruck bekannt sind, werden für diese beiden Anpressdrücke die im gefügten Zustand zugehörigen Haftmaße Z_k und Z_g bestimmt.

Diese ergeben sich mit der Hilfsgröße K nach Gl. (12.12):

$$\begin{aligned}K &= \frac{E_A}{E_I}\left(\frac{1+Q_I^2}{1-Q_I^2} - \nu_I\right) + \frac{1+Q_A^2}{1-Q_A^2} + \nu_A \\ &= \frac{210\,000\,\text{N/mm}^2}{210\,000\,\text{N/mm}^2}(1-0{,}3) + \frac{1+0{,}312^2}{1-0{,}312^2} + 0{,}3 = \mathbf{2{,}216},\end{aligned}$$

mit Elastizitätsmoduln $E_A = E_I = 210\,000\,\text{N/mm}^2$, Querkontraktionszahlen $\nu_A = \nu_I = 0{,}3$, $Q_A = D_F/D_{Aa} = 50\,\text{mm}/160\,\text{mm} = 0{,}312$, $Q_I = D_{Ii}/D_F = 0$, zu:

- Kleinstes Haftmaß (kleinstes wirksames Übermaß) nach Gl. (12.13):

$$Z_k = \frac{p_{\text{Fk}} \cdot D_F}{E_A} \cdot K = \frac{26{,}6\,\text{N/mm}^2 \cdot 50\,\text{mm}}{210\,000\,\text{N/mm}^2} \cdot 2{,}216 = 0{,}014\,\text{mm} = \mathbf{14\,\mu m},$$

- Größtes zulässiges Haftmaß (größtes wirksames Übermaß) nach Gl. (12.17):

$$Z_g = \frac{p_{\text{Fg}} \cdot D_F}{E_A} \cdot K = \frac{261\,\text{N/mm}^2 \cdot 50\,\text{mm}}{210\,000\,\text{N/mm}^2} \cdot 2{,}216 = 0{,}138\,\text{mm} = \mathbf{138\,\mu m}.$$

Weiterhin muss nun noch berücksichtigt werden, dass sich die Bauteile während des Fügevorgangs glätten, d. h. diese Glättung wird den für den gefügten Zustand berechneten Haftmaßen zugeschlagen. So erfolgt die Bestimmung der Herstellübermaße $Ü_u$ und $Ü_o$, d. h. der Übermaße für die nicht gefügten Bauteile.

Mit der Glättung nach Gl. (12.14):

$$G \approx 0{,}4 \cdot (R_{zAi} + R_{zIa}) \approx 0{,}4 \cdot (16\,\mu m + 10\,\mu m) \approx \mathbf{10{,}4\,\mu m},$$

ergeben sich das kleinste Übermaß nach Gl. (12.15):

$$Ü_u = Z_k + G = 14\,\mu m + 10{,}4\,\mu m = \mathbf{24{,}4\,\mu m},$$

bzw. das größtes Übermaß nach Gl. (12.18):

$$\ddot{U}_o = Z_g + G = 138\,\mu m + 10{,}4\,\mu m = \mathbf{148{,}4\,\mu m},$$

die Passtoleranz nach Gl. (12.19) beträgt:

$$P_T = \ddot{U}_o - \ddot{U}_u = 148{,}4\,\mu m - 24{,}4\,\mu m = \mathbf{124\,\mu m}.$$

Für die Auswahl der Passung müssen folgende Bedingungen eingehalten werden: $P_{T\,(\text{gewählt})} \leq P_{T\,(\text{berechnet})}$, vorhandenes kleinstes Übermaß $\ddot{U}'_u \geq \ddot{U}_u$, vorhandenes größtes Übermaß $\ddot{U}'_o \leq \ddot{U}_o$. Mit den geforderten Toleranzgraden für die Nabe und den damit verbundenen Toleranzgraden für die Welle ist für das System Einheitsbohrung z. B. die Passung H7/u6 möglich.

Für den Querpressverband muss als nächstes noch die Fügbarkeit (entsprechende Temperaturen für die Welle und Nabe) überprüft werden. Dabei werden die Fügetemperaturen für den Extremfall berechnet, wenn für die Bohrung das untere Abmaß $EI = 0$ (Passung H) und gleichzeitig für die Welle das obere Abmaß ($es = 86\,\mu m$) vorliegt. Hinzu kommt noch das kleinste notwendige Fügespiel S_u.

Die benötigte Temperaturdifferenz (nur Erwärmung der Nabe) zur Herstellung des Pressverbands berechnet sich nach Gl. (12.22):

$$\Delta\vartheta = \vartheta_A - \vartheta = \frac{\ddot{U}'_o + S_u}{\alpha_A \cdot D_F} = \frac{86\,\mu m + 50\,\mu m}{11 \cdot 10^{-6}\,K^{-1} \cdot 50 \cdot 10^3\,\mu m} = \mathbf{247{,}3\,K},$$

mit Längenausdehnungskoeffizient $\alpha_A = 11 \cdot 10^{-6}\,K^{-1}$ nach TB 12-6b, kleinstem notwendigen Fügespiel $S_u = D_F/1\,000 = 50\,\mu m$, vorhandenem Größtübermaß $\ddot{U}'_o = es' - EI' = 86\,\mu m - 0 = 86\,\mu m$. Damit ergibt sich die benötigte Nabentemperatur für eine Raumtemperatur $\vartheta = 20\,°C$:

$$\vartheta_A = \Delta\vartheta + \vartheta = 247{,}3\,°C + 20\,°C = \mathbf{267{,}3\,°C}.$$

Nach TB 12-6c beträgt die maximale Fügetemperatur 300 °C (Stahl vergütet), d. h. der Pressverband kann ausschließlich durch Erwärmung der Nabe hergestellt werden. Da ein zusätzliches Abkühlen der Welle nicht notwendig ist, erfolgt die Festlegung der Passung für den Querpressverband auf: H7/u6.

SPRINGER NATURE

GPSR Compliance

The European Union's (EU) General Product Safety Regulation (GPSR) is a set of rules that requires consumer products to be safe and our obligations to ensure this.

If you have any concerns about our products, you can contact us on ProductSafety@springernature.com

In case Publisher is established outside the EU, the EU authorized representative is:

Springer Nature Customer Service Center GmbH
Europaplatz 3
69115 Heidelberg, Germany

Printed by Wilco bv, the Netherlands